# 现代舰船轮机工程

陈于涛　杜永成　马建国　黄　靖　苏永生　编著

国防工業出版社

·北京·

## 内 容 简 介

本书介绍了现代舰船轮机工程所研究的内容，包括各种推进装置的原动机、主要组成部件的总体性能和结构特点、动力装置总体设计的内容与方法、动力管系、机舱规划、传动装置、推进轴系的振动分析与计算、船机桨的特性匹配与分析、隐身技术以及机舱自动化等。本书密切联系舰船实际装备，从总体优化的高度和系统优化的观点阐述了舰船轮机工程的基本理论和研究方法，各章节内容都融入了运用现代理论解决本学科前沿和疑难问题的方法和例证，反映了目前国内外轮机工程学科的先进水平和编者的研究成果与经验。

本书是船舶与海洋工程学科轮机工程专业方向硕士研究生的基本教材，也可作为本学科和相近学科博士研究生的主要教学参考书和从事本学科研究和设计的工程技术人员的重要参考资料。

**图书在版编目（CIP）数据**

现代舰船轮机工程/陈于涛等编著. —北京：国防工业出版社，2024. 9. —ISBN 978 - 7 - 118 - 13485 - 8

Ⅰ. U664. 1

中国国家版本馆 CIP 数据核字第 20245MD647 号

※

国防工業出版社出版发行

（北京市海淀区紫竹院南路 23 号　邮政编码 100048）

北京凌奇印刷有限责任公司印刷

新华书店经售

*

**开本** 787 × 1092　1/16　**印张** 38¾　**字数** 903 千字

2025 年 4 月第 1 版第 1 次印刷　**印数** 1—1200 册　**定价** 158. 00 元

---



国防书店：(010)88540777　　书店传真：(010)88540776

发行业务：(010)88540717　　发行传真：(010)88540762

# 前　言

自 1983 年设立轮机工程学科硕士点以来，现代舰船轮机工程一直是本校轮机工程学科硕士研究生的专业主干课和必修课。本书是根据现代舰船轮机工程近年来的发展现状和教学需要，以陈国钧、曾凡明教授编著的《现代舰船轮机工程》(国防科技大学出版社，2001 年)为蓝本，在充分吸取了 2001 年以来本门课程的教学经验，国内外同类专业教材有关内容，以及本学科领域近 20 年来最新成果的基础上修订而成。

本书主要介绍现代舰船轮机工程研究的对象、任务和方法，从总体优化的高度，用系统优化的观点，对组成推进装置的原动机、主要部件的总体性能和特点进行全面的分析；介绍了分析方法，指出了各自的适用范围，论述了不同的组合方式对总体性能的影响；论述了目前在本专业领域内达到的发展水平，引出了今后的发展方向和需要进一步研究的学科前沿问题。所推荐的“模块化”设计方法和“船－机－桨配合”分析方法不仅使选型论证的过程更清晰、结论更科学，还为制订使用预案和开展机舱自动化等方面的设计研究提供了依据。后传动装置、轴系、动力管系、机舱规划和布置等内容进入到了技术设计的深度。针对电力推进系统和舰艇隐身技术进行了专门章节介绍。全书分为 11 章，包括概述、原动机、推进装置的构成与特点、电力推进系统、舰艇管系和动力管系、后传动装置、轴系、船体－主机－螺旋桨配合、舰艇隐身技术、机舱规划和布置、机舱自动化概论。

本书充分体现并落实了现代战争对舰船动力系统的各种要求，突出了以保障战斗能力为主线的基本观点，并将有关的技术措施落实到相应的章节中。生命力观点、可维性观点、风险度预测、全寿命经济性等重要观点贯穿始终，充分体现了海军特色，有利于培养研究生的科研能力，确立本学科研究生的专业思想。本书也可作为本学科和相近学科博士生的主要教学参考书与从事本学科研究设计人员的重要参考资料。

本书主要由陈于涛研究员负责编写并统稿，黄靖副教授编写了第 3 章，苏永生副教授编写了第 5 章的部分内容，杜永成副教授、马建国助理研究员编写了第 9 章。

全书由曾凡明教授主审，提出了许多建设性建议和意见，在此深表谢意！由于时间仓促和编者水平所限，书中缺点和遗漏在所难免，敬请读者批评指正。

编　者

2025 年 1 月

# 目　录


第1章　概述 …… 1

1.1　研究对象和任务 …… 1

1.2　研究任务和过程 …… 2

1.2.1　方案论证 …… 2

1.2.2　技术设计 …… 2

1.2.3　施工设计 …… 4

1.2.4　三个阶段之间的关系 …… 5

1.3　动力系统基本组成 …… 5

1.4　研究思路和方法 …… 7

1.4.1　注重理论和专业基础 …… 7

1.4.2　注重研究方法 …… 8

1.4.3　正确区分确定性和可选择性 …… 9

第2章　原动机 …… 13

2.1　柴油机 …… 13

2.1.1　柴油机技术发展中的三个里程碑 …… 14

2.1.2　舰船用柴油机 …… 27

2.1.3　舰船柴油机技术进展 …… 33

2.2　燃气轮机 …… 45

2.2.1　舰船燃气轮机概述 …… 45

2.2.2　燃气轮机结构、性能和热力循环优化 …… 50

2.2.3　舰船燃气轮机应用及技术进展 …… 73

2.3　蒸汽动力装置 …… 76

2.3.1　蒸汽动力装置概述 …… 76

2.3.2　锅炉装置 …… 80

2.3.3　汽轮机装置 …… 89

2.3.4　蒸汽的冷凝与给水——凝水给水系统 …… 100

2.3.5　蒸汽动力装置热线图和技术进展 …… 106

2.4　热气机 …… 107

2.4.1　工作原理和基本组成 …… 107

2.4.2　实际结构、实际循环与技术难点 …… 109

2.4.3　热气机的结构形式 …… 111

2.4.4 热气机的热交换器 …… 114
2.4.5 热气机的工质 …… 117
2.4.6 热气机的工作特性 …… 118
2.4.7 目前的发展水平和应用实例 …… 128
2.5 燃料电池 …… 131
2.5.1 引言 …… 131
2.5.2 用作舰船推进电源的可行性 …… 132
2.5.3 在水下船艇中的应用 …… 132
2.5.4 各国潜艇用燃料电池研制状况 …… 133
2.5.5 在水面舰船上的应用 …… 137
第3章 推进装置的构成与特点 …… 142
3.1 推进装置初步方案 …… 142
3.1.1 制订初步方案的依据 …… 142
3.1.2 推进模块选型 …… 143
3.1.3 制订初步的推进方案 …… 148
3.2 不同推进方案的性能特点 …… 153
3.2.1 不同原动机推进方案 …… 153
3.2.2 不同传动方式推进方案 …… 160
3.2.3 常规潜艇推进方案 …… 169
3.2.4 不同推进方式推进方案 …… 176
3.3 推进方案的评定 …… 193
3.3.1 推进装置的战技术性能指标 …… 193
3.3.2 性能指标优先次序和权值的确定 …… 197
第4章 电力推进系统 …… 199
4.1 电力推进技术的发展概况 …… 199
4.1.1 早期的电力推进 …… 199
4.1.2 现代的电力推进 …… 200
4.1.3 综合电力技术的诞生与发展 …… 201
4.2 综合电力系统的构成与关键技术 …… 202
4.2.1 综合电力系统构成模块 …… 203
4.2.2 综合电力系统关键技术 …… 206
4.3 综合电力系统的特点及应用 …… 209
4.3.1 综合电力系统的特点 …… 209
4.3.2 综合电力系统应用 …… 211
4.3.3 综合电力系统发展方向 …… 219
第5章 舰艇管系和动力管系 …… 222
5.1 管系技术设计的任务和应当遵循的原则 …… 222

5.1.1 管系技术设计的任务 …… 222
5.1.2 管系技术设计中应当遵循的原则 …… 223
5.1.3 管系技术设计要点 …… 223
5.2 柴油主机的海水冷却系统 …… 224
5.2.1 柴油主机海水冷却系统的组成 …… 224
5.2.2 初步确定海水冷却系统主要元部件的性能和选型 …… 225
5.2.3 海水冷却系统的布置 …… 228
5.2.4 校验 …… 229
5.3 柴油主机的淡水冷却系统 …… 229
5.3.1 柴油主机淡水冷却系统的组成 …… 229
5.3.2 初步确定淡水冷却系统主要元部件的性能和选型 …… 231
5.3.3 淡水冷却系统的布置 …… 232
5.4 柴油主机的润滑系统 …… 233
5.4.1 柴油主机润滑系统的组成 …… 233
5.4.2 初步确定润滑系统主要元部件的性能和选型 …… 234
5.4.3 润滑系统的布置 …… 235
5.5 柴油机的燃油系统 …… 235
5.5.1 柴油机燃油系统的组成 …… 235
5.5.2 柴油机燃油系统主要元部件的性能和选型 …… 236
5.5.3 燃油系统的布置 …… 237
5.6 柴油机的启动系统 …… 239
5.6.1 柴油机的启动系统的组成 …… 239
5.6.2 柴油机空气启动系统的主要元部件和选型 …… 240
5.6.3 压缩空气系统的布置 …… 241
5.7 进排气系统 …… 243
5.7.1 排气波纹管 …… 244
5.7.2 空气冷却器选型 …… 250
5.7.3 常规动力潜艇的进排气系统的特点 …… 251
5.8 潜艇均衡系统 …… 253
5.8.1 系统功用 …… 253
5.8.2 系统组成 …… 254
5.8.3 工作原理 …… 254
5.9 舱室大气环境控制系统 …… 256
5.9.1 供暖和日用蒸气系统 …… 256
5.9.2 空调冷媒水系统 …… 256
5.9.3 冷藏系统 …… 256
5.9.4 舱室空调通风系统 …… 257
5.10 消防系统 …… 259
5.10.1 水消防系统 …… 260

5.10.2 泡沫灭火系统 …… 263
5.10.3 气体灭火系统 …… 269
5.11 日用水系统 …… 272
5.11.1 淡水制备及贮运系统 …… 273
5.11.2 洗涤冷水系统 …… 273
5.11.3 洗涤热水系统 …… 274
5.11.4 饮用水系统 …… 274
5.11.5 日用海水系统 …… 274
5.11.6 甲板漏水系统 …… 275
5.11.7 舱底疏水系统 …… 275
5.11.8 底部及舷侧附件 …… 276
5.12 压缩空气和其他流体系统 …… 277
5.12.1 压缩空气系统 …… 277
5.12.2 气动控制装置 …… 277
5.12.3 氧气系统 …… 278
5.12.4 氮气系统 …… 278
5.12.5 航空氧氮一体化设施 …… 278
第6章 后传动装置 …… 279
6.1 弹性联轴节 …… 279
6.1.1 金属弹性元件联轴节 …… 280
6.1.2 非金属弹性元件联轴节 …… 284
6.1.3 万向联轴节 …… 292
6.2 离合器 …… 293
6.2.1 概述 …… 293
6.2.2 摩擦式离合器 …… 297
6.2.3 同步离合器 …… 310
6.2.4 液力耦合器 …… 328
6.3 齿轮传动装置 …… 348
6.3.1 齿轮传动装置概述 …… 348
6.3.2 传动齿轮箱主要参数的确定 …… 352
6.3.3 传动装置方案设计时应考虑的几个问题 …… 356
6.3.4 多机并车时的负荷分配 …… 359
6.3.5 双速比齿轮箱 …… 362
第7章 轴系 …… 363
7.1 轴系设计概述 …… 363
7.1.1 舰船轴系的作用和组成 …… 363
7.1.2 轴系的数目及布置 …… 364

7.1.3 轴系设计要求与设计程序 …… 366
7.2 轴系元件的选型与设计 …… 369
7.2.1 传动轴的设计 …… 369
7.2.2 联轴节选型与设计 …… 378
7.2.3 轴系密封装置的设计 …… 384
7.3 推进轴系的扭转振动 …… 389
7.3.1 概述 …… 389
7.3.2 轴系扭转振动的计算模型 …… 390
7.3.3 自由振动 …… 391
7.3.4 受迫振动 …… 398
7.3.5 轴系扭转振动许用应力 …… 403
7.4 推进轴系的回旋振动 …… 405
7.4.1 概述 …… 405
7.4.2 回旋振动的特性 …… 406
7.4.3 回旋振动固有频率的影响因素 …… 407
7.4.4 固有频率的近似估算 …… 410
7.4.5 回旋振动的回避 …… 412
7.5 推进轴系的纵向振动 …… 413
7.5.1 概述 …… 413
7.5.2 纵向振动的简化模型 …… 414
7.5.3 自由振动 …… 415
7.5.4 受迫振动 …… 416
7.5.5 纵振的消减和回避 …… 421
7.6 舰船推进轴系校中计算 …… 423
7.6.1 概述 …… 423
7.6.2 轴系合理校中计算 …… 425
7.6.3 舰船轴系的动态校中 …… 431
**第8章 “船体－主机－螺旋桨”配合 …… 435**
8.1 舰船阻力 …… 436
8.1.1 舰船阻力的组成与阻力曲线 …… 436
8.1.2 摩擦阻力 …… 440
8.1.3 黏压阻力(形状阻力) …… 442
8.1.4 兴波阻力 …… 444
8.1.5 工程实用的舰船阻力确定方法 …… 451
8.1.6 浅水对阻力的影响 …… 457
8.2 舰船推进器 …… 462
8.2.1 螺旋桨的工作原理和水动力特性 …… 462
8.2.2 螺旋桨与船体的相互作用 …… 468

8.2.3 螺旋桨的空泡现象 …… 474
8.2.4 特种螺旋桨简介 …… 478
8.3 船机桨配合特性分析 …… 484
8.3.1 概述 …… 484
8.3.2 稳态配合分析 …… 486
8.3.3 动态配合分析 …… 495
**第9章 舰艇隐身技术 …… 499**
9.1 声隐身技术 …… 500
9.1.1 声隐身基础 …… 500
9.1.2 动力装置振动和噪声 …… 505
9.1.3 动力装置振动噪声控制技术 …… 508
9.1.4 螺旋桨噪声及控制技术 …… 517
9.1.5 船体水动力噪声及控制技术 …… 522
9.2 非声隐身技术 …… 525
9.2.1 雷达波特征及隐身技术 …… 525
9.2.2 红外特征及隐身技术 …… 528
9.2.3 磁场特征及隐身技术 …… 535
9.2.4 电场特征及隐身技术 …… 539
9.2.5 水压场特征及隐身技术 …… 544
9.2.6 尾流场特征及隐身技术 …… 546
**第10章 机舱规划和布置 …… 551**
10.1 机舱规划 …… 551
10.1.1 机舱规划的任务 …… 551
10.1.2 机舱在舰船中所处部位和宽度的选择 …… 551
10.1.3 机舱高度的确定 …… 554
10.1.4 机舱的组成方式和数量的确定 …… 555
10.1.5 关于集控室 …… 556
10.2 机舱布置 …… 557
10.2.1 机舱布置的任务和必须遵循的原则 …… 557
10.2.2 机舱布置实例 …… 560
10.2.3 CAD和CAM等技术在机舱布置中的应用 …… 561
10.3 机舱的散热和热平衡 …… 562
10.3.1 从机舱带走热量方式的选择 …… 562
10.3.2 机舱的热平衡计算 …… 565
10.4 质量、质心计算 …… 568
**第11章 机舱自动化概论 …… 569**
11.1 机舱自动化的组成与发展 …… 569

11.1.1 机舱自动化的基本功能 …… 569
11.1.2 机舱自动化系统的组成 …… 571
11.1.3 输入设备概况 …… 572
11.1.4 输出设备概况 …… 575
11.1.5 控制系统概况 …… 577
11.2 联合动力装置控制原理 …… 579
11.2.1 推进装置控制策略 …… 579
11.2.2 CODOG 推进装置控制原理 …… 581
11.2.3 COGOG 推进装置控制原理 …… 589
11.2.4 CODAG 推进装置控制原理 …… 591
11.2.5 CODAD 推进装置控制原理 …… 595
11.2.6 COGAG 推进装置控制原理 …… 595
11.3 舰艇综合平台管理系统 …… 599
11.3.1 综合平台管理系统概述 …… 599
11.3.2 综合平台管理系统实例 …… 603
参考文献 …… 607

# 第1章 概 述

## 1.1 研究对象和任务

任何战斗舰艇,尽管它们的使命任务各不相同,据此而决定的排水量、航速等战术技术指标也千差万别,但是其总体构成均可以分为两部分:一部分是直接为完成其战斗使命与任务而设置的作战系统,包括所有的武器装备、弹药、预警探测系统与电子对抗系统等;另一部分是能使作战系统充分发挥效能的海上平台系统。平台系统又可分成两部分:舰(船)体系统与动力系统。前者是舰船工程的研究对象,动力系统则是现代舰船轮机工程的研究对象。

海上平台系统的任务可以归纳成五个方面:①依据作战系统各个组成部分的固有特性,科学地将它们在多维空间内形成一个有机的整体,合理地布置在平台系统中,以达到充分发挥整体效能的目的。②为作战系统连续地提供所需要的各种动力源。③为充分发挥作战系统的效能提供某些必要的环境条件,例如航空母舰飞行甲板的造型、助推器、拦阻索和相应于当时当地气象的航向航速等,均是确保舰载机顺利起降的必要条件。舰艇自身的噪声场不应影响声呐的使用。所有上层建筑不能影响火炮的射击扇面,不能干扰雷达和无线电天线等。④保障海上平台自身应当具备的性能,例如排水量、主尺度、航速、续航力、自持力、耐波性、隐蔽性、机动性、抗破损能力、破损后的恢复能力、居住性等。⑤提供良好的人机工程界面,以保证人员能迅速就位,以及良好的工作(包括操纵、维修等)环境。

动力系统的任务是提供舰船所需的一切动力,还要满足规定的寿命、可靠性、生命力、重量、尺寸、隐蔽性、续航力、自持力和优良的人机界面等指标,因此必须由众多的分系统组成,每个分系统还可能分解成若干个子系统,有的子系统甚至还有若干层更细的子系统。例如,一艘现代驱逐舰的动力系统至少包括推进系统、发配电系统、馈电网络、舵系统、损管系统、甲板机械、污水处理系统、空调通风系统、冷藏系统、全舰性辅助系统等。推进系统则包括原动机、为原动机服务的动力管系、后传动装置、轴系、推进器等。为原动机服务的动力管系又包括燃油、润滑、冷却、启动、进排气等系统。动力管系中还各自包括各种阀门、过滤器、热交换器、泵、压力容器、联结管系等部件。它们的自动控制系统又可分解为传感、控制、执行、通信等更小的系统或单元。

因此,从系统工程的角度,现代舰船轮机工程的研究对象是一个相当庞大而复杂的大系统,其研究任务是探求出在既定的约束条件下整个动力系统达到预定目标的最佳配置和主要机械设备最佳的总体布置,能依据研究结果建造出预期的舰船。此处“最佳”的内涵是广义的,可以理解为预定的主要战技术指标被满足的程度、全寿命效费比、可行度(包括风险度)等多目标综合寻优。

## 1.2 研究任务和过程

现代舰船轮机工程具体的研究任务和过程可分成方案论证、技术设计、施工设计三个阶段。

### 1.2.1 方案论证

第一阶段为方案论证。也称为方案设计或初步设计。包括主动力和各种基本元部件和组件的选型、数量确定、组合方式,总体布置方案,初步确定基本使用方案等。本阶段是三个阶段中的基础阶段,所确定的原则和结论是进行后两个阶段工作的主要依据,因此其地位十分重要。本阶段工作结束后应提交的文件资料大体包括:

(1)主动力型式与主机选型论证;

(2)推进方式(包括主推和辅推(如果有辅推时))选型论证;

(3)主动力传动方式与主传动装置选型论证;

(4)轴系数量论证;

(以上四项内容中应同时附简图分析。)

(5)主机、主锅炉(含核堆)及为它们服务的辅助设备(如隔振座、隔音罩等)、动力管系中的主要大部件(如消音器、进排气道等)、电站(包括原动机-发电机组、配电屏)、集控室等在机舱内的布置与安装(即机舱规划论证),同时提供机舱的平面、纵横剖面图和必要的说明;

(6)推进器选型及确定其主要参数的论证;

(7)轴系初步设计(含平面及纵剖面图);

(8)主机动力管系中主要大部件的选型论证;

(9)电站选型及其工作制论证;

(10)整套动力系统的自动化方案选型论证;

(11)其他有关辅助装置(如空压机、空调通风、冰库冷藏、辅助锅炉、减摇鳍、甲板机械、特辅机械等)的选型论证;

(12)主要全舰系统(如消磁、消防、平衡、压缩空气、液压、燃油等)的选型与布置论证;

(13)整套动力系统的重量重心估算;

(14)航速性、续航力、自持力估算及主动力系统使用方案论证等。

### 1.2.2 技术设计

第二阶段是技术设计阶段。本阶段的任务是根据初步设计对整个动力系统总体布置方案、主要设备的选型等全局性问题所确定的指导思想、原则和结论,就下面4个方面的问题进一步细化校核、补充完善,并在明确技术难点的基础上提出具体的技术措施。

**1. 提供详尽的计算书**

例如在初步设计轴系时,完全确定其具体的结构尺寸和全部轴系元件的选型及其布置位置所需的已知条件尚未具备，只有在本阶段才能完全确定，因此本阶段除需确定轴系的具体结构尺寸和全部元件的选型及其布置位置之外，还需在此基础上进一步提供整个轴系的静强度校核、回旋振动、扭转振动、纵向振动计算书；在选定刹轴器后，需附以强度校核计算书，当选用摩擦式刹轴器时还需附以热平衡计算书；若选用带有强制冷却结构的轴承，则需提供轴承负荷和热平衡计算书并确定冷却水流量……又如，本阶段将选定所有管路系统元件并确定它们的位置和管路的具体走向，应当在此基础上提供各个管系的液力计算书、泵的排量、压头、管路通径……还如，机舱热平衡计算结果也是判定机舱规划是否合理的判据之一，必须提供。总之，这些计算书是选型和布局论证的必要基础之一，尤其在设计非标专用设备时更是不可或缺的内容。它们可以单独成册，也可插入相应的选型和布局论证中。

**2. 完成重要非标设备的技术和施工设计**

例如有的轴系周围的空间较小，若选择通用型的刹轴器、转轴机构和转速测量装置，则无法将它们布置在给定的空间内，只能单独设计与此空间相适应的机构；又如柴油机采用斜支撑式隔振座时，为了便于安装和对中，一般要设计专门的安装工具并制定安装工艺；如果对一些系列化产品有特殊要求，则要提出详尽的用于订货的技术规格书，例如当齿轮箱系列提供的中心距、中心高、减速比等结构参数不符合初步设计的要求或者未配置拖航泵或传感器的数量、规格不符合要求时，则此项工作是必需的，甚至要审查生产齿轮箱厂方的技术设计。

**3. 解决初步设计中遗留的技术难点**

这些难点必须在技术设计阶段研究解决，例如对柴油机排气噪声和红外的抑制，一般需经过反复的研究试验才能得到满意的结果。这些工作一般列入型号研制。

**4. 对初步设计本身和部分指标作局部修改**

在技术设计过程中由于各种原因可能要对初步设计本身和有些指标作些局部修改。原因可能是：初步设计时有的关键数据尚未由试验提供，只能按经验选取，由此而确定的指标与实际结论可能会存在差异，例如在考虑了各个后传动装置的实际效率、螺旋桨的实际效率和船体实际阻力状况后（这些数据只能当设计深入到本阶段时才能获得），虽经最大努力，原航速指标仍偏高，适当降低一些显然是必要的；初步设计时只能就主要设备进行总体规划布置，在逐步细化中对其作些小调整是不可避免的，如经过详细的机舱规划和布置后，考虑到动力系统各主要阀门的位置、人员就位、操作和维修空间等因素，主机的位置必须作适当移动；按照本阶段最后选定的设备的特性参数进行校核，也可能要求少量更动设备的位置或更改某个设备的部分特性参数，如轴系中最后选定的高弹联轴节的扭转刚度比原来大些，引起轴系扭振特性变化，超出了“舰规”规定的范围，此时，少量更动主机位置或修改轴干直径等技术措施也是合理的。但是所有这些修改、更动和调整必须附以详尽的说明材料备查，如涉及主要指标或主要设备，则应及时呈文报委托部门或上级领导审批。

本阶段结束时所提供的文件资料十分全面，应完全能据此进行施工设计。下面仅以较简单的某型艇轮机部分技术设计为例，提供的文件资料如表 1.2.1 所示。

表 1.2.1 某型艇动力系统设计文件列表

| 序号 | 名称 | 序号 | 名称 |
| --- | --- | --- | --- |
| 1 | 轮机图纸目录 | 18 | 后主机安装图 |
| 2 | 轮机借用标准图目录 | 19 | 轴系布置图 |
| 3 | 轮机机械设备订货明细表 | 20 | 前主机轴系总装图 |
| 4 | 阀门汇总表 | 21 | 后主机轴系总装图 |
| 5 | 管子材料汇总表 | 22 | 前主机艉轴图 |
| 6 | 轮机备件及工具明细表 | 23 | 前主机中间轴图 |
| 7 | 轮机规格书 | 24 | 后主机艉轴图 |
| 8 | 主推进装置监控系统技术规格书 | 25 | 主、副机燃油管系图 |
| 9 | 轴系锻件技术要求 | 26 | 主、副机滑油管系图 |
| 10 | 主要锻件清单 | 27 | 主、副机淡水冷却管系图 |
| 11 | 轴系计算书 | 28 | 主、副机海水冷却管系图 |
| 12 | 机舱监控系统原理图 | 29 | 主、副机排气管系布置图 |
| 13 | 系泊及航行试验大纲 | 30 | 主机(气动)遥控管系图 |
| 14 | 前机舱布置图 | 31 | 压缩空气管系图 |
| 15 | 后机舱布置图 | 32 | 轮机安装原则工艺说明书 |
| 16 | 机舱监视室布置图 | 33 | 机舱通风计算书 |
| 17 | 前主机安装图 | 34 | 动力装置减振计算书 |

在电气部分技术设计中还包括主要电力电子设备和电缆等的选型,电站的负荷计算、布局、安装方式与工作制,电缆的计算和布置等。

### 1.2.3 施工设计

第三阶段是施工设计阶段。其总的任务是秉承技术设计的意图,完成全部施工图和施工工艺设计,造船厂能按照这些图纸资料顺利而经济地建造出达到预定战技术指标的舰船。

就非标设备而言,技术设计阶段仅完成了其中的重要部分,还有大量较简单而必要的零部件的施工设计,需要在本阶段根据它们应具备的功能、在舰船上的具体位置和可能提供的空间以及造船厂的生产加工条件来完成设计任务。例如主、副机的日用燃油箱、膨胀水箱、带有冷却水套的排烟管、固定各种管路和电缆的夹箍、管路和电缆通过水密隔墙的水密装置等。

就管路和电缆在机舱内的布置而言,是一件十分复杂又烦琐的综合工程。技术设计阶段只是完成了每个管系主要元器件选型和定位、管材规格选型、管路走向 3 个方面的设计和电路部分相应 3 个方面的设计。这些管路和电缆的规格、走向各有异同,纵横交错,要在机舱三维空间内科学地安排妥帖,同时在适当位置予以固定等设计工作均需在施工设计阶段完成。

就安装工艺而言,技术设计仅完成了轮机安装原则工艺,具体细致的、符合造船厂实际情况的所有安装工艺(例如主机安装工艺、轴系校中工艺、管系密封性检验工艺、有关的工夹具等)，均需在本阶段完成。

在本阶段进行过程中，可能会遇到技术设计的某些结论或要求不可能实现或不尽合理，必须作些修改。例如，各个管路和电缆经过三维空间的统一规划安排后，发现个别阀门(或手摇泵等)的位置不利于操纵，则应作必要的更动。但所有这些更动必须履行规定的报批手续并存档备案。在实际施工过程中还可能出现这种情况，需要临时进行局部的修改设计时，同样要履行上述手续。

### 1.2.4 三个阶段之间的关系

由以上论述可知，凡是一项稍微大而复杂的工程设计都需经过三个阶段，每个阶段的重点不同。第一阶段侧重总体方案论证和主要设备选型论证；第二阶段侧重对第一阶段结论的初步细化和具体化，主要是基本上最后确定包括船体阻力在内的各主要设备的总体特性，并在此基础上完成全部计算和校核，针对第一阶段遗留的所有技术难点提出具体而切实可行的解决途径，完成必要的试验研究和技术攻关，甚至局部修改第一阶段的结论；第三阶段则侧重结合造船厂的实际情况，在第二阶段成果的基础上使第一阶段的结论进一步细化和具体化，最终成为可据以生产的全套施工图纸、施工工艺和据以确定产品质量的验收标准。

由此可见，现代舰船轮机工程的研究过程是按照逐步深化、逐步具体的原则进行的。随着计算机技术的飞速发展及各种应用软件的不断开发，可以将三个阶段设计内容同时进行，称为并行设计。

## 1.3 动力系统基本组成

由 1.1 节论述可知，舰船动力系统囊括的范畴极广，大体上可概括为以下基本组成部分。

**1. 推进系统**

推进系统，也称主动力系统或主动力装置。包含主机、后传动装置、推进轴系、推进器，以及为它们服务的动力管系、监测和控制系统。

**2. 电力系统**

(1)电站，按功能分为主电站、停泊电站和应急电站。由电源设备、发电机组、发电机组保障系统、馈电电缆、配电屏、电气控制和监测系统等组成。

(2) 电气传动与控制。包括交流电动机、直流电动机、交流控制器、直流控制器、电气制动器等设备，以及电气安全、电力系统保护等系统。

(3)全舰性馈电网络。包括主配电系统、应急配电系统、事故配电系统、局部专用配电系统等。

**3. 辅助系统**

(1)全舰性管系。包括消防系统(由消防泵、管路、水龙带、水枪、太平斧、泡沫灭火系统、$CO_2$ 灭火系统、其他灭火系统、喷淋系统、火灾报警及其自动化系统等组成)；平衡、吸干系统(包括平衡泵、吸干泵、管路、浸水报警及其自动化系统等)；压缩空气系统(包括空压机、气瓶、管路及其自动化系统等)；压力油系统，燃油系统，滑油系统，淡水系统(包括淡水舱、压力水柜、水泵、造水机、管路及其自动化系统等);卫生系统(包括卫生泵、压力海水柜、生活污水处理装置或焚烧炉、管路等);舱室大气环境控制系统(日用蒸汽和供暖系统、舱室通风系统、空气调节系统、空气再生系统、冷藏系统、空气净化与分析系统、"三防"系统)等。

(2)船舶装置。包括运动控制系统(操舵装置、舵、减摇装置、潜艇均衡系统、潜浮系统),甲板机械(锚机、绞车、吊放小艇机等),特辅机械(潜水机械、大型吊车、海上补给装置)等。

这些装置系统之间有着千丝万缕的联系,在"一源多用"时尤为如此。因而必须掌握它们之间的内在关系,始终把握全局和主线,不受次要和枝节矛盾干扰,才能研究出总体最佳的成果。

例如,各电站之间必定构成一个统一的网络,能实现并网或解列。通过全舰性馈电网络向所有用电设备供电,其中重要用电设备的馈线至少是复设,对指挥舱、机舱、舵机的供电就是如此,它们还配置了蓄电池应急照明。在电力传动推进方式中更可能要通盘规划。

再以全舰性的压缩空气系统为例,主要用于发射鱼雷和检修火炮时的开炮栓,需要中压或高压,其次是用于气笛、吹洗海底门、伙房的柴油炉灶等杂用,需要低压,每次使用时间不长,量不大;而较大功率的柴油主机和副机通常用压缩空气启动,因而其动力管系中必定配有压缩空气系统,包括空压机、气瓶等,启动压力可能是中压或低压,少数用高压,使用方式属间歇型,每次用量较大。应当将它们综合考虑、统一规划。在空压机选型时,其排压应略高于最高用气压力,其他压力可利用减压阀获得。在此基础上进行六项工作:按生命力要求确定空压机的最小台数,则每台的排量已知,据此可在舰船用空压机产品目录中选择适用的型号;按气压高低将气瓶合理地分成2~3档,再按用气压力、流量的要求在舰船用减压阀的产品目录中选用合适的减压阀;按生命力要求确定各档压缩空气瓶的最小数量,于是每个气瓶的容量也已知,再结合舰船用的产品目录选取气瓶;按生命力、使用维护方便、利于机组和管路的布置安装等要求进行包括气路元件(如其他各种阀门、管路型材等)选型、数量与位置、管路走向、气瓶定位在内的设计工作并算出该系统的质量;如果在上述设计中发现确实布置困难,则可能重选空压机、重新划分气压档次、重选气瓶,甚至重新调整机舱规划;最后拟定安装工艺、验收方法和标准、使用方案。

虽然动力系统包含了上述内容,但其中最主要的是推进系统,也是重点研究对象。不同推进方式和传动方式的推进系统基本组成有很大的差别,但对于采用最多的螺旋桨推进方式而言,其基本组成概括起来就是三大部分:原动机(主机)、传动装置和螺旋桨。①原动机由其本身和为其服务的动力管系组成;②传动装置则由后传动装置和轴系组成,轴系中有一个容易被忽视然而是必需的组成部件——传动轴通过船体(包括水密隔墙)处的水密装置;③定距桨的结构很简单,而调距桨则复杂得多,因为还包括调距动力源及其传递机构、调距机构、监控装置等。

一般舰船推进系统的基本组成如图1.3.1所示,这也是研究的主要对象。

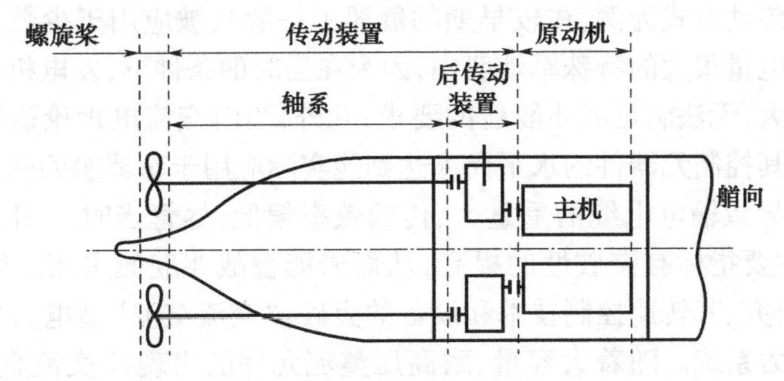


图 1.3.1 一般舰船推进系统基本组成简图

## 1.4 研究思路和方法

研究舰船推进系统的思路和方法也适用于现代舰船轮机工程的其他内容。

### 1.4.1 注重理论和专业基础

**1. 理论基础**

本学科研究的对象和任务决定了要获得高水平的研究成果,必须具备与本学科直接有关的坚实的理论基础并能熟练地运用于研究的全过程,用以协调本系统内部以及与外部的关系。它们是系统工程、优化、决策、人机工程等理论。这些理论基础是统领研究过程全局的。

从本学科涉及的领域看,除了必须对组成动力系统的基本元部件和组件的结构、性能特点了如指掌外,还需要现代振动理论、振声控制理论、红外抑制理论、现代控制理论、高等传热学等相关理论的支持,才能在对动力系统中某个零部件进行深入研究时获得最佳的成果。例如,目前隔离大质量机械低频振动的有效措施是主动隔振,但可能伴生混沌现象,需要运用混沌理论分析其产生的原因和避免的方法;由于机械的激振力频率会随转速而变化,必然要运用自适应控制理论以确保主动隔振装置在机械的全转速范围内均有优良的隔振效果。又如,在闭式循环柴油机系统(详见2.1节)中必须设置二氧化碳吸收器,为了使其具有最高的吸收效率且可付诸实施,必须熟知吸收二氧化碳的机理、影响因素;在此系统中还设有水处理系统,用于高低压和已吸收与尚未吸收二氧化碳的海水间压能的传递,其中的隔离装置很可能涉及选用现代非金属材料,因而又拓宽到化学、材料科学等领域。可见,在研究过程中需要针对具体的研究对象,学习并掌握相关学科的理论用以指导实践。

**2. 专业基础**

从专业角度看,本学科必然要熟知各种原动机和辅助机械的主要结构、工作原理、总体性能、运行特性、适用场合、对工作环境的要求,尤应熟知它们当前已达到的水平、今后的发展方向和其中的关键技术;熟知各种传动方式和能量转换方式,它们的特点与适用场合,当前已达到的水平、应用实例;熟知与各种传动方式和能量转换方式相应的传动装置的主要结构、工作原理、总体性能、运行特性、适用场合、对工作环境的要求、当前已达到的水平、典型的应用实例,掌握由于今后可能突破哪些核心技术而引起它们发生质变的发展方向。以纯电力传动方式为例，在较早期的舰船上一般只被应用于少数诸如自航式浮吊或浮动船坞等用电量很大的特殊军辅船中，因为在当时的条件下，发电机和电动机的尺寸尤其是重量均很大，无法满足战斗舰艇的要求；此外，当时交流电理论研究和交流电动机转速控制技术及其控制元器件的水平尚未达到能实际应用于军辅船的标准，只能采用"直流－直流"方式，导致输电电缆的重量大、传输效率偏低，尽管当时采用了提高电压等措施，却未能使其主要指标有突破性的提高，从而未能被战斗舰艇采用。随着电机冷却技术、交流电理论研究、其转速控制技术和设备的突破，"交流交流"型电力传动方式开始进入战斗舰艇的动力系统。随着大容量、耐高压整流元件的出现，"交流直流"型电力传动方式正在取代潜艇上原来的"直流直流"传动方式。又如，早期潜艇的推进装置为了实现水下低速航行（2～6kn，也称经济航速），由于主推进电机及其转速控制装置在当时无法实现相应的低速要求，只能另设一套由经航电机、小皮带轮、传动皮带、大皮带轮、离合器等组成的水下经济航行装置，如图 1.4.1 所示。但到了 20 世纪 80 年代，大功率低速电机及斩波器技术已成熟，这套装置即被取代。展望将来，随着常温超导材料的出现，已被否定的"直流直流"传动方式将不仅取代现今的"交流交流"和"交流直流"方式，甚至可能扩展到以目前观点看来似乎不可能采用它的领域。例如在"新概念"武器中的激光武器可能发展到有足够大的功率，用于远距离截击中程导弹，全新的"直流－直流"传动方式在正常航行时可将主机提供的功率用于推进，在使用大功率激光武器时则可作为它的能源，实现"一源两用"。由此可见，本学科所需的专业基础一是宽、二是深，且必须掌握相关学科的前沿和发展方向。

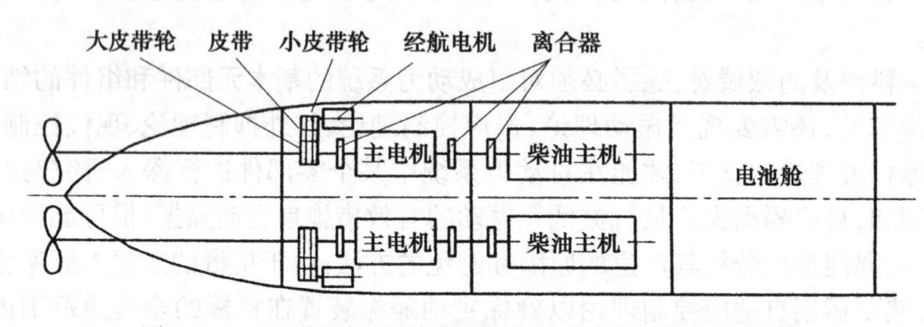


图 1.4.1　20 世纪 30 年代常规潜艇水下经济航行装置简图

## 1.4.2　注重研究方法

### 1. 明确研究目标与手段

明确研究所追求的目标（也称作目标函数）是第一步。与许多学科的研究目标不同，本学科追求的是多目标综合寻优，故而首先要掌握有哪些目标，这些目标群具体说来就是动力系统的各项战技术性能指标的优先次序、相互间的制约关系、与舰船整体战技术性能指标间的制约关系。在此基础上对若干个被选中的方案进行量化比较后得出科学的结论。

由于舰船的种类繁多，各自的战斗使命和任务千差万别，相应的战技术性能指标及其优先次序也各不相同，必须依照所赋予的战斗使命与任务予以确定，并以此作为研究全过程的指导思想。

在某些情况下，优先次序未必是唯一的或者是不明显的或者选用不同的优化理论均可能得出几种而不是唯一的结论,要用决策理论最后判定。这也是本学科的研究特点之一。

**2. 运用实例**

本学科的研究对象如此庞大而复杂,不可能从零开始。事实上国内外已有大量实例,并已在长期的使用中积累了丰富的经验,我们不可能也不应该忽视它们,应当在正确区分自己的研究对象与它们之间区别的基础上,吸收它们的合理部分,才有可能得出既突出先进性又符合我国国情和军情的成果。与某一个具体对象比较相近的大部分思路和结论可参考的实例称为"母型"。因此,必须建立相应的"母型"数据库并不断充实。此处所指的"母型"当然不仅是全系统,也包括各层分系统,甚至包括主要设备和部件。这样,所研究的每个方面均有具体的参比对象。

**3. 不断更新观念**

随着科学技术的发展,除了引起本学科的基础理论、机械设备的性能、目标序列值及优先次序等发展变化外,人们的观念也在不断更新。研究中不仅要跟踪其发展的前沿,更要有超前意识,用以指导研究和实践,才能保证研究成果的先进性。上述关于电力传动方式的应用史,就是观念发生重大变化的很好例证。又如,第二次世界大战前后,水面战斗舰艇在海战中的主动权主要靠舰速获得,因而动力系统乃至全舰均视航速为最主要的指标。我国20世纪六七十年代的主导观念深受其影响,至于可靠性和寿命等则处于从属甚至是可有可无的地位。导弹的出现、微电子技术的进一步成熟、制导方式的多样化(声、热、磁、水压场,雷达反射波等),促使各国海军把电子设备的性能置于首位并将水面舰艇的隐蔽性提高到十分重要的位置。潜艇则将隐蔽性置于第一位。体现人机工程观点的居住性和自动化程度也由较次要位置提高到第二、三位。原动机单位功率重量尺寸的大幅度减小使这些调整成为可能。

**4. 注重"四化"**

"四化"是指标准化、通用化、系列化和模块化。本学科选择的设备无一不是工业产品,凡是符合"四化"的产品必然具有成熟、质量好且易于提高、供货快和成本低等突出优点,衡量设计质量的标准之一是全套设计中标准件数量所占的比例,因此熟悉"四化"的具体内容当然十分必要。此外,我国、我军、我海军已颁布了若干标准和规范,简称"国标""国军标""海军标"。它们是在整个研究过程中必须遵循的文件,也是衡量研究成果质量的主要尺度之一。

**5. 密切联系实际**

本学科的另一个特点是实践性强。一定要熟知我国的国情、军情,包括工业水平、产品状况、新材料的种类和品质、舰员素质甚至码头设施状况等,并将其融合于研究全过程,才能确保研究成果具有优良的现实性和可行性。

这些是现代舰船轮机工程的主要研究方法。

### 1.4.3 正确区分确定性和可选择性

"确定性"实质上就是边界条件或目标函数在论证过程中的具体化。"可选择性"则是论证本身需做的工作。在论证设计过程中要充分注重层次分析法。运用层次分析法是进行优化设计各阶段中所必须掌握的,既有利于把握全局,又便于从各个层次来认识它

们,突出每个层次的重点,系统地掌握全部内容。一般可分解成三层或更多。以推进系统的组成为例:

第一层次:其跨度到推进系统的最基本组成为止,用方块简图描述,见图 1.3.1。

第二层次:其跨度深入一步到推进系统每个部件的基本组成为止。如传动轴一般由两端的传动联轴节、轴杆、轴承等零部件组成。需要分析各自对应的边界条件和目标函数作为选型或设计依据并得出结论。

第三层次:其跨度进一步深入到每个部件中的每个零件。如选定某种传动联轴节结构形式后,还需确定联轴节主体各部分几何尺寸(包括强度验算、选择配合方式、精度等级、装拆工艺等。必要时还可能包括设计专用工具等)、相匹配的联结键、联结螺栓等。

下面结合一些实例具体说明。

**1. 在第一层次中的体现**

从第一层次分析,上面已分别提及一些,可归纳补充为以下方面:

(1)一般情况下,必定有三个基本组成部分,但每部分采用何种型号或形式则可选择。例如原动机有很多种(第 2 章的内容),应当选取最适宜的;传动装置、螺旋桨也是这样。

(2)推进系统的推进功率必不小于舰船航行时螺旋桨所需的功率,且满足机动性、操纵性等相对应的功率要求,如加速功率等。当原动机的单机功率无法满足时,可以选用多机;多台原动机的型号可以相同,也可以不同;采用多台原动机时,可以一机配一桨,也可以双机(或更多)共一桨。

(3)主机必定位于机舱内,机舱的位置一般在舯部略偏后(油船、水船等军辅船可能在艉部),但主机在机舱中的具体位置则可在一定范围内选择。

(4)螺旋桨必定位于第 18 理论肋骨段附近(辅推除外),但其在三维空间中的具体坐标也可在一定范围内选择。

(5)传动装置必定将主机和螺旋桨联结在一起,但联结方式有很多种(第 6 章和第 7 章),可以选取最适宜的。当存在两个以上联结点时,联结方式可以相同也可以不同。

(6)推进系统必须具有倒顺车功能。而实现倒顺车的方法有多种:主机直接反转(包括用推进电机直接反转)、倒顺车齿轮箱、调距桨、液力变扭器、公转型导管桨等,应当从中选择最合理的方案。

(7)如果有后传动装置,则其传递能力必不小于原动机的功率,输入、输出转速必须与原动机和螺旋桨匹配,其位置必定紧靠在主机后端而且也在机舱内(中型以上舰船可能有两个以上机舱),而轴系则将后传动装置与螺旋桨联结在一起。但后传动装置有许多种可供选择(第 6 章)。

(8)必须配置自动监控系统,这一条确定性是近年来才有的,是微机监控技术高度发展的必然结果。但微机自动监控系统的类型和组成也需要优选(第 11 章)。

(9)如果推进系统的振动噪声值达不到设计任务书要求,必须采取必要的隔振降噪措施。但采用何种具体措施则需专题研究(第 9 章)。

(10)推进系统质量 + 满足续航力要求的燃油质量 ≤ 设计任务书给定的指标。

(11)推进系统的布置满足生命力和人机工程等各项要求。

(12)寿命、可靠性、可维性、风险度、费用等指标满足设计任务书给定的要求。

**2. 在第二层次中的体现**

第二层次涉及的内容更多,不可能全部列举,仅以传动装置为例说明:

(1)必须设置推力轴承,将螺旋桨的轴向力直接传至舰体,决不允许传给主机。否则会造成主机功率输出轴过大的轴向移动或轴向力,从而引发许多大的故障。如果是直接传动,推力轴承的位置还应尽量靠近主机,目的是避免轴的温差变形造成对主机极端不利的影响。但推力轴承的具体结构形式和尺寸有待选择或设计。

(2)传动轴必须配置用以保证轴系正常工作的若干支点轴承,其位置应当靠近隔墙附近的肋骨,这些轴承中必定有一个或更多位于海水中,它们应当能在这样的环境下可靠工作。

(3)在确定轴系支点轴承数量的同时,必须完成轴承负荷校核、轴系校中计算,利用调整轴承具体位置、更改轴承数量或型号等方法满足要求。

(4)必须在轴系通过舰体和水密隔墙处设置密封装置以满足水密要求。

(5)轴系中必须设置刹轴装置、转速测量装置。

(6)必须具有转轴功能。

(7)如果轴系存在被拖转的可能,则必须设置在此工况下保证转动部件有可靠润滑和冷却的装置。

总之,应当在全面分析工作条件的基础上正确选型或设计。

**3. 在第三层次中的体现**

第三层次是在第二层次基础上进入对部件或组件的具体选型或设计。以单独设置的推力轴承为例说明:

(1)必须单独配置相应的推力轴段,与推力轴承组成承推组件。按照推力大小选择承推组件的型号,如无合适的可选则需另行设计。

(2)选型或设计中必须进行承推能力和热平衡校验。

(3)设计中必然有润滑方式、冷却方式选取问题使之与承推能力与热平衡匹配。

(4)确定推力轴承安装方式,制定安装工艺。

(5)确定推力轴两端与相关轴端的联结方式,制定校中工艺。

有的部(组)件还可能有更多的层次,每个层次同样有若干分属确定性和选择性的问题,这里不再赘述。

**4. 装置的组成及位置的相关性**

此处指的相关性也体现在每个层次中。

1)第一层次

(1)原动机转速与螺旋桨转速不匹配时,要配置减速齿轮箱。

(2)原动机已选定,但无直接反转功能或者虽然有却不能满足机动性要求时,则需另设倒顺车装置。

(3)若已配置减速齿轮箱,则一般将它与倒顺车装置制成一体。

(4)若选取双机或多机共轴,则必须配置并车齿轮箱和与之配套的自动监控系统。

(5)若并轴方式为 COGOG 或 CODOG,则其并车齿轮箱必须设置自同步切换机构。若为 COGAG、CODAG 或 CODAD,则除自同步切换机构外还需加设功率分配机构。

(6)若采用双桨(或更多)推进,则必须考虑部分桨工作的工况。

2)第二层次

仍以传动装置中的轴系为例说明:

(1)如果设有后传动装置,则一方面它和主机之间的联结方式应允许有适量的相对轴向位移;另一方面,不允许由于轴向力和温差引起的轴向位移传给后传动装置的功率输出齿轮,因此也必须设置推力轴承,而且其位置应尽量靠近后传动装置功率输出端,确保轴向力和轴的温差变形不影响后传动装置的正常工作。但其具体位置有两种方案可供选择:与后传动装置合成一体;单独设置在靠近后传动装置的轴段中。

(2)推力轴承必然有轴向间隙,其数值一定要小于被保护对象的允许轴向间隙值。

(3)若轴系较长,一般分成数段。它们的排列次序按由艉至艏方向必定是螺旋桨轴、艉轴、中间轴、推力轴(如果单独设置推力轴承)。

(4)轴系中除密封之外的其他元件,均位于某根中间轴便于使用维护、安装的部位。

3)第三层次

以推力轴承为例说明:

(1)其位置还应该在舰体肋骨上,且该处的舰体结构应加强。

(2)其润滑和冷却应有保障,一般均配置专用的润滑和冷却系统。

这个层次中的大部分零部件属于一般机械设计的范畴。但是作为轮机工程总体设计师,必须全面掌握这些零部件在全系统中的地位、应当具备的功能、各种环境条件对它们的约束,目的仍然是围绕满足对全系统的要求。

由此可知,充分掌握全局并运用层次分析法对论证、设计是何等重要。

本书的总体构思是这样的:在介绍可供选择的各种原动机特性的基础上,论证可能组成推进模块的各种方案及其特点;以柴油机为典型对象,讨论为主机服务的各种动力管系,以及典型的全舰性管系;第6章论述推进模块中可供选择的各种后传动装置及其特性;第7章论述轴系论证设计的原理和方法;第8、9、10章则从全局研究船机桨在各种工况下的配合特性,动力装置隐身技术和较具体的总体规划及布置;第11章介绍机舱自动化的功能、原理、发展趋势并给出若干实例。

# 第 2 章　原动机

本章将介绍已经和可能被用于舰船的原动机类型、总体性能特点、目前达到的水平、各自的发展趋势,供选型论证时参考。舰船用原动机按热功转换方式的不同可分为柴油机动力、燃气轮机动力、热气机动力、蒸汽轮机动力等四种,并在此基础上派生出若干种联合动力。燃料电池是直接由化学能转变成电能的一种特殊动力形式,若也将其归入,则可分为五种,但燃料电池不能直接把释放出来的电能转变成机械能。

原动机的任务有两个:第一是将蕴藏在燃料内的热能释放出来;第二是把释放出来的热能转变成机械能(一般是旋转形式的机械能,燃料电池除外)并具有尽可能高的效率。燃料电池则是将燃料中的化学能直接转变成电能,因而特别适用于直接需要大量电能的场合,例如电力推进、大功率激光武器、等离子武器等。目前燃料电池尚处于进一步研究开发阶段,只能提供较小的电功率。德国已经将其用作潜艇的电源。

从热力学理论研究中已经得出这样的结论:在热源温度和放热温度均相同的情况下,最高效率的热力循环方式是卡诺循环。但是事实上不可能建造卡诺循环发动机。这是因为:能满足理想绝热或导热要求的材料根本不存在,任何活塞在汽缸中的滑动都会有摩擦和漏泄损失,而最大的困难是在缸内气体的压力和活塞行程可以被实现的前提下,气体(如空气)的等温和绝热过程在 $p—v$ 图上的斜率之差小到几乎可以忽略的程度。也就是说,即使不考虑摩擦和漏泄损失,一个热力循环所转变出来的功也很小,小到几乎可以忽略的程度。为了增大一个热力循环所转变出来的功,只能采用极高的压力和极长的活塞行程。这样做的结果一方面必然导致发动机极端的笨重,另一方面还导致一个热力循环所转变出来的功不够克服这个循环内产生的摩擦功。因此,必须找寻能实现的、热利用率尽可能高——接近卡诺循环的实际循环;与此同时,还要找寻在一个热力循环中实现最小摩擦和漏泄损失——机械效率最高的途径。目前已经找到的热变功方式有柴油机、燃气轮机、热气机、蒸汽轮机这四种原动机。以热力学的热力循环方式区分,柴油机、燃气轮机、热气机、蒸汽轮机这四种原动机热变功的循环分别为:等容 - 等压循环、等压循环、绝热循环、朗肯循环。它们所有的特点和特性都是由此而派生出来的。

## 2.1　柴油机

柴油机在百年发展历史进程中,已经历了其最辉煌的时期。迄今为止,它仍然是国民经济和国防建设中占有非常重要地位的动力机械,在军民用船舶、机车、汽车、特种车辆、工程机械、农业机械、石油钻探、发电等各个领域都获得了广泛的应用。在当前时代,柴油机仍保持着其固有的优势,并在相关学科和技术发展的基础上,更加显示出其强大的竞争力和生命力。

本节内容包括两个部分:第一部分重点阐述柴油机发展进程中关键性的技术问题(喷

油、燃烧及增压)和舰船用柴油机。通过对典型机型的全面介绍和深入分析,对了解历史、掌握现状、预测未来的发展具有一定的指导意义;第二部分重点介绍柴油机在理论、技术及产品方面的新发展。

由于篇幅所限,所涉及的相关学科的知识可参阅有关的文献和书刊。

### 2.1.1 柴油机技术发展中的三个里程碑

德国工程师鲁道夫·狄塞尔(Rodulf Diesel)于1892年发明柴油机专利,德国奥格斯堡机器厂于1896年10月5日造出了世界上第一台柴油机,距今已一个多世纪。

柴油机自问世之日起,就呈现出强大的生命力、广阔的应用范围和发展前景。目前,在民用船舶的推进动力范畴内,中、低柴油机已占垄断地位,在机车、陆用发电站、运输、工程机械、农用机械以及石油钻探平台等方面也都得到了广泛的应用。在海军的中小型水面舰艇和常规动力潜艇的动力装置中,高速、中高速和中速柴油机也占有重要的地位。

一个多世纪以来,柴油机技术性能有了很大提高。世界上首台柴油机的功率为14.7kW。百年之后,由同一家公司推出的缸径相近的柴油机的单缸功率却达到了478kW,增大了32.5倍,燃油消耗率也由当初的326.5g/(kW·h)降至现今的164.6g/(kW·h)。1996年,大型低速柴油机的单机功率已达66000kW左右。其中如MAN-B&W公司的K98MC-C型柴油机的功率为68536kW(93120马力),New Sulzer公司的RTA96柴油机的最大功率为65931kW。

从技术发展角度看,有三次重大的突破:第一次是1927年柴油机的燃油喷射从气力喷射发展为机力喷射;第二次是1945年涡轮增压技术在柴油机上的应用;第三次是近年来迅速发展的电子技术及计算机在柴油机上的应用。这三项技术突破大大提高了柴油机的性能,对柴油机在热力机械中竞争力的提高有巨大的推动作用,所以也被称为柴油机技术发展进程中的三个里程碑。

**1. 柴油机的喷油与燃烧**

在柴油机中,燃油在压缩冲程之末被喷入汽缸后,即被汽缸内高温高压的空气所蒸发并与之混合。由于空气的温度高于燃料的着火点温度,因此一部分已混合好的油气混合物在经历了很短的滞燃期后即着火燃烧。当油气混合物发生燃烧后,汽缸内的温度和压力迅速升高,这时,尚未燃烧的气体受到进一步的压缩和加温,使已处于可燃范围内的混合物的滞燃期缩短,随之发生快速燃烧,同时也缩短了后期喷入的燃油的蒸发时间,这种随喷随燃的过程一直持续到将预期的油量全部喷入汽缸。所有的燃料均不断地经历雾化、蒸发、油气混合及燃烧等过程,一直贯穿于整个燃烧过程和部分膨胀过程。由此可见,柴油机的燃烧过程是非常复杂的,它是一个非定常、不稳定、三维的过程。燃烧过程的具体情况与燃烧室设计、燃油喷射系统设计、运行工况及燃油特性等有关。目前对柴油机的燃烧过程已有明确的概念上的理解,但是,直至今日尚没有能对具体过程作定量描述的能力。

直喷式柴油机的燃烧过程与燃油喷射过程有着密切的关系。图2.1.1表示了喷油速率与燃烧速率之间的相互关系。它将喷入燃烧室的燃油分为若干单元,第一个单元进入后,与空气混合成为“准备好燃烧”(即其混合物处于可燃极限内),如燃烧速率图中最接近横坐标的那个三角形所示,其中某些燃料与空气很快混合,其他部分则较为缓慢。第二及其后的单元在相同的情况下与空气混合，可得到由虚线所包括的“准备好燃烧”的图形。在滞燃期结束前，不会发生着火现象。

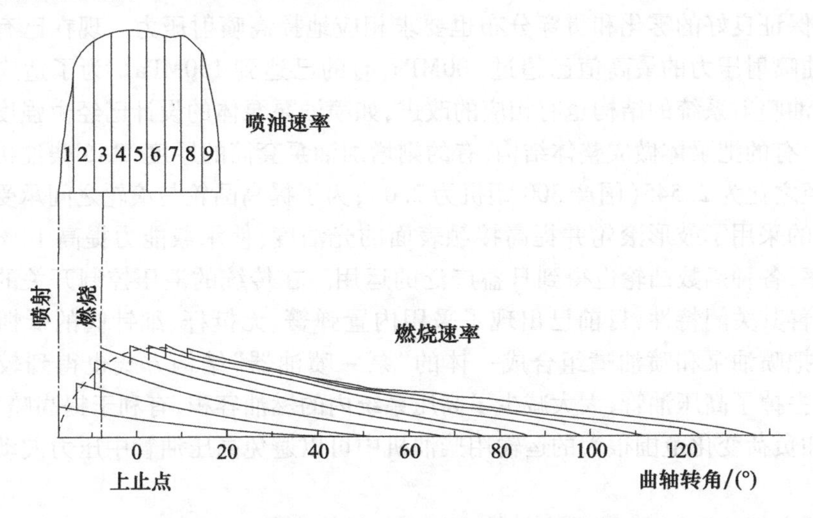


图 2.1.1 喷油速率与燃烧速率之间的相互关系

在着火点处，已喷入的某些燃料已与足够的空气混合在可燃极限之内。这些预混合的油气混合物(图中阴影部分)遂加入到已经历过滞燃期而“准备好燃烧”的混合物之中，导致如图中所示的很高的初始速率。在峰值以后，可供燃烧的预混物减少而达到“准备好燃烧”的新混合物增加，喷射出来的油束主要以涡流扩散方式燃烧。综上所述，柴油机整个燃烧过程可归纳为以下四个阶段：滞燃期，位于燃油开始喷射到开始燃烧之间的一段时期；预混及快速燃烧期，在滞燃期中已与空气混合并处于可燃极限内的燃油发生燃烧，再加上在该时期内喷入并达到“准备好燃烧”的燃油的着火燃烧，这个时期的特征表现为具有很高的放热速率；混合控制燃烧期，这个时期的燃烧速率主要受油与空气混合过程的控制，这个时期中的放热速率可能出现也可能不出现第二个凸峰，并随着过程的进行而降低；后燃期，在膨胀过程中仍有低速率的放热持续着，随着缸内气体温度的下降，其燃烧的最后过程也越来越慢。

1)燃料喷射过程的研究

初期柴油机的燃油是靠压力为7MPa的压缩空气吹入燃烧室使之雾化并与空气混合的，被称为气力喷射。由于喷射压力比较低，雾化及混合的质量均较差，同时还需要带动空气压缩机而使结构复杂化，还要消耗一部分功率，从而使柴油机的性能处于比较低下的水平。

1922年，罗伯特·博世(Robert Bosch)开始研制由喷油泵和喷油器组成的燃料喷射系统即机力喷射系统。1925年3月，博世从美国ACRO公司(American CRude Oil)接管了一种喷油泵和一种轴针式喷油器，同年夏天，Bosch公司成功地在喷油泵上开了控制槽，利用柱塞的转动，控制槽就可以改变喷油量，这种原理和基本结构一直沿用至今。1927年开始成批生产直列式喷油泵，后被柴油机广泛采用，性能得以大大提高。因此，机力喷射系统的创制和应用被认为是柴油机技术发展史上第一个里程碑。实践表明，喷油和燃烧已成为柴油机技术发展进程中的一个永恒的研究课题。

机力喷射系统的发展方向首先是高压喷射。更高的喷射压力既可以适应直喷式雾化燃烧柴油机提高经济性和降低排放污染的要求,同时也使高增压柴油机汽缸内充量密度增大,为了保证良好的雾化和贯穿分布也要求相应地提高喷射压力。现在已有相当多的柴油机燃油喷射压力的最高值已超过 100MPa,有的已达到 150MPa。为了适应喷射压力的提高,燃油喷射系统的结构也有相应的改进,如喷油泵泵体的设计已经由强度转移到保证刚度上。有的把泵体做成整体结构;有的则增加油泵套筒的厚度,PA6 柴油机柱塞套筒外径与内径之比为 2.545(国产 300 型机为 2.0);为了提高凸轮与滚轮之间承受接触应力的能力,有的采用了鼓形滚轮并提高接触表面的光洁度,使承载能力提高 10%。为了提高喷油速率,各种函数凸轮也得到日益广泛的运用。在传统的液压控制开关的闭式喷油器上,为改善其关闭特性,目前已出现了采用内置弹簧、无挺杆、细针阀的低惯量的喷油器。此外,把喷油泵和喷油嘴组合成一体的"泵-喷油器"结构方式也得到较广泛的应用,因为它去掉了高压油管,大大减少了高压系统内的燃油容积,有利于提高喷射压力,特别在转速和负荷变化范围很大的运输用柴油机中可以避免高压油管中压力波动造成的不利影响。

其次是实现喷油压力、喷孔直径等喷射系统结构参数的优化匹配,使燃油喷射在整个负荷和转速范围内都能得到精确的控制,以接近理想的喷油速率曲线,保证柴油机具有良好的性能。为了能自由地、同步地调节喷油量,控制喷油定时和燃油喷射持续角,必须发展电子控制及微处理器控制喷油过程,这会使着火延迟期、燃烧持续期、燃烧放热规律更趋合理化有实现的可能。

当前研究柴油机燃烧过程的中心问题是寻求燃烧系统的最佳化、提高循环效率和降低排放。由于这些问题之间存在着相互制约关系,因而需要找出最佳的妥协方案。这要求一方面寻找燃油喷射系统、燃烧室形状和气流状态三者之间的优化组合,另一方面要协调好预混合燃烧阶段和扩散燃烧阶段,并由此确定最佳的喷油及燃烧参数。

目前对燃油喷雾研究的主要方法是实验测定。在理论研究方法上也开发了若干种计算模型。

2)燃油燃烧过程的研究

在过去,燃烧过程的研究方法主要是实测法,也称为"现象学方法"。利用每秒数千次的高速摄影机可以在发动机正常运转条件下获得与实际情况非常接近的结果。燃烧的进展情况被记录于彩色照片上并显示出以下特征:

(1)燃油喷注。

油滴从点光源反射亮光并给出在完全蒸发前液体油注的范围。

(2)预混合火焰。

由于这个区域的亮度太低,故需在燃油中加入含铜添加剂,使其原为蓝色的火焰变成可见的绿色亮光。

(3)扩散火焰。

火焰中燃烧着的高温碳粒子呈现超过正常亮度的黄白色。当火焰冷却时,粒子辐射的光色由橙色变为红色。

(4)过浓混合物。

在棕色区域的周围环绕着白色的扩散火焰表示为过浓混合物区域。大量的碳粒子在此处产生。充满碳粒的过浓混合物烟云与未燃空气接触处,有炽热白色的扩散火焰。

近年来,出现了利用数学模型计算来预测和分析燃烧过程的方法。目前主要有零维单区燃烧模型和准维多区燃烧模型两类,直接利用多维非定常模型来模拟计算燃烧过程是非常复杂和困难的,目前还处于研究探索之中,同时由于计算机容量和速度的限制,尚难以获得突破。

零维燃烧模型假设燃料是瞬时、完全燃烧的。这是因为在柴油机中循环的过量空气系数较大,燃烧室的平均温度较低,用化学平衡模型来计算,与完全燃烧模型不会有大的差别。零维燃烧模型的要点是:

(1)在边界上进入系统的燃料流量是一已知函数,称为燃料的燃烧速率,通常用经验公式表示。目前最常见的是俄罗斯学者 И. И. Вибе 提出的拟合函数。它是在简化的反应动力学基础上引入"活化中心密度"的经验函数来推得这一拟合函数的。其表达式为

$$\dot{x}=6.908(m+1)\tau^{m}\cdot\exp(-6.908\tau^{m}) \tag{2.1.1}$$

式中 $m$——燃烧品质系数;

$\tau$——无量纲时间。

当 $m$ 变化时,可以得到各种形状的曲线以满足拟合的需要,因而得到广泛的应用。

(2)进入系统的这一燃料量将瞬时、完全地燃烧,从而可略去反应热随温度不同而引起的变化,认为反应热等于燃料的低热值。

(3)燃烧产生的内能除了随温度变化外,也随其化学组成变化。

(4)利用状态方程可求得汽缸内的瞬时压力。

在进一步简化计算中还可以略去工质的质量及其化学组成的变化,把系统视为一个纯热力学的闭口系统。

综上所述,零维系统模型实质上是一个热力学模型,把实际燃烧过程视为按一定规律进行的加热过程。

准维模型是在20世纪70年代发展起来的,它是适应对燃烧过程有害排放物的研究而产生的,在预测和分析 $NO_x$ 和 HC 等排放规律上起了很好的作用。零维模型在这方面是无能为力的。现今已经建立了若干种准维模型,其目的是预测发动机有害物的排放规律,研究喷油规律与燃烧放热规律之间的内在关系。其特点如下:

(1)用半经验方程来计算燃料的喷射过程并由此确定燃油蒸发浓度场在燃烧室中的分布。模型假定燃烧对这种浓度分布不发生影响。

(2)将这一瞬变的轴对称的浓度场划分为若干子区,视每个子区为一个零维的化学-热力学系统,并由能量方程、化学平衡等约束条件来确定子区的热力学参数和化学组成。相邻的子区彼此相对独立,即子区是不连续的。但是所有子区将共同遵守总的相容性方程,如燃烧室内所有子区的总质量守恒、总能量守恒、总体积满足外部的约束条件等。

(3)传热总量用燃烧室内的质量平均温度计算并分摊到每个子区。

(4)在上述假定的基础上,模型在数学上可归结为求解多自由度系统的常微分方程组问题,从而大大地简化了计算。

柴油机的准维燃烧模型可以分为气相喷注模型和油滴蒸发模型两大类:

(1)气相喷注模型。

其基本出发点是认为燃烧的速率是由燃料蒸汽与空气的混合速率所决定的,具体可

表述为：

①油滴的破碎及蒸发速率远大于燃料与空气的混合速率。在油核区内的燃油空气比降到浓限以前，油滴已经完全成为蒸汽状态。一旦由于空气的混入而使燃油空气比降到浓限以下，燃烧即发生。

②化学反应速率远大于燃油与空气的混合速率。浓限以下的可燃混合之间的反应将立即达到化学平衡状态。随着空气的不断进入，混合气的反应将经历一系列的瞬态平衡过程，最终达到接近于完全燃烧的状态。

③由于蒸发过程短促，空气的混合速率及喷注的浓度分布可以用气相喷注的规律来计算。

气相喷注模型比较适用于喷射压力较高的增压发动机。从燃烧过程角度看，气相模型能较好地模拟扩散燃烧阶段，在预混合燃烧阶段，其燃烧速率显然是由化学反应动力学所决定的，与建立模型时的基本假设不符。这类模型可用美国 Cummis 公司的林慰梓(W. T. Lyn)模型作为代表。

(2)液滴蒸发模型。

其基本出发点是燃烧速率主要由油滴蒸发速率控制，油滴的蒸发将在大部分燃烧过程中延续。模型通过喷注计算以确定每个小区的燃油质量、燃油蒸汽浓度及燃油蒸汽－空气当量比。具有代表性的是广安博之(Hiroyasu)的燃烧模型。

我国对喷油及燃烧过程的研究亦有广泛的基础并取得了相当水平的成果。在天津大学设有国家重点实验室，是我国研究柴油机燃烧的中心。天津大学在实验研究方面起步较早，先后进行了激光衍射法、激光诱导荧光法测量喷雾索特平均直径及分布，LDV 测速等研究项目。上海交通大学、华中理工大学、大连理工大学等单位在将激光全息技术用于喷雾特性研究方面做了很多工作。此外，上海交通大学还用高速摄影方法研究瞬态喷雾的初期贯穿特性，大连理工大学用简化模型对喷雾、混合及碰壁燃烧等进行了理论上的分析，最近又开展了应用 CT 技术测量柴油机喷雾方面的研究。

3)柴油机的有害排放物

近年来，世界各国对环境保护极为重视，成为可持续发展战略的重要组成部分。柴油机作为国民经济各个领域中应用范围很广的动力机械，其废气排放造成的污染已成为环境治理的重点之一，纷纷制定出了严格的标准，成为柴油机重要的性能指标要求。如达不到，即有被强制淘汰的可能。柴油机的有害排放物产生于缸内的燃料燃烧过程，存在于燃烧后的废气中。因而，对柴油机燃烧过程的研究应当把更多的精力从改善柴油机的经济性方面转向用于减少有害物质的排放上。

柴油机排出的废气中的有害物质包括 CO、HC(未燃碳氢化合物)、$NO_x$(氧氮化合物 NO、$NO_2$等)、排烟及微粒。柴油机的有害排放物是在燃烧过程中生成的。在直喷式柴油机中喷出的油束是由数量很大、颗粒大小不一的油滴所组成。其中尺寸较大的(50μm 左右)集中在油束的核心部分和尾部，尺寸较小的(2μm 左右)分散在油束的边缘部分。这样就导致燃烧室空间内各处的局部过量空气系数都不相同，从油束边缘处 $\alpha = \infty$ 向油束内部不断地减小。

学者海纳(N. A. Henin)将其分为五个区域：①稀薄火焰熄灭区，此区内混合物极为稀薄不能着火；②稀燃火焰区，此区内着火核心产生，形成预燃火焰；③油束核心，包括油束中心的大部分燃油,形成扩散火焰;④油束的尾部和过后喷射,雾化不良,缺氧且温度高,出现高温分解和部分氧化反应;⑤壁面油膜,这部分燃油蒸汽也进行扩散燃烧。

在燃烧过程中,①区内只有燃油的分解和不完全氧化,产生 HC 及醛类和其他氧化物,在①、②区的界面处出现初期反应,产生 CO、$H_2$、$H_2O$ 及各种自由基(O、OH、H)和不饱和碳氢化合物。后者与 $O_2$撞击,生成饱和碳氢化合物,若反应完成则生成 $CO_2$、$H_2O$,若火焰由于激冷而熄灭则会留下 HC、CO 及中间产物。③区燃烧主要取决于局部的 $\alpha$,若氧气充足则会产生高的 $NO_x$,若氧气不足则会生成 CO、过氧化物和 C,也有 HC 及 $NO_x$,但浓度较低。④区由于高温、缺氧,油粒蒸发和分解,产生 HC、CO 及 C。⑤区取决于蒸发速率以及与氧的混合速率,亦会生成 HC、CO 及 C 等。由此可见,有害排放物除 $NO_x$可在燃烧室各处形成外,其他如 HC、CO、甲醛、碳烟等都是在油束的特定区域产生的,且随燃烧的进行而有所消失,其净排放物是生成与消失两种反应的结果。

若以各种有害成分的生成来看,亦可概括综述如下:

(1)HC。低负荷时主要在①区形成,该区温度较低,分解反应尚不深入。高负荷时主要在③、④、⑤区形成,此时温度高,产生分解。

(2)CO。若有足够的空气,就会形成 $CO_2$,低负荷时在①和②交界面处形成,高负荷时在③、④、⑤区中形成。

(3)醛类化合物。它是一种低温氧化反应所形成的中间生成物,主要在①区形成。

(4)碳烟。它是高温裂解反应的产物,在③、④区内氧的浓度低而气体温度高,燃油中的高馏分浓度也高,分子容易发生裂解,产生固体碳粒。

(5)$NO_x$。它不是来自燃油,而是在高温条件下空气中的氧和氮进行反应产生的,因此在各处各个阶段都会产生。柴油机排气中以 NO 为主,$NO_2$含量很少,其生成浓度主要与当地的温度、氧的浓度和滞留时间有关。

降低有害排放物的措施:

(1)提高燃油品质。柴油的十六烷值从 40 提高到 50,$NO_x$可下降 11%。这主要是延迟期缩短和燃烧柔和所致。提高燃油中的含氧量,用短链的饱和碳氢组成的代用燃料可使 $CO_2$下降 8%,$NO_x$下降 80%,HC 下降 30%。甲醇被美国环保局称为清洁的燃料。燃油掺水乳化后,每增加 10%的水,$NO_x$将下降 6%~12%,当掺水量小于 20%时,对燃油耗率不会有影响,但可使 $NO_x$下降 20%并可使烟度得到改善,对 HC 和 CO 则影响不大。

(2)优化燃烧室结构。带有增压的涡流室柴油机的排放最优,排烟也降到最低限度。在直喷式柴油机中,则着眼于改进喷油机构及利用燃烧室内的空气涡流运动来改进混合和燃烧。

(3)增压、中冷及充量更换,可使 $NO_x$排放降低,在低负荷及无中冷时,颗粒排放会有所增加。

(4)废气再循环可以改变预混合燃烧阶段各组分的浓度比例,从而抑制 $NO_x$的生成量,因为废气中的 $CO_2$的比热比较 $N_2$及 $O_2$要高出 25%,所以在同样的热量释放条件下,燃气的温度升高得比较少。研究表明,废气再循环率为 15%时,可使 $NO_x$下降 50%。但是,这时由于汽缸内的氧气含量减少,使燃烧速率下降,造成燃烧不完全,使 HC、颗粒及燃油耗率上升。

(5)智能喷油系统。喷油提前角对废气排放中的有害物质有重要的影响。在全负荷时，$NO_x$的排量随喷油提前角的减小（推迟）而急剧下降（可降低60% ~70%）。然而在低负荷时，喷油提前角的减小会使 HC 的排放量上升。同时，由于喷油推迟而使排温升高、燃油耗率增加。实际上，适当地推迟喷油可使 $NO_x$减少 20%左右。

提高喷油压力可以提高热效率，降低燃油耗率，同时也可使 $NO_x$减少。

智能喷油系统可以通过传感器取得各种信息，经计算机考虑各种影响因素予以处理后，按照预定的方案及时发出对供油量、提前角等参数进行调整的控制指令，从而使油耗与排放均保持最佳。

**2. 增压技术**

内燃机增压的发展起源可追溯到1885 年。戈·戴姆勒（Gottlieb Daimler）在发明、制造煤气机和汽油机时，已开始考虑利用增压。方法是在活塞下行时，把其下部空间的气体压缩，然后送入汽缸。后来因在实机试验中增压效果不明显而停止。鲁·狄塞尔（Rudolf Diesel）在其柴油机发明专利中也提出了要安装增压泵以提高功率及热效率的想法，但是在试验中却未获得预想的效果。使用增压泵后，功率是增加了，但效率却下降，导致了燃油耗率的增加。此后，再未进行试验。直到 21 世纪初，艾·比希（Alfred Büchi）申请专利，开创了涡轮增压的历史。最初是采用柴油机、涡轮机和压气机同轴连接，后又改为涡轮单独驱动压气机的方法。1923 年，德国的客船上安装的涡轮增压四冲程柴油机把柴油机的功率从 1288kW 提高到 1840kW，但由于当时涡轮增压器的效率较低，未能得到普遍推广。1925 年，比希获得了脉冲增压的专利并在试验中获得了成功，功率可提高 50% ~100%。从 20 世纪 50 年代起，随着涡轮增压器效率的改进，柴油机采用涡轮增压技术后的功率和效率都得到了很大的提高，从而被广泛地推广应用。目前，在大功率的船用柴油机上已全部采用，而且以很快的速度向小功率的车用发动机领域普及。这被称为柴油机技术发展进程中的第二个里程碑。

1）增压技术对柴油机发展的重大影响

（1）功率和经济性获得全面的改善。按照 20 世纪 80 年代的水平，其比功率（以平均有效压力表示）较非增压柴油机增加了 4 ~5 倍。在增加功率的同时，使其单位功率的质量和体积指标大为改善，这样就大大地提高了柴油机在海军舰船动力中的生存力和竞争力。由于涡轮增压利用了排气能量来增加充气量以提高功率，不仅工作过程得到改善、燃油耗率下降，排放也得到了改善。由此可见，采用涡轮增压技术以后，柴油机的性能得到了全面的、大幅度的提高。

（2）增压技术的应用在很大程度上影响着柴油机技术和产品结构形式的发展。首先，在中速及高速柴油机中，四冲程柴油机已占绝对优势。在柴油机发展过程中，二冲程循环曾一度占有优势，因为在转速、汽缸尺寸相同的条件下，二冲程机发出的功率约为四冲程柴油机的 1.7 倍。但是采用增压技术后，四冲程柴油机的平均有效压力却是二冲程柴油机的两倍。其次，在柴油机发展的前期，为了提高柴油机的强化度，主要依靠提高转速。这样，就限制了缸径的增大，在结构上只能采用小缸径、多缸数的复杂结构。而采用增压技术后，可通过大幅度提高平均有效压力来强化，转速反而可以适当地降低，缸径、冲程长度可适当放大，从而缸数可以减少，结构得以明显地简化。再次，为使柴油机具有轻的质量比，前期的主要措施是采用轻质材料，导致其成本高、寿命短；采用增压技术后，可采用强度高的重金属，主要通过提高功率来降低比质量，既延长了寿命，又降低了成本。

2)国内外增压柴油机的现状

在20世纪80年代,国外舰用高、中速柴油机均已采用高增压和超高增压技术,使柴油机的平均有效压力($p_e$)达到2.5~3.0MPa。如德国MTU956柴油机的$p_e$=2.94MPa,法国PA6-280BTC柴油机的$p_e$=2.64MPa,这些柴油机均已装船使用。正在试验研究中的超高增压柴油机的$p_e$已达到3.5~4.0MPa。我国目前自行研制的最高水平中、高速柴油机的$p_e$只达到1.7~1.8MPa。

采用高增压和超高增压技术,使汽缸内的空气密度提高,增加了空气充量,同时要求相应地增加喷油量,才能实现提高平均有效压力的目的。这就必然导致缸内爆发压力的大幅度升高。目前,国外一些舰用高增压、高速柴油机的最高爆压$p_{max}$=14.5~15MPa。其中个别的中速柴油机如法国的PC30和芬兰的VASA46柴油机的$p_{max}$=18MPa,试验机的$p_{max}$达到20~22MPa。我国目前中、高速柴油机最高的$p_{max}$<13.5MPa。

由于采用高增压和高爆压,可使柴油机的燃油耗率降低到204g/(kW·h)以下,有些已达到163.2~176.8g/(kW·h)。我国目前中、高速柴油机的燃油耗率为197.2~210.8g/(kW·h)。

3)涡轮增压系统的发展

刚开始时,涡轮增压系统是在使用一根排气总管的定压系统试验中获得成功的。但是,当时并没有得到普遍的欢迎,因为涡轮增压器的效率不高,无法保证在汽缸扫气时所需的压差。脉冲增压系统问世后,柴油机的废气涡轮增压技术得到迅速的发展。脉冲增压系统着眼于利用排气阀开启时汽缸内气体的高温和高压的能量,使之在分支的排气管中以较少的损耗传递到涡轮前。然而由于其脉冲流动且涡轮处于部分进气状态,在涡轮内能量的转换效率较低。传统的脉冲增压系统是按发火次序将汽缸分组以避免各缸排气在排气管内产生干扰,其中以三个汽缸为一组,通过一根细而短的排气支管接到涡轮进口的脉冲增压系统,可以实现既无干扰又是全进气的要求,从而获得很好的效能。20世纪60年代后,由于增压度的不断提高,脉冲增压系统已难以满足发动机性能的要求,从而导致人们去探索各种新的形式;此外,涡轮增压器效率的改善,也为探求新的增压方案提供了必要的条件。目前出现的一些增压系统大多是在脉冲和定压系统这两种基本型式中的一些折中方案,力图发挥两者的优点,克服其存在的缺点。如20世纪60年代中期问世的脉冲转换系统、70年代发展起来的多脉冲系统等。脉冲转换器的作用就是既保持脉冲系统在部分负荷工况下运行的有利之处,以及增压器能快速响应柴油机负荷变化的作用,又能使涡轮在接近于定压系统状况下处于全进气、压力波动小的状态下工作,有利于提高涡轮增压器的效率。

近年来推出的模件式单排气总管(Modular Single Exhaust Manifold,MSEM)系统,具有结构简单、适合于系列化生产、在各种工况下均有较好性能的优点,因而受到了普遍的重视。MSEM系统中最早出现的是模件式脉冲转换(Modular Pulse Converter,MPC)系统,它将各缸排气支管做成收缩型喷管,然后斜向连接于一根直径较小的排气总管上。各缸的支管及相应的排气总管作为后一个模件,具有相同的形状和尺寸,将各管段连接起来,即形成了一个整体,构成排气系统并与涡轮连通。MPC系统模件的结构如图2.1.2所示。

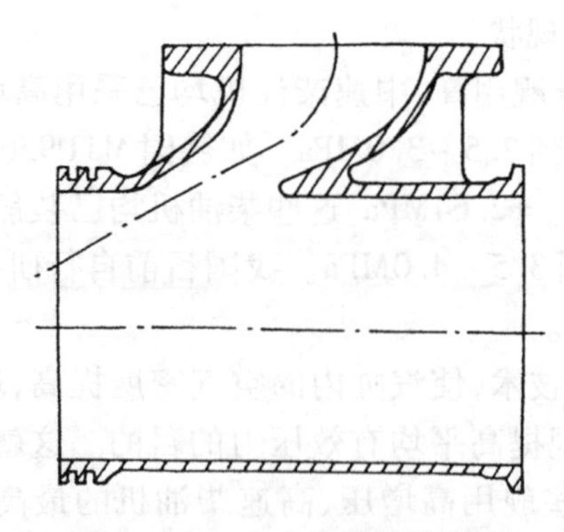

图 2.1.2 MPC 系统模件结构

在 MPC 系统中,从排气支管来的排气脉冲能量在喉口处变为动能并在总管中被部分保留,至进入涡轮后加以利用。同时,加速了排气管中气体的流动速度,使之产生引射作用而改善了相关汽缸的扫气。收缩型支管还可减小总管中压力波的传播、反射对汽缸扫气的不利影响。

由于 MPC 系统排气总管的直径较小,可以克服定压系统的大容积排气总管造成的能量损失。实践证明,在高工况时,MPC 系统的油耗率比脉冲系统稍低而比定压系统稍高;在低工况时,MPC 系统的油耗率比脉冲系统稍高而低于定压系统。由此可见,它较好地吸取了两者的优点,能适应各种工况下保持良好性能的要求。但是,由于在 MPC 系统中存在收缩型排气支管,使排气不通畅,从而导致泵气功损失的增大。于是又发展了长支管和带扩压总管的单排气管系统,即采用无缩口的长支管。这样,既可消除排气干扰,又可减少泵气功损失。一些扫气重叠角较小的柴油机则采用扩压形的长支管以进一步减少泵气损失。

综上所述,MSEM 系统具有以下共同的特点:

(1)排气总管容积介于脉冲系统和定压系统之间,支管的形式不同,主要是解决扫气干扰和泵气功的损失问题;

(2)稳态特性兼有两者的优点,低工况性能及响应特性近于脉冲系统而大大优于定压系统,高工况性能则好于脉冲系统;

(3)涡轮前压力波动小,近于定压,涡轮工作效率高;

(4)由结构简单的模件组成单一的排气总管,适合系列化生产。

迄今为止,各种增压系统都有其适用的场合。今后根据柴油机运行工况的要求还会出现一些新的结构型式。

当柴油机采用高增压或超高增压以后,会出现以下几方面的问题,需要采取相应的措施予以解决:

(1)需要有高压比、高效率的涡轮增压器。一般来说,欲使柴油机的平均有效压力达到 $p_e = 2.2 \sim 2.3\text{MPa}$,则相应的压比 $\pi_K$ 需达到 3.5 左右,同时涡轮增压器的效率 $\eta_{TK}$ 必须达到 63% 以上。如 BBC 公司的 VTR 涡轮增压器从“0”“1”系列发展到“4”“4A”系列,单级增压器的压比达到 4 ~4.5,总效率达到 65% ~75%。在超高增压系统中,总压比甚至要求达到 5 ~7。这时,一级增压已经达不到要求,须采用两台涡轮增压器串联,谓之二级增压。目前,一些高水平的舰用超高增压柴油机如 MTU956、PA6 - 280BTC、GMT ·

B230·DV等都是采用二级增压及空气中间冷却系统。

(2)高的机械负荷和热负荷。为了保证柴油机在压缩终点时汽缸内的压力和温度达到并超过燃料的自燃温度,其压缩比一般不低于11.5~12.5。在高增压的情况下,由于其涡轮增压器在启动和低速惰转时还起不了作用,因而也需要较高的压缩比才能满足启动和低速惰转的需要;但在高工况时,涡轮增压器发挥了作用,增压压力提高了,压缩终点的压力也将大大地升高。若保持压缩比不变,则在大量燃料喷入燃烧时,高增压柴油机的最高爆发压力 $p_{max}$ 一般在14.5MPa以上,某些超高增压柴油机更可能达到18~20 MPa。在这种情况下,柴油机零部件的机械负荷将大大地增加。为了缓解这种状况,需要降低压缩比($\varepsilon=9.5\sim8.5$),但却给柴油机的启动带来困难,需要采取措施予以解决。

在高增压柴油机中,喷入汽缸的燃油量成倍增加,发出的热量和需要散出的热量都大大增加,使受热部件的热负荷也相应增大。为此,需采用较大的过量空气系数 $\alpha=1.9\sim2.0$。

(3)低工况性能。

由于涡轮增压柴油机是往复式柴油机与回转式涡轮增压器所组成,两种不同的机械具有不同的流通特性,它们之间只有在某一点或某一个较小的区域内才能够形成良好的匹配。在低增压情况下,柴油机在整个负荷区域中的空气流量和喷油量的变化不太大,因而由于匹配点偏移而产生的影响还不明显。但是在高增压和超高增压的情况下,其空载、低负荷、满载高负荷之间的量差很大;同时,高压比压气机的有效运行范围也变得更为狭窄,这就导致了这样的结果:如果将匹配点选定在额定工况,则在低工况时的性能会恶化。为了改进其低工况性能,目前采取的技术措施是:

①采用可调喷嘴面积的涡轮。即随着负荷的下降,涡轮喷嘴的面积也相应减小。这样,在低工况时,随着废气能量的减少,涡轮喷嘴面积也相应减小,从而使涡轮前的排气压力提高,涡轮获得的功相对地要增加一些,汽缸内的充气量也相对地要增加一些,保证了在低工况时燃烧所需的过量空气。在高工况时,涡轮喷嘴面积相应增大,可以避免因进气压力过高而造成的爆发压力超限。

②采用相继增压系统。即采用多台涡轮增压器并联工作。随着负荷的减小,依次关闭。实质上也是减小废气流通面积,与上述原理相同。

③选择恰当的匹配点。即把匹配运行点向低负荷方向移动,以75%~80%负荷点来选配涡轮增压器的通流截面。这样可以缩小与低负荷区的间距,从而使低负荷性能得到一些改善。但这种方法在高负荷时(即选配点以上)会出现增压压力过高、涡轮增压器超速等后果,因此需要采取在涡轮前排放部分废气或者在增压器后排放部分新鲜空气的方法来加以避免。

④采取补燃措施以提高低工况时的废气能量。一般说来,当负荷低于40%时,排气管内的补燃室开始喷油燃烧,以提高排气温度,增大涡轮功,改善低工况性能及启动性能。

⑤采用二次进气等方法来改善汽缸充气系数。目的是使低负荷、低转速时的充气系数得以提高,从而改善其运行性能。

⑥使进、排气管内的气体旁通。即将部分增压后的新鲜空气流入涡轮前的排气中,以增大气体流量。这个措施是为了消除低工况时增压器发生喘振。由于其运行点离开了喘振区,涡轮增压器的效率有所提高,也可导致增加低工况时的供气量。

**3. 涡轮增压器**

涡轮增压器技术水平的提高对增压技术的发展有着重要的推动作用。从增压技术发展的历史可以看出,增压的概念及其作用早在柴油机发明的初期就已被认识到了。但是直到20世纪50年代以后,随着燃气轮机技术的发展,涡轮增压器的性能得到很大的改善,其压比和效率都有了大幅度的提高,才使涡轮增压技术在柴油机上得到了普遍的应用和迅速的发展。

目前在柴油机上使用的涡轮增压器可以分为轴流式和径流式两大类。两者的区别在于涡轮机的结构不同,而压气机则皆为离心式。轴流式涡轮增压器多用于大型柴油机(流量大),径流式则多用于小型柴油机。

涡轮增压器的进一步发展路径大体有以下几个方面:

1)提高性能

为提高增压压力,采用半闭式压气机叶轮;小型径流式叶轮采用整体精密铸造;压气机采用后弯叶片以改善叶轮出口径向分布;采用前倾叶片以改善叶轮出口轴向分布;优化叶片型线;径流式涡轮采用无叶涡壳;采用滚动轴承、浮动轴承或半浮动轴承。

2)提高对变工况运行的适应性

主要措施是:

(1)采用可调喷嘴截面积的叶片,以适应变工况下流量的大幅度变化;

(2)在无叶喷嘴的径流式涡轮涡壳中设置喉口面积可变的涡舌;

(3)在涡轮进气壳上设置放气阀与排气口相通的旁通阀,防止在高工况时超温、超速;

(4)在压气机出口与涡轮进口之间设置旁通阀和连接管,以适应低工况运行的要求;

(5)在涡轮进气壳和压气机进气壳内设置截止阀,以适应工况变化时顺序开关的需要;

(6)在压气机叶轮前盖上设置加速喷嘴,以提高转子对柴油机启动和加速的适应性;

(7)用超速离合器把曲轴和增压器连接起来,以保证低负荷时的增压比;

(8)设置动力涡轮,通过减速齿轮和联轴节与柴油机曲轴相连,由于它利用了更多的废气能量,使柴油机的功率得到提高,经济性得以改善。

**4. 柴油机的电控技术**

传统的柴油机设计指标往往设定在额定工况。但是柴油机的运行区域很广,尤其对于舰用柴油机来说,大部分运行时间是在部分工况下工作,而且随着增压度越来越高,其在低工况下的性能变得更为恶化,这是由于增压柴油机是由往复式柴油机及回转式涡轮增压器这两种流通特性不同的机械组合而成,它们之间的匹配是比较复杂而困难的。但也应看到,柴油机和涡轮增压器之间是靠气体相连接的,这是一种弹性连接方式,因而存在着可调节控制的环节。

传统柴油机的燃油喷射及燃烧系统的设计往往只重视提高热效率、降低燃油耗率,而对于燃烧过程中有害物质的生成以及对污染环境的排放物的控制却重视不够。实际上,在某些情况下这两个方面是相互矛盾和相互制约的,同时也和运行工况有关,为了协调两者以获得最佳的结果,因此需要对有关的环节和参数进行调节。

传统柴油机在运行时的主要控制装置是调速器,主要的被控参数是柴油机的转速。

仪表盘上所显示的参数也很有限,仅限于转速、滑油压力、排气温度等,只能保证不超速。要实现对整机在全部工作区域内的优化控制是远远不够的。但是在当时的技术条件下所能获得的信息是有限的,信息的处理也大多局限于人们的知识和经验所形成的判断力。

随着技术的迅速发展,信息获取和处理的能力有了迅速的发展,实现多变量、多环节的实时控制成为可能。例如电子控制技术的应用可以使原来凸轮-推杆-摇臂等机械传动的气阀传动机构改为由电磁阀及其相应的控制机构,利用传感器送来的信息,经控制器处理后发出指令,由执行机构及时改变气阀开关的时间和开启高度。由于柴油机的转速很高,一般要求在0.1s内作出反应,因此实时性也非常重要。所有这些只靠人力或机械方式是无法完成的,只能依赖于电子技术和计算机技术。

综上所述,由于电子和计算机技术在柴油机上的应用,可以在更大的运行区域内使柴油机性能得到大幅度的提高,实现性能优化控制并由此使柴油机的传统设计观念、方法乃至一些零部件的结构型式发生变化。可以预计,今后电子和计算机技术在柴油机的理论研究、试验、生产、运行、维修等各个阶段都会有越来越大的作用。因此,业界已获得普遍的共识,即机电一体化将成为柴油机技术发展进程中的第三个里程碑。

目前电子控制技术的应用范围主要有:

(1)可变供油定时、供油量和喷油速率;

(2)可变配气正时、可变气阀开度;

(3)可变进气道尺寸、可变进气涡流强度;

(4)可变压缩比;

(5)可变喷嘴尺寸增压器;

(6)可调增压系统:相继增压、旁通系统等。

其中电控喷油系统和电控配气系统是当前最活跃的两个分支。

1)电控喷油系统

采用电控喷油系统能使喷油量、喷油定时的控制达到最优化。还可包括喷油压力控制、喷油速率控制、怠速控制、故障诊断等多种附加功能,并能根据柴油机工况的变化进行适应性控制。因而电控喷油系统是实现柴油机节能和排放控制的有效手段。继20世纪70年代末实现了喷油量的电子控制并成功地研制出了电子喷射系统和电子调速器之后,80年代初又对直列式喷油泵实现了喷油正时的电子控制。此后,经过近十年的发展,现已出现了多种电控系统,例如:

(1)可变预行程电控喷油系统。

通过喷油泵可变定时套筒来改变柱塞预行程,从而控制喷油压力、喷油定时和喷油速率。它能在低转速时获得相对较高的喷射压力,使之具有良好的烟度、微粒和$NO_x$的排放指标。德国的Bosch公司于1994年投入批量生产。

(2)可变柱塞有效行程的电控系统。

美国Standyne公司将其生产的DB型分配泵改为电子控制喷油泵,称为PCF系统。它通过内凸轮环的位置进行控制,转动凸轮改变柱塞行程来控制喷油量,通过移动定时器活塞的伺服阀控制喷油定时。

(3)蓄压式(共轨式)喷油系统。

这种系统的特点是:有一个燃油蓄压器来储存高压燃油,喷油器是液压驱动的。它带有一个液流控制伺服阀并与电子控制装置相连接。它具有更大的灵活性,可以控制喷射压力、喷油定时及喷油速率,同时控制精度有很大的提高。因此它被认为是有发展前途的一种电控喷油系统。

共轨式喷油系统的构成简图如图 2.1.3 所示。

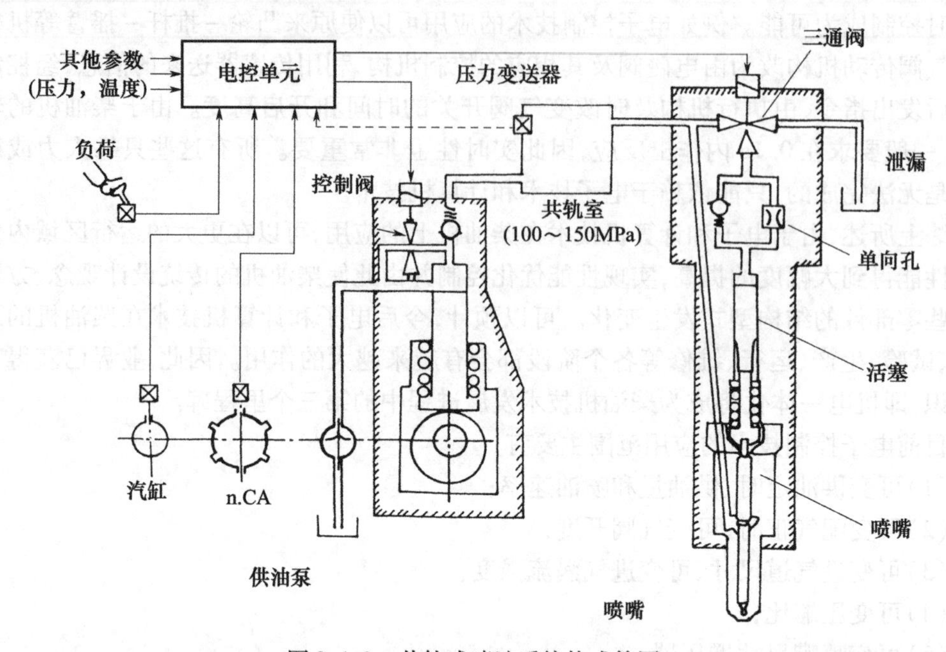


图 2.1.3　共轨式喷油系统构成简图

它与常规喷油系统相比,具有以下优点:

①采用恒压喷射可使滞燃期缩短、预混燃烧减少,可降低 $NO_x$ 的排放及噪声。采用高压喷射可改进燃油与空气的混合,使颗粒和碳烟排放减少。

②恒压系统的喷油压力不受柴油机转速及喷油量的影响,因此在低速、低负荷时仍能保持很高的喷射压力,进而可在很大程度上改善低速、低负荷工况时的转矩和排烟性能。

③可实现喷油率曲线按矩形进行的喷油规律,没有二次喷射和滴油等不良现象,可以改善燃油耗率和排放。

④循环和循环之间喷油状态变化的差异很小,可以改善柴油机的动力性能。

⑤利用在排气管内的后期喷射可以降低 $NO_x$ 的排放。

2)电控配气系统

(1)可变气阀升程。

柴油机低速时,使用小的升程和小的重叠角以增大转矩并减小油耗;高速时,用大的升程和大的重叠角以增大输出功率。

(2)可变气阀定时。

高转速时,推迟进气阀的关闭时间,可提高输出功率;低速时,提早关闭进气阀,可使低速转矩增大。电控配气系统中,气阀传动机构不采用传统的凸轮—推杆—摇臂这种机械传动机构而采用由电子控制的电磁阀来控制气阀的启闭和升程的大小。

(3)电子控制排气再循环技术。

由于排气再循环可以降低最高燃烧温度,因而是减少 $NO_x$ 排放的有效手段。在不同的运行条件下配以相应的最佳排气再循环量可使汽油机的燃油耗率稍有改善,并能提高其抗爆燃能力。

### 2.1.2 舰船用柴油机

**1. 高速柴油机**

高速柴油机是舰船的主要动力之一,可用作高速快艇、护卫艇、常规动力潜艇的主机,中型水面舰艇的巡航机及各类舰艇电站的原动机。高速柴油机的基本特征是:强载度($p_e \cdot C_m$)高,功率密度(kW/m³)大,体积小,比质量(kg/kW)轻,经济性(g/(kW·h))好等。为了达到所要求的高指标,就要采用各项先进的技术如高增压、高转速、高爆发压力、高喷油压力、高性能材料、高精度加工等。所以高速柴油机是柴油机技术发展水平的代表作。

1)第一代高速大功率柴油机

轻型高速大功率柴油机(750~3000kW/1000~2200r/min)主要用于排水量在200t以下的军用快艇上(包括鱼雷艇、导弹艇等),其特征是:功率大、转速高、质量轻、体积小、材料好、造价高、寿命短、用途窄,早期大都是由航空发动机变型设计而来。它们为了追求高的比功率,在设计思想上采取高转速、小缸径、多汽缸以提高单机功率,采用轻型结构和轻质材料以减轻重量,采用复杂的汽缸排列形式如X形、W形、▽形、王字形、星形等以使结构紧凑并缩小体积。由于小型快艇是近海突击兵力,作战半径不大,要求在战区内停留的时间不长,所以配置轻型高速大功率发动机是比较适用的,在20世纪五六十年代曾火爆一时。代表性机型有轻12V-180、重12V180ZC、42-160等。

由于当时的增压技术尚不够成熟,要提高柴油机的强载度,唯一有效的途径便是提高转速。同时考虑到发动机的承载能力和可靠性要求,汽缸直径不能过大,因此要想获得很大的单机功率,则只有走增加汽缸数目的道路。为了解决高功率、轻质量、小体积的基本指标要求,只有采用轻质材料、轻型结构即以牺牲可靠性和寿命方面的要求为代价来保证。而在此之前航空活塞式发动机已被淘汰,但其技术和制造方面的经验可以很方便地移植过来。所以早期各种型式的高速大功率柴油机多数采用轻型、高速、多缸等技术特征。

进入20世纪70年代以后,防御能力薄弱、单纯攻击型、作战半径小的导弹艇已逐渐被吨位较大,电子设备及攻击、防御手段更完备,续航力更大,装载有导弹武器的舰艇所替代。这些舰艇对主机提出了更高的要求,第二代高速大功率柴油机逐渐出现。

2)第二代高速大功率柴油机

目前在水面舰艇上(排水量1000~4000t),柴油机仍然占有相当重要的地位。如法国建造的满载排水量为3800t(标准排水量3000t)的防空型驱逐舰采用全柴推进,4台18VPA6-280BTC柴油机,总功率为31401kW,最大航速达到30kn。

在排水量较大的护卫舰和驱逐舰上,已越来越多地采用柴-燃联合动力装置,即以高速大功率柴油机作为巡航机,以燃气轮机作为加速机。如法国的C70型反潜驱逐舰,采用两台奥林普斯TM3B燃气轮机作为加速机,最高航速可达到30kn,采用两台

12VPA6－280 柴油机作为巡航机，在拖曳一个可变深声呐装置时的巡航航速达 19kn，续航力可达 9500n mile。意大利海军在"狼"级护卫舰上（满载排水量为 2525t），采用两台 LM2500 燃气轮机作为加速机，最高航速可达到 36kn，采用两台 GMTA230SS 涡轮增压中冷高速 20 缸柴油机作为巡航机，在转速为 1200rpm 时的最大单机功率为 3330kW（4500hp（马力，1hp＝735W）），巡航航速为 20.3kn。其改进型"西北风"级采用了 GMTB230/20DM 柴油机，单机功率达 6300hp。德国海军在 F－122 型护卫舰（满载排水量 3800t，标准排水量 3200t）上采用两台 LM2500 燃气轮机，最大航速 30kn，巡航机为 2×MTU20V956TB92 型柴油机（转速 1410rpm 时单机功率为 3900kW，5030hp），巡航航速为 18kn。

在柴－燃联合动力装置中，由于高速大功率柴油机具有良好的经济性、较长的使用寿命而且技术比较成熟、造价较低，与燃气轮机相比，更适合作为经常使用（占舰艇使用时间的 80%左右）的巡航主机。例如，美国的 LM2500 型燃气轮机在全工况时的燃油耗率为 191g/（hp·h），英国的奥林普斯 TM3B 型燃气轮机的燃油耗率为 214g/（hp·h），而 MTU 高速柴油机在额定工况时的燃油耗率仅为 150g/（hp·h）。在部分工况低负荷时的差别更大，如 LM2500 机在 0.25 工况时的燃油耗率达 270g/（hp·h），TM3B 竟达 390g/（hp·h），而 MTU 机在 0.25 工况时的燃油耗率仅为 200g/（hp·h）。

（1）新型舰用高速大功率柴油机的技术要求。

①提高单机功率。

为满足舰艇排水量增大和较高航速的要求，单机功率也在不断增大。现代高速大功率柴油机单机功率已达 8800kW。目前提高单机功率的主要技术途径是采用增压技术以提高柴油机的平均指示压力，现在一般已达到 2.0～2.4MPa，最高为 3.0MPa 左右。在采用高增压方案时，增压压力在 0.35MPa 以下（$p_e$＝2.3～2.5MPa）时，可用一级增压，增压压力更高时（最高接近 0.5MPa，相应的 $p_e$＝2.5～3.0MPa）则需采用二级增压。为了解决采用高增压后出现的汽缸内爆发压力过高、低负荷性能差、启动困难、排气污染等问题，相应地采取了一些技术措施，如降低压缩比（$\varepsilon=8.5$）、相继增压、充量转换、停缸技术以及空气中冷、燃油的高压喷射系统、冷却水温度与柴油机负载逆向变化的冷却系统等。由于四冲程柴油机采用增压技术比较容易，因而现代高速大功率柴油机均为四冲程柴油机。

提高单机功率的另一条有效途径是增大柴油机的汽缸容积。与前述轻型高速大功率柴油机为提高功率而采取小缸径、多汽缸、高转速的技术途径不同，目前主要是采取增大汽缸直径的方法（$D\geqslant230$mm），汽缸数目一般最多为 20 个（个别机型达 24 个），结构型式均采用 V 形排列。

②降低燃油及滑油耗率。

热效率高、经济性好，可以节约能源及增大续航力，这是柴油机在国民经济和军用舰船上得以广泛应用的突出优势。在面临其他型式动力（如燃气轮机）激烈竞争的形势下，必须不断采取措施加以改进。目前，国外大功率柴油机的燃油耗率已降至 191～210g/（kW·h）（141～155g/（hp·h）），滑油耗率已降至 1.22～2.72g/（kW·h）（0.9～2g/（hp·h））。所采取的主要技术途径是优化工作过程如改善燃烧过程（如采用高压喷射，$p$＝120～150MPa）；改善柴油机与涡轮增压器的匹配、采用先进的增压系统及性能更高的涡轮增压器；尤其是机电一体化的发展、电控技术的应用如共轨式电子控制喷射系统、可变定时的进排气阀机构、可控涡轮喷嘴截面等技术的应用，使柴油机在全工况范围内的经济性得到很大的改善。

③提高可靠性和使用寿命。

随着舰艇排水量的增大及战斗使命的扩展，对柴油机的可靠性和使用寿命提出了更高的要求，而对质量和尺寸的要求则有所放松。同时，若要高速柴油机在除了质量和尺寸以外的各个方面的性能指标都能够有大幅度的提高，必须遵循军民通用的原则，这就使可靠性和使用寿命的地位更显重要。因此，当前在高速大功率柴油机的设计指导思想上有了重大的变化，即不再过分地追求减轻质量和缩小体积。目前国外高速大功率柴油机的质量比为2.7~3.7kg/kW，体积比为183~198kg/$m^3$。由于柴油机总体结构的强度和刚度得到了保证，所以现代高速大功率柴油机按快艇工况的检修期已达到6000h，按巡航工况为12000h，作为民用时则在20000h以上。由此，第二代高速大功率柴油机是以“重型”为特征，亦称为重型高速大功率柴油机并以可靠、通用为其主要特点。

(2)新型舰用高速大功率柴油机的设计趋势。

①机型设计趋势。

舰用高速大功率柴油机自20世纪30年代初期开始使用至今已有60余年的历史。初期(头30年)，从航空发动机演化而来的轻型高速大功率柴油机得到了很大的发展。它们的共同特点是采用高转速来强化柴油机的功率指标；采用小缸径、多汽缸、复杂结构来提高单机功率；采用轻质材料来减轻质量；采用精密的加工工艺以保证其工作的可靠性和寿命；采用高级燃料及润滑油以提高其性能。这些均导致了柴油机的购置费和运行费用十分昂贵，使用管理和维修困难，故障率高，只适用于军用舰艇和少数专用场合。由于其用途狭窄，生产批量必然小，使生产成本进一步提高。

近30年来，由于增压技术的发展，使柴油机的平均有效压力提高了4~5倍，涡轮增压已成为强化柴油机功率指标的主要手段。同时涡轮增压技术还使柴油机的燃油耗率下降，经济性指标也得到了很大的改善。采用增压以后，柴油机的机械负荷及热负荷增大，这就导致在结构薄弱的轻型高速大功率柴油机上的应用与发展受到限制。在此情况下，一批转速较低、缸径较大、缸数较少、结构较强、质量较高的高速柴油机得到了迅速的发展。这些柴油机都是采用V形结构，转速较低(1000~1800r/min)，汽缸数目在12~20，其经济性较好，寿命较长。由于其单位功率的质量较大，故被称为重型高速大功率柴油机。采用增压后，重型高速大功率柴油机的功率密度指标在不提高转速的情况下得到了很大的提高，由于单机功率的大幅度提高，其比质量指标也获得了很大的改善(可达2kg/hp左右)并已逐渐接近轻型高速柴油机的指标，因而也可满足轻型高速舰艇对柴油机的要求。

因此，新型舰用柴油机的设计趋势之一是以“重型”结构为基础，通过提高增压度而使其指标“轻型”化。

在柴油机发展的历史进程中，二冲程柴油机曾占有过重要的地位。在我国舰船用高速和中速大功率柴油机中，二冲程机也占有相当大的比重。从柴油机技术发展过程来看，在非增压及机械增压时期，采用二冲程循环的单位容积功率可以比四冲程提高1.7倍左右，当时柴油机的强化度不高，机械负荷和热负荷都比较低，在可靠性方面没有出现过什么问题。同时，二冲程机的结构比较简单，尤其是汽缸头上没有气阀机构，使得运行管理的简化和可靠性方面都得到很大的收益。因此时至今日，其在中、低速柴油机和摩托车用的小型高速汽油机上仍有着广泛的市场。

另一方面，在发展过程中，二冲程机为了克服其经济性差、燃油耗率和空气耗量比较高的缺点，对扫气方式进行了改进，采用气阀直流式扫气。由于扫气空气的耗量大，尤其在增压后还需要用扫气空气去冷却降低机件的热负荷。因此，一般的四冲程柴油机的空气耗率为5～6.5kg/(hp·h)，而二冲程柴油机却高达5kg/(hp·h)。在此情况下要实现涡轮与压气机之间的功率平衡就相当困难了，尤其在启动和低负荷运转时的性能非常差，在多数情况下需采用辅助能源或采用机械传动式结构由曲轴给予补助。这样不仅使结构上大为复杂而且使经济性恶化。

目前四冲程机的平均有效压力值已为二冲程柴油机的2倍以上，从而在功率输出方面已完全可以弥补由于工作循环不同而引起的差异，而且在经济性方面已占有明显的优势。

综上所述，四冲程循环、高增压、V形结构是新型高速大功率柴油机的主流发展趋势。

②单机功率。

高速大功率柴油机在海军舰艇上的主要用途是作大型快艇及轻、中型护卫舰的主机，驱逐舰的巡航机，常规动力潜艇电站的原动机等。同时考虑到柴油机技术发展的水平及其竞争对象舰用燃气轮机的发展情况。从柴油机目前达到的水平来看，与柴油机功率指标有关的主要是平均指示压力和转速。对单机功率的限制因素还有汽缸容积和汽缸数目。

a. 采用一级涡轮增压及中冷技术，柴油机的平均有效压力可达到2.5MPa；

b. 柴油机的转速受到工作可靠性和寿命的限制，若以活塞平均速度为指标，则还需要考虑到汽缸的尺寸(冲程长度)，目前一般取为1000～1500r/min；

c. 汽缸数目，一般V形机最多为20个；

d. 汽缸尺寸，如果限制活塞平均速度在10～12m/s以下，则冲程长度应在0.23～0.33m范围内，高速机的D/S为1.0～1.2，因此其缸径应在230～280mm的范围内。

综上所述，新型高速大功率柴油机的单机功率范围为8000～10000hp(5968～7460kW)。

③燃油耗率。

燃油耗率是柴油机经济性的指标，对舰艇的续航力等重要战技术性能有重要的影响，也是柴油机技术先进性的重要标志。国外目前比较先进的柴油机的燃油耗率为191～210g/(kW·h)(141～155g/(hp·h))。当前，降低柴油机燃油耗率的主要措施有：提高爆发压力、采用高压喷射及电子喷射系统等。但是考虑到柴油机零部件的机械负荷和热负荷对其可靠性及寿命的影响，随着增压度的提高，往往要采取降低压缩比的措施以避免过高的爆发压力(目前一般的$p_{max} \leqslant 15MPa$)，这就对经济性的进一步的改善产生不利的影响。此外，随着对柴油机排放的限制日趋严格，而降低排放的措施往往又不利于燃油耗率的进一步改善。因此，燃油耗率指标在一段时间内将会保持稳定。采用优化技术并在计算机和控制技术的支持下，实现在全工况范围内优化控制，使柴油机向灵活化、智能化方向发展，将是提高柴油机经济性的新的重要途径。

④可靠性与寿命。

柴油机的可靠性对舰艇的战斗使用有重要的影响，高的故障率会严重地影响在航率。检修间隔期的长短也会影响在航率，同时还会使运行费用增大。柴油机的寿命应与舰船的服役期相匹配。因此，根据高速大功率柴油机用途的不同，分别提出不同的要求。例如：用作快艇主机的检修间隔期以6000h为宜；用于联合动力装置中做巡航机和用作水面舰艇主机的检修间隔期以12000h为宜;降低指标后用于民船主机的检修间隔期则应为20000h。

⑤质量和尺寸。

新型高速大功率柴油机是以“重型”为特征的,因而具有较好的经济性和较长的寿命。但是由于采用高增压技术以后,柴油机的功率得到了大幅度的提高,因而其比质量指标能大幅度地减轻,逐渐向轻型高速大功率柴油机靠近,目前已达到了2.7~3.7kg/kW,体积比为183~198kW/$m^3$。

⑥隔振和降噪。

高速大功率柴油机一般都产生很高的振动和噪声,如轻42-160型柴油机总噪声级的实测值为127dB(A)。为了提高舰艇的反潜能力和抗冲击能力,改善舰员的工作和生活条件,对隔振和降噪做了大量的研究改进工作。除了改善柴油机自身的平衡、扭振、刚度及零部件结构外,还致力于柴油机外部的隔振和降噪技术的研究并已取得了显著的效果,如MTU公司的箱装体(包括隔声罩和双层隔振系统)能降低噪声20 dB。

⑦低磁性。

一些特殊用途的舰艇如扫雷艇、猎雷艇等对其主机的非磁性提出了很高的要求。解决这个问题的途径有两个:一是柴油机采用大量的低磁性材料如铝合金等;二是对铁磁体柴油机采用磁性补偿控制技术以降低柴油机的干扰磁场。

**2. 中速柴油机**

中速柴油机是柴油机家族中的重要成员,它的用途十分广泛,军用可作为护卫舰、潜艇、辅助船舶的主机,民用可作为船舶、机车的主机及电站的原动机。因此,中速机的型号品种很多,功率的覆盖面很广,从几百千瓦到两万千瓦。

当前中速机的发展趋势主要是与低速机争夺大型民用船舶主机的市场。中小功率的中速机则是巩固其在渔船、运输船及电站领域的阵地。中速机具有较强的结构、较长的寿命和较好的可靠性。与低速机相比,具有质量轻、体积小的明显优势,因此在一些有较特殊用途的船舶(如滚装船、渡船等对机舱高度有比较严格限制的船舶上)更为适用。为了在民船上获得更大的使用范围,中速机主要是在利用增压技术来提高其单位容积功率,改善燃烧,烧重油甚至渣油,改善工作过程、提高爆发压力以降低燃油耗率等方面取得进展。另外,其在采用电子技术以提高运行性能、监控状态、提高工作可靠性及操作的自动化程度等方面也大有可为。

1)国外主要中速机型的发展水平(表2.1.1)

表2.1.1 国外主要中速机型的发展水平

| 机型 | $(D/S)$/mm | 单缸功率/kW | $n$/(r/min) | $p_e$/MPa | $g_e$/(g/(kW·h)) |
|---|---|---|---|---|---|
| MAN B&WL40/S4 | 400/540 | 607 | 500 | 2.14 | 180 |
| SEMT PC20 | 400/550 | 550 | 450 | 2.34 | 174 |
| MAK M35L | 350/450 | 490 | 600 | 2.25 | 178 |
| New Sulzer ZA40s | 400/560 | 662 | 510 | 2.217 | 183.6 |
| Wartsila Vasa | 220/260 | 140 | 750 | 2.28 | — |
| SWD FG240 | 240/260 | 185 | 1000 | 1.88 | 186 |
| Bombardier B2400 | 240/270 | 205 | 1100 | 1.83 | — |

从表2.1.1中可以看出国外主要中速机在动力性能和经济性方面都已达到了相当的水平。缸径在200～400mm，转速在500～1000r/min，平均有效压力多数已在2.0MPa以上。增加单缸输出功率、减少缸数已成为一种趋势，缸径300mm以下的单缸功率已接近或超过200kW(300hp)，400mm以下的则达到368kW(500hp)，缸径超过400mm的则可达到600kW(816hp)，个别的甚至达到900 kW(1224hp)。燃油耗率多数已达到135g/(hp·h)，有的甚至达到163.2g/(kW·h)(120g/(hp·h))，已与低速机相近。此时柴油机的热效率已达到52%。为了加强与低速机的竞争能力，开发利用劣质燃料也成为一个重要的发展趋向，如Krupp Mark，Wavtsila Vasa等机型都已能使用黏度为700cSt/50℃的重油，还有不少已能使用黏度为380cSt/50℃的重油。此外，还有的柴油机已具备燃用多种燃油的能力。

2)我国的中速柴油机

中速柴油机在我国大功率柴油机中占有很大的份额，约占总产量的75%。产品中有自行研制和引进生产许可证两类，共33个系列机型。前者产量占90%，后者占10%，绝大多数为民用品。柴油机的缸径为180～400mm，转速375～1000r/min，功率300～5800kW。

在自行研制的产品中，大连机车车辆厂研制的240系列机车柴油机最具有代表性。其技术指标先进、生产批量大、使用范围广、运行时间长。该机型于1966年开始设计，于1974年造出第一台样机，到1996年已从A型发展到E型，其间功率提高了40%以上。E型机的功率为3860kW，转速1000r/min，平均有效压力2.0MPa，达到了20世纪90年代的国外先进水平。240柴油机的年产量为526台(1996年统计数)，总功率为1307650kW。该机结构紧凑、质量尺寸比较轻小，能够满足舰用主机的指标要求，具有很大的军民通用的可能性。

引进许可证生产的产品主要集中在中国船舶工业总公司所属的企业，另有长江轮船总公司和大连渔轮公司等6家公司，共12个系列机型。

**3. 低速柴油机**

1)低速柴油机的特点和发展趋势

低速柴油机在大型民用船舶动力领域占有绝对优势，在大型军辅船上也占有一席之地。低速机具有单机功率大、经济性好、寿命长等突出的优点。同时由于其结构简单、强度大、转速低，因此柴油机一些新技术的应用也常常是先在低速机上取得突破。可以把低速机看成是柴油机技术发展、产品改进的摇篮。从目前来看，低速机的技术发展呈现出一种整体优化的趋势，主要体现在：

(1)单机、单缸的功率越来越大，功率覆盖面宽广，在1800～68400kW。据最近报道，功率达90000hp(68440kW)以上的特大功率柴油机已经问世，如MAN B&W公司的K98MC－C柴油机的功率可达93120hp。New Sulzer公司的RTA96柴油机的功率达到89580hp。

(2)平均有效压力在二冲程机上达到2.0MPa。

(3)燃油耗率进一步降低，达到164.6g/(kW·h)(121.7 g/(hp·h))。

(4)继续提高废热回收率以提高综合效率。

(5)采用压比高达5∶1和效率更高的增压器，如ABB公司的4P型增压器。

(6)在确保柴油机性能的基础上，进一步降低$NO_x$的排放。

(7)以“预报保养系统”取代常规的定期检修,即利用传感器或小型电感比较仪等电子设备以随时监测机器的运转状态。

(8)进一步减小振动,降低噪声。

(9)进一步提高柴油机的可靠性。

(10)进一步提高柴油机操纵管理的自动化程度,实现船舶的“无人机舱”。

2)国外低速柴油机

世界上拥有低速柴油机开发能力的柴油机企业,已由20世纪60年代的10家减少到现在的3家。德国的MAN B&W公司和瑞士的新苏尔寿(New Sulzer)公司(最近又与MAK公司合并)的产品占整个份额的90%,日本的三菱重工约占10%。目前,低速机的技术开发以欧洲为主,包括新产品开发、许可证转让、售前售后的技术服务等。产品制造则以亚洲(日本、韩国、中国)为主,包括生产规模、产品质量成本价格、生产周期等方面展开的竞争。

目前,国外低速柴油机的三大型号为MAN B&W公司的MC系列,New Sulzer公司的RTA系列,三菱公司的UEC系列,均为二冲程单气阀直流扫气、定压涡轮增压系统柴油机。汽缸直径$D = 260 \sim 900$mm,采用长行程或超长行程($S/D = 3.0 \sim 3.8$),平均有效压力$p_e = 1.6 \sim 1.85$MPa,最高爆发压力$p_{max} = 13.5 \sim 16$MPa,转速$n = 250$r/min,燃油耗率$g_e = 163 \sim 180$g/(kW·h)。

3)我国的低速柴油机

目前,我国低速柴油机主要生产引进的生产许可证产品如MAN B&W和New Sulzer公司的产品。除最新机型外,一般均能保持80%左右的国产化率,同时能跟上两大公司产品开发和技术改进的节奏,国外开发的新产品,我国在两年以后即可提供给用户。1996年中国船舶工业总公司所属4个低速柴油机制造厂的产量达到446000kW,占世界产量份额的5%,仅次于日本和韩国,居世界第三位。

### 2.1.3 舰船柴油机技术进展

随着数学、力学(包括固体力学、流体力学、热力学)、机械设计方法、实验技术、制造工艺及材料等学科和技术的发展,柴油机的理论研究、技术开发等方面都取得了显著的进步。柴油机技术的发展主要表现在以下几个方面:①数学优化在柴油机设计中的应用;②新燃料的研究和应用;③高性能舰船的柴油机动力。

**1. 数学优化技术在柴油机设计中的应用**

内燃机设计采用优化技术的目的在于改善产品的性能,减轻零部件的质量,降低应力,延长寿命,提高可靠性,降低成本等。通过目标函数和约束条件把这些要求化为数学描述,成为约束问题,再选用适当的优化方法,利用计算机自动搜索出最优的设计方案。

优化设计首先是确定优化目标。例如,是要确定结构可靠性优化还是性能优化;是零件的强度优化还是刚度优化;是质量(轻)优化还是体积优化等。按照优化目标拟制优化模型、确定设计变量、建立目标函数和约束方程。然后再选取适当的优化方法,进行优化计算,得出结果。例如在活塞设计中,可将优化目标定为轻的质量,然后在工况、应力、强度、温度、活塞与缸套配合等约束条件下进行优化设计以求出活塞最轻的结构形状和尺寸。

内燃机性能优化是当前研究的热点,它对全面提高质量水平有重要作用。下面对此作具体介绍。

(1)优化方法分类。

①按变量数目的不同,可分为单变量优化方法(或称一维优化方法)与多变量优化方法(或称多维优化方法);

②按目标函数的多少,可分为单目标优化方法与多目标优化方法;

③按约束情况的不同,可分为无约束优化方法和有约束优化方法;

④按求解方法特点的不同,可分为准则法和数学规划法。

在当前的优化方法中,数学规划法是从解极值问题的原理出发来求最优解,获得了广泛的应用。数学规划法又可分为线性规划、非线性规划、几何规划、整数规划、随机规划和动态规划等方法。目标函数与约束条件均为线性函数时,称为线性规划。目标函数与约束条件中只要有一个是非线性函数,则称为非线性规划。当目标函数是一个特殊形式的多项式或非线性函数,可以按照算术平均极小化等价于某几何平均的极大化的对偶性质求解时,称为几何规划。当设计变量的一部或全部只能取得某些离散值或只能取整数时,其求解方法称为随机规划。当设计变量的取值随时间或位置而变化时,可将问题分为若干个阶段,利用一种递推关系式或一个接一个地依次作出最优决策,使整个设计取得最优结果的过程,称为动态规划。

在工程设计中,绝大部分是多变量的、有约束的非线性规划问题,解决这些问题非常复杂。所以在实际工作中常常要进行简化,如将多目标优化转化为单目标优化,将有约束问题转化为无约束问题,将多变量问题降维处理等。因此,单目标无约束的一维寻优方法是最优化方法的基础。

优化问题的求解方法可以分为直接法和间接法两类:直接法是按照一定的规律,在迭代过程中通过计算和比较目标函数值的大小,逐步搜索逼近,最后寻到满足精度要求的最优解。常用的一维直接寻优法有:0.618 法(亦称黄金分割法)、Fibonacci 搜索法和 Powell 二次插值法等。0.618 法和 Fibonacci 搜索法的基本思路是按规定的比值逐步缩小搜索区间直至最小值。两者的区别在于选择舍留区间的方法不同。二次插值法是利用二次多项式逼近原目标函数,然后求出该式的极小点作为目标函数的近似极小值。常用的一维间接寻优法称为梯度法。其基本思路是应用微分法求极值。在多维无约束优化方法中,间接法有最速下降法、共轭梯度法和 DEP 变尺度法;直接法有模矢搜索法、单形法和方向加速法。多维有约束寻优方法可分为两种:解等式约束下的多维寻优方法,如消元法、拉格朗日乘子法等;解不等式约束下的多维寻优方法,如罚函数法、复合形法等。要加以说明的是,有约束的优化问题通过某些步骤可以转化为无约束问题来处理,反之亦然。

(2)柴油机优化设计的数学模型。

作为最优化问题的数值方法,最常用的是非线性规划,其数学模型的一般形式为

$$\min_{x \in D \subset R^n} \left\{ F(x) \middle| \begin{array}{l} h_i(x) = 0, i = 1, 2, \cdots, m \\ g_i(x) = 0, i = 1, 2, \cdots, p \end{array} \right\} \tag{2.1.2}$$

公式(2.1.2)表示对目标函数 $F(x)$ 极小化,即 $\min F(x)$,$x \in D \subset R^n$,$F(x)$ 为 $n$ 维向量的非线性函数;

使合于 $m$ 个等式的约束条件,并合于 $(p-m)$ 个不等式的约束条件。

$h_i(x)$,$g_i(x)$并非 $n$ 维向量的线性函数,所以把式(2.1.2)表示的问题称为一种非线性规划。

式(2.1.2)中 $D$ 是约束条块组成的可行域;$x \in R^n$ 表示设计变量属于 $n$ 维的欧氏空间,括号{ }表示某一集合是由某些共同性质的元素所组成。

数学规划问题中最基本的组成部分是变量、目标函数和约束条件这三部分:

①变量与参数。

变量是指对设计任务有影响并可由设计者控制的量值,也称为设计变量。参数是指对设计任务有影响但是不能由设计者选择的量值。设计变量在整个优化设计过程中需要不断地调整,以确定其最佳值,如工作过程优化计算中的喷油提前角、进排气定时、喷油持续时间等。状态变量则是不能由设计者直接控制的参数,它依赖于设计变量的值,诸如气体的压力、温度、缸壁的热传导等。

设计变量与参数的选择要根据设计任务的需要和各种因素对设计指标的影响程度而定。一般来说,可调整的设计变量愈多,优化设计的效果也愈好,但是问题也随之愈复杂。因此应只将那些对设计指标影响比较大的因素定为设计变量。通常可根据设计变量的多少来规范优化设计的规模。当设计变量 $n<10$ 时为小型设计;当 $n=10\sim50$ 时为中型设计;$n>50$ 时为大型设计。在柴油机热力过程设计时,曾列出了25个设计变量。在数学模型中常用 $x_1,x_2,\cdots,x_n$ 表示 $n$ 个设计变量。以这些变量为坐标所描述的空间为设计空间,空间中任意一点 $x$ 的相应坐标值$(x_1,x_2,\cdots,x_n)$都对应着一个设计方案,称为设计点。当 $n=2$ 时,设计空间是一个平面;当 $n=3$ 时,设计空间是一个三维空间;当 $n>3$ 时,想象的空间即为 $n$ 维欧氏空间。

②目标函数。

目标函数是评价设计优劣程度的标准,也是优化设计追求的目标。经常用作目标函数的有:性能指标(热效率高,输出功率大,可靠性好);结构指标(质量轻,体积小)等。不同的目标函数对应有相关的设计变量。优化设计的任务就是要找出目标函数的最大(或最小)值,以及与此对应的一组设计变量值,目标函数的极大化与极小化是等价的,可以互相转化,因此,一般寻优过程均指求极小化目标函数的过程。

$$\min\{F(x)\} = \max\{-F(x)\} \tag{2.1.3}$$

③约束条件。

在优化设计中,设计变量的取值通常不能任意地选取,总是要受到某些条件的限制的,这些条件称为约束条件。约束条件是设计变量的函数,故又称为约束函数。约束条件一般分为性能约束和边界约束两种。性能约束又称功能约束或状态约束,它是反映设计对象性能或状态的要求,如柴油机工作过程优化中最高爆发压力 $p_{max}$ 的限制和燃烧过量空气系数 $\alpha$ 的最低值限制等;边界约束又称区域约束,它是规定设计变量的许可范围,如工作过程优化中的压缩比 $\varepsilon$、进排气阀直径 $D$ 和气阀定时的选取也都有一定的限制范围。约束条件的表达形式有以下三种:

不等式约束

$$g_i(x)\geqslant 0, g_i(x)\leqslant 0, i=1,2,\cdots,m \tag{2.1.4}$$

等式约束

$$h_i(x)=0, i=m+1,\cdots,p \tag{2.1.5}$$

也可以用 $h_i(x) \geqslant 0$ 和 $-h_i(x) \leqslant 0$ 代替。

区域约束

$$a_i \leqslant x_i \leqslant b_i, i = 1, 2, \cdots, n \tag{2.1.6}$$

（3）柴油机工作性能的优化。

柴油机工作性能的优化设计主要包括：缸内工作过程的优化组织和进排气系统的优化设计。

以缸内过程为例，其组织状况的优劣直接影响到柴油机的动力性、经济性、运行的稳定性和可靠性。它涉及大量的参数和变量，它们之间的关系既有统一之处又有矛盾之处。因此，所谓优化过程实质上是在一定目标要求下的协调与折中。若以工作过程循环的效率为目标，则必须满足以下基本要求并受到一些方面的约束。如：

a. 在设计工况下，必须保证足够的燃烧过量空气系数以保证燃烧过程的完善，才能获得良好的经济性，实现较低的比油耗。在增压柴油机上就是要保证足够高的增压压力和空气流量。

b. 缸内循环的最高爆发压力，对循环的效率有直接的影响，$p_{max}$ 升高，效率也会相应提高。但过高的爆发压力会导致零件的机械负荷增大，故应有一定的限制。同时，压力升高比 $dp/d\varphi$ 的最大值过大也会使柴油机工作过程粗暴，噪声增大，因此也应有所限制。

c. 涡轮增压器应在高效率区工作，且其转速不超过允许值，同时在柴油机的整个运行区域内不会发生喘振和阻塞。

d. 涡轮前的排气温度是废气能量大小的标志，但它也影响到受热机件如排气阀等的工作寿命与可靠性。因此，排温应保持在合理的范围内。

e. 不仅要求在设计工况时具有良好的性能而且在低工况及过渡工况时也具有良好的动力性、经济性和响应能力。

f. 在追求循环经济性的同时还必须考虑柴油机排放对环境污染的影响等。

具体步骤分成两步进行。下面以循环的指示效率作为目标函数为例说明：

①优化数学模型。

优化的数学模型可表示为：

目标函数

$$\min_{x \in R^n} F(x) = 1 - \eta_x(x) \tag{2.1.7}$$

寻优变量

$$x = [x_1, x_2, \cdots, x_n]^T \tag{2.1.8}$$

约束条件

$$
\begin{aligned}
G_1(x) &= [p_z] - p_{max} \geqslant 0 \\
G_2(x) &= [T] - T_{max} \geqslant 0 \\
G_3(x) &= [dp/d\varphi] - dp/d\varphi_{max} \geqslant 0 \\
G_4(x) &= [T_T] - T_{max} \geqslant 0 \\
G_5(x) &= \alpha - [\alpha] \geqslant 0 \\
G_6(x) &= [g_e] - g_e \geqslant 0 \\
H_1(x) &= [N_e] - N_e = 0 \\
&\cdots
\end{aligned}
\tag{2.1.9}
$$

变量的优化范围：$x_{i\min} \leqslant x_i \leqslant x_{i\max}, i = 1, 2, \cdots, n$

式(2.1.9)中带方括号[ ]的值，为事先选定的限制值。寻优变量中：$x_1$为喷油提前角$\theta_s$，$x_2$为排气阀开启角$\varphi_{Exe}$，$x_3$为压缩比$\varepsilon$，$x_4$为进气阀关闭角$\varphi_{Se}$……设计变量越多，优化的效果也越好，但也使优化过程的计算量大大增加。因此在一般情况下应将一些影响不大的参数定为常数，即认为它们对优化设计无作用；将一些与设计变量呈某种规律变化的参数用曲线方程或数理统计方法来处理；而只将那些显著影响设计指标的参数选为设计变量，并根据具体问题来确定其变化范围，即：$x_{i\min} \leqslant x_i \leqslant x_{i\max}, i = 1, 2, \cdots, n$。

②进行优化的方法。

由上面的优化模型可以看出，柴油机工作过程优化问题是一个多维的有约束的非线性规划问题。选择合适的优化方法是指在获得最优解的过程中，函数值的计算次数要少。函数值的计算次数包括目标函数的求值次数、约束方程的求值次数和函数的导数求值次数等。在内燃机工作过程优化计算中最常用的是：属于间接法的序列无约束极小化方法(SUMT法)和属于直接法的修正复合形法。

常用的SUMT法有三种：第一为罚函数法，又称SUMT外点法；第二为障碍函数法，又称SUMT内点法；第三为SUMT混合法。罚函数法的基本原理是将一个有约束的最优化问题转化为包含罚数的无约束问题，然后用无约束寻优方法来求解，即构造一个新的目标函数使原目标函数和约束函数统一在一个新的目标函数里，这样就把原来有约束的优化问题转化为无约束的问题。由于这种方法使用较多，对其原理及思路作简要的说明，具体方法可参阅有关最优化方法的专门著作。

考虑下述数学规划问题：

$$\min_{x \in R^n} F(x) \tag{2.1.10}$$

$$\text{s.t.} \quad H_i(x) = 0 \quad i = 1, 2, \cdots, p, p < n$$

$$G_j(x) \geqslant 0 \quad j = 1, 2, \cdots, m$$

式中 $x = [x_1, x_2, \cdots, x_n]^T$——$n$维设计变量；

$H_i(x)$——等式约束；

$G_j(x)$——不等式约束；

$F(x), H_i(x), G_j(x)$——定义在空间$R^n$上的连续函数；

$\in$意思为“属于”。

令$D$表示$R^n$上的可行集合，即

$$D = \{x \mid x \in R^n; H_i(x) = 0, i = 1, 2, \cdots, p; G_j(x) \geqslant 0, j = 1, 2, \cdots, m\} \tag{2.1.11}$$

现对$x \in D$引入一个惩罚项，构成一个新函数：

$$P(x, M_K) = F(x) + M_K \cdot S(x)$$

式中 $P(x, M_K)$——罚函数，或称为增广的目标函数；

$M_K$——罚因子，它是一个递增数列，且有：

$$\lim_{K \to \infty} M_K = 0$$

$M_K \cdot S(x)$——惩罚项，或称为损失函数。

函数$S(x)$应满足以下条件：$S(x)$是$R^n$上的连续函数；当$x \in D$时，$S(x) > 0$；仅当$x \in D$时，$S(x) = 0$。

罚函数法的基本思想可以用比对方法解释如下:把原目标函数 $F(x)$ 看成是某种商品的价格,约束条件看成是某种“规定”,$x \in D$ 则表示违反“规定”而要处以罚款;$x \in D$ 则表示信守“规定”,这时罚款为零。若购买者付出的总代价是商品价格与罚款数的总和,这时的目标函当然是总和最小。因此,当把罚款规定得相当苛刻,即罚因子 $M_K$ 足够大时,就会迫使人们不去违反规定,从而把有约束的极值问题转化为无约束的极值问题。

令函数 $S(x)$ 为

$$S(x) = \sum_{i=1}^{p} |H_i(x)|^{\beta} + \sum_{j=i}^{m} \left| \frac{|G_j(x)| - G_j(x)}{2} \right|^{\alpha} \tag{2.1.12}$$

此处 $\alpha \geqslant 1, \beta \geqslant 1$。现取 $\alpha = \beta = 2$,则对原来有约束的目标函数 $F(x)$ 的求极值问题就转化为新目标函数 $P(x, M_K)$ 的无约束求极值问题。

显然,当罚因子 $M_K$ 变化时,用无约束优化法对罚函数 $P(x, M_K)$ 寻优的结果也随之改变。当 $M_K$ 增大时,约束条件的权也增加,罚函数的寻优结果也逐渐接近问题的最优解。实践表明,若取定值 $M_K$ 来代替 $M_K$ 的序贯,则可在满足精度的要求下,大大节约机时和费用。为此,称定值 $M_K$ 的罚函数法为单列罚函数法。在柴油机性能优化计算程序中可取 $M_K = 1000$,其收敛精度为 $10^{-3}$,见表 2.1.2。

表 2.1.2 优化参数

| 项目 | 序贯罚函数 | 单列罚函数 |
|---|---|---|
| 初始点 | $(0.5 \quad 0.5)^{\mathrm{T}}$ | $(0.5 \quad 0.5)^{\mathrm{T}}$ |
| 最优点 | $(7.9988 \quad 5.9996)^{\mathrm{T}}$ | $(7.9988 \quad 5.9996)^{\mathrm{T}}$ |
| 目标函数终值 | 8.000000144 | 8.00000028 |
| 调用函数次数 | 280 | 106 |
| 精度 | $10^{-3}$ | $10^{-3}$ |

对罚函数 $P(x, 1000)$ 的无约束优化问题,可以采用间接寻优法中的负梯度法,也称最速下降法。其迭代步骤如下:

a. 选取初始点

$$x^{(0)} = (x_1^{(0)}, x_2^{(0)}, x_3^{(0)}, \cdots, x_n^{(0)})^{\mathrm{T}}, K = 0$$

b. 计算目标函数 $F(x)$ 在 $x^{(K)}$ 点的梯度

$$\nabla F(x^{(K)}) = \left( \frac{\partial F}{\partial x_1^{(K)}}, \frac{\partial F}{\partial x_2^{(K)}}, \cdots, \frac{\partial F}{\partial x_n^{(K)}} \right)^{\mathrm{T}}$$

c. 从 $x^{(K)}$ 点出发,求出下一个迭代点 $x^{(K+1)}$

$$x^{(K+1)} = x^{(K)} - \lambda_K \nabla F(x^{(K)})$$

d. 若 $\dfrac{|F(x^{(K+1)}) - F(x^{(K)})|}{F(x^{(K)})} \leqslant \varepsilon$ 或 $\| \nabla F(x^{(K)}) \| \leqslant \varepsilon$,则迭代结束,$x^{(K)} = x^{(K+1)}$。否则令 $K = K + 1$,转入 b,继续进行迭代运算。式中 $\lambda_K$ 为步长因子。

③优化计算实例。

某四冲程 16V280 柴油机运用罚函数法进行四变量优化,其数学模型为

$$\min_{x \in D \subset R^4} F(x) = g_{\mathrm{e}}(x)$$

$$
\begin{aligned}
\text{s.t.} \quad & H_1(x) = p_e - 1.6\text{MPa} = 0 \\
& G_1(x) = 13.0 - p_z \geqslant 0 \\
& G_2(x) = \alpha - 1.9 \geqslant 0 \\
& G_3(x) = 0.46 - \mathrm{d}p/\mathrm{d}\varphi \geqslant 0 \\
& G_4(x) = 2000 - T_z \geqslant 0 \\
& x = (x_1, x_2, x_3, x_4)^{\mathrm{T}} \\
& x_{\min} \leqslant x_i \leqslant x_{\max}, i = 1,2,3,4
\end{aligned}
$$

式中 $x_1$——压缩比；

$x_2$——进气阀关闭角；

$x_3$——排气阀开启角；

$x_4$——喷油提前角。

优化结果见表2.1.3。

表2.1.3 某四冲程16V280柴油机运用罚函数法进行四变量优化结果

| 设计变量 | 单位 | 初始点 | 优化点 |
|---|---|---|---|
| $x_1$ | — | 12.9 | 13.28 |
| $x_2$(曲柄转角) | (°) | 224 | 225.6 |
| $x_3$(曲柄转角) | (°) | 483 | 471 |
| $x_4$(曲柄转角) | (°) | 22 | 21.5 |
| 性能参数 | | | |
| $g_e$ | g/(kW·h) | 217.32 | 212.43 |
| $p_K$ | MPa | 0.26 | 0.257 |
| $\alpha$ | (°) | 1.96 | 1.94 |
| $\mathrm{d}p/\mathrm{d}\varphi$ | MPa/(°) | 0.43 | 0.41 |
| $T_z$ | K | 1830 | 1862 |
| $p_e$ | MPa | 1.6 | 1.6 |
| $T_s$ | K | 320 | 320 |
| $p_z$ | MPa | 12.65 | 12.98 |

在单缸机上进行了实机试验以验证优化计算的可信性，其结果如表2.1.4所示。

表2.1.4 优化计算与实机试验结果对照

| 参数 | 喷油提前角 | $\varepsilon$ | 进气阀关 | 排气阀开 | $g_e$ | $p_K$ | $p_{\max}$ | $T_s$ | $T_{\max}$ |
|---|---|---|---|---|---|---|---|---|---|
| 单位 | °(CA) | — | °(CA) | °(CA) | g/(kW·h) | MPa | MPa | K | K |
| 计算值 | 21.5 | 13.28 | 225.6 | 471 | 212.57 | 0.257 | 12.98 | 320 | 1862 |
| 实测值 | 21.5 | 13.27 | 226 | 471 | 212.16 | 0.215 | 13 | 320 | — |

按优化结果的参数与原机相比，可使 $g_e$ 由217.6g/(kW·h)降至212.57g/(kW·h)，详见表2.1.5。

表 2.1.5 按优化结果的参数组织工作过程与原机试验对照($D/S$=280/285mm)

| 参数 | 喷油提前角 | $\varepsilon$ | 进气阀关 | 排气阀开 | $g_e$ | $p_K$ | $p_{max}$ | $T_r$ |
|---|---|---|---|---|---|---|---|---|
| 单位 | °(CA) | — | °(CA) | °(CA) | g/(kW·h) | MPa | MPa | K |
| 原机值 | 19.5 | 12.8 | 224 | 485 | 217.6 | 0.257 | 12.65 | 788 |
| 优化值 | 21.5 | 13.28 | 225.6 | 471 | 212.57 | 21.5 | 12.98 | 765 |

从以上结果可见:工作过程模拟计算程序的精度是进行优化的基础和先决条件。如果模拟计算不能正确地反映工作过程,则优化将失去意义;建立合理的优化模型、选择适当的优化方法是实现工作过程参数优化的保证条件。

**2. 新型燃料**

目前正在研究的新型燃料主要有以下几种:

1)压缩天然气(Compressed Natural Gas,CNG)

排放中 CO、HC、$CO_2$均较汽油为低,$NO_x$可能较汽油高。这是由于使用天然气燃烧较慢而仍采用原先的点火定时所致。由于其热值较低(天然气为 3370kJ/m³,汽油为 3810kJ/m³),故采用天然气后,功率及扭矩降低 12% ~13%。燃烧速度较慢,整个燃烧所需的时间(从点火到结束)要比汽油长 6% ~8%,燃烧压力也比较低。

2)液化石油气(Liquefied Petroleum Gas,LPG)

低排放(与 CNG 相当),单位容积的热值比 CNG 高,接近于汽油。

3)氢气(Hydrogen,$H_2$)

不存在 CO、$CO_2$、HC 的排放问题,采取稀薄燃烧以控制 $NO_x$,但需解决氢气的储存问题。

4)醇类燃料(Alcohol fuel )

$NO_x$、PM 排放都非常低。

5)精炼燃料

精炼汽油(Reformulated Gasoline,RFG)及精炼柴油(Reformulated Diesel,RFD)。

在 RFG 中苯基含量从 1.5% 降至 1.0% 以控制排烟。氧的含量至少有 2.7% 以控制 CO 及 HC。具有较低的汽化压力(reid vapor pressure)也可控制 HC 的排放。

在 RFD 中硫的含量从 0.3% 减至 0.05%,芳香族化合物的含量不高于 35%,16 烷值高于 42,这些皆有利于控制颗粒物的排放。

6)二甲醚(Dimethyl Ether,DME)

这是一种适用于柴油机的高效率、低排放的新型代用燃料,已在世界范围内引起广泛的关注。

**3. 闭式循环柴油机(Closed Cycle Diesel Engine)**

1)概述

1901 年 7 月,G. F. Jaubert 申请了闭式循环柴油机(简称 CCD)专利,发展至今已一个多世纪。其间大体可分为三个阶段。

第一阶段。1901—1950 年,主要在德国对闭式循环柴油机的理论和实验进行了初步研究。第一次世界大战前后,在基尔(Kiel)的一个船厂建立了一座功率为 22kW 的闭式发动机试验台,运行了一段时间但未装艇使用。在同一时期,德国道依茨(Dentz)气体发动机厂也研制出使用煤油的闭式循环发动机,但在试运转过程中发生爆炸,造成设备和人员损失,工作被迫中断。进入20世纪30年代,德国工程师Walter又提出了用闭式循环柴油机作为水下动力的方案,并于1940年在斯图加特技术学院(Stuttgart Technical College)的动力运输和发动机研究所进行研究,试制出了单缸试验机,建立了试验台。1944年在一台多缸机上进行了一系列试验并于9月首次将闭式循环柴油机装入潜艇进行与涡轮机比较的实验。从1938年到20世纪50年代中期,美国及英国的海军部门都进行了关于闭式循环柴油机的试验工作。英国曾造出了73.5kW的闭式循环柴油机,使用过氧化氢氧化剂供氧。应用对象主要是海军快速潜艇。在此期间,工作进展比较顺利,闭式循环柴油机技术发展到比较高的水平。

第二阶段。20世纪五六十年代,处于停滞状态。这一方面是由于第二次世界大战后德国战败,人员及设备散失;另一方面是在此期间核技术有了突破性进展,在潜艇动力领域内有取代其他各种动力的趋势,从而使包括闭式循环柴油机在内的水下动力研究处于中断的状态。

第三阶段。自20世纪70年代以来,由于海洋开发的需要,各种深潜器及近海浅水范围内从经济性观点出发需要配备非核动力。同时,核潜艇在发展过程中也暴露出不少问题:除了造价昂贵、建造周期长以外,安全性弱,屡出事故。另外,核废料的处理技术也未能解决好。而常规潜艇采用通气管的隐蔽性较差。在此情况下,许多国家的潜艇动力研究部门又投入闭式循环柴油机的研究之中。

德国Bruker - Meerestechinik Gmbh(布鲁克 - 梅尔斯)公司在海马KD型潜艇上(工作深度310m,自重47.5t,水下排水量52m$^3$,艇长14.5m,宽2.4m,壳径2.2m,水面航速7kn,水下航速6kn)发动机为MAN - D2566ME型直喷式柴油机,输出功率为100kW(1500r/min),潜艇在水面/水下航行时,柴油机可切换工作。即在水面航行时,柴油机采用开式系统,在水下航行时,采用闭式系统,采用液氧系统供氧。1983年又研制出一套氩氧闭式循环系统,提高了发动机的热效率和输出功率。1987年完成陆上试验,1989年装艇试验,装在一个独立的舱段中。能容纳2台120kW的柴油发电机组。它所储备的燃油、氧气、氩气能提供50000kW·h的能量,能使2000吨级的常规潜艇在水下以7节的速度航行17天。

英国也十分重视闭式循环柴油机的研究并取得了很大的成功。20世纪80年代初,纽卡斯尔大学(University of Newcastle)研制出一台称为“ARGO”的闭式循环柴油机装置,输出功率为25kW。英国还建造出一艘称为世界上第一艘完全以闭式循环柴油机为动力的潜艇(IMI35型),柴油机输出功率为73.5kW。该艇的排水量为80t,水下工作深度为450m,水下航速为8.5kn。1983年柯斯沃斯的设计组(Cosworth Engineering College,现发展为Cosworth深海有限公司)成功地解决了用海水洗涤$CO_2$的问题。

日本日立船舶公司在20世纪70年代末期,用功率为16kW的柴油机进行了陆上闭式循环试验,对系统进行了热力分析并与实验结果进行了比较,建立了一套理论模型。1986年,三井造船株式会社开发了一种闭式循环柴油机装置,进行了陆上试验,1988年进行了水中试验。这套装置在水下450m深度时能以1800r/min,输出320hp,连续运行200h,耗油率为220g/(hp·h)。

当今,荷兰的RDM公司,德国的蒂森(THYSSEN)公司、MTU公司,英国的CDSS公司是开发闭式循环柴油机 AIP 系统的主要公司。1980 年,英国纽卡斯尔大学研制的使用氩气的闭式循环柴油机和 CDSS 公司研制的水管理系统,在原理上解决了柴油机工作不受水深限制的排气问题。此后。RDM 公司和 THYSSEN 公司分别购买了 CDSS 的专利,进行闭式循环柴油机的研制工作。

根据我国 1995 年 2 月组团对 RDM 公司的技术考察,RDM 公司于 1987 年开始研制第一代 CCD 样机的研制,功率为 150kW,证明了 CCD 的可行性,并于 1988—1990 年进行演示和改进。主要是降低噪声、提高可靠性和效率。1991 年研制出第二代 150kW 的样机,于 1992 年进行 1000h 耐久试验并装于 EX - UI 潜艇进行运行试验。1993 年研制了第三代 CCD 并于 1995 年 2 月在试验台上输出 300kW。预计改进后在近期可达 400kW。整个系统装在一个集装箱内,$CO_2$吸收器及水管理系统(WMS)占集装箱容积的 2/3。根据目前的数据估计,CCD 的效率为 25% ~27%,耗氧率为 800g/(kW·h)(原机为 MAN 公司制造。废气涡轮增压时为 500kW。拆去增压器、调整压缩比后,试验台上达到 300kW)。

德国蒂森公司和 MTU 公司合作开发闭式循环柴油机始于 1987 年。1987—1989 年建造了 150kW 的 CCD 装置并进行了 250h 的运行试验。1991—1992 年将 250kW 的 CCD 装置装于 EX - UI 潜艇并于 1993 年完成海上试验。而后根据该试验获得的经验开发 CCD 标准舱段的设计。在试验中,1400t 级的潜艇用一台 150kW 闭式循环柴油机,携带 30t 液氧,在 4.5kn 时可增加续航力 4 倍多(由 370n mile 增至 1740n mile),可在水下逗留 16 天之久。

此外,据报道,意大利的马里塔利亚(Maritalia)公司也对 CCD 进行了 10 余年的研究,建造了 2 艘小型试验艇,装备菲亚特(Fiat)公司生产的 CCD,可在水下 350m 航行。该公司还设计建造了长 48m、耐压壳直径为 5.25m 的 20GST48 型潜艇,装备 2 台 400hp 闭式循环柴油机。在航速为 8kn 时续航力达 3496n mile,在航速为 5 节时续航力可达 6951n mile。

荷兰鹿特丹船厂于 1986 年进行陆上试验,1991 年在退役的 EX - HMSZcchond 号潜艇上开始试验一台 200kW 闭式循环柴油机和 $CO_2$ 吸收装置,储液氧 12t。为争夺市场,该厂又设计了 CCD - AIP 舱段(长 9m)加装在 Moray(海鳝级)潜艇,用 2 台 140kW 的 CCD,在水下以 2kn 速度航行时可逗留 400h。

2)闭式循环柴油机 AIP 系统的工作原理

一般柴油机从大气中吸入空气,燃烧后产生的废气排出机外。闭式循环柴油机则是将排出的废气(压力 0.3MPa,温度 350 ~400℃),经喷淋冷却系统冷却后温度降至 70℃左右,然后通过气水分离器把凝结的水分离出去,再进入 $CO_2$吸收器,大部分 $CO_2$ 溶解于海水中,由水管理系统排出艇外,不会暴露航迹。被除去大部分 $CO_2$后的气体(包括剩余的 $CO_2$和氧气等)再经气水分离后加入氧气和单原子的惰性气体(氩)形成人造空气后再次进入柴油机,与喷入的柴油混合燃烧,发出功率。CCD - AIP 系统的组成见图 2.1.4。

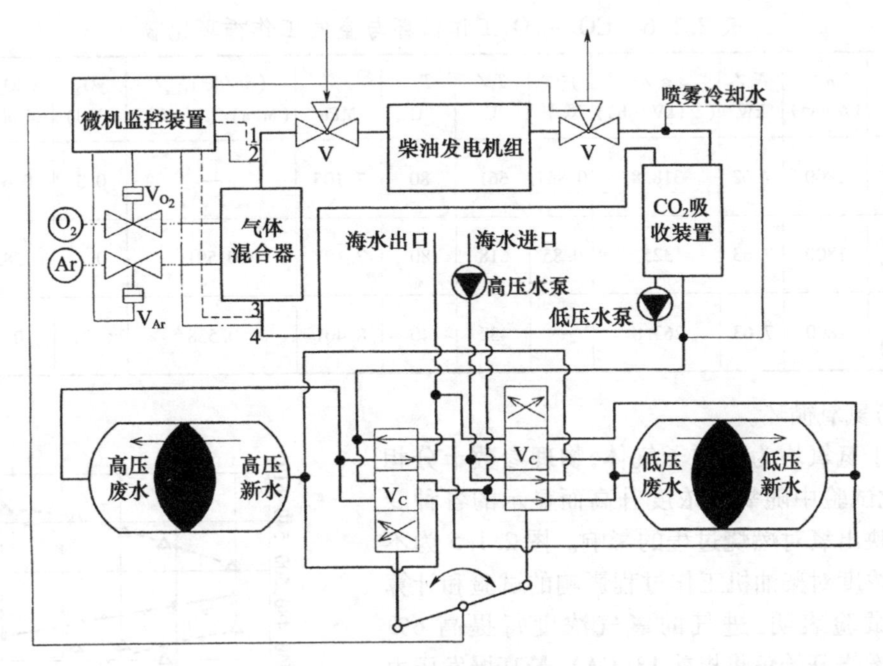


图 2.1.4 CCD-AIP 系统的组成

Ar—氩气瓶；$O_2$—氧气瓶；V—电控三通阀；$V_{Ar}$—电控氩气流量阀；$V_{O_2}$—电控氧气流量阀；$V_C$—电控两位四通阀；

1—混合后氧气探针；2—混合后氩气探针；3—混合前氧气探针；4—混合前氩气探针；

——控制线；┈┈氧气探针导线；-–氩气探针导线；┈氧气管；┈-氩气管。

3）循环方案

AIP 柴油机最初的设想是采用纯氧和经干燥处理后的再循环废气作为工质。由此出现了着火和燃烧方面的问题。为了克服这一困难，采用了预热措施。近来的研究表明，在工质中废气的含量达到45%时，对柴油机的性能尚无显著的影响。若将工质预热至420K时，甚至可达到70%。如果进气工质中氧气的含量增加时，则预热温度可降低。其中的原因是很复杂的。简单地说就是未经预热的 $CO_2$ 增多时，会使着火延迟期延长，在压缩终点时的气体温度下降。但是当发动机的压缩比提高后，例如达到50以上时，点火问题即可解决。但在实际上这是不可能达到的。因此，预热工质不失为一种有效的方法。此外，还有一种更为有效的措施，就是采用其他的稀释气体来代替 $CO_2$ 与氧气组成混合气体。下面简要介绍各种类型的工质循环。

（1）二氧化碳加氧循环。

目前采用及研究者较多。即废气再循环柴油机，也称为半闭式柴油机（即将柴油机的部分废气排掉，其余的废气加氧后再供柴油机使用。运转一段时间后，系统中的工质主要为二氧化碳和氧气）。由于 $CO_2$ 的绝热指数比空气低，使压缩压力和温度降低，为保证正常的着火燃烧，可将进气加热（80℃）。其结果见表2.1.6。

由表2.1.6可见，加入 $CO_2$ 后，其燃油耗率比空气循环高 62g/(kW·h)，爆压下降1.3MPa，排温高200℃以上。从试验结果来看，$CO_2$ 浓度每提高10%，燃油耗率就上升11g/(kW·h)。可见在此情况下，适当提高氧气浓度对改善燃烧过程、减少后燃是有利的。

表 2.1.6　$CO_2+O_2$工作循环与空气工作循环比较

| 项目 | $n$/(r/min) | $N_e$/kW | $g_e$/(g/(kW·h)) | 充气效率 | $T_r$/℃ | $T_s$/℃ | $p_z$/MPa | $(dp/d\varphi)_{max}$/(MPa)/(°(CA)) | $yO_2$(Vol) | $yCO_2$(Vol) | $yN_2$(Vol) |
|---|---|---|---|---|---|---|---|---|---|---|---|
| $CO_2+O_2$循环计算 | 1800 | 7.62 | 318.8 | 0.867 | 661 | 80 | 7.105 | — | 0.3 | 0.6 | 0.1 |
| $CO_2+O_2$循环实测 | 1800 | 7.63 | 325 | 0.85 | 618 | 80 | 7.107 | 0.591 | 0.3 | 0.582 | 0.108 |
| 空气循环实测 | 1800 | 7.63 | 263.8 | — | 432 | 40 | 8.401 | 0.538 | 0.21 | 0 | 0.79 |

(2)氮氧循环。

由于氮氧均为双原子气体,物理参数十分相近,因此试验中随氧气浓度升高而显示的各种变化均反映出氧对燃烧过程的影响。图 2.1.5 为不同氧气浓度对柴油机工作过程影响的试验和计算结果。试验表明,进气的氧气浓度每提高 6%(Vol),燃烧开始角将提前 1°(CA),最高爆发压力约升高 0.3MPa。这是因为氧的浓度提高使滞燃期缩短、预混合燃烧量略有上升所造成的。从安装在缸头上的热电偶所测得的缸内温度可见,靠近壁面气体的燃烧因受壁面冷却效应的影响而下降,而油耗率则略有上升。计算表明,该机供油提前角较大,预混合燃烧量过大,导致传热损失增加。常规柴油机在氧气浓度为 21% 时可保证燃烧良好,再提高氧气浓度则 $p_z$ 升高而对 $g_e$ 无大的影响。但若氧浓度超过 40%,则润滑油将迅速被氧化而失效而且容易产生严重的爆燃甚至发生事故。因此氧气浓度以控制在 21% ~30% 为宜。

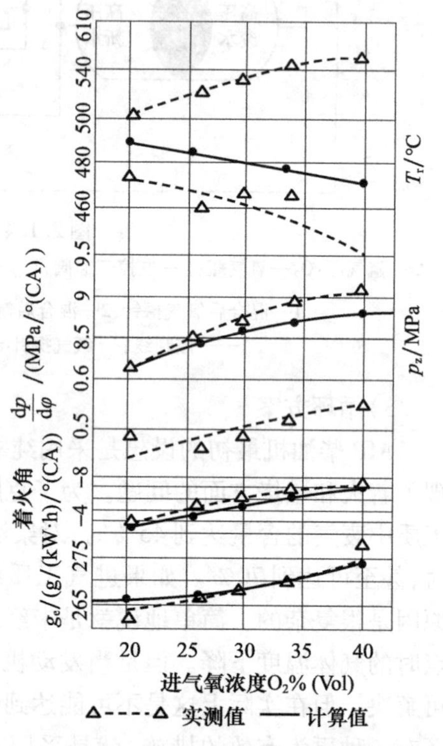


图 2.1.5　进气氧浓度对性能的影响

(3)氩氧循环。

工质成分取为氩 70%(Vol),氧 30%,进行负荷特性试验。由于氩的比热比大($K=1.66$),因此其压缩终点的压力高达 6.028MPa,比空气循环约高 1.8MPa(计算结果 $p_c=5.93$MPa,$T_c=1090$℃)。其他参数见表 2.1.7。

表 2.1.7　氩氧循环试验数据

| $n$/(r/min) | $N_e$/kW | $g_e$/(g/(kW·h)) | $T_a$/℃ | $T_c$/℃ | $yO_2$(Vol) | yAr(Vol) |
|---|---|---|---|---|---|---|
| 1782 | 2.03 | 394 | 25 | 282 | 0.3 | 0.7 |
| 1795 | 6.01 | 266 | 25 | 420 | 0.3 | 0.7 |
| 1794 | 6.50 | 257 | 25 | 444 | 0.3 | 0.7 |
| 1801 | 7.16 | 258 | 25 | 492 | 0.3 | 0.7 |

从表2.1.7中可见,在不对柴油机作任何调整的情况下,使用高比热比的工质对柴油机的经济性改善很小,燃油耗率仅下降5g/(kW·h)。这是由于压缩终点压力和温度大幅度提高使延迟期缩短(计算值为6°(CA)),燃烧过早开始,最高爆发压力上升约1.9MPa,排温由于比热比大而升高。在计算中若取传热系数不变,则氩气循环的传热量将占燃烧放热量的35%以上,而油耗仅下降6~8g/(kW·h)。考虑到氩气循环中工质的导热系数约为空气的82%,若以此值乘以原传热系数进行计算,则其燃油耗率将比空气循环低27g/(kW·h)(由于传热量的计算是一个复杂的问题,尚不能指望以此来提高柴油机的热效率)。

根据以上分析可得出以下结论:

采用高效二氧化碳吸收器的闭式循环系统应选择氮和氧为工质。氧的浓度可控制在21%~30%;

对于在工质中含有部分二氧化碳的系统,以选择 $O_2+CO_2+Ar$ 为工质较理想。如工质中不充填高比热比的气体,则应该在润滑油氧化程度允许的前提下,将氧的浓度提高至35%~40%,以加速燃烧过程的进行。

## 2.2 燃气轮机

燃机轮机始于1873年美国人布雷顿设计出的布雷顿发动机。1939年德国研制成功第一台航空燃气轮机并用于喷气式飞机,瑞士研制成功第一台陆上发电燃气轮机,1947年英国首次在海岸快艇加特利克号上安装船用燃气轮机,燃气轮机技术开始进入应用阶段。

船用燃气轮机大多由发展成熟的航空发动机改型研制,只有为数极少的世界航空发动机强国有实力研制与生产。20世纪60年代末,英国和美国等陆续做出"舰船以燃气轮机做动力"的历史性决策,英国、美国、俄罗斯等国家开始大力发展舰船燃气轮机,迅速成为各大国家海军主要发动机种之一。

### 2.2.1 舰船燃气轮机概述

燃气轮机相对于其体积和重量而言,能提供较大的功率,在总体结构上与航空涡轮螺旋桨喷气发动机基本相同,是一种内燃、叶轮机械式原动机,见图2.2.1和图2.2.2。它已成为舰船的主要动力之一,备受世界各国重视。

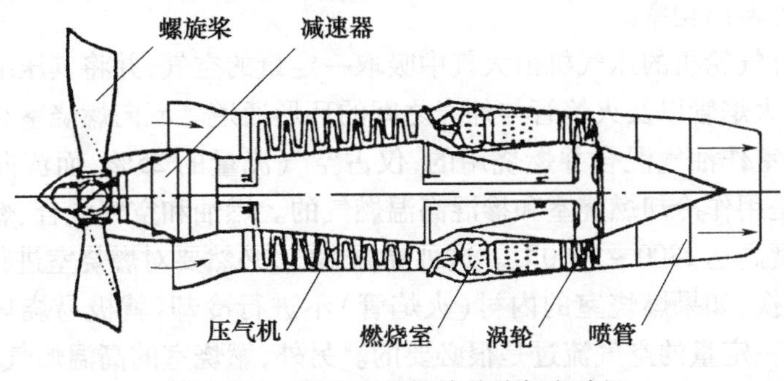


图2.2.1 航空涡轮螺旋桨喷气发动机

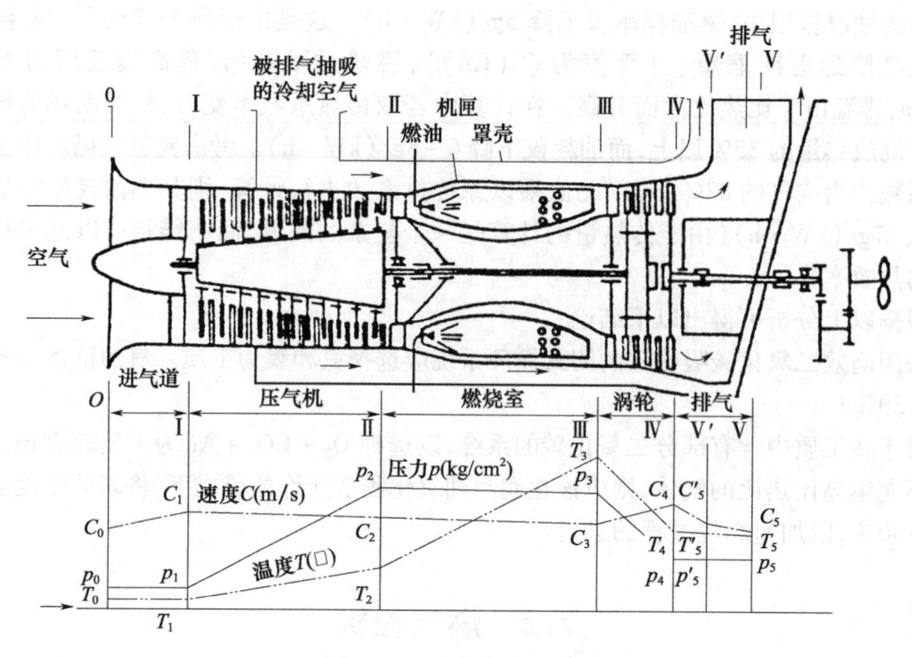


图 2.2.2　舰船燃气轮机

**1. 组成和功用**

舰船燃气轮机由主机和附件系统两大部分组成。现将它们的组成和功用分述如下：

1)主机系统(见图 2.2.2)

主要由三部分组成：

(1)压气机：高速旋转、轴流压缩，提高从进气道吸入的空气的压力(同时提高温度)，送入燃烧室。

(2)燃烧室：喷油、雾化、点火、燃烧，产生高温、高压的燃气，送给高压涡轮。

(3)涡轮，包括高压涡轮和动力涡轮。

①高压涡轮：高温高压的燃气在此涡轮叶片流道中膨胀做功，带动压气机旋转，使其提高进气的压力。高压涡轮所做的功，全部满足了压气机和附属电机、油泵等的需要，对外无功率输出。

②动力涡轮：从高压涡轮流出的燃气进入动力涡轮叶片的流道，继续膨胀做功，使动力涡轮旋转，对外输出功率。

在运转中，燃气轮机的压气机由大气中吸取一定量的空气，并将其压缩到某一压力后就供向燃烧室的火焰管以及火焰管与外壳之间的环形通道。流向燃烧室火焰管的那部分空气是供给燃烧室作油气混合并燃烧用的，仅占空气流量的 25%，而流向环形通道的那一部分空气，则是用作冷却燃烧室和掺混高温燃气的。燃油和空气混合、燃烧后所产生的炽热气体，其温度高达 1800 ~ 2000℃。这种高温燃气，必然要对燃烧室进行强烈的辐射热交换和对流热交换，如果燃烧室的内衬(火焰管)不进行冷却，就极易烧坏。所以保证在环形通道中间有一定量的空气流过是很必要的。另外，燃烧室的高温燃气，如果直接流入燃气涡轮中，涡轮的材料也承受不了，所以也需要有大量的冷却空气去和这种高温燃气掺混,将燃气温度降低到燃气涡轮材料所许可的最高持续温度——燃气初温 $T_3$。燃气经掺混达到特定温度后,就流向燃气涡轮并在其中膨胀做功,然后排入大气。

从图 2.2.2 中可见,燃气轮机组件可分为高压涡轮和低压涡轮两部分。高压涡轮通过联轴器驱动压气机,而低压涡轮则通过中间轴和挠性联轴器驱动螺旋桨。习惯上,压气机、燃烧室和驱动压气机的高压涡轮被看作一个整体,称为燃气发生器,而将驱动螺旋桨的低压涡轮称作动力涡轮,或自由涡轮。

LM-2500 燃气轮机的压气机由高压涡轮直接驱动,属于单轴燃气轮机。此外,还有如图 2.2.3 所示的双轴、三轴燃气轮机结构形式。如奥林普斯 TM3B 燃气轮机,采用高、低压双轴流式压气机,其高、低压压气机分别由燃气发生器高压涡轮和燃气发生器低压涡轮驱动,由动力涡轮输出功率,属于双轴燃气轮机。

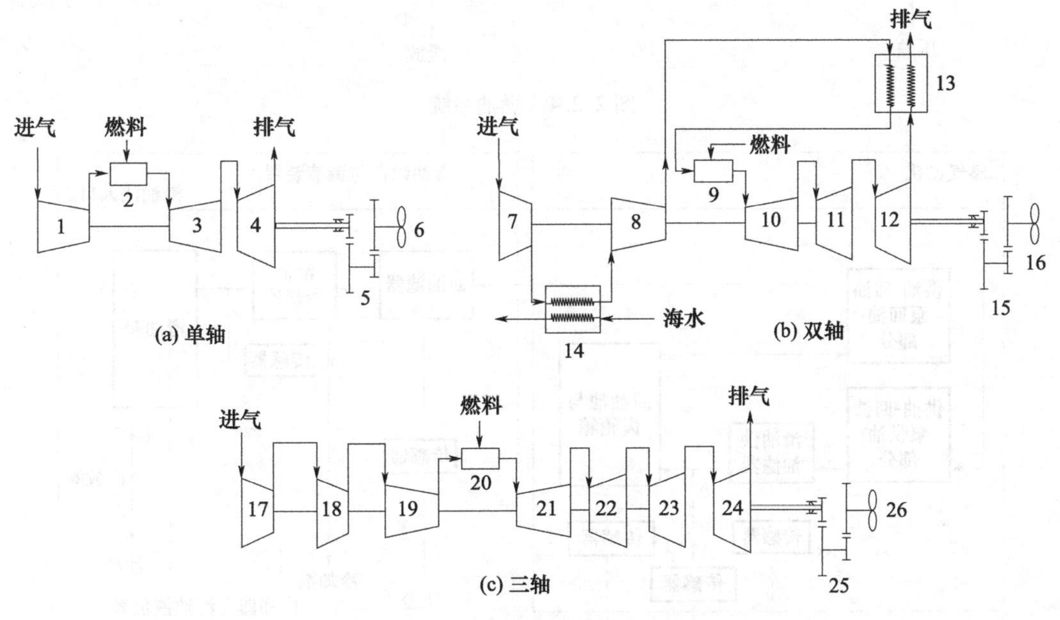


图 2.2.3 舰船燃气轮机典型结构

2)附件系统

为了保证机组的正常启动和运行,还需要有一整套附属系统来配合。附件系统是为主机正常运行服务的,主要由七部分组成:

(1)燃油系统。

如图 2.2.4 所示,燃油系统的操作手柄可控制燃气轮机的运行。通过按钮、开关、操纵手柄等改变油量,达到控制燃气发生器的功率和动力涡轮的输出转速,从而实现燃气轮机的动力控制。

(2)滑油系统。

如图 2.2.5 所示,滑油系统的功用主要是冷却、润滑燃气轮机的轴承、齿轮、花键等有相对运动的部件。滑油系统属于闭式循环。燃气轮机一经启动,滑油系统就自动工作。每当滑油压力、温度、压差、油位等参数超过极限值时,会自动报警甚至迫使燃气轮机停机。

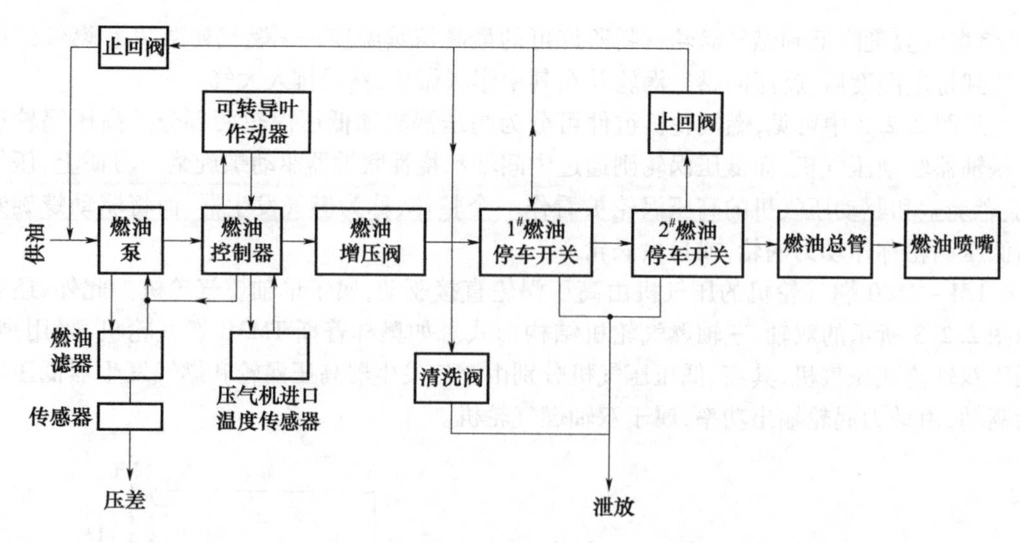


图 2.2.4 燃油系统

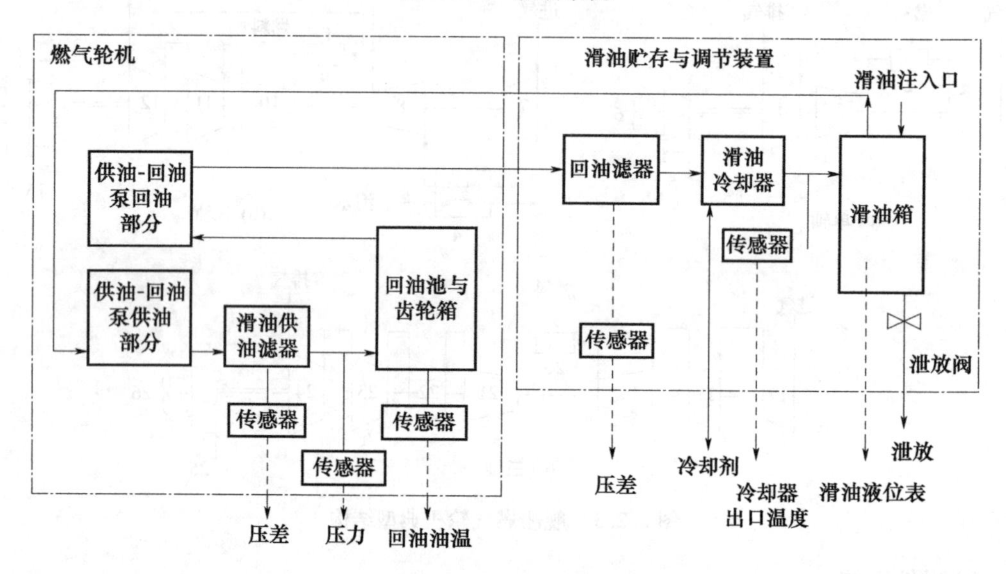


图 2.2.5 滑油系统

(3)启动系统。

如图 2.2.6 所示,燃气轮机的启动是由启动机转动,经过齿轮箱减速增大扭矩带动燃气发生器转子从静止状态开始转动、加速、喷油、点火,燃气发生器自持旋转,启动机脱开,完成启动功能。

(4)点火系统。

燃气轮机的点火采用激励器、火花塞点火。但它不像活塞式汽油机那样配电点火并一直贯穿在汽油机运行的全过程,而是当燃气发生器达到自持转速后,点火就完成了,火花塞不再打火。

(5)防冰系统。

飞机的机翼要防冰,燃气轮机进气道的百叶窗等气流流速高的地方容易结冰,结冰会导致机构失灵和堵塞进气道,所以燃气轮机设置了防冰系统。

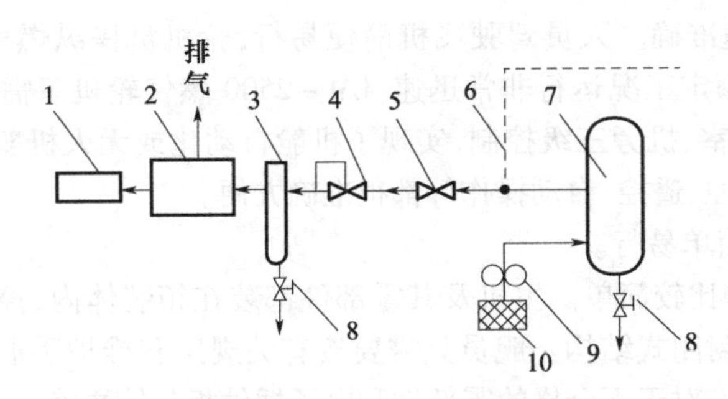


图 2.2.6 气动式启动系统

1—附件传动齿轮箱;2—气动式启动机;3—空气过滤器;4—空气压力调节阀;5—关闭;
6—备用空气管;7—高压空气瓶;8—截止阀;9—空气压缩机;10—进气滤网。

在容易形成气流结冰的地方,安置测量气流温度、湿度的结冰探测器,预报开始结冰的条件(温度<5℃,湿度>70%)并输出电信号,通过继电器等机构从燃气发生器的压气中引出部分压缩后的空气吹除将要形成和已经形成的冰层,实现防冰的目的。

结冰探测器是一种微电子型的专用器材。

(6)水清洗系统。

本系统仅用于保养。舰上清洗用的水箱中,准备好含有“水清洗剂”的软水,通过箱装体底板与燃气轮机进气道底部之间的一根软管,将水喷入进气道(此时燃气发生器在盘车旋转),清除进气道和压气机的动叶、静叶上的盐分、油垢和其他沉积物。

(7)灭火系统。

舰用燃气轮机的安全设备比较先进、齐全。包括火情探测、火情报警、自动灭火和手动灭火等设备,用于防火和灭火。

**2. 舰船燃气轮机特点**

舰船燃气轮机与航空发动机比较相近,特点也基本相同。

(1)转速高、振动小。

柴油机的转速大于1000r/min(活塞平均速度高于10m/s)时就称为高速柴油机,活塞的往复运动和连杆的摆动形成了几乎不可能平衡的惯性力和力矩,从而引起了不可避免的机械振动。而燃气轮机与往复活塞式的柴油机大不相同,它的压气机(轴流式或离心式)、高压涡轮、动力涡轮等都是回转式机械。因此仅存在很小的不平衡惯性力和力矩,且易于控制。燃气轮机的转速可达8000~9000r/min,航空用发动机的转速甚至超过14000r/min时其机械振动仍然较小。

(2)功率大、质量轻。

燃气轮机的单机功率一般可达14706~23529kW(2000~32000hp),最小为2941~8824kW(4000~12000hp),最大的大于36765kW(50000hp),而其比质量仅为0.20~1.5kg/kW(0.27~2.04kg/hp)。这是将航空涡轮螺旋桨喷气发动机改装为舰用燃气轮机的最主要原因。

(3)自动化程度高、操作简便。

燃气轮机的主机系统都是一级精度的高质量产品,其中绝大部分是航空产品,工作稳定可靠。控制系统的驱动机构、监测元器件大多配置在主机本体上,比较集中简便。采用的微机电子控制迅速准确。人员驾驶飞机简便易行,轮机员操纵燃气轮机也一样方便。燃气轮机从启动到额定工况运行非常迅速,LM-2500燃气轮机只需1.5min。现代舰船大都采用舰桥、集控室、机旁三级控制,实现了机舱自动化或无人机舱。燃气轮机很容易实现这种自动化,程控、遥控、自动操作等都很准确方便。

(4)维护规范、简单易行。

燃气轮机的维护比较简单。主机及其零部件都装在箱装体内,控制系统的电路板都安装在电子柜中,属封闭式结构。舰员只需要按有关规定和维护手册进行定期维护——除尘、通电和试运行。对于不合格的零部件和电子插件板只能更换,一般不允许由舰员进行现场修理,因为这将严重关系到高速大功率机器的工作质量。更换零部件和电子插件板时,都配备有对号的备件,只需对号更换,比较简便易行。

(5)低工况运行时燃油耗率偏高。

LM-2500燃气轮机在额定工况时的燃油耗率为242g/(kW·h)(178g/(hp·h)),略高于中高速柴油机。但在低工况运行时燃油耗率大为增加,且会引起燃气轮机超温和工作不稳定。国外为了克服这个缺点,先期的办法是采用柴-燃联合动力装置。低速航行时用柴油机推进;高速时用燃气轮机。美国等国家采用全燃联合动力装置,低速航行时用小功率燃气轮机;高速时用大功率燃气轮机。这种组合在英国、俄罗斯也已采用。它将对舰船动力装置的发展产生深远的影响。

(6)转速很高且一般不能反转,因此通常要配置减速齿轮箱和调距桨。

### 2.2.2 燃气轮机结构、性能和热力循环优化

**1. 压气机**

压气机是燃气发生器的一个主要组成部分,也是燃气轮机装置中的一个重要部件。它的功用是从大气中连续不断地吸入空气并将其压缩到一定的出口压力,从而保证燃气轮机装置所需要的空气流量和增压比。

压气机有不同的型式,有轴流式、离心式和轴流离心组合式三种。

1)轴流式压气机

(1)轴流式压气机组成。

轴流式压气机由两大基本组件组成。一个为固定部分,称为静子;另一个为转动部分,称为转子。由于压气机的结构不同,组成静子和转子的元件数也不相同。

典型的轴流式压气机的结构如图2.2.7所示。

静子由喇叭形的进气道(1)、前承力机匣(2)、静叶片机匣(5)、后承力机匣(8)等组成。它们可以是由铝、铜、钛合金材料加工成的铸件、锻件或焊接件构成。为了装配和检查的方便,通常有一个水平的中分面,由螺栓联结成一个整体并包容和支承转子。前承力机匣(2)的中心设有轴承座用以安放前轴承(14)。有的前承力机匣(2)的工质流道中装有进口导流静叶片。静叶片机匣(5)中装有若干排静叶片,每排静叶片可以通过各种方式固定在静叶片机匣(5)上。有的静叶片机匣(5)中安装的静叶片排数较多时,也可分成前后两段,然后用螺栓联结而成。后承力机匣(8)的中心也设有轴承座,以安放后轴承(9)。有的压气机的最后有1~2排出口整流静叶片,它可以装在静叶片机匣(5)上,也可以装在后承力机匣(8)上。

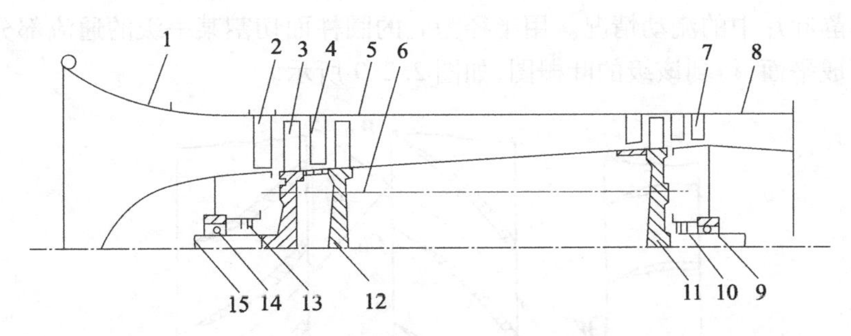


图 2.2.7 轴流式压气机结构示意图

1—进气道;2—前承力机匣;3—动叶片;4—静叶片;5—静叶片机匣;6—转鼓;7—出口整流叶片;8—后承力机匣;9—后轴承;10—后气封;11—后轴;12—轮盘;13—前气封;14—前轴承;15—前轴。

转子由前轴(15)、轮盘(12)、转鼓(6)、若干排动叶片(3)、后轴(11)以及前后轴承(14)、(9)的前后气封(13)、(10)等组成。转子的结构型式大致可分成轮盘式、转鼓式和鼓盘式三种。鼓盘式通过若干根拉杆连接盘和鼓,然后再用螺栓将它与前后轴连接成一个整体。在盘或鼓圆上通常采用销钉榫头、周向后轴向的燕尾形榫头、枞树形榫头来固定各个动叶片,从而形成一个整体。图 2.2.8 是某型单轴燃气轮机的压气机转子。整个转子通过前后轴承被支承在静子中。

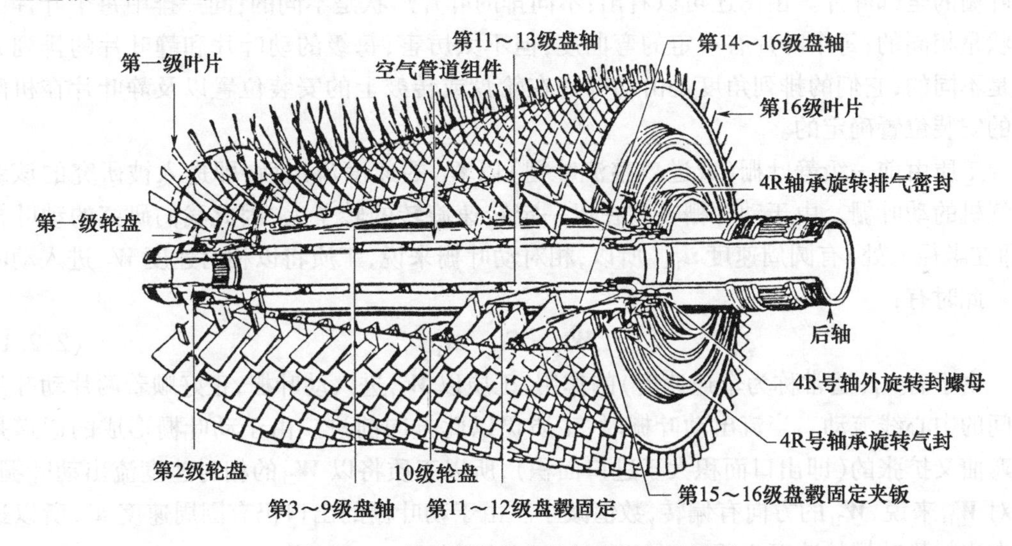


图 2.2.8 某型单轴燃气轮机的压气机转子

由进气道、机匣和转子之间的动叶片、静叶片所组成的工质通道,称为压气机的通流部分。总的看来比较平坦,叶片的径向高度由进口至出口逐渐减小。

每一排动叶片和其后的静叶片,组成压气机的一级。也就是说,有几排动叶片和相应的静叶片,就组成了压气机的几个级。轴流式压气机都是多级的,一般多于 10 级。

压气机的转子可以通过各种方式和增压涡轮的转子连接。它在增压涡轮转子的驱动下高速旋转,将空气不断地吸入、压缩,最后达到所要求的压力,流入燃烧室。

(2)轴流式压气机中的空气流动过程。

为了研究轴流式压气机中的空气流动情况,先研究工质在平均半径为 $r_n$、高度为 $dr$

的动叶片和静叶片中的流动情况。用半径为 $r_n$ 的圆柱面切割某一级的通流部分并将此圆柱剖面展开成平面，得到该级的叶栅图，如图 2.2.9 所示。

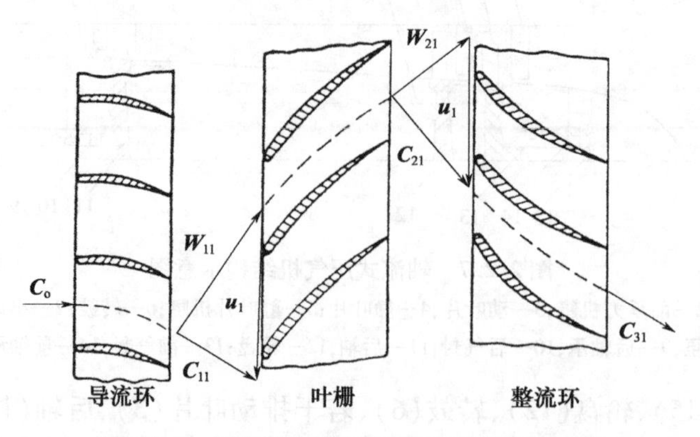


图 2.2.9　压气机级的叶栅及工质流动速度图

由图 2.2.9 可以看出压气机的某一级有三排叶栅：左边第一排为进口整流叶栅或者是前一级的静叶栅；中间一排为被研究的压气机的一级动叶栅；右边一排为该级的静叶栅。图中只画出了每排叶栅中的几个叶片，事实上，如将整个展开图画全后，可以看出每排叶栅的全部叶片。由图还可以看出：不同排的叶片形状是不同的；同一排中每个叶片的形状是相同的；每个叶片有一定的弯曲度，但不太厉害；每级的动叶片和静叶片的排列方向是不同的，它们的排列角度是由动叶片在轮盘或转鼓上的安装位置以及静叶片在机匣中的安装位置确定的。

工质由前一级静叶栅（或进口整流叶栅）以 $\boldsymbol{C}_{11}$ 的速度流出后，即进入被研究的该级压气机的动叶栅。由于动叶栅安装在以一定转速旋转的转子上，因此我们研究的动叶栅（即在半径 $r_n$ 处）有圆周速度 $\boldsymbol{u}_1$。所以，相对动叶栅来说，工质将以相对速度 $\boldsymbol{W}_{11}$ 进入动叶栅。此时有：

$$\boldsymbol{W}_{11} = \boldsymbol{C}_{11} - \boldsymbol{u}_1 \tag{2.2.1}$$

由于有 $\boldsymbol{u}_1$（通常称为牵连速度）的作用，工质以 $\boldsymbol{W}_{11}$ 进入动叶栅，正好顺着两片动叶片之间的中心线流动。当流出动叶栅时，工质仍以此方向前进。由于动叶栅形成的通道是既弯曲又扩张的（即出口面积大于进口面积），所以工质将以 $\boldsymbol{W}_{21}$ 的相对速度流出动叶栅。相对 $\boldsymbol{W}_{11}$ 来说，$\boldsymbol{W}_{21}$ 的方向有偏转，数值减小。由于动叶栅的出口仍有圆周速度 $\boldsymbol{u}_1$，所以进入右边的静叶栅的速度为 $\boldsymbol{C}_{21}$

$$\boldsymbol{C}_{21} = \boldsymbol{W}_{21} + \boldsymbol{u}_1 \tag{2.2.2}$$

与在动叶栅中的流动相似，工质在右边的静叶栅中沿着两片静叶片之间的中心线流动，出口速度 $\boldsymbol{C}_{31}$ 的方向也有偏转，数值小于 $\boldsymbol{C}_{21}$。

通常称动叶栅进口处的速度关系式（2.2.1）为动叶栅进口速度三角形。称动叶栅出口处的速度关系式（2.2.2）为动叶栅出口速度三角形。

显然，在每一级动叶中，对于不同半径的每一个剖面，都可以形成类似的叶栅，工质流过它们时，也都有各自的进口和出口速度三角形。由于处在不同半径上的动叶栅的圆周速度是不同的，必然使动叶片各个半径截面上的速度三角形不相同。由于各级动叶片和静叶片的形状、安装位置各不相同，必然使同一半径上的各级动叶片的速度三角形也不相同。

由此可见,工质通过压气机各排叶片的流动情况是很复杂的,但它的宏观流动趋势是与燃气轮机的轴线方向一致,所以称这种压气机为轴流式。

(3)轴流式压气机工作原理。

尽管压气机级的每个截面的速度三角形是不同的,但它们的增压原理,即工作原理都是一样的。凡是流体通过一个渐扩的通道时,如果没有热量和外功的交换,则根据伯努利方程可知,流体在进出口处的动能与势能的总和是守恒的。如果出口的流速降低,则其压力会升高。轴流式压气机就是利用了扩张增压的原理来提高空气的压力的。

当工质经过动叶栅时,由于通过的是渐扩通道,因此相对速度减小,由 $\boldsymbol{W}_{11}$ 降为 $\boldsymbol{W}_{21}$,使工质的压力提高了。工质再经过也是渐扩通道的静叶栅,其速度由 $\boldsymbol{C}_{21}$ 降为 $\boldsymbol{C}_{31}$,工质的压力再次提高。众所周知,压气机是被增压涡轮所驱动,压气机从增压涡轮那里获得了功,然后通过压气机的动叶将功传给了工质,即压缩了工质,工质的压力提高正是这些功作用的结果。

我们可以由动叶栅的进口和出口的速度三角形看出,工质流过动叶栅后,它的相对速度 $\boldsymbol{W}_{21}$ 小于 $\boldsymbol{W}_{11}$,表示工质的动能转变为压能;它的绝对速度 $\boldsymbol{C}_{21}$ 大于 $\boldsymbol{C}_{11}$,表示工质的动能增加,就是由于工质吸收了动叶片给予的动能的结果。由能量守恒定律可以写出在动叶栅中的广义伯努利方程:

$$Q + W_{\mathrm{el}} = \int_1^2 \frac{\mathrm{d}p_1}{p} + \frac{C_{21}^2 - C_{11}^2}{2} \cdot \rho \cdot 10^{-3} + h_{\mathrm{fb}} \tag{2.2.3}$$

式中 $Q$——交换的热量,在压气机中可认为等于零;

$W_{\mathrm{el}}$——加入的压缩功;

$\rho$——工质密度;

$h_{\mathrm{fb}}$——动叶栅中工质流动损耗的功。

在静叶栅中,由于没有加入功,可写为

$$Q = \int_2^3 \frac{\mathrm{d}p_1}{p} + \frac{C_{31}^2 - C_{21}^2}{2} \cdot \rho \cdot 10^{-3} + h_{\mathrm{fn}} \tag{2.2.4}$$

式中 $h_{\mathrm{fn}}$——静叶栅中工质流动损耗的功。

可见工质压力的提高是由于流速降低的结果。

综合动、静叶栅作用的结果,对于一个压气机级可以得出:

$$Q + W_{\mathrm{el}} = \int_1^3 \frac{\mathrm{d}p_1}{p} + \frac{C_{31}^2 - C_{11}^2}{2} \cdot \rho \cdot 10^{-3} + h_{\mathrm{f}} \tag{2.2.5}$$

式中 $h_{\mathrm{f}} = (h_{\mathrm{fb}} + h_{\mathrm{fn}})$——在一个压气机级中工质流动的总损耗功。

式(2.2.5)较直观地表明了压气机级的压缩功与压力增高的关系。

由于在一个压气机级中提高的压力是有限的(目前每级的压比 $\pi_{ei} = p_{2i}/p_{1i} = 1.1 \sim 1.3$),因此,要获得燃气轮机所需要的压比,必须经过多级的连续增压才能满足。

还要说明一点:由于动叶栅的渐扩通道的进出口面积变化的不同,显然工质在动叶栅中增压的程度不同,如果工质在动叶栅中的相对速度不变,即 $\boldsymbol{W}_{21} = \boldsymbol{W}_{11}$,则在动叶栅中工质没有增压,加入的功全部用于提高流速($\boldsymbol{C}_{21} > \boldsymbol{C}_{11}$),然后再在静叶栅中扩压,我们称这种情况是反动度(或称为反力度)为0的级;如果工质流过动叶栅后的绝对速度 $\boldsymbol{C}_{21} = \boldsymbol{C}_{11}$,

则表示工质压力的提高全部在动叶栅中进行，我们称这种情况是反动度为1的级。由于这两种情况的流动损耗功大，故很少采用。通常都采用反动度为0.4~0.6或0.7~0.8的压气机级，而且使$C_{31} \approx C_{11}$，即每一级进口出口的工质流速近似相等。

2）离心式压气机

离心式压气机也是在高压涡轮驱动下高速旋转，将空气由轴向吸入，经旋转的叶轮离心增压、加速，然后从径向流出叶轮进入扩压器扩压，达到增压的目的。

由于离心式压气机结构简单（见图2.2.10）、制造方便、成本低廉且生存能力强，现代主要使用在空气流量较小（一般为15kg/s）、总压比不太高（一般小于12）的各种航空燃气轮机、地面车辆用的燃气轮机或废气涡轮增压器等装置上。

离心压气机可以与轴流压气机联合使用，组成混合压气机。混合压气机的前面是1~7级轴流压气机，用一级单面进气的离心压气机作为最后一组。这种布局有利于解决当空气流量较小而增压比又较高时，压气机末级叶片太高而使效率降低的问题。

下面介绍离心压气机的主要组成部分——导风轮、离心叶轮和扩压器的结构。

（1）导风轮。

导风轮位于叶轮前部，将空气无冲击地引入离心叶轮。所以，导风轮的叶片进气边缘向转动的前方弯曲。为适应气流进入转动部分的相对速度的方向，进气边缘在叶尖处弯曲较多而在叶根部弯曲较少，同时带有扭曲。一些离心压气机的导风轮由铝合金经模锻后在专用铣床上精加工制成，其叶片的排气边缘在径向线上，以中心孔安装定位在离心叶轮轴上，由离心叶轮带动。

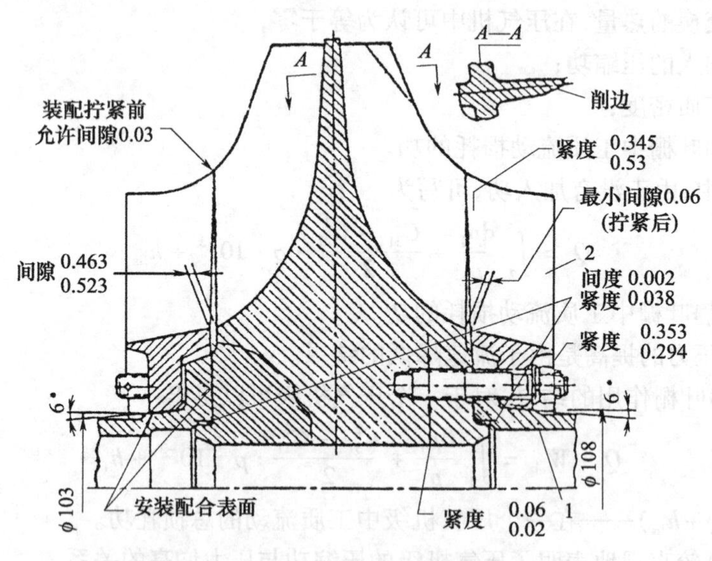


图2.2.10　双向进气离心压气机的转子

（2）离心叶轮。

离心叶轮通常用铝合金、钛合金或钢的锻件经机加工制成。为有效地利用叶轮外径的切线速度以提高叶轮对气流的做功量，叶轮的进口要向中心收拢以使它的直径尽量减小。一般进口处的外径相当于叶轮外径的0.6~0.7。降低这个数值对提高叶轮的做功能力十分有利。但是缩小进口尺寸不但受进口相对马赫数的限制，而且受进口内径尺寸的限制。这个尺寸取决于叶轮轴的传扭与支承刚性以及相关轴承的尺寸。

早期的离心叶轮叶片沿径向是直的。这种叶片的设计与制造均比较方便。当代的离心压气机为了改善效率和特性,不但采用后弯的“S”形叶片,而且在两个叶片之间还有较短的分流叶片。这种叶轮的加工比较困难,通常要在四坐标或五坐标数控铣床上加工。此外,有些叶轮在槽道的壁面留有铣削的刀痕以增加叶轮的做功量。

离心叶轮定位在离心叶轮轴上,并由它带转。轴通过端齿(见图2.2.10)或精密螺栓(见图2.2.11)传递扭矩,并保证叶轮因受热或受离心负荷而产生径向变形时的定心。

(3)扩压器。

扩压器是使由离心叶轮高速甩出的气流减速、扩压。最简单的扩压器是沿圆周通道面积逐渐加大的蜗壳式扩压器。但由于气流在扩压器内沿展开形螺旋线流动,轨迹较长,所以损失较大。因此,它仅用在离心式增压器中。

航空燃气轮机的离心压气机通常采用叶片式扩压器,如图2.2.12所示。若干个沿圆周向均匀分布的叶片使得由离心叶轮甩出的气流,沿由叶片组成的气流通道扩压。气流在扩压器内的路径短,减少了流动损失。

叶片式扩压器是一个钣金组合件。它由板料制成的叶片和前后盖板组成。15片叶片两侧各有一个榫头,将它插入前后盖板相对应的槽内,再用铜焊固定。整个扩压器用6个螺栓固定在机匣上。

目前,有的发动机上采用了管式扩压器。按气流的流线方向弯曲的渐扩管将气流由径向引至轴向,同时在管内扩压。这样可以提高在稳定工作情况下扩压器的效率。

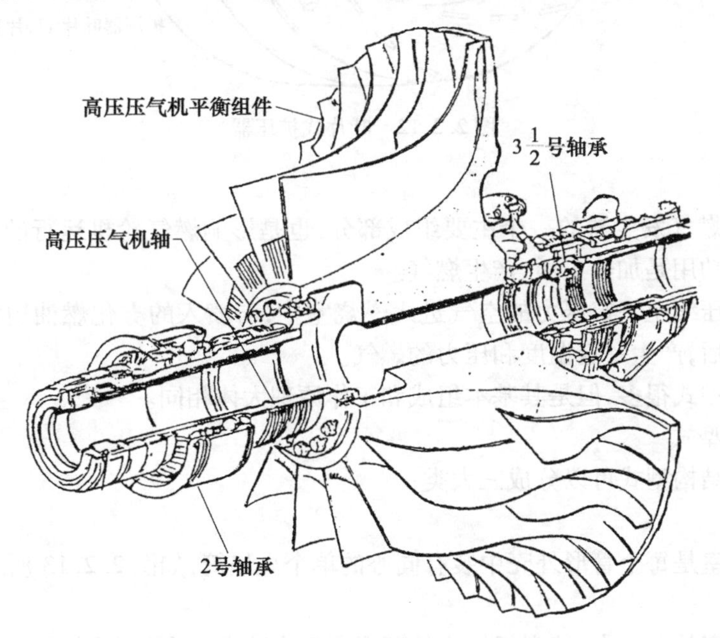


图2.2.11 单向进气离心压气机的转子

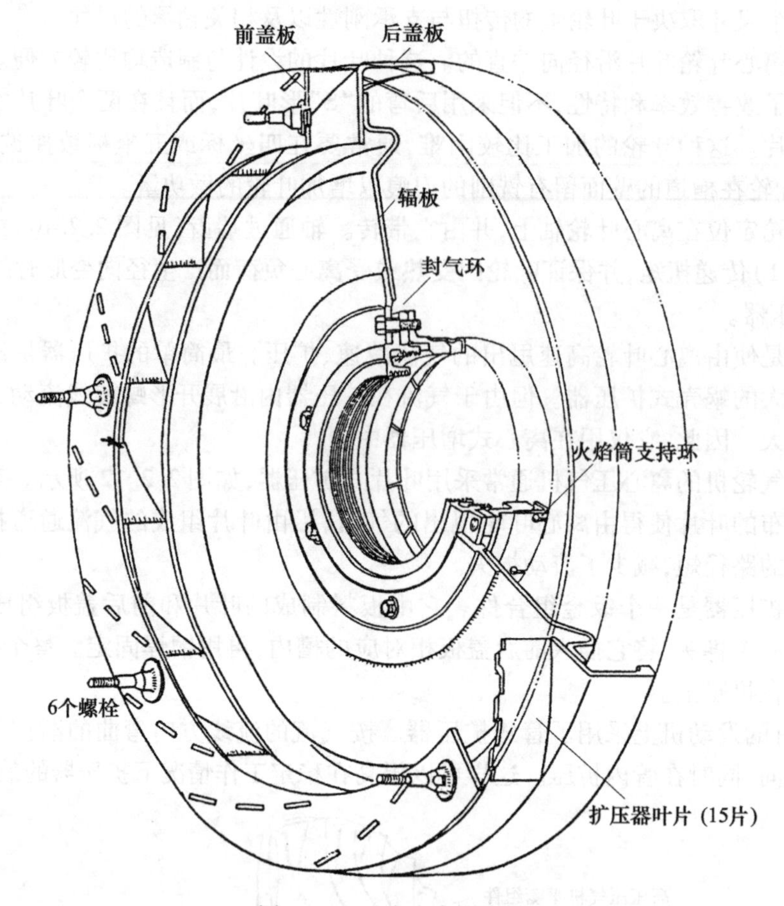


图 2. 2. 12　叶片式扩压器

**2. 燃烧室**

燃烧室是燃气发生器的一个主要组成部分,也是影响燃气轮机运行的一个至关重要的部件。它的功用是加热工质,产生燃气。

由压气机压缩至一定压力的空气进入燃烧室中,与喷入的雾化燃油边混合、边蒸发、边燃烧。燃烧后,产生一定温度和压力的燃气。

燃烧室的型式很多,但是其基本组成和工作原理大体相同。

1)燃烧室型式

燃烧室的结构型式可以分成三大类:

(1)管型。

管型燃烧室是每个管形外壳中装有同心的单个火焰筒,如图 2. 2. 13 所示。

(2)环型。

环型燃烧室是在由内、外壳板组成的环形空间中装有一个与它同心的环形火焰筒,如图 2. 2. 14 所示。

(3)环管型。

环管型燃烧室是上述两种形式的组合,由内、外壳组成的环形空间中装有一组管型火焰筒。

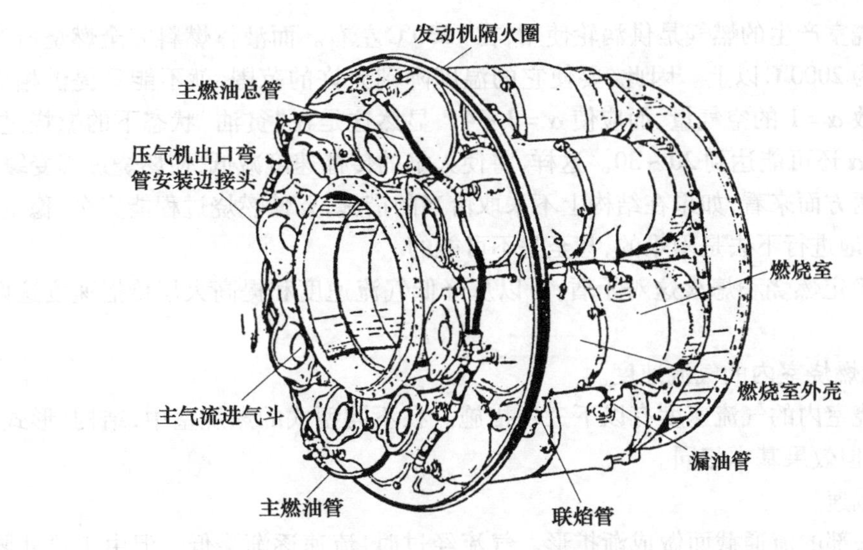


图 2.2.13 管型燃烧室

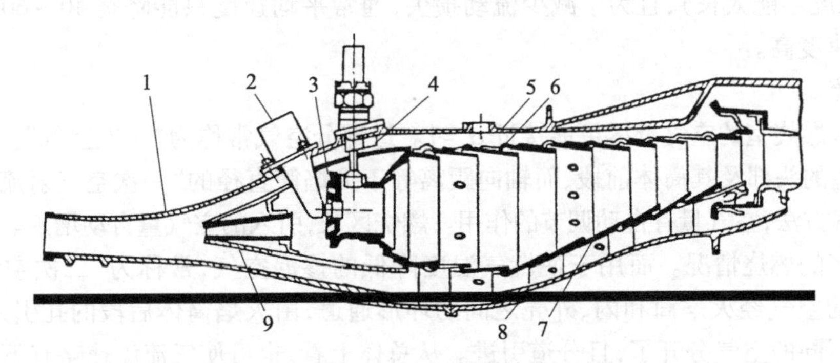


图 2.2.14 环型燃烧室

1—扩压器;2—喷油嘴;3—旋流器;4—火焰筒头部;5—外壳;
6—火焰筒外环;7—火焰筒内环;8—内壳;9—导流器。

上述三种型式的燃烧室在舰用燃气轮机上均有应用。它们的优缺点将在以后分析。但是可以肯定的是,随着技术的发展,环型燃烧室是最有前途、性能潜力较大的型式,因而在航空燃气轮机中得到了迅速的发展。

2)燃烧室中的工作过程

燃气轮机启动时,压气机由启动机带动,吸入并压缩空气,送入燃烧室。空气在向后流动的同时,与由启动喷油嘴喷出的燃油雾珠混合,由点火器产生的火花作为火源,使可燃混合气着火燃烧,火焰进入燃烧室,并与主喷油嘴喷入的大量燃油雾珠混合,在压缩空气掺合下,扩大燃烧,就形成了连续不断的燃烧过程。产生的燃气在增压涡轮中做功,从而加速了压气机的转动,当压气机达到一定的转速时,就由增压涡轮驱动压气机,启动机脱开,燃烧室稳定工作。

但是,从燃烧室的工作条件来看,即使进口的空气以不变的速度流入燃烧室,也达到 120 ~ 150m/s 的速度。在自然界中 5 ~ 6 级大风的速度只有 10m/s,12 级台风的风速也只有 32 ~ 37m/s。可见燃烧室进口的流速大约是台风风速的 4 倍;这个速度也大大超过了火焰的传播速度。要维持连续燃烧过程是十分困难的。

由于燃烧室产生的燃气是供涡轮使用,在1200℃左右。而液体燃料完全燃烧所产生的燃气温度为2000℃以上。因此,要使它的温度降到允许的范围,就不能只提供相应于过量空气系数 $\alpha=1$ 的空气量,而应使 $\alpha=3\sim4$。显然这是在“贫油”状态下的燃烧过程。在低工况时,$\alpha$ 还可能达到20~30。这样,将使火焰的传播速度减低,使燃烧过程变缓。

从上述两方面来看,如果在结构上不采取恰当的措施,要使燃烧过程能完全、稳定、安全、连续不断地进行下去是困难的,甚至是不可能的。

要解决稳定燃烧和熄火这对矛盾,可以从降低气流速度和提高火焰传播速度这两方面着手。

(1)降低燃烧室内的气流速度。

降低燃烧室内的气流速度有以下三项措施。在不同型式的燃烧室中,结构、形式、尺寸稍有差异,但效果基本相同。

①扩压减速。

燃烧室头部的流通截面做成渐扩形。气流经过时,流速逐渐降低。但由于尺寸限制(即轴向长度不能太长),且为了减少流动损失,通常平均速度只能降至40~60m/s,仍比火焰传播速度高。

②分流。

使进入燃烧室的空气量尽可能接近 $\alpha=1$。这部分空气常称为“一次空气”。它由几排位于燃烧室的头部及其筒体前段、而轴向距离等于火焰筒直径的“一次空气射流孔”引入。用这种引气方法,空气量有自动调节的作用。燃烧区长,引入的空气量自动增加。这是相应于喷嘴量多的燃烧情况。而用于使燃气温度降低的掺混空气,常称为“二次空气”,它们是扩压后的空气经火焰筒和内、外壳之间的环形通道,由火焰筒体后段的孔引入。这样,就把作用不同的空气分开了,且分道引进。从总体上看,也可使气流流速略有下降。

③设置旋流器。

气流经过旋流器时产生回流区,降低局部地区的流速。图2.2.15所示的旋流器是由内、外环及一圈倾斜的径向布置的静叶片所构成。外环与火焰筒头部焊接,内环可插入喷油嘴。工质流经旋流器时,在倾斜的径向布置的静叶片的作用下,会绕火焰筒的轴线做螺旋运动。很大一部分气流在离心力的作用下被甩向火焰筒壁面附近,从而形成了径向压力梯度,使火焰筒中心的压力低于外圈的压力,形成了低压区,于是火焰筒后部的气流向前补充,产生回流运动,如该图所示。

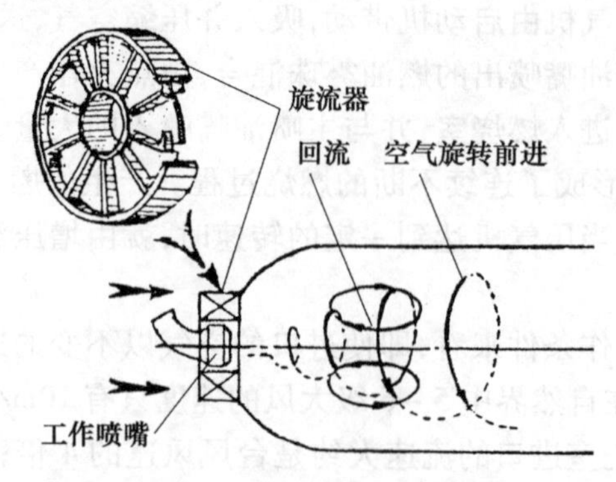


图2.2.15 旋流器和气流流经旋流器时的情况

气流在火焰筒中的回流与回流区外的主流之间会产生相互摩擦。所以在火焰筒前部的各个横截面上将出现不同的轴向速度。图2.2.16表示了火焰筒内不同截面上的气流轴向速度分布的情况。虚线表示的是回流边界,其上的轴向速度为零;靠近每条虚线中心部位的轴向速度是向左的,也就是反主流方向,称为回流区;回流区以外则是主流区,轴向速度向右。主流区内各点的速度也不同。显然,可以在适当的主流位置上找到一个理想的局部地区,使火焰传播速度与气流流速相近,即可以形成一个稳定的点火源。

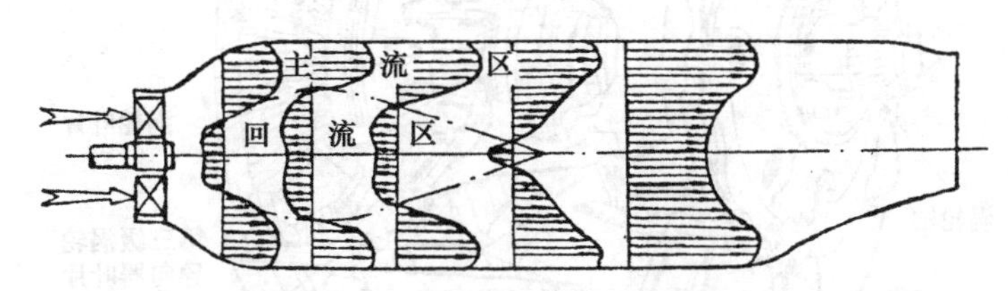


图2.2.16 火焰筒内部气流轴向速度分布

(2)提高火焰传播速度。

由以上分析可知,在火焰筒前端的主流区内靠近回流边界处,不仅气流速度较小,而且有回流的燃气来促使混合气温度的提高,使液体燃料迅速汽化。所以这个地区适宜形成稳定的点火源。

为提高这个地区的火焰传播速度,首先要使该区的过量空气系数接近1。也就是说要按主流区截面上的空气流量情况来加入燃料。目前广泛采用的离心式喷油嘴能圆满完成这个任务。因为由它喷出的燃料会形成一个空心锥状,如图2.2.17所示。

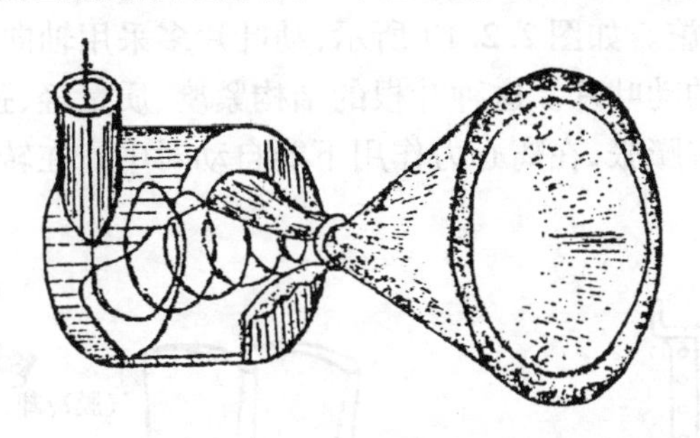

图2.2.17 燃料从离心式喷油嘴喷出后的形状

**3. 涡轮**

1)涡轮的组成及工作过程

涡轮包括增压(或称高压)涡轮和动力涡轮。它们的功用都是将来自燃烧室的燃气能量转变成机械功。

按照工质在涡轮中的流动方向,可以分成轴流式和径流式两大类。舰船用燃气轮机绝大多数采用轴流式涡轮,故此处只研究轴流式涡轮。

(1)轴流式涡轮的组成。

轴流式增压涡轮或动力涡轮都有两大基本组件:转子和静子。某型燃气轮机的动力涡轮为轴流式涡轮。其结构如图2.2.18所示。

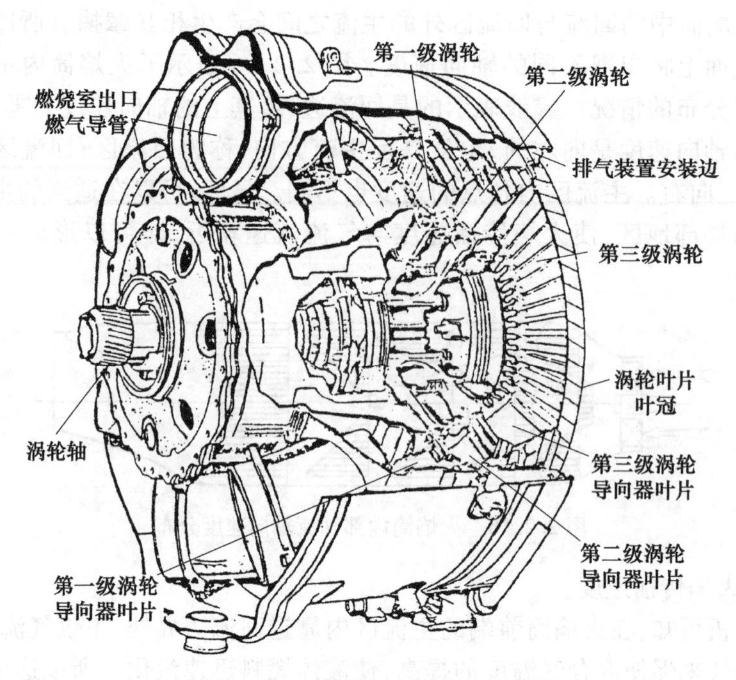


图 2.2.18　某型燃气轮机动力涡轮

涡轮转子是由涡轮轴、涡轮盘、承力环及各连接件组成。由于转子是在高转速、高温下传递扭矩的，因此除了要有足够的强度外，还应有足够的刚度和热对中性。组成转子的零件除选用耐热合金材料外，还采用轻型高强度结构方式并相应地赋予各零件在热态下热胀状况不同的补偿措施。如图 2.2.19 所示，动叶片多采用轴向枞树形榫头与涡轮盘连接，以便单个更换损坏的动叶片。这种叶根的结构紧凑、质量轻、强度高，冷态安装时有一定的间隙，在运行中允许膨胀，在离心力作用下能自动对中。在转子上也相应地设有轴承位和润滑油封件。

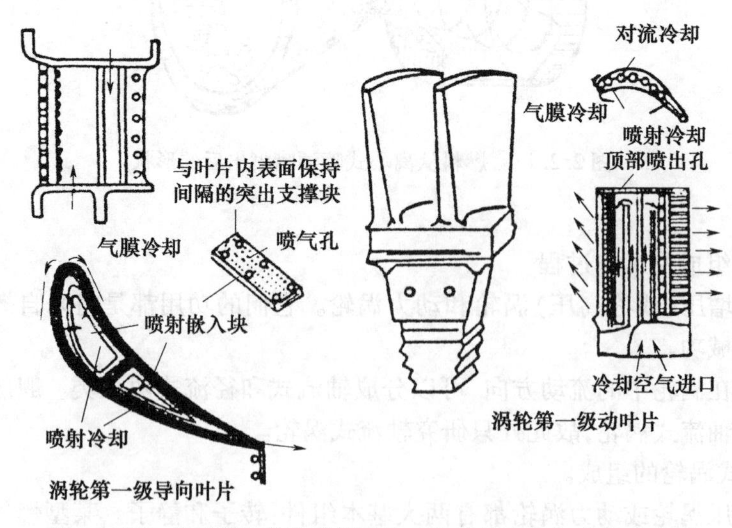


图 2.2.19　某型燃气轮机增压涡轮叶片结构和空气冷却示意图

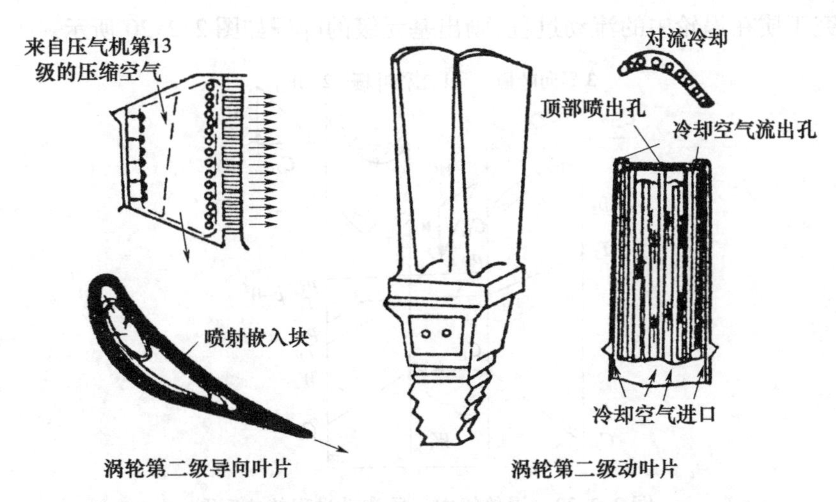


图 2.2.19 某型燃气轮机增压涡轮叶片结构和空气冷却示意图(续)

静子由涡轮机匣和由静叶片组成的导向器所组成。涡轮机匣是承力件,为便于装卸和维修,通常有轴向的水平中分面。由于工作温度高,多用铬镍钼钢制成。静叶片可安装或焊接在导向器的内、外环上。内、外环之间有支撑杆连接和承力。涡轮机匣中心有安装轴承的轴承座。涡轮机匣多为等外径的。

静叶栅和动叶栅构成了工质流动的通道。从总体来看,叶片的高度是由进口至出口逐级增加的。

每一排静叶片(即导向器)与其后一排的动叶片组成涡轮的一个级。涡轮的总级数较压气机少。增压涡轮大多为 1 ~2 级。动力涡轮工作在较低转速,级数较多,如某型燃气轮机的动力涡轮为 6 级,也有 1 ~2 级的。

为了采用较高温度的燃气做工质,以提高燃气轮机循环比功和效率,除选用耐热性能更高的材料外,还采用冷却叶片的技术,即对工作温度较高的增压涡轮的第一、二级的动叶片和静叶片采用各种方法予以冷却,使其材料的实际工作温度下降 250 ~400℃。换句话说,如果采用冷却叶片的技术,就能在现有材料的基础上,可以将涡轮前的燃气初温提高约 350℃。如果用发散冷却叶片,则效果更好。某型燃气轮机增压涡轮的第一、二级叶片的冷却方法见图 2.2.19。

第一级静叶片采用内部对流、外部气膜冷却的方式,引入压气机出口处的压缩空气,经导向器外环进入静叶片内腔,然后从静叶片上的小孔喷出,使第一级静叶片的工作温度由 1170℃降至 738℃。

第二级静叶片采用空气对流冷却方式。冷却空气由压气机第 13 级引入,然后由叶片出口边的小孔流出。

动叶片的冷却方式与静叶片相同。第一级内部对流、外部气膜冷却,第二级则为内部对流冷却。冷却空气都是从叶根部进入,然后由叶顶和叶片上的小孔流出。第一级动叶片的实际温度降到 313℃。

可见,对涡轮组件来说,处处要考虑的是工作在“高温”条件下这个特点。只有在结构上采取了切实可行的措施,才能保证其安全、可靠、高效率地工作。

(2)轴流式涡轮中工质的流动过程。

为研究工质在涡轮中的流动过程,画出基元级的叶栅如图2.2.20所示。

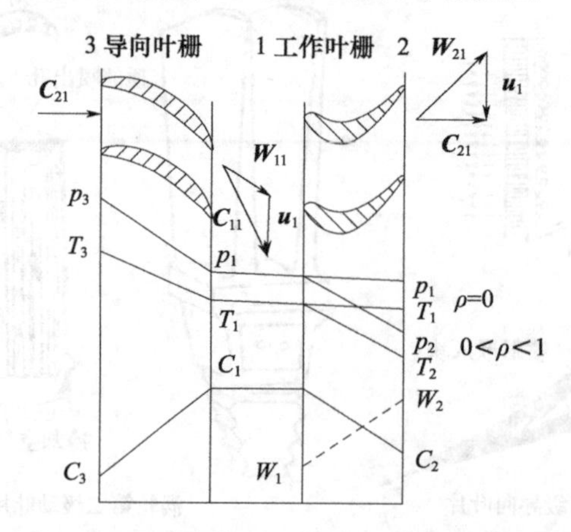


图2.2.20 涡轮级中工质流动过程的速度图

图2.2.20中静叶片的进口为截面“3”,出口为截面“1”,动叶片的出口为截面“2”。由叶片的型线来看,叶片比较厚,叶片本身的转折也比压气机的叶片厉害。静叶片和动叶片各自组成的叶栅通道是收缩的,即进口面积大于出口面积。

当燃气以速度 $\boldsymbol{C}_{21}$ 流入静叶栅后,由于静叶栅是收缩型的,所以工质的流速加快,以速度 $\boldsymbol{C}_{11}$ 流出,其方向则顺着静叶片的指向流向动叶栅。

当动叶栅在设计转速时的圆周速度为 $\boldsymbol{u}_1$ 时,工质进入动叶栅的相对速度为 $\boldsymbol{W}_{11}$

$$\boldsymbol{W}_{11}=\boldsymbol{C}_{11}-\boldsymbol{u}_1 \tag{2.2.6}$$

因为增压涡轮中工质的温度高于压气机中工质的温度3~4倍,所以叶栅中的流速要大2倍左右。而两者的圆周速度相差不大,从而形成的速度三角形的形状也和压气机中的大不相同。

动叶栅是收缩型的,因而流出动叶栅的相对速度 $\boldsymbol{W}_{21}$ 大于进入时的相对速度,方向则顺着动叶栅出口的指向。同样可以作出动叶栅出口的速度三角形,且其出口的绝对速度 $\boldsymbol{C}_{21}$ 为

$$\boldsymbol{C}_{21}=\boldsymbol{W}_{21}+\boldsymbol{u}_1 \tag{2.2.7}$$

工质的流速和各个热力参数的变化情况标示在图2.2.20中的下半部分。

与压气机级类似,在叶片的不同半径处,其圆周速度也不同,因此动叶栅进、出口的速度三角形也随着半径而变。为了使叶片进、出口的角度与气流方向相符,所以动、静叶片也都制成扭曲形状。

2)多级涡轮

在舰船燃气轮机中,增压涡轮常常与动力涡轮不共轴,即各自形成自己独立的部件。因而它们各自组成的多级涡轮的级数都比较少,有的甚至由单级涡轮组成。

如果涡轮的级数少,则工质在每一级中的焓降大,可达100~300kJ/kg。而压气机在每一级中的焓升仅为30~60kJ/kg。

由于涡轮级中的各种流动损失,如果与外界无热量交换时,它们转变成的热量,又会重新加热工质,进入下一级涡轮中去做功。因此,多级涡轮中工质能量的利用要比单级的

好。这种现象通常称为“重热效应”。一般情况下,多级涡轮的效率高于单级。但是这并不是说全部流动损失的能量都可以被重新利用来做功。实验表明,仅有15%的级损失能量可以在下一级做功。

**4. 燃气轮机的稳定工作特性**

燃气轮机是由压气机、燃烧室、增压涡轮、动力涡轮及其附属系统组成的一个完整的系统。各部件之间存在着密切的联系并相互依存、相互影响。也就是说,各个部件再也不能在它们各自的特性线上的任意一点工作,而只能在它们能够相互配合的区域工作,甚至只能在工作线范围内工作。我们不仅要求机组在设计(额定)状态下能稳定、高效率地工作,而且还要求机组在部分(非设计)状态下也能稳定、有效地工作。研究燃气轮机的工作特性,一定要与外界负荷的固有特性相联系,因此必然要讨论燃气轮机与负荷所共同组成的总性能。同时,这个总性能还会随着大气环境的变化而变化,所以也必须讨论这些变化规律。

现以带单轴燃气发生器的分轴燃气轮机装置为例,讨论压气机、燃烧室、增压涡轮、动力涡轮和负荷之间的配合关系,以掌握整个的稳定工作特性。

1)燃气发生器的平衡工作条件

在燃气发生器中,压气机和增压涡轮共轴,它们要能稳定、平衡地工作,必须满足下列三个条件:

(1)转速平衡。

压气机和增压涡轮共轴,则它们的转速必然相等,即

$$n_C = n_{TC} \tag{2.2.8}$$

式中 $n_C$——压气机的转速(r/min);

$n_{TC}$——增压涡轮的转速(r/min)。

(2)流量平衡。

由压气机和燃烧室供给增压涡轮的工质折合流量,与增压涡轮需要和允许通过的工质折合流量相等,即

$$(G_C - G_i + G_f)\sqrt{T_3^*}/P_3^* = G_{TC}\sqrt{T_3^*}/P_3^* \tag{2.2.9}$$

或相应的工质质量流量相等,即

$$G_C - G_i + G_f = G_{TC} \tag{2.2.10}$$

式中 $G_C$——压气机中的工质质量流量(kg/s);

$G_i$——压气机中的漏泄、用于冷却、用户抽气等的总工质质量流量(kg/s);

$G_f$——喷入燃烧室中的燃料流量(kg/s);

$G_{TC}$——增压涡轮中的工质质量流量(kg/s);

*——滞止参数符号。本节中凡涉及流动工质的状态参数及其有关的函数,不论有无上标“*”,均为滞止参数。

(3)功率平衡。

现在最常用的分轴燃气轮机中,增压涡轮一般位于高压涡轮位置,动力涡轮则处于低压涡轮位置。在这种情况下,工质先在增压涡轮中部分膨胀,发出的功率用于驱动压气机。要平衡工作,必须使增压涡轮发出的功率与压气机消耗的功率相等,即

$$N_{TC}\eta_{mTC} = N_C \tag{2.2.11}$$

式中 $N_{TC}$——增压涡轮的输出功率；

$\eta_{mTC}$——包括轴承等摩擦损失和驱动机带附件在内的机械效率，一般取 0.98；

$N_C$——压气机消耗的功率。

由工质的状态参数关系，可以推出类似式(2.2.9)的功率平衡关系式的另一种形式为

$$G_{TC}C_{PT}T_3[1-(\xi_B\varepsilon_{TC})^{-mT}]\eta_{TC}\eta_{mTC}=G_C C_{PC}T_1[(\pi_C/\xi_{in})^{mC}-1]/\eta_C \quad (2.2.12)$$

式中 $C_{PT}$、$C_{PC}$——涡轮和压气机中工质的平均定压比热容(kJ/(kg·K))；

$\xi_B$——燃烧室中的压力损失系数；

$\varepsilon_{TC}$——增压涡轮中工质的膨胀比；

$mT$、$mC$——涡轮和压气机中的系数，$m=(C_P-C_V)/C_P$；

$\eta_{TC}$——增压涡轮的效率；

$\pi_C$——压比；

$\xi_{in}$——进气装置中的损失系数；

$\eta_C$——压气机效率。

由式(2.2.12)可以计算出其中的某一个参数。

2)燃气发生器平衡运行工作点的确定

凡是满足燃气发生器平衡工作条件的运行工作状态，就是燃气发生器平衡运行工作点。通常是在压气机通用特性线上，以等温比线(即等 $\tau$ 线，$\tau=T_3/T_1$)的形式表示。

为了找出燃气发生器的平衡运行工作点，必须有该燃气发生器的压气机特性曲线和增压涡轮的特性曲线。

对于压气机特性曲线图上的某一工况点“1”，其折合转速 $n_{C1}/\sqrt{T_1}$、折合流量 $G_{C1}\sqrt{T_1}/P_1$ 和压气机效率 $\eta_{C1}$ 都可由该图确定。由转速平衡和流量平衡条件分别求出 $\eta_{T1}$ 和 $G_{C1}$。

为求出燃气发生器的平衡运行工作点，可先选一个温比 $\tau$，由此可算出增压涡轮的折合转速 $n_{T1}/\sqrt{T_3}$ 和折合流量 $G_{TC1}\sqrt{T_3}/P_3$，即可由增压涡轮特性曲线图上查出相应的增压涡轮的膨胀比 $\varepsilon_{TC1}$ 和增压涡轮效率 $\eta_{TC1}$，如图 2.2.21 所示。

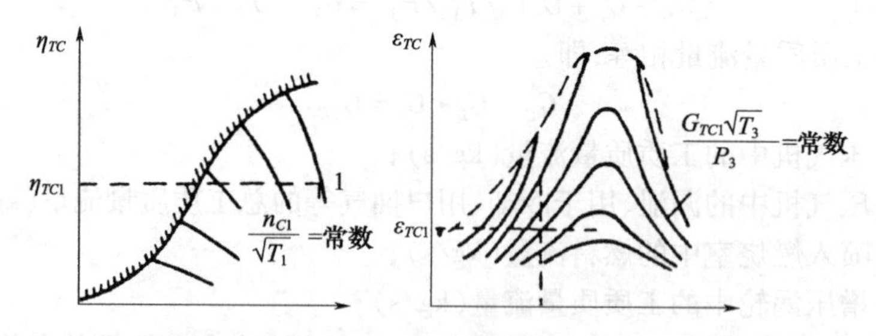


图 2.2.21 燃气发生器、燃气轮机的压气机和增压涡轮特性曲线图

以上面找出的压气机和增压涡轮的性能参数代入式(2.2.12)中计算，如果等式成立，则此时找出的增压涡轮的点，就是与压气机点“1”能平衡运行的工作点。否则，要重新选温比 $\tau$，直到等式(2.2.12)成立为止。此时可在点“1”处标出 $\tau$ 值。

与上类似，可以在压气机特性线上的点都标出能平衡运行所对应的温比 $\tau$ 值。将各等折合转速线上的相同温比值的点用线连起来，就可得到等温比线，如图 2.2.22 所示。

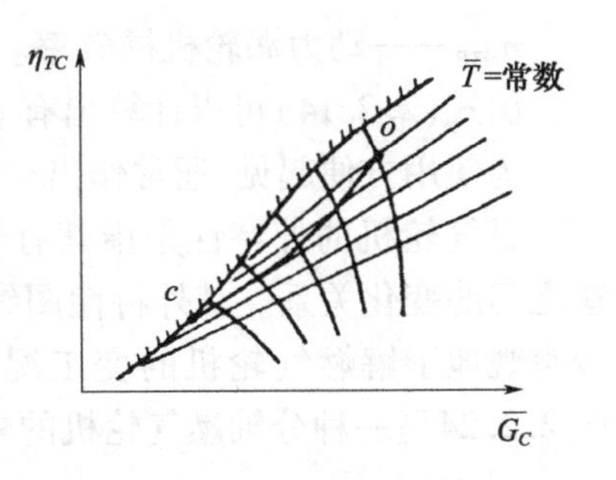

图 2.2.22 燃气发生器的等温比线

由图 2.2.22 可以看出存在一系列的等温比线族。温比越大的等温比线就越接近喘振线边界线。每条等温比线都是在左端(相应于小流量、低压比时)易与喘振线边界线相交。作出这些等温比线的前提,只是考虑了燃气发生器内的平衡工作。

3)燃气发生器与动力涡轮联合工作带的确定

对于图 2.2.22 中的每一个点,可以确定燃气发生器工作部件的各种参数。例如,燃气发生器出口工质的流量、压力、温度等。如果不考虑工质流至动力涡轮进口过程中的流动损失,则这些数值就是动力涡轮进口工质的参数。即可知 $T_5$、$P_5$、$G_{TP}$及动力涡轮中的膨胀比 $\varepsilon_{TP}$。因为

$$\varepsilon_{TP}=\frac{p_5}{p_4}=\frac{p_1}{p_c}\times\frac{p_2}{p_1}\times\frac{p_3}{p_2}\times\frac{p_5}{p_3}\times\frac{p_c}{p_4}=\pi_C\cdot\xi_{in}\cdot\xi_B\cdot\xi_{ex}/\varepsilon_{TC} \tag{2.2.13}$$

当动力涡轮的特性线确定后(类似增压涡轮的特性线,只是数值不同而已),由其规律可知:在保持动力涡轮的膨胀比一定的条件下,随动力涡轮折合转速的增加,折合流量逐渐减小,达到某一最小值后,折合流量又逐渐增加。而动力涡轮的转速取决于外负荷,因此动力涡轮的工作必然对燃气发生器的工作情况有所影响。也就是说,在压气机等折合转速工作时,由于动力涡轮允许通过的折合流量随动力涡轮转速的变化而变化,有其自己相应的范围。因此,可以找到此折合流量的最大值和最小值,相应在压气机等折合转速线上的一小段范围。把压气机的各条等折合转速线上所确定的动力涡轮工作范围的极限点用线连起来,就得到燃气轮机的工作带,如图 2.2.23 所示。

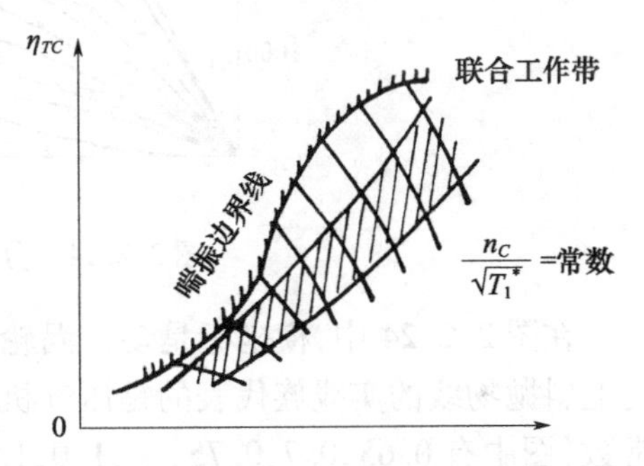

图 2.2.23 燃气轮机的工作带

图中的斜线部分,就是动力涡轮与燃气发生器能协调工作的区域。也就是说,这台分轴燃气轮机只能在这个工作带范围内工作。此图是一个示意图。有的分轴燃气轮机的工作带可能很窄。尽管由于这台分轴燃气轮机可能驱动不同特性的负荷,因而实际工作线也不相同,但是这些工作线也只能落在这个工作带内。

4)燃气轮机的外特性

燃气轮机的动力涡轮与外负荷联结在同一根轴上,它们也应该平衡工作。因而动力涡轮的输出转速应与负荷要求的转速相等(或成比例,比例系数取决于传动装置的速比);动力涡轮输出的有效功率与负荷要求的功率相等。

动力涡轮输出的有效功率为

$$N_e=G_{TP}T_5C_{p54}\left[1-\varepsilon_{TP}{}^{-mT}\right]\eta_{TP}\eta_{mTP} \tag{2.2.14}$$

式中 $G_{TP}$——流进动力涡轮的工质流量 kg/s;

$C_{p54}$——动力涡轮中工质的比定压热容 kJ/(kg·℃);

$\eta_{TP}$——动力涡轮指示效率;

$\eta_{mTP}$——动力涡轮机械效率。

由式(2.2.14)可以计算出有效功率及燃气轮机的其他特性参数。

为使用方便起见,通常作出整个分轴燃气轮机的外特性线。

燃气轮机的外特性是指其有效功率、有效效率(或耗油率)、输出扭矩与动力涡轮转速之间的变化关系。其外特性图线也有各种形式,以便于使用为目的。由外特性线可以较直观地了解燃气轮机的变工况性能,也为操纵管理提供了必要的控制和监测数据。图2.2.24是一种分轴燃气轮机的外特性曲线。

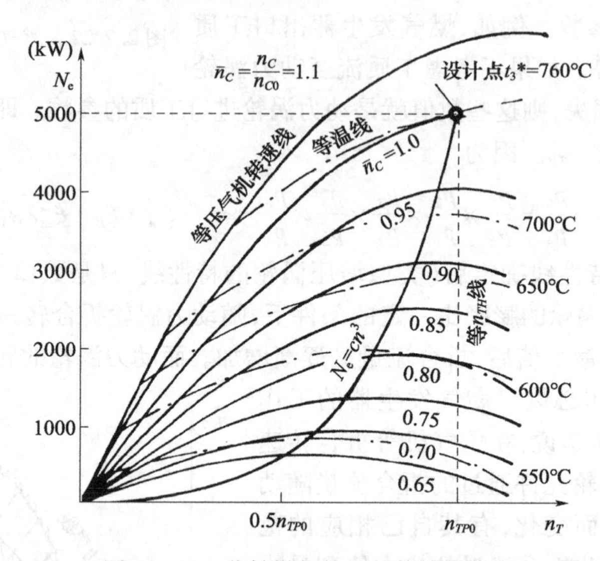


图2.2.24 分轴燃气轮机的外特性曲线

在图2.2.24中,横坐标是动力涡轮的输出转速,纵坐标是其有效功率。第一组形似向上斜抛物线的实线族代表的是压气机的等转速线。每一条的转速与额定转速的比值为常数(图中有0.65,0.7,0.75,…,1.0,1.1等共9根)。对于每一条压气机等转速线,随动力涡轮输出转速的增大,输出的有效功率也增大且有一个最大值。第二组曲线族是点画线,表示在某一条曲线上所有点的温度均相同,称为等温线(图中有550℃,600℃,…,760℃等共5根),这个温度是增压涡轮进口工质的初温,温度越高,能够对外输出的功率也越大。每条等温线随动力涡轮输出转速的增大,输出的有效功率也增大且有一个最佳值。图中还标出了两种不同的负荷特性线:动力涡轮输出恒转速线和定距桨特性线。图的右上角处标出了额定(设计)点。

从图中可看出,如果燃气轮机的负荷是定距桨,则燃气轮机与定距桨之间配合得好的标志是:定距桨特性线通过设计点;基本上都通过每一条压气机等转速线的最高处;基本上都通过每一条等温线的最佳点(设计点除外)。

还可由这些曲线查出每个工作点的$n_{TP}$、$T_3$、$n_C$、$N_e$,以此为基础,可以求出$\eta_e$、$B_e$及装置任一截面处工质的状态参数。还可用这些参数来分析在由不同单机驱动相同负荷或不同负荷时的优劣程度。

**5. 简单热力循环**

船舶燃气轮机装置是以空气和燃气为工质,在压气机、燃烧室和燃气涡轮中经过一系列的热力过程,连续地完成热循环后,才能不断地对外输出机械功。输出功率的大小和装置热效率的高低，取决于热循环的型式和工质的状态参数。

1）简单开式循环

采用这种循环的示意图如图2.2.25所示。通常以温熵（$T—S$）图表示热循环的各工作过程和状态参数。

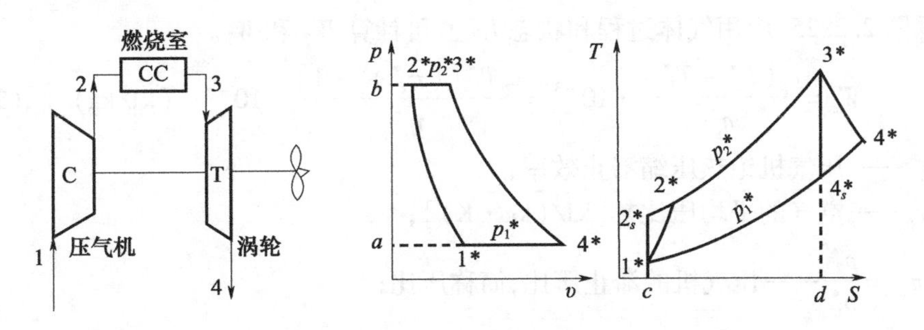


图2.2.25　简单开式循环的$T—S$图

$T—S$图中封闭曲线$1^*-2_s^*-3^*-4_s^*-1^*$构成的是燃气轮机装置的理想循环，即假定循环的各热力过程都是没有能量损失的可逆过程，工质是理想气体，且流量始终不变。线段$1^*-2_s^*$为空气在压气机内的等熵压缩过程。吸收外加的机械功后，空气的滞止压力由$p_1^*$上升到$p_2^*$，滞止温度由$T_1^*$上升到$T_2^*$。线段$2_s^*-3^*$为空气在燃烧室内的等压加热过程，燃料燃烧后放出热量$q_1$，传给空气，空气转变为燃气，焓值升高，温度由$T_2^*$升高到$T_3^*$。线段$3^*-4_s^*$为燃气在燃气涡轮中的等熵膨胀过程，燃气轮机发出机械功，燃气的焓值则下降，压力由$p_2^*$下降到$p_1^*$；温度则由$T_3^*$下降到$T_4^*$。线段$4_s^*-1^*$为排气至大气中的等压放热过程，放出热量$q_2$，使燃气轮机的焓值下降，温度由$T_{4s}^*$降回到$T_1^*$，并假想燃气又变成空气回到了压气机进口。这样，就完成了一个循环。封闭曲线$1^*-2_s^*-3^*-4_s^*-1^*$围成的面积就表示理想的简单开式循环的输出功。

实际的工作过程是比较复杂的。在压气机、燃烧室，燃气涡轮和进、排气管道中存在着各种流动损失和摩擦损失；在燃烧室中还有燃烧不完全的损失；工质的流量和比热在装置的各部分中也并不相同；实际的装置还有轴承、减速器等传动部件，在运转中必然要产生机械传动损失等。这些损失不同程度地影响着装置的热循环。其中压气机和燃气涡轮中的损失所产生的影响最大，所以首先加以讨论。

考虑了压气机、涡轮中的损失后，图中3—4实际的热循环用封闭曲线$1^*-2_s^*-3^*-4_s^*-1^*$表示。线段$1^*-2^*$为实际压缩过程。由于压气机中存在损失，增大了消耗的压缩功，工质在压气机出口的状态点由$2_s^*$移至$2*$，温度由$T_{2s}^*$升高到$T_2^*$。这是一个增熵的压缩过程。线段$3*—4*$为实际膨胀过程。由于燃气涡轮中存在损失，减少了膨胀功，工质在燃气轮机出口的状态点由$4_s^*$移至$4*$，排气温度由$T_{4s}^*$升高到$T_4^*$。这是一个增熵的膨胀过程。

2）热力性能指标

（1）循环比功$W_{ip}$。

装置的循环比功是指1kg工质流量在装置中完成一个热循环后向外界输出的功。1kg工质流量向外界输出的功率称为比功率。比功和比功率都能用来衡量燃气轮机装置的重量和尺寸。当装置的功率一定时，比功（或比功率）越大，则所需的工质流量就越小，装置的重量和尺寸就越小。反之,则装置的重量和尺寸越大。

装置的循环比功 $W_{ip}$(kJ/kg)等于 1kg 工质通过燃气涡轮时膨胀所发出的功率 $W_T$ 减去压气机中 1kg 工质所消耗的压缩功 $W_c$,即

$$W_{ip} = W_T - W_c \tag{2.2.15}$$

根据图 2.2.25,应用气体过程和状态方程,可计算 $W_T$ 和 $W_c$。

$$W_c = \frac{c_p(T_{2s}^* - T_1^*)}{\eta_c^*} \cdot 10^{-3} = \frac{c_p T_1^*[(\pi_c^*)^m - 1]}{\eta_c^*} \cdot 10^{-3} \quad (\text{kJ/kg}) \tag{2.2.16}$$

式中 $\eta_c^*$——压气机绝热压缩滞止效率;

$c_p$——空气的平均压比热[kJ/(kg·K)];

$\pi_c^* = \frac{p_2^*}{p_1^*}$——压气机的滞止压比,简称压比;

$m = \frac{k-1}{k}$;

$k$——空气的绝热指数,$k = 1.4$。

假定燃气涡轮的绝热膨胀滞止效率为 $\eta_T^*$,并且认为燃气与空气的平均定压比热 $c_p$、绝热指数 $k$ 对应似相等,则膨胀功为

$$W_T = c_p(T_3^* - T_{4s}^*)\eta_T^* \cdot 10^{-3} = c_p T_3^*\left[1 - \frac{1}{(\pi_c^*)^m}\right]\eta_T^* \cdot 10^{-3}(\text{kJ/kg}) \tag{2.2.17}$$

如果忽略流经压气机和燃机涡轮的工质流量差异,并将式(2.2.16)及(2.2.17)代入式(2.2.15)后,得出循环比功 $W_{ip}$:

$$W_{ip} = c_p T_1^*\left\{\lambda\left[1 - \frac{1}{(\pi_c^*)^m}\right]\eta_T^* - [(\pi_c^*)^m - 1]\frac{1}{\eta_c^*}\right\} \cdot 10^{-3}(\text{kJ/kg}) \tag{2.2.18}$$

式中 $\lambda = \frac{T_3^*}{T_1^*}$——装置的温度升高比,简称温比。

由于燃气发生器中压气机所消耗的功与发生器燃气涡轮输出的功相平衡,则循环比功 $W_{ip}$ 就是 1kg 工质在动力燃气涡轮中的输出功。

如果通过装置的工质总流量为 $G_a$(kg/s),则装置的输出功率为

$$P_e = G_a \cdot W_{ip} \quad (\text{kW}) \tag{2.2.19}$$

(2)循环热效率 $\eta_{ip}^*$(循环滞止热效率)。

循环热效率是指循环比功 $W_{ip}$ 与燃料在每一循环中加给 1kg 工质的热量之比。换句话说 $\eta_{ip}^*$ 就是 1kg 工质流量完成一个循环时,将燃料加给它的热能转变成循环功占加给它热量的百分数。循环的热效率 $\eta_{ip}^*$ 越高,机组的经济性就越高,耗油率就越低。

根据定义,并考虑燃室燃烧效率 $\eta_{ip}^*$ 后,循环热效率 $\eta_{ip}^*$ 为

$$\eta_{ip}^* = \frac{W_{ip}}{c_p(T_3^* - T_2^*)\frac{1}{\eta_{cc}}} = \frac{\eta_{cc} w_{ip}}{c_p(T_3^* - T_2^*)} \tag{2.2.20}$$

当 $c_p$ 为常数时,根据压气机效率 $\eta_c^*$ 定义得

$$\eta_c^* = \frac{T_{2s}^* - T_1^*}{T_2^* - T_1^*}$$

$$T_2^* = T_1^* \left\{1 + [(\pi_c^*)^m - 1]\frac{1}{\eta_c^*}\right\} \tag{2.2.21}$$

将式(2.2.18)及式(2.2.21)代入式(2.2.20),经整理后得循环热效率 $\eta_{ip}^*$ 为

$$\eta_{ip}^* = \frac{\lambda[1-(\pi_c^*)^{-m}]\eta_T^* - [(\pi_c^*)^m - 1]\eta_c^{*-1}}{(\lambda - 1) - [(\pi_c^*)^m - 1]\eta_c^{*-1}} \cdot \eta_{cc} \tag{2.2.22}$$

通常 $\eta_{ip}^*$ 又称装置的内效率。而装置输出轴端的有效效率 $\eta_e$ 则为

$$\eta_e = \eta_{ip}^* \eta_m \eta_g \tag{2.2.23}$$

式中 $\eta_m$——内部机械效率;

$\eta_g$——传动效率。

装置的耗油率 $b$:

$$b = \frac{3600}{Q_u \eta_e}[\mathrm{kg/(kW \cdot h)}] \tag{2.2.24}$$

式中 $Q_u$——燃料的低发热值(kJ/kg)。

3)循环参数对热力性能指标的影响

(1)压比 $\pi_c^*$ 和温比 $\lambda$ 的影响。

由式(2.2.20)和式(2.2.22)看出:当 $T_1^*$、$\eta_c^*$、$\eta_T^*$ 及 $\eta_{cc}$ 给定时,循环比功 $W_{ip}$ 和装置内效率 $\eta_{ip}^*$ 都只是压比 $\pi_c^*$ 和温比 $\lambda$ 的函数。为便于直观分析,试举一实例;取定 $T_1^*$ 为 288.15K、$\eta_c^*$ 为 0.88、$\eta_T^*$ 为 0.87 及 $\eta_{cc}$ 为 0.97,然后分别按式(2.2.18)和式(2.2.20)对不同的 $\pi_c^*$ 和不同的 $\lambda$ 进行计算,画出 $\eta_{ip}^* - \pi_c^*$ 及 $W_{ip} - \pi_c^*$ 曲线图,如图 2.2.26(a)、(b)所示。

由图 2.2.26 看出,在同一温比 $\lambda$ 的条件下(即 $T_3^*$ 相同),当压比由小增大时,$\eta_{ip}^*$ 和 $W_{ip}$ 都有一个极大值。对应于最大的 $\eta_{ip}^*$ 时的压比称为效率最佳压比,用符号 $(\pi_{c\eta}^*)_{opt}$ 表示。对应于最大比功 $W_{ip}$ 时的压比称为比功最佳压比,用符号 $(\pi_{cl}^*)_{opt}$ 表示。由图中还可以看出,在同一温比 $\lambda$ 下,$(\pi_{c\eta}^*)_{opt} > (\pi_{cl}^*)_{opt}$。

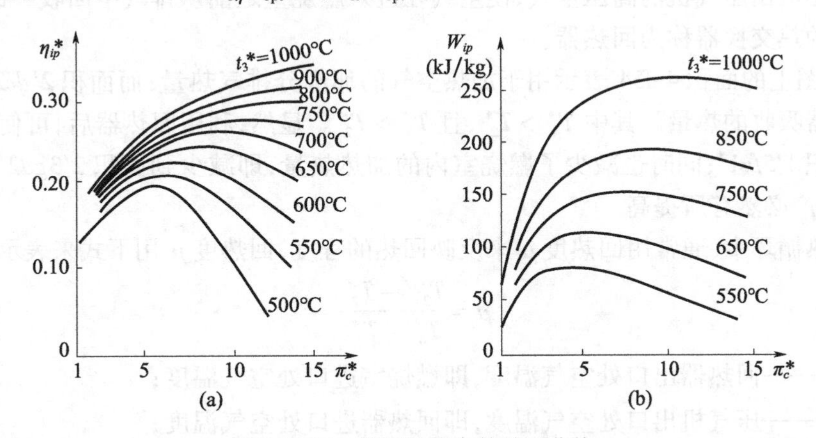


图 2.2.26 循环性能参数关系曲线

由图 2.2.26 进一步看出,随着温比 $\lambda$ 的增大,效率 $\eta_{ip}^*$ 和比功 $W_{ip}$ 都随温比的提高而增大;而且温比 $\lambda$ 越大时,曲线 $\eta_{ip}^* - \pi_c^*$ 和 $w_{ip} - \pi_c^*$ 的变化也越显得平坦。

由此可见,提高温比 $\lambda$ 对改善装置的主要热力性能指标 $\eta_{ip}^*$ 和 $w_{ip}$ 都很有效。但是,必

须指出,这种改善只有在压比 $\pi_c^*$ 相应增大的条件下才能取得。所以燃气轮机装置一直在不断向高温比和高压比方向发展,以提高装置的热效率,减小装置的重量和尺寸。

(2)压气机效率 $\eta_c^*$、涡轮效率 $\eta_T^*$ 和燃烧室效率 $\eta_{cc}$ 的影响。

从式(2.2.18)和式(2.2.22)可以看出,循环效率 $\eta_{ip}^*$ 和比功 $w_{ip}$ 随 $\eta_c^*$,$\eta_{cc}$ 的变化呈线性关系,但影响程度各不同。$\eta_T^*$ 和 $\eta_c^*$ 变化的影响比 $\eta_{cc}$ 的影响大;而 $\eta_T^*$ 变化的影响又比 $\eta_c^*$ 大。这是由于工质在燃气涡轮中的总焓降值比在压气机中总焓升量值大的缘故。一般 $\eta_T^*$ 每变化1%,$\eta_{ip}^*$ 相应变化3%~4%;$\eta_c^*$ 每变化1%,$\eta_{ip}^*$ 相应变化2%~3%;而 $\eta_{ip}^*$ 与 $\eta_{cc}$ 则呈同比例变化。因此,在设计研制燃气轮机装置时,应尽量改进燃气涡轮和压气机的性能,提高 $\eta_T^*$ 和 $\eta_c^*$;同时力争使燃烧室有较高的效率。目前的一般数据是:轴流式燃气涡轮 $\eta_T^*$ 为0.87~0.94;轴流式压气机 $\eta_c^*$ 为0.83~0.87;燃烧室效率 $\eta_{cc}$ 为0.95~0.99。

(3)流动压力损失的影响。

工质流经燃气轮机装置的进、排气管道和燃烧室时,不可避免地会产生流动阻力,出现流动压力损失。由于燃气轮机装置的工作压力较低,压力损失的影响比较显著。一般压力损失 $\Delta\pi_{cp}$ 每变化1%,效率就相应地变化1.5%~2%。因此,应尽量减少流动压力损失。

**6. 改善热循环的途径**

为进一步提高装置的热效率和比功,可采用回热循环、中间冷却循环和再热循环等多种复杂循环型式。这些热循环带来的主要问题是装置结构复杂化,逐渐失去轻巧的优越性,因此目前还用得不多。但随着能源综合利用的进展和复杂循环装置的不断改进,复杂循环的优越性也会不断显示出来,尤其是追求高效率的机组。

1)提高循环热效率

(1)回热循环。

回热循环装置,其 $T$—$S$ 图如图2.2.27(a)所示。这种循环的特点是利用动力涡轮的排气去加热流出压气机的高压空气,使空气在进入燃烧室之前从排气中回收一部分热量。回收热量的热交换器称为回热器。

$T$—$S$ 图上的面积4ef54表示用于加热空气的那部分排气热量;而面积 $2'dc22'$ 表示空气从回热器吸收的热量。其中 $T_4^*>T_2^*$,且 $T_5^*>T_2^*$。显然,利用回热器后,可使排气热量减少至面积 $1'5fa1'$;同时也减少了燃烧室内的加热热量,即减少到面积 $2'3gd2'$。因此循环热效率 $\eta_{ip}^*$ 必然有所提高。

在回热循环中,通常用回热度 $\mu$ 来反映回热的程度,回热度 $\mu$ 用下式来表示:

$$\mu \approx \frac{T_2^{*\prime}-T_2^*}{T_4^*-T_2^*} \tag{2.2.25}$$

式中 $T_2^{*\prime}$——回热器出口处空气温度,即燃烧室进口处空气温度;

$T_2^*$——压气机出口处空气温度,即回热器进口处空气温度;

$T_4^*$——动力燃气涡轮排气温度。

图2.2.27(b)所示为回热循环热效率 $\eta_{ip}^*$ 与 $\mu$、$\lambda$、$\pi_c^*$ 的函数关系曲线。它们是在给定 $\eta_T^*$,$\eta_c^*$ 及 $\eta_{cc}$,且不计流动压力损失的条件下绘制的。从图中看出,回热度 $\mu$ 越大,$\eta_{ip}$ 就越高;且 $(\pi_{c\eta}^*)_{opt}$ 随 $\mu$ 增大而下降,逐渐趋近 $(\pi_d^*)_{opt}$。所以在温比 $\lambda$ 一定时,可选用较

小的压比 $\pi_c^*$，这对于压气机的设计和研制是有利的，另外，与无回热时一样，提高温比 $\lambda$ 是有益的，这在曲线图上也表现得很清楚。回热度可在 0.40 ~ 0.70 范围选择。因为 $\mu$ 过小收益不大；而 $\mu$ 过大则会使回热器的重量和尺寸剧增。

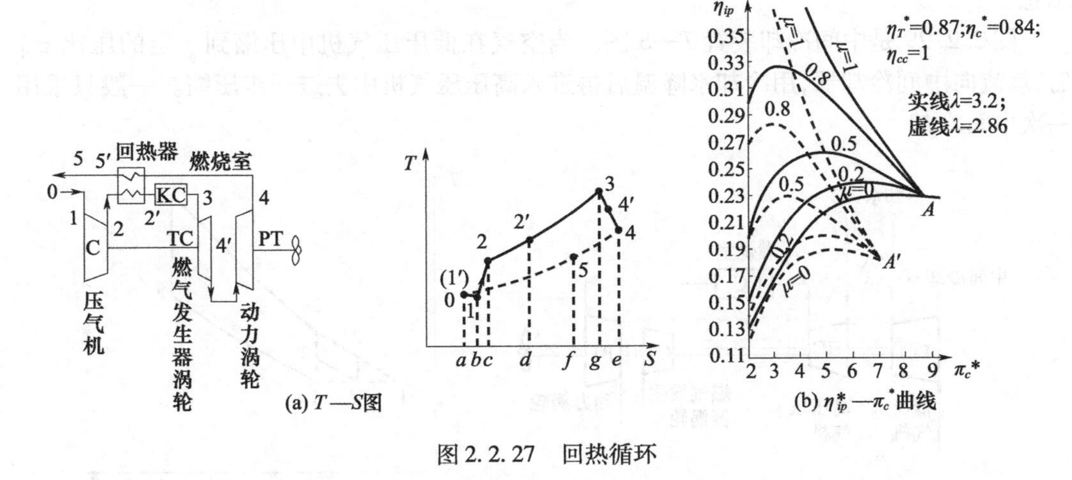


图 2.2.27　回热循环

当不计流动压力损失时，回热循环的比功 $W_{ip}$ 与无回热时相同。但是，实际的回热器总会使压气机和动力燃气涡轮的流动压力损失增大。这样，在考虑损失的情况下，回热循环的比功实际上有所下降，并且热效率提高的收益也要减少一些。

(2)燃气－蒸汽联合循环。

这是很有前途的循环型式，装置的总热效率可达 55% 左右，而重量和尺寸与回热循环相比也较小，这是因为锅炉给水温度不高，热容量大，燃气的排气温度和给水温度之间的温差很大，热交换强度较高的缘故。

图 2.2.28 是燃气－蒸汽联合循环装置的循环在 $T$—$S$ 图上的表示，12341 为燃气轮机装置的布雷顿循环，$abcda$ 为汽轮机动力装置的兰金循环。

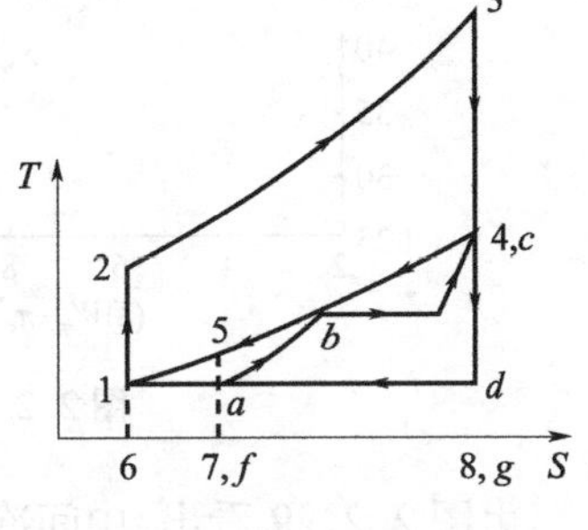

图 2.2.28　燃气－蒸汽联合循环

燃气轮机装置的排气热量(面积 41684)由废热锅炉中的水或蒸汽吸收，当废热锅炉过热器出口处的蒸汽温度与燃气轮机装置排气温度相同时，即点 $c$ 与点 4 重合。面积 $a54da$ 表示的热量在理论上应全部回收，但实际上兰金循环只回收了其中一大部分，即面积 $abcda$ 所表示的热量。面积 $adgfa$ 是蒸汽在冷凝器内被冷却水带走的热量。由于回收了燃气轮机装置的部分排气热能，使联合装置的热效率大大提高，而且缓和了燃气轮机装置在低负荷运行时热效率下降快的问题。如果在废热锅炉中增加一套燃油供应和燃烧设备，就可实现补充燃烧，提高燃气温度，从而提高蒸汽温度，可进一步增加汽轮机功率。这种联合装置当燃气轮机装置有故障时，仍能输出一定的功率使船舶继续航行。

2)提高循环比功

(1)中间冷却循环。

在简单开式循环中，压气机消耗的压缩功很大，约占涡轮膨胀功的 2/3。因此，要提高比功，可先从减少压气机消耗的压缩功着手。由式(2.2.16)看出，空气进口温度 $T_1^*$ 越低，压气机的消耗功越小。这说明空气越“热”，消耗的压缩功也越大。另一方面，空气在压缩过程中，温度总是在不断升高，因此所需要的压缩功也增多。可见，如果空气在压缩过程中能够加以冷却，就可以减少压缩功，增大比功。这就是中间冷却循环的基本思想。

图2.2.29是中间冷却装置 $T$—$S$ 图。当空气在低压压气机中压缩到一定的压比 $\pi_{c1}^*$ 后，就流向中间冷却器，用冷却水降温后再进入高压压气机中去进一步压缩。一般只采用一次中间冷却。

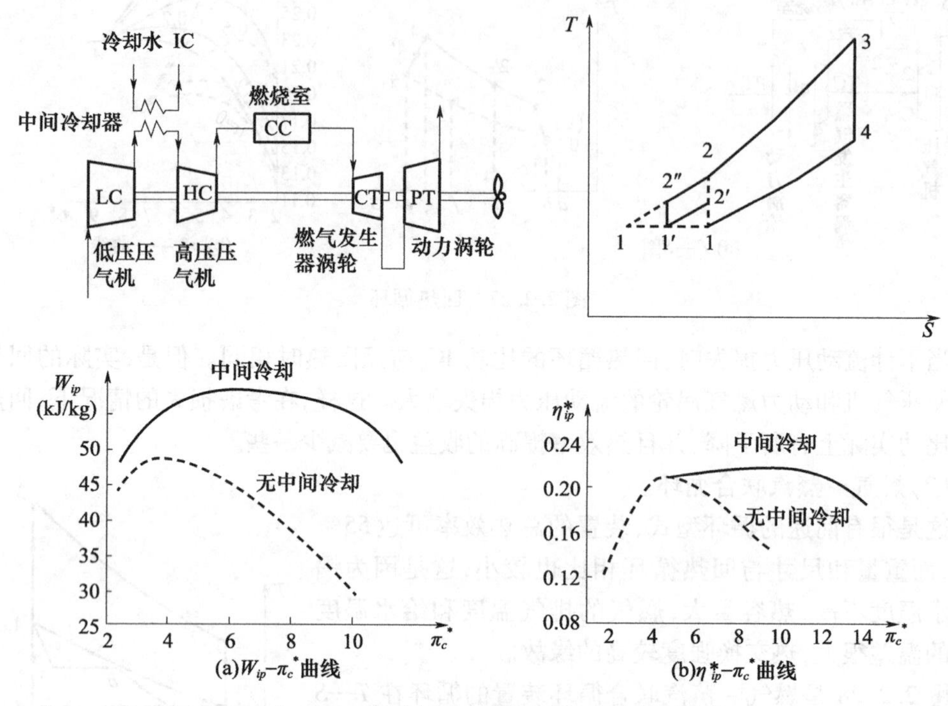


图2.2.29 一级中间冷却循环及其参数关系曲线

由图2.2.29看出，中间冷却循环所做的比功与没有中间冷却时相比增大了一块面积1′2″22′1′。为使这块面积有最大值，也就是使机组有最大的比功，高低压两台压气机的压比应取得一样，即 $\pi_{c1}^* = \pi_{c2}^* = \sqrt{\pi_c^*}$。

由图看出，中间冷却循环的比功与简单循环相比有所增大，且在高压比机组时得益更多。

中间冷却后，比功最佳压比$(\pi_d^*)_{opt}$和效率最佳压比$(\pi_{c\eta}^*)_{opt}$也都比简单循环时增大。从2.2.29(b)还可看出，中间冷却循环的热效率，在低压比时与简单循环相同。这是因为燃料的消耗量要比简单循环时大一些，空气中一部分热量被冷却水带走之故。只有当压比提高后，热效率的提高才显示出来。所以，只有在高压比时，中间冷却循环才能更好地显示其优越性。

(2)再热循环。

为了提高装置的比功，可以从增大涡轮的膨胀功着手。从式(2.2.27)可以看出，燃气初温 $T_3^*$ 越高，涡轮的膨胀功越大。但是 $T_3^*$ 提高受到金属材料性能的限制。为了在 $T_3^*$

一定的条件下增大涡轮的膨胀功,可以在燃气膨胀过程的中途,将燃气抽出再燃烧加热,使燃气的温度恢复到 $T_3^*$,再回到涡轮中继续膨胀做功。这样,燃气在涡轮中的总膨胀功就增大,即装置的比功增大。这就是再热循环的基本思想。

再热循环中的后一个燃烧室称为再热燃烧室或低压燃烧室。图 2.2.30 是其原理图和 T—S 图。由图看出,再热后循环比功增大了一块面积 3′44″4′3′。为使比功达最大值,再热燃烧室前后的膨胀比应取得相同,即 $\pi_{T1}^* = \pi_{T2}^* = \sqrt{\pi_T^*}$ $\left(\pi_T^* = \frac{P_3^*}{P_4^*}\text{是总膨胀比}\right)$。

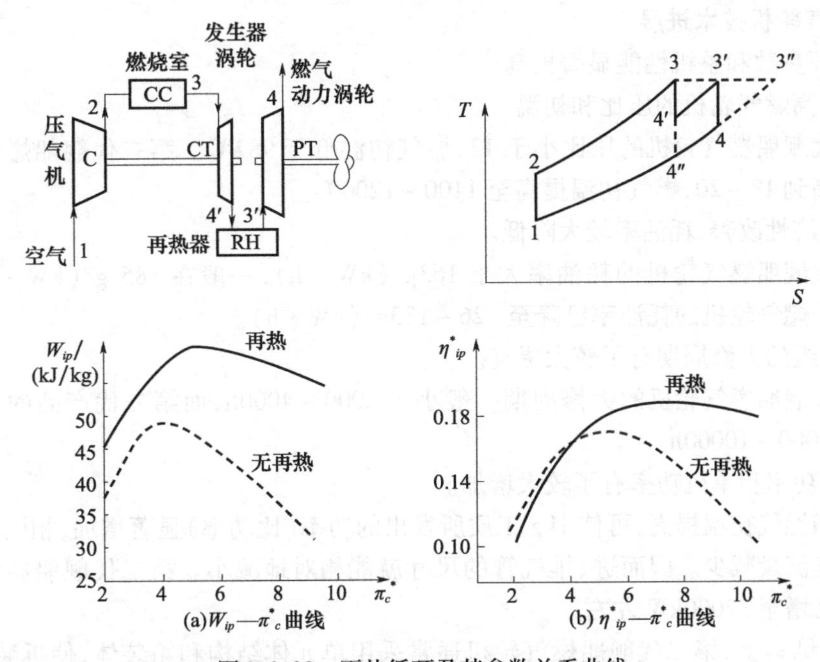


图 2.2.30 再热循环及其参数关系曲线

再热循环的 $w_{ip} - \pi_c^*$ 和 $\eta_{ip}^* - \pi_c^*$ 关系曲线分别表示在图 2.2.30(a)和图 2.2.30(b)中。由图看出,采用再热后,其循环比功和简单循环相比有所增大;而且比功最佳压比 $(\pi_d^*)_{\text{opt}}$ 和效率最佳压比 $(\pi_{c\eta}^*)_{\text{opt}}$ 也都增大,类似中间冷却循环也只有在压比高时,才能更好地显示其优越性,不仅此时比功有较多的增长,而且循环热效率也有所提高。如果压比 $\pi_c^*$ 较低,由于排气温度升高,热效率的增加甚微,甚至可能低于简单循环热效率。

再热循环适宜在压比 $\pi_c^*$ 和初温 $T_3^*$ 较高的情况下应用。如果再采用一定的回热度,组成回热—再热循环,则循环比功和热效率均能获得更大的收益。

## 2.2.3 舰船燃气轮机应用及技术进展

### 1. 舰船燃气轮机应用现状

根据英国詹氏年鉴统计,1989—1990 年世界 49 个国家的海军正在服役和建造的舰艇中,装备了燃气轮机动力装置的共有 1405 艘,总功率 2541.9 万 kW(3457 万 hp)。其中:轻型航母 7 艘;驱逐舰 158 艘;护卫舰 771 艘;其他舰船 469 艘。这些舰船中有蒸 - 燃联合动力装置、柴 - 燃联合动力装置、全燃联合动力装置。全燃联合动力装置占 500 余艘。

世界上发达海军国家的军舰采用全燃联合动力装置比较突出。例如:

美国:20 世纪 70 年代研制出了高性能的 LM - 2500 燃气轮机,全燃动力发展迅速。包括:巡洋舰 158 艘;驱逐舰 43 艘;护卫舰 51 艘。

苏联:“克里瓦克”级导弹驱逐舰 15 艘;“卡拉”级导弹巡洋舰 7 艘。

英国:1968 年宣布的动力政策是:“除已建造的‘布里斯托尔’号驱逐舰继续使用蒸 - 燃联合动力装置外,今后在水面舰艇上全部采用燃气轮机推进方式。”此后,该政策得到了较好的落实。

世界上还有许多国家的舰船采用蒸 - 燃、柴 - 燃联合动力或全燃动力作为推进动力。

**2. 燃气轮机技术进展**

1)循环参数和整机性能显著提高

(1)提高燃气轮机的压比和初温。

第一代舰船燃气轮机的压比小于 12,燃气初温低于 982℃。第二代舰船燃气轮机的压比已提高到 18 ~ 20,燃气初温提高至 1100 ~ 1200℃。

(2)经济性改善,耗油率较大降低。

第一代舰船燃气轮机的耗油率大于 163g/(kW · h),一般在 185 g/(kW · h)左右。第二代舰船燃气轮机的耗油率已降至 126 ~ 133g/(kW · h)。

(3)机组的大修周期有了较大提高。

第一代舰船燃气轮机的大修周期一般小于 2000 ~ 4000h,而第二代产品的大修周期已提高到 8000 ~ 10000h。

(4)比功率和单机功率有了较大增加。

压比和燃气初温提高,可使 1kg 工质所发出的功率(比功率)显著增加,相同输出功率下所需空气流量减少。因而进、排气管的尺寸就能相对地减小。第二代舰船燃气轮机的单机功率已增至 37000kW 左右。

(5)在结构上,第二代舰船燃气轮机通常采用单元体结构和箱装体,使拆装、更换和维修十分简便。此外机组的自动化水平进一步提高。

第二代舰船燃气轮机的代表产品有美国 GE 公司的 LM2500 型燃机,LM5000 型燃机(最大功率为 38 222kW、燃气初温为 1202℃),英国 RR 公司的 RB211(最大功率为 21481. 5kW、压比为 19、燃气初温为 1092℃、耗油率为 129 ~ 139g/(kW · h)),SM1A(最大功率为 12407kW、压比为 18. 3 燃气初温为 1036℃、耗油率为 130 ~ 136g/(kW · h))等。

2)继续采用高初参数的简单热力循环,不断提高燃气初温,相应地提高压比

燃气轮机在舰船上开始应用时,主要对航空发动机进行舰用化改装而成。这样可保证机组具有结构紧凑、重量轻、尺寸小、操纵和维修简便、启动加速性能好等优点。现在燃气初温已达到 1600℃左右,与此相适应的压比也提高到 25 以上。提高燃气初温的主要办法是:

(1)发展先进的冷却技术。

高温涡轮叶片、轮盘和燃烧室都需要冷却。目前涡轮叶片材料的允许温度为 800 ~ 1000℃。采用气膜、发散等气冷技术后,可以降温 400 ~ 600℃以上,因此燃气初温已可达 1200 ~ 1600℃。近年来气冷技术的改善平均每年使燃气初温提高约 25℃。但压比也相应地提高了,致使压气机出口的空气温度大于 400℃。要用它来冷却高温零件,就须先将它冷却。

(2)研制耐热的高强度材料。

涡轮转子叶片在高温高转速下运转,叶片材料将遇到热应力、热疲劳、热腐蚀和蠕变等严重影响强度和寿命的问题。目前有两种解决办法:一种是采用叶片表面保护层(如渗钴、涂陶瓷等)及复合材料来提高其耐高温腐蚀性能;另一种是研制工程陶瓷材料,如 $Si_3N_4$ 和 SiC 等,其耐热度可达1600℃,而且抗热震性能良好,已在静叶片和燃烧室的高温零件上试用。近年来高温材料的发展,平均每年可使燃气初温提高10℃。

3)充分利用燃气轮机排气热量以提高机组的总效率

涡轮排气的温度一般为400~500℃。为了利用余热,可以采用回热循环燃气轮机和燃气-蒸汽联合循环装置。

(1)回热循环燃气轮机。

利用涡轮高温排气加热进入燃烧室的空气,回收一部分余热,可使燃气轮机的效率达到40%左右。目前正在研制高效轻小的回热器。

(2)燃气-蒸汽联合循环装置(COGAS)。

利用涡轮排气的余热,在废热锅炉内产生蒸汽以推动蒸汽轮机,发出附加功率。这可使机组功率增加约25%,耗油率下降约25%。因此,不仅工业用燃气轮机已开始应用COGAS装置,而且舰船上也已进入实船试验阶段。在舰船上采用COGAS装置,技术上没有特别的困难,采用现有技术即可实现,并可获得多方面的收益。现有的COGAS装置的耗油率为107~111g/(kW·h)。采用COGAS循环的机组,在变工况时经济性可得到明显改善,这对舰艇用巡航机组来说是个重要的优点。

4)进一步完善燃气轮机各主要部件的性能

轴流式压气机性能好坏是发展燃气轮机的关键。目前亚声速的轴流压气机的级压比小于1.5。正在研究级压比为2左右的跨声速级。整机压比提高后,应改善级间匹配。采用可转导叶和双转子结构,可使高压比的压气机仍有较宽的工作范围。当总压比达到16~18以上时,高压涡轮的膨胀比可达2.5以上,已属跨声速范围了。随着燃气初温的不断提高,必须对高压涡轮采用先进的冷却方法,但强烈的冷却会使涡轮效率有所降低。目前在舰船燃气轮机中,环管式燃烧室仍被广泛采用。随着压比的进一步提高(大于18),全环形燃烧室将成为发展方向。

5)发展舰艇专用小功率巡航燃气轮机

在燃气轮机用于舰艇的初始阶段,它主要作为加速机组,而用柴油机作为低速巡航机组。随后,英国等国采用COGOG的装舰方式,用小功率燃气轮机进行巡航,大功率燃气轮机进行加速。近年来,国外对专用小功率巡航机组的研制日益重视,例如美国正在研制PF-990、LM500、MARS,英国正在研制RM1C等机型。

6)改进舰用燃气轮机的倒车技术

目前舰船燃气轮机采用变距螺旋桨或倒车齿轮箱进行倒车,前者过于复杂,后者过于笨重。目前正在研制行星齿轮减速倒车装置,以实现大功率倒车,并大大减小尺寸和重量。但摩擦制动发热的问题尚未解决。此外,还在研制直接倒车燃气轮机和低转速直接传动燃气轮机。

## 2.3 蒸汽动力装置

蒸汽动力装置是历史最悠久的舰船原动机,目前世界各国海军舰船仍然大量采用这种形式。

### 2.3.1 蒸汽动力装置概述

**1. 蒸汽动力装置基本原理**

蒸汽动力装置是以水蒸汽作为工作介质的动力设备,它将舰艇所携带的燃油的化学能转变为推动舰艇运动的机械能、保证舰上各类电气设备工作的电能以及为满足舰员生活和其他用途所需的机械能和热能。

舰艇蒸汽动力装置的工质循环见图 2.3.1(a)。从中可知它包括主锅炉、主汽轮机、主冷凝器和主给水泵四个主要设备。同时还包括保证这四个主要设备工作所需的辅助系统,如为锅炉燃烧提供燃油和空气的系统等,参见图 2.3.1(b)。

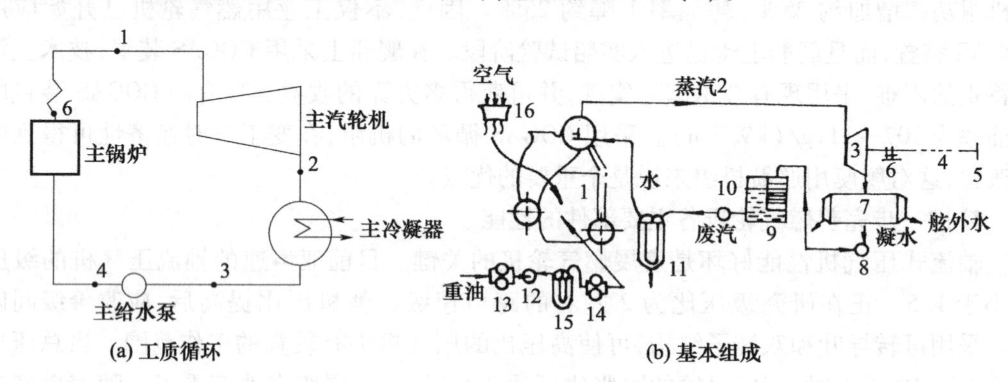


图 2.3.1 蒸汽动力装置示意图

下面是蒸汽动力装置的基本工作过程:

1)燃油燃烧

燃油由燃油泵从油柜中抽出并加压后送至位于锅炉中的喷油器,由喷油器喷入锅炉的燃烧空间(称为"炉膛"),在炉膛内与由鼓风机送来的空气进行氧化反应(即燃烧),从而释放出大量的热能,这些热能将锅炉中的水加热成为高温、高压的蒸汽。

2)蒸汽做功

蒸汽由管路引入主汽轮机,在主汽轮机中将从锅炉中带来的压能和热能转变为机械能,即膨胀做功。所做的功由汽轮机的输出轴传出,通过后传动装置(减速齿轮箱)和轴系带动螺旋桨转动。

3)工质循环

做完功后的蒸汽进入主冷凝器,被流过冷凝器的海水冷凝成凝水,再经给水加热器加热后,由主给水泵送入锅炉,重新被加热成蒸汽,形成一个周而复始的循环,称为蒸汽动力装置的热力循环。

蒸汽动力装置与其他类型的舰艇动力装置比较,各有特点,因此分别适用于不同类型的舰艇。一般说来,蒸汽动力装置的单机功率大,为使一艘排水量在3000t以上的驱逐舰达到36kn的航速(约合66km/h),需要两台单机功率为26470kW的汽轮机,目前舰用汽轮机单机功率可达55000kW(只是受到舰艇条件和螺旋桨直径的限制,否则还可以更大)。有资料统计,单机功率在20000kW以上时,装置的比质量要比柴油机小,这些是目前柴油机、燃气轮机、热气机等动力装置所难以达到的。蒸汽动力装置工作时运转比较平稳、噪声小。工作可靠性好,寿命长,对燃油的要求低。国内的制造技术也很完善。这种动力装置从冷态到正常发出功率所需的时间较长,机动性不高;其经济性也不高。

根据蒸汽动力装置的这些特点,在排水量比较大的舰艇上使用比较合适。

**2. 基本热力循环**

将热能转变成机械能的设备,所依据的第一条就是能量守恒定律。在这类设备中,主要关心的是热能向机械能的转换。在一个热力过程中所交换的一定量的热能只能转换为等量的机械能。也就是说,在一个热力过程中,若无其他损失,则工质所减少的热量将转变为机械能,并对外输出。

不是任何的热能都可以转变为机械能的,主要原因在于热能的可利用性。一种物质对人们来讲是否可利用,还要取决于人们对它的利用过程。也就是说,能不能将热能尽可能地多利用,取决于热转换为功的过程。这个过程进行得好,就可将更多的热能转换为功。由热力学第二定律可知,在这个过程中不可能将蒸汽所携带的所有热能转变为机械能,因此热能不是完全可用的。

在蒸汽动力装置中,这个过程表现在:在锅炉中吸收了热能的蒸汽进入汽轮机后,将所吸收的热能逐步传给汽轮机,并由汽轮机将传来的热能转变为机械能。由于蒸汽释放出热能,其温度和压力逐渐下降,并且相对于释放的热能来讲,温度和压力的下降速度要快些。根据蒸汽热能的可用性与其压力和温度的关系可知,蒸汽剩余热能的可用性也在下降,并且下降速度也快些。当蒸汽释放出的热量达到一定程度后,其温度和压力将降到某一极限值,此时,尽管蒸汽还含有一定量的热量,但都是不可利用的。这些具有不可用热量的蒸汽称为废汽。

这样,我们就得到一个重要的结论:只有可利用的热量才能转变为机械能。

1)基本循环与循环效率

蒸汽动力装置中,蒸汽由锅炉吸热到汽轮机中做功,做功后的蒸汽仍含有一些不可利用的热能,被排入冷凝器,在冷凝器中将热量释放给流经冷凝器的海水,充分释放热能后,这些蒸汽被冷凝成水,再由凝水泵抽出,经给水预热后,由给水泵送入锅炉,重新吸热变为蒸汽。这就构成了一个汽—水循环,称为蒸汽动力装置的基本热力循环。

根据图2.3.1(a)可知,蒸汽动力装置的基本热力循环由四个阶段组成:在锅炉内的蒸汽产生阶段;在汽轮机内的膨胀做功阶段;在冷凝器内的冷凝阶段;由给水系统将工质回送到锅炉的给水阶段。

一个热力装置的循环效率被定义为:一个循环产生的机械能与外界加入此循环中总的能量之比值,即

$$\text{循环效率}=\frac{\text{产生的机械能}}{\text{加入循环的总能量}}$$

在蒸汽动力装置中，设由锅炉加给每千克水蒸汽的热能为 $Q_1$，由主汽轮机产生的机械能为 $L_1$，蒸汽在冷凝器中释放给海水的热能为 $Q_2$，由给水泵施加给水的机械能为 $L_2$，若不计其他损失，则有：

$$\text{加入循环的总能量} = Q_1 + L_2$$

$$\text{产生的机械能} = L_1$$

根据能量守恒定律，有 $L_1 + Q_2 = L_2 + Q_1$，所以蒸汽动力装置的循环效率 $\eta_T$ 是：

$$\eta_T = \frac{L_1}{Q_1 + L_2} = \frac{Q_1 + L_2 - Q_2}{Q_1 + L_2} \tag{2.3.1}$$

一般来说，$L_2$ 比其他三个能量小得多，在计算效率时常忽略不计。这样，循环效率的近似计算式是：

$$\eta_T = \frac{Q_1 - Q_2}{Q_1} \tag{2.3.2}$$

式(2.3.2)说明，提高 $Q_1$ 和减少 $Q_2$，均可提高循环效率，在工程上采取的办法有两个：一是提高锅炉出口的蒸汽参数（称为循环的"初参数"），二是降低汽轮机排汽口的蒸汽参数（称为循环的"终参数"）。下面用焓与焓差说明这个道理。

若锅炉出口处蒸汽的焓为 $I_1$，汽轮机排汽口处蒸汽的焓为 $I_2$，冷凝器出口处水的焓为 $i_3$，不计给水泵传入给水的能量，根据焓差与能量的关系有：

$$Q_1 = I_1 - i_3$$

$$L_1 = I_1 - I_2$$

$$Q_2 = I_2 - i_3$$

这样，蒸汽动力装置的循环效率可以写成

$$\eta_T = \frac{I_1 - I_2}{I_1 - i_3} \tag{2.3.3}$$

式(2.3.3)说明：提高 $I_1$ 和降低 $I_2$（注意：凝水的焓 $i_3$ 远小于蒸汽的焓 $I_1$ 与 $I_2$，对分析和比较影响不大），均可提高循环效率，根据焓与蒸汽参数的关系，提高初参数就是提高 $I_1$，降低终参数就是降低 $I_2$。

2）回热循环

回热循环又称热能再生循环，顾名思义，在这种循环中有回收热量的过程。

在基本的蒸汽动力循环中，无论怎样降低终参数，蒸汽在冷凝器中释放热能 $Q_2$ 是不可避免的。这是因为蒸汽是向海水放热，要使放热充分和快速，蒸汽的温度必须高于海水，而海水温度是一定的，这样，蒸汽进入冷凝器前的温度就受到海水温度的限制，不能比海水温度更低。根据参数与焓的关系，也就相当于把最小的 $Q_2$ 限制住，不可能再小。于是这个 $Q_2$ 往往达到 $Q_1$ 的 60% 以上，就是说，蒸汽动力循环效率往往在 40% 以下。

蒸汽动力循环的研究者们已经发现了在一定程度上利用或减少 $Q_2$ 的方法。其做法就是采用回热循环，如图 2.3.2 所示。回热循环的理论分析比较复杂，这里仅介绍具体的做法和原理。

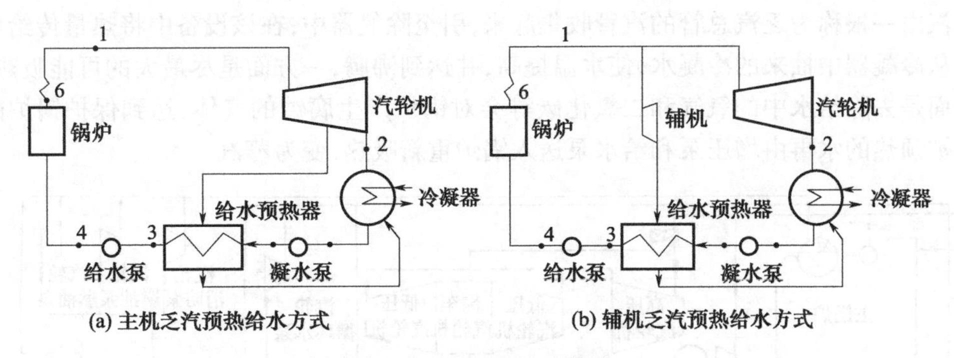


(a) 主机乏汽预热给水方式　　(b) 辅机乏汽预热给水方式

图 2.3.2　回热循环简图

进入主汽轮机做功的蒸汽,不是在瞬间就将温度和压力降到终参数状态,而是逐步下降的;另一方面,由冷凝器冷凝下来的水,其温度比海水要稍高一点,但却远低于锅炉内的蒸发温度,这些冷水若直接进入锅炉,必然与沸腾的水和刚产生的蒸汽混合,吸收它们由锅炉释放的热量,达到沸腾,而刚产生的蒸汽则被冷凝成饱和水,影响锅炉的蒸汽产生率。改进的办法是:将在主汽轮机中做了一些功的蒸汽引出一部分,这些蒸汽的温度比较高,可用来预热由冷凝器中抽出的温度较低的冷凝水,蒸汽与水混合,使水预先吸收一部分热量而提高温度,再由给水泵送入锅炉中时就不必再从锅炉内已经成为高温高压蒸汽中吸取这部分热量。由此可见,从汽轮机中引出的这部分加热蒸汽,其热量本应再做一小部分功后再将大部分由冷凝器传给海水,在这种循环中却又由给水带回循环,得到再生,减少了被冷凝器带走的热量 $Q_2$,循环效率得以提高。

上面仅介绍了从主汽轮机中抽取部分蒸汽的回热循环的原理,而在工程上的回热循环有多种实现形式。一种常用的形式是利用那些带动给水泵及其他辅助机械的汽轮机(为与主汽轮机区别,称它们为辅汽轮机)的工作蒸汽,用这些做过功的、但是其温度和压力仍较高的蒸汽(称为乏汽)加热给水,其效果与从主机中抽汽方式雷同。

归纳起来,回热循环的主要特征就是利用已经做了一些功的蒸汽加热给水,由给水将这些蒸汽的热能回收。

由以上分析可知,无论怎样设计,总不可能将已做过功的蒸汽的所有剩余热量全部由给水带回,向冷凝器中放热是必须的,这是由能量转换的基本定律所决定了的。回热循环所能做到的只是减少被海水带走的热量,而且这个量也并不太大,对提高循环效率的作用有限。

3)船用蒸汽动力装置的实际循环

图 2.3.3 是某舰蒸汽动力装置的简化热线图。从图中可以看出热能随蒸汽的流动方向。该动力装置的热力设备有:产生蒸汽的主锅炉;带动减速器和螺旋桨转动的主汽轮机;带动发电机、给水泵及其他辅助机械的辅助汽轮机;冷凝那些有大量不可利用性热能的废汽的主冷凝器;利用辅汽轮机排汽预热给水的除氧器等,图中的线条表示管路。

从图 2.3.3 中可以看出,这是一种利用辅汽轮机乏汽加热给水的回热循环。

其工作过程是:蒸汽在主锅炉中产生后,由主蒸汽管路引至主汽轮机;由辅蒸汽管路引至辅汽轮机,分别在这两类汽轮机中膨胀做功。在主汽轮机、发电汽轮机和带动汽轮机循环水泵中做过功的蒸汽直接排入冷凝器,将热量释放给海水;在其他辅汽轮机中工作过的蒸汽由一根称为乏汽总管的汽管收集起来，引至除氧器中，在该设备中将热量传给由凝水泵从冷凝器中抽来的冷凝水，使水温提高，并达到沸腾，一方面是尽最大的可能吸热，另一方面是去除给水中的氧气和二氧化碳等会对锅炉产生腐蚀的气体，达到保护锅炉的目的。被预热的水再由增压泵和给水泵送入锅炉重新吸热，变为蒸汽。

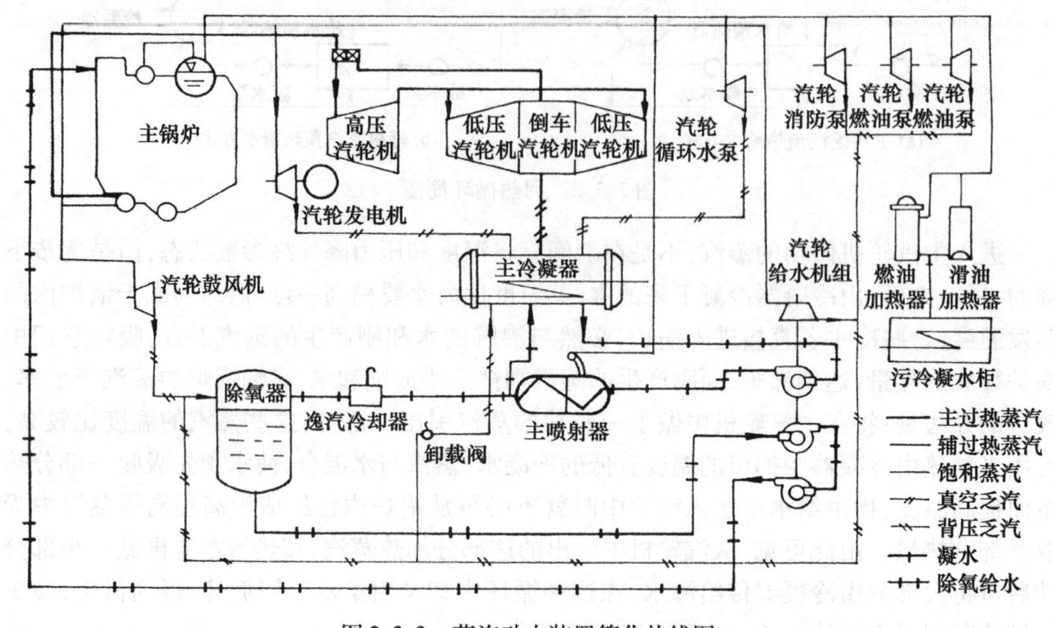


图 2.3.3　蒸汽动力装置简化热线图

## 2.3.2　锅炉装置

锅炉是舰用蒸汽动力装置的主要设备之一，其功用是：

(1)将燃油的化学能迅速且高效地转变为热能；

(2)将产生的大量热能传给锅炉中的水和蒸汽，产生规定数量的、具有一定压力和温度的蒸汽。“锅炉装置”是主锅炉以及为保障其正常工作所需的辅助系统的总称。

**1. 锅炉结构及各单元的功用**

舰用主锅炉一般由下列四个主要部分组成：

(1)锅炉本体。使水蒸发，产生饱和蒸汽。

(2)蒸汽过热器。使饱和蒸汽进一步吸热，达到过热状态。

(3)经济器。利用锅炉较低温度的烟气使即将进入汽筒的给水进一步预热。

(4)锅炉附属物。安装在锅炉本体上的、为管理和调节锅炉工作用的仪器和装置。

可以这样理解：“锅炉”=“锅”+“炉”。

所谓的“锅”，在这里是指由经济器、锅炉本体和过热器等金属部分连接起来的内部空间，这个空间里充满着水和蒸汽。

所谓的“炉”，是指由“锅”和锅炉前后壁围成的一个空间，在此空间内，燃油与空气中的氧气产生化学反应，将燃油的化学能转变为热能。

所以，锅炉的工作过程是：“炉”中燃烧产生热能，“锅”吸收这些热能并将热能传给它内部的水和蒸汽。下面分别介绍锅炉本体、蒸汽过热器、经济器等有关部分。

1)锅炉本体

锅炉本体由汽筒、水筒、蒸发管束和下降管组成,汽筒在上,水筒在下,中间是管束,一般锅炉都具有这几个部分并采用这种上下布置的方式。当锅炉工作时,汽筒水位线以下的"锅"空间充满着待蒸发的饱和水,这种管的内部充水、外部用来加热水的高温烟气锅炉,称为水管锅炉。在过去老式锅炉中也有管外是水、管内流过用以加热的烟气,称为火管锅炉。目前一般均采用水管锅炉。某锅炉的本体如图2.3.4所示(图中未示出下降管束)。筒体3和管束下部的空间就是燃烧空间,称作"炉膛"。

汽筒1与水筒的形状相似,其结构可分为筒身及端板(端盖)两部分。筒身一般是用不等厚度的钢板卷成两个半圆形之后纵接而成,其纵接的方法取决于工作时内部蒸汽的压力,一般用焊接;也有整个锻成;蒸汽压力低的锅炉也可铆接。锅炉的汽筒相对较大,内径在1~1.4m,水筒3的内径相对较小,一般为0.5~0.8m。汽筒筒身下部和水筒筒身上部开有许多管孔,开孔处的厚度比不开孔处要厚,以提高其与管束之间的连接强度。

端板一般用钢板压形制成,用焊接方法与筒身的两端连接。在端板中间开有椭圆形人孔,其尺寸一般在0.3~0.4m。有专门制成的人孔盖,供检修时人员进出用。

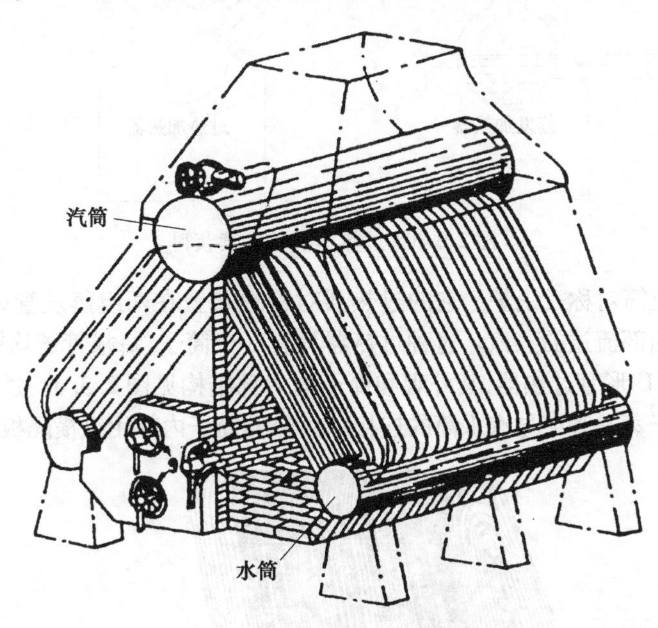


图2.3.4 三筒对称式水管锅炉

蒸发管束是锅炉的受热面,高温烟气在管子外面流过,管内充满水或汽水混合物,承受高压。燃油燃烧产生的热量就是通过蒸发管束的受热面传给水的。管子外径一般为25~75 mm,管壁厚度为2~6mm。为保证管子在高温、高压下的热膨胀以及安装紧密,每根管子都做成中段是弯曲形状而在管端与汽筒和水筒壁处是相互垂直的。

水管的上端接汽筒,下端接水筒。用管端张开器将管端张紧在筒身的管孔中。管端露出孔部5~6mm。现代锅炉中有时用焊接方法把管端焊在筒身上。

由图2.3.4还可看出,锅炉管束由炉膛向外排列成若干列,构成蒸发管束。靠近炉膛部分处吸热多,管子直径大,外部的管子吸热少,直径较小。

下降管的安装和连接方法与蒸发管束类似,但它们数量少,内径较大,并且处在不受热的位置上。

在锅炉工作时,汽筒和水筒不允许直接承受燃烧产生的热量。蒸发管束的作用是吸收高温烟气的热量,并将热量传给内部的水,使水沸腾蒸发;汽筒的作用是收集从接在管孔上的蒸发管束中不断流上来的汽水混合物,并将汽与水分离,蒸汽聚集在汽筒的上半部分空间中,由汽管引至过热器中;下降管的作用是将汽筒中的水引至水筒中;水筒的作用是接受下降管流来的水,并供给蒸发管束,保证蒸发管束中不断水。

2)蒸汽过热器

锅炉本体中盛有汽水混合物。其中的蒸汽处在饱和温度下,对这些混合物加热,只能使其中的水进一步蒸发,但仍处于汽水混合状态而不能提高蒸汽的干度。只有当水完全蒸发后,再进一步加热才能提高蒸汽的干度并达到过热。而锅炉是连续工作的,不允许存在这样一个阶段。因此,锅炉本体内的蒸汽不可能达到过热。要获得过热蒸汽,必须采用蒸汽过热器。图 2.3.5 给出了获得过热蒸汽的方法。

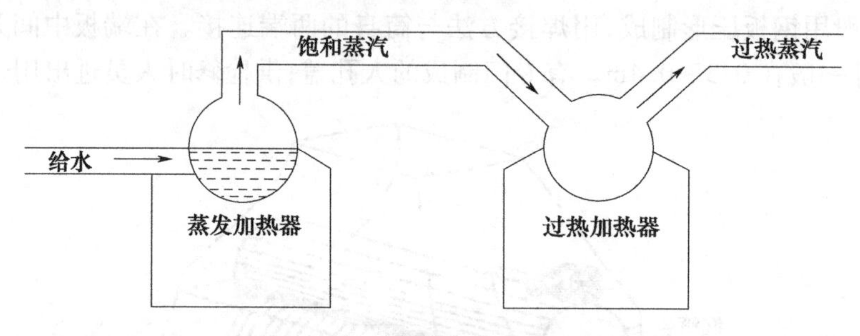


图 2.3.5　过热蒸汽的连续获得

图 2.3.4 是三筒对称式锅炉。它的过热器对称地布置在两组蒸发管束的外边,吸收烟气的热量并加热内部流过的蒸汽。这种过热器只有一个筒子,每根管子均被弯成"U"形,竖立放置,称为立式 U 形管过热器,其外观和筒子的内部结构见图 2.3.6。过热器管子与筒子的连接方法类似于蒸发管束与汽水筒的连接。过热器筒子内部用纵横隔板隔成三个空间。

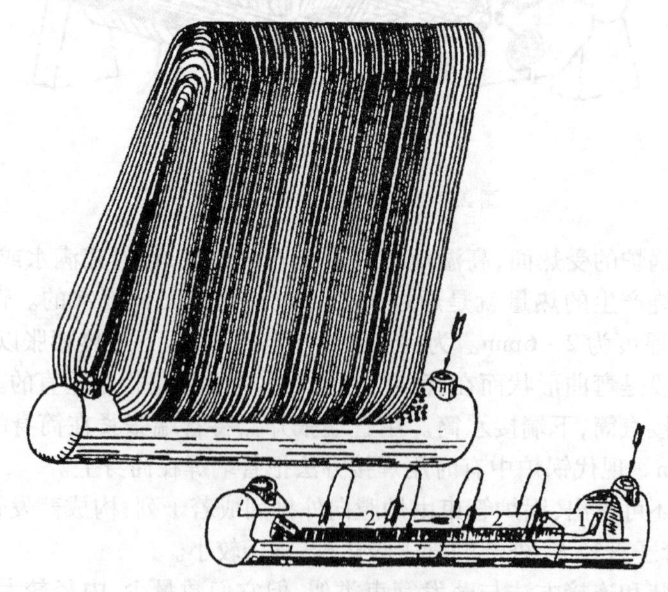


图 2.3.6　立式 U 形管蒸汽过热器

过热器的工作过程是:饱和蒸汽由导管从汽筒中引至过热器筒子的一端,从此处进入过热器的第一批U形管束,吸收由U形管传来的热量,达到过热状态,再从U形管流回筒子的另一个空间,再从此空间进入第二批U形管,进一步过热,两次经过U形管后,进入筒子的第三个空间,最终由连接在该端上的蒸汽管路引至汽轮机。

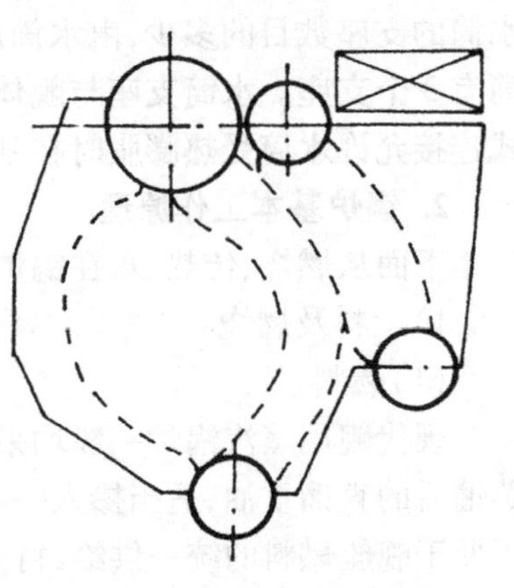

图2.3.7　某型主锅炉经济器布置位置示意图

3)经济器

为了进一步吸收烟气的热量,舰用主锅炉上均安装有经济器。其安装位置在锅炉烟气的排出口处,图2.3.7是某型主锅炉经济器布置位置示意图。

经济器由多组蛇形管和进出口两个粗大的集水管组成。由给水泵送来的给水首先进入经济器,在经济器内,水并不蒸发,只是进一步预热。图2.3.8是其示意图。其工作过程是:给水首先进入入口集水管,然后流过各组蛇形管,在管中吸收由管壁传来的烟气热量而升温,到接在蛇形管的另一端上的出口集水管中汇集,由水管引至汽筒。

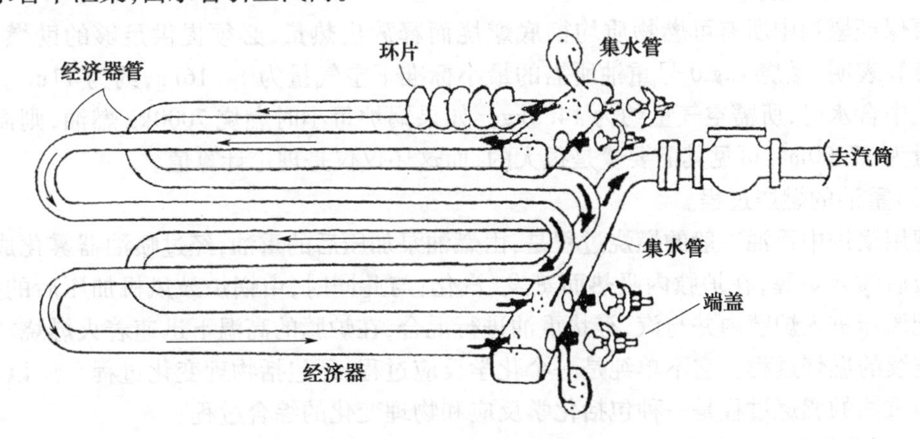


图2.3.8　经济器示意图

4)锅炉外壳

锅炉外壳由侧壁、前后壁和炉底组成。它的功用是把整个锅炉围成一个密封的空间,使炉膛中燃料燃烧和燃烧后的烟气与外界隔绝,并在前后壁上安装喷油器及配风器等燃烧设备。

5)烟道及烟囱

烟囱是在军舰甲板以上的、将烟气导入大气的烟气通道。锅炉的烟道是甲板下部的烟气通道。锅炉侧壁、前后壁的上部汇集成方形的卷缘,其上连接着一段截面积逐渐缩小的、将锅炉外壳与烟囱连接起来的过渡段,这个过渡段就是烟道,分别见图2.3.4中的6和10。

6)水筒支座

整个锅炉安置于水筒下面的支座上。此支座的下部固定于锅炉基座上,支座的上部紧密地贴在水筒的下表面。锅炉及其内部水的全部重量几乎都由水筒支座来承受。每个水筒的支座数目的多少,由水筒的长度决定,一般 2 ~3 个。图 2.3.4 所示锅炉的每个水筒有 3 个支座。水筒支座与舰体上锅炉基座的连接有两种方式:固定式和活动式。活动式连接允许水筒受热膨胀时在基座平面上作一定程度上的自由移动,用作温度补偿。

**2. 锅炉基本工作原理**

下面从燃烧、传热、水在锅炉中的汽化与过热等角度阐述锅炉的基本工作原理。

1)燃料及燃烧

(1)燃料。

现代舰用蒸汽锅炉一般均采用液体燃料,即重油或柴油。重油主要是采用天然石油蒸馏后的直馏重油,适当掺入一些催化剂及柴油。重油与汽油、柴油相比,比较经济。为了便于舰艇燃料的统一供给,目前已有改烧柴油或军队多用途燃料的趋势。重油的化学成分中含有硫,虽然硫在燃烧时能发出热量,但其燃烧产物会形成有害物质,所以船用重油中对它的含量有严格限制,不允许超过 8‰。国产 0 号重油的发热量为 42000kJ(10034kcal)。常温下的 0 号重油黏度很大,流动性不好,不利于燃烧,必须将其预热,使其温度达到 80 ~90℃,以降低黏度。

(2)助燃空气。

要保证燃油中所有可燃物质均彻底燃烧而释放出热量,必须提供足够的助燃空气。理论计算表明,燃烧 1kg 0 号重油所需的最小标准干空气量为 14.16kg,约为 $11m^3$。考虑到空气中含水时,所需空气量约为 14.3kg。如果锅炉每小时燃烧 7000kg 燃油,则需要的空气量为 $77000m^3$,可见其需要量是很大的,而这还仅仅是理论计算值。

(3)重油的燃烧过程。

舰用锅炉中重油一般的燃烧过程是:由燃油泵加压后的重油,经过喷油器雾化成细小的颗粒后喷入炉膛,在炉膛内吸热而蒸发、汽化;与此同时,由锅炉鼓风机加压后的空气,经过配风器进入炉膛内并与汽、雾状重油进行混合,在炉膛的高温下迅速着火燃烧。这是一个连续的燃烧过程。它不单纯是一个化学反应过程,还包括物理变化过程。所以,舰用锅炉内重油的燃烧过程是一种包括化学反应和物理变化的综合过程。

(4)燃烧产物——烟气。

燃油燃烧的结果是产生高温的烟气。这些烟气在流经蒸发管束和过热器管束时,将热量释放,温度逐步降低,最终排入大气中。烟气的主要成分有:二氧化碳、二氧化硫、水分、氮气等。若燃烧不完全,还有一氧化碳;若有空气过余,还会有氧气等。

2)锅炉传热

在锅炉中,燃料燃烧后产生的高温烟气的热量是通过锅炉的金属受热面(蒸发管束与过热器管束)传递给管内工质的。传热的过程是:烟气首先把热量传递给受热面的外壁,再由外壁传到与工质接触的内壁(是在金属内部的传热),最后由受热面的内壁传给工质。

热量传递的形式有多种,其基本形式仅有三种,即导热、对流换热和热辐射。导热是依靠物体微粒直接接触而传递热量,金属内部传热就属于导热形式,它是靠金属中的电子扩散传递的。对流换热是流体(液体或气体)与其他物体相对运动时的热传递,例如烟气流过蒸发管束时对外壁的传热,管子内壁对流动着的水或蒸汽的传热等都是对流换热。

热辐射本质上和导热、对流换热不同,它是依靠电磁波散布热量,又称辐射传热。

实际的传热不可能是纯粹的三种基本形式中的某一种,一般有两种或三种形式同时存在,但其中总有一种是主要的。烟气对锅炉金属受热面的传热主要有两种组合形式,即"辐射为主,对流为辅"和"对流为主,辐射为辅"。例如炉膛中高温火焰对围成炉膛的各个壁面的传热,主要是辐射传热,但烟气在炉膛内流动也使对流换热存在;烟气流过蒸发或过热器管束时,主要是对流换热,但也存在部分的辐射换热。

由于主要形式的传热量远远大于次要形式,所以在锅炉中,把围成炉膛的锅炉受热面(主要是吸收辐射热)叫作辐射受热面;把被烟气冲刷的蒸发管束、过热器管束等叫作对流受热面(主要是吸收对流热)。

3)锅炉热平衡

输入锅炉的能量,包括燃料燃烧所产生的热量和空气或蒸汽等其他方式带入锅炉的能量。一部分以传热的方式被管内工质(水或蒸汽)吸收,被有效利用,另一部分则由于锅炉排烟、对外散热等方式而损失掉,如图2.3.9所示。图中:

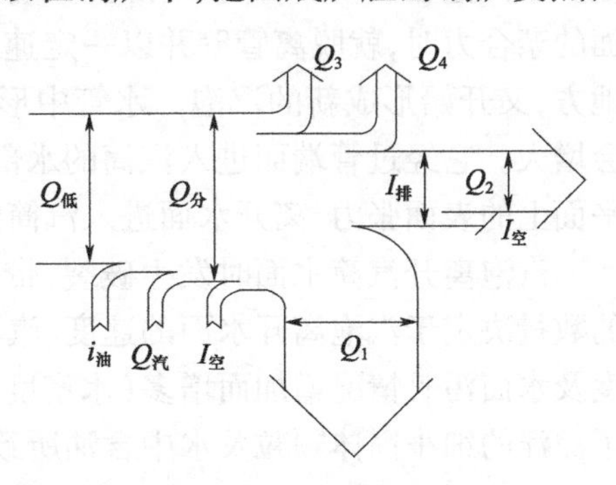


图2.3.9 锅炉热平衡

$Q_{低}$——燃料的低发热值;

$i_{油}$——由燃油燃烧前被预热而带入的热量;

$Q_{汽}$——如果喷油器采用蒸汽雾化,表示由雾化蒸汽带入的热量;

$Q_{分}$——分配热量,前三种热量之和,是输入锅炉的总热量;

$I_{空}$——由助燃空气带来的热量;

$Q_1$——水蒸汽在锅炉中所吸收的热量,是总热量被有效利用的部分;

$Q_2$——由锅炉排烟所带走的分配热量;

$I_{排}$——由锅炉排烟所带走的热量;

$Q_3$——由于未完全燃烧所损失的热量;

$Q_4$——由于锅炉向外直接散热而损失的热量。

由此可得锅炉的效率为

$$\eta_B = \frac{Q_1}{Q_{分}} \tag{2.3.4}$$

4)锅炉的升压和水的汽化

(1)升压。

锅炉工作时的蒸汽压力比较高,而在不工作时,内部压力是大气压力,由大气压力升至工作压力的升压过程是这样的:

锅炉从冷状态开始点火时,蒸发管束中的水处在环境压力条件下,水的温度与环境温度相同。在吸收了燃料所放出的热量后,水温逐渐上升,待达到100℃时,开始沸腾并产生蒸汽。根据水蒸汽的性质,在整个加热蒸发的过程中,水和蒸汽的温度均保持在100℃,压力保持在环境压力。当产生很多蒸汽后,蒸汽充满了汽筒的汽部空间,由于暂时不用蒸汽,蒸汽聚集到一定程度后锅炉内部压力就要升高,于是饱和温度也随之升高,水又在新的饱和温度和饱和压力下汽化。继续吸热的结果是使压力和温度不断升高,一直达到锅炉的规定工作压力。此时，汽筒中水和汽的温度就是工作压力下的饱和温度。当开始使用蒸汽后，增加喷油量，以产生更多的蒸汽并保持该压力。在锅炉正常工作时，根据用汽量的多少，通过控制喷入炉膛的燃油量，来控制压力。

(2)水的汽化。

水的汽化过程在蒸发管束中进行，并在汽筒中汽水得以分离，其过程大体如下：

首先是管束内与受热面接触的饱和水由壁面得到热量，在部分区段汽化而形成小汽泡。小汽泡继续吸热，体积增加并具有上升力。当上升力增大到足够克服其与管子内壁面的亲合力时，就脱离管壁并以一定速度在水层中向上运动。新的水滴补到汽泡离开的地方，又开始形成新的汽泡。水管中形成的大汽泡沿水管上升，在上升的过程中，体积还会增大。它经过管端而进入汽筒的水部，并继续上升到达汽筒的水位平面，然后克服水位平面上的表面张力，离开水面进入汽筒的汽部。

汽泡离开汽筒水面时发生破裂，带起许多小水滴一同进入汽部空间。这些细小水滴的数量决定于汽泡离开水面的速度、汽泡大小和跃出水面汽泡的数目。另外，还随着水密度及水面污脏情况增加而增多(水密度增加是由于水中含盐量增加，水面污脏是由于积聚了漂浮的细小固体颗粒及水中含油所致)。

由此可见，进入汽筒汽部的饱和蒸汽不是干饱和蒸汽(干度 = 100%)，而是带有一定水分的湿饱和蒸汽。为了提高蒸汽的干度，在汽筒中装有汽水分离设备。

5)锅炉自然水循环

蒸发管束内的水不断被汽化为蒸汽升至汽筒，需要及时向管束内部补水以保证管子不被烧坏。管束内水汽化—向管束内补水—再汽化—再补水，形成一个循环，称为锅炉水循环。

锅炉水循环有强制循环和自然循环两种，舰用锅炉大多数采用自然水循环。

图 2.3.4 中的蒸发管束相当于自然循环的吸热管，使水蒸发并将汽水混合物导入汽筒；右边的管段相当于自然循环的下降管，利用压力差将汽筒中的水引至水筒；水筒则相当于连通吸热管和下降管底部的连通管，接受下降管流来的水并向蒸发管束补水；汽筒则收集蒸发管束流来的汽水混合物，并向下降管补水。因此，该锅炉采用的是自然水循环。

锅炉的水循环与锅炉的安全工作密切相关。因为蒸发管束中流过的汽水混合物在被加热的同时，必然对金属管子起冷却作用，是保证管子不被烧坏的关键。

要保证自然水循环良好，在设计时必须防止下降管受热过多，以避免管内的水受热汽化。许多锅炉的下降管安装在锅炉护板外面，保证不受热。在使用中要细心管理，密切注意锅炉水位，保证锅炉不缺水。

**3. 锅炉附属物**

除了锅炉本体及过热器、经济器外，锅炉外部和汽筒内部还装有许多仪器和装置，如压力表、温度计、水位表、阀门以及燃烧设备等，统称为附属物。利用这些附属物，人们可以及时了解锅炉的工作状况并控制锅炉保持正常工作状态。

**4. 锅炉供油与通风系统**

锅炉工作时离不开经加压、预热的燃油和经加压的助燃空气。必须为之配置这两个辅助系统。

1)燃油系统

燃油系统为锅炉提供净洁的、具有一定压力和温度的燃油。图 2.3.10 是燃油系统的示意图。它由燃油泵、燃油过滤器、燃油加热器、燃油压力和温度自动调节器及管路等组成。

其工作过程是:燃油泵将燃油从油柜中抽出,加压后进入冷过滤器初步过滤,到燃油加热器中吸收蒸汽(用于加热)的热量,温度升高,黏度降低,再进入热过滤器进行精滤。这些干净的、具有一定压力和温度的燃油最后进入锅炉燃烧操纵台,由操纵台控制是否进入喷油器。

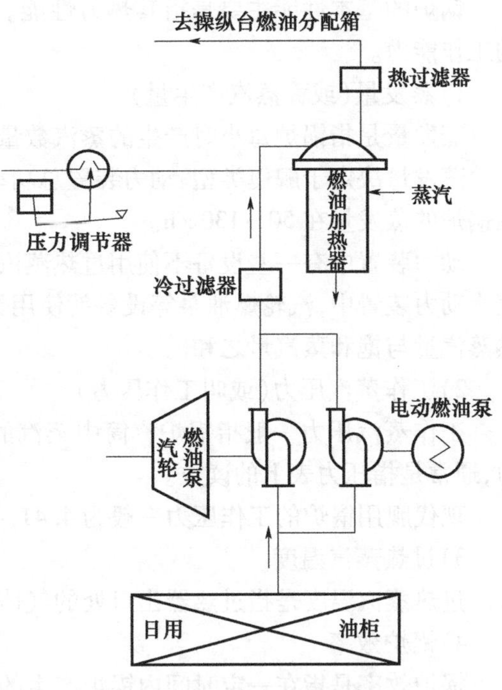

图 2.3.10 燃油系统示意图

2)锅炉通风系统

锅炉通风系统为锅炉提供足够数量和一定压力的助燃空气,并克服烟气流动中的阻力,及时排走烟气。图 2.3.11 是其示意图。它由鼓风机和粗大的空气导管以及管路挡板等组成。

通风系统的工作过程是:鼓风机由大气中吸入空气并加压排出,这些具有一定压力的空气由空气挡板控制其流向,进入锅炉前后壁的空气夹层中,由配风器的风门控制是否进入炉膛助燃。

现代锅炉的蒸汽产生量相对较大,对助燃空气的要求是数量多、压力高,需要用一个功率比较大的辅机才能带动鼓风机,一般采用汽轮机,称为汽轮鼓风机。

在锅炉点火时,由于没有蒸汽来带动正常工作时的汽轮鼓风机,这时则采用为舱室通风的电动通风机为锅炉通风。好在此时需要的空气量不大,电动风机能够满足要求。

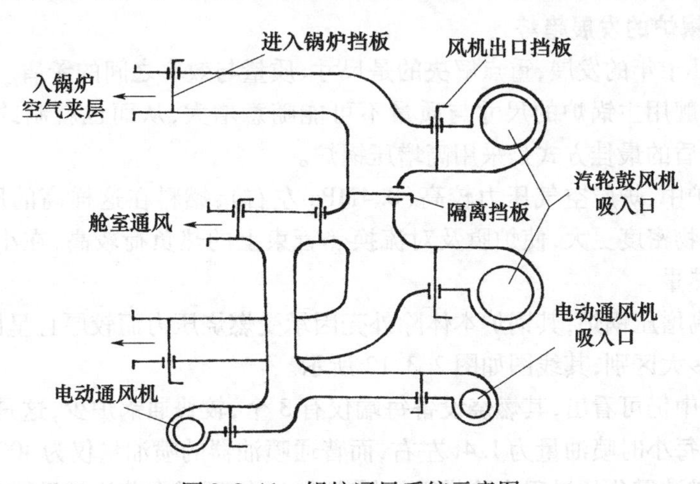

图 2.3.11 锅炉通风系统示意图

**5. 锅炉的基本性能**

锅炉的基本性能主要是指其热力性能。通过这些性能指标,我们可以知道一台锅炉的工作能力。

1)蒸发量(或称蒸汽产生量)

蒸发量是指锅炉每小时产生的蒸汽数量。其单位是 t/h 或 kg/h。

蒸发量决定于舰艇类型、动力装置总功率以及主机、锅炉数目的匹配方式。现代舰用主锅炉的蒸发量在 50 ~ 130t/h。

动力装置中有一些设备不使用过热蒸汽,而使用由汽筒直接引出的饱和蒸汽,在有的蒸汽动力装置中,汽轮燃油泵等设备就使用饱和蒸汽。在这种情况下,锅炉的蒸发量是过热蒸汽量与饱和蒸汽量之和。

2)工作蒸汽压力(或叫工作压力)

工作蒸汽压力一般指锅炉汽筒中蒸汽的压力,有时也可能指过热器出口处的蒸汽压力,通常是指压力表上的读数。

现代舰用锅炉的工作压力一般为 4.41 ~ 8.33MPa。

3)过热蒸汽温度

过热蒸汽温度是指过热器出口处的气体温度。一般为 400 ~ 510℃。

4)锅炉效率

锅炉效率是指在一定时间内锅炉产生的蒸汽所带走的热量与在这段时间内进入锅炉的燃油所具有的热量的比值。即:

$$锅炉效率 = \frac{蒸发量 \times (锅炉出口中蒸汽平均焓 - 给水的焓)}{燃油消耗量 \times 燃油发热量}$$

锅炉效率与许多因素有关,现代舰用锅炉的效率一般为 0.7 ~ 0.9。

5)燃油消耗量

燃油消耗量是指锅炉每小时消耗的燃油量,单位为 t/h 或 kg/h。

该性能决定于蒸汽参数、蒸汽产生量和锅炉效率。单台锅炉的燃油消耗量一般在 5 ~ 10t/h。

**6. 舰用主锅炉的发展趋势**

舰用锅炉几十年的发展,重点解决的是尺寸、质量与效率之间的矛盾。舰艇空间与排水量的限制,使舰用主锅炉的尺寸与质量不可能随意增大,从而也就制约了其效率。目前,解决这一矛盾的最佳方式是采用高增压锅炉。

在这种锅炉中,炉膛空气压力较高(0.4MPa 左右),燃料在这样高的压力下燃烧,更加迅速,燃烧产物密度更大,使炉膛及对流换热管束上的热负荷较高,在小的换热面积上可获得大的换热量。

对于舰用高增压锅炉,其锅炉本体除外壳因承受燃烧压力而较厚且呈圆筒形状外,与普通锅炉并无多大区别,其线图如图 2.3.12 所示。

但是,从图中仍可看出,其燃烧设备每端仅有 3 个,较普通锅炉少,这是因为采用了大容量喷油器,其每小时喷油量为 1.4t 左右,而普通喷油器的喷油量仅为 400kg 左右。大容量喷油器在使燃油雾化的过程中除借助机械离心力外,还需有蒸汽辅助雾化。

此外,由于炉膛烟气压力较高,其鼓风机的功率也要求更大。但是,因锅炉经济器后的烟气仍具有做功能力,因此,用与燃气轮机工作原理相同的废气涡轮将烟气的能量转换为机械功,由它带动锅炉的增压鼓风机,减少了汽轮鼓风机所消耗的蒸汽量。在锅炉低负荷时,蒸汽和烟气共同做功,带动增压鼓风机工作,当锅炉负荷达到75%以上时,锅炉排烟所具有的能量足够带动增压鼓风机向锅炉提供燃烧所需的助燃空气,因而不再消耗蒸汽。高增压锅炉的增压鼓风系统如图2.3.13所示。

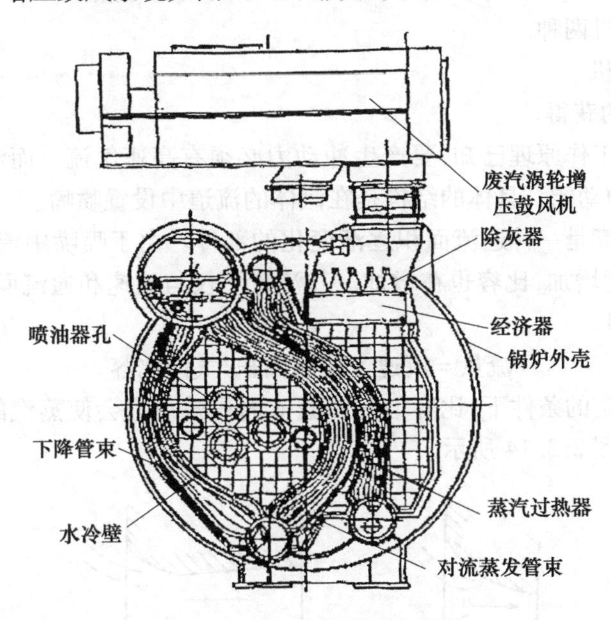


图2.3.12 高增压锅炉线图

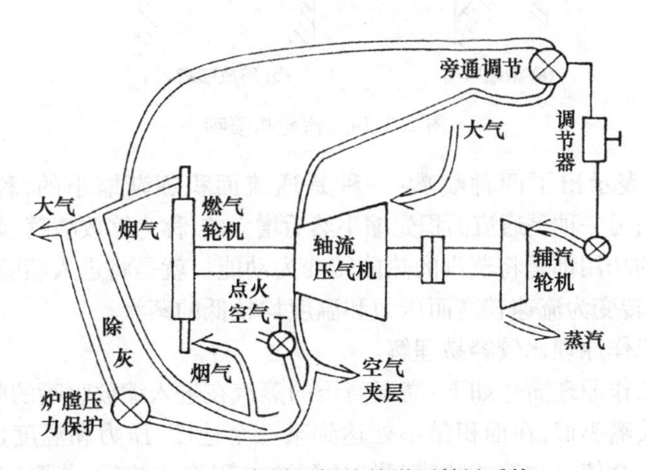


图2.3.13 高增压锅炉的增压鼓风系统

由于高增压锅炉的鼓风机由辅蒸汽轮机与废气燃气轮机共同带动,其间的功率分配和控制以及空气、烟气的管路均比较复杂,对控制技术的要求也更高。

## 2.3.3 汽轮机装置

汽轮机是舰艇蒸汽动力装置的另一主要设备。它的功用是把锅炉产生的蒸汽的热能转变成机械能,因此它是将蒸汽的热能转变为机械能的设备。

在蒸汽动力装置中有许多汽轮机,若按其用途来分,有带动螺旋桨的主汽轮机,也有用来带动辅助机械的辅汽轮机,但就工作原理而言,它们之间没有多少差异。因而先介绍汽轮机的工作原理,再介绍汽轮机的组成及结构。

**1. 汽轮机的基本工作原理**

汽轮机的基本工作原理与燃气轮机相同,但是其工质是蒸汽。同样也分为冲动式汽轮机与反动式汽轮机两种。

1)冲动式汽轮机

(1)高速汽流的获得。

从燃气轮机的工作原理已知,要产生冲动力必须有高速气流。而汽轮机则要有高速汽流,使其具有高的动能。具体的结构是在汽体的流道中设置喷嘴。

汽轮机中的喷嘴是一种通流面积逐渐变化的部件。由于喷嘴中流动的是汽体,其压力下降后,不仅速度增加,比容也在增加。其流量不仅与流速和通流面积成正比,与汽体的比容也成正比,即

流量 = 流速 × 通流面积/气体比容

所以在流量一定的条件下,比容增大和通流面积减小都会使蒸汽的速度提高。汽轮机中所用的喷嘴如图 2. 3. 14 所示。

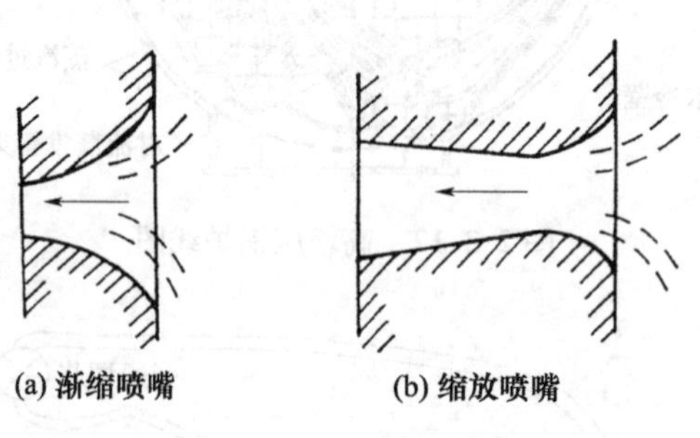


图 2. 3. 14　汽轮机喷嘴

图 2. 3. 14 中表示出了两种喷嘴:一种是通流面积逐渐缩小的,称为渐缩喷嘴,如图 2. 3. 14(a)所示;另一种是通流面积先缩小然后增大的,称为缩放喷嘴,如图 2. 3. 14(b)所示。这两种喷嘴的功用都是将蒸汽的热能转变为动能。就是将进入喷嘴前的高温高压而流速较低的蒸汽,转变为流速较高而压力和温度均较低的蒸汽。

渐缩喷嘴的工作原理比较容易理解。

缩放喷嘴的工作原理简述如下:高温高压的蒸汽在进入缩放喷嘴的收缩段时,速度提高的方式与渐缩喷嘴类似,在面积最小处达到某一个速度,压力和温度也降低到某一值,而比容增大到另一个值。收缩式喷嘴只能达到这一程度。此后,若要继续降低压力和温度而提高速度,比容增加占主导地位,速度的增加不足以适应比容的增加,必须增加通流面积。这就形成了缩放喷嘴。

因此,蒸汽经过缩放喷嘴后所能达到的速度比经过渐缩喷嘴所能达到的速度高,即具有更大的冲动力,同时,它使压力和温度下降的量也更多,可见,缩放喷嘴可将蒸汽中更多的热能转变为动能。

对于既定的喷嘴,在理想的情况下,其内部过程可认为是绝热过程,且内部流动通常被假定为一元的。蒸汽在喷嘴内部流动时将其热能转变为本身的动能,若其入口参数

($p_0$、$T_0$)和出口压力($p_1$)已知,则喷嘴出口的速度可由蒸汽能量的减少(即焓降)计算出来:

$$\frac{1}{2}(C_1^2 - C_0^2) = I_0 - I_1 = H_{1S} \tag{2.3.5}$$

式中 $C_1$——蒸汽离开喷嘴时的速度;

$C_0$——蒸汽进入喷嘴时的速度;

$I_0$——蒸汽进入喷嘴时的焓,由入口参数($p_0$、$T_0$)在焓熵图上查得;

$I_1$——蒸汽离开喷嘴时的焓,可由入口参数($p_0$、$T_0$)在焓熵图上按等熵过程到达出口压力($p_1$)时的过程求得,如图2.3.15中的0—$I_S$过程所示;

$H_{1S}$——蒸汽在喷嘴中的绝热焓降。

实际上,由于喷嘴中存在摩擦、散热、不均匀流动等消耗了蒸汽的一部分动能,且这部分动能被重新转换为热能,因而喷嘴出口蒸汽的焓比理想情况下的焓要高出 $\Delta H$,在焓熵图上,状态点为图2.3.15上的1,对应的过程线为0—1。这样,蒸汽离开喷嘴的速度为

$$C_1 = \sqrt{2H_1 + C_0^2} = \sqrt{2(I_0 - I_1 - \Delta H) + C_0^2} \tag{2.3.6}$$

(2)高速汽流的利用。

蒸汽流经喷嘴后,将其热能转变为动能,具有很高的速度。这些高速汽流进入动叶叶栅所形成的通道中(动叶叶栅由许多动叶组成)冲击动叶,使动叶带动叶轮转动,在叶轮轴上产生了机械能(图2.3.16)。

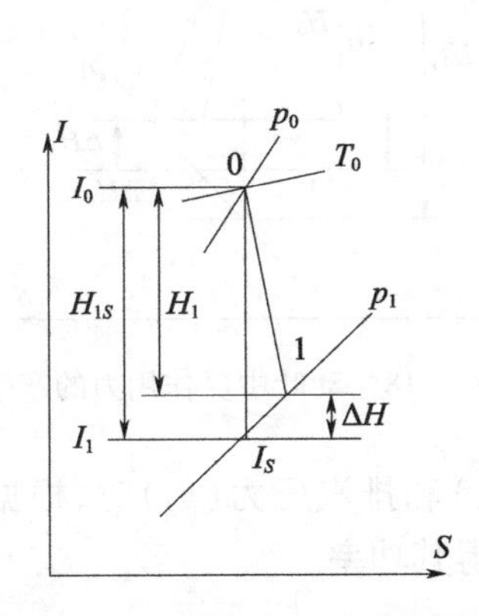


图2.3.15 焓熵图上的喷嘴流动过程

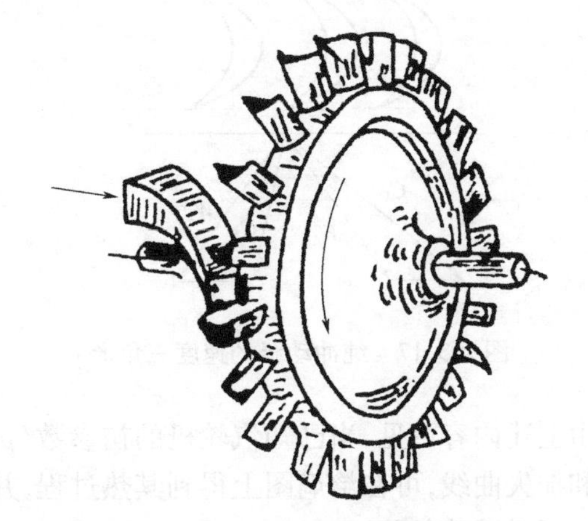

图2.3.16 纯冲动式汽轮机简图

由以上内容可见,冲动式汽轮机的工作过程可分为两个阶段:首先将蒸汽的热能在喷嘴中转变为蒸汽的动能,然后在动叶中将蒸汽的动能转变为机械能,通过轴输出,并且这个过程是连续不断的。

从结构上看,完成这两个阶段所用零件的构型是不相似的。在纯冲动级中,一个是通流面积逐渐变化的喷嘴,另一个是通流面积不变的动叶栅空间。

(3)冲动式汽轮机级上的功。

图2.3.17为纯冲动级中蒸汽流动的速度三角形。蒸汽流出喷嘴的速度为 $C_1$,该速度相对于动叶运动速度为 $U$ 的线速度时的相对速度为 $W_1$;蒸汽离开动叶时,相对于动叶的速度为 $W_2$,其数值因蒸汽在动叶中不再膨胀而保持不变,但方向被改变;因叶轮具有 $U$ 的

线速度，从而，蒸汽离开动叶时的绝对速度为 $C_2$。

蒸汽进入动叶时所具有的动能为$\frac{C_1^2}{2}$，离开动叶时所具有的动能为$\frac{C_2^2}{2}$。因此，蒸汽传递给动叶的能量为

$$N=\frac{C_1^2}{2}-\frac{C_2^2}{2} \tag{2.3.7}$$

这就是单位质量蒸汽在单级纯冲动式汽轮机级上所做的轮周功。可见，为了使单级冲动式汽轮机做功最大，应使 $C_2$最小。从速度三角形上可以看出，当 $C_2$垂直于轮周运动方向时，级上的功最大。

由于蒸汽流入汽轮机时具有 $C_0$的初速度，而蒸汽离开汽轮机时具有 $C_2$的余速，两者相差通常不是很大，在同时忽略这两者时，可得到在焓熵图上表示的单级热过程如图 2.3.18 所示的热力过程。在该图中考虑了喷嘴中的损失 $\Delta H_1$和动叶中的损失 $\Delta H_2$。这时，在单级汽轮机上所做的功为

$$N=H_u=H_{1S}-\Delta H_1-\Delta H_2 \tag{2.3.8}$$

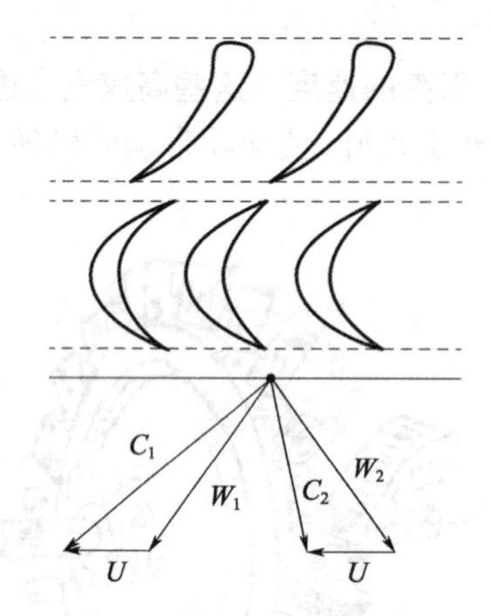


图 2.3.17　纯冲动级的速度三角形

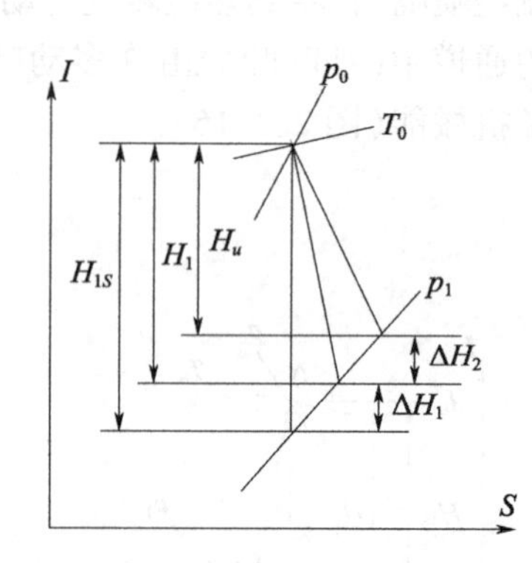


图 2.3.18　动叶中反作用力的产生

由上述内容可见，当已知汽轮机的初参数（$p_0$、$T_0$）和排汽压力（$p_2$）时，根据汽轮机的类型和损失曲线，可在焓熵图上得到其热过程，并求得其功率。

2）反动式汽轮机

（1）反动作用原理。

假如将冲动式汽轮机中的喷嘴装在一个轮子上，如图 2.3.19 所示。这时让高温高压的蒸汽通过，蒸汽仍然以高速离开喷嘴，按照反动作用的原理，蒸汽必然给喷嘴一个反作用力 $F$，迫使喷嘴向与汽流相反的方向运动。现在，将这个力 $F$ 沿圆周及轴向分解，得到圆周向力 $F_u$和轴向力 $F_A$，其中 $F_u$迫使轮子转动，产生机械功，这是我们所期望的；$F_A$迫使轮子沿轴向移动，我们不希望它移动，它由推力轴承来承受。

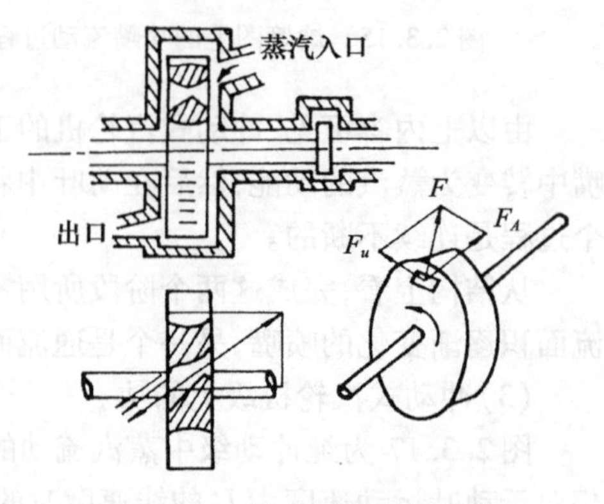


图 2.3.19　纯冲动级的热过程

反动式汽轮机的反作用力就是这样产生的，只是在叶轮上不装喷嘴，而是利用叶片的形状构成一个截面面积变化(通常是缩小)的蒸汽通道，蒸汽流过此通道时，温度和压力下降，速度提高，产生反作用力。

(2)反动式汽轮机的工作原理。

反动式汽轮机是同时利用蒸汽的冲动力和反动力来推动动叶做功的。如图2.3.20所示。静叶(固定不动)和动叶(装在叶轮上)所构成的蒸汽通道的截面面积都是缩小的。蒸汽经过静叶后，与流过冲动式汽轮机的喷嘴相似，其压力和温度均下降，速度提高，具有一定动能，可像冲动式汽轮机一样冲击动叶做功；蒸汽在冲击动叶的同时进入动叶，其温度和压力进一步下降，速度进一步提高，离开动叶时，对动叶产生反作用力。这样，蒸汽在通过动叶栅中的通道时，不仅由于汽流方向的改变产生了蒸汽的冲动力 $F_A$，而且还由于相对速度的增加产生了蒸汽的反作用力 $F_R$。两者的合力 $F_T$ 是推动反动式汽轮机动叶运动的作用力。在一般情况下，力 $F_T$ 可分解成平行于动叶运动方向的轮周向分力 $F_u$ 和垂直于动叶运动方向的轴向分力 $F_a$。实际上，只有轮周向分力 $F_u$ 才对动叶运动做功起作用。因此，这里特别要指出的是，冲动式汽轮机中动叶只作用有冲动力，而反动式汽轮机中动叶不仅作用有反动力，而且也作用有冲动力。

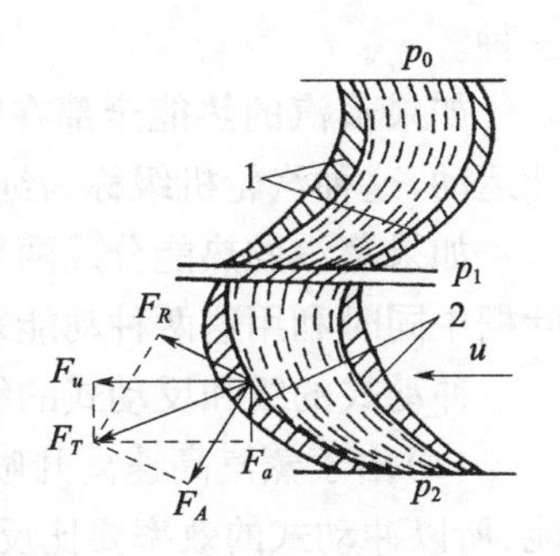

图2.3.20　蒸汽作用在反动式汽轮机动叶上的力

可见，反动式汽轮机的工作过程分为两个阶段：在静叶中将蒸汽的热能的一部分转变为动能，到动叶后，不仅将动能转变为机械能，同时将另一部分热能转变成机械能。

从结构上看，反动式汽轮机的这两个能量转变阶段所用的零件的构型是相似的。即都是叶片形状，只是一些装在外壳上，一些装在转子上。

(3)反动式汽轮机上的功。

与纯冲动式汽轮机的分析方法相同，在反动式汽轮机某一级的速度三角形如图2.3.21所示，因为蒸汽在动叶中也进行了与静叶中类似的膨胀过程，因此在动叶的出口处，蒸汽的相对速度 $W_2$ 与静叶出口处的绝对速度 $C_1$ 大小相等，这是与纯冲动式汽轮机的不同之处。其热力过程如图2.3.22所示。

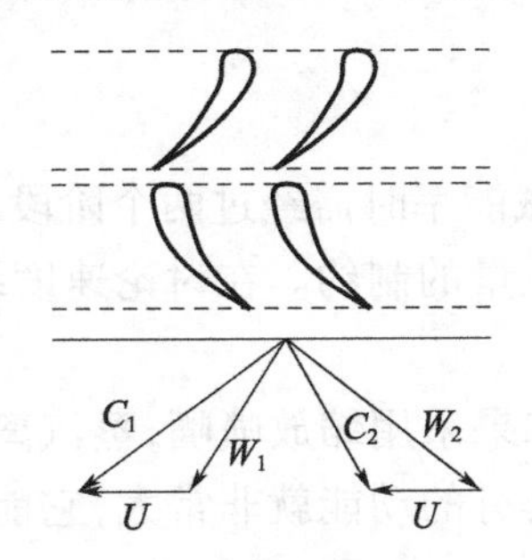

图2.3.21　反动级的速度三角形

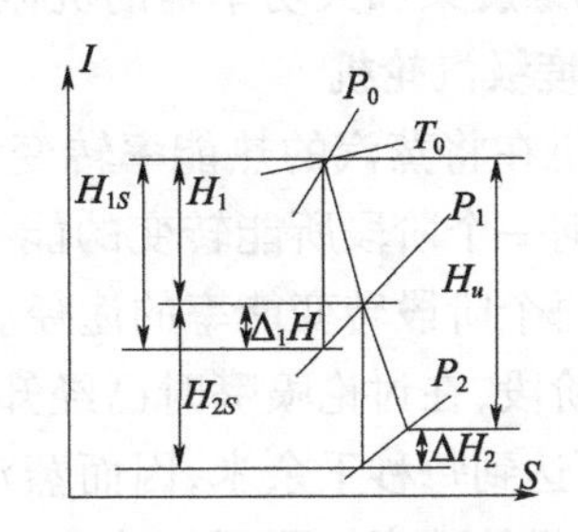

图2.3.22　反动级的热过程

3)汽轮机的级、分类与特点

由于汽轮机在完成能量转变的过程中需要两个阶段，进行两次能量转变，所以通常把汽轮机内部完成两次能量转变过程中相关联的喷嘴（或静叶栅）和其后的动叶栅合并起来，总称为汽轮机的级。所有汽轮机都由一个或几个级组成。所以汽轮机的级不仅是汽轮机的基本结构单元，而且也是汽轮机的基本工作单元。

根据蒸汽流过动叶栅时的膨胀程度，汽轮机的级可分为纯冲动级、反动级和冲动级三种。

如果蒸汽的热能全部在喷嘴中转变为动能，而在动叶栅中仅仅是由冲动力来推动动叶运动，这种汽轮机级称为纯冲动级。

如果蒸汽的热能分成两部分，分别在静叶栅和动叶栅中转变成蒸汽的动能，并且在动叶栅中同时利用这两种动能来推动动叶运动，这种汽轮机级称为反动级。

冲动式的级和反动式的级相比，各有其优缺点：

（1）由于蒸汽高速离开喷嘴时所具有的较大反作用力被喷嘴吸收，并且不产生机械能，所以冲动式的效率要比反动式的低。

（2）冲动式几乎不产生轴向作用力，而反动式的轴向力很大，需设法平衡。

（3）冲动式汽轮机中，蒸汽的压力在喷嘴中下降很多，动叶周围承受的压力低；而反动式却在动叶周围有较大的汽压。因此，冲动式对机壳强度的要求低，适用于蒸汽压力较高的场合，反动式则适用于汽压较低的场合。

如果一种汽轮机的级在结构上与纯冲动级相似，也由喷嘴和动叶组成，但动叶栅的形状又与反动级的动叶栅相似，蒸汽并未在喷嘴中将全部热能转变为动能，只转变大部分（超过一半），同时也与反动级类似地在动叶中将另一部分（少于一半）的热能转变为动能，并在动叶栅中也同时利用这两种动能来推动动叶运动，那么这是介于纯冲动级和反动级之间的级，称为冲动级。其热力过程的计算见图 2.3.23。

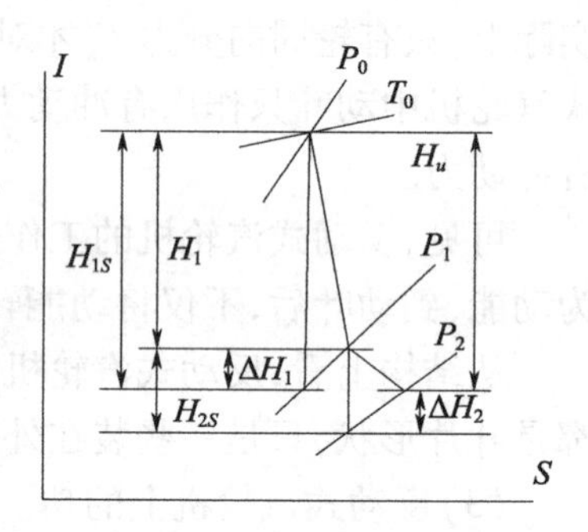


图 2.3.23 带有一定反动度冲动级的热过程

还有另外形式的级，称为速度级，将在后面结合其结构介绍。如果一台汽轮机仅由一个级组成，这种汽轮机称为单级汽轮机，其功率比较小，常用来带动功率较小的辅助机械。由一个以上的级所组成的汽轮机称为多级汽轮机或称为组合式汽轮机，功率较大，可用来带动螺旋桨和大功率辅助机械。

**2. 双列速度级汽轮机**

由于汽轮机在将蒸汽的热能率转变为机械能率时需经过两个阶段，所以它的最大功率受到其中任何一个阶段所能转变的能率的数量的制约。在讨论速度级汽轮机之前，首先分析能增加每个阶段转变能率的途径。

对于第一阶段，在讨论喷嘴时已经知道，如果采用缩放喷嘴，蒸汽离开喷嘴的速度可以更高，最大可达到每秒千余米，因而蒸汽所具有的动能就非常大，它能转变的热能率更大，为增加汽轮机的功率打下了基础。

在此基础上，第二阶段的动叶必须能够充分利用这么大的动能率、能够吸收并传递出去成为有用功率。为适应如此高的蒸汽速度，动叶必须飞快地转动。否则，要么高速的蒸汽冲击低速的动叶，发生碰撞，造成损失；要么汽流几乎垂直地穿过动叶栅，未能把全部的动能率用来产生冲动力，而仍以较高速度带着大量的动能离开动叶，结果还是提高不了功率。而要吸收以每秒上千米的速度流动着的蒸汽的动能率，其动叶线速度约为500m/s以上才最好。然而，由于受材料强度的限制，这样高的线速度目前在汽轮机内是无法实现的。

解决此问题的办法是再设置一列动叶，让汽流带着大量动能率高速地离开第一列动叶，接着再让它冲击第二列动叶，再次吸收它的动能，如果需要，还可加装第三列动叶。这就构成了速度级汽轮机。

图2.3.24是一台双列速度级汽轮机。它的两列动叶1和3牢固地装在同一叶轮4的加宽轮缘上，这种装两列动叶的叶轮称为双列轮。叶轮又与机轴5连接成一体，两列动叶由蒸汽得到的机械能通过叶轮传递给机轴，使机轴旋转。在两列动叶之间，有一列转向导叶2，它安装并固定在汽缸6的内壁上，位置与喷嘴相对应，静止不动。转向导叶的功用是改变蒸汽流动的方向，使从第一列动叶栅流出的蒸汽改变方向后平顺地流入第二列动叶栅，它的结构与动叶类似。

当新蒸汽连续不断地进入双列速度级的喷嘴时，首先在喷嘴中膨胀，蒸汽压力 $p$ 很快降低，绝对速度 $C$ 急剧增加。然后，蒸汽高速进入并流过第一列动叶栅，在第一列动叶栅中将动能的一部分释放给动叶栅，在流出时仍具有较大的动能，但其流动方向却与叶轮的运动方向相反，因此，流出第一列动叶栅后，首先进入导叶改变方向，由于导叶并不运动，蒸汽未将动能释放出，所以离开导叶时只损失了由于蒸汽与导叶摩擦而减少的动能，离开导叶时的方向与叶轮运动方向接近，可在第二列动叶上继续产生冲动作用而释放动能，最终以较低的速度和较小的动能离开第二列动叶，大部分的动能被两列动叶栅吸收并转变为机轴上的机械能输出。

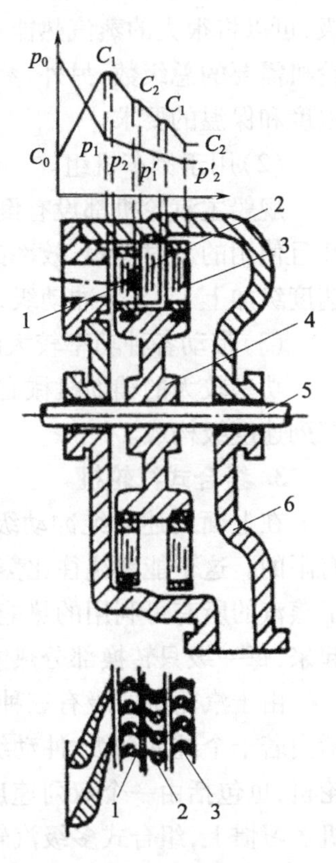

图2.3.24　双列速度级

类似于纯冲动式和冲动式汽轮机的关系，双列速度级也有两种形式：一是在喷嘴中将蒸汽的热能全部转变为动能、在动叶栅和导叶中将动能转变为机械能的纯冲动式；二是在喷嘴中只转变部分（相当大的部分）热能为动能，蒸汽在流过动叶和导叶时，既对动叶产生冲动力，又通过自身膨胀而产生反作用力的形式，即非纯冲动式，称为有反动度的速度级。

图2.3.24上部给出了带反动度的速度级的压力与速度变化曲线。新蒸汽以压力 $p_0$ 和速度 $C_0$ 进入喷嘴，在喷嘴内压力下降速度提高，出喷嘴时压力降至 $p_1$，绝对速度提高至 $C_1$，进入第一列动叶后，蒸汽将动能的一部分传给动叶栅，速度下降，同时，自身膨胀使压力进一步降低至 $p_2$，离开第一动叶栅时的速度为 $C_2$，并依此速度进入导叶，由于导叶的摩擦作用，速度要降低，而在另一方面，由于在导叶中蒸汽自身膨胀，其速度又会得到一定程度的提高，所以，蒸汽离开导叶时的压力为 $p'_1$，速度为 $C'_1$，然后，再进入第二列动叶做功，又有一部分蒸汽的动能和热能转变成机械能，最后蒸汽以很低的绝对速度 $C'_2$ 流出汽轮机。

由此可知，双列速度级可以充分利用喷嘴出口的高速蒸汽的动能。因此，它所能发出的功率就比较大,若还需要增大功率,还可以做成三列乃至四列速度级,但列数越多,在喷嘴和前面几列动叶及导叶中蒸汽流动速度就得越高,摩擦损失就越大,汽轮机的效率就会降低,不经济,所以目前采用的都是二列。

在舰船汽轮机中,双列速度级主要应用于下列三个方面:

(1)作为多级汽轮机的调节级。

在一般情况下,多级汽轮机的功率调节是通过改变进入第一个汽轮机级的蒸汽流量和参数来完成的,所以多级汽轮机内第一个级又称为调节级。采用双列速度级作为调节级,可以将很大的蒸汽热能在汽轮机的第一个级内转变成机械能,这样,可以减少多级汽轮机需要的总级数;另外,蒸汽在速度级的喷嘴中压力和温度均下降较多,可降低对机壳强度和保温的要求。

(2)用于倒车机组。

舰船主汽轮机都设有倒车机组,用于舰艇制航和倒航。因为倒车功率比正车功率小,并且使用的总时间短,效率的大小并不重要。所以,倒车汽轮机级组一般都是由一个双列速度级加上 1 ~2 个冲动级,或两个双列速度级组成。

(3)带动各种功率较大的辅助机械。

功率较大的辅助机械有给水泵、鼓风机等。带动这些辅助机械的汽轮机通常由一个双列速度级构成。

**3. 组合式汽轮机**

在上面所述的纯冲动级和反动级甚至是速度级中,一个级所能转变的蒸汽热能率是有限的。这个能率往往比蒸汽所具有的可利用的热能率小得多。就是说,一个级利用不了蒸汽的所有可利用的热能率。解决此问题的方法可以是将多个相同或不相同的级串接起来,每一级只转换部分热能率,形成组合式汽轮机。

由于汽轮机的级有三种,且组合方式的多样化,使得多级汽轮机的种类很多,它既包括由若干个纯冲动级、冲动级或反动级组成的多级纯冲动式、多级冲动式或多级反动式汽轮机,也包括由一个双列速度级与若干个纯冲动级、冲动级或反动级组成的合并式汽轮机。习惯上,组合式多级汽轮机简称为多级汽轮机。

1)速度级 + 冲动级式汽轮机

图 2. 3. 25 给出了由速度级与冲动级合并而成的合并式多级纯冲动式汽轮机的基本结构和参数的变化过程。其中第一级采用二列速度级作为调节级,后面有三个纯冲动级。第一级喷嘴 1 直接安装并固定在汽缸 8 或喷嘴箱上,后面各级喷嘴 6 安装并固定在隔板 7 的周缘上,隔板则固定在汽缸内壁上。隔板将汽缸内的封闭空间分割成四个工作时压力不同的腔室,保证调节级后面分三级将蒸汽的热能转变成机械能。动叶 2、5 和 9 分别牢固地固定在双列叶轮 4 和以后的各级转轮 10 上。叶轮则与机轴构为一体,称为转子,由于这种转子上带有轮子,所以就称之为轮式转子。

在合并式多级纯冲动式汽轮机内,蒸汽首先在双列速度级(第一级)内膨胀做功,紧接着流入其后第一个纯冲动级(第二级)继续做功。然后,蒸汽又从前一个纯冲动级流入下一个纯冲动级,顺次将蒸汽的热能转变成机械能。蒸汽在流经各级喷嘴时发生膨胀,压力降低,绝对速度增加,重新获得相应的动能。从喷嘴流出的高速汽流流过动叶栅时,由于冲动作用推动动叶运动,将蒸汽的动能转变成机械能。

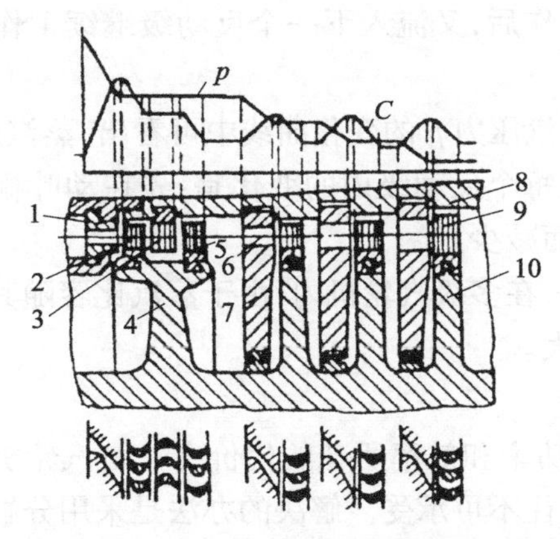

图2.3.25 合并式多级纯冲动式汽轮机

1—第一级喷嘴;2—第一列动叶;3—转向导叶;4—双列叶轮;5—第二列动叶;
6—喷嘴;7—隔板;8—汽缸;9—动叶;10—转轮。

从图2.3.25中蒸汽压力$p$和绝对速度$C$的变化曲线中可以看出,在第一级内出现两个速度梯度,即蒸汽动能被两次利用,这显然是速度级。在后面的三个纯冲动级内,蒸汽压力分三段逐步降低(这种由多个冲动式汽轮机级串接后又称为压力级),在蒸汽压力$p$的变化曲线中出现三个压力梯度,而绝对速度在每个纯冲动级内的变化是:首先在喷嘴中增加,而后在动叶中减少。

2)反动级式汽轮机

图2.3.26给出了多级反动式汽轮机的示意图。这种汽轮机的每个级包括一列静叶5和一列动叶6,有时将相邻几级的静叶和动叶采用相同的叶型和结构,这样可以简化通流部分的制造,明显地降低制造成本。静叶直接固定在汽缸的内壁上,将汽缸7的封闭空间分割成若干个工作时压力不同的腔室。动叶牢固地固定在转子(这种转子形状似鼓,故称之为鼓式转子)4的鼓缘上。由于反动式汽轮机的动叶在工作时还承受蒸汽的压差作用和反作用而产生的轴向力,所以在转子的前端装有平衡活塞2,平衡活塞的右侧受高压新蒸汽的作用,左侧有连接管3与汽轮机的排汽空间相通。这样,在汽轮机工作时会产生一个与工作蒸汽产生的轴向力相反的力,以平衡作用于转子上的一部分轴向力。有一些反动式汽轮机为了平衡轴向力,制造成前后对称形式,蒸汽从中间进、两边出,或从两边进、中间出,经过前后两边相同的级数做功时均产生轴向力,而这两个力大小相等、方向相反,互为抵消,使轴向力得到平衡。

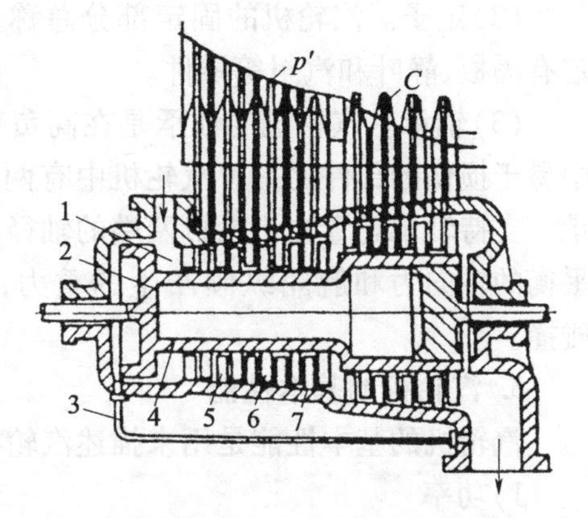

图2.3.26 多级反动式汽轮机

1—进汽室;2—平衡活塞;3—连接管;
4—转子;5—静叶;6—动叶;7—汽缸。

在多级反动式汽轮机中,蒸汽不仅在流过各级静叶栅时发生膨胀,而且在流过各级动叶栅时继续膨胀。在每级静叶栅和动叶栅中,转变成蒸汽动能的蒸汽热能数量是相等的。这样,在动叶栅中,同时由于冲动作用和反动作用产生蒸汽的作用力,推动动叶运动。同样，蒸汽在一个反动级内工作后，又流入下一个反动级继续工作，顺次将蒸汽的热能转变成机械能。

从图 2. 3. 26 上部的蒸汽压力 $p$ 的变化曲线中可看出，蒸汽压力是按每级两个压力梯度逐级降低，而绝对速度在每个反动级内的变化是：先在动叶栅中由于蒸汽膨胀而增加，然后在动叶栅中由于做功而减少。

另外，从图中还可看出，在多级汽轮机内，由于蒸汽比容随其膨胀而增加，因此后面级的蒸汽通道尺寸比前面的大。

3）多缸汽轮机

利用多级汽轮机提高功率和效率所花的代价之一是汽轮机的轴向加长，对于大功率舰用主汽轮机，这个长度往往不可承受。解决的办法是采用分缸布置：将长轴的汽轮机从中间“截断”，成为两台，并排放置。让蒸汽先在一台（此时蒸汽压力高，称这台为高压缸）中做功，然后将蒸汽引至另一台（此时蒸汽压力已降低，称这台为低压缸），让其在低压缸中继续做功。这就形成了多缸汽轮机。

**4. 汽轮机的其他功能单元**

前面所述是汽轮机中将蒸汽热能转变成动叶机械能的功能单元，或称为汽轮机的蒸汽通流部分。除此之外，汽轮机还必须有其他的功能单元来保障通流部分工作和将所产生的机械能引出。

（1）转子。汽轮机的除动叶外的转动部分总称为转子。其功用是固定动叶，并将动叶从蒸汽中吸收的机械能传到汽轮机以外。

（2）定子。汽轮机的固定部分总称为定子。外壳是定子的主要部分，在外壳上还固定有隔板、静叶和汽封等零件。

（3）轴承。汽轮机的轴承是在高负荷、高转速下工作的，是一个摩擦部件，是汽轮机中易于损伤的部件之一。汽轮机中有两种功用和结构不同的轴承，即支持轴承和推力轴承。支持轴承配置在汽轮机两端的轴径处，支持着转子转动；推力轴承用来承受转子上未平衡的轴向力和舰船纵倾产生的重力，使转子和定子保持相对的轴向位置，避免两者碰撞。

**5. 汽轮机的基本性能**

汽轮机的基本性能是用来描述汽轮机的一些物理量，有如下一些：

1）功率

功率描述汽轮机在单位时间内能够转变蒸汽能量的多少。对于主汽轮机，这个功率一般是指传递到螺旋桨上的功率。对于辅助汽轮机，是指被用于辅助机械中的功率。

目前，舰用主汽轮机的功率一般在 7350 ~ 55000kW。若功率再小，一般采用柴油机或其他类型的发动机。若更大，则受螺旋桨的限制。

2）效率

效率描述汽轮机在将蒸汽热能转变为机械能的过程中，热能被充分利用的程度。它被定义成（注意，式中分子与分母必须同单位）：

$$\text{汽轮机效率} = \frac{\text{汽轮机功率}}{\text{耗汽量} \times \text{蒸汽的可利用热量}}$$

一般情况下，舰用主汽轮机的效率在 0. 72 ~ 0. 8。

3）新蒸汽参数

新蒸汽参数指新蒸汽在进入汽轮机前的压力和温度，它是蒸汽的可利用热量的决定因素之一。对于主汽轮机，它采用锅炉出口的过热蒸汽，其蒸汽参数在理论上应与过热器出口蒸汽参数相同，但实际上由于从锅炉至主机的主蒸汽管的散热及流动阻力，压力和温度均要下降，下降的程度与参数本身以及主蒸汽管路的长度均有关。对于高参数装置，在汽轮机全功率工作时，一般压力下降0.4～0.6MPa，温度下降约10℃。

4）排汽压力

排汽压力指工作蒸汽离开汽轮机时的压力，它是蒸汽中可利用热量的另一个决定因素。对于主机，其排汽直接进入冷凝器，所以排汽压力（又称为循环的终参数）与主冷凝器压力有关，一般略高于冷凝器压力，由于冷凝器中压力低于大气压力，所以主机的排汽压力用绝对压力值表示，通常在0.01～0.02MPa。对于某些辅助汽轮机，其排汽进入乏汽总管，压力比较高。

5）耗汽量

耗汽量是指汽轮机工作时单位时间所需供给的蒸汽量，其单位通常是kg/s、t/h或kg/h。它与汽轮机的功率、效率、新蒸汽参数和排汽压力均有关。如一台现役的功率为26471kW的舰用汽轮机的耗汽量约为122t/h。

6）汽轮机的外特性

主汽轮机的外特性曲线是指在变工况下汽轮机的转矩$M$、功率$N$与转速$n$之间的关系曲线，如图2.3.27所示。可见，转矩$M$与转速$n$近似成直线关系，转矩$M$增加时，转速$n$下降；而功率$N$与转速$n$则成近似的抛物线关系。

**6. 主减速器**

在汽轮机中，由于喷嘴出口蒸汽速度很高，动叶必须以高的速度来吸收其能量以避免撞击损失。汽轮机的转速必须很高。大直径转子的汽轮机常达6000～8000r/min；直径小的汽轮机转速需更高，达到10000r/min以上。而从螺旋桨的角度上看，螺旋桨以每分钟几百转的转速工作时，其效率比较高。这就需要减速器将汽轮机的高转速降为螺旋桨所要求的低转速，同时能传递足够大的功率。

基于这些要求，舰用蒸汽动力装置的主减速器一般采用两级齿轮减速，并设计成如图2.3.28所示的形式。

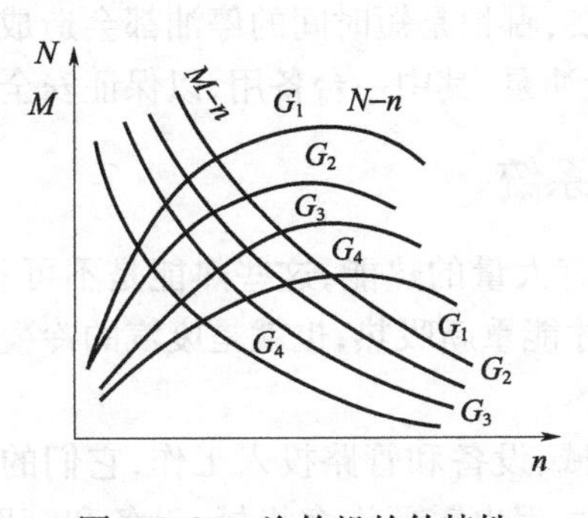

图2.3.27 汽轮机的外特性

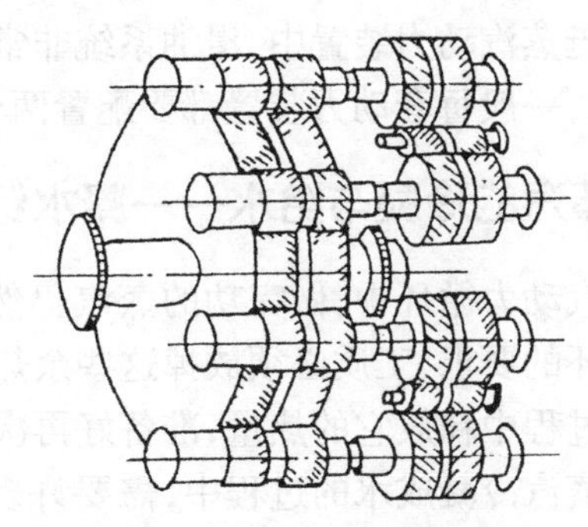
图2.3.28 主减速器

两级减速的目的是获得大的减速比。在图 2.3.28 中,直径最小的两个小齿轮(称为一级小齿轮)分别与主汽轮机高、低压缸的转子相接,汽轮机的机械能由此引入,由于所传递的功率比较大,所以,该减速器采用功率两分支方式传递,即每个小齿轮将其传递的功率同时传给与它啮合的两个稍大的齿轮(称为一级大齿轮),这两个大齿轮再将功率通过与之连成一体的轴传给两个二级小齿轮,最后由两个二级小齿轮将功率传给二级大齿轮并通过轴系带动螺旋桨转动。这样的减速器共由 11 个传动齿轮组成。

舰用齿轮减速器采用人字形斜齿轮。因为斜齿轮的啮合系数比正齿轮大,因而传递功率的能力也大,且工作平稳,噪声也相对较小,在 6.3 节中将有详细的论述。

**7. 滑油保障**

图 2.3.29 是滑油系统供油部分的示意图。用油部分是汽轮机内的各轴承及减速器齿轮啮合面,图中未示出。

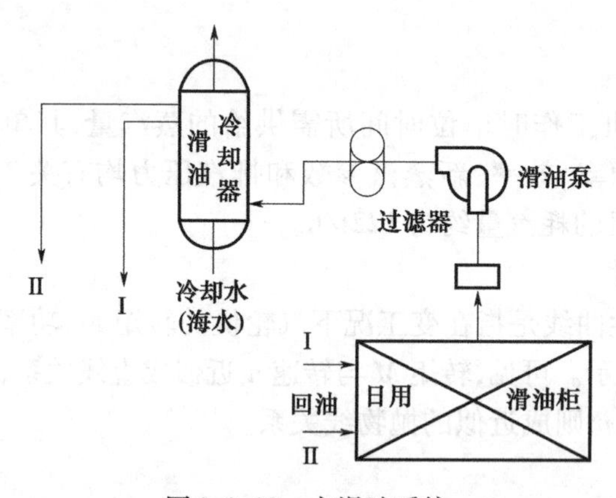


图 2.3.29 主滑油系统

滑油由滑油泵从滑油柜中抽出,为保证滑油质量、去除杂质,滑油要经过滑油柜出口和滑油泵出口两级过滤,然后进入滑油冷却器,在冷却器里,将从摩擦面处带来的热量释放给海水,降低温度,以便重新吸热。滑油冷却器有两个冷滑油出口,第Ⅰ路滑油释放的热量少,温度稍高,黏度较低,适用于为滑动速度较高的地方(如汽轮机轴承、减速器小齿轮轴承和第一级大齿轮轴承)提供润滑和冷却,第Ⅱ路释放热量多,温度低,黏度大,通到第二级大齿轮轴承、主推力轴承和齿轮啮合面,完成任务的滑油自行流回滑油柜。

在舰艇蒸汽动力装置中,滑油系统非常重要,哪怕是短时间的停油都会造成汽轮机的损伤,因此,一般每套动力装置都要配置两台滑油泵,其中一台备用,以保证安全润滑。

## 2.3.4 蒸汽的冷凝与给水——凝水给水系统

在蒸汽动力循环中,做完功的蒸汽仍然具有大量的热能,这些热能是不可利用的,按照热力循环的要求,工质必须放掉这些余热后才能重新吸热,也就是废汽的冷凝过程。蒸汽在这个过程中释放它的热量,准备好再次吸热。

在使蒸汽冷凝成水的过程中,需要许多机械、设备和管路投入工作,它们的有机联合体称为“凝水系统”。同样,将凝水送回锅炉的过程也需要许多机械、设备和管路工作,而这些机械、设备和管路的有机联合体总称为“给水系统”。

需注意的是,在蒸汽动力装置中,凝水系统和给水系统是相互牵连与制约的,因此很难给出两者之间明确的分界面。此处就将这两个系统综合在一起讨论,总称为凝水给水系统。

**1. 蒸汽的冷凝**

1)主冷凝器

主冷凝器是将主汽轮机及其他凝汽式辅机的废汽冷凝成水的设备,其配置如图2.3.30所示。冷凝器一般采用表面式冷凝器,其结构如图2.3.31所示。主要由外壳5、端盖4和8、管板9以及冷却水管7和10等四大部分组成。构成两个空间:外壳内侧、冷却水管外侧和管板内侧构成密闭的冷凝空间,蒸汽在此空间中冷凝;端盖内侧、管板外侧和冷却水管内侧构成冷却水空间,内部充满冷却水。

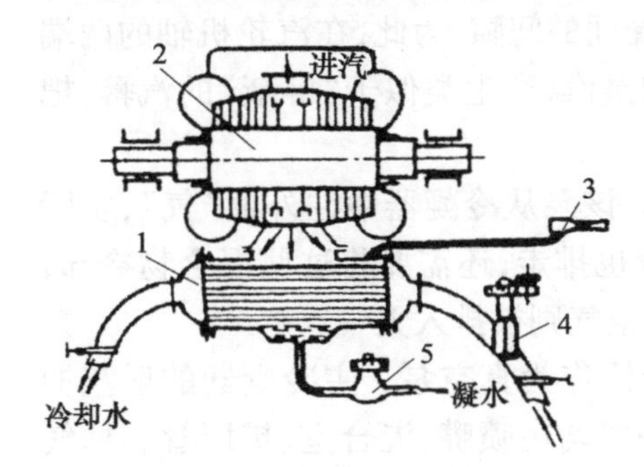


图2.3.30 冷凝设备示意图

1—冷凝器;2—汽轮机;3—空气抽除器;4—循环水泵;5—凝水泵。

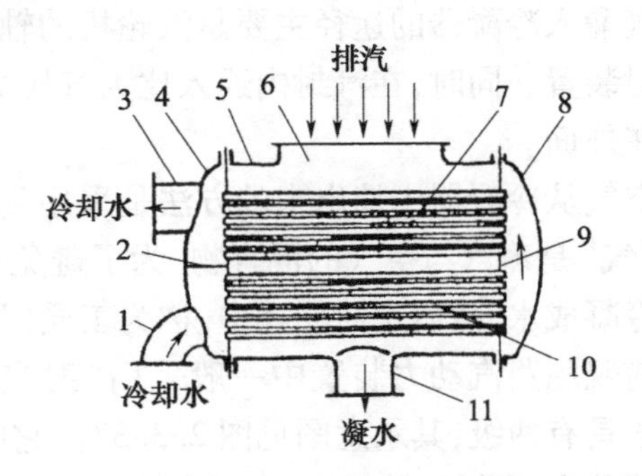


图2.3.31 冷凝器结构

1—冷却水进口管;2—隔板;3—冷却水出口管;4—前端盖;5—外壳;6—汽轮机排汽口;7—上部冷却水管;8—后端盖;9—管板;10—下部冷却水管;11—凝结水出口。

其工作过程是:蒸汽由排汽口6进入冷凝器,在冷凝器中遇到被冷却水冷却的凉水管,蒸汽释放热能,冷凝成水,并被水泵由凝结水出口11抽出;而冷却水在吸收蒸汽的热量后温度升高,吸热能力下降,为保证能使源源不断地流入冷凝器的废汽得到冷凝,这些冷却水必须排走,因此,冷却水也是流动的,它从进口管1进入冷凝器的左下半端部中,然后进入下部冷却水管10,流过下部冷却水管后进入右端中部,然后再进入上部冷却水管7,经过冷却管后进入左上半端部中,再经出口管3引出。由于冷却水两次经过冷却水管,所以这种冷凝器称为双流程冷凝器。如果将隔板2去掉,将出口管3接在后端盖8上,则冷却水只一次经过冷却管,这种冷凝器称为单流程冷凝器。目前蒸汽动力装置的主冷凝器一般是单流程的。

2)冷却水(循环水)的保障

由于“冷却水从哪儿来,经冷凝器后带着废热回哪儿去”,是一个循环,并且由于蒸汽动力装置中需要冷却水的地方还很多,所以,为与其他冷却水区别,为冷凝器服务的冷却水称为循环水。舰艇蒸汽动力装置中为主冷凝器提供循环水的方法有两种,一种是自流式(图2.3.32),另一种为泵流式。

**2. 冷凝器真空的产生与保持**

当蒸汽进入冷凝器被冷凝成水时,由于蒸汽的比容大,所占据的空间也多,而水的比容小,所占空间小。所以首先被冷凝的那部分蒸汽就让出部分空间,而所让出的这部分空间必须由其他物质占据。由于冷凝器中充满蒸汽,所以未被冷凝的蒸汽就增大比容来占据所让出的空间。而比容增大的结果就使得冷凝器中的压力下降,产生真空。

真空产生后,冷凝器中的压力就低于大气压力,空气就容易漏入冷凝器。当空气充满了冷凝器后,由于空气是不可冷凝的,它就一直占据着这个空间,汽轮机所排出的蒸汽就必须以比空气压力高的压力才能进入冷凝器,使汽轮机的排汽压力升高,蒸汽的焓增大,被冷凝器所带走的热量也就增多,动力装置的效率降低。这是我们所不期望的。为此,需要设法保持冷凝器的真空度。

由于冷凝器中的空气是影响真空度的主要因素,所以保持真空度的关键,一是防止空气漏入冷凝器,二是把漏入冷凝器中的空气抽出来。

空气漏入冷凝器的途径主要是汽轮机的轴与机壳间的间隙,为此,在汽轮机轴的两端设置汽封装置。同时,在汽封内通入比大气压力高的蒸汽,产生类似于“屏蔽”的汽幕,把空气堵在外面。

把空气从冷凝器中抽出来的方法是采用真空泵。该泵从冷凝器中往外抽“气”,实际上这种“气”是蒸汽与空气的混合物,为了避免把蒸汽也排走,还需要将这些混合物冷却,使蒸汽冷凝成水,然后送回循环中,称为工质回收,而空气则被排入大气。

目前舰用蒸汽动力装置中一般采用“射汽抽气器”作为真空泵。主冷凝器的射汽抽气器一般具有两级,其示意图见图2.3.33。它的每一级均由喷嘴、混合室、扩压管和抽气冷却器等几个部分组成。

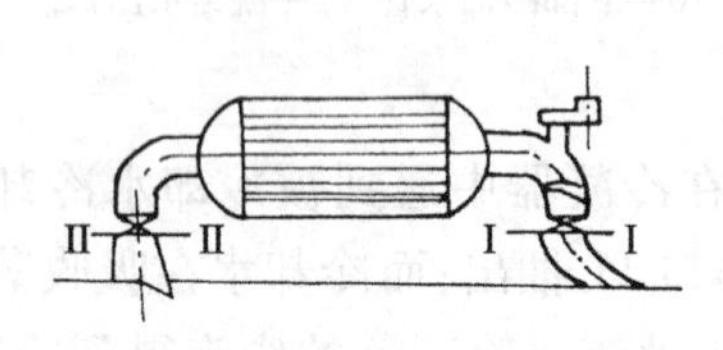


图2.3.32　自流式循环水系统

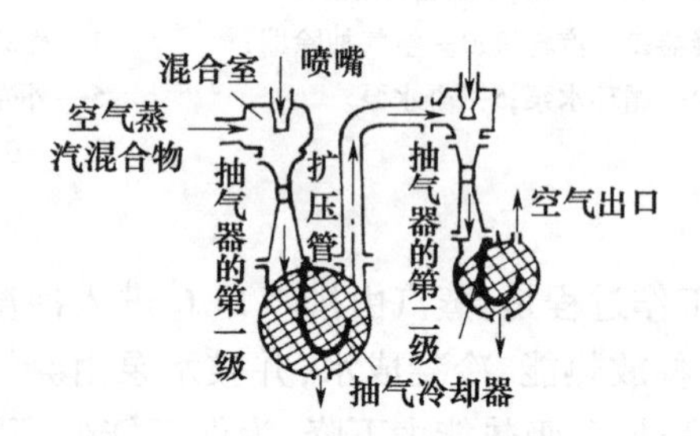


图2.3.33　两级射汽抽气器

射汽抽气器的工作原理是:工作蒸汽(一般是用饱和蒸汽)流出射汽抽气器的缩放式喷嘴时,其速度可以达到超声速,这些高速汽流带动吸入口混合室处的气体一起高速流动,使其速度提高,而压力下降,从而在混合室处造成很高的真空。此处的绝对压力比冷凝器中的低,因此冷凝器中的空气与蒸汽混合物就一起被抽出。被抽出的混合物与高速的工作蒸汽混合后,速度也很高,让它们流过一个与喷嘴作用相反的扩压管时,就会因速度下降而压力提高。为回收进入抽气器中工作蒸汽和由冷凝器中抽出的蒸汽,这些经过扩压管后的、流速低而压力高的蒸汽与空气混合物进入抽气冷却器中,在冷却器内,蒸汽被冷凝成水,空气不冷凝,但其压力由于蒸汽的冷凝而下降,不足以高于大气压力而进入大气中,这时,再由第二级抽气器将第一级冷却器中的蒸汽与空气的混合物进一步提高压力,在第二级冷却以后的空气压力就会比大气压力高,自行进入大气。

抽气冷却器所采用的冷却水是由冷凝器中抽出的凝水,一方面,经过扩压管的空气与蒸汽混合物的温度较高,可以用比海水温度高的凝水来冷凝,另一方面,凝水得到加热,回收了一些热量,可提高效率。

在动力装置启动时,由于冷凝器中大量地充满着空气,要将这些空气抽出,用一台射汽抽气器需要很长时间,延迟主汽轮机及早发出功率。所以,一般每套蒸汽动力装置均配有两台射汽抽气器,以加速动力装置启动时真空的建立。同时也可以在空气漏入量比较大的时候保证冷凝器的真空度。

**3. 给水的预热与除氧**

冷凝器中的凝水被抽出并冷却射汽抽气器后,并不直接进入锅炉,而是首先进入除氧器中。在这里吸收那些已经在背压式辅助汽轮机中做过功的蒸汽剩余的热量,使部分蒸汽的不可利用性热量得到回收利用。减少被冷凝器带走的热量,提高装置效率。同时尽可能地除去给水中的氧气和其他空气成分,以减少它们对锅炉的腐蚀。

从外观上看,除氧器是一个大水柜,上面有蒸汽入口、给水入口、给水出口和逸汽出口等主要接口。图 2.3.34 是其工作原理线图。

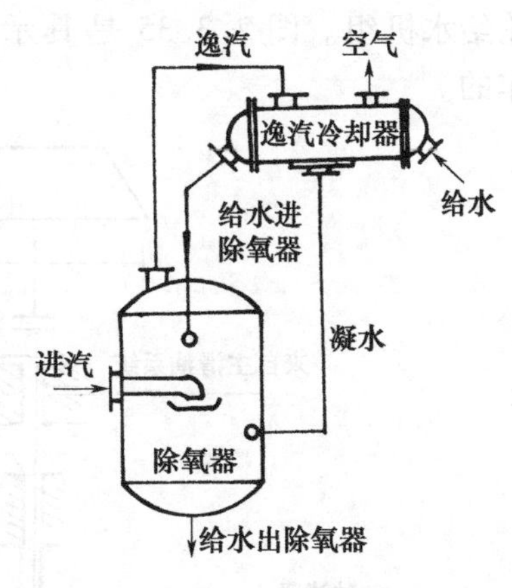


图 2.3.34 除氧器原理线图

在除氧器中,采用直接混合加热的方法对给水加热。加热蒸汽与给水在除氧器内直接接触换热,把水加热到相当于除氧器工作压力(指除氧器内的蒸汽压力)下的饱和温度,使给水沸腾,水中的氧气、二氧化碳等不溶解的气体析出。从水中分离出的气体仍然带有蒸汽,是蒸汽与空气的混合物,称为逸汽,从除氧器中流出。为回收逸汽中的蒸汽,将其引至逸汽冷却器中,在冷却器内,蒸汽被冷的给水冷凝成凝水,返回除氧器。完成冷却逸汽冷却器任务的给水进入除氧器中被加热、除氧。

**4. 凝水、给水水泵**

凝水、给水水泵是蒸汽动力装置中的主要设备,其主要功用是将释放了废热从而变为水的工质送回锅炉重新吸热,以便再次带出热能,到汽轮机中做功。

蒸汽动力装置对这种水泵的基本要求有两个:

1)流量

对流量有两个要求:第一个是能及时将在冷凝器中冷凝的水抽走,使冷凝器的主要空间用来冷凝废汽,避免积水。这个流量与进入冷凝器的蒸汽流量相同,比主汽轮机的耗汽量大一些;第二个是能为锅炉提供足够的蒸发用水,这个量略大于锅炉的蒸汽产生量。

2)压力(或称为出口压头)

锅炉工作时,内部蒸汽压力很高,达到几兆帕以上。该水泵要将给水送入锅炉,出口压头必须大于锅炉的工作压力。

带有除氧器的蒸汽动力装置一般采用三个泵完成将凝水送回锅炉的任务。这三个泵分别是:

凝水泵——将冷凝器中的凝水抽出,使水在冷却射汽抽气器和除氧器的逸汽后进入除氧器中除氧;

增压泵——将除氧器中的沸腾水抽出并初步提高压力;

给水泵——将经由增压泵初步提高了压力的水进一步提高压力至锅炉工作压力以上,然后经给水控制阀送入锅炉。

这类水泵一般采用离心泵,因为离心泵的压头较高。一个水泵叶轮所能提供的压力通常满足不了动力装置为锅炉给水的要求,因而常采用多个叶轮串联工作,即第一级叶轮的出口进入第二级叶轮的进口,逐级串联,直到最末级的出口压力达到要求为止。

在某舰的蒸汽动力装置中,凝水泵、增压泵和给水泵由一台辅汽轮机带动,称为汽轮给水机组。图 2.3.35 是其示意图,从该图上可以看出其中的水泵叶轮是串联工作的。

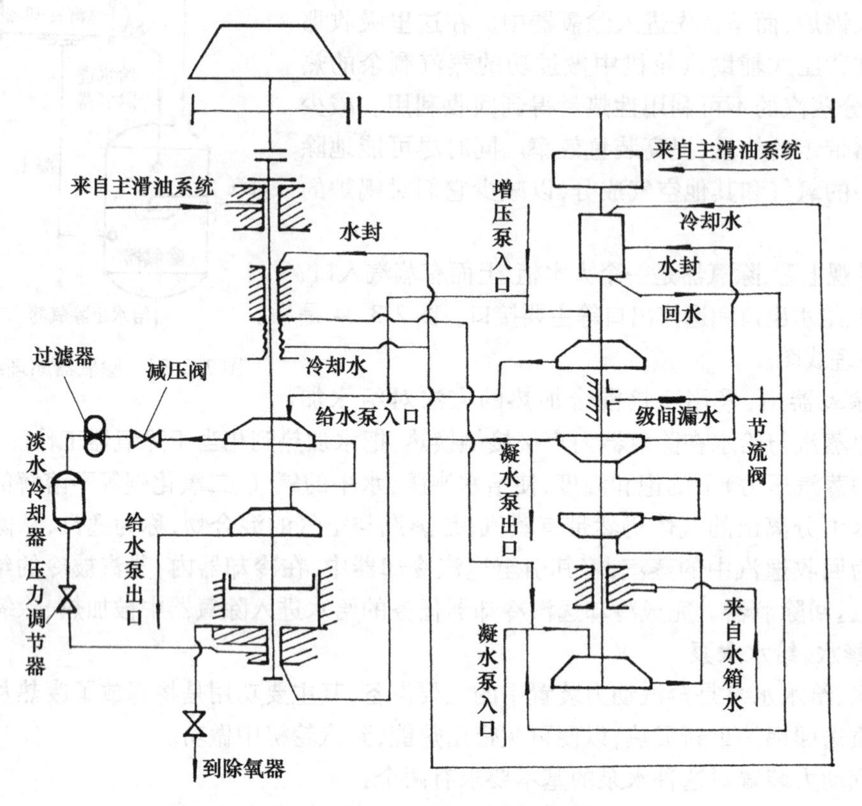


图 2.3.35　汽轮给水机组示意图

## 5. 凝水给水系统

上面已经介绍了凝水给水系统的主要设备。下面介绍系统如何将这些设备用管路连接在一起来保证锅炉给水的。

某舰的凝水、给水系统如图 2.3.36 所示。该系统由一台主冷凝器、两台射汽抽气器、两台汽轮给水机组、一个除氧器及其逸汽冷却器及管路和阀门等组成。该系统的两台汽轮给水机和两台射汽抽气器中的任何一台均可满足主汽轮机全功率工作时的需要。

系统的主要工作过程是:主汽轮机及其他辅机的排汽在冷凝器中成为凝水后,被凝水泵抽出,首先对一台或两台工作着的射汽抽气器冷却,冷却了除氧器的逸气冷却器后进入除氧器中,在这里与背压式辅汽轮机的排汽混合,被加热至沸腾,一方面回收热能,另一方面除氧。除氧后的水由增压泵抽出送入给水泵,再在给水泵中大量地提高压力,最后进入锅炉。

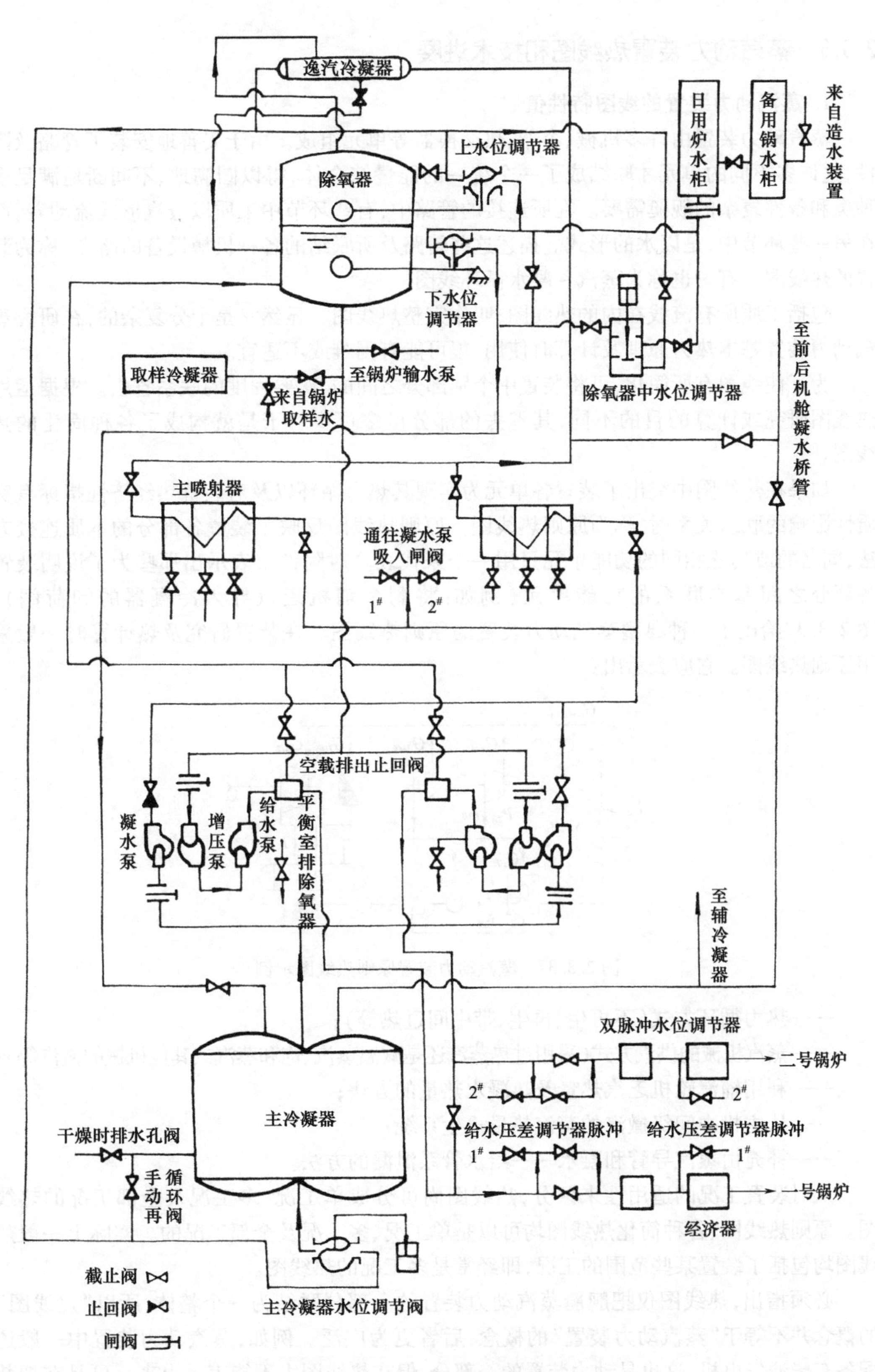


图 2.3.36 凝水给水系统示意图

### 2.3.5 蒸汽动力装置热线图和技术进展

**1. 蒸汽动力装置的线图特性值**

蒸汽动力装置由许多机械、容器、热交换器等单元组成。由于妥善地安装了管路及附件,这许多不同的单元才联结成了一个统一的能量综合体,得以圆满地、不间断地满足多种类和条件复杂的舰艇需要。在所连接的管路中,有些环节中工质以蒸汽形式流动着,而在另一些环节中,是以水的形式。描述这些管路及所联结的各种机械设备的略图,称为装置的热线图。有时也称为蒸汽－凝水循环线图。

包括工质所有流线在内的热线图,叫作完整热线图。显然它是十分复杂的,在研究蒸汽动力装置基本热力原理及计算时使用,很可能有困难或不适宜。

为了使线图有所简化,可将装置中个别部分之间的、次要程度的联系省去。根据运用热线图研究或计算的目的不同,其省去的部分可多可少。于是就构成了各种简化的热线图。

如果在热线图中突出了装置各单元为实现其热力循环以及对装置热经济性指标有实质性影响的联结关系时,称为原则热线图。原则热线图反映了装置各部分的本质连接方法,同名的或功能相同的功能单元只用一个来代表。对附件仅表示出那些为了说明装置各部分之间基本联系的功能单元(例如:将剩余辅机乏汽导入冷凝器的卸荷阀)。图 2. 3. 37给出了一种典型蒸汽动力装置的原则热线图。在装置研究及热计算时一般采用原则热线图。它应表示出:

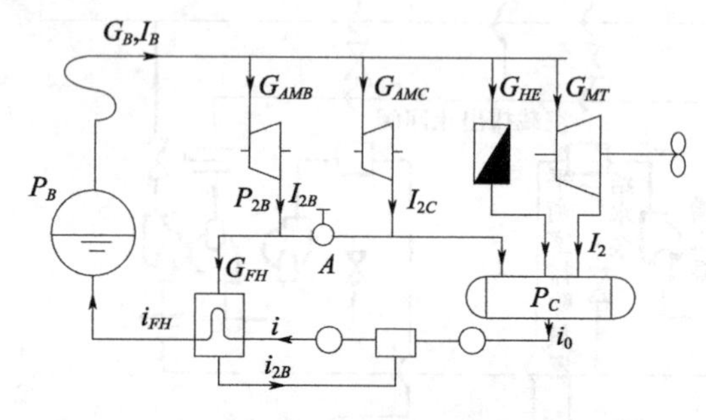


图 2. 3. 37 蒸汽动力装置原则热线图示例

——热力循环方式(不再生、再生、带中间过热等);
——蒸汽机械的供汽方式(采用过热蒸汽还是减温蒸汽、饱和蒸汽或其他机械的撤汽等);
——利用辅汽轮机乏汽热量及热凝水热量的方法;
——从主机中间级撤汽的蒸汽热量再生系统;
——补充由蒸汽导管和凝水——给水管系泄漏的方法。

从对装置工况的适用性来区分,热线图尚可分成单工况、多工况及全部工况的热线图。原则热线图、各种简化热线图均可以是单工况、多工况及全部工况的。实际上一般热线图均包括了装置某些范围的工况,即经常是多工况的热线图。

必须指出,热线图仅把舰艇蒸汽动力装置的一部分联结为一个整体,所以"热线图"的概念并不等于"蒸汽动力装置"的概念,后者更为广泛。例如,蒸汽动力装置中一般还配备有柴油发电机,这也是动力装置的一部分,但在热线图中不能表示出来。可是在把装置作为一种蒸汽热机来研究其热力性能时，装置往往就是指包括在热线图中的那些内容。此时，装置的有效效率就是热线图的效率。

**2. 蒸汽动力装置技术发展趋势**

(1)船舶蒸汽锅炉的蒸汽压力、温度将进一步提高。

蒸汽动力装置通常使用的蒸汽压力为6.0~10.0MPa，蒸汽温度为510~535℃。增压蒸汽压力可以提高到10.0~14.5MPa，温度为535~545℃。随着蒸汽压力的提高，船舶蒸汽动力装置开始使用再热循环，再热式锅炉将得到更广泛的应用。由于蒸汽压力的提高，汽与水的密度差逐渐减小，使自然循环锅炉的沸水管和水冷壁的工作可靠性降低。为了保证锅炉受热面的安全，强制循环锅炉和直流锅炉将会得到更广泛的应用。在蒸汽压力超过临界压力时，汽与水的密度差为零，直流锅炉是蒸汽锅炉的唯一形式。

(2)减小锅炉的体积和重量。

为进一步降低锅炉的体积和重量，必须提高炉膛的燃烧强度和增加受热面的传热强度。实验证明，炉膛的燃烧强度与炉膛内压力增加成正比关系。增压燃烧锅炉(或称增压锅炉)由于燃烧压力提高，炉膛的燃烧强度和受热面的传热强度大大提高，锅炉体积和重量大大减小。增压锅炉是船舶水管锅炉的发展方向。

(3)采用可变螺距螺旋桨，去掉倒车汽轮机，可减少汽轮机重量尺寸和提高效率。

(4)采用柔性转子，可很大地减轻机组的重量、尺寸，重量可减少1/4~1/3。

(5)对饱和汽轮机组采用高效内除湿装置，使船用核动力汽轮机实现单缸单机，不采用外置式汽水分离器，提高机组的机动性、可靠性和经济性。

# 2.4 热气机

## 2.4.1 工作原理和基本组成

热气机的基本原理是斯特林循环，因此也称为斯特林发动机，如图2.4.1所示，并作如下假设：

在一个汽缸中有两个对置活塞，两个对置活塞之间设置了一个回热器；回热器是一个以金属丝网组成的多孔性基体，能按要求交替地放出和吸收热量；在回热器和两个活塞之间形成两个容积可变的空腔，设左腔为膨胀腔，保持持续的高温 $T_{max}$，右腔为压缩腔，保持持续的低温 $T_{min}$，因此，在回热器两端之间存在恒温差($T_{max}-T_{min}$)；

回热器在轴向方向的导热为零；活塞在运动中无摩擦；汽缸中的工质无泄漏。

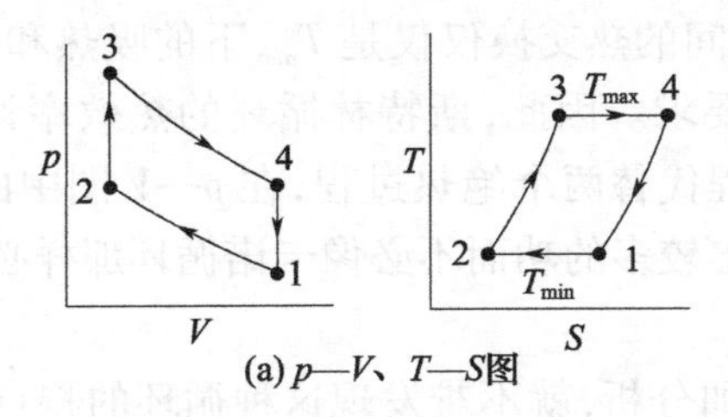

(a) $p$—$V$、$T$—$S$图

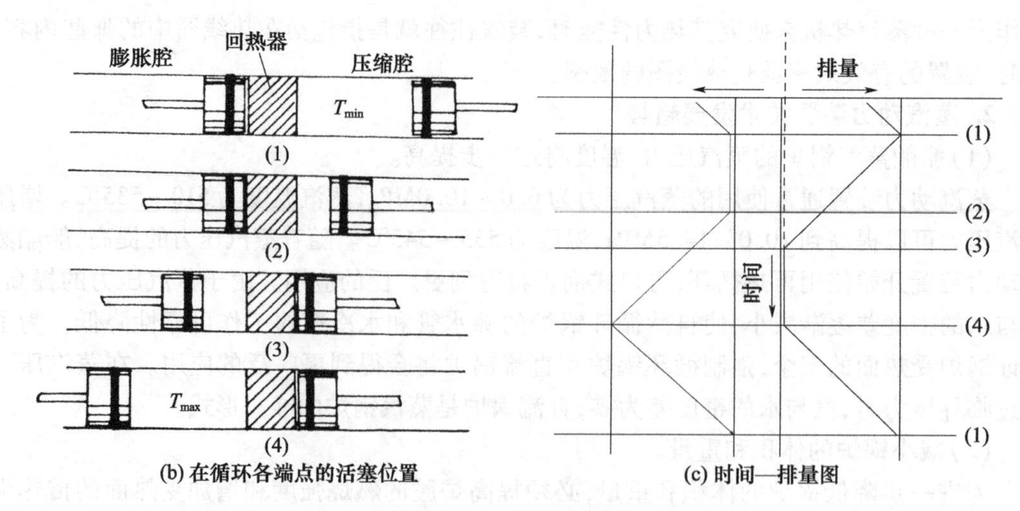

(b) 在循环各端点的活塞位置　　(c) 时间—排量图

图 2.4.1　斯特林循环

循环的初始状态：设压缩腔活塞处于外止点，膨胀腔活塞处于内止点且紧靠回热器，见图 2.4.1 之(1)。这样，全部工质都处于持续低温的压缩腔内。因为此时该腔的容积为最大且温度为最低，因此气体的状态在图 2.4.1 的 $p—V$、$T—S$ 图中处于点“1”。

等温压缩过程“1—2”：膨胀腔活塞保持不动，压缩腔活塞向内止点运动。工质在压缩腔内被压缩，压力增加，但在压缩过程中转变出来的热量 $Q_C$ 则通过压缩腔的汽缸壁被排到环境中去，因此工质一直保持低温 $T_{min}$。此过程结束时的活塞位置见图 2.4.1 之(2)。

等容加热过程“2—3”：两个活塞同时向左移动且两个活塞间的容积保持不变，但是从压缩腔(右侧)经过回热器转移到膨胀腔(左侧)。在经过回热器时，气体被加热，温度从低温 $T_{min}$ 被加热到高温 $T_{max}$，属于等容加热并流至膨胀腔，压力增加。此过程结束时的活塞位置见图 2.4.1 之(3)。

等温膨胀过程“3—4”：压缩活塞停止在左侧紧靠回热器处，膨胀活塞则继续向左运动，容积不断增大。由于缸内压力高于环境压力，膨胀活塞向左运动时对外做功，压力有所降低，但由于外热源通过缸壁向气体注入热量 $Q_E$，保持高温 $T_{max}$，因此是等温膨胀过程。此过程结束时的活塞位置见图 2.4.1 之(4)。

等容放热过程“4—1”：两个活塞同时向右移动并保持其间的容积不变，工质经过回热器从膨胀腔(左侧)转移到压缩腔(右侧)，温度由 $T_{max}$ 降至 $T_{min}$，由于是等容放热，压力也会逐渐降低；同时，多余的热量保存在回热器内，到下一次“2—3”时再传回给工质。

由这四个过程组成的循环称为斯特林循环。如果在过程“2—3”与“4—1”中传递的热量相等，则发动机与环境间的热交换仅仅是 $T_{max}$ 下的吸热和 $T_{min}$ 下的放热，满足了热力学第二定律对最高效率的要求。因此，斯特林循环的热效率计算公式与卡诺循环相同。改进之处是用两个等容过程代替两个绝热过程，在 $p—V$ 图中的面积大大地增加了，也就是在一个循环内可以转变出较多的功而不必像卡诺循环那样必须借助于很高的压力和很长的活塞行程。

对上述循环全过程稍加分析，就不难发现这种循环的特点和必要的条件之一是其工质根本不与外界环境交流，形成闭式循环。如果这个条件不能被满足(例如工质逐渐泄漏)，循环就难以为继。因此确保工质不泄漏就成为这种发动机的关键技术之一。

## 2.4.2 实际结构、实际循环与技术难点

要制造出两个活塞的运动规律满足图2.4.1那样要求的发动机实际上是不可能的，只能尽可能接近。图2.4.2所示是实际上可实现的一种结构。该结构在回热器(C)的两端是一对由一根公共曲轴联系在一起的、其中心线按V形布置的汽缸－活塞组件，右活塞的顶部是膨胀腔(A)，其周围是加热器(D)，燃油进口是(F)，燃烧产物由出口排出(H)，排出途中经过排气/进气预热器(L)。左活塞的顶部是压缩腔(B)，其周围是冷却器，冷却水由J进入冷却器(E)，由K排出。

由图2.4.2可看出实际的热气机与理想的斯特林循环之间存在很多差异：

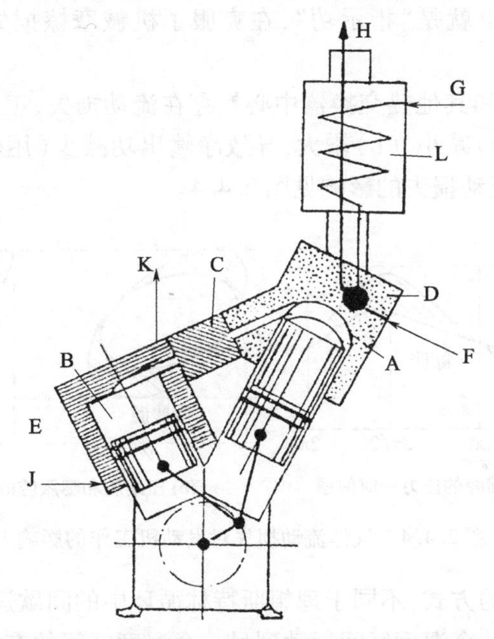


图2.4.2 V形布置双活塞式热气机实际结构简图

A—膨胀腔；B—压缩腔；C—回热器；D—加热器；E—冷却器；F—燃油进口；G—空气进口；H—燃烧产物排出；J—进水管；K—出水管；L—排气/进气预热器。

活塞不是间歇运动而是接近余弦规律的连续运动，使其明显地脱离理想的斯特林循环。在$p—V$图上将呈现一条光滑的封闭曲线如图2.4.3所示，实际循环的四个过程没有明显的分界点。

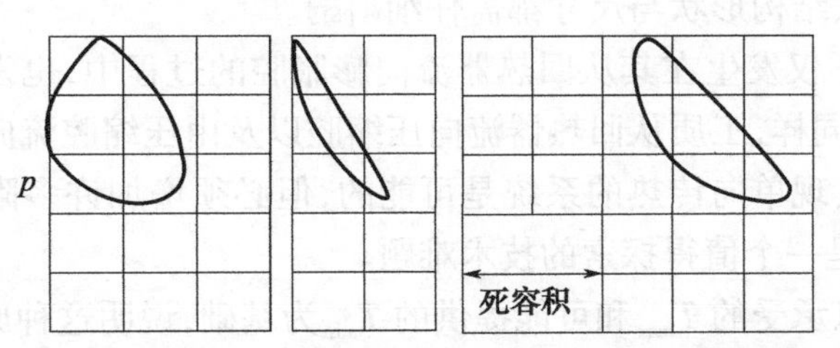


(a)膨胀腔示功图 (b)压缩腔示功图 (c)总的工作腔示功图

图2.4.3 V形布置双活塞式热气机实际 $P—V$ 图

在压缩腔和膨胀腔两个活塞顶部至回热器之间必然存在两个活塞都扫不到的容积(包括汽缸余隙容积、回热器和其他热交换器的流通容积、连接通道和孔口的内部容积等),这个容积被称为“死容积”。它的存在也使实际循环的四个过程偏离理想的斯特林循环。

压缩腔中存在的不仅是压缩过程,也存在一定量的膨胀过程;膨胀腔中存在的也不仅是膨胀过程,必然存在一定量的压缩过程;再考虑到“死容积”的影响,实际上必然会出现三个 $P—V$ 图,见图 2.4.3。其中图 2.4.3(a)是膨胀腔示功图,封闭曲线包围的面积是正(输出)功;图 2.4.3(b)是压缩腔示功图,封闭曲线包围的面积是负(输入或消耗)功;图 2.4.3(c)是包括“死容积”影响在内的系统总容积的 $P—V$ 图,封闭曲线包围的面积是一个循环的净输出功,也就是“指示功”,在克服了机械摩擦损失后可供曲轴输出的有用功。

由于气体在回热器和其他热交换器中必然存在流动损失,工质在压缩腔和膨胀腔中的压力必然不相等,使(a)减小、(b)增大,导致净输出功减少(用作制冷机时则制冷量和制冷系数减小)。气体流动损失的影响见图 2.4.4。

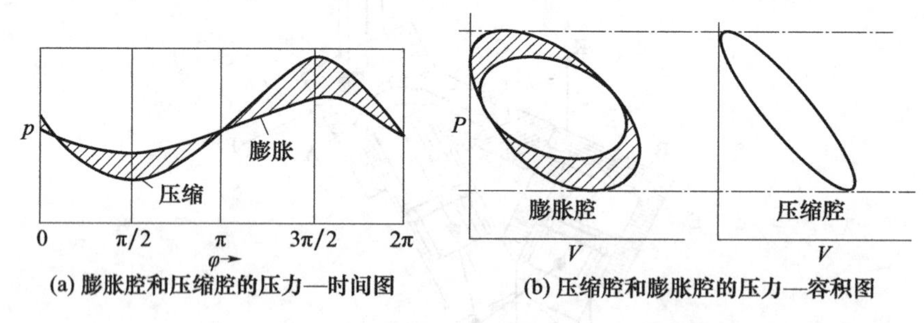


(a) 膨胀腔和压缩腔的压力—时间图　　(b) 压缩腔和膨胀腔的压力—容积图

图 2.4.4　气体流动损失对发动机工作的影响

活塞近似余弦运动的方式,不同于理想斯特林循环中的间歇运动方式,使之只可能绘制出工质中某个质点从一个温度区间运动到另一个温度区间的有意义的 $T—S$ 图,绘制全部工质的有意义的 $T—S$ 图则尚无简便的方法。

压缩和膨胀过程实际上是不等温的,并且较严重地偏离理想情况。当发动机在适当的转速(例如 1000r/min)运转时,与等温过程(热传导为无限大)相比,似乎更接近绝热过程(无热传导)。为了改善传热,有必要采取有效的措施:加热器直接包围在膨胀腔外面,把热量传给工质;冷却器直接包围在压缩腔外面,从工质中吸走热量。为了提高传热效果,热交换器的材料、结构形状与尺寸都需仔细斟酌。

对工质的加热不仅发生在其从回热器流向膨胀腔的过程中,也发生在其从膨胀腔流向回热器的过程中;同样,工质从回热器流向压缩腔以及由压缩腔流向回热器的过程中也都受到冷却。虽然实现单向传热的系统是可能的,但必须增加许多附属设备。尽可能地减小“死容积”永远是一个值得探索的技术难题。

下面以目前可以承受的 $T_{\max}$ 和可能提供的 $T_{\min}$ 为基础,说明这种原动机可能达到的斯特林(卡诺)循环效率 $\eta_C$:

设燃烧产物的温度为 2800K(2527℃),热缸与加热器材料的冶金极限为 1000K(727℃),也就是存在 1800℃ 的温度梯度,加热器与工质之间的温度梯度为 100℃,这已经是很优越的指标了。

再设冷却水的温度为280K(7℃),冷却水与冷却器之间的温度梯度为50℃,冷却器与工质之间的温度梯度为30℃,这也已经是很优越的指标了。

于是有:

$$\eta_C = (900-360)/900 = 60\% \tag{2.4.1}$$

这个例子表明,在材料冶金极限允许和冷却水能提供的低温条件下,热气机理论上能达到的最高效率不可能超过60%。热气机所允许的工质范围只是按奥托(等容)循环和狄塞尔(等容+等压)循环工作的内燃机的一部分,而这两者的最高循环温度只发生在瞬间。因此,虽然在一定温度范围内的回热(斯特林)循环在热力学上比奥托循环和狄塞尔循环的效率略高,但是在实际上是差不多的。

这个例子还表明,热气机作为工业应用的主要困难之一是材料问题(与燃气轮机所遇到的问题一样)。热气机的加热器和膨胀腔持续地承受高温作用,必然受制于材料的冶金极限。

加热器的尺寸受到限制,使燃料燃烧后产生的有效热量并非都能被工质吸收,而是必然会通过排气带走相当多的热量,这是一项直接的热量损失。因此热气机还应有一个重要的附件——排气/进气预热器(图2.4.2中之L)。该热交换器既可采用间壁式,也可采用回热式。在间壁式热交换器中,通过隔壁把排气和新鲜空气分别分隔在各自的通道中。在回热式热交换器中的两种流体往往采取逆向流过同一个多孔基体的方式以提高热交换效果。此时,一定要正确区分发动机本身的回热器和排气/进气预热器。后者仅是用于预热进气的附件。

在2.4.1中已指出,保证机内工质不泄漏是所有热气机设计师们孜孜以求的目标。

此外,尽可能地减少机械摩擦和磨损、减轻管道质量并减少热量的管道沿程逸散等都有待进一步解决,使之能成为实用原动机的技术难题。

## 2.4.3 热气机的结构形式

热气机大体可分为两种不同的结构形式:单作用式和双作用式。单作用和双作用的含义与柴油机的相同。

**1. 单作用式**

单作用式热气机在1815年就已问世并投入使用。现在的单作用式热气机大体分为两种结构布置形式:配气活塞式和双活塞式。配气活塞式又分为两种布置形式:两个活塞在同一个汽缸;两个活塞分置在两个汽缸。图2.4.5是这三种形式的典型实例。

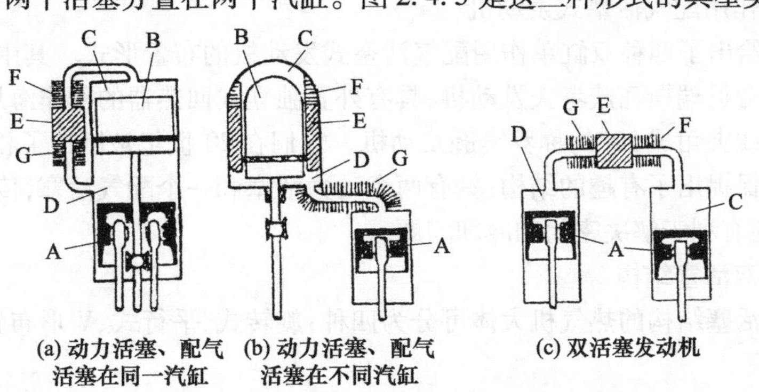


图2.4.5 三种单作用式发动机简图

动力活塞与配气活塞的区别在于:前者上、下腔工质之间的压差很大,必须设置密封元件以防止工质漏泄,而配气活塞上、下腔工质之间的压差在不计流动损失时几乎为零。当配气活塞作往复运动时,它并不做功,仅仅将工质从一个腔室挤到另一个腔室。

动力活塞上、下腔的压力值在整个循环中除某一瞬间外均不相同,当动力活塞运动时,活塞通过对工质进行压缩做负功或者工质膨胀推动活塞做正功。

在有的单作用式热气机中,配气活塞的全部或部分含有多孔性金属材料,因此它本身就成为一种回热式热交换器,因此也称为回热式配气活塞。

1)单缸单作用配气活塞式发动机

它的一些可能的布置方案见图 2.4.6。其中斯特林采用的曲轴传动式发动机具有回热式配气活塞;兰金·纳皮尔的热气机则将回热器装在汽缸外面,利用汽缸的摆动造成容积的变化,但是到目前为止,这种结构尚未得到发展;自由活塞式发动机是另一种有趣的结构,美国俄亥俄州太阳动力公司的皮尔已将某些结构推到运转阶段,似乎具有未来的广泛用途。这些机型正在发展成为太阳能动力、空调机和热泵。

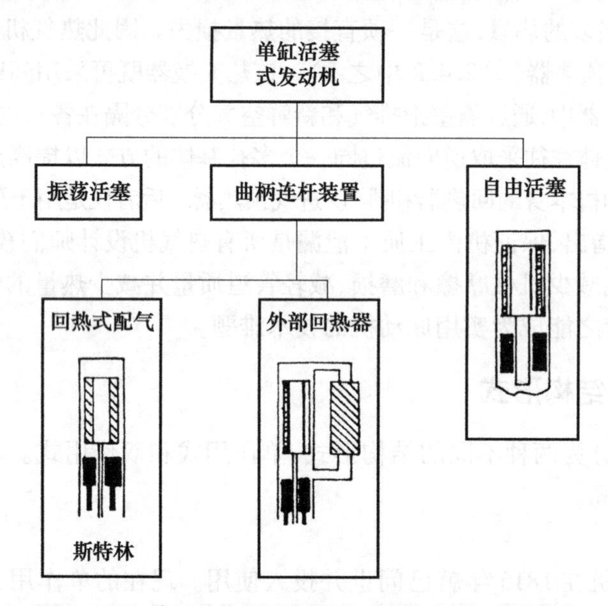


图 2.4.6 单缸单作用配气活塞式热气机的不同形式

2)双缸单作用配气活塞式发动机

图 2.4.7 给出了四种双缸单作用配气活塞式发动机的布置形式。其中具有回热式配气活塞的称作劳贝瑞斯瓦茨考夫发动机;具有外置独立式回热器的称作海思瑞西发动机;两个汽缸中心线夹角成 90°的称罗宾逊发动机。它们在 20 世纪被制造了相当数量的商品机。英国的蓝保提出了有趣的结构:具有两个动力活塞和一个配气活塞,传动形式具有较大的灵活性,还有利于解决密闭和冷却问题。

3)单作用双活塞结构

单作用双活塞结构的热气机大体可分为四种:旋转式、平行式、V 形布置式和双置式,如图 2.4.8 所示。

这许多结构形式都试图解决因往复运动及其连接元件引起的不平衡性或密封问题。

但是到目前为止，尚没有一种已发展到商品阶段。

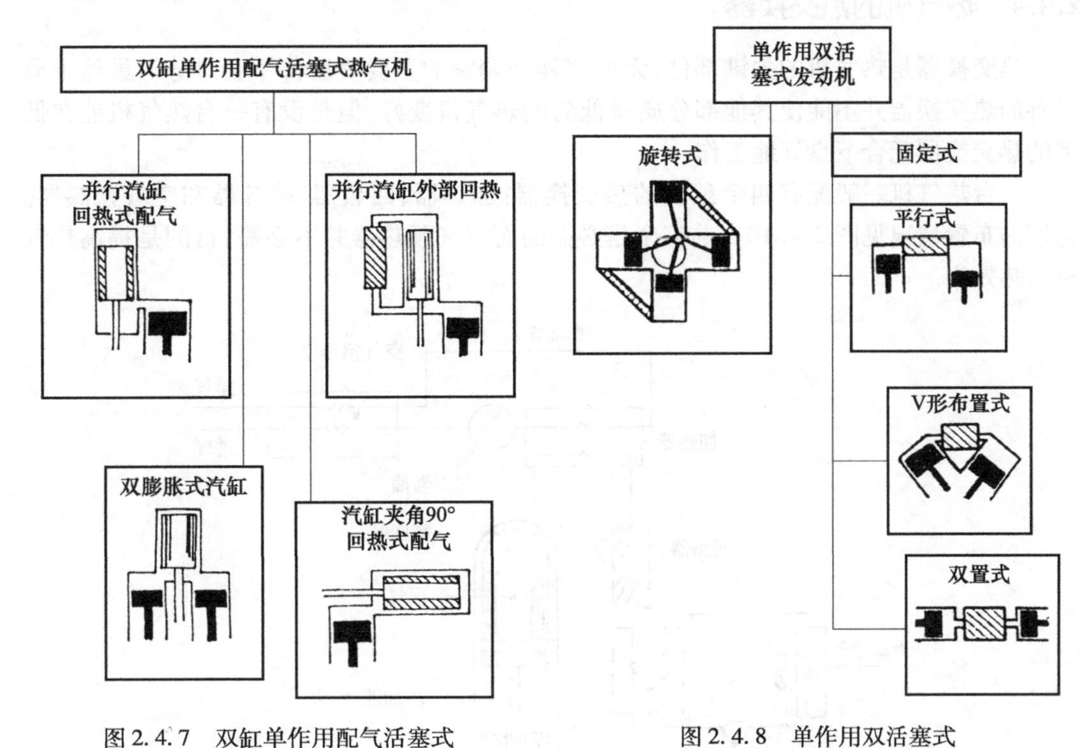


图2.4.7 双缸单作用配气活塞式热气机的结构布置

图2.4.8 单作用双活塞式热气机的各种结构布置

**2. 双作用式**

与单作用式热气机几乎同时，双作用式热气机也早在19世纪就已发明。图2.4.9是双作用式多缸发动机的简图，是一种多汽缸的组合。各缸的膨胀腔通过换热器与相邻缸的压缩腔连通。每一缸中只有一组往复运动件：动力配气活塞组。组成斯特林循环的循环系统数与缸数相等。这种发动机的最大特点是往复运动件的数量仅是单作用式发动机的1/2，因此其结构大为简化，成本也因而降低。主要缺点是布置的灵活性较小，运转性能也因而在一定程度上受到影响。在发展超过15kW的发动机时一般采用双作用结构形式。

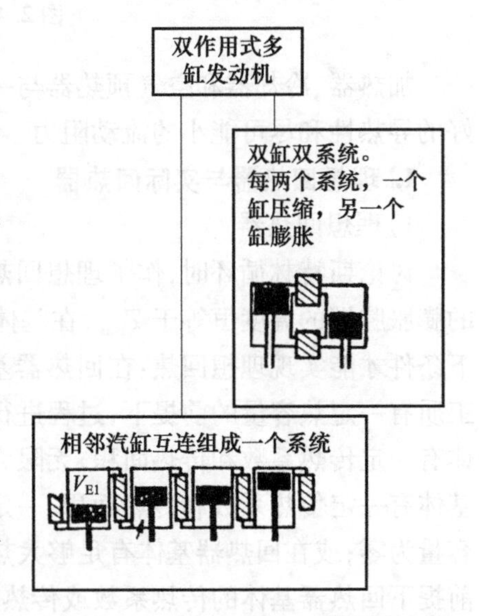


图2.4.9 双作用式多缸发动机简图

当前欧洲和美国的研究重点是英国工程师、科学家——威廉·西门子发明的各种形式。飞利浦和福特公司联合研制的汽车发动机为斜盘式四缸机；瑞典联合热气机公司的发动机是四缸曲柄连杆传动的热气机，汽缸布置成方形；前西德MAN/MWM公司试制的双作用发动机为直列或V形机；芬克尔斯坦正在筹划多缸、自由活塞、复合循环等双作用发动机。

### 2.4.4 热气机的热交换器

热交换器是热气机的关键部件,无论怎样强调它的重要程度都不会过分。虽然十分完善的热交换器并不能使其他部分质量低劣的热气机变好,但是没有一台热气机能在低劣的热交换器配合下良好地工作。

一台热气机一般配有四个独立的热交换器:加热器、回热器、冷却器和空气预热器。它们的布置情况见图2.4.10。前三个是必需的而空气预热器并不必需,目的是提高热气机的热效率。

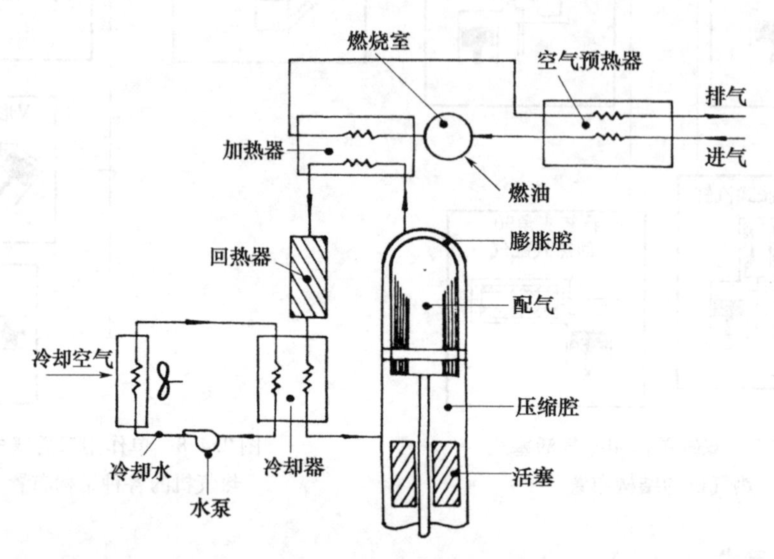


图2.4.10 热交换器的布置

加热器、冷却器和空气预热器与一般的热交换器并无差别,设计的目标无非是尽可能好的导热性和尽可能小的流动阻力。这里要重点分析的是回热器。

**1. 理想回热器与实际回热器**

1)理想回热器

讨论斯特林循环时,作了理想回热的假定:当工质流入和流出回热器基体时,在基体的膨胀腔端的温度恒等于$T_{max}$,在基体的压缩腔端的温度恒等于$T_{min}$。为此,只有满足以下条件才能实现理想回热:在回热器基体有足够大热容量、有一定传热系数和传热面积、工质有一定热容量的前提下,过程进行得无限缓慢;或在工质具有一定热容量而回热器基体有一定传热系数和传热面积、无限大热容量的前提下过程进行得足够缓慢;或在回热器基体有一定传热系数和传热面积、一定热容量而过程以一定速度进行的前提下工质的热容量为零;或在回热器基体有足够大热容量、工质有一定热容量而过程以一定速度进行的前提下回热器基体的传热系数或传热面积为无限大。

此外,斯特林循环的另一个假定是在回热器基体中各处的瞬间压力都相等,因此在理想回热器中无流动损失。最后一条是理想回热器中的"死容积"为零。

2)实际回热器

在实际发动机中,循环过程不可能无限缓慢地进行,回热器基体的热容量、传热系数和传热面积不可能为无限大,流动阻力不可能为零,回热器中的“死容积”不可能为零,工质的热容量不可能为零。因此压缩过程和膨胀过程都不是等温过程,工质在进入或流出回热器基体处的温度必然是不稳定的。当热气机稳定运行时,回热器基体两端的温度具有周期性。考虑到流动阻力的存在、工质流经回热器时存在的热交换、两个腔室存在的容积变化这些因素,两个腔室内工质的压力、密度和流动速度也会发生连续的、周期性的变化,而且变化的幅度比温度的变化幅度显著。

虽然很多人对回热器作了研究,但到目前为止,仅停留在讨论其基本原理上,最多涉及回热器在燃气轮机中的应用,没有一篇专门针对在热气机中应用的论文。因此,在热气机的回热器方面还缺乏适当的理论指导。下面的定性分析对回热器的设计是有益的。

**2. 回热器设计要点**

1)具有最大的热容量

也就是基体与工质的热容量比($M_m C_{pm}/M_g C_{pg}$)应当尽可能大,使回热器基体的温度波动尽量小,其效率就会高一些。大型、致密基体能满足这项要求。

2)工质在基体中的流动损失尽可能小

长度短而孔隙度大的基体能有效地减少流动损失。

3)最小的“死容积”

“死容积”会影响工作腔的最大与最小容积比,从而直接影响最大与最小压力比。为达到高的比功,只有尽可能减小“死容积”。小型、致密基体最接近这项要求。

4)基体与功质之间的温差尽可能小

为此,基体与工质之间的热传导面积和导热系数应尽可能大。因而,基体应在垂直于工质流动方向上尽可能地细分成许多层并选用导热系数大的材料。

5)基体应具有优良的防沾污能力

在工作中,回热器实际上必然同时起到工质的滤清器作用,工质中哪怕是极细微的油料结焦颗粒、尘埃、游离碳颗粒等都可能沉积在传热表面上,增加工质的流动阻力,致使输出功率减少并使膨胀腔中的温度升高。为补偿输出功率减少必然要增加供油量,膨胀腔中的温度因而进一步升高,又导致油料结焦加剧,更易堵塞流道而增加工质的流动阻力,形成恶性循环,直到机器发生毁灭性过热。因此,基体应具有优良的防沾污能力。

这五点要求中有的是互相冲突的,因此不可能同时满足。许多设计师正致力于寻求各自满足到何种程度方能获得最优综合性能的途径。

经验证明,除了减小回热器尺寸能改善发动机性能之外,其他方面似乎都是无益的。当试验从减小回热器尺寸直到事实上从发动机中完全取消回热器时,对大多数小型热气机(缸径不超过 mm,压力低于 0.5 ~ 0.6MPa,转速低于 1000r/min)都是有益的。这是由于“死容积”、回热器壳体上的导热损失和流动摩擦损失都减小,由此得到的收益超过了原回热器基体补偿热的损失。

威廉·皮尔和 G·沃克都在小型自由活塞热气机中成功地使用了一种带有环形回热间隙通道的配气活塞系统,如图 2.4.11 所示。配气活塞用薄壁低热导率的不锈钢管制造,用一个倒置的“端盖”将其热端封住,端盖用棒料机械加工制成,与钢管紧密配合。装配后,接缝部位可以用气焊焊接,然后修整焊缝并精磨校正。在配气活塞内可敷设一系列热辐射屏蔽层,用整体材料切割成形或组合焊成均可,如图 2.4.11 所示。由于下端在低温区工作，活塞头的材料可以用轻合金或不锈钢。环氧树脂胶合剂对其固定是有益的。当配气活塞的长径比等于3时，取得了好的效果。汽缸也由低热导率的不锈钢材料制造，除周围一些加强环以外，其余皆为薄壁。汽缸顶端用另一个倒置的“端盖”封住，“端盖”与汽缸外周以熔焊联结。汽缸的下端通过法兰固定在压缩腔汽缸上。配气活塞汽缸实际上可以比配气活塞短，因此，配气活塞的冷端下部在压缩腔汽缸中工作。这样，就有可能在配气活塞末端装一个聚四氟乙烯制成的导向环并使它在冷壁面上工作。

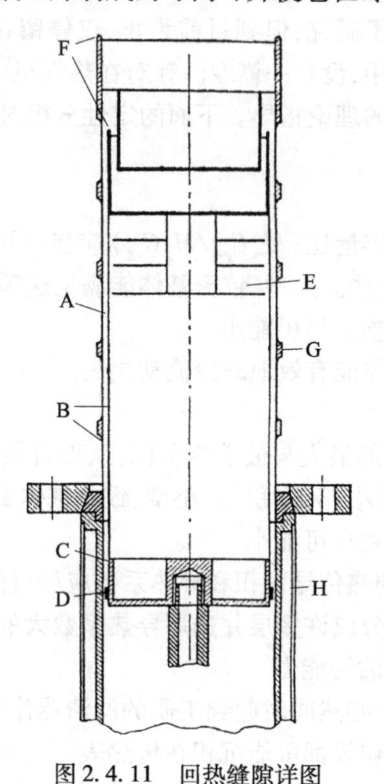


图 2.4.11　回热缝隙详图

A—回热环形缝隙 0.38 ~ 0.76mm；B—能减小导热的薄壁；C—环氧树脂胶接；
D—氯纶导向环；E—防辐射屏壁；F—焊缝；G—加强肋；H—冷却水套。

配气活塞与汽缸之间形成的环形缝隙，就是连通压缩腔与膨胀腔的通道。因其顶端一直处于加热区而底端一直处于冷却区，故而能起到回热器作用。这是一个简单的装置，只要配气活塞和汽缸壁足够薄以至导热损失很小，那么其回热器作用是显著的。就传热而言，配气活塞和汽缸壁的间隙是关键尺寸，应为 0.38 ~ 0.76mm。为了均衡传热和流体流动效应，环形缝隙沿全圆周的间隙应当相等，这也是十分重要的。具有轴向温度梯度及内部部件作往复运动的环形通道中的传热问题似乎尚未被研究过，它可能成为一个重要的研究课题。

环形回热缝隙的适用限度目前还不十分清楚，不过当缸径、汽缸内压力或转速提高时，这种回热作用的有效性会越来越小。首先感到不足的可能是加热器部分，通过使用内肋片以扩大传热面积可能改善一些性能，但是不大量地增加“死容积”就难以实现。最后必然恢复到日益复杂化的、或许就是外部的管式加热器。若采用这种加热器，则回热器基体是值得进一步研究的。

## 2.4.5 热气机的工质

衡量工质性能好坏的尺度是“传递特性”，包括黏度、热导率、比热容及密度等。“传递特性”的重要特性表现在热交换和流体动力摩擦损失两个方面。热容量也称为比热容，它和热导率共同被用来控制回热器、加热器和冷却器中工质的热交换过程。密度和黏度则是流体动力摩擦损失最重要的因素。流动损失直接正比于 $\rho u^2/2$（$\rho$ 是工质的密度，$u$ 是工质的流速），它决定了工质在发动机中作往复运动时所需的泵功。

已知

$$\rho = pM/RT \tag{2.4.2}$$

式中 $p$——压强；

$M$——克分子量；

$R$——通用气体常数；

$T$——绝对温度。

因此，对于给定的压力、温度，其密度 $\rho$ 与克分子量 $M$ 成正比。

所发生的换热过程可由下式表示：

$$Q = hA\Delta T \tag{2.4.3}$$

式中 $Q$——换热量；

$h$——换热系数，是一个称为努赛特数 $Nu$ 的无因次组合的一部分；

$A$——换热面积；

$\Delta T$——工质与固体壁面之间的温差。

$$Nu = hK/C \tag{2.4.4}$$

式中 $K$——热导率；

$C$——比热容。

另一个涉及对流换热过程的重要无因次组合参数是雷诺数 $Re$：

$$Re = \rho ud/\mu \tag{2.4.5}$$

式中 $d$——流动特性尺寸；

$\mu$——气体黏度。

努赛特数与雷诺数之间的关系可以用一个方程式表示：

$$Nu = B(Re)^q \tag{2.4.6}$$

$B$ 和 $q$ 是取决于流动情况的常数，所以有：

$$hK/C = B(\rho ud/\mu)^q \tag{2.4.7}$$

最好的工质应当是具有高的换热系数（$h$）和低的摩擦或泵动损失（$\rho u^2$小）的气体。

热气机可以使用各种工质。早期回热式发动机绝大部分采用空气作为工质，故而实质上可以称它们为“热空气机”或“空气发动机”。因为空气既便宜又易获得，还很安全。既然易获得，那么对其采取绝对的密封措施也就显得不十分重要了。

后来，飞利浦公司的迈耶用特性曲线的方法对空气、氦气和氢气三种工质的影响作了量化比较，这些比较是利用其热气机的计算机模拟程序进行广泛的最优化计算得到的。比较结果见图 2.4.12。所有的结果均是在下列条件下得到的：发动机单缸功率为 165kW；加热器温度为 700℃；冷却器温度为 25℃；工质最大压力为 11MPa。

从图 2.4.12 可看出，在图的最左端，三条曲线之间的差别很小。例如当转速为250r/min 时，空气热气机的总效率为 38%，而氦和氢的则分别为 47%、49%；功率密度相差也不大，约为 8.9kW/L。这表明在小型低速发动机中，使用氦或氢在热力过程方面并不比空气优越多少，而用空气当工质却可大大地降低对密封的要求，且可用小型空压机很方便地补充泄漏掉的工质，简化了工质补给贮存装置并缩小了尺寸。因此对于要求寿命长的小型固定式发动机来说，空气不失为一种可以采用的工质。

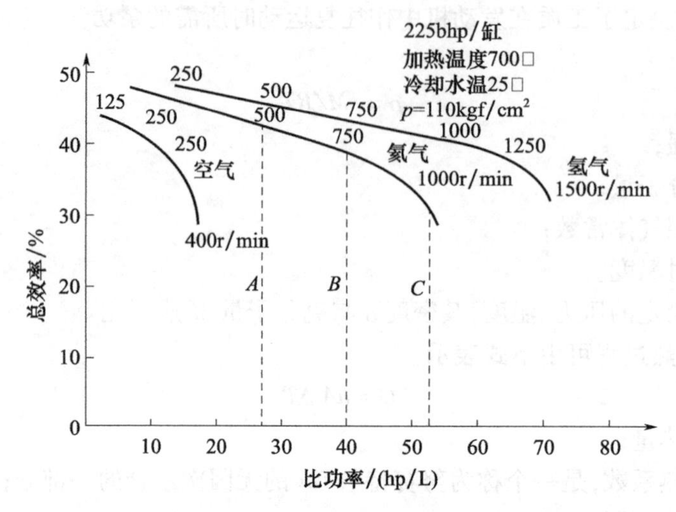


图 2.4.12　热气机在三种不同工质情况下总效率的比较

然而，在图 2.4.12 的右半部情况就有了很大变化，十分清楚地表明了空气已不宜作为高速大功率密度发动机的工质。在最高速最大功率密度发动机中，以氢气为工质的优越性更明显地甚于氦气，以氢气为工质的发动机的效率也更高。

但是，在舰船、水下动力系统等对安全因素要求特别高的场合，氦气则是理想的工质。

热气机的工质并不局限于上述单相、单成分的轻质气体，也曾用过较重的气体，诸如水、煤油和甘油等液体，以及会分解或会周期地由液态变为气态（即产生相变）的物质作工质。但结果表明，用较重的气体作工质的效果不如氢和氦。空气大多被用在小型试验机中。威斯汀豪斯/菲利浦人工心脏系统中的超小型热气机以氩作为工质；英国的约翰·梅隆曾以液体为工质取得了显著的成功，水也曾作为一种人工心脏系统中的潮汐回热式发动机的工质。

## 2.4.6　热气机的工作特性

**1. 理想最大功率和效率**

对任何类型的热气机而言，如果能按 2.4.1 节所描述的理想循环进行工作，就能获得最大的功率和效率。也就是要求系统中的所有工质在任何瞬间都处于热动力平衡状态，并且从系统内部向外放热和向系统内部供热，包括在回热器中的任何部位与工质之间的热交换，均分别是在等温下完成的；在回热器中的任何部位与工质之间的热交换还应在等容下完成。

这样的条件当然是无法满足也是无法实现的。但是理想循环却有最大的功率和效率,如图2.4.13(a)中的线段*A—A*所示。该图为单位工质质量的输出功率与工质压力或转速之间的关系,同时也表示了热效率与压力或转速之间的关系。

**2. 实际循环**

1)"死容积"

实际发动机中必然存在"死容积"。因此在工质从冷腔到热腔的流动过程中,压力变化的幅度被减小了,导致单位工质质量的输出功下降,如图2.4.13中的线段*B—B*所示。但效率仍保持理想循环的效率不变。

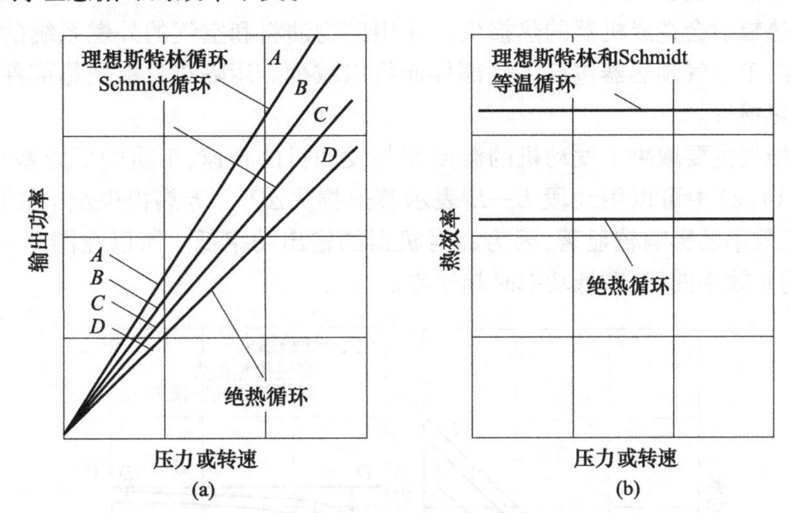


图2.4.13 理想循环的输出功率、效率和单位工质压力或转速之间的关系

2)活塞的余弦运动

若发动机活塞的运动按余弦规律进行,则与理想循环活塞的间歇性匀速运动之间的差别导致工质在热腔、冷腔和"死容积"之间的重新分布,使压力幅值以至输出功率进一步下降,如图2.4.13中的线段*C—C*所示。但效率仍保持理想循环的效率不变。尽管实际发动机活塞的运动方式有多种,但与余弦运动之间的差别(例如曲柄-连杆机械中活塞的运动方式)小到可以略去不计。

3)绝热循环

理想循环的汽缸是等温的,但实际发动机在高速(如2000r/min)时几乎是绝热的,因此芬克尔斯坦提出了绝热循环模型:在热汽缸和冷汽缸中不发生热交换,即换热系数=0;但在加热器和冷却器中的换热系数=∞。所以在加热器和冷却器中工质的温度保持上限$T_{max}$和$T_{min}$,使循环工质的温度分布发生显著变化,热腔工质的平均温度低于而冷腔工质的平均温度高于等温循环的温度,因此热腔的输出功下降,冷腔的压缩功增加,结果是输出功率和效率均下降,如图2.4.13中的线段*D—D*所示。从等温变为绝热循环,对效率的影响极大。有时绝热循环的效率只及等温循环的一半。

**3. 热损失**

热损失大体分为六种。为了讨论它们及对运行特性的影响,将图2.4.13中的线段*D—D*移植到图2.4.14中。

1)导热损失

汽缸壁的导热损失以及别的从热区到冷区的导热途径所造成的导热损失是重要的,有些还是不可避免的。减少导热损失的方法可从分析基本工作原理和结构中得出。

2)穿梭传热损失

穿梭传热损失也可称为往复传热损失,与导热损失类似。活塞在汽缸中作往复运动时,活塞和汽缸都具有温度梯度,于是就发生从热区到冷区的“动力”传热过程。

3)对流和热辐射损失

对流和热辐射会造成机器的热损失。在用矿物油料和空气的外燃系统的热气机中,这种热损失由于空气预热器包裹了热部件而得以减少。用隔热材料把热部件包起来,也能降低这种热损失。

这种热损失主要取决于发动机的温度而与发动机的转速、工质的压力基本无关。因而在图 2. 4. 14(a)中可以用线段 *E—E* 表示等热损失$\Delta Q_1$。等热损失$\Delta Q_1$在低速或低压时,对发动机效率的影响较显著,因为此时机器的输出功率低。所以在图 2. 4. 14 (b)中 *E—E* 表示的是效率曲线,在低功率时趋于零。

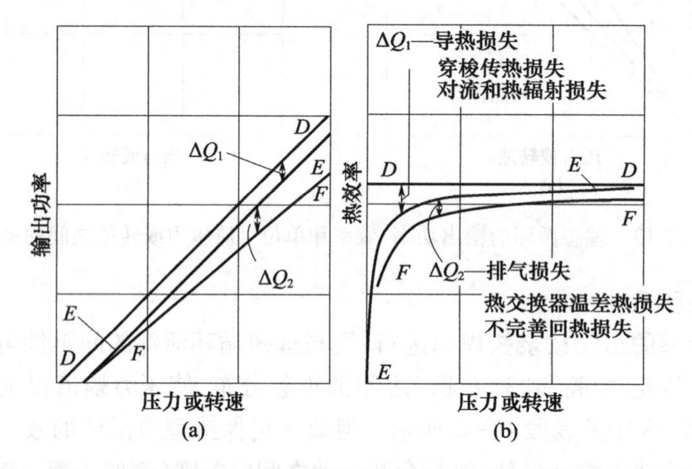


图 2. 4. 14 各种热损失对热气机的功率、效率-转速、压力关系的影响

4)排气损失

排气损失是发动机排气带走的热损失。在热气机中,排气带走的热没有进入循环系统,故是一种直接的热损失。排气热可以在空气预热器中回收一部分,但是由于预热器尺寸的限制,不可避免地会损失一部分排气热。排气热损失的绝对值随着供给发动机热量的增加而增加。

5)热交换器温差热损失

在加热器和冷却器中,由于工质和管壁之间存在的温差而建立起来的热势导致了热传导损失。在加热器中,工质温度低于管壁温度;而在冷却器中却正好相反。传热量随发动机的转速、压力的增高而增大,因而热势所造成的损失也必然增大,这是又一种类型的热损失,其大小随功率的增大而增大。

6)不完善回热损失

热气机的回热器可以看作热力蓄热器。它交变地从工质中吸热、又放回。回热器的有效性取决于回热器芯的热容量和通过回热器的工质的热容量之比。当工质密度(压力)增大或工质来回频率(发动机转速)增高时,工质的热容量增大,使回热器的工作能力趋于饱和,结果是回热器的温度波动幅度增大,因而回热器的有效性下降,造成不完善回热损失。显然,这种热损失在发动机的高速高负荷区域内随转速、负荷的增大而增大。

排气热损失、热交换器温差热损失和回热器工作能力饱和热损失之总和$\Delta Q_2$,对发动机功率和效率的影响在图 2.4.14 中以曲线 *F—F* 表示。它近似地表明了,当发动机的压力和转速增大时因这些热损失造成的功率下降是线性的。事实上,在高速或高压运转时,循环热效率下降了同一数值。

**4. 摩擦损失**

为清楚起见,将图 2.4.14 中的曲线 *F—F* 移植到图 2.4.15 中。在热气机中有两种摩擦损失,分述如下。

1)机械摩擦损失

因活塞环、活塞杆密封、轴承和油泵等造成的称为机械摩擦损失。在发动机惰转而无有效输出时,热气机仍存在颇大的机械摩擦功。它随发动机压力和转速的增大而增大,使发动机输出功率和效率下降,如图 2.4.15 中的曲线 *G—G* 所示。

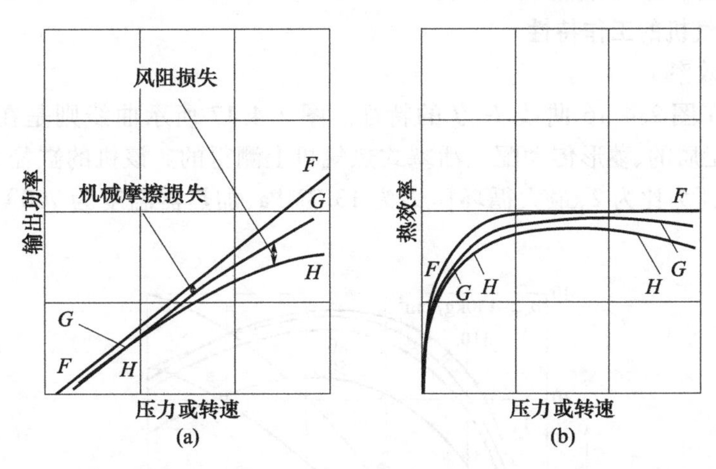


图 2.4.15　机械损失和风阻损失对发动机输出功率、效率 - 压力、转速关系的影响

2)风阻影响

它也是热气机的一种重要的摩擦损失,表现为工质流经加热器、回热器和冷却器时产生压降。它使热腔中工质的压力变化幅度减小,结果是使热腔示功图面积减小,因而输出功下降、效率降低。压降的大小与工质的密度以及流速的平方成正比。图 2.4.15 中的曲线 *F—F* 表示了风阻对输出功率、效率 - 压力、转速关系的影响。

**5. 辅助传动损失**

把图 2.4.15 中的曲线 *F—F* 移植到图 2.4.16 中,再扣除各种辅助传动损失,就得到实际输出。

辅助传动损失包括:驱动滑油泵;驱动用于照明、调控设备以及给电池充电的发电机;驱动工质压缩机;驱动冷却水泵和散热器风扇;空气鼓风机和其他必需的辅助设备。

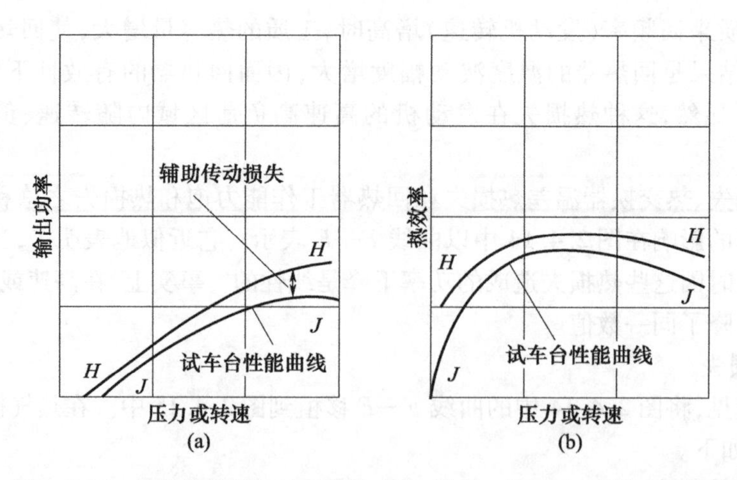


图 2.4.16 辅助传动损失对发动机功率、效率－转速、压力关系的影响

辅助传动的耗功肯定随发动机转速和压力的提高而增大。考虑了辅助传动损失后，热气机的有效输出功率和效率在图 2.4.16 中以曲线 *J—J* 表示。这组曲线是十分有用的。它们可在试车台上用测功器测出。

**6. 实际热气机的工作特性**

1）功率和效率

梅耶证实了图 2.4.16 曲线 *J—J* 的特征。图 2.4.17 所示曲线则是在一台单缸、约 30kW、用氢作工质的、菱形传动配气活塞式热气机上测得的。该机的缸径为 88mm，活塞行程为 60mm，压力比为 2，最大循环压力为 13.7MPa，加热器温度为 700℃，冷却水温度为 15℃。

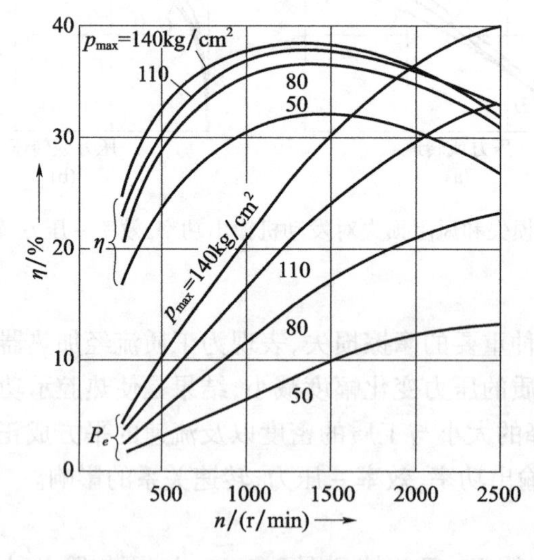


图 2.4.17 1－365 单缸菱形传动配气活塞式热气机的有效功率和效率

2）扭矩/转速特性

梅耶提供的第一个特点是热气机的扭矩—转速特性，如图 2.4.18 所示。热气机的扭矩—转速特性很平坦，尤其是在低速区域的扭矩还大于高速区，这对用于汽车十分有利，

可以获得起步时的良好加速性能。还可以简化汽车的传动齿轮箱以抵消一部分热气机比内燃机昂贵的成本。

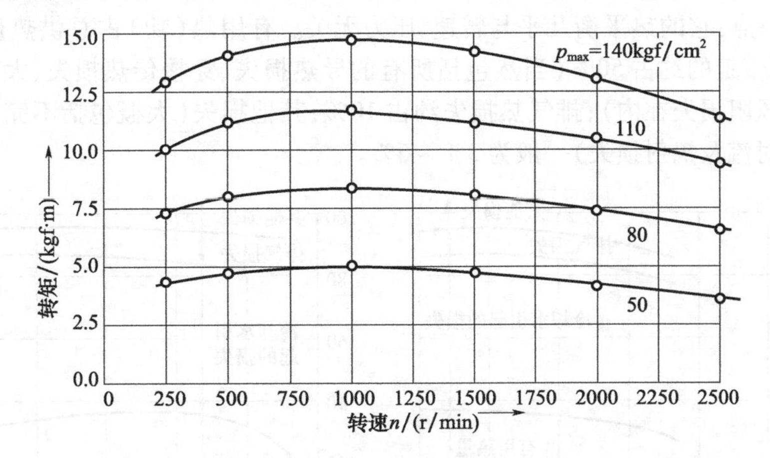


图 2.4.18　1 – 365 单缸菱形传动配气活塞式热气机的扭矩 – 转速特性

热气机的扭矩 – 转速特性在舰船驱动定距螺旋桨时也十分有用。这一点将在“船 – 桨 – 机”配合中详细论述。

3）循环扭矩

热气机的循环扭矩特性也特别好，其变化幅度要比同等功率内燃机的小得多。根本原因是汽缸内的压力变化小（例如 $p_{max}/p_{min}\approx2$）；同时每个汽缸在每一转中都完成一个完整的循环。而一般四冲程汽油机的 $p_{max}/p_{min}\approx5/0.08\approx63$，远大于 2，而且曲轴每转两转才完成一个循环。这就使热气机的循环扭矩特性明显地优于内燃机。循环扭矩变化幅度小带来的一个直接好处是飞轮的质量和尺寸大大下降。对舰艇用动力而言，这个特点尤为宝贵，因为由压力升高而引起的不平衡激振力远小于柴油机，有利于舰艇隐蔽性的提高。图 2.4.19 给出了 75kW 级的四缸热气机与四缸汽油机循环扭矩变化的比较。这也是热气机的第二个特点。

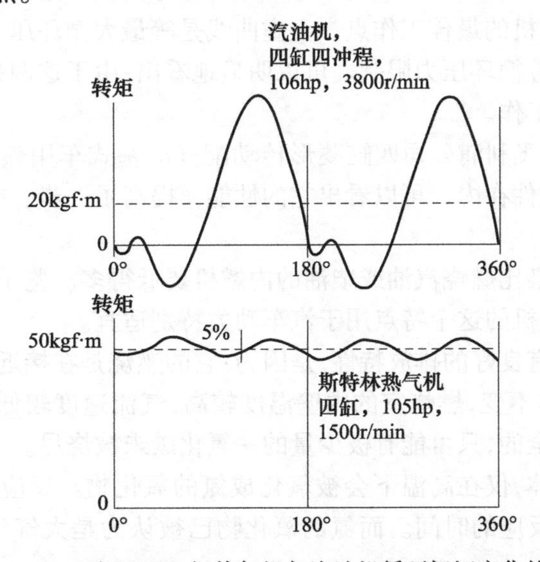


图 2.4.19　四缸 75kW 级热气机与汽油机循环扭矩变化的比较

4)热平衡

图2.4.20是梅耶给出的热气机在各种转速和压力下的热平衡图。从中可以看出热气机的第三个特点:它的热平衡几乎与转速、压力无关。有用热(功)占总供热量的30%~40%;冷却水带走的约占50%(当然包括所有的导热损失、穿梭传热损失、大部分的机械摩擦损失和风阻损失在内);排气热损失约占10%;其他损失(大概包括不完全燃烧损失和发动机的对流及辐射损失)一般为3%~6%。

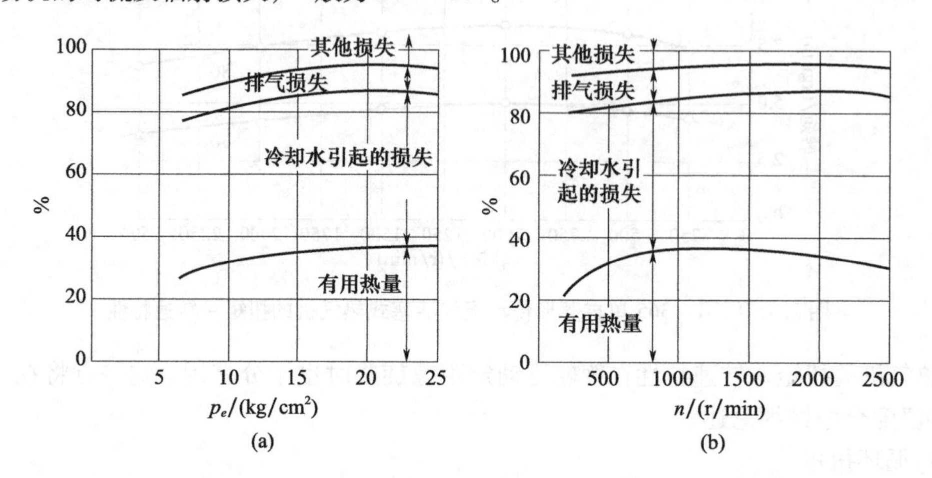


图2.4.20 1-365单缸菱形传动配气活塞式热气机的热平衡

5)部分负荷性能

在整个负荷或转速范围内,热气机的热效率变化率不大且小于柴油机是其第四个特点。这对车辆动力尤为适用。因为它们的发动机大部分时间均工作在全功率的20%~40%,而全功率则很少使用。这一特点用于驱动舰艇(注意,不包括船舶)的定距螺旋桨也是十分适用的。

6)万有特性

图2.4.21是梅耶发表的1-365热气机的万有特性图。这是热气机最有用的性能图,因为它给出了热气机的最佳工作点。上虚曲线是等最大循环压力限制,下虚曲线是保持其能持续运转时的等循环压力限制。可以明显地看出:由于这两条虚曲线的限制,该机不可能在最高效率处工作。

图2.4.22是一台飞利浦公司四缸菱形传动配气活塞式车用热气机的万有特性最佳计算结果,包括所有辅件在内。可以看出它的性能又提高了一步。

**7. 排气污染**

热气机的排气污染比燃烧汽油或柴油的内燃机要低得多。鉴于当前对环境保护的要求日益提高,因此热气机的这个特点用于汽车动力特别适宜。

热气机之所以具有良好的排放特性,是因为:它的燃烧是在接近大气压的低压下连续进行的,燃烧温度基本不变,燃烧室的内壁温度较高;气流速度较低。在这种条件下的燃烧过程在事实上是完全的,只可能有极少量的一氧化碳未被烧尽。

氮通常是惰性气体,仅在高温下会被氧化成氮的氧化物。反应的程度极大地取决于反应温度和在高温下反应的时间。而氮的氧化物已被认为是大气污染的因素之一,因而不可忽视。

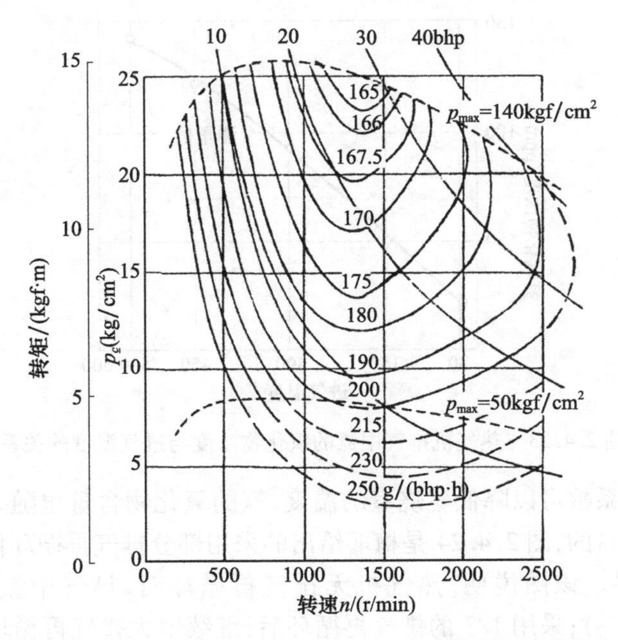


图 2.4.21 1－365 单缸菱形传动配气活塞式热气机的万有特性

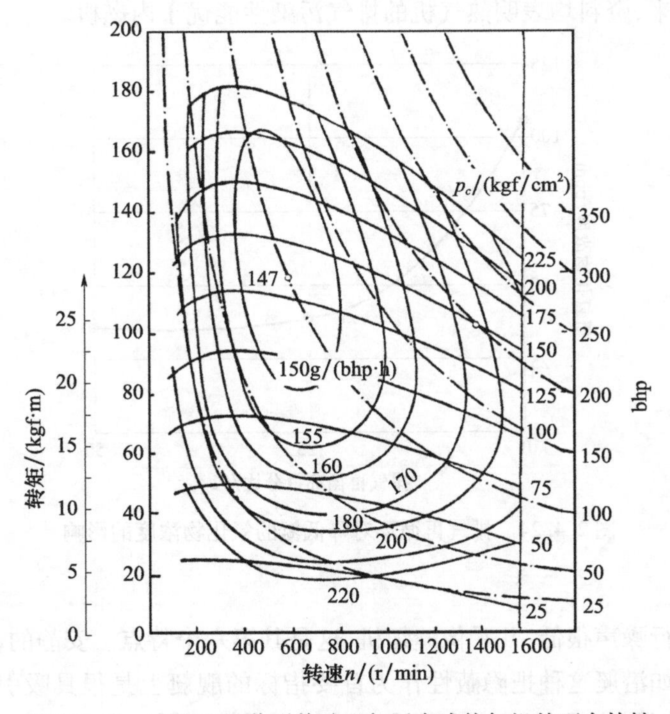


图 2.4.22 车用四缸菱形传动配气活塞式热气机的万有特性

只可能有极少量的一氧化碳和碳氢化合物未被烧尽的燃烧条件，必然也是产生较多氮的氧化物的好条件，热气机也不例外。梅耶给出了热气机产生氮的氧化物的浓度与进气温度的关系，见图 2.4.23。

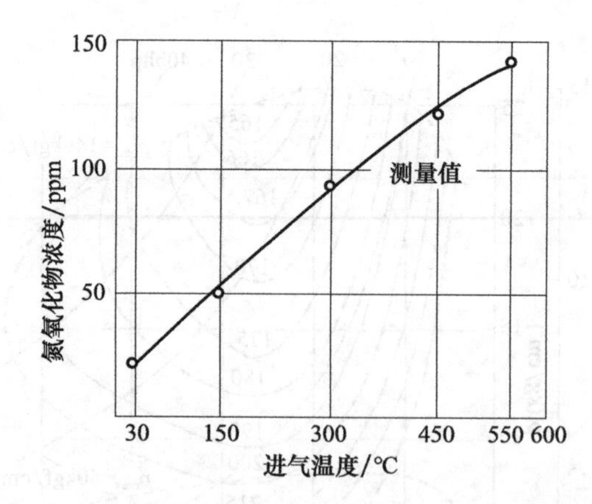


图 2.4.23　热气机排气中氮的氧化物浓度与进气温度的关系

增大过量空气系数可以降低燃烧室的温度,氮的氧化物含量也随之下降。排气再循环也能达到同样的目的,图 2.4.24 是梅耶给出的采用部分排气再循环使氮的氧化物含量大幅度下降的结果。该图说明,热气机无排气再循环时,排气中氮的氧化物浓度为 110ppm($1ppm = 10^{-6}$);采用 1/3 的排气再循环后,继续增大排气再循环的比例对降低氮的氧化物浓度已毫无作用。

但是总的看来,资料均表明热气机的排气污染性能优于内燃机。

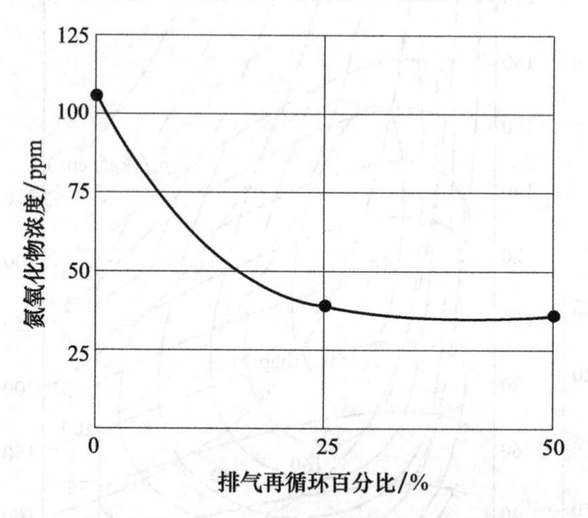


图 2.4.24　排气再循环对降低氮的氧化物浓度的影响

**8. 噪声**

热气机的运行噪声很低,几乎像缝纫机,这是其第六个特点。安静的动力装置对于军事应用尤其在诸如潜艇这种把隐蔽性作为首要指标的舰艇上是很具吸引力的,在很多民用场合(家用剪草机、摩托车、大功率机车、重型卡车等)同样具有吸引力。

热气机运行噪声很低的原因是:没有气阀,因而也没有气阀及其传动装置的撞击声(有时这种噪声甚至是主要的);没有在汽缸或燃烧室中周期性的爆发引发的燃烧噪声,只有连续稳定的燃烧;燃烧室周围良好的隔热装置本身也是良好的隔音装置;没有金属零部件之间间歇性的或猛烈的撞击声;运动部件不会突然地加减速;传动机构在动力学上可以做到完全或部分平衡。通常,热气机主要的噪声源是其辅助机械,例如冷却风扇、传动齿轮等。

**9. 启动性能**

与内燃机相比,热气机的启动性能较差。这是因为其在启动前,它的加热器头组件必须预热才能工作。使用汽油或柴油的热气机还需要一套比较复杂的启动系统,如图2.4.25所示。在启动时,首先由电池供电的电动机(兼发电机)驱动燃油泵、喷油空压机和燃烧空气鼓风机,点火预热加热器头组件。预热一段时间后,再由普通的启动马达启动发动机。如此时发动机的热状态已达到运转要求,发动机就能自行运转,启动成功。

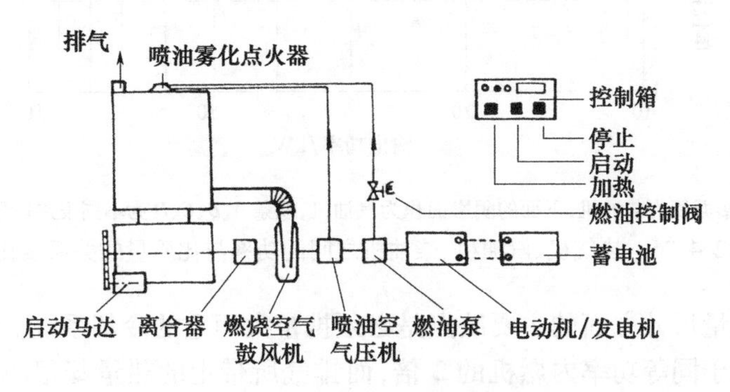


图2.4.25 热气机启动系统

具有固定集光器太阳能装置的自由活塞热气机能够自行启动。在电力廉价的地区,热气机可以用蓄热器工作。晚间用电加热方式保持对蓄热器加热,就不需要预热期而立即启动。

**10. 动态响应能力和控制系统**

发动机负荷的变化自然要求燃油供应量相应的变化,但是由于发动机热部件大的热惯性,其适应负荷变化的燃油供应量变化不会使发动机得到快速的反应。因此只配有一般调速机构的热气机的动态响应能力要比内燃机差。再考虑到不论在何种可以承受的负荷下工作均能使发动机在效率尽可能高的区域工作(也就是使工作循环能尽可能达到可以承受的最高温度),因而事实上在用作发电机原动机的负荷变化剧烈的热气机中一般设有两套控制系统:功率控制系统和温度控制系统。前者保持转速恒定而后者保持在高效率区工作。具体方法很多,这里不赘述。

**11. 质量尺寸指标**

早期制造的菱形传动配气活塞式单作用热气机的质量尺寸都比较大,而双作用曲柄连杆机构传动热气机的质量尺寸则比菱形传动小一半,使其质量尺寸达到可以和汽油机、柴油机互相较量的程度。梅耶给出的数据见图2.4.26。

总的说来,在水下、太空、汽车和机车等场合下对给定输出功率热气机质量尺寸的要求较苛刻,而在水面舰船、固定式发电站、热泵等场合下则相对宽松些。

联合热气机公司的产品已达到在不改变原发动机安装部位条件下安装在卡车和轿车上。

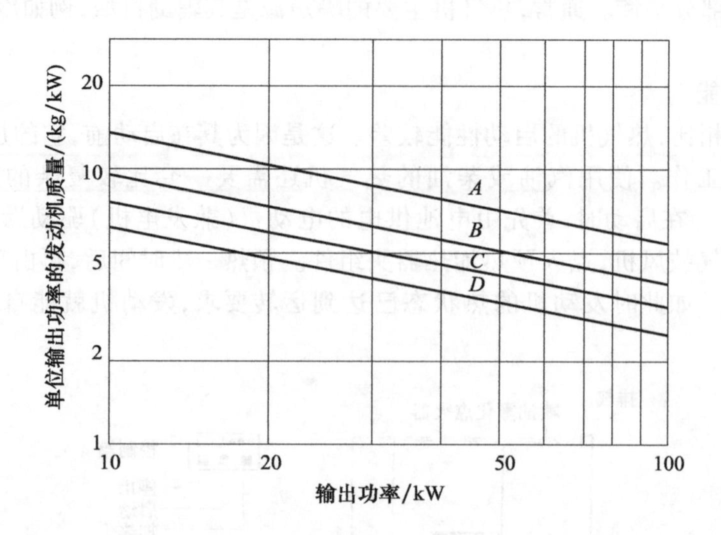


上面的阴影面积为柴油机,下面的阴影面积为汽油机,线条 A、B、C、D 为不同发展阶段的热气机

图 2.4.26 热气机、汽油机、柴油机之间的功率与比质量的关系及比较

热气机在质量尺寸方面的主要缺点是必须携带大而重的冷却系统。它的冷却系统所带走的热量相当于同等功率内燃机的 2 倍,而排气所带走的热量却很小。梅耶给出了柴油机与热气机的热平衡比较,见图 2.4.27。

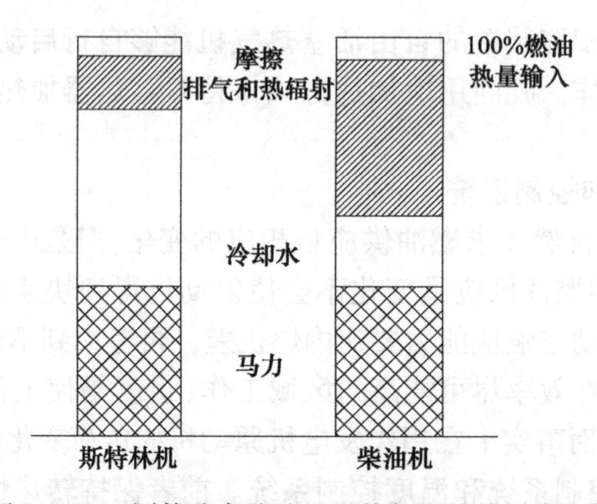


图 2.4.27 同等功率柴油机和热气机的热平衡比较

## 2.4.7 目前的发展水平和应用实例

**1. 生产成本水平**

当前还没有关于热气机生产成本的可靠信息。在使用耐热钢或陶瓷零部件以及较好的控制系统的情况下,不可能设想热气机的生产成本可以和普通的内燃机相匹敌。

合理的设想是热气机的生产成本可望是现有同功率柴油机生产成本的 2 倍。

**2. 热气机性能介绍**

目前能找到的比较详细的只有小型热气机的性能参数。这是 20 世纪 70 年代初在英国巴恩大学由沃特对飞利浦公司生产的 102C 型热气机发电机组为适应水冷和以液化石油气(LPG)作燃料而经沃特改装后进行试验测定取得的。此改装、试验计划是将小型热气机用于航海照明信号的发展计划的一部分,是由英国伦敦港务局灯塔服务处和加拿大原子能公司发起并支持的。

该机的结构见图2.4.28。它的主要结构参数如下:

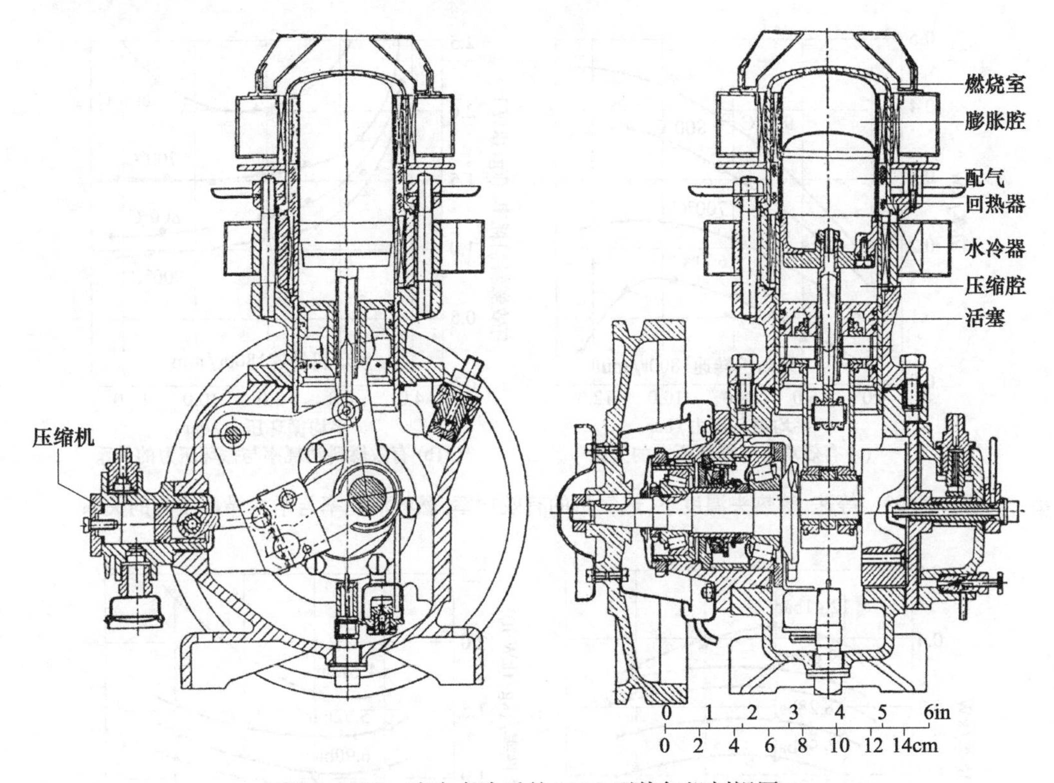


图2.4.28 改为水冷后的102C型热气机剖视图

| | |
|---|---|
| 缸径 | 56mm |
| 动力活塞行程 | 27mm |
| 配气活塞行程 | 25mm |
| 热腔最大容积 | 63.8cm$^3$ |
| 冷腔最大容积 | 67.1cm$^3$ |
| 总"死容积"(估计) | 79.7cm$^3$ |

容积相位角:热腔达到最小容积后120°(2.09rad)冷腔达到最小容积。

回热器用细钢丝网,充填在回热器壳体的环形空间并垂直于气流。

试验所用的燃料是丁烷($C_4H_{10}$)和丙烷($C_3H_3$)的混合气,其商品名称是"热瓦斯"。其典型的质量混合比是丙烷90%,丁烷10%。低热值为46500kJ/kg。

整个试验过程中,为保证最大限度地利用燃料,在给定的燃料流量下通过调节空气流量以获得最高的热头温度。

需要说明的是沃特用电力测功器作为电动机来倒拖发动机以测定摩擦损失时,热气机就成为制冷机,此时电动机输出功中还包括了消耗于制冷循环的功。为了去除这个"制冷效应"的影响,沃特在"死容积"中引入了一个大的容积(耐压气瓶),"死容积"

被扩大了许多倍，于是在倒拖过程中汽缸压力的变动就不十分明显，消除了“制冷效应”的影响。

图 2.4.29 和图 2.4.30 是其性能曲线，表示了等速和等热头温度下的有效功率、燃料消耗率与平均循环压力或转速之间的关系。

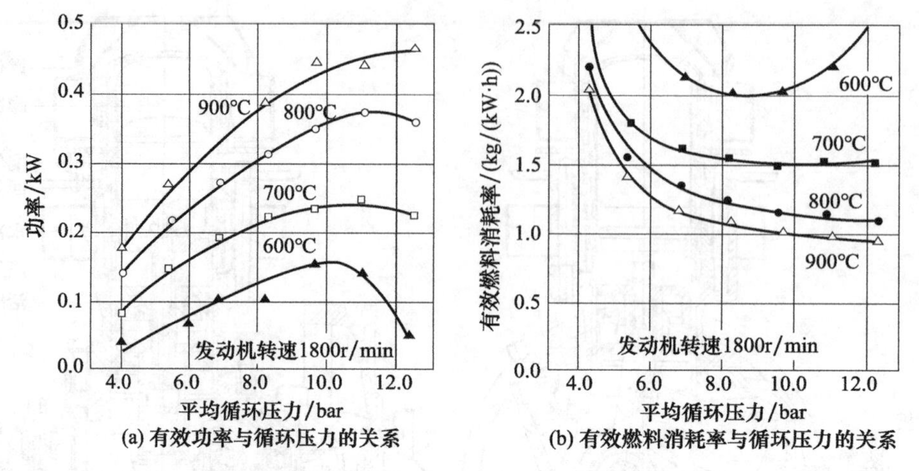


(a) 有效功率与循环压力的关系　(b) 有效燃料消耗率与循环压力的关系

图 2.4.29　等速、等热头温度下，热气机的有效功率、燃料消耗率与平均循环压力的关系

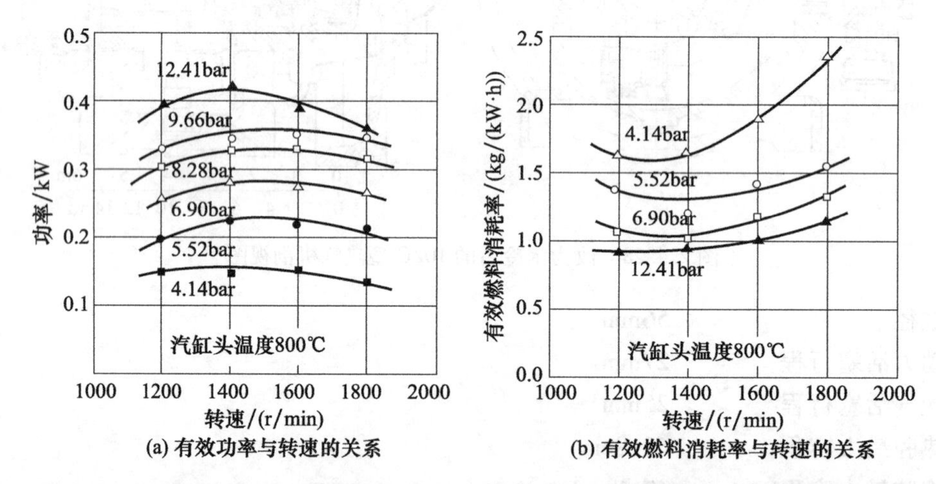


(a) 有效功率与转速的关系　(b) 有效燃料消耗率与转速的关系

图 2.4.30　等热头温度、等平均循环压力下，热气机的有效功率、燃料消耗率与转速的关系

图 2.4.31 反映了机械摩擦损失的变化规律。此处的机械摩擦损失包括运动副的摩擦损失、克服气体动力摩擦的损失和正排量功之和。

对这个结果可作如下解释：把图 2.4.30 中每一条等转速下的机械摩擦损失曲线延长到与平均循环压力为零的纵坐标轴上，所得的各个交点的纵坐标轴值，就可以认为是相应于各个转速下平均循环压力为零时的机械摩擦损失，也就是发动机运动副的摩擦损失。结果表示在图 2.4.32(a) 中，可知其与转速的关系密切。泵功是总的机械摩擦损失与摩擦损失之差，表示在图 2.4.32(b) 中。它与平均循环压力（工质密度）的关系很大而与转速的关系不大。

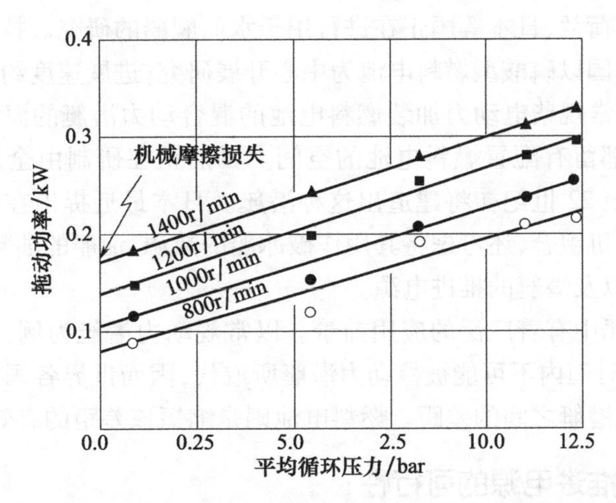


图 2.4.31 热头温度为环境温度时,小型热空气机的拖动功率与转速、平均循环压力的关系

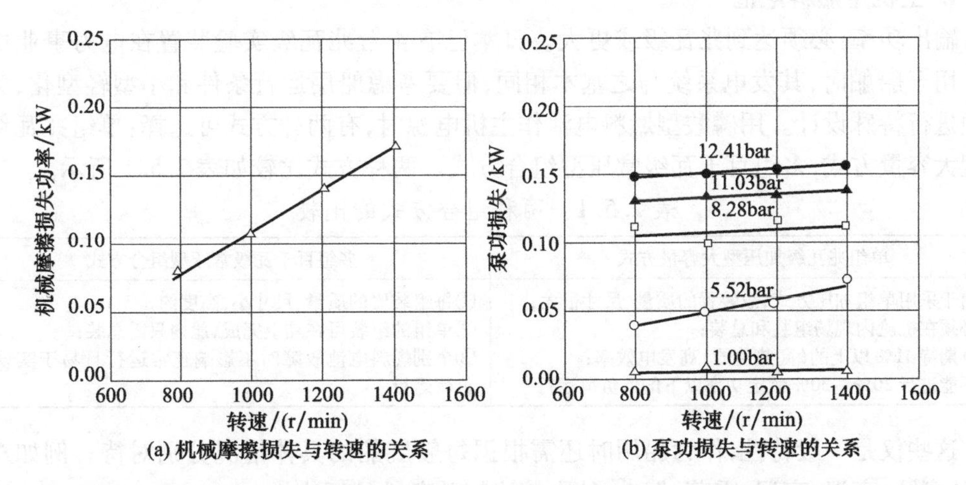


图 2.4.32 小型热空气机机械摩擦损失、泵功损失与转速、平均循环压力的关系

**3. 应用实例**

由于热气机噪声低和振动小的特性十分适合潜艇对隐蔽性要求特别苛刻的特点,因此引起了很多潜艇动力专家的注意。瑞典的 GOTLAN 级潜艇是世界上最早将热气机作为其辅助动力装置的潜艇,并从 1989 年开始交付海试。

# 2.5 燃料电池

## 2.5.1 引言

燃料电池实际上是电源,发明于1839 年,但直至20 世纪60 年代才取得突破性进展并开始被广泛应用于宇宙飞船、深潜器、航标灯和无人声呐站等处,这标志着它已进入实用阶段。

燃料电池具有热功转换效率高、几乎无噪声(声隐蔽好)、排温低(红外隐蔽好)和排放无污染(光隐蔽好)、易于布置和安装等优点,目前已作为潜艇和水下调查船的电源。

美国、德国、意大利、荷兰、日本等国正在进行用于水面舰船的研究。技术开发工作主要在美、德等国进行。美国以磷酸型燃料电池为中心开展研究,进展速度约比日本快五年。德国于1990年完成了常规柴电动力加装燃料电池的混合动力潜艇的海试,而后确定:新常规动力潜艇的设计都留有配置燃料电池的空间。目前正在研制由全燃料电池推进的潜艇,估计21世纪末至22世纪初将建造出这种潜艇。日本最近提出在商船中采用燃料电池,并考虑与超导电机组合,还考虑将其用作破冰船的热源、油船的油料加热、渔船和冷藏船的吸收式冷冻机以及潜艇的推进电源。

燃料电池在舰船中有着广泛的应用前景。以常规动力潜艇为例,目前约占全球潜艇总数的1/3,相当长时间内不可能被核动力潜艇所取代,因而世界各国普遍重视改进其性能,以缩短与核动力潜艇之间的差距。燃料电池则是缩短该差距的有效措施之一。

### 2.5.2 用作舰船推进电源的可行性

**1. 主机用燃料电池**

输出功率:必须达到兆瓦级或更大。日本已有4台兆瓦级实验装置在电力事业中运行。用于船舶时,其发电系统与之基本相同,但要考虑船用运行条件和小型轻型化,为此必须进行特殊设计。用磷酸型燃料电池作主机电源时,有两种方式可选择:单组兆瓦级加压型大容量方式;多组百千瓦级常压型组合方式。两种方式比较如表2.5.1所示。

表2.5.1 两种组合方式的比较

| 单组兆瓦级加压型大容量方式 | 多组百千瓦级常压型组合方式 |
|---|---|
| ①由于采用单组加压方式,故装置的质量、尺寸很大;<br>②必须在机舱内现场组装和总装;<br>③可期待41%以上的(高热值的)高发电效率;<br>④不能进行20%~30%额定功率以下的低负荷运行 | ①每组装置的质量、尺寸小,高度约3.5m;<br>②单组的组装可在陆上完成,舱内只需总装;<br>③个别燃料电池故障时不影响正常运行且易于实现低负荷运行 |

这些仅是一般特性,作为船用时还需根据每艘舰船的具体情况分别对待。例如对摇摆、盐腐蚀、高温、高湿、霉菌、振动、冲击等诸特殊条件的适应性。

**2. 辅机用燃料电池**

研究认为可以采用多组百千瓦级型常压组合方式的燃料电池。但必须考虑上述适应性和对辅机运行工况的适应性。

### 2.5.3 在水下船艇中的应用

**1. 深潜器**

自燃料电池进入实用阶段以来,就被看作在深潜器中有希望的动力装置。美国最先将燃料电池用作深潜搜索艇(DSSV)和深潜救生艇(DSRV)的推进动力。

DSRV是一种高速深潜工作艇,航速≥6kn,水下工作时间≥100h,该艇采用了美国研制的先进的PC-15B氢氧燃料电池。该动力系统由两组燃料电池、燃料电池容器和能储存足以发出700kW·h的氢、氧和水的容器组成。燃料电池本体由128个单电池串联组成。辅助部分包括泵、冷凝器、温控器、反应物调节器和内部的控制器。该系统由美国洛克希德导弹航空公司和海军海洋系统指挥部(NSSC)合作完成装艇和海试,并评定了PC-15B型燃料电池作为深潜工作艇动力源的可行性。

与采用蓄电池的同类艇比较,本型艇具有工作时间长、工作范围宽、速度快、独立工作能力强等优点。

**2. 潜艇**

对于要长时间潜航的潜艇而言,燃料电池动力装置明显优于其他非核动力装置。燃料电池具有高的能量、质量比,大约是铅蓄电池的6倍。若中、小潜艇采用燃料电池,水下续航时间可增加到30天,比用铅蓄电池提高30倍,比用银锌电池提高10倍。由此可见,燃料电池能使现在的常规动力潜艇发生质的变化。只要携带足够的燃料和氧化剂,即可在水下数周而不必浮起充电,通气管暴露率为零,燃料电池工作时几乎无振动噪声,这两个因素大幅度地提高了隐蔽性,因此其作战能力也大大提高了。

现今世界上很多国家普遍认为燃料电池是中小型潜艇将来最有希望的动力源,都积极致力于研制潜艇用燃料电池。目前,潜艇应用燃料电池的实例见表2.5.2。

表2.5.2 潜艇应用燃料电池实例

| 国别 | 用途 | 装置概要 | | | |
|---|---|---|---|---|---|
| | | 种类 | 输出功率 | 燃料 | 生产厂 |
| 美国 | 调查艇(深海调查) | AFC(PC-15)与蓄电池混合使用 | 30kW 推进装置功率700kW | 由存储在200MPa压力下的液氢和液氧罐供给氢和氧 | UTC(联合技术中心) |
| 德国 | 潜艇 | AFC与蓄电池混合使用 | 100kW 推进装置功率约700kW | 利用废热由储氢合金管路供氢,由液氧罐供氧 | Siemens(西门子公司) |
| 美国 | 有人潜艇(PC1401) | PEFC | 1.5kW | 由约150MPa高压气瓶供给氢和氧供 | Ballard(巴拉德公司) |
| 美国 | 潜水油轮 | PAFC | 20MW | 由装载的甲醇供氢,由液态氧罐供氧 | |

## 2.5.4 各国潜艇用燃料电池研制状况

**1. 美国**

美国海军于20世纪60年代就开始与艾利斯等几家公司签订了合同,先后研制了钠(汞齐)-氧和氢-氧两种燃料电池作为中小型潜艇的动力源。后因前者过于复杂、使用十分不便而停止了研究。

1963年设计了一艘以氢-氧燃料电池为动力源的反潜潜艇。该电池装置约150t,储能约78000kW·h,为6000kW推进电机供电。用甲醇和氨制氢。

联合碳化物公司为美海军研制了潜艇用氢-氧燃料电池实验型推进装置,制作了8个单体,并按海军的要求做了2600h以上试验。还制作了16个单体组成的研究用燃料电池装置,工作了7100h。

后来停止了这方面的研究。其原因可能是美国潜艇动力专家认为从美国的地理位置和战略目标出发,现有的136艘核动力潜艇尚不敷需要,还需继续建造更大更快的核动力潜艇,以便能够迅速赶到战区,并能维持较长时间的战斗力,并已停止建造常规动力潜艇,而燃料电池还不能很快地用于大型潜艇,因此原准备用于常规动力潜艇推进的燃料电池研制成果都用到深潜潜艇的推进上去了。

**2. 德国**

前西德早在1966年就发表了《燃料电池在潜艇上应用的可能性》报告，提出以研制常温的氢－氧燃料电池为主，为应用于潜艇，同时主张还应着力解决大功率装置的催化剂和燃料携带问题。

西德在这方面的研究进展很快，专门从事潜艇设计的吕贝克工程设计局（IKL）联合豪瓦兹德意志造船厂（HDW）、西门子公司和费里斯塔尔钢铁公司（FS）开发了尺寸1：1的潜艇用燃料电池。选用的西门子研制的燃料电池，尺寸为245×240×1025（mm），电流密度420mA/cm²，工作温度72～80℃。电压0.768V。同时研制了采用这种燃料电池的潜艇，该潜艇的排水量约1100t，氢－氧燃料电池功率为1000kW，1993年服役。

1980年，在西德科隆技术委员会的合作下，IL、HDW和FS成立了集团公司，决定开发燃料电池AIP系统。1987年3月19日，205级UI型潜艇的改装工程竣工。在该艇的艏舱和中央舱之间插入一个附加舱段，给原有的推进系统增加燃料电池AIP系统，构成混合推进系统。1988年夏季开始海试，至1989年3月，共运行55天，海试成功。证实了排水量为1300t潜艇加装燃料电池AIP系统顶替一半蓄电池的混合推进装置比常规动力装置水下续航时间增加45%。

1989年还完成了201级UI型潜艇的改装工程。进行了一系列海试，对这种新型动力装置作了全面考察，对西德潜艇的发展和20世纪90年代潜艇舰队的发展计划产生重大影响。1991年西德提出改装在役潜艇，为它们加装燃料电池AIP系统，使常规动力潜艇和核动力潜艇一样，不用通气管，且潜航时间大大延长。

冷战结束，德国的假想主战场由波罗的海转移到北海、北冰洋，并出现了比原来大一倍以上的21世纪新型212级潜艇，使用原来在205级UI型潜艇上试验成功的燃料电池，并用新的固体电解质型燃料电池取代以前的烧结式电极燃料电池，以避免由于在循环过程中电解液泄漏而引起的腐蚀。

212级潜艇的原动力由柴油机和燃料电池AIP系统两部分组成。主电动机是永磁同步电机，单轴推进。艇体前半段采用双甲板的单壳结构。后半段是单甲板的双壳结构，内壳周围装有两个双层壁的液氧罐和38个储氢瓶。内壳中央有一台柴油发电机，周围是燃料电池系统。该系统由16个25kW的燃料电池组成，用固体聚合物电解质替代液体电解质，因此改善了功率输出。液氧储存采用新式的壳体结构。一种环形螺旋管结构，既可储存液氧于管腔内，又可增强壳体，从而节约了空间和重量。他们采用本国西门子公司研制的氢化物制氢，成功地研究出了大量制备氢化物的方法，还成功地研制出了储存容器。这些均说明其在技术上，包括液氧储存、燃料系统废气处理、高温绝热、安全可靠性等在内，已有重大突破，到了实艇试用的实用阶段，且为燃料电池应用于潜艇打开了方便之门。

德国最新的2000型潜艇也要插入一个长6m的附加舱段，用以装备燃料电池AIP系统，功率75～110kW，水下航程提高4倍。

21世纪常规动力潜艇的动力将是AIP系统和柴－电＋铅酸蓄电池组成的混合型推进，各国选用的AIP系统形式会因各自的技术优势不同而不同，但从性能上看，燃料电池AIP系统的效率高、声学特性和水下热特性好，德国和美国都倾向于燃料电池AIP方案。图2.5.1是西德开发的燃料电池AIP系统原理图。

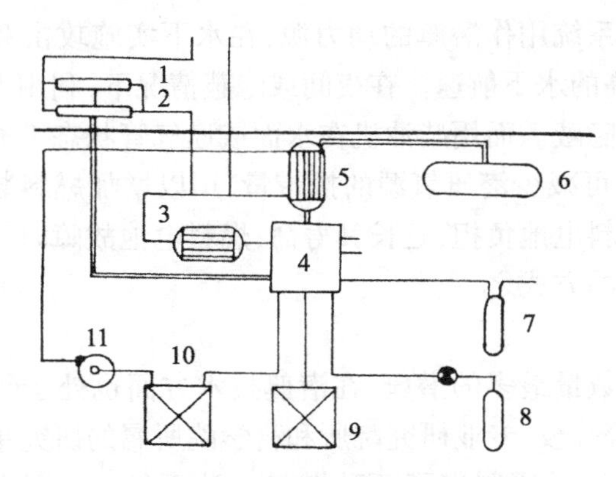


图 2.5.1　燃料电池 AIP 系统原理

1—$H_2$存储;2—管路;3—海水冷却器;4—燃料电池本体;5—蒸发器;
6—$O_2$存储;7—催化剂;8—氮;9—生成水槽;10—冷却水槽;11—冷却泵。

**3. 日本**

日本海上自卫队对潜艇用燃料电池的研究十分重视,1963 年以来,先后投资近 30 亿日元。参加研究的公司较多,明确要用燃料电池装备潜艇。自 20 世纪 70 年代开始,日本进行了十年左右潜艇用氢 - 氧燃料电池系统的研究。

日本汤浅电池公司、日本电池公司和富士电机公司先后研制了 9kW 和 10kW 燃料电池,其中两个是 9kW 的碳电极氢 - 氧燃料电池,一个是富士电机公司研制的 10kW 金属电极氢 - 氧燃料电池。后者用瑞尼合金作催化剂,用 DSK 型金属骨架电极。它由两层组成:一层是透气的粗孔层,用聚四氟乙烯作防水处理;另一层是比透气层薄的细孔层。电极厚 0.6mm,有效工作面积 $1000cm^2$。氢电极催化剂是瑞尼镍,氧电极催化剂是瑞尼银。这种电极具有内阻小的优点。它由 10 对氢氧电极并联,构成单电池,再将 14 个单电池串联,构成 10kW 燃料电池本体。外形尺寸为 500 × 400 × 8500(mm),额定电流 900A,电压 11.5V,备有供给系统。工作温度 65℃,用 30% 的 KOH 水溶液作电解质。其排水、电解液浓度和温度的保持等全部自动控制。具有 1.6 倍的过载能力。体积比功率 60W/L,热效率 58%,辅助功率 270W(含控制盘)。该电池单体在电解液温度 70℃时,用 1200A 长期工作未出问题,整个系统达到了令人满意的预期效果。

试验研究证实,燃料电池要应用于潜艇,除解决好燃料电池本体及其控制系统的关键技术外,还要解决好氧化剂和燃料的来源以及携带问题。凡从事潜艇用燃料电池研究的国家都对此花费了相当的人力和物力。一般均研究用液氧或过氧化氢为氧化剂,其中多用液氧。氢的来源则研究在艇上用甲醇重整、氨裂解、金属镁等与水反应、甲基环己烷脱氢等直接制氢的技术。

人们普遍认为燃料电池是常规动力潜艇的一种较为理想的动力源。按理论分析,它的效率高,能与柴油机媲美。但低温碱性燃料电池不能用廉价燃料(汽油等),只能用经过重整装置重整成纯氢的燃料,故其体积和质量大,比功率低。有鉴于此,若没有一种能使其提供峰值功率的措施,仅靠增大体积和质量显然不能满足多种运行工况的要求。燃料电池 - 高比功率蓄电池组成的混合系统就能满足峰值功率达到平均功率的要求,且还能使系统质量小于只用某种单一电池的质量,在国外的汽车推进中已有先例。日本海上自卫队计划将这种混合系统用作潜艇的动力源,在水下实施攻击和撤出战斗时启用这种联合动力装置,可获得高的水下航速。在夜间或隐蔽情况下,利用大气中的氧气给蓄电池充电,充电时无噪声,较隐蔽。而用柴油机在水面或通气管状态下充电时有噪声,易暴露。此外,利用大气中的氧,可减少潜艇氧源的携带量,用以增加燃料装载量,延长续航力;与蓄电池合用还可减轻燃料电池负担,延长其寿命;燃料电池故障时,蓄电池可作应急电源。这种动力系统是最实用的方式之一。

**4. 俄罗斯**

俄罗斯拥有世界上数量最多的潜艇,在潜艇技术方面也处于领先地位。研究燃料电池的单位很多,包括高等院校、专业研究院所和科学院所属的研究单位。

俄罗斯特种锅炉设计局研制出了两种燃料电池系统。一种是低温氢氧燃料电池,50kW,效率达60%,寿命1000h左右,氢存储在压力容器中,氧是低温液态储存。50kW燃料电池系统已在黑海岸的塞瓦斯托波尔装艇试验,证实可制成100kW燃料电池系统。另一种是高温固体电解质型燃料电池系统,工作温度为1000℃左右,可直接以天然气作燃料,已制成10kW样机,经试验后准备用于民用电站或水面、水下舰船。

俄罗斯三大潜艇设计局之一的天青石设计局,采用固体高分子电解质型燃料电池构成的氢氧燃料电池系统已装入W级改装潜艇中并作了海试。该艇的水下自持力为原来的10~15倍,水下续航时间由原来的1~2天延长至两周。它的氧是以液态方式储存在鞍形水舱中。1993年国际展览会上展出了排水量为900t的燃料电池潜艇,这是俄罗斯的另一家设计局——孔雀石设计局设计的。

俄罗斯自20世纪50年代末起中断对AIP动力装置的研究达20年。由于新技术和新设计思想的出现、国际潜艇出口市场的需要以及核动力潜艇有一些难以克服的缺点,使之又恢复了对AIP潜艇动力装置的研究。重新研究的重点是燃料电池。燃料电池有离子交换膜型低温燃料电池和直接使用天然气的固体电解质型燃料电池两种。虽然有报道说,燃料电池在W级潜艇上进行了海试并在展览会上推出了新设计的燃料电池潜艇,甚至还有新造的加装AIP系统的专用试验潜艇,但尚未发现有服役的加装AIP系统的战斗潜艇。

**5. 瑞典**

瑞典从20世纪50年代起就开始研究常规潜艇的AIP系统,燃料电池系统是选择方案之一。为了进行潜艇燃料电池研究,1964年瑞典海军与其“通用电气公司”签订了764000英镑的合同。1967年即研制出了8组25 kW组成的共200kW的氢氧燃料电池堆用作潜艇动力源,总效率45%,造价5200英镑/kW。燃料由氨裂解制取,氧以液态方式储存。氨裂解成氢和氮,氢进入电池工作,氮液化后储存在艇内。该系统初期性能不佳,瑞典通用电气公司从经济观点考虑,停止了研究。

早先,各国把燃料电池的目标定得太高,试图完全取代原来的柴-电系统。因而不仅要解决燃料电池本身的问题,还要寻找高能量密度的氢氧源,难度很大,均未完成研制计划。近10年来,找到了混合组成方式——在保留原柴电系统的基础上加装燃料电池AIP系统,用于水下低速巡航。于是,各种AIP方式都能满足要求,燃料电池AIP系统也得到了良好的发展机会。

## 2.5.5 在水面舰船上的应用

**1. 军用舰船**

燃料电池明显的优点是：效率高、隐蔽性好和排出污染物少。这些优点对现代舰船都是很需要的。此处介绍用于驱逐舰和护卫舰的实例。

1）驱逐舰

用质子交换膜燃料电池（PEMFC）、熔融碳酸盐燃料电池（MCFC）和磷酸燃料电池（PAFC）进行换装。论证的换装方案有五种：

（1）直接用燃料电池系统取代独立的应急发电机组，仍作为应急电源；

（2）用三个同样的燃料电池系统取代独立的发电机组，作为舰上全部电源集中供电，不再用ICR燃气轮机发电机组作电源；

（3）用两个大型燃料电池系统取代两台ICR燃气轮机发电机组和独立的应急发电机组，作主推进动力和其他电源，还用一个小型燃料电池系统作应急电源；

（4）用相同功率的燃料电池取代12套柴油发电机组，作分散供电的电源；

（5）用三个2500kW燃料电池装置取代DDG－51级驱逐舰上的三个独立的发电机组（燃气轮机驱动），仅换装发电机组，舰上结构不作改变。

表2.5.3和表2.5.4展示了采用（PEMFC）换装后与原来的比较结果。半年使用期内的典型任务方案如下：

停泊—1500h；航行—2700h。其中27%以11kn航行，29%以15kn航行，37%以19kn航行，5%以23kn航行，2%以27kn航行。

从表2.5.3可看出，用PEMFC取代驱逐舰上的备用电源和推进电源有利于减小排水量和尺度。因为减少了进排气道、烟囱和机械所占的容积和质量，也减少了燃料装载量。无论哪种取代方式均可节省燃料。用于推进时，一个使用周期内节省燃料958t（17.1%）。换装效果尤以与分散供电的原型相比较时更为显著：长度缩短13.5ft，满载排水量减少537t，进排气道、烟囱和机械所占的容积和质量都有明显减少，一个使用周期内节省燃料642t。

表2.5.3 驱逐舰用PEMFC换装前后的比较

| 项目 | 原型（集中供电） | 燃料电池推进 | 燃料电池备用电源 | 燃料电池辅助电源 | 原型（分散供电） | 分散型燃料电池辅助电源 |
|---|---|---|---|---|---|---|
| 垂直间长度/ft（英尺，1ft＝0.3048m） | 425 | 423.6 | 423.8 | 427 | 446.1 | 432.6 |
| 排水量/t | 5269 | 5219 | 5226 | 5342 | 6093 | 5556 |
| 机械质量/t | 603 | 664 | 579 | 608 | 856 | 613 |
| 机械需要的体积/$ft^3$ | 154778 | 159131 | 161093 | 168020 | 228523 | 211998 |
| 排气烟囱需要的体积/$ft^3$ | 12523 | 5146 | 9373 | 9990 | 15055 | 10757 |
| 推进用燃气轮机功率/kW | 39388 | | 39388 | 39388 | 39388 | 39388 |
| 推进用燃料电池功率/kW | | 37527 | | | | |
| 辅助用燃气轮机发电机功率/kW | 2500 | | | | | |
| 柴油发电机辅助电源功率/kW | | | 6029 | | | |
| 辅助用燃料电池功率/kW | | 2512 | 2512 | 7536 | | 6029 |
| 安装的总功率/kW | 41888 | 40039 | 41900 | 46924 | 45388 | 45388 |

续表

| 项目 | 原型(集中供电) | 燃料电池推进 | 燃料电池备用电源 | 燃料电池辅助电源 | 原型(分散供电) | 分散型燃料电池辅助电源 |
| --- | --- | --- | --- | --- | --- | --- |
| 按任务方案6个月使用期内所用的燃料/t | 5588 | 4630 | 5134 | 5291 | 6089 | 5447 |
| 包括5000kW的辅助电源 | | | | | | |

表2.5.4说明:由于燃料电池的效率比标准燃气轮机的高,因而在DDG-51驱逐舰电源换装后,按典型的任务方案运行时,航程增加约19%,电站质量减少46t。排水量减少和燃料电池效率高,在一个使用周期内节约燃料2424t(18.6%)。

表2.5.4 DDG-51用PEMFC换装前后的比较

| 项目 | 原型 | 燃料电池辅助电源 |
| --- | --- | --- |
| 垂线间长度/ft | 466 | 466 |
| 排水量/t | 8311 | 8265 |
| 机械质量/t | 1171 | 1125 |
| 机械需要的体积/$ft^3$ | 282503 | 279317 |
| 排气烟囱需要的体积/$ft^3$ | 49048 | 41766 |
| 推进用燃气轮机功率/kW | 76913 | 76913 |
| 燃气轮机辅助电源功率/kW | 7500 | |
| 燃料电池辅助电源功率/kW | | 7536 |
| 安装总功率/kW | 84413 | 84449 |
| 6个月使用期内燃料用量/t | 13069 | 10645 |

2)护卫舰

此处介绍三种换装论证方案:

(1)用燃料电池和永磁电机(直流)取代CODOG推进装置和原发电机组并另配一套燃料电池应急电源;

(2)用燃料电池取代原集中供电的四套柴油发电机组,用直流配电系统配送(局部需要处转变成交流);

(3)用相当的燃料电池取代原14套柴油发电机组,作分散供电的电源。

表2.5.5列出了用PEMFC取代后与原型的比较。4个月使用周期的典型任务方案是:

停泊—5%时间;航行—95%时间(航速12kn30%,用D;航速17kn50%,用D;航速26kn10%,用G;航速27kn5%,用G)。

表2.5.5 护卫舰用PEMFC取代后与原型比较

| 项目 | 原型(集中供电) | 燃料电池推进 | 燃料电池辅助电源 | 原型(分散供电) | 分散型燃料电池辅助电源 |
| --- | --- | --- | --- | --- | --- |
| 垂线间长度/ft | 315 | 297 | 312 | 318 | 317 |
| 排水量/t | 1996 | 1690 | 1948 | 2033 | 2009 |
| 机械质量/t | 266 | 189 | 258 | 271 | 273 |
| 机械需要的体积/$ft^3$ | 58592 | 38400 | 54792 | 70424 | 63376 |
| 推进用燃气轮机功率/kW | 19580 | | 19580 | 19580 | 19580 |

续表

| 项目 | 原型<br>（集中供电） | 燃料电池<br>推进 | 燃料电池<br>辅助电源 | 原型<br>（分散供电） | 分散型<br>燃料电池<br>辅助电源 |
|---|---|---|---|---|---|
| 推进用柴油机功率/kW | 3900 | | 3870 | 3920 | 3900 |
| 推进用燃料电池功率/kW | | 20500 | | | |
| 燃料发电机辅助电源功率/kW | 1600 | | | 1700 | |
| 燃料电池辅助电源功率/kW | | 380 | 1580 | | 1690 |
| 安装的总功率/kW | 25080 | 20930 | 25030 | 25900 | 25170 |
| 任务方案的实际航程/n mile | 5095 | 4981 | 5063 | 5077 | 5097 |
| 按任务方案4个月使用期内用的燃料/t | 3348 | 2979 | 3296 | 3402 | 3319 |
| 包括1140kW的辅助电源 | | | | | |

表2.5.5说明，减小了尺度和排水量，这是因为PEMFC系统的功率比和效率均较高，所需的辅助功率小。将船体结构、辅助系统和燃料质量降低所起的作用综合在一起，总排水量还可进一步降低。

图2.5.2是两种护卫舰机械布置的比较。

由图2.5.2可见，采用PEMFC后，护卫舰的主尺度减小了，尤其是机械和烟囱的体积明显缩小。燃料电池工作温度低(150°F)，无毒，排出的水少，其排气道可直接通向舷外，因此可省去许多上层建筑；舰体全长缩短，但仍有足够的甲板面积供布置作战系统之用。

换装后的舰长缩短了20ft，排水量减轻300t，都有利于减小阻力和燃料耗率。尽管稍微损失一些耐风浪能力，然而操纵性却有所改善。

3）燃料电池用于战斗舰艇的优越性

燃料电池用于战斗舰艇的优越性体现在以下几个方面：

(1)可缩小尺度，便于操纵，机动性好；

(2)因为排出物温度低，故红外信号特征明显降低(见图2.5.3和图2.5.4)；

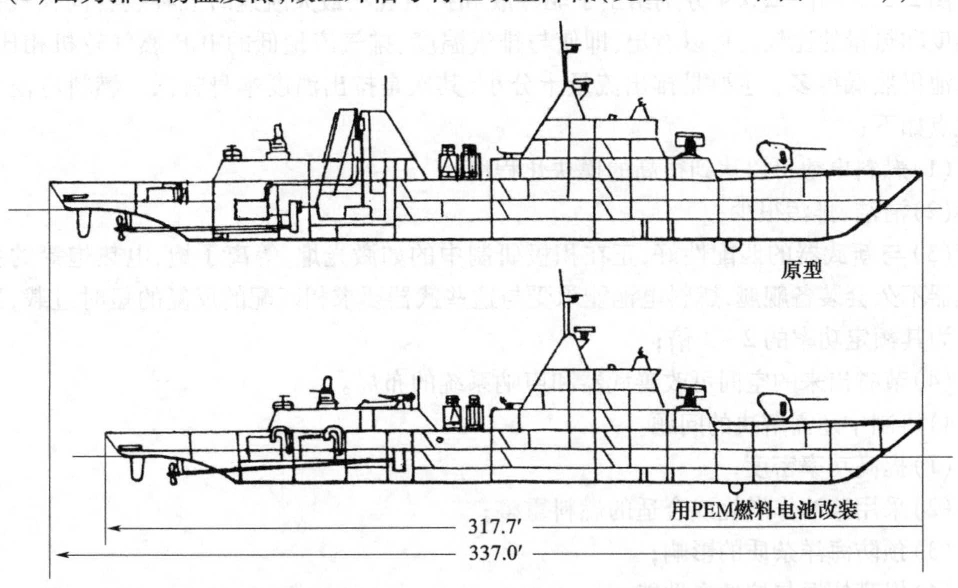


图2.5.2 两种护卫舰机械布置的比较

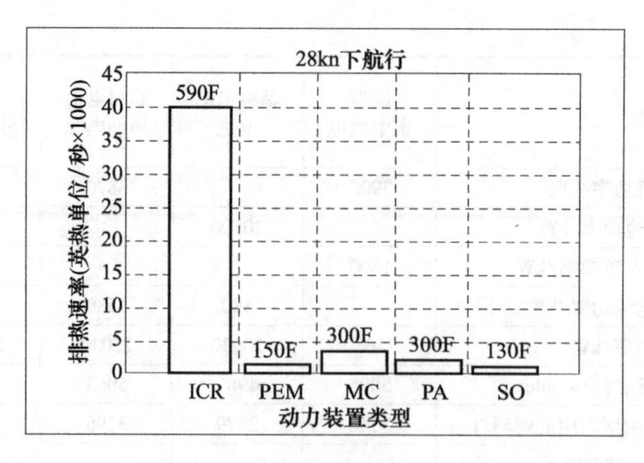


图 2.5.3　驱逐舰排到大气的热量

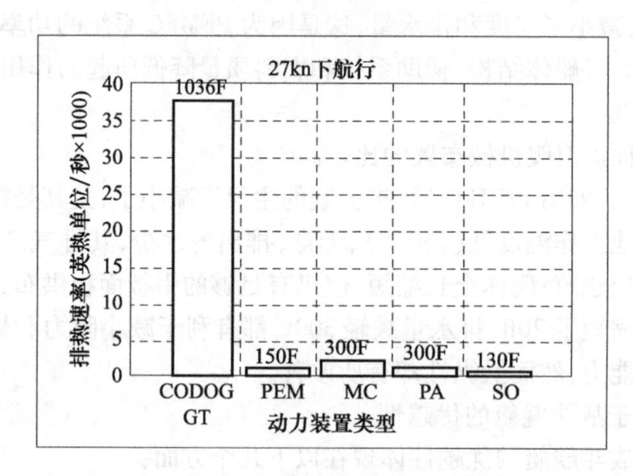


图 2.5.4　护卫舰排到大气的热量

图 2.5.3 和图 2.5.4 分别给出了驱逐舰和护卫舰在最大航速时五种装置向大气排出的温度和热量的比较。可以看出,即使与排气温度、排气流量低的 ICR 燃气轮机相比,燃料电池仍然低得多。主要是排出流量十分小,其次是排出温度本身就低。燃料电池的典型优点如下:

(1)燃料电池可以达到很高的模块化程度;

(2)清洁,排污很少;

(3)与新武器的匹配性好,正在积极研制中的如激光炮、等离子炮、电热炮等的新概念武器不久会装备舰艇,燃料电池能承受与这些武器要求相匹配的反复的短时过载,过载能力为其额定功率的 2 ~3 倍;

(4)节省出来的空间可改善武器和声呐系统的布局。

4)研制中还需解决的问题

(1)提高功率密度;

(2)采用柴油作燃烧或合适的燃料重整;

(3)预防海洋杂质的影响;

(4)提高抗振与抗冲击性能;

(5)提高耐硫能力;

(6)缩短启动时间,提高允许启动循环次数;

(7)提高对动态电负荷的缓冲能力;

(8)提高电池本身寿命。

5)展望

200~500kW 可用于小艇作推进动力或小型舰船的电站,2~3MW 可用于大中型舰船的电站或小型舰船的推进动力,10~20MW 可用作中型或以下舰船的推进动力。

**2. 民用船舶**

将来有希望的民用燃料电池推进船舶主要是液化天然气船(LNG)、渡轮和观测船。

1)液化天然气船(LNG)

这种船舶要求大的推进功率、高的电池效率,至于抗振与抗冲击性能则要求不高,故可采用熔融碳酸盐型燃料电池(MCFC)。燃料电池布置的自由度大,机舱长度将显著缩短,船体长度因而缩短,主机输出功率可减小。

一个燃料电池组的质量约5t,5年更换一次。为便于吊运,将燃料电池置于艉舱的最高位。燃料电池的效率比原来的蒸汽轮机推进装置高出20%以上,其运营经济性自然好。

2)渡轮

与上同理,MCFC 是理想的动力源。渡轮采用它之后,机舱噪声可望降低30dB(A)以上,客舱可望降低15dB(A)以上,即便是靠近机舱的客舱也比较安静。船员和旅客的生活、工作环境好。它向大气排放的污染物质($NO_x$、$SO_x$、HC)见表2.5.6,是原来使用C号重油柴油机的1%以下。对在近、内海运营的渡轮尤有利于环境保护。

表2.5.6 废气成分比较

| | 原来的柴油机渡轮 | 燃料电池推进渡轮 |
|---|---|---|
| $NO_x$ | 约$1500\times10^{-6}$ | 约$10\times10^{-6}$以下 |
| $SO_x$ | 约$600\times10^{-6}$(含有3%燃料) | 约0 |
| HC | 约$130\times10^{-6}$ | 约0 |

就经济性而言,如果今后对排放污染的规定十分严格,则柴油机必将采用高价位的低硫燃料;燃料电池渡轮的舒适性又可望有较高的集客率。这两者的综合,可使燃料电池渡轮的无盈亏运营价位不会高于柴油机渡轮。

3)观测船

这种船舶的特点是船体不太大。燃料电池安静运行和近乎无污染排放的特性尤为适宜。提供的居住和研究环境是目前最新锐的同型船舶无法与之相比的。燃料电池对观测设备负载随机变化的适应性也高出一筹。通过对燃料电池的开发和改进,不久的将来在海上船舶的应用方面定会出现一个新局面。

# 第3章 推进装置的构成与特点

动力装置总设计师接受为某型舰船设计动力装置的任务后，首先与舰船总设计师一起，根据设计任务书要求的排水量、航速这两个主要指标，在所收集的资料库中寻找与其相近的舰船（母型）作参考。寻找母型的第一个目的是初步确定设计对象的舰（船或艇）型、主尺度、拖曳功率等有关舰船总体设计的基本参数；第二个目的是初步确定设计对象的推进装置方案；第三个目的是初步确定设计对象应配置的螺旋桨的结构形式和主要参数。对于动力装置总设计师而言，主要是第二个目的（有时还可能包括第三个目的）。

如果有母型，则应以母型为蓝本，同时按照设计对象开始建造时所能提供的各种产品能达到的水平和母型仔细比对，找出可能改进之处，形成若干个能同时满足推进装置总功率和螺旋桨转速要求的最初步方案供筛选。如果找不到母型，则需从选择原动机开始，形成若干个能同时满足推进装置总功率和螺旋桨转速要求的最初步方案供筛选。

因此，无论找得到还是找不到母型，都需要制订最初步的方案。两者的差别仅在于前者有蓝本作参考，搜索的范围相对窄一些；而后者则是从零开始，搜索的范围要广泛得多。如果掌握了没有母型可参考情况下制订最初步方案的方法，那么在有母型可参考时这个问题也就迎刃而解了。

## 3.1 推进装置初步方案

### 3.1.1 制订初步方案的依据

制订初步方案的依据是主动力装置所要求的总功率和螺旋桨的最佳转速（或最佳转速范围）。

**1. 主动力装置总功率的初步确定**

在制订最初步方案时，初步确定主动力装置总功率的方法主要是利用母型和海军部系数法。也就是当设计任务书中的一个目标值——航速、一个约束条件——排水量为已知时，即可根据母型舰船的航速、排水量和其主动力装置的总功率，初步确定欲设计舰船的主动力装置总功率。

当找不到合适的母型时，也可采用在船模池中拖船模的方法计算出有待设计舰船的主动力装置总功率。需要说明的是拖船模法算出的是拖曳功率，要折算成主动力装置总功率还必须考虑螺旋桨的推进效率和船后效率、后传动装置及轴系的传动效率、必要的环境修正和功率储备。一般可先取拖曳功率的两倍。

但是从做船模开始一直到算出主动力装置总功率的周期较长且费用较大，加之在此阶段一般还没有必要如此精确地确定主动力装置的总功率，因此一般不采用此法而是放宽母型的范围。也就是尽可能用母型解决问题。

用母型法求取主动力装置总功率时,可不必考虑环境修正和功率储备。因为在母型中必然已经将这些因素考虑在内了。

**2. 螺旋桨最佳转速的初步确定**

母型所提供的主要参数中一般包括螺旋桨的最佳转速。但是一定要注意母型螺旋桨的类型、生产日期,再由此找出相应的图谱并与当前可能被采用的新图谱作全面的比较,如果新图谱提供的推进效率较明显地高于母型图谱时,则应据此修正主动力装置总功率(一般会有这种情况,因为螺旋桨的设计和生产水平提高很快,尤其是当所选取的母型的生产日期属于较早期时)。

## 3.1.2 推进模块选型

**1. 一般推进模块的组成**

这里指的推进模块一般是以一根轴系为核心的推进装置,如图3.1.1所示。轴系前(右)端一般设有后传动装置,再前端是原动机。原动机可以是一台,也可以是两台、三台,甚至多到四台,但从总体构成及控制装置不至于太复杂、可维性和可靠性等角度考虑,目前一般最多采用双机共轴。当原动机是一台时,可以是柴油机、燃气轮机、蒸汽轮机或在很特殊情况下使用热气机;当原动机是两台时,可以是柴油机,也可以是燃气轮机,但不可能是蒸汽轮机;当原动机是三台或四台时,只可能是柴油机。

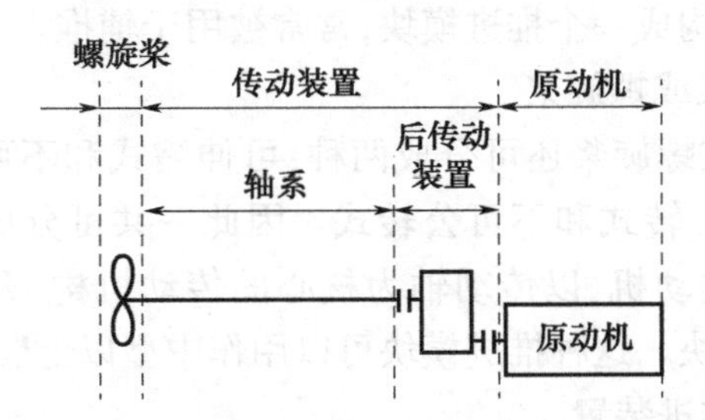


图3.1.1 推进模块的一般构成简图

当采用双机共轴时,两台原动机可以是同型机,也可以是异型机。从这个意义上来说,如果是同型柴油机,则称为CODAD;如果是异型燃气轮机,则称为COGOG或COGAG;如果一台是柴油机而另一台是燃气轮机,则称为CODOG或CODAG;如果一台是蒸汽轮机而另一台是燃气轮机,则称为COSAG。它们统称为联合动力装置。

这里的“CO”表示Combined——联合;CO后面的第一个字母表示巡航原动机的机型。D:Diesel;G:Gas Turbine;S:Steam Turbine。CO后面的最后一个字母表示加速原动机的机型。CO后面的第二个字母表示联合的方式。O:Or,交替式;A:And,共同式。

还有一种比较特殊的联合动力装置——CODEAG,它的柴油机并不直接将其机械能传给轴系而是经过能量二次转换(机械能—电能—机械能)的方式,由电动机驱动轴系,提供巡航推进动力。目的是在巡航时极度地抑制动力装置的主要振动噪声源,完成反潜搜索任务(对于动力装置的主要振动噪声源——柴油机可采取有效的隔振降噪措施)。

**2. 特殊推进模块的组成**

1)螺旋桨模块

有的推进模块属于一机分轴。但是一般仅分到两根轴系为止,也就是由一台主机同时驱动两根轴系,不可能同时驱动更多,但是这种组成方式极少。有的轻型护卫舰(1000 ~ 1500 吨级)采用这样的联合动力装置:一台巡航机与一台加速机同时驱动两根轴系的方案,如图 3.1.2 所示。还有的采用两台巡航机与一台加速机同时驱动两根轴系的方案,如图 3.1.3 所示。需要指出的是,这种推进模块在一艘舰艇上只配置一套,不可能配置两套或更多。

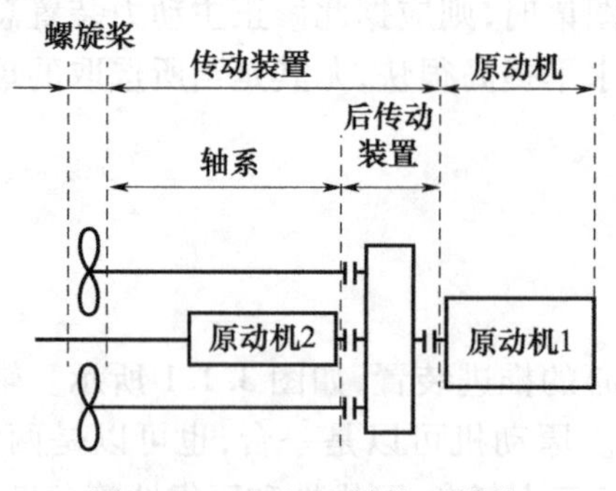


图 3.1.2 双机双轴推进模块

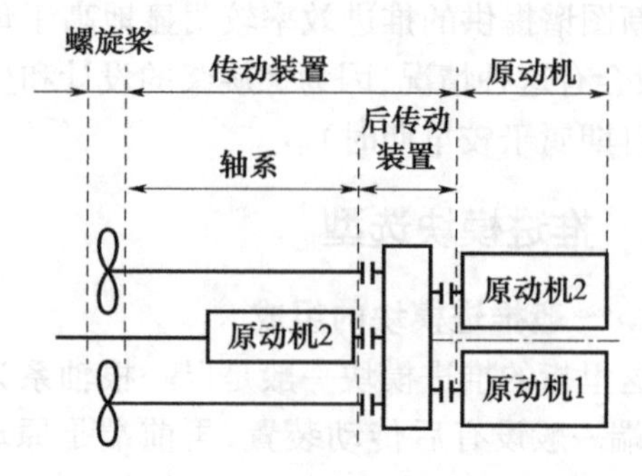


图 3.1.3 三机双轴推进模块

2)隧道式螺旋桨

隧道式螺旋桨通常为电力传动,而且没有轴系。螺旋桨由电动机直接驱动或者螺旋桨直接安装在电机轴上,构成一个推进模块,常常被用于辅推。

3)垂直传动式导管桨或螺旋桨

垂直传动式导管桨或螺旋桨还可分成两种:可伸缩式和不可伸缩式。而每一种又均可分成可(围绕垂直轴)公转式和不可公转式。因此一共可分成四种。它们的特点是由一台较小型的原动机或电动机、以传动轴为核心的传动机构、升降装置、公转装置、螺旋桨、导管组成一套推进模块。这种推进模块可以用作中型以上舰船的辅推进装置,也可用作小型艇、舟、船舶的主推进装置。

**3. 关于联合动力装置的说明**

前面提到的联合动力装置总共有七种组成形式。从表面看,似乎还有 CODOD、COGOD、COGAD、COSOG、COGOS、COGAS、CODOS、CODAS、COSOD 和 COSAD 等多种未被列入。事实上它们不会组成推进模块。要充分理解其中的原因,必须从以下四个角度进行分析:"巡航"和"加速"的含义及相应的要求;D、G 和 S 的总体性能特点及各自的适应性;使用管理人员的技术水平和后勤保障等方面的复杂程度;动力发展的特殊环境。

1)"巡航"和"加速"的含义及相应的要求

根据全世界统计,在战斗舰艇服役周期的全部航行时间中,使用"巡航"工况(约为全航速或最高航速的 60%,也就是 16 ~ 20kn)或以下的时间约占 85% 或更多。而使用"加速"工况(高于巡航航速)的时间占 15% 或更少,其中使用全速的时间仅占 5% 以下。于是可引出两个结论:第一,"巡航"工况对主机功率的需求并不大,但是要求此时主机具有高的效率、可靠性和长的寿命;第二,"加速"工况对主机功率的需求很大,具有同样高的可靠性,但相应于此工况的寿命则可短些,效率也可适当低些。

因为巡航功率仅为全功率的 20%,如果按全功率的要求去分给每一个推进模块,并按此要求配置一台主机,则在其大部分时间中的大部分功率都不需要发挥,因此称为"闲置功率”。由此造成的后果是这台主机的质量必然很大;大部分时间工作在低负荷区,其效率必然远离高效率区;还可能导致诸如磨损加快、寿命降低、故障率升高等不良后果。

如果在一套推进模块中设置两台原动机,其中一台按巡航要求选择(称为巡航机),另一台按全速要求选择(称为加速机),则上述这种仅由一台主机组成的推进模块的固有弱点就可以免除了。从这一层意义上说,这是一个(或一套)基础推进模块的联合动力装置形式。

(1)选择巡航机。

选择巡航机的标准是效率、可靠性、寿命均高,而功率只需全功率的20%左右,因而其本身的质量和尺寸即使稍微大一些也无妨。对同一种类型的原动机来说,效率、可靠性、寿命都高时,则其质量和尺寸一般也较大。即使如此,它还往往被选中。这要从包括主动力装置机械总质量与一个续航力航程内所需的燃油质量之总和这个整体来说明。

设由两种原动机组成的推进单元的巡航航速 $V_3$、巡航功率 $N$、一个续航力航程 $L$ 均相同。两个推进单元的本身质量分别为 $W_1, W_2(W_1 > W_2)$;两种原动机的燃油耗率分别为 $g_1, g_2(g_1 < g_2)$。则出航时动力装置与携带的燃油的总质量分别为 $G_1, G_2$:

$$G_1 = W_1 + g_1 \cdot N \cdot L/V_3 \tag{3.1.1}$$

$$G_2 = W_2 + g_2 \cdot N \cdot L/V_3 \tag{3.1.2}$$

故

$$G_1 - G_2 = (W_1 - W_2) - (g_2 - g_1) \cdot N \cdot L/V_3 \tag{3.1.3}$$

当 $(g_2 - g_1) > (W_1 - W_2)V_3/NL$ 时,$(G_1 - G_2) < 0$。这说明,即使动力装置质量较大,只要其燃油耗率足够小,那么出航时动力装置与携带的燃油的总质量可以小于动力装置质量较小的那一种。这就是“重机轻油”可能优于“轻机重油”而被优先采用的原因之一。

下面用某一个实例予以说明:设 $W_1 = 35\text{t}, g_1 = 190\text{g/(kW}\cdot\text{h)}; W_2 = 28\text{t}, g_2 = 215\text{g/(kW}\cdot\text{h)}$; $N = 5,000\text{kW}; V_S = 18\text{kn}; L = 6000\text{mil}$。则 $G_1 - G_2 \approx -32.5\text{t}$。也就是动力装置本身质量原来为7t(这已经是一个很可观的质量差异了),但是考虑燃油以后的总质量反而要小32.5t,还能获得比较好的可靠性和寿命,因此这是一个比较好的方案。

同一种类原动机中的燃油耗率差别并不很明显(上例的差别为215g/(kW·h),约为12%)尚且如此,不同种类原动机(例如柴油机和燃气轮机之间)燃油耗率的差别更大,可达到40~80g/(kW·h)甚至更大,再加上柴油机的先天性不足(振动和噪声),已经开发出了有效地抑制其传播的技术措施,“重机轻油”方案在我国更有着广阔的应用前景。

“重机轻油”观点不仅适用于选择原动机,在确定是否需要加装减速齿轮箱时也要借助于它。因为据统计,在一定转速范围内,螺旋桨的转速每降低5%,其效率就能提高1%,这就意味着原动机的总功率可减小1%。若螺旋桨转速能降低20%,则原动机的总功率可减小4%。设原动机的初始总功率为10000kW(这个数字并不算大),其燃油耗率为190g/(kW·h),则完成上例中一个续航力航程6000mil时,可节省的燃油为25t。如果加设的齿轮箱的质量小于25t,则说明至少在总质量上不仅不会因加设齿轮箱带来不利因素,反而可能“得大于失”。

(2)选择加速机。

选择加速机时,主要考虑三个问题:

首先要考虑的是其功率。一是按全功率减去巡航机功率之差,二是仍按全功率。若按第一种,则在接近全速时,两台机必须一起投入运行;到全速时,两台机必须同时提供全功率。这就是“A”——共同式。若按第二种,则在巡航速以上时,只需由巡航机换成加速机运行即可。这就是“O”——交替式。这两种各有利弊,专家们的倾向也不同。有的主张用交替式,认为它的并车齿轮箱较简单;从整体看,除短暂的交替过程比较复杂外,容易实现全自动监控;设置的巡航机在高于巡航航速工况时确实属于“闲置”状态,没有被很好地利用,但是即使能全部利用,最高航速也不过增加6%左右,意义不大,可是要为此付出建造比较复杂的齿轮箱和自动监控系统的代价,得不偿失。有的则持相反观点,认为可以配置功率较小的加速机,从而彻底取消了“闲置功率”,而如果配置与上述相同的加速机再采用共同式,则最高航速可增加6%左右,是很有价值的;至于并车和自动监控问题即使复杂些,也是可以解决的。究竟应如何确定,须经过全面、深入、细致的评估后才能下结论。

其次要考虑的是可靠性。其主要的可靠性指标应满足设计任务书的要求。

再次要考虑的是质量、尺寸的比功率,越轻小越好。初步选定后,还需经动力装置总质量估算,并在船体总设计师分配给动力装置总质量指标的允许范围内才可最后确定。进行这项工作时,仍然会遇到“轻机重油”或“重机轻油”问题,需要仔细斟酌。

(3)有关的结论。

按照这一段所阐述的内容,再考虑到D、G、S的总体性能特点及各自的适应性,即可得出如下结论:

①柴油机的单机功率和燃油耗率小于、寿命长于(至少不会短于)、单位功率质量大于燃气轮机,因此没有任何理由组成COGOD或COGAD。

②柴油机的单机功率和燃油耗率更小于蒸汽轮机,更无任何理由组成COSOD或COSAD。

③蒸汽轮机的单位功率质量远大于、寿命长于、燃油耗率小于燃气轮机,启动加速时间特别长,也无任何理由组成COGOS或COGAS。

④对加速机的另一个要求是从冷态停车状态进入到全速全负荷运行的时间很短,但是蒸汽轮机不可能具备这样的特性,因此也不可能组成CODOS或CODAS。

⑤共同式和交替式的运行方式尤其是在过渡过程中和功率分配等方面还各有特点,将在后面的有关章节中详细论述。

2)使用管理人员的技术水平和后勤保障等方面的复杂程度

由两台能互相取长补短的异型机组成的推进模块固然有很多好的综合特性,但也不可避免地存在一些短处:

(1)要求使用管理人员的技术水平更高更全面。

要掌握两种完全不同型号的发动机、并车齿轮箱和全自动监控系统的结构、工作原理、使用、保养和维护等方面的知识,这对使用管理人员的技术水平要求更高。

(2)后勤保障等方面较复杂。

不同的机型,其备品备件也各不相同,一型发动机的备品备件少则近百种,多则数百种甚至近千种,它们的存放需要空间并占据一定的排水量,它们平时的保管需要相当大的劳动量,它们的消耗与补充等分类账目需要管理,这些已经够复杂了。再加一种机型,这方面占据的空间和排水量和工作量可能是原来的两倍甚至更多,无疑要复杂得多。

不同的机型可能需要不同的燃料(柴油机和燃气轮机一般用不同的燃料),除了使舰艇本身的燃油系统(包括燃油舱)更显复杂外,还使后勤保障(特别是战时供应)更复杂了。

当准备用两台柴油机组成一个推进单元时,考虑到上述这两个因素,再考虑到加速机的功率比较大,很难遴选到满足这样大功率的柴油机,即使能选到,其质量和尺寸的比功率指标也不可能满足要求,因而必然是CODAD方式而不可能是CODOD方式。

3)动力发展的特殊环境。

蒸汽轮机是十分成熟的原动机,寿命相当长,很早就被应用在舰艇上。当这些舰艇为了提高航速而进行现代化改装时,加装燃气轮机作为加速机是一个值得采用的方案。这是因为:燃气轮机的单机功率比较大,质量尺寸比是属于最轻小的,启动加速时间最短,这些特性都是作为加速机的有利条件;它的燃油耗率稍高和寿命较短的缺点在作为加速机时则可以忽略;它的排气温度较高,将其引入蒸汽锅炉可以进一步利用其排气的热能。所以COSAG这种推进单元组成方式仅仅是在对蒸汽轮机舰艇进行现代化改装这个特殊历史时期才出现的。现在建造新的蒸汽轮机舰艇时,由于蒸汽轮机本身的单机功率就已经足够大,不需要再另外设置加速用燃气轮机了。

有鉴于此,得出不可能存在COSOG这种组合方式的结论是可以理解的了。

在这一段分析中没有涉及初建费用、运行和维修费用、报废时的残值等经济问题。因此在论证时还须从全寿命经济性(周期费用)的角度予以论述。

**4. 关于推进模块的表达方式和内容**

在初步设计或方案论证的最初阶段,不必要也不可能十分详尽地描述被选用的推进模块,一般以方块图(简图)的形式并配以必要的文字说明材料共同表达即可。

1)关于方块图(简图)

方块图(简图)的一般形式如图3.1.1~图3.1.3所示。若是一个比较大而重要的部件,则用一个方块表示;若是传动轴,则用一根粗线段表示;若在两根传动轴之间设有单独的离合器,则用类似电路中的电容符号表示;若是液力耦合器,则用一个特殊的象形符号表示(见第6章);定距桨也用一个特殊的象形符号表示;在定距桨符号与传动轴的交点处加一个类似电路中可变电阻符号(斜置箭头)则表示调距桨;若为电力传动,则在电动机与电源(发电机或电池)之间用细虚线联通;如果离合器或液力耦合器被设置在齿轮箱中,则不必标出;若还单独设置有其他重要的零部件,可自行构思相应的象形符号并在图注中说明。因为是简图,所以不必按比例画,但要能一目了然地看出由几个单独的零部件组成、所有这些零部件之间的连接关系、相对位置和总体布局。

2)关于文字说明

配合简图的文字说明表达的深度一般属于1.4.3中指出的第一层次的深度,也就是对简图比较详细的说明。包括以下七个方面:

(1)推进模块的功率和组成形式:单机、双机还是多机,是同型机还是异型机;

(2)若为联合动力装置,则需说明是交替式还是共同式;

(3)是直接传动、间接传动还是电力传动;

(4)原动机、齿轮箱等单独设置的主要零部件的具体型号、总体性能(如功率、转速、油耗率、寿命、可靠性、质量、外形尺寸等在论证设计中所需的参数),若是电力传动则还须说明发电机组和推进电机的具体型号;

(5)是定距桨还是调距桨,有无导管;

(6)是否准备采用隔振降噪装置,若准备采用,则还应同时指出隔振降噪的范围和由此而引出的动力传递特点——例如在采用与未采用隔振降噪装置的零部件之间如何保证传动轴两端中心相对位移的补偿等;

(7)其他需要说明的问题,例如有的主要零部件暂时找不到合适的型号,可以注明对其主要性能指标的要求。这部分内容很可能是技术设计中需要解决的技术难题(如果这种推进模块被选中时)。

**5. 关于建立推进模块数据库**

CAD 技术已被广泛地应用于各种设计领域,舰船轮机工程设计也不例外。在平时就建好推进模块的数据库并且根据有关零部件的发展情况及时地补充修改,对论证设计质量起着决定性的作用。对应于设计三阶段涉及的深广度和三个层次包含的内容,推进数据模块库的内容应当与此相适应,此处不再重复。

### 3.1.3 制订初步的推进方案

制订初步的推进装置方案就是在满足对推进装置总功率和有关机动性要求的前提下,回答这样两个问题:由几个推进模块组成推进装置?每个推进模块是如何组成的?在回答这两个问题的时候,必须把凡是能满足上述两个前提条件的所有可能方案列出,才能保证被优选出来的方案是真实的。

**1. 制订初步推进方案时的约束条件**

这里指的约束条件不是全部,而是制订最初步推进装置方案时需要考虑的。而后,随着设计的不断深入,再陆续用相应的约束条件对被选中的方案进行筛选(通常这种筛选要进行三次或更多),最后再对被筛选出来的若干种方案进行综合选优。这里的约束条件包括六项:

1)舰船主要使命与任务的约束

这个约束条件是在组成推进装置最初步方案时必须首先考虑的,它决定了应该选用哪一种类型的推进模块。例如就目前和今后几十年时间内,一般中大型水面战斗舰艇和军辅船大部分会选用在 3.1.2 节中阐明的一般推进模块,个别的可能再增加一个在 3.1.2 节 3 中阐述的可伸放式垂直传动螺旋桨作为辅推装置(俄罗斯 8000 吨级导弹驱逐舰就是一例);现代常规动力潜艇一般均选用电力传动方式;核动力潜艇除可能选用电力传动方式外,一般还要增设由常规动力(包括将来可能被采用的燃料电池)提供动力的应急推进装置或辅推(一般采用可伸放式垂直传动螺旋桨);一般的小型水面战斗舰艇可选用的类型则比较多,一般推进模块、特殊推进模块中的普通水螺旋桨、隧道式螺旋桨、电力传动和 CODEAG 等都可以;特殊的高速小型水面战斗舰艇(水翼艇、气垫艇等)可能采用一般推进模块或空气螺旋桨推进模块;再小一些的如冲锋舟等则通常采用艇尾机;一般的和负有特殊使命的小型军辅船大都选用全柴动力,但负有特殊使命的小型军辅船选用的形式可能多一些,例如要求回转半径很小的军辅船采用的很可能是一般推进模块与艏艉隧道式辅推的组合;以在港口内执行拖带任务为主的小型拖轮,很可能采用可回转式导管桨推进模块;小型竞速艇则很可能采用喷气式推进模块。

2)推进装置总功率的约束

在 3.1.1 节中已经得到了推进装置的总功率,但所得的总功率是一个确定的数值,而实际上能满足这个约束条件的原动机(或者是原动机组合——联合动力装置)是很少的甚至找不到,因而在此时应适当放宽这个约束条件。

放宽的范围一般为 0.95 ~ 1.1,这意味着由此而得到的最高航速与设计任务书规定的相比可能有 2% ~ 3% 的差异,这应当是允许的。当范围被放宽到 0.95 ~ 1.1 时所得到的方案数不足 20 个时,还应再度放宽,直到所得到的方案数≥20 为止。目的就是尽可能得到较多的方案供选择。这一条应该落实在 CAD 程序编制中。

3)推进单元转速的约束

在 3.1.1 节中已经得到了推进模块也就是螺旋桨的转速,这个约束条件并不是最终的,而是要待螺旋桨的技术设计完毕后才能最终确定。但是这个变化对本阶段的影响很小,小到可以忽略。因为这个变化的影响充其量只是引起齿轮箱减速比的微小变化,而这个微小变化对推进模块的最初步方案几乎没有影响,因此可以忽略不计。

4)推进模块位置的约束

实质上这是轴系布置中的问题之一,也是要在轴系这一章中予以落实的内容,此处仅阐述对一般推进模块受到的布置位置的约束,包括艏艉、上下、左右三个方向、轴系与龙骨基线的夹角共四个因素。

(1)艏艉方向。

①主机或减速齿轮箱。

一般推进模块中的主机(包括减速齿轮箱)的位置被安排在舰船的舯部偏后一些的舱室内,称为舯部布置,与螺旋桨之间由传动轴系联结,因此其传动轴系较长。而以运送液体(如燃油、水等)、弹药、大型构件、集装箱、散装货物(粮食、建筑材料、煤等)等物资为主的军辅船则采用艉部布置,也就是推进模块中的主机(包括减速齿轮箱)的位置被安排在艉部,其传动轴系则较短。具体位置由舰船总设计师提供,经本阶段筛选合格后认可并作为技术设计的已知条件。

②螺旋桨。

螺旋桨通常被安排在第 18 理论肋骨附近。当螺旋桨数量为 3 个或更多时,还应当尽量顾及减少它们之间的相互影响,一般不会把它们布置在同一横剖面内,而是前后错开一段距离。具体位置也由舰船总设计师提供,经本阶段筛选合格后认可并作为技术设计的已知条件。

(2)上下方向。

①主机或减速齿轮箱。

这个约束条件就是舰船总设计师提供的机舱中各个肋骨位横剖面具体的形状和尺寸。

主机或减速齿轮箱的底部至少应高于此处舰体构件的最高点。考虑到舰体建造时不可避免的误差,对中大型采用舯部布置的舰船(也就是轴系较长),两者的差值应当不小于 300mm,随着轴系长度的减少,这个差值也可适当地减少,但不得小于 200mm。

对于采用舯部布置的小型舰船,不得小于 100mm。

如果主机或减速齿轮箱还需要从底部进行某些监测、检验和维修等工作时,则应按照它们的要求预留空间(如果此空间在肋骨之间即能满足,则可将肋骨高度考虑在内,但是这项工作一般要深入到技术设计时才能有确切的结论)。

主机或减速齿轮箱的顶部应当按照它们的要求留有必要的维修高度(包括起重设备的高度在内)。某些小型高速艇可能采用整机更换的修理方式,则在机舱顶部应当预留足够大的通道,能保证最大的设备方便地进出。

②螺旋桨。

螺旋桨的上下位置主要是考虑螺旋桨与舰体之间的相互影响尽可能小(其一是为了避免螺旋桨的船后推进效率降低过多,其二是尽可能减少螺旋桨转动引起的水流所导致的舰体艉部振动);再就是保证螺旋桨的安全(不会被水底礁石等碰坏)。

对在深水航行的舰船来说,其螺旋桨的中心一般不低于舰船的龙骨基面(偶或可略低一些);对于有可能在浅水航行的舰船来说,其螺旋桨的最低点一般不能低于舰船的龙骨基面,对于登陆舰艇而言尤其应当如此。

螺旋桨与舰体之间的垂直距离一般不小于螺旋桨直径的0.12倍。

螺旋桨具体的上下位置也由舰船总设计师提供,经本阶段筛选合格后认可并作为技术设计的已知条件。

(3)左右方向。

①主机和减速齿轮箱。

按照舰船总设计师提供的机舱中各个肋骨位横剖面具体的形状和尺寸,安排主机和减速齿轮箱的左右位置,总的要求是主机之间、减速齿轮箱之间、主机与舰体构件之间、减速齿轮箱与舰体构件之间一般均应留有宽度为0.6m左右的通道,如果主机或减速齿轮箱有横向维修空间的要求,也应当满足。对于小型舰船,通道宽度允许适当减小,局部可为0.35m(操纵人员能侧身通过)。

②螺旋桨。

如果只有一个螺旋桨,则必定布置在舯纵剖面内;如果有两个或更多,则其在舰体横剖面中左右位置所受到的约束也来自两个方面:

第一是相互之间的水流影响(这种影响会引起艉部振动和效率下降),为了尽可能减少这种影响,相邻螺旋桨的中心距一般应不小于1.1倍的螺旋桨直径。

第二是保证螺旋桨的安全。也就是外舷螺旋桨的最外缘至少不能超过舰体舯横面在水线处的宽度。

(4)轴线与龙骨基线的夹角。

轴线与龙骨基线的夹角实际上将其分解成两个:与舰体基面的夹角 $\alpha$——倾斜角;与舯纵剖面的夹角 $\beta$——扩散(内缩)角。它们造成的不良后果都是使螺旋桨工作在不均匀的流场,从而加剧其局部横向激振力;降低其船后推进效率;有效推力减小。其中第一项是主要的。为此,一般的水面舰船要求 $\alpha \leqslant 5°$,$\beta \leqslant 1°$。小型舰船则一般要求 $\alpha \leqslant 10°$,$\beta \leqslant 2°$。为了满足此要求,有时不得不采用倒V形布置。对于现代潜艇,则 $\alpha = \beta = 0°$。

5)推进模块数量的约束。

①考虑到推进装置总体在舰船中布局的可行性、操纵使用的方便程度等因素,主推进模块的数量一般不超过4个,也就是主推进螺旋桨及其传动轴系一般不超过4个。

②在电力推进方案或CODEAG中情况就不同了,作为柴油发电机组可以配置4个以

上甚至多达十几个,它们可以灵活地布置在全舰的各处,附带的优点之一是提高了生命力。

③现代潜艇均采用水滴形、鲸鱼艏、旋转体艉的艇型以减小水下航行阻力。与此相应的对螺旋桨数量的要求是只能配置一个;如果要配置两个,则必定是同轴传动,也就是两个螺旋桨是同心布置。

④当采用公转式导管桨推进模块时,其数量一般应当为两个。

⑤当采用隧道式辅推模块时,其数量一般不能超过两个。若是一个,则在艏部;若是两个,则艏艉部各一个。

推进模块的数量一般由舰船总设计师和轮机总设计师协调决定。

6)机舱纵向长度的约束

舰船生命力明确规定,小型舰船应当在相邻两舱破损进水后仍能保证有足够的储备浮力和稳定中心高。对中大型舰船的要求则更高,允许破损舱室的数量可能是三四个甚至更多,这就限制了每个机舱的长度,不能选用过长的原动机。机舱的纵向长度也由舰船总设计师提供,经过本阶段筛选合格认可后作为技术设计的已知条件输入。

所有这些约束条件都是最基本的,均应该在制订最初步的推进装置方案过程中逐一与之比对,凡是不能满足的方案都应摒弃。有时能满足这六个约束条件的方案太少(例如少于20个),则可在征得舰船总设计师同意的前提下,适当放宽第4)、5)、6)项约束条件。

**2. 最初步的推进装置方案的表达方式和内容**

经过本章3.1.3节及其以前的工作,已经筛选出了不少于20个能满足六个约束条件的最初步的推进装置方案。在利用CAD技术进行推进装置方案论证时,这些方案仅是论证过程中的前期结果,一般不需要打印输出。在有的情况下设计人员等可能想了解这些结果,因此在研制CAD程序时应该使之具备这个功能,并通过人机对话方式决定是否执行打印输出指令。这里对打印输出的表达方式和内容作下列建议:

1)表达方式

初步设计或方案论证阶段所提供的推进装置方案一般以方块图的形式并配以必要的文字说明材料共同表达。3.1.2节中关于推进单元的表达方式和内容是很好的参考,但是应扩展到整个推进装置。

2)表达内容

(1)方块图。

按照舰船总设计师提供的线型图、机舱和螺旋桨中心的位置,按比例画出这几个单元在顶视(机舱的轮廓相应于正常排水量时)、舯纵剖面和机舱最拥挤部位的横剖面这三个方向的布置简图。主要零部件的表示方法见3.1.2节,但是像原动机、减速齿轮箱、螺旋桨等大型主要部件,则应按其最大的外形尺寸按比例画出,它们在三个方向上的中心线位置也应按比例定位在相应的三个视图上。

(2)文字说明。

参看3.1.2节中关于文字说明部分,再增添以下内容:

①有几个推进模块(包括推进模块的类型、螺旋桨类型、是否有辅推等);

②每个推进模块的主要构成(分解到第二层为止);

③推进装置总功率和预计可达到的最高航速;

④如果主要传动部件没有系列产品可供直接选择,准备采取的对策。

在3.1.2节的关于文字说明中的(6)、(7)和此处的③④中,由轮机总设计师根据打印输出结果、有关产品的技术水平、设计任务书中某些特定的指标完成补充论证。

**3. 关于联合动力装置的进一步说明**

在3.1.2节中已经对推进模块的联合动力装置方式作了详尽的分析和说明,但是所涉及的面仅仅局限于推进模块,还需要从整个推进装置的高度予以进一步分析说明。

有的推进装置由三个或四个推进模块组成。以三个推进模块组成为例,每个推进模块都是一机一桨,但其原动机可以有四种选择:1D+2G;2D+1G;3D;3G。这四种组成的运行方式都有既可以是"交替式"也可以是"共同式"这两种可能。因此,尽管它们的原动机并没有通过并车齿轮箱一起驱动一个螺旋桨,然而从总体观察,本质上也属于"联合动力装置"。推而广之,即使是由两套完全相同的推进模块组成的推进装置(这种装置还是经常被采用的),本质上也可以被认为是"联合动力装置",所不同的仅仅是"联合"的方式有差异罢了。下面将分析两者的差异。

这里所指的"联合"方式,在以"交替"方式运行时,都有部分螺旋桨不工作,因此都存在"拖桨损失"。也就是舰船的航行阻力将增加,所增加的数值相当大,尤其当不工作螺旋桨为了避免其轴承被磨损等原因而被刹住不转时,阻力的增加值可能和该航速下舰船的航行阻力相当,在巡航状态下,加速螺旋桨被刹住,由于它的直径一般比较大,所产生的阻力增加值甚至还可能比该航速下舰船的航行阻力大出许多;在高速状态下,巡航螺旋桨被刹住,由于航速高,因而巡航螺旋桨产生的阻力增加也不是一个小数值,比该航速下舰船的航行阻力小不了多少。无论从哪一个角度分析,均要求较大幅度地增加巡航机和加速机的功率,同时使单位航程的燃油耗量较大幅度地增加。

在以"共同"方式运行时,存在各个螺旋桨之间推力的合理分配问题。如果分配不合理,则可能导致两个后果:最高航速达不到要求;有的推进模块的主机超负荷。与推进模块采用联合动力相比较,有类似和不同之处。类似之处是在高于巡航航速状态下航行(即所有主机均工作)时,都存在负荷的合理分配问题,对前者来说,还要通过螺旋桨的船后效率才能反映到主机的负荷;不同之处在于,凡是前者出现部分桨不工作的情况时,必然会出现"拖桨损失",而后者无论在何种情况下都不会出现"拖桨损失"。

以这个观点来看在3.1.3节中提到的俄罗斯8000吨级导弹驱逐舰推进装置,可以认为属于CODEOS联合方式,不过用DE工作时的航速仅为6kn左右而已,且在用其作反潜侦察动力的同时,原来正在工作的锅炉并不熄火;用其作紧急离港动力的同时,立即点火加热锅炉,待锅炉的蒸汽压力达到可以驱动蒸汽轮机时,即可转入蒸汽轮机推进状态。由此可知,联合动力的方式确实多种多样,应当在研究组成方式时放开思路探索,决不能囿于既有框框的限制。

仅仅从避免"拖桨损失"角度看,似乎采用联合动力的推进模块具有无瑕的优势。但是,问题在于联合动力的推进模块必须设置并车齿轮箱。当传递功率相当大(例如8~25MW)时,必然会遇到很多疑难问题,例如首先是建造能满足舰艇使用条件的并车齿轮箱并非易事,原材料、机加工、热处理等均需要强大而厚实的基础工业作后盾;其次是在具体的舰艇中能否容纳得下(包括体积和质量两个因素)。

因此有的国家当其在舰艇用大功率并车齿轮箱技术未能过关时,宁愿采用前者。当确能生产舰艇用大功率并车齿轮箱并且能被合理地布置在某型舰艇中时,还需要从“轻机重油”或“重机轻油”、人机界面、全寿命周期费用、可靠性(度)、生命力等方面进行全面衡量。

## 3.2 不同推进方案的性能特点

经过本章第一节的研究,已经获得了不少于 20 种最初步的推进装置的可能方案,并且已经通过了多种约束条件的筛选。但是这些最初步的推进装置方案还有很多方面需要进行深入研究,才能得到满足设计任务书要求的可能方案。本节对各种不同推进方案的性能特点进行分析。

### 3.2.1 不同原动机推进方案

根据主机类型不同,可将推进装置分为柴油机动力装置、燃气轮机动力装置、蒸汽轮机动力装置,以及联合动力装置等不同推进方案。

**1. 柴油机动力装置**

自 20 世纪 50 年代以来,柴油机因其功率覆盖面较宽广、效率高、技术成熟等优势而在各型民用船舶和中小型舰船动力装置中得到了广泛的应用并一直占主导地位。在现代舰船中,柴油机动力占 90% 以上。预计柴油机未来将继续在民用船舶中占主要地位,而现代高速、中高速及中速柴油机在中小型军用舰(潜)艇上仍是主要动力源之一。

1)柴油机动力装置的组成原理

柴油机动力装置一般由柴油机、传动装置、推进轴系、推进器以及保证装置正常运行的各种附属的辅助系统组成(图 3.2.1),辅助系统主要包括燃油系统、润滑系统、冷却系统、压缩空气系统、进排气系统等。船用柴油机按照活塞平均速度和转速,分为低速柴油机(活塞平均速度 5m/s 以下,转速 300r/min 以下)、中速柴油机(活塞平均速度 6~9m/s,转速 300~1000r/min)和高速柴油机(活塞平均速度 9m/s 以上,转速 1000r/min 以上)。中、低速柴油机由于转速较低,通常无需传动装置而直接通过推进轴系驱动推进器。

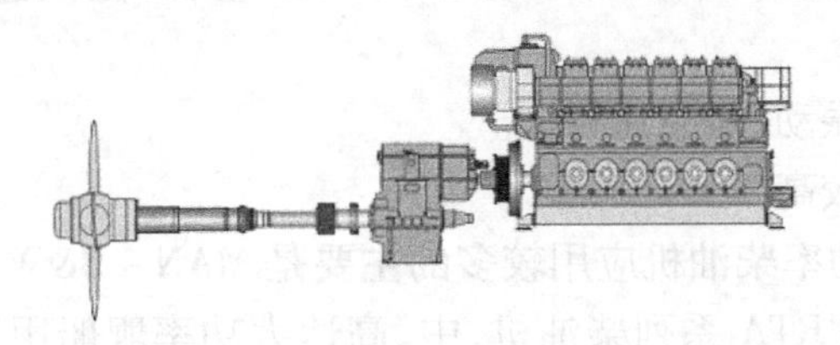

图 3.2.1 柴油机动力装置构成简图

2)柴油机动力装置的性能特点

柴油机动力装置的主要优点:

(1)具有较高的经济性。柴油机动力装置经济性好不仅体现在全速全负荷工况,而且在它的整个工作范围内都具有其他热机不能与之相比的经济性,图 3.2.2 为不同推进装置的效率比较。

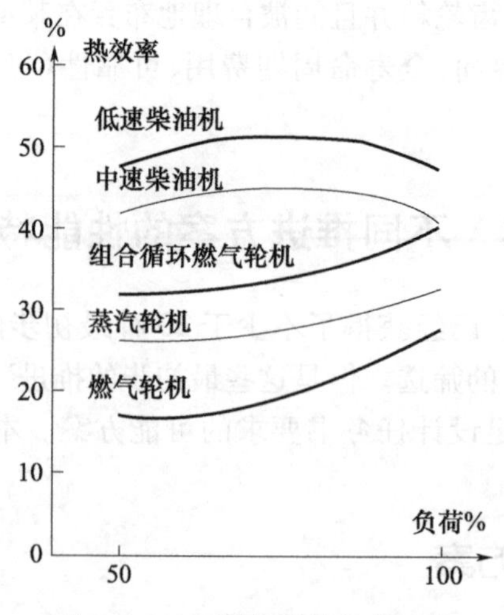


图 3.2.2　不同热机的效率比较

(2)功率覆盖面较宽广。

(3)在中、小功率范围(15000kW)内,柴油机的重量尺寸比较轻小。虽然新一代高速大功率柴油机具有“重型”机的某些结构特征,但在采用了高增压技术后,高速柴油机的比重量达到2.6~5.17kg/kW。

(4)具有良好的机动性。柴油机的启动、加速及停机性能优良且能直接反转。在正常情况下,一般柴油机可以在10~30min以内从启动加速到全负荷运行,而在应急情况时,相应的时间仅需3~5min。

(5)能够在较高和波动的背压下及在较大真空度下可靠工作,且功率减小不显著。

(6)独立性和抗冲击能力较好。

(7)空气耗量小,进排气道所占用的空间小,尤其是占用的甲板面积小,便于布置。

(8)适应性强。例如能做成低磁性整机,满足特殊要求等。

柴油机动力装置的主要缺点:

(1)中、高速舰船用柴油机单机功率较小。目前舰船用高速柴油机单机功率只能达到9000kW左右,中速柴油机单机功率在20000kW左右,但低速柴油机单机功率可达60000kW以上。

(2)柴油机工作的振动、噪声比较大。

(3)最低稳定转速较高。

目前,船用低速大功率柴油机应用较多的主要是MAN-B&W公司的MC系列柴油机和Wärtsilla-NS公司的RTA系列柴油机,中、高速大功率舰船用柴油机的典型机型如德国MTU公司的396、956/1163、4000、8000系列,法国热机协会的PA、PC系列以及MAN21/31、美国的Carterpillar柴油机等。

**2. 燃气轮机动力装置**

舰船燃气轮机动力装置是继蒸汽轮机和柴油机之后于20世纪50年代发展起来的一种动力装置,自1947年英国将燃气轮机装于高速炮艇以来,舰用燃气轮机已得到了广泛的应用,成为各国海军舰船的主要动力形式之一。从民用船舶来看,随着高速船舶需求的增加,以及对发动机排放要求越来越严格,民船选用船用燃气轮机也逐步增多。

1)燃气轮机动力装置的组成原理

燃气轮机动力装置通常由燃气轮机、进排气装置、传动装置、推进轴系、推进器以及保证装置正常运行的各种附属辅助系统组成,如图3.2.3所示。舰船用燃气轮机组辅助系统主要包括:启动系统、点火系统、燃料供给和控制系统、润滑系统、空气冷却系统、进排气系统等。

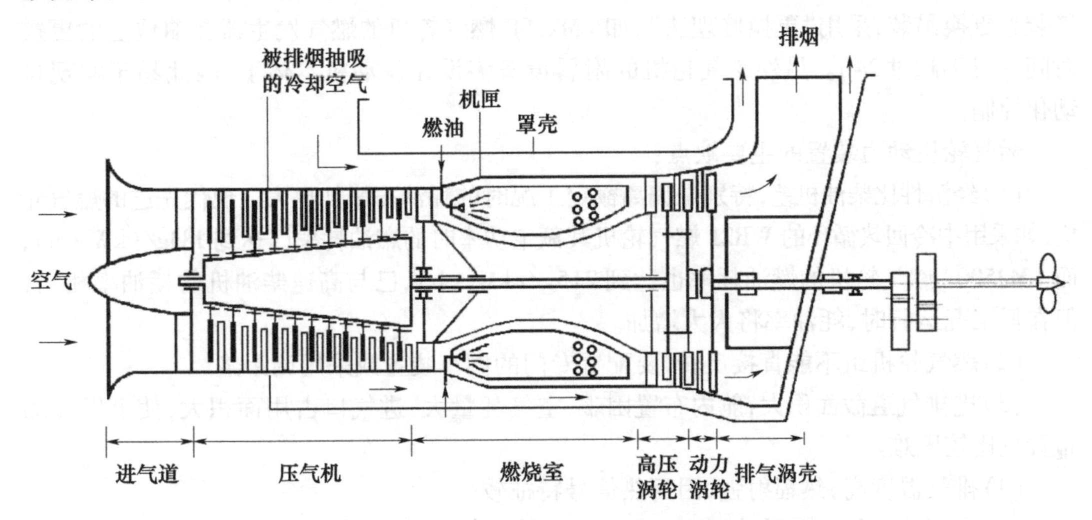


图3.2.3 燃气轮机动力装置构成原理

目前舰船用燃气轮机燃气发生器的典型结构形式主要有三种:燃气发生器为单一涡轮直接驱动单一压气机的叫单轴燃气发生器,如LM2500系列燃气轮机等;采用高、低压压气机分别由燃气发生器的高、低涡轮驱动的叫双轴燃气发生器,如GT25000、TM3B、WR21及MT30舰用燃气轮机等;采用高、中、低压气机分别由燃气发生器的高、中、低涡轮驱动的叫三轴燃气发生器,如MT50燃气轮机等。

2)燃气轮机动力装置的性能特点

燃气轮机动力装置具有如下主要优点:

(1)单机功率较大。例如英国R－R公司的MT50船用燃气轮机的额定功率已达到50000kW。

(2)启动及加速性能优越。如美国GE公司的LM2500系列燃气轮机启动时间平均为48s,从空负荷到全功率的加速时间不超过30s。

(3)重量轻、体积小。燃气轮机结构紧凑,发动机本身重量尺寸较小,目前先进的MT50燃气轮机比重量达到0.52kg/kW,LM2500机组的比重量为1.36kg/kW,即使是具有中冷回热循环、结构复杂、重量较大的WR21燃气轮机,其比重量也仅为1.82kg/kW。

(4)独立性强,生命力好。燃气轮机组的系统相对简单,附属装置较少,故独立性强,遭受攻击的可能性小。特别是燃气轮机一般均采用密封的、具有隔振功能的箱装体结构安装在舰体上。其功率输出轴通过具有补偿与隔振功能的联轴器驱动减速齿轮箱的主动轴,因而其抗冲击和抗核污染的能力得以进一步提高,而且在机舱局部浸水的情况下仍能继续工作,大大提高了生命力。LM2500机组的试验表明,在船体附近受到200$g$的爆炸冲击下,机组仍能照常工作。

(5)振动和噪声小。由于燃气轮机是回转机械,再加之一般采用具有减振支座的箱装体结构,因此其振动和噪声对舰体的影响相对较小。但燃气轮机的空气噪声很大(机匣内噪声可达 145dB),通常需要在进排气道中安装消音器。

(6)检修方便,管理简单,易于自动化控制。目前先进的舰用燃气轮机大修周期可达 50000~60000h。燃气轮机单机尺寸小,在舰船上的维护工作量也较小,而且易于实现进气装置更换吊装,采用"更换修理法",如 LM2500 燃气轮机的燃气发生器在泊位上的更换时间一般不超过 24h。另外燃气轮机的附属设备多设在发动机本体上,因此易于实现自动化控制。

燃气轮机动力装置的主要缺点:

(1)经济性比柴油机差,特别是偏离额定工况时的耗油率增加更大。现代先进的燃气轮机,如采用中冷回热循环的 WR21 燃气轮机其额定功率时的燃油耗率已达到 184g/(kW·h),而 $LM2500^+$ 燃气轮机的燃油耗率也达到 215g/(kW·h),已与高速柴油机的耗油率相当,但在低工况运行时,耗油率将大大增加。

(2)燃气轮机组不能直接反转,要配置专门的倒车装置或采用调距桨。

(3)进排气道截面积大,舱内布置困难,空气耗量大,进气口占用面积大,使上甲板的布置也比较困难。

(4)排气温度高,热辐射强,因而热信号特征较强。

(5)对环境条件十分敏感。

**3. 蒸汽轮机动力装置**

1)蒸汽轮机动力装置的组成原理

蒸汽轮机是一种由高温高压蒸汽驱动的涡轮机械。蒸汽轮机动力装置由锅炉、蒸汽轮机、冷凝器、凝水泵、给水预热器、减速齿轮箱、推进器等组成。

图 3.2.4 为目前在舰船上应用的一种典型构成:采用增压锅炉,利用锅炉排出的仍具有很高温度和压力的烟气驱动涡轮机,由涡轮机驱动压气机,压气机产生高温高压空气送入锅炉,在炉膛内实现增压燃烧,采用增压机组可降低锅炉的体积与重量;除氧器 12 的主要作用是对给水加热,在除氧器中,采用直接混合加热的方法对给水加热。加热蒸汽与给水在除氧器内直接接触换热,把水加热到相当于除氧器的工作压力(指除氧器内的蒸汽压力)下的饱和温度,使给水沸腾。于是水中的氧气、二氧化碳等在高温下不溶于水的气体析出。从水中分离出的气体仍然带有蒸汽,是蒸汽与空气的混合物,称为逸汽,从除氧器中流出。为回收逸汽中的蒸汽,将其引至逸汽冷却器 11 中,在冷却器内,蒸汽被冷的给水冷凝成凝水,返回除氧器。进入逸汽冷却器的给水在除氧器中被加热、除氧。若要达到可靠地除氧,逸汽量应不少于已除氧水量的 0.2%。

2)蒸汽轮机动力装置的性能特点

蒸汽轮机动力装置的主要优点:

(1)单机功率大。现代舰船用蒸汽轮机的单机功率已达 75000kW 以上。实际还可以继续提升单机组功率,只是受螺旋桨吸收功率的限制,一般单个螺旋桨吸收的功率在 60000 kW 以下。

(2)较高的可靠性和较长的使用寿命。由于蒸汽轮机是回转机械,工作平稳、均匀,机件间的摩擦部分相对较少,因此装置的工作可靠性好、寿命长,可与舰船的工作年限相一致。

(3)振动、噪声较小。

(4)对燃油的要求低,可使用劣质燃油。

(5)在大功率的情况下,蒸汽轮机的单位重量比柴油机低。

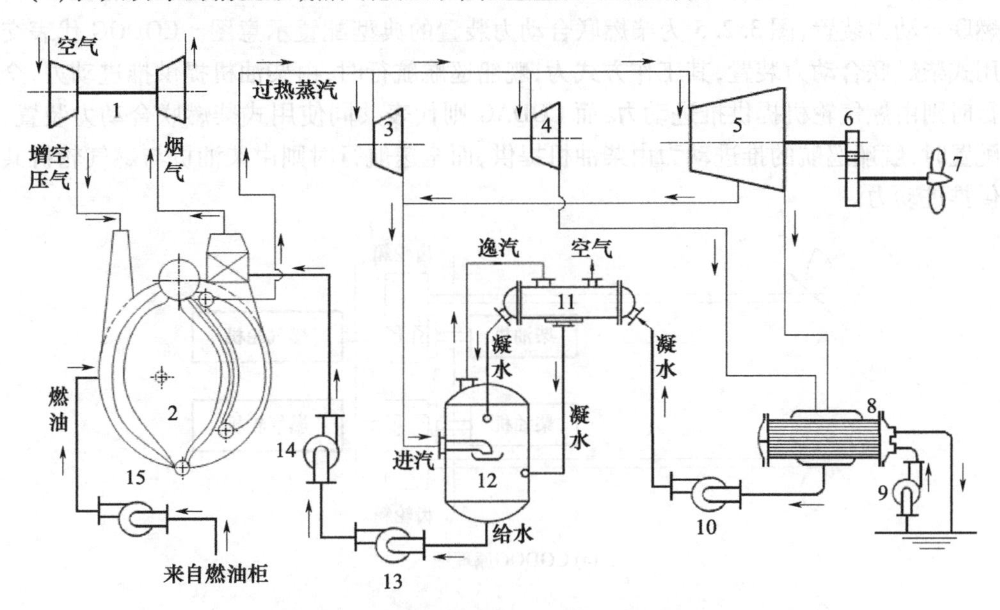


图3.2.4 典型舰船用蒸汽轮机动力装置构成

1—增压机组;2—锅炉;3—背压式辅汽轮机;4—凝汽式辅汽轮机;5—主汽轮机;
6—减速器;7—螺旋桨;8—主冷凝器;9—冷却水循环泵;10—凝水泵;
11—逸汽冷却器;12—除氧器;13—增压泵;14—给水泵;15—燃油泵。

蒸汽轮机动力装置的主要缺点:

(1)能量转换过程复杂,经济性较差。

(2)启动时间长,机动性不高。

(3)附属设备多,装置复杂。

**4. 联合动力装置**

1)联合动力装置的概念

大多数战斗舰船要求有较高的全速功率,而使用全速功率做全速航行的时间是很少的,约占整个服役期的2% ~5%,大部分时间用巡航速度航行,巡航速度一般为全速的50% ~70%,相应所需的功率为总功率的12.5% ~34.3%。若以巡航速度为全速的60%计算,则巡航功率仅为总功率的21.6%,因此,大部分装置功率处于“闲置”状态。从前面所述各种类型动力装置的性能特点可知,满足舰船高速要求的大功率发动机,一般在低工况巡航时油耗都偏高,所以如何合理配置推进装置,解决好舰船全速功率大和巡航经济性好这对矛盾,是舰船设计的一项特殊要求,这就形成了各种各样的联合动力装置。

联合动力装置是指包含两种不同形式主机的动力装置,一般用于大、中型水面舰船,可以随着舰船航行工况的不同而改变运行发动机、推进器的组合和运行方式。

联合动力装置是由柴油机、蒸汽轮机和燃气轮机两两组合而成的,根据高速时巡航主机是否投入运行的情况分为共同作用式与交替作用式两种联合动力装置。

2）基本构成形式与性能特点分析

联合动力装置最基本的构成形式有如下几种：

（1）柴油机与燃气轮机构成的柴燃联合动力装置（CODOG 和 CODAG）。

柴燃联合动力装置有两种形式。若巡航主机为柴油机，加速主机为燃气轮机，即构成柴燃联合动力装置，图 3.2.5 为柴燃联合动力装置的典型配置示意图。CODOG 代表交替使用式柴燃联合动力装置，其工作方式为，舰船巡航航行时，由柴油机提供推进动力，全速航行时则由燃气轮机提供推进动力；而 CODAG 则代表共同使用式柴燃联合动力装置，这种配置时，舰船巡航的推进动力由柴油机提供，而全速航行时则由柴油机与燃气轮机共同提供推进动力。

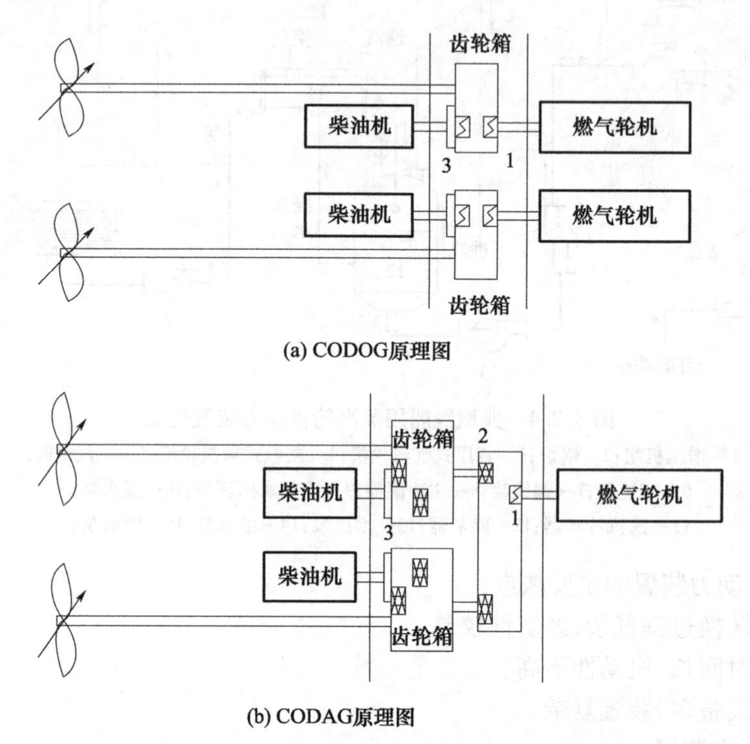


图 3.2.5　柴燃联合动力装置典型配置示意图

1—3S 离合器；2—摩擦离合器；3—液力耦合器。

柴燃联合动力装置因为采用了重量很轻的燃气轮机组提供最大的功率，因而装置的单位重量和绝对重量显著下降，同时，提高了舰船的机动性，使启动、加速过程加快；由于采用了寿命较长、耗油率较低的柴油机作为巡航机组，因此，增大了舰船的续航力；另外，采用两个彼此独立的机组，提高了装置的可靠性。任何一个装置发生故障不会完全破坏动力装置工作，也给舰船的生命力带来了好处。因此，柴燃联合动力装置在舰艇上得到了广泛的应用，尤其是护卫舰、驱逐舰等级别的舰艇。典型的如德国的 F122 与 F123（采用 CODOG）、F124（采用 CODAG）级护卫舰；荷兰的 LCF 防空护卫舰；法国的 C70 级护卫舰；意大利的“狼”级、“西北风”级护卫舰；韩国的 KDX－1、KDX－2 级驱逐舰；挪威的“南森”级护卫舰等。

但是，柴燃联合动力装置也有明显的缺点。一是机型多，传动装置也较复杂。如某

CODOG 推进装置有两种不同的发动机,其传动装置除齿轮箱外,有两种类型的离合器、三种形式的联轴器,这给人员培训、管理使用、维修带来较大的麻烦。二是巡航柴油机采用双层隔振加箱装体,满足了减振要求,但代价(占有重量、容积和费用)太高。三是对于 CODOG 装置而言,大功率加速燃机工作时间少。四是 CODAG 装置对传动装置和控制系统的要求高。

由于共同式并车装置的结构更为复杂,对负荷均衡控制技术要求较高,原先大多采用交替式联合动力装置。但是,随着发动机技术、传动技术以及控制技术水平的提高,CODAG 型柴燃联合动力装置将得到更多的应用。例如某系列护卫舰由于解决了传动与控制方面的问题,其最新型护卫舰已从原型采用的 CODOG 型改为 CODAG 型动力装置。采用 CODAG 后与先期的 CODOG 相比具有以下优点:

在满足航速要求的前提下,CODAG 的投资费用相当于 CODOG 的 79% ~83%;CODAG 的燃油费用相当于 CODOG 的 77% ~82%;CODAG 的维修费用相当于 CODOG 的 35% ~75%;而且具有更多的运行灵活性;而生命力、声学特性与 CODOG 方案基本一致。

(2)燃气轮机与燃气轮机构成的燃燃联合动力装置(COGOG 和 COGAG)。

燃燃联合动力装置也主要有两种形式。分别为交替使用式燃燃联合动力装置 COGOG 和共同使用式燃燃联合动力装置 COGAG。其与柴燃联合动力装置的区别是选择功率较小且经济性好的燃气轮机作为巡航主机。对于 COGAG 这种形式的装置,为了减少机型、使装置构成简单,目前应用较多的是采用相同型号的燃气轮机,没有明显的巡航机与加速机之别,也可称为全燃并车推进装置。

燃燃联合动力装置功率大,重量尺寸小,机动性能优越,经济性也比较好。

COGOG 型联合动力装置主要应用在护卫舰、驱逐舰等舰艇上,而 COGAG 则多应用于驱逐舰以上的舰艇。如苏联的“卡辛”级驱逐舰;美国的阿利伯克驱逐舰;日本的 16DDH 直升机母舰等。

(3)柴油机与柴油机构成的柴柴联合动力装置(CODAD)。

目前这种联合动力装置的主要构成形式是由多台柴油机并车构成的共同使用式联合动力装置,而且大多采用相同型号的柴油机,也称为全柴并车推进装置。考虑到传动装置和控制系统的简化,目前,这种动力装置一般多采用双机并车驱动一桨的方式,而三机甚至四机并车驱动一桨的方式已很少采用。

CODAD 的主要特点是:实现双机并车,可满足较高航速对功率的需求;巡航和低工况时每轴可任意一台机工作,发动机工况佳,效率较高;且发动机可轮换工作,便于轮修,可靠性高,生命力强。

CODAD 动力装置主要应用在护卫舰及高速商船中。如法国的“拉斐特”级护卫舰;沙特的 F2000 和 F3000 型护卫舰;意大利的“智慧女神”级护卫舰;西班牙的“侦察”级护卫舰;丹麦的“西提斯”级护卫舰以及泰国的“湄南”级护卫舰等。

(4)燃气轮机与蒸汽轮机构成的联合动力装置。

主要有两种形式。第一种称为蒸燃联合动力装置(Combined Steam Turbine And Gas Turbine Power Plant,COSAG),巡航功率由蒸汽轮机提供,加速功率由蒸汽轮机与燃气轮机共同提供。由于蒸汽轮机的经济性较差,重量尺寸大,并不适宜用作巡航主机,再加上燃气轮机的性能不断地改进,因此这种联合动力装置目前已很少应用。第二种称为燃蒸联合动力装置(Combined Gas Turbine And Steam Turbine Power Plant,COGAS)。这种联合动力装置与 COSAG 完全不同,它是在燃气轮机排烟道中加装余热锅炉,利用高温烟气余热产生过热蒸汽,推动一台蒸汽轮机,构成"兰金循环"能量回收系统,可节省燃料25%,原理如图3.2.6所示。由于效率的提高,这种燃蒸联合循环的装置在发电厂中也获得了广泛的应用。

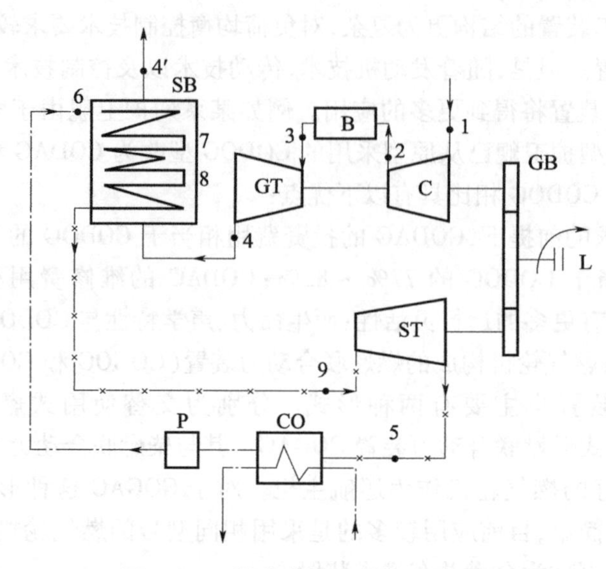


图3.2.6 燃蒸联合动力装置原理图

SB—余热锅炉;48—过热器部分;87—蒸发器部分;76—经济器部分;ST—蒸汽轮机;CO—冷凝器;P—水泵;C—压气机;B—燃烧室;GT—涡轮;—— 空气和燃气流;—×—×— 蒸汽流;—·—水流。

各种典型联合动力装置的构成与工作方式归纳于表3.2.1中。

表3.2.1 联合动力装置的构成与工作方式

| 序号 | 名称 | 构成 | 工作方式 | |
|---|---|---|---|---|
| | | | 巡航 | 全速 |
| 1 | CODOG | 柴油机与燃气轮机 | 柴油机 | 燃气轮机 |
| 2 | CODAG | 柴油机与燃气轮机 | 柴油机 | 柴油机+燃气轮机 |
| 3 | COGOG | 巡航燃气轮机与加速燃气轮机 | 巡航燃气轮机 | 加速燃气轮机 |
| 4 | COGAG | 巡航燃气轮机与加速燃气轮机 | 巡航燃气轮机 | 巡航燃气轮机+加速燃气轮机 |
| 5 | CODAD | 巡航柴油机与加速柴油机 | 巡航柴油机 | 巡航柴油机+加速柴油机 |
| 6 | COSAG | 蒸汽轮机与燃气轮机 | 蒸汽轮机 | 蒸汽轮机+燃气轮机 |
| 7 | COGAS | 燃蒸联合循环 | 联合循环 | 联合循环 |

上述联合动力装置均采用机械传动、螺旋桨推进的方式,是最基本的联合动力装置形式。随着传动方式与推进方式的多样化,出现了许多新型联合动力形式,将在后续介绍。

## 3.2.2 不同传动方式推进方案

根据传动方式的不同,可将推进装置分为直接传动、齿轮传动(间接传动)、电传动、液力传动等不同推进方案。由前所述,"传动"的任务是把原动机发出的能量按照水螺旋桨的要求(主要指转速、转向、转矩)准确地传递,而且传递损失尽量小。由于原动机的转速、转向、转矩以及所在的位置与螺旋桨的要求之间存在差异(有时这些差异相当大),因而出现了很多种传动方式。例如对螺旋桨而言,在吸收同样功率下,直径大、转速低的推进效率要高得多,所需的转矩必然也大,但很多原动机的转速甚高,两者之比值可达 15 ~ 20 以上,而转矩则小很多,必须在它们之间设置减速增扭齿轮箱;又如对定距桨而言,要使舰船快速制航或倒航,必须反转,而很多原动机不能反转,因而还要在齿轮箱中增设反转功能;再如,螺旋桨的位置大都在艉部,而原动机则一般在舯部,两者之间存在一定的距离,甚至达几十米,因此配置若干传动轴、轴承、联轴节等也是必需的。这些原因导致传动方式千变万化,且论证分析的结果往往不是唯一解而是多重解。要优中选优,必须在全方位扫描所有可能被选用的传动方式的基础上进行综合评估,才能得出科学的结论。

**1. 直接传动推进装置**

这是一种最简单的传动方式,如图 3.2.7(a)所示。当原动机的转速、转矩与定距桨的要求恰好匹配且能直接反转时,采用这种方式最适宜。这种装置的优点是轴系结构简单、造价较低、使用寿命长、燃料费用低、维修保养方便、传动损失小、推进效率高。其缺点是:重量尺寸大、倒车性能差(通过主机换向实现倒车)。在非设计工况下运转时经济性差,低速和微速受到主机最低稳定转速的限制。这种推进装置特别适用于工况变化较少,航程较大的大型货船、油船、军用辅助船等船舶。

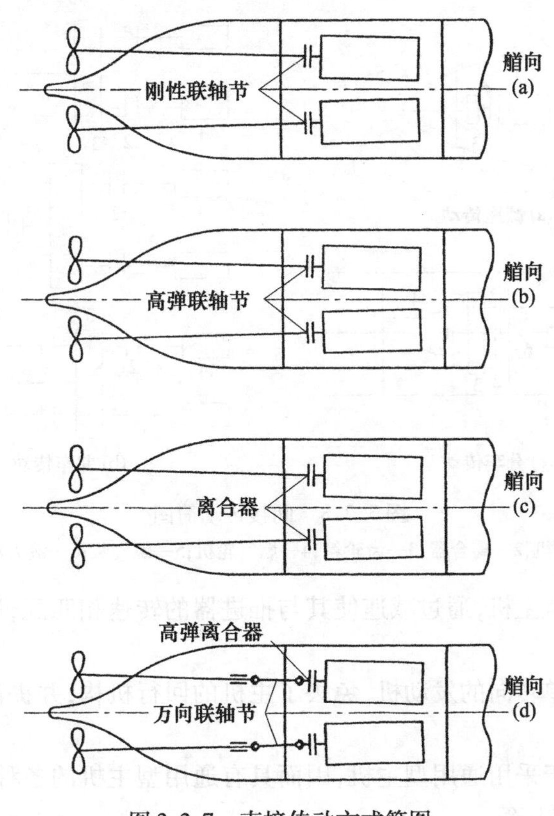


图 3.2.7 直接传动方式简图

这种传动方式的一种特例是在主机与轴系之间增设一个具有较大补偿能力的高弹联轴节(能进行径向和轴向的综合补偿),如图3.2.7(b)所示。因为对舰艇尤其是对负有反潜使命舰艇的隐蔽性的要求日益提高,当采用具有相当振级的原动机(如柴油机)时,需为其设置隔振座,一则可有效地隔离其结构噪声的传播,二则在遭受水中兵器攻击时能有效地减缓水下冲击波对主机的破坏作用。但是,这属于柔性固定,在主机运行或受到水中兵器攻击时,主机相对轴系的位移量将相当大,至少为毫米级,增设高弹联轴节显然十分必要。当相对位移达十毫米级时,还需增设万向联轴节。

这种传动方式的第二种特例是当主机要求空载启动并暖机时,则需在主机与轴系之间增设离合器,见图3.2.7(c)。当上述相对位移依然存在且主机要求空载启动、暖机时,则此离合器还应兼有相应的补偿功能(高弹离合器)或高弹离合器+万向联轴节,见图3.2.7(d)。这种方式还兼具一个适应性:满足了主机修理后空载试车的要求。这两种方式还同时改变了全轴系的扭振特性(包括主机输出轴及与它有传动关系的所有轴段)。因此,当采用刚性直接传动而全轴系的扭振特性不能满足"舰船建造规范"要求时,可考虑用此方式。

由以上论述可知,直接传动方式实际上有四种。

**2. 齿轮传动(间接传动)推进装置**

在主机与推进器之间设有齿轮箱和离合器等传动设备以实现减速、并车、分车等传递功率的装置,如图3.2.8所示。这类装置具有下述特点:

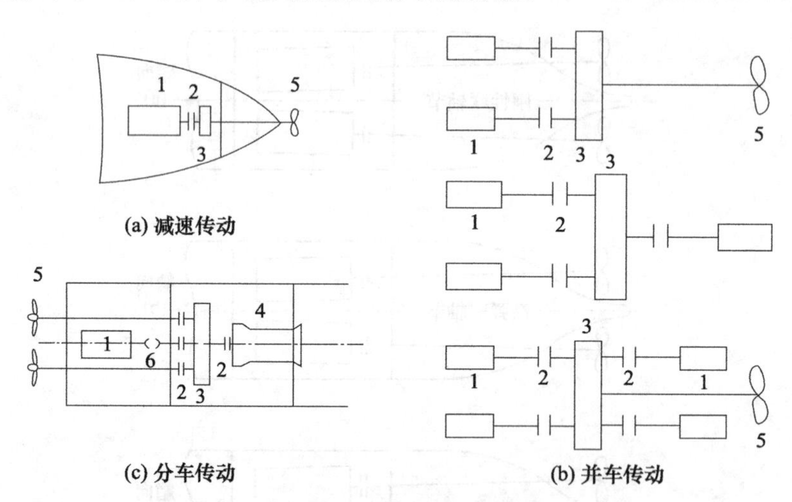


图3.2.8 间接传动简图

1—柴油机;2—离合器;3—齿轮箱;4—燃气轮机;5—螺旋桨;6—液力离合器。

(1)可采用中高速主机,通过减速使其与推进器的转速相匹配,以使推进器在高效率转速下工作。

(2)主机可采用单转向的发动机,免去了主机的回行机构,并提高了实行倒车时的机动性。

(3)并车传动易于采用通用型主机,因而具有通用型主机的各种优越性,如利于管理维修和配件、备品的供应等。

(4)采用并车传动可以根据不同的航行工况合理地使用主机,从而提高了主动力装置的经济性和寿命,同时生命力也有所改善。

(5)当一台主机的功率既能满足对主动力装置总功率的要求又需要采用双轴方案时,可采用分车传动,即一机分轴来满足,如丹麦的 KV-72 型“尼尔斯·尤尔”号护卫舰。

(6)由于高速和中高速主机的功率比重及尺寸比较小,因而易于布置。

但是间接传动装置的传动效率较直接传动低些(减速齿轮箱的效率大体在 0.94~0.99 范围内),装置较复杂,而且多机并车对控制系统的要求较高。

这种型式已被广泛采用,在较为复杂的联合动力装置中,传动装置是关键技术之一。

由上所述,可得到四点结论:①实现间接传动的关键是必须具有以齿轮箱为核心的、配套且综合性能均优的后传动装置;②由于这些后传动装置的配置灵活,功能齐全,较之其他传动方式有更强的适应性,因而在目前已获最广泛的应用,今后相当长时间内的应用还将更广阔;③后传动装置在整个动力系统中的地位是如此重要,可以认为仅稍亚于原动机,有的情况下两者甚至相当;④尽管后传动装置的具体结构千差万别,但归结起来其基本元部件也只有联轴节、离合器(含离合动力源)、传动齿轮系、轴与轴承、润滑冷却系统、箱体和控制系统六种,除箱体和少量的轴不能通用外,其余绝大部分零件可以设计成具有较好的通用性,这对进一步拓宽应用范围、提高其总体质量、缩短供货期、降低造价等起决定性作用,是该领域的研究热点之一;新摩擦材料的探索、新型超大功率传动齿轮的设计和精加工(为了降低振动噪声和减少重量尺寸)、箱体优化设计(目的同上)、诸如 SSS 等新型离合器的研究则是另外的热点。

此外,Z 型传动、折角传动也属间接传动形式。

Z 型传动装置又称悬挂式传动装置,图 3.2.9 所示为 Z 型传动装置的结构原理图。主机 1 的功率经联轴器 2、离合器 3、带有万向器的传动轴 4、上水平轴 8、上部螺旋锥齿轮 9、垂直轴 12、下部螺旋锥齿轮 14 及下水平轴 15 传递给螺旋桨 13,从而推动舰船前进。

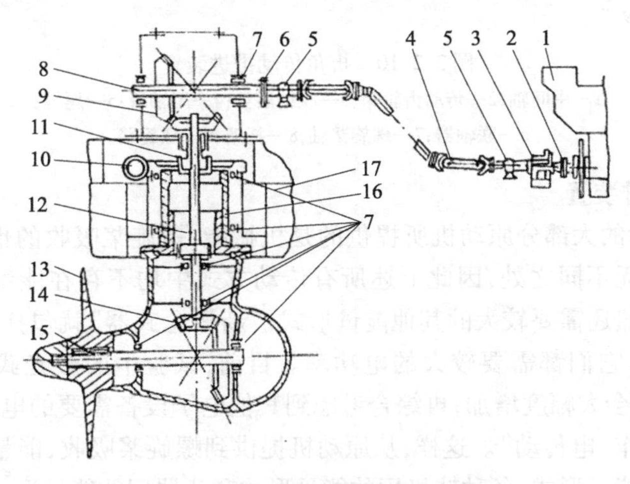


图 3.2.9 Z 型传动装置结构原理图

1—主机;2—联轴器;3—离合器;4—带有万向器的传动轴;5—滑动轴承;6—弹性联轴器;7—滚动轴承;8—上水平轴;9—上部螺旋锥齿轮;10—蜗轮蜗杆装置;11—齿式联轴器;12—垂直轴;13—螺旋桨;14—下部螺旋锥齿轮;15—下水平轴;16—旋转套筒;17—支架。

Z 型传动方式最显著的特点是螺旋桨可绕垂直轴作 360°回转。当启动一个电动机带动蜗轮蜗杆装置 10 运动时,蜗轮带动旋转套筒 16 在支架 17 中回转,同时使螺旋桨 13 绕垂直轴 12 在 360°范围内作平面旋转运动。由于螺旋桨可绕垂直轴作 360°回转,因此它具有以下优点:

(1)操纵性能好。螺旋桨的推力方向可以按需要变化,使舰艇操纵性能优于其他传动方式,特别是采用两套这样的装置时,可以使舰艇原地回转、横向移动、快速进退以及微速航行等。

(2)可以省掉舵、尾柱和尾轴管等结构,使船尾形状简单,船体阻力减小。

(3)可以使用重量轻体积小的中、高速柴油机,不需要单独的减速齿轮装置,主机不必换向,简化了主机的结构。

尽管如此,由于结构上的原因,传递功率受到一定限制,因而仅适用于小型舰船,特别适用于拖船和在狭窄航道中航行的小型舰船。有的舰船将其作为辅助推进装置使用。它可以根据需要从舰体内伸到水中,也可收回,从而提高了舰船的机动性。

折角传动主要应用在小型高速快艇上,这类小艇由于轴系较短,如果采用常规的传动方案,将导致轴线的倾斜角过大,此外,考虑高速航行时,艇首抬起,使轴线与水平面夹角进一步加大,螺旋桨将处于很大的斜流中工作,因此,采用折角传动以改善螺旋桨的工作条件,如图 3.2.10 所示。

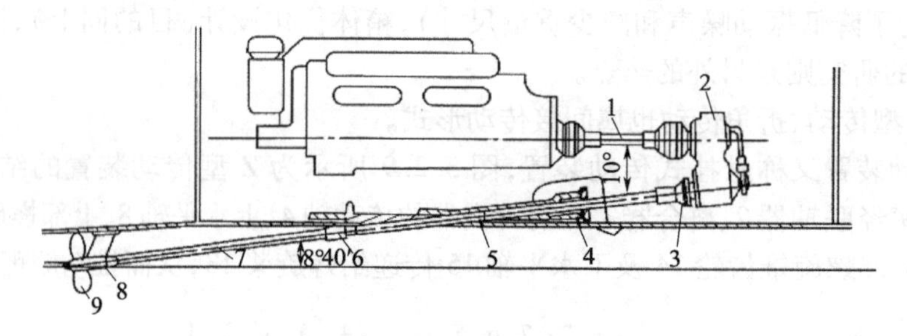


图 3.2.10 折角传动推进装置

1—中间轴;2—传动齿轮箱;3—联结法兰;4—尾轴管;5—尾轴;

6—联轴器;7—螺旋桨轴;8—托架;9—螺旋桨。

**3. 电传动推进装置**

目前以至今后的大部分原动机所提供的是机械能,螺旋桨吸收的也是机械能。从能量形式看,两者并无不同之处,因此上述所有传动方式中均不存在能量形式的转换。但是,有相当多的舰船还需要较大的其他能量形式,“新概念武器”就包括电磁武器、激光武器、等离子武器等,它们都需要较大的电功率。目前,试验中的激光武器所需功率已达 10000W,今后肯定会大幅度增加,再综合考虑到其他电子设备需要的电功率,可以采用电机驱动螺旋桨,称作“电传动”。这样,从原动机提供到螺旋桨吸收,能量形式经过二次转换,并使推进用的能量形式、各种辅机用的能量形式和武器用的能量形式可以取得完全一致,不必再将原动机区分成“主机”和“副机”,选择若干套发电机组(同型号或不同型号均可)即可满足三个方面的需要,实现了“一源三用”,有效地减少了不必要的重复配置。原动力的这种配置方式还具有便于布局、生命力强(受损后能继续提供动力的百分比增大)、便于隔振降噪等优点。能量转换效率的提高、能量传递过程中损失的降低(如应用超导体)等因素更增强了这种传动方式的竞争力。

目前采用的能量二次转换传动方式是电力传动。主战舰艇中的典型是电力传动水面舰艇和常规动力潜艇。常规潜艇在深水潜航时,唯一的动力源是蓄电池(极少数常规潜艇采用了近年来研制成功的燃料电池或闭式循环发动机-发电机组),只能采用电传动方式,由此也决定了其他耗能机组必然选用电传动。在一些军辅船上,当其他设备的用电量较大时,也可考虑采用这种传动方式,最大的好处是能“一源二用”,避免不必要的重复设置。电磁离合器也是一种特殊的电传动方式。

1)电传动推进装置概念

舰船电传动推进装置是指由原动机驱动发电机产生电能,供给推进电动机,再由推进电动机驱动推进器这种传动方式构成的推进装置,通常称为电力推进装置。

舰船电力推进装置一般由发电机组(包括原动机与发电机)、推进电动机、轴系、推进器及控制设备等构成。发电机可直接或通过固态整流器或变频器供电给推进电动机,推进电动机则根据与推进器转速匹配情况可直接或通过传动装置驱动推进器。

由于推进器所需的功率较大,推进电动机不能由一般的日用电网供电,必须设置单独的发电机组或更大功率的电源。因此采用电力推进的舰船可以设立两个独立的电站,也可设立一个综合性的电站。

原动机可以采用柴油机、燃气轮机、蒸汽轮机、燃料电池或核动力。目前应用较多的是高速或中高速柴油机、燃气轮机及汽轮机。

发电机可以采用直流他励、交流同步或交流整流发电机等。

推进电动机可以采用直流电动机、交流同步电动机、异步电动机或永磁电动机等。

推进器多采用定距螺旋桨,推进电机一般设置在船(艇)尾部,因此相比机械推进装置,推进轴系将大大缩短;近年来,吊舱式推进器在电力推进装置得到越来越多的应用,这种情况则省去了轴系。

2)电力推进装置分类

舰船电力推进装置一般根据所用的原动机类型、主电路电流种类以及装置的功能进行分类。

采用不同的原动机即形成了不同的电力推进装置,如柴油机电力推进、燃气轮机电力推进、汽轮机电力推进、核动力电力推进及燃料电池电力推进等。

根据主回路电流种类不同,可划分为直流电力推进、交流电力推进、交直流电力推进及直交流电力推进等。直流电力推进根据调速原理又可细分为恒压电力推进、简单G-M电力推进、恒功率电力推进以及恒电流电力推进等;交流电力推进装置中,推进电动机采用交流电动机,包括交流同步电动机、异步电动机或永磁电动机等,调速方式则主要有交交变频调速、交直交变频调速等,目前绝大多数电力推进舰船均采用这种类型;交直流电力推进装置是通过采用电力电子技术将交流电源和直流电动机结合构成的系统;直交流电力推进装置则是通过采用电力电子技术将直流电源和交流电动机结合构成的系统。

按推进功能可以分为独立电力推进、混合传动电力推进、综合电力推进以及特种电力推进(如侧推电力推进)等,以下介绍前三种电力推进形式。

(1)独立电力推进。

早期的电传动推进装置由独立的系统构成,即推进动力由专用的发电机组提供,与供给其他用电设备电能的电力系统之间没有联系，如图 3. 2. 11 所示。原动机的机械能经发电机变为电能，经配电、变频等设备传递给推进电动机，将电能再转变为机械能，驱动推进器。

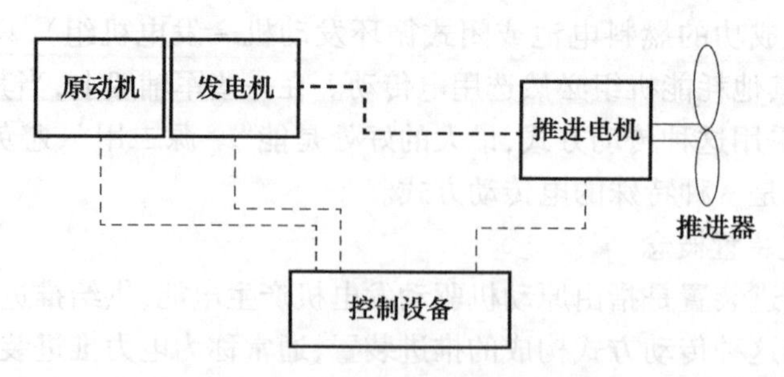


图 3. 2. 11　电力推进装置构成简图

因此，独立式电力推进装置舰船至少有两个独立的电站：电力推进电站和辅助电站。

(2)混合传动电力推进。

混合传动是指联合使用机械传动与电力传动的方式构成的推进装置。

图 3. 2. 12 为混合传动电力推进装置的一个应用实例，也是柴 - 电燃气轮机联合推进装置(CODLAG)的一种构成形式。英国的 23 型反潜护卫舰采用这种装置。系统工作原理是：高速时由 2 台大功率燃气轮机通过减速齿轮箱直接驱动螺旋桨工作，轴上的电动机转子空转；反潜工况时，要求噪声小，将燃气轮机与齿轮箱脱开，用直流电动机带动螺旋桨航行，直流电动机由位于比机舱高一层甲板的 2 套柴油发电机组供电，还有 2 套发电机组位于下层甲板机舱内，柴油发电机组均采用了高效的隔振降噪措施。这种布置可以较好地满足反潜工况时对低振动噪声的要求。这种反潜巡航工况用电力推进、高工况用燃机机械推进的方式也可认为是综合部分电力推进。此外，德国 F125 型护卫舰、英国 26 型护卫舰、法国/意大利 FREMM 护卫舰、日本最上级护卫舰等，也采用了 CODLAG 柴 - 电燃气轮机联合推进装置。

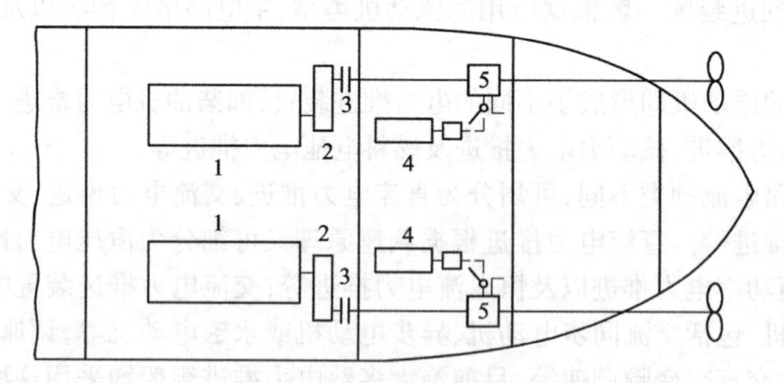


图 3. 2. 12　CODLAG 简图

1—燃气轮机；2—齿轮箱；3—离合器；4—柴油发电机组；5—可逆电机(可作为电动机或发电机使用)。

(3)综合电力推进。

综合电力(Integrated Electric Power，IEP)系统是把舰船推进装置与电力系统融合为一个整体，将全舰所需的能源以电力的形式集中提供，统一调度、分配和管理。主要由发配电、变电、推进、储能、监控和电力管理等部分组成，如图 3. 2. 13 所示。英国 45 级驱逐舰、

CVF 新型航母、美国 DDG1000 级驱逐舰、法国“西北风”级两栖攻击舰等，均采用了综合电力推进系统。

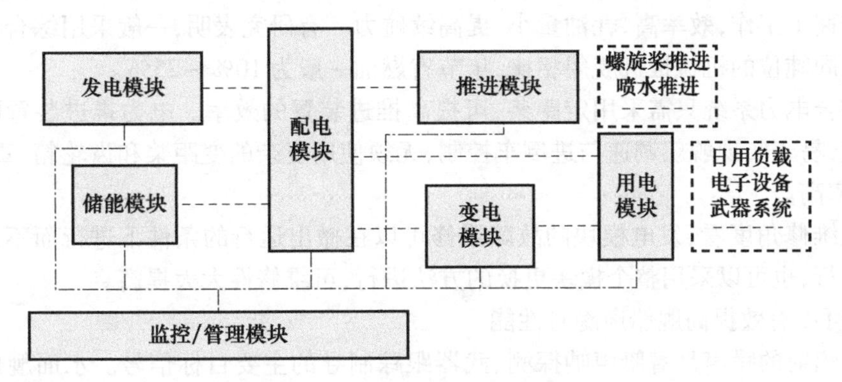


图 3.2.13　综合电力系统构成简图

3）电力推进装置性能特点

综合电力推进装置的主要特点如下：

（1）采用模块化结构，布置灵活，利于舰船总体结构优化。

舰船综合电力系统将推进用电与辅助用电系统合二为一，减少了原动机的数量及特种发电设备，节约了空间，简化了舰船动力平台的结构；

推进装置不需要构成长轴系，柴油机、燃气轮机等原动机与发电机构成的发电模块、推进电动机等都可以相对独立地布置在能满足要求的位置，使总体设计的自由度大大增加，这对进行合理的机舱布局和舰船结构设计十分有利。

（2）通过合理地配置和使用，使全寿命周期费用降低。

①可以减少全舰所需的能源。舰船在高航速时，航速的增加对推进功率的需求会急剧增大。例如一艘最大航速为 30kn 的舰船，当速度为 27kn（90%）时，所需的推进功率为最大功率的 70% 左右，这意味着要增加最后 10% 的航速需要约 30% 的推进功率，无形中是对能量的一种浪费。由于推进与其他用电设备用电高峰一般不会同时出现，因此通过对电能及用电负荷的统一综合管理，可以将冗余的推进能量以电能的形式提供给其他系统，实现对能量的优化配置，达到能量最有效利用的目的。与采用机械推进方式比较，可以减少全舰的总装舰功率。通常情况下可以减小 20% ~25%。

②可以缩短建造周期。首先，综合电力系统的推进的轴系要比传统原动机直接传动推进的轴系简单得多，故在舰船建造初期就可以轴系对中，从而大大减轻了轴系安装的工作量，加快了舰船的建造进度；其次，综合电力系统的设备可以做成专业模块，在专门的车间里进行制造和组合调试，然后整体直接上船，安装方便，从而可以缩短建造周期，并能有效保证设备的安装质量和可靠性。

③可以降低舰船研制费用。综合电力系统便于实现舰船设备系统大范围的模块化，甚至不同舰级设备系统之间，如水面舰船和潜艇的设备系统之间也可能实现全面通用，从而可以大幅度地降低各种类型舰船设备的研制成本。

④可以提高发动机的综合运行效率，降低燃油费用。舰船在服役期间，绝大部分时间处于巡航速度或更低航速的运行状态，传统的机械推进方式按照最大航速配置的主机长时间处于低转速、低负荷运行状态，效率低，耗油量大。而综合电力系统可以根据用电负

荷容量,通过能量管理系统对所有发动机的负荷进行统一分配,确定最佳的发动机工作数量,提高原动机的负荷(使其达60%以上),使工作的发动机获得最优的工作条件,且可以在额定转速下工作,效率高、耗油量小,提高续航力。有研究表明,一艘采用综合电力系统的舰船与同吨位的机械推进舰船相比,年节省燃油一般为10%~25%。

⑤综合电力系统只需采用定距桨,可提高推进装置的效率。电力推进装置配备变频调速装置,易于实现舰船调速与进倒车控制,无须使用复杂的变距桨和齿轮箱,重量轻,成本低,效率高。

⑥从维修角度看,发电模块的故障维修可以在撤出运行的条件下进行而不影响其他模块的运行,也可以采用整个模块更换的方法进行,可维修性大大提高。

(3)可以有效提高舰船声隐身性能。

舰船辐射的噪声是潜艇声呐探测、武器跟踪制导的主要目标信号。水面舰船的噪声主要包括船壳产生的流体噪声、螺旋桨产生的噪声和机械振动产生的噪声,舰船在巡航状态时机械噪声是主要的噪声源,由原动机、传动齿轮箱和轴系、各类旋转和往复机械装置等工作时振动而产生。原动机(尤其是柴油机)和传动齿轮箱是产生机械噪声的主要噪声源。综合电力系统与机械推进装置相比,不需要配备传动齿轮箱,消除了一个主要噪声源。此外,由于原动机与推进轴系不存在机械连接,发电机组独立布置,利于对其采取隔振措施,降低了机组振动噪声,从而大大提高了舰船的声隐身性能。

(4)有利于舰载高能武器等特殊负载在舰船上的应用。

激光武器、电磁炮、电热化学炮、粒子束、微波等新概念高能武器发展十分迅速,有的已逐步进入工程应用阶段。此类高能武器的应用需要大功率电能支持。由于舰船中绝大部分电能是用于电力推进和发射高能武器的,因此如何调节和保障电力推进、高能武器所需的电能,是制约高能武器舰载化的关键问题。舰船综合电力系统的重要特点之一就是既能提供高品质、大容量的电能,又能合理进行能量的分配使用,因此可以根据需要合理调配推进动力,满足战斗状态下的高能电力需求,而采用机械推进的舰船动力平台则无法从根本上解决这个问题。所以,采用综合电力系统作为舰船动力平台是实现高能武器上舰最行之有效的技术途径。

(5)提高了舰船的可靠性与生命力。

推进电动机尺寸较小,可设置在舰尾,从而缩短了螺旋桨尾轴的长度。同时又可采用不易受到战斗损坏的柔性电缆来传输电能以取代硕长的机械传动轴系,提高了推进装置的生命力。

将舰船上所有的原动机综合在一起进行发电,可以使全舰电网的可用电力大大增加(提高约10倍),这样大的发电冗余能力可以大大提高电网供电的可靠性及生命力。

综合电力系统的环形网和区域配电技术可最大限度地保证供电的连续性和经济性,提高被武器命中后的生存力。还可以增强各种舰载系统的可靠性,在舰船受损或出现故障的情况下易于调整各种系统之间的能量分配,以维持作战能力。

(6)易于获得较好的舰船机动性和操控性。

①具有良好的低速特性。

舰船电力推进装置可以采用中高速不可反转的原动机,螺旋桨由具有变频调速功能的推进电动机驱动,能在全速范围内快速实现无级调速,受原动机最低稳定运转速度的影响小(如柴油机最低稳定转速一般为其额定转速的1/3左右),提高了舰船机动性和操控性。

②具有较好的启动、停车性能。

与柴油机、蒸汽轮机等主机比较,电动机启动、停车、变速及回行迅速,有利于提高舰船的机动性。

③堵转特性。

对于采用螺旋桨的推进装置,当螺旋桨被渔网、缆绳或冰块等卡住时,由于电动机短时超负荷能力较强,电力推进装置具有一定的“堵转特性”,在短时内可以不必断开电动机。

④推进电动机与螺旋桨匹配的适应性好,且易于控制,操纵灵活。

与机械推进装置相比,电力推进装置也存在一些缺点,主要包括:

(1)初期投资费用大。

(2)重量较大。根据目前达到的技术水平,综合电力推进装置比较适用于排水量较大的舰船(如5000~6000t以上)。

(3)存在二次能量转换,因此在额定工况时系统总效率较低(图3.2.14)。

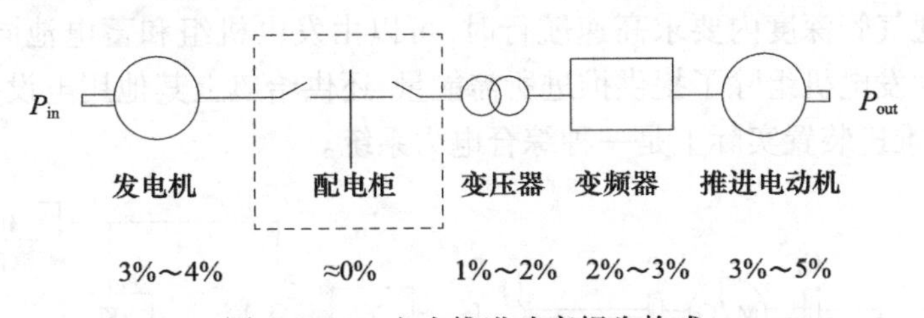


图3.2.14 电力推进功率损失构成

(4)需要种类繁多的备件。

### 3.2.3 常规潜艇推进方案

对于动力系统而言,潜艇与水面舰船最主要的区别在于水下航行时原动机缺氧无法工作。目前,常规潜艇水下航行时的能量主要依靠蓄电池与不依赖空气的动力两种方式提供,而原动机(提供水面航行或通气管航行的能量)则一般采用柴油机。推进装置传动方式通常采用机械与电混合传动(亦称直接传动)与电传动(亦称间接传动)两种。

**1. 采用蓄电池提供水下能源**

1)机械与电混合传动

这种传动方式的柴-电推进装置在早期的潜艇中应用较多,如图3.2.15(a)所示:由柴油机—气胎离合器(1)—电机(兼作发电机和电动机)—气胎离合器(2)—轴系—螺旋桨构成。在水面和通气管深度航行时,可以由柴油机直接驱动螺旋桨(离合器(1)、(2)均在结合状态,电机仅空转),也可以在驱动螺旋桨的同时,驱动电机作发电机用(电机处于发电工作状态),发出的电能供蓄电池充电和全艇航行用(称作航行充电工作制)。在通气管深度以下航行时,柴油机已不能工作,靠蓄电池提供电能,由电动机(电机处于电动机工作状态)驱动螺旋桨(离合器(1)脱开,离合器(2)结合)。因此,必须有蓄电池装置。

直接传动的柴电潜艇其航行和充电这两种工况都统一在同一根轴线上,柴油机和主电机同时要满足两种特性。对于柴油机来说,它既要带螺旋桨航行(满足推进特性即作主机使用),又要带主电机发电(满足调速特性即作副机使用);对于主电机而言,它既作电动机使用,又作发电机使用。由于柴油机和主电机带动的是同一个螺旋桨。因此柴油机功率、转速和主电机功率、转速二者互相制约,不可能各自根据战术、技术性能的要求进行独立的发展。

这种传动方式的中型潜艇通常是选用双轴布置形式,生命力较强是其独特之处,由于柴油机可直接带动螺旋桨航行,能量转换和传递环节比较少,动力装置效率相对来说比较高。

2)电传动

电力推进是目前柴-电推进潜艇采用的主要推进方式,如图3.2.15(b)所示:即取消了柴油机直接驱动螺旋桨这套装置,改成柴油-发电机组专门提供电能(既可驱动推进电机,又可同时给蓄电池充电),推进电机只作推进用,不再用作发电机。这种动力装置的运行工况相对简单:潜艇在水上、通气管和水下航行时,均由主推进电机带动螺旋桨工作;水上和通气管状态航行时,一般由柴油发电机组向主推进电机供电,水下状态航行时则由蓄电池组向主推进电机供电;潜艇在水上和通气管充电时,由柴油发电机组向蓄电池充电;在水上和水下通气管深度内要求高速航行时,可以由发电机组和蓄电池同时供电。这种动力形式的柴油发电机组除了提供推进所需能量,还供给艇上其他用电设备的用电需求,因此,潜艇电力推进装置实际上是一种综合电力系统。

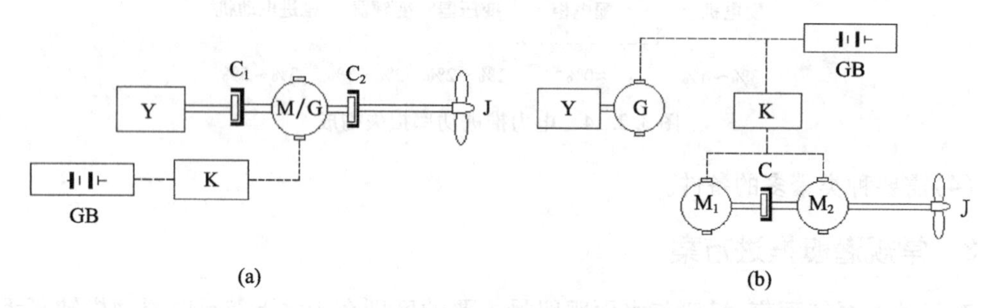


图3.2.15 潜艇推进装置构成简图

Y—原动机;G—发电机;M—电动机;$M_1$—主航电机;$M_2$—经航电机;J—螺旋桨;

C、$C_1$、$C_2$—离合器;GB—蓄电池;K—控制设备。

间接传动(电传动)方式已被世界各国海军广泛采用。这是由于它和直接传动方式相比,具有如下优点:

(1)由于主推进电动机与柴油机无机械联系,它完全可以根据快速性和安静性的要求按水下航行状态与螺旋桨进行匹配设计;为了提高快速性,要求主推进电动机功率大、螺旋桨效率高(低转速);为了保证安静性,要求螺旋桨转速比较低。主推进电动机与柴油机无机械上的联系,这也为大功率、低转速的主推进电动机的单轴布置提供了可能(单轴布置又为艇尾设计成锥形旋转体带来了方便,锥形旋转体艇尾有利于减小艇体阻力,这对提高潜艇快速性有益)。上述因素使得潜艇更易于获得较好的安静性和较高的水下航速。

(2)由于柴油机与推进轴无机械联系,可以选用1000~1500r/min中、高速柴油机和1500r/min以上的高速柴油机来作为发电机的原动机,这样就有可能使整套柴油发电机组的重量和尺寸有所减小,也有利于采取减振降噪措施(如装设双层隔振装置和排气冷却消声器),而且柴油机转速越高(基频高),降噪越易于取得较好的效果。

(3)与直接传动的柴电潜艇在水面状态和通气管状态下柴油机直接驱动螺旋桨不同,在间接传动(电传动)的柴电潜艇中,柴油机作为发电机组的原动机,是在转速不变的条件下工作。改变潜艇航速只需通过改变主推进电动机的转速来实现。柴油机在转速不变的条件下运转,对零部件减少磨损是有利的,因而对柴油机使用寿命的延长也有利。另一方面,由于高速、中高速柴油机的使用寿命大大提高,可靠性增加,这也为间接传动(电传动)推进装置在原动机选型方面提供了现实可能性。

(4)由于柴油机与推进轴系无机械连接,柴油机的单机功率、转速、数量、布置方式等均可按最佳方案合理选择,而且,柴油机的振动和噪声不会通过推进轴传递出去,有利于降低噪声;采用多台柴油发电机组工作,可提高动力装置的可靠性(航行中轮流检修和轮流工作)。柴油机单向恒速旋转,简化了操作,也易于实现遥控,主推进电机不必作发电机运行,减少了电动机的工作状态,既提高了电动机效率,又使主推进电动机的遥控更为方便。

间接传动动力装置的主要缺点是:

①比直接传动单独增加了发电机及相应的操纵台,主推进电机因转速较低其重量尺寸增大较多,故间接传动动力装置的重量和所占空间都要有所增加。

②当潜艇在水面状态和通气管状态航行时,用于推进方面的能量的转换和传递环节要比直接传动式多,故动力装置效率相对来说比较低。

综上所述,柴电潜艇采用直接传动方式的动力装置,主要考虑水下性能和水面性能兼顾,强调航渡速度和通气管状态航行。而间接传动方式的动力装置则以求得水下最佳性能为主。

图3.2.16为间接传动潜艇推进装置的一个应用方案。

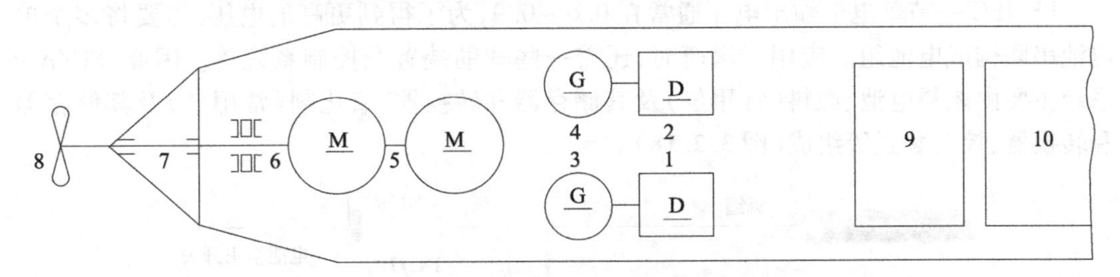


图3.2.16 电传动(间接传动)方式在柴电潜艇中的应用

1,2—左舷和右舷柴油机;3,4—左舷和右舷发电机;5—双枢推进电机;6—止推轴承;7—轴系元件;8—螺旋桨;9,10—蓄电池。

**2. 不依赖空气的特种动力(AIP)**

对于上述传统的柴-电动力潜艇,蓄电池是水下航行的唯一能量来源,决定了潜艇的水下航速和续航力,同时还要满足艇上其他用电(如武器、生活等)。蓄电池的长期水下使用证明了其可靠性与有效性,但也存在一些比较大的缺点,如重量大、功率密度低、容量小、充电时间长,且必须在潜艇浮出水面或以通气管状态航行时进行,从而增大了潜艇的暴露率,降低了隐蔽性、放电时间短、充放电次数有限、寿命较低等。不依赖空气的动力装置(Air Independent Power,AIP,亦指 Air Independent Propulsion)的发展及其在常规潜艇上的应用就是为了弥补蓄电池组的不足。

AIP是指不需要外界空气而仅依靠潜艇储存的能源物质(例如燃油、氢气或能产生氢气的物质等)与氧化剂(通常是液态氧)并提供能量转换条件,完成能量转换,以保证潜艇动力需求的装置。常规潜艇 AIP 系统通常由能量储存及供给系统、能量转换装置、废弃物排放及处理系统、辅助系统及控制系统等组成。目前,技术发展相对成熟的常规潜艇 AIP 系统一般分成两类:热机系统和电化学系统。其中热机包括:热气机(SE/AIP)、闭式循环柴油机(CCD/AIP)、闭式循环汽轮机(MESMA/AIP 亦称自主式水下能源系统)和小核堆(AMPS/AIP)等;电化学 AIP 则指燃料电池(FC/AIP)。

需要指出的是目前在潜艇上应用的 AIP 系统还不是提供艇上所有动力需求的全动力 AIP系统,而是在常规潜艇原有动力的基础上加装一套 AIP 系统,提供水下航行的动力,如图 3.2.17 所示。

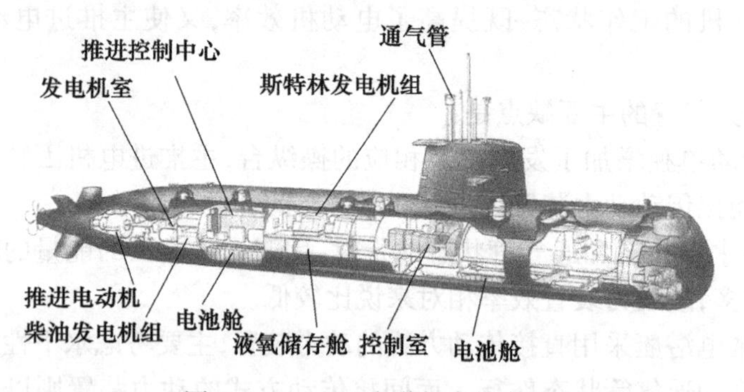


图 3.2.17 AIP 在潜艇中的应用

1)燃料电池(Fuel Cell,FC)AIP 系统

PEMFC 一节单电池输出电压通常在 0.6~0.9,为了得到更高的电压,需要将多个单电池串联构成电池组。应用于潜艇时,还需一些辅助装置及控制系统等。因此,FC/AIP 系统主要由燃料电池、燃料(常用氢)及其储存器和转换器、氧化剂(常用氧)及其储存器和转换器、控制装置等组成(图 3.2.18)。

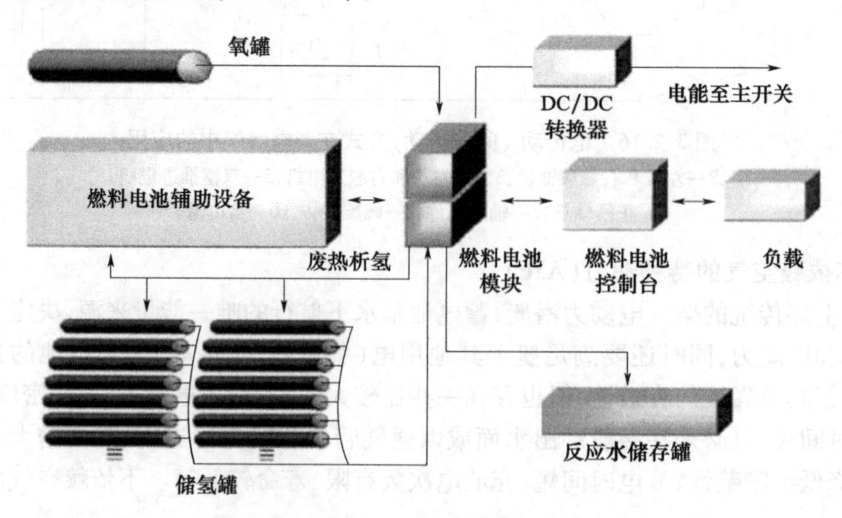


图 3.2.18 FC/AIP 装置的构成

燃料电池是直接将燃料中的化学能转换成电能，省去了一般热动力机械中的热能转换过程，因此，其特点主要有：

（1）效率高（约60%）；

（2）无回转机械，几乎无噪声，排温低，因此信号特征小，隐身性好；

（3）功率密度大、过载能力强；

（4）配置灵活；

（5）环境污染小。

但是，在潜艇内除液态氧外，还必须要有氢源（金属储氢或甲醇制氢）。

FC/AIP 系统由于具有上述优点，被认为是最具有发展潜力的中小型潜艇的动力源，许多国家都积极致力于研制潜艇用燃料电池。

2）热气机（Sterling Engine，SE）AIP 系统

采用热气机作为发动机的 AIP 系统称为 SE/AIP 系统，一般构成如图 3.2.19 所示。

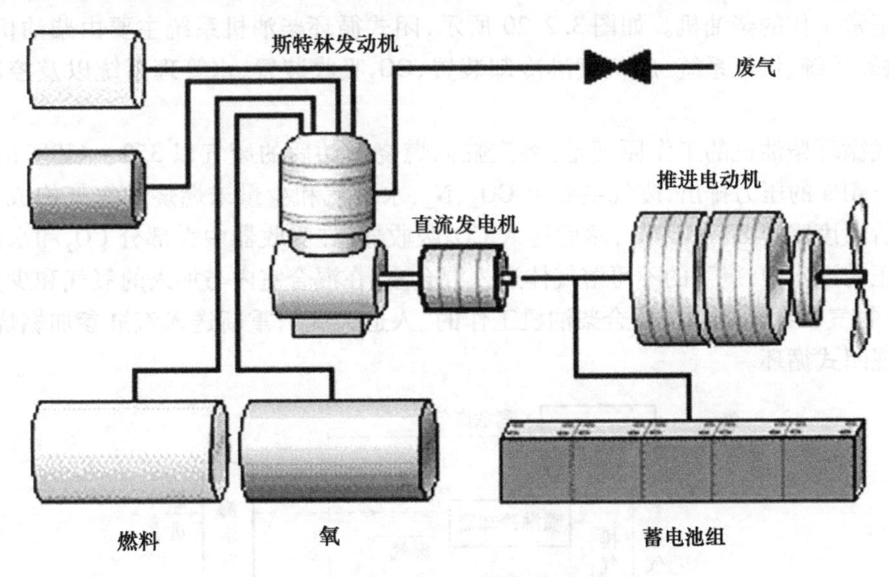


图 3.2.19 SE/AIP 系统构成原理

SE/AIP 系统的特点包括：

（1）热气机所采用的外部加热装置对热源形式无特殊要求，凡是温度在400℃以上的任何形式发热装置都可以成为热气机外部加热系统的热源。因此，对燃料、能源的适应性好。

（2）排气污染低。

热气机的燃烧是连续进行的，燃油和空气混合良好，空燃比的变化对热效率影响不大，对功率更是几乎没有多少影响，因此，可以在足够的过量空气系数情况下运行，接近于完全燃烧，这样就使得排气中的 NO、CO 和炭粒很少。

（3）噪声低。

热气机的燃烧是在接近于大气压的压力下连续进行的，没有像内燃机那样突然的排气压降所产生的噪声。一般热气机的结构噪声和空气噪声比柴油机低 15～25dB（A）。

（4）运转平稳、振动小。

(5)效率高,而且在部分负荷下工作的效率也较高。

(6)转速扭矩特性好。

(7)超负荷能力强,可达额定扭矩的150%。

(8)具有良好的加速性能,发动机从惰转加速到满负荷的时间一般仅需0.1~0.3s。

(9)无滑油消耗。

热气机的外部燃烧系统是不必润滑的,闭式循环系统内冷、热腔的汽缸活塞组是绝不能用滑油润滑的。润滑传动机构的滑油不受燃烧产物的污染,也不受燃油的稀释作用,滑油不会老化,使用过程中不必更换滑油,仅需添补一些新的滑油。

(10)在200m深度内,其工作状态与潜艇深度无关。

但是,热气机的制造难度大、造价高,缺少民用市场作依托。

3)闭式循环柴油机(Closed Cycle Diesel,CCD)AIP系统

闭式循环柴油机是通过对通用型柴油机的进排气系统进行改造,使其能够不依赖空气而能正常工作的柴油机。如图3.2.20所示,闭式循环柴油机系统主要由柴油机、供油系统、供氧系统、供氩系统、废气喷淋冷却装置、$CO_2$吸收装置、水管理系统以及控制系统组成。

闭式循环柴油机的工作原理是:将汽缸内燃烧做功后的废气以350~450℃的温度、0.3~0.5MPa的压力排出,废气主要由$CO_2$、$N_2$、水蒸汽和少量未燃烧的氧气构成。经喷淋冷却后温度降至80~100℃,然后送入$CO_2$吸收器,在吸收器中大部分$CO_2$和水蒸汽溶解在加压的海水中,剩下的不可溶气体进入混合室,在混合室内与加入的氧气和少量的惰性气体(氩气)混合,配制成适合柴油机工作的“人造大气”,重新送入汽缸参加燃烧做功,从而实现闭式循环。

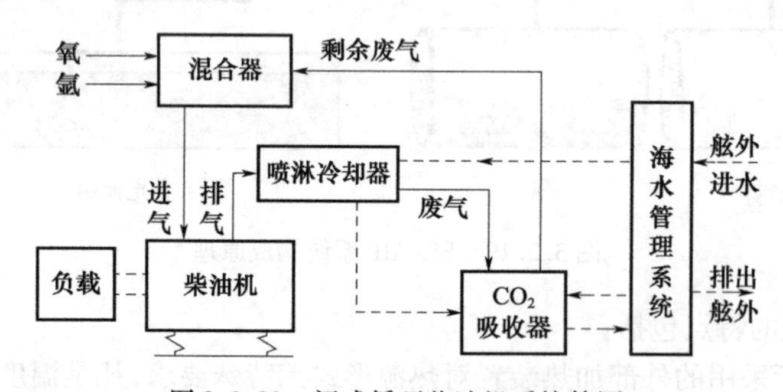


图3.2.20 闭式循环柴油机系统简图

CCD-AIP系统的特点:

(1)单机功率大;

(2)可以通过对通用型柴油机进行改装来实现,大部分零部件与一般柴油机相同,技术成熟,研制费用低,可靠性高。

但是,闭式循环柴油机的振动噪声较大,而且对外排气需要一套比较复杂的水管理系统。

4)自主式水下能源系统(Module Energie Souces - Marine Autonomous,MESMA)

自主式水下能源系统实际上是一种闭式循环汽轮机-发电机系统。

如图3.2.21所示,一般由两个回路组成,即高温燃气产生回路和蒸汽产生回路。其

工作原理是：储存在氧罐中的液态氧（一般在0.2～1MPa的低压和－185℃的低温状态），通过液氧低温输送泵使压力提高（如6MPa）并加热成气态氧，气态氧通过管路进入高压燃烧室中，与从燃油储存箱送来的燃料（一般为乙醇）进行混合并燃烧，在高压燃烧室里产生温度高达700℃、压力为6MPa的高温高压气体，这种高温高压气体被送往蒸汽发生器放热后靠自身的高压排放到艇外，这部分便是组成自主式潜艇能源系统的高温燃气产生回路分系统。

蒸汽产生回路系统采用的是一种以淡水作为工质的循环系统。在蒸汽发生器里，管路外面的水通过吸收高温高压的燃烧气体放出的热量而变成高温高压的过热蒸汽（如温度和压力分别达到500℃和1.8MPa），过热蒸汽驱动汽轮机做功后被送入冷凝器，在冷凝器中经海水冷却后冷凝成水，通过给水泵再将其送往蒸汽发生器进行循环。汽轮机驱动交流发电机运行发电，为潜艇提供所需的电能。

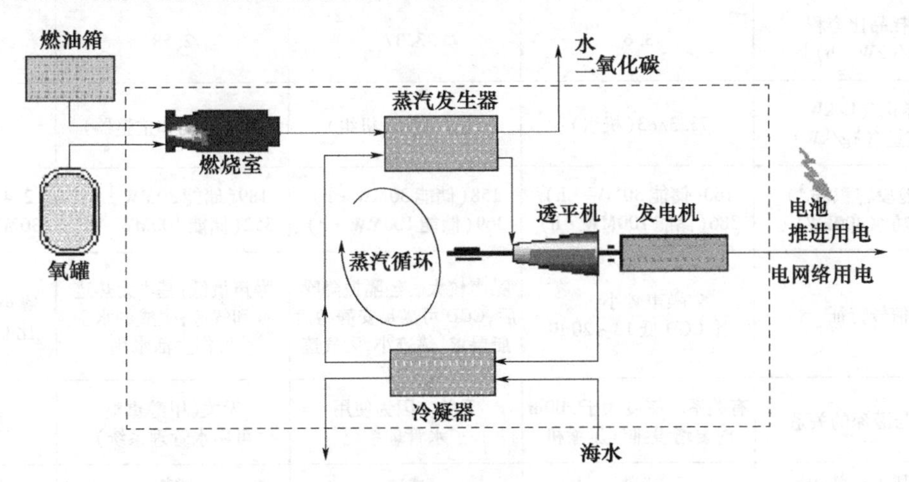


图3.2.21 闭式循环蒸汽轮机工作原理图

MESMA－AIP系统的特点：

（1）单机功率大；

（2）蒸汽轮机制造技术成熟，研制难度相对较小；

（3）属旋转式机械，振动小。

但是闭式循环蒸汽轮机装置系统复杂、辅助冷凝设备多，布置困难，而且经济性差，热效率低。如法国200kW闭式循环蒸汽轮机AIP系统的总效率只达到25%左右。

以上简要介绍了常用AIP系统的构成原理与特点。各种AIP系统的技术发展及应用研究情况归纳于表3.2.2中。

表3.2.2 AIP系统的性能比较与应用情况

| 项目 | 热气机<br>（SE） | 闭式循环柴油机<br>（CCD） | 燃料电池<br>（PEMFC） | 闭式循环汽轮机<br>（MESMA） |
|---|---|---|---|---|
| 效率/% | 32 | 33 | 50～60 | 25 |
| 耗油率或耗氢量或甲醇耗量/[g/（kW·h）] | 260～280<br>（低硫化柴油） | 220～270<br>（一般柴油） | 47～60（氢气）<br>290～390（甲醇） | — |

续表

| 项目 | 热气机（SE） | 闭式循环柴油机（CCD） | 燃料电池（PEMFC） | 闭式循环汽轮机（MESMA） |
| --- | --- | --- | --- | --- |
| 耗氧率/[g/(kW·h)] | 1056(机组) | 820(氧)+41(氩) | 428(储氢)或490(甲醇重整) | 1100 |
| 功率/kW | 75/台 | 150~580/台 | 目前200~300 | 200 |
| 第一次大修期/h | 2000 | 8000 | 5000 | — |
| 200kW装置体积($m^3$)/重量(t) | 13.2/3.75 | /4.4 | 1.34/2.57（包括电池堆和重整器） | — |
| 消耗品比容积[L/(kW·h)] | 3.6 | 3.37 | 2.58 | — |
| 比体积/(L/kW)比重量/(kg/kW) | 73.3/83(机组) | 52.2/25.5(机组) | 20/(电池和重整器) | — |
| AIP舱段容积($m^3$)(电功率400kW) | 160(储能30MW·h)386(储能100MW·h) | 158(储能30MW·h)369(储能100MW·h) | 189(储能30MW·h)352(储能100MW·h) | 214(储能30MW·h) |
| 信号特征 | 噪声较小，比CCD低13~20dB | 噪声较大。经隔振降噪后，CCD可满足安静型潜艇要求，热迹小，无气迹 | 噪声最低；基本无热迹和气迹；生成的水可作生活水用 | 噪声较小，比CCD低 |
| AIP与潜深的关系 | 有关系。深度大于200m时要增设排气压缩机 | 无关。因为使用了水管理系统 | 无关（甲醇重整可用水管理系统） | 无关 |
| 国外技术成熟程度 | 成熟 | 成熟 | 成熟 | 成熟 |
| 安全性 | 液氧需以超低温高压保存(-180℃,35bar) | 液氧需以超低温高压保存(-180℃,35bar) | 液氧需以超低温高压保存(-180℃,35bar)；艇用金属储氢和甲醇制氢技术需研制 | — |
| 研究及应用情况 | 较少 | 较多 | 最多 | 少 |

由此可见，常规潜艇的动力组成方案非常多，需要考虑的问题也要复杂得多。

### 3.2.4 不同推进方式推进方案

**1. 螺旋桨推进**

螺旋桨推进是目前应用最普遍的一种方式，主要由桨毂和固定于桨毂上的桨叶构成。桨叶的数量称为叶数，一般为3~7叶。螺旋桨的主要几何参数有叶数、直径、螺距、盘面比、桨叶轮廓、叶切面形状、叶切面厚度和拱度、桨叶侧斜和纵斜等。通常采用高强度铜合金制成，也有采用不锈钢或者复合材料等高阻尼低噪声材料的。全垫升气垫船和地效翼船的螺旋桨为空气螺旋桨。其他舰艇的螺旋桨一般安装在船尾水线以下，固定在尾轴上，由主机通过推力轴、中间轴带动尾轴旋转，桨叶向后拨水推动舰艇前进。舰艇根据船型、主机功率、航速及生命力要求可安装一个或多个螺旋桨。螺旋桨设计时通过几何参数的优化,提高其效率,并尽量避免空泡、空泡剥蚀、噪声和激振力等不利影响。螺旋桨自19世纪初作为船舶推进器应用之后,经逐步改进完善,是现代舰艇普遍采用的推进器。常用的螺旋桨有固定螺距螺旋桨、可调螺距螺旋桨、导管螺旋桨、对转螺旋桨、串列螺旋桨等。

1)固定螺距螺旋桨推进

将桨叶刚性固定在桨毂上,螺距不可变。螺旋桨产生的推力大小由转速控制,要使舰船停航或倒航必须改变螺旋桨的转向。

2)可调螺距螺旋桨推进

可调螺距螺旋桨简称可调桨或调距桨,它和固定螺距螺旋桨的根本差别在于它的桨叶和桨毂之间可以沿着桨叶自身的轴线方向作相对转动,通过这种相对转动可以改变螺旋桨螺距的大小,使其适应航速变化和倒航的需要,可使舰船获得从最大正航速到最大倒航速中任意一种航速,而螺旋桨的转向和转速保持不变。如果将螺旋桨螺距调整到零位,即使螺旋桨仍在旋转,舰船也可保持原地不动。

(1)调距桨装置的组成。

调距桨装置一般包括五个基本组成部分:调距桨、轴系、调距机构、调距动力系统(现在一般采用液压调距系统)和操纵系统。

①调距桨:包括可转动的桨叶、桨毂及桨毂内的转叶机构。

调距桨的桨叶本身与定距桨的桨叶没有多大的差别,但它与桨毂不是一体,而是分开的。它支承在桨毂上,支承方式有径向支承和平面支承两种。

②轴系:它是中空的,其中装调距机构。当伺服动力油缸位于桨毂内时,轴系中的孔道作为引进和排出液压油之用。

③调距机构:它的任务是接收操纵机构的指令并通过液压调距系统将指令信号变为转动桨叶所需的动力,起调距作用;当转叶机构本身不能自锁时,将桨叶固定在所需的位置上;指示螺距的大小,并反馈到动力传送调节装置上,对螺距进行反馈和指示。

调距机构一般有机械和液压两类。机械调距机构一般用于小艇。液压调距机构由于紧凑、作用力大、灵活且便于遥控,在大中型舰船上得到了广泛采用。

液压调距机构包括:转动桨叶的伺服动力油缸和分配液压油给油缸的配油器;桨叶定位及其反馈装置;附属设备等。

④液压系统(调距动力系统):对液压调距桨而言,其液压系统的作用是供应伺服油缸所需的液压油,产生并调节或保持液压油的压力、速度和方向。它包括油泵、换向阀、油箱和管件等。根据工作原理它分为定量泵和变量泵两类液压系统。

定量泵液压系统在调距时,液压泵通过配油机构向油缸的某一油腔供油,另一油腔的油通过配油机构回到液压油箱。稳距时,配油机构切断油路,但油泵不能停转,油压升高,高压油打开安全阀,流入油箱中。这种系统简单可靠,但工作油压较高、消耗功率较大、稳距时卸荷方法不好。

采用变向变量油泵能很好地解决这个问题。变向变量油泵既能改变供油方向又能改变供油量,同时起到滑阀和油泵的作用。

变量泵液压系统在调距时,变向变量油泵从油缸的一个油腔吸油,然后压入另一油腔,不经油箱。当稳距时,油泵供给油缸的油量正好用于补偿漏泄,维持所需要的油压。设油箱的目的是补偿可能漏泄的油。

⑤操纵系统:它的作用是按预先确定的程序同时调节主机的转速和调距桨的螺距(称作机-桨联调),使主机和螺旋桨的工况达到所需工况。操纵系统由螺距指令部分和螺距指示部分组成。指令部分的伺服机构发出指令,从而使桨叶转到所需位置;同时向调速器发出指令,从而使主机达到所需转速。指示部分则指示桨叶位置及主机转速。

(2)调距桨装置的工作原理。

调距桨装置的简单工作原理如图 3.2.22 所示。当需要调节螺距时,转动操纵手柄发出改变螺距讯号后,移动液压系统的换向滑阀 V,液压油经过回转轴的配油装置 O,导入(或引出)液压传动的伺服动力油缸 C,然后油缸运动,一方面带动毂部旋转机构使桨叶转动,改变螺距;另一方面油缸的运动随时通过反馈机构 F 反馈当前的螺距值,当桨叶转角达到所要求的螺距角后,反馈机构使换向滑阀回到中间状态,阻止液压工作油的进出,这样,调距桨改变到所需的螺距,从而完成调距工作。

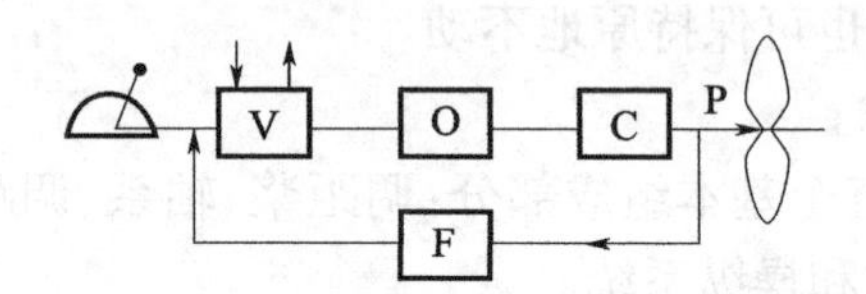


图 3.2.22 调距桨装置工作原理方框图

P—毂部旋转机构;C—液压系统执行油缸;V—分配换向滑阀;O—配油装置;F—反馈机构。

调距桨的结构型式很多,但根据伺服油缸的布置情况有两种基本形式,如图 3.2.23 所示。一种为油缸布置在船体机舱内的某一轴段中(图 3.2.23(a)),另一种的油缸布置于船体外螺旋桨桨毂里(图 3.2.23(b))。

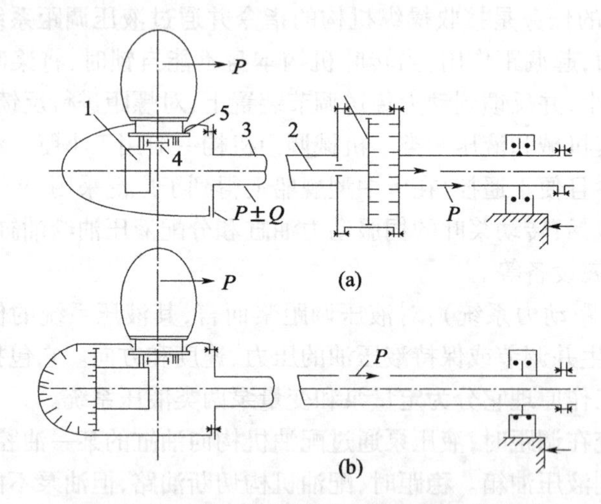


图 3.2.23 液压调距桨装置的两种基本形式

1—伺服油缸活塞;2—传动杆;3—推进轴;4—曲柄连杆机构;5—固紧轴承座。

第一种形式,油缸布置在船内。调距桨的传动杆通过同心中空桨轴使位于船内的桨毂中的曲柄连杆机构活塞与船外桨毂中的曲柄连杆机构刚性连接,伺服动力油缸本身形成了轴系中的一个中间部件。这种布置可使包括伺服动力油缸在内的所有液压元件在船内放置,可以随时检查,不必进坞检修,提高了装置的可靠性。另外,它有可能放大油缸直径而降低工作油压,提高配油装置密封件的可靠性。然而,这种形式必然要有一根受力的传动杆(推拉杆),尤其在长轴系中,该杆在很大调距力作用下会伸长或挠曲,引起螺距传递误差;杆长度太长,使轴系结构复杂,尺寸和重量增加,造价也增加。通常只适用于中小功率范围内的动力装置。

第二种形式,即油缸布置在桨毂内部。工作油经过中空轴进入桨毂内部的油缸,这样,中空桨轴内孔直径较小,不必特意加粗,轴系装置也比较简单。且调距力作用在桨毂中,在桨毂中相互平衡,不会在桨轴上产生附加载荷。由于桨毂内的伺服动力油缸受到桨毂尺寸的限制,活塞直径不能太大,故需用较高的工作油压,从而对配油装置的密封件提出了较高的要求。油缸置于桨毂内部是调距桨发展的一种趋势。

(3)调距桨的特点。

①舰船在各种工况下,可调螺距螺旋桨均能使主机发出全部功率。普通螺旋桨的设计往往只考虑在一种工况下使主机的功率与舰船的阻力相适应。而当工况变化时(如重载、轻载等)就会使主机的功率与舰船的阻力不相适应,导致主机功率发不足或过剩而影响效率和航速。用可调螺旋桨之后,则可根据舰船工况的变化随时调节螺距,从而使主机功率与舰船阻力相适应。

②采用可调螺旋桨之后,提高了舰船的机动性。因为通过改变螺距,可使舰船获得任意一种航速。对于燃气轮机无法倒转的困难,在采用可调螺距螺旋桨之后,问题就迎刃而解了。因此,在柴燃联合动力装置中,通常都采用调距桨。一些工程船舶及扫雷艇等常需要微速航行,因受主机最低稳定转速的限制,往往无法实现,采用可调螺距螺旋桨则是解决这个问题的最佳途径之一。

③可调螺距螺旋桨可通过变距操纵机构调节螺距使之为负值,从而产生负推力,这比普通螺旋桨用改变转向的方法产生负推力来得快,因而大大缩短了舰船在紧急停车后因惯性造成的滑行时间和距离,显著提高了机动性。这对靠离码头、航行于狭窄航道、紧急避碰等具有重要意义。

④调距桨的桨叶根部与桨毂联结处很难达到流线型的要求,因此其最高推进效率一般比定距桨低1% ~2%,且易发生空泡穴蚀。

⑤可调螺距螺旋桨结构复杂、密封要求很高、维修保养困难,成本较高,制造安装技术要求较高。

可调螺距螺旋桨适用于工程船(如布缆船)、拖船、扫雷艇等工况多变、操纵性要求高的舰船。

3)导管螺旋桨

导管螺旋桨是由具有机翼形剖面的环形导管和螺旋桨组成的统一单元推进装置。导管的作用是造成一个有利于螺旋桨工作的流场,同时也作为推进器的一部分产生推力。导管与螺旋桨叶梢之间的间隙很小,可降低绕流损失并限制螺旋桨的尾流收缩,减少能量损失。对于航速较低、推力要求较大的舰艇,可提高推进效率。导管螺旋桨还可以减轻舰艇纵摇和船体尾部振动。导管螺旋桨可分为固定导管螺旋桨和旋转导管螺旋桨。固定导管螺旋桨,可提高推力,但使舰艇的回转半径增加,操纵性变差;旋转导管螺旋桨,可绕竖轴转动一定角度,兼作舵的作用,可提高舰艇的操纵性,主要用于拖船。

4)对转螺旋桨推进。

对转螺旋桨(Contra - Rotating Propeller, CRP,简称对转桨)或称双反转螺旋桨推进,是指将两个螺旋桨分别装于同心轴上，以相反方向旋转产生推进动力的一种推进方式。图 3.2.24 为一种对转桨推进装置，另一种形式是 Z 型传动对转桨。

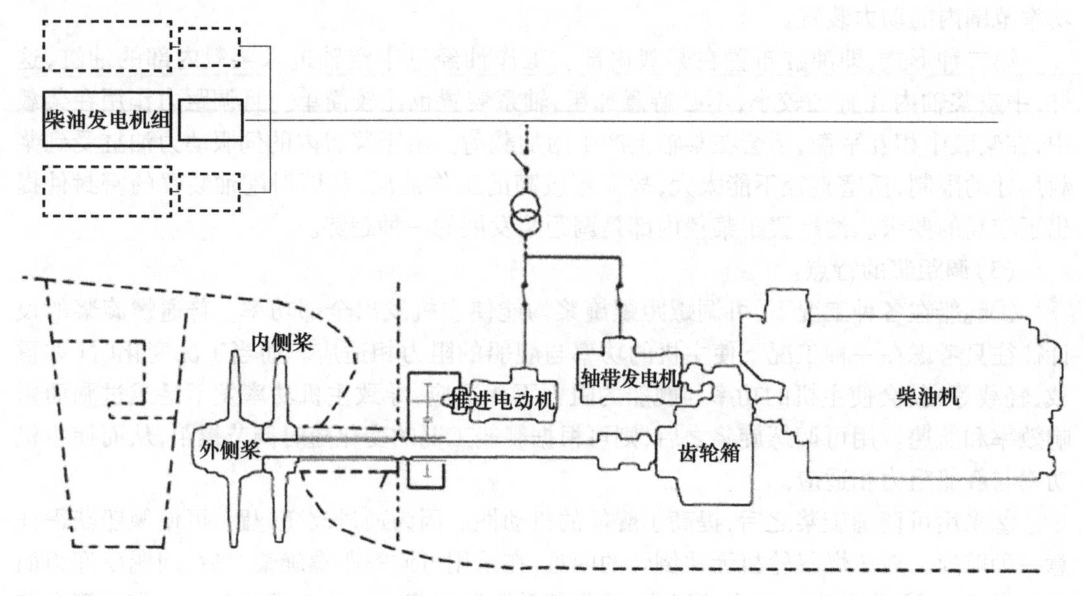


图 3.2.24 对转桨推进装置简图

柴油机驱动中心轴的外侧螺旋桨，由电动机通过齿轮箱驱动套轴（位于中心轴同心的外套轴）的内侧螺旋桨，内外二桨位于同一轴心而转向相反。电动机的电能可以由柴油机轴带发电机或船上电站提供。

这种 CRP 装置优点是：

(1) CRP 比单桨推进效率高 5% ~15%，全寿命周期费用降低；

(2) 具有更高的操纵灵活性；

(3) 负荷被分配在两个桨上，故在吸收同等功率时，负荷较单螺旋桨低，有利于避免空泡的产生，在一定负荷下对转桨直径可小些；

(4) 具有较高的冗余度，安全性提高；

(5) CRP 船速比相同单桨船提高 6%。

但也存在下列问题：

(1) 对转轴承的润滑比较困难；

(2) 由于前、后桨转速存在差异，需重视两对转轴之间的密封问题；

(3) 轴的构造较为复杂，制造工艺要求高，造价和维修费用高，故较大功率的传统对转桨难以得到推广应用。

为了充分发挥对转桨的优点，克服其缺点，ABB 公司于 2001 年研制了由 Azipod 吊舱（在下节介绍）螺旋桨组成的对转桨装置，称为 CRP Azipod 对转桨装置。用吊舱取代上述对转桨装置中的外侧桨，吊舱与常规主机驱动主螺旋桨位于同一轴线上，不同轴，旋转方向相反，如图 3.2.25 所示。这种装置除具有上述对转桨的优点外，还减少了桨对船体的激励振动，而且使得总体布置更灵活。

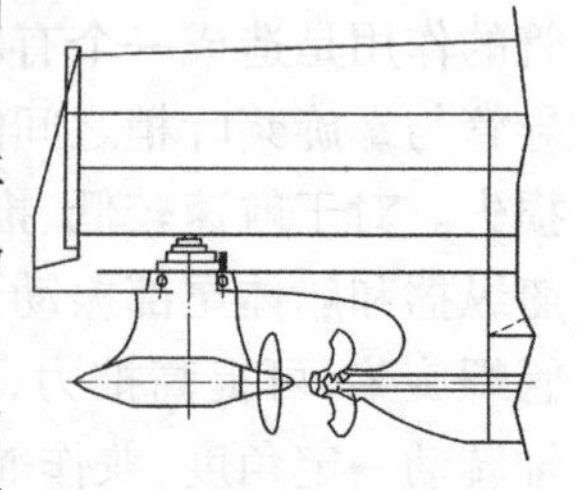

图 3.2.25 CRP Azipod 对转桨装置示意图

5)串列螺旋桨

在同一尾轴上装有前后相邻的两个或三个螺旋桨,各桨转速和旋转方向均相同。当螺旋桨直径受船尾形状的限制或螺旋桨负荷过重时,可采用串列螺旋桨提高效率。但其尾轴较长,重量较大,在舰船上应用较少。

**2. 方位推进器**

方位推进器(Azimuth Thruster),是指螺旋桨或导管推进器能在水平面内绕竖轴作360°转动,从而在任意所需的方向上产生推力,用以推进并操纵船舶的推进器。可见,采用方位推进器的舰船无须舵即可改变船的运动方向,使舰船具有优越的操纵性。

1)全回转舵桨推进

常见的360°全回转舵桨推进器是主机通过伞齿轮系统传动机构驱动螺旋桨。根据传动方式的不同主要有Z型传动全回转舵桨推进器和L型传动全回转舵桨推进器,如图3.2.26与图3.2.27所示。

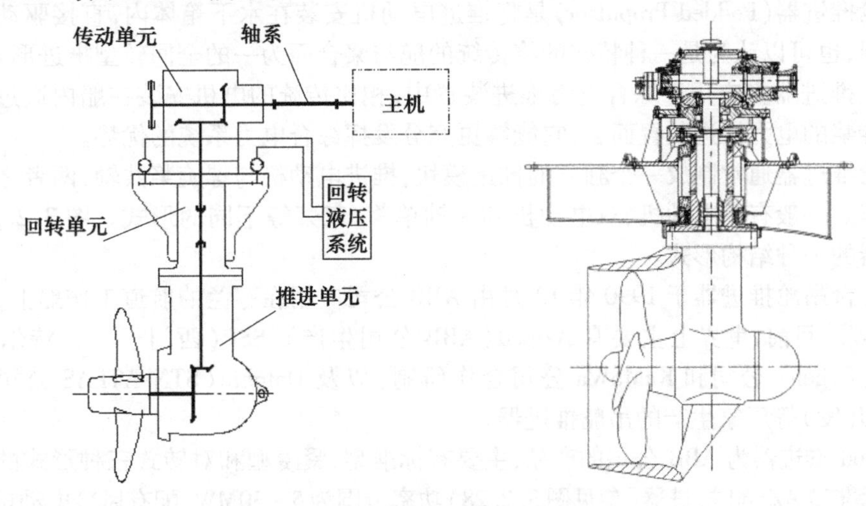


图3.2.26 Z型传动全回转舵桨推进

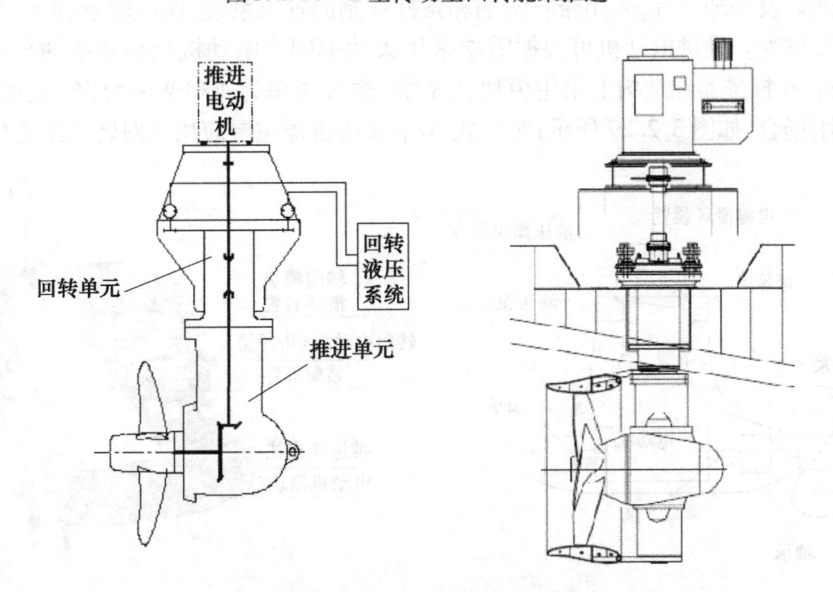


图3.2.27 L型传动全回转舵桨推进

两种类型的主要区别在于主机的安装位置及与轴系的联结关系,采用L型立式安装方式,主机必须采用电动机,而Z型传动方式的主机既可是电动机,也可采用柴油机等。全回转舵桨推进器的螺旋桨也可采用导管螺旋桨或对转桨。

舵桨推进装置主要构成包括:推进轴系(Z型传动形式)、上齿轮箱组件、转舵机构、下齿轮箱组件、润滑系统、液压系统,以及控制系统等。虽然全回转推进器没有舵,却可以使螺旋桨的推力完全转换为相当于舵力的作用,能任意改变推力的方向,使船原地掉头,进退自如;全回转推进器单位功率推力大,后退推力和前进推力基本相同;这种推进装置可在工厂车间中整体组装完成,不需水下作业,安装及维修十分方便。但因传动机构和大毂径带来较大的损失,其效率一般较低,而且机构复杂,造价高。所以,这种推进形式主要应用于机动性能要求高或具备动力定位要求的各种工程船舶如渡船、港作拖轮、海底布缆作业船、浮动式起重船、海洋平台及平台供应船等。

2)吊舱推进器

吊舱推进器(Podded Propulsor)是将推进电动机安装在水下箱体内,直接驱动螺旋桨的推进器,也可以认为是一种特殊的将传统的舵与桨合而为一的全回转型推进形式。

吊舱推进器多应用于综合电力推进装置中,相比传统的电机安装在船内通过推进轴驱动螺旋桨的电力推进装置而言,它能够更充分发挥综合电力系统的优势。

吊舱推进器通常制成一个独立的推进模块,推进电动机与螺旋桨共轴,两者之间没有其他环节。一般有单电动机、双电动机和一轴单桨、双桨等不同的形式。图3.2.28是吊舱推进器的一种结构形式。

第一台吊舱推进器于1990年12月由ABB公司应用在芬兰的航道工作船上,其功率为1.5MW。目前,世界上主要有Azipod(ABB公司生产)、SSP(西门子-肖特尔推出)、Mermaid(Cegelec公司和KaMeWa公司合作研制)以及Dolphin(STN ATLAS公司和Lips BV公司开发)等厂家生产的吊舱推进器。

Azipod推进器为ABB公司的产品,主要有标准型、紧凑型和对转式三种形式的推进器产品。标准型Azipod推进器(参见图3.2.28)功率范围为5~30MW,配有风冷电动机和通风系统用来循环及冷却空气,采用带有滑油和条件控制的轴承系统,保证轴承和密封系统的使用寿命和可靠性。推进电动机可根据需求采用大功率同步电动机或小功率的异步电动机;紧凑型Azipod推进器在结构上采用模块化系统,输入功率为400kW~5MW,适用较小功率等级的应用场合,如图3.2.29所示;对转式Azipod推进器主要应用于对转式推进模式。

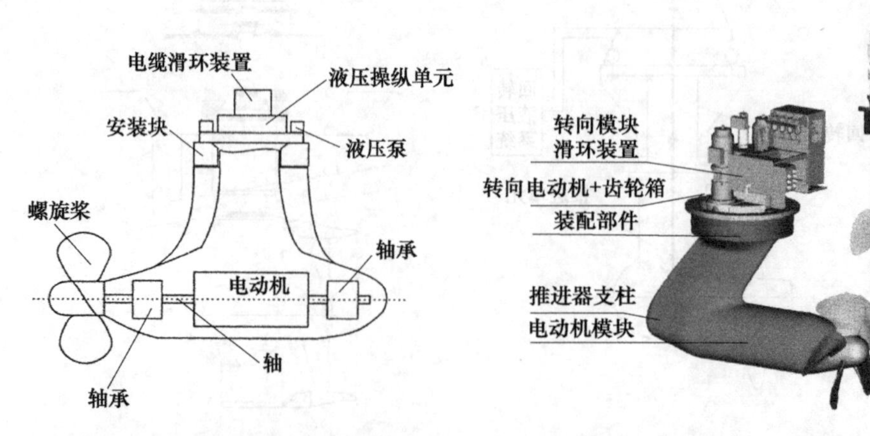


图3.2.28 Azipod吊舱推进器简图　　图3.2.29 紧凑型Azipod推进器

Mermaid推进器为Kamewa公司和Alston公司的产品，目前能达到的功率范围为500kW~25MW。与Azipod推进器不同的是，Mermaid推进器中电动机的定子烧嵌在吊舱内，利用与周围的海水对流进行冷却，因此，吊舱装置在尺寸上比采用全空气冷却的吊舱装置小。

SSP推进器为Siemens公司和Schottel公司联合研制的产品，其功率范围为5~30MW。SSP推进器利用了Schottel公司的双螺旋桨设计思想和大功率的优点，采用同轴同转双桨设计，吊舱前后的两个螺旋桨均承担负载，如图3.2.30所示。吊舱体的外面有两个飞机尾翼状的翼片(鳍)，用于回收前桨尾流的旋转能量。SSP推进器的优点是系统效率提高20%，而且其推进电动机采用新型永磁同步电动机，比常规电动机的重量、尺寸大幅减小。

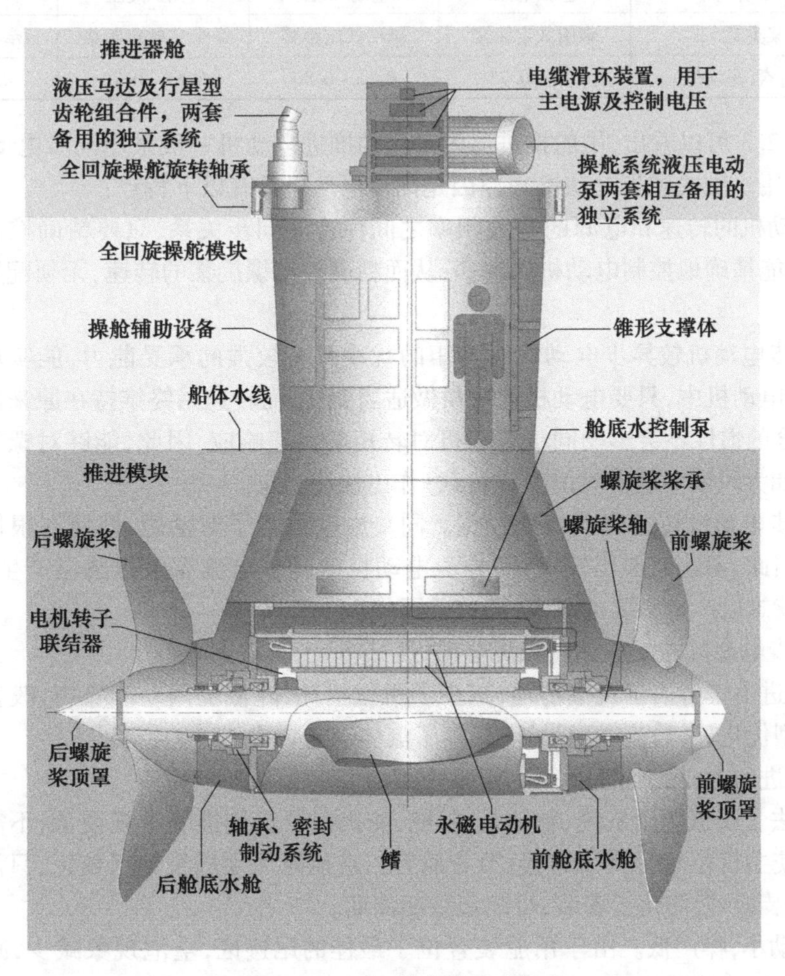


图3.2.30　SSP推进器主要构成

Dolphin推进器是STN ATLAS公司和Lips BV公司联合开发的产品，其输出功率范围为3~19MW。该型推进器的设计目标是追求高推进效率和低振动、低噪声，其核心是一个不带电刷的六相同步电动机，采用双绕组，运行平稳。推进器的主要特征是采用模块化结构，几乎所有辅助设备都可以整合成一个安装块，焊接在船体上，可以在船下水之前安装上。

上述四种典型吊舱推进器的主要特性归纳如表3.2.3所示。

表3.2.3　四种典型吊舱推进器的主要特性

| 推进器名称 | Azipod | Mermaid | SSP | Dolphin |
|---|---|---|---|---|
| 最大功率/MW | 30 | 25 | 30 | 19 |
| 变频器类型 | 循环 | 同步 | 循环 | 同步 |
| 电动机类型 | 同步 | 同步 | 同步 | 同步 |
| 励磁 | 无刷 | 无刷 | 永磁 | 无刷 |
| 冷却 | 空气冷却 | 空气/海水冷却 | 海水冷却 | 空气冷却 |
| 操纵系统 | 电动/液压 | 电动/液压 | 电动/液压 | 电动/液压 |
| 螺旋桨类型 | 牵引式定距桨 | 牵引式定距桨 | 2个三叶定距桨 | 牵引式定距桨 |
| 电网功率因素(平均值) | 0.7~0.75 | 0.75~0.80 | 0.65~0.70 | 0.75~0.80 |

从表3.2.3可以看出,吊舱推进器内采用的推进电动机一般采用同步电动机(SSP推进器系统采用永磁式同步电动机),原因是同步电动机具有以下特点:

(1)电动机的转速和电源的基波频率之间保持着同步关系,只要精确控制变频器的输出频率就能精确地控制电动机的转速,从而精确控制螺旋桨的转速,无须配置转速反馈回路。

(2)同步电动机较异步电动机对转矩的扰动具有较强的承受能力,能实现较快的响应。在同步电动机中,只要电动机的攻角做适当变化,而转速始终维持在原来同步转速不变,转动部分的惯性不会影响同步电动机对转矩的快速响应,因此,能够对螺旋桨负载转矩的变化(如大风浪中航行时的变动负载)作出快速响应。

(3)同步电动机转速调节范围较宽。同步电动机转子有励磁,即使在很低的频率下也能运行,因此,调速范围比较宽;而异步电动机的转子电流靠电磁感应产生,频率很低时,转子中就难以产生必要的电流,调速范围较小。

(4)同步电动机的成本优于异步电动机。

吊舱推进由于省去了机械传动,减少了机械损耗,降低了振动和噪声,改善了船体结构、艉部线型优化、吊舱流线形设计,提高了流体动力效率。

吊舱推进的主要优点有:

(1)省去了机械传动系统、艉轴系、艉舵、舵机以及艉侧推等常规设备,不需要专门的冷却系统,使主机位置可灵活布置,节省舱容。造船时无须进行轴系校正,只需对吊舱一次性整体吊装即可,简化了安装,可缩短造船周期。

(2)振动小,噪声低。由于吊舱装置位于最佳的尾迹区,空泡现象减少,减弱了螺旋桨产生的振动,改善了流体动力性能。

(3)优良的操纵性和机动性。由于推进器可以在360°水平范围内旋转,使舰船的航向保持能力强、转弯半径较小、急停距离短,因此具有优良的操纵性和机动性,图3.2.31为在相同约束条件下采用吊舱式推进器与常规推进器的船舶回转半径试验曲线。此外,采用吊舱式推进器的船舶还可以进行采用常规推进器的船舶无法完成的操纵,如原地回转操纵、低速侧推操纵等。

(4)对于双桨船而言,与常规螺旋桨推进比较,采用吊舱推进利于船体线型的优化、降低船体阻力,提高推进效率,运行经济性好,所需功率低,降低燃油费用,缩短检修周期和在港机动时间。

从上述优点可知,它比传统的轴式传动电力推进装置更能充分发挥综合电力系统的优势,因此通常应用在综合全电力推进装置中。根据原动机的不同,可以形成多种形式,例如全柴联合吊舱综合电力推进装置(IFEP · CODAD · Pod)等。

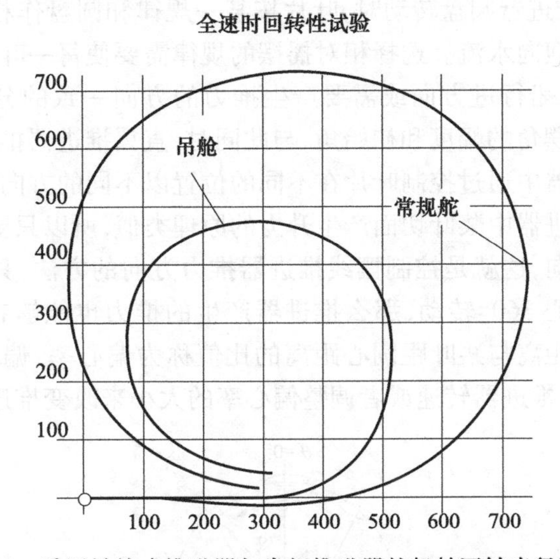


图 3.2.31 采用吊舱式推进器与常规推进器的船舶回转半径试验曲线

吊舱存在的主要问题有:

(1)总投资高。

(2)目前吊舱功率有限(<30MW,最大桨直径为6m左右),这就限制了吊舱在功率要求高的快速船上的应用。

(3)由于目前受吊舱内电机功率容积限制,吊舱桨的直径、转速不是最佳值。单桨船吊舱桨的效率比传统舵桨装置效率低。

3)直翼推进器

直翼推进器也称为直叶推进器、竖轴推进器、摆线推进器等。它是一种装有垂直机翼型叶片的圆盘式推进器,叶片采用低阻升比和大展弦比的矩形机翼,叶片之间互相平行,并与圆盘的转动轴平行,叶片绕自身转轴自转的同时绕圆盘转轴公转,以产生方向一致的推力,如图 3.2.32(a)所示,图 3.2.32(b)为直翼推进器在舰船上的布置。

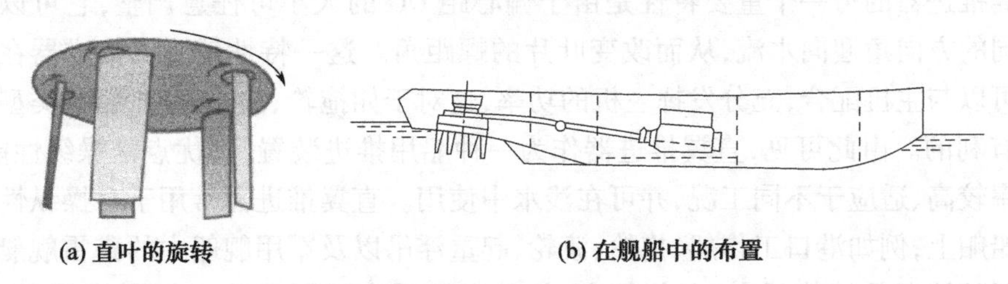

(a) 直叶的旋转　　(b) 在舰船中的布置

图 3.2.32 直翼推进器

从图 3.2.32(b)可知,推进器的转轮安装在船体底部,桨叶垂直安装于转轮上,并且均布于转轮圆周。图 3.2.33 可以说明直翼推进器的工作原理:叶片随着转轮绕圆心 $O$ 做圆周运动的同时,还绕自身的轴线 $o$ 摆动,叶片在做圆周运动过程中由内部机构控制使其自身摆动保持一定的规律,以使在运动过程中的任意时刻,弦线始终与叶片轴心到某一点 $C$ 的连线相垂直,这个点称为偏心点(或称为控制点)。当叶片以某角速度绕推进器旋转轴线旋转且同时以某进速前进时,叶片的空间运动轨迹是一条摆线(所以直翼推进器也称为摆线推进器)。当推进器圆盘转动时,叶片按某一规律和圆盘作相对的摇摆,在不同的位置以不同的方向角迎向水流。选择相对摇摆的规律需要使每一叶片在其转动一周的任何位置,都能产生和舰船行进方向或需要产生推力的方向一致的分力,通过改变偏心距 $OC$ 的大小,可以调整摆角的幅度和初始角,与此同时,直翼推进器推力的大小及方向也会随之改变。直翼推进器中通过控制叶片在不同的位置以不同的方向角迎向水流而产生升力的原理与螺旋桨推进器中桨叶切面产生升力的原理类似,所以只要改变偏心点的位置,就可以改变推力的方向,这就是控制摆线推进器推力方向的方法,只要设置适当的机构,使偏心点能够绕着圆心 360°转动,那么推进器产生的推力也能够在 360°方向上发生变化。偏心点距圆心的距离与桨叶距圆心距离的比值称为偏心率,偏心率的大小影响推力的大小,可以通过调整推进器转速或者调整偏心率的大小来改变推进器推力的大小。

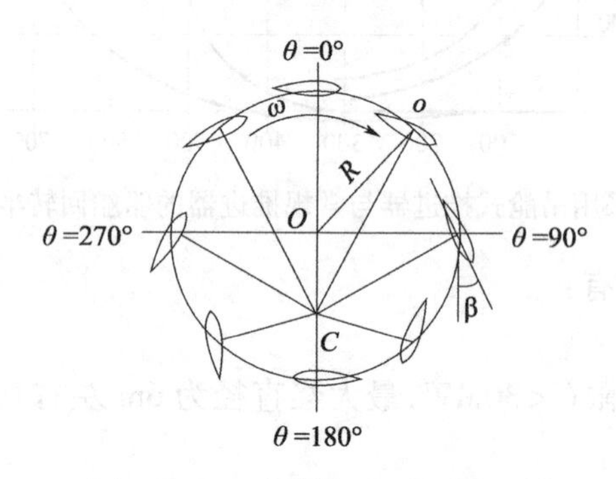


图 3.2.33 直翼推进器工作原理

直翼推进器的主要构成如图 3.2.34 所示。

由于直翼推进器既可以产生沿舰船行进方向的推力,又可以根据需要产生任何其他方向的推力,因此使用此类推进器的船舶无须再安装舵。一般螺旋桨船舶在停航或以极低航速运动时,舵效往往很差或完全丧失操船能力,而直翼推进器在上述工况下仍具有灵活的操纵力。

直翼推进器的另一个重要特性是由于偏心距 $OC$ 的大小可任意调整,它可以控制叶片以不同的方向角迎向水流,从而改变叶片的螺距角。这一特性使直翼推进器在不同工况下都可以与主机配合,充分发挥主机的功率,这对于如拖轮、渔船、破冰船等类型的多工况船是有利的。由此可见,直翼推进器作为一种船用推进装置,其优点是操纵性能优良、推进效率较高、适应于不同工况,并可在浅水中使用。直翼推进器常用于对操纵性有特殊要求的船舶上,例如港口工作船、拖轮、渡轮、起重浮吊以及军用舰船中的猎雷舰艇等。直翼推进器的缺点是结构复杂、造价较高,并且由于垂直机翼安装在船底外部,叶片容易损坏。

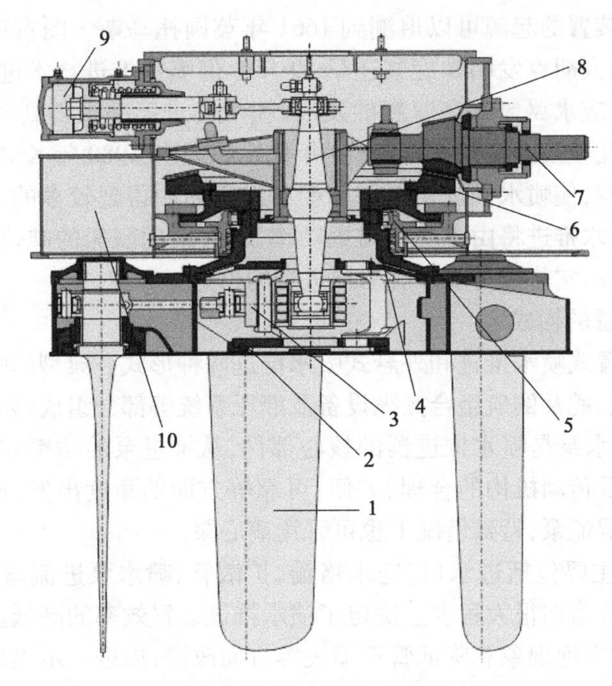


图3.2.34 直翼推进器构成

1—桨叶;2—旋转箱体;3—曲柄机构;4—联结筒体;5—轴承;6—伞齿轮;
7—输入轴;8—控制杆;9—伺服马达;10—桨座。

奥地利工程师 E. Schneider 于 1925 年发明了这种转动圆盘式推进器,而德国 J. M. Voith 公司则在1928 年研制成功第一台直翼推进器。因此,直翼推进器通常又称为沃依斯·斯奈德推进器(Voith Schneider Propeller,VSP)。

**3. 喷水推进**

喷水推进与螺旋桨推进方式不同,它利用喷水泵将水流从船外通过进流管道吸入并使水流的动量增加,在喷口处水流以大于船速的流速向后喷出,其反作用力推动船舶前进,如图3.2.35所示。

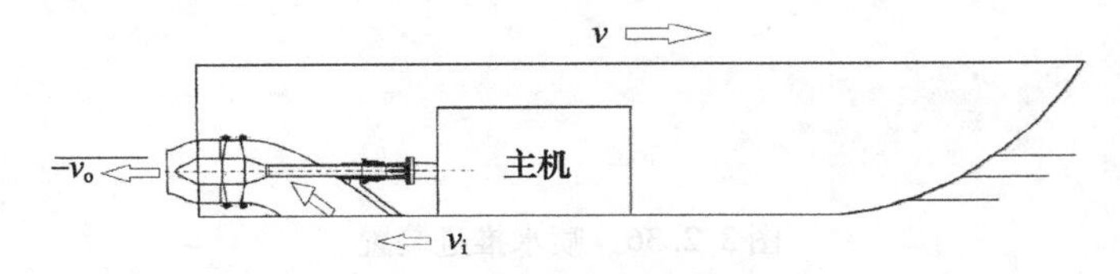


图3.2.35 喷水推进器基本工作原理

理论上喷水推进器产生的推力为

$$T = Q \cdot (v_o - v_i) = Q \cdot \Delta v \tag{3.2.1}$$

式中 $Q$——通过喷泵水流的质量流量;

$v_o$、$v_i$——水流经过喷泵的喷出速度和进水速度。

可见,喷水推进器实际是一个泵,其轴转速并不直接与船速有关,无论船处于静止还是以最大速度航行,喷水推进器的轴转速不受船速影响,这与传统螺旋桨不同。通过操纵倒航设备以分配和改变喷流方向可以实现舰船的操纵。

现代喷水推进装置的起源可以追溯到1661年英国托马斯·图古德和詹姆士·海斯的一项专利,比英国人胡克发明螺旋桨还早19年。但喷水推进技术进展缓慢,直到第二次世界大战后,为适应水翼艇等高速艇的发展,喷水推进第一次得到较大发展。20世纪五六十年代建造了几型喷水推进水翼船,70年代发展迅速,1980年KAMEWA公司推出首台混流泵喷水推进器,使喷水推进在军用舰船和民用船舶得到较多的应用。随着喷水推进技术不断发展,喷水推进将由小功率向大功率发展;应用舰船的吨位由小型向大型、高速船向中低速船发展,它将成为更多舰船推进器的可选择方案。

1)喷水推进装置的构成

喷水推进有内置式喷水推进和外悬式喷水推进两种形式。典型的喷水推进装置主要由喷水泵、管道系统、舵及倒航组合操纵设备及液压系统等部分组成,如图3.2.36所示。

(1)喷水泵:喷水泵是喷水推进器的核心部件,从推进泵的功率和效率的要求、舰船总体布置的需要以及传动机构的合理、方便、可靠等方面的角度出发,通常选用回转泵中的轴流泵和导叶式混流泵,特殊情况下也可采用离心泵。

(2)管道系统:主要包括进水口、进水格栅、扩散管、喷水泵进流弯管、出流弯管和喷口等。管道系统的优劣在很大程度上决定了喷水推进装置效率的高低。可以从减少进口阻力、改善进水口的空泡现象和降低管道损失等方面改进,以进一步提高喷水推进装置的总效率。

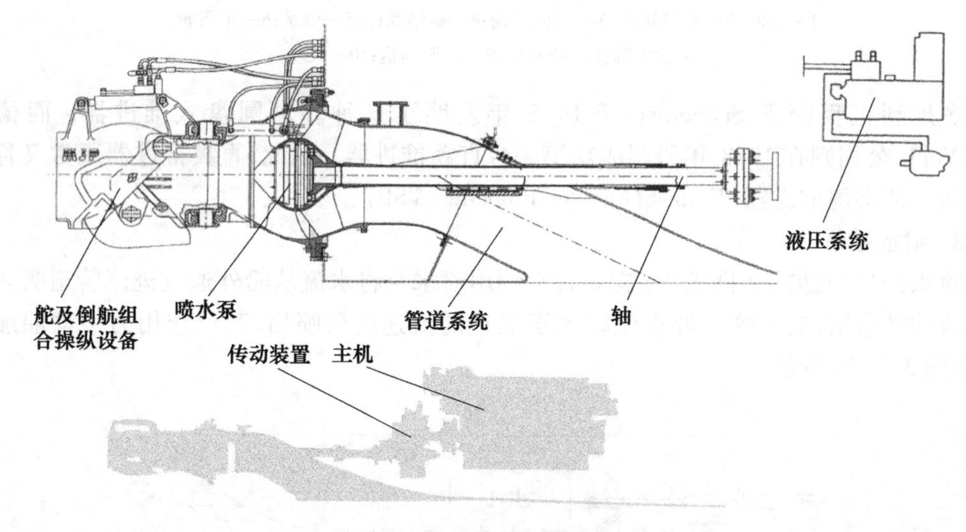


图3.2.36 喷水推进装置

(3)舵及倒航组合操纵设备:采用喷水推进的舰船一般是通过设法使喷射水流反折来实现倒航。由于经喷口喷出的水流相对舵有较大流速,所以一般通过设法使喷射水流偏转来实现舰船的转向。常见的舵及倒航组合操纵设备有外部导流倒放斗、外接转管倒放罩等形式。

(4)液压系统:一般由主液压泵、液压泵站、管系等部分组成,通常由一个组合式的动力设备来提供油压。主要功用是操纵转向喷口和倒车斗的液压油缸来控制转向喷口和倒车斗的位置,实现转向和倒车;同时用于润滑推进泵装置内的轴承,并维持轴承腔内的油压。

2)喷水推进装置的特点

相对于螺旋桨推进而言,喷水推进的推力不是直接由推进器产生,所以两者具有不同的特点,其优越性主要体现在如下几个方面:

(1)高速性能优越。主要表现在:①推进效率较高。喷水推进的总效率主要取决于推进水泵效率和推进装置效率。目前,推进水泵效率可达93%左右,推进装置效率可达65%~70%,因此,系统总推进效率可达60%以上。有关数据表明,舰船在25kn以上使用喷水推进都可获得较高的效率。②抗空泡能力强。螺旋桨的空泡问题,限制了舰船最高航速的进一步提高,而喷水推进的推进水泵的叶轮工作在均匀的流场中,并且能有效地利用来流的冲压,使其较螺旋桨在高速范围内有更好的抗空泡性能,采用喷水推进舰船的最高航速已达60kn甚至更高。③采用喷水推进使得附体阻力小、主机的保护性能好等都有利于动力装置在高航速时性能的发挥。

(2)振动噪声低。喷水推进的推进水泵在流场较均匀的泵壳中工作,流体脉动力小,因而运行平稳,振动噪声小。国外有关的测试数据表明:在不同频率范围内,喷水推进较螺旋桨推进噪声要低15dB左右。

(3)适应变工况能力强。喷水推进装置在推进水泵转速一定的条件下,其流量在舰船航速变化时变化不大。国外试验表明:采用喷水推进的舰船在系泊工况下主机转速仍然可达到额定转速的90%以上。因此,相对于螺旋桨推进而言,喷水推进在舰船工况多变的环境下能更充分地利用主机功率。

(4)操纵性能优异。喷水推进装置可通过倒航装置使水流向前喷射来实现舰船的倒航,倒航装置与喷口的相对位置的变化可达到前后任意分配喷射流量。因此,主机不需要反转,在一定的转速下,舰船可实现正航、驻航和倒航。通过转向舵的作用,能够方便地实现舰船在正航或倒航时的转弯,甚至可原地打转,对于双喷泵系统,还能够实现横移。图3.2.37及图3.2.38分别为喷水推进装置无级调速和转向原理。

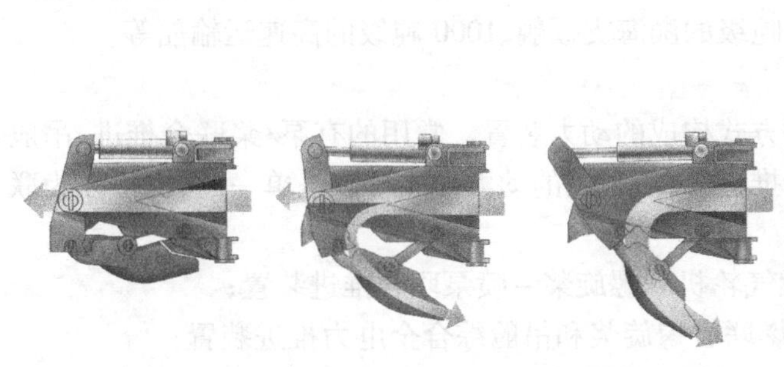

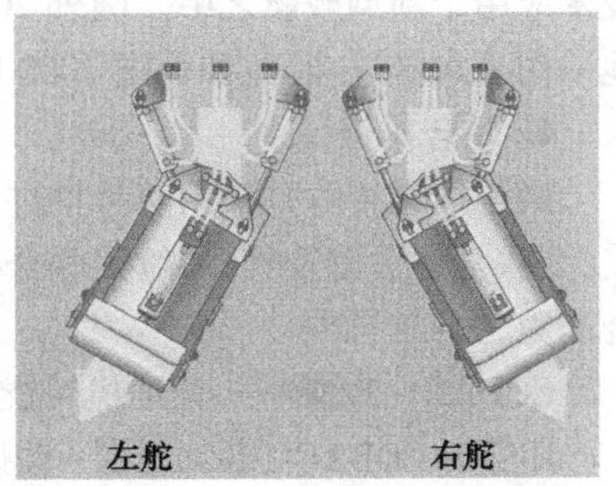

图3.2.37 喷水推进装置无级调速原理

图3.2.38 喷水推进装置转向原理

(5)在浅水区工作时,喷水推进能够降低浅水效应,适于退滩。

但是,喷水推进也存在如下一些缺点:

(1)低航速时(低于20~25kn时)效率一般较螺旋桨低,但如果考虑到附体阻力小、主机工况变化小、齿轮箱速比小等因素,情况会有所改变。

(2)重量大。由于增加了管道中水的重量(通常占全船排水量的5%左右),增加了排水量。

(3)在水草或杂物较多水域,进口易出现堵塞现象而影响舰船航速甚至影响喷水泵的正常工作。

(4)价格较螺旋桨推进要贵一些。

(5)更换推进水泵的叶轮较为复杂。

3)喷水推进的应用

目前,喷水推进的主要应用形式有全柴动力喷水推进装置、全燃动力喷水推进装置以及联合动力喷水推进装置,如:

柴油机动力喷水推进装置;

燃气轮机动力喷水推进装置;

CODAD · W——柴柴联合喷水推进装置;

CODOG · W——柴燃联合交替使用式喷水推进装置;

CODAG · W——柴燃联合共同使用式喷水推进装置;

COGAG · W——燃燃联合共同使用式喷水推进装置;

COGLAG · W/W——燃电喷水巡航和燃气轮机喷水加速联合推进装置。

根据喷水推进所具有的特点及其技术发展,喷水推进在舰船上的应用逐渐增多,特别是小型高速舰艇,据统计,国外海军的各类炮艇、巡逻艇、导弹快艇等采用喷水推进方式的较多。从20世纪80年代开始,喷水推进技术逐渐应用于中型水面舰船及潜艇上。如:登陆舰上采用喷水推进,在登陆冲滩时可充分利用其适应变工况能力强的特点,在低速情况下获得较大的推力;另外,可利用喷射的高速流减小船舶的艉吸效应;在登陆舰冲滩搁浅后,螺旋桨船舶只能靠倒航力退滩,而喷水推进则可利用其优异的操纵性能使登陆舰横摆倒航退滩,提高登陆舰的退滩能力;在扫雷舰和猎潜艇上采用喷水推进,除可满足其对振动噪声的要求外,还可以满足这类舰船在投放扫雷器具和拖曳声呐时所要求的微速操纵性能。此外,世界各海军大国都在下大力气开展喷水推进的研究工作,并积极将喷水推进技术应用于新型舰艇之中。国外2000 ~6000吨级的驱逐舰和护卫舰也有可能越来越多地采用喷水推进,其他如美国4000吨级的濒海支援舰、1000吨级的高速运输船等。

**4. 联合推进**

联合推进指的是采用两种推进方式构成的动力装置。常用的有泵/桨联合推进、吊舱桨/泵联合推进以及桨/吊舱桨联合推进等,而采用的动力形式可以是单一的,也可以为联合动力,如:

CODAG · P/W——柴油机-燃气轮机和螺旋桨-喷泵联合推进装置;

IFEP · CODAG · P/Pod——柴燃联合螺旋桨和吊舱综合全电力推进装置;

IFEP · CODAG · Pod/W——柴燃联合吊舱巡航和喷水推进加速的综合全电力推进装置。

**5. 其他推进方式**

除了上述介绍的几种典型的推进方式以外,还有一些特殊的推进方式,如泵喷推进、磁流体推进、侧推等,简单介绍如下。

1)泵喷推进

泵喷推进器本质上属于具有多叶片数(如大于7叶)的导管螺旋桨。典型的泵喷推进装置由环导管、定子和转子构成。定子和转子叶片的截面形状均为机翼型,转子的叶片较多,可达十几个。定子固定,转子旋转,二者均装在导管内。导管的作用是控制水流,它有两种外形,一种是加速导管,可加快水流速度,提高推进效率,但抗空泡性能较差;另一种是减速导管,可降低水流速度,提高抗空泡性能,降低转子的噪声,但推进效率有所降低。在潜艇上应用较多是减速导管式泵喷推装置。按转子和定子的前后位置,分为前旋式减速导管式泵喷推进装置和后旋式减速导管式泵喷推进装置,定子在前、转子在后的称为前旋式,反之则称为后旋式,如图 3.2.39 所示。

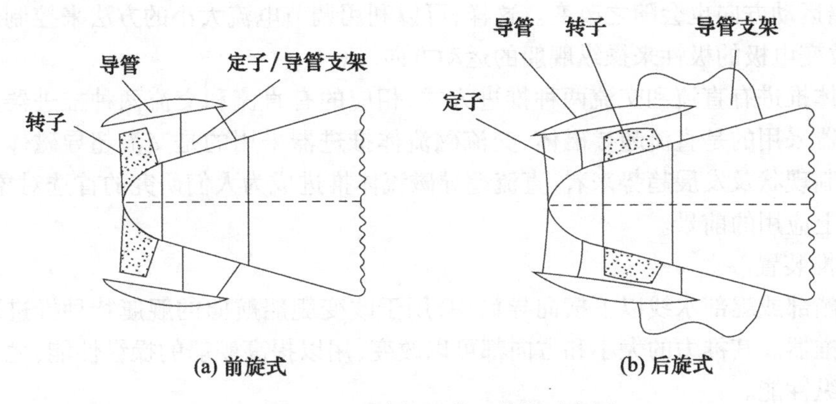


图 3.2.39　泵喷推进装置结构示意图

泵喷推进主要应用在潜艇上,因为其振动噪声较小,同时还具有良好的抗空泡性能,并能改善尾流,减少尾波的形成,使艇的航迹模糊,从而能大大提高潜艇的隐蔽性。此外,泵喷推进还可以大大改善潜艇的低速操纵性,提高其动力定位能力。1974 年,英国首先在其核潜艇“Sovereign”上采用泵喷推进,随后,美、法等国也纷纷在其核潜艇上采用了泵喷推进方式,如美国海军的“海狼”级攻击核潜艇等,取代已被广泛应用的七叶大侧斜螺旋桨。

2)磁流体推进

舰船磁流体推进的基本原理是利用载流导体在磁场中会受到电磁力(洛伦兹力)的作用,使海水运动而产生推力,用以推动舰船运动的一种新型的推进方式。工作原理如图 3.2.40所示。

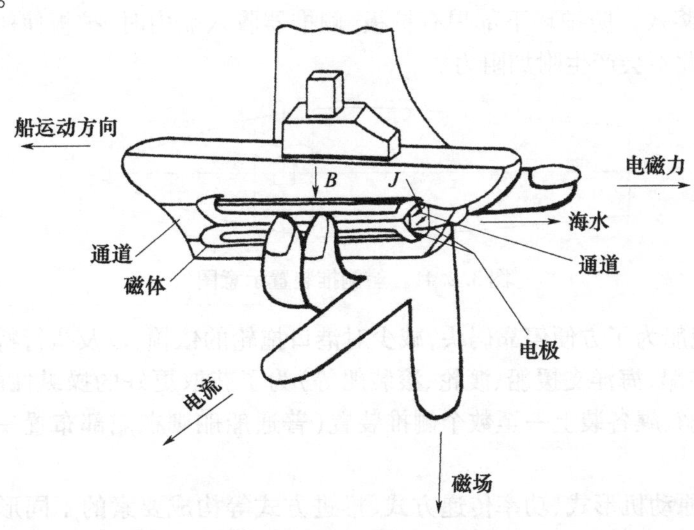


图 3.2.40　磁流体推进原理图

在艉向有一根贯穿的通道,其中充满海水,该管道的左、右两侧分别设置负、正两个电极。电极加电压后,海水即成为导电体,电流方向自右到左。在管道外部的上下方向,设置强力线圈,它们的磁力线由上向下。这样的装置就会使管道内的海水受到强大的向尾部方向的电磁力而向后喷出,其反作用力即可推动舰船前进。

在磁场一定的情况下,电流大,电磁力大,推力也大,舰船的运动速度就快;反之,电流越小速度越慢。当电流的方向改变,即电极的极性改变时,电磁力和推力的方向也相应地改变,舰船运动方向也会随之改变。这样,可以利用调节电流大小的方法来控制舰船的速度,利用改变电极的极性来操纵舰船的运动方向。

磁流体推进有直流和交流两种推进方式,相应的有直流和交流两种推进器。直流磁流体推进器采用的是直流超导磁体,交流磁流体推进器采用的是交流超导磁体。从超导磁体的研制现状及发展趋势来看,直流超导磁流体推进成为人们研究的首选对象,具有最先在舰船上应用的前景。

3)侧推装置

装在艏部或艉部水线以下横向导筒中,用于改变舰船航向的舰艇特种推进装置。亦称舰船侧推器。其推力的大小和方向都可以改变,用以提高舰船的操纵性能,尤其是低航速时的操纵性能。

按布置的位置,有艏侧推装置与艉侧推装置。应用较多的是艏侧推装置(见图 3.2.41)。艏侧推装置最早是由主机通过传动装置驱动,多为柴油机或汽轮机,后来逐渐发展成由独立的原动机驱动,以电动机或液压马达驱动最为普遍。侧推装置可采用定距螺旋桨或调距螺旋桨,也可采用喷水式推进器。定距桨式侧推装置结构简单,但操纵不灵活;调距桨侧推装置改变推力大小及方向方便,可以在零螺距位置启动电动机,操纵方便,但结构复杂,造价高。喷水式侧推器由泵、管道、阀门等在内的管道系统构成,结构简单、操作方便、航速损失小;推进装置可做成固定式,也可做成可升降式。固定式侧推装置,螺旋桨被安装在横贯船体的导筒中,受到良好的保护。但水流在导筒中的流程长,摩擦损失大,效率低,且船体开孔会引起附加阻力;升降式侧推装置,则把螺旋桨与驱动装置作为一个整体,使用时降下并升出船底外,不用时收起。螺旋桨设置在一个防护环中,防护环也是一个导流装置,可以提高桨效。防护环下部焊有护板,侧推器收入船内时,护板使船体保持原有的流线型曲面,因此不会产生附加阻力。

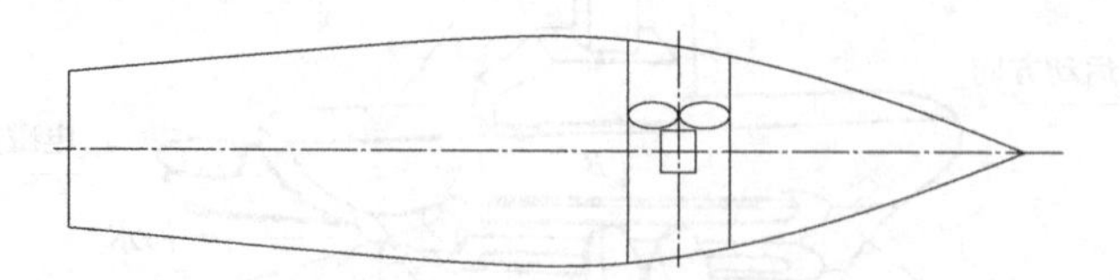

图 3.2.41 艏侧推装置示意图

现代大型舰船为了方便停靠码头,减少对港口拖轮的依赖,以及执行特种作业的船舶(如港工船、消防船、海洋支援船、渡轮、滚装船等)为了获取更好的操纵性能、减少操舵工作量,一般都在艏、艉各装上一至数个侧推装置(普通船舶则在艏部布置一个艏侧推装置情况居多)。

总之,根据原动机形式、功率传递方式、推进方式等构成要素的不同形成了多种形式的舰船推进装置,而且今后还可能随着技术的发展,会有新的装置形式出现。各种推进装置的构成、性能特点以及适用场合也是不同的,采用何种推进装置形式应根据舰船的战技术性能要求、各国的动力政策及技术现状、造价、推进装置的性能特点等多种因素确定。

## 3.3 推进方案的评定

经过 3.2 节的筛选,凡是已经通过的都属于可能被采用的组成方案。应当用统一的标准对它们逐个进行量化评定,从中选出综合性能均属上佳的若干个(如 5 个)已排好序的方案并附以必要的文字说明材料(内容见 3.3.2 节)供决策者使用。因此实质上是第三次筛选,也是本节的内容。

舰船的战技术性能指标有很多项;舰船的种类又很多,各项战技术性能指标在不同舰船中所占的地位也各不相同;因此采用多目标综合寻优法进行评定比较科学而全面。多目标综合寻优法的核心是:列出推进装置全部的战技术性能指标作为目标;按它们在每艘舰船中所占的地位排序并确定每个序号的权值;再按所有权值的总和排序,得分最高的方案为最佳方案:依此类推。

### 3.3.1 推进装置的战技术性能指标

在对推进装置组成方案进行多目标综合寻优时,不仅要评定其本身的战技术性能指标,而且评定的范围绝不能局限于此,因为有相当多的性能指标是与舰体共同组成的。因此,首先应当确定参与评定的指标体系。

有时,在某一个指标内还可能包括若干个分指标,因此参与评定的指标体系应该由两个层次组成。与此同理,还可能由三个或更多层次组成。究竟分几个层次为宜,则应视具体的对象而定。这也是层次分析法在方案论证中的具体运用。下面予以说明。

**1. 航速的适应性**

这是推进装置最首要的任务,一般的战斗舰艇均将其列为首位。

但是此处称为“航速的适应性”而不再像过去那样只提“全速”(有的小型舰艇提“最高航速”),这是因为充分考虑到现代战争特点对战斗舰艇航速指标提出的要求。

航速的适应性包括推进装置组成方案对全速或最高航速、巡航航速、低速等全航速范围工况的适应性。因此一般需要再分解成若干个第二层分指标。究竟分成几个、每个分指标所占的权重,则根据具体的被研究对象确定。

有的舰艇所负的使命任务较特殊,在确定这项指标时应给予充分的重视。例如以搜潜、反潜为主要使命的舰艇,均把先敌发现目标的性能放在首位,因而其能达到的搜潜航速在这项指标应当占有很大的权重;这项指标在整个指标评定体系中所占的权重也应相应增大。

对潜艇而言,先敌发现目标的性能更为重要。加之通过敌反潜封锁区、隐蔽接敌等战术机动的需要,“超静音航速”很可能在“航速的适应性”这一指标中占有很大的权重。潜艇的战术活动中还有“水中悬浮”,这就要求它还能以极低的航速来抵消洋流对其艇位的干扰。因此,“微速”(系指能连续保持的极低的航速值)也应在这个指标中占一定的地位。

有的军辅船也有类似情况,例如有的海测船需要定点测量。在有海流但流速很低的海域中或者没有海流但有较大风浪时,"微速"对它来说就显得十分重要了。

**2. 可靠性**

鉴于舰船装备的使用经验和教训,在目前和今后相当长的时间内必须把可靠性置于很重要的地位,基本的指导思想是:当其他性能与可靠性有矛盾时,应当首先服从可靠性。

在初步设计阶段,通常由三个基本参数代表可靠性:

(1)修理(按照舰船修理制度,此处所指的修理级别相当于中修或翻修)间隔时间;

(2)平均无故障工作时间;

(3)故障后的平均修复时间。

**3. 隐蔽性**

在现代术语中隐蔽性也可称为隐身性。由于侦察技术的飞速发展,目前掌握的资料表明,较易被敌发现的由推进装置—舰体这个平台所产生的物理场是下列四个:

1)噪声场

主要是水下噪声场。第一是来自推进装置机械设备运行时产生的结构噪声通过舰体向四周传播,这种噪声具有容易被识别的特点,以柴油机作原动机且未配置有效的隔振装置时,对舰艇隐蔽性的威胁最大,对舰艇内部来说,结构噪声在内部的传播,必定导致相当多邻近舱室的工作和生活环境的急剧恶化;第二是螺旋桨工作时产生的噪声(可能来源于桨叶在水流作用下的激励振荡、桨叶负压面生成空泡后突然破灭,后者引发噪声的机理还正在研究中),这种噪声的品质与海洋中固有的本底噪声很相似,因而不易被识别;第三是舰体运动时在其四周形成的涡流噪声;第四是舰体-螺旋桨系统生成的尾流噪声。后两项的影响与第二项相似,对舰艇隐蔽性的威胁不大。

其次是水上的空气噪声场。对舰艇隐蔽性有威胁的是来自推进装置机械设备运行时产生的进排气噪声场。此外,推进装置机械设备运行时本身在舱内产生的空气噪声透过舰体形成的空气噪声场加上以舰体结构振动为噪声源形成的空气噪声场也有一些作用。因为噪声在空气中传播时很容易被衰减,特别是高频部分是如此。因此总的说来它们对舰艇隐蔽性的威胁并不大。

在舰艇内部,空气噪声场对人员的工作和生活环境的影响十分大,因此对担负不同任务的舱室规定了相应的允许噪声级。

2)红外场

主要是由推进装置机械设备运行时排气中携带的热量形成的热辐射场。排气中携带的热量越多、排气温度越高,就越容易被探测到,成为红外制导武器的目标。

从这个角度来看,同等功率下形成的红外场强依次是:燃气轮机(排气温度最高、排气中携带的热量次之),蒸汽轮机(排气中携带的热量最多、排气温度第四),热气机(排气中携带的热量为第三、排气温度次之),柴油机(排气中携带的热量为第四、排气温度为第三),燃料电池(两者均属第五),核反应堆则基本上无排放。

为了尽可能地降低红外场强,各国海军都在对前四者的排放进行该领域的研究。

3)可见光场——航迹

主要由排气中的可见烟和艉流形成。后者由舰体和螺旋桨引发且靠空中目力观察发现,与推进装置的关系主要体现在螺旋桨设计中;前者则主要取决于推进装置本身,依次是:蒸汽轮机,柴油机,热气机、燃气轮机(这两者很难区分),燃料电池和核反应堆均无可见烟排出。蒸汽轮机,柴油机,热气机,燃气轮机在突加负荷(例如突然加速)情况下,很可能会出现短暂的大浓度可见烟。特别是蒸汽锅炉,它不但在此情况下会如此,在启动生火时,产生大浓度可见烟的持续时间还可能比较长。在这方面也有很多工作要做。

总的来说,可见烟和艉流要靠目力发现,且受能见度的影响较大,被发现的距离相对较短,在决定其权值时应考虑到这个特点。

4)磁场

一艘舰艇(船)就是一个铁磁体,它本身形成的磁场就是磁制导武器的攻击目标。因此舰艇的消磁十分重要,也是一个专门的研究领域。

近几十年来已经出现了这样的侦察设备:在飞机上设置磁场发生器,当飞机飞行时,这个磁场就跟着移动,扫过舰艇时,就会接收到这个磁场变化的信息,从而可发现目标。即使在一定水深下经过很好的消磁处理后并没有形成自身特殊的磁场的潜艇,也很难躲过,这就是主动磁扫描。因此,降低被磁扫描发现的技术(包括伪装技术和干扰技术)正在兴起。采用非磁性材料甚至非金属材料建造推进装置和船体就是措施之一,已经被一些扫雷舰艇所采用。

**4. 生命力**

推进装置的生命力是指舰艇在遭受其设计任务书所规定的武器袭击后还能提供的推进动力百分比和经过可能提供的战场抢修后还能提供的推进动力百分比。因此推进装置的生命力取决于三个因素。

(1)设计阶段中要满足生命力规范和设计任务书对生命力的要求,包括配置有关的损管器材、制订在破损情况下的战斗使用预案和战场抢修方案等能否满足要求;

(2)在战斗中要充分发挥人的主观能动作用,这有赖于平时强有力的思想政治工作、制订好完善而具体的战斗使用预案与损害管制方案,并通过操练和操演熟练掌握;

(3)在战斗破损后,能否执行战场抢修方案。

在初步设计阶段要考虑的主要是第一个因素。

**5. 居住性**

人们逐渐认识到,舰艇中良好的居住条件实质上也是战斗力保障的重要组成部分。自持力(在海上无任何补给情况下能逗留的时间)越长的舰艇,人员的体力和精神状态将越差,这当然使战斗力下降(例如容易发生误操作、体力下降等)。因此,20 世纪 60 年代以来,居住性的地位越来越高,有的国家已将其置于第二位。

与轮机工程有关的主要体现在两个方面。

(1)住舱内的噪声级;

(2)住舱内空气的品质,包括温度、相对湿度、各种有害气体的比例等。

由于潜艇有很长的时间在全封闭条件下航行,其铅酸电池在充电过程中还会析出一定量的氢气,因此专设有消氢器等装置以满足其对内部空气品质要求。

现代水面舰艇也均已发展成全封闭式结构以满足三防的需要,因此对其空调装置的要求也很高。

**6. 机动性**

机动性由七个方面组成。

(1)推进装置由静(冷)态到能低速航行的时间;

(2)推进装置由低速航行到能够高速航行的时间;

(3)舰艇自接到备战备航命令起至能够启航的时间;

(4)舰艇从静止状态到全速前进状态所需的加速时间和距离;

(5)舰艇从全速前进状态到静止状态所需的减速时间和距离;

(6)舰艇从全速前进状态到全速后退状态(或相反)所需的时间和滑行距离;

(7)回转半径和回转一周所需的时间。

这些性能中的后四项应当配有独立的子程序供调用,将在第8章阐述。

**7. 续航力和总质量**

**8. 寿命**

最合理的是推进装置与舰(船)体等寿命,两者同样修理级别的间隔期也相同,而且在该修理级别下两者所需的修理时间也基本相同,这样对在航率的影响最小且便于制订和执行修理计划,所需的修理费用也最少。

**9. 可维性**

可维性由两个因素组成。

1)推进装置本身进行修理时的方便程度。有鉴于此,在设计或选择组成推进装置的零部件时,尽量满足"模块化"的要求。也就是能方便地用完好的零部件整体替换需要修理的零部件,而不是在现场对其逐个地进行修理,这样可大量减少修理推进装置的时间。舰艇越小,对模块化的要求越高,甚至主机也是整体替换。因为在小型舰艇中不可能预留修理推进装置所需的维修空间,但是必须预先对进行整体替换方案有周密的设计。有的小型舰艇机舱上面的甲板设计成可拆卸式的,目的是便于主机进出。该处甲板上的上层建筑也因而十分简单。

潜艇中的空间也非常小,要对较大型装置进行整机互换时,必须割开固壳,互换完毕后再用焊接复原。但是为确保固壳的耐压安全性,在服役全周期内这种工程只允许进行两次,因此应非常慎重。

2)维修空间

尽管有整机互换这种修理方法,但是仍然有很多修理工程需要在现场完成。因此在方案设计中也必须预留相应于这些修理工程所需的维修空间。

上述两点的共同目标是,在保证修理质量的前提下尽可能地减少修理所需的时间。

**10. 全寿命周期费用**

这是在原先单独对推进装置进行经济性(单位航程的燃油耗量)分析的基础上发展起来的研究结果。由初建费用(含装备本身、备品备件、专用工具等),运行费用(含燃料消耗、人员开支等),维修费用(含料配件、工时等)和残值四大项合成。这个因素在方案评定时也占有相当重要的地位。

一般推进装置的残值可回收初建费用的约5%,而核动力装置的残值非但没有回收,相反还要再支出一部分用于处理核废料和带有放射性物质的费用。

**11. 自动化程度**

轮机自动化至少具有这些优越性：大大地减少了操纵管理人员的劳动强度并能适当减少操纵管理人员的编制数；提高了操纵的快速、准确性从而降低了误操作的可能性；及时提供可能导致故障和进行正确处理的有关资讯，提醒操纵管理人员及时处理，从而大大地减少了发生故障特别是重大故障的概率；它的安全保护功能确保了即使在操纵管理人员偶尔疏忽时，推进装置也不会发生重大故障；可能及时地提供推进装置目前的技术状态和正确的使用策略等。正因为如此，各国海军对轮机自动化极为关注，想方设法提高其自动化程度。近来，随着微机技术的迅猛发展，轮机自动化装置的功能日趋完善。

由轮机自动化装置的功能可以看出，它实质上也是舰艇战斗力的直接影响因素之一，而且其高技术的含量很大，也是轮机工程学科的主要发展方向之一。在第 11 章中将较详细地介绍。

**12. 人机界面**

这是新兴的人机工程学科的基本观点在推进装置中的具体应用。前面论及的居住性、可维性中提供的维修空间和易于维修的程度都是它的具体体现。在全局布置中还要充分考虑到紧急情况下所有人员从住舱到其战斗岗位就位的方便性。现代舰艇一般情况下的操纵管理值勤均在集控室内进行，只是定期（如 1 小时）到机舱内巡视，因此集控室内应具备比较好的劳动环境。所有这一切的最终目标是尽可能为舰员创造一个能调动其战斗积极性的环境。

**13. 人员编制数**

人员编制数也是评定指标之一，显而易见，需要编制人员少的方案当然占优势。这是因为为人员而设置的生活空间、携带的生活用水、食品等也会相应减少。

**14. 风险度**

如前所述，与成熟的母型比较，在设计新型舰艇（船）时总会存在一些需要进行研制的新型零部件，即使有全部成熟的定型产品供选用，它们的组合方式和相对位置也会有所变化。因此，在建成以后必然会产生一些未曾预料到的问题。这些问题有的可能较易解决，有的可能较难解决，有的可能无法解决——使整个方案颠覆。这就是风险度。在方案评定时，这个因素也很重要，尤其在风险度超过某个数值时。

### 3.3.2 性能指标优先次序和权值的确定

从上述论述可知，要对组成的方案进行全面而科学的评定，需要三个条件：第一是在技术上充分掌握所有组成方案的特性；第二是充分了解各型舰艇的战术活动和由此而赋予推进装置的要求，有时还可能要对海军的战略有必要的了解；第三是充分掌握优化理论以及它在方案论证中的运用。

方案评定指标体系本身正在不断完善中，这里介绍的是在评定推进装置方案时被经常采用的一种。轮机总设计师应该密切注意这方面的发展而不能囿于一孔之见和滞步不前。例如有的文献中提出用“两力六性”来全面评价一艘舰艇的综合性能；有的文献提出用“效费比”的概念来予以评估。这些都可作为有价值的参考，有助于拓宽我们的思路。

上述 14 项（或更多）性能指标优先次序和权值，原则上应当根据它们在该型舰艇综合性能设计任务书中所占的地位确定，但在实际执行中往往是最困难的一个环节。主要原因在于不易分清主次;即使分清了主次,进一步的量化(即权值)也不易选准确。总之,设计人员的主观成分对优化结果有很大的影响。为减少设计人员主观成分的影响,一方面,设计人员应当按照前面最后指出的那样使自己的判据尽可能地反映客观要求;另一方面,集思广益,采用专家咨询法也是行之有效的。选择的专家无论在理论和实践经验方面均应当具有本学科的专长,选择的人数尽可能多一些,为避免个别意见的影响,在收到专家咨询后,可以采用在各项权值中均删除 1 ~2 个最高分和最低分的方法(删除的具体数目视专家数目而定)。

# 第4章 电力推进系统

舰艇采用电力推进方式已有近100年的历史,在常规动力潜艇中已经沿用了几十年。但是长久以来的传统看法认为,用发电机、配电装置、变频器和电动机来取代用机械推进方式中的减速器会增加质量、体积、采购费;而且其效率由于存在二次能量转换而低于机械推进方式,导致全寿命周期费用(或费效比)的增加,因而在现役水面舰艇上极少采用。然而,传统看法受到当时科技和工业发展水平的局限,未曾充分地预见到电力推进方式本身特具的“灵活性”以及由此而衍生的许多优越性。其中的一些优越性在某些场合下很可能是必须采用电力推进方式的主要原因;有的优越性被充分发挥后,很可能推翻传统看法中的某些论点,至少可与机械推进方式持平,例如在全面分析动力系统的效率后的结论就很可能如此;最后,如果考虑到未来超导技术和电子技术的发展,电力推进方式所固有的质量和体积大、采购费高等缺点也可能不复存在。

## 4.1 电力推进技术的发展概况

随着技术的不断革新,舰船电力推进先后经历了早期的电力推进和现代的电力推进两个阶段。

### 4.1.1 早期的电力推进

**1. 早期发展过程**

第一艘电动实验船的诞生可以追溯到一个多世纪以前,从那时候起到20世纪初是舰船电力推进的试验时期,这个时候的电力推进装置大多采用蓄电池作为电力,用直流电动机作为推进电动机,功率一般在75kW以下。

20世纪前期到第二次世界大战期间,电力推进得到了迅速发展。这个时期,由于大功率机械减速装置的制造还有一定困难,因此航空母舰等许多舰船都采用并发展了各种形式的电力推进方案。第二次世界大战期间,仅美国建造的300多艘舰艇中就有130多艘采用的是电力推进。其中比较有代表性的是往复式蒸汽机－电力推进航空母舰“兰利”号和汽轮机－电力推进战列舰“新墨西哥”号,其总轴功率分别达到了4000kW和22000kW。此时的电力推进除了用于水面大型舰船外,还在军辅船、护卫舰和潜艇上得到了广泛的应用。

第二次世界大战后,由于齿轮减速技术的发展和当时技术条件下电力推进装置存在着设备费用过高、传动效率低、维护保养工作量大等缺点,舰船开始大量采用机械直接推进方式。

**2. 制约因素**

传统意义下的电力推进一般采用直流发电机或交流整流发电机－直流电动机的供

电-用电模式。直流电动机虽然控制简单、调速方便,但同时存在着许多制约其发展的因素:比如直流电动机存在电刷和机械换向器,在换向时易出现火花,是极大的安全隐患,也给检查维修造成了困难,同时换向噪声还降低了潜艇的隐蔽性;另外,直流电动机的容量由于其自身因素的影响受到的限制,难以满足现代潜艇大功率的发展要求。

电力推进的一般形式是原动机—发电机—电动机—螺旋桨,与原动机—齿轮箱—螺旋桨的直接推进相比,其增加了一次机械能与电能之间的能量转换。在电能变换技术、电机制造技术和控制技术相对落后的条件下,这增加的一次能量转换将使得总的传动效率显著降低,这也是当时限制电力推进技术发展的主要原因之一。

### 4.1.2 现代的电力推进

在现代的电力推进技术中,可以实现高效电能变换的先进电力电子技术,先进的电机制造技术和控制技术,使得电力推进已经大大缩小了与直接推进之间的效率差距,再加上不同工况下机桨之间的灵活匹配,反而使得电力推进的综合效率有可能会高于直接推进,这是促成现代舰船电力推进技术发展的一个主要原因。当然现代电力推进在其他方面表现出来的优异性能,比如良好的机动性和隐身性、灵活的布置、强大的生命力以及可以为先进的电磁武器提供平台等都是推动现代舰船电力推进发展的重要因素。

得益于现代电力电子技术、新型电机技术、电机控制技术的长足发展,电力推进技术相对传统的机械推进技术的优点不断显现,逐渐成为世界各国海军的研究热点。自 20 世纪 90 年代以来,电力推进技术在民用与军用领域均得到了广泛的应用。

**1. 国外电力推进应用**

在民用领域,电力推进技术已经发展得相当成熟,20 世纪 90 年代以后建造的船舶中有 1/3 以上都采用了电力推进,并有逐年上升的趋势,其应用范围涉及到破冰船、客轮、油轮、海洋勘探船、多用途船等多个领域,目前正朝着大功率、超大功率方向发展。

在军用领域,常规潜艇已经实现了以直流为主的全电力推进,基于高功率/体积比的新型交流推进电机的交流电力推进方式也走向了工程应用。其发展方向是带变频模块、集成化的多相永磁同步电机。英国和德国在这方面的研究取得了很大的进展,比较典型的如德国西门子公司生产的 PERMASYN 系列永磁电动机,已在新一代潜艇 U212 上得到了成功的应用。与此同时,在水面舰船交流电力推进方面,已经展开了大面积、大规模的研究和推广应用工作。

分析国外船舶应用电力推进技术的情况,可以发现:国外采用电力推进系统较早,20 世纪 60 年代已开始应用。由于直流电动机调速简单的特点,早期的电力推进均采用直流电动机,且单机推进功率较小,一般低于 5000kW,大多用于勘测船、破冰船和工程船。随着电力电子技术的发展以及增加单机推进功率的要求,采用交流电动机的趋势日益明显,自 20 世纪 90 年代以来,绝大多数电力推进系统均采用低转速、大功率的交流电机作为推进电动机,且单机推进功率逐渐增加,应用范围也从工程船、勘测船发展到大型渡轮和邮轮。

另外还可以发现:早期船舶电站采用低压供电方式(母线电压低于 700V),随着大功率交流推进的应用,交流推进电机电压和母线电压等级有了很大提高,一般单机推进功率在 3 ~4MW 以上时,母线电压达到 6.6kV 或 10kV。与之相适应,船舶电站正朝着大容量、高电压供电技术方向发展。

**2. 国内电力推进应用**

国内民用船舶中电力推进的应用已有多种形式。全电力推进船有胜利油田的“胜利232”号工程船，其采用交－直电力推进，电动机功率3000hp；江南船厂为国外设计建造的3200吨电力推进化学品运输船，采用10MW级吊舱式推进器；相关部门建造的10000hp的电力推进火车轮渡和2500t级2×2MW的电力推进海洋考察船。

新概念武器（如激光武器、电磁武器、粒子束武器等）具有强大的威力和杀伤力，它们的上舰使用将使舰艇的战斗力发生革命性的飞跃。这类武器的发射需要十分强大的脉冲电功率，这就要求舰船必须具有足够的电能储备，传统的机械推进舰船根本无法满足这一要求，而电力推进的舰船可以通过降低航速释放能量，通过电能调度控制满足这些武器的发射需要，从而使新概念武器的应用成为可能。此时，电力推进的概念已拓展到综合电力系统，因此，在军用领域，极少仅采用单纯的电力推进概念，而是拓展为基于能量综合运用的综合电力系统的概念。

### 4.1.3 综合电力技术的诞生与发展

世界海军强国自20世纪80年代开始进行综合电力系统的理论探索与关键技术研究。美、英等国海军都先后制定了发展综合电力系统（integrated power system，IPS）、综合全电力推进（integrated full electric propulsion，IFEP）及全电力船舶（all－electric ship，AES）的研发计划和战略规划。经过30多年的发展，西方国家突破了一系列关键技术，并进入了船舶综合电力系统全面推广应用阶段。美国海军建立了舰船综合电力系统陆基试验站，于2001年完成了全尺寸综合电力系统陆上演示验证试验。英、法两国于2003年建立了电力战舰技术演示验证试验场，与45型驱逐舰的研制紧密结合。2013年10月，美国DDG 1000驱逐舰下水。这些舰艇的下水与服役表明美国和英国等世界海军强国已经在主战舰船上实现了交流综合电力系统的工程化应用。

世界各国目前正在开展的广泛工程应用仅适合吨位较大的舰船。该系统的技术特征为：发电分系统采用中压交流工频同步发电机组；输配电分系统采用中压交流工频配电网络；变配电分系统采用中压交流工频变压器或中压交流供电的直流区域配电装置；推进分系统采用先进感应电动机及其配套的基于IGBT/IGCT电力电子功率器件的推进变频器；无储能分系统；能量管理分系统采用基本型能量管理系统，以实现全系统的监控和基本的能量调度功能。目前，美国海军DDG 1000、英国45型驱逐舰采用的IPS均采用该技术，但仅适用于6000t以上舰船。

美国海军在其下一代综合电力系统技术发展路线图中提出了综合电力系统的3种电网结构体系：中压交流电网、高频交流电网和中压直流电网。在不需要高功率密度的情况下，舰船设计可以采用中压交流电网结构，其输配电网络采用三相60Hz的中压工频交流电，电压可以选择3种标准电压：4.16kV、6.9kV或13.8kV。高频交流电网具有较高的功率密度，其输配电网络电压频率为60～400 Hz之间的一个固定频率，电压可以采用4.16kV或13.8kV。中压直流电网具有更高的功率密度，其输配电网络直流电压可以采用±3000～±10000V范围内的标准电压，因此，欧美发达国家海军正竞相开展探索研究，目标定位于1000t以上全系列舰船。

中压交流电网结构的技术成熟度最高，技术风险小。由于变压器铁芯的横截面积与工作频率约成反比,采用高频交流电网结构可以减小变压器和滤波器的体积、提高系统的功率密度,但存在发电机组并联困难,系统线路压降大等缺点。与中压交流系统和高频交流系统相比,中压直流电网结构具有下列优势:

(1)消除了原动机转速和母线频率之间的相互影响。原动机可以和发电机直接连接,无须使用减速齿轮或增速齿轮,发电机的转速可以突破 3000 r/min 的限制,提高了系统的效率和功率密度,降低了设备的噪声振动水平。

(2)取消了大容量的推进变压器和配电变压器,其功率变换设备能在更高的频率下运行,减少了变换设备的变压器体积和重量。

(3)没有电流的集肤效应,也不用传输无功功率,因而减轻了电缆的重量。

(4)对原动机的调速性能要求低,调速性能、容量、频率差异大的不同类型发电机组可以并联稳定运行。

舰船综合电力系统采用中压直流供电,也面临了一些挑战,主要有:

(1)直流系统短路电流不存在自然过零点,断路器分断困难。中压直流断路器的性能指标有待进一步提高。

(2)中压直流供电系统的静态稳定性问题突出。推进负载具有负增量阻抗特性,容易引起系统的电压失稳。电力电子变流设备级联时,如果输入输出阻抗不匹配,会引起系统失稳或者系统动态响应性能变差。

但总体来讲,中压直流综合电力系统,具有更高的功率密度和运行灵活性,代表着舰船综合电力技术的发展方向。

## 4.2 综合电力系统的构成与关键技术

舰船综合电力系统一般由发电、输配电、变配电、推进、储能、能量管理6个分系统(或称模块)组成,其典型结构如图 4.2.1 所示。

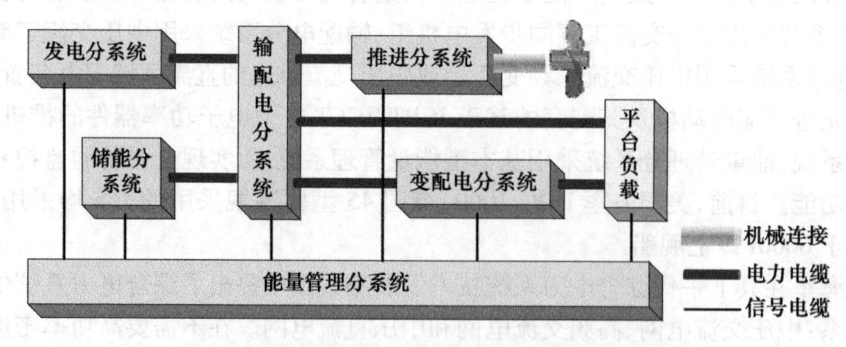


图 4.2.1 舰船综合电力系统典型结构示意图

发电分系统由原动机和发电机组成,用于将原动机的机械能转变为电能。输配电分系统由电缆、母线、断路器和保护装置组成,用于将电能输送到舰船的各个用电设备和自动识别、隔离系统故障。变电分系统根据用电设备的电能需求实现电制、电压和频率的变换,给日用设备、脉冲负载和通信导航等多种设备供电。推进分系统主要由推进变频器和推进电机组成,推进变频器为推进电机输入电能并控制其转速,推动舰船航行。储能分系统用于系统电能的存储和释放,既可以在故障状态下为重要负载提供短时电能支撑,又可以为高能武器发射提供瞬时大功率脉冲电能,缓冲其充电和发射期间对舰船电网的冲击。能量管理分系统用于系统的监测、控制和能量的管理,协调各模块的工作状态,满足舰船在不同工况下各类负载的用电需求。除推进负载之外,主要用电设备还包括全舰日用电力设备、高功率探测设备、高能武器等(如图 4.2.2 所示)。

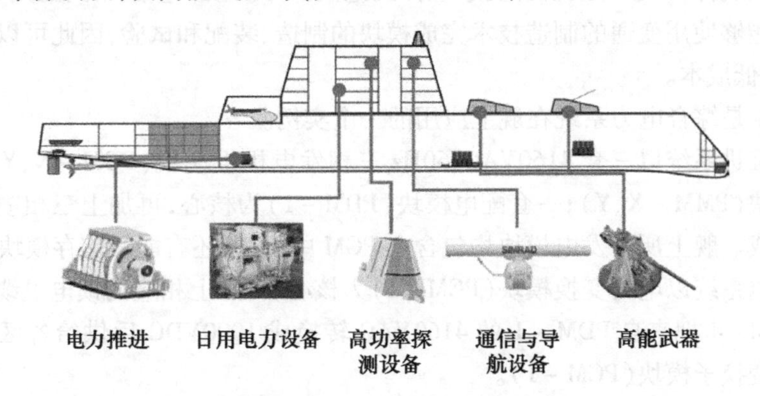


图 4.2.2 舰船综合电力系统主要电力负载示意

## 4.2.1 综合电力系统构成模块

图 4.2.3 是综合电力系统的典型构成及其模块的示意图。

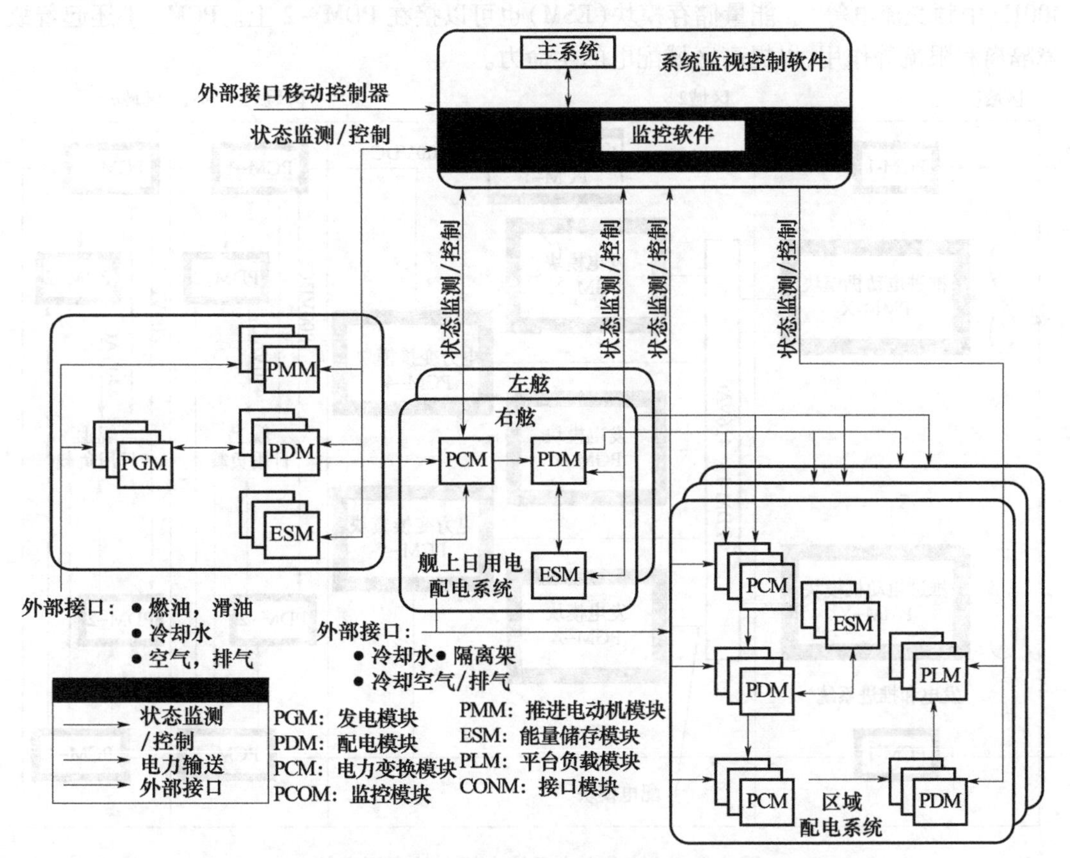


图 4.2.3 综合电力推进系统的典型构成及其模块的示意图

从功能上它可以分成八种模块:PGM(发电模块),PMM(推进电动机模块),PDM(配电模块),ESM(能量储存模块),PCM(电力变换模块),PLM(平台负载模块),PCOM(监控模块)和CONM(接口模块)。可以将这些模块看成菜单,如果有科学、全面而通用的模块系列和标准供选择,一般可按设计要求选择到绝大部分。极少量选不到的则可单独设计。由于模块化能够使用变通的制造技术完成模块的制造、装配和试验,因此可以明显地缩短建造周期,降低成本。

图4.2.4是综合电力系统在舰上应用的一个实例。

发电和推进系统以三套4160VAC、60Hz三相发电机组模块(PGM-X、Y、Z),两套推进电动机模块(PMM-X、Y),一套配电模块(PDM-1)为核心,再加上三相馈电电缆和有关设备所组成。舰上所有发电模块均包含在PGM中,可能还有能量储存模块(ESM)。

日用配电系统以电力变换模块(PCM-1)为核心,再加上相应的馈电电缆和有关设备所组成。PCM-4把来自PDM-1的4160VAC转换成1000VDC后供给各区域日用配电系统的电力变换子模块(PCM-1)。

区域配电系统由若干电力变换及配电模块(PDM-2)、能量储存模块(ESM)和电力负载组成。PCM-1把来自PCM-4的1000VDC转换成800VDC后向PDM-2和日用负载供电。舰上日用负载既可接收来自PDM-2的电能,也可接收来自PCM-1的800VDC电能,同时将其转换成所需要的规格(三相、440VAC、60Hz,440VDC、270VDC、155VDC、400Hz中频交流电等)。能量储存模块(ESM)也可以接在PDM-2上。PCM-1还起着故障隔离和限流等作用,以提高区域配电的生命力。

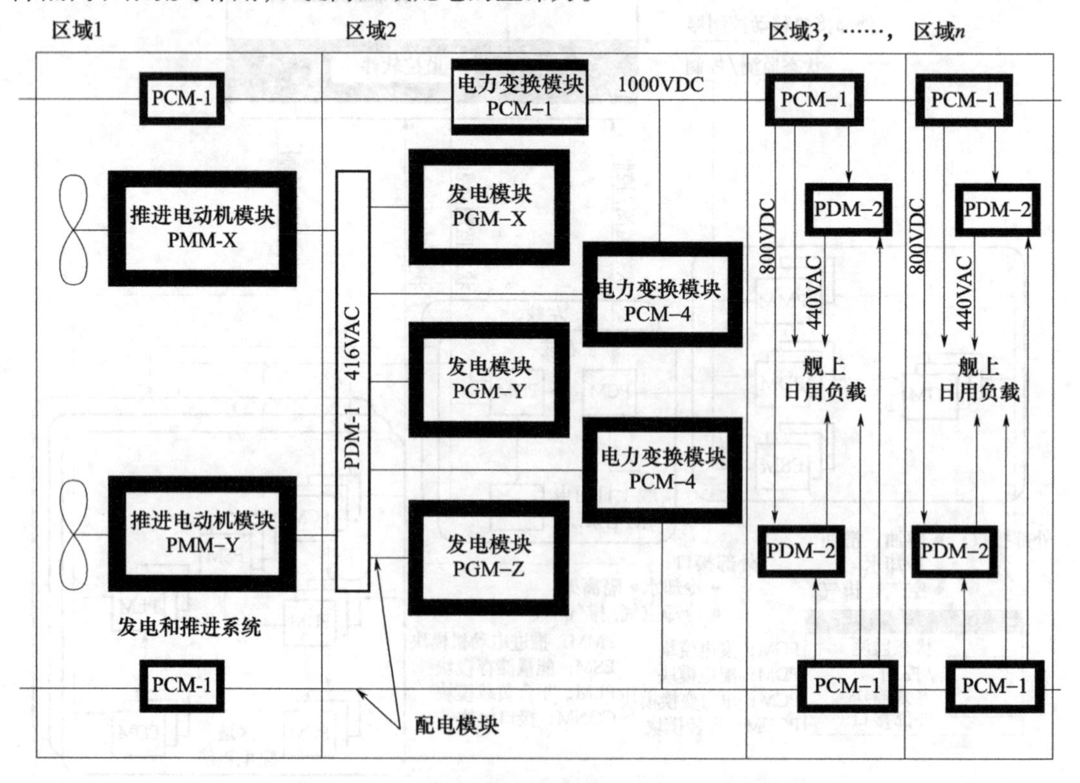


图4.2.4　综合电力系统在舰上的应用实例

监控系统包括电力管理、故障响应和人机对话等各种必要的软硬件,也就是系统级监控软硬件(PCON-1)和区域级监控软硬件(PCON-2)。

上述综合电力系统的推进部分采用的是交-交电制,而其余部分采用的是交-直电制,用于通信等特殊场合之处则再经直-交转换处理。因此可以认为属于混合电制。

犹如正确地确定可能被采用的推进模块系列是优化推进装置选型论证不可或缺的前提一样,确定组成综合电力系统中每一种模块本身的性能、构成方式、功率覆盖面并形成系列具有非常重要的意义。

此任务本身就是一项全面的系统工程。以模块的功率为例,第一步要充分掌握各型舰艇(船)的需求,即总功率范围;第二步是关键——划定每个模块的功率范围,也就是其功率覆盖面。功率覆盖面宽,模块的种类就少,每一种模块被采用的数量就多,成本就低,备品备件的种类少,供应和维修等也容易。但是出现"闲置功率"的可能性则比较大,有时"闲置功率"的数值还可能相当大。若功率覆盖面窄,其结论则相反。因此,应当根据长时间内建造计划的全局,正确划分每种模块的功率覆盖面。在此基础上再细化每种模块的其他性能、构成方式等。表4.2.1介绍了对应于图4.2.3和图4.2.4中可能采用的模块系列。

表4.2.1 综合电力系统的模块表

| 模块类型 | 模块名称 | 说明 |
|---|---|---|
| 发电模块 | PGM-1 PGM-2<br>PGM-3 PGM-4<br>PGM-5 | 21MW,4160VAC,3相,60Hz,中冷回热燃气轮机<br>3.75MW,4160VAC,3相,60Hz,柴油发电机<br>3MW,4160VAC,3相,60Hz,501-K31燃气轮机<br>8MW,4160VAC,3相,60Hz,柴油发电机<br>12MW,4160VAC,3相,60Hz,柴油发电机 |
| 推进电动机模块 | PMM-1 PMM-2<br>PMM-3 PMM-4<br>PMM-5 PMM-6<br>PMM-7 PMM-8 | 19MW,150r/min,有电力变换器的笼式电动机<br>38MW,150r/min,有电力变换器的笼式电动机<br>38MW,±150r/min,有电力变换器的笼式电动机 800kW,360r/min,可伸缩和变方位辅助推进器用电动机 52MW,150r/min,有电力变换器的笼式感应电动机<br>12MW,150r/min,有电力变换器的笼式感应电动机 28MW,150r/min,有电力变换器的笼式电动机 1400kW,360r/min,可伸缩和全方位辅助推进器用电动机 |
| 配电模块 | PDM-1 PDM-2 | 4160VAC,3相,60Hz开关和电缆<br>1000VAC舰用日用电缆 |
| 电力变换模块 | PCM-1 PCM-2<br>PCM-3 PCM-4 | 多舰用日用电变换器模块,1000VDC转换为775VDC<br>多舰用日用电逆变器模块,775VDC转换为450VAC,3相,60Hz或400Hz<br>多舰用日用电变换器模块,775VDC转换为155VDC或270VDC<br>舰用日用电变换器模块,4160VAC,3相,60Hz转换为1000VDC |
| 电力控制模块 | PCON-1 PCON-2 | 综合电力系统级监控软件<br>区域监控软件 |
| 能量储存模块 | ESM-1 ESM-2 | 舰用日用电,1000VDC<br>舰用日用电,775VDC |
| 平台负载模块 | PLM-1 PLM-2<br>PLM-3 PLM-4 | 不可控450VAC舰用日用电负载<br>可控450VAC舰用日用电负载<br>不可控155VDC或270VDC舰用日用电负载<br>可控155VDC或270VDC舰用日用电负载 |

表4.2.2介绍了各种模块在舰船上的应用。在模块化和系列化的基础上进行选型论证和设计的优化非常方便。

表4.2.2 综合电力系统模块在各种舰船上的配置

| 舰型 | 发电模块 | 推进电动机模块 | 配电模块 | 电力变换模块 |
| --- | --- | --- | --- | --- |
| 大型水面舰只 | 3×PGM-1+<br>1×PGM-3 | 2×PMM-7+<br>2×PMM-4 | 4×PDM-1+<br>3×PDM-2 | (待定)×PCM-1+<br>(待定)×PCM-2+3×PCM-4 |
| 两栖舰只 | 1×PGM-2+<br>5×PGM-4 | 2×PMM-1+<br>2×PMM-8 | 6×PDM-1+<br>4×PDM-2 | (待定)×PCM-1+<br>(待定)×PCM-2+ |
| 航空母舰 | 6×PGM-1+<br>2×PGM-3 | 2×PMM-5+<br>2×PMM-8 | 8×PDM-1+<br>5×PDM-2 | (待定)×PCM-1+<br>(待定)×PCM-2+5×PCM-4 |
| 军用货船 | 1×PGM-2+<br>4×PGM-5 | 2×PMM-1 | 2×PDM-1+<br>2×PDM-2 | (待定)×PCM-1+<br>(待定)×PCM-2+1×PCM-4 |
| 巡洋舰 | 4×PGM-4 | 2×PMM-6 | 2×PDM-1+<br>2×PDM-2 | (待定)×PCM-1+<br>(待定)×PCM-2+2×PCM-4 |

## 4.2.2 综合电力系统关键技术

舰船综合电力系统关键技术包括:高功率密度集成化发电技术、大功率电力推进技术、高可靠性配电技术、大容量电能变换技术、先进电能存储技术、高效能量管理技术等技术领域。

**1. 高功率密度集成化发电技术**

综合电力系统发电模块由原动机、发电机等组成,采用高功率密度集成化发电技术,将相关的发电、电能变换、电气控制等发电系统中两个或多个功能模块集成于一体,形成系列化、标准化的多功能发电模块,从而实现电力设备的高功率密度、高可靠性和高性能,降低其体积、重量和制造成本,提高其运行效率。

高功率密度集成化发电技术主要包括集成化设计技术、充分利用材料极限性能的技术、电磁兼容技术和冷却技术。集成化设计技术将发电设备中各独立设备(如发电机、励磁系统、冷却系统及保护装置等)作为一个整体进行结构优化设计,从而减少其中间环节,实现电力设备的集成化、小型化。充分利用材料极限性能的技术,在保证可靠性的前提下,研究最大限度地发挥电力设备构成材料的极限性能。电磁兼容技术研究抑制集成化发电设备产生的传导干扰和辐射干扰及提高设备自身的抗干扰能力。冷却技术采用新型的材料、电磁悬浮轴承、合理的优化结构设计降低设备的各种损耗,研究新型的冷却技术,以提高冷却效率,降低冷却系统噪声。

**2. 大功率电力推进技术**

大功率电力推进模块由变频调速装置、推进电动机等组成,通过机电能量转换,将综合电力系统的电能转换为推进舰船航行的机械能,通过变频调速装置对推进电机的高性能调速控制,提高舰船机动性。

目前,英国45型驱逐舰、CVF航母和美国DDG 1000驱逐舰均采用先进感应电动机。此外,美海军针对驱逐舰综合电力系统还研制了永磁推进电动机、高温超导推进电机和低温超导单极推进电动机。先进感应推进电动机是一种大极距的空气冷却感应电动机，在各类民用船舶电力推进装置上使用极为广泛。如图4.2.5所示是20MW先进感应电动机。

永磁推进电动机是一种以永磁体工作的电动机，它具有非常良好的功率密度，即尺寸小、重量轻，是一种比较理想的解决水面舰艇综合电力系统紧凑性的电动机设备，而先进永磁推进电动机实现高扭矩密度系通过永磁电动机的固有特性来实现，即气隙场与极距的关系并不特别大。如图4.2.6所示是DRS公司为DDG 1000驱逐舰研制的36.5MW永磁电动机。

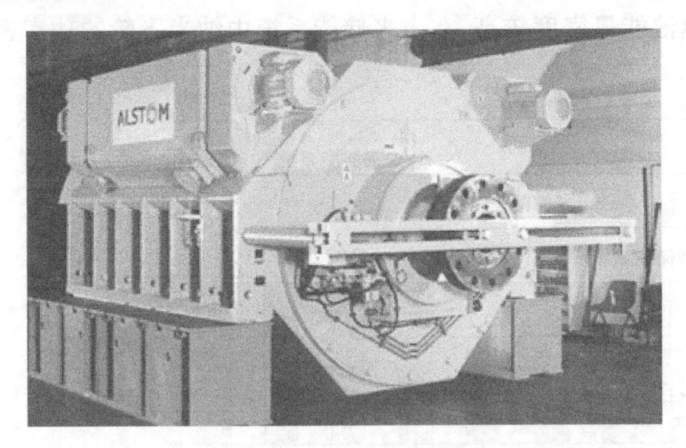


图4.2.5 20MW先进感应电动机

图4.2.6 DRS公司36.5MW永磁电动机

**3. 高可靠性配电技术**

配电模块是综合电力系统中进行电能收集、传输、再分配的“枢纽+路网”，其通过开关合/分操作实现对不同设备的投入/切除，通过断路器、熔断器动作等实现系统保护与故障隔离，主要由各种开关、熔断器、配电板、电缆和其他测量传感元件组成。舰船综合电力系统容量大、线路短、整流发电机组频率高，使得短路电流上升快、幅值高，使得直流断路器的额定电压、额定电流和分断能力等指标需求不断提高，给中压直流断路器的研发和试验带来了巨大的挑战。中压直流断路器一般有2种技术方案：中压直流空气断路器和中压直流真空断路器。如何有效吸收该电弧能量，即采用有效的灭弧技术是决定空气断路器能否有效分断的关键。中压直流真空断路器则需重点解决反向脉冲电路的设计问题。

**4. 大容量电能变换技术**

大容量电能变换装置以功率半导体器件为基本组成单元，通过拓扑设计和高性能控制，实现不同电制或电压等级的电能变换，满足舰船多类型负载供电需求。综合电力系统大容量电能变换装置通常包括DC/DC变流器、DC/AC逆变器、高能武器用脉冲电能变换装置等。

英国45型驱逐舰及CVF航空母舰（简称航母）和美国DDG 1000驱逐舰均采用的是CONVERTEAM公司的VDM-25000脉冲宽度调制变换器。该变换器是一种模块化的多相电压源逆变器，具有冗余度大、可用性高、装置密度高、抗冲击性强、能使用未经处理的水冷却系统等优点，其控制对象也比较灵活，既可以是同步电动机，也可以是感应电动机和永磁电动机。

**5. 先进电能存储技术**

综合电力系统配置储能模块，既可以为高能武器发射提供短时大功率脉冲电能支撑，缓冲其充电和发射期间对舰船电力系统的冲击，还可以服务于系统，优化惯量阻尼、提升供电质量、降低振动噪声水平等。

美国得克萨斯大学的研究表明，适合舰艇使用的储能装置主要是蓄电池、蓄热器、飞轮和超导磁能量存储装置。这些储能装置能量密度对比情况如图 4.2.7 所示。从中可以看出，在大型储能系统中超导磁能量存储装置、STL 飞轮、镍氢电池能量密度较高，在小型储能系统中紧凑型飞轮和燃料电池能量密度较高，在未来储能系统中纳米飞轮的功率密度将有很大提高。

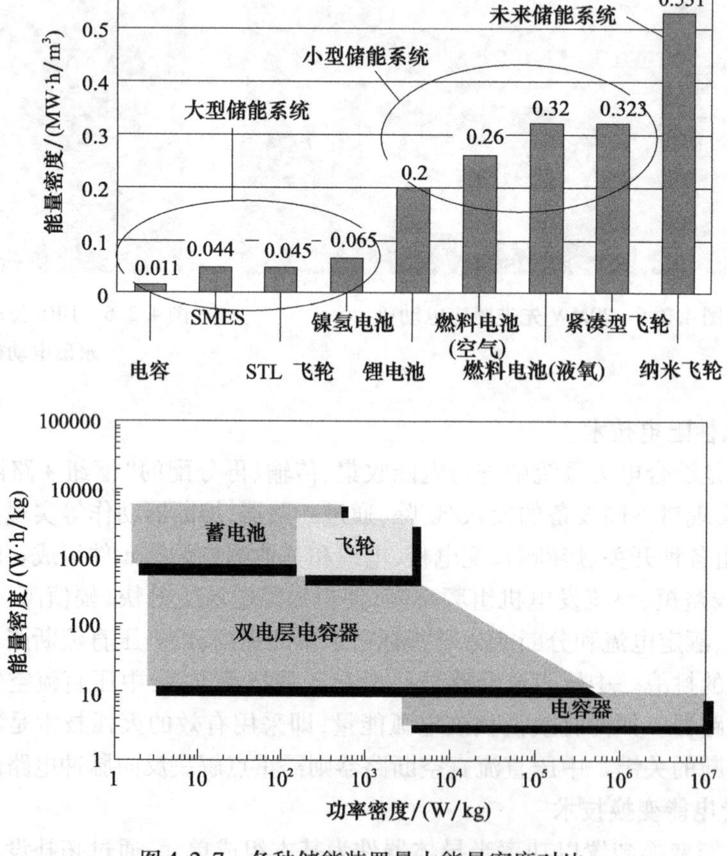


图 4.2.7　各种储能装置最大能量密度对比

鉴于镍氢电池技术已经成熟，美国目前针对舰艇综合电力系统储能装置的重点研究方向包括超导磁能量存储装置、飞轮和电容储能等几种。

**6. 高效能量管理技术**

能量管理模块主要由现场总线（控制网络）、计算机网络（信息网络）、能量调度和控制软件等组成，用于对综合电力系统电能发、输、配、用进行综合管理和调控，对综合电力系统安全高效运行具有重要意义。舰船综合电力系统的结构和动态过程十分复杂，既存在着由开关动作引起的快速电磁暂态过程(微秒级),也存在着由电动机调速引起的机电暂态过程以及脉冲负载启停时的大功率瞬变冲击过程(毫秒级),同时含有储能设备的充电动态过程(秒级)和舰船机动控制过程(分钟级),以及对应舰船巡航的长期稳态变化过程(小时级以上),具有多时间尺度的特点。舰船综合电力系统还具有多目标需求,如舰船续航能力、脉冲负载的供电保障能力、负载的供电连续性、舰船机动性、系统故障后的重构能力等,因此,能量管理系统要考虑在多目标、多时间尺度下的能量调控优化策略问题。

## 4.3 综合电力系统的特点及应用

### 4.3.1 综合电力系统的特点

**1. 无主、副原动机之分,易于模块化且可工作在高效区**

众所周知,一艘采用以柴油机、燃气轮机或热气机作为原动机的机械推进方式的舰船通常至少需要配置两台推进原动机(主机)和至少两台用以保证电力系统运行的原动机(副机)。在绝大多数工况下,这些原动机不可能运行在最高效率区。

而对采用电力推进方式的舰船来说,由于实现了推进、武备、辅助和日常用电的综合电力系统(即一源多用),已没有必要再将原动机区分成主、副机,只需构成若干种“原动机 - 发电机组模块”供选择即可。而模块化带来的众多好处则是显而易见的。

由此,原动机 - 发电机组模块的总数完全能根据舰船若干种常用典型工况下的负载并考虑到使其工作在高效率区、生命力和合理布局等原则综合优选确定。

以燃料电池作能源的动力装置本身就已经构成了模块。

尽管蒸汽轮机动力装置的“动力源”—锅炉也具有一源多用的优越性,但即使是它最经济的燃油耗率也远远高于上述三种原动机。此外,在中等功率以下时,这种动力装置的质量、体积和复杂程度等指标也远不及柴油机和燃气轮机先进。

**2. 为舰船结构设计提供灵活性**

由于推进电动机的外形尺寸特别是径向尺寸比较小,因而电力推进的舰船不必使推进轴系与原动机置于同一直线上,可以将推进电动机置于一个最佳位置:轴系长度最短、轴系中心线的倾斜角和扩散角有可能为零。而“原动机 - 发电机组模块”则可被灵活地置于能满足要求的位置,对进行合理的机舱布局和舰船结构设计十分有利。

**3. 可以采用定距桨**

机械推进方式必须解决舰船的倒车问题。解决的方法有四种:原动机直接回行,配置具有正倒车功能的齿轮箱,配置调距桨,以及螺旋桨可绕垂直轴线公转的 Z 型传动。

原动机直接回行方式虽然对于柴油机尤其是蒸汽轮机很适用,但是对柴油机而言,由于直接回行机构十分复杂,且要经过减速—停车—换凸轮—重新启动—加速这五个必需的阶段,使其反转过程所需的时间是上述四种方法中最长的,所需的滑行距离最长,反转过程的可靠性也最差。对蒸汽轮机而言,要经过正(倒)车涡轮减速—停车—启动倒(正)车涡轮—重新加速这四个必需的阶段,使其反转过程所需的时间也比较长,所需的滑行距离也较长;由于质量、尺寸的限制,倒车涡轮的功率一般仅为正车功率的 30% ~50% 且不可能超过 60% 。因此其倒车机动性也不能令人满意。

柴油机配置具有正倒车功能的齿轮箱不失为比较好的方式，但是不可低估它在初建费用、占用的容积和排水量等方面的不利因素；尤其是它的振动和噪声，除了在设计制造中尽可能予以控制外，对于如此大质量的机械设备目前尚未找到有效而简便的控制方式。如要采用浮筏技术，一是要面临其占用相当大空间和排水量的问题，二是要解决与轴系的可靠连接问题。如要采用主动隔振技术，一则目前尚未成熟，二则仅适用于低频域。

燃气轮机—调距桨几乎是目前解决燃气轮机倒车问题的最佳方式。但是调距桨要求配置复杂的液压调距系统（包括各种有关的辅助设备），调距桨本体和轴系的加工、装配、保养和维修工艺更为复杂，工作量大，使其初建费用和维修费用明显地高于定距桨。

可绕垂直轴线公转的 Z 型传动方式只能被用于中等功率以下的推进装置，且其原动机只能局限于柴油机和电动机。

对电动机来说，一则要实现直接反转很容易，并不存在技术上的问题；二则容易对其实现高层次的自控和遥控；三则其振动噪声级相当低，如果没有特殊的抗冲击要求，不必再为其设置专门的隔振降噪装置；因此它可直接与定距桨组成很理想的推进模块。

**4. 电动机—定距桨具有很大的适应性**

这种推进模块在结构上非常紧凑，体积比很小；维护保养的工作量简单而小；所需的维修空间小；与外界的联系仅是挠性很大的输电电缆。这些特点使它能适应各种空间狭小的特殊场合且是其他推进单元无法取代的。

**5. 较高的螺旋桨效率和螺旋桨的船后效率，减轻艉部振动**

与调距桨相比，在正常配合条件下，定距桨的效率一般要高出 2%。同样是定距桨，这种推进单元可以为螺旋桨提供较理想的工作环境，这是因为：

（1）轴系的倾斜角、扩散角为零，意味着螺旋桨工作的流场将比较均匀；

（2）采用“吊舱”方式时，螺旋桨与船体的间距可以比较大，意味着螺旋桨受船体随流的影响将明显减小，可能工作在稳定的层流场中。

这两个因素使之能获得较高的螺旋桨效率和螺旋桨的船后效率，并可减轻艉部振动。

**6. 能减小船体阻力**

这是由下列两个原因引起的：

（1）这种推进模块具有紧凑和体积比很小的特点，因此可以充分地优化船体艉部的线型；

（2）若采用“有舵效应的吊舱式结构”，则可完全免除舵所造成的附体阻力。

**7. 提高轴系传动效率**

首先，电力传动中无须再设置兼具减速和正倒车功能的齿轮箱，同时也省去了为其服务的润滑和冷却系统，而这两者通常要消耗全功率的 2% ~4%。

其次，电力传动所需的轴系长度最短，因此其轴承数也最小，必然对提高轴系传动效率有利。

**8. 缩短建造周期**

从设计全过程看，所有的电源、配电、推进模块到各种用电设备都有模块供选择，大大地简化并缩短了设计过程；从生产全过程看，这些模块可能同时在更有效的工厂环境中生产、试验，简单而短的轴系既易于生产又易于安装。因此建造全过程必然比较简易，所需的时间也因而可以明显地缩短。

**9. 全寿命周期费用**

以上诸因素都对降低电力推进方式的全寿命周期费用产生有利的影响，在一定情况下其中某些因素的影响还可能比较大。因此，不能以传统的观念轻易地否定电力推进方式。图4.3.1介绍的关于舰艇电力推进全寿命周期费用评估模型可作参考。

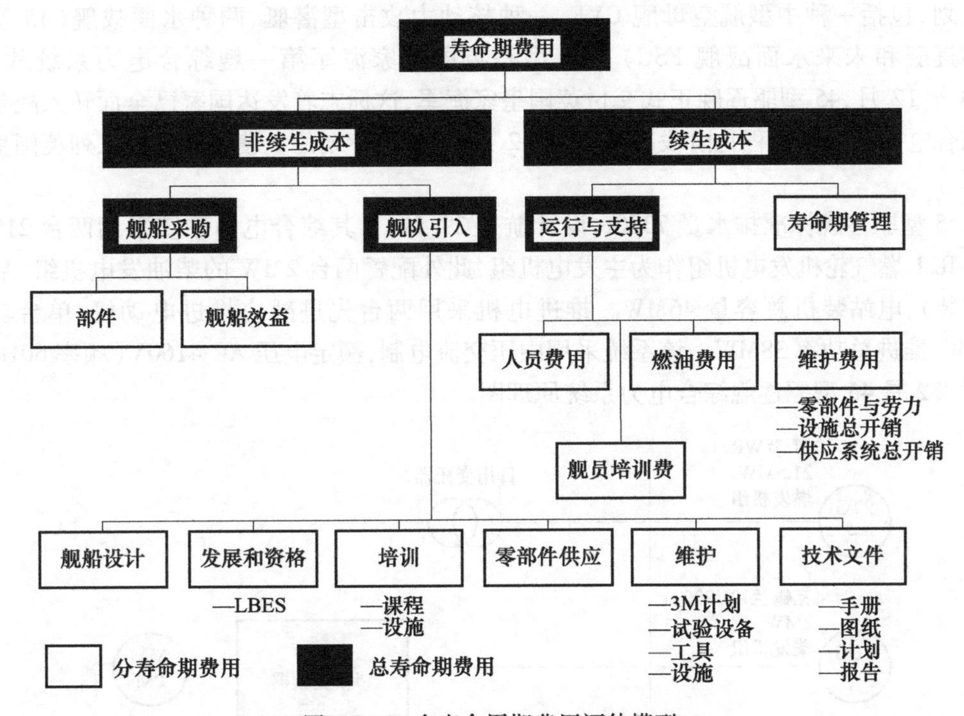


图4.3.1 全寿命周期费用评估模型

主要非续生成本(Non - Recurring Cost Elements)分为“舰船采办”(Ship Acquisition)和舰队引入(Fleet Introduction)两部分。“舰船效益”包括了由于模块化带来的在设计建造阶段中的各种效益。“舰队引入费用”相应于我国的“技措费”的总称(Catchall)，如果将它全部计入首制舰，显然是不合理的，应当按各种模块可能被采用的范围和数量合理分配。续生成本的最主要成分是“运行与支持费用”，该项费用中最突出的是三部分：燃油、人员和维护费用。

**10. 有利于高能武器上舰**

电磁炮、激光武器等新概念高能武器是舰载武器发展趋势，这类武器发射需要大功率电能支持。传统机械推进舰船无法满足高能武器上舰的电能需求。综合电力系统可以将推进功率和高能武器发射功率统一调度使用，在高能武器发射时适当降低航速，将推进能量调配给高能武器使用，解决了高能武器大功率电能供应问题，有利于高能武器上舰。

## 4.3.2 综合电力系统应用

鉴于综合电力系统所具有的显著优势，世界海军强国自20世纪80年代开始纷纷投入巨资开展综合电力系统研究，目前已实现综合电力系统的广泛工程化应用。英国45型驱逐舰是世界上首艘采用中压交流综合电力系统的水面主战舰艇，英国CVF航母、美国DDG 1000驱逐舰等主战舰船是中压交流综合电力系统的典型应用形式。

**1. 英国45型驱逐舰**

英国的综合全电力推进(integrated full electric propulsion,IFEP)项目启动于1995年,英国国防部舰船工程发展战略报告提出电力船概念,继而在1997年9月,IFEP项目合同授予了两家英国公司,为期五年。IFEP项目的启动目的在于英国下一代海军战舰计划,包括一种中型航空母舰CVF、一种核动力攻击型潜艇、两种水面战舰(45型防空驱逐舰和未来水面战舰FSC)。45型是英国皇家海军第一艘综合电力系统战舰。2008年12月,45型驱逐舰正式交付英国皇家海军,这标志着发达国家已全面转入战斗舰船综合电力系统的工程化阶段。2013年12月,该型号计划的6艘舰已全部入列英国皇家海军。

45型驱逐舰标准排水量7350t,设计航速29.5kn。其综合电力系统采用两台21MW的WR21燃气轮机发电机组作为主发电机组,此外配置两台2MW的柴油发电机组(后续有改装),电站装机总容量46MW。推进电机采用两台先进感应推进电动机,单台功率19MW,推进总功率38MW。该系统采用中压交流电制,额定电压AC 4160V(频率60Hz)。图4.3.2是45型驱逐舰综合电力系统原理图。

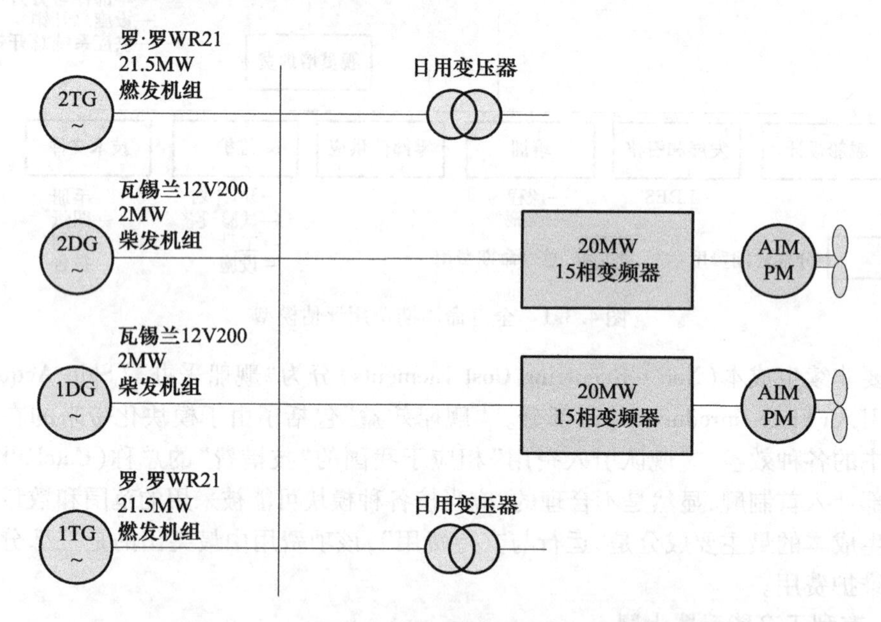


图4.3.2 英国45型驱逐舰综合电力系统原理图

**2. 英国CVF航母**

英国的CVF航母是世界上第一艘采用综合电力技术的航母,其首艘"伊丽莎白"号已于2017年服役,其第二艘已于2019年底服役。其综合电力系统采用两台36MW的MT30燃气轮机发电机组作为主发电机组,另外配置两台11MW柴油发电机组和两台9MW柴油发电机组,电站总装机容量112MW。推进电动机同样采用的是与45型驱逐舰相同的先进感应推进电动机,双轴,总推进功率70MW左右。该系统采用中压交流电制,额定电压AC13.8kV 60Hz。图4.3.3是CVF航母综合电力系统原理图。

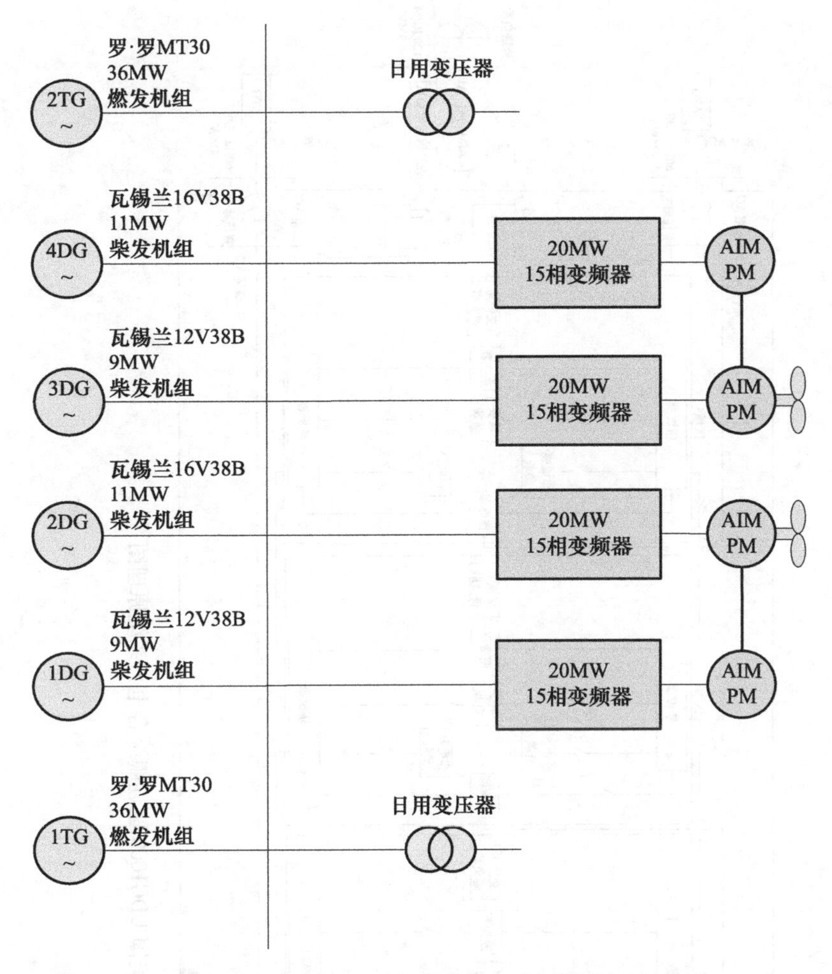


图 4.3.3　英国 CVF 航母综合电力系统原理图

**3. 美国 DDG 1000 驱逐舰**

20 世纪 80 年代末期,美国海军提出发展舰船综合电力系统,此后又推出了"SC－21"计划,拟将舰船综合电力系统用于 21 世纪新一代水面舰船及未来一系列战舰。在研发舰船综合电力系统的过程中,美国海军先后经历了小比例预研、全尺寸预研和全尺寸工程研制三个阶段。1998 年,美国海军建立了舰船综合电力系统陆基试验站,并于 2001 年完成了全尺寸综合电力系统陆上演示验证试验。同年 11 月,美国国防部推出 DD－X 隐形驱逐舰计划,该舰采用综合电力系统,以寻求作战系统、船总体、机械和电气系统的完美结合,并最大限度地实现自动化。2006 年 4 月该计划正式更名为 DDG－1000。

DDG1000 驱逐舰标准排水量 14500t,设计航速 30kn。其综合电力系统采用两台 36MW 的 MT30 燃气轮机发电机组作为主发电机组,此外配置两台 4MW 的小档燃气轮机(RR4500)发电机组作为辅助发电机组,电站总装机容量 80MW。推进电动机选用与 45 型驱逐舰相同的先进感应推进电动机,采用串轴方式,单轴推进功率约 34.6MW(17.3MW×2),推进总功率约 69MW。该系统采用中压交流电制,额定电压 AC13.8kV 60Hz。图 4.3.4 是其综合电力系统原理图。

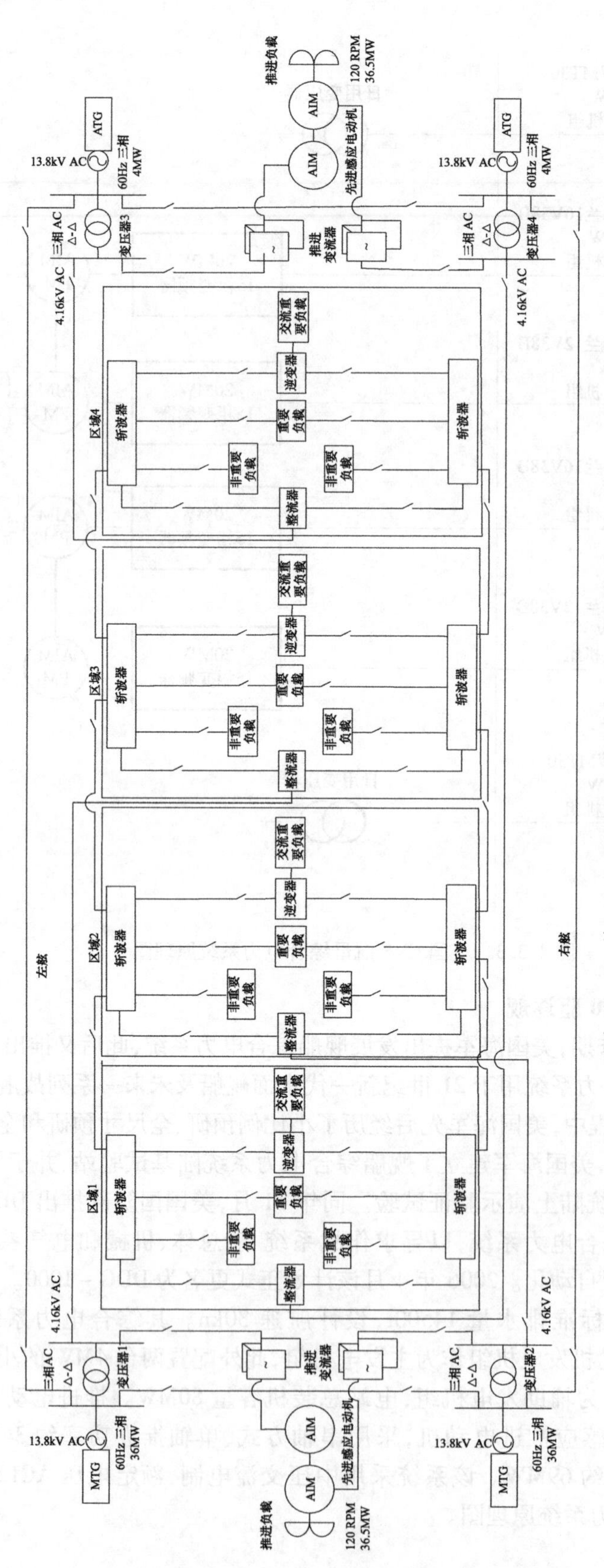


图 4.3.4 美国 DDG1000 驱逐舰综合电力系统原理图

此外,美国 LHD-8、法国"西北风"级、西班牙"胡安卡洛斯"级、荷兰"鹿特丹"级等多型两栖攻击舰上也采用了综合电力系统的技术方案。

由于上述国家拥有先进的大功率内燃机和燃气轮机,加上电力电子装备技术的率先发展,因此综合电力技术能够在上述国家海军舰船中首先得到应用。但鉴于当时的科技发展水平,其采用的中压交流综合电力技术,主要特征是中压交流工频同步发电、中压交流工频输配电、先进感应推进电动机。由于受到系统功率密度的限制,其体积重量上的优势在 6000 吨级以上水面舰船中才能得以体现。

根据上述特点,电力推进系统多数应用在具有如下特点的船舶上:

(1)需要高度机动性能的船舶;

(2)需要有特殊工作性能的船舶;

(3)具有大容量辅助机械的船舶;

(4)军用舰船。

这些船舶主要包括渡轮、挖泥船、破冰船、起重船、渔轮、拖轮、调查船、测量船、消防船、救捞船、领航船、布缆船、航标工作船、水下作业船、大型邮轮、现代化军用舰船等。

构建综合电力系统有多种技术方案,不同方案的成熟度、技术性能存在较大差异。目前综合电力系统在舰船中的典型应用主要包括交流低压、中压综合电力系统和直流中压综合电力系统等几种方案。

1)交流低压、中压综合电力系统

20 世纪 50 年代以前建造的船舶基本上以直流电制为主,因为在当时的技术条件下,采用直流电具有明显的优点:

(1)容易满足甲板机械关于速度控制的要求,直流电动机启动冲击小,可以实现大范围内平滑调速;

(2)直流发电机调压、并车简单;

(3)直流配电装置中开关电器及仪表也较交流简单;

(4)蓄电池可直接由电源充电,省去了整流器。

虽然直流电有上述诸多优点,但是直流电制在工作的可靠性、经济性、维护保养的方便性、重量及尺寸等方面都远不如交流电制优越。而且,随着船舶电气化程度的不断提高,船舶电站容量日益增大,直流电制的缺陷也日益突出,明显的例子就是直流电不宜变换电压,由 220V 再提高困难,这样势必增大大功率电力系统的造价与损耗。再者,由于电子工业的迅速发展,大功率半导体元、器件的生产,成功地解决了曾经阻碍船电交流化的一系列难题(调速、调压、并车、调频调载等),因此,从 20 世纪 50 年代后仅用了 10 年左右的时间至 50 年代末即奠定了交流电制在船舶上的主导地位。近年来,除了某些特种工程船舶仍然采用直流电或交、直流混合电制外,几乎所有大、中型船舶都采用交流电制。交流船的电气设备在维护、保养等方面的工作量比直流船要少很多,且交流电机结构简单、体积小、质量轻、运行可靠,其相应的控制设备也简单。

图 4.3.5 所示为交流综合电力推进系统的一种基本构成。

(1)电压的选择。

船舶交流电力系统的额定电压、额定频率的大小的确定,将直接影响到电力系统中所有设备的重量尺寸。低压配电的好处是可直接用于负载,看似十分简单,但低压配电应用在大型舰船上,其主要缺点表现在:低压开关所能承受的负荷有限,低压断路器分断的最大电流有限,而大型舰船用电负荷较大,且功率也较大,低压网络的电力电缆截面积和数量都相对大。可见,随着船舶大型化的发展,低压配电网络的分断能力、电缆粗、电压降和电能损耗大的缺点会越来越明显。伴随系统电压的提高,输送电流和预期短路电流都将大大减小,使船舶的安全性有了很大的提高。因此,中压电力系统具有如下优势:

①能够承载更大容量的电力负荷;

②可以直接为大容量负载供电,如侧推等;

③故障处理时体现更高的安全性和有效性;

④可以减小大容量发电机、电动机、电缆和变压器的尺寸和重量;

⑤降低电缆安装的成本;

⑥减少电缆重量,减小空船重量。

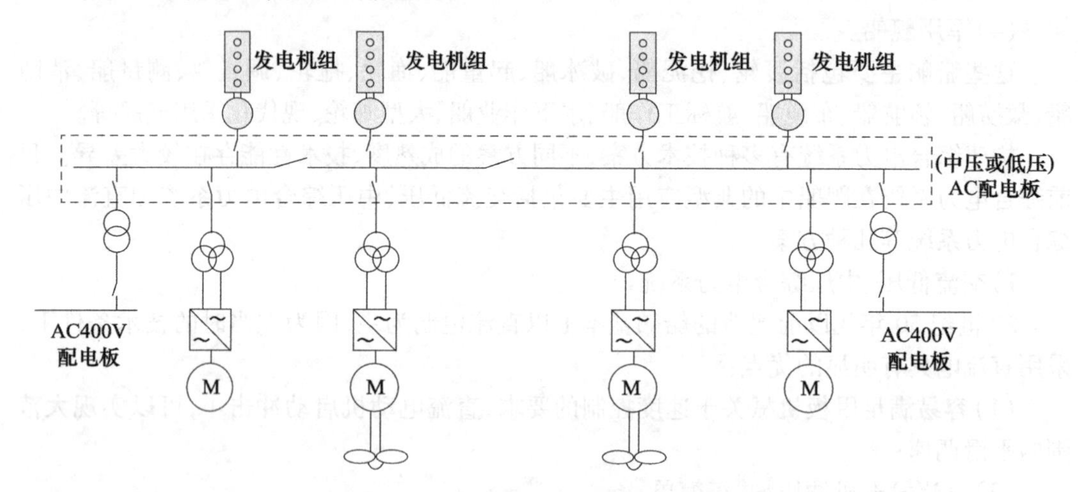


图 4.3.5　舰船交流综合电力系统的构成原理

可见,从减小导体电流的角度,提高电压是有利的,但随着电压的提高,对电气设备的绝缘和安全方面提出了更高的要求。因此,交流电力系统的系统电压是采用中压还是低压需要综合考虑多个因素,包括发电机组装机功率、推进装置的功率、单个用电设备的最大功率,目前尚未有统一的标准。一般而言,发电机组功率较小(如装机功率 10MVA 以下),可采用低压系统(如 440V、690V 等),而大功率发电机一般采用中压(3300V、4160V、6600V、11000V)系统。采用机械推进的舰船电站容量一般在 10000kW 以内,采用综合电力推进的舰船电站容量则相对大得多,可达机械推进舰船的几倍甚至十几倍,因此采用中压电制居多。

目前世界各国对电压和频率等级的考虑主要是与本国陆地电制的参数统一起来选用。我国《钢质海船入级规范》规定了船舶电气设备的额定电压和频率。用电设备额定电压有 24V、110V、220V、380V、1kV、3kV、6kV、10kV 等;发电机额定电压一般应比相同电压等级的受电设备高 5%,我国规定为 115V、230V、400V、3. 15kV、6. 3kV、10. 5kV 等。

(2)采用的频率。

交流配电系统的标准频率为 50Hz(60Hz)。提高频率也与提高电压有类似的问题,提高频率可以减小电机的尺寸与重量,但也会带来一些不利的因素,如需制造特殊频率的电机、电器、仪表和高速机械以及交流阻抗增大、损耗增加等。

目前，应用较多且相对成熟的综合电力系统采用中压工频(50Hz 或 60Hz)交流电制。图 4.3.6 为中压工频交流综合电力推进系统在舰船中的一个典型应用实例。发电模块采用中低速原动机直接带动交流同步发电机的技术方案，其功率密度的提升受到系统频率的限制；配电模块采用中压交流工频配电网络，变电模块采用中压交流工频变压器或中压交流供电的直流区域变配电装置，推进模块采用先进感应电动机及配套的基于成熟的硅功率器件 IGBT/IGCT 和常规的电磁材料的推进变频器，受到功率器件和材料性能的制约，其功率密度提升有限；系统中无储能模块；能量管理模块采用具备电站自动化功能的基本型能量管理系统。该系统应用于小吨位水面舰船时，存在体积重量大、适装性差等问题。

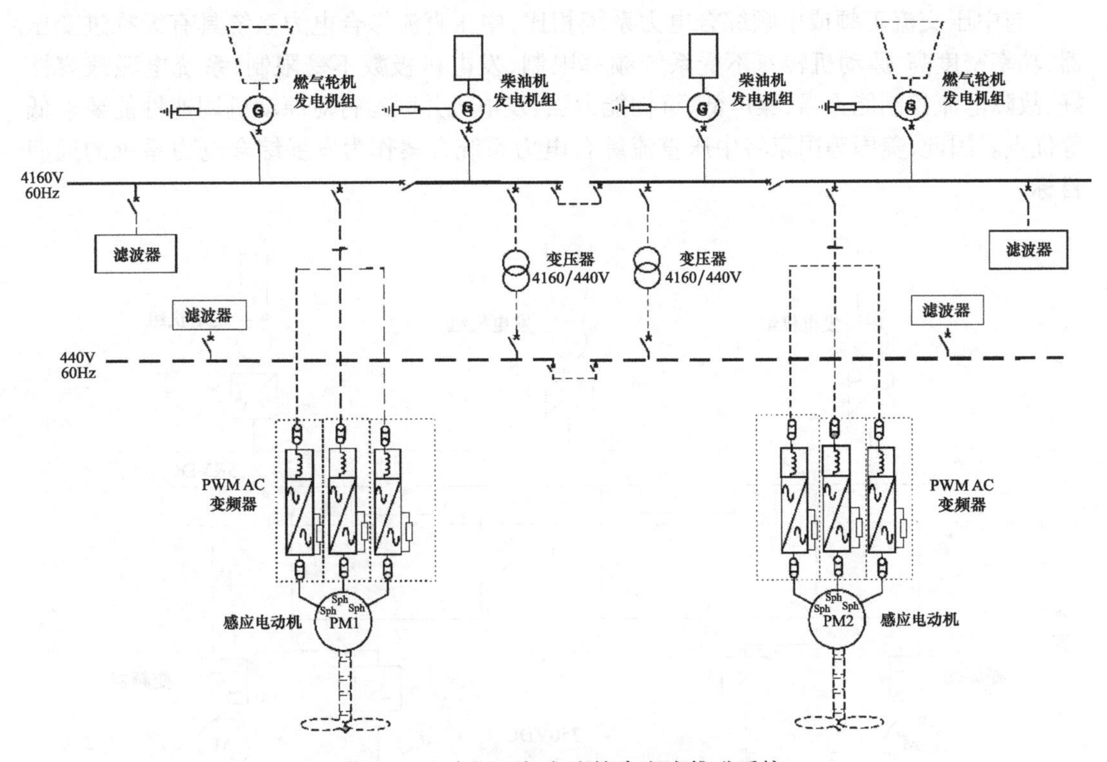


图 4.3.6 中压工频交流综合电力推进系统

中压中频交流综合电力系统采用频率 400Hz 三相交流电，是英、美海军从中压工频交流到未来中压直流综合电力系统的一种过渡形式。与中压工频交流综合电力系统相比，中压中频交流综合电力系统具有变压器磁芯体积和重量小、所需谐波滤波器数量少、利于子系统间绝缘、可降低噪声等优势。然而，中压中频交流综合电力系统存在以下不足：原动机需使用增速齿轮箱或大极数发电机；系统功率因数低；接地故障电流大；交流系统产生的电磁干扰和电磁兼容问题难以解决、中频岸电接入及中频设备配套试验设施缺乏等。

2) 直流中压综合电力系统

现有船舶上交流电网的负载并不都是单一的电制参数，例如频率有 50Hz、400Hz 等，还有三相、单相，不同电压、不同供电品质。事实上船舶上已存在大量的电源变换装置，而且随着负载的不断增大和变化，系统也越来越复杂，直流电源形式简单，传输能耗小，可以方便地变换为其他各种参数的电力。以直流电作为配电的基本电制,可以统一和简化整个配电系统,减少层次,降低船舶的建造费用。同时,有利于实现各种船舶之间系统设备的全面通用化。因此,各国均在探索直流电在新型交流电力推进系统中的应用形式。

图4.3.7是直流综合电力推进系统的一个应用实例,主要构成如下:

发电模块采用交流高速发电,体积较小。三台发电机组整流后并网,直流母线电压为5000VDC;推进电机采用异步电机,通过直-交变频器(逆变)进行变频调速;低压电网采用直-直功率变换器(斩波),将高压直流电变换为低压直流电,为直流辅助机械和其他设备供电。

采用综合电力推进系统的舰船应配置两套以上的发电机组,这样可以根据不同的负荷情况改变运行的机组数,保证机组的运行条件在系统整个工作范围内达到最佳。

与中压交流工频或中频综合电力系统相比,中压直流综合电力系统具有无推进变压器、功率密度高、原动机转速不受系统频率限制、发电机极数不受限制、系统电磁兼容性好、故障电流控制能力强、噪声低、重构能力强、发电机并联运行对原动机调速性能要求低等优点。因此,美国等国家将中压直流综合电力系统方案作为发展综合电力系统的远期目标。

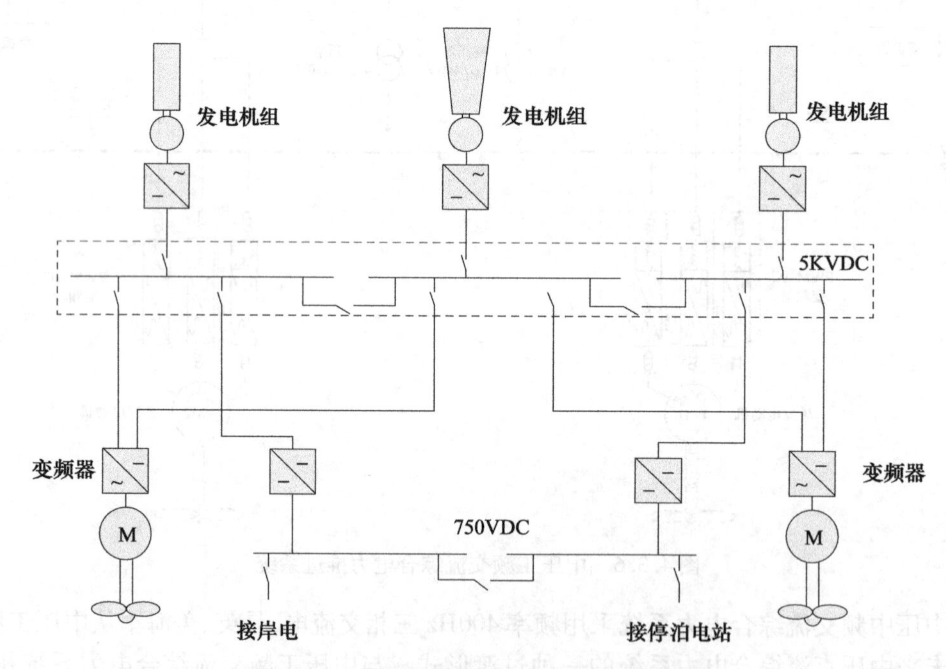


图4.3.7　直流综合电力推进系统的应用实例

随着电工材料、电力电子器件、控制技术、计算机技术的飞速发展,世界各国正积极开展第二代综合电力系统的研究。发电模块采用高速集成中压整流发电机组;配电模块采用中压直流配电网络;变电模块采用中压直流供电的直流区域变配电装置;推进模块中推进变频器采用基于组件高度集成的推进变频器或基于宽带隙半导体材料功率器件——碳化硅(SiC)的推进变频器,推进电动机采用永磁或高温超导电动机;储能模块采用超级电容储能、集成式惯性储能或复合储能;能量管理模块采用具备全系统信息化监控、数字化控制和智能化管理功能的智能型能量管理系统。

### 4.3.3 综合电力系统发展方向

2002年美国海军提出“电力海上力量之路”：首先在战斗舰艇上应用综合电力系统实现“电力舰”；而后在此基础上应用高能武器和先进探测设备实现“电力战舰”；更进一步，电力战舰通过先进的方式为舰外无人装备和岸基部队提供电力支持，随着电力战舰、电力战车、电力无人深潜器等电气化作战装备在海军的广泛应用逐步形成“电力海上力量”。图4.3.8为美国海军电力海上力量发展之路，由此可见美国将电力海上力量作为其综合电力系统的发展方向，而电力战舰是电力海上力量的基础，如图4.3.9所示。

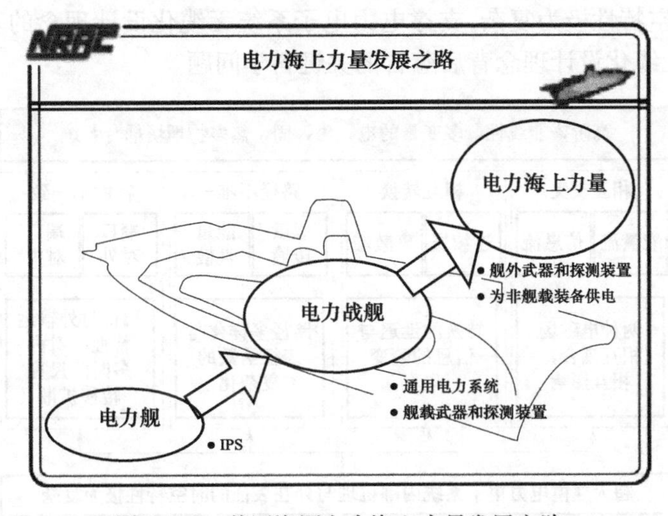


图4.3.8 美国海军电力海上力量发展之路

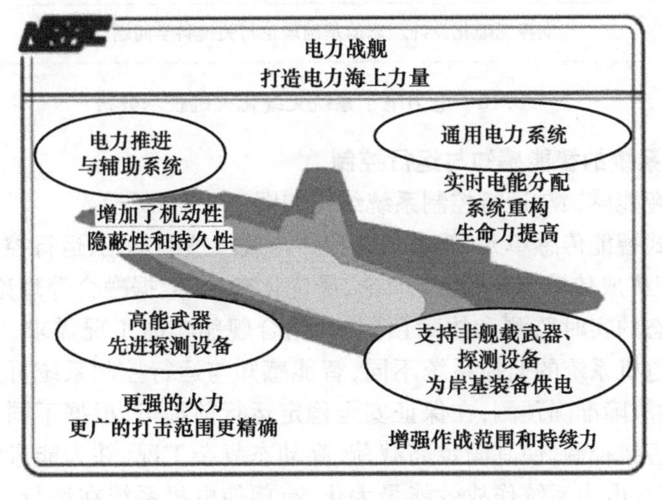


图4.3.9 电力战舰——电力海上力量的基础

舰船综合电力系统中的机电能量转换技术在推进电气技术发展的同时，也将促进机械、控制、计算机、动力、材料和制造等技术领域的融合度提升，其相关衍生技术可拓展应用于民用船舶、轨道交通、新能源发电、柔性直流输电及智能电网等各领域，具有重要的军事、经济和社会效益。

**1. 电力电子系统无缆化技术**

随着电力电子系统向多样化、规模化、智能化发展，系统内的信息流和能量流互联互通日趋复杂，不断促进电力电子系统向高度集成化和模块化发展。繁杂的互联线缆严重制约了电力电子系统的智能制造、柔性扩展，而现有的基础理论和设计理念难以支撑电力电子系统和这些新技术手段的深度融合。作为一个高阶、非线性、多变量的电、磁、固、热多物理场耦合系统，超大规模电力电子系统涉及能量流电磁场与信息流电磁场相互交叉，连续域模拟量与离散域数字量相互转换，能量流的传输与耗散路径不唯一，端口对外能量输运特性与端口对内多时间尺度能量转移扩散特性不一致(见图 4.3.10)，系统内部机理与外在表征的时空特性极为复杂，支撑电力电子系统无缆化设计理念的基础理论还不完备，需深刻剖析无缆化设计理念背后蕴含的关键科学问题。

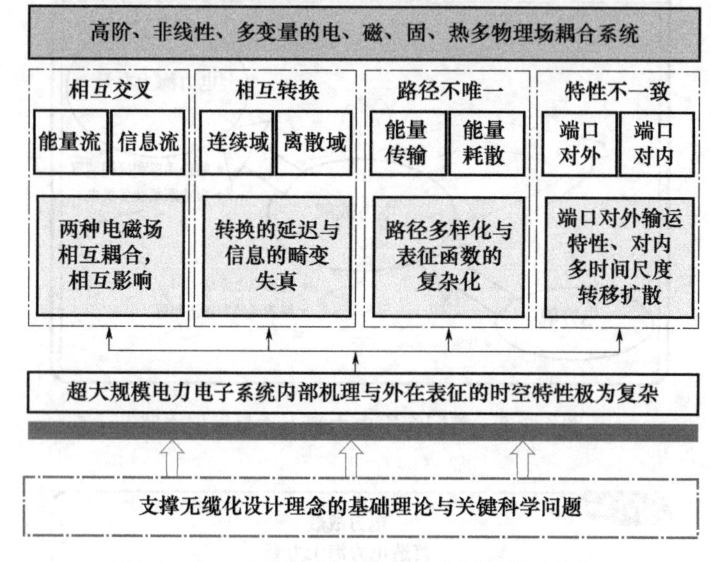


图 4.3.10　电力电子系统无缆化关键技术分析

**2. 舰船电机系统的智能感知与运行控制**

电机系统的智能感知与运行控制系统结构如图 4.3.11 所示。

系统由集成式智能传感单元、健康状态评估与故障预测单元、运行控制管理单元三部分组成，通过新型集成传感、现代控制理论、最优化理论、数据融合等理论和新技术，实现电机系统健康状态的实时监测和故障预测，并结合舰船实时工况需求，实现智能优化控制。与传统舰船电机系统的监控系统不同，智能感知与运行控制系统可充分挖掘并掌握电机系统状态，对故障准确预测，在保证安全稳定运行前提下，根据不同工况和故障状态进行优化调整与容错控制，使其满足高载荷、高动态复杂工况，并为能量管理分系统提供决策数据，支撑综合电力系统作战效能最大化，有望使电机系统在运行、维护效率和极限运行能力等方面的性能大幅提升。

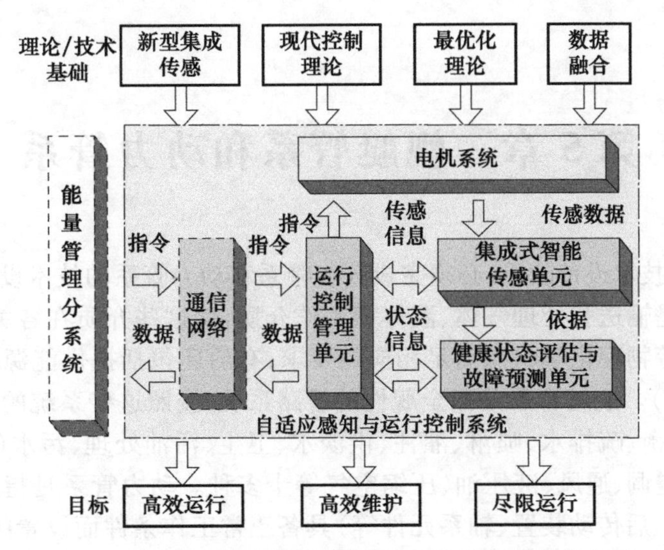


图 4.3.11 电机系统的智能感知与运行控制关键技术分析

# 第5章　舰艇管系和动力管系

在动力装置技术设计阶段,必须完成舰艇管系和动力管系的技术设计任务。总的来说,管系的任务是输送和处理气体、液体等工作介质,使这些介质在各关键点的流量、成分、压力和温度等物理化学状态满足相应的要求;有的还包括提供能源的专用辅助机械(如空压机、泵等)。舰艇管系是指全舰性的管路系统,按照这些系统的任务或功能可分成消防、洗消、平衡、疏排水、喷淋、灌注、供淡水、卫生、污油处理、污水(含生活污水)处理、燃油、滑油、空调、通风、液压油、压缩空气等十多种。动力管系是指为保证动力装置(包括主机、副机、后传动装置、轴系元件等)具备正常工作条件而设置的管路系统,对柴油机而言,按照其任务或功能一般由进气、排气、冷却(包括淡水和海水)、润滑、启动、燃油等组成。蒸汽轮机的管系还要复杂得多。

## 5.1　管系技术设计的任务和应当遵循的原则

### 5.1.1　管系技术设计的任务

管系技术设计的任务可以归纳成以下9项:

(1)确定每个系统的组成;

(2)确定每个系统中组成元部件的性能并完成初步选型(排量、允许流量、压头、适用的工质等);

(3)确定连接管路的材料、通径和壁厚;

(4)确定每个主要元部件的安装位置;

(5)在已经确定主要元部件安装位置的基础上,合理安排连接管路的走向,按比例画出系统的原理布置图;

(6)上述要素确定后,进行全程液力(或阻力)计算,校核所选元部件的性能是否能满足要求、所选管路通径内的流速是否在允许范围内并提供计算书;

(7)计算每个管系的总质量和质量中心(相对舰体坐标),供计算动力装置总质量和质量中心时使用;

(8)制定所选用的系列产品(包括所有元部件)和管路材料的订货清单;

(9)制定非标件(如消音器等)的研制任务书或委托生产的技术规格书。

上述9项既是管系技术设计的任务,也是方法和步骤。从中还可以看出,与一般的技术设计一样,管系技术设计的全过程也是不断完善的。如果校核结果不能满足要求,则需重新选型,直到满足要求为止。

### 5.1.2 管系技术设计中应当遵循的原则

归纳起来，管系技术设计中应当遵循的原则是：

(1)能保证完成所赋予的各项任务，可靠地输送规定压力、规定流量、规定洁净度的流体(包括液体和气体)，为此，应当在适当的部位设置相应的滤清装置。

(2)管路连接紧密、无任何渗漏，外部杂物不能进入。

(3)满足生命力要求，各个系统既能保持其严格的独立性，又能相互支援、相互转换。对动力系统来说，当其遭受一般性的破损时，不影响动力装置的使用，其主要元部件或主要管路破损时，动力装置不会丧失100%的功率，例如润滑系统中一般均选用双联式滑油过滤器，并在其进出口端配置"T"型三通阀，既能单独使用又能并联使用，当其中一个堵塞或破损时，可立即转换用另一个，可保证实现不间断地供应润滑油，同时可以清洗或抢修堵塞或破损的过滤器。

(4)系统布置应便于操纵、管理、维护、检修和实现自动化，不妨碍对舰体和其他机械设备的损害管制。

(5)选择尽可能轻小且便于维修的系统元部件，可便于布置和平时的维护保养。

(6)系统的种类和元部件非常多，管路的大小不一、走向各异，必然存在纵横交错，因此在布置时必须从全局出发，正确区分主次，按照先主后次的原则，统一规划，合理布局。

(7)某些系统存在不利于其正常工作的特殊环境条件，应该在适当位置配置能消除特殊环境条件造成的影响的装置，如吃水较浅的舰艇的海底门在舰艇高速航行、倒航和大风浪中很容易混入空气，这会严重影响海水冷却系统中离心式海水泵的正常工作，应当在海水进入海水泵之前设置专门排出混入空气的气水分离箱。登陆舰艇的海底门一般不能位于舰艇的底部而在舷侧，在登陆状态下其海底门可能露出水面，因而一般在两舷设置容积较大的海水循环舱，主机海水冷却系统的进出口都有两个，由转换阀控制，在登陆状态下，均与海水循环舱相通。

(8)适应舰艇的工作条件。

对于一般水面舰艇来说，可以归纳成：

①适应一定范围内的倾斜和摇摆。

横摇：±45°(周期3~45s)；

横倾：±15°；

纵摇：±10°；

纵倾：±5°。

②能承受舰艇航行时引起的舰体振动以及机械工作引起的局部振动。

③能承受舰艇自身发射武器或舰艇被兵器命中或非接触爆炸(舰艇仍保持漂浮状态)时引起的垂向、横向和纵向的冲击。

④能防止海水和海面湿空气的腐蚀。

### 5.1.3 管系技术设计要点

在确定每个系统的组成时，一定要根据实际情况区别对待。例如为小型高速柴油机服务的大多数管系(包括系统内的元部件、连接管路、传感器等)通常都安装在柴油机上并且已经连接完毕,作为柴油机整体的一部分,对于这些管系就不需要为它们再设置系统元部件和连接管路,只需配置尚欠缺的那部分。对大功率柴油机来说,就要复杂得多。原因之一是大功率柴油机的系统元部件的体积和质量都比较大,数量也比较多,有相当一部分不可能直接安装在主机上,需要按照主机的位置合理地分布在主机四周(要预留操作和维修空间),使连接管路多而复杂化,各种阀门也相应增多;原因之二是有的大功率柴油机在出厂时并不配齐各系统所需的主要元部件,这就要求设计者在充分理解柴油机有关资料的基础上为它配齐。

一般来说,每个系统都由各种相关的系统元件(包括本身的动力源、管路元件、容器、自控装置等)和管路本身所组成。但是,有部分全舰性的管系不单独设置动力源而是与动力管系共用动力源,例如中小型舰艇一般设置 1~3 个压缩空气站,空压机产生的压缩空气首先被储存在附近的高压空气瓶中,这些高压空气瓶之间又通过隔离阀和管路并联在一起,构成压缩空气源。而后再分别输送至需要用压缩空气的地方,诸如检修火炮用的储气瓶、发射鱼雷用的储气瓶(以上属全舰性管系)、启动主副机用的气瓶(属动力管系)和杂用气瓶(用于气笛、吹洗海底门、伙房的炉灶等,既属全舰性管系,也属动力管系)等。

有的系统之间还需要互相支援、互相渗透。例如全舰性疏排水系统一般配置有下列设备:若干台独立的可移动式排水泵(强生泵);若干台由全舰性消防系统提供动力水的固定式喷射泵分布在各个水密舱段;在机舱内,主副机的海水冷却系统一般都设有与海底门并联的位于机舱最低点的舱内吸入口,在紧急情况下可以排去进入机舱内的海水,其排量也很可观。

凡此种种,都说明了不仅名称相同的全舰性管系和动力管系之间有着千丝万缕的联系,在不同功能的管系之间也存在着密切的联系。只有用系统工程的观点,把可能有关联的全舰性管系和动力管系结合起来统一考虑,合理安排,才能正确地确定应当设置的所有元部件。

各类原动机的动力管系所包含的内容有很大的差异,仅以燃气轮机的进气系统为例,必须增设防冰、防细小水滴和盐雾进入等装置(见 2.2 节),此处不可能面面俱到地论述,但是解决问题的思路和方法则是相通的。下面以柴油机的六种动力管系和几种全舰性系统为例说明。

## 5.2 柴油主机的海水冷却系统

### 5.2.1 柴油主机海水冷却系统的组成

柴油主机海水冷却系统的组成是根据其承担的任务确定的。作为主动力的柴油机的海水冷却系统,其任务通常有:冷却柴油机的循环淡水(有时还要冷却柴油机的滑油、增压后的空气——依柴油机的型式而定);可能要冷却后传动装置中的减速齿轮箱;主流部分去冷却排烟管外壁、消音器内部的喷淋;支流部分去冷却轴系中的支点轴承、推力轴承和艉管轴承。因此海水冷却系统的一般组成如图 5.2.1 所示,并可按其流向表示为:

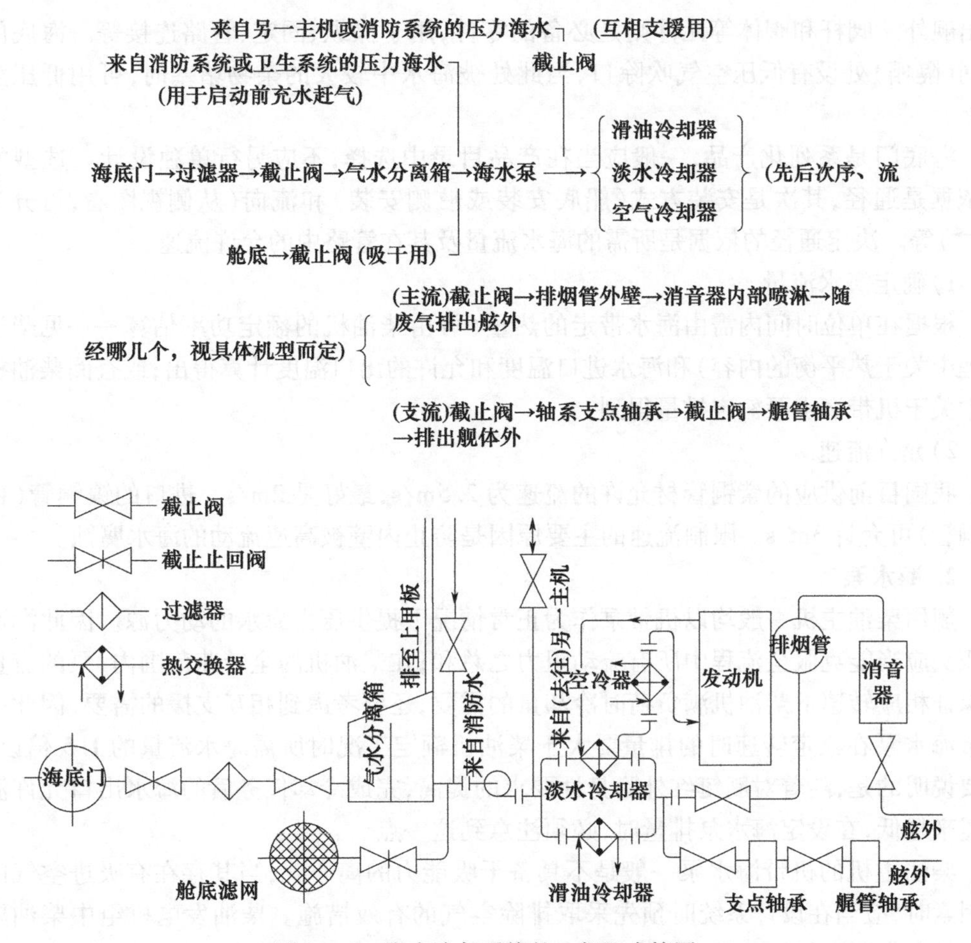


图5.2.1 海水冷却系统的一般组成简图

在过滤器与海水泵之间设置截止阀的目的是清洗或更换过滤器的滤芯时防止系统内的海水流入舱内;为了在柴油机不工作时防止舷外海水通过排烟管倒灌入柴油机汽缸,在排烟管内必须设置一个控制排烟管通断的阀门(可以人工控制,也可由排气压力自动控制)。

有的柴油机采用直接冷却方式,其基本组成有较大的差别,可自行设计。

## 5.2.2 初步确定海水冷却系统主要元部件的性能和选型

本系统首先要满足的是对流量的要求;其次,该系统始终在海水中工作,因此所有元部件必须按照这两个工作条件在产品目录中选型。

### 1. 海底门

其实,所有海水系统中的海底门都是一个由较粗的滤网(隔栅)、截止止回阀、阀杆和阀体等元件组成的部件。滤网(隔栅)用以阻止海水中较大的杂物进入管系。截止止回阀的作用是当柴油机处于停车状态或当本机机带泵损坏而用另一台机带泵或用消防水时,即使此阀未曾关闭,也可防止系统中的海水从海底门倒流出舰外;有时主机机带泵的吸入口可能略高于水平面,启动主机前需要用其他压力海水(如消防用水、卫生用水等)进行充水,赶走机带泵内残留的空气,此阀在这种情况下也能防止充入的海水从海底门倒流出舰外。阀杆和阀体等元件则是必备的零件,用于操纵、固定、管路连接等。海底门的滤网(隔栅)处设有低压空气吹除口,当此处被海水中较大的杂物堵塞时,可用低压空气吹除。

海底门是系列化产品,一般应当在产品目录中选择,不应另行单独设计。选型的首要依据是通径,其次是安装方式(船底安装或舷侧安装)和流向(从侧视图看,可分为→或⌐→)等。决定通径的依据是所需的海水流量及其在管路中的允许流速。

1)确定海水流量

根据在单位时间内需由海水带走的热量(可由柴油机的额定功率估算——见柴油机原理中关于热平衡的内容)和海水进口温度和允许的出口温度计算得出;或查阅柴油机资料中关于机带海水泵额定排量得到。

2)允许流速

我国目前供应的紫铜管材允许的流速为2.5m/s,最好是2m/s。进口的镍铜管(俗称白铜管)可允许3m/s。限制流速的主要原因是防止内壁被高速流动的海水腐蚀。

**2. 海水泵**

舰用柴油主机一般均以机带泵作为正常情况下提供压力海水的动力源。因此海水泵的压头应当能克服全流程中所有流动阻力之总和;在柴油机的全转速范围内,泵的流量应当保证相应转速下柴油机满负荷时冷却量的需要,还要考虑到相互支援的需要,因此一般机带海水泵在额定转速时的排量要大于柴油机额定工况时所需海水流量的1.5倍以上。还要说明的是,随着对舰艇红外隐身性要求的提高,完成冷却任务后的海水出口允许温度将越来越低,在设定海水泵排量时,必须注意到这一点。

柴油主机的机带海水泵一般是不具备干吸能力的离心式,当其存在有吸进空气的可能因素时,应当在设计系统时预先采取排除空气的有效措施。柴油发电机组中柴油副机的机带海水泵一般均选用有一定干吸能力的海水泵,因为它的位置可能高于水平面。

有的柴油主机的机带海水泵被设计成具有一定干吸能力的回转式泵(如旋涡泵、水环泵等),或在离心泵出口处专门设置一个有一定容积的气水分离箱,用它可以排除进口管系中残留的少量空气。

一般在水泵的最高部位均设有放气旋塞;而在最低部位设有放水旋塞(气温低,易结冰时放水用)。

**3. 海水冷却系统的除气装置**

在小型高速艇上和位于舷侧的海底门,吃水深度一般较小,容易在高速航行、倒航和大风浪中吸入空气,从而造成机带离心泵不能正常工作;小型高速艇主机机带泵的吸入口和部分管路也可能略高于水平面,即使配置了带有截止止回阀的海底门,在主机长时间停止后,系统中略高于水平面处的海水仍然可能从海底门漏回海中,在再次启动主机时,机带泵就可能不打水。为防止这些不利现象的发生,一般还要在合理的部位设置专门的除气装置。这些装置分别用于在启动前用其他压力海水充水赶气;在航行或大风浪中吸入空气后但在进入机带泵之前将空气分离掉或将空气赶掉。下面分别介绍。

1)启动前的充水赶气

图5.2.1中表示了可由全舰性卫生系统或消防水系统各自引出一根细管(内径一般为20mm)通到机带海水泵的进口前。启动前充水赶气时,应当同时打开机带泵上部的放

气旋塞,直到从中放出的全部是海水为止。柴油机在运行中若发现海水出口温度无端升高,原因之一可能是机带泵中混入了空气,可以用放气旋塞检查并排除。

2)兜水罩

在安装海底门的舰体处焊接兜水罩,是在舰艇向前航向时利用海水动压头的有效措施。结构简图如图5.2.2所示。有的装有兜水罩的高速小型艇在高速前进时,甚至可以不用水泵就能供应足够的海水。但这种装置有两个不足:一是增加了艇体的附加阻力(30kn左右时,达几十千克力);二是在倒航时会起负作用。

3)气水分离箱

在海底门与机带泵之间设置气水分离箱,可以较有效地把航行时或大风浪中从海底门进入的气泡分离出来并排入大气而不进入机带泵。它的结构和工作原理如图5.2.3所示。

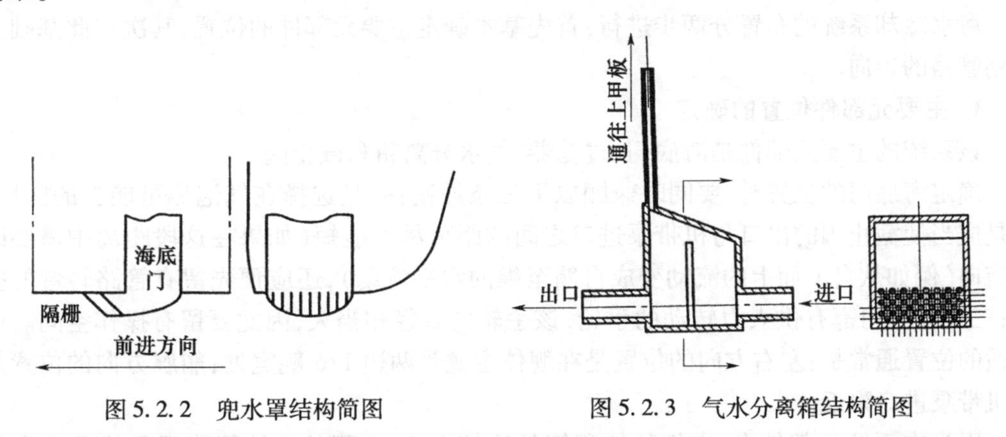


图5.2.2 兜水罩结构简图　　图5.2.3 气水分离箱结构简图

气水分离箱中间有一块隔离板,将气水分离箱分隔成左右两个空间,隔离板的下部钻有许多小孔,使左右相通;隔离板的上端与气水分离箱的上盖之间留有一定高度的通道;气水分离箱的上盖是倾斜的,左高右低;气水分离箱的最左边的上部接有放气管,放气管的最高点一定要高出海平面若干。

从海底门来的海水进入气水分离箱的右下方,其中夹杂的较大的气泡在流向出口的过程中浮到上盖,再沿上盖流至放气管排入大气;夹杂的较小的气泡在流经隔离板下部的小孔时被挡住,逐渐聚集成大气泡,沿隔离板的右侧上浮,再沿上盖流至放气管排入大气。已消除气泡后的海水通过气水分离箱左下方的接管进入机带泵。这种装置效果较好,已在我国一些小型舰艇上采用。

**4. 截止阀**

在系统中,截止阀是不可缺少的元件,主要作用是将系统分隔成完全独立的若干段,在对某一段进行维修时,不影响其他部分的工作。具体的数量和位置则根据合理的划分区段后就可确定。

例如在图5.2.1中,关闭海底门和海水过滤器后面的截止阀,就可打开海水过滤器进行清洁滤芯等维修工作。

两台主机的机带泵出口之间,布置了互相支援的管路,此管路的中间必须设置截止阀,平时处于关闭状态,两台主机的海水冷却系统相互独立,互不干扰。当其中一台的机带泵不能供应压力海水时,开启支援的管路中的截止阀,就能用另外一台机带泵支援。

截止阀的选型原则与海底门基本相同,可在产品目录中选择。

**5. 过滤器**

海水冷却系统中的过滤器是滤去吸入海水中的杂物,防止堵塞细、窄的流道如冷却器内的热交换元件等。

过滤器的选型依据主要是通径、滤芯的数目和流动方式(在俯视图上可分成→、↳、↱三种类型)。

过滤器的核心元件是滤芯。一般在打开位于最上面的压盖后可取出清洗或更换。在压盖中间均设有放气旋(螺)塞。

## 5.2.3 海水冷却系统的布置

海水冷却系统的布置分两步进行:首先基本确定主要元部件的位置;其次在此基础上规划管路的走向。

**1. 主要元部件位置的确定**

该系统的主要元部件是海底门、过滤器、气水分离箱和截止阀。

确定海底门的位置时,要同时兼顾以下三条原则:一是选择在气泡尽可能少的区域;二是应当使截止阀的出口与机带泵进口之间的距离尽可能短(如果在这段距离中需要改变流向(例如从自下而上的流动变成自艏至艉的水平流动),还应预先留有管路转弯的空间;三是海底门都有供人力转动的手轮,该手轮的直径相当大,因此要留有操作空间。最合适的位置通常是:左右方向的位置是在舰体主龙骨两边1/6舰宽处;艏艉方向的位置是在机带泵进口附近。

因为在系统元部件中,它们的体积算是比较大的,之间的连接管路很可能是动力管系中最粗的,因此这几个主要元部件通常按海底门→过滤器→气水分离箱→截止阀这样的顺序就近布置,这样可免除粗管路来回地重叠敷设。在过滤器附近要留有维修空间。

用于吸干的吸入口则安排在机舱的最低点,与之配套的截止阀位于其附近便于操作的地方。

在这些元部件选型时,注意选择连接法兰尺寸相同。这样可节省两端带法兰的连接管,只需将前后两个元部件用螺栓直接连起来即可,加工件少、安装(拆卸)简单,减轻了质量同时节约了空间。

**2. 规划管路走向**

上述主要元部件的位置基本确定后,就可以规划管路走向了。管路的走向应在机舱平面图上按比例(如1:10)依照图5.2.1的思路绘出原理图,同时标出需要配置的其他元部件的位置、数量、规格,如挠性接头、传感器、仪表等,将它们逐个填写在原理图的明细表上;还要逐段标出管路的材料、规格;这些都是制定订货清单的原始数据。并可据此估算出本系统的质量和质量中心的位置并填入图标中。和本系统有关的其他系统的元部件则用制图规定的线条和符号标明,如淡水冷却系统中的淡水冷却器等。

至此,技术设计的主要工作已基本完成,转入校验阶段。

### 5.2.4 校验

海水冷却系统的校验工作主要是三项：

第一，在额定流量时，机带泵（或专设的海水泵）的压头是否大于流动全程的总损头，包括管路的摩阻损头、阀门和弯头的局部损头等。如果机带泵的压头不能满足要求，一般用适当加大管路通径的方法来满足。如果是专设的海水泵，则可重选，直到满足要求为止，同时配置相应功率的电动机、电动机的电源和控制装置。

第二，所有管系元件和管路中的流量是否在允许范围内。

第三，主要的管系元件在布置位置方面有无问题（包括有关机械的相对位置、较大直径管路弯曲时所需的空间和维修空间等），在机舱布置中还要最后确认。

本节的内容、解决问题的思路和方法适用于其他管系的技术设计。

## 5.3 柴油主机的淡水冷却系统

### 5.3.1 柴油主机淡水冷却系统的组成

柴油主机淡水冷却系统的组成也是由其担负的任务所决定的。机型的不同，使它的任务也有所不同，因而相应的组成、流向也就有差别，导致了管路的敷设各有特点。尽管有这些不同，但是各种淡水冷却系统的基本任务和基本组成仍然是相同的。淡水冷却系统的基本任务是从散热的角度确保柴油机燃烧室组件的工作温度和某些性能在最理想的范围内，至少应该在允许范围内。

这里专门提到了“某些性能在最理想的范围”这个概念，下面举例说明。

例1：系统中的淡水在进入柴油机冷却燃烧室组件后，要经过调温阀的分配，变成并联的两路。一路直接进入淡水泵的进口；另一路则需流经淡水冷却器，降低温度后再进入淡水泵的进口。可见淡水的进机温度受调温阀的控制。合理地设定调温阀中直接流向淡水泵的开度与温度之间的关系，至少可得到两个显而易见的好处：一是在冷机状态下启动柴油机后，通过迅速提高淡水进机温度的手段，明显地缩短了低温暖机时间，既减少了不正常磨损，又提高了机动性；二是在运行中，合理的进出温度可以优化燃烧过程、减少热损失，从而保证经济性和使用寿命。

例2：有的增压柴油机的增压空气用出机后的淡水冷却。也就是说，在低速低负荷工况下，增压空气不仅未被冷却，反而被加热到一定程度。也就是适当地提高了柴油机的进气温度，压缩终点的温度也相应提高了，在循环供油量比较小的情况下（前提是低负荷），有利于完全燃烧，因而提高了柴油机的低速低负荷性能。

淡水冷却系统的一般组成如图5.3.1所示，按其流向表示。

在淡水循环回路的最高水位处、局部有垂向弯曲的最高水位处、淡水冷却器的最高水位处等凡是容易聚集蒸汽的部位，都应当开设小孔并用细管与膨胀水箱连通，一则能及时排除蒸汽，二则能及时补充淡水，避免由于气泡聚集而导致的故障。连通膨胀水箱和淡水泵之间的管路内径应当略粗，可防止淡水泵的汽蚀。

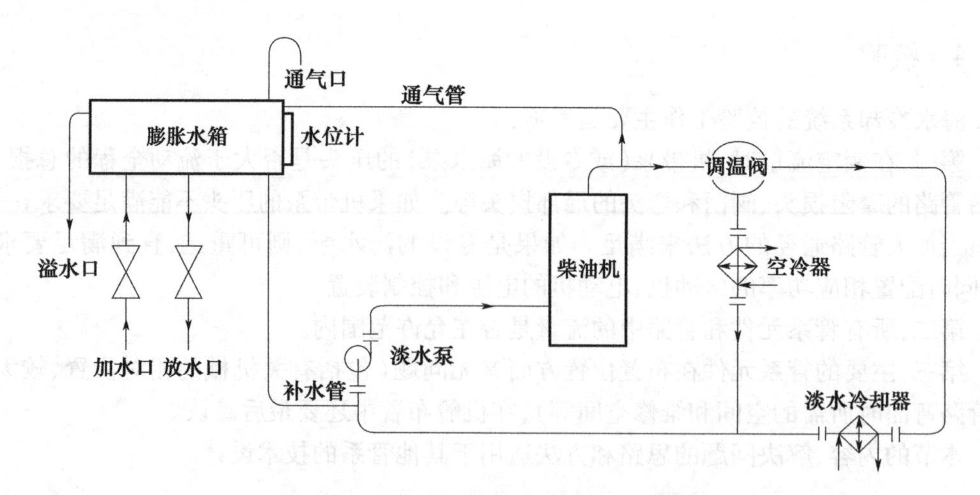


图 5.3.1 淡水冷却系统的一般组成简图

从图 5.3.1 可以看出,柴油机淡水冷却系统的主要元部件是:淡水泵、调温阀、淡水冷却器和膨胀水箱。而从上述论述中可知,随着机型的不同,元部件的型号和数量以及具体的走向则有所不同。

从配置和布置上看,小型柴油机淡水冷却系统的元部件和连接管路通常在柴油机出厂时已经配全、装好在机器上,与机器成为统一的整体。大功率柴油机则一般以附件的形式单独配置若干元部件或者一个都不配,而且大部分连接管路需要在现场配置和安装。因此大功率柴油机淡水冷却系统的技术设计工作量比较大。

在较高纬度地区工作的柴油机,冬季的环境温度较低,对冷机启动和启动后的暖机十分不利甚至难以启动。为改善此性能,在淡水冷却系统中另外配置一套预热装置是常用的方法之一。淡水预热的方案有多种:

第一种是在有辅助锅炉的舰艇上,可以引一路蒸汽管进入柴油机汽缸套下部的部位,需要预热时,开启蒸汽预热管路中的阀门即可,不必另外设置预热源,但辅助锅炉必须处于工作状态。

第二种是适用于小型柴油机的方案,在机体相邻两个汽缸套下部的部位装电加热器,下部的低温水受热后自动上升,在机器内部形成自然循环,电加热器由配套的恒温装置控制,恒温装置可以和电加热器组装成一体,也可以装在机旁的监控箱上。

第三种是适用于大功率柴油机的方案,就是另外设置一套电力预热装置,包括带有电加热器的加热箱、强迫已加热的淡水在机内进行循环的循环水泵、恒温装置等,这套装置的淡水进口应当和柴油机的淡水出口连通,装置的淡水出口应当和柴油机的淡水进口连通,这样能使柴油机均匀地预热。采用此方案时,还要注意两个问题:一是在预热时要防止已经预热后的淡水在流程中存在短路的可能(也就是部分热水不进入机体而流经机带淡水泵后被吸回预热装置的循环水泵);二是柴油机进入正常工作状态后,机带淡水泵排出的冷却水有一部分不进入机器而是经预热装置旁通(短路)到机带淡水泵的进口。为此,要在预热循环回路中视情设置若干个隔离阀。

第四种方案与第三种有部分相同。主要区别是当条件允许将淡水预热器装于柴油机的下方时,可以利用冷热水形成自然循环,从而省去了循环水泵。采用这种方案时,也要防止柴油机进入正常工作状态后机带淡水泵排出的冷却水有一部分经淡水预热器短路到机带淡水泵的进口。

第五种方案是用正在工作的柴油机的淡水来预热不工作的柴油机。采用这种方案时,需要配设相应的预热管路。

这些方案各有特点,应当经过全面论证后确定。

### 5.3.2 初步确定淡水冷却系统主要元部件的性能和选型

本系统将在较高温度中工作,因此所有元部件必须按此工作条件选型或设计。

**1. 淡水泵**

淡水泵的任务是提供淡水循环时所需的动力,在规定的排量范围内所产生的压头能克服循环中的损失。

舰用柴油机的淡水泵一般是离心泵且由柴油机本身带动。它的主要性能(转速、排量、压头、功率)和结构等均可在柴油机资料内查到。在设计该水泵时会全面考虑满足柴油机对流量和压头等要求。

**2. 淡水冷却器**

作为热交换器的一种,淡水冷却器有很多型号的系列化产品供选用。按其热交换元件的结构型式可分为管式和板式两种。

管式元件是很成熟的产品,还可进一步分成圆管、椭圆管、水滴形异型管等若干种。其中圆管式的加工最简易、造价也因而最低;容易确保参与热交换流体之间的密封。但是从单位体积和质量在单位时间内的热交换量来看,圆管式是最差的,因为相对热交换表面积最小,在管内的流体不容易形成有利于热交换的紊流,有的在管内增设能使流体受到扰动的波形金属条,目的就是造成紊流,提高热交换效果。选用异型管的目的也在于此。但却同时增加了流动阻力,也就是必须提高流体进出口的压差,维修保养时的清洗工作也不易进行。在管式元件完全相同的条件下,管外流体的不同流动方式也对其热交换能力有很明显的影响。因此,管式热交换器也十分注意设计合理的管外流体的流动方式。

板式元件是近期开发的产品。它的相对热交换表面积远大于管式元件,故而其热交换能力明显地优于管式元件。在新型舰艇上逐渐被越来越多地采用。板式元件的另一个优点是"模块化",规格完全相同而数量不同的元件可以组叠成具有不同热交换能力的热交换器整体。从这个角度看,只要生产批量足够大,其成本就有很大的竞争力。板式热交换器的难点是解决元件和元件之间的密封性问题。它的适应性则受两种参与热交换流体之间的压差影响,如果压差过大,板的变形将不能被允许。

所有热交换器都在适当的部位配置有放气(旋)螺塞和放水(旋)螺塞。

选择淡水冷却器的主要依据是:单位时间内需要由淡水冷却器带走的热量;淡水进出冷却器的温度;冷却器允许的淡水流量;海水进出冷却器的温度;冷却器允许的海水流量;承压能力;冷却器的外形尺寸、安装方式和维修空间。

在确定单位时间内需要由淡水冷却器带走的热量时,应当根据柴油机资料的具体规定进行。例如有的柴油机的淡水冷却系统不仅要冷却燃烧室组件,还要冷却滑油、增压后的空气、涡轮增压器等。

**3. 调温阀**

调温阀有很多种。按感温器内感温物质来区分,有乙醇、乙醚等;按感温器和执行机构的相对位置来区分,有整体式和分体式两种;按照其温度是否可人工干预可区分成可干预和不可干预两种;按允许流量的大小可分成若干种;还可按被调节流体的物理化学性质分成许多种;还有不同的调节的误差范围等。总之,在选型时,应当根据淡水冷却系统的工作条件和对调温阀的具体要求来选择。

大功率柴油机淡水冷却系统中的调温阀一般设置在机器旁边。如果带有人工干预装置,还要考虑便于操纵。如果是分体式,其感温部分通常装在预控温度的部位。

**4. 膨胀水箱**

在柴油机淡水冷却系统中,膨胀水箱是不可或缺的部件。小型柴油机一般属于配套部件,直接装在机器上。而大功率柴油机的膨胀水箱通常属于非配套件,需要动力装置设计人员为它单独设计、安排它的位置并根据所安排的位置敷设有关的连接管路。膨胀水箱是非标件,在设计时必须满足下述要求:

1)容积

膨胀水箱的有效容积不小于系统内全部淡水容量的20% ~30%。

2)必须设置的有关装置

(1)水位计(包括目视式和带报警功能的传感器两种),正常水位应当在1/2 ~2/3 处;

(2)需要与柴油机连通的管接(与淡水泵进口等用于注水的相通的接口应位于膨胀水箱的底部,与其他部位用于连通放气管的则应位于顶部);

(3)加水管路(含加水阀);

(4)放水管路(含放水阀);

(5)溢水管路;

(6)易于人工加缓蚀剂的开口及盖;

(7)通气管;

(8)固定装置。

3)其他功能

防尘、便于清洁内部。

**5. 淡水预热装置**

关键是确定其功率。预热装置所需的功率取决于要求保持的温度和在此温度下柴油机的散热量。前者按柴油机要求设定(例如35 ~45℃),后者可由柴油机热平衡计算中估算。

对于带循环水泵的淡水预热装置,还要选择循环水泵、确定连通管路的通径。

### 5.3.3 淡水冷却系统的布置

淡水冷却系统布置的原则是:首先确定淡水冷却器、膨胀水箱、调温阀和淡水预热装置的安装位置;其次根据流向的要求,在机器近旁布置连接管路。

机器用的淡水冷却系统中一般添加有缓蚀剂,缓蚀剂绝不能与饮用淡水混淆。因此,机器用的淡水冷却系统必须与全舰性饮用淡水系统完全、可靠地隔离。

有时,出于增强机器用淡水冷却系统生命力的考虑,在紧急情况下可用主机海水冷却系统和全舰性消防系统的海水。此时,这三个系统的进口和出口之间将设置相应的隔离阀。以保证在平时不会使海水渗入淡水冷却系统中去。

# 5.4 柴油主机的润滑系统

## 5.4.1 柴油主机润滑系统的组成

柴油机的润滑系统分湿式和干式两种,但是具体形式很多,图5.4.1表示了某一种干式润滑系统的主要组成和流向。

从图5.4.1中可归纳出干式润滑系统的主要元部件有循环滑油柜(箱)、抽出泵、粗细滤器、冷却器、压力泵、预供油泵(可能兼作备用泵或驳油泵)和各种截止阀、三通阀。舰用大功率柴油机的抽出泵、压力泵(包括其出口处的定压阀)通常为机带泵,其余的则需要根据其附件供应情况由动力装置设计人员配齐和布局。小型柴油机要简单得多,一般采用湿式润滑系统,所有元部件和连接管路都在机器上,需要动力装置设计人员考虑的很可能只是供其油底壳充放油的连接管路和阀门。

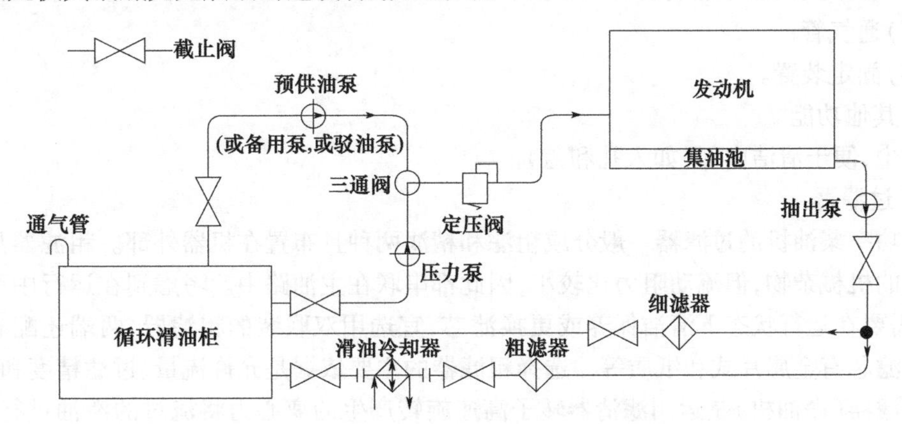


图5.4.1 某柴油机干式润滑系统组成简图

图5.4.1仅表示了主要流程和主要的组成元部件,诸如滑油冷却器的冷却介质是淡水还是海水、有关的传感器及其位置、互相支援的管路和元件等尚未标出。在进行具体的技术设计时,应当全部补全。

和淡水冷却系统一样,柴油机的润滑系统有时也需要预热。此时,应该为其配置预热装置。预热装置的安装部位按润滑系统的湿式和干式结构也有两种:湿式润滑系统的加热器通常直接装在柴油机油底壳的下部。干式润滑系统的加热器一般装在循环滑油柜(箱)中。有的较大功率柴油机仍采用湿式润滑系统,但油底壳内没有预热器,则可另外配置滑油预热装置。在这种情况下,由于滑油的黏度较大,预热时不可能构成自然循环,必须同时配置循环油泵。

加热器的能源可以是电,也可以是蒸汽。

## 5.4.2 初步确定润滑系统主要元部件的性能和选型

**1. 循环滑油柜(箱)**

设计循环滑油柜(箱)的主要任务是确定其有效容积并合理地配置有关元件。

1)循环滑油柜(箱)的有效容积 $V$

$$V = KS_X/Z \tag{5.4.1}$$

式中 $K$——油柜容积系数,通常取1.2;

$S_X$——压力泵的排量,$m^3/h$;

$Z$——每小时的允许循环次数,一般取12~18,高速机可取40~50。

2)有关元件

(1)油位计(包括目视式和带报警功能的传感器两种),正常油位应当在2/3~3/4处;

(2)需要与柴油机连通的管接;

(3)加热器;

(4)消除泡沫的装置;

(5)加油和放(抽)油管路(含阀);

(6)易于人工加添加剂的开口及盖;

(7)通气管;

(8)固定装置。

3)其他功能

防尘、便于清洁内部(如人孔和盖)。

**2. 过滤器**

大功率柴油机的过滤器一般分成粗滤和精滤两种且布置在机器外部。粗滤器只能滤去稍大的机械杂物,但流动阻力比较小,因此都串联在主油路中。考虑到在运行中可能被堵塞,需要在运行状态下清洁保养或更换滤芯,宜选用双联装的粗滤器,两端还配有三通阀。其滤芯有金属片式和纸质等。选择粗滤器的主要依据是允许流量、过滤精度和耐压。

精滤器(净油机)是运用滤清器转子高速旋转产生的离心力将流过的滑油进行分层,滤去水分和细小的杂质,净化滑油。精滤器(净油机)的允许流量较小,因此通常设计成与主油路平行,从柴油机中抽出的一部分滑油经净化后流入循环滑油柜(箱)。

**3. 滑油冷却器**

选择滑油冷却器的依据和淡水冷却器基本相同,此处不再赘述。

**4. 预供油泵(备用泵、驳运泵)**

大功率柴油机在启动前一般需要对机内油路充油,因此需要配置预供油泵和相应的连接管路。预供油泵的压力和流量应当能满足预供油的需要。为了提高润滑系统的生命力,在机带压力泵故障时不影响主机的工作,还应配置备用泵。相当多的润滑系统把预供油泵和备用泵合成一个,只需配置若干转换阀门和连接管路即可。在这种情况下,泵的排量和压力应当和机带压力泵相同,以保证柴油机能在全功率状态下正常运行。

中小型舰艇的全舰性滑油系统比较简单,因为用于储存滑油的油舱数量较少,需要储存在滑油舱中的滑油品种也少。为此,一般不再单独设置用于各油舱间驳运滑油的驳运泵,而是借用预供油泵并配以相应的转换阀门和连接管路。

### 5.4.3 润滑系统的布置

相对来说,大功率舰用柴油机的润滑系统要比中小型舰艇的全舰性滑油系统复杂得多,所以在技术设计时通常将它们综合起来统一考虑。首先按柴油机的要求完成独立的单机循环回路的管路布置(有的轴系中推力轴承和支点轴承的润滑油也由主机供应,此时它们的管路布置也一并处理);第二步是落实互相支援和运用备用泵等提高生命力的措施;第三步是根据全舰性滑油系统的任务(主要是能实现各个舱柜之间的调运,接收码头上输送来的滑油或把油舱内的滑油送回码头)规划管路和阀门。图 5.4.2 同时展示了某型护卫舰的主机润滑系统和全舰性滑油系统。

储存滑油的油舱都是水密的,并设有油位计、通往甲板上的通气管(同时具有防倒灌水的功能)、清洁用的人孔和盖。

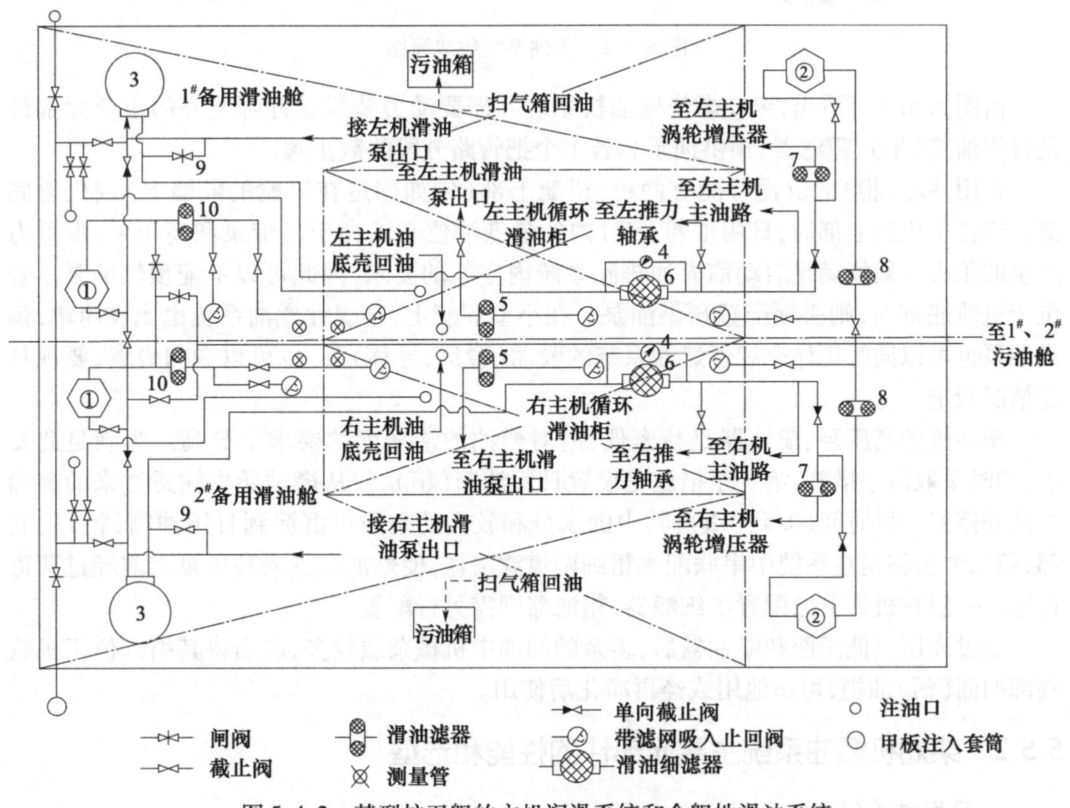


图 5.4.2 某型护卫舰的主机润滑系统和全舰性滑油系统

1—备用滑油泵;2—增压器备用滑油泵;3—滑油冷却器;4—压差表。

## 5.5 柴油机的燃油系统

### 5.5.1 柴油机燃油系统的组成

柴油机燃油系统的任务是供应净洁的燃油,一般组成如图 5.5.1 所示,按其流向表示。

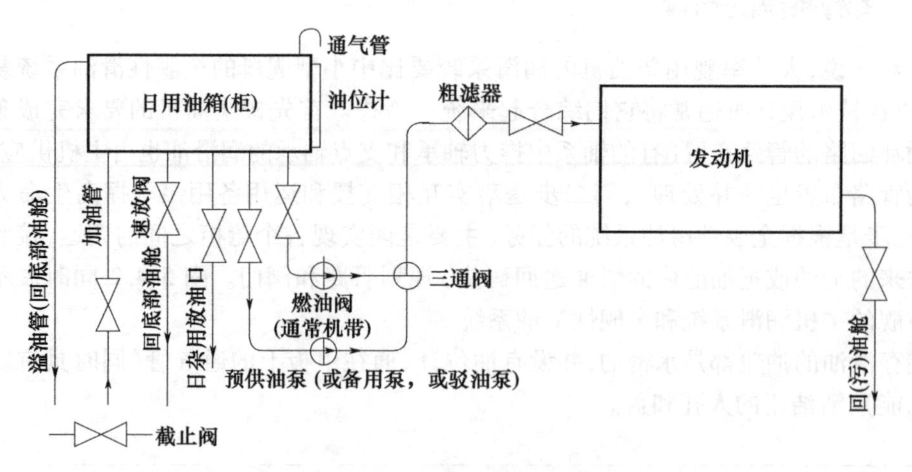


图 5.5.1　燃油系统组成简图

由图 5.5.1 可看出,组成燃烧柴油机系统并需要动力装置设计师配齐的主要元部件是日用油箱(柜)、粗滤器、预供油泵和若干个把管路分段的截止阀。

日用油箱(柜)的位置可能有两种:机舱上部(例如固定在机舱的隔墙上)或机舱底部。当位于机舱上部时,日用油箱(柜)内的最低油位必然高于机带泵和高压泵,由重力产生的压头一般能满足启动前充油排除系统内空气的要求,因此可以不配预供油泵。若位于机舱底部时,则必须配置预供油泵。在小型舰艇上,全舰性燃油系统也比较简单,预供油泵也可以同时用作全舰性燃油系统的驳油(驳运、导移)泵,也可以专门设置,要视具体情况而定。

柴油机的高压泵、喷油器是精密偶件,对燃油的洁净度的要求十分高。为满足此要求,同时采取两个措施:第一个措施是设置日用油箱(柜),使从燃油舱中输送过来的燃油在此处停留一段时间(0.5~4h),其中的水分和较大的杂质可沉淀到日用油箱(柜)的底部;第二个措施是在系统中串联配置粗细两道滤清器,使燃油在进入高压泵之前经过两道过滤。一般在机器上已配置了细滤器,粗滤器则需另行配置。

经过高压泵低压腔和喷油器后,多余的回油中机械杂质较多,应当将其引入位于机舱底部的回(污)油柜,可作他用或经再净化后使用。

## 5.5.2　柴油机燃油系统主要元部件的性能和选型

**1. 日用油箱(柜)**

日用油箱(柜)不是系列化产品,要为它单独设计并布置。设计的主要指标是有效容积 $V$ 和根据其所在位置确定长、宽、高的比例。

有效容积 $V$ 至少应该不小于柴油机以全功率运行 2 小时所需的燃油量,此处的有效容积反映在有效高度 $H$ 上。一般,名义高度 $H=100\sim150\text{mm}$。

等式左边的第一项是确保油箱上部有一定的剩余空间,用于给油箱加油时的缓冲;等式左边的第二项实际上是通向柴油机低压燃油泵进口管接距油箱底部的距离,也就是这部分燃油是经过沉淀后积累下来的,含有较多的水分和杂质,不应该进入柴油机而应当留在油箱内,积累一段时间后,通过排污阀放至污油舱。

日用油箱(柜)除了顶部设置通气管通往上甲板之外,其余部位必须是密闭的。需要设置的附件有:

(1)目视油位计、自动控制油位和油位报警的传感器。

(2)加油和出油接口(在底部以上 100 ~ 150mm 处)。

(3)若日用油箱(柜)的位置是在机舱上部,其油位比较高。如果机舱内发生火灾,日用油箱中的燃油对舰艇的安全极具威胁,因此这种日用油箱的底部必须设置速放阀和相应的管路,保证在紧急情况下能在很短的时间内(例如 10 分钟)将燃油放回底部油舱。不仅机舱内的日用油箱要有此设施,其他舱室(如伙房)中的日用油箱也要有此设施。

(4)位于底部的排污接口。

(5)便于清洁内部的人孔和盖。

(6)供维修时少量用油的放油口。

(7)固定装置。

**2. 过滤器和预供油泵(备用泵、驳运泵)**

和润滑系统类似,它们都是系列化产品,可在产品目录中选择。如果预供油泵兼有备用泵的功能,则其排送量应当是柴油机在持续功率工况下耗油率的 2 ~4 倍。过滤器的允许流量也按此选择。

### 5.5.3 燃油系统的布置

和润滑系统类似,中小型舰艇上的全舰性燃油系统与柴油机的燃油系统关系较密切,在配置若干隔离阀后,后者的备用泵常常可兼作前者的驳运泵,在全舰性燃油系统不再设置驳运泵,这一点要注意。

规划同一个机舱内柴油机的燃油管系时,也要考虑相互间的支援或配置备用泵以提高生命力。

每个燃油舱的抽出口应当配置隔栅,其位置应靠近舯部并高于底部相当距离,防止舱内的积水和杂物被吸入管路。

从防火安全考虑,所有的燃油管路都不能在配电柜、排烟管等有火花、高温的设备上方经过,燃油管路不允许有任何渗漏,必须选用金属管。曾经有一艘远洋拖轮柴油主机的日用油箱布置在排气管上部,用塑料管将燃油引入供油装置。在运行中,排气管的高温软化了塑料管的接口,燃油就从接口处逐渐渗漏并聚集在排气管的隔热层上。柴油机的曲柄箱爆炸时,引燃了这些燃油,烧断了塑料管,燃油大量流出,酿成机舱大火。

全舰性燃油系统燃油舱的数量比较多,位置可以从前部到后部,每个油舱的容积通常比滑油舱大。因此分布范围要比全舰性滑油系统广得多,相互之间的连接、调拨管路也多而长。为安全起见,一般要用截止阀将整个系统分成几个可以完全隔离的区段。正因为如此,在轮机规格书中要说明各燃油舱的使用顺序,防止引起不必要的倾斜和倾差。还可以利用燃油舱的装载状况调整舰艇的漂浮状态。图 5. 5. 2 是某型高速护卫艇全艇燃油系统的简图。

图 5. 5. 2 的说明如下:

系统内设置一台电动燃油驳运泵(位于前机舱 50# ~ 51#肋骨间的右舷)和三台手摇泵(分别装在前机舱、后机舱和伙房)。

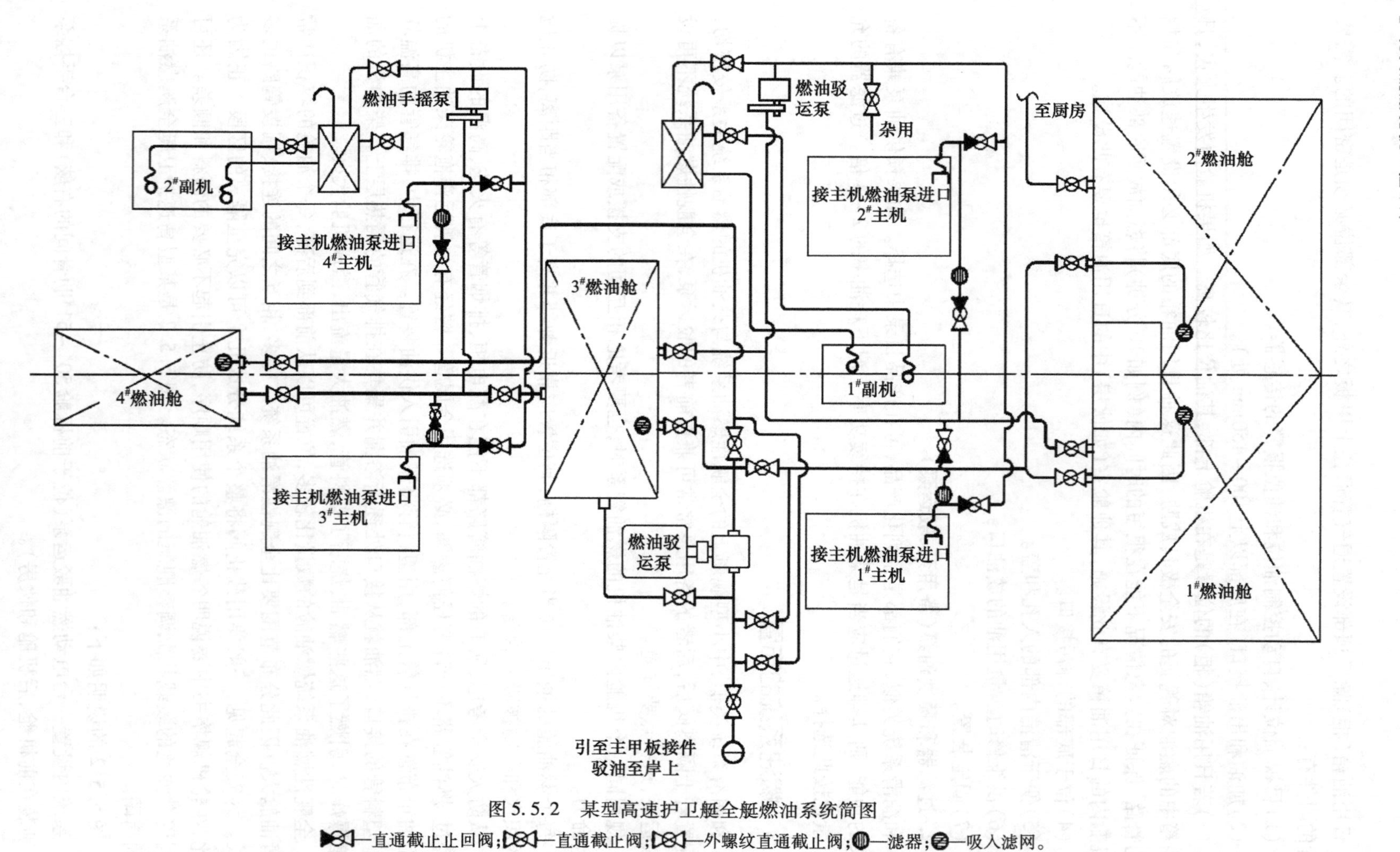


图 5.5.2 某型高速护卫艇全艇燃油系统简图

—直通截止止回阀；—直通截止阀；—外螺纹直通截止阀；—滤器；—吸入滤网。

(1)电动燃油驳运泵的功能是：

将1#或2#燃油舱的燃油调拨至3#或4#燃油舱；

将3#燃油舱的燃油调拨至1#、2#或4#燃油舱；

将4#燃油舱的燃油调拨至1#、2#或3#燃油舱；

将1#、2#、3#或4#燃油舱的燃油驳至岸上。

(2)前机舱的一台手摇泵可将1#或3#燃油舱的燃油驳运至该机舱的副机日用燃油箱，也可供零用，还能为两台前主机作启动前的充油用。

(3)后机舱的一台手摇泵可将2#或4#燃油舱的燃油驳运至该机舱的副机日用燃油箱，也可供零用，还能为两台后主机作启动前的充油用。

(4)还有一台燃油手摇泵设在厨房，直接从2#燃油舱吸油，驳运至炉灶油箱。该油箱上设有油位计、通气管、泄油管。泄放的燃油回到2#燃油舱。

(5)副机日用燃油箱上设有油位计、通气管、泄油管、来自手摇泵的加油管、向副机供油的出油管及来自副机供油装置的回油管。由泄油管泄放的燃油，前日用油箱的回到3#燃油舱，后日用油箱的回到4#燃油舱。

(6)主机燃油供给管系。

每台主机均有机带燃油输送泵和双联装滤器。启动前由手摇泵预供油。启动后，前主机在正常情况下由3#燃油舱吸油，特殊情况下由1#燃油舱吸油；后主机在正常情况下由4#燃油舱吸油，特殊情况下由3#燃油舱吸油。主机的回油管直接接至机带燃油输送泵的进口。

(7)副机燃油供给管系。

副机由其日用燃油箱供油。其供油装置的回油回至其日用燃油箱。

(8)1#、2#燃油舱之间设有转注阀。在空调机舱操纵。

(9)每个燃油舱均应有下列设备：

油位计、通至上甲板的通气管(含防海水倒灌功能)、在上甲板接收燃油的注入设备、清洁用的人孔和盖。

(10)电动燃油驳运泵的出口处另外设置一根能将燃油驳运至岸上的管路和阀门。

潜艇的燃油舱要复杂得多。因为柴油机在潜望镜状态下运行时，燃油消耗的同时必须自动补充海水，否则就不能保持潜望镜深度。

## 5.6 柴油机的启动系统

### 5.6.1 柴油机的启动系统的组成

小功率高速柴油机的启动动力源通常用蓄电池，其启动系统比较简单，此处不赘述，仅介绍以压缩空气作为启动动力源的启动系统。大功率柴油机一般用中压空气(1.2～3MPa)作为启动动力源。图5.6.1是这种启动系统的组成简图。

按其流向可表示为：

空压机→截止阀→高压气瓶→截止阀→减压阀→启动空气瓶→截止阀→由启动装置控制的速开阀→柴油机。

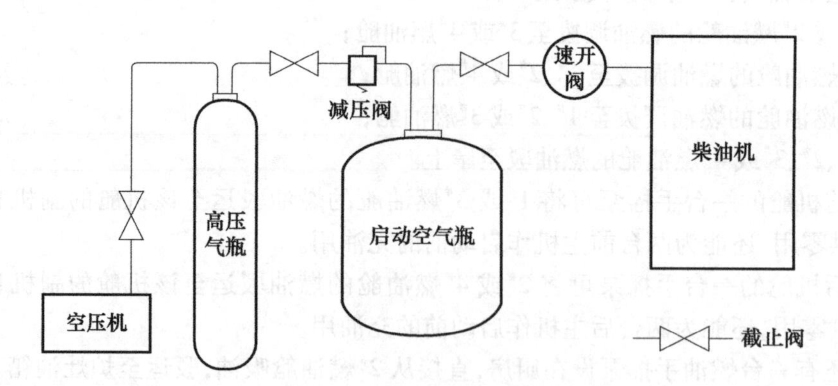


图 5.6.1 空气启动系统一般组成简图

## 5.6.2 柴油机空气启动系统的主要元部件和选型

图 5.6.1 中的空压机和高压气瓶属于压力空气站，通常是独立的设备。减压阀及其以后的元部件则属于柴油机的空气启动系统，其中需要为其配置的元部件只是减压阀和启动空气瓶。启动空气瓶以后的元部件已经属于柴油机本身并已配全，因此动力装置设计人员需要考虑的是减压阀和启动空气瓶。

**1. 减压阀**

减压阀也是系列化产品之一。选型的根据是：工质的化学性质、进口压力、出口压力和允许流量。其中特别要注意满足允许流量的要求，因为大功率柴油机的启动空气量是很大的。

**2. 启动空气瓶**

启动空气瓶是非标件，需要单独设计。设计的主要依据是容积的大小和应当配置的附件。

1）容积 $V$

$$V = V_Q/(p_2 - p_1)\,\mathrm{m}^3 \tag{5.6.1}$$

$$V_Q = [q_1 + (Z-1)q_r]V_S 10^{-3}\,\mathrm{m}^3 \tag{5.6.2}$$

式中 $q_1$——柴油机冷车启动时，单位汽缸容积启动一次所需的自由状态空气的容积；

$q_r$——柴油机热车启动时，单位汽缸容积启动一次所需的自由状态空气的容积；

$q_1$、$q_r$——与柴油机的类型、新旧状态、操纵水平等多种因素有关，一般 $q_1$ =5~7 升/(升·次)，$q_r$ =3~5 升/(升·次)；

$V_S$——一台柴油机的汽缸总工作容积；

$Z$——在启动空气瓶一次充气情况下的启动次数，直接回行柴油机不少于 12，间接回行或调距桨不少于 6。

$p_2$——气瓶中高压时的绝对压力；

$p_1$——气瓶中最低启动压力。

2）附件和结构

如图 5.6.2 所示。主要附件有充气阀、输出阀、放水阀、安全阀、人孔盖、压力计等。

输出阀在瓶内的管口位置明显高出底部,防止积水进入启动管路;放水阀则由底部引出,可放净瓶内的积水。

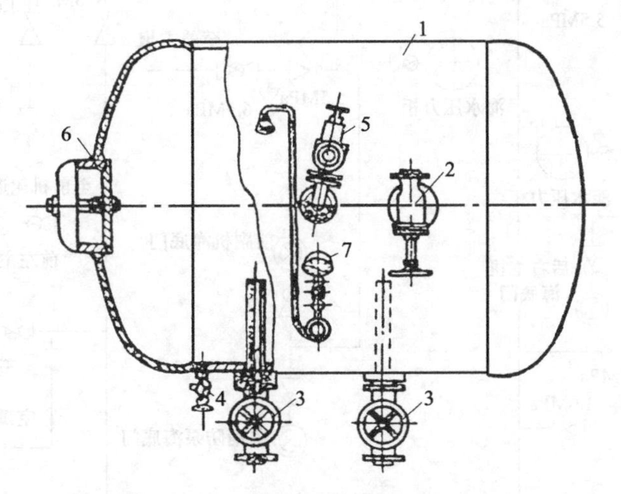


图 5.6.2 启动空气瓶的结构和附件

1—本体;2—充气阀;3—输出阀;4—放水阀;5—安全阀;6—人孔盖;7—压力计。

### 5.6.3 压缩空气系统的布置

舰艇使用压缩空气的地方很多,有的要求高压(15 ~ 20MPa,潜艇用 30MPa 甚至更高),有的用中压,有的用低压。为此,都选用高压空压机并为其配置相应的高压空气瓶,组成全舰的压缩空气供应站。从该站并联分出若干路,经不同的减压阀后再供应各用气单元。

启动柴油机用的压力空气是一个重要的用气单元,通常为中压,用气量较大,因此需要专门为每一台柴油机设置一个启动用的中压空气瓶。

现在有很多动力装置远操系统(包括控制系统)的动力源、轮胎离合器的动力源也是压缩空气(但属于低压),也是一个用气单元,从高压气瓶上另外引一路,经专设的减压阀后进入操控气瓶供使用。供武器使用的压缩空气也基本如此。

其他杂用的一般为低压气,由同一个低压杂用气瓶供给。

图 5.6.3 是某型船的压缩空气系统布置图,它的柴油机用电启动,因此没有空气启动系统。由高、中、低压三部分管系组成,中、低压的气源均由高压管系经减压后供给。

**1. 高压空气管系**

前机舱右舷的后部与后机舱右舷的前部各设置一台 1 - 0.27/150 型电动空压机,是全艇所有压缩空气的气源。两台空压机的出口经各自的截止止回阀、气水分离器后都进入同一根高压总管。这根高压总管中间设置一个隔离阀,将高压空气管系划分成前、后两个既相对独立又能相互支援的系统。这根高压总管的一端还可经截止阀与主甲板上的高压空气注入头相通,用以从外界注入或向外界输出高压空气。

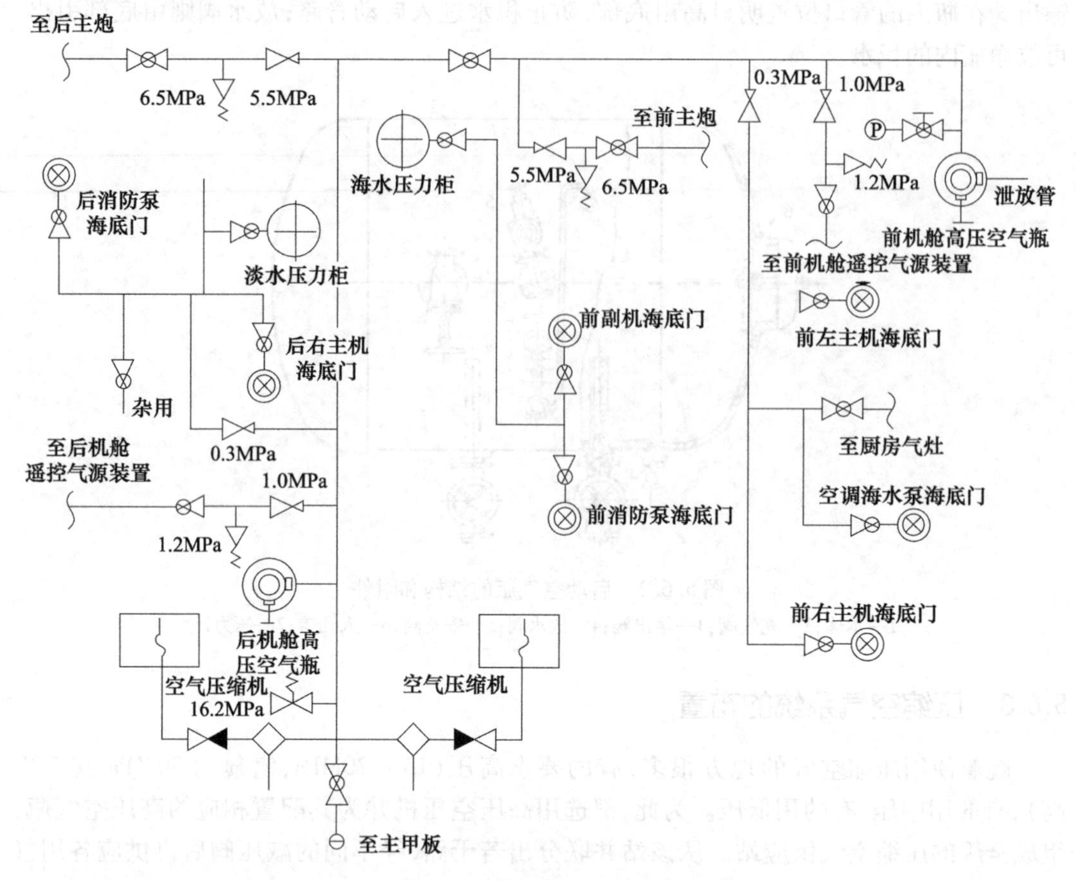


图 5.6.3　某型船压缩空气系统布置图

—外螺纹直角截止阀；—空气信号安全阀；—外螺纹直通截止阀；—气水分离器；

—减压阀；—压力表阀；—直角截止止回阀；—安全阀。

后机舱的高压总管分成并联的 6 路：

(1)经安全阀后通大气；

(2)经压力表阀后通后机舱内的高压空气压力表；

(3)经后机舱高压气瓶的瓶头阀后进入高压储气瓶；

(4)经 1MPa 减压阀后用作后机舱遥控装置的遥控气源；

(5)经 0.3MPa 减压阀后用作后机舱的杂用气源；

(6)经 5.5MPa 减压阀后供后主炮使用。

前机舱的高压总管也分成并联的 6 路：

(1)经安全阀后通大气；

(2)经压力表阀后通前机舱内的高压空气压力表；

(3)经前机舱高压气瓶的瓶头阀后进入高压储气瓶；

(4)经 1MPa 减压阀后用作前机舱遥控装置的遥控气源；

(5)经 0.3MPa 减压阀后用作前机舱的杂用气源；

(6)经 5.5MPa 减压阀后供前主炮使用。

**2. 中压空气管系**

前、后机舱相对独立,各自从5.5MPa减压阀后获得中压空气。后均并联一个6.5MPa的空气信号安全阀,并经截止阀后各自通往前、后主炮的储气瓶。

**3. 低压空气管系**

前、后机舱相对独立。

1)前机舱有两路

第一路由1.0MPa减压阀后获得1.0MPa压缩空气,经直角截止阀进入前机舱的遥控气源装置,同时并联有一个1.2MPa的空气信号安全阀。

第二路由0.3MPa减压阀后获得0.3MPa压缩空气,而后并联出8路:

经0.36MPa的空气信号安全阀通大气;

经直角截止阀吹洗前左主机海底门;

经直角截止阀吹洗前右主机海底门;

经直角截止阀吹洗空调海水泵的海底门;

经直角截止阀吹洗前消防泵海底门;

经直角截止阀吹洗前副机海底门;

经直角截止阀进入生活卫生系统的海水压力水柜;

经截止阀通往伙房的气灶。

2)后机舱也有副路

第一路由1.0MPa减压阀后获得1.0MPa压缩空气,经直角截止阀进入后机舱的遥控气源装置,同时并联有一个1.2MPa的空气信号安全阀。

第二路由0.3MPa减压阀后获得0.3MPa压缩空气,而后并联出6路:

经0.36MPa的空气信号安全阀通大气;

经直角截止阀吹洗后左主机海底门;

经直角截止阀吹洗后右主机海底门;

经直角截止阀吹洗后消防泵海底门;

经直角截止阀进入饮用淡水系统的压力水柜;

经直角截止阀供舱内杂用。

## 5.7 进排气系统

对柴油机动力的水面舰艇而言,进排气系统中的元部件数量和种类不多,波纹管、消音器和增压后的空气冷却器是其中最复杂的。消音器在第9章中阐述,此处主要介绍波纹管和空冷器的结构及选型。在全封闭机舱或箱装体中的原动机需要配置进、排气波纹管,排气波纹管的工作条件要恶劣得多,因此重点介绍排气波纹管。空冷器一般已经是柴油机整体中的一个部件,在舰用化改装或对柴油机进行性能改进时可能会遇到。

对常规动力潜艇来说,为了满足柴油主机在水面和潜望镜深度下都能正常工作的要求,进排气系统要复杂得多,对其进行专门介绍。

### 5.7.1 排气波纹管

**1. 排气波纹管的作用**

排气波纹管的作用是有效地补偿废气涡轮排气口与固定在舰体上的排气管接口之间的相对位移;消除由这个相对位移引发的对废气涡轮壳体和支架的附加作用力,同时切断柴油机与舰体之间传递结构噪声和冲击的通道。

废气涡轮排气口与固定在舰体上的排气管接口之间的相对位移来自两个方面:

第一是来自固定在舰体上的排气管的热胀变形。柴油机工作时,外接排气管系可能超过400℃,不工作时则为常温。这样的温差,可使1m长的低碳钢排气管约伸长5.6mm。

第二是安装在隔振座上的柴油机在舰体遭受强烈冲击时,废气涡轮排气口相对舰体的位移幅值很大,某船上艏艉向达到17.8mm,左右向39.5mm,上下为8mm。

既然存在如此大的两个相对位移,必须设置可靠的补偿装置。否则必然会导致排气管破裂或废气涡轮壳或其支架的损坏。这类故障已发生过多起。

从需求方面看,一方面舰艇对结构噪声的控制日趋严格,对柴油机的抗冲击能力的要求也越来越高;另一方面,优质的民用柴油机要应用于舰艇领域,其舰用化改装的项目中必然包含抗冲击和隔离结构噪声的传递这个内容。理论研究和大量实用经验证明,“柴油机—高效隔振座—舰体”这种“软固定”模式是解决抗冲击和隔离结构噪声传递的有效途径。因此,配置排气波纹管势在必行。

在小型高速艇上,机舱空间狭小,选择尽可能短且兼有高效绝热作用的排气波纹管尤为重要。

**2. 波纹管对其两端相对位移的允许补偿能力[$E$]**

波纹管对其两端相对位移的允许补偿能力与下述诸因素直接有关:

1)波纹管的波数$N$

波数越多,补偿能力越大。为便于比较和计算,均以单波的允许补偿能力[$e$]度量,即

$$[E]=N[e](\text{mm}) \tag{5.7.1}$$

2)波纹管的材料

一般均采用耐热不锈钢板,例如OCr18Ni11Ti或OCr19Ni9。

3)波形和波距

现今的波形大多采用Ω形或U形,在同样条件下,Ω形的允许补偿量略大于U形。波距越大,[$e$]也越大。但是从系列化和便于加工角度考虑,U形波纹比较容易,成本低。我国某研究所即采用U形,波距为35mm。

4)补偿的方向

一个单波对其两端不同方向的相对位移的补偿能力也不同且相差悬殊。对一个单波而言,两端的相对位移$a$总可以分解成轴向相对位移$a_s$和径向相对位移$a_r$。也就是[$a_s$]和[$a_r$]相差悬殊。为了设计方便起见,需要将径向相对位移$a_r$折算成当量轴向相对位移$a_{sr}$,再将$a_s$和$a_{sr}$归并成设计用的轴向相对位移$a_z$。经理论研究和多次实验证明:

$$a_s=2A_s/N(\text{mm}) \tag{5.7.2}$$

$$a_{sr}=1878A_r/(340-A_s)N(\text{mm}) \tag{5.7.3}$$

$$a_z = a_s + a_{sr}(\text{mm}) \tag{5.7.4}$$

波纹管可靠工作的必要条件之一是

$$a_z < [e](\text{mm}) \tag{5.7.5}$$

式中 $A_s$——波纹管两端总的轴向相对位移(mm);

$A_r$——波纹管两端总的径向相对位移(mm);

$N$——波纹管的波数。

5)相对位移的次数 $m$

$[e]$的大小和其两端相对位移的次数有密切的关系。在其全寿命的工作时间内,若 $m$ 很小,$[e]$ 可达到较大的数值;反之,则较小。以波距为 35mm 的 U 形截面波纹管为例,当 $m = 10^3$ 时,$[e] = 10\text{mm}$;$m \to \infty$ 时,$[e] = 2\text{mm}$。它们之间的关系如图 5.7.1 所示。在进行技术设计时,可向有关厂家索取备用。

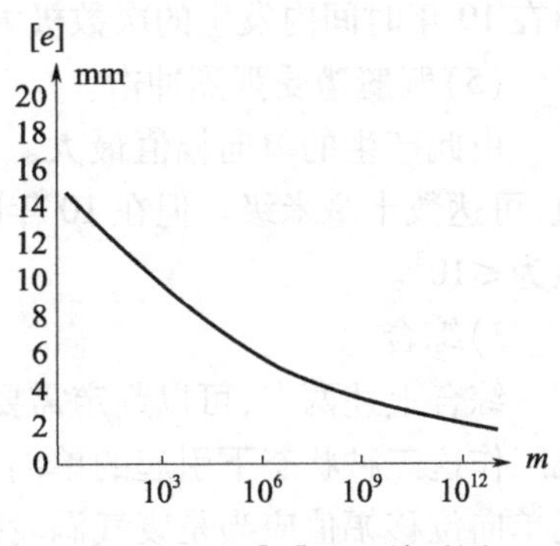


图 5.7.1 $[e] \sim m$ 关系图

综上所述,排气波纹管设计的主要内容是:选择波形、波距、材料和确定波数。为了确定波数,必须求出波纹管两端相对位移的单向幅值 $A_s$和 $A_r$并估算出其在全寿命的工作期间内(一般按照等寿命观点,以舰艇的中修间隔期为宜,例如约 10 年)可能产生相对位移的次数 $m$,保证满足 $a_z < [e]$。

**3. $A_s$、$A_r$和相应的 $m$ 值的确定**

为确定这三个数值,必须首先判定它们产生的原因和特征。

1)由排气管温差引起的相对位移

这种相对位移在 10 年内发生的次数不多,以 2 次/天计算,不超过 $10^4$次。在舰艇艏艉向 $X$、左右向 $Y$ 和上下方向 $Z$ 的单向幅值为

$$P_x = L_x \Delta t_{\max} \alpha / 2 \tag{5.7.6}$$

$$P_y = L_y \Delta t_{\max} \alpha / 2 \tag{5.7.7}$$

$$P_z = L_z \Delta t_{\max} \alpha / 2 \tag{5.7.8}$$

式中 $L_x$、$L_y$、$L_z$——排气管在三个方向上的投影长度(mm);

$\Delta t_{\max}$——排气管的最大温差(℃);

$\alpha$——排气管的线胀系数(1/℃);

1/2——单向热胀幅值,是最大热变形的一半,且应将冷态安装波纹管时其两端可能存在的初始安装偏差考虑在内。

2)由柴油机相对舰体的运动引起的相对位移

可以归纳成 5 种情况:

(1)舰艇偏载的影响。

由于舰艇偏载使波纹管两端产生相对位移的数值很小,且在 10 年时间内发生的次数很少,可略去不计。

(2)破损后大量进水造成的大倾斜和倾差。

由此使波纹管两端产生的相对位移值可能较大,但在 10 年时间内发生的次数可能更少甚至为零,故也可略去不计。

(3)大风浪引起柴油机的摇摆。

由此使波纹管两端产生的相对位移值取决于舰艇的摇摆角度。舰艇在最大摇摆时(横摇45°、纵摇15°)柴油机所对应的相对位移值就是单向幅值,在配置隔振座时,均会提供这些数值。一般不会很大,属毫米级;在10年时间内发生的次数大体在$10^4$级的范围内。

(4)柴油机的激振力。

由此产生的单向幅值很小,在配置隔振座时也会提供这些数值,最大属$10^{-1}$毫米级。但在10年时间内发生的次数极大,可以认为趋于无穷。

(5)舰艇遭受强烈冲击。

由此产生的单向幅值最大。在配置隔振座及与其配套的限位装置时会提供这些数值,可达数十毫米级。但在10年时间内发生的次数不会很多,对扫雷舰艇可能多些,可以认为$\leqslant 10^3$。

3)综合

综合上述两点,可以判定需要对波纹管进行校验的是在遭受强烈冲击、大风浪和柴油机工作这三种状态下引起的单向位移幅值是否均$\leqslant[E]$;而且在这三种情况下波纹管两端单向位移幅值应当是废气涡轮排气口单向位移幅值与排气接管因温差引起的单向位移幅值之和,即

$$A_s = P_z + T_z \tag{5.7.9}$$

$$A_r = \sqrt{(P_x + T_x)^2 + (P_y + T_y)^2} \tag{5.7.10}$$

下面以扫雷舰艇遭受强烈冲击时的条件为例说明。

4)扫雷舰艇遭受强烈冲击时$A_s$、$A_r$和相应的$m$值的确定

根据上述分析,已知$m \leqslant 10^3$,且采用波距为35mm的U形耐热不锈钢板波纹管,故$[e]=10\text{mm}$。

设$T_x$、$T_y$、$T_z$和$X$、$Y$、$Z$分别为柴油机废气涡轮排气口和隔振座的限位器在$X$、$Y$、$Z$三个方向上的单向位移幅值,波纹管为垂直安装如图5.7.2所示。

于是有

$$T_x = X + 2Z \cdot Z_T / X_V \tag{5.7.11}$$

$$T_y = Y + 2Z \cdot Z_T / Y_V \tag{5.7.12}$$

$$T_z = Z \tag{5.7.13}$$

式中 $X_V$、$Y_V$——分别为隔振座在舰艇艏艉和左右方向上的间距;

$Z_T$——废气涡轮排气口与隔振座所在平面的垂直距离。

**4. 波数$N$的确定**

由式(5.7.2)~式(5.7.13)可初步求出:

$$N \geqslant (680A_s - 2A_s{}^2 + 1878A_r)/[e](340 - A_s) \tag{5.7.14}$$

例:已知$L_x=0$,$L_y=L_z=1000\text{mm}$,$\Delta t_{\max}=400℃$,$\alpha=14\times10^{-6}(1/℃)$,$X=5\text{mm}$,$Y=Z=8\text{mm}$,$X_V=1892\text{mm}$,$Y_V=764\text{mm}$,$Z_T=1508\text{mm}$,求$N$。

解:在10年时间内遭受冲击的次数约为$10^3$次,由图5.7.1查出$[e]=10$ mm;按式(5.7.2)~式(5.7.13)算出$A_s=10.8\text{mm}$,$A_r=45.9\text{mm}$。

按式(5.7.14)可算出$N\approx29$。

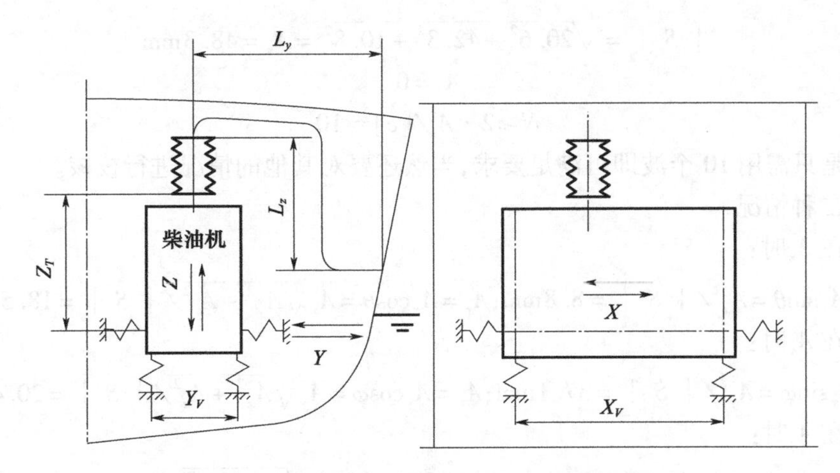


图5.7.2 隔振座与废气涡轮排气口相对位置图

即波纹管的理论长度约为 29×35mm = 1015mm。

再按照由大风浪和温差变形共同引起的相对位移以及柴油机激振力和温差变形共同引起的相对位移校验每个单波的 $\alpha$ 值是否小于等于相应的 $[e]$ 值。若在这两种情况下均能满足要求，则所确定的波纹管的主要参数是正确的。

**5. 波纹管布置方式的优化**

上面确定的波纹管的理论长度为 1015mm 且垂直布置。意味着从废气涡轮排气口向上要留有 1500mm 左右的垂直空间，才能布置下实际长度约为 1250mm 的排气波纹管和排气管的直角弯管。这个垂直空间在小型舰艇上几乎无法满足，因此有必要探讨波纹管布置方式的优化，以尽可能减少所需要的布置空间。

仔细分析式(5.7.2)、式(5.7.3)和式(5.7.4)，可以发现在 $\alpha$ 值中起主导作用的是 $A_r$，它几乎是 $A_s$ 的三倍。图 5.7.2 所示的波纹管垂直布置方式恰恰使数值较大的 $T_y$ 和 $T_z$ 成为波纹管的 $A_r$ 方向。如果使波纹管的轴线方向与其两端相对位移的单向幅值在 $X$、$Y$、$Z$ 上的分量 $A_x$、$A_y$、$A_z$ 构成的空间单向幅值 $S$ 相一致，则此时 $A_r=0$ 而 $A_s=|S|$，也就是充分发挥了波纹管轴向补偿量大的优点，同时避开了其径向补偿量小的弱点。下面仍以上例作比较：

因为波纹管的轴线方向已经改变，故 $L_x=1000$mm，其余不变；

$$|S|=\sqrt{A_x^2+A_y^2+A_z^2}$$

$$A_x=P_x+T_x=L_x\Delta T_{\max}\alpha/2+X+2ZZ_T/X_V$$

$$A_y=P_y+T_y=L_y\Delta T_{\max}\alpha/2+Y+2ZZ_T/Y_V$$

$$A_z=P_z+T_z=L_z\Delta T_{\max}\alpha/2+Z$$

令 $S$ 与 $XY$、$XZ$、$YZ$ 三个平面的夹角分别为 $\rho$、$\varphi$、$\theta$，则有：

$$\rho=\arccos(\sqrt{A_x^2+A_y^2}/|S|)=\arcsin(A_z/|S|)$$

$$\varphi=\arccos(\sqrt{A_x^2+A_z^2}/|S|)=\arcsin(A_y/|S|)$$

$$\theta=\arccos(\sqrt{A_y^2+A_z^2}/|S|)=\arcsin(A_x/|S|)$$

1)第一种情况

若 $A_x$、$A_y$、$A_z$ 均存在，则

$$|S| = \sqrt{20.6^2 + 42.3^2 + 10.8^2} = A_s = 48.3\text{mm}$$

$$A_r = 0$$

所以
$$N \geqslant 2 \cdot A_s / [e] \approx 10$$

也就是只需用10个波即可满足要求,当然还要对其他的情况进行校核。

2)第二种情况

只存在$A_x$时:

$$A_s = A_x \sin\theta = A_x{}^2 / |S| = 8.8\text{mm};A_r = A_x \cos\theta = A_x \sqrt{A_y{}^2 + A_z{}^2} / |S| = 18.5\text{mm}$$

只存在$A_y$时:

$$A_s = A_y \sin\varphi = A_y{}^2 / |S| = 37.1\text{mm};A_r = A_y \cos\varphi = A_y \sqrt{A_x{}^2 + A_z{}^2} / |S| = 20.4\text{mm}$$

只存在$A_z$时:

$$A_s = A_z \sin\rho = A_z{}^2 / |S| = 2.4\text{mm};A_r = A_z \cos\rho = A_z \sqrt{A_x{}^2 + A_y{}^2} / |S| = 10.5\text{mm}$$

3)第三种情况

同时存在$A_x$与$A_y$时:

$$A_s = \sqrt{A_x{}^2 + A_y{}^2} \cos\rho = (A_x{}^2 + A_y{}^2) / |S| = 46\text{mm}$$

$$A_r = \sqrt{A_x{}^2 + A_y{}^2} \sin\rho = A_z \sqrt{A_x{}^2 + A_y{}^2} / |S| = 10.5\text{mm}$$

同时存在$A_x$与$A_z$时:

$$A_s = \sqrt{A_x{}^2 + A_z{}^2} \cos\varphi = (A_x{}^2 + A_z{}^2) / |S| = 11.2\text{mm}$$

$$A_r = \sqrt{A_x{}^2 + A_z{}^2} \sin\varphi = A_y \sqrt{A_x{}^2 + A_z{}^2} / |S| = 20.4\text{mm}$$

同时存在$A_y$与$A_z$时:

$$A_s = \sqrt{A_y{}^2 + A_z{}^2} \cos\theta = (A_y{}^2 + A_z{}^2) / |S| = 39.5\text{mm}$$

$$A_r = \sqrt{A_x{}^2 + A_z{}^2} \sin\theta = A_x \sqrt{A_y{}^2 + A_z{}^2} / |S| = 18.5\text{mm}$$

可以看出,第二、三种情况中的六组数字中以只存在$A_y$时为最大,需对此情况进行校核。由式(5.7.14)得:

$$N \geqslant (680 \times 37.1 - 2 \times 37.1^2 + 1878 \times 20.3) / [10 \times (340 - 37.1)] \approx 20。$$

4)结论

按照优化布置的方法,20个波即能满足要求,比原来减少了9个,波纹管的理论长度为$20 \times 35\text{mm} = 700\text{mm}$,比原来缩短了315mm。波纹管的轴线方向与$XY$、$XZ$、$YZ$三个平面的夹角分别为$\rho = 13°$;$\varphi = 61° \theta = 25°$。所占的空间理论高度仅为$700 \times \sin\rho = 157\text{mm}$。因此便于布置。

**6. 波纹管其他结构参数的确定**

1)导流管及其有效通径

波纹管的内部也是波浪形,对柴油机的排气流动会产生很大的阻力。因此需要在其内部附设圆柱形的导流管。它的进气端与该端的连接法兰焊接,另一端为自由状态。导流管外壁与波纹管的内壁留有一定的空隙,一则可以填充隔热材料,二则允许导流管受热后膨胀,如图5.7.3所示。

导流管的内径(有效通径$D_N$)至少应不小于柴油机排气管的有效通径,或可根据废气流量和导流管内的允许流速计算。

2)波纹管和其两端连接法兰的过渡

波纹管两端的连接法兰一般均有螺栓孔,以便于和两端的管路采用螺栓连接。螺栓孔的结构尺寸均按国家标准。如:$D_N=225\text{mm}$ 时,$D_2=375\text{mm}$;螺孔中心距 $D=335\text{mm}$;螺孔数为 12 个均布;螺孔直径为 18mm(配 M16mm 螺栓);法兰厚 17mm。

波纹管与其两端连接法兰采用焊接方式制成一体,在焊接处需预留过渡段 $l$,一般 $l=60\text{mm}$(含法兰厚度 17mm)。因此波纹管的总长 $L$ 为

$$L=\lambda\cdot N+2l \tag{5.7.15}$$

例如 $N=10$,波长 $\lambda=35\text{mm}$ 的波纹管的总长 $L=470\text{mm}$,见图 5.7.3。

3)隔热措施

柴油机的废气温度高达 400℃以上,波纹管的外径又很大,如果没有有效的隔热措施,将是一个巨大的热辐射源。在小型舰艇机舱内将造成难以容忍的高温环境。当在亚热带、热带地区航行时尤甚。如果在波纹管外面包覆绝热材料或再加隔热罩,显然是不合适的。一则波纹管本身的外径已经很大,客观上不允许再包绝热层(一般绝热层的厚度大于 50mm,直径又将增大 100mm);二则波纹管在工作中会不断变形,包覆在外面的绝热材料很容易松散后掉下。

最合理的结构是利用导流管和波纹管之间的空间,填充高效的隔热材料如经充分膨化后的硅酸铝等,用极细的耐热不锈钢丝网将其网住,可防止受振动后掉下,见图 5.7.3。经多次试用证明,效果很理想。柴油机全负荷运行时,波纹管外表温度保持在 150℃以下。

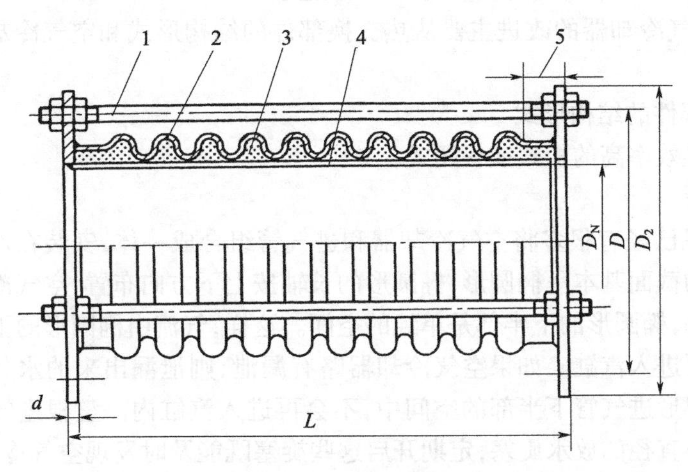


图 5.7.3 波纹管结构

1—运输用双头螺栓;2—波纹管;3—用耐热不锈钢金属丝网住的膨化硅酸铝;4—导流管;5—过渡段。

4)包装及运输

波纹管的柔性极好,因此在运输和保管时应可靠地固定其原形。最简单的方法是利用其两端法兰上的螺栓孔,用三根相应长度的双头螺栓和六个螺母即可达到目的,如图 5.7.3所示。

有一批高速艇在未采用这种排气波纹管之前,机舱温度略高于 45℃;每年至少有 3~5 台柴油机的排气管破裂,导致停航。自 1985 年采用本型爬气波纹管后,机舱温度保持在 40℃以下且再未发生过类似故障。另一型高速护卫艇航行在热带地区,环境气温在

35℃以上,也采用这种结构的排气波纹管,运行两年多以来,情况正常,在合理的机舱通风系统配合下,机舱温度也保持在40℃以下。

### 5.7.2 空气冷却器选型

**1. 空气冷却器的改进**

柴油机的空气冷却器通常已经和柴油机配套成一整体,不需要动力装置设计师另加考虑。但是,从发展的角度看,有的柴油机的寿命比较长,可能在舰艇进行中修或现代化改装时需要同时改进柴油机的某些性能。此时就有可能改装柴油机的空气冷却器。

从热交换器主件的发展史看,经历了圆管式、异型管式、管板式、板式等若干个阶段,热交换效率越来越高。20世纪60—70年代柴油机空气冷却器一般选用异型管式后管板式,热交换效率不如板式。

从空气冷却器的构成和安放的位置看,20世纪60—70年代都采用单独的部件形式,安放在柴油机顶部。

空气冷却器都用水(海水或淡水)进行冷却,因此冷却水漏入气路是空气冷却器的常发故障之一。在柴油机运行时,少量的泄漏不会造成严重的后果,因为漏入的水分会在燃烧室内迅速蒸发汽化并随之排出。而当柴油机处于较长时间的停止状态时,后果就不堪设想了。即使极少量的泄漏,也会积少成多,逐渐积累到某一个或几个进气阀开启的汽缸内。一旦启动时,这些汽缸就极有可能发生"液压顶缸"的严重事故。如果冷却剂是海水,还会严重腐蚀燃烧室组件等,后果更不堪设想。

因此,对空气冷却器的改进主要从热交换部件的结构形式和空气冷却器的布置位置两个方面着手。

1)热交换部件的结构形式

选用热交换效率高的板式或板翅式。

2)布置位置

现代柴油机已经有很多将空气冷却器和进气管组合成一体,安装在汽缸头的进气口一侧。进气管的截面基本呈椭圆形,椭圆形的长轴按上下方向布置,空气冷却器部件位于椭圆形的上半部,椭圆形的下半部是单纯的空间。这样,气流由椭圆形的下半部向上流经空气冷却器后再进入汽缸。如果空气冷却器略有漏泄,则泄漏出来的水分由于重力的作用而聚集在椭圆形进气管下半部的空间中,不会再进入汽缸内。整根进气管的下部最低处配置有数个小直径的放水旋塞,定期开启这些旋塞既能及时发现空气冷却器是否漏水,还能放去积水,有效地避免了"液压顶缸"事故的发生。

**2. 冷却剂的选择**

仅从冷却效果考虑,采用海水似乎是合理的,因为海水的温度低。但是有四个非常不利的因素:一是海水对机件的腐蚀作用绝不容忽视;二是海水中的杂质比较多,与海水接触的表面容易被污染;三是海水的出口温度不能高于55℃,否则原来溶于海水中的很多盐类将沉淀在热交换器的表面,形成热阻极大的附加层;四是一旦被污染,就很难清除。因此,现代柴油机愈来愈多地采用淡水作为冷却剂。

在选择用于其他场合热交换器(如滑油冷却器等)的冷却剂的时候,也应该在全面分析利弊后再决定。

**3. 冷却温度的选择**

在本章的淡水冷却系统中已经论述了选择冷却温度的部分依据,此处不再赘述。总的原则是应当根据推进系统对柴油机的加速性能、在全转速范围内的转矩要求,以及总体布置等要素来决定。

## 5.7.3 常规动力潜艇的进排气系统的特点

常规动力潜艇进排气系统的特点来自:要保证柴油主机能在水面和潜望镜深度两种工况下的启动和正常运行;当潜艇由潜望镜深度速浮到水面时,柴油主机可能要变成低压气源,用于排出速浮水柜内的海水,达到潜艇速浮的目的。

**1. 常规动力潜艇的进气系统**

常规动力潜艇的进气系统的组成简图如图5.7.4所示,可以分解成两部分:位于机舱内的部分和机舱以外的部分。

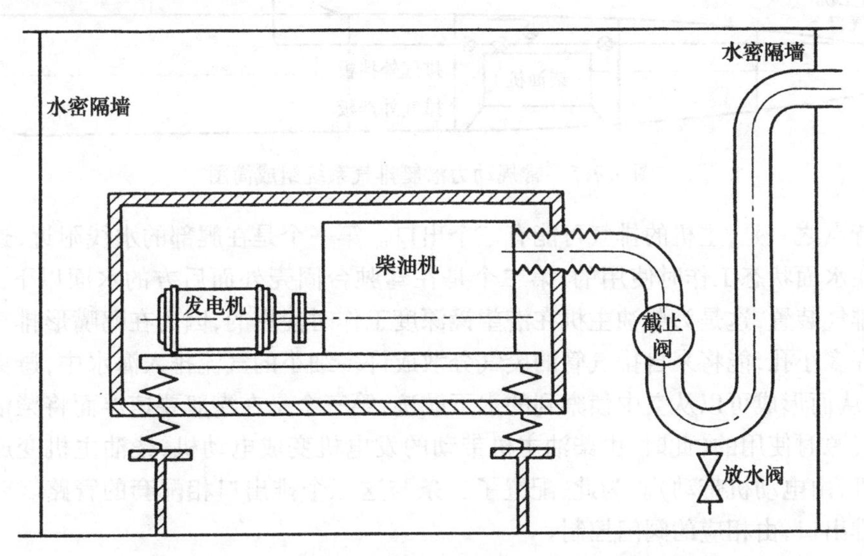


图5.7.4 常规动力潜艇箱装体式主机进气系统组成简图

机舱内的部分又可分成两种:第一种是直接由舱内吸气,与水面舰艇没有什么差别;第二种是经过箱装体由艇外吸气,与水面舰艇基本相同,但是在主机不工作时,进气管路可能漏进海水,除了造成有关机件的腐蚀外,一旦启动主机时,极可能引发"液压冲击"的严重事故。为了防止这些现象的发生,在进入主机前,设置三个装置:第一是有一个向下弯曲的U形管段,使漏入的海水聚集于此而不进入主机;第二是在U形管段的最低处配置一个放水阀,既可及时检查有无泄漏,又能在启动前放净漏进的积水;第三是在U形管段与主机之间设置截止阀,在主机不工作时关闭,即使泄漏量较大,也不会进入主机。

机舱外的部分,差别就比较大。进气管路的入口位于潜艇驾驶台围壳的后部,当潜艇在潜望镜深度时,其驾驶台在水面以下约6m,因此,这段进气管必须是可以伸缩的,当潜艇在水面时,进气口缩回驾驶台围壳;当潜艇在潜望镜深度时,进气口应当伸长到恰好露出水面。另外,海面经常有风浪,如果要求进气口实现随波浪上下运动几乎是不可能的,因此大多在进气口处专门设置一个“浮阀”机构，当波浪高于进气口时，浮阀自动关闭进气口，反之即自动打开。进气管的伸缩装置和“浮阀”机构组成了常规动力潜艇进气系统的“通气管装置”。

可见对“通气管装置”水密性的要求是十分严格的。此外，为了降低浮阀被雷达发现的可能性，也就是提高潜艇在潜望镜深度时的隐蔽性，对浮阀机构的外形设计、材料和外表面的涂料的选用等也可以说是一项长久的研究课题。

**2. 常规动力潜艇的排气系统**

图 5.7.5 是常规动力潜艇排气系统的组成简图。

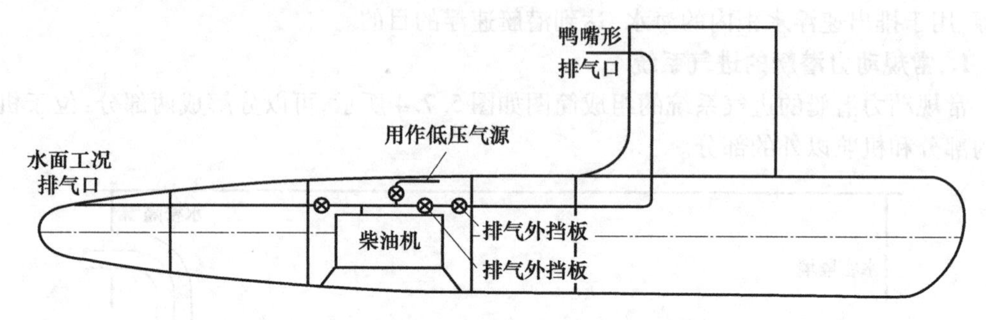


图 5.7.5　常规动力潜艇排气系统组成简图

其特点之一是，主机的排气可能有三个出口。第一个是在艉部的水线附近，这是为柴油主机在水面状态工作时使用的；第二个是在驾驶台固壳外面后方的水面以下约 2m 的鸭嘴形排气装置，这是为柴油主机在潜望镜深度工作时使用的，因为在鸭嘴形排气口装置上钻有许多小孔，能将来自排气管的废气分散成许多细小的气流排入海水中，避免出现大的气泡，从而形成可以从空中侦察到的水下航迹；第三个是在潜艇要速浮而将柴油主机作为低压气源时使用的（此时，由柴油主机带动的发电机变成电动机，柴油主机变成低压空气压缩机，由电动机带动）。为此，配置了三条与这三个排出口相配套的管路。究竟通往哪一个排出口，由相应的阀门控制。

其特点之二是，上面三条管路都会存在漏入海水的问题。因此，也必须在柴油机排气总管的出口处专门设置防海水从排气管路漏入柴油主机的装置（包括放水阀在内）。

其特点之三是，上面提到的第二条管路会存在这种工况：柴油主机在潜望镜深度时要启动、运行或停车。因此由这条管路发生舷外海水倒灌入柴油机汽缸从而引发“液压冲击”事故的可能性都比较大。为了预防这类恶性事故的发生，自 20 世纪 80 年代中期以来，在柴油机排气系统中增设了一个具有相当大容积的多功能集水箱，如图 5.7.6 所示。最新设计的某型潜艇的集水箱除了能有效地防止海水倒灌外，还巧妙地兼有其他的四个功能：

(1)因为柴油机的排气经过充分膨胀和冷却的综合作用，大大提高了消除排气噪声的效果。

(2)在集水箱的内表面敷贴熄灭火花的材料，熄灭了排气中的大部分火花。

(3)在集水箱的内部和外壳体腔中安排了合理的海水冷却线路，有效地降低了排气温度。

这三点对于提高潜艇的隐蔽性都是十分有利的。

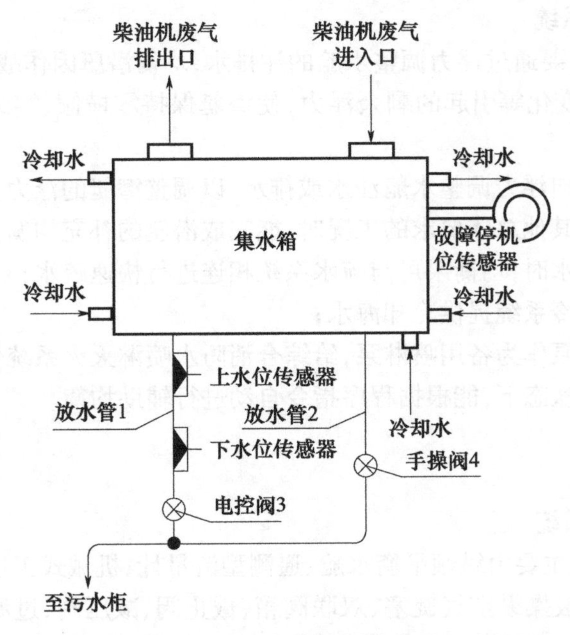


图 5.7.6 多功能集水箱简图

(4)由于集水箱的容积相当大,柴油机在潜望镜深度下启动时,集水箱中的气体压力上升得比较慢,也就是表示柴油机的排气背压上升得比较慢,从而使一次启动成功的概率大大增加。

实际使用经验表明这种设计是很理想的,某型装有多功能集水箱的常规动力潜艇自 20 世纪 80 年代中期以来,柴油主机尚未发生过海水倒灌入汽缸的事故。

# 5.8 潜艇均衡系统

潜艇的平衡条件是重力等于浮力,重心与浮心在同一条铅垂线上,但是潜艇在航行和战斗过程中,浮力和重力是经常变化的,其浮力变化是由于航行在不同海区和下潜到不同深度时海水的比重发生变化而引起的,而重力变化是由于潜艇上装载物如鱼雷、水雷、燃油、淡水及食品等可变载荷的消耗而引起的,这里不仅潜艇重力的大小发生变化,而且潜艇的重心也发生变化,破坏了潜艇的平衡条件,使潜艇由平衡到不平衡,因此均衡系统的作用是当潜艇的重力和浮力、重心和浮心发生变化时,保证潜艇仍处于平衡状态。均衡系统包括纵倾平衡和浮力调整两个分系统。

## 5.8.1 系统功用

**1. 纵倾平衡分系统**

平衡是相对的,不平衡是绝对的。潜艇载荷消耗、移动等因素会使潜艇产生纵倾而影响潜艇的正常操纵,纵倾平衡系统就是用来消除处于水下状态的潜艇已产生的纵倾力矩。

纵倾平衡系统通过自动或人工方式,使用中压空气在艏部纵倾平衡水舱和艉部纵倾平衡水舱之间移水,以消除潜艇纵倾力矩差,保持艇的纵倾平衡。

**2. 浮力调整分系统**

浮力调整系统主要通过浮力调整水舱的注排水,均衡潜艇因作战海区海水密度变化、变动载荷消耗、航速变化等引起的剩余浮力,使潜艇保持零横倾、零纵倾或规定的纵倾航行。具体包括:

(1)自动和人工向浮力调整水舱注水或排水,以调整潜艇的浮力;

(2)潜艇变速或其他总体要求的工况时,能完成潜艇的补充均衡;

(3)潜艇快速疏水时,均衡泵可与疏水系统相连进行快速疏水;

(4)向蓄电池水冷系统提供冷却海水;

(5)应急时均衡泵作为备用喷淋泵,给综合消防水喷淋灭火系统供水;

(6)在导弹发射状态下,能根据程序指令自动进行辅助均衡。

## 5.8.2 系统组成

**1. 纵倾平衡分系统**

纵倾平衡分系统主要由纵倾平衡水舱、遥测型流量计、机械式正逆流量计、电液球阀、低压空气电磁阀、电液操纵空气旋塞、双联阀箱、截止阀、减压阀、过滤器、消声器、脚踏式测深尺、水舱液位/容量测量仪、安全阀、压力表、管路及其他附件所组成。

**2. 浮力调整分系统**

浮力调整系统主要由浮力调整水舱、均衡泵、均衡泵流量调节阀、自流注水恒值流量调节阀、自流注水恒值流量调节阀、双阀座电液通海阀、电液球阀、双联阀箱、截止阀、截止回阀、遥测流量计、机械式正逆流量计、测水柱、水舱液位/容量测量仪、均衡泵进出口压力传感器、滤器、压力表、管路及其他附件所组成。

## 5.8.3 工作原理

**1. 纵倾平衡分系统**

纵倾平衡分系统工作示意图如图 5.8.1 所示,设有 4 个纵倾平衡水舱,分为艏、艉两组,每组各设有 2 个水舱,左、右舱布置。移水采用压缩空气压水方式进行,压缩空气由系统中的减压阀从高压空气系统减压获得,压缩空气最大使用压力一般为 0.8MPa。系统沿全艇敷设两条气管路和两条水管路,移水在同舷水舱之间进行移水。移水控制通过水管路上的电液球阀和气管路上的电磁阀、电液操纵空气旋塞来完成。系统在每条水管路上均设有遥测流量计和机械式正逆流量计,用于测量移水量,在每个纵倾平衡水舱中,设有脚踏式测深尺和水舱液位/容量测量仪,用于测量纵倾平衡水舱的水位和水量。纵倾平衡水舱注水是通过疏水系统管路自流注水,疏水分别采用疏水系统中的舱底泵进行疏水。

**2. 浮力调整分系统**

浮力调整分系统工作示意图如图 5.8.2 所示,一般在艇上设有 1#和 2#两个浮力调整水舱,通过从舷外向浮力调整水舱注水的方法来达到均衡浮力变化的目的。浮力调整分系统均衡分“正常均衡”和“导弹发射辅助均衡”两种状态。

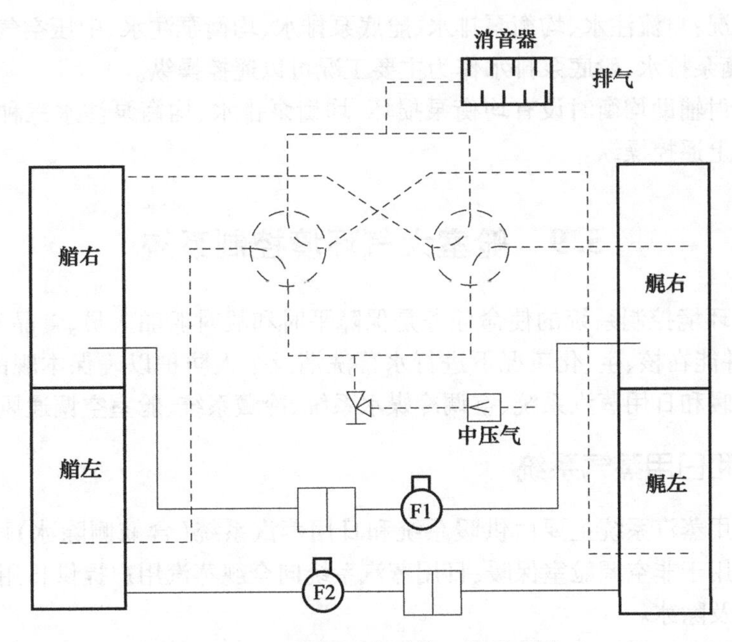

图 5.8.1 纵倾平衡系统工作示意图

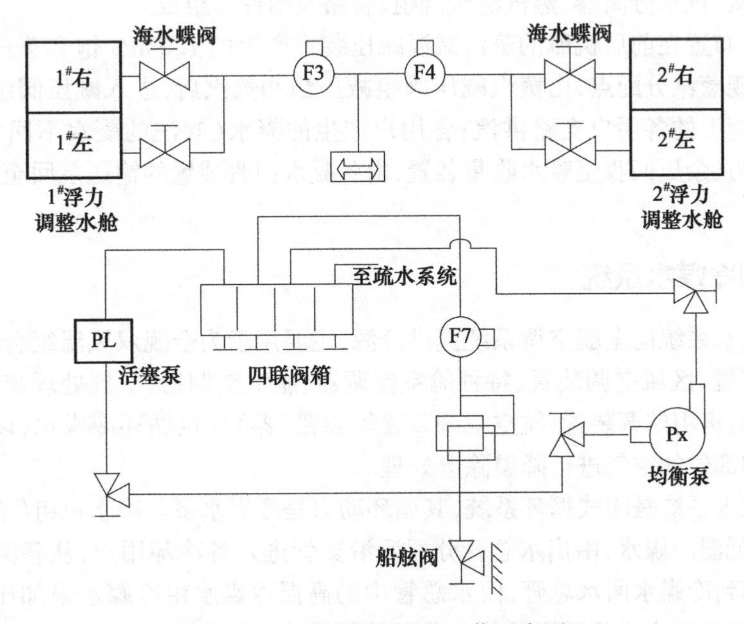

图 5.8.2 浮力调整系统工作示意图

“正常均衡”是指潜艇在使用过程中，由于燃料、武器和食物的消耗以及不同海域海水密度的变化等原因，使潜艇的浮力发生了变化，为了消除浮力变化带来的影响，或按总体的要求使潜艇带有一定的剩余浮力航行，从舷外向浮力调整水舱注水或排水。但在发射准备阶段或发射过程中，要求均衡泵不得停泵，因此在系统设置上，借助疏水系统的舷侧阀，在注水和排水间隙，实现均衡泵从舷外吸水又排放至舷外的循环运行。

考虑到潜艇正常均衡及导弹连续发射时辅助均衡的需要，浮力调整分系统在正常均衡时有五种工况:自流注水、均衡泵排水、舱底泵排水、均衡泵注水、中压空气排水。其中,自流注水、均衡泵排水、舱底泵排水作为主要工况可以遥控操纵。

在导弹发射辅助均衡时设有均衡泵损坏、均衡泵排水、均衡泵注水三种工况,均在集中控制操舵仪上遥控操纵。

## 5.9 舱室大气环境控制系统

舱室大气环境控制系统的使命任务是保障平时和战时船舶人员、食品和设备对空气品质的需求,并能在核、生、化工况下进行水幕洗消及个人防护以确保本舰的生命力及战斗力。包括供暖和日用蒸汽系统、空调冷媒水系统、冷藏系统、舱室空调通风系统等系统。

### 5.9.1 供暖和日用蒸气系统

供暖和日用蒸汽系统主要由供暖系统和日用蒸汽系统(含舷侧除冰)两个分系统组成。供暖系统用于非空调舱室保暖;日用蒸汽系统向全舰蒸汽用户提供日用蒸汽,用于加热、加湿、吹洗及除冰。

供暖和日用蒸汽系统主要由蒸汽减压阀组、凝水回收装置、蒸汽分配集管、蒸汽散热器、蒸汽暖风机、汽水分离器、蒸汽疏水阀组、管路及附件等组成。

系统均由布置在前后机舱的蒸汽减温减压装置产生的1.0MPa饱和蒸汽作为系统汽源,输送至全舰蒸汽分配点,由蒸汽减压阀组减压饱和蒸汽后,进入减压阀组后的蒸汽分配集管,向集管上的各用户支路供汽;各用户产生的凝水(吹洗的凝水不回收)经过疏水阀排出,靠重力、余压回收至凝水收集装置,由各凝水回收装置的输送泵回至前、后机舱的污冷凝水柜。

### 5.9.2 空调冷媒水系统

空调冷媒水系统向全舰空调系统提供冷源,主要用于为全舰双风温组合式空调装置、组合式空调装置、区域空调装置、特种舱室空调器、舱室空调器、空气处理装置、医疗区洁净空调装置、厨房用空调装置、航空空调装置等装置(器)提供循环冷媒水,以便空调系统对舰上舱室和部位的空气进行降温除湿处理。

空调冷媒水系统是闭式循环系统,其循环动力是冷媒水泵。冷水机组(或海水淡水换热器)提供的低温冷媒水,由出水总管分配后沿支管进入各冷却用户,从各类用户吸收热量后重新汇集到冷媒水回水总管,回水总管中的高温冷媒水由冷媒水泵加压后重新进入冷水机组(或海水淡水换热器),冷媒水中的热量被冷水机组(或海水淡水换热器)吸收重新变为低温冷媒水,并再次供各用户使用,完成冷媒水的循环程序。

冷媒水系统中经冷水机组交换的热量,由冷却水系统吸收,冷却水系统为开式系统,其动力是冷却水泵。冷却水泵从通海阀箱吸入海水送入冷水机组(或海水淡水换热器),吸收冷水机组(或海水淡水换热器)的热量后经过通海阀箱排出舰外。

### 5.9.3 冷藏系统

冷藏系统的使命任务是使冷库维持在设计库温范围内,防止食品腐烂及变质。并采取气调保鲜措施,延长蔬菜和水果的保鲜期限。冷藏系统包括食品冷藏系统、蔬菜库通风系统、粮食库通风系统和气调保鲜系统。

**1. 食品冷藏系统**

系统由高温库组装式冷藏机组、低温库组装式冷藏机组、阀板、冷风机、臭氧发生装置、海水冷却泵、管系和阀件等组成。

由食品冷藏机组提供压缩冷凝后的制冷剂液体,通过热力膨胀阀给冷风机提供低温、低压的制冷剂液体,再由冷风机吸收冷库的热量,使冷库的库温降到所设定的温度,其中,食品冷藏机组中冷凝器的热量由冷却海水带走,如此循环,使冷库温度维持在设定的范围内。

海水冷却系统以各冷库群为基础,利用各冷藏机组对应的海水泵通过供水集管从通海阀箱抽取海水,供至冷藏机组,带走冷藏机组冷凝器中的热量,使用的海水排至舱底的通海阀箱,另外,为了提高系统可靠性,还设有消防水作为备用冷却水。

**2. 蔬菜库通风系统**

系统由区域空调装置、离心风机、管路和阀件等组成。外界大气经过区域空调降温、除湿处理,送至蔬菜库,经过抽风机形成强制对流,把蔬菜库内的气体排至大气,清除蔬菜库内的异味空气。

**3. 粮食库通风系统**

系统由粮食库空气处理装置、管路和阀件组成。由粮食库空气处理装置提供冷源,循环带走粮食库内产生的热量,使粮库的温度和湿度维持在设定的范围内。

**4. 气调保鲜系统**

系统由气体调节站、电控柜、加湿器、库房指示箱、换气风机、便携式氧浓度探测器、管路和阀件等组成。由气调保鲜装置对库内充注氮气并加湿,降低库内的氧气和二氧化碳浓度,减缓蔬菜水果的新陈代谢,使库内的气体浓度和湿度维持在设定的范围内;气调装置还可对冷库进行通风换气。由食品冷藏装置提供冷源,保持库内的温度。

## 5.9.4 舱室空调通风系统

舱室空调通风系统的使命任务是保障平时和战时舰上人员和设备对空气品质的需求。舱室空调通风系统主要由舱室空调系统、舱室通风系统和空调通风集中监控系统三个子系统组成。

**1. 舱室空调系统**

舱室空调系统主要将空气(外界空气和舱内空气)经冷却(或加热)、去湿(或加湿)处理后,经风管送至被服务舱室,使舱内空气温度、湿度和新风量等达到设计要求。系统冷却的冷源来自空调冷媒水系统或日用海水系统,加热、加湿的热源来自供暖及日用蒸汽系统。

1)一般舱室空调系统

外界新鲜空气和舱内部分空气混合后,经变风量空调装置、双风温组合式空调装置、ZKZ(S)型组合式空调装置、集防集中式空调装置、THCGKL型单元式空气处理装置、QUK型区域空调装置等集中空气处理装置,进行冷却(或加热)、去湿(或加湿)处理后,经风管输送到各空调舱室,使舱内空气温度、湿度、新鲜度达到设计要求,其服务对象为套间、单人室、双人室、住舱、士兵舱、工作舱室、公用舱室、指挥控制部位等舱室。

2)医疗舱空调系统

(1)一般洁净空调通风。

外界新鲜空气和舱内部分空气混合后,经混风型洁净空调装置进行冷却(或加热)、去湿(或加湿)处理后,经冷、热两根风管输送到普通病房及医疗工作舱室,使舱室内空气温度、湿度、洁净度达到设计要求。

(2)洁净手术室空调通风。

外界新鲜空气经洁净空调装置单独处理,手术室内部分回风经洁净空调装置处理,处理后的新风和回风混合后经高效过滤箱过滤,再经阻漏式送风天花送至手术室、高效送风口送至术前准备室和烧伤病房。

3)厨房空调通风

外界新鲜空气经厨房用空调装置进行冷却(或加热)、去湿(或加湿)处理后,送至厨房工作区;厨房设置集气罩收集厨房内含有油烟的空气,经过油烟净化装置过滤后排至舱外。

4)弹药舱空调通风

弹药舱通过特种舱室空调器进行闭式循环和定期换气两种运行方式,使弹药舱的空气温度、湿度达到设计要求。弹药舱运行方式的调节可通过手动或弹药舱安全监控系统遥控控制。

5)粮食库空调系统

粮食库通过粮食库空气处理装置进行闭式循环和定期换气两种运行方式,使粮食库的空气温度、湿度达到设计要求。

**2. 舱室通风系统**

舱室通风系统用于对空调舱室以外的其他舱室进行通风换气和散热处理,并排出有害气体,使舱室达到总体设计要求的环境条件。

1)机炉舱及电站通风系统

机炉舱及电站通风系统用于向动力舱内各战位、操纵部位和通道等处送风。系统设置了电动通风机、空气冷却器及配套气水分离器,保证送风的温度和湿度在设计规定的范围内。系统与外界相通的进、出口均设置了集中进气闭合装置,可在“三防”状态下,快速关闭集中进气闭合装置,转为舱内闭式循环通风。

动力舱通风系统采用正压通风。正常情况下,动力舱排风经排风围井和B型集中进气闭合装置后,从排风室及其空气格栅排出舷外。在上层建筑烟囱的底部,为了避免排风热量的积聚,设置了4个围井,在每个围井处安有A型集中进气闭合装置,可将烟道室的部分热量通过烟囱向大气排放。

前、后机炉舱的通风系统能保证下列功能的实现:

①全舰无汽状态下的主锅炉点火;

②在正常情况下,采用混合循环方式通风;

③在“三防”情况下,采用闭式循环方式通风;

④配合主机炉舱灭火,向高倍泡沫发生器的电动风机借用进风道。

电站舱的通风系统能保证下列功能的实现:

①在正常情况下,采用混合循环方式通风;

②在“三防”情况下,采用闭式循环方式通风。

2)防爆舱室通风系统

防爆舱室通风系统采用机械抽出通风、机械进风(或自然进风)的形式,在可燃气体浓度未达到危险值之前将舱内气体排至舰外,以确保舰艇安全,其服务对象为机库、加油站、喷气燃料泵舱、喷气燃料泵舱隔离舱、氧气制备舱、酒精贮藏舱等易燃、易爆舱室。机库通风系统设有区域空调装置(单暖型),用以在冬季保证机库内的环境温度。防爆通风机由航空油料及相关危险部位安全监控系统控制启停,也可本地手动控制。蓄电池室内的防爆通风机只能本地手动控制。

3)一般舱室通风系统

一般舱室通风系统采用机械抽出通风、机械进风(或自然进风)的形式,对舱室进行通风换气,带走舱室内的热量。

**3. 空调通风集中监控系统**

对全舰主要空调器和离心式通风机进行集中监测和控制,具有对各空调区内的空调装置与部分通风机进行连锁控制的功能,并能集中显示冷水机组运行状态、冷藏机组运行状态等,并能显示各设备的故障报警信息。

空调通风集中监控系统体系分为三层,分别是管理控制层、数据传输层和传输采集层。集中监控系统通信网络分为两层:上层为全舰平台信息主干网,5 个区域监控箱通过以太网接口方式,接入平台信息主管网,把 5 个舱室的空调通风系统信息汇总到机电及损管中心的空调通风集中监控台,在集中监控台上判断、分析所采集到的数据,并接收和发送命令信息;下层为现场总线,利用下层现场总线网络把区域监控箱和分布式的区域监控模块联系起来,达到信息上传和指令发送的功能。

管理控制层与数据传输层采用以太网通信,数据传输层与传输采集层采用现场总线协议通信。

由舰上平台网传来的各部位区域监控箱的空调通风设备信息(数字信号),存放于空调通风集中监控台计算机的动态随机存储器(DRAM)中,只读存储器(ROM)中存有各测点的报警上下限、报警值等各种数据库,经过各种处理程序,实现报警、记录等各种功能,并在彩色液晶显示器上动态显示各设备位置、状态、故障等信息。

各监控模块将采集到的设备信息通过现场总线传递到区域集中监控箱,区域集中监控箱将上述信息解析,转换为平台网通信协议格式,发送到平台网上,集中监控台从平台网接收上述信息,进行数据存储和处理,显示设备运行状态,对故障进行实时报警,集中监控台可根据人机界面的控制命令实现对各空调通风装置的远程启停。

## 5.10 消防系统

消防系统的使命任务主要是为了预防、限制和扑灭船舶上由于各种原因所产生的火灾,防止爆炸,保证船舶的安全,同时水灭火系统还为水幕系统、舱底疏水系统的喷射泵、锚链孔和锚链冲洗系统以及部分设备冷却系统提供水源。消防系统通常由水消防系统、泡沫灭火系统、气体灭火系统及其他消防设施组成。

### 5.10.1 水消防系统

舰船水消防系统由水灭火系统、喷淋(又称喷水)系统、喷雾系统、浸水系统等组成。

在海上水是取之不尽、用之不竭的天然灭火剂,是舰船上最常用的灭火剂。水是一种冷却剂,在吸收热量和冷却燃烧材料方面,它比其他常用灭火剂的效果都好。水还可稀释空气中含氧量,具有窒息灭火的作用。强有力的水柱起到机械摧毁作用,把燃烧物和火焰冲散使燃烧强度减弱。因此,水灭火系统是舰船上分布最广,功能最多样的消防装备。

舰船喷淋(喷水)系统是用于对一些涉及舰船安全的重点部位进行降温,也在其防护舱室内进行扑灭或控制火灾,以及通过对重要的出入口及梯口设置防火隔离水帘,便于人员逃生。舰船喷雾系统用于扑灭机舱、电站、垃圾焚烧舱、锂电池舱等舱室的B类(油火)火灾。喷雾系统与喷水(喷淋)系统相比,其喷射水流雾化程度要高于后者。有的喷雾系统也称低压细水雾系统,采用单向低压细水雾灭火方式。浸水系统(又称灌注系统)用于弹药库(含导弹药舱)、航空油料舱等易燃易爆物品贮藏室舱的防火防爆,紧急情况下开启该系统,以防易燃易爆品的引燃。

**1. 水灭火系统**

现代舰艇大多采取每个独立防火区划内设置独立的消防泵。消防泵的供电方式采用双舷双电站供电。系统中的主隔离阀既可遥控又可手控。消防泵的选型趋向于采用潜水泵兼作排水泵,如图5.10.1所示,泵的取水口既有海底门又有舱内吸头,消防泵的进出水阀门趋向于选用防水遥控阀门,以便在消防泵所在舱室进水后还能继续工作。

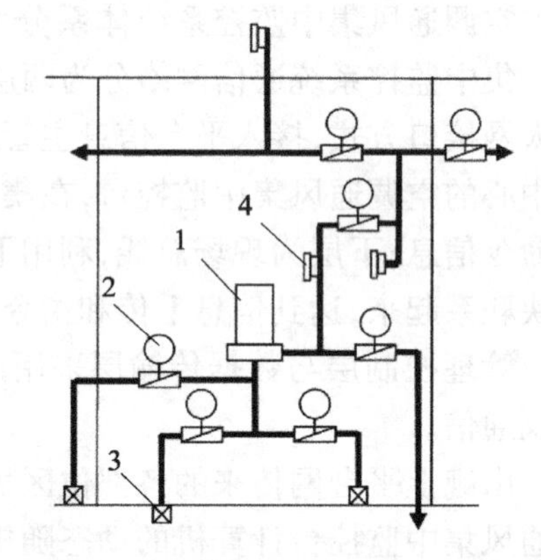


图5.10.1 潜水泵用于消防泵/排水泵
1—潜水泵;2—遥控阀;3—底阀;4—消火栓。

水灭火系统的管系可保持一定的压力。消防泵的启停可以采用以下方式:

(1)自动控制:在机电集控损管中心、备用机电集控损管中心的控制台上实现自动控制功能;

(2)遥控:从机电集控损管中心、备用机电集控损管中心的控制台上或舱段损管控制台上遥控控制;

(3)手动控制:消防泵机旁手动控制。

系统设有国际通岸接头,可以岸接。消火栓的布置可保证对舰上任何位置(尽头的舱室和通道室除外)的火灾同时提供3股水流,第3根消防软管可以是另两根消防软管的2倍长度。

系统具备岸上淡水的注入;岸上淡水直接供用户使用;海上航行时淡水的补给。注入时,可实现淡水经各注入口对任意淡水舱注入。船上如设置反渗透海水淡化装置(含海水淡化深度处理装置)也可制备淡水,动力系统的蒸馏水经矿化后可作为应急状态下制备的淡水使用。采用淡水舱调驳可实现各低位淡水舱之间或低位淡水舱向高位淡水舱的淡水转运,消毒剂投放装置对低位淡水舱进行消毒处理,淡水调驳泵承担低位淡水舱的淡水循环功能。

**2. 喷淋系统**

弹药舱喷淋系统用于当弹药舱内因为异常原因引起压力或温度过高时,通过损管监控系统的监控,两舷来自于水灭火系统的海水会通过安装于相关喷淋站内的速动阀直接自动进入被保护弹药舱,用以降温并进行扑灭或控制舱内火灾,该速动阀可以自动也可以遥控启动,还可以就地手动,但必须就地关闭。弹药舱舱壁喷淋系统用于当弹药舱周边舱室发生火灾,威胁到舱内弹药安全时,可以通过损管监控系统遥控安装于相关喷淋站内的速动阀将来自水灭火系统的海水,喷淋至弹药舱舱壁,该速动阀可以遥控启闭,还可以就地手动。

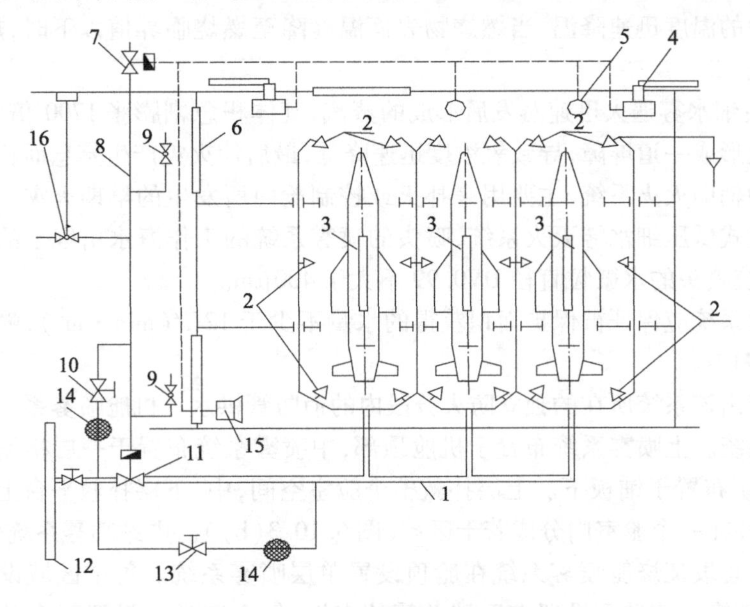


图5.10.2 弹药舱喷淋系统

1—喷水(淋)管路;2—喷头;3—导弹;4—压力传感器;5—温度传感器;6—弹药库入口;
7—电操纵遥控阀;8—液压或气动管路;9—放水阀;10—液压管路注水阀;11—速动阀;
12—消防水主管;13—喷水(淋)管路注水阀;14—过滤器;15—烟雾传感器;16—甲板操纵阀。

弹药舱喷淋系统由设在被保护舱室的三种传感器——压力传感器(4)、温度传感器(5)和烟雾传感器(15)感应弹药库火情,并通过消防设备自动遥控控制系统打开电操纵遥控阀(7),经液压或气动管路打开速动阀(11)从而向弹药库喷水。灭火人员还可以通过甲板操纵阀(16)和液压管路注水阀(10),手动打开阀门向液压或气动管路供压使得速动阀打开。

现代舰艇弹药舱喷淋系统采用两舷供水,喷淋海水来自舰上的水灭火系统,系统除了能自动控制外,还可以遥控和就地手动控制,其余喷淋系统采用单舷供水。部分弹药舱系统应急补充喷水设有消防压力水柜,便于应急状况下的快速补充喷淋,减少初期水灭火系统启动及供水的准备时间。

非弹药舱喷淋系统:包括帆缆贮藏舱喷淋系统,轮胎存放处喷淋系统,机库喷淋系统,机库防火帘海水喷淋系统,氧气瓶舱喷淋系统,酒精贮藏舱喷淋系统及电站、机舱出入口及梯口喷淋系统等。

机库喷淋系统、机库防火帘海水喷淋系统、氧气瓶舱喷淋系统、酒精贮藏舱喷淋系统可以通过损管监控系统遥控相关喷淋系统的电动阀将来自水灭火系统的海水,喷淋至舱内,该电动阀可以遥控启闭,还可以就地手动。

帆缆贮藏舱喷淋系统,轮胎存放处喷淋系统可以通过舱室门口的手动截止阀操作。

机舱、电站出入口及梯口喷淋系统通过打开泄放旋塞来控制出入口及梯口喷淋系统的速动阀将海水在出入口及梯口周围形成隔离水帘,也可以通过旁通手动截止阀来应急控制。

**3. 喷雾系统**

喷雾系统的工作海水由舰上的水灭火系统提供。系统采用全覆盖式单相流低压细水雾灭火方式,细水雾灭火系统的灭火和控火机理主要有两个方面:冷却和窒息。

(1)冷却:从喷嘴中喷出的细水雾,遇高温火焰后迅速吸收大量热量并汽化,在汽化的同时火场中的温度迅速降温,当燃烧物表面温度降至燃烧临界值以下时,热分解中断,燃烧即告终止。

(2)窒息:细水雾遇火迅速蒸发后形成的蒸汽,其体积急剧膨胀1700倍以上,在燃烧物周围有效地形成一道屏障,导致氧浓度迅速降低,最后使火灾产生窒息而扑灭。

系统作为辅助灭火系统,主要用来扑灭或控制舱内所发生的早期火灾。本舰喷雾系统采用全覆盖式低压细水雾灭火系统,喷头的喷雾系统的工作海水由舰上的水灭火系统提供,喷雾系统喷头的水微粒直径DV0.99不大于400μm。

水雾灭火系统应保证被保护面积获得的水量不少于12L/(min · $m^2$),喷嘴处最低压力不低于0.1MPa。

喷雾系统由该系统所在的独立防火分段内的消防管供水。机舱喷雾系统分为上、中、下喷雾灭火系统。上喷雾系统布置于机舱顶部,中喷雾系统布置于一层格栅和二层格栅下,下喷雾系统布置于铺板下。上层扑救整个舱室空间,中、下层扑救平台上面的空间或双层底上面,并在一个舱室内分成若干区域(图5.10.3(b))。电站喷雾系统分为上、下两层喷雾系统。垃圾焚烧舱喷雾系统在舱顶设置单层喷雾系统。每个区域设置一个速动阀,用于控制喷雾。速动阀设置在区域总管的末端,每个速动阀设置两个并联的启动旋塞,见图5.10.3(a),启动旋塞上有锁紧装置,通常作如下布置:

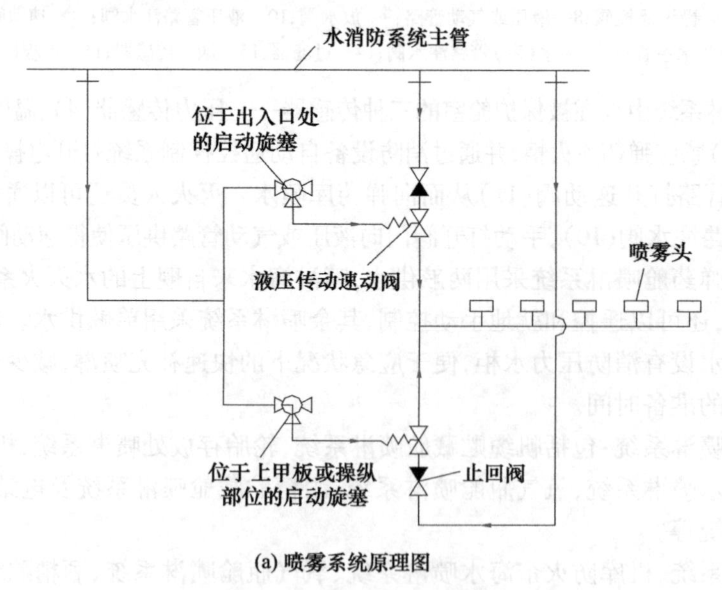


(a) 喷雾系统原理图

图5.10.3　喷雾系统原理图

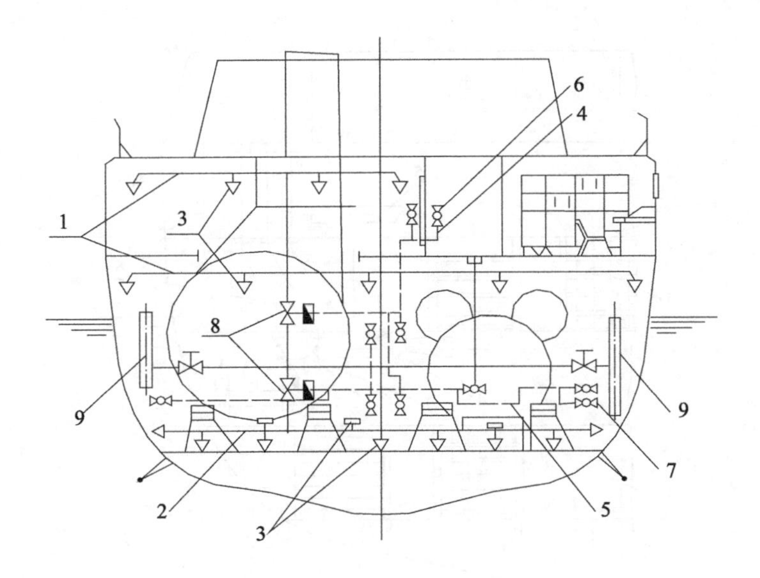


(b) 喷雾系统舱室布置原理图

图 5.10.3 喷雾系统原理图(续)

1—上层喷雾管路;2—下层喷雾管路;3—喷头;4—上层喷雾管路液压(气动)管路;
5—下层喷雾管路液压(气动)管路;6—放水阀;7—放水阀;8—速动阀;9—消防水系统管路。

上喷雾系统中,启动旋塞(或速动阀):主甲板 1 个,出入口处 1 个;

下喷雾系统中,启动旋塞(或速动阀):主操纵部位 1 个,出入口处 1 个。

新造舰船速动阀也可以在机电集控及损管中心、损管站内遥控操纵。

**4. 浸水系统**

浸水系统(又称灌注系统)用于弹药库(含导弹药舱)、航空油料舱等易燃易爆物品贮藏室舱的防火防爆,紧急情况下开启该系统,以防易燃易爆品的引燃。

位于空载水线下的弹药舱、危险品舱采用自流浸水系统,部分或全部位于空载水线以上的弹药舱、危险品舱,采用机动浸水系统。机动浸水系统有采用离心泵供水,也有采用喷射泵供水,其工作水源由消防主管供水。

自流浸水系统的进水管,除了设置通海阀(或舷侧阀)外,还设有第二道隔离阀,此二阀均应能在上甲板手动操纵或机电集控及损管中心、损管站内遥控操纵,见图 5.10.4,且操纵机构设置在同一部位。

设置浸水系统的弹药舱、危险品舱,其顶部还设有通气管。通气管通至开敞甲板安全处,通气管顶端设置有防火网及启闭装置。

浸水系统从打开操纵阀到浸没主弹药架上缘的时间不大于 15min,其余危险品舱的浸没时间相类推。

浸水系统对航空弹药舱、喷气燃料隔离舱、弹药舱、危险品舱等实施浸水。它采用在机电集控损管中心或损管站的控制台进行遥控控制方式,当保护舱室内的浸水达到水高位极限时,由损管监控系统报警并停止浸水。

## 5.10.2 泡沫灭火系统

泡沫灭火系统主要用于扑灭油类以及其他易燃物品所引起的火灾。舰船泡沫灭火系

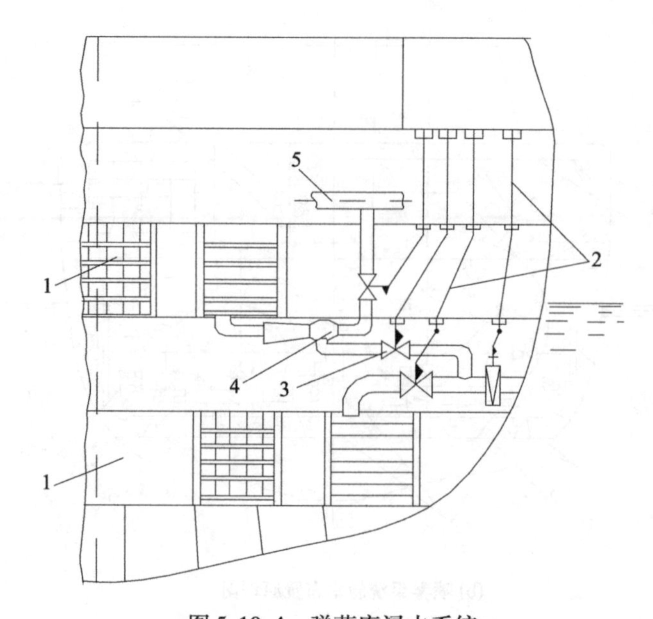


图 5. 10. 4　弹药库浸水系统

1—弹药库;2—阀门传动装置;3—海水注水阀;4—喷射泵;5—消防水系统管路。

统主要包括:高倍泡沫灭火系统、飞行甲板泡沫喷洒系统、水成膜泡沫灭火系统及局部中倍泡沫灭火装置组成。

高倍泡沫灭火系统用于机库、机炉舱的灭火;飞行甲板泡沫喷洒系统用于控制、扑灭飞行甲板上的火灾,特别是流淌性油类火灾;水成膜泡沫灭火系统主要通过设置在机库顶部的泡沫/水喷头及设置在飞行甲板周边的水/泡沫消防炮及水/泡沫消火栓对机库、飞行甲板所出现的油类火灾的扑灭和降温;局部中倍泡沫灭火装置指无系统的固定管网,通常使用中储液罐不易移动的,性能规模介于灭火系统和手提灭火器之间的小型灭火装置,用于机库、机炉舱、电站、机库等处,当这些部位发生局部小火时,可采用局部中倍泡沫灭火装置进行灭火。

**1. 高倍泡沫灭火系统**

1)高倍发生器工作原理

高倍泡沫产生器是通过鼓入大量空气将水和高倍数泡沫灭火剂将按设定的容积比例均匀混合生成高倍数泡沫的一种设备,发泡倍数与发生器的驱动方式、比例混合器的混合比及其性能、参数有关,也与高倍数泡沫灭火剂的特性相关。其工作原理如下:

安装在泡沫系统管路上的高倍泡沫发生器,在轴流通风机启动时,产生的运动气流将泡沫液经管路进入喷嘴,泡沫液喷在发泡网表面上形成的一层高倍泡沫混合液薄膜,通过发泡网小孔产生大量的高倍泡沫群,见图 5. 10. 5。

2)末端比例混合器工作原理

新造舰船采用末端比例混合器的供液方式,见图 5. 10. 5。视情启动若干个泡沫液站向泡沫液总管供液,在用户(高倍泡沫发生器或泡沫喷淋管路)前端设置末端比例混合器,水灭火系统总管的海水及泡沫液总管的泡沫液经过末端比例混合器向用户(高倍泡沫发生器、泡沫喷淋管路、消防炮等)供液。水灭火系统海水总管及泡沫液总管均采用“湿管”设置。

末端比例混合器的供液方式的优点在于能有效保证泡沫溶液的混合比精度。早期舰船比例混合器设置在泡沫液站,1 个比例混合器要为较多不定数量的用户提供泡沫混合溶液,由于某一种规格比例混合器对应的流量调节范围较为有限,混合比难以保障在 3% ~ 3.9%。末端比例混合器设置在每个特定用户的前端(相当于泡沫系统的末端),用户泡沫流量变化不大,能有效保证泡沫溶液的混合比精度。采用末端比例混合器方式的泡沫灭火系统对泡沫管路与消防水管路的精确压力平衡有较高的要求。

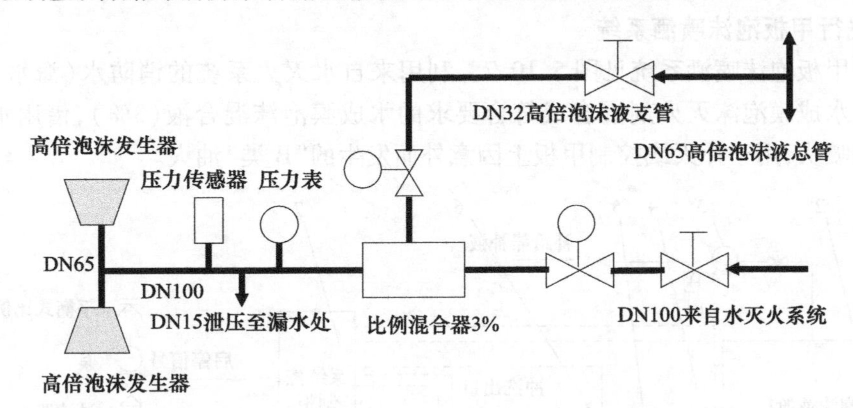


图 5.10.5 高倍泡沫系统末端比例混合器原理图

3)系统工作原理

当工作区域有火灾发生时,上级损管系统向高倍泡沫灭火系统控制柜发出控制信号,控制柜在接到信号后会自动启动泵站内设备,或者通过控制柜上的本地启动按钮启动泵站内设备,泡沫液泵,泡沫液阀门及海水阀门依次打开,使得海水和高倍泡沫灭火剂按一定比例在平衡式比例混合器中进行混合,然后将泡沫混合液通过管道输送至高倍泡沫总管。该站还备有备用泡沫泵,当主泡沫泵发生故障时,可自动或手动启动备用泵,见图 5.10.6。

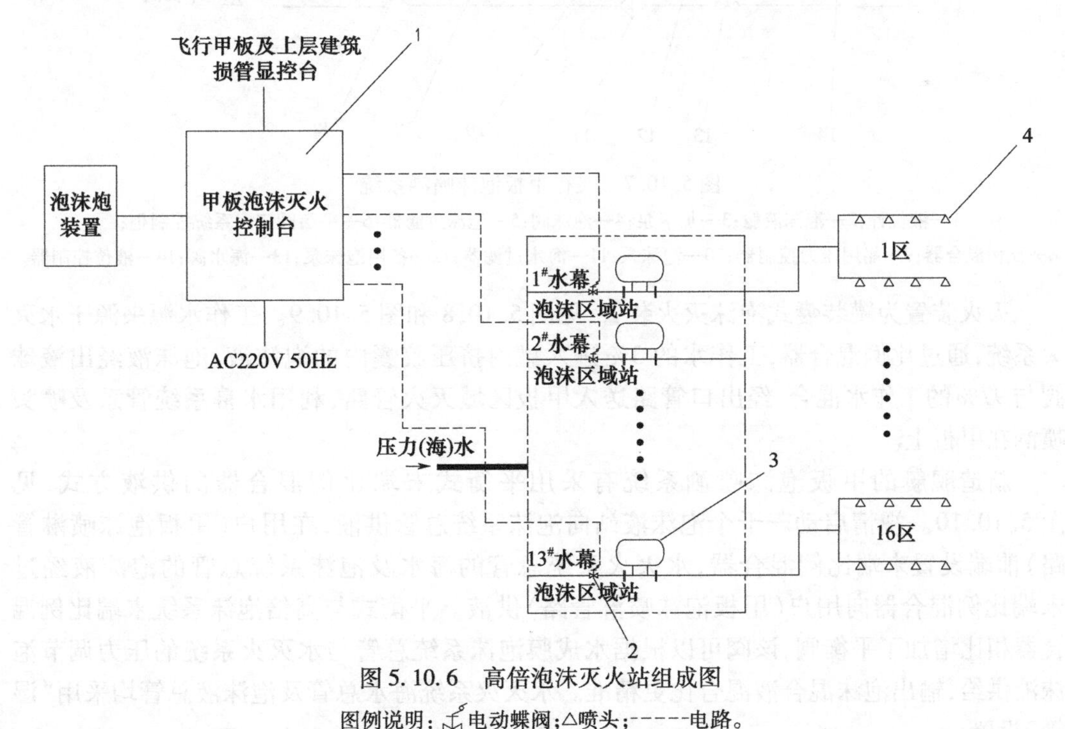


图 5.10.6 高倍泡沫灭火站组成图

图例说明:电动蝶阀;△喷头;------电路。

1—甲板泡沫灭火控制台;2—电动蝶阀;3—甲板区域泡沫灭火装置;4—喷头。

新造舰船高倍泡沫灭火系统有采用末端比例混合器的供液方式。视情启动若干个高倍泡沫液站向高倍泡沫液总管供液，在高倍泡沫发生器前端设置末端比例混合器，水灭火系统总管的海水及高倍泡沫液总管的泡沫液经过末端比例混合器向高倍泡沫发生器供液。高倍泡沫液总管采用“湿管”设置。

**2. 飞行甲板泡沫喷洒系统**

飞行甲板泡沫喷洒系统见图5.10.7。利用来自水灭火系统的消防水（海水）与泡沫罐组内的水成膜泡沫灭火剂混合成符合要求的水成膜泡沫混合液（3%），借用水幕系统的管路及喷头，用于扑灭或控制甲板上因意外而发生的“B类”油火。

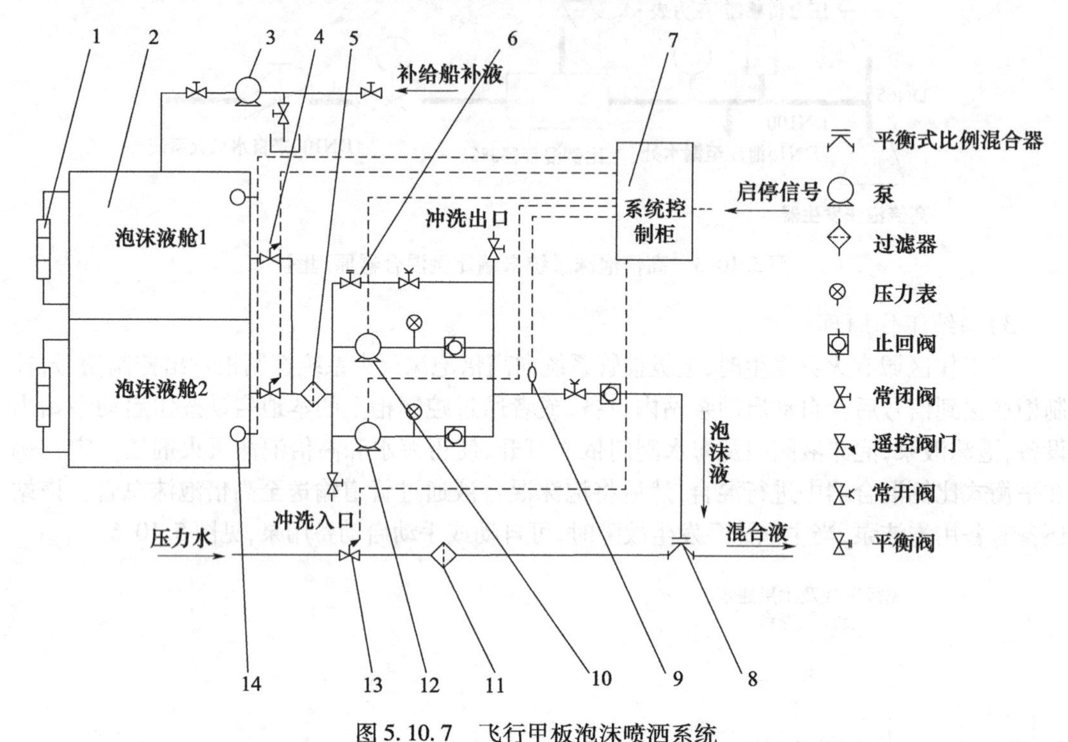


图5.10.7 飞行甲板泡沫喷洒系统

1—液位计；2—泡沫液舱；3—加液泵；4—泡沫阀；5—泡沫过滤器；6—平衡阀；7—系统控制柜；8—比例混合器；9—船用压力控制器；10—泡沫泵；11—海水过滤器；12—备用泡沫泵；13—海水阀；14—液位控制器。

灭火装置为罐装囊式泡沫灭火装置，见图5.10.8和图5.10.9。工作水源来源于水灭火系统，通过比例混合器，工作水的3%进入罐内挤压胶囊内的泡沫液，泡沫液经出液球阀与97%的工作水混合，经出口管路送入甲板区域灭火管路，利用水幕系统管系及喷头喷洒在甲板上。

新造舰艇的甲板泡沫喷洒系统有采用平衡式末端比例混合器的供液方式，见图5.10.10。视情启动若干个泡沫液站向泡沫系统总管供液，在用户（甲板泡沫喷淋管路）前端设置末端比例混合器，水灭火系统总管的海水及泡沫系统总管的泡沫液经过末端比例混合器向用户（甲板泡沫喷淋管路）供液。平衡式与高倍泡沫系统末端比例混合器相比增加了平衡阀，该阀可以根据水成膜泡沫系统总管与水灭火系统的压力调节泡沫液供给，输出泡沫混合液混合比更精准。水灭火系统海水总管及泡沫液总管均采用“湿管”设置。

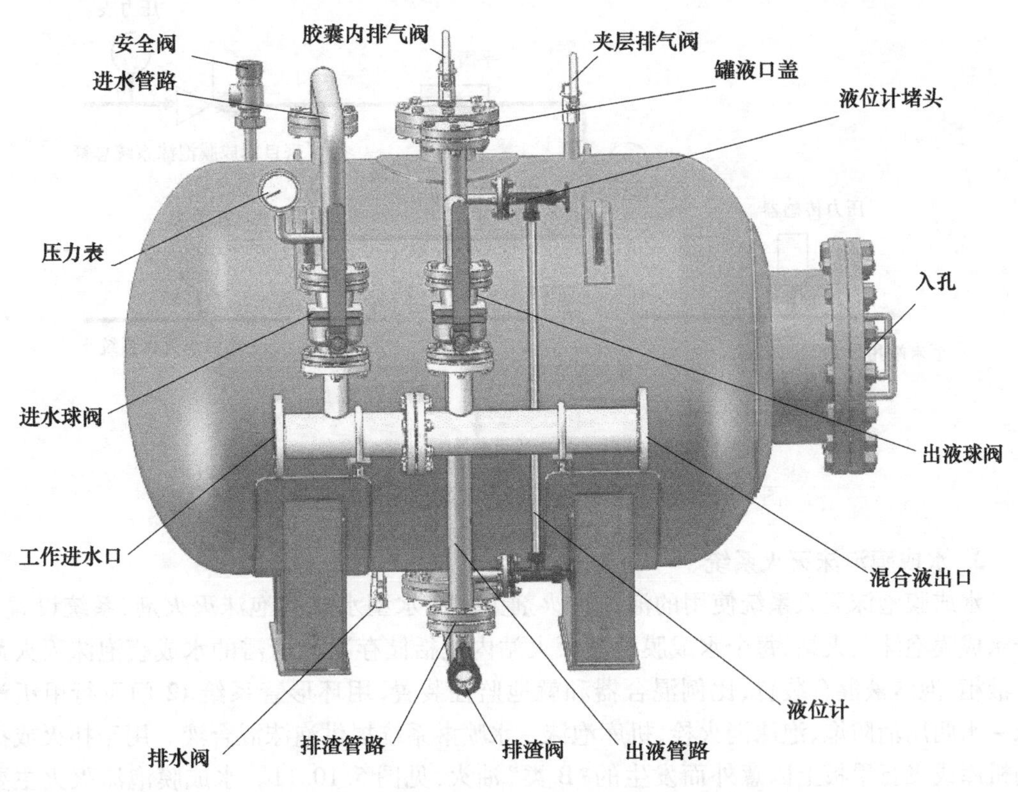


图 5.10.8 卧式(PHYM60/1.1－W)泡沫灭火装置

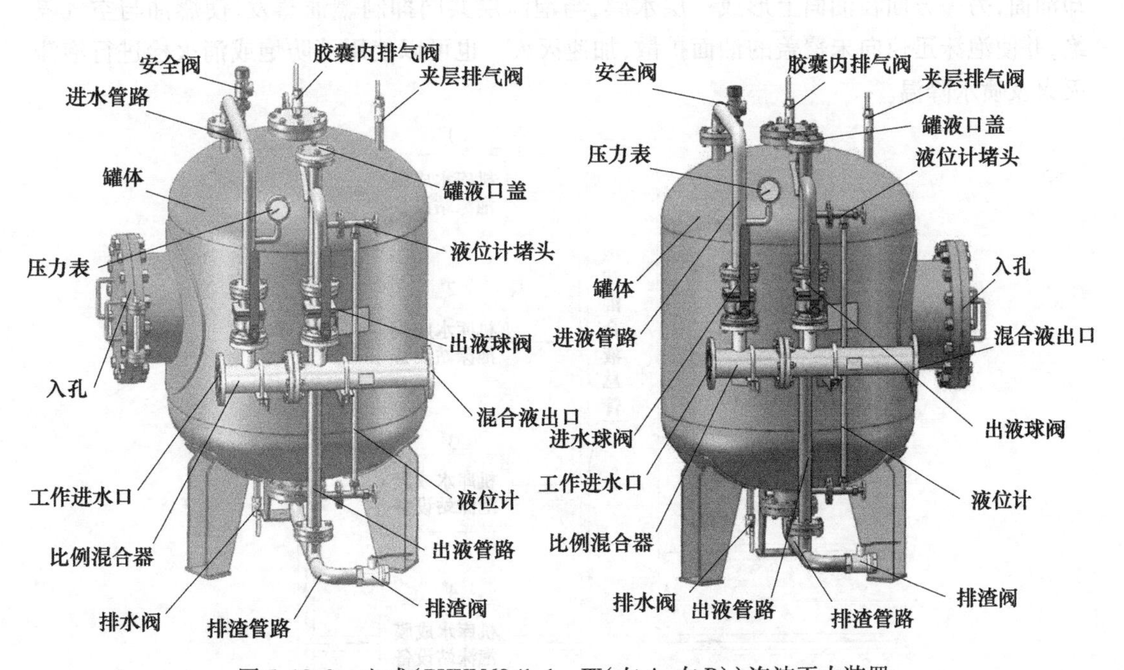


图 5.10.9 立式(PHYM60/1.1－W(左 A,右 B))泡沫灭火装置

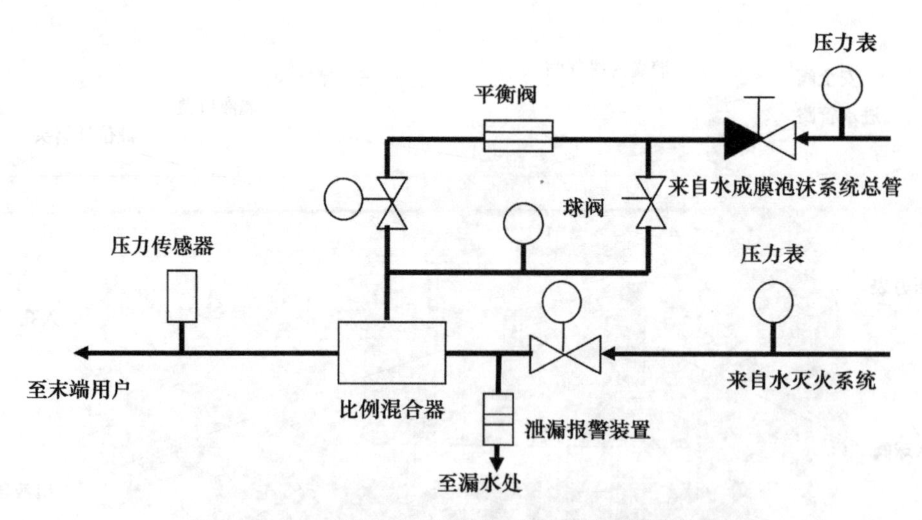


图 5.10.10　平衡式泡沫灭火末端比例混合器原理图

**3. 水成膜泡沫灭火系统**

水成膜泡沫灭火系统使用的泡沫灭火剂为耐海水型水成膜泡沫灭火剂,系统设置 4 个水成膜泡沫灭火站,每个水成膜泡沫灭火站内包括储存系统所需的水成膜泡沫灭火剂的液柜、泡沫液混合装置、比例混合器和就地监控装置,用环形管系给 12 门飞行甲板泡沫－水两用消防炮、泡沫消火栓、机库泡沫－水喷淋系统提供泡沫混合液。用于扑灭或控制机库或飞行甲板上因意外而发生的“B 类”油火,见图 5.10.11。水成膜泡沫灭火主要是靠泡沫,其次是水膜,当泡沫喷洒至燃油表面时,泡沫一方面在油面散开,并析出液体冷却油面,另一方面在油面上形成一层水膜,与泡沫层共同抑制燃油蒸发,使燃油与空气隔绝,并使泡沫迅速向未覆盖的油面扩散,加速灭火。也可以使用消防炮或消火栓进行泡沫灭火及喷水降温。

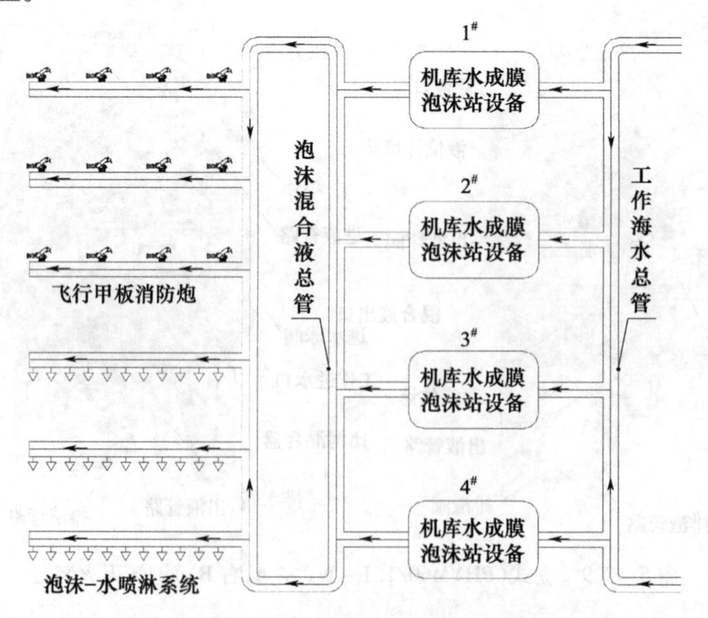


图 5.10.11　机库水成膜泡沫灭火站组成结构示意图

新造舰艇的水成膜泡沫灭火系统有采用可变流量型末端比例混合器的供液方式，见图5.10.12。视情启动若干个泡沫液站向泡沫液总管供液，在用户（如泡沫喷淋管路、消防炮等）前端设置可变流量型末端比例混合器，水灭火系统总管的海水及泡沫系统总管的泡沫液经过末端比例混合器向用户（泡沫喷淋管路）供液。可变流量型与平衡式泡沫系统末端比例混合器相比采用自动调节装置，该阀可以根据水成膜泡沫系统总管与水灭火系统的压力自动调节泡沫液供给，输出泡沫混合液混合比前者更精准。水灭火系统海水总管及泡沫液总管均采用"湿管"设置。

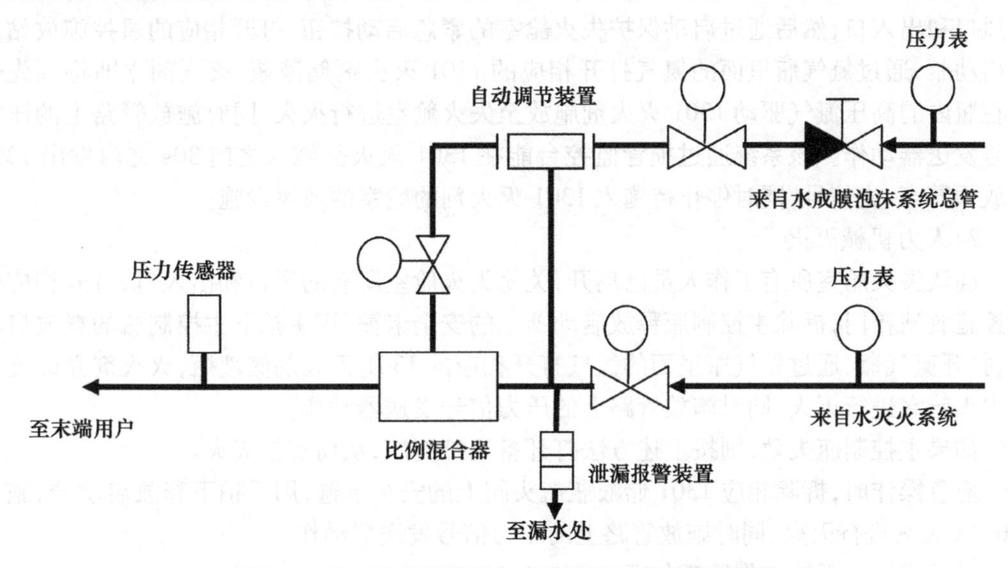


图5.10.12 可变流量型水成膜泡沫灭火系统原理图

#### 4. 局部中倍泡沫灭火装置

局部中倍泡沫灭火装置的储存罐注满6%的泡沫液水溶液，其容量为136L（其中原液8L，淡水128L），而压缩空气瓶则充满15MPa（150kgf/cm²）压力的压缩空气。压缩空气自压缩空气瓶通过减压阀以0.8MPa（8kgf/cm²）压力供给储存罐并压在泡沫液表面。泡沫液则沿着虹吸管、泡沫液供给管路、挠性软管进入泡沫发生器的离心式喷射器。泡沫液流经泡沫发生器从大气中吸入空气。空气与泡沫液的混合物冲撞到泡沫发生器网上便形成微小的空气泡，通过泡沫发生器网之后便形成泡沫流。泡沫流可覆盖局部起火点上，并阻止空气进入燃烧点以保证灭火。

### 5.10.3 气体灭火系统

舰艇上气体灭火系统主要包含卤代烷（1301、1211）气体灭火系统、$CO_2$气体灭火系统、惰性气体抑爆系统、蒸汽灭火系统等。舰船的气体灭火系统主要包含1301气体灭火系统、1301气体抑爆系统、惰性气体抑爆系统、蒸汽灭火系统。因$CO_2$灭火剂的高毒性，有的舰船不配置$CO_2$气体灭火系统。

气体灭火系统通常设置为全浸没灭火系统（亦称全淹没系统，国外称容积灭火系统），用于扑灭机器处所、机库和坦克舱以及油船的油泵舱等舱室所发生的火灾。

全浸没灭火方式即在较短的时间内，向被保护处所注入灭火剂，利用灭火剂的易扩散性，扩散到被保护处所的全部空间，使被保护处所灭火剂的浓度（通常以容积百分比计）达到灭火和抑爆的浓度，从而达到整个被保护处所内任意部位灭火和抑爆的目的。

**1. 1301 气体灭火系统**

舰船 1301 气体灭火系统布置形式有两种，即储压式和备压式。

储压式 1301 气体灭火系统工作原理如下：

1）手操电动灭火

系统在手操电动灭火状态下，确认失火舱室所有工作人员已离开，关闭失火舱室所有的风口和出入口，然后通过启动保护失火舱室的紧急启动按钮，打开相应的遥控施放站氮气启动瓶，通过氮气瓶里面的氮气打开相应的 1301 灭火剂储液瓶，灭火剂立即将预先储存在瓶内的高压氮气驱动 1301 灭火剂施放至失火舱室进行灭火，同时施放管路上的压力信号发送器动作。该系统通过损管监控台能在 1301 灭火剂施入之前 30s 之内发出 1301 施放预警声、光信号，同时停止待施入 1301 灭火剂的舱室的通风设施。

2）人力机械灭火

确认失火舱室所有工作人员已离开，关闭失火舱室所有的风口和出入口，打开相应的遥控施放站箱门，拆除主控制瓶释放启动器上的安全卡箍，用手拍下主控制瓶的释放启动器，打开氮气瓶，通过氮气瓶里面的氮气打开相应的 1301 灭火剂储液瓶，灭火剂立即施放至失火舱室进行灭火，同时施放管路上的压力信号发送器动作。

如果主控制瓶失效，则按上述方法打开备用控制瓶，从而实施灭火。

应急操作时，拆除相应 1301 储液瓶瓶头阀上的安全卡箍，用手拍下释放启动器，施放 1301 灭火剂进行灭火，同时施放管路上的压力信号发送器动作。

备压式灭火系统工作原理如下：

1）手操电动灭火

系统在手操电动灭火状态下，确认失火舱室所有工作人员已离开，关闭失火舱室所有的风口和出入口，然后通过启动保护失火舱室的紧急启动按钮，打开相应的遥控施放站氮气启动瓶，通过氮气瓶里面的氮气打开相应的氮气驱动瓶瓶头阀、气控施放阀和 1301 灭火剂储液瓶瓶头阀，氮气驱动瓶内的氮气经减压后由驱动气体管道输送至 1301 灭火剂储液瓶内，驱动 1301 灭火剂释放，从而对失火舱室进行灭火，同时施放管路上的压力信号发送器动作。该系统通过损管监控台能在 1301 灭火剂施入之前 30s 之内发出 1301 施放预警声、光信号，同时停止待施入 1301 灭火剂的舱室的通风设施。

2）人力机械灭火

确认失火舱室所有工作人员已离开，关闭失火舱室所有的风口和出入口，打开相应的遥控施放站箱门，拆除主控制瓶释放启动器上的安全卡箍，用手拍下主控制瓶的释放启动器，打开氮气启动瓶，通过氮气启动瓶里面的氮气打开相应的氮气驱动瓶瓶头阀、气控释放阀和 1301 灭火剂储液瓶瓶头阀，氮气驱动瓶内的氮气经减压后由驱动气体管道输送至 1301 灭火剂储液瓶内，驱动 1301 灭火剂释放，从而对失火舱室进行灭火，同时施放管路上的压力信号发送器动作。

如果主控制瓶失效，则按上述方法打开备用控制瓶，从而实施灭火（二次灭火操作相同）。

应急操作时，先打开通往失火舱室管路上的气控施放阀，然后拆除相应 1301 储液瓶瓶头阀上的安全卡箍，用手拍下释放启动器，再打开相应氮气驱动瓶瓶头阀，氮气驱动瓶内的氮气经减压后由驱动气体管道输送至1301灭火剂储液瓶内，驱动1301灭火剂释放，从而对失火舱室进行灭火，同时施放管路上的压力信号发送器动作。

**2. 1301气体抑爆系统**

抑爆系统的工作原理如图5.10.13所示，当被保护弹药舱内温度超过报警温度、压力超过报警压力、发生危险时，则压力（温度）继电器动作，打开机械－电子锁使得卸压排气盖自动打开，利用系统设置在弹药舱的排气口等处的喷头施放抑制剂，其中布置在弹药舱排气口处的喷头喷洒抑制剂可以隔离外界新鲜空气的进入，从而可以阻止外界新鲜空气与弹药舱内弹药火药气体或战斗爆炸物燃烧气体混合；而布置在弹药舱内的喷头喷洒抑制剂则可对弹药舱内可燃气体进行惰化，通过以上双重作用，达到了防燃防爆的目的，从而预防产生危险的可能性。

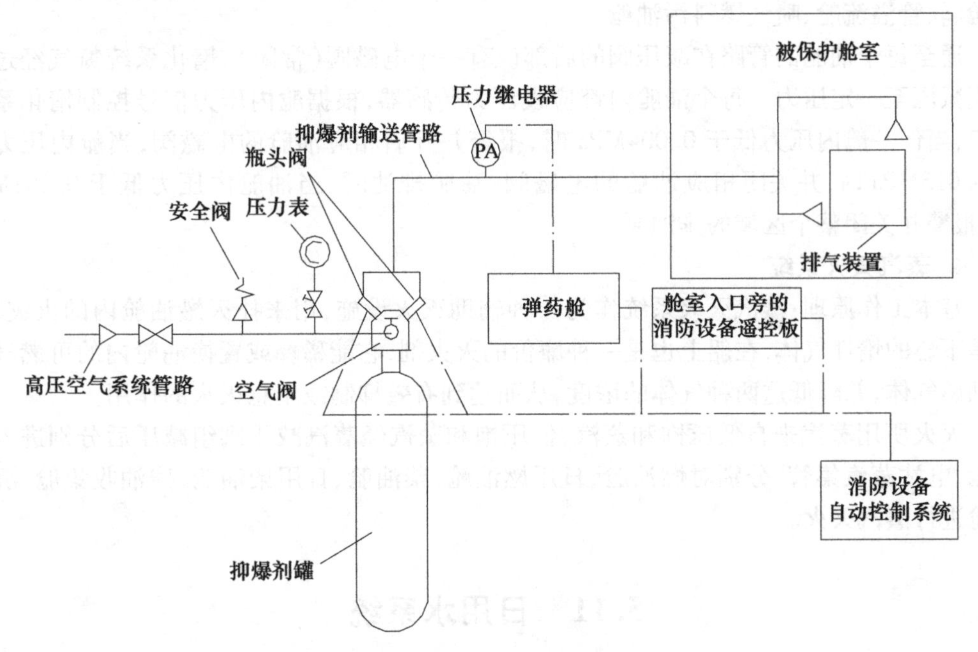


图5.10.13 1301气体抑爆系统原理图

舰船卸压排气盖装置安装于弹药舱顶部或侧壁或排气舱内，用于在火灾或爆炸等意外情况下，排放弹药舱中多余压力，来保护弹药舱的安全。

当弹药舱压力迅速升高超过安全值时，在弹药舱安全监控设备的控制下，通过卸压排气盖控制接线箱，打开卸压排气盖，使弹药舱与大气相通，泄掉弹药舱内激增的多余压力，降低爆炸或高的压力对弹药和弹药舱造成的损害，增加弹药舱和舰艇的安全性。

弹药舱卸压排气盖装置，具有手动开启和自动开启两种方式：

（1）自动开启：①卸压排气盖电磁驱动器接收弹药舱安全监控设备发出的执行信号动作，带动脱扣机构及闭锁滑块脱离锁扣，卸压排气盖弹开；②当装置在没有电的情况下，舱室发生爆炸或强烈气流冲击，弹药舱与外界产生压力差达到设定值（如（0.008 ± 0.003）MPa）时，卸压排气盖的空气活塞组件可以带动脱扣机构及闭锁滑块脱离锁扣，卸压排气盖弹开。开盖时间不大于设定时间（如3s）。

(2)手动开启:①用开盖手柄在舱室外转动手动开启机构组件,卸压排气盖弹开;②从舱室里用脱扣机构及闭锁滑块的手柄将闭锁滑块从锁扣中拉出,卸压排气盖弹开。

抑爆系统的释放方式除上述采用遥控电动阀开启方式外,目前国外舰船较流行的是采用电动启动方式。俄罗斯舰艇设计的抑爆剂送入被保护舱室的持续时间约为5min。1301气体抑爆系统喷入持续时间约为2min。

**3. 惰性气体抑爆系统**

其原理是向油舱内充填惰性气体(惰性气体中的氧气含量低于5%),当油舱里混合气体中氧气含量大于8%时,充入的惰性气体可以把原来混合气体中的一部分空气赶出舱外,对剩下的空气进行稀释,使舱内气体氧含量逐渐下降,直至低于8%,由于充入惰性气体能使油舱空间的氧气含量保持在8%以下,从而达到了防燃防爆的目的。

惰化所用氮气来自高压气瓶,高压氮气经惰化系统减压阀组减压后分别进入喷气燃料舱、软管溢流舱、喷气燃料污油舱。

通至每个油舱的管路在减压阀的后部设有一个电磁阀(常闭),惰化系统氮气经过减压阀减压至一定压力。每个油舱内都应设压力传感器,根据舱内压力信号控制惰化系统开启,当任一舱内压力低于0.004MPa时,报警并开启相应油舱的电磁阀;当舱内压力高于0.015MPa时,并关闭相应油舱的电磁阀;油舱排油时,当油舱内压力低于0.001MPa时,报警并关闭整个区域的排油泵。

**4. 蒸汽灭火系统**

基本工作原理:蒸汽灭火系统作为一种辅助灭火设施,用来扑灭燃油舱内的火灾,蒸汽是不燃的惰性气体,在船上也是一种廉价的灭火剂,它能稀释或置换油舱内的可燃气体和助燃气体,并降低这两种气体的浓度,从而达到有效抑制或窒息灭火的作用。

灭火所用蒸汽来自低压饱和蒸汽,低压饱和蒸汽经蒸汽减压阀组减压后分别进入机炉舱、电站蒸汽集管,分别对燃油舱、日用燃油舱、柴油舱、日用柴油舱、残油收集舱、沉淀油舱进行蒸汽灭火。

## 5.11 日用水系统

日用水系统包括:日用淡水系统、日用海水系统、甲板漏水系统、舱底疏水系统、舷侧和底部附件等。日用水系统的主要使命任务是提供满足全舰日常需求的淡水和海水;排放舱室内、露天甲板和底舱日常积水;收集底舱油污水至油污水收集舱及在油污水舱之间转驳;在舰船及其设备损坏时,向舷外直接排放油污水,为舰船对外排放和取水提供接口保障,为船舶保障系统液舱提供注入、透气和测量等保障。

大型船舶的日用淡水系统按其功能一般划分为4个子系统:淡水制备及贮运系统、洗涤冷水系统、洗涤热水系统和饮用水系统。其主要功能是接收并制备淡水,提供满足全舰日常所需要的淡水。日用海水系统包括日用海水冷却系统、日用海水冲洗系统和专用机电设备海水冷却系统,其主要功能是提供满足全舰日常所需要的海水。甲板漏水系统的主要功能是排放舱室内、露天甲板和底舱日常积水。舱底疏水系统包括疏排水系统、舱底油污水收集系统和移动疏水设备,其主要功能是收集底舱油污水至油污水收集舱及在油污水舱之间转驳;在舰船及其设备损坏时,向舷外直接排放油污水。舷侧附件和底部附件的主要功能是为舰船对外排放和取水提供接口保障。

### 5.11.1 淡水制备及贮运系统

淡水制备及贮运系统主要承担日用淡水的接收、制备、贮存、蒸馏水矿化、低位淡水舱消毒及淡水舱间的调驳等功能。

淡水接收功能包括岸上淡水的注入,岸上淡水直接供用户使用和海上航行时淡水的补给。注入时,可实现淡水经各注入口对任意淡水舱注入。反渗透海水淡化装置和海水淡化深度处理装置用于将海水制备成淡水,将海水淡化后以满足淡水制备与贮运系统每天淡水消耗的要求。应急状态时,通过动力系统提供备用蒸馏水,经矿化后,进入淡水舱。在长时间海上航行期间,为抑制低位淡水舱的细菌繁殖,确保舰员用水卫生、安全,设置消毒剂投放装置,按水质检测结果按比例对低位淡水舱投放消毒药剂进行消毒处理,同时,通过调驳泵承担低位淡水舱之间的淡水循环。淡水舱调驳可实现各低位淡水舱之间或低位淡水舱向高位淡水舱的淡水转运。通常采用调驳泵将低位淡水舱的淡水转运至艏部高位淡水舱,艏部高位淡水舱通过连通管,使艉部高位淡水舱水位与其相同。

### 5.11.2 洗涤冷水系统

淡水供水泵通过连通管(吸水总管)将高位淡水舱(日用舱)的淡水经过压力水柜和供水集管供给各自区域的用户。各区供水系统均与注入/调驳总管连接,靠岸时,可实现用户直接使用岸水。洗涤冷水系统也可为饮用水系统提供备用管路接口;同时在前供水站、后供水站的压力水柜后的集管上安装有紫外杀菌过滤装置,为饮用水系统的厨房用户提供备用水接口。

洗涤冷水一般按照以下功能进行分组:

(1)日常生活类用户:热水站、厨房、淋浴间、医疗救护区、盥洗室、厕所、高级军官住室和军官住室等。用户按功能分组,各军官住室按区域左、右舷分组,利于淡水使用管理。

(2)机械类用户:各类化验室、各电站柴油机补充、部分膨胀水箱、淡水消毒装置、水声对抗设备和垃圾处理站冲洗等用户单独分组。

(3)战时类用户:医疗救护区及战时医疗救护站单独分组。

洗涤冷水系统采用压力水柜的供水方式,由淡水供水泵从水舱中(实际为水舱的连通管)抽取淡水送到压力水柜,供各用户使用。压力水柜的工作压力一般为0.25~0.45MPa。

其工作原理如图5.11.1所示。

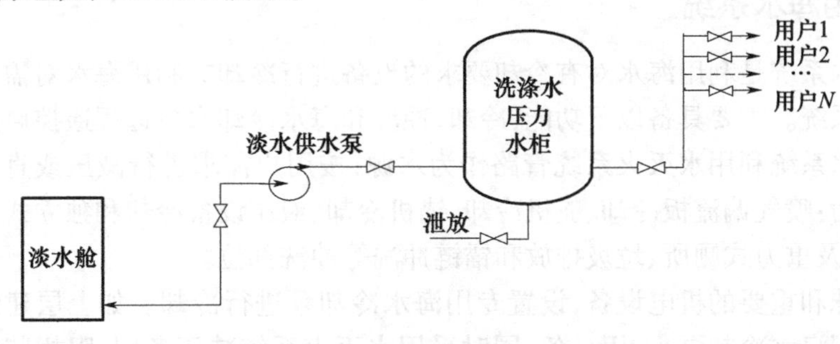


图5.11.1 洗涤冷水系统工作原理图

### 5.11.3 洗涤热水系统

由洗涤水压力水柜提供常温的洗涤冷水,冷水通过蒸汽热水装置内的热交换器与蒸汽进行热交换,直接输出40~65℃的热水,水温在40~65℃范围内可调。通过蒸汽热水装置内的热水循环泵向用户提供洗涤热水,在用户端混合冷水使用或直接使用。

洗涤热水系统用于将洗涤冷水通过蒸汽热水装置加热至40~65℃,供应全舰各热水用户。其工作原理示意图如图5.11.2所示。

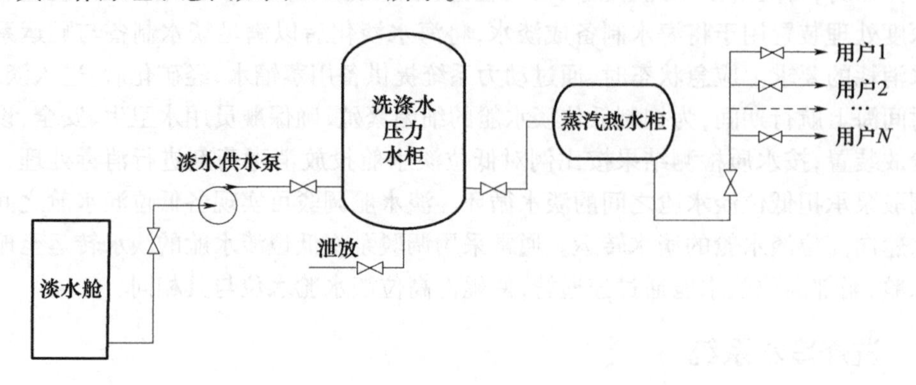


图5.11.2 洗涤热水系统工作原理图

### 5.11.4 饮用水系统

饮用水供水泵通过日用饮用高位淡水舱连通管(吸水总管),将日用饮用高位淡水舱的淡水送至水质后处理装置进行处理,再通过压力水柜供给各自区域的用户及饮用水蒸汽热水装置。饮用水均与注入/调驳总管连接,靠岸时,可实现用户直接使用岸水;应急时,借用注入/调驳管路,利用洗涤冷水系统为饮用水系统供水。

饮用水系统采用压力水柜的供水方式,由饮用水供水泵从水舱中(实际为水舱的连通管)抽取淡水经水质后处理装置送到饮用水压力水柜,再送至厨房、主食加工间、餐具洗涤间、餐厅、面包房和开水房等各冷饮用水耗用处,供各用户使用。压力水柜的工作压力一般为0.25~0.45MPa。

饮用热水系统用于将饮用冷水通过蒸汽热水装置加热至40~65℃,蒸汽热水装置出水温度可调,供应厨房区各热水用户。

### 5.11.5 日用海水系统

日用海水系统是利用海水对有冷却要求的设备进行冷却或利用海水对需冲洗的部位进行冲洗的系统。主要具备以下功能:冷却、冲洗和海水冷却水泵远程遥控启闭。

日用海水系统利用水灭火系统管路作为水源,按用户需求进行减压或直接使用。主要服务对象为:喷气偏流板冷却、舵机冷却、锚机冷却、液压设备冷却和独立式空调冷却等冷却设备,以及重力式厕所、垃圾排放和锚链冲洗等冲洗部位。

针对特殊和重要的机电设备,设置专用海水冷却泵进行冷却。如上层建筑雷达设备冷却设置专用海水冷却泵,一用一备,同时采用水灭火系统减压备用;阻拦装置采用一对一设置专用海水冷却泵,水灭火系统减压备用等。

### 5.11.6 甲板漏水系统

甲板漏水系统主要用于将上层建筑及飞行甲板和露天部位上的积水直接排至舷外，将空调器室、进气室、设有空调器的工作舱室内可能产生的积水、清洗冷库产生的积水、所有空调器产生的凝水、飞机偏流板基坑内的积水、机库内消防后产生的大量积水等通过舷侧附件直接排至舷外，或汇至底舱污水井。

按水密甲板和水密舱段的要求，在管路上增设阀件，以防止破损状态下，水密甲板的连通；在独立接舷侧附件时，阀件设在舷侧附件上，以防止海水倒灌进舱室；在与移注系统共用同一舷侧附件时，阀件设在系统管路上，可防止海水倒灌和移注系统水倒灌进舱室；设置独立的材质管路，可将飞机偏流板基坑内的积水排至舷外，有效防止该处火灾蔓延至下层甲板；可将机库内消防后产生的大量积水迅速排至舷外，有效阻止该处火灾蔓延至下层甲板。

(1)甲板漏水系统主要用于将上层建筑及飞行甲板和露天部位上的积水直接排至舷外。将飞机偏流板基坑内的积水、机库内消防后产生的大量积水等通过舷侧附件排至舷外。

(2)甲板漏水系统将空调器室、进气室、设有空调器的工作舱室内设置甲板漏水口，将可能发生管路泄漏产生的积水、冷库中清洗放置架和地板的水、所有空调器产生的凝水，通过管路把以上地漏连接起来，从上往下，依靠水的自身重力，逐层向下一层甲板汇总。

(3)按照独立分段的原则，通过舷侧附件排至舷外或接至凝水收集排放装置后，排至舷外；或汇至底舱污水井，经由舱底疏水系统处理。

### 5.11.7 舱底疏水系统

舱底疏水系统主要对管路通道、各机舱、各电站、各冷气站、舵机舱、食品装置舱、升降机围井、污水处理站、泵舱、艉轴舱和底舱的污水井等进行油污水收集；对计程仪舱、锚链舱疏水井和纵倾平衡舱进行疏水，排至舷外；把需要海水压载的重油舱的洗舱油污水输送至岸接设施；对全舰未设疏水设施舱室的积水进行排放。按其功能划分为：舱底油污水收集系统、疏排水系统和移动疏水设备。

舱底油污水收集系统具备收集全舰底舱的油污水，输送至油污水收集舱；具备将需要海水压载的重油舱的洗舱油污水送至国际通岸设施功能；在应急状态下，具备把舱室内的水排至舷外的功能；具备对油污水收集舱的油污水进行调驳、输送至国际通岸设施功能；具备把油污水收集舱的油污水向应急油污水备用舱的转运功能；疏水泵设置独立的电控箱，疏水泵的运行状态与油污水收集舱液位高位声光报警信号联锁，具备自动停泵功能，手动启动恢复；疏水任务结束后，未及时关疏水泵，电控箱具备报警停机的功能；油污水总管在艏部接通海阀，具备系统坞修时，排放总管内积水的功能。

疏排水系统具备将计程仪舱、锚链舱疏水井和纵倾平衡舱和管路通道内的积水排至舷外的功能。

移动疏水设备具有疏水泵备用泵的功能；具有舱底污油的收集功能；完成全舰未设疏水设施舱室的积水排放；针对设置有污水井的蔬菜库，可完成做卫生时冲洗水的排放。

**1. 舱底油污水收集系统工作原理**

(1)根据主水密隔壁将底舱沿纵向分区,每区设置1台或多台电动自吸舱底疏水泵,底舱从艏至艉设置一根油污水收集总管,各区的疏水泵的进口设有多个吸入管路及附件。进口管路、阀件和吸口设置在相应服务舱室的污水井或最低处,根据服务舱室的疏水需求,打开吸入管路上相对应的阀门的手轮,启动疏水泵进行油污水收集,泵的出口共同连接在油污水收集总管上,总管通往油污水收集舱;每台电动自吸舱底疏水泵并联1台喷射泵作为电动自吸舱底疏水泵的备用泵。

(2)对需要海水压载的重油舱进行油污水疏干时,采取两种方式:当电动自吸舱底疏水泵能够吸入海水压载重油舱的油污水时,采用电动自吸舱底疏水泵进行疏干,并经国际通岸接头排至岸上接收设施;当电动自吸舱底疏水泵不能够吸入海水压载重油舱的油污水时,采用管路通道内设置的喷射泵和电动自吸舱底疏水泵进行串联,将疏水系统管路上的阀打开后,开启消防水控制阀,利用喷射泵抽吸海水压载重油舱的油污水,再打开管系上相连的电动自吸舱底疏水泵,达到经国际通岸接头排至岸上接收设施的功能。

(3)在甲板露天部位和艉部补给平台设置国际通岸接头,将需要海水压载的重油舱的洗舱油污水送至岸接设施。

(4)机炉舱后部各配置1台电动柱塞油污水泵,为避免滑油等油类泄漏疏干时使用,也可作为艉部污水井油污水收集使用。

**2. 疏排水系统工作原理**

采用固定式喷射泵,由水灭火系统提供水源,在计程仪舱、锚链舱疏水井和纵倾平衡舱和管路通道内设置管路和吸口,把舱内的积水排至舷外。

**3. 移动疏水设备工作原理**

(1)移动式电动油污水泵组存放在移动疏水设备舱内,在底舱各水密分段中设置相应的电源插座,供污油泵工作,污油泵出口设有为快速接头,收集的污油就近接入油污水总管的支管接口,送至油污水收集舱。

(2)轻型移动潜水泵存放在移动疏水设备舱内,在底舱各水密分段中设置相应的电源插座,供轻型移动潜水泵工作,轻型移动潜水泵出口设有消防快速接头,利用姿态平衡系统的潜水泵排出管系将不含油的舱底水排出舷外。

### 5.11.8 底部及舷侧附件

底部附件主要由短管、通海阀、阀箱内牺牲阳极和吹洗附件等组成。在底部船体结构上设有通海阀箱,通过在阀箱开口,设置焊接短管和阀件,提供部分船舶保障系统用户与底部的接口,并为通海阀箱设置透气功能。

底部附件的功能主要包括:为姿态平衡系统的进、出海水提供对外接口;为水灭火系统的进水提供接口;为吃水测量传感器的安装和测量提供接口;为舱底疏水系统的油污水收集总管提供对外接口;为空调冷却水系统、空压机冷却水系统、食品冷藏系统冷却水系统、通信风冷设备冷却水系统提供对外接口;为反渗透海水淡化装置、闪蒸式海水淡化装置海水管路系统的进水提供对外接口;冬季通海阀结冰或阀箱格栅海生物附着堵塞时,具备蒸汽系统和压缩空气系统接入吹除功能等。

舷侧附件主要由焊接座板、加厚舷侧短管和阀件组成,部分靠近水线及水线以下的上留有吹洗用的蒸汽接口。在舰船舷侧外板或舷台上开孔,以焊接短管或者焊接座板的形式进行连接,加防浪阀以防止海水倒灌,形成部分船舶保障系统的水、气等的排出通道,并为部分通岸的系统提供排出口。

舷侧附件的功能主要包括:为日用水系统中的日用海水冷却水、甲板漏水系统和舱底疏水系统提供排出口;为舰船姿态平衡系统中的姿态平衡系统、移注与排出系统、移动潜水泵排出系统提供排出口;为环境污染控制系统中的黑水系统、厨房灰水系统、洗涤灰水系统、油污水处理系统提供排出口;为空调冷媒水系统提供排出口;为通信风冷设备冷却水系统、空压机冷却水系统提供排出口;冬季结冰时,具备舷侧短管接入蒸汽吹除功能。

## 5.12 压缩空气和其他流体系统

压缩空气及其他流体系统由压缩空气系统、气动控制系统、氧气系统和氮气系统等子系统组成。

压缩空气系统、氧气系统、氮气系统在船舶上生产提供压缩空气、医用氧气、氮气等消耗性气体资源,具备高压存储、输送充注,对部分用户减压供气的功能;气动控制系统对部分气动附件实施分区遥控;氧气系统、氮气系统可为航空供氧设施、航空供氮设施提供气源。

系统及设备在战斗和航行时,能承受一定限度的外来武器攻击等引起的非重复性的强烈冲击,并连续有效地工作;能耐受由波浪冲击(艏底冲击、甲板上浪、艉击)、本舰自身武器发射、飞机起降等引起的重复性低强度冲击,并连续有效地工作。

### 5.12.1 压缩空气系统

压缩空气系统向动力系统、消防设备、柴油机启动、武备用气、阻拦装置、杂用空气等用户提供压缩空气,并根据各用户气压需要,经减压阀减压后能供给各不同压力需求的用户。

压缩空气系统高压气源来自高压空压机,通过高压空气总管向各空气供气模块储气,并根据用户压力需要,经过减压阀组减压后向各用户供气。空压机的冷却采用海水,海水由空压机自带冷却水泵供给,另系统配有备用冷却水系统,由消防水减压提供。

### 5.12.2 气动控制装置

气动控制系统主要对全舰的气动通风蝶阀和集中进气闭合装置进行远距离分区遥控,并对各气动附件的开关状态及故障进行集中显示、报警,气动控制箱能对所控制的气动蝶阀的开/关状态进行连续的监测和显示,并可通过通信接口将气动附件的状态传输给损管监控系统,并可接收来自常规损管区域显控台、三防监控区域显控台、高倍泡沫灭火控制柜、前后机舱通风通信分站的远程遥控操作指令的功能。

气动控制系统是利用压缩空气作为动力源推动附件的汽缸,通过控制管路上的电磁阀的通断来接通和切断管路内的压缩空气,以实现远距离开启或关闭气动附件。气动控制系统气源由压缩空气系统提供,系统在三防或者破损工况下对全舰的气动通风蝶阀和集中进气闭合装置进行远距离分区遥控关闭,在高倍泡沫发生器工作时对舱内集中进气闭合装置进行远程遥控开启。气动控制系统对各气动附件的开关状态及故障进行集中显示、报警,并将相关数据信息传输至损管监控系统。

### 5.12.3 氧气系统

氧气系统用于在舰上生产、增压充注、存储医用氧气。生产的氧气向母舰医疗中心的医务病房、隔离病房、急救室、手术室等用户提供医用氧气。氧气系统作为舰用资源向航空供氧设施提供气源。

氧气由舰上制氧站制备,氧气系统给母舰医疗中心提供医用氧。氧气系统采用变压吸附原理进行空气分离。氧分子筛是属于速度分离型的吸附剂,当吸附质的性质相差不大时,直径较大的气体分子扩散速度较快,较多地进入分子筛的固相,而直径较小的气体分子扩散速度较慢,较少地进入分子筛的固相,根据的氧分子筛微孔结构特点,进行空气中氧氮分离,氧分子筛具有加压对氮的吸附量增加,减压时对氮的吸附量减少的特性,因此氧分子筛采用加压制氧、减压再生的制氧方式,为了连续不断地产气,生产的氧气由隔膜压缩机增压存储至高压氧气瓶,给用户供气时由氧气瓶减压供气。

### 5.12.4 氮气系统

氮气系统用于在舰上生产、增压充注、高压存储氮气。生产的氮气向惰化系统、喷气燃料泵舱、喷气燃料加油站、各种蓄能器、果蔬保鲜装置等用户提供氮气。氮气系统作为舰用资源向航空供氮设施提供气源。

氮气由舰上制氮站制备,制氮装置采用膜分离原理以空气为原料气的传质分离技术。空气中氮氧的传质分离主要是平衡分离和速率分离,膜分离空分制氮是典型的速率分离,氧气较氮气的溶解和扩散速率高于氮气,因此,氧气透过膜被分离出去,氮气沿膜的轴向被逐渐富集。生产的氮气由隔膜压缩机增压存储至高压氮气瓶,给用户供气时由氮气瓶减压供气。

### 5.12.5 航空氧氮一体化设施

航空氧氮一体化设施在舰上为航空供氧系统提供高纯度的氧气,为航空供氮系统提供高纯度的氮气,同时为船舶保障系统的氧气系统提供气源。包括制取、增压、储存、倒瓶、监控、信息传输等功能。

航空氧氮一体化设施采用变压吸附与膜分离技术耦合的分离工艺直接自大气中同时提取高纯度氧气与高纯度氮气。航空氧氮一体化设施先对空气进行压缩与预处理,经过预处理的压缩空气以常温空分的方法制取氧气、氮气。采用变压吸附与膜分离耦合的工艺技术制取高纯度氧气;采用非对称变压吸附工艺技术直接自空气中制取高纯度氮气;当需要氧气、氮气同时制取时,氧氮分离采用联合分离工艺,联合分离工艺设立独立的工艺气体循环、排放压缩机,以充分地利用制氧、制氮时各自排放的废气,将这些排放的废气中有价值气体充分循环利用,提高系统总体经济效率。

# 第6章 后传动装置

为了满足舰艇战技术性能的要求,在主动力装置中通常在主机和轴系之间配置一些起特殊作用的元部件或装置,组成推进单元或推进模块。主要有弹性联轴节、离合器、齿轮箱等,习惯上将它们称为后传动装置。

目前,常见的推进装置传动方案如图6.0.1所示。

后传动装置根据所配置的元部件的不同,可以实现以下主要的功能:

(1)减速、回行;

(2)离合;

(3)并车、分车;

(4)减振、隔振、缓冲;

(5)补偿对中的误差等。

本章将分别介绍各种后传动装置的性能特点、选型和设计的方法。

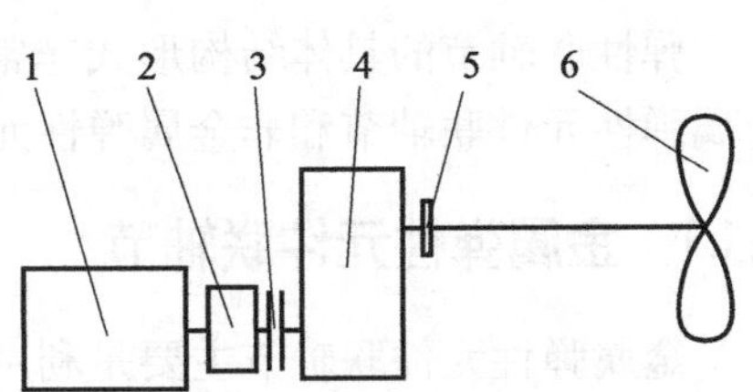


图6.0.1 常见的传动方案

1—主机;2—弹性联轴节;3—离合器;4—齿轮箱;5—输出法兰;6—螺旋桨。

## 6.1 弹性联轴节

现代舰船的推进装置,尤其是以柴油机作为主机的推进装置,由于柴油机强载度的不断提高,单缸功率显著增大,因而其输出转矩的脉动幅值也越来越大,轴系的扭转振动问题更为动力装置设计人员所重视。对于带有减速齿轮箱的推进单元,其中的齿轮对柴油机输出转矩的脉动相当敏感,如图6.1.1所示。

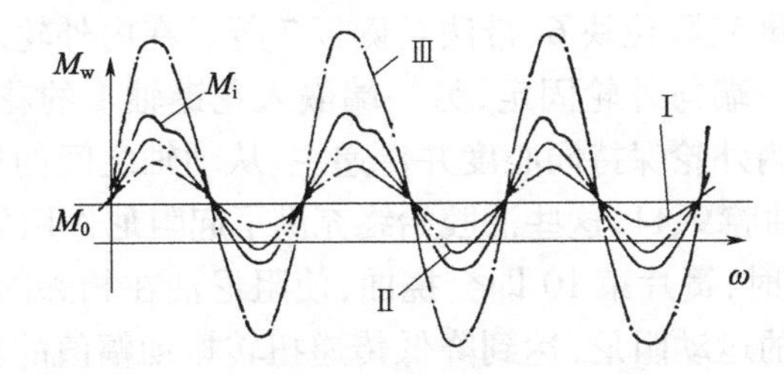


图6.1.1 齿轮啮合扭矩的三种情况

$M_i$—柴油机输出扭矩脉动幅值;$M_w$—齿轮箱主动轴扭矩脉动幅值;

$M_0$—柴油机平均输出扭矩;Ⅰ—$M_w < M_0$;Ⅱ—$M_w > M_0$;Ⅲ—$M_w \gg M_0$。

当齿轮箱主动轴上的扭矩脉动幅值$M_w$超过柴油机的平均输出扭矩$M_0$时,齿面上会承受负扭矩,造成齿面间的相互“敲击”,既增加了机舱内的噪声,又容易引起齿面的点蚀而损坏齿轮。此外,舰船轴系在对中时不可避免地会存在误差,这个误差在外界复杂的干扰力的作用下还会增加,使齿轮箱在运转中齿面接触情况变差、轴系运转不平稳,甚至发生轴承过载、咬死等故障。

为了解决上述问题,现代舰船在推进模块中广泛采用加装弹性联轴节的方法。因为加装弹性联轴节后可以增加传动轴系的弹性、调整其自振频率、衰减振动的传递、降低扭振幅值或使传动轴系的共振转速被排除在柴油机的使用转速区域之外。此外,弹性联轴节还能“隔离”柴油机输出的脉动扭矩对传动齿轮的作用,改善齿轮箱的工作条件。再者,一般的弹性联轴节都具有补偿轴系在安装中和安装后由于舰体变形而产生对中误差的能力,只要所产生的对中误差在弹性联轴节允许补偿量的范围内,就能保证推进模块的正常运行。

正因为弹性联轴节具有上述特殊功能,在现代推进装置特别是大功率装置中得到了极广泛的应用。

弹性联轴节的具体结构形式非常多。根据其弹性元件所用材料的不同,主要可分成金属弹性元件联轴节和非金属弹性元件联轴节两大类。

### 6.1.1 金属弹性元件联轴节

金属弹性元件联轴节主要是利用金属簧片、卷簧、板簧、膜盘、不锈钢丝绳等作为弹性元件的弹性联轴节。具体的结构型式很多,应用广泛。与非金属弹性联轴节相比,具有以下主要特点:

(1)弹性元件具有较高的强度,传扭能力大;

(2)减振性能稳定,适用于高速运转;

(3)物理、化学性能稳定,具有较长的使用寿命,基本不受温度的影响;

(4)结构复杂,制造成本高。

此外,这类联轴节还能依靠改变金属弹性元件受力部分的长度、预紧力或数量等方法来改变弹性元件的刚度,使联轴节具有定刚度或非线性刚度的特性。

**1. 高阻尼簧片联轴节**

这种联轴节是盖斯林格联轴节的一种,其结构如图 6.1.2 所示,主要由内轮和外轮两部分组成。内轮部分的主要零件是花键轴 1;外轮部分的主要零件是侧板 2、中间块压紧螺栓 3、锥形环 4、外套圈 5、限位块 6、带法兰侧板 7 等。在内外轮之间,径向布置着若干组金属的簧片束 10,其一端与外轮固定,另一端嵌入花键轴 1 的花键槽中。利用簧片束 10 的自由支撑作用,使内外轮保持同心度并传递主、从动轴之间的扭矩。簧片束 10 还与主、从动部件之间形成油腔 9、11,这些油腔始终充满了起阻尼作用的油(如硅油)。若主、从部件之间有相对位移时,簧片束 10 即会挠曲,使阻尼油在相邻的油腔之间流动。从而增加了主、从部件之间的运动阻尼,达到降低传递扭转振动幅值的目的。在传递扭矩时,簧片束 10 的挠曲变形使联轴节具有一定的柔度,起到缓冲作用。

每组簧片束 10 由若干金属弹簧片组成,其中长度相等的 2 片为主片,沿传递扭矩一侧的长度不等的簧片组成等强度结构,另一侧有几片副片,防止启动和紧急停车时,主片的受力过大,为了保护簧片束在超载时不致因变形过大而断裂,在限位块 6 的小端设有行程限位块,当联轴节承受达 1.3 倍额定扭矩时,簧片束主片的端部将与其贴靠而不再继续弯曲。

为了防止起阻尼作用的滑油产生有害的轴向力,花键轴 1 的两端均装有直径相同的 O 形密封圈,使两端的承压面积相等,故联轴节本身不存在轴向力。

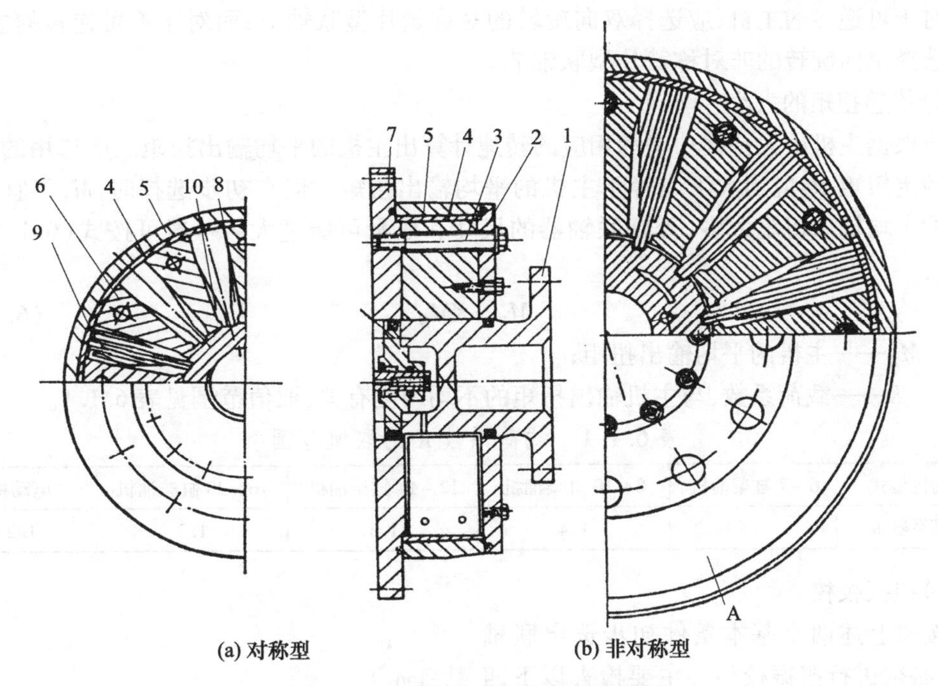


图 6.1.2 簧片式弹性联轴节结构图

1—花键轴;2—侧板;3—中间块压紧螺栓;4—锥形环;5—外套圈;
6—限位块;7—带法兰侧板;8,10—油腔;9—簧片束。

这种联轴节主要具有如下特点:

(1)扭转弹性好,缓冲作用显著。其静扭转角度一般为2°~6°。可以利用它的弹性调节系统的自振频率,使主临界转速被排除在原动机工作转速之外,有较好的调频作用。

(2)阻尼性能好。利用它的高阻尼特性(阻尼力与弹力之比为0.5~0.9,且在很大范围内与振动的频率无关),可吸收处在工作范围内的其他谐频的共振能量,对这些谐频振动起减振作用。

(3)结构紧凑、尺寸小、质量较轻。

(4)工作可靠、耐久性好。

(5)能对主、从轴的对中误差起一定的补偿作用。许用相对径向位移一般为0.45~0.9mm,许用相对轴向位移一般为1.5~5mm,许用相对角位移一般为0.2°左右。

(6)结构复杂,要配置专用的滑油系统,造价较高。

高阻尼簧片联轴节按簧片的结构不同可分为对称型和非对称型两种。前者的结构见图6.1.2(a),它能双向传递扭矩。后者的结构见图6.1.2(b),只能单向传递扭矩。在传递同样大小扭矩的前提下,后者的外形尺寸和质量要比前者稍大。

按这种联轴节的外部结构形式又可分为B型、BC型、BE型、C型和E型,这些联轴节系列的尺寸和性能可查阅有关标准或产品目录。通常BC、C型结构用于主机→联轴节→离合器→减速齿轮箱这种类型的动力模块中,B型结构用于主机→联轴节→减速齿轮箱这种类型的动力模块中。

在选用高阻尼金属簧片式弹性联轴节时,主要应考虑以下四个方面:

1)根据主机是否可逆转来选择簧片的型式

对于可逆转的主机,应选择双向旋转的对称簧片型联轴节;而对于不可逆转的主机,则可选择单向旋转的非对称簧片型联轴节。

2)传递扭矩的大小

应根据主机最大持续功率和相应的转速计算出主机的平均输出扭矩。所选用的联轴器的额定扭矩 $M_K$应当大于或等于主机的平均输出扭矩。但在初步选择时,$M_K$不宜超过主机的平均输出扭矩太多,否则联轴器的尺寸和质量可能过大。一般可按式(6.1.1)确定 $M_K$:

$$M_K = KM_H \tag{6.1.1}$$

式中 $M_H$——主机的平均输出扭矩;

$K$——载荷系数,与主机输出扭矩的不均匀度有关,取值范围见表 6.1.1。

表 6.1.1 载荷系数 $K$ 的取值范围

| 原动机型式 | 6~7 缸柴油机 | 8~10 缸柴油机 | 12~14 缸柴油机 | 16~20 缸柴油机 | 电动机 |
|---|---|---|---|---|---|
| 载荷系数 $K$ | 1.5 | 1.4 | 1.3 | 1.2 | 1.2 |

3)扭振校核

按照上述两个基本条件初步选定联轴节后,必须进行扭振校核。主要检查以下四项内容:

(1)作用于联轴节上的弹性振动力矩 $M_{el}$是否超过联轴节的许用值。

图 6.1.3 为许可的弹性振动力矩曲线,可见平均扭矩越小,则许可的弹性振动力矩越大。

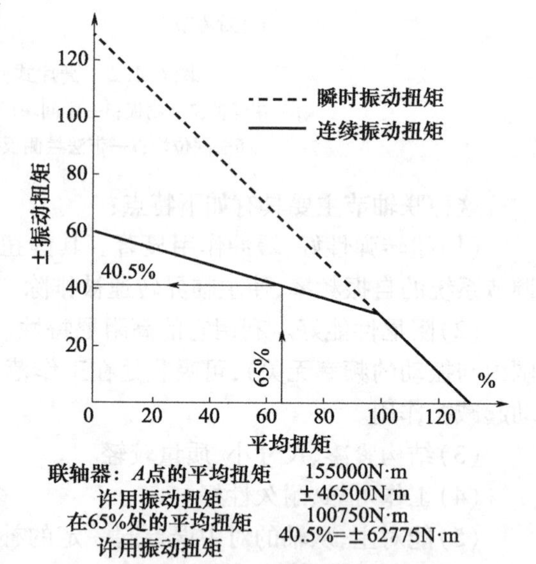

图 6.1.3 许可的弹性振动扭矩

(2)联轴节的功率损失 $N_V$不能超过其许用值。

由于连续使用时受许用温度的限制,转换成热量的功率损失不能超过许用数值。

(3)检查系统最危险的共振点是否在主机的工作转速范围之外,整个系统的扭振附加应力是否被控制在许用范围内。

(4)对于装有减速齿轮箱的推进模块,由于扭振激起交变扭矩,虽然没有使附加应力超过许用值,可是交变扭矩超过了主机的平均输出扭矩值,将会导致传动齿轮产生相互撞击。为此,交变扭矩的幅值一般不得大于主机平均输出扭矩的 30%。否则就应减小传动齿轮的许用弯曲应力和齿面的许用接触应力值。

4)关于变刚度联轴节

图 6.1.4 为变刚度高阻尼簧片式联轴节。在部分负荷时,只有簧片 1、2、3、4 起作用,此时其柔度大(刚度低),整个系统的固有扭转振动转速低,能把最危险的共振转速控制

在主机的最低转速以下；在主机高速高负荷时，簧片1、2、3、4的变形已经大到与簧片5相接触，也就是簧片5也同时起作用，联轴节的刚度急剧增大，整个系统的固有扭转振动转速相应升高到主机的最高转速以上。这样，可避免在主机的全转速区域内出现最危险的共振转速。

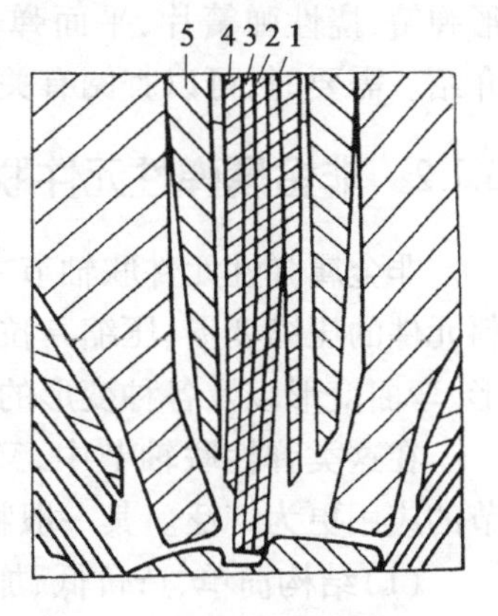

图6.1.4 变刚度高阻尼簧片式联轴节

**2. 金属膜盘式挠性联轴节**

金属膜盘式挠性联轴节是一种通过极薄的双曲线型面的挠性盘来传递扭矩的装置，实际结构如图6.1.5所示。该类联轴节利用膜盘材料的挠性来补偿输入与输出轴之间的相对位移，利用双曲线型膜盘壁来传递扭矩和提供挠性，利用它内、外径处的刚性轮缘和轮毂，在相邻膜盘和输入、输出法兰之间传递扭矩。膜盘之间以及膜盘与主、从动构件法兰之间的连接方式，可根据不同的使用要求分别采用螺栓、端面齿、夹紧环、焊接（如电子束焊、钎焊等）或铆接。

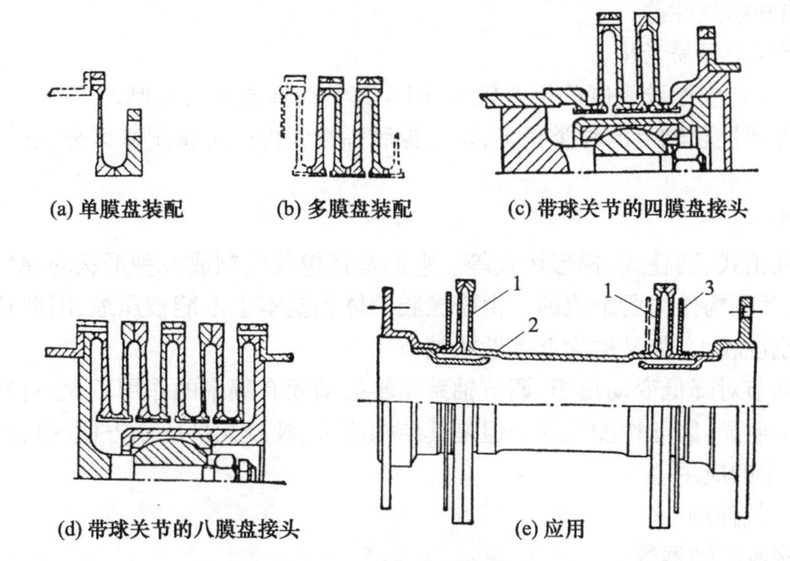

图6.1.5 金属膜盘式挠性联轴节

1—四个膜盘电子束焊接；2—牵制短轴；3—防护板。

膜盘式联轴节工作可靠、寿命长；传递功率大，可达100000kW；适用转速高，可达10000r/min；补偿主、从轴之间相对位移的能力也大；不需润滑；无噪声；可以在恶劣的环境下工作；安装、维护简便；作用在系统中的附加载荷小。由于具有上述优点，在现代高速旋转机械中被广泛采用，大量应用于航空、舰船和工业透平系统中。挠性很大的膜盘可以足够补偿动力涡轮轴的热膨胀变形和对中误差。

图6.1.6是某船燃气轮机与齿轮箱之间的连接。它由两个外径为558.8mm的膜盘组成，在最初的安装对中时，它受到3.8mm的预拉伸变形，在热状态下运转时，联轴节承受3.8mm的压缩变形，也就是该联轴节补偿的轴向变形量达7.6mm。而在整个工作过程中，联轴节由此轴向变形所产生的附加在动力涡轮轴上的轴向力不超过450kgf。

金属弹簧式弹性联轴节的类型还有很多,如蛇形弹簧、挠性弹簧片、平面弹簧片等,不再一一具体介绍。需要时,可以查阅有关的资料。

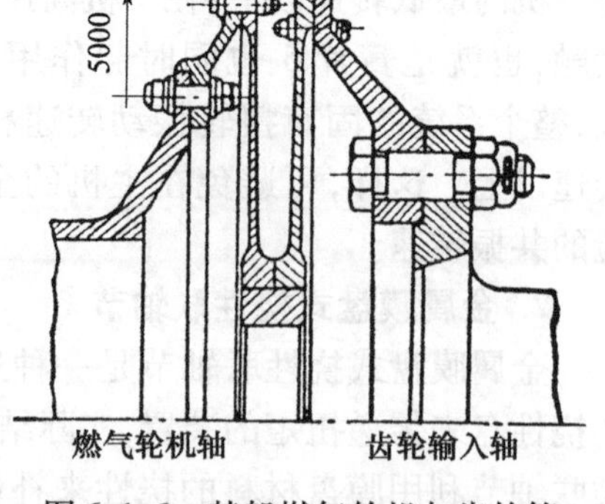

图6.1.6 某船燃气轮机与齿轮箱之间的连接

## 6.1.2 非金属弹性元件联轴节

非金属弹性元件联轴节主要利用橡胶元件或塑料元件的压缩变形、压缩-拉伸变形、剪切-拉伸变形、弯曲变形以及各种变形的组合来传递扭矩。

在这类弹性联轴节中,又以橡胶元件弹性联轴节的应用更为广泛。其一般特征是:

(1)结构简单、造价低、加工成型方便;

(2)扭转方向的弹性大,对扭转振动和冲击具有良好的隔振和减振作用;

(3)能补偿对中误差和轴段运转时产生的偏差;

(4)对特定频域的结构噪声具有较好的隔离作用;

(5)耐油和耐热性差;

(6)在空气中容易老化;

(7)由于制造中橡胶硬度的偏差较大,因而其负荷性能不易控制。

橡胶元件弹性联轴节的种类很多,按照橡胶弹性元件受力情况来区分,有以下四种主要型式:

1)压缩型

有弹性柱销式、圆柱式、梯形块式等。它们是将橡胶压制成各种形状的弹性元件装入主、从金属法兰形构件中所组成的。由于橡胶的体积基本上不能被压缩,因此这类弹性联轴节的扭转刚度较大,故又称为低弹性联轴节。

这类联轴节对降低变动扭矩、调节轴系扭转振动固有频率的作用不大,对补偿轴线偏移的效果也不明显,因此性能较差。但是其结构简单、橡胶元件压制方便、造价低、更换容易,故还有一定的应用。

2)压缩-拉伸型

如多角橡胶联轴器等。

3)纯剪切型

如在主、从法兰之间装有圆鼓形橡胶圈的弹性联轴节等,多用于电动机驱动的泵、鼓风机等场合。

4)剪切-拉伸型

如单盘式、轮胎式、双皮碗式等弹性联轴节。

由于橡胶式弹性元件的类型繁多,它们的适用范围也很广泛,不能逐一介绍,重点介绍两种在舰船推进模块中应用较多且比较新型的橡胶式弹性元件联轴节。

**1. 高弹性整圈式橡胶联轴节**

高弹性整圈式橡胶联轴节具有很大的弹性,还具有一定的滞后阻尼特性,可以较有效地改变系统的自振频率以达到在常用转速范围内避开严重共振转速的目的。目前在舰船柴油机-减速齿轮箱这类传动装置中得到较多的应用。

高弹性整圈式橡胶联轴节的结构简单，见图6.1.7。主要部件是两个整圈式橡胶弹性环，输入法兰和输出法兰分别与弹性环的外环和内环连接。扭矩传递一般是1→2和3→4或相反。

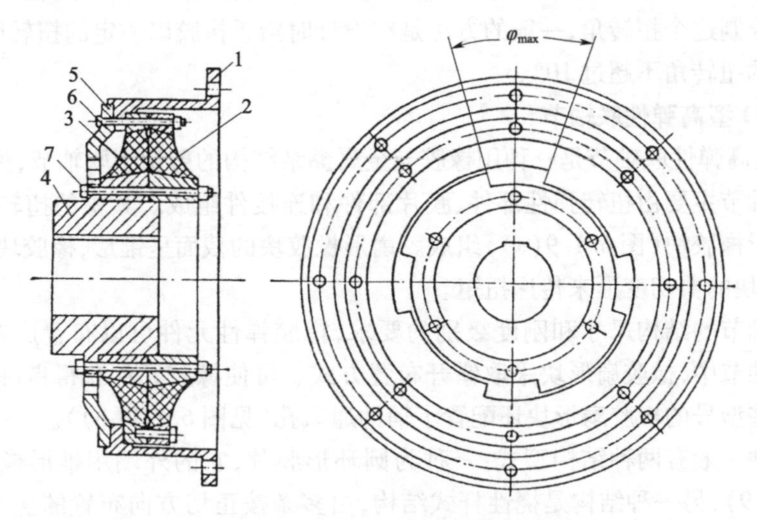


图6.1.7 高弹性整圈式橡胶联轴节

1—输入法兰；2、3—整圈橡胶弹性环；4—输出法兰；5—限位装置环；6—弹性环外环螺栓；7—弹性环内环螺栓。

为防止启动和瞬时过大的扭转角引起橡胶元件的损坏，在结构上设有限位装置，即位于输入法兰1上的限位装置环5和内法兰（输出法兰）4的凸出部分。图中的$\varphi_{max}$是弹性环最大扭转角，大于该值时，限位装置起作用，内外环直接接触。

为了提高联轴节的柔度，可以将联轴节串联布置。图6.1.8为传递大扭矩的串联结构。

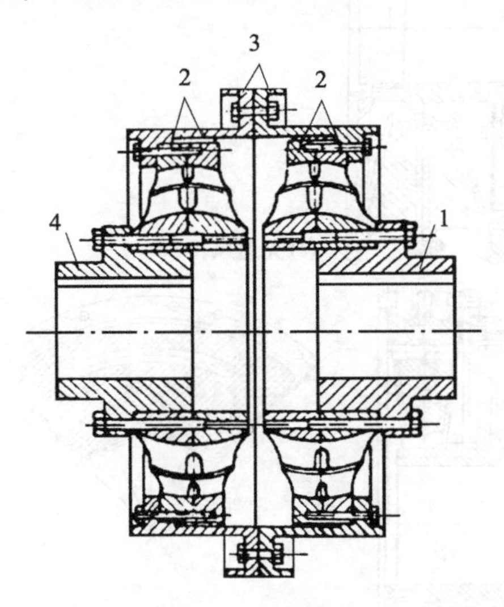


图6.1.8 串联结构

1—主动轴；2—弹性环；3—连接法兰；4—从动轴。

这类联轴节具有很好的弹性和减振性能，能够补偿轴线间较大的相对偏差。一般地说，其许用相对径向位移$\Delta Y = 1.2 \sim 6.2\text{mm}$；许用相对轴向位移$\Delta X = 0.7 \sim 3.5\text{mm}$；许用相对角位移$\Delta\alpha = 3.2°$；两半联轴器的相对扭转角$\varphi \leqslant 10°$；瞬时最大扭矩时为$\varphi \leqslant 25°$。

这种联轴节适用于内燃机等冲击较大的两轴之间的连接。目前国内厂家生产 XL 系列的联轴节能供舰船柴油机推进模块、柴油发电机组、齿轮减速器、离合器等配套使用。

这种联轴节在传递扭矩时,其橡胶圈会产生一个扭转角来缓冲扭振,但该扭转角不能太大。为了限制这个扭转角,一般的方法是在设计时给予橡胶以一定的扭转刚度,使其在额定扭矩下的扭转角不超过 10°。

**2. RATO 型高弹性联轴节**

RATO 型高弹性联轴节是一种用橡胶与金属黏结结构的剪切型联轴节,见图 6.1.9。

该型联轴节主要由扭转弹性部件、膜片部件和连接件组成。其中的扭转弹性部件主要由多个扇形橡胶块(图 6.1.9(a))组成。扇形橡胶块的截面呈锥形,橡胶块与金属片黏结,依靠橡胶块的剪切变形来传递扭矩。

根据联轴节的结构尺寸和刚度级别的要求,橡胶弹性元件可以布置成单排或多排。在多排型联轴节中,橡胶扇形块采取错开布置方式。可使橡胶元件获得良好的通风冷却条件。有一些型号的橡胶扇形块还配置了辅助通风孔(见图 6.1.9(b))。

膜片部件一般有两种结构型式:一种为圆环形膜片,它的外端用锥形橡胶衬套夹紧(参见图 6.1.9);另一种结构是挠性杆式结构,由多条按正切方向布置的挠性杆组成,见图 6.1.10。

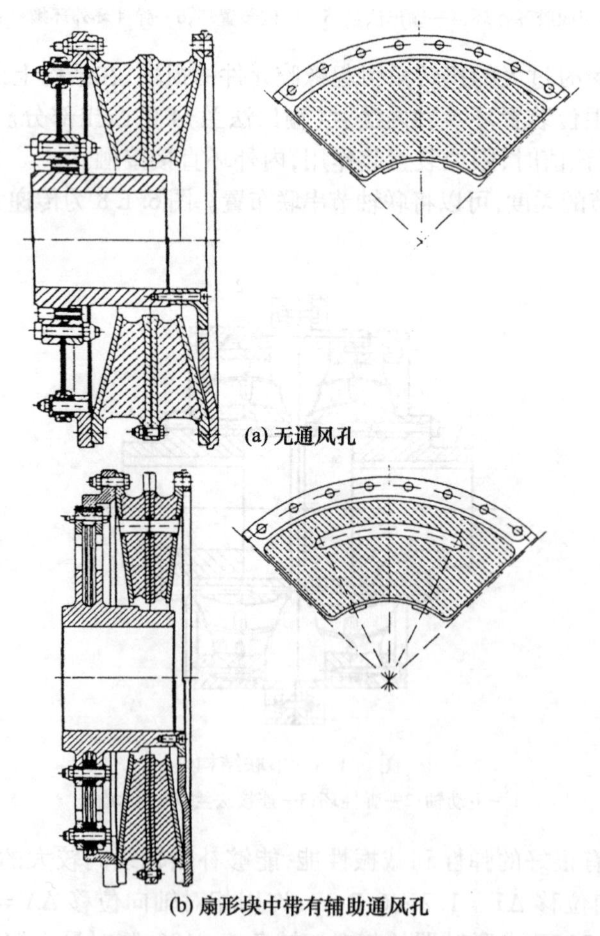


图 6.1.9 RATO 型高弹性联轴节剖面图

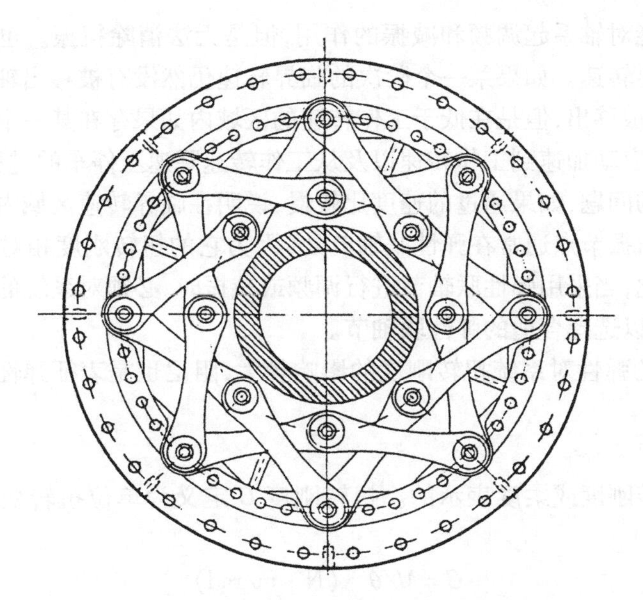

图 6.1.10 带挠性杆结构的 RATO 联轴节

这两种联轴节的膜片部件均布置在弹性部件的后端并允许承受轴向位移。

该型联轴节能适应轴向、径向和角度方向的相对位移，对特定频域的结构噪声有较好的隔离功能，同时还具有较好的扭转特性和阻尼特性，能够改善旋转系统的扭振状态。目前多被用于舰船推进模块、柴油发电机组等场合。还可与万向联轴节串联使用。某舰船的 CODOG 型推进模块中就包含了这种组合的配置方式。

需要注意的是，这种联轴节在扭矩的作用下，它的橡胶弹性元件会沿轴向收缩，从而产生附加的轴向力作用在主、从轴上，使主、从轴的轴承承受附加的轴向载荷。

目前这种联轴节主要有 2100/2101 系列、2110/2111 系列、2200/2201 系列、2210/2211 系列、2300/2301 系列和 2400/2401 系列等产品。

因为 RATO 型弹性联轴节已经系列化，总体设计时可参考产品目录选用。选择时，应使实际的额定扭矩 $M_H$、最大扭矩 $M_{max}$ 和变动扭矩 $M_\omega$ 小于允许值。

**3. 弹性联轴节减振性能的分析**

舰船轴系可以看成一个弹性系统。由于主机（尤其是柴油机）输出扭矩的不均匀性以及其他因素的影响，轴系将产生扭转振动。它将会在轴系中造成附加应力，破坏轴系元件。尤其在配有齿轮箱的推进模块中，对传动齿轮齿面的啮合会造成很大的影响。因此，在轴系设计时，应对其进行扭振计算和分析，在 7.4 节中有详尽的论述。在轴系中加装弹性联轴节能使系统的弹性增加而降低其固有频率，还由于弹性联轴节一般具有一定的阻尼特性，于是又能使扭振的振幅减小，如图 6.1.11 中的曲线 e 所示。

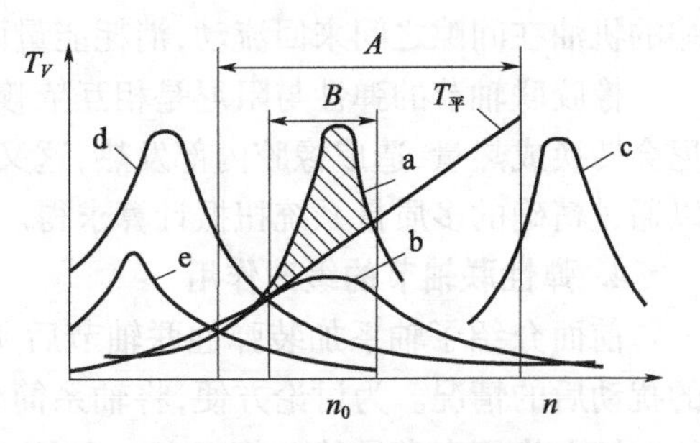


图 6.1.11 弹性联轴节的阻尼减振

弹性联轴节能对轴系起调频和减振的作用，但是无法消除扭振。也就是系统中仍然存在各阶次的临界转速。如果某一个阶次的临界转速仍然没有被移出轴系的工作范围之外，或者虽然已经被移出，但是在低于工作转速的区域内如果存在某一个或几个阶次的临界转速，那么在从启动加速到工作转速以及从工作转速降速至停车的过程中，还是存在着要通过临界转速的问题，如果通过的速度比较慢，说明在临界转速区域内逗留的时间就会相对长一些。而扭振节点通常在弹性联轴节处(因为它的扭转刚度相对较小)，容易损坏弹性联轴节。因此，当采用弹性联轴节进行调频或减振时，必须对系统的扭振特性进行详尽的计算和分析，以选择合适的弹性联轴节。

弹性联轴节的弹性对系统扭转刚度的影响较大，阻尼也是表征弹性联轴节减振性能的重要参数。

1)弹性

弹性是以扭转刚度或柔度表示的。扭转刚度 $C$ 定义为单位扭转变形 $\theta$ 所需的扭矩 $M$。可表示为

$$C = M/\theta \quad (\mathrm{N \cdot m/rad}) \tag{6.1.2}$$

柔度 $e$ 是刚度 $C$ 的倒数，即

$$e = 1/C \quad (\mathrm{rad/(N \cdot m)}) \tag{6.1.3}$$

弹性联轴节的扭转刚度分静刚度和动刚度两种。静刚度是指在平均扭矩作用下产生静扭转变形时的刚度，它对于给定的弹性联轴节来说是固定不变的。动刚度是指弹性联轴节在承受变动扭矩时的刚度，振动计算中应采用动刚度。一般动刚度大于静刚度。这是因为阻尼的作用，使应力与应变有一个时间差而产生阻尼滞后。对于橡胶弹性联轴节来说，动刚度与振动频率、振幅、橡胶的配方、硬度等参数有关，其中以硬度的影响最大。弹性联轴节的结构型式不同，刚度也不同。

2)阻尼

阻尼能够吸收振动能量，降低扭振应力。一般来说，阻尼产生于以下三种情况：

(1)两个面之间的摩擦，例如轴承的摩擦；

(2)弹性系统振动时，周围空气、液体(如水、油等)对系统振动物体的阻力；

(3)振动物体本身内部的阻力，如轴材料分子间的内部摩擦。

多数弹性联轴节不仅具有弹性，而且也具有一定的阻尼。如橡胶由扭转变形而产生的内部滞后摩擦就是要消耗能量的阻尼；又如金属簧片联轴节在簧片变形过程中，不可压缩的机油在间隙之间来回流动，消耗能量而起到了阻尼扭振的作用。

橡胶联轴节的弹性与阻尼是相互依赖的，要有高的阻尼，只好降低弹性。动态下的阻尼会转换成热量，造成橡胶内部发热，这又限制了它的阻尼值。弹性联轴节的减振效果可以通过精确的多质量系统扭振计算求得。

**4. 弹性联轴节的缓冲作用**

前面介绍了轴系加装弹性联轴节后所起的减振作用，下面讨论当轴系受到非周期性的扰动后的情况。为讨论方便，将轴系简化成双质量系统并只考虑无阻尼的情况。设在从动轴上作用有常量从动载荷 $M_{d2}$，如图 6.1.12 所示。

双质量系统的方程式为

$$\begin{cases} J_1\ddot{\theta}_1 + C_{12}(\theta_1 - \theta_2) = 0 \\ J_2\ddot{\theta}_2 + C_{12}(\theta_2 - \theta_1) = T_{d2} \end{cases} \tag{6.1.4}$$

利用算子 $P = \frac{d}{dt}$,式(6.1.4)转化为

$$\begin{cases} J_1P^2\theta_1 + C_{12}(\theta_1 - \theta_2) = 0 \\ J_2P^2\theta_2 + C_{12}(\theta_2 - \theta_1) = M_{d2} \end{cases} \tag{6.1.5}$$

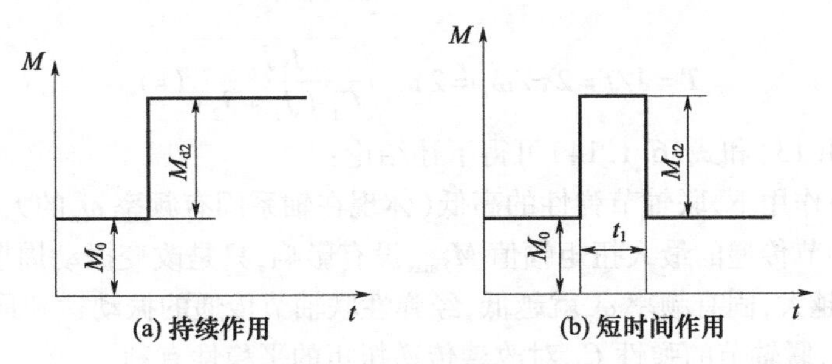


图 6.1.12 冲击载荷的作用方式

在式(6.1.5)中分别消去 $\theta_1$ 和 $\theta_2$ 可得:

$$\frac{M_{d2}}{\theta_1} = \left(\frac{P^2}{C_{12}}\right)\left[I_1I_2P^2 + C_{12}(I_1 + I_2)\right] \tag{6.1.6}$$

$$\frac{M_{d2}}{\theta_2} = P^2\frac{\left[I_1I_2P^2 + C_{12}(I_1 + I_2)\right]}{I_1P^2 + K} \tag{6.1.7}$$

将双质量系统的自由振动频率 $\omega_n = \sqrt{\frac{J_1 + J_2}{J_1J_2}C_{12}}$ 代入式(6.1.7)并整理后得:

$$\theta_1 = \frac{M_{d2}}{J_1 + J_2}\left(\frac{t^2}{2} - \frac{1 - \cos\omega_n t}{\omega_n{}^2}\right) \tag{6.1.8}$$

$$\theta_2 = \frac{M_{d2}}{J_1 + J_2}\left(\frac{t^2}{2} + J_1\frac{1 - \cos\omega_n t}{J_2\omega_n{}^2}\right) \tag{6.1.9}$$

两个质量间的角位移差为

$$\theta_1 - \theta_2 = M_{d2}(1 - \cos\omega_n t)/J_2\omega_n{}^2 \tag{6.1.10}$$

所以,轴内产生的反应力矩为

$$M_S = C_{12}(\theta_1 - \theta_2) = C_{12}M_{d2}(1 - \cos\omega_n t)/J_2\omega_n{}^2 = J_1M_{d2}(1 - \cos\omega_n t)/(J_1 + J_2) \tag{6.1.11}$$

这就是在外冲击 $M_{d2}$ 作用下在轴段中的扭矩响应。从式(6.1.11)可见,轴系在冲击载荷作用下,其传递扭矩的大小除与转动惯量有关外,还与冲击载荷作用时间的长短有关。下面考虑如图 6.1.12 所示两种冲击载荷作用下的情况:

1)冲击载荷突然作用后,在长时间内保持不变

如图 6.1.12(a)所示,此时,经弹性联轴节传递的总扭矩 $M_1$ 为

$$M_1 = M_0 + J_1M_{d2}(1 - \cos\omega_n t)/(J_1 + J_2)\ (\text{N}\cdot\text{m}) \tag{6.1.12}$$

式中 $M_0$——经弹性联轴节传递的稳定扭矩(N·m);

$M_{d2}$——作用在从动轴上的冲击扭矩(N·m);

$t$——冲击载荷的持续时间(s);

$\omega_n$——轴系的固有频率。

当 $t=\pi/\omega_n$ 时,经弹性联轴节传递的扭矩达最大值 $M_{1\max}$:

$$M_{1\max}=M_0+2J_1M_{d2}/(J_1+J_2)(\mathrm{N\cdot m}) \tag{6.1.13}$$

由式(6.1.13)可知,如果发生冲击扭矩一侧轴上的转动惯量较小(即上例从动轴上的转动惯量 $J_2$),则经弹性联轴节传递的振动扭矩接近于冲击扭矩 $M_{d2}$ 的2倍。联轴节的振动周期 $T$ 为

$$T=1/f=2\pi/\omega_n=2\pi\sqrt{\frac{J_1J_2}{C_{12}(J_1+J_2)}}(\mathrm{s}) \tag{6.1.14}$$

分析式(6.1.13)和式(6.1.14)可得下述结论:

在冲击载荷作用下,联轴节弹性的高低(体现在轴系固有频率 $\omega_n$ 的大小上)对冲击载荷引起并经联轴节传递的最大扭矩幅值 $M_{1\max}$ 没有影响,只是改变振动周期 $T$ 的长短。联轴节的弹性 $C_{12}$ 越大,固有频率 $\omega_n$ 就越低,经弹性联轴节传递的振动达到最大值 $M_1$ 的时间 $T$ 就越长。因而,联轴节的弹性 $C_{12}$ 对改善传递扭矩的平稳性有利。

影响经弹性联轴节传递的最大扭矩幅值 $M_1$ 的因素之一是联轴节两侧转动惯量的比值。当作用有冲击载荷一侧的转动惯量 $J_2$(从动侧)大于另一侧 $J_1$ 时,就能减小传给主动侧冲击载荷的数值。

当弹性联轴节具有阻尼时,由于阻尼要消耗一部分冲击能量,因而也能减小传给主动侧冲击载荷的数值。通常,阻尼是降低冲击扭矩幅值的最重要的因素。图6.1.13所示为在冲击载荷长时间作用下的扭矩特性。图中1表示突然增加的扭矩;2表示无阻尼联轴节传递的扭矩;3表示有阻尼联轴节传递的扭矩。

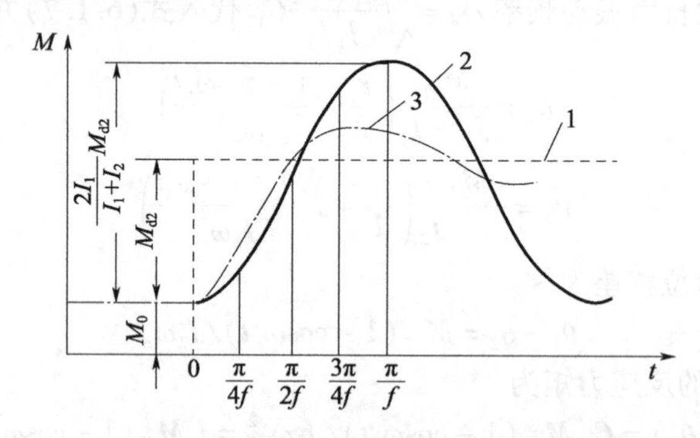


图6.1.13 冲击载荷长时间作用下的扭矩特性

2)冲击载荷突然作用后,只持续一段较短的时间 $t_1$ 后就恢复到正常值

如图6.1.12(b)所示。当冲击载荷持续作用的时间 $t_1\geqslant\pi/\omega_n$,即大于或等于固有频率的一半时,从图6.1.13可以看出,经弹性联轴节传递的扭矩仍有时间达到最大值。因此,这种受短时冲击的情况和受长时冲击的情况一样,在 $0<t<t_1$ 这段时间内,当不考虑阻尼时,经联轴节传递的扭矩仍可用式(6.1.11)计算;只有当 $t<\pi/\omega_n$ 时,才属于受突然的短时冲击载荷。此时经联轴节传递的振动扭矩可按上述方法求得相应的计算式。

当时间区间为 $0\leqslant t\leqslant t_1$ 时(即从冲击载荷开始作用到消失的时间),由冲击载荷引起的经联轴节传递的总扭矩与受长时冲击的情况相同,即仍可用式(6.1.12)计算。

对于$t \geqslant t_1$的时间段，即在冲击消失之后的某一时间，经联轴节传递的总扭矩$M_1$为

$$M_1 = M_0 + \frac{J_1 M_{d2}}{J_1 + J_2}[\cos\omega_n(t - t_1) - \cos(\omega_n t)](\text{N}\cdot\text{m}) \tag{6.1.15}$$

因冲击引起的两半联轴节之间的相对扭转角$\varphi$为

$$\varphi = \frac{M_{d2}}{J_2 {\omega_n}^2}[\cos\omega_n(t - t_1) - \cos(\omega_n t)](\text{rad}) \tag{6.1.16}$$

式中　$M_0$——联轴节传递的稳定扭矩(N·m)；

$t_1$——冲击载荷作用的时间(s)；

$t$——从冲击载荷开始作用至消失后某一时刻的时间(s)。

由上可知，在短时冲击载荷作用下，联轴节传递的最大扭矩随$t_1$与$\omega_n$之间的关系而变。例如，当$t_1 = \pi/2\omega_n(t = 3\pi/4\omega_n)$时，经联轴节传递的最大扭矩$M_{1\max}$为

$$M_{1\max} = M_0 + 1.41 M_{d2} J_1/(J_1 + J_2)(\text{N}\cdot\text{m})$$

当$t_1 = \pi/4\omega_n(t = \pi/1.96\omega_n)$时，

$$M_{1\max} = M_0 + 0.76 M_{d2} J_1/(J_1 + J_2)(\text{N}\cdot\text{m})$$

当$t_1 = \pi/8\omega_n(\text{t} = \pi/1.767\omega_n)$时，经联轴节传递的最大扭矩$M_{1\max}$为

$$M_{1\max} = M_0 + 0.39 M_{d2} J_1/(J_1 + J_2)(\text{N}\cdot\text{m})$$

由此可见，随冲击载荷作用时间的缩短，经联轴节传递的最大扭矩也随之减小。或者在冲击载荷作用时间相同的条件下，只要所选联轴节的弹性相当大，使得轴系的固有频率低到能满足$\pi/4\omega_n > t_1$，就能使得经联轴节传递的最大变动扭矩小于冲击扭矩。图6.1.14所示即为冲击载荷作用时间的长短与经联轴节传递的最大变动扭矩大小之间的关系。

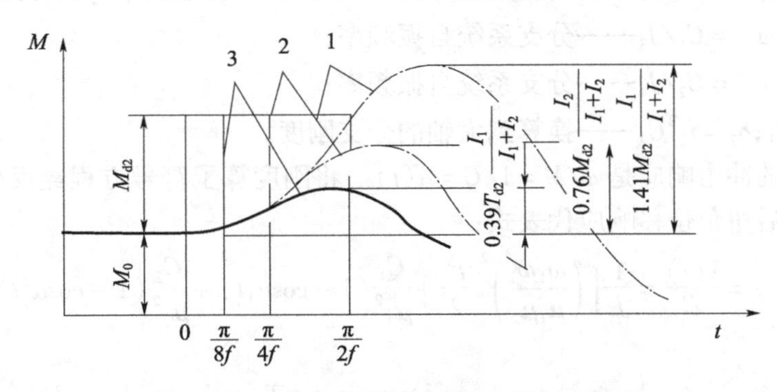


图6.1.14　冲击载荷短时作用下的扭矩特性

图6.1.14中：

1——持续时间$t = \pi/2\omega_n$时，经联轴节传递的最大变动扭矩；

2——持续时间$t = \pi/4\omega_n$时，经联轴节传递的最大变动扭矩；

3——持续时间$t = \pi/8\omega_n$时，经联轴节传递的最大变动扭矩。

综上所述，有冲击载荷作用时，选择具有弹性的联轴节，能够起到缓冲作用。究竟需要多高的弹性，则与冲击载荷持续作用的时间、轴系的转动惯量等因素有关。一般地，联轴节的承载能力随弹性的增加而降低。因此，对于大型的和需要量较多的联轴节，如果按上述方法选择，则其尺寸和质量都将加大，从而增加制造成本并增加轴系的径向载荷。为

此,当冲击载荷的作用次数不多时,可以采用安全型或具有较高阻尼的弹性联轴节。

作为一个例子,下面再分析图 6.1.15 所示的 CODAD 型并车装置弹性系统。

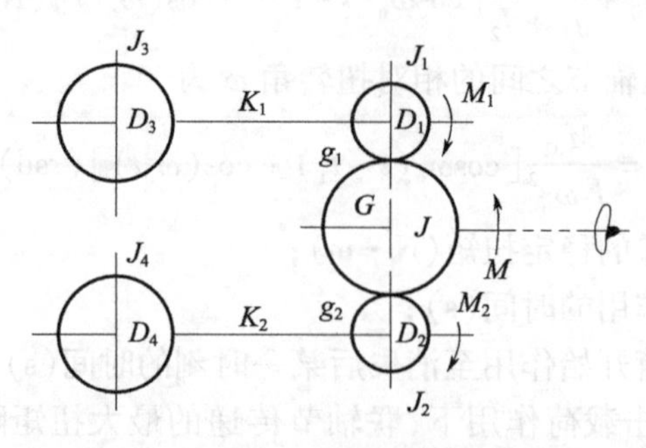


图 6.1.15　CODAD 型双机并车装置

令大齿轮组的角位移为 $\varphi$,刚度为 $C$,则并车系统的力矩方程是

$$M = C\varphi = J\frac{\mathrm{d}^2\varphi}{\mathrm{d}t^2} + M_1 + M_2 \tag{6.1.17}$$

其算子符号方程为

$$M = C\varphi = JP^2 + M_1 + M_2 \tag{6.1.18}$$

求解式(6.1.18)可得到刚度 $C$ 的算子符号方程:

$$C = \frac{J_r P^2\left[(P^2+{\omega_1}^2)(P^2+{\omega_2}^2) + \frac{\delta_1}{J_r}(P^2+{\omega_2}^2) + \frac{\delta_2}{J_r}(P^2+{\omega_1}^2)\right]}{(P^2+{\omega_1}^2)(P^2+{\omega_2}^2)} \tag{6.1.19}$$

式中　$J_r = J + {i_1}^2 J_1 + {i_2}^2 J_2$——齿轮组换算到大轴上的转动惯量,$i_1, i_2, \cdots$为减速比;

${\omega_1}^2 = C_1/J_3$——分支系统自振频率;

${\omega_2}^2 = C_2/J_4$——分支系统自振频率;

$\delta_1 = {i_1}^2 C_1; \delta_2 = {i_2}^2 C_2$——换算到大轴的分支刚度。

大齿轮组的冲击响应是 $\varphi/M = 1/C = A(t)$。将刚度算子符号方程经反变换后得到大齿轮组受冲击后扭角位移响应代表式:

$$A(t) = \frac{1(t)}{C} = \frac{1}{J_r}\left[\left(\frac{\omega_1\omega_2}{\mu_1\mu_2}\right)^2\frac{t^2}{2} + \frac{C_1}{{\mu_1}^2}(1-\cos\mu_1 t) + \frac{C_2}{{\mu_2}^2}(1-\cos\mu^2 t)\right] \tag{6.1.20}$$

系数

$$C_1 = \frac{({\omega_1}^2-{\mu_1}^2)({\omega_2}^2-{\mu_1}^2)}{{\mu_1}^2({\mu_2}^2-{\mu_1}^2)}; C_2 = \frac{({\omega_1}^2-{\mu_2}^2)({\omega_2}^2-{\mu_2}^2)}{{\mu_2}^2({\mu_1}^2-{\mu_2}^2)} \tag{6.1.21}$$

式中　$\mu_1, \mu_2$——并车系统的两个自振频率。

分析式(6.1.44)和式(6.1.45)可知,为了降低冲击响应 $A(t)$,缓和齿面敲击,除了将整个弹性系统的两个自振频率 $\mu_1$ 和 $\mu_2$ 设计得尽可能低以外,还必须减小分支系统的自振频率 $\omega_1$ 和 $\omega_2$。因此在柴油机和齿轮箱之间加装弹性联轴节(或高弹性离合器)是提高抗冲击能力的有效措施。

### 6.1.3　万向联轴节

随着现代舰船对减振降噪要求的不断提高,舰船的柴油主机一般采用弹性支承,而后传动装置中的齿轮箱或推力轴承等机械则采用刚性支承。这样,两者之间的连接必须要适应由于柴油主机采用弹性支承而引起的位移(包括角位移)变化较大这个特点。对于要求比较高的场合,如柴油主机采用双层隔振时,一般在主机与传动齿轮箱之间要加设万向联轴节,因为万向联轴节具有很大的补偿能力且传动效率也较高。

万向联轴节主要被用来连接几何中心线有严重偏差的两根传动轴,它能够当两轴轴线的夹角在35°~45°范围内变化时,保证所连接的两轴连续回转,可靠地传递扭矩。所传递的扭矩范围和转速范围(即传递能力)都较大,结构紧凑,传动效率高,维修保养比较方便。

万向联轴节可以分为不等角速度传递和等角速度传递两大类。前者不能保证主、从动轴的转动在每一个瞬间都是同步的,也就是主、从动轴之间的转速比不是恒等于1,而是周期性变化的。变化的频率就是轴的转速,变化的幅值则取决于主、从动轴之间的偏差程度。但是其结构比较简单,如十字轴单万向联轴节等。后者则还能保证主、从动轴的转动在每一个瞬间都是同步的,也就是主、从动轴之间的转速比恒等于1。如双联式万向联轴节、凸块式万向联轴节、三销式万向联轴节、球叉式万向联轴节和球笼式万向联轴节等。

当在主、从动轴的端部分别各设置一个万向联轴节,且用在运转中允许长度有变化的内外花键轴连接主、从万向联轴节时,可以可靠地连接不在同一平面内的空间相交的且相交的状态在不断变化的两根轴。

舰船用万向联轴节要求传递功率大,工作转速高;在外形尺寸上对长度的要求很严格;通常还要求其长度能适应在工作中不断变化,因为主机在弹性支承下运转或遭受外界冲击时,主、从两轴端间的长度必然会有变化。因此,目前舰船上多采用十字轴双万向联轴节。

## 6.2 离合器

### 6.2.1 概述

离合器是舰船推进模块中很重要的传动装置。用离合器连接的两根轴段可以在运转中很方便地实现接合或分离。其主要功能如下:

(1)接合时,把主动轴的功率传给从动轴;脱开时,使主、从动轴分离,便于原动机空载启动或空车运转。

(2)与齿轮一起组成倒顺车或双(多)速离合器,在主动轴的转向或转速不变时,改变从动轴的转向或转速。

(3)与齿轮箱共同组成并车装置,构成同型机或异型机的功率合并或交替使用。

(4)实现原动机的一机多用。

(5)实现转速超越,自动切入和脱开。

(6)某些离合器还具有高弹性、高阻尼特性,能起到缓冲和削弱扭转振动、轴向振动的作用,还能补偿主、从部件之间的偏差和轴向相对位移。

对于舰船用离合器,一般要求其离合的时间短;工作寿命与主机相适应;传递效率尽可能高;质量尺寸尽可能小;工作无冲击、无噪声;能有效地降低轴系的扭振及横向(回旋)振动;结构简单、操纵使用方便;拆装、维修保养的工作量少;耗能尽可能小。

**1. 离合器的分类**

目前,舰船用离合器的类型相当多,分类的方法也很多,下面介绍几种常见的分类方法。

1)按离合器的结合和分离是否可直接操纵来区分

可以分成直接操纵式离合器和自动离合器两大类。

(1)直接操纵式离合器。

这种离合器的结合和分离动作的完成,随时由操纵人员决定,因此很机动。舰船用离合器大多数属于这一类。

(2)自动离合器。

自动离合器主要有超越式离合器、离心离合器和安全离合器等数种。这些离合器的结合或分离动作不能由人员直接操纵来完成,而是当达到某一个或几个预先设定的条件时自动完成的。这类离合器按照预先设定条件的不同,又可分成很多种,而且具有一定的保护功能。例如,当主、从动轴之间的转速差或者所传递的扭矩达到某个预先设定的数值时,即自动结合或分离。有的可以防止在结合时主、从动部件遭受过大的冲击;有的在接合后所传递的扭矩过大时,即自行脱开,从而可防止损坏传动部件等情况的发生。这类离合器中的自动同步离合器在双机或多机并车型推进模块中常被用于功率的自动切换。

2)按离合器传递扭矩的动力方式区分

主要有三种类型:

(1)摩擦副式离合器。

即利用摩擦副表面之间的机械摩擦力把主动轴的扭矩传递给从动轴。

(2)液力离合器。

利用液体传递扭矩。这种离合器使得主动轴与从动轴之间没有机械联系,因而具有良好的隔振、缓冲性能,但是存在能量的二次转换,因此传递效率较低。

(3)电磁离合器。

利用电磁感应原理实现主、从动轴的离合。其特点与液力离合器类似,主动轴与从动轴之间没有机械联系。它的工作原理类似于交流异步电动机。传递扭矩的大小与主、从动轴之间的滑差 $S$ 有关。当 $S$ 在较小的值域内变化时,主、从动部件之间的电磁力矩与 $S$ 值几乎成正比关系,且比例常数相当大,也就是当 $S$ 值由零变大时,电磁力矩增加得非常快,最大时可达额定扭矩的2.5倍以上;在超过最大扭矩后,随着 $S$ 值的继续增大,电磁力矩反而减小,二者之间近似成反比。由此可见,在大滑差时传递扭矩的能力较小,不利于实现紧急倒车。为此,有的电磁离合器采用了双笼式结构、控制励磁电流等手段来改善大滑差时其制动力矩太小的缺点。此外,它也存在能量的二次转换,传递效率也较低。

3)在摩擦离合器中,按照压紧摩擦副正压力的来源不同分类

(1)机械作用式。

这类离合器压紧摩擦副的正压力来自人力(最多加杠杆式机械扩力机构)由于人力的大小很有限,因而这类离合器不宜用于操纵频率高、传递扭矩大的场合。

(2)液压操纵式。

利用压力油的作用力,使摩擦副压紧。压力油可以产生很大的压紧力,达0.7~

3.5MPa。适用于操纵体积小而传递扭矩大的各种离合器。

(3)气动操纵式。

利用压缩空气的作用,使摩擦副压紧。气动操纵可以产生极大的压紧力。压力一般为0.4~0.85MPa。排气无污染,可用于各种容量,特别是大型离合器的操纵。其典型结构有气胎离合器等。

(4)电磁操纵离合器。

利用电磁吸力控制摩擦副的离合。这种离合器的操纵方便,所需的离合时间短,易于实现遥控和自控。但由于电磁吸力不可能很大,因此能传递的扭矩较小。

4)按照摩擦片的形状分类

摩擦离合器更常用的分类方法是按照摩擦片的形状进行分类。常见的有以下三种,见图6.2.1。

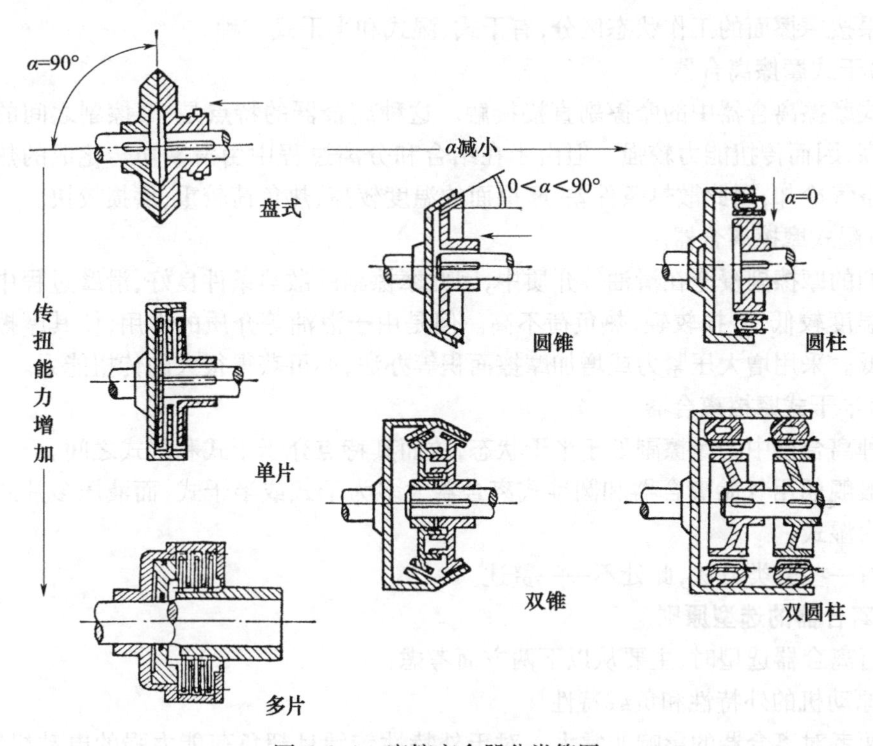


图6.2.1 摩擦离合器分类简图

(1)圆盘式。

其摩擦表面是圆盘的两侧(或某一侧)平面。摩擦表面与轴线的夹角 $\alpha=90°$。根据传扭能力的不同,又有单片式与多片式两种。单片式摩擦离合器的结构简单,但传递扭矩小;多片式则相反。此外,多片式摩擦离合器在分离时往往因摩擦片太多而不易完全分离,导致“带排”。为了克服这个缺陷,往往在结构上采用双作用油缸式的摩擦离合器。

(2)圆锥式。

这种离合器的摩擦表面是圆锥形,亦即为内外摩擦锥体。摩擦表面与轴线的夹角 $\alpha$ 在0°~90°。圆锥式摩擦离合器有单锥体和双锥体两种。这种摩擦离合器还可以与橡胶式高弹性联轴节组合成高弹性圆锥摩擦离合器。

(3)圆柱式。

圆柱式摩擦离合器的摩擦面是圆柱面,即摩擦副是内外摩擦圆柱体。摩擦表面与轴线的夹角 $\alpha=0°$。目前最常见的是气胎离合器,由内、外两个鼓轮组成。气胎可以装在内鼓轮上,也可以装在外鼓轮上;主动轴端既可以装内鼓轮,也可以装外鼓轮。因此圆柱式摩擦离合器又可以派生出四种结构方式。它们各有特点,应该根据需要选择。

在舰船上通常是内部固定有气胎的外鼓轮装在主动轴端,气胎的内表面装有易于更换的摩擦块;内鼓轮是一个具有圆柱形轮缘的钢质轮,固定在从动轴端。气胎充气时,即向内膨胀,将摩擦块紧压在内鼓轮上,实现主、从轴的结合。当气胎内通大气时,气胎的弹性将摩擦块缩回,主、从轴即分离。与圆锥式摩擦离合器相同,气胎离合器也有单气胎和双气胎两种结构,还可与板簧式联轴节组合成为高阻尼气胎离合器。

5)按摩擦面的工作状态区分

如果按摩擦面的工作状态区分,有干式、湿式和半干式三种。

(1)干式摩擦离合器。

干式摩擦离合器中的摩擦副直接接触。这种离合器的特点是:摩擦副之间的摩擦系数比较高,因而传扭能力较强。但由于在结合和分离过程中由滑摩功转化成的热量仅靠周围的空气冷却,因此散热条件差,摩擦面的温度较高、热负荷较重,磨损较快。

(2)湿式摩擦离合器。

它们的摩擦副浸泡在滑油等介质中,因此摩擦副的散热条件良好,滑摩过程中摩擦副表面的温度较低,磨损较轻,热负荷不高。但是由于滑油等介质的作用,使其摩擦系数较干式为低。采用增大压紧力或增加摩擦面积等办法,亦可获得很大的传扭能力。

(3)半干式摩擦离合器。

这种离合器中的摩擦副处于半干状态,故而其特点介于干式和湿式之间。

一般舰船用气胎离合器和圆锥式离合器大多为干式或半干式,而液压多片式离合器则大多为湿式。

还有一些分类方法,此处不一一赘述。

**2. 离合器的选型原则**

进行离合器选型时,主要从以下两方面考虑:

1)原动机的外特性和负载特性

这两者对离合器的影响非常大。对于外特性较硬且超负荷能力强的电动机,应选用容量大的离合器;内燃机的外特性较软且超负荷能力很小,为避免负荷剧烈变动时导致内燃机失速等不利影响,不应选择容量过大的离合器,在某些特殊的场合下,还可能要为其配置具有一定保护功能的离合器。

负载的影响主要由其性质所决定。一般来说,对于较均匀的负载,可选用容量小的离合器;对于冲击负载,则应选择容量大的离合器。

2)离合器本身的特性和适应性

(1)摩擦式离合器利用摩擦副之间的摩擦力传递转矩,可以在很大的转速差情况下进行结合或分离且离合过程平稳,因此其应用十分广泛。但是这类离合器在离合过程中不可避免地存在很大的摩擦热,而且完成离合过程需要一段时间(这个指标直接影响到推进模块的机动性),因而在选型时必须要充分考虑,而且是进行计算校核的重要内容。

（2）摩擦式离合器有完成离合动作所需的时间问题。电磁式和液力离合器也有这个问题。这三种相比较，电磁式所需的时间最短，摩擦式较长，液力离合器最长。

在摩擦式离合器中，以电磁力控制离合所需的时间最短，气动式次之，液动式所需时间最长。

（3）有些离合器如气胎离合器还兼有隔振、缓冲、补偿等功能，液力离合器则兼有隔振和缓冲功能。在选型时应根据推进模块的全局要求进行选择。

（4）离合器的操纵方式、操纵的方便程度、结构上是否便于管理维修、寿命的长短、冷却方式、标准化和系列化的程度等都是应当综合考虑的因素。

随着工业技术的发展，离合器已逐步成为一种相当成熟的传动部件，传扭范围不断扩大。目前传扭能力最小的只有3N·m，而最大的已达$11.5 \times 10^6$N·m；新型结构离合器不断地出现，而且已发展成规格化的离合器。每一种都已形成了相应系列的产品，以适应不同工况的要求。只要熟悉它们的特性，就能为我们的选型提供很有利的条件。

### 6.2.2 摩擦式离合器

**1. 摩擦式离合器的工作原理**

摩擦式离合器靠摩擦副之间的摩擦力来传递扭矩。在结合状态下，通过摩擦离合器传递的扭矩$M_T$为

$$M_T = Q \cdot \mu \cdot R \tag{6.2.1}$$

式中 $Q$——摩擦副之间的正压力；

$\mu$——摩擦副之间的摩擦系数；

$R$——摩擦副的平均半径。

式（6.2.1）是计算任何结构型式摩擦离合器的传递扭矩大小的基本公式。

对于直接操纵式摩擦离合器而言，摩擦副之间的正压力$Q$取决于气体压力、液压的高低或电磁吸力的大小，也就是存在一个最大值$Q_{max}$；摩擦系数$\mu$有动、静之分，静摩擦系数$\mu_{max}$是其中最大的。因此摩擦离合器在结合状态下能够传递的最大扭矩$M_{T\max}$与由摩擦离合器传递的扭矩$M_T$之间必须满足下列条件：

$$M_{T\max} = Q_{\max} \cdot \mu_{\max} \cdot R \geqslant M_T \tag{6.2.2}$$

摩擦离合器在结合且不打滑的状态下，有四个基本特点：

（1）如果略去带动诸如附属油泵等附属机械的损失、轴承处的摩擦损失以及鼓风等损失，则通过摩擦副所传递的扭矩$M_T$与主动轴上的扭矩$M_1$、从动轴上的扭矩$M_2$相等；

（2）主动轴的转速$n_1$和从动轴上的转速$n_2$相等，转向也相同；

（3）摩擦离合器的传动效率$\eta = M_2 \cdot n_2 / M_1 \cdot n_1 = 1$；

（4）为防止摩擦离合器在过载、受冲击等恶劣情况下发生摩擦副之间的相对滑动而导致不正常的磨损甚至过热、烧坏，在设计时必须留有传递扭矩的储备，即

$$M_{T\max} = K \cdot M_H \tag{6.2.3}$$

式中 $K \geqslant 1$——通常称为扭矩储备系数；

$M_H$——主动轴的额定扭矩。

**2. 摩擦离合器的设计计算**

1)摩擦离合器传扭能力的计算

如前所述,为了确保传动系统的正常运转,必须满足式(6.2.2)的要求。也就是在原动机输出扭矩不均匀、从动轴出现一定程度的过载或冲击、摩擦副之间的正压力或摩擦系数因各种原因略有降低等情况下,保证摩擦副之间不会打滑,要求扭矩储备系数 $K \geqslant 1$。

(1)圆盘式摩擦离合器的传扭能力。

如图6.2.2所示,设摩擦片的外半径为 $r_{max}$,内半径为 $r_{min}$,正压力 $Q$ 均匀地作用在整个摩擦片的环形表面积上。则根据式(6.2.1)得知摩擦片环形表面积上的比压 $q$ 为

$$q = Q/F = Q/\pi({r_{max}}^2 - {r_{min}}^2) \tag{6.2.4}$$

一对摩擦面传递的转矩 $M_T$ 为

$$M_T = \int_{r_{min}}^{r_{max}} \mathrm{d}m = \int_{r_{min}}^{r_{max}} 2\pi rq\mu r\mathrm{d}r = \frac{2}{3}\pi\mu q(r_{max}^3 - r_{min}^3)\ (\mathrm{N \cdot m}) \tag{6.2.5}$$

若摩擦离合器有 $Z$ 对摩擦面,则传递的转矩 $M_T$ 为

$$M_T = 2Z\pi\mu q\frac{r_{max}^3 - r_{min}^3}{3}(\mathrm{N \cdot m}) \tag{6.2.6}$$

令 $C = r_{min}/r_{max}$(称为摩擦片尺寸系数)并代入式(6.2.6),则有:

$$M_T = 2\pi Z\mu q{r_{max}}^3(1 - C^3)/3(\mathrm{N \cdot m}) \tag{6.2.7}$$

将式(6.2.4)代入式(6.2.7),且令 $R_T = 2({r_{max}}^3 - {r_{min}}^3)/3({r_{max}}^2 - {r_{min}}^2)$,则可得:

$$M_T = Z\mu QR_T(\mathrm{N \cdot m})(R_T\text{称为摩擦半径}) \tag{6.2.8}$$

将式(6.2.3)代入式(6.2.7)并整理后,可知所设计的摩擦片的外半径 $r_{max}$ 为

$$r_{max} = 0.78\sqrt[3]{\frac{KM_H}{\mu qZ(1 - C^3)}} \tag{6.2.9}$$

由式(6.2.9)可知,摩擦盘的结构尺寸 $r_{max}$ 主要取决于所传递的额定扭矩 $M_H$、扭矩储备系数 $K$ 以及 $\mu$、$q$、$Z$、$C$。下面作简要分析:

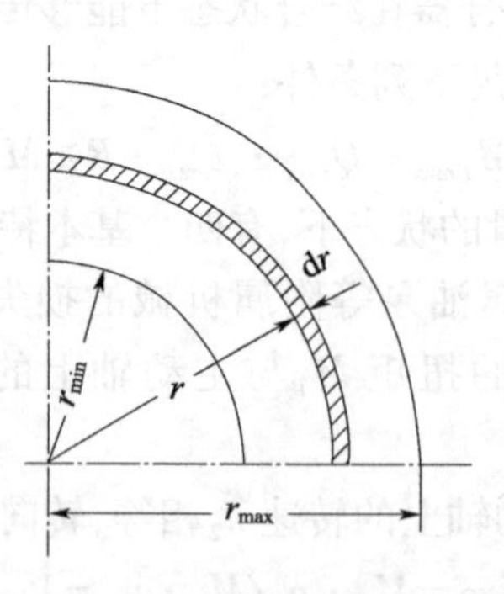


图6.2.2 摩擦片比压值计算图

①摩擦系数 $\mu$、比压 $q$ 主要取决于摩擦材料的摩擦性质和强度。常用的摩擦副的摩擦系数、许用比压和许用温度见表6.2.1。

表6.2.1 摩擦副的种类及其摩擦系数、许用比压和许用温度

<table>
<tr><th colspan="2">摩擦副</th><th colspan="2">静摩擦系数</th><th colspan="2">动摩擦系数</th><th colspan="2">许用比压[p]/(N/cm²)</th><th colspan="2">许用温度/℃</th></tr>
<tr><th>摩擦材料</th><th>对偶材料</th><th>干式</th><th>湿式</th><th>干式</th><th>湿式</th><th>干式</th><th>湿式</th><th>干式</th><th>湿式</th></tr>
<tr><td>淬火钢</td><td>淬火钢</td><td>0.15~0.2</td><td>0.05~0.1</td><td></td><td></td><td>20~40</td><td>60~100</td><td>260</td><td rowspan="10"><120</td></tr>
<tr><td>铸铁</td><td>铸铁</td><td>0.15~0.25</td><td>0.05~0.12</td><td></td><td></td><td>20~40</td><td>60~100</td><td>300</td></tr>
<tr><td>铸铁</td><td>钢</td><td>0.15~0.2</td><td>0.05~0.1</td><td></td><td></td><td>20~40</td><td>60~100</td><td>260</td></tr>
<tr><td>青铜</td><td>青铜、铸铁、钢</td><td>0.15~0.2</td><td>0.06~0.12</td><td></td><td></td><td>20~40</td><td>60~100</td><td>150</td></tr>
<tr><td>铜基粉末冶金</td><td>铸铁、钢</td><td>0.25~0.35</td><td>0.08~0.1</td><td></td><td></td><td>100~200</td><td>150~250</td><td>560</td></tr>
<tr><td>铁基粉末冶金</td><td>铸铁、钢</td><td>0.3~0.4</td><td>0.10~0.12</td><td></td><td></td><td>150~250</td><td>200~300</td><td>680</td></tr>
<tr><td>石棉基摩擦材料</td><td>铸铁、钢</td><td>0.25~0.35</td><td>0.08~0.12</td><td></td><td></td><td>20~30</td><td>40~60</td><td>260</td></tr>
<tr><td>夹布胶木</td><td>铸铁、钢</td><td>—</td><td>0.10~0.12</td><td></td><td></td><td>—</td><td>40~60</td><td>150</td></tr>
<tr><td>皮革</td><td>铸铁、钢</td><td>0.3~0.4</td><td>0.12~0.15</td><td></td><td></td><td>7~15</td><td>15~28</td><td>110</td></tr>
<tr><td>软木</td><td>铸铁、钢</td><td>0.3~0.5</td><td>0.15~0.25</td><td></td><td></td><td>5~10</td><td>10~15</td><td>110</td></tr>
<tr><td rowspan="3">纸基摩擦材料<br>ZM-015<br>F-18</td><td rowspan="3">钢</td><td>—</td><td>0.12~0.2</td><td></td><td>0.06~0.13</td><td></td><td></td><td></td><td></td></tr>
<tr><td>—</td><td>0.07~0.15</td><td></td><td>0.06~0.12</td><td></td><td></td><td></td><td></td></tr>
<tr><td></td><td></td><td></td><td></td><td></td><td></td><td></td><td></td></tr>
<tr><td rowspan="3">碳基摩擦材料<br>C-25<br>TMS-1</td><td rowspan="3">钢</td><td>—</td><td>0.12~0.15</td><td></td><td>0.08~0.10</td><td></td><td></td><td></td><td></td></tr>
<tr><td>—</td><td>0.12~0.15</td><td></td><td>0.09</td><td></td><td></td><td></td><td></td></tr>
<tr><td></td><td></td><td></td><td></td><td></td><td></td><td></td><td></td></tr>
<tr><td rowspan="3">半金属摩擦材料<br>301E22-2<br>316</td><td rowspan="3">钢</td><td></td><td></td><td>0.31~0.49</td><td></td><td></td><td></td><td></td><td></td></tr>
<tr><td></td><td></td><td>0.36~0.49</td><td></td><td></td><td></td><td></td><td></td></tr>
<tr><td></td><td></td><td>0.30~0.45</td><td></td><td></td><td></td><td></td><td></td></tr>
</table>

②转矩储备系数$K$。

正如前面所述,要确保离合器正常运转,其传扭能力必须超过主机的额定扭矩。主要是考虑到在下述情况下离合器仍能正常可靠地传递扭矩而不打滑:

a. 主机输出扭矩存在不均匀;

b. 离合器的从动件上发生过载或冲击载荷时;

c. 摩擦副工作环境的变化(如温度、介质等)引起摩擦系数$\mu$下降时;

d. 正压力略有降低时;

e. 摩擦副磨损时。

$K$值究竟取多大为好?这就需要从各个方面进行综合分析才能决定。

从静态考虑,为了确保不打滑,似乎$K$值越大越好。但是从结合或脱开的动态过程来看,问题就要复杂得多了。如果$K$值过大,一是使结合过程中的冲击太大;二是使离合器的尺寸和质量都偏大,质量的偏大更使结合过程中的冲击加大;三是当发生诸如螺旋桨被卡住等意外情况时,$K$值越大,对主机和其他传动装置的有效保护作用就越小;四是$K$值的大小还对动态过程中必然伴生的滑摩功有很大的影响。

因此,$K$值的选取应该有一个合理的范围,一般在1.5~2.5。选择的依据将在后续的

有关内容中进行深入的讨论。

③尺寸系数 $C$。

$C = r_{min}/r_{max}$，其取值范围是否恰当，直接影响摩擦片有效工作面积的大小和离合器能否正常、可靠地工作。

$C$ 值越大，意味着摩擦片工作环带就越窄。好处是摩擦半径 $R_T$ 增大；滑摩时，沿摩擦片半径方向上的滑摩线速度差小，因而摩擦面上的磨损和发热都较均匀，摩擦片不会因内外圈的温差过大而引起翘曲变形。但是另一方面，将导致摩擦片有效工作面积的减少、单位面积比压 $q$ 值和热负荷相应的升高，以及摩擦片过于狭窄、刚度下降、容易变形等。

$C$ 值小的情况正好与上述相反。

因此，$C$ 值既不可取得过大，也不可取得过小。一般取 0.65 ~ 0.8。

④摩擦面的对数 $Z$。

摩擦面对数 $Z$ 取得多一些，可使传扭能力成比例地提高；或在相同的传扭能力下可以减小离合器的径向尺寸。但是若摩擦片数太多会使离合器在空车时片与片之间不易完全脱开，易造成“带排”，使操纵失灵而引发事故。

此外，摩擦片太多将使离合器的轴向尺寸增加。

故而，一般取 $Z \leqslant 8$。在实际应用中，对于 $Z > 8$ 的离合器必须采取相应的措施才能解决“带排”问题。这些措施包括：

a. 尽量减少进入摩擦片之间的滑油量（因为滑油有一定的黏性）；

b. 选用适当的加工精度并适当减小摩擦片内花键与轴的外花键的间隙，以防止摩擦片过于倾斜；

c. 钢质摩擦片采用一定的波形或蝶形度。

将摩擦片分成两组，即在多层摩擦片的中部加一片具有较大厚度的承压板；将控制摩擦片用的压力油缸活塞组布置在摩擦片组合的中部并做成双向作用的型式，油缸和活塞分别对左右两组摩擦片起作用，如图 6.2.3 所示。图中共有 14 对摩擦面，分成两组，每组 7 对。离合器外圈与动力输入法兰相联，主动摩擦片的外花键嵌在离合器外圈的内花键中；从动摩擦片的内花键套在从动轴上的外花键上。液压油缸的轴向力在内部平衡；油缸的复位依靠弹簧实现。

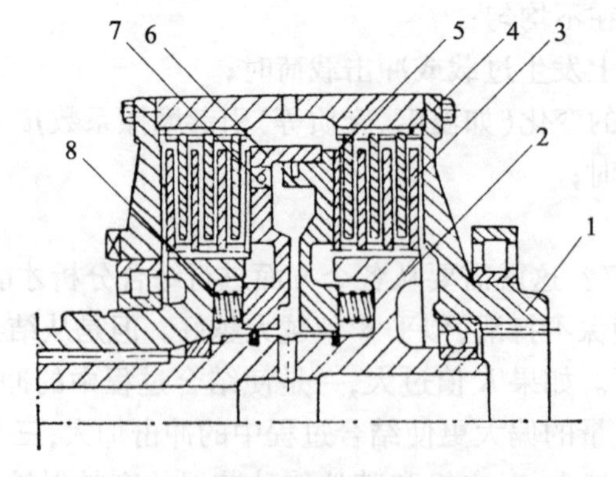


图 6.2.3　双向作用式液压多摩擦片离合器

1—离合器主动外壳；2—离合器轴；3—从动摩擦片；4—主动摩擦片；

5—活塞；6—油缸；7—泄油阀；8—返回弹簧。

如果用这些方法尚不能解决"带排"问题,还可增加使摩擦片分离的弹簧。

2)气胎式摩擦离合器的传扭能力

气胎式摩擦离合器通常根据现有的系列产品进行选型设计。国内现有的部分产品见表6.2.2。

表6.2.2 国内几种船用气胎离合器的主要参数及尺寸

| 序号 | 名称 | 符号 | 单位 | 型号或代号 | | | | | |
|---|---|---|---|---|---|---|---|---|---|
| | | | | 485Q 41-8-00 | 485Q 41-6-00 | $LL_2$ 12V230 | 6E390 ZC | 485Q 41-10-00 | 485Q 41-7-00 |
| 1 | 额定功率 | $N$ | hp | 465 | 1500 | 2200 | 2000 | 3000 | 465 |
| 2 | 额定转速 | $n$ | r/min | 52 | 600 | 750 | 500 | 400/240 | 200 |
| 3 | 额定扭矩 | $M$ | kg·m | 6400 | 1800 | 2300 | 3000 | 5400 | 90000 |
| 4 | 工作气压 | $p$ | $kg/cm^2$ | 9~10 | 9 | 8.8~11 | 8.5~10 | 9 | 14~16 |
| 5 | 接合时间 | $t_1$ | s | ≤15 | ≤15 | ≤15 | ≤15 | ≤15 | ≤15 |
| 6 | 脱开时间 | $t_2$ | s | ≤15 | ≤10 | ≤10 | ≤10 | ≤10 | ≤10 |
| 7 | 正常工作环境温度 | $T$ | ℃ | 8~50 | | | | | |
| 8 | 摩擦材料 | — | — | 石棉橡胶/铸钢 | 石棉橡胶/铸钢 | 石棉橡胶/铸钢 | 石棉橡胶/铸钢 | 石棉橡胶/铸钢 | 石棉橡胶/铸钢 |
| 9 | 扭矩储备系数 | $K$ | — | 2 | 2.2 | 2.3 | 2.2 | 2 | 2 |
| 10 | 间隙 | $\delta$ | mm | 6~8 | 5~8 | 5~8 | 6~8 | 6~8 | — |
| 11 | 外径 | $D$ | mm | 1550 | 850 | 870 | 1240 | 1500 | 2800 |
| 12 | 长度 | $L$ | mm | 430 | 460 | 575 | 370 | 470 | 800 |
| 13 | 总质量 | $G$ | kg | 1500 | — | 650 | 780 | 1564 | 11000 |
| 14 | 摩擦鼓轮直径 | $D_M$ | mm | 1180 | 580 | 590 | 930 | 1180 | — |

当气胎的规格尺寸选定后,应根据已知的工作气压计算它所能传递的最大扭矩,校验是否满足工作的要求。气胎传扭能力的计算方法如下:

气胎充气后未旋转时,摩擦块作用在摩擦鼓轮上的正压力 $Q$ 为

$$Q = 2\pi R_1 \cdot B \cdot (p_2 - p_1)\,(\mathrm{N}) \tag{6.2.10}$$

式中 $p_1$——摩擦块和摩擦鼓轮开始接触时所需的空气压力($N/m^2$);

$p_2$——储气瓶中的空气压力($N/m^2$);

$R_1$——鼓轮的半径(m);

$B$——摩擦鼓轮的宽度(m)。

当气胎旋转时,摩擦块作用在摩擦鼓轮上的正压力 $N$ 为

$$N = Q - F\ (\mathrm{N}) \tag{6.2.11}$$

式中 $F$——气胎弹性部分的质量在旋转时所产生的离心力,按下式计算:

$$F = mV^2/R_a = m(30\pi n)^2/R_a\,(\mathrm{N}) \tag{6.2.12}$$

式中 $m$——气胎弹性部分的质量(kg);

$V$——气胎弹性部分截面重心的线速度(m/s);

$R_a$——气胎弹性部分截面重心的半径(m);

$n$——气胎转速(r/min)。

气胎离合器所能传递的最大扭矩 $M_{T\max}$ 为

$$M_{T\max} = N \cdot \mu \cdot R \ (\mathrm{N \cdot m}) \tag{6.2.13}$$

式中 $R$——摩擦鼓轮的半径(m)。

由此可见,在充气压力不变的情况下,随着转速的提高,气胎弹性部分质量的离心力加大,气胎离合器所能传递的最大扭矩逐渐下降。

**3. 摩擦离合器动态性能的分析计算**

摩擦离合器结合过程动态性能的好坏,对舰船的起航、倒车、停靠码头等需要机动时的性能有很大的影响,且直接关系到传动系统的安全和可靠性。因此,掌握离合器结合过程动态性能的分析方法,是对离合器主要参数进行最优化设计和提供正确使用维护方案的主要依据之一。

1)离合过程滑摩功的计算

摩擦离合器在结合或脱开过程中不可避免地要产生滑摩。这种滑摩在紧急换向时最为严重。这是因为:对倒车用离合器而言,它在舰船紧急倒航时,要由它的滑摩,将推进系统的正转动能变成摩擦功并转化成热能消耗掉,使推进轴系首先从正转到停止、继而实现反转;螺旋桨反转后,使舰船由前进减速至停航,继而开始倒航。所以舰船的原来的前进航速越高、吨位越大、换向越紧急时,离合器摩擦副所承受的滑摩和发热就越严重。因此,在设计高比压、高速度、大负荷的离合器时,除了要计算其传扭能力外,还必须验算其滑摩功及热负荷(温升和热应力)的情况。

从理论上讲,滑摩功的大小可以根据功、能原理进行计算。即在结合(或脱开)过程中主机所发出的功应该等于在同一时间内克服螺旋桨阻力所做的功、使从动件加速所做的功(也就是使从动件的动能增加)以及消耗在离合器中的摩擦功这三个部分之总和。

下面具体分析滑摩功的计算方法。

设动力装置已简化成如图 6.2.4 所示。

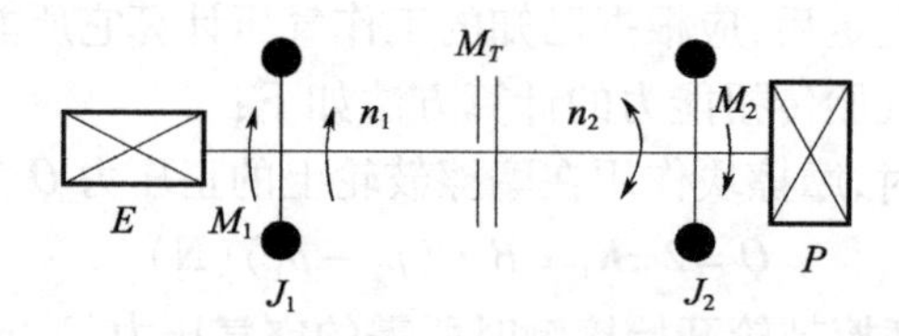


图 6.2.4 传动装置计算简图

已知:主动轴与从动轴的转动惯量分别为 $J_1$ 和 $J_2$,主动轴转矩 $M_1 = M_1(t)$,从动轴转矩 $M_2 = M_2(t)$,主动轴与从动轴的角速度分别为 $\omega_1 = \omega_1(t)$ 与 $\omega_2 = \omega_2(t)$。假设离合器完成结合(或脱开)的时间为 $T$,则有:

主机(主动件)在这段时间内所做的功 $W_1$ 为

$$W_1 = \int_0^T M_1 \omega_1 \mathrm{d}t \tag{6.2.14}$$

螺旋桨在这段时间内吸收的功 $W_2$ 为

$$W_2 = \int_0^T M_2 \omega_2 \mathrm{d}t \tag{6.2.15}$$

轴系从动件在这段时间内增加的动能 $W_3$ 为

$$W_3 = J_2(\omega_{2T} - \omega_{20})^2/2 \tag{6.2.16}$$

推进系统这段时间内机械损失所消耗的功 $W_4$ 为

$$W_4 = (1-\eta)W_1 \tag{6.2.17}$$

由此得出在时间 $T$ 内离合器摩擦副消耗的摩擦功 $W_f$ 为

$$W_f = W_1 - W_2 - W_3 - W_4 = \int_0^T M_1\omega_1 \mathrm{d}t - \int_0^T M_2\omega_2 \mathrm{d}t - \frac{1}{2}J_2(\omega_{2T} - \omega_{20})^2 - W_4 \tag{6.2.18}$$

式(6.2.18)给出了求离合器滑摩功的物理概念,它反映了整个结合(脱开)过程中总的能量关系。实际上,由于 $M_1(t)$ 和 $M_2(t)$ 相当复杂,在工程中一般都是未知的,只能给出 $M_1(\omega)$ 和 $M_2(\omega)$,因而式(6.2.18)无法直接进行积分求解。为此,必须计算先求出 $\omega_1(t)$ 和 $\omega_2(t)$。

若已知离合器滑摩过程中的扭矩特性 $M_T$,则可列出离合器的转动方程:

$$\begin{cases} J_1 \dfrac{\mathrm{d}\omega_1}{\mathrm{d}t} = M_1 - M_T \\ J_2 \dfrac{\mathrm{d}\omega_2}{\mathrm{d}t} = M_T - M_2 \end{cases} \tag{6.2.19}$$

对式(6.2.19)积分,可求出主动轴的转速 $\omega_1$ 和从动轴的转速 $\omega_2$ 与时间 $t$ 的关系:

$$\begin{cases} \omega_1 = \displaystyle\int_0^T \frac{M_1 - M_T}{J_1}\mathrm{d}t \\ \omega_2 = \displaystyle\int_0^T \frac{M_T - M_2}{J_2}\mathrm{d}t \end{cases} \tag{6.2.20}$$

当 $\omega_2 = \omega_1$ 时,即可求出完成结合过程的时间 $T$。

但是,要解出上述各式终究比较困难,可以用图解法计算滑摩功。其原理是将完成整个结合(脱开)过程的时间段 $T$,等分成若干小段的时间间隔 $\Delta T_i$,分别计算每个 $\Delta T_i$ 内的功或能,例如发动机在 $\Delta T_i$ 内做的功为 $\Delta W_{1i} = M_{1i}\omega_{1i}\Delta T_i$;螺旋桨吸收的能量为 $\Delta W_{2i} = M_{2i} \cdot \omega_{2i}\Delta T_i$;从动件转动能量的增量为 $\Delta W_{3i} = J_2 \Delta\omega_{2i}{}^2/2$;于是在该时间间隔内的滑摩功为(如果略去机械损失):

$$\Delta W_{Ti} = M_{1i}\omega_{1i}\Delta T_i - M_{2i}\omega_{2i}\Delta T_i - J_2\Delta\omega_{2i}{}^2/2 \tag{6.2.21}$$

整个结合(或脱开)过程中的滑摩功 $W_T$ 为

$$W_T = \Sigma \Delta W_{Ti} = \Sigma M_{1i}\omega_{1i}\Delta T_i - \Sigma M_{2i}\omega_{2i}\Delta T_i - \Sigma J_2 \Delta\omega_{2i}{}^2/2 \tag{6.2.22}$$

式(6.2.22)的计算非常繁复,可利用计算机采用数值积分法求出比较精确的滑摩功 $W_T$。

为了简化计算,作一些近似的假设后,可直接通过积分的方法求出滑摩功 $W_T$。

例如,假设离合器在结合或脱开的过程中主动轴的转速 $\omega_1$ 保持不变;摩擦力矩 $M_T = KM_H$ 也保持不变;螺旋桨所需的转矩 $M_P$ 仅与其角速度 $\omega_2$ 的平方成正比,比例系数为 $K_M$,即

$$M_P = K_M\omega_2{}^2 \tag{6.2.23}$$

则可求得离合器在结合完毕时的滑摩功 $W_T$ 为

$$W_T = \frac{J_2\omega_1^2 K'}{2\alpha^2}\left[\left(1+\frac{\alpha}{\sqrt{K'}}\right)\ln\left(1+\frac{\alpha}{\sqrt{K'}}\right)+\left(1-\frac{\alpha}{\sqrt{K'}}\right)\ln\left(1-\frac{\alpha}{\sqrt{K'}}\right)\right] \tag{6.2.24}$$

式中　$J_2$——从动部件的转动惯量；

$\alpha = \omega_1/\omega_H$，其中 $\omega_H$ 为主动部件的额定角速度；

$K' = 1/K$。

可见，滑摩功 $W_T$ 的大小与结合时主动件角速度 $\omega_1$ 的平方成正比，与从动部件的转动惯量 $J_2$ 成正比，此外还与 $\alpha$、$K'$ 也有关。

若更进一步假设：在离合过程中发动机的输出转矩 $M_1$、螺旋桨的阻力矩 $M_2$ 和离合器的摩擦力矩 $M_T$ 都为常数，则可得双质量系统在结合过程中的滑摩功 $W_T$ 为

$$W_T = \frac{(\omega_1-\omega_2)^2}{2\left[\left(1-\frac{M_2}{KM_H}\right)\frac{1}{J_1}+\left(1-\frac{M_2^2}{KM_1M_H}\right)\frac{1}{J_2}\right]} \tag{6.2.25}$$

式中　$\omega_1$、$\omega_2$——主、从动部件结合时的角速度；

$K$——扭矩储备系数。

2）离合器结合过程中冲击力矩的分析

离合器结合时，最大冲击力矩应当发生在牙嵌式离合器的齿牙突然互相嵌入的瞬间。因为此时呈瞬时的“全刚性”，$K\to\infty$，此时的滑摩功 $W_T$ 变成不同转速的两根轴突然刚性连接时的扭转冲击能 $W_S$（卡诺机械能）：

$$W_S = \frac{(\omega_1-\omega_2)^2}{2\left(\frac{1}{J_1}+\frac{1}{J_2}\right)} \tag{6.2.26}$$

又从材料力学可知：

$$W_S = {M_S}^2 L/2GI_P \tag{6.2.27}$$

式中　$G$——材料的切变弹性模数；

$I_P$——轴截面的极惯性矩；

$L$——$J_1$ 和 $J_2$ 之间的长度。

联立式（6.2.26）和（6.2.27），可求出双质量系统突然结合时的最大冲击力矩 $M_{S\max}$ 为

$$M_{S\max} = (\omega_1-\omega_2)\sqrt{\frac{J_1J_2GI_P}{(J_1+J_2)L}} \tag{6.2.28}$$

可见，轴段 $L$ 增长，柔度即增大，$M_{S\max}$ 随之减小，可减缓冲击。

3）离合器离合过程中的热负荷分析

由式（6.2.22）或式（6.2.23）或求出滑摩功 $W_T$ 后，就可确定离合过程中的温升 $\Delta T$。考虑到散热和冷却的影响，由滑摩引起的摩擦元件的平均温升 $\Delta T$ 可近似地确定如下：

$$\Delta T = W_T/427mC_P \tag{6.2.29}$$

式中　$W_T$——结合一次产生的滑摩功（N·m）；

$m$——离合器发热零件的质量（kg）；

$C_P$——离合器发热零件的比热，钢和铜基粉末冶金材料为 0.48J/kg℃，铸铁为 0.52J/kg℃。

式(6.2.29)求出的是摩擦离合器结合一次引起的温升。对于离合频繁的离合器,还要考虑在工况最恶劣的条件下(结合时的转速差最高、主动转矩和从动轴的阻力矩同时为最大、离合最频繁等),累积的热量与被冷却散去的热量能够达到平衡;热平衡时,离合器发热零件的最高温度应该在发热零件所允许的温度以下。只有这样,才能避免摩擦表面被烧坏。离合器摩擦材料允许的最高温度因材料的不同而异,常用材料的许用温度见表6.2.1。

在预防离合器摩擦表面被烧坏的措施中,除了限制离合器摩擦表面的温升之外,还可以从提高摩擦材料本身承受滑摩功及热负荷的能力这方面来考虑。

摩擦表面单位面积承受的滑摩功 $e$ 与摩擦表面单位面积承受的滑摩功率 $\varepsilon_{CP}$ 的乘积是评价摩擦离合器热负荷比较理想的指标,近来已被广泛使用。

若摩擦表面数为 $Z$,每个摩擦表面的工作面积为 $F$,则单位面积承受的滑摩功 $e$ 为

$$e = W_T/ZF(\mathrm{N\cdot m/cm^2}) \tag{6.2.30}$$

$e$ 值反映了在完成一次结合(或脱开)过程中,摩擦材料在单位面积上承受的能量。

摩擦表面在完成一次结合(或脱开)过程中单位面积承受的平均滑摩功率 $\varepsilon_{CP}$ 应为

$$\varepsilon_{CP} = e/T(\mathrm{N\cdot m/(cm^2\cdot s)}) \tag{6.2.31}$$

若要反映出摩擦表面在完成一次结合(或脱开)过程中每一瞬间单位面积上滑摩功的变化情况,以便据此选用适当的摩擦材料,可引用单位面积上的滑摩功率 $\varepsilon$ 这个概念:

$$\varepsilon = M_T(\omega_1 - \omega_2)/ZF(\mathrm{N\cdot m/(cm^2\cdot s)}) \tag{6.2.32}$$

式(6.2.30)、式(6.2.31)、式(6.2.32)中各符号代表的意义同前。

由于在离合过程中 $M_T$、$(\omega_1 - \omega_2)$ 都是变化的,所以 $\varepsilon$ 也是变化的。图6.2.5给出了某离合器的实船试验曲线。由此图可见 $\varepsilon$—$F$ 曲线的变化情况:在结合刚开始时,曲线呈上升趋势,达到最大值后则开始下降,到离合器的相对滑摩停止(结合终了)时,降到零。

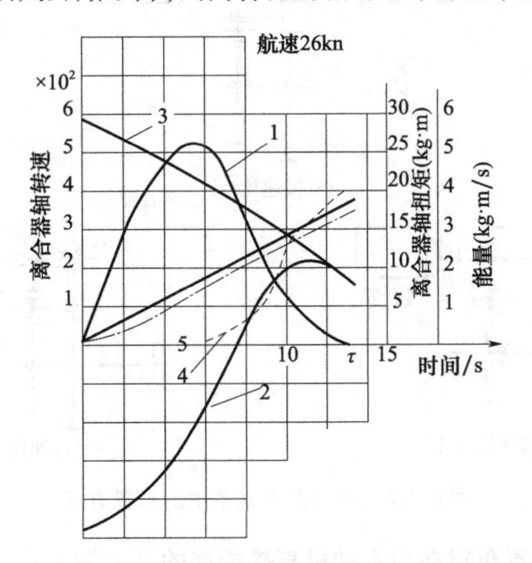


图6.2.5 倒车离合器在船舶紧急倒车时的工作情况

1—吸收的能量 $\varepsilon\cdot F$;2—柴油机转速 $\omega_1$;3—螺旋桨转速 $\omega_2$;4—柴油机转矩。

上面计算的温升主要是摩擦离合器的平均温升。当摩擦离合器不是工作在紧急倒车的时候,其相对热负荷还不是很严重,利用平均温升及单位面积的平均滑摩功率已经

能够较好地反映其热负荷的情况。但是,在紧急倒车的时候,摩擦离合器的热负荷最为严重,特别要研究如何充分发挥离合器的性能,在保证其可靠工作的前提下获得最佳的停航或倒航的性能。这时,必须分析摩擦离合器的瞬时热负荷,即瞬时热应力场及温度场。

**4. 摩擦离合器设计中的几个问题**

前面已经对摩擦离合器的工作原理、分类、传扭能力计算、动态性能分析等各个方面进行了介绍,下面再对摩擦离合器设计中可能遇到的一些问题作进一步的讨论。

1)离合器设计扭矩的确定

设计离合器时,首先应该仔细分析舰船对离合器的各项要求,据此选择结构型式合理的离合器。然后确定其各项具体的参数和性能指标。

离合器设计的最基本依据是需要其传递的扭矩,该扭矩主要由发动机的额定扭矩以及离合器在传动系统中的布置位置确定。下面分别予以讨论:

发动机的额定扭矩 $M_H$ 为

$$M_H = 9550 N_H / n_H (\mathrm{N \cdot m}) \tag{6.2.33}$$

式中 $N_H$——发动机额定功率(kW);

$n_H$——发动机额定转速(r/min)。

在推进系统中,当采用直接传动方案时,离合器所传递的扭矩即为发动机的额定扭矩 $M_H$;而当采用带齿轮箱的间接传动方案时,其传递的扭矩则随离合器所处的位置、齿轮箱速比的不同而不同。常见的布置方案有图 6.2.6 所示的三种。

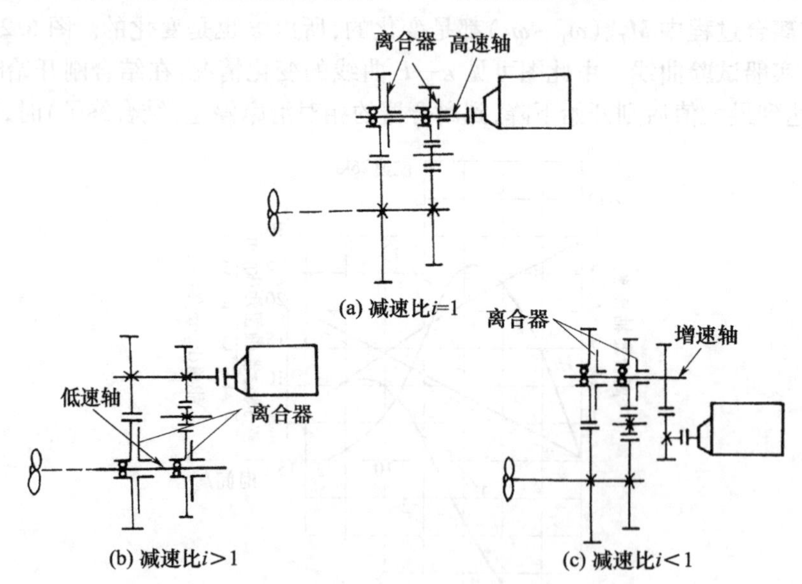


图 6.2.6 离合器在轴系中的布置方案

图 6.2.6(a):离合器布置在与发动机直接相连的高速轴上;

图 6.2.6(b):离合器布置在与螺旋桨轴相连的低速轴上;

图 6.2.6(c):离合器布置在另设的增速轴上。

针对这三种布置形式,若假设它们发动机的功率、转速、摩擦元件的摩擦系数、单位比压以及换向时间等参数均相同,则这三种布置形式具有下述不同点:

(1)在离合器的尺寸、质量方面的影响。

布置在低速轴上的离合器所传递的扭矩最大,故其尺寸、质量也最大,布置在高速轴上的离合器较轻小,布置在增速轴上的最轻小。

(2)对滑摩功大小的影响。

设离合器的滑摩功 $W_T$ 可简化成:

$$W_T = M_T(\omega_{1平} - \omega_{2平})T \tag{6.2.34}$$

为分析方便起见,设在结合过程中发动机的转速 $n_1$ 不变,扭矩 $M_1$ 也不变,摩擦扭矩 $M_T = M_1$,从动轴转速 $n_2$ 从零开始按照匀角加速度规律上升,则有 $\omega_{2平} = \omega_{1平}/2$。于是在三种传动布置方案中各自的滑摩功分别如下:

图6.2.6(a)方案:

$$W_{T1} = M_T(\omega_{1平} - \omega_{1平}/2)T = M_1 T\omega_{1平}/2。 \tag{6.2.35}$$

(b)方案:

$$W_{T2} = iM_T(\omega_{1平}/2i)T = M_1 T\omega_{1平}/2 \tag{6.2.36}$$

(c)方案:

$$W_{T3} = (M_T/i)(i\omega_{1平}/2)T = M_1 T\omega_{1平}/2 \tag{6.2.37}$$

可见,尽管三种布置方案中各个离合器传递的扭矩不同,结合过程中滑摩的速度也不同,但是若忽略对计算结果影响不大的传动机械效率,则它们在结合过程中所消耗的滑摩功是一样的。

(3)对结构复杂性的影响。

以布置在增速轴上的最为复杂。这是因为增加了一对增速齿轮及其附带的轴和轴承等零件。

综上所述,为了减小离合器的尺寸和质量,同时结构也不要过于复杂,在一般情况下,多把离合器布置在高速轴上;仅在特殊情况下,才把离合器布置在低速轴或增速轴上。

2)多片式摩擦离合器的“带排”问题

船用离合器在工作时主要存在三种状态:结合、脱开和过渡。

(1)结合状态。

主、从动件之间无相对滑动。此时要保证的是离合器的传递扭矩的储备系数 $K$ 值,即保证了离合器的摩擦力矩大于主机发出的最大扭矩,就可保证在结合状态下可靠地工作而不打滑。

(2)脱开状态。

主、从动件之间相互脱离,彼此的转速不同(有时甚至转向也不同),不传递扭矩。这时应保证主、从件处于彻底分离的状态。实际上,由于种种原因的存在而使离合器的主、从摩擦片之间不能彻底分离(尤其是正压力由液压油缸和活塞提供的多摩擦片式离合器中),从而出现“带排”现象。

一旦出现“带排”现象,不但使得从动系统不能与主动件彻底脱离,而且使得主、从摩擦片之间存在长时间的断续滑摩;在换向时还可能出现更为严重的情况,导致摩擦片烧坏。因此必须有效地防止。具体的措施则应根据产生“带排”现象的原因不同而异。

①由于主、从动片之间滑油的黏着力、液体的内摩擦力或液体的冲动而使从动摩擦片“跟转”。对于这种情况,正常情况下从动件“跟转”的转速较低,传递的转矩较小,只要给

从动件加以少许的负载,从动轴就可以停转。由于这种情况很难避免并且对工作影响不大,一般是可以被允许的。

②由于压力油缸中留有残余压力,使活塞不能彻底返回,继而使摩擦片不能彻底脱离。这种情况比上述的要严重,易使摩擦片烧坏。留有残余压力的可能情况有两种:第一种是操纵系统中存在漏油或窜油的缺陷,尽管操纵手柄已处于空车位置,仍有少量的压力余油进入油缸;第二种是高速旋转的油缸中的油不能迅速地泄出,在离心力的作用下产生附加的动压力而引起。

对于第一种原因,在设计制造控制用的油路系统时,必须保证各阀门和管路能可靠地工作,不发生阻塞、渗漏和窜油等现象。

对于第二种原因,应考虑油缸旋转时,其中液体的附加动压力的大小,并采取措施,使活塞能被强制返回到空车位置或使油缸中的残油能迅速排出。

旋转液体造成的附加动压力还可以用来提高离合器的传扭能力。例如当离合器结合后,主机加油,转速上升,旋转油缸的转速也相应提高,其中液体的附加动压与转速的平方关系递增,正好利用它来增大摩擦副之间的正压力,提高了摩擦副的传扭能力。这样,离合器的传扭能力正好与一般螺旋桨需要的扭矩相适应,使离合器的传扭储备系数近似地保持为定值。这一特性在高速机上更为突出。

除此之外,还可采用迅速排出油缸中残油的方法来避免液体旋转的附加动压造成的不良影响。一般是在旋转油缸的侧壁上安装有速泄阀。速泄阀的结构如图 6.2.7 所示。其作用是:当油缸内静油压升高时,球阀自动关闭;当静油压消失后,球阀立即自动开启,使油缸中的残余油液迅速泄净。

在工作时,当旋转油缸充油后,球上的作用力有三个:液体对球在水平方向的压力 $P$(由内外压力差引起);球随油缸转动而产生的离心力 $F$;阀座对球的反作用力(忽略球的自重)。当油缸内静压力提高时,$P$ 远大于 $F$,球即堵住阀孔;当 $P$ 减小或消失后,在 $F$ 作用下,球即自动打开阀孔,使残余油液迅速排出。

在实际结构中也有采用更简单的办法,240A 型齿轮箱中的离合器就是一例。为了泄出残余油液,在其活塞上钻有几个小孔,可以满意地代替速泄阀,如图 6.2.8 所示。其工作原理是:当油缸充油时,允许从小孔中泄出少量的油,因而油压的建立比较平缓,离合器的结合更加平稳;当活塞压紧摩擦片后,摩擦片即堵住了小孔,使之不再泄油,油压即迅速提高至设定值。当油缸中的油压消失后,活塞开始返回,摩擦片脱开,摩擦片不再堵住小孔,油缸中的残余油液即可由小孔迅速泄出。实践证明,这种方法对于小型离合器是很有效的。

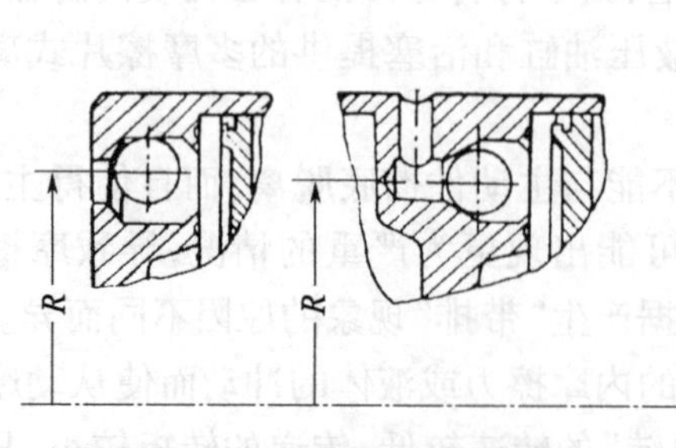

图 6.2.7 球状速泄阀结构

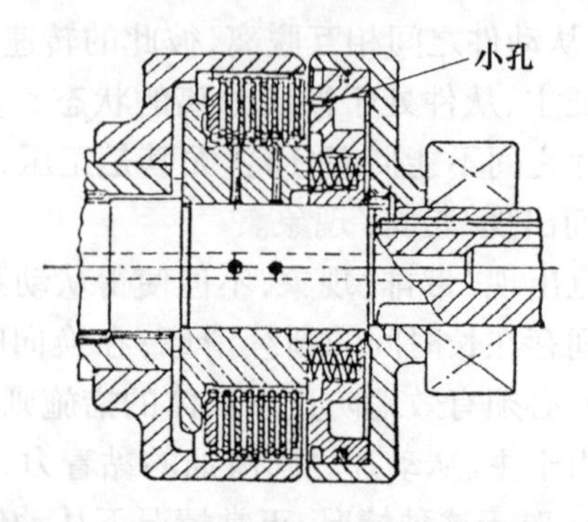

图 6.2.8 油缸侧壁小孔泄油结构原理图

③引起“带排”的第三个原因是机械加工和装配的误差,设计不尽合理。其结果是使摩擦片歪斜、翘曲;摩擦片的间隙或者各个间隙的分配不合理;位于轴和壳体上的与主、从动摩擦片相配合的花键强度不够,引起其变形、压痕等等。这些原因都可使摩擦片不能彻底分离。由此引发的“带排”现象,可以采取相应的措施排除之。举例如下:

a. 采用分离摩擦片装置。

通常是在主、从摩擦片之间(花键附近)配置弹簧分离或定位装置。常用的分离装置如图6.2.9所示。分离装置虽能排除“带排”现象,但其结构复杂,可靠性不够满意,因此应尽量少采用。

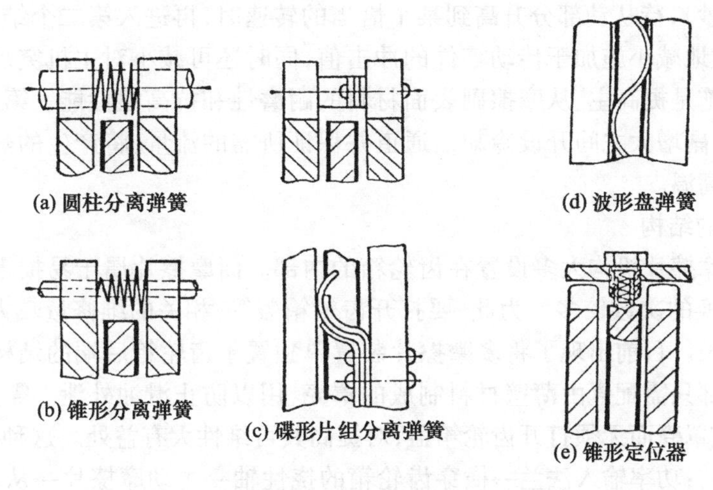


图6.2.9　弹簧分离装置

b. 被采用较多的方法。

尽量减少进入离合器内部的滑油量;减小花键副的间隙;适当的加工精度;合理的油槽结构形式等。

c. 采用碟簧式摩擦片。

将摩擦片用弹簧钢制成如图6.2.10所示的碟形。一般翘曲度取0.7~0.8mm,形成一片片的碟簧。当压紧力消失后,利用它恢复原来的形状,使摩擦片自动分离。这种结构的摩擦片在实际使用中也可收到一定程度的效果。

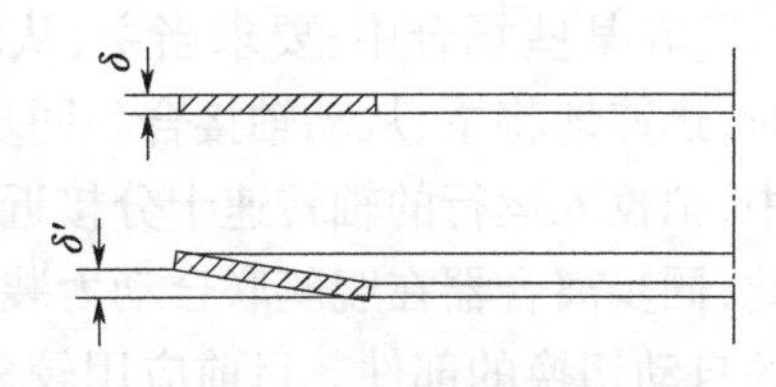


图6.2.10　碟簧形摩擦片结构

还有一些其他的措施,在此不一一列举。总的来说,在设计时要对加工、装配、主、从件的对中要求等方面都应提出合理的要求,防止离合器在运行中损坏。

(3)过渡状态。

过渡状态即在完成结合或脱开动作中的过渡过程。在这两种阶段中,存在的共性问题首先是由主、从动件之间的滑摩,导致摩擦元件表面的磨损和发热,其次是离合器的结合或脱开必然使主机的负载产生剧烈的变化,因此要在主机能够承受这种负载变化的前提下设计过渡过程。

对结合过程而言,存在的第三个问题是要探求合理解决在此过程中减少磨损与有关传动零件承受的冲击力(或力矩)之间的矛盾的途径。因为主、从摩擦元件之间的滑动力(或力矩)越大,从开始结合(即摩擦力或力矩从零起算)到结合动作完成(即达到最大的动摩擦力或力矩)的时间越短,主从摩擦元件的磨损和发热量最小,但是对有关传动零件产生的冲击却最大;如果选取较小的滑动力(或力矩)且结合的时间较长,虽然可以有效地减小对有关传动零件产生的冲击,但主、从摩擦元件的磨损和发热量却会因此而明显增大。目前已经有三个技术措施可以较有效地缓解这个矛盾:第一个技术措施是采用分段结合法,例如把结合过程分为两个阶段,第一阶段结束时的最大动摩擦力或力矩只是全部摩擦力或力矩的1/2(或1/3等——可按要求选取),并在此状态下维持一段时间不变(例如几秒到十几秒),待从动部分升高到某个恰当的转速时,再进入第二个结合阶段。这样一来,可以有效地减小施加于传动零件的冲击值,同时还可减小对主机突加载荷的程度。第二个技术措施是提高主、从摩擦副表面材料的耐磨性和抗高温性能。第三个技术措施是在主、从摩擦副增大之间开设冷却油通道并保证所需的流量,将产生的热量及时带走,防止发生局部高温。

3)更合理的结构

常见的多摩擦片机构大多设置在齿轮箱的内部。而摩擦片属于易损零件,在全寿命期限内需要更换的次数较多。为此,要打开齿轮箱盖等,相关的维修量较大,维修一次所需的时间也较长。目前出现了将多摩擦片装置单独置于齿轮箱后端的结构方式,在多摩擦片装置的外部只需配置由薄壁材料制成的罩壳,用以防止滑油外泄。需要更换摩擦片时,只需卸去该罩壳而无须打开齿轮箱盖,对提高其可维性大有益处。这种结构的功率传递路线是这样的:功率输入法兰→横穿齿轮箱的挠性轴→主动摩擦片→从动摩擦片→与挠性轴同心的套轴→位于齿轮箱内部的主动齿轮。由此可见,这种结构还能在一定程度上减缓对传动零件的冲击;改变挠性轴的直径和长度,还能调节传动系统扭转振动的自振频率。

### 6.2.3 同步离合器

在某些场合中,要求当主、从动轴的转速十分接近(即两根轴之间的转差率接近零)时,迅速地将主、从动轴接合。同步离合器很适用在这种场合。例如在舰艇联合动力装置中,拟投入运行的轴转速十分接近正在运行轴的转速时,就应当将这两根轴连接起来,因此,同步离合器在舰艇联合动力装置中几乎是不可缺少的、用以实现加速机和巡航机之间的自动切换的部件。目前应用较多的主要有带摩擦同步机构的摩擦同步离合器,带有锁爪同步机构的锁爪同步离合器,带有棘齿同步机构的自动同步离合器。目前在舰艇联合动力装置中普遍采用的就是带有棘齿同步机构的自动同步离合器。

**1. 棘齿型自动同步离合器的基本结构和主要特点**

棘齿型自动同步离合器是一种由棘轮、棘爪和齿轮结合而成的单向式超越离合器。它不但能够作为离合器使用,而且能传递的扭矩、转速都很大。其典型结构如图6.2.11所示。

棘齿型自动同步离合器主要由主动件5、中间件4和从动件2这三部分组成。中间件4置于主动件5上,并通过螺旋齿花键与主动件5相互连接。中间件4和从动件2上有从动驱动齿。主动件5和中间件4在轴向固定后即可传递扭矩。图6.2.11的上半剖面表示离合器处于脱开状态,从动驱动齿轴向脱开,棘轮和棘爪处于活轮位置。这时,如果从动件的转速高于主动件(即相对于主动件为正向旋转),则离合器呈活轮状态;如果主动件开始正向加速,则棘爪和棘轮齿就会在离合器主、从动部件的转速同步后互相顶住而产生棘合作用,其间的圆周向作用力将使中间件沿着螺旋齿花键相对主动件做螺旋运动。由于主动件的角速度大于从动件,棘轮齿与棘爪互相顶住后在圆周方向不能脱离,所以中间件相对从动件做轴向运动。如果在设计时能保证当任一棘爪与棘轮内的任一齿顶住时,从动驱动齿都处于互相对准而允许它们沿轴向相对运动并进入啮合位置,则中间件相对主动件的螺旋运动将导致从动驱动齿轴向进入啮合。如果从动齿进入全部啮合后,中间件的端面顶住主动件的法兰面,此时离合器就可以传递正车功率了。由于离合器已进入了啮合状态,棘爪和棘轮已在轴向互相分开,如图6.2.11的下半剖面所示。

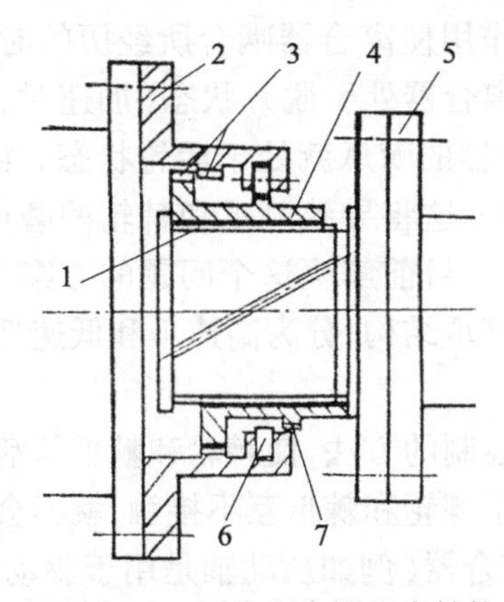


图6.2.11　同步离合器基本结构

1—螺旋齿花键;2—从动件;3—从动齿;4—中间件;5—主动件;6—棘爪;7—棘轮。

反之,当处于啮合状态的离合器的主动件相对从动件减速时,从动驱动齿之间的圆周力将迫使中间件相对主动件向另一方向做螺旋运动,从而使从动驱动齿轴向脱开,离合器又自动回到脱开位置。

从上述同步离合器的结构特点和动作原理的分析中,可知棘齿型自动同步离合器具有如下特点:

1)单向超越性

它不允许主、从动件作相反方向的转动(对绝对坐标而言),只能单向传递扭矩。

2)能自动同步离合

它的分离或接合,完全取决于主、从动件之间相对运动的情况而自动进行。其接合动作是在主、从动件的转速几乎相等的短时间内完成的,因此在啮合时基本上不需吸收能量。主、从动件在啮合时的绝对转速对完成接合或分离动作没有什么影响;但主、从动件之间的相对角加速度则对接合时的冲击能量有很大的影响。

3)具有机械式刚性离合器的特点

相对摩擦式离合器、液力耦合器等其他类型的离合器而言,具有最小的质量和尺寸;属于刚性传动,效率等于1;不需附属设备;传扭能力强。目前,单个离合器能够传递的最大功率约为25000kW。由于它属于刚性离合器,因此对所传扭矩的周期性波动比较敏感。当它和柴油机等输出扭矩的脉动性大的主机联用时，必须在其间加装弹性联轴节。

从上面对最简单的自动同步离合器结构、动作原理和特点的讨论可以看出，由于实际应用的情况较复杂、要求较高，要使这种同步离合器在舰艇联合动力装置中得到满意的应用，必须在上述简单结构的基础上作一系列的改进，使其能够适应舰艇动力装置可能出现的各种工况。

**2. 同步离合器舰用结构的发展**

如上所述，在实际应用自动同步离合器时，必须在结构上解决下述五个问题：

1）棘爪机构

由棘齿型同步离合器的结构原理可知，棘爪机构起着感受主、从动件的转速是否同步的作用，棘爪的动作只有在主、从动轴接近同步时才有意义。一般来说，在两轴的转速趋于同步的过程中，通过棘爪的作用使离合器啮合所经历的时间是很短的。而在交替式联合动力装置中，总有一个同步离合器处于脱开状态（加速时，巡航机端的离合器；巡航时，加速机端的离合器），这个离合器的棘爪就处于活轮状态。如果不采取有效的措施，棘爪就会长期处于不停地跳动之中。这将导致棘爪和棘轮的磨损和棘爪弹簧的疲劳破坏，降低离合器的可靠性和使用寿命。目前解决这个问题的方案有两种：第一是采用脱开位置的闭锁；第二是采用两套棘轮棘爪结构，分为高速爪和低速爪。

（1）脱开位置闭锁。

当离合器脱开后，用外部控制的方法，使棘轮和棘爪从活轮位置彼此沿轴向离开一段距离，棘合作用即可停止。由于棘轮和棘爪互不接触，就不会发生磨损和弹簧的疲劳。

对于从动件单向旋转的离合器（例如从动轴是用于驱动调距桨时），往往采用手动控制脱开位置闭锁的机构，以满足发动机空车试验时使棘轮和棘爪互不接触的要求。脱开位置闭锁机构的原理如图 6.2.12 所示。

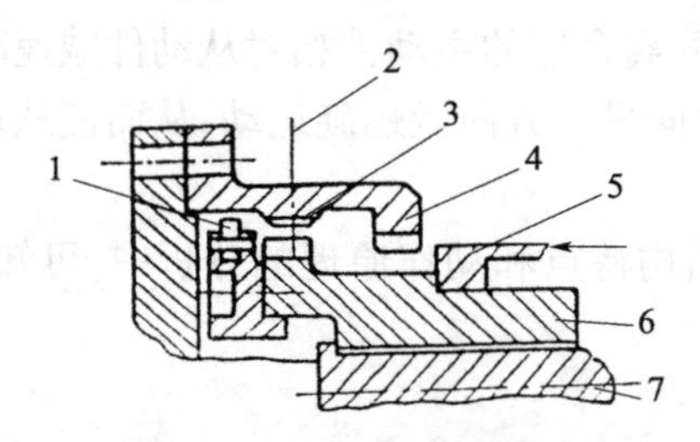


图 6.2.12　脱开闭锁原理

1—棘爪全脱开位置；2—棘爪棘合位置；3—棘轮；4—从动件；5—控制套筒；6—中间件；7—主动件。

（2）高速爪和低速爪机构。

分析同步离合器的实际使用情况可知，在离合器脱开且主动件处于静止状态时，从动件可能有静止或转动这两种状态。因此，就可以针对这两种状态设计两套相应的棘轮棘爪机构，分别在从动件静止或转动的两种状态下既能使离合器完成同步啮合动作，又能在长时间的活轮状态下使这两套棘轮棘爪机构都不会摩损。

这两套棘轮棘爪机构中的一套称为低速爪，它的棘爪置于从动件上，棘轮置于中间件上。当离合器的主、从动件都处于静止状态时，当然不存在磨损问题；只要发动机一旦转动，棘爪与棘轮就立即产生棘合作用，离合器就借此低速棘爪机构的棘合作用而进入同步啮合。低速爪的爪销偏置，爪头重于爪尾。输出轴静止时，棘爪机构处于棘合状态，当输出轴的转速超过某个设计值时，爪头的离心力大于爪簧的弹力，使爪尾收缩并与内齿脱离接触，自动停止棘合作用。从而减小了在相对转速较高情况下低速爪和离合圈齿的磨损。低速爪机构如图6.2.13所示。

另一套棘轮棘爪机构称为高速爪。一般将棘爪置于中间件上，将棘轮置于从动件上。在棘爪（亦即主动件、中间件）处于静止状态时，棘爪弹簧使棘爪的头部低下，不能与棘轮产生棘合作用，无论棘轮（亦即从动件）处于什么状态也不会磨损。在从动件以一定转速转动的情况下，如果发动机带动主动件旋转到某一转速时，棘爪的头部在离心力的作用下，会克服棘爪弹簧的弹力而抬起，如果其转速与棘轮（亦即从动件）达到同步，离合器就可借此高速爪机构的棘合作用而完成同步啮合。

采用两套棘爪机构，选择低速棘爪脱离棘合与高速棘爪进入棘合的转速很重要。这个转速必须与从动件可能的运行转速配合得很好。有时必须通过专门的台架试验来检查棘爪是否能在要求的转速范围内基本上同时克服各自的弹簧弹力而使头部抬起，与各自的棘轮产生（或停止）棘合作用。

2）阻尼缓冲机构

同步离合器在同步啮合过程中，中间件（即同步圈）要相对主动件做轴向移动。当中间件移动到与主动件的端面相互顶住时的瞬间，必然会突然停止轴向移动（见图6.2.12）并突然开始传递扭矩，这就必然造成中间件与主动件端面之间产生很大的冲击，并在冲击反力的作用下可能使中间件反跳，甚至损坏螺旋齿花键。为了避免这种在离合器啮合的最后阶段激起的振动和撞击，使离合器能够可靠地啮合，应当设置缓冲机构。在离合器啮合的最后阶段产生阻尼作用，使中间件相对于主动件的旋转和轴向移动逐渐减缓，达到平稳啮合的目的。

目前一般采用油阻尼结构。阻尼油腔中阻尼油孔的直径、数量和位置可通过动力计算或试验确定。常见的双向阻尼油腔的结构如图6.2.14所示。带双向阻尼油腔的同步离合器如图6.2.15所示。

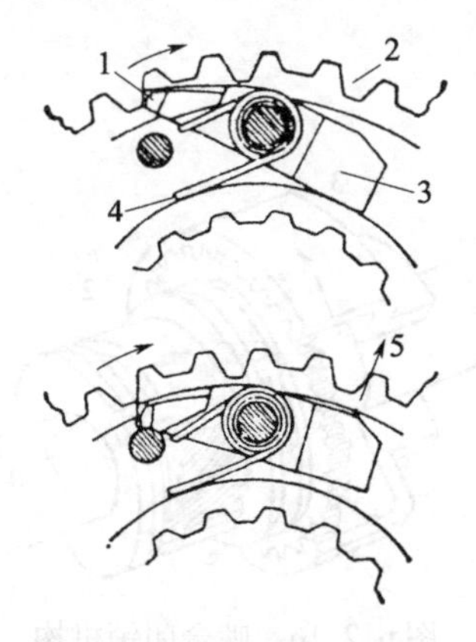


图6.2.13 低速爪机构

1—爪头；2—离合器内齿；3—爪尾；4—弹簧；5—离心力。

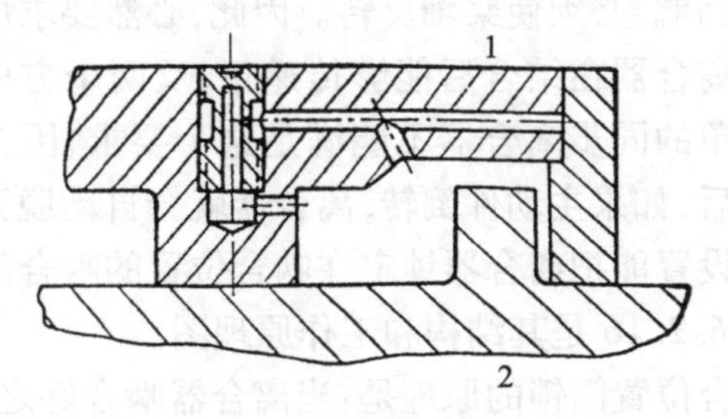


图6.2.14 双向阻尼油腔结构

1—中间件；2—主动件。

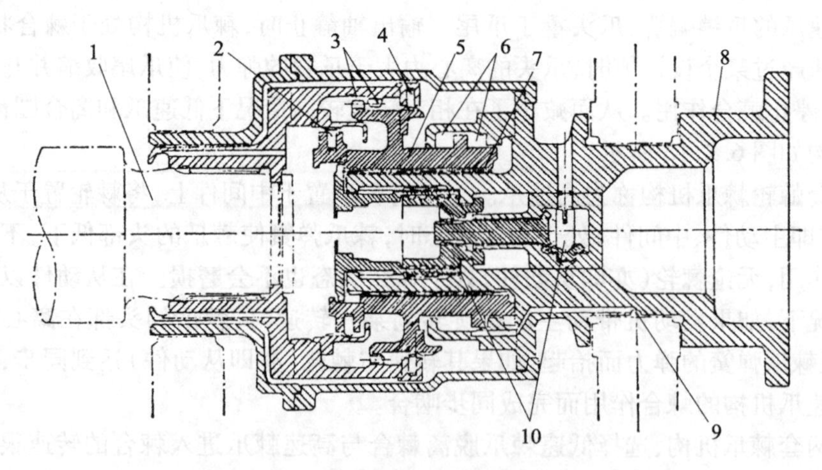


图 6.2.15　带双向阻尼油腔的同步离合器

1—输出轴(小齿轮轴);2—高速爪(离心力结合);3—直齿花键;4—低速爪(离心力脱离);5—同步圈;6—双向阻尼油腔;7—螺旋花键;8—输入轴;9—缓冲器滑油管;10—燃气轮机试车用手动爪自由机构。

双向阻尼油腔除了起阻尼作用外,在离合器脱开方向的阻尼还可以防止离合器瞬时的脱啮。例如在采用调距桨的柴燃联合动力装置中,由改变桨叶的螺距来实现舰艇的制动和倒航,桨轴的转向则不需改变,似乎可以不采用具有锁紧机构的同步离合器。但实际上在桨叶从前进螺距变成后退螺距的过程中,如果舰艇在此时有一定的前进速度,那么在桨轴上必然会出现一个由桨叶产生的、短时间的、数值不大的、然而其方向和桨轴转向一致的转矩,如果同步离合器未采取任何锁紧措施,则这个转矩就有可能使离合器脱啮,造成离合器工作的不稳定。在离合器带有双向阻尼油腔机构之后,不仅能在离合器啮合的后阶段起缓冲作用,而且在啮合之后,缓冲油腔的另一侧又有油把同步圈压在啮合位置,使同步圈在上述短时的、数值不大的转矩作用下,不至于立即作反向运动(同时包括转动和脱啮的移动),离合器不至自动脱离。图 6.2.15 的上半部表示脱离,下半部表示结合。

设计阻尼油腔时应该注意的是:对结合时起缓冲作用的油腔而言,其阻尼作用必须在棘轮和棘爪已经脱离后才允许生效。

3)啮合闭锁

采用定距桨的联合动力装置,要实现舰艇的快速制动和倒航,必须使桨轴反转。因此,必然要求所采用的同步离合器在结合后能够传递正、反两个方向的扭矩。简单的同步离合器不能满足这个要求,因为离合器啮合后,如果主动件倒转,离合器就会自动脱开。所以必须设置能把离合器锁定在啮合位置的啮合闭锁机构。图 6.2.16 是其结构和工作原理图。

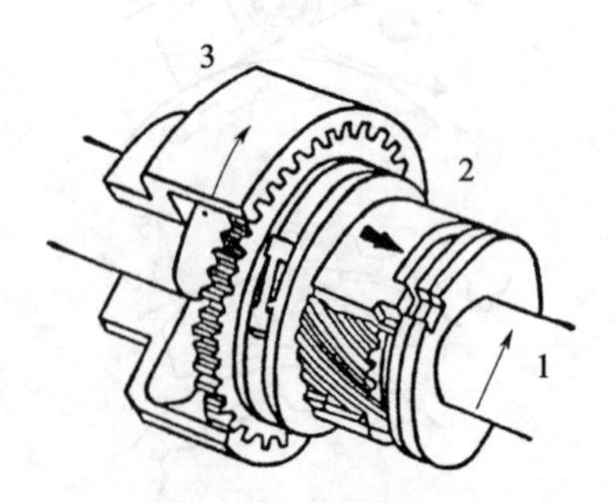


图 6.2.16　啮合闭锁机构

1—主动件;2—闭锁套筒;3—从动件。

啮合位置闭锁的原理是:当离合器啮合好之后,制止中间件相对主动件做螺旋运动(同时也必然制止了相对的轴向移动)。一般的做法是在主动件与中间件之间加一个可按控制指令做轴向移动的闭锁套筒,如图 6.2.17 所示。

啮合位置闭锁的主要元件是一个右端带有凸舌的闭锁套筒 2,此凸舌与主动件法兰上的凹口相配合。闭锁套筒2的内孔用滑键与中间件配合,使它只能相对中间件做轴向移动而不能作相对转动。当离合器啮合时,按控制指令的要求使闭锁套筒右移,其凸舌与主动件法兰上的凹口精确对准,当离合器啮合完成后,凸舌嵌入法兰上的凹口,即实现了离合器在啮合位置的闭锁。当主动件反转时,此闭锁机构可以防止中间件的反向螺旋运动,避免了离合器的自动脱离,从而实现倒转功率的传递。只有当闭锁套筒按控制指令的要求左移,使凸舌退出法兰上的凹口后,离合器才能恢复原来的在反向扭矩作用下自动脱离的功能。

需要注意的是,闭锁套筒与主动件之间的闭锁应留有足够大的间隙,以保证在正转工作时,闭锁凸舌不承受负荷。

带啮合闭锁机构的实际同步离合器如图6.2.17所示。

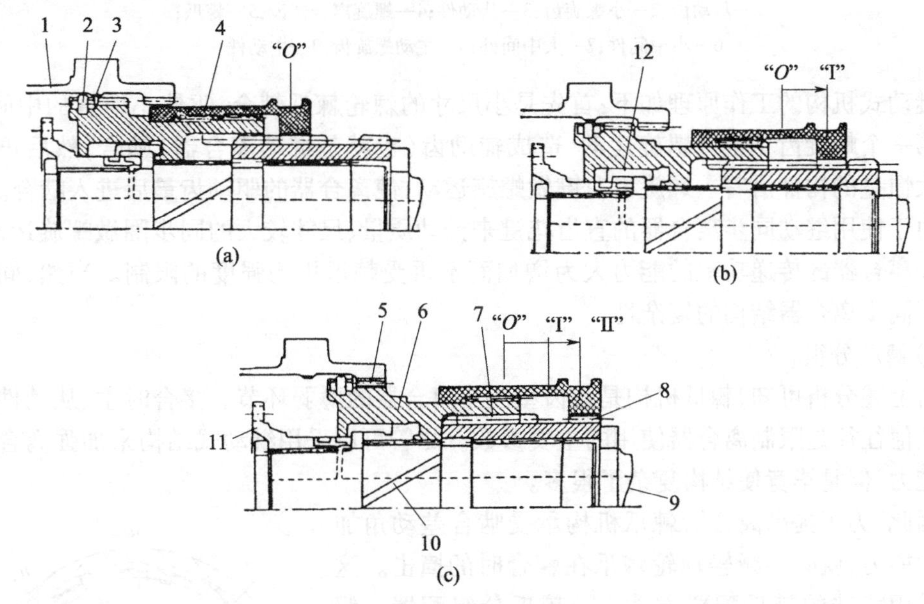


图6.2.17 带啮合闭锁机构的同步离合器

1—输出轴;2—爪;3—棘齿;4—锁紧套筒;5—离合圈直齿;6—同步圈;7—正车传力齿;8—倒车传力齿;9—倒车输入轴端;10—螺旋齿花键;11—正车输出轴法兰;12—缓冲器。

图6.2.17(a)为离合器脱离且爪在自由位置,即所谓的脱离闭锁。此时,棘轮与棘爪相互分离,离合器的主、从动轴可以任意转动,互不影响。图6.2.17(b)为活轮位置,即棘轮与棘爪进入棘合状态。当两轴同步时,可以实现啮合。这两个位置的转换由闭锁套筒控制,即通过控制闭锁套筒的轴向移动来完成图6.2.17(a)、图6.2.17(b)两个位置的转换。图6.2.17(c)为离合器已经啮合并已锁紧的位置,此时离合器可以传递正反两个方向的扭矩。图中的箭头表示闭锁套筒从棘爪自由位置到锁紧位置所必须完成的轴向位移。

4)继动式机构

当同步离合器传递的功率增加时,离合器的结构尺寸、质量和转动惯量也都相应增加。在这种情况下,要驱动大惯量的中间件做螺旋运动而且还必须具备一定的角加速度,就对棘爪机构的强度提出了更高的要求,否则容易导致棘爪机构的破坏。为解决这个问题,通常是在同步离合器中加装一种继动式机构。也就是在大型同步离合器中往往采用两套螺旋齿花键的结构,如图 6.2.18 所示。

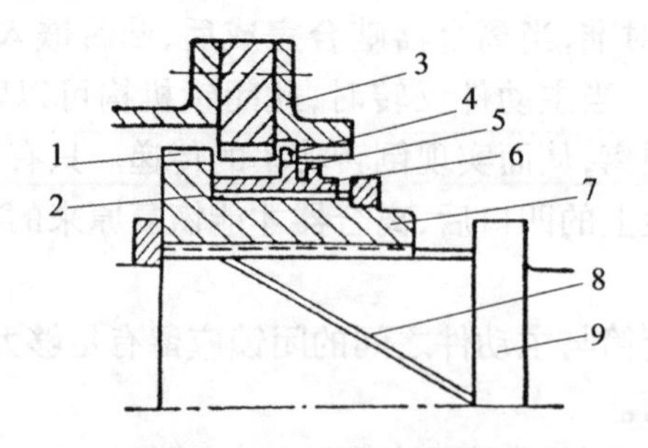


图 6.2.18　继动式机构

1—从动齿;2—小螺旋齿;3—从动件;4—螺旋离合器齿;5—棘爪;6—小中间件;7—大中间件;8—主动螺旋齿;9—主动件。

继动式机构的工作原理如下:首先是小尺寸的棘轮棘爪棘合,驱使小惯量的中间件 6 沿着第一个螺旋齿花键做螺旋运动,造成辅助齿(也就是继动离合器)啮合,然后再借此驱动大惯量的构件沿着主螺旋齿花键做螺旋运动,使离合器的驱动齿最后进入啮合。

由于使用继动同步离合器的直齿花键来推动质量、尺寸较大的同步圈做螺旋运动,使得同步离合器的传递功率的能力大为增加而不再受棘爪机构强度的限制。当然,同时也增加了同步离合器结构的复杂性。

5)棘爪分组

由上述分析可知,棘爪机构是棘齿型同步离合器的薄弱环节。接合时主、从动件的角速度差值往往是限制离合器使用的主要参数。尽管可以采用继动式结构来加强离合器的承载能力,但是毕竟使结构复杂了很多。

因此,为了提高离合器棘爪机构承受啮合差动角加速度的能力,就必须减轻棘轮棘爪在棘合时的撞击。这可以采用特殊的棘爪配置方式——棘爪分组配置。假如只有一组能同时与棘轮顶住的棘爪,当这组棘爪刚好错过了能与棘轮齿产生棘合作用的位置时,主、从动件的转速已基本同步,则这组棘爪就要相对棘轮再向前转动一个棘轮齿,与下一个棘轮齿啮合。这时,由于棘爪的转速已经略高于棘轮,就会对棘爪产生较大的撞击。如果在原来的这一组棘爪之间再配置几组棘爪(例如 6 组,见图 6.2.19),则当某一组棘爪刚好错过了能与棘轮齿产生棘合作用的位置时,只要再转动 1/6 个棘轮齿距,下一组棘爪就可与棘轮齿啮合,棘爪与棘轮齿间的撞击就会减至原来的 1/6。棘轮棘爪间的作用力大大降低,承受差动角加速度的能力就提高了。

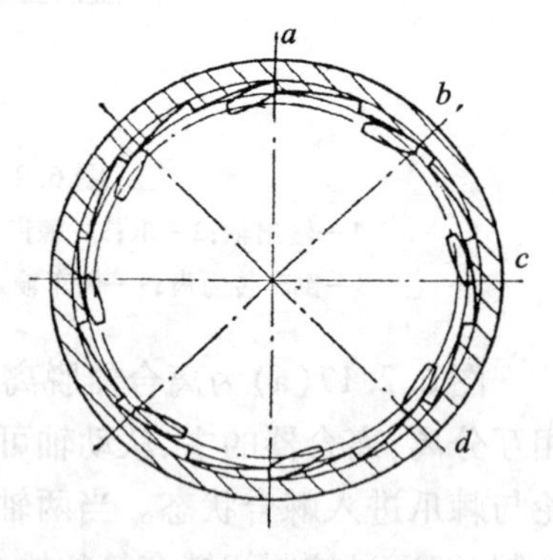


图 6.2.19　棘爪分组

*a*—1 组;*b*—2 组;*c*—3 组;*d*—4 组。

**3. 应用实例分析**

自动同步离合器主要应用在舰艇动力装置(主要是联合动力装置)和电站中。在舰艇联合动力装置中主要完成巡航主机与加速主机之间的工况切换;在电站中的应用主要是针对燃气轮机用作发电机的原动机时,发电机组作调相运行以改善电网的功率因素;同时也可作为备用机组,在用电高峰期投入工作以对电网提供有用功率;在这种情况下,燃气轮机既要停机,也要实现由调相工况到发电工况的转换;或反之由发电工况转为调相工况。因此,在燃气轮机端就需要一台能自动啮合与脱开的离合器。由于功率大、转速高、机组为单向运行等特点,采用自动同步离合器是比较适宜的。

我们关心的是自动同步离合器在舰艇联合动力装置中的应用,下面重点介绍舰艇联合动力装置中自动同步离合器的典型结构。

图 6.2.20 为某 CODOG 型推进系统原理图。分析这种推进系统的特点可知,巡航时由柴油机驱动,加速时由燃气轮机驱动。

这套推进系统的功率传递路线是:

柴油机→液力耦合器→SSS 离合器→齿轮箱→调距桨。

燃气轮机→SSS 离合器→齿轮箱→调距桨。

由此可见,对配在柴油机功率传递路线中的 SSS 离合器的要求与对配在燃气轮机功率传递路线中的 SSS 离合器的要求是不同的。

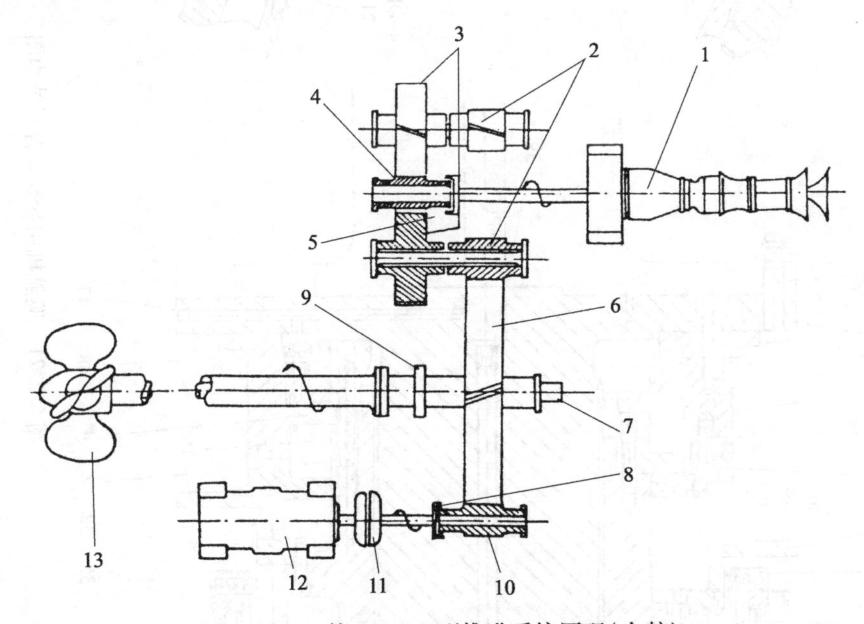


图 6.2.20 某 CODOG 型推进系统原理(右舷)

1—燃气轮机;2—燃气轮机第二级小齿轮;3,4—燃气轮机第一级减速齿轮;5,8—同步离合器;6—主大齿轮;7—调距桨螺距控制箱;9—主推力轴承;10—柴油机减速小齿轮;11—液力耦合器;12—柴油机;13—调距桨。

对后者来说,SSS 离合器必须要有脱开位置闭锁功能,以实现燃气轮机进行空车试验的要求。对前者来说,由于已经配有液力耦合器,它具有实现柴油机进行空车试验的功能,因此它的 SSS 离合器不必具有脱开位置闭锁功能,结构就相对简单一些。

下面介绍分别用于巡航机和加速机的 SSS 离合器的具体结构特点。

1)巡航机用的 SSS 离合器

图 6.2.21 是柴油机推进路线中用的 SSS 离合器的结构图,它不需要具有脱开位置闭锁功能。其结构特点是:

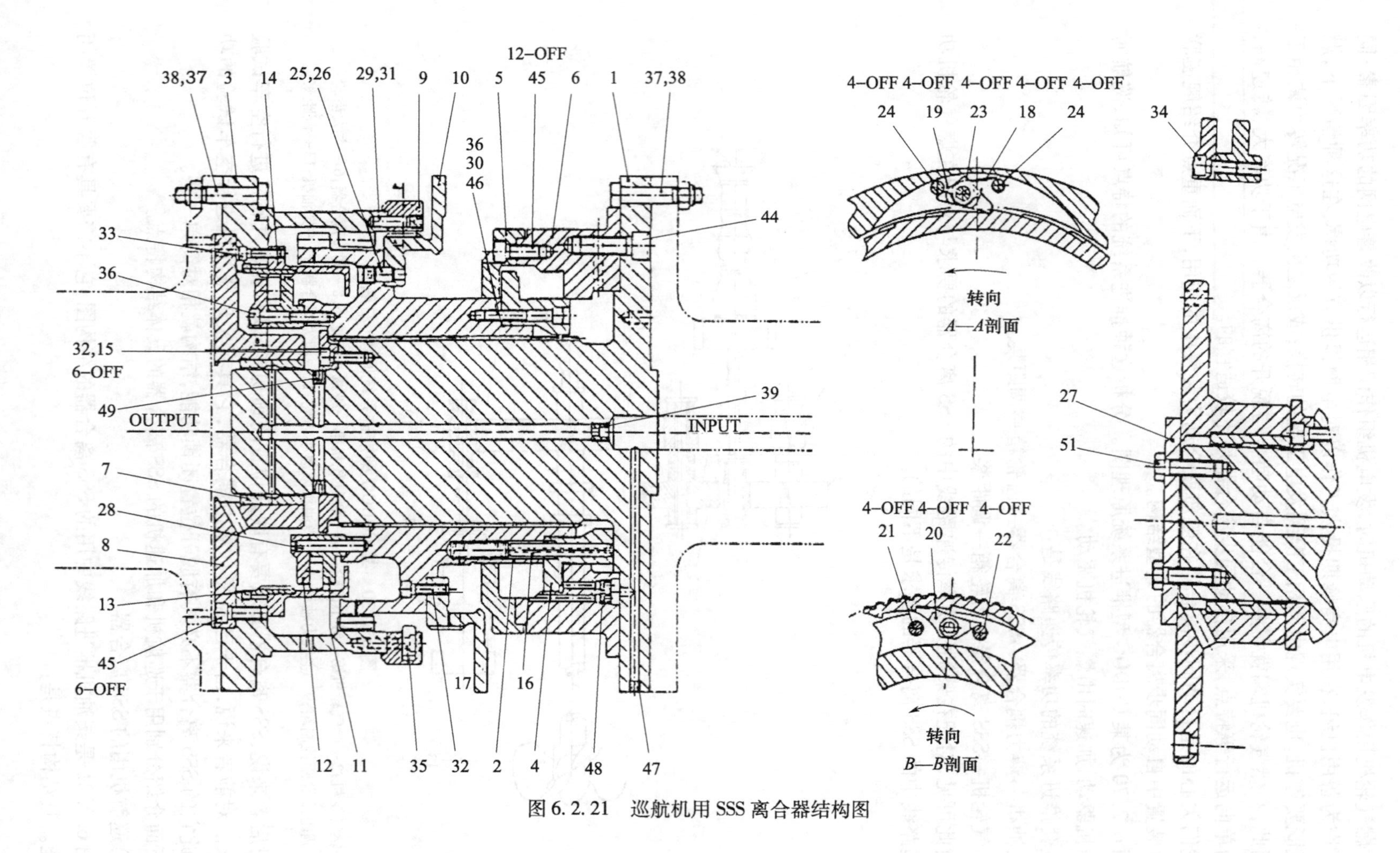


图 6.2.21 巡航机用 SSS 离合器结构图

(1)采用高速爪和低速爪组合。

低速爪机构(初级爪)由初级爪架 9、爪块 19、弹簧 18 和棘轮 10 组成(见图 6.2.21 中的 *A—A* 剖面)。初级爪架 9 固定在输出环 3 上。爪块 19 通过销 23 固定在初级爪架 9 上,由弹簧 18 维持爪块 19 和棘轮 10 接触。限位销钉 24 限制爪块 19 的转动范围。棘轮 10 用螺栓 32 固定在离合圈上。在启动和低速时,弹簧 18 的弹力大于爪块 19 的离心力,所以爪块 19 始终与棘轮 10 保持接触,此棘爪机构始终处于棘合状态。

高速爪机构(次级爪)由爪架 11、12,棘轮 13,爪块 20 和限位销钉 21 所组成。与低速爪机构不同的是没有设置弹簧(见图 6.2.21 中的 *B—B* 剖面)。棘轮 13 为内齿型,固定在输出环 3 上,而爪架 11、12 则装在离合圈上。这样,在低速和静止时,高速棘爪 20 的头部在其重力的作用下下垂而不与棘轮 13 接触,不起作用;当转速达到一定值后,高速棘爪 20 头部的离心力大于其重力而外张,从而与棘轮 13 接触,进入棘合状态。而此时低速爪块 19 的离心力大于其弹簧 18 的弹力而抬起,脱离棘合状态。因而在高转速时,由高速爪机构感应离合器的同步转速的作用。

(2)设置双动缓冲器。

缓冲器外圈 6 用 8 个螺栓 44 固定在输入轴 1 的左端,缓冲器端圈 5 用 12 个螺栓 45 固定在外圈 6 的左边。这样,外圈 6、端圈 5 和输入轴 1 共同组成缓冲腔。缓冲器中的滑油由输入轴 1 中的轴向油孔和径向油孔引入。该油路引入的滑油还同时输送至各摩擦表面供润滑用。缓冲器的作用原理是:缓冲器有两个空腔(见图 6.2.21 的上一半),平时充满滑油;当离合圈 2 右移时,端部空腔内的滑油从径向油孔(虚线所示)排出,它的缓冲作用很小。另一方面,缓冲器的内环 4 与外环 6 和端环 5 之间的空腔容积在离合圈 2 刚开始右移的阶段是不变的,只是部分滑油从右边流到左边。当离合圈 2 右移到内环的外沿与外环的内沿相接触时,把空腔分隔成左右两个互不相通的空腔,若要使离合圈 2 继续右移,必须右腔排油而左腔充油。右腔排油的通道是外环 6 上的两个轴向孔(见图 6.2.21 的下一半),这两个轴向孔都用带小孔的闷头堵住,滑油只能从闷头的小孔进出,阻力加大,从而使离合圈 2 右移的速度减慢,保证其右移到最后阶段能平稳地靠上端部。缓冲器开始起作用时,爪块将脱离棘轮,驱动齿已部分啮合但尚未全部啮合。

由于该缓冲器的作用,还可以延缓初期脱开过程的动作(其原理与上述的相反),同时使得当输入和输出两轴出现短时的、小幅度的转速波动时,或在缓慢的减速过程中,能使离合器不至于出现频繁的离合动作。

图 6.2.21 的上一半为脱离状态,下一半为结合状态。

2)加速机用的 SSS 离合器

图 6.2.22 为燃气轮机输出端所带的 SSS 离合器的结构图。

由于燃气轮机和其 SSS 离合器之间没有设置别的离合器,为了能实现燃气轮机空载试验运行的要求,在 SSS 离合器中增设了切断装置。该 SSS 离合器具有以下特点:

(1)采用高速爪和低速爪组合。

低速爪见图 6.2.22 中的 *A—A* 剖面所示;高速爪见 *B—B* 剖面所示。动作原理与上述相同。

(2)设置双动缓冲器。

(3)设置继动式机构。

该型 SSS 离合器传递的功率大、转速高，故而采用了继动机构。即开关滑动件 8 通过内螺旋滑键与开关螺旋滑槽环 6 配合，它右端的外齿与开关离合环 13 的内齿配合，其左端有高速棘轮副的棘轮和低速棘轮副的爪架，分别与初级爪架 10 上的高速棘爪和低速棘轮配合。输入件与输出件的转速同步时，在棘轮副的作用下，开关滑动件 8 右移而使开关驱动齿先啮合，棘轮副脱开；然后由开关驱动齿驱动而继续右移，同时，主螺旋滑动件 2（即离合圈）也右移，至主驱动齿啮合完毕后，开关驱动齿随即脱开，最后通过主驱动齿带动输出轴转动，完成自动结合。

（4）设置切断装置。

使 SSS 离合器被锁定在完全脱开的位置，实现燃气轮机的空载运转。SSS 离合器实现同步离合的关键是棘轮与棘爪处于棘合状态，用以“感知”输入件和输出件之间的微小转速差，进而自动地完成脱离或结合动作。因此，要切断 SSS 离合器的自动结合功能，只需把棘轮与棘爪分开，无论输入轴是转动或静止，使它们都处于非棘合状态，即可达到切断 SSS 离合器自动结合功能的目的。为此，在开关离合环 13 和输出环 3 之间套有作动环 14。爪架 10 通过外螺旋齿与作动环 14 的内螺旋齿配合。爪架 10 左端的外表面有轴向槽，制动杆 16 中的弹簧 18 将弹簧杆 17 压在轴向槽中（图 6.2.22 的上部），另外两个固定销 27 插在槽中（图 6.2.22 的下部）。这样，爪架 10 只能相对输出环 3 做轴向移动。作动环 14 的左端通过伞形齿与伞形齿轮 15 配合，当伞形齿轮 15 转动时，带动作动环 14 转动，作动环 14 的两端被沿轴向限制而只能在输出环 3 内转动，由此通过与爪架 10 的螺旋配合使爪架 10 做轴向移动（爪架 10 不能转动）。当爪架 10 左移至图中虚线所示的位置时，高、低速棘爪均与棘轮完全分离，爪架 10 的右端固定推力环 11 使开关滑件不能啮合。于是输入、输出轴在轴向完全脱开，保证输入轴在任何转速下运转时，都不会带动输出轴转动，实现了切断的要求。

**4. SSS 离合器的设计**

1）棘轮机构的设计

棘轮机构是棘齿型同步离合器中最重要的部件，也是最薄弱的环节。因此在设计时必须要考虑下述三个问题：

（1）棘爪的组数 $b$、每组棘爪的个数 $a$、棘轮的齿数 $Z_r$ 的选择。

一般取 $a=2$；$b$ 和 $Z_r$ 的选择应满足：

$$Z_r/a = 整数 \tag{6.2.38}$$

$$Z_r/a \cdot b \neq 整数 \tag{6.2.39}$$

$b$ 可在 2 ~4 范围选取。式（6.2.38）的目的是使同一组的棘爪能够同时与棘轮的齿棘合；式（6.2.39）的目的是体现棘爪分组的作用。

（2）正确选择棘轮齿和棘爪的几何型线及它们之间的相对位置关系。

这是为了保证稳固的棘合。图 6.2.23 为处于正常棘合位置的棘轮齿和棘爪的横剖面图。

$\alpha$ 为棘轮齿和棘爪之间的压力角，$\beta=\alpha+\gamma$。当棘爪和棘轮齿不正常时，其间的作用应该是使棘爪移向正常棘合位置，如图 6.2.24 所示。$P$ 为作用于棘爪的法向力，$F$ 为摩擦力。在临界情况下，合力 $W$ 的作用线通过棘爪销的中心，则稳固棘合的条件是：

$$F/P = \cot \beta_{max} = \mu \tag{6.2.40}$$

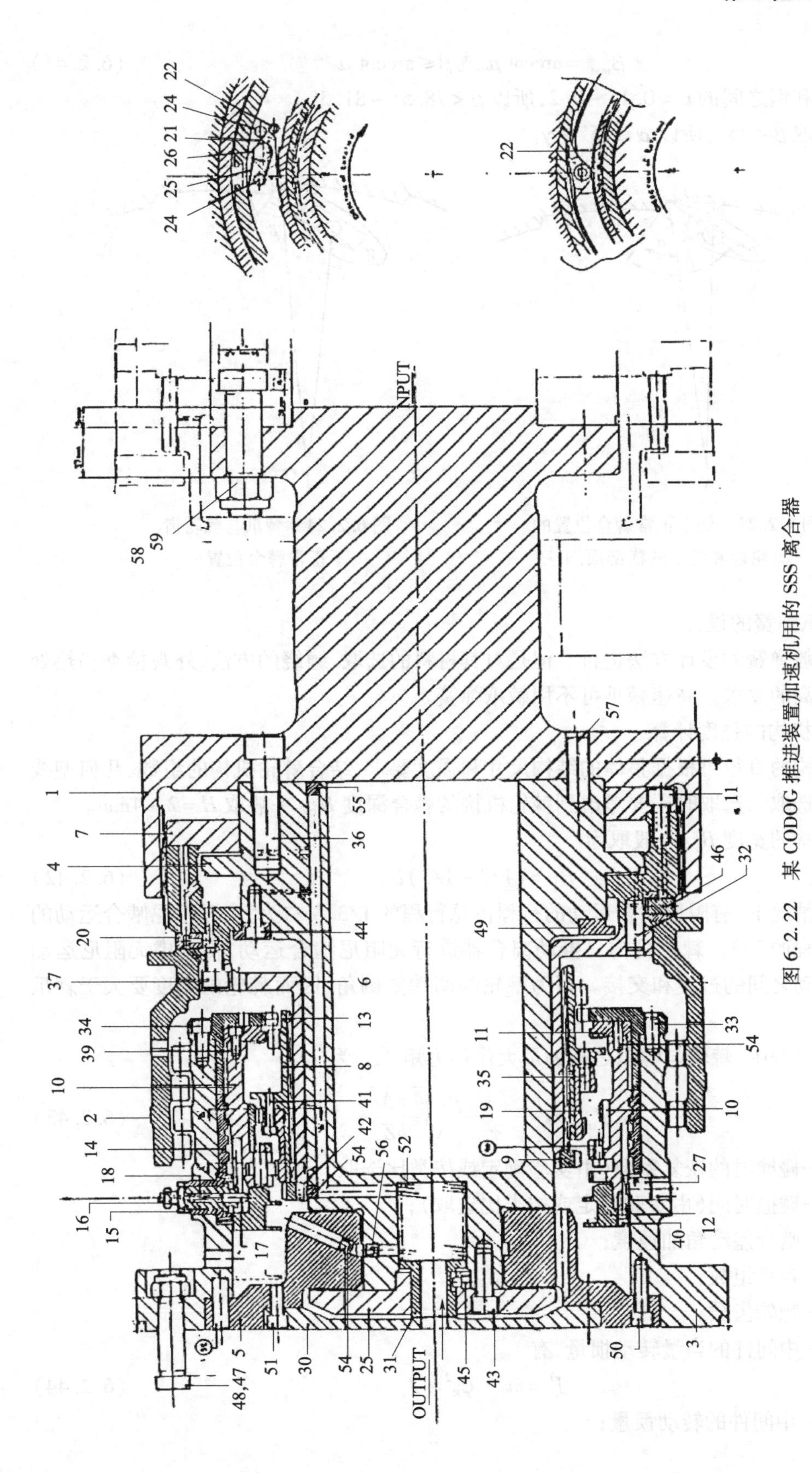


图 6.2.22 某 CODOG 推进装置加速机用的 SSS 离合器

所以 $$\beta_{max}=\text{arccot}\,\mu \text{ 或 } \beta \leqslant \text{arccot}\,\mu \tag{6.2.41}$$

因为钢和钢之间的$\mu=0.15\sim0.2$，所以$\beta<78.5°\sim81.5°$。

一般可取$\beta<75°$，所以$\alpha\leqslant75°-\gamma$。

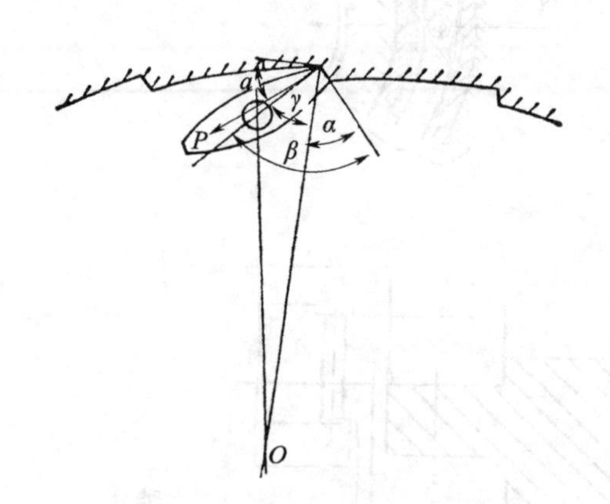


图6.2.23 处于正常棘合位置的棘轮齿和棘爪的横剖面图

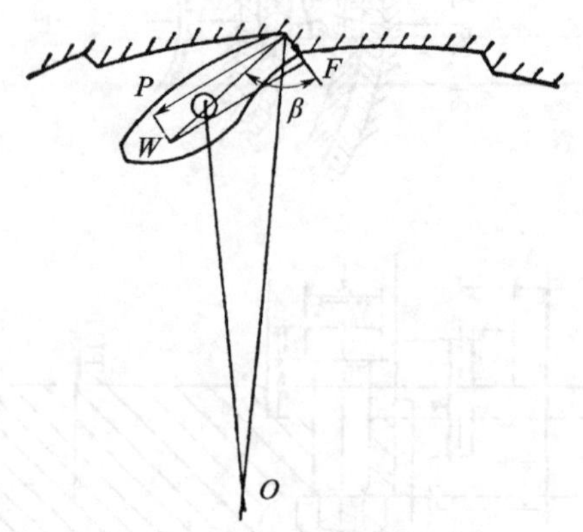


图6.2.24 棘爪与棘轮齿不正常棘合位置

(3)棘爪弹簧的设计。

可按一般弹簧的设计方法进行。但是对其材料的选取、缠绕的方法、外观检查和热处理等都有较高的要求。高速棘爪可不用棘爪弹簧。

2)棘轮机构的强度计算

棘轮机构的直径可根据整体的结构尺寸和强度要求，结合棘轮机构的组数、几何型线等要素进行选取。选取时还要考虑到棘轮机构的棘合深度$H$。一般取$H=2\sim4$mm。

棘轮机构的宽度$B_1$：一般取为

$$B_1=(1/2\sim1/3)B \tag{6.2.42}$$

在一般情况下，有阻尼啮合运动的行程占总行程的1/3左右为宜；无阻尼啮合运动的行程占总行程的2/3。棘轮机构只推动离合器进行无阻尼啮合运动，再考虑无阻尼运动与有阻尼运动之间的过渡和交接。因为棘轮的两端要倒角，因而棘轮的宽度要大于棘爪的宽度。

在棘合过程中，棘轮与棘爪之间的最大作用力矩$T_{rmax}$为

$$T_{rmax}=\frac{(1+K)J'}{\tau}\sqrt{\frac{4\pi\Delta\varepsilon_0}{bZ_r}} \tag{6.2.43}$$

式中 $K$——碰撞时的恢复系数(由实验确定或按类比选取)；

$\tau$——碰撞时间(由实验确定或按类比选取)；

$\Delta\varepsilon_0$——啮合差动角加速度；

$b$——棘爪组数；

$Z_r$——棘轮齿数；

$J'$——中间件的当量转动惯量，有

$$J'=m_s\cdot C_\beta{}^2+J_s \tag{6.2.44}$$

其中 $J_s$——中间件的转动惯量；

$m_s$——中间件的质量；

$$C_\beta = D_{ts}/2\tan\beta_s \tag{6.2.45}$$

其中 $D_{ts}$——螺旋齿花键的分度圆直径；

$\beta_s$——螺旋齿花键的螺旋角。

计算出 $T_t$之后，即可求出圆周力，继而算出挤压应力和剪切应力，这两个应力值应当在许用值的范围内。

3)阻尼机构的常见型式

阻尼油腔常见的型式如图6.2.25所示的三种。Ⅰ型适用于低速离合器，Ⅱ型和Ⅲ型都可用于高速离合器，Ⅲ型的结构紧凑些。

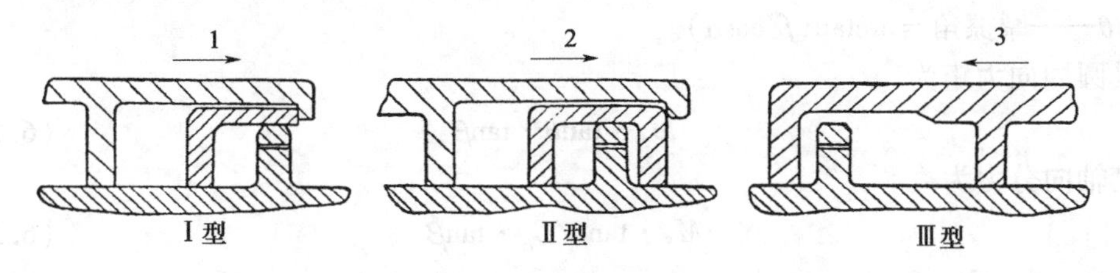


图6.2.25 阻尼油腔型式

1,2,3—中间件运动方向。

**5. 自动同步离合器啮合过程的动态分析**

由上所述，棘齿型自动同步离合器在舰船推进装置（尤其是联合动力装置）、电站等动力装置中应用甚广，而且一般是整个动力装置中最为敏感的部件之一。多年的实际使用经验表明，这种离合器的损坏时机通常发生在啮合过程中而不是发生在稳定工况下。损坏的部位多发生在棘轮棘爪机构。因此，研究同步离合器啮合过程的动力学，分析计算棘轮棘爪、螺旋齿、轴承、从动齿等部件在啮合过程中所受的动负荷，检查系统的振动情况及各结构参数选择的合理性，对离合器的设计制造、使用管理、系统的控制设计等都有实际意义。下面以图6.2.22所示的同步离合器的结构型式为例，介绍一种动态啮合过程的分析方法。

棘齿型自动同步离合器的啮合过程是这样的：处于脱开状态的离合器，主动件可以静止或以低于从动件的转速旋转，棘轮与棘爪处于活轮状态。此时若主动件开始加速，在主动件的角加速度大于从动件的角加速度时，离合器主、从动件的转速将逐渐接近，当它们的转速第一次同步时，可能棘爪刚好处于与棘轮齿发生棘合作用的位置，因而与棘轮齿撞击棘合；也可能棘爪要相对棘轮齿向前转过一个角度（这个角度必然小于一个棘轮齿所占的圆周角），以高于棘轮齿的角速度与棘轮齿撞击棘合，从而使中间件的角速度、角加速度和中间件相一致。由于中间件（或从动件）与主动件之间存在角速度差和角加速度差，就驱使中间件相对主动件沿螺旋齿花键做螺旋运动。因棘轮齿与棘爪顶住径向，中间件相对从动件做轴向移动，使驱动齿进入啮合状态，在啮合的后阶段，油阻尼发生作用，使运动快的主动件减速，运动慢的中间件、从动件加速。最后，由于中间件在啮合运动的终点与主动件碰撞，使主、从动件的角速度、角加速度完全一致，离合器啮合完毕。

自动同步离合器啮合过程的动态分析首先要做的就是求出各运动件在啮合过程中的运动规律，再按此来计算各运动件的受力情况。

1)离合器啮合运动的基本方程

(1)主动件的受力及运动微分方程。

图6.2.26为主动件的受力情况分析图。主动件所受的作用力有:主动力矩 $M_1$;螺旋齿上的阻力矩 $M_S$;轴向力 $F_a$;约束反力 $F_{Ba}$;摩擦力 $F_f$。各力的计算如下:

$$\text{摩擦力 } F_f = f \cdot M_S/R_{t\beta} \cdot \cos\alpha \cdot \cos\beta = 2M_S \cdot \tan\theta/D_{t\beta} \cdot \cos\beta \tag{6.2.46}$$

式中 $f$——摩擦系数;

$D_{t\beta}$——螺旋齿分度圆直径;

$\beta$——螺旋角;

$\alpha$——螺旋齿法面压力角;

$\theta$——摩擦角 $=\arctan(f/\cos\alpha)$。

其圆周向力矩为

$$M_S \cdot \tan\theta \cdot \tan\beta \tag{6.2.47}$$

其轴向分力为

$$M_S \cdot \tan\theta/C_\beta \cdot \tan\beta \tag{6.2.48}$$

式中 $C_\beta = D_{t\beta}/2\tan\beta$。

而轴向力

$$F_a = 2M_S \cdot \tan\theta/D_{t\beta} = M_S/C_\beta \tag{6.2.49}$$

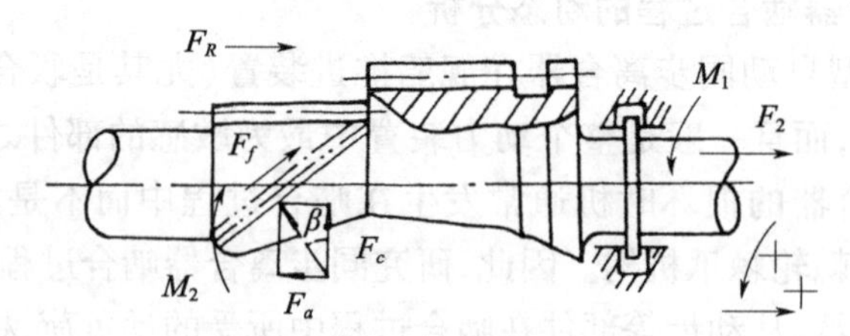

图6.2.26 主动件受力分析

由此,可以得到主动件的运动微分方程为

$$J_1 \frac{d\omega_1}{dt} = M_1 - M_S(1 + \tan\theta \cdot \tan\beta) \tag{6.2.50}$$

$$F_{Ba} - F_a + M_2 \cdot \tan\theta/C_\beta \cdot \tan\beta + F_R = 0$$

或

$$F_{Ba} = M_S(\tan\beta - \tan\theta)/C_\beta \cdot \tan\beta - F_R$$

式中 $J_1$——主动件的转动惯量;

$\omega_1$——主动件的角速度;

$F_R$——油的阻尼力。

(2)中间件和从动件的受力及相对主动件的螺旋运动(包括相对转动和移动)。

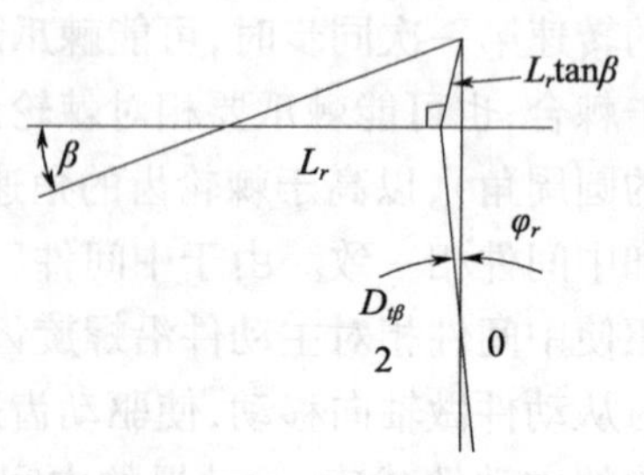

图6.2.27 相对运动关系

运动关系按图6.2.27确定。

因为 $$\varphi = -L_r/C_\beta \tag{6.2.51}$$

所以 $$\frac{dL_r}{dt} = -C_\beta \frac{d\phi_r}{dt} \tag{6.2.52}$$

$$\frac{\mathrm{d}^2 L_r}{\mathrm{d}t^2} = -C_\beta \frac{\mathrm{d}^2 \varphi_r}{\mathrm{d}t^2} \tag{6.2.53}$$

即

$$V_{Sr} = -C_\beta \cdot \omega_{Sr} \tag{6.2.54}$$

$$a_{Sr} = -C_\beta \cdot \varepsilon_{Sr}$$

式中的下标 $S$ 表示中间件的参数；$r$ 表示相对运动的参数；$\varphi$ 为转角；$L$ 为轴向行程；$V$ 为轴向移动的速度；$a$ 为轴向运动的加速度；$\omega$ 和 $\varepsilon$ 分别为角速度和角加速度。

由于从动件的角速度 $\omega_2$ 和角加速度 $\varepsilon_2$ 分别等于中间件的绝对角速度和角加速度，即 $\omega_2 = \omega_1 + \omega_{Sr}$；$\varepsilon_2 = \varepsilon_1 + \varepsilon_{Sr}$。故有：

$$\omega_{Sr} = -(\omega_1 - \omega_2);\varepsilon_{Sr} = -(\varepsilon_1 - \varepsilon_2) \tag{6.2.55}$$

同理，分析中间件、从动件的受力和运动情况如图6.2.28和图6.2.29所示。

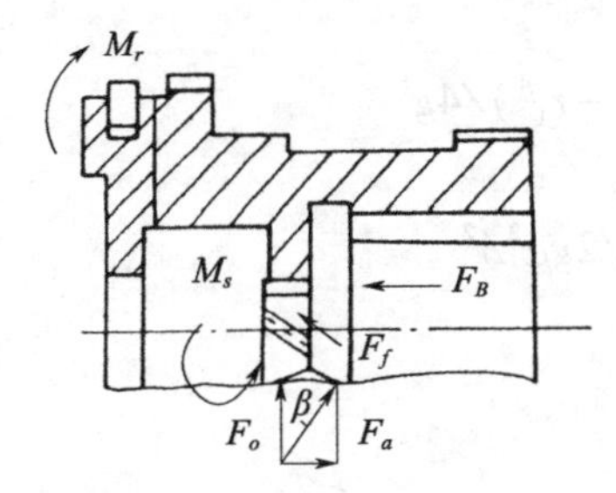

图6.2.28　中间件受力分析

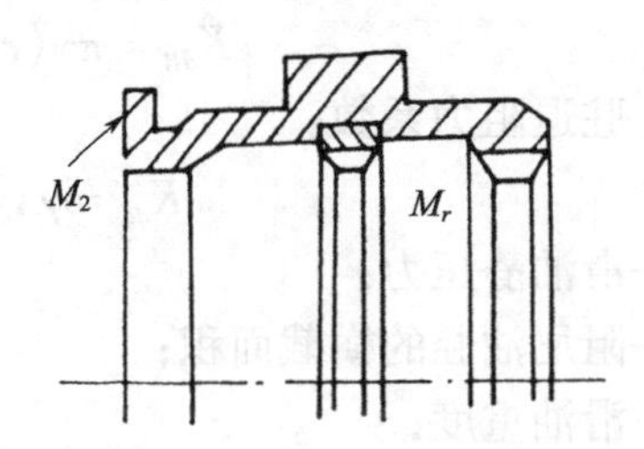

图6.2.29　从动件受力分析

对于中间件有运动方程：

$$M_S + M_S \tan\theta \cdot \tan\beta - M_r = J_S(\varepsilon_1 + \varepsilon_{Sr}) \tag{6.2.56}$$

$$M_S / C_\beta - M_S \tan\theta / C_\beta \cdot \tan\beta - F_R = m_S \cdot a_{Sr} \tag{6.2.57}$$

式中　$m_S$——中间件质量；

$J_S$——中间件转动惯量；

$M_r$——棘轮棘爪之间的作用力矩。

对于从动件有运动方程：

$$J_2 \frac{\mathrm{d}\omega_2}{\mathrm{d}t} = M_r - M_2 \tag{6.2.58}$$

式中下标2表示从动件的参数。

上述各运动方程代表了离合器的啮合运动过程。当 $F_R = 0$ 时，表示无阻尼运动。

2）阻尼油腔的阻尼力计算

在开始阶段，中间件的螺旋啮合运动是靠棘轮与棘爪的作用来拨动的。此后，棘轮与棘爪在轴向脱开，从动驱动齿逐渐在轴向进入啮合。中间件的最后的螺旋啮合运动是靠从动驱动齿的啮合而拨动的。为避免棘轮机构受力过大，在中间件最初的啮合运动行程中不应有阻尼，只在棘轮与棘爪轴向脱开后，再出现阻尼比较合理。因而出现了图6.2.25所示的阻尼油腔结构。这种油腔的阻尼力 $F_R$ 是由滑油的静压阻力 $F_{SP}$、动压阻力 $F_{dP}$ 和驻退阻力 $F_{da}$ 三部分组成。分析表明，动压和静压阻力对高速离合器的啮合极为不利。为了平衡动、静压阻力，出现了图6.2.30所示的结构。图6.2.21及图6.2.22所示的实际SSS离合器所采用的就是这种结构的阻尼油腔，它可以起到双向阻尼作用。在负荷出现波动时，可防止离合器瞬时地脱开运动。阻尼油孔的直径和数量可由离合器的啮合计算确定；也可根据母型按相似条件选取，最后通过试验校正。

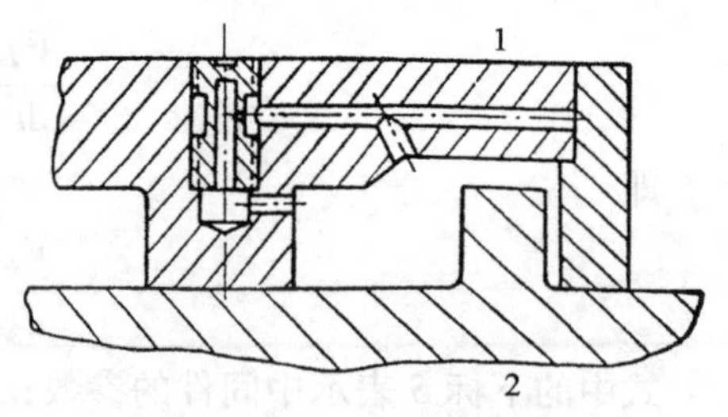


图6.2.30 双向阻尼油腔
1—中间件；2—主动件。

各种阻尼力按下列公式计算：

$$F_{SP} = P_S A_C \tag{6.2.59}$$

$$F_{dP} = K_{dP}\omega_1^{\ 2} \tag{6.2.60}$$

$$F_{da} = K_{da} C_\beta^{\ 2}(\omega_1 - \omega_2)^2 \tag{6.2.61}$$

式中 $K_{dP}$——动压阻力系数：

$$K_{dP} = \pi\gamma(r_2^{\ 4} - r_1^{\ 4})/4g \tag{6.2.62}$$

$K_{da}$——驻退阻力系数：

$$K_{da} = \gamma A_C^{\ 3}/2g\mu^2 A^2 \tag{6.2.63}$$

$P_S$——滑油静压力；

$A_C$——阻尼油腔的横截面积；

$\gamma$——滑油重度；

$r_1, r_2$——阻尼油腔的内、外半径；

$\mu$——阻尼油孔的流量系数；

$\omega_1, \omega_2$——主、从动件角速度；

$g$——重力加速度。

对于Ⅰ型阻尼结构：

$$F_R = F_{SP} + F_{dP} + F_{da} \tag{6.2.64}$$

对于Ⅱ、Ⅲ型阻尼结构：

$$F_R = F_{da} \tag{6.2.65}$$

3）棘爪与棘轮的碰撞棘合

如前所述，如果棘爪与棘轮齿发生棘合的一瞬间，主、从动件的转速同步，则棘爪与棘轮的棘合不存在撞击，中间件相对螺旋运动的初始相对速度为零。如果棘爪刚刚越过它与棘轮齿发生棘合位置的一瞬间，主、从动件的转速同步，则棘爪必须相对棘轮齿转过一个角度（其值为 $2\pi/bZ_r$）才可棘合。棘爪与棘轮齿的撞击最激烈，中间件相对运动的初始角速度值最大，此值为

$$\omega_{sr\max} = \sqrt{\frac{4\pi\Delta\varepsilon_0}{bZ_r}} \tag{6.2.66}$$

式中 $\Delta\varepsilon_0$——啮合时离合器主、从动件的差动角加速度，$\Delta\varepsilon_0 = \varepsilon_{10} - \varepsilon_{20}$；

$b$——棘爪组数；

$Z_r$——棘轮齿数。

对于离合器的每个元件分别应用动量矩定理和动量定理，则有：

$$M_r{}' = (1+K)J_2\omega_{sr0}J'/\tau(J'+J_2)$$

$$M_S' = (1+K)J_2\omega_{sr0}m_s C_\beta{}^2/\tau(J'+J_2) \tag{6.2.67}$$

$$F_{Ba}' = (1+K)J_2\omega_{sr0}m_s C_\beta{}^2/\tau(J'+J_2)$$

式中 $M_r', M_S', F_{Ba}'$——棘轮、螺旋齿上的动载力矩和轴承上的轴向动负荷；

$K$——恢复系数；

$\tau$——碰撞时间；

$m_s$——中间件质量；

$J'$——不考虑摩擦的中间件当量转动惯量，有

$$J' = m_s C_\beta{}^2 + J_S$$

因为 $J_2 >> J'$，所以 $J_2/(J'+J_2) \approx 1$；

且

$$\omega_{sr0} \leqslant \sqrt{\frac{4\pi\Delta\varepsilon_0}{bZ_r}}$$

所以

$$M_r' \leqslant \frac{1+K}{\tau}J'\sqrt{\frac{4\pi\Delta\varepsilon_0}{bZ_r}}$$

$$M_S' \leqslant \frac{1+K}{\tau}m_s C_\beta^2\sqrt{\frac{4\pi\Delta\varepsilon_0}{bZ_r}} \tag{6.2.68}$$

$$F_{Ba}' \leqslant \frac{1+K}{\tau}m_s C_\beta\sqrt{\frac{4\pi\Delta\varepsilon_0}{bZ_r}}$$

上述各式可用于计算棘轮棘爪、螺旋齿花键、轴承等元件在棘合时的动负荷。

$(1+K)/\tau$ 值可以在专门的试验中求得；$\omega_{sr0} = -\omega_0$ 是中间件相对螺旋运动的初始相对角速度，在数值上也是主、从动件在最初啮合时的差动角速度。

4）实例

上述微分方程可通过数值积分方法求得近似解。Ⅱ、Ⅲ型离合器啮合过程的实例计算结果如图6.2.31所示。

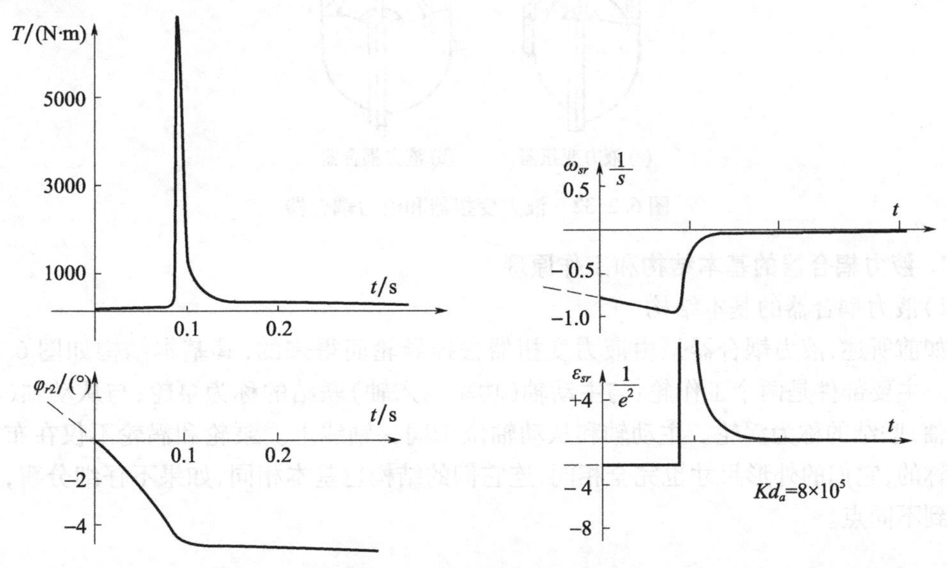


图6.2.31 啮合过程参数变化

## 6.2.4 液力耦合器

液力传动是舰船动力装置中一种重要的传动形式。它主要是依靠工作液体在叶轮内的动能变化(即动量矩变化)来传递动力。液力耦合器可分成液力变扭器和液力耦合器两大系列。

德国的 Fottinger 教授于 1902 年首制了世界上第一台液力变扭器(图 6.2.32(a))。它有泵轮 $B$、涡轮 $T$ 和导轮 $D$ 三个基本构件,并于 1908 年首次将液力变扭器应用于舰船的传动系统中,传递的功率为 100hp,最高效率 83%。1920 年,Bauer 在此基础上去掉了导轮,制造出世界上第一台液力耦合器(图 6.2.32(b)),其效率较之液力变扭器大为提高。实际上,当时的液力变扭器主要用于解决舰船动力由往复蒸汽机向高速蒸汽轮机过渡而带来的减速和倒车问题。但是,随着具有高的传动效率和减速比以及造价较低的舰船用减速齿轮箱的应用,液力变扭器很快被淘汰了。目前,在舰船蒸汽轮机传动装置中已经很少采用液力传动,但是在舰船柴油机动力装置中,液力传动仍被较为广泛地采用着,这主要是因为液力传动具有以下的特点:

(1)能够吸收扭振并改善柴油主机的负荷特性;

(2)可用于离合;

(3)在柴油主机转速不变的情况下,可对螺旋桨进行无级调速;

(4)在柴油主机转速不变的情况下,可实现螺旋桨的正反转;

(5)在多台柴油主机并车的动力装置中,能实现各台主机之间负荷的均匀分配。

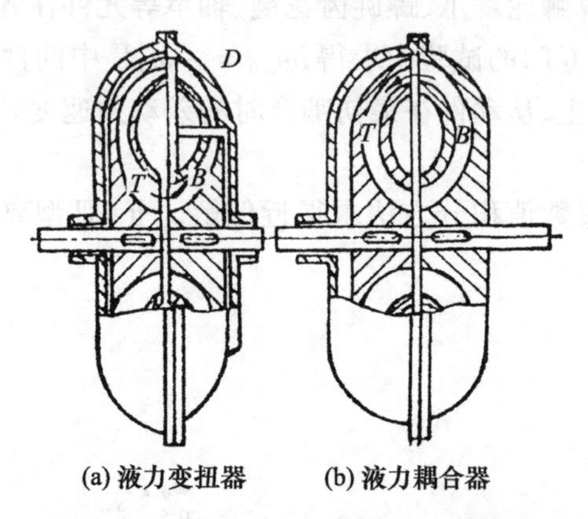


图 6.2.32 液力变扭器和液力耦合器

### 1. 液力耦合器的基本结构和工作原理

1)液力耦合器的基本结构

如前所述,液力耦合器是由液力变扭器去掉导轮而得来的,其基本结构如图 6.2.33 所示。主要部件是两个工作轮:与主动轴(功率输入轴)联结的称为泵轮;与从动轴(功率输出轴)联结的称为涡轮。主动轴和从动轴位于同一轴线上。泵轮和涡轮不仅在布置上是对称的,它们的外形尺寸也完全相同,连它们的结构也基本相同,如果不仔细分辨,几乎找不到不同点。

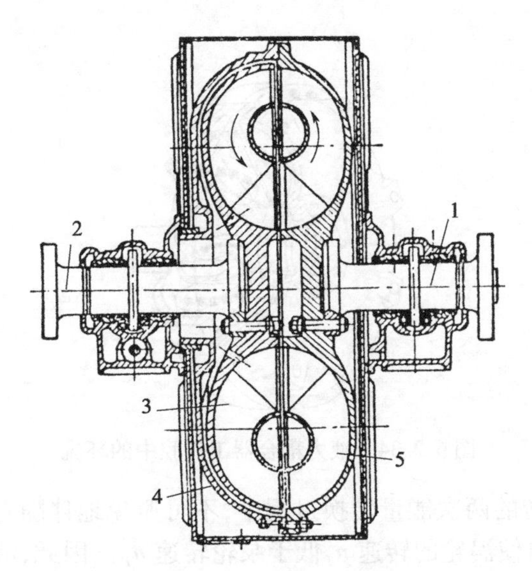


图6.2.33 液力耦合器结构

1—主动轴;2—从动轴;3—涡轮;4—转动外壳;5—泵轮。

在工作轮内部设有若干径向布置的直叶片。两个叶轮中充满了工作液体,工作液体在泵轮和涡轮之间的圆环形工作腔中不断地循环流动。两轮之间留有一定的轴向间隙,因而彼此之间不存在任何机械联系。转动外壳一般和泵轮相连,随泵轮一起转动,以防止工作液体漏出。转动外壳与泵轮之间没有叶片。称工作腔的最大直径为有效直径,是液力耦合器的特征尺寸,即其规格大小的标志尺寸。

2)液力耦合器的基本工作原理

当原动机通过液力耦合器的主动轴带动泵轮转动时,泵轮工作腔中的液体在叶片的作用下产生一个复合运动——既随泵轮作圆周(牵连)运动,又对泵轮作相对运动。工作液体质点相对于叶轮的运动状态由叶轮和叶片的形状所决定。

因为叶片为径向直叶片,故若假设泵轮、涡轮内叶片的数量有无限多、每片的厚度为无限薄,则工作液体质点只能沿着叶片和泵轮工作腔表面所组成的流道内流动。

由于旋转运动离心力的作用,进入泵轮工作腔的内半径处(也就是泵轮工作腔的进口处)的工作液体质点被叶片强迫增加其切线速度(牵连速度)并抛向泵轮工作腔的外半径处(也就是泵轮工作腔的出口处),泵轮工作腔的外半径明显地大于泵轮工作腔的内半径。在这段过程中,工作液体质点从泵轮的叶片处吸收了其旋转的机械能量并转化成液体能量(液体的动能和势能之总和),也可用其动量矩的增加来表示。

在泵轮的出口处,工作液体质点必然以较高的速度和压强冲向涡轮的叶片(此处即为涡轮的进口),并沿着由涡轮和涡轮叶片组成的流道流向涡轮的出口——此处的半径明显地小于其进口处的半径。因此,工作液体质点在这段流动过程中是属于向心减速运动。工作液体质点的能量(液体的动能和势能之总和)不断因释放而减少,也可以认为其动量矩减少。工作液体质点能量(动量矩)的释放过程,也就是转变成涡轮获得机械能的过程,即推动涡轮旋转做功的过程。当工作液体质点的能量释放后,由涡轮出口处再度进入泵轮的进口,开始下一轮的能量转换的流动,如此不断地循环。

工作液体在泵轮—涡轮所组成的工作轮中的这种流动,称为环流。环流的运动轨迹如图6.2.34所示。

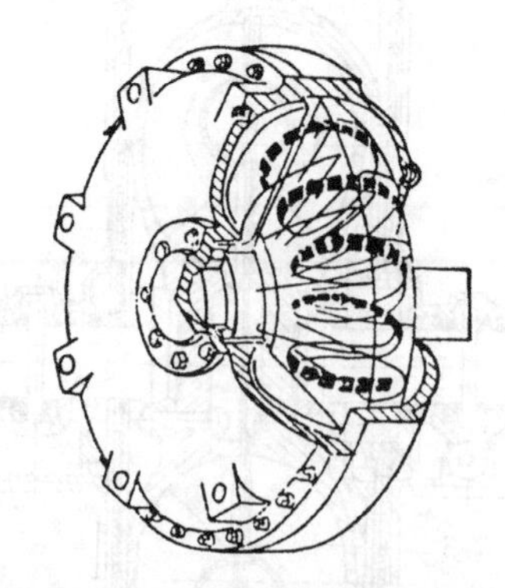

图6.2.34 液力耦合器工作腔中的环流

在液力耦合器运转的两次能量转换过程中，不可避免地伴随有能量损耗并使工作液体发热、温度升高，同时使涡轮的转速 $n_T$ 低于泵轮转速 $n_B$。因此，液力耦合器在运转过程中泵轮和涡轮之间必然存在转速差 $n_B - n_T$。

在泵轮出口处的液体之所以能够冲入涡轮，是由于在液力耦合器在运转过程中泵轮的转速始终高于涡轮，泵轮出口处液体的压强始终高于涡轮进口处液体的压强。

**2. 液力耦合器的外特性**

液力耦合器的外特性是指在工作液体的密度 $\rho$ 和泵轮的角速度 $\omega_B$ 为某个定值的情况下，耦合器泵轮的扭矩 $M_B$、涡轮扭矩 $M_T$ 和耦合器的效率 $\eta$ 随涡轮角速度 $\omega_T$（或转速 $n_T$）的变化关系。这些参数之间的关系对于作为动力装置传动单元的液力耦合器的使用和研究都十分重要。为了更好地理解，首先对液力传动知识作简单介绍。

1）液力传动的基础理论

（1）液流的速度三角形和速度环量。

在液力耦合器的叶轮中，液体的流态实质上是复杂的空间三元流动。为便于分析研究，通常将其简化为二元流动，并作如下假设：

①叶轮中的叶片数目无穷多；

②叶片的厚度无限薄；

③工作液体质点的运动轨迹和叶片形状一致；

④各部分液流的流态对称于轴心；

⑤以平均流线代表整个叶轮流道内液体运动的平均物理现象。

按照上述假设，在进行液流流态的分析研究时，只需对一些特定的流体质点进行研究即可了解工作腔内液流的全部情况。

① 液流的速度三角形。

在旋转着的叶轮腔内的某一点上，液体质点随叶轮旋转的速度称为圆周（或牵连）速度，以 $\boldsymbol{u}$ 表示；液体质点沿叶片骨线（叶片沿流线方向截面形状的中线）的切线方向的流动速度称为相对速度，以 $\boldsymbol{w}$ 表示。因此，液体质点的绝对速度（相对于固定坐标系的运动速度）$\boldsymbol{v}$ 的矢量等于其圆周速度 $\boldsymbol{u}$ 与相对速的矢量和：

$$\boldsymbol{v} = \boldsymbol{u} + \boldsymbol{w} \tag{6.2.69}$$

例如，泵轮出口处的速度三角形如图6.2.35所示。

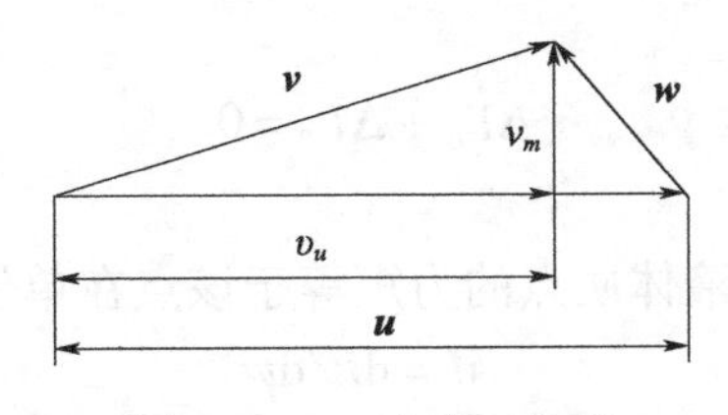


图 6.2.35 速度三角形

②速度环量 $\Gamma$。

速度矢量在某一个封闭周界切线上的投影值沿着该周界的线积分,称为速度矢量沿着周界的速度环量($\Gamma$)。

$$\Gamma = \oint v\cos(\boldsymbol{v}, \mathrm{d}\boldsymbol{s})\,\mathrm{d}s \tag{6.2.70}$$

对于叶轮,以平均流线上某点的圆周分速度 $v_u$ 与该点所在位置的圆周长度的乘积为该处的速度环量,即

$$\Gamma = 2\pi r v_u \tag{6.2.71}$$

式中 $r$——平均流线上某点所在位置的圆周半径。

速度环量的大小,标志着该处液流旋转运动的强弱程度。

图 6.2.36 表示液力耦合器的泵轮、涡轮叶片的展开图和进、出口速度三角形以及速度环量。

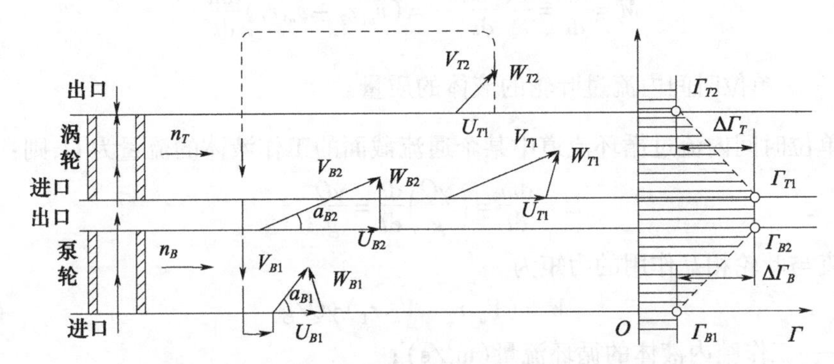


图 6.2.36 液力耦合器的速度三角形及速度环量

耦合器工作时,涡轮的转速略低于泵轮转速。由于涡轮与泵轮对称布置,故涡轮进口处的圆周速度 $U_{T1}$ 略小于泵轮出口处的圆周速度 $U_{B2}$,而 $V_{T1}=V_{B2}$,且 $V_{B1}=V_{T2}$;故泵轮和涡轮的液流在各自进口处的相对速度 $W_{B1}$、$W_{T1}$ 的方向对于叶片亦稍有偏离(图 6.2.36)。

由式(6.2.71)可知,$\Gamma_{B2}=\Gamma_{T1}>\Gamma_{T2}=\Gamma_{B1}$;$v_{uB2}=v_{uT1}>v_{uT2}=v_{uB1}$。所以泵轮出口的速度环量 $\Gamma_{B2}$ 大于泵轮进口的速度环量 $\Gamma_{B1}$;泵轮出口的速度环量 $\Gamma_{T2}$ 小于泵轮进口的速度环量 $\Gamma_{T1}$。

在泵轮与涡轮之间为无叶片区,又是属于连续流,因而两者进、出口的速度环量对应相等,即

$$\Gamma_{B2}=\Gamma_{T1};\Gamma_{T2}=\Gamma_{B1}$$

图 6.2.36 右侧为泵轮、涡轮进、出口处速度环量的变化情况。由此图可见,液力耦合器中液流经过泵轮时所获得的速度环量的增量 $\Delta\Gamma_B$ 与经过涡轮时所失去的速度环量的变

化量 $\Delta\Gamma_T$的绝对值相等，即

$$\Delta\Gamma_B + \Delta\Gamma_T = 0$$

(2)力矩方程。

根据动量矩定律，作用于液体质点的力矩等于该点在单位时间内动量矩的变化量，即

$$M = \mathrm{d}L/\mathrm{d}t \tag{6.2.72}$$

质点的动量矩为(参见图 6.2.37)

$$L = mvr = mvr\cos\alpha = mv_u r$$

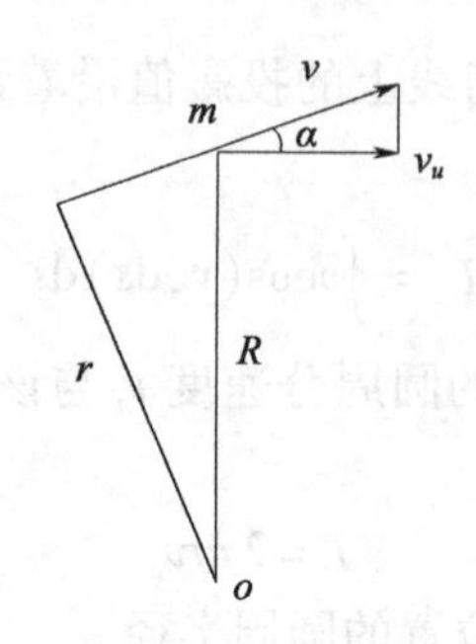


图 6.2.37 动量矩模型图

以上式代入式(6.2.72)得：

$$M = \frac{\mathrm{d}L}{\mathrm{d}t} = \frac{\mathrm{d}(mv_u r)}{\mathrm{d}t} = (v_{u2}r_2 - v_{u1}r_1)\frac{\mathrm{d}m}{\mathrm{d}t}$$

式中 $\frac{\mathrm{d}m}{\mathrm{d}t}$——单位时间内流过叶轮的液体的质量。

若在单位时间内流过循环流道中某个通流截面的工作液体的流量为 $Q$，则：

$$\frac{\mathrm{d}m}{\mathrm{d}t} = \left(\frac{\gamma Q}{g}\right)\frac{\mathrm{d}t}{\mathrm{d}t} = \frac{\gamma Q}{g}$$

故液流与叶轮相互作用的力矩为

$$M = (V_{u2}r_2 - V_{u1}r_1)\gamma Q/g \tag{6.2.73}$$

式中 $Q$——工作腔内液体的循环流量($\mathrm{m^3/s}$)；

$r_1, r_2$——叶轮液流的进、出口半径(m)；

$\gamma$——工作液体的重度($\mathrm{N/m^3}$)；

$V_{u1}, V_{u2}$——叶轮进、出口处液流绝对速度的圆周分速度(m/s)；

$g$——重力加速度($\mathrm{m/s^2}$)。

式(6.2.73)即为叶轮的力矩方程。也可用速度环量表示如下：

$$M = (V_{u2}r_2 - V_{u1}r_1)\gamma Q/g = (2\pi V_{u2}r_2 - 2\pi V_{u1}r_1)\gamma Q/2\pi g = (\Gamma_2 - \Gamma_1)\gamma Q/2\pi g$$

即

$$M = \Delta\Gamma\gamma Q/2\pi g \tag{6.2.74}$$

因为
$$\Delta\Gamma_B = -\Delta\Gamma_T$$

所以
$$M_B = -M_T$$

2)液力耦合器的扭矩外特性

由式(6.2.64)可知，泵轮的转矩 $M_B$为

$$M_B = (V_{u2B} r_{2B} - V_{u1B} r_{1B}) \gamma Q/g$$

又由图6.2.37可知：

$$V_{u2B} = u_{B2} = r_{2B} \cdot \omega_B$$

$$V_{u1B} = u_{T2} = r_{2T} \cdot \omega_T$$

而

$$r_{2T} = r_{1B}$$

所以

$$M_B = ({r_{2B}}^2 \omega_B - {r_{2T}}^2 \omega_T) \gamma Q/g \tag{6.2.75}$$

而

$$M_T = -M_B$$

所以

$$M_T = ({r_{2T}}^2 \omega_T - {r_{2B}}^2 \omega_B) \gamma Q/g \tag{6.2.76}$$

由式(6.2.75)或式(6.2.76)可知液力耦合器的传扭能力具有以下特点：

①传扭能力与工作液体的重度$\gamma$成正比。采用重度大的液体可以提高液力耦合器的传扭能力。反之，若工作液体中掺混进气泡后，会使其重度下降而降低其传扭能力。

②传扭能力主要取决于泵轮、涡轮的出口半径，与其进口半径无关。由此可知：如果将泵轮叶片的顶部削去一部分（见图6.2.38）且不考虑工作液体对叶轮的冲击损失，则从理论上讲，对其传扭能力无影响。据此，在涡轮作平衡试验时，往往允许在其外径上去重而对性能无影响。

因此，泵轮循环圆最大直径（即叶片的最大直径）就可以代表液力耦合器的特征尺寸，通常称为有效直径，以$D_K$表示。图6.2.39表示各种情况下有效直径$D_K$的含义。

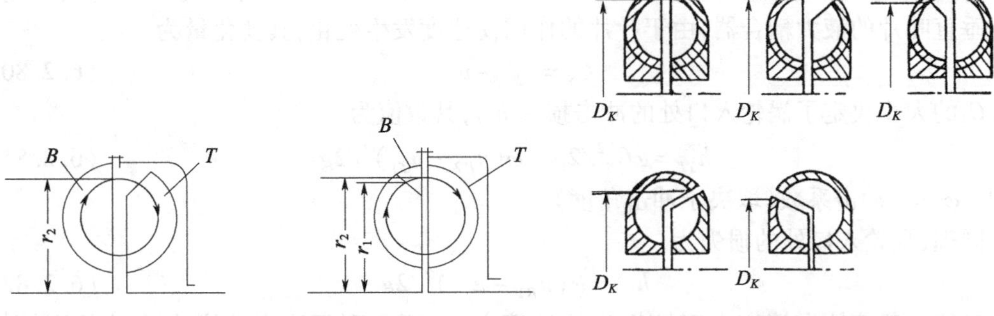


图6.2.38 工作轮外缘局部削除对传扭能力的影响

B—泵轮；T—涡轮。

图6.2.39 各种不同形状工作轮的有效直径

③液体环流量$Q$的影响。

很显然，液力耦合器的传扭能力与其工作腔中充液量的大小有关。相同情况下，工作腔中的充液量越大，其传递力矩的能力也越大；反之亦然。因而，调节工作腔中的充液量，就可以改变其输出转矩和转速。而液体的环流量$Q$又与泵轮和涡轮之间的转速差有关。下面将从能量平衡的原理推导$Q$的表达式。

液力耦合器工作时，液体在工作腔中流动的总能量是平衡的，即输入、输出和损失这三者的能量应保持平衡。

循环圆内能量平衡方程式的一般形式为

$$N_B - N_T - \Sigma N_S = 0 \tag{6.2.77}$$

式中　$N_B$——泵轮传给液体的功率；

$N_T$——液体传给涡轮的功率；

$\Sigma N_S$——液体在循环圆中流动时损失的功率。

根据流体力学原理，可将式(6.2.77)改为

$$\gamma Q_B H_B - \gamma Q_T H_T - \gamma \Sigma Q h_S = 0$$

如果忽略泵轮和涡轮间隙的泄漏，泵轮流道中的流量就等于涡轮流道中的流量，即$Q_B = Q_T = Q$，于是有：

$$H_B - H_T - \Sigma h_S = 0 \tag{6.2.78}$$

式中　$H_B$——泵轮中液体的压头；

$H_T$——涡轮中液体的压头；

$\Sigma h_S$——循环圆中环流压头损失的总和。

式(6.2.78)即为耦合器中压头能量平衡方程式。它表明：泵轮压头大于涡轮压头。在此压差的作用下，使液体在流道内以某个一定的流量作循环流动。压差越大，液体的流速就越大，环流量也越大。

循环圆中环流压头总损失$\Sigma h_S$由三部分组成：泵轮和涡轮入口处的冲击损失，环流与流道之间的摩擦损失，即

$$\Sigma h_S = h_{YB} + h_{YT} + h_{TP} \tag{6.2.79}$$

式中　$h_{YB}$，$h_{YT}$——泵轮和涡轮入口处的冲击损失；

$h_{TP}$——环流与流道之间的摩擦损失。

由泵轮和涡轮进口处的速度三角形(见图6.2.47)可知，因为$\omega_T < \omega_B$，所以$u_{T1} < u_{B2}$。对于垂直叶片的液力耦合器，由于叶片的作用使速度发生变化，其变化量为

$$C_S = u_{B2} - u_{T1} \tag{6.2.80}$$

$C_S$的大小决定了涡轮入口处的冲击损失$h_{YT}$，其数值为

$$h_{YT} = \varphi C_S^2/2g = \varphi(u_{B2} - u_{T1})^2/2g \tag{6.2.81}$$

式中　$\varphi$——冲击系数(取决于冲击角度)。

同理，泵轮入口处的损失为

$$h_{YB} = \varphi(u_{B1} - u_{T2})^2/2g \tag{6.2.82}$$

又按一般液体在管道中摩擦损失的计算方法，可得到环流在流道中流动的摩擦损失为

$$h_{TP} = \Sigma p w^2/2g \tag{6.2.83}$$

式中　$p$——液体摩擦损失系数；

$w$——液体的相对速度。

由此求得环流在循环圆内压头总损失为

$$\Sigma h_S = h_{YB} + h_{YT} + h_{TP} = \{\varphi[(u_{B2} - u_{T1})^2 + (u_{B1} - u_{T2})^2] + \Sigma p w^2\}/2g \tag{6.2.84}$$

在无能量损失的情况下，叶轮对液体所做的机械功，应全部转换为液体压头升高所需的功，即

$$\gamma Q H_B = N_B = M_B \omega_B$$

$$\gamma Q H_T = N_T = M_T \omega_T$$

将式(6.2.75)、式(6.2.76)代入上述两式后，有：

$$H_B=(u_{B2}{}^2-u_{T2}u_{B1})/g$$
$$H_T=(u_{T2}{}^2-u_{B2}u_{T1})/g$$

将$H_B$、$H_T$、$\Sigma h_S$的表达式代入式(6.2.78),则有:

$$\{[(u_{B2}{}^2-u_{T2}u_{B1})-(u_{T2}{}^2-u_{B2}u_{T1})]-\varphi[(u_{B2}-u_{T1})^2+(u_{B1}-u_{T2})^2]/2+\Sigma pw^2/2\}g=0$$

式中 $u_{B1}=r_{1B}\omega_B=\pi D_1 n_B/60$;

$u_{T1}=r_{1T}\omega_T=\pi D_2 n_T/60$;

$u_{B2}=r_{2B}\omega_B=\pi D_2 n_B/60$;

$u_{B2}=r_{2B}\omega_B=\pi D_2 n_B/60$;

$u_{T2}=r_{2T}\omega_T=\pi D_1 n_T/60$;

$D_1=2r_{1B}=2r_{2T}$;

$D_2=2r_{2B}=2r_{1T}$。

令$\alpha=D_1/D_2<1$,$\varphi=1$,并将所有关系式代入上式,经化简后得:

$$(\pi/60)^2(\alpha^2-1)n_T{}^2+(\pi/60)^2(1-\alpha^2)n_T{}^2-\Sigma pw/D_2{}^2=0$$

由此可以确定循环圆中流束的相对速度为

$$w=\frac{\pi}{60}D_2 n_B\sqrt{(\alpha^2-1)(i^2-1)/\Sigma p} \tag{6.2.85}$$

式(6.2.85)中$i=n_T/n_B$,而$\alpha=D_1/D_2$是一个无因次尺寸系数,对任何几何相似的液力耦合器来说都是一样的。损失系数$\Sigma p$则与流道的形状、尺寸、叶片数量等因素有关。对于尺寸已定的耦合器,$\alpha$和$\Sigma p$均为定值,此时,相对速度$w$仅与$i$有关。

知道了相对速度$w$后,即可求出循环圆流量$Q$:

$$Q=wF=2\pi rbw\psi=\pi^2 rb\psi D_2\sqrt{(\alpha^2-1)(n_T^2-n_B^2)}/30 \tag{6.2.86}$$

式中 $r$,$b$——循环圆中任一通道截面的半径和径向宽度;

$\psi$——阻塞性系数。

由于液力耦合器有效通道截面积是一个常数,因而式(6.2.86)是一个椭圆方程。即当$n_B$是某一常数时,$Q=f(n_T)$的关系曲线的形状是一个椭圆。由此可分析环流量$Q$对耦合器传扭能力的影响如下:

$i=1$,即$n_B=n_T$时,循环圆流量$Q=0$,不能传递扭矩;

$i=0$,即$n_T=0$时,循环圆流量最大,传扭能力最大;

$i=-1$,即$-n_T=n_B$时,循环圆流量$Q$亦为0,不能传递扭矩;

$0<n_T<n_B$的中间工况,流量按椭圆规律变化而影响耦合器的传扭能力。

知道了环流量的影响因素后,即可具体分析液力耦合器的外特性了。由式(6.2.75)可得:

$$M=M_B=\gamma Q(r_{2B}{}^2\omega_B-r_{2T}{}^2\omega_T)/g=\pi\gamma Q r_{2B}{}^2 n_B[1-(r_{2T}/r_{2B})^2 n_T/n_B]/30g \tag{6.2.87}$$

式(6.2.87)表示了液力耦合器转矩和涡轮转速的关系。在外特性中,通常规定$n_B$和$\gamma$为定值,只要油的品种一定且油温基本保持稳定,则$\gamma$可保持不变。于是,传扭能力是两部分的综合反映:

涡轮转速变化引起环流量的变化,从而对传扭能力产生影响(椭圆曲线关系);

涡轮转速变化直接产生的动量矩的变化(线性关系)。这就是液力耦合器的理论外特性,如图 6.2.40 所示。

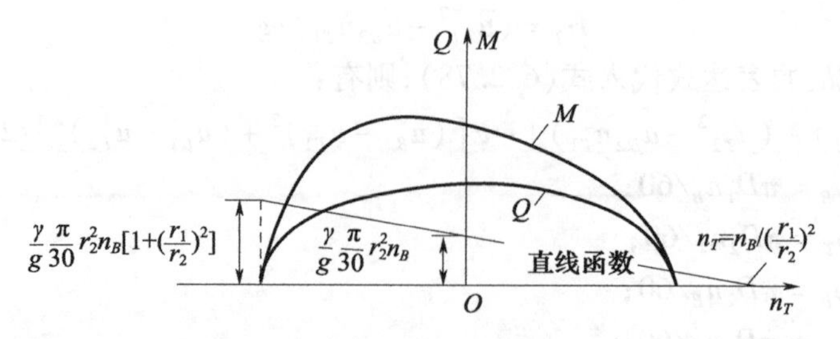


图 6.2.40 液力耦合器的理论外特性

由图 6.2.40 可看出:当涡轮转速由 0 逐渐增加到 $n_T = n_B$时,耦合器的传扭能力将从最大值逐渐减小到 0。

实际上,上述理论扭矩指的是泵轮叶片对液体的作用或液体对涡轮叶片的作用。而人们需要知道的是从仪表测量得到的,泵轮轴和涡轮轴上的扭矩。它们与 $M_{YB}$、$M_{YT}$之间(这里的 $M_{YB}$、$M_{YT}$就是前述的 $M_B$、$M_T$)还存在着轴承、油封;外壳在转动时的鼓风效应等机械阻力矩 $M_{mB}$;流道的外侧壁面与油的圆盘阻力矩 $M_{YP}$;调速型耦合器还存在导管阻力矩 $M_D$等。这些扭矩之间的关系为

$$M_B = M_{YB} + M_{mB} + M_{YP} + M_D \tag{6.2.88}$$

$$M_T = M_{YT} + M_{mT} + M_{YP} \tag{6.2.89}$$

下面分别讨论各阻力矩:

$M_{YP}$:如图 6.2.41 所示,液力耦合器充油运转时,与泵轮相连的转动外壳内壁与涡轮背面之间也有油,由于油的黏性,转动外壳的内壁欲带动油以 $n_B$ 回转,而 $n_B > n_T$,这样,转动外壳的内壁与油、油与涡轮背面之间就产生圆盘摩擦阻力矩 $M_{YP}$。对于转动外壳,$M_{YP}$ 是阻力矩,但对于涡轮则是动力扭矩。这对扭矩的大小相等、方向相反、分别作用在泵轮轴和涡轮轴上。一般来说,圆盘摩擦扭矩与转速差的平方成正比,即 $M_{YP} = f(n_B - n_T)^2$。

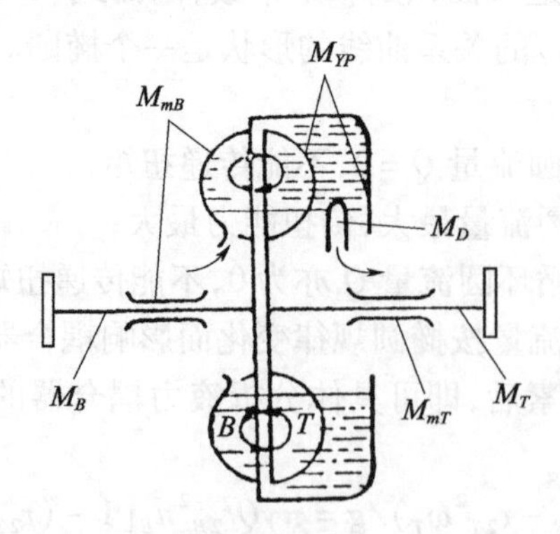


图 6.2.41 作用在液力耦合器上各种阻力矩

圆盘摩擦扭矩实际上是耦合器通过循环流道外侧的液体所传递的一部分液力扭矩,将它与循环液力扭矩相加,即为耦合器所传递的全部液力扭矩。

耦合器泵轮和转动外壳的外壁在转动时的鼓风阻力矩也与$(n_B - n_T)^2$相关,而轴承和油封的摩擦阻力矩则与它们的型式、润滑条件等因素有关。

一般地,在液力耦合器传递额定扭矩的情况下,与液力扭矩相比,机械阻力矩和导管

阻力矩很小(机械阻力矩约为0.5%,导管阻力矩约为1%)。因此,在讨论液力耦合器的外特性时,常常略去不计,于是认为:$M_B \approx M_{YB} + M_{YP}$;$M_T \approx M_{YT} + M_{YP}$。由此得到液力耦合器的外特性如图6.2.42中的$M$曲线。

图6.2.42表示了液力耦合器在第一象限中的外特性,它对应于耦合器的正常运行工况。但是在实际使用中,耦合器常会遇到其他两种工况:第一种是发生在第二象限的涡轮反转工况,例如在刚开始突然倒车的一段时间内,泵轮已经反向转动,而涡轮则仍处于正向转动状态;第二种是发生在第四象限的反转超越工况,即涡轮的旋转方向与泵轮相同,但$\omega_T > \omega_B$(即$i>1$),例如当舰船在正向航行时主机因突然熄火而停车,而螺旋桨在水流冲击下仍保持较低的转速运转。对于这两种工况,必须用到耦合器的全外特性,如图6.2.43所示。图中的$AB$为正常工况(亦称牵引工况)的扭矩特性,$ACD$为涡轮反转工况的扭矩特性,$BE$则为反转超越工况的扭矩特性。

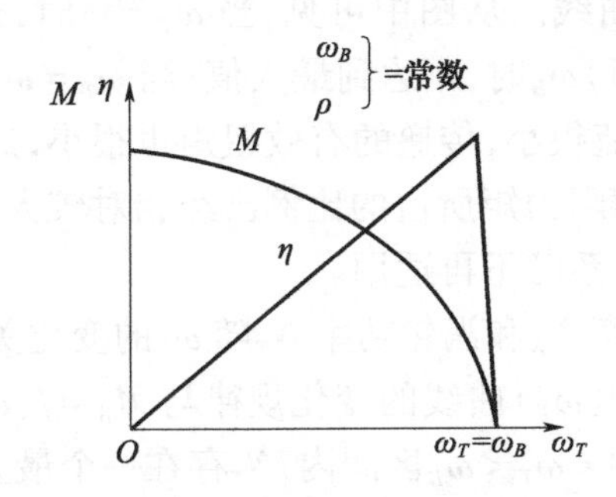


图6.2.42 液力耦合器的外特性

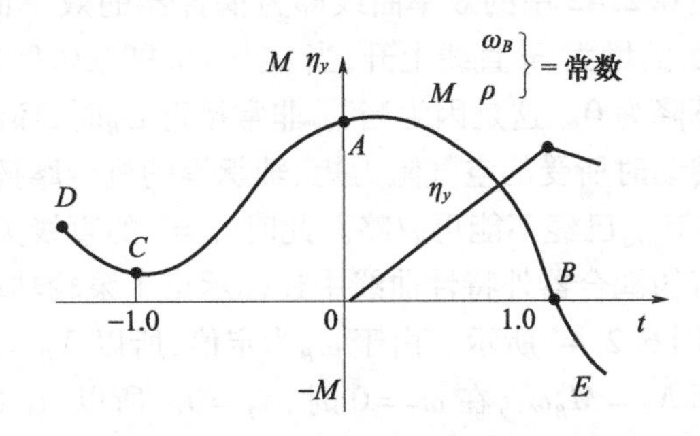


图6.2.43 液力耦合器的全外特性

耦合器在涡轮反转工况下运转时,涡轮的转向与泵轮相反,$n_T$为负值,转速比$i = n_T/n_B$也为负值。为了维持这种工况,涡轮必须由外部强制输入扭矩,使得液体作用于涡轮的扭矩$M_{YT}$的方向与$n_T$相反,起到阻止涡轮反方向旋转的制动作用。在$-1 \leqslant i \leqslant 0$区间,泵轮转速大于涡轮转速的绝对值,泵轮的压头$H_B$大于涡轮的反抗压头$H_T$,流道内的环流作正向循环,其循环流量$Q$亦随$\omega_T$由0变化至$\omega_T = -\omega_B$而从最大值逐渐减小到0;然而,随着$n_T$向负方向逐渐增加,泵轮和涡轮进口处的液流冲击角不断增大,冲击损失将比在第一象限时大。此外,$M_{YT}$的计算式中的直线函数在第二象限内逐渐上升,因而,所有这些因素均使得耦合器在第二象限内的扭矩特性$AC$段的下降趋势较在第一象限内的$AB$段要陡。当$\omega_T = -\omega_B$时,$i=-1$,泵轮压头与涡轮反抗压头相等,循环流量$Q=0$,$M_{YB}=0$,$M_{YT}=0$,但是圆盘摩擦阻力矩$M_{YP} \neq 0$,因此,在$i=-1$时,耦合器所传递的扭矩即为圆盘摩擦阻力矩$M_{YP}$,而且$M_{YP} \neq 0$。

当涡轮反向转速的绝对值$|n_T|$继续增大至$|n_T| > n_B$时,由于涡轮的压头大于泵轮压头,流道内的环流方向与原来的相反,亦即液流将从原涡轮进口流入原泵轮出口,泵轮和涡轮的功能互换,泵轮变为“涡轮”,而涡轮变为“泵轮”。由于有循环液流,耦合器所传递的扭矩又开始逐渐增大。

位于第四象限内的$BE$段为反向超越工况。在此工况下,涡轮作正向旋转,但是$n_T > n_B$。为了维持这种工况,涡轮必须由外部强制输入扭矩以保证$n_T > n_B$。也由于涡轮压头大于泵轮压头,流道内的循环液流产生反向循环,功率由涡轮端输入,通过液力耦合器反向传给泵轮端,使发动机保持某一较低的转速运转。

3)液力耦合器的效率特性

如前所述,液力耦合器的工作过程中存在着能量损失。所以,其输出功率 $N_2$ 总是小于输入功率 $N_1$,它们的比值就是液力耦合器的传动效率 $\eta$:

$$\eta = N_2/N_1$$

对于不用导管的非调速型耦合器:

$$\eta = M_T\omega_T/M_B\omega_B = (M_{YT}+M_{YP}-M_{mT})\omega_T/(M_{YB}+M_{YP}+M_{mB})\omega_B$$

如前所述,机械阻力矩 $M_{mT}$、$M_{mB}$ 与液力循环扭矩相比很小,可以忽略不计。故:

$$\eta \approx (M_{YT}+M_{YP})\omega_T/(M_{YB}+M_{YP})\omega_B = \omega_T/\omega_B = i \qquad (6.2.90)$$

可见,如果略去机械摩擦阻力矩,则耦合器的传动效率在数值上等于耦合器的涡轮与泵轮的转速之比。

图 6.2.42 中的效率曲线即为耦合器的效率曲线。从图中可见,当 $\omega_T = 0$ 时,$\eta = 0$。随着 $\omega_T$ 的增大,$\eta$ 直线上升;当 $\omega_T = (0.99-0.995)\omega_B$ 时,$\eta$ 达到最大值;当 $\omega_T = \omega_B$ 时,$\eta$ 迅速下降为0。这是因为当 $\omega_T$ 非常接近 $\omega_B$ 时,环流很小,传递的有效扭矩也很小,这时工作轮转动时所受的空气阻力矩、轴承等的机械摩擦阻力矩所占的比例已经相对较大,因而 $M_{mT}$ 和 $M_{mTB}$ 已经不能再忽略。此时,$\eta = i$ 的直线关系已不再适用。

有的耦合器外特性曲线中还标示出了泵轮功率 $N_B$ 和涡轮功率 $N_T$ 随 $\omega_T$ 的变化关系曲线,如图 6.2.44 所示。由于 $\omega_B$ 为定值,所以 $N_B = f(\omega_T)$ 曲线的变化规律与 $M_B = f(\omega_T)$ 相同。而 $N_T = M_B\omega_T$,在 $\omega_T = 0$ 时,$N_T = 0$。所以,在 $0 < \omega_T < \omega_B$ 区间内,$N_T$ 存在一个最大值。

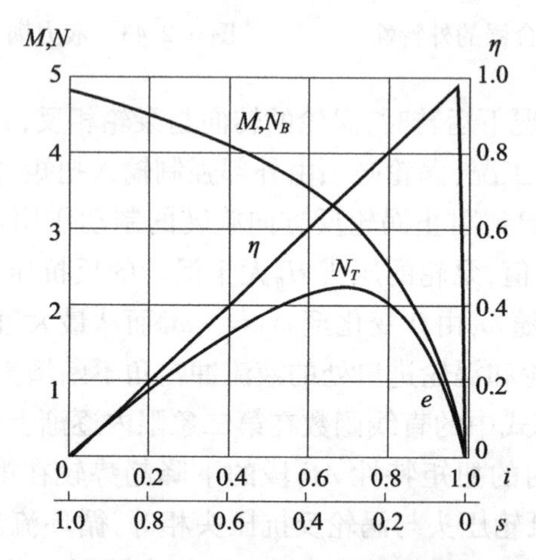


图 6.2.44 液力耦合器的外特性

$N_B$—泵轮功率;$N_T$—涡轮功率;$e$—额定工况点。

上述外特性是在一个规定的泵轮转速下得到的。对于同一个耦合器,根据不同的泵轮转速,就能获得一组形状相似的外特性曲线,如图 6.2.45 所示,称为通用外特性曲线。把不同 $n_B$ 下效率相同的点连接起来,就得到等效率线,即 $\eta$ 等于常数下的 $M = f(n_T)$ 曲线。

**3. 液力耦合器的部分充油特性**

液力传动系统中,当要改变工况时,既可以通过改变发动机的功率和转速,也可以通过改变液力耦合器循环流量来达到目的。

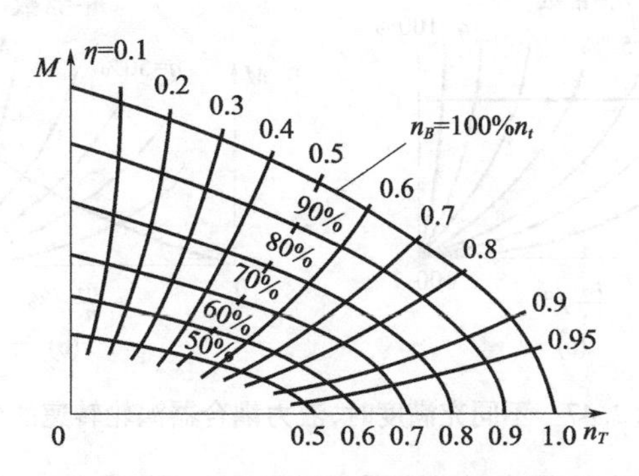


图 6.2.45 液力耦合器的通用外特性

对于流道的几何尺寸已定的耦合器，当转速比 $i$ 一定时，流道内循环流量 $Q$ 的大小与工作液体在流道内的充满程度有关。液力耦合器的循环流量在未完全充满时的特性称为部分充油特性。即：若设液力耦合器流道中的充液量为 $q$，则当流道充满油时 $q=1$，称为完全充满或全充油；若 $q<1$，则称为部分充油。一般从理论上说，工作液体的体积等于耦合器内部空腔的几何容积时，才能算完全充满。而实际上，耦合器内部腔体中有不少辅助容积，对传扭能力不起作用。因而，当工作液体约为耦合器内部腔体容积的 90% ~95% 时，即可认为是全充满了。

从另一角度看，工作液体也必须比耦合器内部腔体的几何容积小一些，以留出一部分自由空间来容纳耦合器运转时由工作液体中分解出来的空气和油气。

液力耦合器的部分充油特性如图 6.2.46 所示。从图中可看出，耦合器的传扭能力随充油度 $q$ 的减小而减小，随滑差 $S$ 的增加而增大。

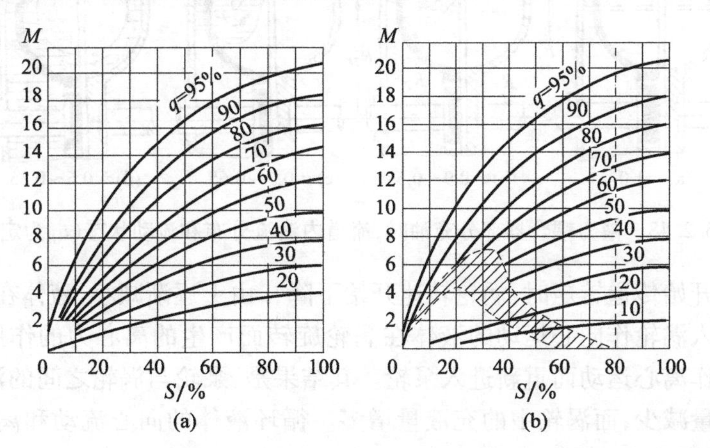


图 6.2.46 在不同充满度下液力耦合器的外特性

当涡轮转速变化时，其扭矩的变化规律与完全充满（$q=1$）条件下的变化规律基本一致。图 6.2.47 表示了在不同充满度时，耦合器涡轮转速的变化情况。

图 6.2.47 表示了液力耦合器可以实现无级调速的功能。图 6.2.47（a）和图 6.2.47（b）分别为载荷 $M_0$ 不变及 $M_0$ 随转速变化的情况。从图中可见，在泵轮转速不变的情况下，改变充满度可以改变涡轮的转速。

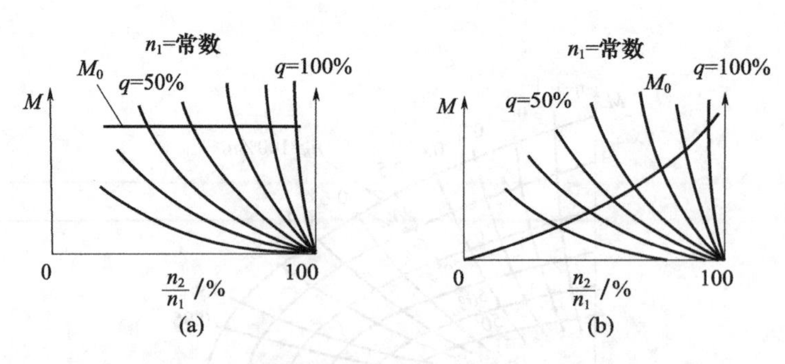


图 6.2.47　不同充满度时,液力耦合器涡轮转速的变化

当 $q$ 减小时,耦合器传扭能力减小的主要原因是:其一,因为流道中只有一部分油,在流道外径不变的情况下,相当于流道内径增大了,根据扭矩计算公式可知,$M$ 减小;其二,因为 $Q$ 减小了,因而 $M$ 也就减小了。

此外,从图 6.2.47(b)中还可看出:部分充油的液力耦合器在一定的充油度下(如 $q<0.8$),存在一个不稳定区域(图中的阴影区)。出现不稳定工况主要与耦合器流道中的液流结构有关。

图 6.2.48 表示了部分充油耦合器流道内液体的分布和流动状态随转速比 $i$ 的变化关系。当 $i=1$ 时,泵轮和涡轮的转速相同,流道中的液体不存在相对运动,只受到因耦合器旋转而引起的离心力的作用,液体的边界呈圆柱形分布在流道的外缘,见图 6.2.48(a)。在这一边界的内侧靠近轴中心线处为空气环。

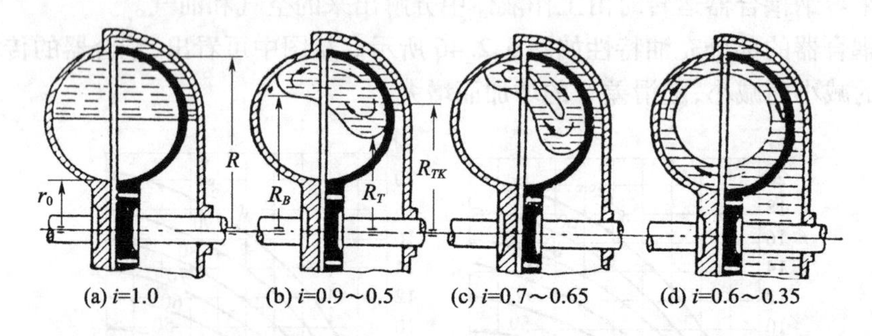


图 6.2.48　液力耦合器部分充油时,流道内液流分布和流动状态($n_B$ 为定值)

当耦合器开始传递转矩时,涡轮转速开始下降,$i$ 由 1 逐渐减小,液体在流道内开始作循环流动。流入涡轮作向心运动的液体在涡轮旋转而产生的离心力的作用下,未达到流道内侧就开始作离心运动而重新进入泵轮。其结果是,泵轮与涡轮之间的液体重新分配;泵轮中的充液量减少,而涡轮中的充液量增多。循环液体的向心流动和离心流动之间有一个分界面,见图 6.2.48(b)。

随着耦合器传递扭矩的增加,$i$ 由 1 逐渐减小。涡轮中向心流动的趋势增大,离心流动趋势则减弱,流入涡轮的充油量增多,而且流入涡轮流道的弯曲部位,向心流动与离心流动产生明显分层,在轴向上形成环状流动。随着 $i$ 的减小,这一环状流动逐步向涡轮流道内径处靠近,见图 6.2.48(c)。循环流量 $Q$ 也因 $i$ 的减小而有所增加,使传递的扭矩增大。由于液体在泵轮进口处的半径 $r_{1B}$ 要比完全充油时大得多,所传递的扭矩将减小。综合以上两种因素的影响,在此阶段,随着 $i$ 的减小,耦合器所传递的扭矩增加得比较缓慢。

当$i$继续减小,例如$i<0.4$时,由于涡轮转速进一步下降,离心趋势大为削弱,以至于来自泵轮的向心流动能够到达涡轮流道的最内侧,再由泵轮流道的最小半径处进入泵轮,并紧贴于泵轮流道的内壁流动。这样,液体在泵轮和涡轮流道内作大循环流动,这种大循环流动有一个清晰的自由面,空气环位于大流道的中间位置,见图6.2.48(d)。当液流由上述的小循环向大循环过渡时液流离开涡轮和进入泵轮时的半径大大减小,亦即$r_{2B}$与$r_{1B}$之差显著增加,从而使耦合器所传递的扭矩出现突跳式增加。

从上述分析可知,当耦合器流道内部分充油时,流道内存在两种类型的液体流动:大循环和小循环。耦合器在小循环或大循环情况下运转时,工作是稳定的,只是在由一种循环过渡到另一种循环的过渡过程中,由于液流离开涡轮或进入泵轮的半径发生了突跳,使耦合器所传递的扭矩也发生突变,致使耦合器的工作失去了稳定,整个传动系统会产生强烈的振动。充油量减小,由小循环过渡到大循环的$i$值也逐步减低($S$增大),如图6.2.46(b)的阴影区所示。

耦合器不能在这个特性不稳定的区域内工作,应当设法避开或消除。要消除部分充油时的不稳定区,可以有许多结构措施,但是比较简单而又得到普遍采用的方法是在流道的涡轮出口处装挡板,见图6.2.49。挡板的作用是:在流道部分充油且滑差较小时,液体作小循环流动,挡板不妨碍流体的流动,见图6.2.49(a)。当滑差增大时,液体企图作大循环流动,此时,挡板起阻碍作用,使液体在流道内无法形成大循环,不会产生泵轮液流半径$r_{1B}$的突跳,因而避免了液力扭矩的波动。挡板大小的设计应该使小循环流动时不受严重影响。不同流道的耦合器发生不稳定的区域是不同的,因此,挡板的大小也应根据具体情况确定。

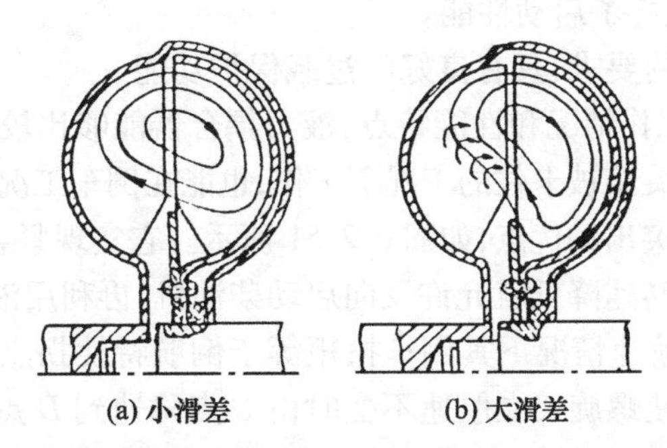


图6.2.49 在部分充油时,装有挡板的耦合器的液体在流道内的流动状态

**4. 液力耦合器在舰船上的应用**

液力耦合器有普通型、限矩型和调速型三种主要类型。按各种类型的结构和特性的不同,分别应用在许多领域中。目前,主要的应用领域有:冶金设备(主要是调速型)、矿山机械、起重运输机械、工程机械、电力设备、化工机械和船舶动力装置等。

液力耦合器在船舶动力装置中得以较为广泛地应用,主要得益于它的以下特点:

1)缓和冲击和隔振

由于液力耦合器以液体传递扭矩,因而具有良好的隔振性能,能够隔离柴油主机的高频波动扭矩。此外,由于泵轮和涡轮之间不存在机械联系,因而将轴系分为两个互不联系的振动系统,提高了柴油机至泵轮这一段轴系的自振频率,因而比较容易在工作转速范围内避开共振,这时整个系统获得良好的减振效果。图6.2.50所示的是某推进装置在液力耦合器前后的变动扭矩曲线。

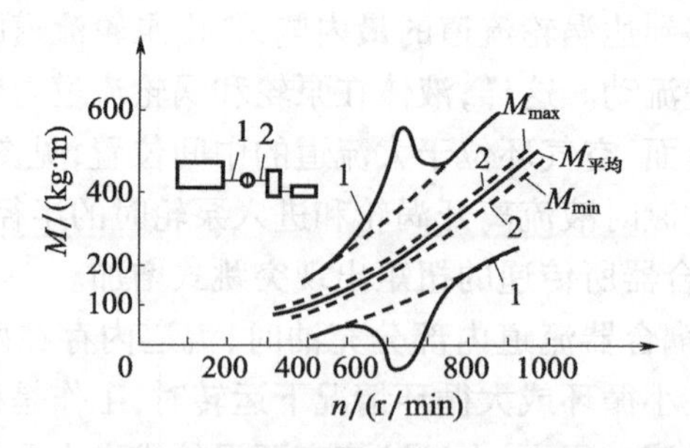


图 6.2.50 某推进装置液力耦合器前后变动扭矩曲线

1—液力耦合器前变动扭矩;2—液力耦合器后变动扭矩。

从图 6.2.50 中可见,柴油机输出的变动扭矩从液力耦合器前的 1.44$M_{平均}$经液力耦合器后变为(1.04~1.05)$M_{平均}$,其减振效果十分显著。因而常在减速装置和并车装置中被用作隔振元件,以保护减速齿轮箱。

2)无级调速

根据液力耦合器的通用特性和部分充油特性,可以实现无级调速。此特性用于船舶推进装置,则可实现船舶的微速航行。这对于一些有特殊使命的工程船舶和扫雷舰艇具有较好的适应性。

3)平稳启动

对于大惯量的传动系统,如柴-燃联合动力装置的巡航机驱动系统,可以使柴油机只带泵轮空载启动,从而改善了启动性能。

4)适应舰船多工况的要求,具有良好的过载保护功能

根据液力耦合器的工作情况和性能特点,液力耦合器能够比较好地适应舰船多工况的要求,它既能在制动或螺旋桨被卡住的工况下工作,也能在倒车工况下工作。尤其是液力耦合器在紧急倒车时,具有突出的优点,如图 6.2.51 所示。它实现紧急倒车的过程是这样的:首先,它可不待螺旋桨的转速降低就允许反向启动柴油机,再利用液力耦合器的倒车特性,使它能够在较高的正向航速情况下其倒车扭矩等于倒航特性拐点 $C$(图 6.2.51 中设 $V=0.5V_C$),于是,就可以迫使螺旋桨在航速不变时由 $C$ 点降速到 $D$ 点,使其转速为 0,然后在液力耦合器扭矩的作用下,开始由 $O$ 点反向加速至 $B$ 点。由于螺旋桨反转而产生的负推力的作用,迫使舰船迅速减速,由 $B$ 点较快地过渡到 $A$ 点,航速降为 0,随后即开始倒航。

5)在多机并车装置中可以均衡负荷

为了适应舰船的不同目的以及不同动力装置形式的需求,产生了不同结构型式的液力耦合器。下面主要介绍在舰船上应用液力耦合器的情况。

(1)可充排油式液力耦合器。

这类耦合器的主要特点是:通过对耦合器的充排油,实现离合并通过工作油的外部循环带走工作中产生的热量。它是目前舰船上采用最多的一种,既起上述联轴器的作用,也起离合器的作用。

根据排油方式的不同,主要有两种典型结构:滑环式充排油液型和阀片式充排油液型液力耦合器,分别见图 6.2.52 和图 6.2.53。

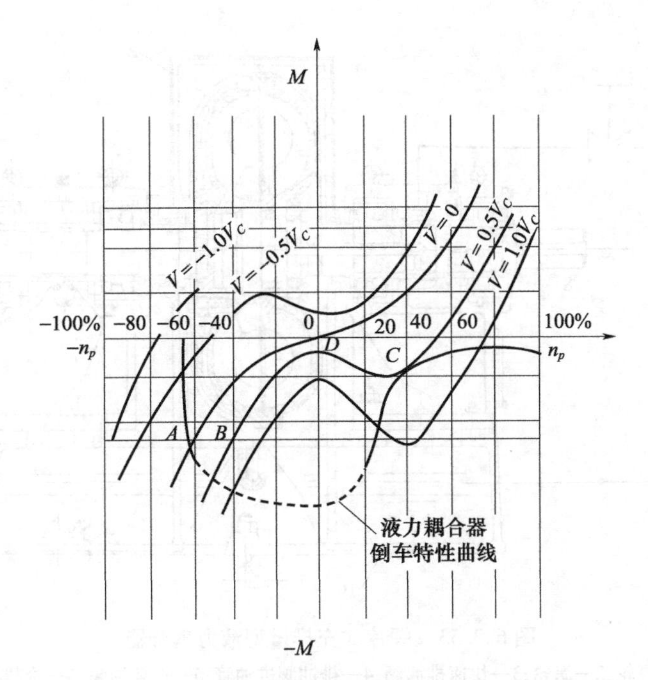


图 6.2.51 带有液力耦合器装置的倒车工况特性曲线

$V_C$—设计航速。

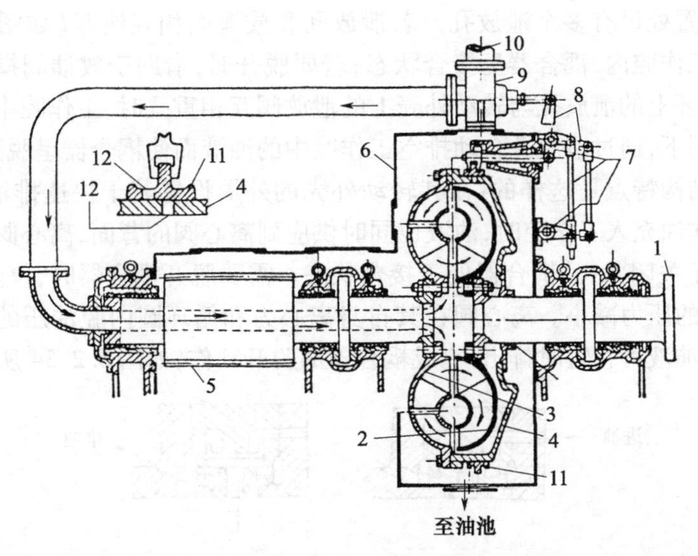


图 6.2.52 滑环式充排量型液力耦合器

1—主动轴;2—泵轮;3—涡轮;4—转动外壳;5—小齿轮;6—机组外罩;7—放油阀操纵机构;8—充油阀操纵机构;9—充油阀;10—进油管;11—放油阀环;12—放油孔。

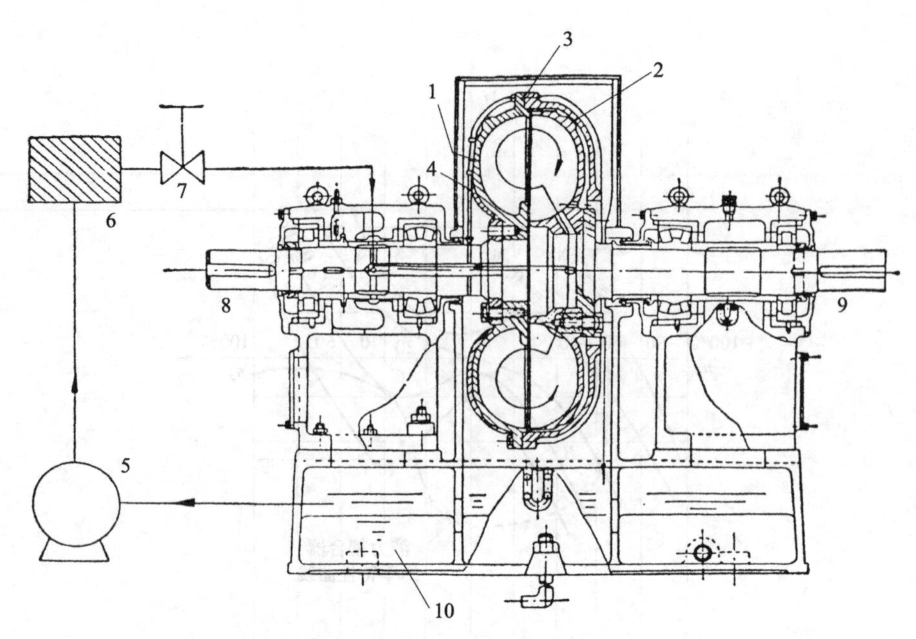


图 6.2.53 阀片式充排量型液力耦合器

1—泵轮;2—涡轮;3—快速排油阀;4—排油阀进油管;5—循环油泵;6—冷却器;
7—进油截止阀;8—输入轴;9—输出轴;10—循环油池。

滑环式的结构特点是这样的:在其转动外壳的周围有一环状放泄阀,用导键与转动的外壳相连,称为滑环(呈 T 形或 n 形)。它随转动的外壳一起旋转,在转动外壳和滑环的圆周上,相应位置处设有多个泄放孔。若泄放孔和放泄阀相互错开(如图示位置),则工作油被封闭在工作腔内,耦合器呈接合状态;若要脱开时,借助于放油阀操纵机构将滑环轴向移动,至滑环上的泄放孔与转动外壳上的泄放阀互相重叠时,工作腔中的油液在压力和离心力的作用下,通过泄放孔自动排空工作腔中的油液而使耦合器呈脱开状态。

阀片式的结构特点是这样的:在其转动外壳的外周设置若干快速排油阀(离心阀),当供油泵把工作油充入工作腔时,油液也同时供应到离心阀的背面,离心阀受到进油压力的作用后即处于关闭状态,耦合器处于接合状态。需要脱开耦合器时,停止供油,油压消失,离心阀背面的压力减小。离心阀在其自身离心力和循环圆内腔油压的共同作用下打开,工作腔中的油液可在短时排出,完成耦合器的脱开动作,如图 6.2.54 所示。

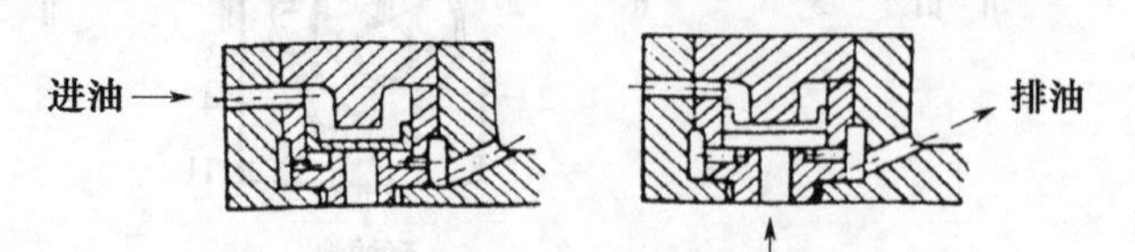


图 6.2.54 快速排油阀的闭合和排油

这两种型式的耦合器在正常工作时,依靠泵轮上开设的循环油小孔排出适量的热油,经循环泵泵入冷却器后再补充进入工作腔,把功率损失转变成的热量带走,保证长期运转时油温的恒定。

对于大功率推进装置,也有采用并联双腔式的结构,图 6.2.55 所示的是一种典型的并联双腔式液力耦合器结构。

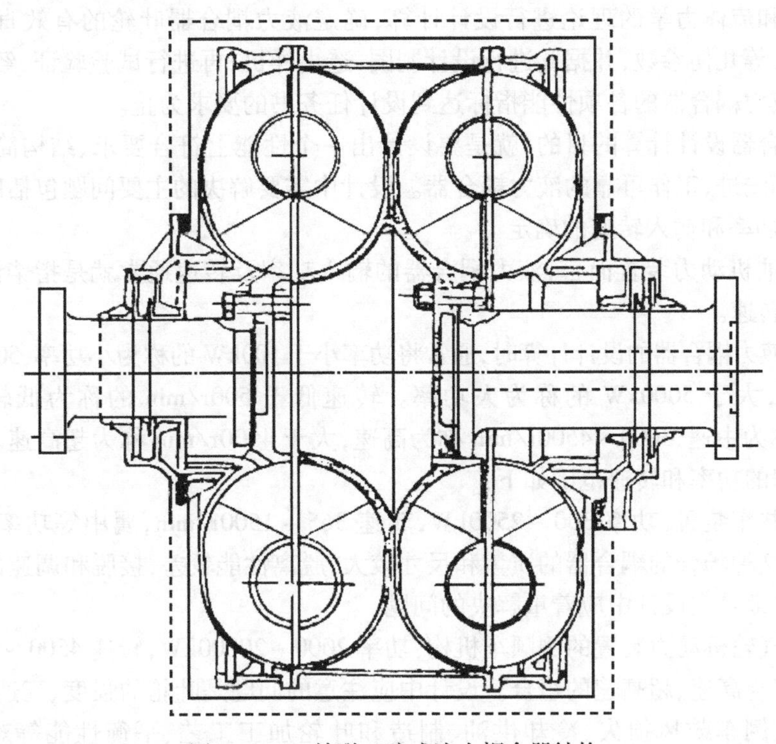

图6.2.55 并联双腔式液力耦合器结构

(2)在柴-燃联合动力装置中的应用。

在交替式柴-燃联合动力装置(CODOG)中,液力耦合器一般被用作启动和吸收扭振的部件;在共同式柴-燃联合动力装置(CODAG)中,液力耦合器还具有调节负荷的作用。

从以上的介绍可见,液力传动是舰船动力装置的一种重要的组成部件。在动力装置的总体规划或方案论证(设计)中,科学而合理地发挥液力耦合器、正倒车液力变扭器等液力传动的特长并与其他的后传动装置组成一个有机的整体,可以实现柴油机和燃气轮机的单机离合、倒顺车,同型机的并车或异型机的联合动力装置等各种传动方式,满足各种不同的需要。

过去,液力传动曾在各种型式的舰船动力装置中获得过广泛的应用。现在,虽然随着尺寸小、质量轻、传动效率高的高弹性联轴节以及其他型式弹性联轴节的开发和广泛的应用,取代了液力耦合器的部分功能而使液力耦合器的地位有所降低,但是由于液力耦合器的某些特殊功能不可能被取代,因而在一些舰船的动力装置中仍将占有重要的、不可取代的地位。特别是对于轴系惯量较大、航行工况多变的舰船如扫雷舰艇、大型护卫舰和驱逐舰的联合动力装置以及民用船舶中的破冰船等,液力传动仍有其广阔的应用前景。

**5. 液力耦合器的设计计算**

目前,液力耦合器的设计通常采用两种方法。第一种方法是相似设计法,即按照相似理论,同一种类型的两个液力耦合器,若它们的雷诺数($Re = n_e D^2/\nu$)相等,则它们具有相同的无因次特性。从这一特点出发,可选用某一种综合指标较好的液力耦合器作为母型,在确定欲设计的液力耦合器叶轮的有效直径后,其余各结构尺寸即可按比例放大或缩小,进行相似设计。第二种方法是液力计算法,在没有合适的母型可供选择时,利用液力机械的基本原理和流体力学的理论进行设计计算,确定液力耦合器叶轮的有效直径、腔型尺寸、叶片数目等几何参数,并据此进行设计制图,造出样机,再进行试验验证,经反复试验、修改,直到液力耦合器的各项性能指标达到设计任务书的要求为止。

液力耦合器设计计算的目的,就是要设计出一个性能上符合要求、结构简单、易于制造、技术指标先进、工作可靠的液力耦合器。设计中需要解决的主要问题包括以下方面。

1)传递功率和输入转速的确定

对于柴油机动力装置而言,液力耦合器的输入功率及转速通常就是指柴油机的额定功率和额定转速。

在进行液力耦合器的设计计算时,通常将功率小于 100kW 的称为小功率,500 ~ 2000kW 称为中功率,大于 5000kW 的称为大功率。转速低于 500r/min 的称为低转速,730 ~ 1500r/min 称为中速,3000 ~ 4500r/min 称为高速,大于 4500r/min 称为超高速。舰船应用中,通常遇到的功率和转速范围如下:

柴油机并车装置:功率 300 ~ 2500kW,转速 365 ~ 1500r/min,属中等功率、中低速范围。应用在这种场合的耦合器的质量和尺寸较大,脱离性能较差,接脱和调速的灵敏度不是很高,这些都是在设计中应着重解决的问题。

舰用燃气轮机动力装置的倒顺车机构:功率 2000 ~ 20000kW,转速 4500 ~ 8000r/min,属中、大功率与高速、超高速的组合。设计中应注意的问题是叶轮的强度、高速轴承、空转损失与发热、倒车鼓风损失、冷却供油、制造和叶轮加工工艺、平衡性能等难度较大的问题。

2)效率的选取

液力耦合器的传动效率为

$$\eta = \eta_Y \cdot \eta_m = (1 - s)(1 - \Sigma\Delta N / N_1) \tag{6.2.91}$$

式中 $N_1$——耦合器的输入功率;

$\Sigma\Delta N$——空转时的总功率损失;

$\eta_Y$——耦合器的液力效率,$\eta_Y = 1 - s$;

$\eta_m$——耦合器的机械效率。

此处:

$$\Sigma\Delta N = \Delta N_m + \Delta N_a + \Delta N_l + \Delta N_z$$

式中 $\Delta N_m$——泵轮与涡轮轴承的摩擦损失;

$\Delta N_a$——叶轮与转动外壳等转动时的鼓风功率损失;

$\Delta N_l$——导流管的功率损失;

$\Delta N_z$——大功率调速型耦合器所带增速齿轮(或减速齿轮)的齿轮传动损失。

效率的高低影响传动的经济性。功率较大的高速或超高速耦合器,通常取 $\eta_Y = 0.98 \sim 0.985$;$\eta_m = 0.975 \sim 0.98$;于是 $\eta = 0.955 \sim 0.965$。对于中等功率中低速耦合器,若不用增(减)速齿轮,则 $\eta_m \geq 0.99$;而 $\eta_Y$可取为 0.97。对于小功率的限矩型耦合器,$\eta_m \approx 1$;$\eta \approx \eta_Y$一般取 $\eta_Y = 0.96$。

$\eta_Y$的选取直接关系到液力耦合器质量尺寸的大小。$\eta_Y$选得小,可减小液力耦合器的质量尺寸。因而对于短期使用的如倒顺车液力耦合器,对其效率和传动经济性的要求并不高,可取 $\eta_Y = 0.8 \sim 0.9$,甚至为 0.7。

3）过载保护

有时，螺旋桨会突然被渔网等缠住，此时要求柴油机不熄火。也就是在输入转速为某一定值（当柴油机直接驱动输入轴时，此转速就是柴油机的最低工作转速）的情况下，允许输出转速等于零。且此时液力耦合器能够传递的最大扭矩不应大于柴油机在此转速下能够发出的最大扭矩。这就是过载保护，反映到液力耦合器的特性图上，通常用过载系数 $K_G$表示。定义 $K_G$为

$$K_G = \lambda_0 / \lambda_{0.97}$$

液力耦合器的过载保护能力好，就意味着 $K_G$应当取得小些。图6.2.56可以解释其中的原因。

如果设计时取 $\eta_Y = 0.97$，则额定工作点为“1”时，耦合器的扭矩 $M_B = M_e = M_1$，$n_B = n_e$，$i = 0.97$。当螺旋桨缠上渔网或因其他原因而被卡住时，涡轮被制动，$i$ 由0.97逐渐降为零。若柴油机（或其他原动机）仍按 $n_e$运转，则 $M_B$由 $M_1$上升至 $M_2$（点“2”），因柴油机在 $n_e$时的最大扭矩小于 $M_2$，因而只能减速至点“2′”，在 $n_2'$、$M_2'$工况下运转。显然，如果所选配的耦合器在 $i = 0$ 时具有更大的扭矩 $M_3$（图中的点画线及点“3”），则当 $i = 0$ 时柴油机只能在 $n_3'$运转，由图可知 $n_3' < n_2'$。由此可见，耦合器的过载系数越小，其过载保护性能就越好。

实际上，当螺旋桨突然被卡住时，耦合器所传递的扭矩除上述静态液力扭矩之外，还有因动力系统突然减速而引起的惯性扭矩。

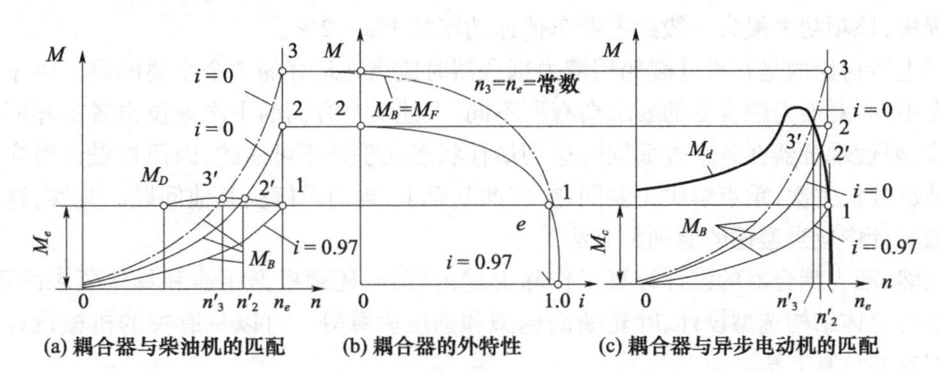

(a) 耦合器与柴油机的匹配　(b) 耦合器的外特性　(c) 耦合器与异步电动机的匹配

图6.2.56 耦合器与原动机的匹配与过载保护

$M_B$—泵轮扭矩；$M_d$—电动机扭矩；$M_D$—柴油机扭矩；$n_e$—额定转速；$M_e$—额定扭矩。

对柴油机动力装置而言，一般要求 $K_G < 4$。在选取了 $K_G$值之后，还应校核对应于 $i = 0$ 时的柴油机转速，此转速应当高于柴油机的最低工作转速。唯有如此，才能满足既保护柴油机不超载，又不会被迫停车。这种耦合器通常被称为限矩型（或安全性）耦合器。

4）机动性

耦合器的机动性是指其完成充（排）油过程所需的时间。

显然，耦合器的机动性与其结构、辅助设备的性能以及运行工况有关。结构参数包括耦合器的流道容积，辅油室容积，喷油孔和排油孔的数量、位置、通道总面积等；辅助设备的性能包括供油泵的压力、排量，管道长度、面积等；运行工况主要指耦合器的转速。要求耦合器的充、排油的时间在几秒到几十秒之间。

5)转向

由耦合器的工作原理和特性可知,当泵轮和涡轮具有径向直叶片时,其正转和反转的扭矩特性是完全相同的;而斜轮叶式耦合器的正转和反转的扭矩特性则有差异;调速型耦合器的转向还取决于其导管的功能。因此,在设计推进装置中的液力耦合器之前,应预先选定倒车方式。

6)质量和尺寸

通常对舰船用液力耦合器质量和尺寸的限制较为严格,在设计时可以考虑采取一些措施以减小其质量和尺寸。常见的措施有:提高输入轴的转速(因为在传递功率相同的条件下,液力耦合器的有效直径 $D_K$与 $n_B{}^{3/5}$成反比);叶轮和转动外壳选用高强度材料;壳体选用轻金属;在保证箱壁必要的刚度的前提下尽可能减薄其厚度;简化结构;合理的结构布置方式等。

7)倒车鼓风性能

当需要液力耦合器具有倒顺车性能时,就应解决倒车鼓风性能这一特殊问题。最典型的例子是在以燃气轮机为主机的舰艇动力装置中。当这种动力装置长期顺车运行时,燃气轮机的动力经由 SSS 离合器传递,倒顺车液力耦合器均被排空;顺车耦合器的泵轮和涡轮以 $i=1$ 的工况无油空转,倒车耦合器的泵轮和涡轮则以 $i=-1$ 的工况长期无油空转。这就是倒车耦合器需要解决的长期倒车鼓风性能问题。由液力耦合器的全外特性可知,耦合器的圆盘摩擦阻力矩在 $i=-1$ 时达到最大,必然伴随有功率损失——倒车鼓风功率损失,该项功率损失一般约占顺车传递功率的1%~2%。

以上所讨论的是在设计舰船用液力耦合器时应当处理好的7个主要问题。由于应用的场合不同,对液力耦合器的要求会有所不同,上述7个方面的主次地位也各不相同。一般地说,要使耦合器在各个方面同时达到最佳状态几乎是不可能的,因而在设计时应根据实际情况分清主次,重点解决主要问题,在此基础上,再力求解决其他问题。其实,这也是在一般设计中应当遵循的原则和方法。

当然,液力耦合器的设计计算工作除上述内容外,还须根据用途和具体要求的不同,分别进行总体结构选型设计、叶轮断面选型和强度验算等。可以从有关的机械设计手册中查阅这些计算方法。

## 6.3 齿轮传动装置

### 6.3.1 齿轮传动装置概述

**1. 功用**

在目前的舰船动力装置中,传动齿轮箱得到了较多的应用。特别是在高速柴油机动力装置、燃气轮机动力装置、蒸汽轮机动力装置以及联合动力装置中,传动齿轮箱属于必须配置的主要部件之一。综合来看,传动齿轮箱在动力装置中主要实现如下功能。

1)使主机转速与螺旋桨转速实现最佳的匹配

要确定舰船螺旋桨的最佳转速受许多因素的影响,如舰船的航速及其阻力、螺旋桨的效率、防空泡性能、直径等,而螺旋桨的直径还受到舰船艉部形状的限制。因此,不同类型的舰船都有比较合适的转速范围。举例如下：

护卫舰、驱逐舰以上的中、大型舰船：150 ~ 400r/min；

护卫艇、炮艇以下的小型艇：400 ~ 800r/min；

快艇、水翼艇等高速艇：800 ~ 2000r/min；

客船：140 ~ 180r/min；

快速货船：120 ~ 140r/min；

油船等大型货船：80 ~ 105r/min。

但是舰船用主机的转速就不一定与上述转速范围相适应。蒸汽轮机与燃气轮机的转速一般很高，通常达数千转/分；目前用于战斗舰艇的柴油机多为中速以上。因此，在绝大多数情况下，主机的转速均高于螺旋桨的最佳转速范围，需配置减速齿轮箱，使减速齿轮箱的输出转速降到螺旋桨所需的转速；只有采用大型低速柴油机作为主机的大型民用船舶及军辅船例外。有时，为了进一步提高螺旋桨的效率，甚至还可能为大型低速柴油机配置减速齿轮箱。

齿轮箱的减速比 $i$ 则根据具体对象才能确定。与柴油机配套的减速齿轮箱的 $i$ 一般小于 5，最常见的在 2 左右。

2）并车与分车

在第 3 章介绍的推进模块中有 CODAD、CODAG、COGAG 等型式，它们也要通过齿轮箱将两台以上原动机的功率合并到一根螺旋桨轴上，组成大功率推进装置，称为并车传动，并车传动装置的主机可能由双机、三机甚至四机组成，最常见的是双机并车传动装置。因此并车传动装置可以成倍地提高某单机型推进模块的功率，也就是提高了原动机在舰船中应用的功率覆盖面，从而可以提高其通用性和模块化的程度，减少原动机的型号。

对于某些小型舰船，当选择的单主机功率足够大时，则可以通过齿轮箱将其功率分配到两根螺旋桨轴上，这种传动装置称为分车传动。有的还可以同时用来驱动发电机、空压机等辅助机械。

3）折角、垂直（直角）传动

现代高速快艇、水翼艇等多采用高速轻型柴油机或燃气轮机作为主机，配用螺旋桨推进。由于这类小艇船身较短，主机舱位置离螺旋桨位置较近，而且当高速航行时，高速快艇本身就会出现尾倾，水翼艇的船底还会离开水面，在这种情况下若在主机与螺旋桨之间采用一般的直线传动，必将使推进轴线同水平面有较大倾斜角，且通常大于10°，为了保证倾角不至于过大，可以采用折角传动或垂直（直角）传动。

4）倒顺车传动

对于不可回行的主机所构成的动力装置，若采用定距桨推进，则舰船的倒航可用倒顺车齿轮传动装置来实现。

5）多速比传动

由于舰船的运行工况比较复杂，为了保证在各种工况下充分发挥主机的性能，有的齿轮传动装置被设计成多速比（最常见的是双速比）方式，为柴油机适应更广阔的工况范围要求提供必需的条件并且使其运行在高效率区域，这一点对减少中等压比以上柴油机在低工况区域的运行时间尤其重要。读者可自行从机桨静态匹配分析中得出该结论。

6)行星齿轮传动

如果对齿轮箱的尺寸和质量要求比较高时,例如要求机舱艉部布置的舰船,其机舱空间必然较狭窄,这时由于普通齿轮传动装置的尺寸较大而难以满足要求。采用行星齿轮传动装置则可大大地缩小减速齿轮箱的尺寸,例如某减速比为 3.4 的行星齿轮传动装置,它与普通齿轮传动装置相比,尺寸缩小约 1/3,质量可减轻约 50%。而且行星齿轮传动的结构紧凑,一级减速即可达到较大的减速比。另一个特点是输入轴和输出轴位于同一轴线上。但是其加工、装配、维修等工艺的要求较高,在相当大的程度上限制了它的使用范围。图 6.3.1 为行星齿轮传动示意图。

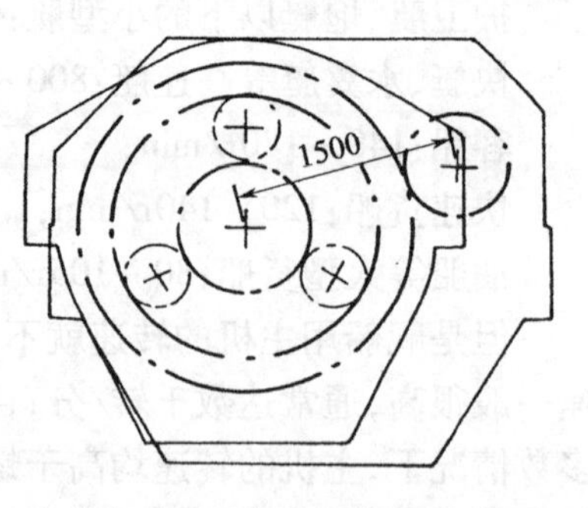

图 6.3.1 行星齿轮传动示意图

**2. 传动齿轮箱的主要配置方案**

根据传动齿轮箱在舰船推进装置中的应用情况,典型的配置方案主要有如下几种。

1)单输入单输出传动方案的配置

单输入单输出齿轮传动装置是目前最常见也是最简单的一种传动配置方案,其主要的布置形式如图 6.3.2 所示。

按照其输出轴与输入轴相对位置的不同,又可分为水平异心式(1)、水平同心式(2)、垂直异心式 (3)、垂直同心式(4)、功率二分支水平同心式(5)、功率二分支垂直异心式(6)以及行星齿轮传动(7)。按减速的级数又可分为单级减速(1)、(3)和双级减速(2)、(4)等。

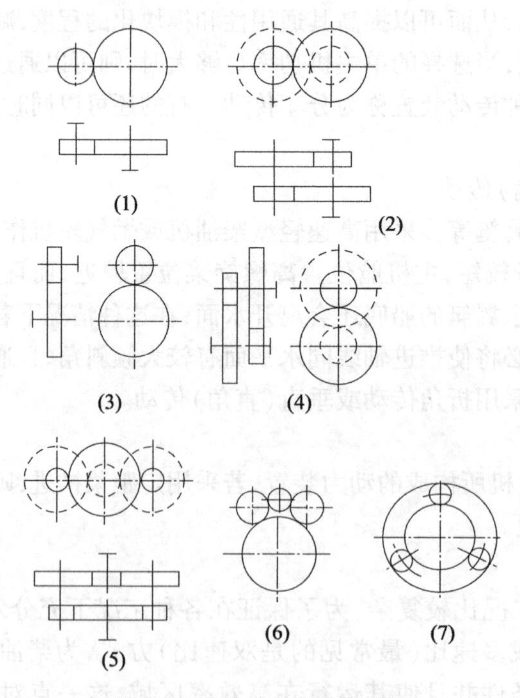

图 6.3.2 传动方案布置简图

一般来说,由于异心布置传动装置的输入与输出轴中心位置的布置相对比较自由,应用较多;但它的最小中心距受齿轮强度的制约。若机舱位于艉部且主机输出轴中心线比螺旋桨轴线高时,可采用垂直异心布置的方案。但是对于双机双桨的舰船,为了避免垂直异心布置方案齿轮中心距对机座设计的影响,可采用水平异心布置。图 6.3.2 中方案(4)所示的垂直同心式布置方案比较有利于降低主机的质量中心,改善舰船的稳性,并有利于机舱布置,因此,它比较适用于机舱高度较低的场合。如主机的单机功率较大,则可采用功率两分支或行星齿轮传动方案。

2)多机并车传动方案

如前所述,多机并车主要有双机并车、三机并车和四机并车方案,最常见的是双机并车传动布置方案,如图 6.3.3 所示。三机并车及四机并车方案实际使用较少。

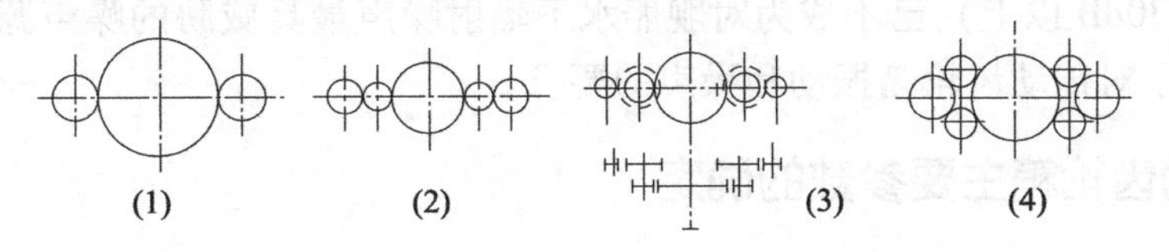


图 6.3.3 双机并车的主要布置方案

图 6.3.3 中:(1)为三齿轮结构,(2)为五齿轮结构;二者均为单级减速,但(2)的两根输入轴中心距更大;适用于主机宽度较大的场合。(3)为七齿轮结构,该方案为二级减速,适用于减速比较大且主机宽度较大的场合。(4)为功率二分支结构,该方案虽为一级减速,但可传递较大的功率。

**3. 对传动齿轮箱的要求**

对舰船用齿轮箱的要求主要有以下方面:

1)承载能力大,尺寸小、质量轻

随着舰船用主机功率的增大,要求齿轮箱的承载能力也不断提高,例如当主机功率达 20000kW 以上时,齿轮箱输出轴的转矩已超过 $8\times10^5$N·m。提高齿轮传动的承载力、减小尺寸和质量主要有如下措施:

(1)采用 CAD 技术进行优化设计;

(2)采用磨齿、硬齿面的齿轮;

(3)采用高级合钢材料;

(4)采用大模数齿轮;

(5)选择适当的变位系数和大的啮合压力角;

(6)齿根圆角处理和齿形修整等。

2)高的超负荷能力

舰船主机、联轴节、齿轮箱、轴系、螺旋桨组成的推进系统可以看成一个弹性系统,该系统在桨叶旋转时产生的激励力矩、主机(特别是柴油机)输出转矩的不均匀等因素的作用下,必然会产生扭转振动,其附加的扭振转矩幅值很可能会超过平均扭矩,使齿轮的轮齿间产生严重冲击,易造成轮齿的点蚀和折断,因而要求齿轮有高的超载能力。

另外,舰船在应急操纵,如紧急倒车时产生的瞬时扭矩也会大于额定扭矩,这也要求齿轮箱有一定的超负荷能力。

3)适应船体的变形

由于舰体在实际航行中会遇到各种恶劣的工况,造成较大的变形,引起轴系对中的破坏和齿轮箱变形,从而使齿轮轴线间产生较大的平行度和倾斜度的偏差,造成齿轮轮齿间的载荷集中,影响齿轮的寿命,因而在齿轮箱设计和安装时,应考虑船体变形的影响。

4)高的运行可靠性和使用寿命

从动力装置全局来看,传动齿轮箱的地位略次于主机。根据系统工程和生命力的观点,它的可靠性和使用寿命一般应当比主机高一些。

5)低的振动噪声

现代舰船主机的噪声(包括空气噪声和结构噪声)均已能够被较好地控制,以噪声和振动最剧烈的柴油机为例,通过双层隔振等措施,传至舰体的结构噪声已能被有效地控制(例如可下降30dB以上),已不成为对舰船水下辐射噪声最具威胁的噪声源,在这种情况下,必然提高了对传动齿轮箱振动和噪声的要求。

## 6.3.2 传动齿轮箱主要参数的确定

传动齿轮箱的设计主要有两种情况:其一是选型设计,即选用已有的系列产品;其二是具体的结构设计。在进行方案论证和设计时,应首先考虑选用已有的系列化产品,既有利于传动装置的批量生产,提高生产率,降低成本,同时传动装置的可靠性与寿命也易于得到保证,因为已有的系列化产品的技术比较成熟,生产水平及制造工艺水平也比较高,寿命和可靠性等能够保证。只有当现有各系列的齿轮箱产品都无法满足要求时,才根据初步设计中对减速轮箱所提的各项技术要求进行具体的设计。即便如此,在进行具体的设计时也应充分考虑到以下两点:第一是使所设计的产品对充实和完善齿轮箱的产品系列化、模块化有利,尽可能避免一种齿轮箱只能适用于某一型舰艇;第二是齿轮箱中尽量选用成熟的、系列化、模块化的零件和各种附件(如泵、阀门、热交换器等),使研制的风险度降至最低。

### 1. 传动齿轮箱的选型

在选择传动齿轮箱时,应当熟悉我国传动齿轮箱系列产品的表示方法。目前我国所提供的系列化齿轮箱产品中,其性能指标通常有两种表示方法,即表格、结构法和图、表并用表示法。

表格、结构法通常是将产品的性能参数及齿轮的参数用表格形式表示,其结构则有一相应的结构图供选择,如表6.3.1及图6.3.4所示。

表6.3.1 ZSC1120型齿轮箱的主要性能参数

| | | |
|---|---|---|
| 性能参数 | 传递功率/kW | 5152 |
| | 输入转速/(r/min) | 500 |
| | 输出转速/(r/min) | 183.2 |
| | 减速比 | 2.75 : 1 |
| | 中心距/mm | 1120 |
| | 长×宽×高/mm | 2700×2145×2300 |
| | 质量/kg | 17000 |
| | 承受推力/kN | 687 |

续表

| 齿轮 | 主动齿轮齿数 | 48 |
|---|---|---|
| | 从动齿轮齿数 | 131 |
| | 法向模数 | 12 |
| | 分度圆螺旋角 | 15° |
| | 法向压力角 | 20° |
| | 齿形 | 标准渐开线 |

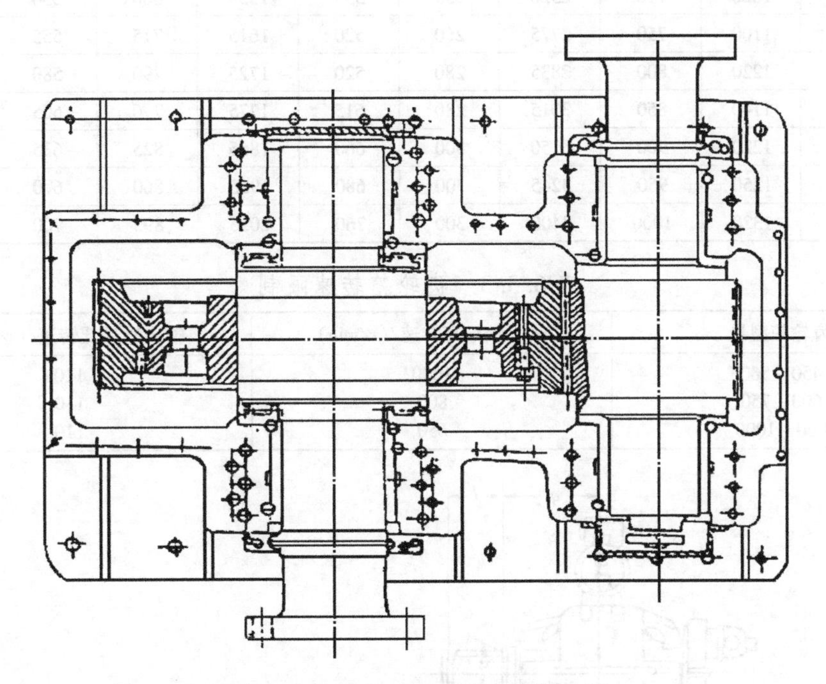

图 6.3.4 ZCS 1120 型齿轮箱结构图

对于这类产品的选型方法比较简单，只要初步设计中的各性能参数能够被表格中所列的性能参数所满足即可选用它。

图、表并用表示法就是将性能参数由坐标曲线及表格共同提供，可以在这些系列产品中选用。表 6.3.2 及图 6.3.5 是我国生产的 CS 型垂直异心式一级减速齿轮箱性能及外形，同时，该系列产品还给出了输入、输出轴的转速限制，供选型时考虑，如表 6.3.3 所示。

表 6.3.2 GCS 系齿轮箱尺寸与质量

| 型号 | $d$ | $i$ | $p$ | $K$ | $J$ | $A$ | $A_1$ | $B$ | $B_1$ |
|---|---|---|---|---|---|---|---|---|---|
| GCS600 | 190 | 235 | 500 | 420 | 60 | 700 | 350 | 1500 | 1110 |
| GCS630 | 200 | 250 | 500 | 420 | 60 | 830 | 415 | 1570 | 1170 |
| GCS665 | 210 | 260 | 560 | 470 | 68 | 910 | 455 | 1600 | 1200 |
| GCS710 | 225 | 280 | 600 | 480 | 90 | 910 | 455 | 1725 | 1325 |
| GCS750 | 235 | 295 | 640 | 550 | 80 | 980 | 490 | 1840 | 1380 |
| GCS800 | 250 | 310 | 650 | 580 | 90 | 1035 | 517.5 | 1880 | 1520 |
| GCS850 | 265 | 330 | 670 | 580 | 90 | 1110 | 555 | 1980 | 1580 |
| GCS900 | 280 | 350 | 720 | 630 | 100 | 1140 | 570 | 2090 | 1590 |
| GCS950 | 300 | 375 | 760 | 670 | 100 | 1220 | 610 | 2120 | 1680 |

续表

| 型号 | $d$ | $i$ | $p$ | $K$ | $J$ | $A$ | $A_1$ | $B$ | $B_1$ |
|---|---|---|---|---|---|---|---|---|---|
| GCS1000 | 315 | 390 | 800 | 700 | 100 | 1260 | 630 | 2250 | 1740 |
| GCS600 | 840 | 600 | 2250 | 190 | 480 | 1285 | 555 | 450 | 3600 |
| GCS630 | 880 | 630 | 2380 | 200 | 510 | 1385 | 610 | 480 | 4200 |
| GCS665 | 910 | 665 | 2430 | 220 | 530 | 1425 | 640 | 485 | 4800 |
| GCS710 | 1020 | 710 | 2520 | 255 | 533 | 1535 | 680 | 530 | 5800 |
| GCS750 | 1100 | 750 | 2775 | 260 | 520 | 1615 | 715 | 555 | 6800 |
| GCS800 | 1220 | 800 | 2835 | 280 | 520 | 1725 | 790 | 580 | 8300 |
| GCS850 | 1140 | 850 | 3015 | 280 | 615 | 1775 | 790 | 605 | 9700 |
| GCS900 | 1220 | 900 | 3150 | 300 | 660 | 1865 | 825 | 635 | 10900 |
| GCS950 | 1250 | 950 | 3245 | 300 | 680 | 1955 | 860 | 670 | 13500 |
| GCS1000 | 1320 | 1000 | 3400 | 300 | 760 | 2055 | 895 | 700 | 15600 |

表 6.3.3　齿轮箱转速限制

| 齿轮箱型号 | 输入轴最高转速/(r/min) | 输出轴最低转速/(r/min) |
|---|---|---|
| 450 - 560 | 1000 | 110 |
| 600 - 750 | 800 | 110 |
| 800 - 1000 | 650 | 110 |

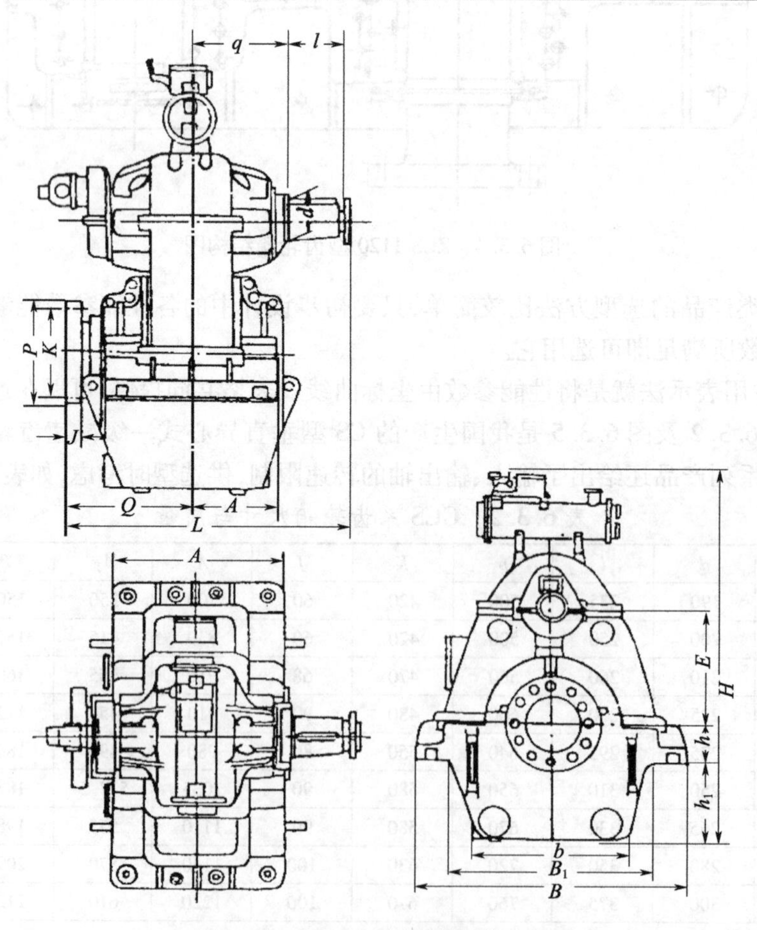


图 6.3.5　GCS 型齿轮箱外形尺寸

对于这类齿轮箱，其选型方法是：首先根据所需传递的功率和减速比的要求，在图6.3.6所示的性能曲线族中找出能满足初步设计时要求的齿轮箱系列号，选中某个系列的齿轮箱，然后校验该系列齿轮箱的转速限制是否满足设计条件。例如GCS型齿轮箱给出了如表6.3.3所示的最高输入转速和最低输出转速的限制，若能满足，则可根据所选的系列型号在表6.3.2中查出该齿轮箱的主要尺寸及质量。至此，选型工作即告结束。

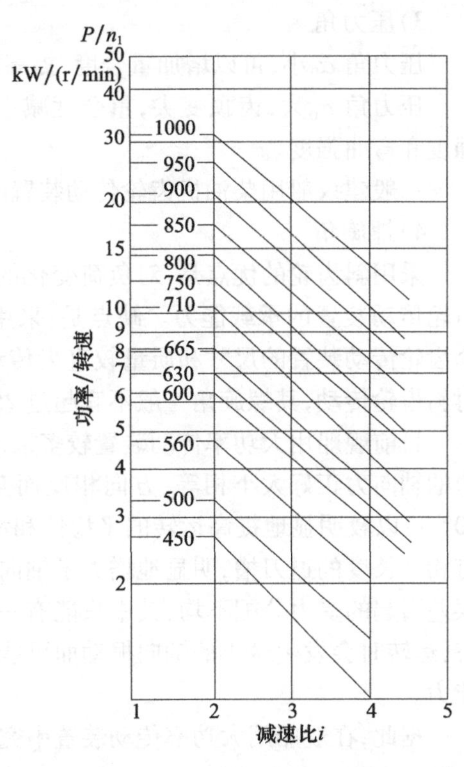


图6.3.6 GCS型齿轮箱性能曲线族

无论是进行选型或是具体设计，在选择或设计传动齿轮箱时，其传递功率$N$、输入转速$n_1$，在主机选定时即可确定，而输出转速$n_2$一般与螺旋桨转速相同，要等螺旋桨设计完毕后才能确定，因此，齿轮箱的减速比$i$只能最后确定。一个好的设计，应当是综合考虑了机桨最佳匹配、制造和运行的经济性并经过多次反复后方能最后确定。

**2. 传动齿轮箱参数的确定**

传动齿轮箱的设计计算包括确定主要参数、选择材料、确定加工精度、强度验算、箱体刚度验算和工艺设计等内容。目前舰船用的齿轮形式主要有渐开线圆柱齿轮，在折角传动、直角传动或Z型传动装置中采用的伞形齿轮以及行星齿轮传动等形式，应根据所采用的齿轮形式和传动形式的不同分别进行。此处只讨论确定传动齿轮箱主要参数中的几个问题，其余的可以参考有关机械设计方面的资料。

1）齿形

传动齿轮的齿形选择主要应考虑减小振动与噪声、提高齿轮的承载能力等因素。目前舰船用齿轮箱传动装置主要采用的有渐开线齿轮及圆弧齿轮等，渐开线齿轮传动的平稳性能较好，而圆弧齿轮则承载能力高，其接触强度可高于渐开线齿轮4~5倍，弯曲强度也为渐开线齿轮的1.2~2倍，但是加工困难。因而目前我国舰船用齿轮大多采用渐开线齿轮，并采取变位、修缘等方法对齿形进行修正以进一步提高其承载能力和传动的平稳性。对于高速快艇等要求传动装置承载能力高、结构紧凑的场合，圆弧齿轮也得到了应用。

2）模数

齿轮模数的大小是确定齿轮各部分尺寸的主要因素，对齿轮的弯曲强度与齿面接触强度也有较大影响。一般来说，在外径一定的情况下，模数小，齿数就多，这对减小噪声有利。但是随着目前舰船主机功率的不断增高，要求齿轮传动装置的承载能力也高，而大模数齿轮的弯曲强度高于小模数齿轮，因而在其他性能相近的情况下，尽可能取较大的模数。与此同时，一般还要对齿轮采取一些提高承载力的措施，如齿面渗碳淬火或氮化等以提高齿面的接触强度。为了保证加工精度，采用磨削加工而不能用一般的加工方法。因此,模数的确定应综合考虑各种因素的影响。

3)压力角

压力角 $\alpha_0$小,可以增加重合度,提高传动平稳性,减小噪声和振动。

压力角 $\alpha_0$大,齿顶变尖,重合度减小,影响齿轮传动的平稳性,但可提高齿面的接触强度和弯曲强度。

一般建议船用柴油机齿轮传动装置的压力角取 $\alpha_0 = 25°$。

4)螺旋角

采用斜齿轮的优点是:对负荷变化的敏感性较小,从而可以提高传动的平稳性,增加齿轮传动装置的承载能力。缺点是:采用一对斜齿轮传动时,会产生轴向力,使轴承及整个齿轮传动装置的尺寸和质量较直齿传动大,螺旋角越大,该缺点越显著,因而若采用一对斜齿轮传动,其螺旋角一般不宜超过25°。

目前舰船用大功率传动装置较多采用人字齿(即面对称布置的双斜齿轮),使左右两边的轴向力正好大小相等、方向相反而互相抵消,螺旋角可取得较大,常采用 $\beta = 25° \sim 30°$,可以较明显地提高运转的平稳性和承载能力,双斜齿轮的缺点是加工困难;中间要留有相当长度的退刀槽,明显地增大了轴向尺寸和质量;为了消除相互啮合轮齿之间因加工误差引起的受力分配不均,其中只能有一个齿轮被轴向定位而另一个需处于轴向自由状态,运转时会发生微小的轴向振动而可能引发噪声,也要求其联轴节具有相应的轴向补偿能力。

据此,在舰船用大功率传动装置中究竟应当采用单斜齿还是人字齿,需要进行全面的论证。

5)齿宽

当齿轮传动装置的径向尺寸受限制而不能过大时,可采用加大齿轮宽度的方法以提高承载能力,但实践证明,齿宽过大,负荷沿齿宽的分布难以均匀,因而,齿轮的承载能力并非与齿宽成正比的增加。

一般齿宽 $b$ 与齿轮节圆直径 $D_0$的比值 $b/D_0$根据经验确定。

对于双斜齿:

$D_0 \leqslant 500\text{mm}$ 时,$b/D_0 \leqslant 1$;

$D_0 \geqslant 500\text{mm}$ 时,$b/D_0 \leqslant 0.8$。

对于单斜齿:

$b/D_0 \leqslant 1.2$。

以上介绍的齿轮传动装置有关参数的确定大多依赖于实际实验,因而设计者的经验及对资料的掌握程度对参数的确定影响很大。

### 6.3.3 传动装置方案设计时应考虑的几个问题

现代舰船推进装置中一般很少单独设置传动齿轮箱,通常是与6.1节和6.2节介绍过的弹性联轴节、离合器等共同组合成一个具有多功能的综合后传动装置,以适应各种不同的需要,使其成为同时具备倒顺、离合、减速等功能的综合后传动装置,并使整个后传动装置具有十分紧凑的结构和轻小的质量尺寸,还便于实施控制与操纵。

实践经验和理论分析表明,在后传动装置方案设计时,以下五个特殊问题必须认真考虑。

**1. 使用寿命与可靠性**

传动装置的使用寿命必须与舰船的使用年限相适应。在进行方案设计时必须综合考虑传动齿轮箱的寿命、可靠性以及质量尺寸、性能参数指标、制造、安装等各种因素,保证在使用寿命期限内能够可靠工作的条件下,再考虑追求高性能指标。

在中型以上舰艇的机舱规划中,为满足生命力的要求(例如相邻两舱进水时,不能丧失全部动力),采用两个双机并车型推进模块的主推进系统常常将它们的并车齿轮箱布置在同一个独立的舱室中。在这种情况下,就要求齿轮箱被水淹没时仍能正常运行一段相当长的时间(例如在轴线被埋在水深3m以下时能连续工作96h)。

**2. 齿轮箱的保护措施**

1)防止传动齿轮承受显著的脉动扭矩

对于柴油机动力装置来说,由于柴油机的输出扭矩呈显著的脉动特性,对轮齿的强度及工作可靠性影响很大,因此,必须采取措施以缓和脉动扭矩对轮齿的冲击作用。目前常用的办法是在柴油机与齿轮箱之间配置高弹性元件,如高弹性联轴节或具有高弹性的离合器(气胎离合器是其中的一种)、液力耦合器等,使齿轮箱的输入扭矩变得平缓一些。

2)防止齿轮箱承受附加载荷

正如前述,现代舰船对隐蔽性和抗冲击要求很高,通常对主机采取一些隔振措施。此时,如果传动齿轮箱采用刚性安装方式的话,则在主机与传动齿轮箱之间必然存在很大的相对位移。在这种情况下若将主机与传动齿轮箱刚性地联结在一起,必然对齿轮箱传动装置(尤其是输入端的轴承)造成过大的附加载荷,同时也急剧地降低了主机采取的隔振措施的效果,主机的结构噪声也将经过与其刚性联结的齿轮箱传给舰体。因此必须在主机与齿轮箱之间配置能足够补偿相对位移并隔离结构噪声传递的元件,如具有较大补偿能力的弹性联轴节或由弹性联轴节与万向联轴节组合的联结部件等。

一个典型的例子是某舰选用了CODOG推进模块,柴油机采用了双层隔振装置,在柴油机与并车齿轮箱之间配置了液力耦合器、RATO型高弹性联轴节和万向联轴节,在RATO型高弹性联轴节和万向联轴节之间必须设置一个作为万向联轴节前端的支点轴承(因为RATO型高弹性联轴节不能作为万向联轴节前端的支点),该支点轴承只能固定在双层隔振装置的中间机座上(如果与柴油机固定在同一个机座上,则柴油机的结构噪声将通过万向联轴节直接传至齿轮箱,严重影响双层隔振装置的作用)。这种配置中各部件的作用:双层隔振装置隔离柴油机传给舰体的结构噪声;液力耦合器主要起离合和减缓柴油机输出扭矩脉动的作用;RATO型高弹性联轴节则起到隔离柴油机传给万向联轴的结构噪声、补偿柴油机与中间机座(也就是支点轴承)之间的相对位移和角位移、兼具缓解扭矩波动的作用;而万向联轴节则被用于补偿中间机座与舰体(也就是齿轮箱)之间的相对位移和角位移。这样,柴油机通过万向联轴节传给齿轮箱的结构噪声已经过了第一层隔振装置的衰减而得到了较有效的控制。

3)关于拖航泵

传动齿轮箱一般均配有润滑、冷却系统,用以减少齿轮之间、轴与轴承之间的摩擦并带走热量;摩擦片式离合器在脱开状态下也需要不断地供应滑油。传动齿轮箱润滑系统的滑油泵一般由功率输入端驱动。在主机工作时,供应滑油不成问题。

但多机多桨推进装置存在部分桨工作的工况,为了在这种工况下减少不工作桨的附加阻力,让其自由旋转是一个有效的措施。此时该桨的主机处于停止状态,因此其在齿轮箱功率输入端的转速为零,滑油泵不工作,滑油就得不到供应,为此需要设置一个由功率输出端驱动的滑油泵,才能保证不工作桨被拖转时的滑油供给。这个滑油泵被称为拖航泵。拖航泵与上述的滑油泵在供油油路中是并联的。

**3. 齿轮箱的中心距**

齿轮箱的中心距不仅取决于它自身结构、强度和刚度的需要,更主要的是要满足推进装置的总体规划和布置。

1)单输入、单输出齿轮箱的中心距

输入端中心要与主机输出轴中心匹配;输出端中心要与轴系中心匹配;折角传动齿轮箱的中心距还要满足其输出端与轴系联结时装拆空间的要求。

2)多输入、单输出齿轮箱的中心距

双(多)机并车型齿轮箱就属于多输入、单输出的结构型式。这种齿轮箱的中心距与推进装置总体规划和布置的关系更密切。

如果双机都布置在同一机舱内,则齿轮箱输入端的中心距必须不小于双机宽度的1/2再加上维修主机所需的宽度;齿轮箱输出端的中心要与轴系中心匹配。

如果双机分别布置在前后两个机舱内,其在前机舱的输入端中心只需与主机输出轴中心匹配即可;在后机舱的输入端中心除需与主机输出轴中心匹配外,还要考虑齿轮箱输出端的中心要与轴系中心匹配并预留齿轮箱输出端与轴系的装拆空间。

3)单输入、多输出齿轮箱的中心距

一机分轴型齿轮箱就属于该种。它的输入端的中心要与主机功率输出轴中心匹配;它的两个输出端的中心距要满足两根轴系布置的要求。

**4. 综合后传动装置的效率**

综合后传动装置的效率包括联轴节、离合器、所有的减速齿轮及其轴承的效率,还要考虑驱动滑油泵和冷却水泵(如果配置的话)等所需的功率。综合后传动装置的效率对大功率推进装置显得尤为重要。

一般而言,高弹联轴节、摩擦式离合器的效率接近1,一对传动齿轮(包括轴承)的效率约为0.985~0.990甚至还可能更高一些。为了提高效率,应尽量减少传动齿轮的数目,采用单级传动。

对大功率后传动装置效率的重要性必须要有充分的认识,至少可从四个角度来理解:

(1)对输出功率的影响。一个输入总功率为10000kW的推进模块只能算是中等功率范畴,如果其传递效率下降1%,就意味着输出功率减少100kW,这是一个相当可观的数字,在功率储备已经略显不足的情况下就可能因此而落选。

(2)对其润滑和冷却等辅助设备的影响。传递损失中的绝大部分都变成热量,需要由辅助设备及时地将这些热量带走。传递效率的下降无疑要增大辅助设备的尺寸和质量。

(3)对寿命和可靠性的影响。传递效率下降的起因主要是因为摩损率偏大,显而易见,磨损率偏大是与寿命、可靠性背道而驰的。

(4)滑油的工作条件变差。从宏观角度看,需要带走的热量增加,则必须相应地增大滑油的流量，后果无非是要么相应地增大齿轮箱中滑油的储量——增大齿轮箱的体积和质量——以保持更换一次滑油后的工作期限，要么增加滑油的循环次数，缩短了更换一次滑油后的工作期限。从微观角度看，磨损率偏大的部位并不是均匀的，而是在载荷集中的区域，也就是在这些区域容易形成局部高温，使流经该处的滑油变质，造成恶性循环。

**5. 关于功率二分支**

当用一对齿轮进行减速传动，但是轮齿的弯曲强度、接触强度等不能满足要求时，选用功率二分支是一种比较理想的解决办法。也就是将功率输入端齿轮的扭矩均分成两部分，这两部分相等的扭矩分别由两个齿数、齿型等结构参数完全相同的小齿轮同时传递给输出大齿轮，这两个小齿轮实际上是中间齿轮，整个装置属于一级减速的类型，共有四个齿轮，如图 6.3.7 所示。当一级减速的减速比不能满足要求时，还可采用二级减速，共有六个齿轮，如图 6.3.8 所示。如果仅从表面现象观察，似乎这种构思相当简单，很容易地实现了将输入扭矩均分的期望。但事实上并非如此，在刚体力学的研究领域内，分配给两个小齿轮的扭矩值属于静不定问题，是不能确定因而也是无法解决的。只有用弹性力学的理论和方法，通过对轮齿在啮合处受力产生变形的分析，才能解决。而轮齿啮合处的受力和变形还与齿轮和箱体的加工精度、齿轮轴的支承特性、装配质量、箱体刚度等诸多因素有直接的关系。因此功率二分支齿轮传动装置在技术设计时至少有两个不容忽视的因素：第一是在扭矩分配中，不能简单地均分为 2，也就是每个中间齿轮承受的扭矩要超过总扭矩的 1/2，应在此基础上再乘一个大于 1 的系数，一般取 1.15 ~ 1.25，可参阅有关的机械设计文献。第二是必须进行功率二分支的扭振计算。在工艺设计时，也要制订相应的装配和检验工艺，以保证能均匀地分配扭矩。

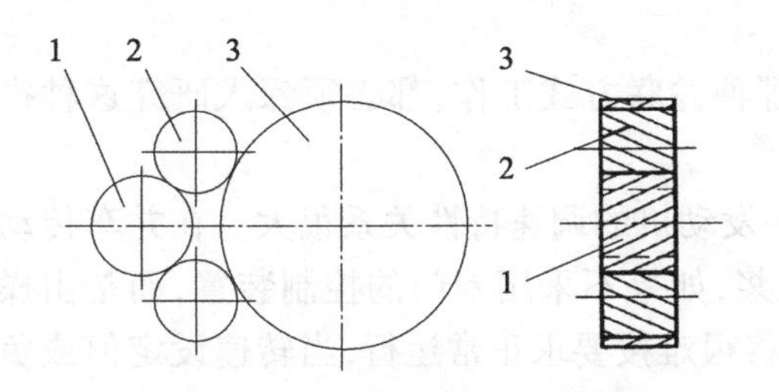


图 6.3.7 一级减速功率二分支简图

1—主动齿轮；2—中间齿轮；3—从动齿轮。

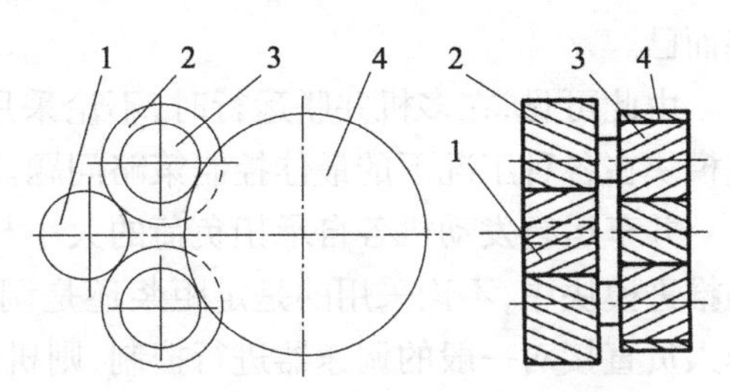


图 6.3.8 二级减速功率二分支简图

1—第一级小(主动)齿轮；2—第一级大齿轮；3—第二级小齿轮；4—第二级大(从动)齿轮。

## 6.3.4 多机并车时的负荷分配

多机并车工作时，根据发动机功率合并的方法不同，有同步并联工作和非同步并联工作两种方式，这主要取决于发动机与其在齿轮箱中主动小齿轮之间的连接方式。同步并联工作指的是所有并联运行的发动机与由其驱动的、在并车齿轮箱中的主动小齿轮之间的传动过程中没有滑差，例如发动机通过摩擦式离合器驱动主动小齿轮且该离合器无滑摩时，即属于同步并联工作方式。而非同步并联工作方式则存在滑差，当发动机通过液力耦合器或电磁离合器驱动其在并车齿轮箱中的主动小齿轮时，即属于非同步并联工作方式。

当柴油主机以同步并联工作方式运行时，如果略去传动齿轮等损耗不计，则它们的总转矩当然是螺旋桨在该转速时的水动力矩。但是柴油主机之间的转矩分配却未必是均衡的，而是取决于参与工作的柴油主机的调速特性、并入机在并入运行时的空载转速与正在运行机之间的转速差、并入后对所有运行机调速手柄位置的设定等因素。因此为了能最大限度地发挥这种推进模块固有的优越性、防止它工作在其薄弱区域，甚至会发生部分主机严重超负荷而部分主机被倒拖的恶果，应该深入研究这种推进模块在各种工况下的最佳控制策略。

当柴油主机以非同步并联工作方式运行时，由液力耦合器及电磁离合器的工作特性可知，它们传递扭矩的大小与主从件之间的滑差率有密切的关系：对于电磁离合器而言，当滑差率 $S=0$ 时（$S=\frac{n_1-n_2}{n_1}\%$，$n_1$ 为主动件转速，$n_2$ 为从动件转速），传递的扭矩也为零，随着滑差率在一定范围内增加，传递的扭矩也非线性增大，当滑差率超过某一值后，所能传递的扭矩反而会明显地减小，所以我们一般让电磁离合器在扭矩随滑差率的增加而增大的区域内工作；对于液力耦合器而言，滑差率 $S$ 为 100% 时，传递的扭矩为零，随着滑差率的减小，传扭能力却增大，当 $S=0$ 时，传扭能力达到最大值，$S$ 小于 0 后，传扭能力又逐渐减小，到 $S=-100\%$ 时，传扭能力又降为零。因此，与同步并联工作方式相比，上述柴油主机的调速特性等因素对参与并车运行主柴油机之间负荷分配不均衡的影响程度要小些，也就是能在一定程度上缓和由于这些因素造成的不利后果，但是不能从根本上解决负荷的合理分配问题。例如当待并主机的转速较明显地低于正在运行主机的转速而进入并车状态时，还是存在待并主机被倒拖的后果，不过倒拖力矩比同步并联工作方式要小一些而已。

由此可见，在多机并联运行时，不论采用哪种并联方式工作，都必须深入研究这种推进模块在各种工况下的最佳控制策略问题。

并车运行发动机各自承担负荷的大小与各发动机的调速特性关系很大。在并车传动的推进模块中，不论采用的是定距桨还是调距桨，如果不采用专门的控制装置，而是由操作人员直接对一般的调速器进行控制，则机组将很难按要求正常运行，当转速设定值或负载变化时，都可能会导致一机轻载一机重载甚至一机倒拖另一机的现象出现；在从一种工况转到另一种工况的过渡工况中就更难实施正确的控制。其根本的原因是在于静态和动态调速特性不能满足各种工况下的不同要求。

那么，通过什么办法才能使并车机组的负荷能够自动地按照正确的要求分配并对过渡工况进行较好的控制呢？在 20 世纪六七十年代采用比较多的是负荷均衡装置。进入 80 年代后，随着电子调速器的出现和自动控制系统性能的提高，为彻底解决这些问题提供了可靠的技术保障。另一方面，随着人们对并车型推进模块和各种主机特性认识的不断加深，对这类推进模块控制系统的要求已经由单纯的负荷均衡发展到能满足多种要求的综合型控制系统。例如在长期小负荷（即低航速）情况下，只需一台柴油主机工作，为了从总体上延长推进模块的寿命，应当使主机能自动地定期轮换工作；当所需的功率大于一台主机所能提供的功率时（一般属较高航速区），为了从总体上获得最好的经济性（航行一海里所耗的燃油量最少），可以均衡地分配并车主机的负荷，也可以使其中的一台在全功率工况下工作（称为加足运行），不足部分由另一台补全；也可以使其中的一台在其高效率区域内工作(一般是全负荷的85%左右——此时柴油机的摩损率通常也最低),不足部分由另一台补全,然后再定期轮换;只有在全速工况下,才需要所有主机都以全负荷运行。先进的柴油主机已经采用了低负荷时停止部分缸工作或相继增压等技术,它们的控制也全部由控制系统完成。当采用调距桨时,还存在主机转速与螺距比的最佳匹配选择以及工况变化过渡过程的控制等问题。所有这些,均可由事先设置好的自动控制系统软件实现。从技术角度看,唯一的前提是这些控制软件能够按照推进模块的固有特性和可能出现的各种工况制订好相应的控制策略。

制订并车型推进模块的控制策略的核心是明确该控制策略要达到的目标群。之所以称为目标群是因为所追求的目标不只是一个,而是随着模块的组成方式、数量、约束条件和工况的不同而不同。这里不可能也不必要将全部内容面面俱到地罗列出来,而是通过对某些并车型推进模块控制策略的分析,使读者掌握制订并车型推进模块控制策略的原则和方法,至于具体的软件编程等问题则由控制学科解决。

**1. 控制策略的目标群**

控制策略的目标群一般包含下列五个:

(1)全速航行时,所有推进模块中的每台主机均能以额定转速、额定转矩运行以满足对功率的需求。

(2)长期在高于巡航速度、低于全速航行时,一般所有推进模块均应投入运行。但是每个推进模块中投入运行的主机数量可能有几种选择:对定距桨而言,当部分主机在相应转速时的功率能满足需求时,则应由部分主机加足运行加定期轮换的工作方式,如果加足运行方式对主机的寿命有显著的影响,则应采取部分主机在其经济区域内运行,另一部分主机补足所欠缺功率的方式;当功率不能满足需求时,只能让全部主机都投入运行,但是一般应使部分主机在其经济区域内运行,由另一部分主机补足所欠缺的功率,再定期轮换。当驱动调距桨时,由于主机能发出全功率,一般情况下部分主机即可满足对功率的需求且能在其经济区域内运行,再考虑到调距桨的推进效率后,如果整个推进模块的总效率也较高时,采用部分主机运行加定期轮换是较理想的工作方式。很明显,上述各种选择的着眼点是基于延长整个推进系统的寿命和发挥经济性好的优势。

(3)以一般的巡航速度和低速航行时,无论是驱动定距桨还是驱动调距桨,部分主机的功率均能满足需求,因此均选用部分主机工作即可。尤其在低速航行且柴油主机配有停止部分缸工作或相继增压装置时,还需要将这些装置的控制、轮换周期的控制和螺距控制等进行整体规划,制订相应的控制策略。其目标与(2)是相同的。

(4)当舰艇处于战斗航行状态时,唯一的主要目标变成了能迅速地加速,因此所有的主机均应投入运行状态,其他目标则处于从属地位。此时唯一的约束条件是不要让主机进入危险的超负荷区域。在情况特别紧急时,甚至连这个约束条件都可以忽略,在自动控制系统中称为"越控"。

(5)以推进系统安全工作为目标的过渡过程控制策略。主机、传动装置、调距桨的调距机构等在加减速(变动螺距)过程中均存在惯性的影响,特别是主机的加载和卸载能力是有限度的,超过了这个限度,极易诱发故障。因此在制订过渡过程控制策略时必须充分考虑这些约束条件。

**2. 实施控制策略的基本手段**

在上文的分析中得出的结论是:负荷的分配或变化速率取决于调速特性(包括静态和动态),对于某一个具体的机械式调速器而言,它的调速特性是固定不变的,有的虽然可以调整,但是这种调整需要在特定的条件下才能进行,而且一旦调整完毕后,在运行过程中不允许轻易地再改变它,因此难以满足并车型推进模块在多种工况下的需求。而现代数字式电子调速器的调速特性具有可以在运行过程中按要求不断进行调整的功能,也就是它能对转速和负荷(输出转矩值)同时进行调整。不仅如此,只要配以上层控制计算机和相应的软件,构成一个控制网络,还能对两台或更多的主机同时进行转速和负荷的调整,还可以同时对过渡过程、所有推进模块(包括调距桨的螺距控制在内)进行合理的控制。这种思想在并车型推进装置中得到了广泛的应用。

**3. CODOG、COGOG 型推进模块功率控制的特点**

这些推进模块的工作特点是交替式,因此从宏观看来,不存在并车运行时的功率分配问题。但是有三个特殊点需要自动控制系统(或网络)解决:第一是交替过程中功率的平稳转移;第二是驱动调距桨时,在航速既定的前提下,选择转速和螺距比的最佳匹配;第三是对过渡过程的合理控制。

## 6.3.5 双速比齿轮箱

采用废气涡轮增压的中等压比以上柴油机的低速转矩很不理想,常常不能满足驱动定距桨的需求或者不能保证有足够的加速转矩,从而影响了舰艇的低航速性能和加速性能。如果配置双速比齿轮箱,柴油机就可以在中速以上的区域内运行。因此这种组合方式避免了现代柴油机的缺陷,发挥了它的长处,我国已经成批地采用。

# 第7章 轴 系

## 7.1 轴系设计概述

### 7.1.1 舰船轴系的作用和组成

舰船轴系的任务是将发动机的功率传递给螺旋桨,使螺旋桨转动,并将水对螺旋桨的推力传给舰体,使舰体运动。可见,舰船轴系是舰船推进装置中的一个重要组成部分。

舰船机舱通常设置在船舶中部偏后,距船尾有一定距离。因此,舰船轴系一般很长,中、大型舰艇有的长达50m以上。这样长的传动轴系要想做成一整根传动轴是不可能的,为了加工、制造、运输、拆装的方便,往往把它分成很多段,并用联轴节连接起来,形成一个整体。根据轴段所处位置的不同,一般可分为螺旋桨轴、尾轴、中间轴和推力轴等。有的中、小型舰船,布置在舷外的轴系较短,螺旋桨轴和尾轴做成一个整体,不再分成两段,统称为尾轴。采用间接传动的推进系统,推力轴承通常设置在正倒车减速齿轮箱内,和齿轮箱做成一体,因此这种推进轴系不再设置单独的推力轴。

图7.1.1为某护卫艇侧轴系的布置示意图,轴系全长达20余米。该艇采用三个推进模块,每个模块均由柴油主机、盖斯林格联轴节、万向联轴节、减速齿轮箱、轴系和定距桨组成,因此属于三机三桨间接传动式动力装置。主机为弹性支撑水平安装,齿轮箱、轴系属于刚性倾斜安装,因此用万向联轴节进行补偿。根据航行工况需要,左、右推进模块的齿轮箱为单速比,中间推进模块的齿轮箱为双速比。全部主机工作时,选用正车速比Ⅰ;后主机单机工作时,选用正车速比Ⅱ;正车速比Ⅱ大于正车速比Ⅰ,使该型艇在用后主机单机工作时能够满足巡航速度对推进功率的需求。

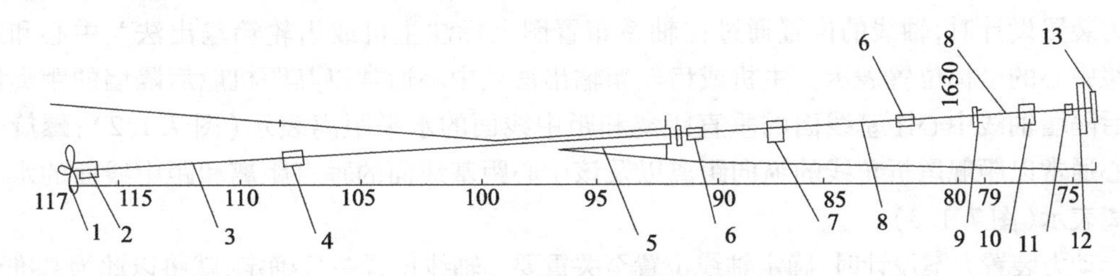


图7.1.1 某护卫艇侧轴系的布置示意图

1—螺旋桨;2—尾托架轴承;3—螺旋桨轴;4—前托架轴承;5—尾轴管轴承及密封填料函;6—液压联轴节;7,10—中间轴承;8—中间轴;9—隔壁填料函;11—轴系转速传感装置;12—手动制动器;13—半法兰液压联轴节。

轴系的推力轴承为滚动式推力轴承,附设在齿轮箱内。

该型艇的轴系均采用实心轴,所有中间轴的轴径均相等,各由一个中间轴承支撑,中间轴承为双列向心球面滚子轴承,用油脂润滑,轴承下部有海水冷却。轴两端都采用无键液压联轴节连接。

尾轴的基本轴径略大于中间轴径，长度也比中间轴长些。舷外浸海水的轴干部分用玻璃钢环氧树脂包裹以防止海水的腐蚀。轴承部位镶有青铜轴套，托架轴承部位轴套的厚度比尾管轴承部位的轴套要厚些，以便于尾轴的拆装。尾轴与中间轴、螺旋桨也都采用无键液压连接。

尾轴管用铸钢件与无缝钢管焊接后再与艇体焊接。尾轴管内设置有橡胶支撑轴承。尾轴管前端设置有密封填料函，采用传统的浸油盘根填料密封尾轴管，防止海水漏入艇内。

在中间轴的前端，布置有刹轴装置和轴转速传感装置。刹轴装置采用插销式手动制动器结构，只能在轴不转动时安装插销刹轴，当护卫艇在双车进一航行时，刹轴装置能可靠地制动轴系，防止不工作螺旋桨转动。轴系转速传感装置为一套脉冲转速发讯器，配有两只磁脉冲转速传感器。

## 7.1.2 轴系的数目及布置

轴系的数目在方案设计时确定，它与舰船的使命和任务、航行性能、主机的特性和数量、舰船的生命力、动力装置的工作可靠性和经济性等因素有关，目前，作战舰艇一般为2～4根轴系。统计表明：轻型护卫舰以上的舰艇，大都采用双轴系；3万吨级以上的舰艇，如航空母舰，由于动力装置总功率需求过大，也有采用4轴系布置的。有些早期作战舰艇，如美国建造的“佩里”级护卫舰采用了单轴系布置，两台LM2500燃气轮机作为主机，双机并车减速后带动一根调距桨工作。它能独立进行攻潜作战，一定程度上降低动力装置的水下辐射噪声。有的设计成“寂静型”舰艇，动力装置采用柴电传动，主柴油发电机组安装在双层隔震座上，主推进电动机带动大侧斜螺旋桨工作，单轴系布置，大大地降低了主推进系统的水下结构噪声。有些高速小艇，由于主机功率和布置上的原因，采用了三机三桨或四机四桨轴系，这些小艇大都采用间接传动，艇的排水量小，螺旋桨的直径受吃水限制也比较小，因此齿轮箱的减速比一般不大。

轴系在舰艇上的布置位置由主机和螺旋桨的布置位置确定。直接传动轴系的轴系中心线和主机中心线重合，在间接传动轴系中，一般采用垂直异心减速齿轮箱，因此轴系中心线要低于主机中心线，此时轴系的基准位置由齿轮箱输出法兰中心和螺旋桨中心确定。动力装置设计时，轴线的位置通过在轴系布置图上标注主机或齿轮箱输出法兰中心和螺旋桨中心的坐标位置表示。主机或齿轮箱输出法兰中心通常以其距机舱后隔墙的距离以及后隔墙轴线中心距基线面的垂直距离和距中线面的水平距离表示(图7.1.2)；螺旋桨中心通常以距舰尾折角线的纵向距离以及该中心距基线面的垂直距离和距中线面的水平距离表示(图7.1.3)。

动力装置方案设计时，确定轴线位置至关重要。轴线位置一旦确定，就将以此为基准开展轴系设计的其他工作。在后续的设计工作中，如果出现重大矛盾，而需要修改轴线位置时，可能会引起很多修改，甚至引起船体线型的修改，这必将造成重大返工。因此，确定轴线位置必须慎之又慎。螺旋桨中心位置通常由轮机设计师会同船体设计师共同研究确定。因为螺旋桨中心的垂向和横向位置与它的直径有关，而螺旋桨在舰尾的纵向布置位置又要考虑到螺旋桨的船后效应，没有船体设计师参加并提出意见，单由轮机设计师是很难决定的。除了合理确定螺旋桨中心以外，轴线的位置还应考虑主机、齿轮箱布置可能性、合理性，顾及

轴线的倾斜角 $\alpha$ 和扩散角 $\beta$ 不能过大(一般要求 $\alpha \leqslant 5°$;$\beta \leqslant 3°$),并考虑传动轴的分段、轴承的布置位置、轴的跨距、尾轴管的位置以及轴系上其他部件的安装位置等一系列问题。一个合理的优化的轴系布置方案必定是上述诸多方面综合平衡合理安排的结果。

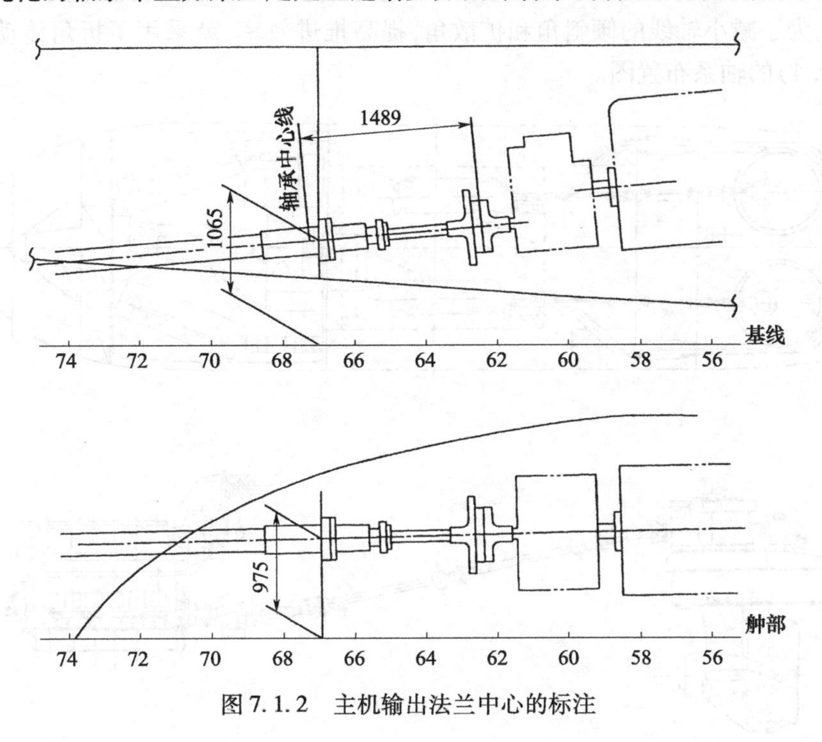


图 7.1.2 主机输出法兰中心的标注

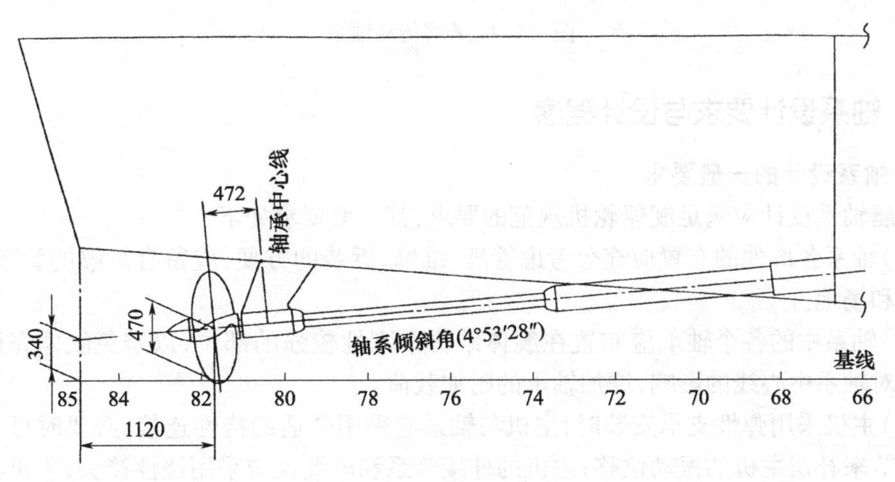


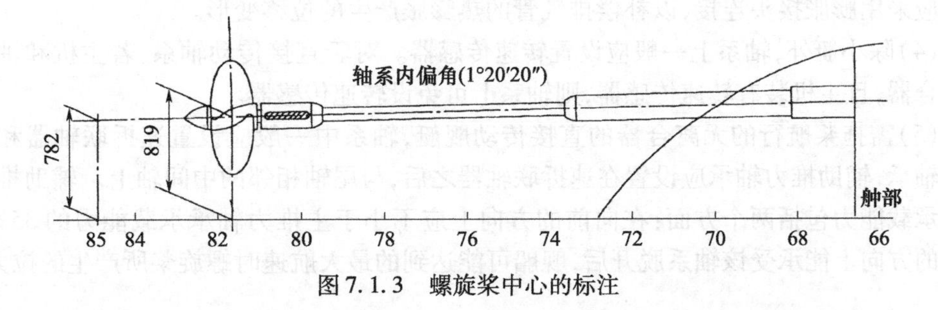


图 7.1.3 螺旋桨中心的标注

理想的轴线位置最好是布置成与船体龙骨线(基线)水平,多轴系的轴线又最好布置成左右舷对称并保持与纵垂面平行。对于机舱位置在舯部的中大型舰船,这样的布置有可能实现;而对于机舱位置靠后或船尾的小型舰艇,这种理想位置就很难实现。在高速小艇设计中,为了减小轴线的倾斜角和扩散角,提高推进效率,就采用了折角传动和Z型传动(图7.1.4)的轴系布置图。

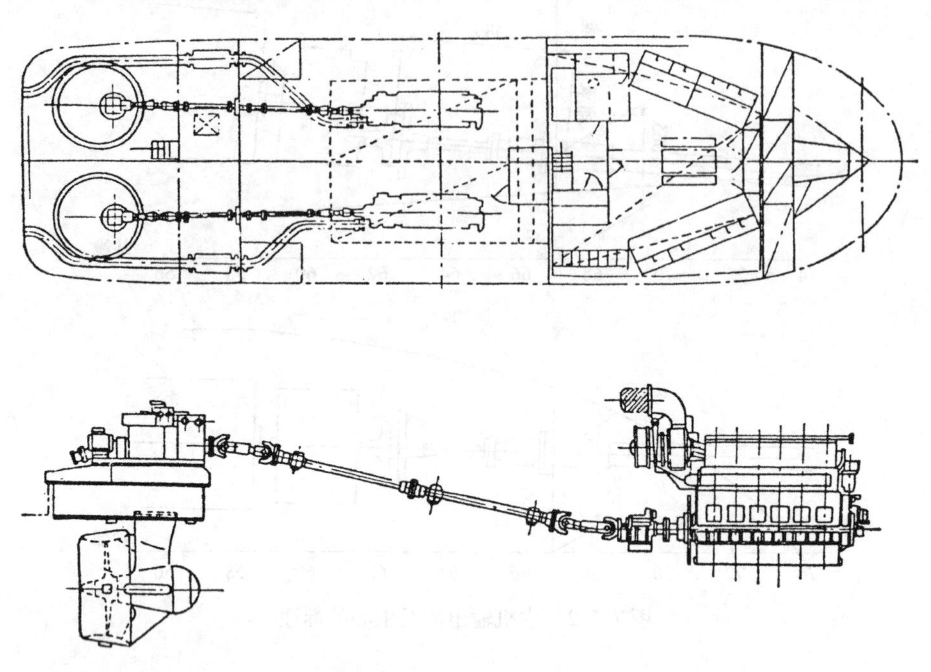

图7.1.4 Z型传动轴系

## 7.1.3 轴系设计要求与设计程序

**1. 轴系设计的一般要求**

舰艇轴系设计应满足舰船轮机规范的要求,其一般要求如下:

(1)轴系各部件的布置应充分考虑管理、维修、拆装的方便,应留有足够的管理、维修的空间和场地。

(2)轴系中的各个轴承应布置在舰体结构中刚性较强的部位,以避免舰体壳板的局部变形对轴系中心线的影响,增加轴承的附加载荷。

(3)主机采用弹性支承安装时,主机与轴系应采用合适的挠性连接,必要时可采用万向联轴节来补偿主机的振动位移;主机的外接管系和电缆也应采用挠性接头,主机与排气管则应采用膨胀接头连接,以补偿排气管的热膨胀产生的位移变形。

(4)除小艇外,轴系上一般应设置转速传感器。对于直接传动轴系,若主机和轴系间无离合器,且主机装有转速传感器,则轴系上可免设转速传感器。

(5)需拖桨航行的无离合器的直接传动舰艇,轴系中一般应设置速拆联轴器和辅助推力轴承,辅助推力轴承应设置在速拆联轴器之后,与尾轴相邻的中间轴上。辅助推力轴承的承载能力包括两个方面:在向前的方向上应不小于主推力轴承承载能力的35%,在向后的方向上能承受该轴系脱开后,舰船可能达到的最大航速时螺旋桨所产生的拉力。

(6)若主机或齿轮箱内无盘车装置,则轴系上应设置盘车装置。除手动盘车装置外,盘车装置应与主机启动装置或离合器控制装置联锁,以防止在盘车装置啮合的情况下启动主机或接合离合器。

(7)轴系上一般应设置刹轴器。刹轴器的静态制动力矩应能刹住舰船在规定航速下不工作主机的轴系。

(8)凡裸露在舷外、接触到海水的钢质尾轴(耐海水腐蚀的不锈钢轴除外)以及联轴节,其表面应可靠地包覆耐蚀保护层,其包覆工艺及与轴套衔接处的结构应能有效地防止海水浸入;螺旋桨与轴的接合部也应有可靠的密封结构,以防止海水浸入,腐蚀尾轴。

(9)对于多轴系舰艇,存在部分桨航行工况。当不刹轴时,不工作轴系的正倒车齿轮箱处于被倒拖状态,齿轮箱的润滑和冷却必须能满足规定航速工况下被倒拖状态的要求。

(10)轴系及传动装置所用的材料应满足《舰船材料规范 轮机材料》的要求。

**2. 轴系的动力学分析要求**

轴系设计时,必须完成以下内容的动力学分析计算:

(1)按 HJB 60—91《舰艇轴系强度计算方法》的规定对轴系进行强度校核计算;

(2)按工程力学的一般方法对轴系进行纵向稳定性计算;

(3)参照 CB/Z 338—2005《船舶推进轴系校中》指导性技术文件推荐的方法进行轴系合理校中计算;

(4)参照 CB/T 4529—2023《船舶推进轴系回旋振动计算方法》指导性技术文件推荐的方法进行轴系回旋振动临界转速的计算;

(5)参照 CB/Z 214—2014《舰艇柴油机轴系扭转振动计算》指导性技术文件推荐的方法进行轴系扭转振动计算;

(6)参照 CB/T 4530—2023《船舶柴油机轴系纵振计算》指导性技术文件推荐的方法进行轴系纵向振动计算。

**3. 轴系设计程序**

轴系设计是舰艇动力装置设计的一个重要组成部分,轴系的设计质量将影响舰艇的快速性和振动特性,为了得到一个能满足舰艇动力装置战技术性能要求、符合舰船建造规范、性能优良的舰艇轴系,轴系设计必须依照一定的步骤和程序进行。

在进行轴系设计前,通常已经完成了主动力装置的选型和是否配置正倒车齿轮箱等后传动装置的选型工作。因此,轴系设计人员应根据主推进装置的总体方案进行轴系分系统的方案设计工作。

1)方案设计

设计前应搜集以下必需资料:

(1)主机的型号、功率及转速,主机的数量及布置方案;

(2)螺旋桨的估算尺寸,即螺旋桨的直径、转速和螺旋桨的重量;

(3)船体的线型图;

(4)船体的舱室布置图;

(5)船体尾部的主要结构图(包括尾部的龙骨布置及底部筋板的布置结构)。

根据上述资料,轮机主任设计师可以着手设计轴线位置(确定主机的布置位置、齿轮箱的布置位置(对于间接传动轴线)以及螺旋桨的布置位置);然后根据轴系相对于船体的布置情况,对轴系进行初步分段,确定支撑轴承的位置;选定联轴节的类型;选定推力轴承、中间支点轴承、尾轴轴承的类型;再根据上述结构设计,完成轴径的估算及轴系回旋振动临界转速的估算工作;最后绘制轴系布置图,并编写说明书及轴系计算书。

轴系方案设计完成后,应提交以下文件:

(1)轴系布置图;

(2)轴系计算书;

(3)轮机说明书中的轴系说明部分。

2)技术设计

轴系的技术设计是在方案设计的基础上对轴系布置进行深入的动力学分析,按规范要求,核算轴的强度,分析轴系的振动特性,对已选型的轴系各元件确定其主要技术参数,选定外形结构尺寸,对专用部件进行技术设计,完成结构设计和分析计算。可见,技术设计是在方案设计的基础上,对轴系方案进行进一步的技术论证和完善,设计者将采取各种可行的技术措施保证方案设计时确定的结构性能的实现。因此,在整个轴系设计过程中,技术设计工作量最大,也最为重要。技术设计为进一步的施工设计提供了可以付诸实现的轴系装备的蓝本。在技术设计中,常常会发现方案设计未能预计到的问题,除了出现对动力装置性能有较大影响或根本无法实现的问题以外,一般不轻易修改方案设计。

技术设计完成后,应提交以下文件:

(1)轴系布置图;

(2)轴系计算书(含轴系及轴系零件的强度校核、各种振动分析计算书等);

(3)轮机说明书中的轴系说明部分;

(4)轴系装配图;

(5)尾轴、中间轴、推力轴加工图;

(6)轴系原则安装工艺;

(7)轴系锻、铸件清单;

(8)轴系装置重量、重心计算统计表。

3)施工设计

施工设计是将轴系的技术设计转变成造船厂能够借以生产的图纸、工艺文件和全部指导生产过程所需的资料。施工设计遵循技术设计制定的技术方案和措施,保持技术设计的结构和布置原则,只是在零部件的加工、安装等方面对技术设计作进一步的充实和完善。因此,在某些方面,施工设计资料和技术设计资料可能没有区别(在没有任何改动的情况下)。轴系的施工设计完成后,应提供以下图纸资料:

(1)轴系布置图;

(2)轴系装配图;

(3)轴系安装对中工艺;

(4)尾轴、中间轴、推力轴全部零件的加工图;

(5)尾轴轴套的红套工艺以及防蚀玻璃钢包覆工艺;

(6)轴系其他部件(轴承、联轴节、尾轴管、隔墙填料箱、刹轴器、转速传感装置等)的装配图、零件图;

(7)轴系各部件(如支点轴承、推力轴承、刹轴器、转速传感装置等)的安装图;

(8)轴系锻件图；

(9)轴系装置重量重心统计表；

(10)轮机说明书中的轴系说明部分。

## 7.2 轴系元件的选型与设计

### 7.2.1 传动轴的设计

**1. 结构设计与轴径估算**

1)轴的结构设计

由于工作条件不同，尾轴、中间轴和推力轴的结构略有不同。尾轴大部分浸泡在海水中，为了防止海水腐蚀，其表面有防海水腐蚀的结构措施，如包覆玻璃钢；轴承部位的轴干上镶有青铜轴套，防腐层与轴套的衔接处有可靠的密封连接。舰艇尾轴通常有2~3个轴承，镶套在轴上的轴套多达2~4个，为了便于安装轴套，镶配轴套的轴干直径设计成阶梯形，也有个别小艇的轴套内径完全相同，但无疑这将增加装配难度。尾轴的长度视舰体线型和轴系布置而定，它由螺旋桨中心和前端联轴节的位置决定。尾轴的前联轴节一般布置在靠近尾轴管处，因此一旦轴线位置确定，尾轴的长度也大致确定。目前，小型舰艇的尾轴长度为9~11m，个别的达到14m；中型以上舰艇尾轴长度约15m。有的中、大型舰艇，尾轴的前联轴节与螺旋桨相距二十多米，如设计成一整根尾轴，将难于加工制造，不得不将尾轴舷外部分分成两段，构成螺旋桨轴和尾轴。如某舰螺旋桨轴长13.5m，尾轴长13.3m，其间用带有防海水腐蚀结构的SKF液压联轴节连接。

尾轴允许的设计长度应考虑到以下因素：

(1)锻造厂能提供的最大毛坯长度；

(2)船厂机加工设备和热处理设备所允许的最大加工长度；

(3)运输工具的承载能力。

由于尾轴是穿过尾轴轴承由后向前安装的，因此尾轴的前联轴节多设计成可拆式联轴节，拆卸尾轴时，先拆下联轴节，然后向船尾抽出尾轴。

根据轴径的粗细不同，舰艇轴系分空心轴和实心轴两种。150mm以下轴径的轴系一般为实心轴，150mm以上多设计成空心轴，空心度视轴的结构而定，一般$m=0.5\sim0.78$，当轴端为锥形结构时，为保证强度取$m=0.3\sim0.5$。

中间轴位于舰体内，不接触海水，其工作条件较尾轴好。中间轴一般比尾轴细，外表面只涂防锈底漆。考虑到中间轴要在舱内吊装，故其长度较短，如某舰的后中间轴长8.45m，中间轴长8.5m，前中间轴长9.686m；某护卫舰的前中间轴及中中间轴均长5.75m，后中间轴长4.08m，后中间轴与中中间轴之间装有辅助推力轴承，辅推力轴长3.93m。

中间轴一般不镶套轴套，两端通常采用刚性法兰结构。

推力轴为便于拆装，一般长度较短，如某护卫舰推力轴仅长2.96m。推力轴的轴径通常和尾轴相同，两端也采用刚性法兰。

2)轴径估算

轴系方案设计时，先要初步确定一个轴径，然后按规范要求进行强度校核。

(1)舰艇轴系轴径估算方法。

中国船舶工业总公司指导性技术文件 CB/Z 208—1983《舰艇轴系强度计算和横向振动计算规则》推荐,尾轴轴径可按母型选取或按如下公式计算:

$$D_w = A \times \sqrt[3]{\frac{N_b}{n \times [\tau]}} \tag{7.2.1}$$

式中 $D_w$——尾轴最小直径(mm);

$N_b$——轴传递的最大功率(kW);

$n$——最大功率时的转速(r/min);

$A$——系数,对涡轮机、电力推进舰船 $A=49$,对轴系中设有液力或电磁离合器的柴油机推进的舰船或缸数不少于 12 缸的柴油机推进的高速艇 $A=54$,对其他柴油机推进的舰船 $A=60$。

$[\tau]$——轴材料的系数,按下式计算:

$$[\tau] = \frac{\sigma_s}{\sigma_s + 1500}$$

式中 $\sigma_s$——材料的屈服极限(MPa)。

当轴的空心度 $m \geqslant 0.4$ 时,尾轴的外径应按下式修正:

$$D = D_w \times \sqrt[3]{\frac{1}{1-m^4}} \tag{7.2.2}$$

中间轴的直径可以由尾轴直径估算,即

$$D_z = 0.87D_w \tag{7.2.3}$$

(2)钢质海船轴系轴径估算方法。

民用船舶轴系的设计,一般都按规范进行计算,必要时再作一些强度验算。钢质海船规范(1977 年版)规定:按本规范公式计算的轴系,其材料的抗拉强度应不小于 440MPa,当材料抗拉强度大于 750MPa 时,仍按 750MPa 计算。其轴径的计算方法如下:

① 中间轴的最小直径 $d_z$。

$$d_z = C \times \sqrt[3]{\frac{N_e}{n_e}\left(\frac{65}{\sigma_b + 21}\right)} \tag{7.2.4}$$

式中 $d_z$——中间轴直径(mm);

$N_e$——额定功率(kW);

$n_e$——额定转速(r/min);

$\sigma_b$——材料抗拉强度(MPa);

$C$——系数,按下述规定选取:

a. 对柴油机电力推进船及柴油机与轴系间装有液力联轴节或电磁离合器时,取 $C=100$;

b. 对单作用、直列式的柴油机直接传动船舶按表 7.2.1 选取;

表 7.2.1 系数 $C$

| 机型 | 汽缸数 | | | | | | | | | | |
|---|---|---|---|---|---|---|---|---|---|---|---|
| | 1 | 2 | 3 | 4 | 5 | 6 | 7 | 8 | 9 | 10 | 11 |
| 二冲程 | 127.4 | 126.9 | 118 | 112.5 | 109.7 | 106.4 | 105.3 | 102.5 | 100.3 | 100.3 | 100.3 |
| 四冲程 | 121.9 | 121.5 | 121.5 | 121.5 | 116.9 | 114.7 | 113 | 110.3 | 108.6 | 104.7 | 100.3 |

c. 其他情况按下式计算：

$$C = 90\sqrt{\frac{\alpha + \beta}{1 + \beta}} \tag{7.2.5}$$

式中 $\alpha$——柴油机输出端主轴颈上的合成最大扭矩与合成平均扭矩之比；

$\beta$——$I_e/I_p$；

$I_e$——柴油机及飞轮（有减速齿轮时亦包括减速齿轮）的总转动惯量；

$I_p$——螺旋桨在水中的转动惯量（附水量可取螺旋桨重量的25%）。

港口航行船舶的中间轴直径可比上述规定减小2%。

②推力轴直径 $d_t$。

推力轴在推力环处的最小直径应比中间轴直径增加12%，而其余部分的直径可以减小到与中间轴直径相同。

③尾轴的直径 $d_w$。

不与海水接触的尾轴的最小直径应比中间轴计算直径增加12%，与海水接触的则应增加21%。

④螺旋桨轴的直径 $d_L$。

螺旋桨轴的最小直径应按下式计算：

$$d_L = 1.13d_z + K_2 D_P \tag{7.2.6}$$

式中 $d_L$——螺旋桨轴的直径(mm)；

$D_P$——螺旋桨的直径(mm)；

$K_2$——系数，轴不与海水接触时取 $K_2 = 0.007$，轴与海水接触时取 $K_2 = 0.01$。

艉尖舱隔舱壁前的螺旋桨前部直径可按锥形逐渐减小，但最小不得小于 $1.05d_z$。

⑤中空轴直径的修正。

空心轴直径的修正公式和舰艇尾轴轴径修正公式（7.2.2）相同。即当 $m > 0.4$ 时，按下式修正：

$$d'_z = d_z\sqrt[3]{\frac{1}{1 - m^4}} \tag{7.2.7}$$

⑥对于航行于冰区的船舶，其轴系的最小直径应比上述所规定的再增加表7.2.2的附加系数值。

表7.2.2 冰区航行附加系数(%)

| 轴的名称 | 冰区级别 | | | |
|---|---|---|---|---|
| | Ⅰ | Ⅱ | Ⅲ | Ⅳ |
| 中间轴、推力轴、尾轴 | 12 | 8 | 4 | — |
| 螺旋桨轴 | 20 | 15 | 8 | 5 |

**2. 轴的强度校核**

传动轴在工作时，同时受到扭转、弯曲、压缩（或拉伸）三种载荷，它们不仅是静载荷，而且还有附加的动载荷，规范规定的轴径估算公式并没有全部考虑这些载荷的综合作用。因此，在轴系技术设计阶段，要进行传动轴的强度校核，检验原来估算选定的轴径是否合乎要求。

1)轴系强度校核计算规则

(1)计算工况。

一般应按战技术任务书规定的主机最大功率时的工况进行。对于潜艇还应考虑在最大工作深度时静水压力的影响。若在轴系工作转速范围内存在着扭转振动临界转速,经综合分析,如存在危险工况,则还应对此工况进行强度核算。

(2)计算部位。

轴系上最靠近螺旋桨的轴承支点处和轴系上所有变截面处(包括法兰圆角、键槽等处)均应作应力分析和强度校核计算。如采用手算,可根据应力分析,选择几个应力较大的"危险截面"进行强度校核计算。

(3)应力的计算和合成。

在计算应力时,应分别计算平均应力和交变应力。平均应力是平均扭矩引起的平均扭转应力和推力引起的压缩应力的合应力,交变应力是交变扭矩引起的交变扭转应力和弯矩(包括推力偏心引起的弯矩)引起的弯曲应力的合应力。各交变应力必须单独乘以相应的应力集中系数。

(4)平均设计扭矩。

平均设计扭矩应按照最大功率时的扭矩再加一个附加扭矩进行计算。这一附加扭矩是舰艇转向时迫使螺旋桨降速而产生的。附加扭矩随推进装置的型式不同而不同。

①带齿轮箱的柴油机推进装置,附加扭矩为最大功率扭矩的10%;

②柴油机-电力(交流)推进装置,附加扭矩为最大功率扭矩的10%;

③其他形式的推进装置,附加扭矩为最大功率扭矩的20%。

(5)弯曲应力。

弯曲应力应根据重力弯矩、校中安装附加弯矩和偏心弯矩形成的复合弯矩进行计算。

①重力弯矩。

艉托架轴承支点处的重力弯矩$M_{G0}$是由螺旋桨和该支点后轴段及螺旋桨固定螺母等的悬臂重量所引起的。

轴系上其余各支点的重力弯矩$M_{Gi}$应根据轴系校中分析计算选取各种使用状态下的最大弯矩值。

初步设计时,在没有轴系校中分析计算资料的情况下,可根据直线对中按连续梁求取各支点的重力弯矩。

②校中安装附加弯矩。

舷内轴系要考虑校中安装附加弯矩,在由重力弯矩计算所得弯曲应力的基础上,加上一个附加弯曲应力,未考虑轴系安装对中的误差引起的附加弯矩的影响。对于中间轴,此附加弯曲应力一般取20N/mm$^2$;对于推力轴一般取15N/mm$^2$。

③偏心弯矩。

螺旋桨的推力偏心将引起尾轴的偏心弯矩,计算时,假定尾轴各支点处偏心弯矩相等为定值,舷内轴系各支点处的偏心弯矩为零,见表7.2.3。如有准确的螺旋桨偏心弯矩试验资料,偏心弯矩可按试验资料选取。

表 7.2.3 水面舰艇和潜艇的偏心弯矩

| 轴类别 | 水面舰艇 | | 潜艇 | |
|---|---|---|---|---|
| | 有尾轴架支承 | 无尾轴架支承 | 单轴 | 多轴 |
| 螺旋桨轴、尾轴 | $M_{G0}$ | $2M_{G0}$ | 0 | $M_{G0}$ |
| 中间轴、推力轴 | 0 | 0 | 0 | 0 |

(6)轴系各支承点的位置。

最靠近螺旋桨的轴承支承点的位置,由轴承后端面向前,取一倍轴径或1/4 轴承长度这两者中之大值作为支承点;其他轴承均取轴承长度的中点作为支承点。

(7)交变扭转应力。

交变扭转应力应从轴系扭转振动计算书中得到,尤其是柴油机等往复式发动机的轴系,更要进行精确的轴系扭转振动计算。

在初步设计阶段,如没有详细的扭转振动计算资料时,交变扭转应力可按下述方法选取:

①对齿轮传动的涡轮机长轴系取为 $0.05\tau_m$($\tau_m$——平均扭转应力,N/mm²);

②对柴油机轴系取为 $0.04\sigma_b$($\sigma_b$——轴材料的抗拉强度,N/mm²);

③对其他形式推进装置的轴系可参照上述数据选取。

(8)应力集中系数。

轴系中应力集中部位主要出现在键槽圆角处和法兰圆角处。键槽圆角处的扭转应力集中系数见图 7.2.1。法兰圆角处的弯曲、扭转应力集中系数见图 7.2.2 和图 7.2.3。由于弯曲应力与键槽中心线平行,因此键槽圆角处弯曲应力集中系数 $K_\sigma=1.0$。如果键槽端部为光滑过渡的"汤匙"形,侧键槽端部的应力集中可以忽略。

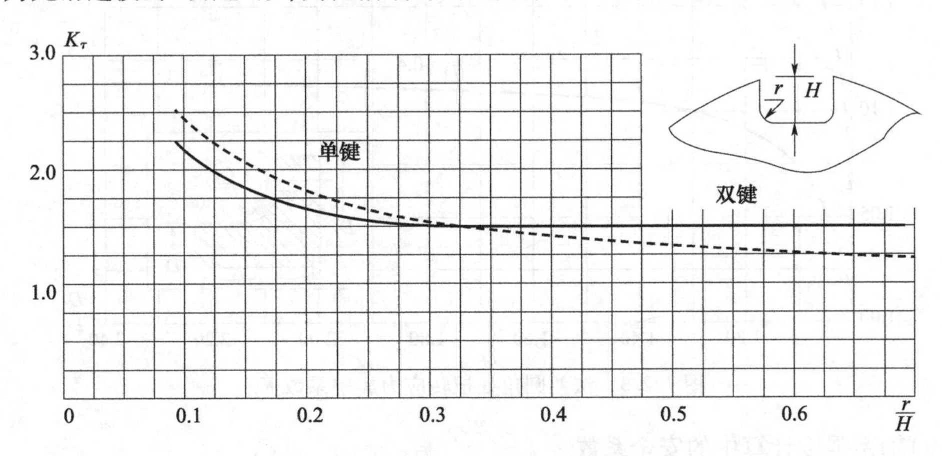


图 7.2.1 键槽圆角处扭转应力集中系数 $K_\tau$

若在轴上存在更严重的应力集中部位,则还应按该部位的应力集中系数进行计算。按照 GJB 14.1A 和 $GJB_Z$ 20048 的规定,除了不可避免的情况外,不得在轴上钻孔。在初步设计阶段,一般取键槽圆角处的 $K_\tau=1.5$;法兰圆角处 $K_\sigma=1.5$,$K_\tau=1.25$。

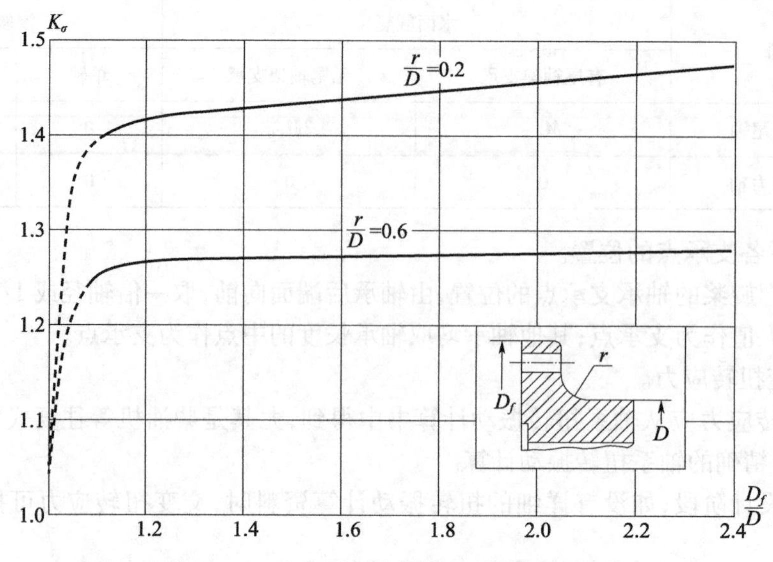


图 7.2.2　法兰圆角处弯曲应力集中系数 $K_\sigma$

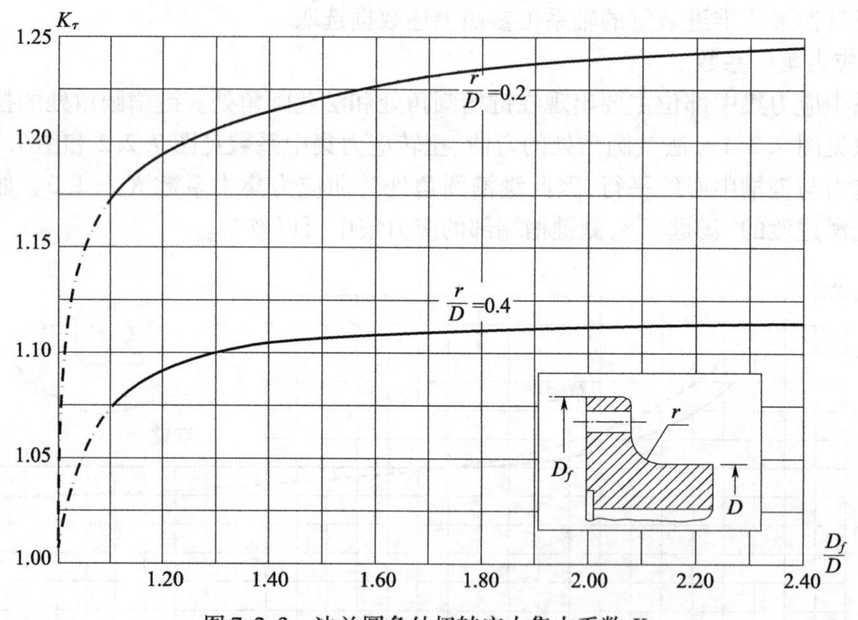


图 7.2.3　法兰圆角处扭转应力集中系数 $K_\tau$

(9)轴系强度计算中的安全系数。

轴系强度计算中的安全系数是根据轴承受的合成平均应力和合成交变应力与材料的屈服强度和空气中的疲劳极限相比较而建立的。轴系强度计算的安全系数应符合 GJB 14.1A 和 $GJB_Z$ 20048 的规定，其许用安全系数[$n$]见表 7.2.4。

表7.2.4 轴系强度计算许用安全系数[n]

| 轴类别 | 许用安全系数[n] | | | |
|---|---|---|---|---|
| | 水面舰船（破冰船除外） | 破冰船 | 潜艇 | |
| | | | 单轴 | 多轴 |
| 螺旋桨轴 | 2.0 | 3.5 | 2.25 | 2.0 |
| 尾轴 | 2.0 | 2.25 | 2.25 | 2.0 |
| 中间轴、推力轴 | 1.75 | 2.25 | 2.0 | 1.75 |

(10)许用设计应力。

设计时轴表面弯曲应力(计入应力集中系数)应不超过41N/mm²。

2)轴系强度计算方法

(1)平均扭转应力。

$$\tau_m = \frac{M_P}{W_n} \tag{7.2.8}$$

式中 $\tau_m$——由扭矩引起的平均扭转应力(N/mm²)；

$M_P$——平均设计扭矩(N·mm)；

$$M_P = 9.55 \times 10^6 \frac{C \cdot P}{n_p} \tag{7.2.9}$$

$C$——附加扭矩系数；

$P$——轴系传递的最大功率(kW)；

$n_p$——最大功率时轴的转速(r/min)；

$W_n$——轴抗扭截面模数(mm³)；

$$W_n = \frac{\pi(D^4 - d^4)}{16 D} \tag{7.2.10}$$

式中 $D,d$——轴的外径、内径(mm)。

(2)压缩应力。

$$\sigma_y = \frac{T}{A} \tag{7.2.11}$$

式中 $\sigma_y$——由推力引起的压缩应力(N/mm²)；

$T$——轴系承受的最大轴向力(N)(水面舰船:$T = T_P$;潜艇:$T = T_P + T_h$)；

$T_P$——螺旋桨最大推力(N)；

$T_h$——潜艇在最大工作深度时静水压力对轴产生的轴向力(N)；

$A$——轴的截面积(mm²),$A = \frac{\pi}{4}(D^2 + d^2)$。

当螺旋桨推力未知时,可按下式近似求取:

$$T_P = \frac{1944 P \eta_P}{V(1-t)} \tag{7.2.12}$$

式中 $\eta_P$——螺旋桨效率；

$V$——舰船最大航速(kn)；

$t$——推力减额系数。

(3)合成平均应力。

按最大剪切应力理论计算合成平均应力

$$\sigma_{H_m} = \sqrt{\sigma_y^2 + (2\tau_m)^2} \tag{7.2.13}$$

式中 $\sigma_{H_m}$——合成平均应力($N/mm^2$)。

(4)弯曲应力。

①最靠近螺旋桨轴承处的弯曲应力。

$$\sigma_{w_0} = \frac{M_{G0} + M_{0C}}{W_w} \tag{7.2.14}$$

式中 $\sigma_{w_0}$——最靠近螺旋桨轴承处的弯曲应力($N/mm^2$);

$M_{G0}$——最靠近螺旋桨轴承处的重力亦弯矩(N·mm);计算时,轴承支点位置应按轴系强度校核计算规则之(6)计算;

$M_{0C}$——偏心弯矩(N·mm),按表7.2.3计算;

$W_w$——轴抗弯截面模数($mm^3$),有

$$W_w = \frac{\pi}{32}\frac{(D^4 - d^4)}{D} \tag{7.2.15}$$

校核弯曲应力是否超过规定的许用应力值:

$$K_\sigma \sigma_{w_0} \leqslant 41\,N/mm^2$$

②其余各计算点的弯曲应力。

其余各计算点的弯曲应力按下式计算:

$$\sigma_w = \frac{M_G + M_{0C}}{W_w} \tag{7.2.16}$$

式中 $\sigma_w$——其余各计算点的弯曲应力($N/mm^2$);

$M_G$——重力弯矩与校中附加弯矩的复合弯矩(N·mm),可根据轴系校中计算,选取各种使用状态下的最大弯矩值。

初步设计时,在没有轴系校中计算资料的情况下,可按下式计算弯曲应力:

$$\sigma_w = \frac{M'_G + M_{0C}}{W_w} + \sigma'_w \tag{7.2.17}$$

式中 $M'_G$——根据直线校中按连续梁求得的重力弯矩(N·mm);

$\sigma'_w$——舷内轴系校中安装附加弯曲应力(N·mm)(中间轴 $\sigma'_w = 20\ N/mm^2$;推力轴 $\sigma'_w = 15\ N/mm^2$)。

校核弯曲应力是否超过规定的许用应力值:

$$K_\sigma \sigma_{w_0} \leqslant 41\,N/mm^2$$

(5)交变扭转应力。

交变扭转应力 $\tau_a$ 应根据轴系扭转振动计算书求得,初步设计时,若无详细的扭转振动计算资料,可按下式选取:

对齿轮传动的涡轮机长轴系 $\tau_a = 0.05\tau_m$($\tau_m$ 为平均扭转应力,$N/mm^2$);

对柴油机轴系 $\tau_a = 0.04\sigma_b$($\sigma_b$ 为轴材料的抗拉强度,$N/mm^2$);

对其他形式推进装置的轴系可参照上述数据选取。

(6)合成交变应力。

按最大剪切应力理论计算合成交变应力：

$$\sigma_{H_a} = \sqrt{(K_\sigma \sigma_w)^2 + (2K_\tau \tau_a)^2} \tag{7.2.18}$$

(7)安全系数。

$$n = \frac{1}{\dfrac{\sigma_{H_m}}{\sigma_s} + \dfrac{\sigma_{H_a}}{\sigma_{-1}}} \geqslant [n] \tag{7.2.19}$$

式中　$n$——安全系数；

$[n]$——许用安全系数，见表7.2.4。

**3. 轴系纵向稳定性校核**

当轴的计算柔度($\lambda$)大于或等于轴的极限柔度($\lambda_n$)时，应进行轴系纵向稳定性校核计算。

1)轴的计算柔度

$$\lambda = \frac{L}{i} \tag{7.2.20}$$

式中　$L$——轴的最大跨度(mm)，当轴系中各轴的基本轴径不同时，应分别对其最大跨距部分进行计算；

$i$——轴截面惯性半径(mm)，有

$$i = \frac{\sqrt{D^2 + d^2}}{4} \tag{7.2.21}$$

2)轴的极限柔度

$$\lambda_n = \pi \sqrt{\frac{E}{\sigma_p}} \tag{7.2.22}$$

式中　$E$——轴材料的弹性模数(N/mm²)；

$\sigma_p$——轴材料比例极限(N/mm²)，可近似地用轴的屈服极限$\sigma_s$替代。

3)轴系纵向稳定性安全系数

$$K = \frac{P_{Kp}}{P_L} > [K] \tag{7.2.23}$$

式中　$P_{Kp}$——临界轴向力(N)，有

$$P_{Kp} = \frac{\pi^2 EJ}{L^2}\left(1 - \frac{n_m^2}{n_c^2}\right) \tag{7.2.24}$$

$P_L$——螺旋桨最大推力(N)；

$J$——轴截面惯性矩(mm⁴)，有

$$J = \frac{\pi}{64}(D^4 - d^4) \tag{7.2.25}$$

$n_m$——轴系最大转速(r/min)；

$n_c$——轴系回旋振动临界转速(r/min)；

$[K]$——纵向稳定性许用安全系数，$[K] = 3$。

## 7.2.2 联轴节选型与设计

联轴节是连接轴系各轴段的重要部件,除了连接功能外还担负着传递扭矩和推(拉)力的任务。联轴节选型与设计遵循舰艇动力装置的设计原则和要求,在可靠顶用的前提下,力求轻、小,并便于安装、拆卸和修理。联轴节的结构应保持轴对称,以减少偏心重量,保持良好的静平衡性能。

**1. 联轴节选型概述**

舰船轴系应用的联轴节主要分成刚性联轴节和弹性联轴节两种,弹性联轴节主要用于主机和齿轮箱的连接上,起到隔振(有的还能隔声)作用并可改善齿轮箱的工作条件,在后传动装置中介绍,本节主要介绍刚性联轴节的有关内容。

刚性联轴节分为法兰式和无键液压联轴节等类型。

1)法兰式联轴节

法兰式联轴节又可分为整体法兰式和可拆法兰式两种。

整体法兰式联轴节的法兰和轴锻造成一体,主要用于中间轴和推力轴上。法兰间的连接有用圆柱配合螺栓连接和圆锥配合螺栓连接两种,如图 7.2.4 和图 7.2.5 所示。

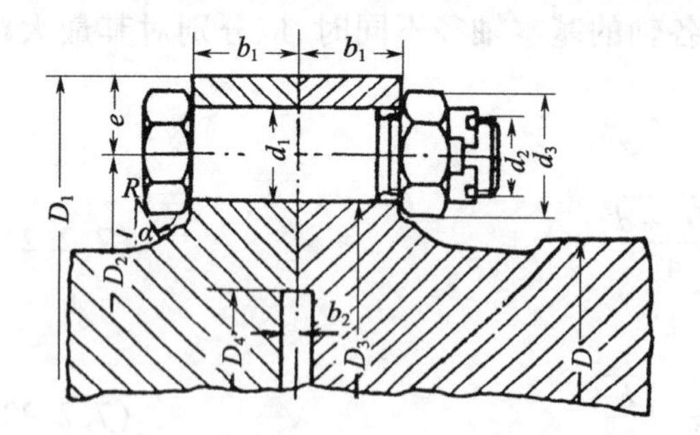


图 7.2.4 圆柱配合螺栓连接的法兰式联轴节

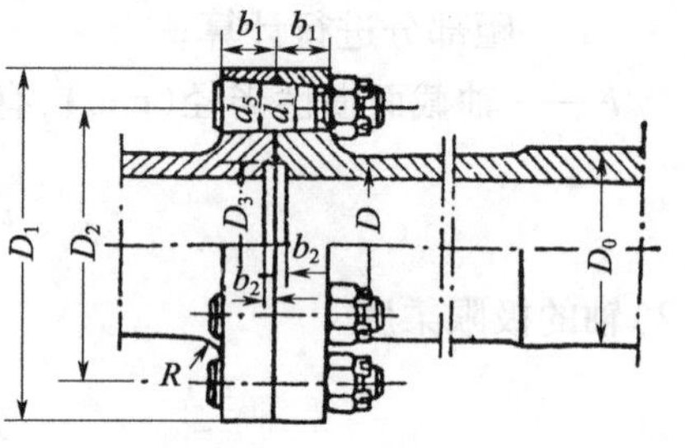

图 7.2.5 锥形配合螺栓连接的法兰式联轴节

上述两种联轴节的结构型式都已标准化,设计时可查阅船舶专用标准:CB 82—66 和 CB 145—66。

可拆法兰式联轴节如图 7.2.6 所示,其外圆尺寸较整体法兰式为大,一般用在需要从轴承中轴向抽出的传动轴上,如尾轴。联轴节的各部分尺寸可参照有关手册选定,关键部位尺寸(如键部位)要进行强度校核计算。为了防止联轴节松脱,固定螺母应有可靠的锁紧结构。

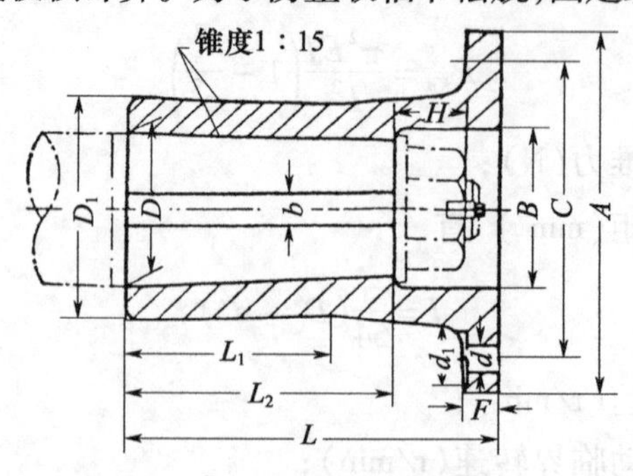


图 7.2.6 可拆法兰式联轴节

2)无键液压联轴节

无键液压联轴节是利用联轴节轴壳和轴之间的过盈配合产生的摩擦力来传递扭矩和推力的一种联轴节。因为被连接的轴上不需要开键槽不安装键,通过很高的油压将轴壳弹性扩大后装配到轴上,油压释放后轴壳收缩,使轴和联轴节轴壳之间形成过盈配合,达到牢固连接的目的。因此,这种连接方法称为无键液压连接方法,应用这种原理设计的联轴节被称为无键液压联轴节。无键液压连接的方式已被广泛应用于联轴节、齿轮、螺旋桨等零件的装配上。

无键液压联轴节有两种基本结构,图7.2.7为圆筒型,图7.2.8为法兰型。由两图可见,联轴节基本上由四个部分组成:外轴壳、内轴套、锁紧螺母和密封环。外轴壳上有高压油注油孔(BSP3/4″)和低压油注油孔(BSP1/4″),外轴壳和内轴套以圆锥面配合,内轴套和轴以圆柱面配合,联轴节装配前内轴套和轴之间有微小的间隙,形成滑动配合。螺母拧在内轴套上,密封环和内轴套之间形成液压腔。联轴节的装配,原理如图7.2.9所示。*A*孔连接高压油泵(油压120~150MPa),*B*孔连接低压油泵(油压为20~40MPa),*B*孔通左端的液压腔。当*A*孔注入高压油后,高压油使外壳扩大,并在联轴节内、外套、壳之间形成油膜,消除了金属表面直接接触,并降低了摩擦力(图7.2.9之2)。

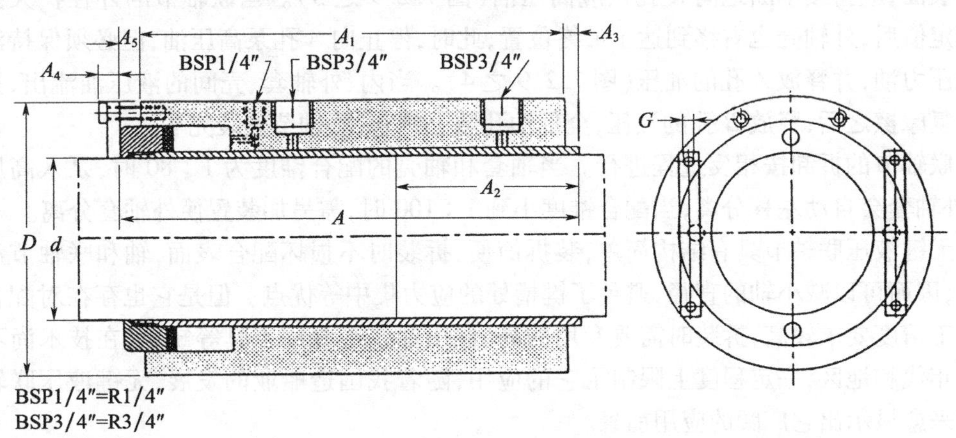


图7.2.7 圆筒型无键液压联轴节

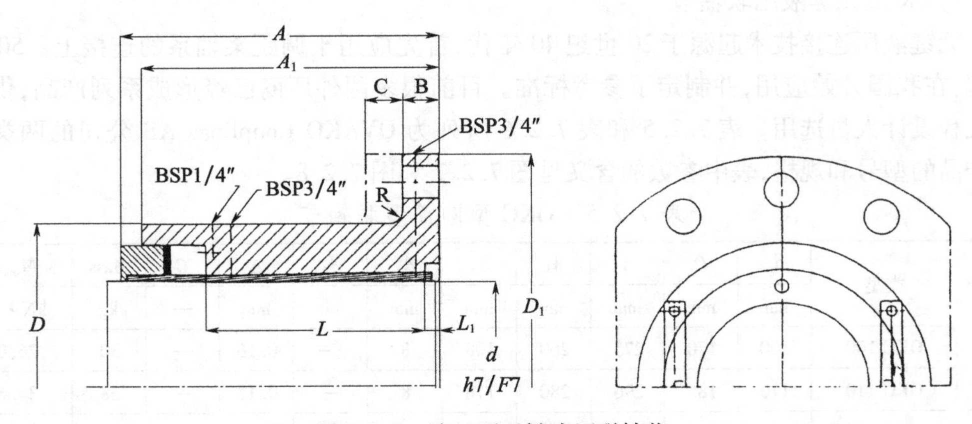


图7.2.8 法兰型无键液压联轴节

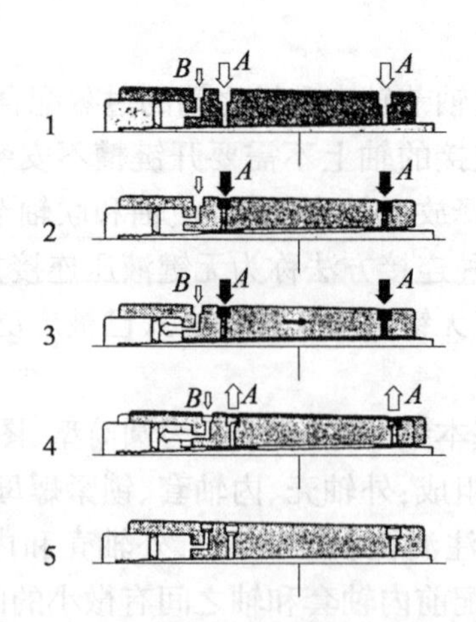


图 7.2.9　无键液压联轴节安装原理图

当轴壳充分胀大,在轴套、壳间形成了良好的油膜后,滑油将从锥形内轴套的大直径一端漏出,此时从 $B$ 孔向液压腔泵油,压力油便推动外轴壳向右移动,为了避免金属接触,拉伤表面,应持续不断地向 $A$ 孔供应高压油(图 7.2.9 之 3)。当联轴节的外径扩大到设计预定值后,外轴壳也右移到达了最终位置,此时,停止向 $A$ 孔泵高压油,但必须保持液压腔的压力油,并释放 $A$ 孔的油压(图 7.2.9 之 4)。当内、外轴套、壳间的液压油流出,接触面恢复摩擦之后,释放 $B$ 孔的油压,全部油孔装上螺塞,联轴节安装完毕。

联轴节的拆卸按相反过程进行。当轴套和轴壳的配合锥度为 1∶80 时,泵入高压油后,外轴套会自动左移分离,当配合锥度小到 1∶100 时,需另加装置使外轴套分离。

无键液压联轴节具有结构简单,装拆简便,拆装时不损坏配合表面,轴和联轴节没有键槽,因而可以减小轴的直径,避免了键槽处的应力集中等优点。但是它也存在对配合表面加工精度要求较高,拆装时需要专用的高、低压油泵等专用工具等缺点,在技术尚不发达的年代和地区,一定程度上限制了它的应用,随着我国造船业的发展,无键液压联轴节将愈来愈显示出它广阔的应用前景。

**2. 无键液压联轴节**

1)OK 型无键液压联轴节

无键液压连接技术起源于 20 世纪 40 年代,首先应用于调距桨轴系的连接上。50 年代起,在我国开始应用,并制定了参考标准。目前很多国外厂商已经形成系列产品,供轮机工程设计人员选用。表 7.2.5 和表 7.2.6 所列为 OVAKO Couplings AB 公司的两类系列产品的型号和规格,表中参数的含义见图 7.2.7 和图 7.2.8。

表 7.2.5　OKC 型圆筒型联轴节

| 序号 | 类型 | $d_a$ | $D$ | $A$ | $A_1$ | $A_2$ | $A_3$ | $A_4$ | $\Delta$ | $G$ | Mass | $M_{max}$ |
|---|---|---|---|---|---|---|---|---|---|---|---|---|
| | | mm | mm | mm | mm | mm | mm | mm | mm | — | kg | kN · m |
| 1 | OKC 100 | 100 | 170 | 275 | 260 | 108 | 8 | — | 0.16 | — | 30 | 26.0 |
| 2 | OKC 110 | 110 | 185 | 296 | 280 | 118 | 8 | — | 0.17 | — | 38 | 34.6 |
| 3 | OKC 120 | 120 | 200 | 322 | 300 | 130 | 10 | — | 0.18 | — | 48 | 44.9 |
| 4 | OKC 130 | 130 | 215 | 344 | 325 | 140 | 10 | — | 0.21 | — | 58 | 57.1 |

续表

| 序号 | 类型 | $d_a$ | $D$ | $A$ | $A_1$ | $A_2$ | $A_3$ | $A_4$ | $\Delta$ | $G$ | Mass | $M_{max}$ |
|---|---|---|---|---|---|---|---|---|---|---|---|---|
| | | mm | mm | mm | mm | mm | mm | mm | mm | — | kg | kN·m |
| 5 | OKC 140 | 140 | 230 | 373 | 350 | 150 | 10 | — | 0.23 | — | 71 | 71.3 |
| 6 | OKC 150 | 150 | 250 | 396 | 370 | 162 | 12 | — | 0.23 | — | 91 | 87.7 |
| 7 | OKC 160 | 160 | 260 | 420 | 395 | 172 | 12 | — | 0.27 | — | 101 | 107 |
| 8 | OKC 170 | 170 | 280 | 442 | 415 | 182 | 12 | — | 0.27 | — | 125 | 128 |
| 9 | OKC 180 | 180 | 300 | 475 | 445 | 195 | 15 | — | 0.28 | — | 155 | 152 |
| 10 | OKC 190 | 190 | 310 | 505 | 475 | 205 | 15 | — | 0.31 | — | 175 | 179 |
| 11 | OKC 200 | 200 | 330 | 525 | 500 | 215 | 15 | 30 | 0.31 | M12 | 215 | 208 |
| 12 | OKC 210 | 210 | 340 | 550 | 520 | 225 | 15 | 30 | 0.35 | M12 | 230 | 241 |
| 13 | OKC 220 | 220 | 360 | 575 | 540 | 235 | 15 | 30 | 0.35 | M12 | 265 | 277 |
| 14 | OKC 230 | 230 | 370 | 600 | 565 | 250 | 20 | 30 | 0.38 | M12 | 285 | 317 |
| 15 | OKC 240 | 240 | 390 | 620 | 585 | 260 | 20 | 30 | 0.38 | M12 | 330 | 360 |
| 16 | OKC250 | 250 | 400 | 645 | 610 | 270 | 20 | 30 | 0.41 | M12 | 350 | 407 |
| 17 | OKC 260 | 260 | 420 | 670 | 635 | 280 | 20 | 30 | 0.42 | M12 | 410 | 457 |
| 18 | OKC 270 | 270 | 440 | 690 | 655 | 290 | 20 | 30 | 0.42 | M12 | 470 | 512 |
| 19 | OKC 280 | 280 | 450 | 715 | 680 | 300 | 20 | 30 | 0.46 | M12 | 510 | 571 |
| 20 | OKC 290 | 290 | 470 | 740 | 700 | 315 | 25 | 30 | 0.46 | M12 | 580 | 634 |
| 21 | OKC 300 | 300 | 480 | 773 | 730 | 325 | 25 | 27 | 0.50 | M16 | 625 | 702 |
| 22 | OKC 310 | 310 | 500 | 793 | 750 | 335 | 25 | 27 | 0.50 | M16 | 700 | 775 |
| 23 | OKC 320 | 320 | 520 | 818 | 770 | 345 | 25 | 27 | 0.50 | M16 | 790 | 852 |
| 24 | OKC 330 | 330 | 530 | 843 | 795 | 355 | 25 | 27 | 0.54 | M16 | 830 | 935 |
| 25 | OKC 340 | 340 | 550 | 863 | 815 | 365 | 25 | 27 | 0.54 | M16 | 930 | 1020 |
| 26 | OKC 350 | 350 | 560 | 888 | 840 | 375 | 25 | 27 | 0.57 | M16 | 980 | 1120 |
| 27 | OKC 360 | 360 | 580 | 908 | 860 | 385 | 25 | 27 | 0.58 | M16 | 1080 | 1220 |
| 28 | OKC 370 | 370 | 600 | 928 | 880 | 395 | 25 | 27 | 0.58 | M16 | 1190 | 1320 |
| 29 | OKC 380 | 380 | 610 | 958 | 905 | 410 | 30 | 27 | 0.61 | M16 | 1250 | 1430 |
| 30 | OKC 390 | 390 | 630 | 983 | 925 | 420 | 30 | 27 | 0.62 | M16 | 1370 | 1550 |

表中 $\Delta$——安装后联轴节外径增加值；

$M_{max}$——联轴节容许最大传递扭矩。

表 7.2.6 OKF 型法兰型联轴节

| 序号 | 类型 | $d_a$ | $D$ | $D_1$ | $A$ | $A_1$ | $B$ | $R$ | $L$ | $L_1$ | $C$ | Mass | $M_{max}$ |
|---|---|---|---|---|---|---|---|---|---|---|---|---|---|
| | | mm | mm | mm | mm | mm | mm | mm | mm | mm | mm | kg | kN·m |
| 1 | OKF 100 | 100 | 165 | 235 | 191 | 188 | 40 | 6 | 120 | 15 | 17.5 | 25 | 26.0 |
| 2 | OKF 110 | 110 | 175 | 260 | 210 | 197 | 40 | 6 | 135 | 15 | 18.5 | 29 | 34.6 |
| 3 | OKF 120 | 120 | 195 | 285 | 220 | 206 | 40 | 8 | 145 | 15 | 19.0 | 39 | 44.9 |

续表

| 序号 | 类型 | $d_a$ | $D$ | $D_1$ | $A$ | $A_1$ | $B$ | $R$ | $L$ | $L_1$ | $C$ | Mass | $M_{max}$ |
|---|---|---|---|---|---|---|---|---|---|---|---|---|---|
| | | mm | mm | mm | mm | mm | mm | mm | mm | mm | mm | kg | kN · m |
| 4 | OKF 130 | 130 | 205 | 305 | 244 | 230 | 40 | 8 | 165 | 15 | 21.5 | 46 | 57.1 |
| 5 | OKF 140 | 140 | 225 | 325 | 255 | 235 | 40 | 8 | 170 | 15 | 22.0 | 56 | 71.3 |
| 6 | OKF 150 | 150 | 240 | 345 | 266 | 246 | 40 | 10 | 180 | 15 | 23.0 | 66 | 87.7 |
| 7 | OKF 160 | 160 | 255 | 365 | 278 | 257 | 40 | 10 | 195 | 15 | 24.5 | 77 | 107 |
| 8 | OKF 170 | 170 | 265 | 390 | 295 | 274 | 40 | 10 | 205 | 15 | 26.0 | 87 | 128 |
| 9 | OKF 180 | 180 | 290 | 415 | 310 | 288 | 40 | 12 | 215 | 15 | 26.5 | 108 | 152 |
| 10 | OKF 190 | 190 | 295 | 435 | 338 | 311 | 40 | 12 | 230 | 18 | 29.5 | 118 | 179 |
| 11 | OKF 200 | 200 | 315 | 455 | 348 | 320 | 40 | 12 | 240 | 18 | 30.0 | 138 | 208 |
| 12 | OKF 210 | 210 | 325 | 475 | 362 | 338 | 40 | 12 | 250 | 18 | 31.5 | 151 | 241 |
| 13 | OKF 220 | 220 | 345 | 495 | 378 | 353 | 40 | 14 | 265 | 18 | 31.5 | 177 | 277 |
| 14 | OKF 230 | 230 | 350 | 500 | 390 | 365 | 40 | 16 | 275 | 18 | 34.5 | 179 | 317 |
| 15 | OKF 240 | 240 | 370 | 525 | 402 | 376 | 40 | 16 | 285 | 18 | 34.5 | 209 | 360 |
| 16 | OKF 250 | 250 | 380 | 555 | 418 | 392 | 50 | 16 | 300 | 18 | 36.0 | 238 | 407 |
| 17 | OKF 260 | 260 | 400 | 575 | 436 | 408 | 50 | 16 | 310 | 22 | 38.0 | 273 | 457 |
| 18 | OKF 270 | 270 | 420 | 595 | 452 | 424 | 50 | 16 | 325 | 22 | 38.0 | 312 | 512 |
| 19 | OKF 280 | 280 | 430 | 605 | 464 | 435 | 50 | 18 | 335 | 22 | 40.0 | 328 | 571 |
| 20 | OKF 290 | 290 | 445 | 620 | 476 | 447 | 50 | 18 | 345 | 22 | 41.5 | 355 | 634 |
| 21 | OKF 300 | 300 | 460 | 635 | 498 | 463 | 50 | 18 | 360 | 22 | 42.0 | 387 | 702 |
| 22 | OKF 310 | 310 | 475 | 660 | 510 | 479 | 60 | 18 | 370 | 22 | 43.5 | 441 | 775 |
| 23 | OKF 320 | 320 | 495 | 680 | 526 | 494 | 60 | 18 | 380 | 25 | 44.5 | 495 | 852 |
| 24 | OKF 330 | 330 | 505 | 690 | 544 | 512 | 60 | 18 | 395 | 25 | 46.5 | 520 | 935 |
| 25 | OKF 340 | 340 | 525 | 715 | 555 | 522 | 60 | 20 | 405 | 25 | 47.0 | 578 | 1020 |
| 26 | OKF 350 | 350 | 530 | 720 | 572 | 538 | 60 | 20 | 420 | 25 | 49.0 | 590 | 1120 |
| 27 | OKF 360 | 360 | 550 | 740 | 584 | 550 | 60 | 20 | 430 | 25 | 50.0 | 645 | 1220 |
| 28 | OKF 370 | 370 | 570 | 805 | 595 | 560 | 70 | 22 | 440 | 25 | 50.5 | 760 | 1320 |
| 29 | OKF 380 | 380 | 580 | 815 | 612 | 577 | 70 | 22 | 455 | 25 | 51.5 | 790 | 1430 |
| 30 | OKF 390 | 390 | 600 | 835 | 624 | 588 | 70 | 22 | 465 | 25 | 52.5 | 865 | 1550 |

表中 $C$——联轴节安装时，法兰相对于内轴套沿轴向移动距离；

$M_{max}$——联轴节容许最大传递扭矩。

OK 型联轴节制造厂推荐的最大扭矩计算公式：

$$M_{max}=\frac{\pi \cdot d_a^2 \cdot B \cdot p \cdot \mu}{2\times 10^3}(\mathrm{N \cdot m}) \tag{7.2.26}$$

式中 $d_a$——轴直径(mm)；

$B$——有效压力面长度(mm)，$B=d_a$；

$p$——轴和内轴套之间的最小表面压力($\mathrm{N/mm^2}$)(对于 OKC 型 $p=120\mathrm{N/mm^2}$；对

于 OKF 型 $p=100\text{N/mm}^2$)；

$\mu$——摩擦系数，$\mu=0.14$。

如果联轴节承受轴向力，则功率传递能力受到轻微的影响，最大传递扭矩可由式(7.2.27)计算：

$$M_t=\sqrt{M_{\max}^2-\left(\frac{F\cdot d_a}{2\times10^3}\right)^2}\ (\text{N}\cdot\text{m}) \tag{7.2.27}$$

许可扭矩为

$$M=\frac{M_{\max}}{f}\ 或\ M=\frac{M_t}{f}(\text{N}\cdot\text{m}) \tag{7.2.28}$$

式中 $F$——联轴节承受的轴向力(N)；

$f$——安全系数，按负载特性选取，见表7.2.7；船用联轴节按照各船级社有关规范选取。

表7.2.7 不同负载的安全系数($f$)表

| 动力源类型 | 被驱动机械负荷类型 | | |
|---|---|---|---|
| | 均匀负荷 | 中等冲击负荷 | 重型冲击负荷 |
| | 离心泵<br>风机<br>轻型传送机<br>涡轮压缩机<br>搅拌机 | 活塞式压缩机小型活塞泵<br>切割工具机<br>打包机<br>木工机械 | 偏心冲压机<br>平整机<br>大型活塞压缩机 |
| 电动机、涡轮机 | 2.20~2.25 | 2.25~2.50 | 2.50~2.75 |
| 多缸活塞式发动机 | 2.25~2.50 | 2.50~2.75 | 2.75~3.00 |
| 单缸活塞式发动机 | 2.75~3.00 | 3.00~3.25 | 3.25~4.00 |

2)液压连接的设计计算

(1)轴传递的最大扭矩。

$$M_{\max}=955525\frac{N_{e\max}}{n'_{\max}}\cdot\eta\cdot K(\text{N}\cdot\text{mm}) \tag{7.2.29}$$

式中 $N_{e\max}$——主机最大功率(kW)；

$n'_{\max}$——轴系最大转速(r/min)，$n'_{\max}=i\cdot n_{\max}$；

$i$——齿轮箱减速比；

$n_{\max}$——主机最大转速(r/min)；

$\eta$——减速齿轮箱效率；

$K$——安全系数(其值一般为：中间轴 $K=2.5\sim3.5$；尾轴 $K=2.8\sim3.8$)。

(2)接触压力计算。

轴上作用的圆周力：

$$Q=\frac{2M_{\max}}{d} \tag{7.2.30}$$

式中 $d$——轴直径(mm)。

轴与轴套间必须的接触压力：

$$p=\frac{Q}{\pi \cdot d \cdot B \cdot \mu} \tag{7.2.31}$$

式中 $B$——轴和轴套的有效配合长度(mm);

$\mu$——摩擦系数(一般可取:液压联轴节 $\mu=0.10$;液压法兰 $\mu=0.15$;液压螺旋桨 $\mu=0.12$)。

考虑到旋转质量的离心力会降低轴套的聚紧力,装配后的接触压力应为

$$p_{\Sigma}=p+p_L \tag{7.2.32}$$

式中 $p_{\Sigma}$——装配后必须达到的接触压力($N/mm^2$);

$p_L$——轴套的离心力造成的接触压力的减少量($N/mm^2$);

$$P_L=\frac{Q_L}{F}=\frac{m_L \cdot r}{\pi \cdot d \cdot B} \cdot \left(\frac{n_{\max} \cdot \pi}{30}\right)^2 \tag{7.2.33}$$

$Q_L$——轴套的离心力(N);

$F$——轴和轴套的有效接触面积($mm^2$);

$r$——轴套质量中心的半径(mm);

$m_L$——轴套的质量(kg)。

对于液压螺旋桨,分别计算桨毂和桨叶的离心力,再计算接触压力的减少量。

(3)装配过盈量计算。

以液压螺旋桨为例,在接触压力 $P_{\Sigma}$作用下,螺旋桨桨毂的径向变形为 $\Delta_1$,轴的径向变形为 $\Delta_2$,总的变形量 $\Delta'$为

$$\Delta'=\Delta_1+\Delta_2=d \cdot p_{\Sigma} \cdot \left[\frac{1}{E_1} \cdot \left(\frac{M^2+1}{M^2-1}+\mu_1\right)+\frac{1}{E_2}\left(\frac{m^2+1}{m^2-1}-\mu_2\right)\right](\mathrm{mm}) \tag{7.2.34}$$

式中 $E_1$——螺旋桨材料的弹性模量(MPa),一般 $E_1=(0.9\sim1.2)\times10^5$ MPa;

$E_2$——尾轴材料的弹性模量(MPa),一般 $E_2=(1.96\sim2.07)\times10^5$ MPa;

$\mu_1$——螺旋桨材料的泊松系数,一般 $\mu_1=0.34\sim0.37$;

$\mu_2$——尾轴材料的泊松系数,一般 $\mu_2=0.30$;

$d$——螺旋桨锥孔的平均内径(mm);

$M$——螺旋桨桨毂平均外径 $D$ 和锥孔平均内径 $d$ 之比,即 $M=D/d$;

$m$——尾轴的空心度。

液压连接的过盈量还应考虑以下因素:

①配合表面不平度被压平而引起的过盈量的损失。

$$\Delta=\Delta'+4 \cdot \xi \tag{7.2.35}$$

式中 $\Delta$——考虑配合表面不平度的总过盈量(mm);

$\xi$——轴和孔配合面的表面粗糙度(mm)。

②装配和工作温度不同引起的过盈量的变化。

当按上述计算所得的过盈量在冬天装配螺旋桨时,由于螺旋桨和轴材料的膨胀系数不同,环境气温升高后,配合紧度将变松。为了保证必需的过盈量,应将上述计算的过盈量加大$(0.10\sim0.15)\times10^{-3}d_c$($d_c$为轴锥体的平均直径)。

### 7.2.3 轴系密封装置的设计

根据安装位置的不同,舰艇轴系密封装置分为尾轴管密封装置和隔墙密封装置两种。

**1. 尾轴管密封装置**

尾轴管密封装置安装在尾轴管的端部，可以保持水密，防止海水大量漏入舰内，对于油润滑的尾管轴承，还起到防止润滑油外泄的作用。尾轴管位于舱室水线以下的底部，管理人员难以接近。一旦尾轴管密封装置发生问题，就可能迫使舰船进坞或上排修理，因此要求它使用可靠，密封效果好，工作寿命长，结构简单，制造和维修方便。

根据密封结构的不同，尾轴管密封装置可分为径向密封装置和轴向密封装置两类。径向密封装置通过封闭尾轴和尾轴管之间的径向空隙来防止海水泄漏，常见的结构有皮碗式（Simplex）和填料式（Packing）两种。轴向尾轴密封装置是一种新型的密封装置，通过封闭尾轴和尾轴管之间的轴向空隙来实现密封，目前已广泛地应用于舰艇及各类船舶。

1）皮碗式密封装置

采用皮碗式密封装置的尾轴管一般紧靠螺旋桨，在尾轴管和螺旋桨之间不再设置托架轴承，尾轴管轴承则都采用滑油润滑，为了防止滑油从尾轴管中向两端泄漏出去，在尾轴管艏端设有艏部密封装置，在尾轴管艉端设有艉部密封装置。

（1）尾管艏部密封装置。

如图7.2.10所示，一对带弹簧紧圈的耐油橡胶皮碗式密封圈1通过压盖和布油环固定在外壳2上，防蚀衬套3固定在尾轴4上。密封圈与衬套以唇状接触环接触，密封圈除受到弹簧紧圈的箍紧力外，后端的密封圈还受到尾管中的滑油压力的作用，使其紧压在防蚀衬套上。两只密封圈之间的空间由油杯供给，充满润滑油。

这种密封装置结构简单，有较好的密封性，由于有滑油润滑，磨损较小，且允许轴做轴向移动和径向跳动。

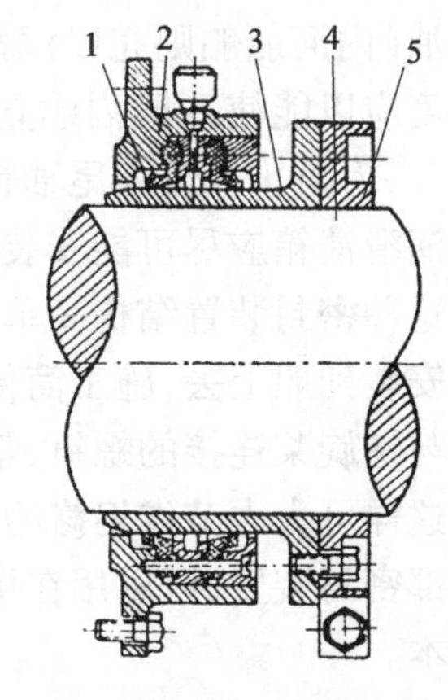

图7.2.10　皮碗式艏部密封装置
1—皮碗式密封圈；2—外壳；
3—防蚀衬套；4—尾轴；5—固定环。

（2）尾管艉部密封装置。

这种密封装置的结构如图7.2.11所示。它有两个由特种耐油和耐海水浸蚀的橡胶制成的斜皮碗密封圈，其中一个是用来阻止导海水进入尾管，另一个是用来阻止尾管内的滑油漏出。两只大皮碗13的外缘靠后压盖4和前压盖7压紧在外壳5上，其中部则固定在导环6上。环的内缘浇有白合金，并松套在镀铬的青铜防蚀衬套2上，防蚀衬套2紧固在尾轴末端的螺旋桨1上，并可在导环6中自由转动和轴向移动。皮碗与防蚀衬套接触处形成唇状接触环，接触环的宽度约为0.5mm，使唇状接触环处的压力约为作用在密封圈上的液体压力的10倍。由于弹簧11的压紧力和海水或尾管内的润滑油压力的作用，两只大皮碗的唇状接触环紧压在防蚀衬套2上。由于导环、防蚀衬套和尾轴都保持同心，大皮碗又同心地固定在导环上，所以大皮碗的唇状接触环在尾轴转动或有轴向移动的情况下，始终和防蚀衬套保持周向均匀压紧，因而保证了它们的密封性和磨损的均匀性。而且在倒顺车或船体发生变形时，这种密封装置的密封效果基本不变。耐油橡皮16可防止海水中的泥沙或海生物进入密封装置内部。

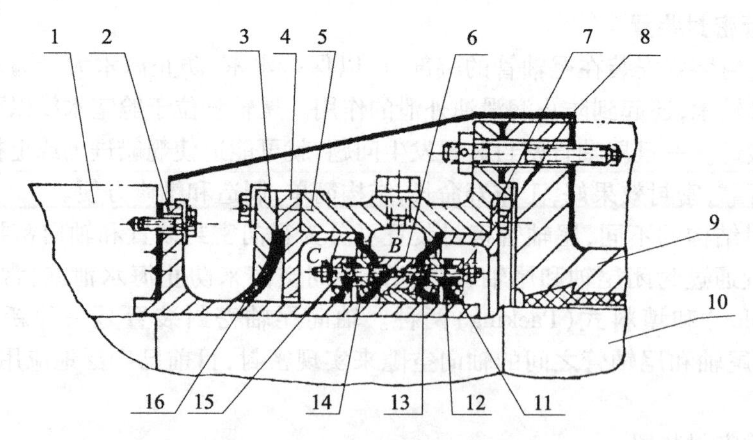


图 7.2.11　皮碗式艉部密封装置

1—螺旋桨;2—防蚀衬套;3—压圈;4—后压盖;5—外壳;6—导环;7—前压盖;8—支座;
9—尾管;10—尾轴;11—弹簧;12—小皮碗;13—大皮碗;14—中压圈;15—外压圈;16—耐油橡皮。

两个密封圈 13 将壳体分成 A、B、C 三个腔室。腔室 A 和其前端的尾管衬套相连通,其所承受的滑油压力和尾管内的油压相同。两个大皮碗之间的空间形成 B 腔,其内充满润滑油(内河船舶则充以润滑脂),以润滑导环。滑油由专门的小油箱供应,小油箱的安装高度应以能使 B 腔内建立 1m 水柱高度的油压为准。腔室 C 内的水压力与舰艇吃水深度有关,为防止水流入尾轴管内,腔 C 内的水压力应低于尾轴管内的油压,因此尾轴管轴承的润滑油箱应尽可能安装在主甲板以上。

这种密封装置结构简单,密封性能好,轴的磨损小而均匀,可在车间内场整体装配好后再安装到船上去,施工简便,船舶需要进行坞修而需将尾轴向外抽出时,只需松掉防蚀衬套与螺旋桨连接的螺钉,整个尾管尾部的密封装置与衬套可留在原处不动,就可抽出尾轴。这样可大大节省坞修的工作量,另外防蚀衬套 2 的壁厚可以任意选定,因此同一规格的尾部密封装置,可以用在尾轴直径相近的各种船舶上,有利于产品的批量生产和降低制造成本。

皮碗式密封装置的皮碗使用寿命与工作温度有很大关系。皮碗要承受唇边与轴套的摩擦热,同时还要承受尾轴与尾轴轴承的摩擦热。唇部接触表面温度比滑油的正常工作温度高 21.5~38℃,目前已采用氟橡胶代替丁氰橡胶制造皮碗。氟橡胶的耐热温度较高,可达 205℃,其耐油和耐化学腐蚀的能力也很高,且有因受热而软化的性质,因此是现在最好的密封材料。氟橡胶制作的皮碗虽比丁氰橡胶有较好的可靠性,但其成本较高,如果一旦缺油,表面润滑不好,就会因过热软化和接触表面吸着现象而导致异常磨损。

2)填料式密封装置

填料式密封装置是我海军现役舰船中应用最为广泛的一种密封装置,图 7.2.12 所示为这种密封装置常见的结构型式,它由填料压盖、压盖衬套、填料、分油环、油杯等组成。油杯内充以滑油或润滑脂,通过分油环来润滑填料,以减少轴套的摩擦和磨损。这种密封装置是依靠压紧填料、消除轴和尾管之间的空隙来防止漏水的,如果填料受压不均,工作中将产生发热和造成轴套局部磨损,并导致漏水。因此要求填料压盖必须均匀压紧填料,大直径的尾轴填料函往往采用齿轮联动机构,以保证所有螺母能同步旋紧或放松,使压盖始终保持正直状态。

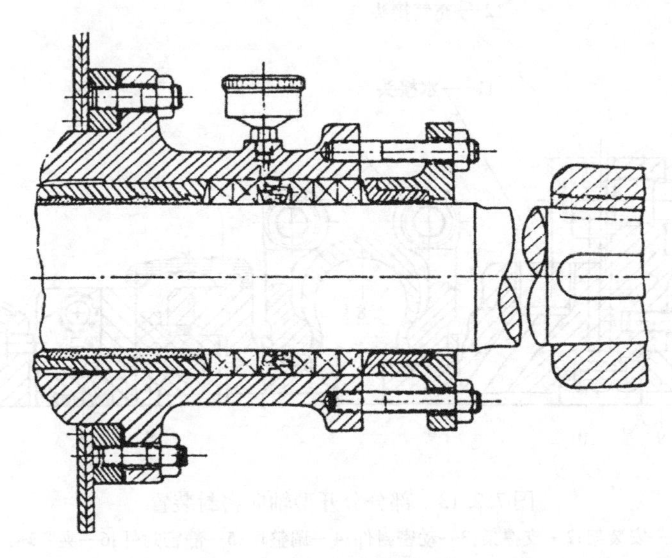

图 7.2.12 填料式密封装置

舰船航行时填料压盖应稍放松些,使少量水漏入,以保证有水润滑和冷却填料和轴套,停泊时则将填料压紧。尾轴管填料涵的漏水量一般不应超过 40 滴/分,其工作温度应不超过 65℃。

填料式密封装置结构简单,密封填料取材容易,拆装维修方便,只要不松开压盖,一般不会造成大量漏水。但是由于它是通过压紧填料来达到密封的,就不可避免地会出现不均匀压紧而造成轴套发热和偏磨;而且填料会老化变质失去弹性,当船体艉部变形或尾轴呈现较大的回旋振动时,填料的密封性能将受到影响。上述原因都会造成密封装置失效,导致尾轴管漏水量增加。在舰艇漂浮状态下,更换尾轴管密封填料,遇到的主要问题是可能造成大量进水。因为当操作人员松开压盖时,海水在静压作用下,会大量流入尾轴舱内。在这种情况下根本不可能更换全部填料,即使更换局部填料也要冒很大的风险。目前在小型舰艇上,为了减小风险,通常在原有填料基础上再加上 1~2 道新填料的方法,求得暂时的解决,待到舰船进坞或上排时,才能较彻底地更换或修理。

3)轴向机械密封装置

英国深海密封公司率先推出了这种产品。用于船体密封有三种类型:全分开(MA)型、部分分开(MD)型和备有辅助填料密封的全分开(MX9)型。全分开型密封装置的所有圆型零件都分成两半,然后用螺栓连接成整体,安装修理时,允许在不移动尾轴条件下进行拆装;部分分开型密封装置除了安装架和静密封件的支撑架是整体的以外,其余零件都是分开式的;备有辅助填料密封的全分开型密封装置可以临时改装成填料式密封,当机械轴向密封发生故障而无法修复时作应急使用。目前部分分开型密封装置已装在我海军舰艇上使用。

部分分开型轴向密封装置如图 7.2.13 所示。它由主轴封和可充气辅助轴封两部分组成。平时使用主轴封,当主轴封需拆卸修理或试验时,可临时用充气辅助轴封密封尾轴管,这样舰船可以不必进坞就可以修理主轴封。

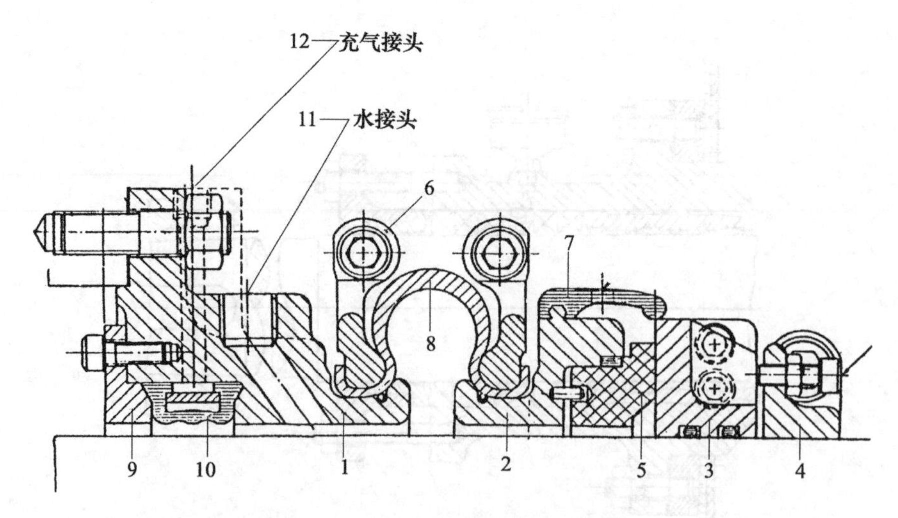


图 7.2.13 部分分开型轴向密封装置

1—安装架;2—支撑架;3—动密封件;4—调整环;5—静密封件;6—夹紧环;
7—挡水环;8—弹簧;9—压紧环;10—密封环;11—水接头;12—空气接头。

主密封由静密封件5和动密封件3构成,它们都可分开成两半从轴上拆下。静密封件用石棉酚醛树脂材料制造,动密封件用锡青铜材料制造。静密封件嵌入整体的支撑架2内,并由定位销定位防止转动。静密封件和支撑架的接合面上装有密封橡胶圈,以防海水泄漏。支撑架通过圆周形伸缩弹簧8与安装架1连接,安装架1是整体结构,被固定在尾轴管的前端。伸缩弹簧的横截面呈Ω形,两侧各用一对半圆夹紧环6夹紧在安装架1和支撑架2上。伸缩弹簧的弹力使静密封件和动密封件保持良好的贴合状态。轴封安装时,伸缩弹簧必须有一定的预压缩量,此时夹紧环6的连接螺栓可用作安装预压紧伸缩弹簧的工具。动密封件3和夹紧调整环4也是分开型结构,用螺栓连接成一个整体。夹紧调整环夹紧在尾轴上,环的凸缘上装有调整螺栓和定位螺栓,调整螺栓用来调整动密封件的安装位置,定位螺栓(图上未表示)伸入动密封件的定位孔中,用来带动动密封件旋转。动密封件内孔装有两道O形橡胶密封圈。在支撑架2的外圆上装有用氯丁橡胶制成的防护罩,以防止从主轴封泄漏的水飞溅至四周,防护罩底部有放水孔。

压紧环9用螺栓固定在安装架1上,其间形成的凹槽中装有用氯丁橡胶制成的可充气的密封环10,密封环平时与轴不接触,使用辅助密封时,由安装架上的空气通道向密封环充2~5bar的压缩空气,密封环膨胀将漏水通道堵死,完成密封功能。使用充气密封时,禁止转动尾轴。

在安装架上有两个3/8″空气管接头和两个1″水管接头。空气管接头一个连接进气阀,用来向密封环充气,另一个连接放气阀,用来放气和排除密封环内的积水;水管接头一个用来连接进水阀,另一个用来连接放水阀。平时,放气阀始终保持打开状态,放水阀关闭;航行时,进水阀打开,维持9~30L/min的流量,向尾轴管轴承供水。

轴封检修后应进行试验。充气轴封的试验方法是:打开进气阀,向辅助密封提供5bar压力空气,关闭放气阀,此时充气密封环应紧压到轴上起密封作用;关闭进水阀,打开放水阀,当主轴封内腔积水放完后不再有水流出,说明密封环密封效果良好。主轴封的试验方法是:在充气轴封充气情况下,关闭放水阀,打开进水阀,提供不大于1.5bar的压力水,主轴封不应漏水。试验完毕后,关闭进气阀,打开放气阀,使充气密封处于不工作状态。

MD型尾轴密封平时不需要维护保养,每次检修安装后要测量并记录主压紧环的距离,以便日后对比了解密封件的磨损情况。由于这种密封装置采用轴向的弹性密封,消除了对轴的磨损,容许轴系存在较大的不对中并能适应轴承磨损、船体变形、尾轴振动以及存在较大的径向和轴向位移的工作条件,液力平衡保证了低磨损和长寿命,使这种密封装置为世界各主要船级社及船主所接受,已越来越多地被应用到各类中、大型舰船上。

## 7.3 推进轴系的扭转振动

### 7.3.1 概述

船舶推进轴系存在三种振动类型:

**1. 扭转振动**

扭转振动是脉动变化的激振扭矩 $M_x$ 引起的,它使主机到螺旋桨的各轴杆元件在转动的同时来回扭摆。扭转振动严重时会导致传动轴段的局部发热、轴断裂,弹性联轴节连接螺钉切断,弹性元件损坏;有齿轮传动时,可能造成齿轮敲击噪声增大、齿面点蚀、齿断裂等故障。

**2. 回旋振动**

回旋振动主要是由于转轴的回转不平衡以及作用在螺旋桨上的流体激振力引起的,振动方向可以是垂直方向,也可以是水平方向。回旋振动严重时可能造成尾轴管密封漏水或漏油,轴承座松动甚至破裂。

**3. 纵向振动**

纵向振动主要是由于螺旋桨推力的不均匀引起的。纵向振动严重时可能造成推力轴承敲击、严重磨损,曲轴箱破裂,传动齿轮磨损等故障;纵向振动还将通过船体结构传递,引起机架、双层底构件、船体梁以及上层建筑的振动。

在上述三种振动中,扭转振动造成的事故远比其他两种振动要多,因此对它的研究也比较多,目前已形成了一整套船舶轴系扭转振动实际问题的计算处理方法。世界各国船舶规范都对轴系扭转振动有明确要求,我国国家军用标准《舰船轮机规范》对军用舰船的轴系扭振也作了明确规定。《舰船轮机规范》要求设计人员应提供完整的扭振分析计算书供海军订货部门审查,计算书内容应包括:

(1)分析计算对象的描述,包括与计算分析有关的数据,如运转速度范围、齿轮速率比和铭牌上的特殊数据;

(2)装置中部件的布置和轴系尺寸等的简图;

(3)当量扭振参数,如转动惯量和刚度值、阻尼系数,当量系统图、基本假设及其应用处;

(4)所有重要振形的固有振动频率以及相应的共振转速;

(5)对重要振形应力最高的轴段需作每度应力计算,估算最大应力所在截面;

(6)相对振幅曲线;

(7)对所有重要振动幅度、应力和通过齿轮及弹性联轴器的振动扭矩的估算,包括假设和计算。

关于计算工况,规范也有明确规定:

(1)扭转振动计算的转速范围应从最低稳定转速的80%至最高工作转速的115%。

(2)扭转振动所需计算的简谐次数为:柴油机推进系统——12次及12次以下,涡轮机推进系统——1次叶频。

(3)柴油机推进系统应进行一缸熄火的扭转振动计算。一缸熄火是指某一汽缸停止供油而运动部件并未拆除的工况,此时轴系的当量系统不变。

(4)如果正车和倒车的当量扭振系统有较大差别时,应对倒车工况进行扭振计算。

(5)如齿轮箱采用双速比,则应对两种不同速比进行扭振计算。

(6)在采用特殊装置或其他情况而预见对扭振影响较大时,应进行扭振计算。

由于测试手段和分析技术的提高特别是电子计算机在工程中的应用,大大促进了扭振计算方法的改进、完善和发展,对轴系扭振进行有效的控制已不是很困难的事。但是如何精确确定轴系扭振系统的动力学参数,如转动惯量、阻尼、刚度等,仍是一项很困难的工作,是提高扭转振动计算精度的关键所在。

本章主要介绍舰船推进轴系扭转振动的计算内容和方法。

## 7.3.2 轴系扭转振动的计算模型

常规的轴系扭振计算大多采用集总质量当量系统作为计算模型。此类模型由三种基本元件组成:刚性圆盘、无惯量阻尼和无惯量扭转弹簧元件。现在,也常采用集总质量和分布质量参数元件相结合的当量系统作计算模型。

图7.3.1是采用集总质量当量系统的轴系扭转振动简化模型。各系统元件的编号一般从柴油机自由端开始,$J$表示转动惯量,$c$、$k$各表示扭转阻尼和刚度。建立计算模型的一般方法是:

(1)柴油机每一缸的运动部件(包括单位曲柄、连杆、活塞组件)简化为一个匀质圆盘元件,该圆盘放在曲轴轴线的汽缸中心位置。对于多列式柴油机,则将同一排汽缸的各运动部件合并为一个圆盘元件。各缸圆盘之间的弹性连接刚度等于单位曲柄刚度。

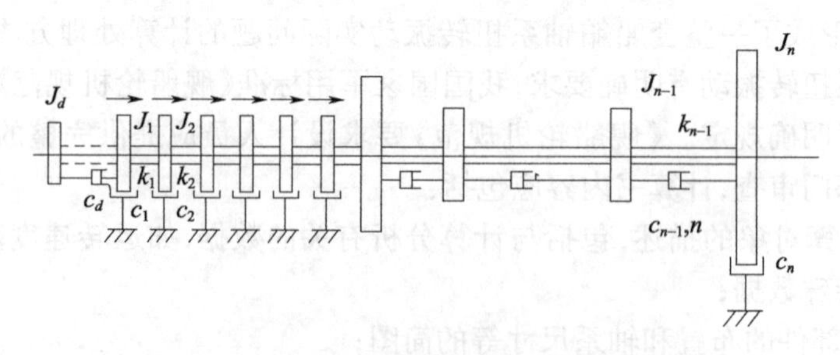


图7.3.1 柴油机推进轴系扭转振动简化模型

(2)传动齿轮、链轮、飞轮、离合器正倒车部件、推力盘、螺旋桨以及发电机转子等都作为绝对刚体也简化为匀质圆盘,放在上述部件的重心或几何中心位置上。

(3)推力轴、中间轴、尾轴的转动惯量按需要适当等分后简化为若干圆盘元件,通常是等距离地排列在轴中心线上,各元件之间的连接刚度等于它们之间轴段的刚度。可以将一根轴的转动惯量分成两个或两个以上的圆盘元件,放在两端法兰端面位置及中间位置，这有助于求得更精确的振型曲线。

(4)柴油机的附件，如凸轮轴、油泵、水泵等在分析计算柴油机扭振性能时，一般可不予考虑。但如果牵涉到该附件的扭振性能时，则应计入模型。此时，可将泵简化为匀质圆盘，将每个凸轮及其传动的运动用一个圆盘元件代替，各圆盘之间的连接刚度等于相应轴段的扭转刚度。

(5)减振器、弹性联轴节的主动与从动部件分别简化为匀质圆盘元件，它们之间的连接刚度等于联轴节弹性元件刚度。如果弹性元件的转动惯量不可忽略，则可一分为二分别计入主、从动圆盘元件内。

(6)硅油减振器简化为圆盘元件，其转动惯量等于壳体转动惯量与惯性轮转动惯量的一半之和。

(7)忽略轴承对系统扭振的约束。

(8)一般不考虑齿轮啮合刚度和油膜的影响。

(9)皮带、液力耦合器均可视为扭转刚度极小的传动件，可将它们连接的部分看作两个相互独立的系统。

(10)在自由振动计算中，如系统无大的阻尼元件，一般可不计入阻尼的影响。在振动响应计算中，柴油机阻尼、减振器阻尼、螺旋桨阻尼、发电机阻尼等都采用等效线性阻尼器模型。有些文献称作用在惯性元件上的阻尼为质量阻尼，称作用在轴段上的阻尼为轴段阻尼，以示区别。

### 7.3.3 自由振动

舰艇柴油机推进轴系首先要进行自由扭转振动计算，以初步估量轴系的扭振特性。自由扭转振动应计算下述项目：

(1)系统的固有频率；

(2)各固有频率下的自振振形及其节点位置；

(3)各自振振形下的各谐次临界转速；

(4)各自振振形下的各谐次激励的相对振幅矢量和$\Sigma\boldsymbol{\alpha}$。

**1. 自由振动运动方程**

图7.3.1所示扭振系统中，任一圆盘元件的无阻尼自由振动方程式为

$$J_i\ddot{\varphi}_i + k_{i-1}(\varphi_i - \varphi_{i-1}) - k_i(\varphi_{i+1} - \varphi_i) = 0(i = 1,2,\cdots,n) \tag{7.3.1}$$

式中 $J_i$——圆盘的转动惯量；

$k_i$——圆盘$J_i$与$J_{i+1}$间的弹性元件的扭转刚度；

$\varphi_i,\ddot{\varphi}_i$——分别为圆盘$J_i$的扭振角位移和角加速度。

这是一组二阶线性微分方程，可用矩阵形式简化表示为

$$\boldsymbol{J}\ddot{\boldsymbol{\phi}} + \boldsymbol{K}\boldsymbol{\phi} = 0 \tag{7.3.2}$$

式中 $\boldsymbol{J}$—— 惯量矩阵，为$n$阶对角阵，即

$$\boldsymbol{J} = \begin{bmatrix} J_1 & & & \\ & J_2 & & \\ & & \ddots & \\ & & & J_n \end{bmatrix}$$

$\boldsymbol{K}$——刚度矩阵,为 $n$ 阶对角阵,通常是稀疏带状阵,即

$$\boldsymbol{K}=\begin{bmatrix} k_1 & -k_1 & 0 & \cdots & 0 & 0 & 0 \\ -k_1 & k_1+k_2 & -k_2 & \cdots & 0 & 0 & 0 \\ \cdots & \cdots & \cdots & \cdots & \cdots & \cdots & \cdots \\ 0 & 0 & 0 & \cdots & -k_{n-2} & k_{n-2}+k_{n-1} & -k_{n-1} \\ 0 & 0 & 0 & \cdots & 0 & -k_{n-1} & k_{n-1} \end{bmatrix}$$

对单支系统,矩阵带宽为3。

$\boldsymbol{\phi},\ddot{\boldsymbol{\phi}}$——分别为角位移和角加速度列矢量,其中:

$$\boldsymbol{\phi}=\{\varphi_1\varphi_2\cdots\varphi_n\}^{\mathrm{T}}$$

$$\ddot{\boldsymbol{\phi}}=\{\ddot{\varphi}_1\ddot{\varphi}_2\cdots\ddot{\varphi}_n\}^{\mathrm{T}}$$

若自由扭振运动方程的解为

$$\varphi=\boldsymbol{A}e^{\mathrm{j}\omega nt}$$

式中　$\boldsymbol{A}$——角位移幅值列矢量,有

$$\boldsymbol{A}=\{A_1A_2\cdots A_n\}^{\mathrm{T}};$$

$\omega$——自由振动角频率。

代入方程可得

$$(\boldsymbol{K}-\boldsymbol{J}\cdot\omega_n^2)\boldsymbol{A}=0 \tag{7.3.3}$$

由式(7.3.3)求解 $\omega_n^2$ 和 $\boldsymbol{A}$ 是大家熟悉的特征值和特征矢量问题。特征方程的求解有许多成熟的方法,结合轴系扭振分析的现状,常用 Holzer 法和在它基础上发展而成的传递矩阵法。

**2. Holzer 法**

Holzer 法是轴系扭振固有频率和振形计算的传统方法,它还可用于计算振动响应。

Holzer 法和更一般化的传递矩阵法实质上均是一种试算法,它先假设一个试算频率,经过不断试算与搜索,直到获得固有频率,同时得到固有振型。

1) Holzer 递推式与频率方程式

图 7.3.1 所示单支无阻尼扭振系统以角频率 $\omega$ 作简谐扭转振动时,令 $\varphi_i=A_i\sin\omega t$ $(i=1,2,\cdots,n)$,对圆盘 $J_1$ 存在:

$$k_1(A_2-A_1)=-J_1\omega^2A_1$$

可得

$$A_2=A_1-\frac{J_1\omega^2A_1}{k_1}$$

同理,对圆盘 $J_2$ 存在:

$$K_2(A_3-A_2)-K_1(A_2-A_1)=-J_2\omega^2A_2$$

可得

$$A_3=A_2-\frac{J_1\omega^2A_1+J_2\omega^2A_2}{k_2}$$

依此类推，可得递推公式为

$$A_{k+1} = A_k - \frac{\sum_{i=1}^{k} J_i \omega^2 A_i}{k_k} \tag{7.3.4}$$

当系统作自由振动时，系统惯性力矩之和必等于零，即

$$\sum_{i=1}^{n} J_i \omega^2 A_i = 0 \tag{7.3.5}$$

以上两式是 Holzer 法的两个基本公式。

2）计算步骤

（1）选取初始试算频率 $\omega_0$，设圆盘 $J_1$ 的角位移幅值 $A_1 = 1$（rad）。

（2）按角位移幅值计算公式依次计算 $A_2, A_3, \cdots, A_n$。

（3）计算系统惯性力矩总和 $\sum_{i=1}^{n} J_i \omega^2 A_i$（亦称剩余力矩，用 $R$ 表示）。当系统惯性力矩之总和等于零或小于给定的某一数值时，选定的 $\omega_0$ 即为该系统的一个固有频率。

（4）如果剩余力矩不为零或不小于某一给定值，则可按定步长或变步长频率增量 $\Delta\omega$ 选取另一试算频率 $\omega_1 = \omega_0 + \Delta\omega$，并重复以上过程。剩余力矩与试算频率的关系曲线如图 7.3.2 所示。

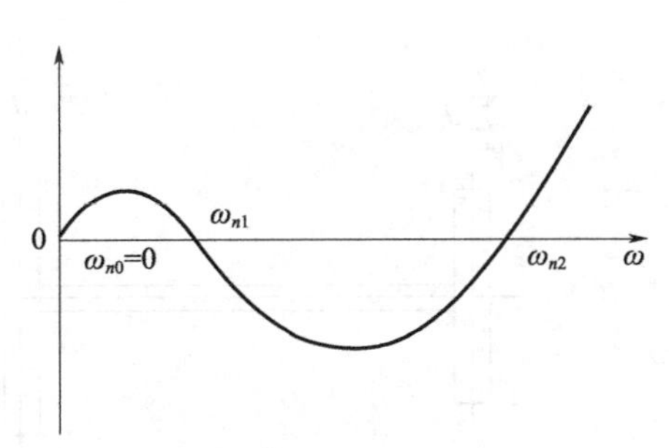


图 7.3.2 剩余力矩曲线

（5）当前后两次计算所得的剩余力矩值为异号时，该两试算频率之间必有一个固有频率，可用插入法按要求精度求得。此时的 $A_1 = 1, A_2, A_3, \cdots, A_n$ 就构成了相应的固有振型。

3）Holzer 表

Holzer 法计算扭振系统固有频率通过列表计算，称为 Holzer 表，如表 7.3.1 所示。

表 7.3.1 自由振动计算 Holzer 表

| 元件序号 $i$ | ① | ② | ③ | ④ | ⑤ | ⑥ | ⑦ | ⑧ | ⑨ |
|---|---|---|---|---|---|---|---|---|---|
| | $J_i$ | $J_i\omega^2$ | $A_i$ | $J_i\omega^2 A_i$ | $\Sigma J_i\omega^2 A_i$ | $k_i$ | $\Sigma J_i\omega^2 A_i / k_i$ | $W_i$ | $\frac{\tau_i}{A_i} = \frac{\Sigma J_i\omega^2 A_i}{W_i}$ |
| 1 | $J_1$ | $J_1\omega^2$ | $A_1 = 1$ | $J_1\omega^2$ | $J_1\omega^2$ | $k_1$ | $J_1\omega^2 / k_1$ | $W_1$ | $\tau_1 / A_1$ |
| 2 | $J_2$ | $J_2\omega^2$ | $A_1 - \frac{J_1\omega^2}{k_1}$ | $J_2\omega^2 A_2$ | $J_1\omega^2 + J_2\omega^2 A_2$ | $k_2$ | $\frac{J_1\omega^2 + J_2\omega^2 A_2}{k_2}$ | $W_2$ | $\tau_2 / A_2$ |
| ⋮ | ⋮ | ⋮ | ⋮ | ⋮ | ⋮ | ⋮ | ⋮ | ⋮ | ⋮ |
| $n$ | $J_n$ | $J_n\omega^2$ | $A_{n-1} - \frac{\sum_{i=1}^{n-1} J_i\omega^2 A_i}{k_{n-1}}$ | $J_n\omega^2 A_n$ | $\sum_{i=1}^{n} J_i\omega^2 A_i$ | | | | |

表中第①列和第⑥列为系统的转动惯量和扭转刚度，为已知数；第③列为相对于圆盘 $J_1$ 的扭振幅值 $A_1=1$ 时各圆盘的角位移幅值，称相对振幅。第④列为元件的惯性力矩，第⑤列为相应轴段的弹性力矩，第⑦列为轴段的扭转变形角，第②列是为方便计算而设的。第⑧、第⑨两列是根据计算需要扩展而列。其中第⑧列为轴段抗扭截面模数，第⑨列为轴段应力标尺，即当 $A_1=1(\text{rad})$ 时，各轴段的扭振应力，由它可知系统在该结振形下扭振应力最大的轴段。

4）试算频率的选取

选择合适的试算频率，可以使计算迅速收敛到固有频率。第一次试算频率可根据轴系特点灵活选择，通常是将系统简化为双质量或三质量系统（图 7.3.3），以其固有频率作为初始试算值。

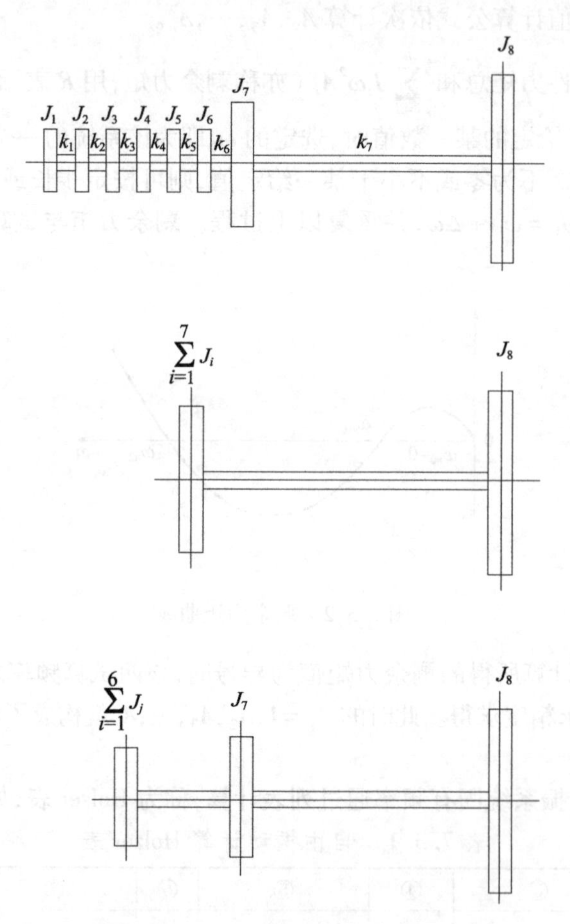


图 7.3.3　轴系扭振系统模型的简化

双质量系统固有频率的计算式为

$$\omega_n^2=\frac{J_1+J_2}{J_1\cdot J_2}k \tag{7.3.6}$$

三质量系统固有频率的计算式为

$$\omega_{n1\cdot 2}^2=\frac{1}{2}\left(\frac{J_1+J_2}{J_1\cdot J_2}k_1+\frac{J_2+J_3}{J_2\cdot J_3}k_2\right)\mp\sqrt{\frac{1}{4}\left(\frac{J_1+J_2}{J_1\cdot J_2}k_1+\frac{J_2+J_3}{J_2\cdot J_3}k_2\right)^2-\frac{J_1+J_2+J_3}{J_1\cdot J_2\cdot J_3}k_1k_2} \tag{7.3.7}$$

5) 计算精度

Holzer 法求得的固有频率只是一个近似值,其精确度取决于给定的收敛精度。实用中常以以下两种判别式判别固有频率的逼近程度:

$$\frac{2(\omega_b-\omega_a)}{(\omega_b+\omega_a)}\leqslant\varepsilon \tag{7.3.8}$$

式中 $\omega_a,\omega_b$——具有异号的前后两个试算频率;

$\varepsilon$——给定的收敛精度,一般可取0.001。

$$\frac{R(\omega^2)}{\sum_{i=1}^{n-1}J_i\omega^2A_i}\leqslant\varepsilon \tag{7.3.9}$$

式中 $R(\omega^2)$——剩余力矩;

$\sum_{i=1}^{n-1}J_i\omega^2A_i$——系统第$(n-1)$轴段弹性力矩;

$n$——系统匀质圆盘数。

**3. 传递矩阵法**

1)基本概念

传递矩阵法是将系统分割为一系列具有简单动力学特性的元件,振动时系统的状态可用各元件端点的状态矢量表示。各个元件两端点间状态矢量的关系即各元件的动力特性,用该元件的传递矩阵表示。利用各元件的传递矩阵及系统的边界条件,可求得系统的振动特性。

传递矩阵法是从扭振中的 Holzer 法和梁的弯曲振动中的 Myklested 法发展而来,它十分适用于像轴系扭振系统这样的链式系统。它具有简单、灵活、易于编程、对计算机内存要求不高、花费机时较短等优点,是轴系振动分析的基本方法,并得到了广泛的应用。

2)状态矢量

系统扭振时的特征可用元件端点的状态矢量表示。元件端点的状态矢量是该端点状态参数(相互有依赖关系的角位移和力矩)所构成的列阵,其定义为

$$\mathbf{Z}_i=\begin{Bmatrix}A\\M\end{Bmatrix}_i \tag{7.3.10}$$

式中 $\mathbf{Z}_i$——端点$i$的状态矢量;

$A_i$——端点$i$的扭振角位移幅值;

$M_i$——端点$i$的扭矩幅值。

状态矢量有时还要加上一个上标($L$或$R$)以区别元件的左、右端。这时下标$i$表示元件序号,上标$L$表示左端,上标$R$表示右端。

3)元件的状态矩阵

(1)惯性元件(匀质圆盘元件)。

简谐扭振时,匀质圆盘元件左、右端的角位移与扭矩有以下关系:

$$A^R = A^L$$
$$M^R = M^L - J\omega^2 A^L$$

其矩阵形式为

$$\begin{Bmatrix} A \\ M \end{Bmatrix}^R = \begin{bmatrix} 1 & 0 \\ -\omega^2 J & 1 \end{bmatrix} \begin{Bmatrix} A \\ M \end{Bmatrix}^L \tag{7.3.11}$$

故惯性元件的传递矩阵为

$$\boldsymbol{T}_i = \begin{bmatrix} 1 & 0 \\ -\omega^2 J & 1 \end{bmatrix} \tag{7.3.12}$$

式中 $\omega$——简谐振动角频率；

$J$——匀质圆盘元件极转动惯量。

(2)弹性元件(无质量扭转弹簧元件)。

简谐扭振时，无质量扭转弹簧元件左、右端的角位移与扭矩有以下关系：

$$A^R = A^L + \frac{M^L}{k}$$
$$M^R = M^L$$

其矩阵表达式为

$$\begin{Bmatrix} A \\ M \end{Bmatrix}^R = \begin{bmatrix} 1 & \dfrac{1}{k} \\ 0 & 1 \end{bmatrix} \begin{Bmatrix} A \\ M \end{Bmatrix}^L \tag{7.3.13}$$

可得其传递矩阵为

$$\boldsymbol{T}_k = \begin{bmatrix} 1 & \dfrac{1}{k} \\ 0 & 1 \end{bmatrix} \tag{7.3.14}$$

式中 $k$——弹性元件刚度。

(3)匀质弹性体轴段元件。

如图7.3.4所示，一等截面圆轴在任意截面 $x$ 处的角位移为 $\varphi(x,t)$。取轴段微元 $\mathrm{d}x$，它在自由振动时的受力如图所示。轴段扭矩 $T$ 和扭转角位移有以下关系：

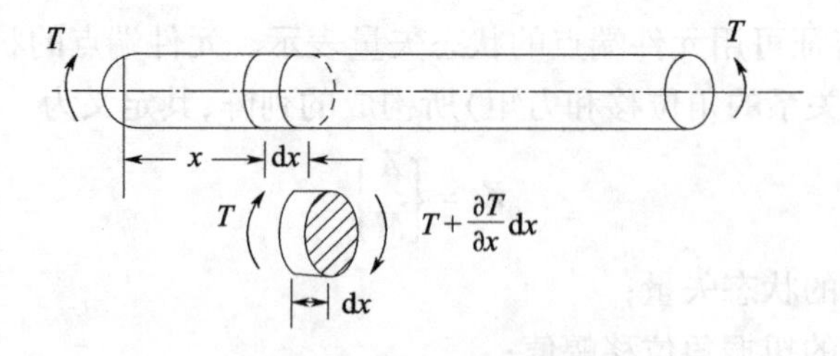

图7.3.4 轴段元件

$$T = GJ_p \frac{\partial \varphi}{\partial x} \tag{7.3.15}$$

式中 $G$——材料剪切弹性模量；

$J_p$——材料截面极惯性矩。

按动平衡条件有

$$\frac{\partial T}{\partial x}=\rho J_p \frac{\partial^2 \varphi}{\partial t^2} \tag{7.3.16}$$

可得

$$\frac{\partial^2 \varphi}{\partial x^2}=\frac{1}{b^2}\frac{\partial^2 \varphi}{\partial t^2} \tag{7.3.17}$$

式(7.3.17)即为轴段扭振运动方程,式中 $b=\sqrt{\frac{G}{\rho}}$ 为扭转波在轴中的传递速度。

用分离变量法,可得其解为

$$\varphi(x,t)=\left(B\sin\frac{\omega}{b}x+D\cos\frac{\omega}{b}x\right)\sin(\omega t+\psi) \tag{7.3.18}$$

令

$$\phi_x=B\sin\lambda\frac{x}{L}+D\cos\lambda\frac{x}{L} \tag{7.3.19}$$

式中

$$\lambda=\frac{\omega}{b}L=\sqrt{\frac{\rho}{G}}\omega L$$

已知轴段扭矩 $M_x$ 与角位移 $\varphi_x$ 间的关系为

$$M_x=GI_p\frac{\partial\phi_x}{\partial x}=\frac{GI_p\lambda}{L}\left(B\cos\lambda\frac{x}{L}-D\sin\lambda\frac{x}{L}\right) \tag{7.3.20}$$

式中特定常数 $B$、$D$ 由轴段边界条件决定,当 $X=0$ 时,$\varphi_0=A^L$,$M_0=M^L$,可得

$$B=\frac{L}{\lambda GI_p}M^L$$

$$D=A^L$$

当 $X=L$ 时,$\varphi_L=A^R$,$M_L=M^R$,可得

$$A^R=A^L\cos\lambda+\frac{L}{\lambda GI_p}M^L\sin\lambda$$

$$M^R=-\frac{\lambda GI_p}{L}A^L\sin\lambda+M^L\cos\lambda$$

其矩阵表达式为

$$\begin{Bmatrix}A\\M\end{Bmatrix}^R=\begin{bmatrix}\cos\lambda & \frac{L}{\lambda GI_p}\sin\lambda\\ -\frac{\lambda GI_p}{L}\sin\lambda & \cos\lambda\end{bmatrix}\begin{Bmatrix}A\\M\end{Bmatrix}^L \tag{7.3.21}$$

可得其传递矩阵 $\boldsymbol{T}_{sh}$ 为

$$\boldsymbol{T}_{sh}=\begin{bmatrix}\cos\lambda & \frac{L}{\lambda GI_p}\sin\lambda\\ -\frac{\lambda GI_p}{L}\sin\lambda & \cos\lambda\end{bmatrix} \tag{7.3.22}$$

当忽略均布质量的影响时,$\rho=0$、$\lambda=0$、$\cos\lambda=1$、$\sin\lambda=0$,公式就还原成无质量扭转弹簧元件的传递矩阵公式。

应用传递矩阵法求扭振系统的固有频率的计算方法和步骤可参考有关讲义,本节不

再赘述。

4）临界转速

由自由振动圆频率 $\omega_n$ 可计算出系统的固有频率：

$$N=\frac{60}{2\pi}\omega_n\approx 9.55\omega_n\,(1/\min) \tag{7.3.23}$$

轴系临界转速为

$$n_c=N/\nu\,(\mathrm{r}/\min) \tag{7.3.24}$$

式中 $\nu$——简谐次数，在柴油机推进轴系中，一般只考虑到第12次简谐激振力，即 $\nu=12$。

在柴油机工作转速范围内，各次简谐的临界转速分布见图7.3.5。图的纵坐标为振动频率 $F$，横坐标为转速 $n$。系统各阶固有频率在图上是一组平行线 $F_{\text{I}}$、$F_{\text{II}}$、$F_{\text{III}}$，各次简谐力矩的频率与转速成正比，是一组通过原点的斜线，两组线的交点的横坐标就是相应的临界转速。在实际工作中，并非所有临界转速都对轴系构成威胁。仅仅在激振扭矩作用下扭振应力幅值超过许可范围时，才真正成为危险的禁用转速。

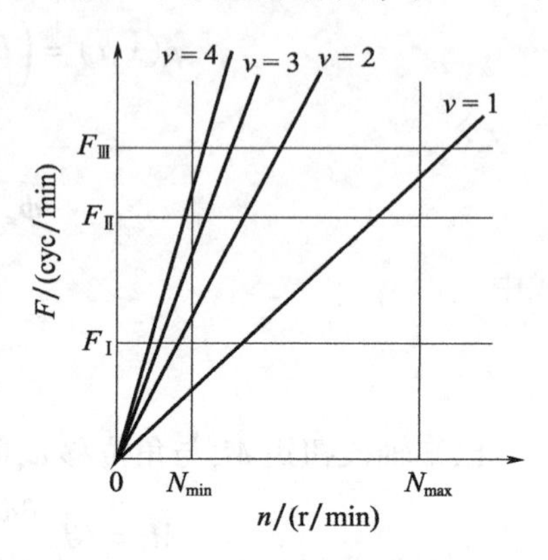


图7.3.5 临界转速

## 7.3.4 受迫振动

### 1. 受迫振动运动方程

图7.3.1所示多自由度扭振系统受迫振动的运动方程为

$$\boldsymbol{J}\ddot{\varphi}+\boldsymbol{C}\dot{\varphi}+\boldsymbol{K}\varphi=\boldsymbol{M}(t) \tag{7.3.25}$$

公式中等式左边的惯量矩阵 $\boldsymbol{J}$、刚度矩阵 $\boldsymbol{K}$ 与自由振动方程中相应的矩阵相同，阻尼矩阵为

$$\boldsymbol{C}=\begin{bmatrix} c_1+c_{1\cdot 2} & -c_{1\cdot 2} & 0 & \cdots & 0 & 0 \\ -c_{1\cdot 2} & c_2+c_{1\cdot 2}+c_{2\cdot 3} & -c_{2\cdot 3} & \cdots & 0 & 0 \\ \cdots & \cdots & \cdots & \cdots & \cdots & \cdots \\ 0 & 0 & 0 & \cdots & c_{n-1}+c_{n-2\cdot n-1}+c_{n-1\cdot n} & -c_{n-1\cdot n} \\ 0 & 0 & 0 & \cdots & -c_{n-1\cdot n} & c_n+c_{n-1\cdot n} \end{bmatrix} \tag{7.3.26}$$

等式的右边项 $\boldsymbol{M}(t)$ 为激振力矩列矢量，激振力矩通常是周期函数，可表述为一系列简谐激振力矩之和。受迫振动运动方程是一个常系数线性二阶微分方程，解此方程困难之处在于如何精确地确定三个系数矩阵和激振力矩列矢量，其中尤其是阻尼矩阵。

直接求解上述运动方程的方法很多，不同的方法在计算精度、计算工作量，以及对计算机内存的要求等方面不尽相同，但其结果差别不大。目前工程中应用较多的是将系统运动微分方程转变为一组线性代数方程，应用传递矩阵法对方程组求解。这个计算方法在演算过程中没有丢失相位信息，因而可以进行角位移与扭矩的合成。对于有多个简谐激振力矩作用的扭振系统，可以分别对每个激励求响应，再根据线性系统的叠加原理，求出系统的综合响应。有关传递矩阵法的求解方法和步骤，请参考有关讲义。本节将简要介绍简谐激振下振动响应的一种近似计算法。它主要用于共振响应计算,基于能量平衡原则——共振时激振力矩输入系统的能量完全为阻尼所耗散。为此先讨论激振力矩的功和阻尼功。

**2. 多缸柴油机的激振力矩**

单缸柴油机的激振力矩已在前文中介绍。当其简谐激振力矩的频率和系统的简谐振动频率相等(即产生共振)时,它在一个周期内所做的功为

$$W_{\nu i}=\pi A_{\nu i}M_{\nu i}\sin\varepsilon_i(i=1,2,\cdots,Z) \tag{7.3.27}$$

式中 $A_\nu$——圆盘元中第 $\nu$ 次简谐振动角位移幅值;

$M_\nu$——第 $\nu$ 次简谐激振力矩幅值;

$\varepsilon$——激振力矩与扭振角位移之间的相位差;

$Z$——柴油机汽缸数。

多缸柴油机各缸激振力矩对系统所做的总功为

$$\begin{aligned}W_\nu &= \pi A_{\nu1}M_{\nu1}\sin\varepsilon_1+\pi A_{\nu2}M_{\nu2}\sin\varepsilon_2+\cdots+\pi A_{\nu Z}M_{\nu Z}\sin\varepsilon_Z\\ &=\sum_{i=1}^{Z}\pi A_{\nu i}M_{\nu i}\sin\varepsilon_i\end{aligned} \tag{7.3.28}$$

实际柴油机正常运转时,各缸激振力矩变化规律基本相同,因此就有:

$$M_{\nu1}=M_{\nu2}=\cdots=M_{\nu Z}=M_\nu$$

总功公式可简化为

$$W_\nu=\pi M_\nu\sum_{i=1}^{Z}A_{\nu i}\sin\varepsilon_i \tag{7.3.29}$$

$\Sigma A_{\nu i}\sin\varepsilon_i$ 是各矢量 $\boldsymbol{A}_{\nu i}$ 在水平方向的投影之和,它等同于各矢量之和 $\Sigma\boldsymbol{A}_{\nu i}$ 在水平方向的投影。所以:

$$\Sigma A_{\nu i}\sin\varepsilon_i=(\Sigma\boldsymbol{A}_{\nu i})\sin\varepsilon=A_{\nu1}(\Sigma\boldsymbol{\alpha}_\nu)\sin\varepsilon \tag{7.3.30}$$

式中 $\Sigma\boldsymbol{\alpha}_\nu$——相对振幅矢量和。

这样,第 $\nu$ 次激振力矩对系统所做的总功为

$$W_\nu=\pi M_\nu A_{\nu1}(\Sigma\boldsymbol{\alpha}_\nu)\sin\varepsilon \tag{7.3.31}$$

共振时,$\alpha=\frac{\pi}{2}$,上式变为

$$W_\nu=\pi M_\nu A_{\nu1}(\Sigma\boldsymbol{\alpha}_\nu) \tag{7.3.32}$$

公式表明,共振时多缸柴油机对系统做的功等于单缸做功的 $\Sigma\boldsymbol{\alpha}_\nu$ 倍。这说明 $\Sigma\boldsymbol{\alpha}_\nu$ 的大小表征柴油机激振力矩输入系统能量的多少,从而反映了该次扭振的强烈程度。深入分析表明,$\Sigma\boldsymbol{\alpha}_\nu$ 的大小与激振力的简谐次数 $\nu$ 及柴油机曲柄排列有关。当简谐次数 $\nu$ 等于柴油机曲柄数或是其整数倍时,其相对振幅矢量和 $\Sigma\boldsymbol{\alpha}_\nu$ 往往很大,可能激起强烈扭振,这种简谐次数通常称作主简谐次数。

**3. 关于阻尼力矩的讨论**

在轴系扭转振动中,阻尼常常按部件采用经验公式计算。轴系扭转振动阻尼一般可表达为阻尼系数 $c$(导效黏性阻尼系数)、阻尼力矩 $M_c$、阻尼功 $W_c$ 以及放大系数 $M$ 等四种形式。在线性简谐振动系统中,它们之间的关系为

$$\begin{cases}M_c=-c\dot{\varphi}(\mathrm{N\cdot m})\\ W_c=\pi c\omega A^2\end{cases} \tag{7.3.33}$$

式中 $\dot{\varphi}$——惯性圆盘的扭振角速度或轴段扭振变形角速度(rad/s);

$\omega$——扭振圆频率(rad/s);

$A$——惯性圆盘扭振角位移幅值或轴段扭振变形角幅值(rad);

$c$——线性黏性阻尼系数(N·m·s/rad)。

在轴系扭振计算中,阻尼也用放大系数表示。单自由度系统中,动态放大系数(扭振中简称为放大系数)的定义为振动响应幅值与平衡振幅之比。沿用这一说法,在多自由度扭振系统中,放大系数的定义是:系统在一组具有相同幅值的 $\nu$ 次简谐激振力矩 $M_\nu$ 作用下,圆盘受迫振动的位移幅值 $A$,与该组激振力矩幅值作为静力矩作用在系统上时,同一圆盘产生的平衡振幅 $A_{st}$ 之比,即

$$Q = A/A_{st}$$

必须指出,在多自由度扭振系统中,平衡振幅不是一个常数。系统各惯性圆盘的角位移按自由振动振形分布,各圆盘的平衡振幅是不同的。第一个惯性圆盘的平衡振幅可由下式求出:

$$A_{1st} = \frac{M_\nu \Sigma \boldsymbol{\alpha}}{\omega_n^2 \sum_{i=1}^{n} J_i \alpha_i^2} \tag{7.3.34}$$

根据能量平衡原理,在共振条件下,激振力矩输入系统的能量完全被阻尼消耗,由此可以求得放大系数 $Q$ 和阻尼系数 $c$、阻尼功 $W_c$ 间的关系。系统的阻尼功为

$$W_c = \pi\omega_n A_1^2 \Sigma(c_i\alpha_i^2) + \pi\omega_n A_1^2[\Sigma c_{i\cdot i+1}(\alpha_i - \alpha_{i+1})^2] \tag{7.3.35}$$

式中 $c_i$——惯性圆盘质量阻尼;

$c_{i\cdot i+1}$——轴段阻尼。

由 $W_\nu = W_c$,可得

$$\pi M_\nu A_1 \Sigma\boldsymbol{\alpha} = \pi\omega_n A_1^2(c_i\alpha_i^2) + \pi\omega_n A_1^2[\Sigma c_{i\cdot i+1}(\alpha_i - \alpha_{i+1})^2]$$

则

$$A_1 = \frac{M_\nu \Sigma\boldsymbol{\alpha}}{\omega_n[\Sigma c_i\alpha_i^2 + \Sigma c_{i\cdot i+1}(\alpha_i - \alpha_{i+1})^2]} \tag{7.3.36}$$

由 $Q = \dfrac{A}{A_{st}}$,将式(7.3.34)、式(7.3.36)代入可得

$$Q = \frac{\omega_n \Sigma J_i\alpha_i^2}{\Sigma c_i\alpha_i^2 + \Sigma c_{i\cdot i+1}(\alpha_i - \alpha_{i+1})^2} \tag{7.3.37}$$

为了包含系统全部阻尼信息可将上述放大系数公式(7.3.37)改写为

$$\frac{1}{Q} = \frac{1}{Q_1} + \frac{1}{Q_2} + \cdots + \frac{1}{Q_{1\cdot 2}} + \frac{1}{Q_{2\cdot 3}} + \cdots \tag{7.3.38}$$

式中 $Q_1$、$Q_2$、…——惯性圆盘质量放大系数;

$Q_{1\cdot 2}$、$Q_{2\cdot 3}$、…——轴段放大系数。

$$Q_1 = \frac{\omega_n \Sigma J_i\alpha_i^2}{c_1\alpha_1^2};\ Q_2 = \frac{\omega_n \Sigma J_i\alpha_i^2}{c_2\alpha_2^2};\cdots;$$

$$Q_{1\cdot 2} = \frac{\omega_n \Sigma J_i\alpha_i^2}{c_{1\cdot 2}(\alpha_1 - \alpha_2)^2};\ Q_{2\cdot 3} = \frac{\omega_n \Sigma J_i\alpha_i^2}{c_{2\cdot 3}(\alpha_2 - \alpha_3)^2};\cdots$$

上述公式分别表示轴系各部件的放大系数。

我国船舶检验局(ZC)推荐的轴系各部件的放大系数经验公式如下:

1)柴油机放大系数 $Q_e$

$$Q_e = \frac{\sum_{i=1}^{n} J_i \alpha_i^2}{\mu_e \sum_{i=1}^{Z} J_i \alpha_i^2} \tag{7.3.39}$$

式中 $\mu_e$——阻尼因子,由柴油机制造厂提供或由典型装置实验得出;在无确切数据时,一般取 $\mu_e = 0.04$;对双结或三结主简谐且共振转速与额定转速之比大于或等于 0.75 时的单列式柴油机,$\mu_e = 0.025$;

$n$——惯性圆盘总数;

$Z$—— 发动机汽缸数。

2)螺旋桨放大系数 $Q_P$

$$Q_P = \omega \frac{\sum_{i=1}^{n} J_i \alpha_i^2}{c_P \alpha_P^2} \text{(Archer 公式)} \tag{7.3.40}$$

式中

$$c_P = 9542 a N_P n_c / n_e^3 \quad (\text{N} \cdot \text{m} \cdot \text{s/rad})$$

$\omega$——扭振圆频率(rad/s);

$c_P$——螺旋桨阻尼系数;

$N_P$——额定转速时螺旋桨吸收的功率(kW);

$n_c$——临界转速(r/min);

$n_e$——柴油机额定转速(r/min);

$\alpha$——系数,按下式确定:

$$\alpha = 5 \frac{A}{A_P} \times \frac{H}{D_P} \left[ \frac{0.5 + \frac{H}{D_P}}{0.0066 \left( A_g + 2 \frac{A}{A_P} \right) \left( \frac{A}{A_P} + \frac{1}{2 Z_P} \right)} + V \right] \tag{7.3.41}$$

$$A_g = 33.97 \times 10^6 \frac{N_P}{n_e^3 D_P^5}$$

式中 $A_g$——力矩系数,按上式计算;

$D_P$——螺旋桨直径(m);

$Z_P$——螺旋桨桨叶数;

$H/D_P$—螺距比;

$A/A_P$——螺旋桨盘面比;

$V$——常数(当 $Z_P = 4$ 时,$V = 1$;当 $Z_P = 3$ 时,$V = 0.75$)。

按公式求出的 $\alpha$ 值如果小于 19.5,则 $\alpha = 19.5$;如果大于 51,则取 $\alpha = 51$。在缺乏资料的情况下,可近似取 $\alpha = 30$。

3）轴段放大系数 $Q_s$

$$Q_s = \frac{\pi\omega^2 \sum_{i=1}^{n} J_i \alpha_i^2}{0.032\Sigma k_{i \cdot i+1} (\alpha_i - \alpha_{i+1})^2} \tag{7.3.42}$$

分母中的 Σ 表示除了曲轴和弹性联轴节以外的所有轴段。

4）弹性联轴节放大系数 $Q_r$

$$Q_r = \frac{2\pi\omega^2 \sum_{i=1}^{n} J_i \alpha_i^2}{\psi_r k_r (\Delta\alpha_r)^2} \tag{7.3.43}$$

式中　$k_r$——弹性联轴节刚度（N · m/rad）；

$\Delta\alpha_r$——弹性联轴节主、从动端相对振幅差；

$\psi_r$——损失系数，由制造厂提供或试验得出。

5）减振器放大系数 $Q_d$

硅油减振器：

$$Q_d = \frac{\sum_{i=1}^{n} J_i \alpha_i^2}{\mu_d J_d \alpha_d^2} \tag{7.3.44}$$

式中　$J_d$——减振器惯性轮转动惯量（$kg \cdot m^2$）；

$\alpha_d$——减振器相对振幅；

$\mu_d$——阻尼因子，由制造厂提供。

阻尼弹性减振器：

$$Q_d = \frac{2\pi\omega^2 \sum_{i=1}^{n} J_i \alpha_i^2}{\psi_d k_d (\Delta\alpha_d)^2} \tag{7.3.45}$$

式中　$\psi_d$——减振器损失系数，由制造厂提供；

$k_d$——减振器刚度（N · m/rad）；

$\Delta\alpha_d$——减振器主、从动端相对振幅差。

有些文献还提供了其他国家船级社推荐的计算阻尼的公式。一般说来，在进行轴系扭振计算时，最好成套地选用某家船级社推荐的公式和数据。避免与系统实际情况不符，造成较大的计算误差。

**4. 受迫振动响应的近似计算**

本近似计算主要用于共振响应计算。计算的基本假设是：

（1）能量平衡原则。认为激振力矩输入系统的能量完全为系统阻尼所耗散。

（2）共振谐次激振力矩单独作用。认为共振时，只有与系统发生共振的谐次激振力矩有能量输入系统，其余谐次激振力矩均忽略不计。

（3）振形假设。假设共振时系统的扭振振形与无阻尼自由振动振形相同。因此，在自由振动计算基础上，只需求出系统任一惯性圆盘的响应幅值，即可得到其他惯性圆盘的响应幅值及各轴段的扭振应力。

具体的计算思路是：先进行扭振系统的自由振动计算，求出系统的固有频率，并确定在发动机工作转速范围内的各谐次临界转速(一般只考虑到12次),然后再计算相应谐次的相对振幅矢量和,最后进行受迫振动的响应计算。共振响应计算有近似计算法和放大系数法和能量法两种,它们是同一思想下的两种不同表达方式,不存在实质性的差别。下面介绍这两种方法的计算步骤。

1)放大系数法

(1)按第一惯性圆盘平衡振幅的计算公式求出其平衡振幅 $A_{1st}$;

(2)计算系统各部件的放大系数 $Q_c$、$Q_P$、$Q_s$、…,并计算系统的总放大系数 $Q$;

(3)根据 $Q=A/A_{st}$,求第一惯性圆盘的共振振幅 $A_1$ 及系统其他部件的幅值和应力。

2)能量法

(1)计算引起共振的相应谐次的激振力矩对系统做的总功 $W_v$,式中显含待定的未知量 $A_1$ 因子;

(2)按 $W_c=\pi c\omega A^2$ 计算系统各部件阻尼功 $W_c$,如均取线性阻尼,则各式均显含未知量 ${A_1}^2$ 因子;

(3)令激振力矩做功等于系统阻尼功,由此求得第一惯性圆盘的共振幅值 $A_1$,即

$$A_1=\frac{M_v\Sigma\boldsymbol{\alpha}}{\boldsymbol{\omega}_n[\Sigma c_i\alpha_i^2+\Sigma c_{i\cdot i+1}(\alpha_i-\alpha_{i+1})^2]} \tag{7.3.46}$$

由于近似计算法忽略了阻尼对振形的影响,计算中不能给出相位信息,因而不能进行多个简谐激振下响应的合成。但由于它算法较为简单,在工程上还不致造成过大误差,因而仍得到较广泛的应用。

**5. 扭振应力计算**

根据近似计算假定,各惯性圆盘的扭振振幅 $A_i$,均可由第一惯性圆盘的扭振幅值 $A_1$ 求得,即

$$A_i=A_1\alpha_i(i=2,3,\cdots,n) \tag{7.3.47}$$

系统各轴段的名义扭振应力 $\tau_i$ 可由表第九列应力标尺 $\tau_{01}$ 和 $A_1$ 求得,即

$$\tau_i=\tau_{01}A_1 \tag{7.3.48}$$

## 7.3.5 轴系扭转振动许用应力

轴系扭转振动许用应力是指扭振附加应力的容许限度,各国船级社及船舶检验单位对各类船舶都有相应规定。本节仅就《钢质海船建造规范》及《舰船轮机规范》的有关规定作些介绍。

**1. 我国《钢质海船建造规范》的规定**

各类轴的许用应力如表7.3.2及表7.3.3所列。表中:$d$ 为轴的基本直径(mm),$r$ 为转速比,等于共振转速 $n_c$ 与额定转速 $n_e$ 之比。

表7.3.2 柴油机曲轴、螺旋桨轴扭振许用应力

| 运转工况 | 转速范围 | 扭振许用应力/(N/mm²) |
|---|---|---|
| 持续 | $0<r\leqslant1.0$ | $[\tau_c]=\pm[(52-0.031d)-(33.8-0.02d)r^2]$ |
| 瞬时 | $0<r<0.8$ | $[\tau_i]=\pm2.0[\tau_c]$ |
| 超速 | $1.0<r\leqslant1.15$ | $[\tau_g]=\pm[(18.1-0.0113d)+(87.3-0.052d)(r-1)^{0.5}]$ |

表 7.3.3 推力轴、中间轴、尾轴扭振许用应力

| 运转工况 | 转速范围 | 扭振许用应力/($N/mm^2$) |
|---|---|---|
| 持续 | $0<r\leqslant1.0$ | $[\tau_c]=\pm[(70.4-0.031d)-(45.6-0.02d)r^2]$ |
| 瞬时 | $0<r<0.8$ | $[\tau_i]=\pm2.0[\tau_c]$ |
| 超速 | $1.0<r\leqslant1.15$ | $[\tau_g]=\pm[(22.0-0.0113d)+(117.7-0.052d)(r-1)^{0.5}]$ |

上述两表给出的扭振许用应力是以船规计算的轴系最小直径为基础,并适用于材料抗拉强度为 $430N/mm^2$ 的钢质轴,当选用抗拉强度高于 $430N/mm^2$ 时,许用应力$[\tau']$可按下式修正:

$$[\tau']=\frac{\sigma_b+184}{614}[\tau]\ (N/mm^2) \tag{7.3.49}$$

式中 $\sigma_b$——轴的标定抗拉强度下限值($N/mm^2$);

$[\tau]$——按表 7.3.2、表 7.3.3 中的扭振许用应力($N/mm^2$)。

如果扭振应力或扭矩超过持续运转的许用值时,可在该共振转速附近设置“转速禁区”。禁区范围为

$$16n_c/(18-r)\sim(18-r)n_c/16$$

根据扭振应力或扭矩超过许用值的多少,禁区范围可适当扩大或缩小。在 $r=0.9\sim1.03$ 的转速范围内,应尽可能不用减振器来减小振幅以消除转速禁区,以避免减振措施失效后可能出现的危险。

**2.《舰船轮机规范》的规定**

(1)在工作转速范围内,扭振许用应力$[\tau]$规定如下:

①钢材料:$[\tau]$=标定抗拉强度/25,标定抗拉强度值按 GJB 15.2—84《舰船材料规范 轮机材料》选取;

②铸铁和其他材料:$[\tau]$=扭转疲劳持久极限/6;

③如果对所用材料试样做过疲劳试验,则可采用$[\tau]$=扭转疲劳持久极限/2,但应提交疲劳试验的测试与分析数据和结论。

(2)工作转速范围以下的许用应力规定如下:

①在低于工作转速范围时,许用应力可为上述$[\tau]$值的 1.75 倍;

②柴油发电机组在额定转速 80% 以下时,许用应力可为上述$[\tau]$值的 5.5 倍。

(3)在任何工作转速,柴油机推进装置中齿轮处的许用振动扭矩为该转速时驱动力矩的 75% 或全功率驱动力矩的 25%,取二者中较小值。涡轮机推进装置中齿轮处的许用振动扭矩只允许为全功率驱动力矩的 10%。

(4)弹性联轴节的最大扭振力矩、发热量不应超过供货方规定的许用值。

(5)在额定工况下,交流发电机转子处的合成振幅不大于 $2.5°/P$($P$ 为电机磁极对数)。

发电机转子处的振动惯性扭矩,在额定转速的 95% ~110% 范围内应不超过 $\pm2Me$($Me$ 为额定转速时的平均扭矩),在小于额定转速 95% 范围内应不超过 $\pm6Me$。

## 7.4 推进轴系的回旋振动

### 7.4.1 概述

轴系回旋振动是指由于轴系转动部件的不平衡及螺旋桨在不均匀流场中工作所产生的交变弯曲力矩引起的周期性弯曲现象。回旋振动固有频率与轴转速有关,这是因为作用在螺旋桨上的陀螺力矩随轴角速度 $\omega$ 而变,当转速为零时,回旋振动固有频率退化成横向振动固有频率值。在轴系回旋振动固有频率计算中,如忽略螺旋桨陀螺效应的影响,则其计算方法和横向振动相同。此外,由于回旋振动从外观上看又似横向振动,因此很多文献和教材仍习惯地沿用"横向振动"这一名词。

回旋振动的研究始于20世纪40年代,第二次世界大战后,美国"自由轮"及其他许多船只经常发生螺旋桨轴锥形大端龟裂折损事故,由此引起了人们的关注。希腊人Panagopulos在20世纪50年代,首先指出事故的主要原因是:在船尾不均匀伴流场中运转的螺旋桨上作用有按叶频周期变化的流体激振力,从而使螺旋桨轴产生回旋(横向)共振。稍后英国人Jasper在不同的条件下也得出类似结论。在Panagopulos和Jasper研究并推导出计算螺旋桨轴系回旋振动固有频率的简化公式之后,船舶轮机设计人员都使回旋振动共振转速远离轴系工作转速范围,因而使因回旋振动共振引起的螺旋桨轴折损事故大体消除,轴系回旋振动似乎不再成为问题。

随着船舶的大型化、高速化,尤其是多轴推进装置的出现,又引起人们对回旋振动的重视。一方面船体特别是船尾的刚度有所下降,而轴系(或多轴系)的布置,使尾轴伸出在舷外的部分相对较长,它们的支撑刚度比在船体内的支撑刚度要小,加上结构上的原因,这类轴系尾轴最后两个轴承之间的跨距通常又较大,这些都导致轴系回旋振动固有频率降低。另一方面轴系工作转速的提高,以及采用多叶螺旋桨(桨叶数多于5个),就使作用在螺旋桨上的流体激振力的频率(叶频)极有可能无法避开下降的回旋振动固有频率,使叶频共振转速落到主机工作转速范围之内,这种情况在高速小型舰艇上尤为多见。

在一些大功率船舶中,即便没有出现共振,但由于螺旋桨激振力的增加,也有可能使回旋振动的响应大到不可忽视的程度。

因此在轴系技术设计中,普遍重视回旋振动临界转速和振动响应计算,以满足《钢质海船建造规范》或《舰船轮机规范》对轴系回旋振动提出的要求。

《舰船轮机规范》对轴系回旋振动提出以下要求:

(1)应对推进轴系的回旋振动特性进行计算分析,应明确判定轴系在最高工作转速的115%以下无一次回旋振动临界转速。一次叶频临界转速则不应在80%～120%的工作转速范围内出现。

(2)对设置转速禁区的规定是:

出于强度考虑一般不应划转速禁区。对已满足强度要求而考虑降低振动响应而划转速禁区时,应经海军订货部门审查。具体内容是:

①若工作转速范围存在一次叶频回旋振动临界转速,在进行测量并采取补救措施无效时,可考虑划转速禁区。

②若振动特性虽符合规范规定，但在其转速下引起齿轮敲击或船体及其他装置剧烈振动时，可考虑划转速禁区。

③对中、高速柴油机轴系的禁区范围一般应不小于 $5\% n_c$；对低速柴油机和涡轮机轴系的禁区范围一般应不小于 $10\% n_c$（$n_c$为临界转速，r/min）。

由上述规定可见，在主机工作转速范围内是严禁出现回旋振动的轴频临界转速的。

对于民用商船，螺旋桨转速通常较低（100～200r/min），而回旋振动的一次固有频率较高（500～600r/min 以上），一般不会在工作转速范围内出现共振问题。但在舰艇推进轴系（尤其是高速小艇轴系）设计中，则有可能发生。一旦回旋振动计算出现这种情况，设计者就应立即修改设计。通过更改轴系结构和布置乃至修改船体尾部结构和线形，以求满足这一要求。目前舰船推进轴系回旋振动固有频率和临界转速的计算，由于一些不确定和难以精确确定的因素的影响，很难确保较高的计算精度，至于振动响应的计算，仍处于研究和内部使用阶段，公开发表的文献很少，国内还没有见到这方面的计算资料。

## 7.4.2 回旋振动的特性

船舶推进轴系的螺旋桨一侧是悬臂端。当螺旋桨作回旋振动时，螺旋桨中心线在空间的轨迹是一个以 $x$ 轴为对称轴的圆锥面或椭圆锥面，螺旋桨的圆盘面将随轴的回转而产生偏摆，螺旋桨的动量矩矢量的方向将不断变化。此时，螺旋桨对转轴除有惯性力作用外，还有惯性力矩（即陀螺力矩）的作用。

如图 7.4.1 所示，假定螺旋桨为一匀质圆盘且无偏心质量，转轴为一无质量弹性轴。

轴系的回旋运动可以分解为：绕轴自身中心线的自转和轴中心线绕轴承中心线的公转。圆盘上任一点的绝对角速度 $\boldsymbol{\omega}$ 等于轴自转角速度 $\boldsymbol{\omega}_s$ 和回旋（公转）角速度 $\boldsymbol{\Omega}$ 的矢量和，即

$$\boldsymbol{\omega} = \boldsymbol{\omega}_s + \boldsymbol{\Omega} \tag{7.4.1}$$

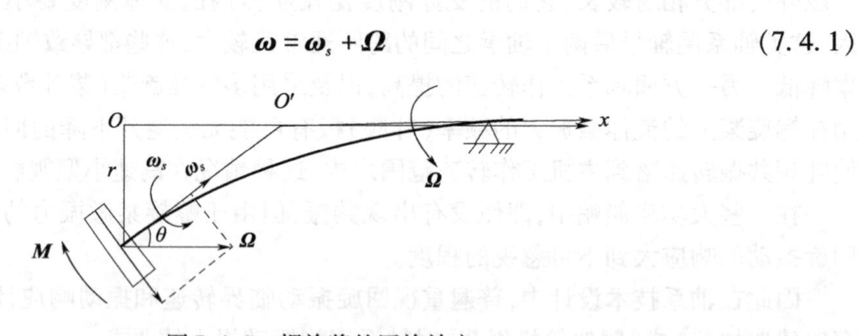


图 7.4.1 螺旋桨的回旋效应

在微幅振动时，可忽略轴系转角的影响，近似认为：

$$\omega = \omega_s + \Omega \tag{7.4.2}$$

在船舶推进轴系中，$\omega_s$ 和 $\Omega$ 的数量级相同，因此不能忽略回旋角速度 $\Omega$ 对振动的影响。螺旋桨的惯性力为

$$f = m_p r \Omega^2 \tag{7.4.3}$$

式中 $m_p$——螺旋桨质量；

$r$——螺旋桨中心挠度。

螺旋桨惯性力矩 $M_g$ 为

$$M_g = (J_P\omega - J_d\Omega)\Omega\theta = J_d\omega^2\theta(j_0h - 1) \tag{7.4.4}$$

式中 $J_P$、$J_d$——分别为螺旋桨圆盘的极转动惯量和径向转动惯量；

$\theta$——圆盘的转角(图7.4.1)；

$j_0$——转动惯量比，$j_0 = J_P/J_d$；

$h$——频率比，$h = \omega/\Omega$。

可见惯性力矩即陀螺力矩 $M_g$ 包含两项：一项为科里奥利惯性力矩 $J_P\omega\Omega\theta$；另一项为牵连惯性力矩 $J_d\Omega^2\theta$，牵连惯性力矩是不能忽略的。惯性力矩 $M_g$ 的正方向如图7.4.1上 $\boldsymbol{M}$ 所示，按右手法则由矢量 $\boldsymbol{\omega}_s$ 向矢量 $\boldsymbol{\Omega}$ 旋转得到。可以看出，在正惯性力矩作用下，轴的转角 $\theta$ 和圆盘的挠度 $r$ 有减小的趋势，其作用如同增加了轴的弯曲刚度，从而提高了系统的固有频率和临界转速。反之，当惯性力矩为负值时，使轴的转角和圆盘的挠度增加，其结果将降低系统的固有频率和临界转速。

### 7.4.3 回旋振动固有频率的影响因素

在本节概述中已经指出，由于存在一些不确定或难以精确确定的因素，轴系固有频率的计算难以达到较高的精度。本节将分析这些影响因素，并介绍有关参数的选取。

**1. 轴系支承位置**

在回旋振动计算分析中，轴系的支承简化为点支承。实际上，轴承有一定长度，确定它们的着力点是振动分析中首先要解决的问题。对于中间轴承和除轴系最后一个轴承以外的尾轴轴承，一方面由于它们的长度不大，另一方面由于它们基本上不受悬臂端螺旋桨的弯曲作用，其支承反力可以认为是均匀分布的，因此支承点可以近似假定在轴承长度的中间位置上。

但对于最后一个尾轴轴承，由于悬臂端螺旋桨的作用，支承反力沿轴承长度分布很不均匀，支承反力的合力作用点偏向后移，螺旋桨越重，轴弯曲刚度越小，合力作用点偏离中间位置后移就越多。很明显，最靠近螺旋桨的尾轴后轴承的支承位置对轴系回旋振动固有频率有很大的影响。

轴系最后支承点的位置通常在轴系强度校核计算中，根据实际推进轴系的情况按经验选定(见第1章)，各国船级社也相应提出了不同的经验公式。但是，实际上尾轴后轴承支承点位置并不是固定不变的。它随轴系运转服役时间的长短、轴承磨损程度、船舶载荷、船体变形等因素而变化。因此，在舰艇轴系设计时，应充分估计到这种变化，留出足够的安全余量。

**2. 轴系校中状态**

当轴系校中不良，轴承(特别是尾管轴承)出现负的支座反力(即轴承脱空)时，回旋振动固有频率将大幅度下降，有使回旋振动临界转速落入工作转速范围的危险。此外，在螺旋桨紧靠尾轴管的轴系装置中，当尾管后轴承(特别是铁梨木轴承)的支承点随磨损加剧而逐渐前移时，它除直接影响回旋振动固有频率使之下降外，还将影响尾管前轴承，使其负载逐渐减小，对此应予以足够注意。战后日本出现的首次由轴系回旋振动共振引起的事故，就是因尾管前轴承脱空使固有频率下降而引起的。

如果在轴系设计和安装时，不能保证轴系各支承有正向的支座反力，则在回旋振动固有频率计算时应考虑支承脱空情况。

**3. 螺旋桨附连水效应**

螺旋桨在水中运转振动时，有一部分振动能量传递给水。在振动计算时常将这部分能量用参与振动的附连水质量和转动惯量计入，并把它加到螺旋桨质量和转动惯量上。附连水效应将使回旋振动固有频率下降。

附连水效应的影响通常不考虑螺旋桨的几何尺寸、运动方向、转速、船速和水的密度等因素，而是直接给螺旋桨质量和转动惯量乘以附连水系数，见表 7.4.1。

表 7.4.1　螺旋桨附连水系数

| 序号 | 作者 | 质量附连水系数 | 极转动惯量附连水系数 | 径向转动惯量附连水系数 |
|---|---|---|---|---|
| 1 | Panagopulos | 1.30 | — | 1.60 |
| 2 | Jasper | 1.10 | 1.25 | 1.50 |
| 3 | Volcy | 1.20 | — | 1.67 |
| 4 | Toms① | 1.15 | 1.25 ~ 1.30 | 1.60 |
| 5 | Schwanecke② | 1.17 | 1.27 | 2.23 |
| 6 | CB * /Z 336—84③ | 1.10 ~ 1.30 | 1.25 ~ 1.30 | 1.50 ~ 1.60 |

①Toms 给出的极转动惯量附连水系数中，对材质比重大的（如锰黄铜）螺旋桨，取 1.25；对材质比重小的（如铝青铜）螺旋桨，取 1.30。

②所列数据根据 Schwanecke 给出的公式计算而得。

③简单估算时，质量附连水系数可取 1.30；精确计算时，如无特别指明可取 1.15。

**4. 支承系统特性**

推进轴系的支承系统是一个复杂的弹性阻尼系统。对于一般细长的轴系，它的弯曲刚度较低，而支承系统的刚度相应要大得多，这时支承系统可假设为刚性的，轴承可按刚性铰支承来处理。但在一些中、大型舰船中，船体刚度不太大，而轴又比较粗，如仍不考虑支承弹性，则在固有频率计算中，会造成较大误差，计算的固有频率将比实际值高，会带来不安全因素。

因此对于一般推进系统回旋振动分析，目前大多要考虑支承系统的动力特性，尤其是尾管后轴承的支承动力特性。轴承支承动力特性大致可分为三部分，如图 7.4.2(a)所示，第一部分为油膜，其动力特性用油膜刚度 $k_0$、油膜阻尼 $c_0$ 表示；第二部分为轴承 - 轴承座，其动力特性用轴承参振质量 $m_b$、轴承刚度 $k_b$ 表示；第三部分为船体基座，其动力特性用船体参振质量 $m_s$、船体刚度 $k_s$ 表示。由轴承至轴承座及船体部分，一般均忽略阻尼的影响。上述刚度、阻尼参数在水平和垂直方向一般是不同的，且相互有耦合关系。图 7.4.2 仅画出垂直方向的情况，也没有表示与水平方向的耦合关系。在工程应用中，支承系统更多地简化成两部分，一部分为油膜，另一部分为船体基座。

确定支承系统参数是一件比较困难的事，一般很难单纯由计算求得。实用中在缺乏支承系统详细资料时，又常简化成一个等效弹簧和黏性阻尼器，如图 7.4.2(c)所示。

由于船舶类型和吨位不同，船体和轴承结构各异，难以针对不同情况给出确切的数据。根据国内外实船数据，对于 5 万吨以下的运输商船，尾管后轴承等效刚度在 $(0.5 \sim 2.0) \times 10^6$ N/mm 范围内，尾管前轴承和中间轴承的等效刚度在 $(5 \sim 10) \times 10^6$ N/mm 范围内。

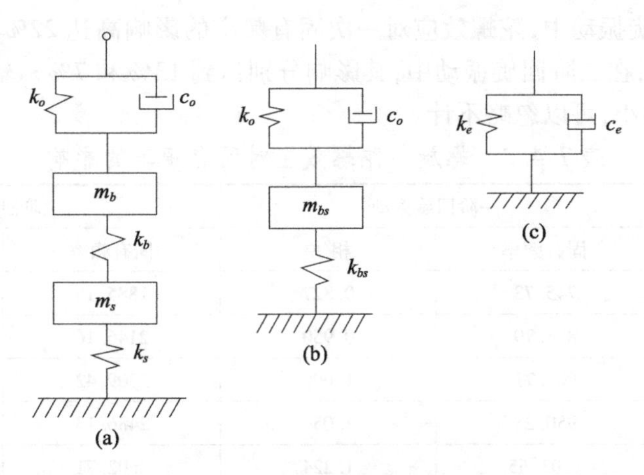


图 7.4.2 支承系统简化模型

英国劳氏船级社 A. E. Toms 等认为,即使对于最轻型的结构,支承的等效刚度也大于 $0.5\times10^6$ N/mm。日本日立造船公司斋藤年正等认为,尾管后轴承的等效刚度为 2.5 ~ 4.0N/mm。

支承刚度对回旋振动固有频率的影响,可由某万吨轮轴系计算实例(图 7.4.3)看出。回旋振动固有频率随尾管后轴承等效刚度增加而增加。当等效刚度大于 $1\times10^7$ N/mm 之后,固有频率变化很小,可近似看作刚性支承。刚度值在 $10^5$ ~ $5\times10^6$ 之间时,支承刚度对固有频率影响最大,其他一些船舶的计算实例也有类似结果。可见,正确选取支承刚度对固有频率计算有重要意义。

此外,当水平和垂直方向的支承刚度不同时,轴心轨迹将是一个椭圆,将出现对应于水平和垂直方向共振的两个临界转速,如图 7.4.4 所示。水平方向的共振转速要低一些,从这个意义上讲,回旋振动固有频率可视为一个频域范围。

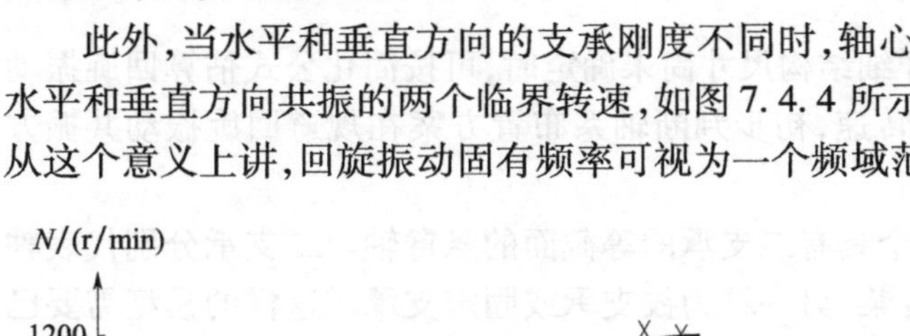

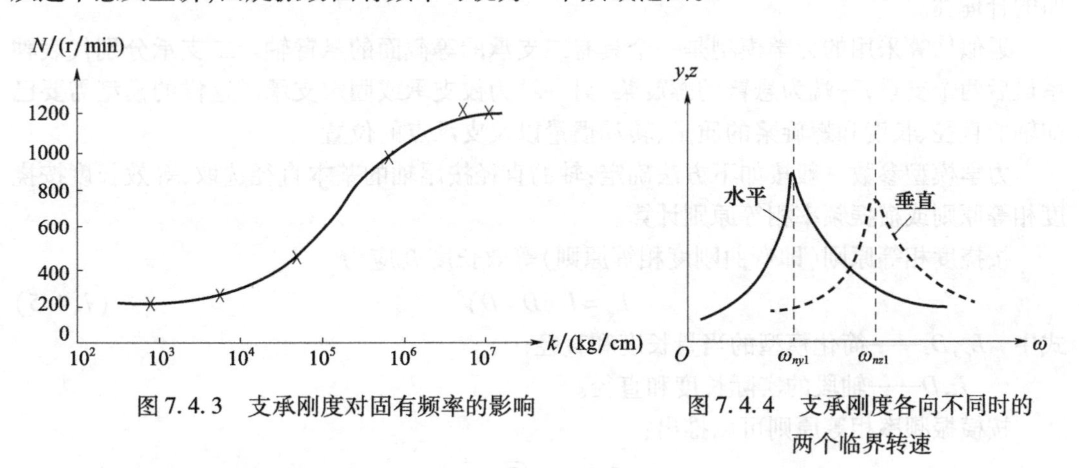


图 7.4.3 支承刚度对固有频率的影响

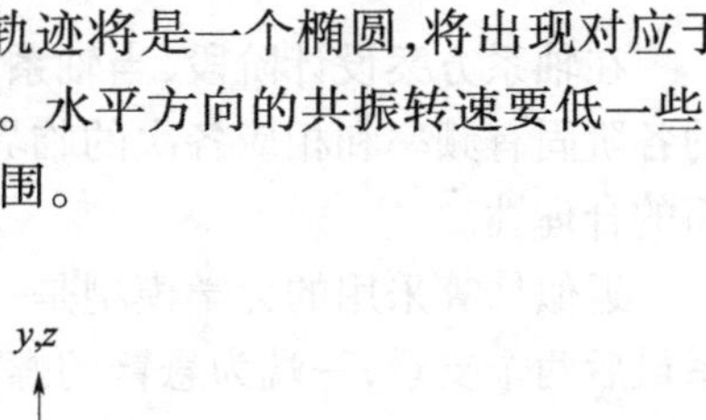

图 7.4.4 支承刚度各向不同时的两个临界转速

**5. 陀螺效应、轴段剪力与推力**

1)螺旋桨陀螺效应的影响

螺旋桨的陀螺效应对轴系回旋振动固有频率的影响是明显的。螺旋桨的转动惯量和轴的角速度越大,其影响也越大。表 7.4.2 为某海船回旋振动固有频率的计算实例。由表可见：在一阶回旋振动中，陀螺效应对一次固有频率的影响高达22%，对叶片次固有频率的影响也达5%；在二阶回旋振动中，其影响分别达到13%和7%。轴段的陀螺效应对固有频率的影响很小，可以忽略不计。

表7.4.2 螺旋桨陀螺效应对固有频率的影响

| $h=\frac{\omega}{\omega_n}$ | 一阶回旋振动 | | 二阶回旋振动 | |
|---|---|---|---|---|
| | 固有频率 | 相差 | 固有频率 | 相差 |
| -1 | 745.73 | 0.827 | 1885.15 | 0.816 |
| -1/4 | 856.79 | 0.950 | 2146.16 | 0.929 |
| 0 | 901.71 | 1.000 | 2309.42 | 1.000 |
| 1/4 | 950.28 | 1.054 | 2486.13 | 1.077 |
| 1 | 1103.65 | 1.224 | 2602.71 | 1.127 |

2）轴系推力的影响

一般说来，轴系在推力作用下，轴的挠度将增加，如同轴的弯曲刚度降低，使固有频率下降；反之，当轴受拉力作用时，轴的挠度减小，其固有频率将增高。

3）轴系剪力的影响

轴的剪切变形将使弯曲刚度降低，因而使轴的固有频率下降。

总之，轴系的推力和轴段剪切变形对回旋振动固有频率有影响，但影响不大，不具有实际意义，工程上一般不予考虑。

### 7.4.4 固有频率的近似估算

在轴系方案设计阶段，当轴系详细结构尺寸尚未确定时，可按简化公式估算回旋振动的各阶固有频率和相应各次的临界转速，初步判断轴系布置方案在规避回旋振动共振方面的合理性。

近似估算采用的力学模型是一个具有二支承的等截面的悬臂轴。二支承分别代表轴系最后两个支承，一端为悬臂的螺旋桨，另一端为铰支承或固定支承。这样的模型需要已知轴的直径、长度和螺旋桨的质量、转动惯量以及支承点的位置。

力学模型参数一般按如下方法确定：轴的直径按尾轴的基本直径选取，等效长度按挠度相等原则或横振频率相等原则计算。

按挠度相等原则（即弯曲刚度相等原则）等效长度 $L_e$ 应为

$$L_e = L\left(D_e/D\right)^4 \tag{7.4.5}$$

式中 $L_e, D_e$——简化模型的当量长度和直径；

$L, D$——轴段的实际长度和直径。

按横振频率相等原则可以推出：

$$L_e = L\sqrt{D_e/D} \tag{7.4.6}$$

下面介绍的估算公式的等效轴系的换算均按挠度相等原则处理。

Panagopulos 采用的计算模型如图 7.4.5 所示。轴承为刚性支承，不考虑螺旋桨的陀螺效应，但考虑轴段分布质量的影响。并假定尾轴作回旋振动时，轴的动挠度曲线与轴的螺旋桨一端作用弯矩 $\boldsymbol{M}_e$ 时的挠度曲线完全相同。通过解简化模型的动力方程可得系统的固有频率：

$$\omega_n^2 = \frac{EI}{J_d\left(b+\frac{l}{3}\right)+m_p ab\left(\frac{b}{2}+\frac{l}{3}\right)+\mu\left(\frac{b^4}{8}+\frac{lb^3}{9}+\frac{7l^4}{360}\right)}(\text{rad/s}) \tag{7.4.7}$$

这就是 Panagopulos 计算公式。在原始公式中，分母第二项原为 $m_p b^2\left(\frac{b}{2}+\frac{l}{3}\right)$，但在计算惯性力产生的力矩时，力臂取螺旋桨中心到支承点的实际距离 $a$ 更为合理。在 CB*/Z 336—84 推荐的公式中，将 $m_p ab$ 又改为 $m_p b^2$。

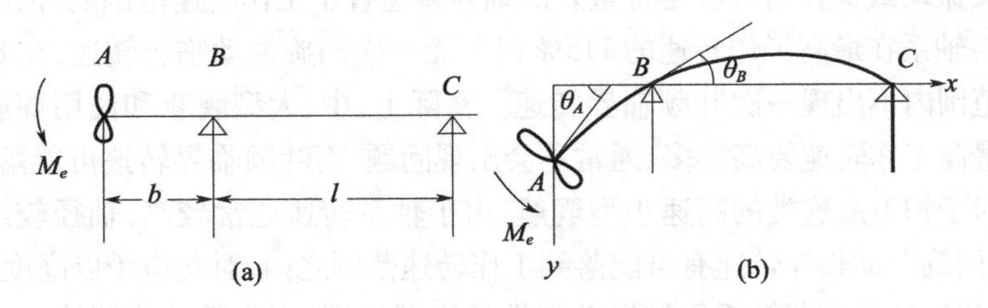


图7.4.5　两刚性支承的悬臂轴简化模型

应用式(7.4.7)计算固有频率时，螺旋桨径向转动惯量附连水系数取1.6。由于螺旋桨简化为一匀质刚性圆盘，其径向转动惯量 $J_{da}$ 是极转动惯量 $J_{pa}$ 的1/2，故：

$$J_d = 1.60J_{da} = 0.8J_{pa} \tag{7.4.8}$$

式中　螺旋桨质量附连水系数取0.80；

轴承 $B$ 的支承点位置一般可取离轴承后轴承长度处；

另一轴承 $C$ 的支承点位置可取轴承的中间位置。

在一般情况下，式(7.4.7)计算的固有频率偏低，所以有人干脆忽略轴段质量的影响，令 $\mu=0$，使计算频率略有提高，且又简化了计算。

表7.4.3是用Panagopulos公式计算7艘船舶轴系回旋振动固有频率的结果。其中除一艘CI-M船外，其余船舶回旋振动的叶片次临界转速均甚接近运转转速，说明这些船的轴系回旋振动性能不佳，有较大的不安全性。这一结果与实际情况一致，因为这些船的尾轴都出现过一些问题。可见Panagopulos公式具有一定的实用价值。

表7.4.3　轴系回旋振动固有频率计算实例

| 船名代号 | 轴马力/hp | 悬臂长 $b$/cm | 跨距 $l$/cm | 桨惯量 $J_d$/(kg·cm·s$^2$) | 桨质量 $m$/(kg·s$^2$/cm) | 轴径 $D$/cm | 桨叶数 $Z_P$ | 临界转速/(r/min) | 运转转速/(r/min) | 备注 |
|---|---|---|---|---|---|---|---|---|---|---|
| L | 2250 | 199 | 536 | 107000 | 13.6 | 38.7 | 4 | 78 | 76 | 蒸汽机 |
| T2 | 6000 | 183.5 | 612 | 253000 | 23.1 | 47.3 | 4 | 84 | 90 | 电力 |
| V-AP2 | 5500 | 183.5 | 594 | 159500 | 18.3 | 45.3 | 4 | 93 | 100 | 汽轮机 |
| C2 | 5500 | 168.5 | 692 | 197500 | 20.5 | 46.6 | 4 | 77 | 92 | 汽轮机 |
| CIA | 4000 | 159 | 713 | 144000 | 15.9 | 41.5 | 4 | 84 | 90 | 柴油机 |
| C3 | 8500 | 183.5 | 774 | 319000 | 28.0 | 53.3 | 4 | 90 | 85 | 汽轮机 |
| CI-M | 1700 | 122.5 | 447 | 14200 | 4.4 | 26.7 | 3 | 151 | 180 | 柴油机 |

求出固有频率后，可得相应的临界转速为

$$n = 9.55h\omega_n \tag{7.4.9}$$

上述频率的计算公式未考虑轴段的分布质量，如需计及轴段的质量效应，一般是在螺旋桨处加上轴段的等效质量。在初步设计阶段，因轴的尺寸尚未确定，其等效质量可初步定为螺旋桨质量的38%。

### 7.4.5 回旋振动的回避

回避回旋振动最稳妥的方法是将重要的临界转速置于工作转速范围之外，因此《舰船轮机规范》要求：轴系在最高工作转速的115%以下无一次回旋振动临界转速，在80% ~120%的工作转速范围内不出现一次叶频临界转速。实际上，中、大型舰艇和民用商船，轴频临界转速往往比最高工作转速要高得多，通常不会出现问题，而叶频临界转速可能落在工作转速范围内。而对于护卫艇这类的高速小型舰艇，由于轴系转速通常较高，轴径较细，轴承跨距又大，其一次回旋振动临界转速有可能落到工作转速范围之内，对此应予以高度重视。

目前，临界转速是判断轴系回旋振动特性的主要依据，当临界转速不符合《舰船轮机规范》要求时，应修改设计，予以回避。调整轴系回旋振动临界转速的主要方法有下述五种：

**1. 改变螺旋桨叶片数目**

改变螺旋桨叶片数目只能调整叶频临界转速，而不能改变轴频临界转速。通常是减少桨叶数（如将四叶桨改为三叶桨），从而使叶片次临界转速提高很多，其效果是其他措施所不及的。不过，螺旋桨结构参数不单是由振动问题确定的，采取这一措施时还要考虑到其他因素的影响。一般说来，只有当其他措施无效或效果不显著时才被考虑。

**2. 改变螺旋桨的悬臂长度**

螺旋桨的悬臂长度对回旋振动的固有频率有很大影响，但轴系设计时，通常已将螺旋桨布置在紧靠尾托架轴承位置，因此悬臂长度可改变的余地已不大。

**3. 改变轴系尺寸**

通常是采用增大尾轴直径的方法。增加轴径一方面可增加轴的刚度，尽管也会使质量和转动惯量增加，但其综合结果是使固有频率增高。这一方法可取得较好的效果，在轴系设计中不乏应用的实例。

**4. 改变螺旋桨材料**

相同结构尺寸的螺旋桨采用不同材料（如铜合金、铸钢、镍铝合金等）时，其重量相差可达10%，对固有频率有一定的影响。但舰艇螺旋桨常采用高锰铝青铜或锰黄铜，它们的密度相差不大，且材料不同将造成力学性能上的差异，通常不能随意变更。

**5. 调整轴承跨距**

调整轴承跨距，特别是尾轴最后两个轴承之间的距离，对固有频率有较大影响，是轴系设计中又一个调整固有频率的常用方法。当减小轴承跨距时，应注意各轴承负荷的合理分配，防止有的轴承承受负载荷，即发生轴承脱空的现象。

在中、大型舰船中，由于主机功率增大，螺旋桨的激振力增加，即使在运转范围内没有产生共振，回旋振动的响应也有可能大到不可忽视的程度。因此解决回旋振动的根本途径是减小作用在螺旋桨上的流体激振力，即减少输入系统的振动能量。在船型设计中，应尽可能选择不使伴流产生急剧变化的船型。一般说来，V形截面的船尾比U形船尾的伴流更为紊乱；双桨船的伴流场比单桨船的伴流场均匀。从螺旋桨的叶片数来看，奇数叶片的螺旋桨由于受力更不均匀，其激振力要比偶数叶片的要大。增加船尾的刚度也有助于激振力的减小。

## 7.5 推进轴系的纵向振动

### 7.5.1 概述

舰船轴系纵向振动的激励力主要来自螺旋桨推力的不均匀。任何由螺旋桨推进的舰船，船尾伴流总是存在不均匀性，因此推力的不均匀性也总是存在的。

引起推力不均匀的另外一种原因是主机引起的。在汽轮机船情况下，主机带有速比较大的齿轮箱，冷凝器布置在汽轮机下面，主机与轴系不在一条直线上，这样的布置不利于承载较大的交变的纵向力。而在柴油机船情况下，汽缸内气体压力和往复运动件的惯性力产生的纵向周期力也可能激起轴的纵向振动；此外，轴系的扭转振动也可能激起纵向振动，特别是扭转振动频率与纵向振动固有频率相同或相近时，这种振动的耦合主要是通过曲轴和螺旋桨实现的。

由于过去柴油机的功率一般较小，且主机和轴系大多在一条直线上，而曲轴又允许少量纵向变形，其纵向振动没有汽轮机船那样恶劣，因而主要针对大功率的汽轮机动力装置进行纵向振动的研究。随着柴油机动力、柴燃联合动力的主机功率相应增大，柴油机除提高强载度外，汽缸数也有所增多；特别在长轴系布置时，由柴油机激起的有害的纵振临界转速有可能落入运转转速范围内，因而引起了各柴油机制造厂家和各国船级社或船检局的重视，并开展了对柴油机推进轴系纵向振动的研究。从20世纪70年代中期起，国外有些船级社陆续对轴系纵向振动计算和测量提出了要求，并颁布了包括轴系纵振内容的指导性文件。

我国军用标准《舰船轮机规范》对推进轴系纵向振动提出以下要求：

(1)推进系统的动力响应在工作转速范围内一般不应超过规定的许用值。在任何情况下，推进机械的纵振振幅不应影响推进装置的正常运行或引起疲劳破坏。

(2)交变推力及振动应力的许用值如下：

①主推力轴承和涡轮机推力轴承单幅交变推力的许用值为全功率推力的50%或同样转速下的平均推力，二者中取较小值。

②推进减速齿轮轮齿上的振动应力不超过图7.5.1的规定。

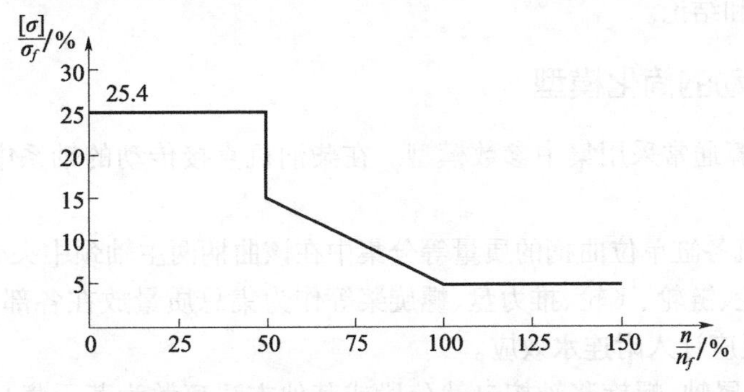


图7.5.1 减速齿轮轮齿上的许用振动应力

图 7.5.1 中：

$n/n_f$——螺旋桨转速与设计全功率转速之比；

$[\sigma]/\sigma_f$——减速齿轮轮齿上的许用振动应力与设计全功率静态载荷应力之比。

(3)主推进系统纵振振幅(单幅)不得超过表 7.5.1 的规定。

表 7.5.1 主推进系统许可纵振振幅(单幅)

| 频率范围/Hz | 幅值/mm |
| --- | --- |
| 4 ~ 15 | 0.76 ±0.15 |
| 16 ~ 25 | 0.51 ±0.10 |
| 26 ~ 33 | 0.25 ±0.05 |
| 34 ~ 40 | 0.13 ±0.025 |
| 41 ~ 50 | $0.076^{+0.0}_{-0.025}$ |

(4)应对当量系统进行完整的纵向特性分析，以确定是否满足要求，但这不能代替实船试验的测试结果。

(5)计算分析书应包含以下内容：

①图示推进系统的布置、部件重量、轴系尺寸等。

②系统当量图，包括质量和刚度值，及其所代表的系统部件的说明和计算中应用的假设。

③阻尼值及所有运转范围内螺旋桨的交变推力。

④螺旋桨激振频率范围内当量系统的振幅响应计算。最高激振频率 $f$(Hz)按下式计算：

$$f = 1.15 \cdot Z \cdot \frac{n}{60} \tag{7.5.1}$$

式中 $Z$——桨叶数；

$n$——设计全功率时轴的转速(r/min)。

⑤螺旋桨激振频率范围内主推力轴承的交变推力，以全功率稳态推力的百分比表示。

⑥减速齿轮由交变推力引起的轮齿振动应力。

⑦如果工作转速范围内计算到二阶谐振，则涡轮机推力轴承所对应的纵向交变推力也应列出。

⑧计算中应用的所有原始数据和假设。

⑨计算结果和结论。

## 7.5.2 纵向振动的简化模型

纵向振动计算通常采用集中参数模型。在柴油机直接传动的轴系中，可按以下方法建立计算模型：

(1)将柴油机各缸单位曲柄的质量等分集中在该曲柄两主轴颈中央处。

(2)传动齿轮、链轮、飞轮、推力盘、螺旋桨等作为集总质量放在各部件重心或几何中心位置，螺旋桨还应计入附连水效应。

(3)中间轴、尾轴、螺旋桨轴按自然分段或其他方法离散为若干集总质量，质量在各离散点的分配应使其质心位置保持不变。通常应在轴承支承位置处放一个集总质量，轴段亦可按自然分段作为分布系统处理。

(4)理论上，推力轴承分支可按图7.5.2(a)简化。图中：$k_o$、$c_o$为油膜刚度和油膜阻尼系数；$m_b$、$k_b$为轴承座参振质量和刚度；$m_s$、$k_s$为双层底、船体梁参振质量和刚度。但是，上述参数一般难以分别确定。因此常用一线性弹簧和黏性阻尼器表示推力轴承分支，它们一端与推力盘集中质量相连，另一端固定，如图7.5.2(b)所示。

(5)纵振减振器可用图7.5.3所示的简化模型表示。其左端为固定端，右端与柴油机曲轴相连。图中$k_d$为减振器等效刚度，$m_d$为油压缸集总质量，$c_d$为减振器阻尼系数，$m_{dp}$为活塞集总质量。

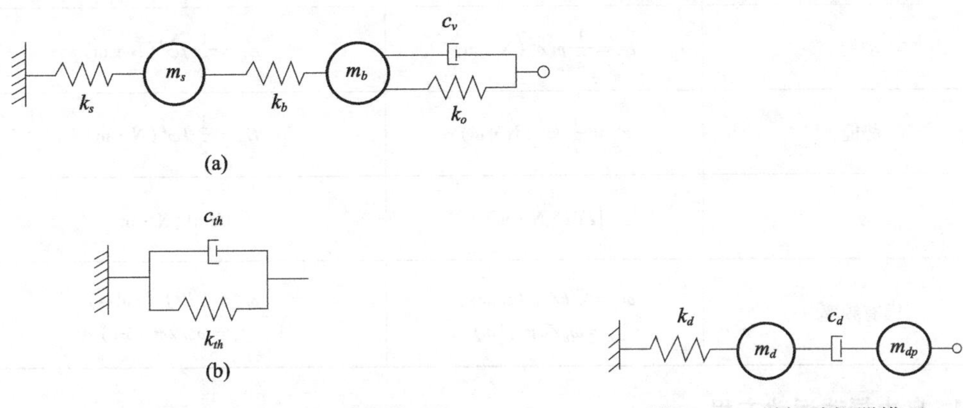


图7.5.2 推力轴承分支模型　　　　图7.5.3 纵振减振器模型

图7.5.4为柴油机与汽轮机推进轴系纵向振动的简化模型。在柴油机齿轮传动系统中，可将齿轮箱内小齿轮前的飞轮、曲轴等作为一个系统，将大齿轮后的推力轴、中间轴、尾轴、螺旋桨轴、螺旋桨作为另一个独立系统，分别按上述原则建立各自的计算模型。在汽轮机轴系中，通常只考虑从齿轮箱的大齿轮到螺旋桨为止的轴系的纵向振动。这时大齿轮作为集总质量元件，轴系其余部件的处理方法与上相同。

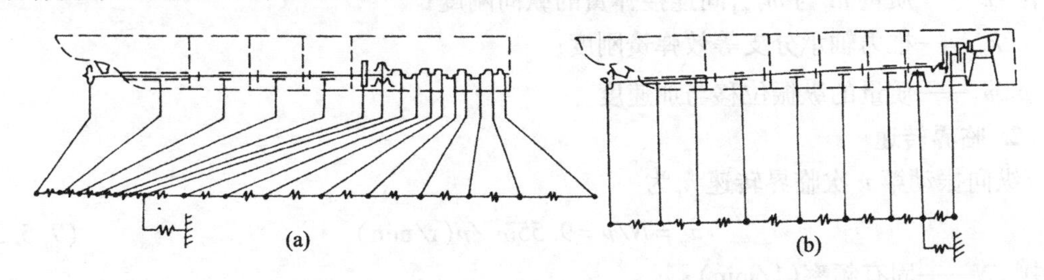


图7.5.4 柴油机与汽轮机推进轴系纵向振动简化模型

## 7.5.3 自由振动

轴系的纵向振动与扭转振动，不论是离散系统模型还是分布系统模型，都具有完全相似的数学模型。如表7.5.2所示，只要将表中扭转振动的动力学参数更换成纵向振动的动力学参数，则扭转振动中的一些公式都可以直接用于纵振分析。和扭振分析一样，纵振的自由振动分析不计入阻尼元件。

表 7.5.2 纵振和扭振系统动力学参数的对应关系

| 参数 | 纵向振动动力学参数 | 扭转振动动力学参数 |
|---|---|---|
| 位移、角位移 | $x$(m) | $\varphi$(rad) |
| 速度、角速度 | $\dot{x}$(m/s) | $\dot{\varphi}$(rad/s) |
| 加速度、角加速度 | $\ddot{x}$(m/s²) | $\ddot{\varphi}$(rad/s²) |
| 质量、转动惯量 | $m$(kg) | $J$(kg·m²) |
| 阻尼系数 | $c$(N·s/m) | $c$(N·m·s/rad) |
| 刚度 | $k$(N/m) | $k$(N·m/rad) |
| 力、力矩 | $F=m\ddot{x}$(N) | $M=J\ddot{\varphi}$(N·m) |
| 动能 | $E_k=\frac{1}{2}m\dot{x}^2$(N·m) | $E_k=\frac{1}{2}J\dot{\varphi}^2$(N·m) |
| 势能 | $E_p=\frac{1}{2}kx^2$(N·m) | $E_p=\frac{1}{2}k\varphi^2$(N·m) |
| 功 | $\int F\mathrm{d}x$ (N·m) | $\int M\mathrm{d}\theta$ (N·m) |
| 固有频率 | $\omega_n=\sqrt{k/m}$ (rad/s)<br>$f_n=\omega_n/2\pi$ (Hz) | $\omega_n=\sqrt{k/J}$ (rad/s)<br>$f_n=\omega_n/2\pi$ (Hz) |

**1. 自由振动运动方程**

图7.5.4所示的轴系纵向振动简化模型，除推力轴承分支点集总质量$m_t$外，其余任一质量$m_i$的无阻尼自由振动方程为

$$m_i\ddot{u}_i+k_{i-1}(u_i-u_{i-1})-k_i(u_{i+1}-u_i)=0(i=1,2,\cdots,n;但\ i\neq t) \tag{7.5.2a}$$

分支点集总质量的无阻尼自由振动方程为

$$m_t^*\ddot{u}_t+k_{t-1}(u_t-u_{t-1})-k_t(u_{t+1}-u_t)+k_{th}u_t=0 \tag{7.5.2b}$$

式中 $k_i$——质量$m_i$与$m_{i+1}$间连接弹簧的纵向刚度；

$k_{th}$——推力轴承分支等效弹簧刚度；

$u_i$、$\ddot{u}_i$——质量的纵振位移与加速度。

**2. 临界转速**

纵向振动第$\nu$次临界转速$n_\nu$为

$$n_\nu=N/\nu=9.55\omega_n/\nu(\mathrm{r/min}) \tag{7.5.3}$$

式中 $N$——固有频率(1/min)；

$\omega_n$——固有圆频率(rad/s)。对柴油机直接传动轴系，一般只要考虑到$\nu=12$就已足够；对齿轮箱传动轴系，只要考虑叶片次或倍叶片次就已足够。

## 7.5.4 受迫振动

**1. 概述**

轴系纵向受迫振动的动力学计算模型如图7.5.5所示，图上考虑了激振力和阻尼力的作用。

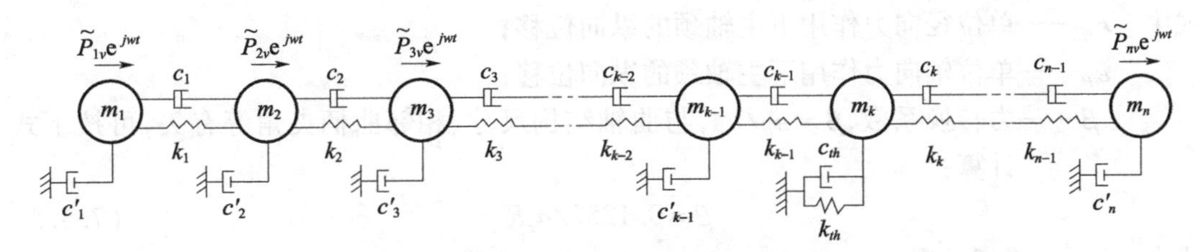


图 7.5.5 轴系纵向受迫振动的简化模型

轴系纵向振动的激振力有:柴油机总作用力作用在曲柄销上的径向力和螺旋桨的交变轴向推力。

轴系纵向振动阻尼主要包括三部分:轴承阻尼、螺旋桨阻尼和材料滞后阻尼。其中轴承阻尼贡献最大,螺旋桨阻尼贡献则视振型而定。图 7.5.5 上表示了质量阻尼(外阻尼即轴承阻尼和螺旋桨阻尼)与轴段阻尼(内阻尼即滞后阻尼)。

在柴油机部分,集总质量都安置在主轴承中心位置;飞轮后的各轴段的集总质量则常放在中间轴承、尾管轴承和托架轴承的相应位置上。由于每一集总质量都安置在轴承位置上,因而每一集总质量处都有轴承阻尼作用。

与扭振相比,纵振阻尼的研究还很不成熟,公开发表的计算公式并不很多。有待于逐步形成整套计算公式。此外,纵振阻尼的机理也需进一步深入探讨。

**2. 激振力**

1)柴油机等效轴向激振力

柴油机总作用力作用于曲柄上的切向力和径向力其方向都与曲轴中心线垂直。由图 7.5.6(a)可见,在径向力 $N$ 作用下,曲柄销产生弯曲变形,从而使主轴颈产生相应的纵向位移 $u_N$。这表明,虽然径向力与曲轴中心线垂直,但由于曲柄结构原因,径向力同样会使曲轴产生纵向位移,其作用如同在曲轴中心线上作用一轴向力 $P_a$ 一样,如图 7.5.6(b)所示。

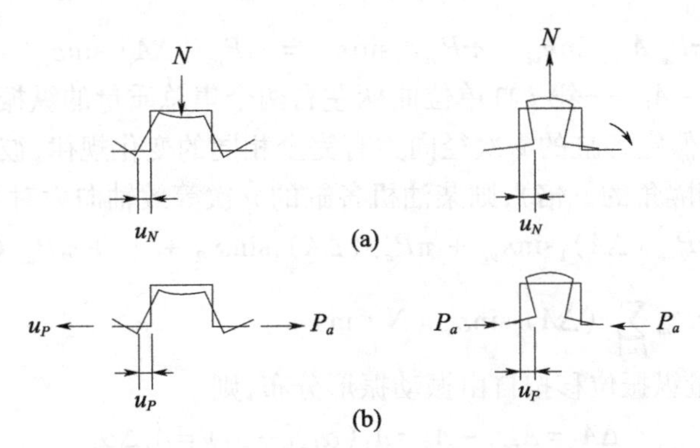


图 7.5.6 曲柄销径向力与轴向力的等效关系

设径向力 $N$ 引起的主轴颈纵向位移为 $u_N$,轴向力 $P_a$ 引起的纵向位移为 $u_P$。令 $u_N = u_P$,则等效轴向力为

$$P_a = \frac{\varepsilon_N}{\varepsilon_P} N = \beta N \tag{7.5.4}$$

式中 $\varepsilon_N$——单位径向力作用下主轴颈的纵向位移；

$\varepsilon_P$——单位轴向力作用下主轴颈的纵向位移；

$\beta$——力转换系数，$\beta = \varepsilon_N/\varepsilon_P$，与曲轴结构尺寸、相邻曲柄夹角等有关，可按下式计算：

$$\beta = 0.125L/a_zR \tag{7.5.5}$$

式中 $L$——连杆长度；

$R$——曲柄半径；

$a_z$——系数，与相邻曲柄夹角有关，有

$$a_z = \frac{1}{Z}\sum_{i=1}^{z} a_i \tag{7.5.6}$$

$$a_i = \frac{1}{4}\left(\cos^2\frac{\alpha_{i-1,i}}{2} + \cos^2\frac{\alpha_{i,i+1}}{2}\right) \tag{7.5.7}$$

$Z$——柴油机汽缸数；

$\alpha_{i-1,i}, \alpha_{i,i+1}$——分别为第 $i$ 个曲柄与第 $i-1$、$i+1$ 个曲柄间的夹角（$\leqslant 180°$）。

这样，对应于每一个简谐径向力，由式(7.5.7)可得到一个等效简谐轴向力。在以下讨论中，假定径向力转换成轴向推力时相位不发生变化。

2）柴油机等效轴向激振力做的功

设第 $i$ 缸曲柄左右主轴颈上集总质量的纵向位移 $u_i$、$u_{i+1}$ 分别为

$$u_i = A_i \sin\omega_a t$$

$$u_{i+1} = A_{i+1}\sin\omega_a t$$

$\nu$ 次等效轴向力为 $P_{a\nu}\sin(\nu\omega t + \varepsilon_{\nu i})$。当 $\omega_a = \nu\omega$ 时，第 $\nu$ 次等效轴向力在一个循环内所做的功为

$$\begin{aligned} W_{\nu i} &= \int_0^{2\pi} P_{a\nu}\sin(\nu\omega t + \varepsilon_{\nu i})\,\mathrm{d}u_{i+1} - \int_0^{2\pi} P_{a\nu}\sin(\nu\omega t + \varepsilon_{\nu i})\,\mathrm{d}u_i \\ &= \pi P_{a\nu}A_{i+1}\sin\varepsilon_{\nu i} - \pi P_{a\nu}A_i\sin\varepsilon_{\nu i} = \pi P_{a\nu}(\Delta A)_i\sin\varepsilon_{\nu i} \end{aligned} \tag{7.5.8}$$

式中 $(\Delta A)_i = A_{i+1} - A_i$——第 $i$ 缸单位曲柄左右两个集总质量的纵振位移幅值差。

对多缸柴油机，假定各缸的 $\nu$ 次径向力有完全相同的变化规律，彼此相差一恒定相位角（等于各缸发火间隔角的 $\nu$ 倍），则柴油机各缸的 $\nu$ 次等效轴向力对系统做的总功为

$$\begin{aligned} W_\nu &= \pi P_{a\nu}(\Delta A)_1\sin\varepsilon_{\nu 1} + \pi P_{a\nu}(\Delta A)_2\sin\varepsilon_{\nu 2} + \cdots + \pi P_{a\nu}(\Delta A)_Z\sin\varepsilon_{\nu Z} \\ &= \pi P_{a\nu}\sum_{i=1}^{Z}(\Delta A)_i\sin\varepsilon_{\nu i}\ (\mathrm{N\cdot m}) \end{aligned} \tag{7.5.9}$$

如果系统各质量纵振位移按自由振动振形分布，则

$$\Delta A_i = A_{i+1} - A_i = A_1(\alpha_{i+1} - \alpha_i) = A_1\Delta\alpha_i$$

$$W_\nu = \pi P_{a\nu}A_1\sum_{i=1}^{Z}(\Delta\alpha_i\sin\varepsilon_{\nu i})\ (\mathrm{N\cdot m}) \tag{7.5.10}$$

式中 $\Delta\alpha_i = \alpha_{i+1} - \alpha_i$——第 $i$ 缸单位曲柄左右两个集总质量的纵振相对振幅差，由自由振动振形求得。

$\sum_{i=1}^{Z}(\Delta\alpha_i\sin\varepsilon_{\nu i})$ 是一组具有不同相位的矢量在水平方向的投影和，它等于该组矢量

和在水平方向的投影,即

$$\sum_{i=1}^{Z}(\Delta\alpha_i\sin\varepsilon_{\nu i}) = (\Sigma\Delta\boldsymbol{\alpha}_i)\sin\varepsilon_\nu \tag{7.5.11}$$

式中 $\Sigma\Delta\boldsymbol{\alpha}_i$——相对振幅差矢量和。于是:

$$W_\nu = \pi P_{a\nu}A_1(\Sigma\Delta\alpha_i)\sin\varepsilon_\nu(\mathrm{N\cdot m}) \tag{7.5.12}$$

共振时,$\varepsilon_\nu = \pi/2$,上式变为

$$W_\nu = \pi P_{a\nu}A_1\Sigma\Delta\alpha_i(\mathrm{N\cdot m}) \tag{7.5.13}$$

相对振幅矢量和 $\Sigma\Delta\boldsymbol{\alpha}_i$ 的计算式为

$$\Sigma\Delta\boldsymbol{\alpha} = \sqrt{(\Sigma\Delta\alpha_i\sin\nu\xi_{1,i})^2 + (\Sigma\Delta\alpha_i\cos\nu\xi_{1,i})^2} \tag{7.5.14}$$

式中 $\nu$——简谐次数;

$\xi_{1,i}$——第 $i$ 缸与第1缸间的发火间隔角。

3)螺旋桨激振力

设螺旋桨的纵向位移 $u_p = A_p\sin\omega_a t$,螺旋桨的激振力为 $F_{x\nu}\sin(\nu\omega t + \varepsilon_p)$;其频率 $\nu\omega = kZ_p\omega$,$(k=1,2,\cdots)$,为叶频或倍叶频。当 $\omega_a = kZ_p\omega$ 时,螺旋桨激振力在一个循环中所做的功为

$$W_p = \pi F_{x\nu}A_p\sin\varepsilon_p(\mathrm{N\cdot m}) \tag{7.5.15}$$

共振时,$\varepsilon_p = \pi/2$,上式变为

$$W_p = \pi F_{x\nu}A_p(\mathrm{N\cdot m}) \tag{7.5.16}$$

**3. 受迫振动响应的近似计算**

受迫振动响应的近似计算作了以下振型假设:即系统在共振区的共振与非共振响应的振型与该固有频率下系统的无阻尼自由振动振型相同。由于这一假设,计算中引用的激振力做功和阻尼功计算公式中所有纵振位移幅值 $A_i$ 都可表示为系统第一质量振动幅值 $A_1$ 与该质量自由振动相对振幅 $\alpha_i$ 的乘积。有关轴段的弹性力也可表示为第一质量振动幅值 $A_1$ 与 Holzer 表上第五列的单位位移弹性力 $\Sigma m_i\omega^2\alpha_i$ 之乘积。

1)能量法

能量法基于能量平衡原则,即激振力输入系统的能量全部为系统阻尼所消耗。计算中如果螺旋桨激振力与柴油机激振力简谐次数相同,在计算它们的输入能量时,常忽略其间的相位差。当然,这样的计算结果偏于保守。

能量平衡方程式为

$$W_c + W_P = W_{Pc} + W_{bc} + W_{sc} + W_{cc} \tag{7.5.17}$$

式中左端为激振力输入系统的能量,两项都隐含未知量 $A_1$;右端为阻尼消耗的能量,这些项中都隐含未知量 $A_1^2$。这些公式经处理后可得到系统第一质量的纵振位移幅值 $A_1$:

$$A_1 = \frac{P_{a\nu}\Sigma\Delta\alpha + F_{x\nu}\alpha_P}{\omega_n[c_P\alpha_P^2 + \Sigma c_{bi}\alpha_i^2 + \Sigma c_s] + 0.7248\times10^{-13}\left[(c_{aP} + c_{aj} + c_{aw})\sum_{i=1}^{z}F_{k1}^2 + \Sigma c_{si}F_{k1}^2\right]} \tag{7.5.18}$$

对于齿轮传动推进轴系,大齿轮螺旋桨系统中只有螺旋桨的激振力,第一质量纵振位移幅值改写为

$$A_1 = \frac{F_{x\nu}\alpha_P}{\omega_n\left[c_P\alpha_P^2 + \Sigma c_{bi}\alpha_i^2\right] + 0.7248 \times 10^{-13}\Sigma c_{si}F_{k1}^2} \tag{7.5.19}$$

2)放大系数法

共振时,系统第一质量处的纵振位移幅值为

$$A_1 = QA_{1st} \tag{7.5.20}$$

式中 $Q$——系统总放大系数;

$A_{1st}$——系统第一质量的平衡振幅。

纵振中平衡振幅概念和扭振的平衡振幅概念相似。系统在一组大小相等的纵向静力作用下,各质量产生纵向位移,设各质量的位移按自由振动振型规律分布。静力输入系统的能量$\frac{1}{2}\Sigma\,\overrightarrow{P_{\nu i}\Delta A_{ist}} = \frac{1}{2}A_{1st}\Sigma\,\overrightarrow{P_{\nu i}\Delta\alpha}$全部变为系统弹性元件的变形能。当突然去掉所有静力后,系统将作自由振动,如忽略阻尼作用,自由振动的最大动能$\frac{1}{2}\Sigma m_i\omega_n^2A_{ist}^2 = \frac{1}{2}\omega_n^2A_{1st}^2\Sigma m_i\alpha_i^2$应等于静力输入系统的能量,即

$$\frac{1}{2}\beta N_\nu A_{1st}\Sigma\Delta\boldsymbol{\alpha} = \frac{1}{2}\omega_n^2A_{1st}^2\Sigma m_i\alpha_i^2$$

可解得:

$$A_{1st} = \frac{\beta N_\nu\Sigma\Delta\boldsymbol{\alpha}}{\omega_n^2\Sigma m_i\alpha_i^2} \tag{7.5.21}$$

如考虑螺旋桨激振力的影响,且忽略它与柴油机激振力间的相位差时,则:

$$A_{1st} = \frac{\beta N_\nu\Sigma\Delta\boldsymbol{\alpha} + F_{x\nu}\alpha_P}{\omega_n^2\Sigma m_i\alpha_i^2} \tag{7.5.22}$$

式中 $\beta$——转换系数;

$N_\nu$——作用在曲柄销上的 $\nu$ 次径向力幅值(N);

$\Sigma\Delta\boldsymbol{\alpha}$——相对振幅差矢量和;

$F_{x\nu}$——螺旋桨的 $\nu$ 次推力幅值(N);

$\alpha_P$——螺旋桨处相对振幅;

$\omega_n$——与 $\nu$ 次激振力共振的固有频率(1/s);

$m_i$——系统第 $i$ 质量(kg);

$\alpha_i$——第 $i$ 质量处相对振幅。

Gotaverken 公司用的总放大系数是按简谐次数由表 7.5.3 查取。日立造船公司用的总放大系数在技术文件中介绍为 20,但实际应用时,只取 $Q=10$。但是,在计算平衡振幅时,它们都是应用各自的曲线和数据来计算径向力 $N_\nu$和转换系数 $\beta$ 的。

表 7.5.3 系统总放大系数

| 简谐次数 | 5~6 | 7 | 8 | 9 |
|---|---|---|---|---|
| 总放大系数 | 22.0 | 19.0 | 15.8 | 12.4 |

除按经验直接选用总放大系数外,也可以根据阻尼系数和放大系数间的关系,将上一节的各阻尼系数转换为相应的放大系数。

## 7.5.5 纵振的消减和回避

纵振的消减和回避可以通过调整系统的固有频率、减少输入能量、避免扭振－纵振的强耦合、配置减振器等措施实现。

**1. 调频**

调整系统的固有频率的基本方法是改变轴段的纵向刚度、集总质量及其分布。节点附近纵向刚度的变化以及远离节点的集总质量的变化，对系统固有频率的影响最大。

改变轴系的直径和长度可以改变系统的固有频率，但单纯加大轴的直径对提高系统单、双节振动固有频率的作用不大。

推力轴承及支座刚度对系统纵振固有频率特别是单节振动频率有重大影响。

改变飞轮质量或在轴系纵振相对振幅较大处(例如柴油机自由端)安装调频质量可以调整固有频率和振型。因此，在曲轴自由端安装调频飞轮以改变轴系扭转振动固有特性时，应注意对轴系纵振特性的影响。反之，当在曲轴自由端安装调频质量以改变轴系纵振固有特性时，也应注意对轴系扭振特性的影响。不过，后者的影响较小。

对于齿轮传动推进轴系，其激振力来自螺旋桨。当在工作转速范围内出现严重的共振转速时，可以通过改变桨叶数目，以改变激振力的频率，将共振转速移到运转转速范围之外，达到消减和回避强烈纵振的目的。

**2. 减少输入系统的纵振能量**

输入系统的纵振能量由柴油机和螺旋桨激振力提供。

由柴油机激振力做功公式(7.5.13)可见，减小 $A_1$ 及 $\Sigma\Delta\boldsymbol{\alpha}$ 都可降低激振力所做的功，从而减少输入系统的能量。要改变 $\Sigma\Delta\boldsymbol{\alpha}$，需要改变柴油机的发火顺序，这一措施牵涉到柴油机的结构选型，通常难以应用。上节讨论的在曲轴自由端安装调频质量可以起改变固有振型的作用，它能有效地减小自由端的纵振振幅和某些谐次振动的相对振幅差矢量和，和扭振一样，是一种积极的办法。

调整螺旋桨与柴油机曲轴间的夹角，的确可以使柴油机和螺旋桨激振力产生的纵振响应相互抵消一部分，但是，由于激振力相位角计算的近似性，以及结构工艺上的问题，一般只能在实船上通过试验确定。

图7.5.7为某船推进轴系(柴油机推进，二冲程12缸13235kW)在调整螺旋桨与曲轴间夹角前后的纵向振动响应。

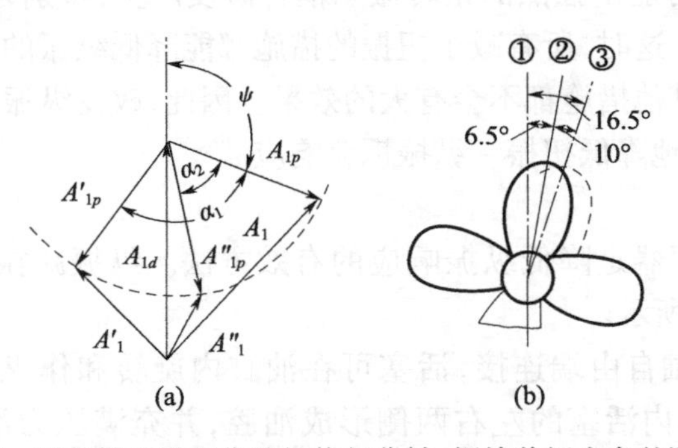


图7.5.7　某船轴系纵振位移幅值与曲轴、螺旋桨间夹角的测试结果

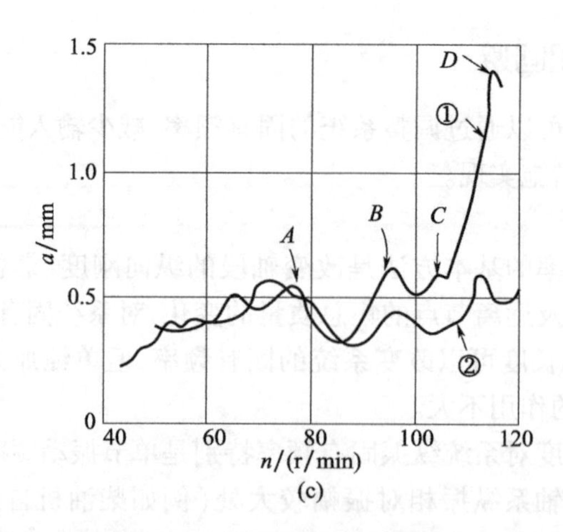


图 7.5.7 某船轴系纵振位移幅值与曲轴、螺旋桨间夹角的测试结果(续)

图 7.5.7(a)表示在不同夹角下螺旋桨的纵振幅值和方向。$A_{1d}$、$A_{1p}$ 为初始安装位置柴油机和螺旋桨激振力分别作用时螺旋桨的纵振幅值,$A_1$ 为两者同时作用时的纵振位移幅值;$A'_{1p}$ 为螺旋桨相对曲轴转 20°后,螺旋桨激振力单独作用时的纵振幅值,$A'_1$ 为此时两者同时作用时的纵振幅值;$A''_{1p}$、$A''_1$ 分别为螺旋桨相对曲轴转 10°后,螺旋桨激振力单独作用和同时作用时的纵振幅值。

图 7.5.7(b)表示螺旋桨相对曲轴旋转的位置。①为柴油机第一缸活塞上止点位置,②为螺旋桨初始安装位置,③为螺旋桨相对曲轴旋转 10°位置。

图 7.5.7(c)为纵振测试结果。曲线①、②为上述两个螺旋桨安装位置时的纵振位移响应。曲线上的 $A$、$B$、$C$ 三个小峰分别是单节三次扭振、双节九次扭振以及单节二次扭振诱发的纵向振动,$D$ 为四次(叶片次)纵振幅值。可见,改变安装角后四次纵振幅值大幅度下降。

过去,为了寻求最佳螺旋桨安装角,需要不断更改结构,工程实施时相当麻烦。后来改用柴油机单缸断油法来试验确定螺旋桨最佳安装角。因为单缸断油后,柴油机各缸激振力的合力的大小和相位角都发生了变化,当停止不同汽缸的供油时,这种变化都不同。通过试验分析,可以方便地求出螺旋桨的最佳安装角。

**3. 避免扭振 - 纵振的强耦合**

轴系纵向振动也可能由强烈的扭转振动耦合激发产生,特别是当两者的临界转速相同或相近时更易发生。这时,所有减小扭振的措施都能降低纵振的耦合响应;而纵振的消减措施中,除调频外,其他措施都不会有大的效果。因此,改变纵振固有频率,错开扭振与纵振临界转速,能有效地降低扭振 - 纵振耦合响应。

**4. 配置减振器**

安装纵向振动减振器是降低纵振响应的有效方法。纵振减振器安装在曲轴自由端上,其结构如图 7.5.8 所示。

减振器活塞与曲轴自由端连接,活塞可在油缸内旋转和作纵向振动。油缸体固定在柴油机机架上,缸体内活塞的左右两侧形成油腔,并充满压力滑油。曲轴振动时,滑油通过节流阀从活塞的一侧流向另一侧,节流阀的开度根据所需的阻尼力由计算和试验确定。

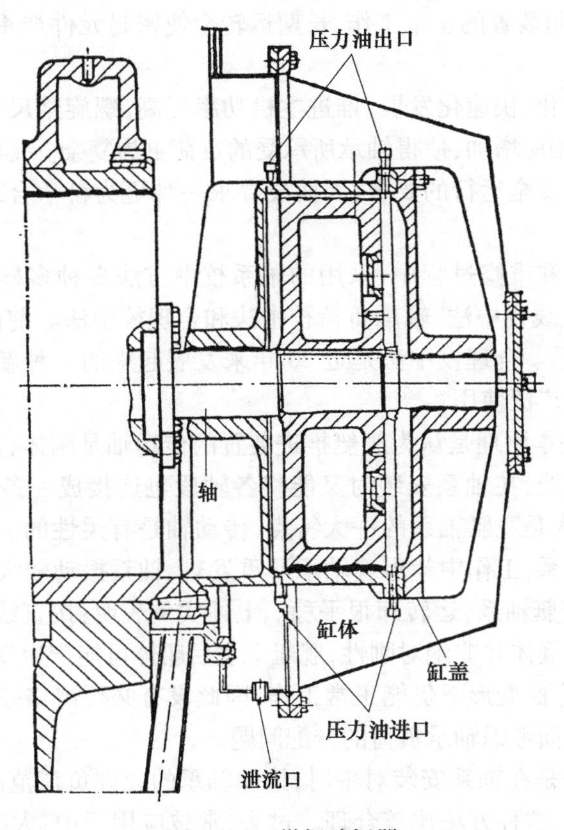


图 7.5.8 纵振减振器

减振器用油由滑油系统供给。为了带走纵振阻尼产生的热量,左、右油腔各有一对滑油进、出口,系统提供足够高的油压使油腔中的滑油形成循环。

# 7.6 舰船推进轴系校中计算

## 7.6.1 概述

推进轴系校中是轮机工程中的一个特殊问题。舰艇轴系一般较长,又有多个轴承支承,如何确定轴承的位置,保证轴系元件安全运行,成为舰船设计、建造施工中的一项重要工作。

轴系校中不良,使各轴承负荷分布不均,轴受到附加安装弯矩作用,并可能引起下述不良后果:

(1)轴系部分轴承负荷过小或受反向负荷而失去正常的支承作用。这会改变轴系的动力特性,有可能使轴系回旋振动的临界转速落入工作转速范围内,发生剧烈的轴系振动;

(2)尾轴后托架轴承负荷过大并形成单边负荷,使后轴承迅速磨损;

(3)减速齿轮箱大齿轮轴前后轴承负荷不均,甚至使其中一个轴承脱空,另一个超过承载能力,影响齿轮的正常啮合,齿轮箱振动、噪声增加,损伤齿面;

(4)影响尾轴密封装置的正常工作,长期运转会使密封元件严重磨损,造成泄漏或出现过热、烧损等现象。

随着舰船向大型化、快速化发展,推进主机功率提高,螺旋桨尺寸、质量增加,轴系的尺寸、质量和刚度也相应增加,使得轴承所承受的负荷更为复杂。传统的轴系校中原理和方法已不能满足舰船安全运行的要求,因而要寻求一种更为科学合理的轴系校中设计计算方法。

尽管在船舶建造和维修过程中,采用的轴系校中方法多种多样,但就校中的实质而言,可划分为三种:直线校中法、轴承负荷校中法和合理校中法。前两种方法是传统的校中方法,人们比较熟悉。合理校中法是近 20 年来发展起来的一种新的设计校中方法,在新型舰船建造中已被广泛使用。

直线校中法的基本原理是认为舰艇推进装置的传动轴是刚体,如果将轴系中各轴承中心线布置成一条直线,在轴系安装时又能将各轴段也连接成一条直线,则运转效果最佳。实际上,长径比大是舰艇轴系的一大特点,传动轴是有柔性的。很早就已发现:有些按直线校中合格的轴系,工作中却出现轴承严重发热、轴系振动较大等现象;而一些按轴系校中要求超标的舰艇轴系,运转却很平稳。上述实例表明:按直线原理校中舰艇轴系,并不科学合理。因为舰体并非绝对刚性,舰艇下水后船体可能产生变形,而传动轴有一定的柔性,它在一定的弯曲变形下仍能正常工作,因此没有必要严格按照直线来定位轴承,而且这种方法没有全面考虑轴承负荷的分配问题。

轴承负荷校中法是在轴系安装对中时,按照轴承的允许负荷范围来实现校中并据此将轴承定位。理论上,这种方法比较合理。过去,常被应用于中、大型舰船推进轴系的安装中。这种方法的缺陷是测量轴承负荷的测力计只能安装在中间轴承和推力轴承上,因而无法测出尾管轴承、托架轴承以及齿轮箱大齿轮前后轴承的轴承负荷。而上述部位又是最易发生负荷分配不均的位置。因此这一方法的推广应用受到限制,有待进一步完善和改进。

合理校中法是近 20 年来提出的一种新方法,并迅速得到各国船检部门的认可。合理校中法的原理是:在遵守规定的轴承负荷、轴段应力和转角等限制条件下,通过校中计算以确定各轴承的合理位置,通过轴承变位,将轴系安装成曲线状态。在轴系技术设计阶段,即应完成轴系合理校中设计,提供给船厂作为制订轴系安装工艺的依据。

**1.《舰船轮机规范》对舰船轴系校中的要求**

(1)轴系在下述各种组合情况下(①和③;①和④;②和③;②和④)应合理校中:

①机械和机座处于冷态;

②机械和机座处于热态(运行温度);

③单个轴承处于最大磨损状态;

④所有轴承同时处于最大磨损状态。

(2)合理校中的轴系应满足下列要求:

①每个轴承应承受合理的正反力,任一个轴承在热态运行时的正反力一般应不小于其相邻两跨轴段重量的 20%;

②轴承单位压力应不超过表 7.6.1 和表 7.6.2 所列的规定的许用压力;

③对带有齿轮传动装置的轴系,大齿轮前后轴承的反力差应不超过齿轮传动装置制

造厂提供的最大允差(在制造厂未提供资料情况下,全国船舶标准化技术委员会指导性技术文件 CB/Z 338—2005《船舶推进轴系校中》推荐:前后轴承反力差应不超过跨间轴段及大齿重量总和的 20%);

④各轴应有合理的弯曲力矩;

⑤组成推进轴系的所有部件:主机、齿轮传动装置和联轴器等的其他对中要求。

表 7.6.1 滑动中间轴承的许用单位压力(MPa)

| 自然润滑中间轴承 | 许用单位压力[p] |
|---|---|
| 油环型 | 0.34 |
| 油盘型 | 0.52 |

注:通过试验验证及充分论证后,经订货部门同意可适当提高[p]值。

表 7.6.2 尾轴轴承的许用单位压力(MPa)

| 水润滑中间轴承 | 许用单位压力[p] |
|---|---|
| 橡胶轴承 | 0.49 |
| 铁梨木轴承 | 0.29 |
| 层压板轴承 | 0.29 |

**2. 全国船舶标准化技术委员会指导性技术文件 CB/Z 338—2005《船舶推进轴系校中》的规定**

(1)校中计算时应确保各轴截面上的弯曲应力数值不超过设计规定的允许极限值。在一般情况下,螺旋桨轴、尾轴和中间轴,其允许弯曲应力为 $200kg/cm^2$,推力轴为 $150kg/cm^2$,减速器大齿轮轴为 $100kg/cm^2$,特殊情况下,应符合相应技术要求。

(2)校中计算时,应使尾管后轴承支点处轴的转角不超过 $3.0 \times 10^{-4}$rad,否则应提出相应措施使其符合规定。

**3. 对带有齿轮传动装置轴系的要求**

(1)应有足够的挠性,以承受安装误差和温度变化的影响,使之在各种运行条件下能保持齿轮正确啮合。

(2)按下式确定的挠性系数 $F$ 的绝对值应不小于 0.25mm。

$$F = U/(I_{1,1} - I_{2,2}) \tag{7.6.1}$$

式中 $U$——大齿轮前后轴承反力的最大允差(N),由制造厂提供;

$I_{(1,1)}$——大齿轮前轴承对其自身的轴承负荷影响数(N/mm);

$I_{(2,2)}$——大齿轮后轴承对其自身的轴承负荷影响数(N/mm)。

(3) 轴系在舰船上安装后,应测试验证舰船在水中时的轴系校中情况。

## 7.6.2 轴系合理校中计算

按规范要求,轴系合理校中计算最终要提供下列计算结果:

(1)轴承变位数值(mm);

(2)指定轴截面包括主机输出法兰处的弯矩(kN·m)或弯曲应力(kPa)、剪力(kN)、挠度(mm)、转角(rad);

(3)轴承负荷值(kN)和轴承比压 kPa);

(4)轴承负荷影响系数(kN/mm);

(5)采用顶举法检验时的轴承负荷顶举系数;

(6)各对轴法兰的偏移(mm)、曲折(mm/m)或开口(mm)值;

(7)对施工中特殊指标所需的相应数值。

**1. 轴系简化模型**

轴系校中计算时,可将实际轴系简化成从主机(或齿轮箱)到螺旋桨搁置于多个铰支承上的连续梁(图 7.6.1)。梁的长度自螺旋桨轴的末端端面开始,至主柴油机输出端向前数第二缸的前主轴颈的前端面(或减速器大齿轮轴前端面)为止,跨间作用着均布载荷和集中载荷。

1)集中载荷

(1)螺旋桨载荷。

螺旋桨重量作为集中载荷处理。当其在浸水状态时,需考虑其浮力的影响。此时,其重量按下式计算:

$$W_P = W_a(\gamma_P - \gamma_{sw})/\gamma_P \tag{7.6.2}$$

式中 $W_P$——校中计算时的螺旋桨重量(kN);

$W_a$——螺旋桨在空气中的重量(kN);

$\gamma_P$——螺旋桨材料的密度($kg/m^3$);

$\gamma_{sw}$——海水密度($kg/m^3$)。

在一般情况下,允许近似取:

$$W_P = (0.935 \sim 0.947)W_a \tag{7.6.3}$$

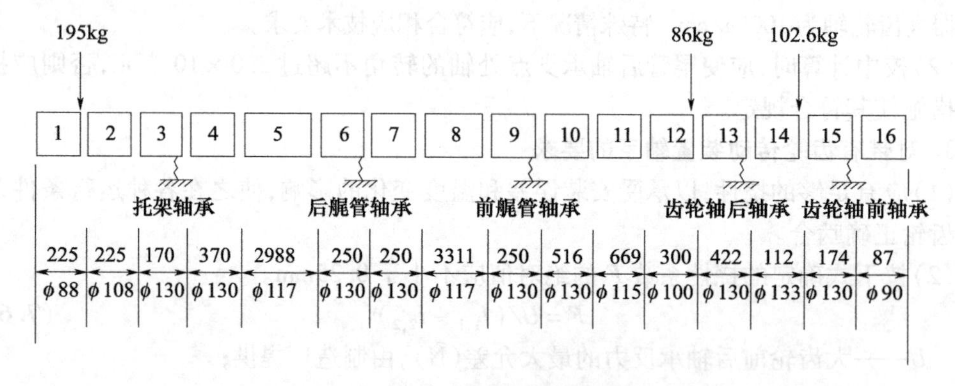


图 7.6.1 轴系校中简化模型

螺旋桨质量的作用点,应取螺旋桨质量中心在螺旋桨轴线的垂直投影交点。在未能确定螺旋桨质量中心的情况下,允许从桨叶处向其轴线作垂线的交点,或近似取桨毂中点。

(2)轴系各连接法兰、推力环、飞轮、减速器大齿轮均可作集中载荷处理。此时,它们与相应轴段的相同轴径部分,计入该轴段的均布载荷,其余部分按集中载荷计算。其作用点为各对法兰的连接面或推力环、飞轮、减速器大齿轮的中点。

2)均布载荷

(1)螺旋桨轴和尾轴的质量作为均布载荷处理,同时应考虑浸入海水或滑油轴段所受浮力的影响。对浸入滑油的轴段,可近似取其在空气中重量的90%;对浸入海水的轴段可取87%。

(2)中间轴、推力轴、减速器大齿轮轴都作为均布载荷处理。

(3)轴系连接法兰、推力环、飞轮、减速器大齿轮等,视其结构型式亦可作均布载荷处理。

3)柴油机质量

(1)将曲轴视作与主轴颈等同直径的光轴,按均布质量处理。

(2)柴油机各缸的往复及旋转运动部件的质量,包括活塞、连杆以及扣除与主轴颈等同部分的曲柄质量,均作为集中载荷叠加在曲柄销中点的梁跨上。

4)支座反力

(1)尾托架轴承支座反力的作用点。

考虑到螺旋桨的悬臂作用使轴承实际压力中心后移,校中计算时,尾托架轴承支承点距轴承后端面的距离可在下述范围内选取:

$$S_b = \left(\frac{1}{7} \sim \frac{1}{3}\right) \cdot l \tag{7.6.4}$$

$$S_t = \left(\frac{1}{4} \sim \frac{1}{3}\right) \cdot l \tag{7.6.5}$$

式中 $S_b$——白合金轴承支承点距离(mm);

$S_t$——铁梨木轴承支承点距离(mm);

$l$——尾托架轴承长度(mm)。

通常情况下,冷态计算取值应较热态计算为小。

白合金轴承长度与螺旋桨轴径比值较小者取下限,反之取上限,当比值为2.5时取1/5。

(2)其他轴承支承点位置。

其他轴承支承点位置均取轴承长度的中点。

**2. 轴系合理校中计算**

常用的校中计算方法有三弯矩法、有限元法和传递矩阵法三种。在合理校中计算中,常用传递矩阵法。

如图7.6.1所示,整个推进轴系简化为若干个承受一定载荷且有弹性支承的匀质轴段,每一轴段称之为轴元素,其简化模型如图7.6.2。图中各符号的意义为:

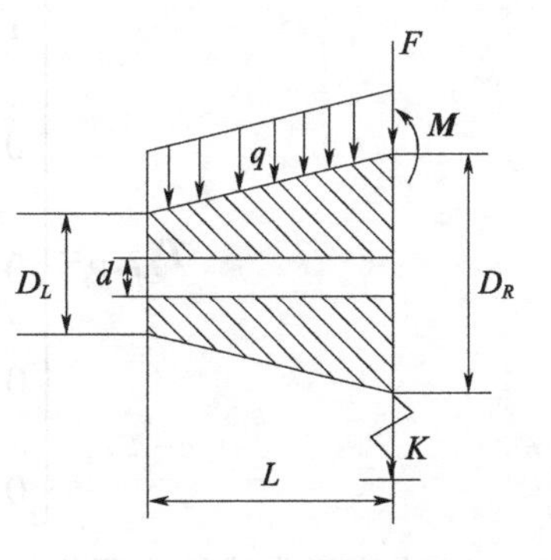

图7.6.2 轴元素定义图

$K$——支承刚度(N/m);

$F$——外部集中载荷(N);

$q$——均布载荷(N/m);

$M$——外部弯矩载荷(N·m)。

1)轴元素的传递矩阵

轴元素的左、右端的状态矢量分别为

$$\mathbf{Z}_R = (y,\theta,M,Q)_R^{\mathrm{T}};\mathbf{Z}_L = (y,\theta,M,Q)_L^{\mathrm{T}}$$

式中 $y$——挠度幅值(m);

$M$——弯矩幅值(N·m);

$\theta$——转角幅值(rad)；

$Q$——剪力幅值(N)。

状态矢量的正负方向按图 7.6.3 所示规定。

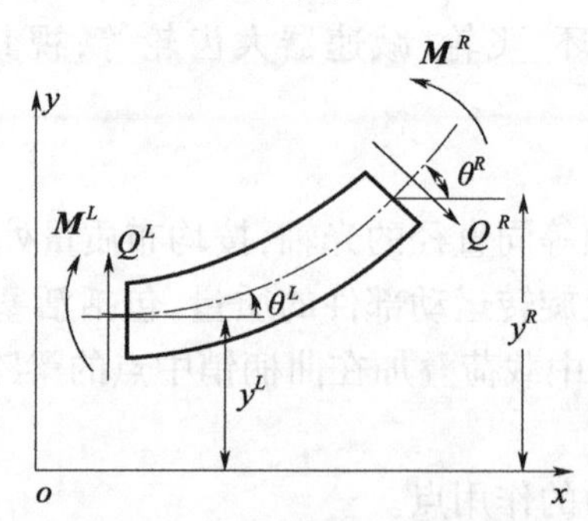


图 7.6.3　轴元素状态矢量定义图

根据连续梁的弯曲理论，分别建立轴元素的挠度、转角、弯矩、剪力方程：

$$\begin{cases} -y_R = -y_L + L\theta_L + \dfrac{L^2}{2EI}M_L + \left(\dfrac{L^3}{6EI} - \dfrac{L}{GA}\right)Q_L - \dfrac{qL^4}{24EI} \\ \theta_R = \theta_L + \dfrac{1}{EI}M_L + \dfrac{L^2}{2EI}Q_L - \dfrac{qL^3}{6EI} \\ M_R = M_L + LQ_L - \dfrac{1}{2}qL^2 - M \\ Q_R = Q_L - qL - F \end{cases} \tag{7.6.6}$$

写成矩阵形式，得：

$$(\boldsymbol{Z}_R, 1)^{\mathrm{T}} = \boldsymbol{T}_{i,i+1}(\boldsymbol{Z}_L, 1)^{\mathrm{T}} \tag{7.6.7}$$

为了方便计算，公式中的状态矢量中增加一常数项。式中 $\boldsymbol{T}_{i,i+1}$ 即为轴元素的传递矩阵：

$$\boldsymbol{T}_{i,i+1} = \begin{bmatrix} 1 & L & \dfrac{L^2}{2EI} & \left(\dfrac{L^3}{6EI} - \dfrac{L}{GA}\right) & -\dfrac{qL^4}{24EI} \\ 0 & 1 & \dfrac{L}{EI} & \dfrac{L^2}{2EI} & -\dfrac{qL^3}{6EI} \\ 0 & 0 & 1 & L & \left(-\dfrac{qL^2}{2} - M\right) \\ 0 & 0 & 0 & 1 & (-qL - F) \\ 0 & 0 & 0 & 0 & 1 \end{bmatrix} \tag{7.6.8}$$

2）支座反力线性方程组

在推进轴系中，有 $n$ 个轴承，设各轴承的支反力为 $P_1$、$P_2$、…、$P_n$。现应用轴系的边界条件和支承轴承处的挠度条件来建立力学方程组。

先引出跨距传递矩阵的概念。设两个支点轴承所在轴元素序号分别为 $i$、$j$，之间由许多不同的轴元素串联而成，则：

$$\boldsymbol{Z}_j = [\boldsymbol{T}_{i,i+1} \cdot \boldsymbol{T}_{i+1,i+2} \cdot \cdots \cdot \boldsymbol{T}_{j-1,j}] \cdot \boldsymbol{Z}_i = \left[\prod_{p=i}^{j-1} \boldsymbol{T}_{p,p+1}\right] \cdot \boldsymbol{Z}_i \tag{7.6.9}$$

括号中的矩阵是两个轴承跨距间各轴元素传递矩阵的乘积，称之为跨距传递矩阵。

假设螺旋桨轴尾端的状态矢量为$(y_0,\theta_0,M_0,Q_0,1)^{\mathrm{T}}$，第一支点轴承处轴元素左、右端的状态矢量分别为$(y_1,\theta_1,M_1,Q_1,1)_L^{\mathrm{T}}$和$(y_1,\theta_1,M_1,Q_1,1)_R^{\mathrm{T}}$，跨距传递矩阵为$\boldsymbol{T}_1$，则有：

$$(y_1,\theta_1,M_1,Q_1,1)_L^{\mathrm{T}} = \boldsymbol{T}_1 \cdot (y_0,\theta_0,M_0,Q_0,1)^{\mathrm{T}}$$

螺旋桨轴尾端一般为自由状态，故$M_0=0,Q_0=0$；轴承处挠度为零，故$y_1=0$。将上述方程展开可得第一个线性方程式：

$$ {}^{1}a_{11}y_0 + {}^{1}a_{12}\theta_0 + {}^{1}b_{15} = 0 \tag{7.6.10}$$

通过第一轴承后，状态矢量只有剪力受支座反力$P_1$作用发生变化，再传至第二轴承时则有：

$$\begin{bmatrix} y_2 \\ \theta_2 \\ M_2 \\ Q_2 \\ 1 \end{bmatrix}_L = \boldsymbol{T}_2 \begin{bmatrix} y_1 \\ \theta_1 \\ M_1 \\ Q_1 \\ 1 \end{bmatrix}_R = \boldsymbol{T}_2 \left[ \begin{bmatrix} y_1 \\ \theta_1 \\ M_1 \\ Q_1 \\ 1 \end{bmatrix}_L + \begin{bmatrix} 0 \\ 0 \\ 0 \\ P_1 \\ 0 \end{bmatrix} \right] = \boldsymbol{T}_1\boldsymbol{T}_2 \begin{bmatrix} y_0 \\ \theta_0 \\ M_0 \\ Q_0 \\ 1 \end{bmatrix} + \boldsymbol{T}_2 \begin{bmatrix} 0 \\ 0 \\ 0 \\ P_1 \\ 0 \end{bmatrix}$$

第二个支撑轴承处挠度为零，则有：

$$ {}^{2}a_{11}y_0 + {}^{2}a_{12}\theta_0 + {}^{2}_{1}q_{14} \cdot P_1 + {}^{2}b_{15} = 0 \tag{7.6.11}$$

以此类推，至第$n$个轴承时，线性方程式为

$$ {}^{n}a_{11}y_0 + {}^{n}a_{12}\theta_0 + {}^{n}_{1}q_{14} \cdot P_1 + {}^{n}_{2}q_{14} \cdot P_2 + \cdots + {}^{q}_{n-1}q_{14}P_{n-1} + {}^{n}b_{15} = 0 \tag{7.6.12}$$

轴系首端的状态矢量为

$$\begin{bmatrix} y_{n+1} \\ \theta_{n+1} \\ M_{n+1} \\ Q_{n+1} \end{bmatrix} = T_1 \cdots T_{n+1} \begin{bmatrix} y_0 \\ \theta_0 \\ M_0 \\ Q_0 \\ 1 \end{bmatrix} + T_2 \cdots T_{n+1} \begin{bmatrix} 0 \\ 0 \\ 0 \\ P_1 \\ 0 \end{bmatrix} + T_3 \cdots T_{n+1} \begin{bmatrix} 0 \\ 0 \\ 0 \\ P_2 \\ 0 \end{bmatrix} + \cdots + T_{n+1} \begin{bmatrix} 0 \\ 0 \\ 0 \\ P_n \\ 0 \end{bmatrix}$$

在轴系首端，当刚性固定时：$y_{n+1}=0,\theta_{n+1}=0$；当自由状态时，$M_{n+1}=0,Q_{n+1}=0$。假定为自由状态，则可得：

$$\begin{cases} {}^{n+1}a_{31} \cdot y_0 + {}^{n+1}a_{32} \cdot \theta_0 + {}^{n+1}_{1}q_{34} \cdot P_1 + {}^{n+1}_{2}q_{34} \cdot P_2 + \cdots + {}^{n+1}_{n}q_{34} \cdot P_n + {}^{n+1}b_{35} = 0 \\ {}^{n+1}a_{41} \cdot y_0 + {}^{n+1}a_{42} \cdot \theta_0 + {}^{n+1}_{1}q_{44} \cdot P_1 + {}^{n+1}_{2}q_{44} \cdot P_2 + \cdots + {}^{n+1}_{n}q_{44} \cdot P_n + {}^{n+1}b_{45} = 0 \end{cases} \tag{7.6.13}$$

由式(7.6.10)至式(7.6.13)共有$(n+2)$个线性方程式，写成矩阵形式如下：

$$\begin{bmatrix} {}^{1}a_{11} & {}^{1}a_{12} & 0 & 0 & \cdots & 0 \\ {}^{2}a_{11} & {}^{2}a_{12} & {}^{2}_{1}q_{14} & 0 & \cdots & 0 \\ {}^{3}a_{11} & {}^{3}a_{12} & {}^{3}_{1}q_{14} & {}^{3}_{2}q_{14} & \cdots & {}^{3}_{1}q_{14} \\ \vdots & \vdots & \vdots & \vdots & & \vdots \\ {}^{n}a_{11} & {}^{n}a_{12} & {}^{n}_{1}q_{14} & {}^{n}_{2}q_{14} & \cdots & {}^{n}_{n-1}q_{14} \\ {}^{n+1}a_{11} & {}^{n+1}a_{12} & {}^{n+1}_{1}q_{34} & {}^{n+1}_{2}q_{34} & \cdots & {}^{n+1}_{n}q_{34} \\ {}^{n+1}a_{11} & {}^{n+1}a_{12} & {}^{n+1}_{1}q_{44} & {}^{n+1}_{2}q_{44} & \cdots & {}^{n+1}_{n}q_{44} \end{bmatrix} \cdot \begin{bmatrix} y_0 \\ \theta_0 \\ P_1 \\ P_2 \\ \vdots \\ P_{n-1} \\ P_n \end{bmatrix} = \begin{bmatrix} -{}^{1}b_{15} \\ -{}^{2}b_{15} \\ -{}^{3}b_{15} \\ \vdots \\ -{}^{n}b_{15} \\ -{}^{n+1}b_{35} \\ -{}^{n+1}b_{45} \end{bmatrix} \tag{7.6.14}$$

3)合理校中计算

(1)直线校中计算。

在轴承按直线布置情况下(即各轴承处轴的挠度为零),通过解线性方程组求出各支座反力。用传递矩阵法计算各轴元素的挠度、转角、弯矩、剪力,即:

$$\begin{bmatrix} y_{i+1} \\ \theta_{i+1} \\ M_{i+1} \\ Q_{i+1} \\ 1 \end{bmatrix} = \boldsymbol{T}_{i,i+1} \begin{bmatrix} y_i \\ \theta_i \\ M_i \\ Q_i + P_i \\ 1 \end{bmatrix} \tag{7.6.15}$$

(2)求轴承负荷影响系数。

为了表明轴系中某个轴承支点偏离直线校中的中心位置后对轴承支反力带来的影响,引出了轴承负荷影响系数的概念。若将偏离中心的轴承定义为变位轴承,令变位轴承抬高一单位位移(mm),此时各轴承的支反力与直线校中计算所得的支反力的差值 $\Delta P_i$(N)即为所求的轴承负荷影响系数 $A_{ij}$(N/mm),它表示第 $j$ 个支承变位对第 $i$ 个支承负荷的影响。求出各轴承变位时的轴承负荷影响系数,为我们平衡各轴承负荷,设计合理的校中方案提供了依据。

(3)轴系热态运行时的校中计算。

轴系稳定运转时,支点轴承、柴油机(或齿轮箱)温度都将升高,由于轴承座、柴油机机座(或齿轮箱壳体)的热膨胀,此时轴线将呈现复杂的曲线状态。为此应作热态的校中计算。

一般制造厂应提供稳定运转后部件的工作温度,在未能获得上述数值的情况下,轴承支点的升高量 $\Delta H$ 可按下式近似计算:

$$\Delta H = \rho \cdot H \cdot \Delta t \quad (\text{mm}) \tag{7.6.16}$$

式中 $\rho$——材料的线膨胀系数,对于焊接的钢结构,可取 $1.17 \times 10^{-5}$/℃;

$H$——机座底部到轴承中心线的高度(mm);

$\Delta t$——冷、热态温度差,视实际情况确定,一般可取 20~30℃。

热态校中计算是在直线校中计算的基础上进行,它考虑了各轴承的负荷均匀分配,适当调整各支撑轴承的垂向位置后进行计算。热态校中计算同样应提供各支座反力,以及各轴元素的挠度、转角、弯矩、剪力。

热态校中计算后,应对所设计的校中方案进行冷态校中计算。

(4)轴系校中的其他方面计算。

①承最大磨损状态下的计算。

按规范要求,应作单个轴承和全部轴承处于最大磨损状态下的轴承支座反力以及各轴元素的挠度、转角、弯矩、剪力的计算。

轴承的最大允许磨损量,应由制造厂提供,也可从舰艇维修保养的技术文件中有关轴承使用的允许极限间隙换算得到。

②对法兰的偏移和偏斜(开口)的计算。

对于所设计的校中方案,冷态时,在未连接各对法兰的情况下,计算各对法兰的偏移和偏斜值,以提供船厂在轴系安装时参考应用。

### 7.6.3　舰船轴系的动态校中

在上述轴系校中讨论中,将轴系简化成刚性支承的连续梁,且只考虑静载荷的作用,是一种静态校中方法。这种方法与过去传统的直线校中相比,更符合舰艇轴系的工作特性。但是舰艇轴系是传递动力的,它在复杂的振动环境下运转,校中设计时单考虑静载荷的作用而不考虑轴系各元件的各种动力载荷,就无法充分保证校中后的轴系在稳定运转和振动环境下工作的可靠程度。因此,轴系的动态校中问题逐渐为设计人员所重视。

轴系的动态校中包含两方面的问题:一是在稳定运转条件下轴系的校中问题;另一个是在振动环境下轴系的动态校中问题。前者除考虑轴系集中载荷、均布载荷外还要计及支承结构的弹性、油膜刚度和轴运转时不随时间变化的其他因素的影响;后者则还需考虑轴系的振动响应。因此,动态校中问题的实质是:以确保实际运转中轴系工作可靠性为目标,从推进轴系动力学的整体出发,通过对影响校中质量诸动态因素的定量研究,确定全面、合理的校中计算模型、算法和恒定准则。

**1. 计算模型**

由于螺旋桨水动力的作用,轴系运转时,轴承在水平和垂直方向都有交变载荷,且由于轴承内存在润滑油膜,因而在轴系校中计算时,要对轴支承作特殊处理。图7.6.4为处理后建立的计算模型。

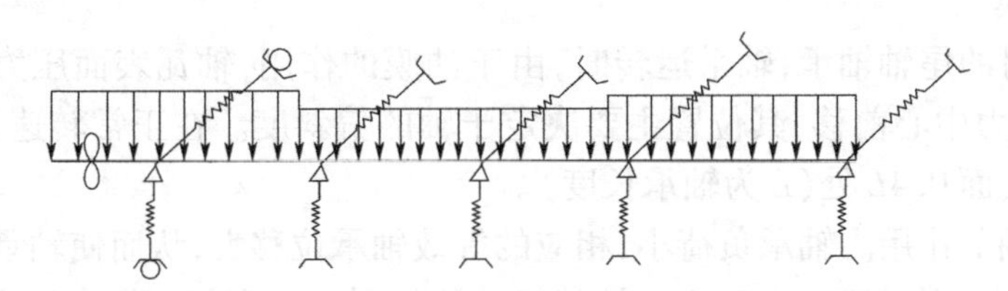

图7.6.4　动态校中计算的物理模型

这是一个三维模型,可以同时计入轴承横向和纵向位移的影响,且在两个方向上设定支承的弹性。"⌒"表示可横向移动的支承座,"⌒○"表示既可横向移动又可纵向移动的支承座,"△"表示简化为点支承的轴承。

轴承上的负荷$R$是轴系所受力及各种影响因素的函数,可表示为

$$R_i = R_{si} + R_{di} + R_{stri} + R_{tepi} + R_{oili} + R_{sdi} \tag{7.6.17}$$

式中　$R$——轴承负荷;

下标$i$——第$i$个轴承;

下标$s$——静外力;

下标$d$——动外力;

下标str——轴承结构刚度影响;

下标tep——温度变化影响;

下标oil——润滑油膜弹性影响;

下标sd——船体变形影响。

将动外力的平均值以及不随时间变化的因素(如船体装载变形、轴承座及机座的平均热温升)的影响计入到轴系校中计算中,就可得到轴系稳定运转校中状态。在此基础上进

一步计入动外力的交变分量，以及随时间变化的因素（如船体在波浪中的变形）的影响，即可得到计入振动响应的校中状态。

**2. 影响校中质量的动态因素分析**

1）轴承结构刚度

静态校中计算时，通常假定轴承刚度为无穷大，实际情况并非如此。大型船舶中间轴承的刚度为$(2.4\sim4.0)\times10^6$N/mm，齿轮轴承的刚度为$(2.1\sim3.25)\times10^6$N/mm，当轴承刚度较小时，轴系对轴承位移的敏感程度明显降低。因此，对于齿轮传动轴系，当已知轴承结构刚度较小时，就不应忽略轴承刚度对轴承负荷的影响，应按照弹性支承进行校中计算，以免掩盖大齿轮前后轴承的真实负荷差别。表7.6.3为某船在轴承变位情况下的计算结果，由表可见：当轴承刚度由绝对刚性降低到$2\times10^6$N/mm时，齿轮轴前、后轴承（轴承5、4号）负荷差由2520N增加到19865N，使之明显超差（允许负荷差为16740N）。

表7.6.3　轴承刚度对大齿轮轴前后轴承负荷差的影响

| 序号 | 轴承号 | 1 | 2 | 3 | 4 | 5 | $R_5-R_4$/N |
|---|---|---|---|---|---|---|---|
| | 轴承位移/mm | 0 | 0 | -1.2 | -2.75 | -2.75 | |
| 1 | 轴承刚度/（N/mm） | ∞ | ∞ | ∞ | ∞ | ∞ | 2520 |
| 2 | | $2\times10^6$ | $2\times10^6$ | $2\times10^6$ | $2\times10^6$ | $2\times10^6$ | 19865 |

2）润滑油膜

对于油润滑的尾轴轴承，轴系运转时，由于油膜的作用，轴瓦表面压力分布较静态时均匀，因此其压力中心前移，其位置主要决定于轴的偏斜度。在正常转速下，压力中心一般在距轴承后端面$0.4L$处（$L$为轴承长度）。

油膜具有调节作用。轴承负荷小，相应的等效轴承位移大，从而使轴承负荷有增大的趋势；轴承负荷大，则相反。表7.6.4是某船计算结果，当不计油膜时2号轴承几乎是空载，计入油膜影响后，2号轴承负荷为正值。

表7.6.4　某船轴系垂直方向轴承负荷（kN）

| 轴承号 | | 1 | 2 | 3 | 4 | 5 |
|---|---|---|---|---|---|---|
| 轴承位移/mm | | 0 | 0 | -0.87 | -2.0 | -2.0 |
| 计算条件 | 不计油膜影响 | 259 | -0.8 | 39.9 | 473.3 | 436.2 |
| | 计入油膜影响 | 262 | 18.5 | 15.2 | 473.4 | 438.6 |

3）螺旋桨水动力作用

螺旋桨水动力有六个分量，各分量都包括平均量和交变量，它们的大小和方向与船尾伴流场密切相关。平均量中的平均推力和扭矩，对轴系校中几乎没有影响或没有直接影响；平均侧向力和力矩则使轴系弯曲，对单桨船而言，一般使尾轴上抬，从而改变尾轴后面几个轴承的负荷分配和后尾轴轴承的油膜压力分布。图7.6.5所示为某船螺旋桨水动力平均分量对轴承负荷的影响，由图可见，当不计入螺旋桨水动力平均分量时，各轴承的负荷变化大，轴承工作条件恶劣；当计入螺旋桨水动力平均分量后，各轴承负荷趋于均匀，尤其改善了尾管轴承（图中1、2号轴承）的工作状况。因此，螺旋桨水动力平均分量对轴系校中有好的影响。图7.6.6表示螺旋桨水动力平均分量对后尾轴承油膜压力分布的影响。由于水动力平均分量的作用，使油膜压力中心前移，从而减少了后尾轴承的“边缘负荷”出现的可能性,有利于延长后尾轴轴承的使用寿命。当然水动力平均分量的上抬作用不能过大(当船尾伴流场过于不均匀时,会发生这种情况),否则将使后尾轴承负荷过小,使该轴承承载能力不能充分发挥,而前尾轴轴承负荷过大,反而造成不良影响。

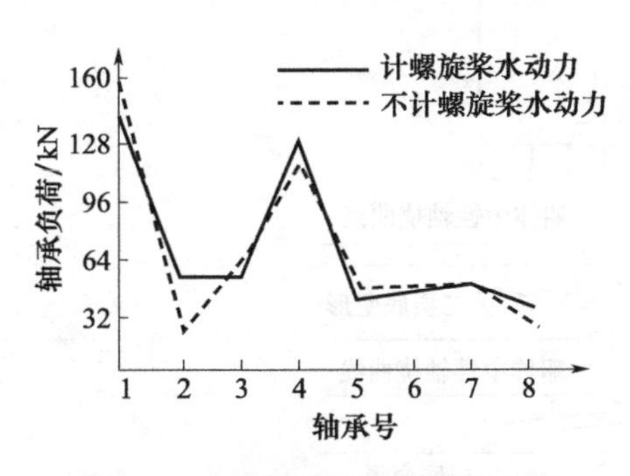


图7.6.5 螺旋桨水动力平均分量对轴承负荷的影响

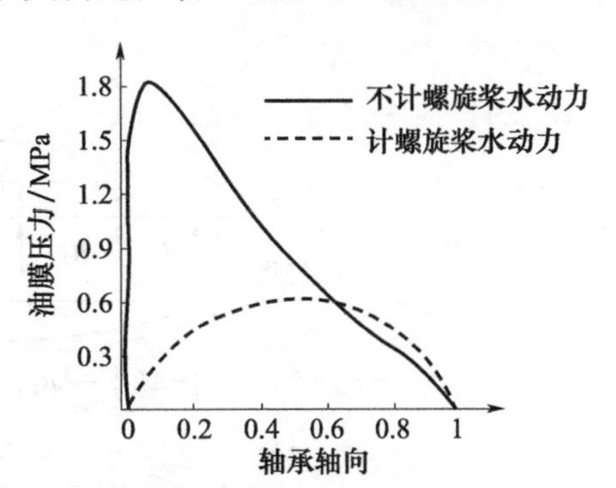


图7.6.6 后尾管轴承轴向油膜压力分布

螺旋桨水动力的交变分量使轴承负荷产生周期脉动变化,其变化周期 $T$ 与叶片数 $Z_P$ 有关,即 $T=2\pi/Z_P$,图7.6.7为某船螺旋桨水动力交变分量对轴承负荷和油膜压力中心的影响。由图可见,尾管后轴承(1#轴承)的轴承负荷变化规律和前轴承(2#轴承)的变化规律恰好相反;后轴承的油膜压力中心的变化规律则与前轴承的负荷变化规律相同。在一个变化周期内,交变分量对轴承负荷分布,既有改善的时候,也有恶化的时候。如:

桨叶旋转角度为9°时,$R_1=136\text{kN}, R_2=71\text{kN}, R_1\approx 2R_2$;

桨叶旋转角度为63°时,$R_1=213\text{kN}, R_2=6\text{kN}, R_1\approx 36R_2$;

因此,螺旋桨水动力对尾轴轴承工作状况的影响较为复杂。考虑螺旋桨水动力作用的轴系校中计算较静态校中计算,更能揭示轴系的工作特性,更有利于改善轴系工作状况,应加强这方面的研究,尤其要深入开展它对轴系校中存在不利影响方面的研究。

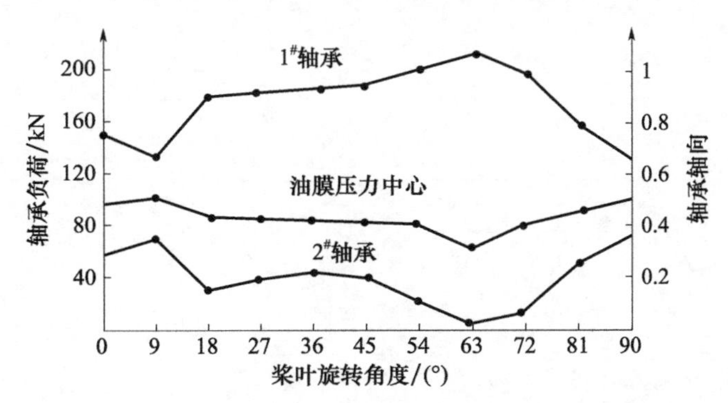


图7.6.7 螺旋桨水动力对尾管轴承负荷的影响

4)船体变形

船体变形主要是指船体装载变形和船体在波浪中的变形。由于舰艇大型化、高速化,轴系的刚性相对增加,船体的刚度相对减小,使轴系的校中状态易受船体变形的影响。船体装载变形由船体装载条件决定,图7.6.8为一艉机型货船的船体变形情况。船在波浪中的变形是随机性的,难以一般性地描述其影响。

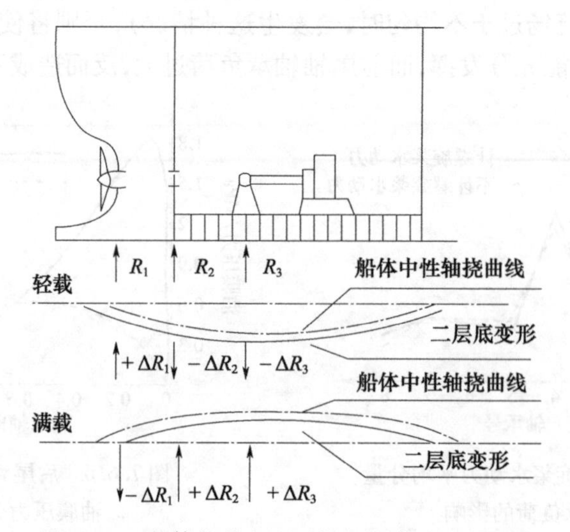


图 7.6.8　船体装载变形对轴承负荷分配的影响

5) 温度变形

温度变化包括日照温升和工作温升。日照温升引起的轴承热膨胀量与地区、水域、季节、船舶停靠位置等都有关,难以给出定量值。通常由造船厂家根据具体情况采取相应的措施,以减少其影响。工作温升主要指机座与齿轮轴承座的温升,机座的热膨胀量约为 0.2mm,主齿轮轴轴承热膨胀量为 0.4~0.5mm,可以以等效轴承位移计入轴承校中计算。

# 第8章 “船体-主机-螺旋桨”配合

舰船快速性是舰船的主要战术技术性能之一，它直接影响到舰船的作战能力，包括攻击力和防御力。舰船快速性由舰船阻力、舰船推进和舰船动力这三大部分组成，因而优良的阻力性能、推进性能和主动力装置性能是舰船获得优良的快速性的保障。舰船主动力装置的基本功能就是提供足够的功率驱动推进器，使其产生必需的推力，以克服舰船在运动时的阻力，确保舰船达到要求的航速。

众所周知，舰船在水中要以某一速度前进，必然会受到水对舰船的阻力，舰船要维持在此速度下航行，就必须提供舰船以推力，使其正好抵消在该航速下水对舰船的阻力。例如在以螺旋桨作为推进装置的舰船上，主机驱动螺旋桨旋转，螺旋桨在水中旋转时必然要消耗功率，同时产生推力。在直接传动时，螺旋桨的转速必须与主机的转速一致，螺旋桨产生的推力则必须与舰船所受的阻力大小相等、方向相反。主机、螺旋桨和舰船船体之间的关系如图8.0.1所示。主机以转速 $n$ 旋转，发出功率 $N_e$，驱动螺旋桨也以转速 $n$ 旋转，产生推力 $T$，同时克服水对螺旋桨的转矩 $M$，螺旋桨消耗的功率即为 $2\pi nM$，它与主机发出的功率 $N_e$ 相等（不计轴系损耗），螺旋桨产生的推力 $T$ 则应与该航速时的舰船阻力 $R$ 相等，使舰船保持航速 $V$ 前进。主机和螺旋桨都装在舰船上，它们亦以速度 $V$ 随舰船前进。

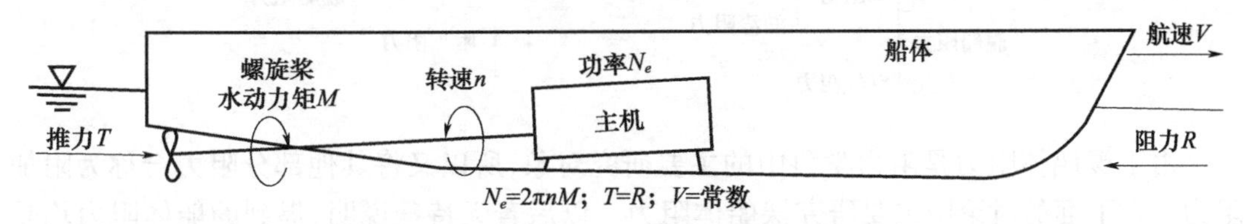


图8.0.1 主机、螺旋桨和舰船船体之间的关系

这里描述的还只是舰船在静水中作等速直线航行时的状态，也是舰船航行中最简单的状态。当舰船在静水中作机动航行时，如直线变速运动、曲线运动（转向或回转）或在波浪中运动时，舰船受到的阻力将是变量，螺旋桨的工作状态也在不断变化，自然要求主机的工作状态也有相应的变化。即使是在静水中作等速直线航行，不同航速时舰船受到的阻力也不同，螺旋桨的工作状态也不同，要求主机的工作状态也不同。或者在同样的航速下，舰船的装载状态或船壳污底情况不同，阻力也不同，螺旋桨和主机的工作状态也需有相应的不同。

由此可见，主动力装置的工作状态是与舰船的运动状态和自然状态（装载、污底、风浪等）以及螺旋桨的工作状态紧密相关的。它们不仅直接影响或决定了主动力装置的运行和操纵规律，而且对主动力装置的性能提出了各种要求。

为此，研究舰船的阻力性能和推进性能对主动力装置十分必要。本章主要介绍：舰船阻力产生的原因、变化规律、影响因素和估算方法；螺旋桨的工作原理、运动状态及其受力的变化规律、性能估算方法；船体-主机-螺旋桨之间的匹配等内容。

# 8.1 舰船阻力

## 8.1.1 舰船阻力的组成与阻力曲线

当舰船在水面上航行时，通常处于水和空气这两种介质的界面处，必然同时受到空气和水两个方面的阻力。由于空气和水的密度相差甚远，两者需分别考虑。前者称为空气阻力，它只与和空气接触的舰体部分即水线以上部分有关；后者称为水阻力，它只与水线以下的舰体有关。

水阻力是舰船阻力的主要部分，首先讨论它。为了研究的方便，将水阻力分成静水阻力和汹涛阻力两部分。前者是指舰船在静水中航行时的阻力；后者是指舰船在波浪中航行时高出静水阻力的那一部分。显然，汹涛阻力与波浪的情况密切相关，比较复杂，有专门的学科进行研究。此处重点讨论静水阻力，后文中若无特别说明，所提到的阻力均指静水阻力。

静水阻力中又经常将光洁的主船体和主船体外的附加件分开考虑，前者称为裸船体阻力，后者称为附体阻力，它指船体外的突出物如轴、托架、舵、舭龙骨、减摇鳍、声呐导流罩等。

按此处理方法，舰船航行时的阻力可作以下划分：

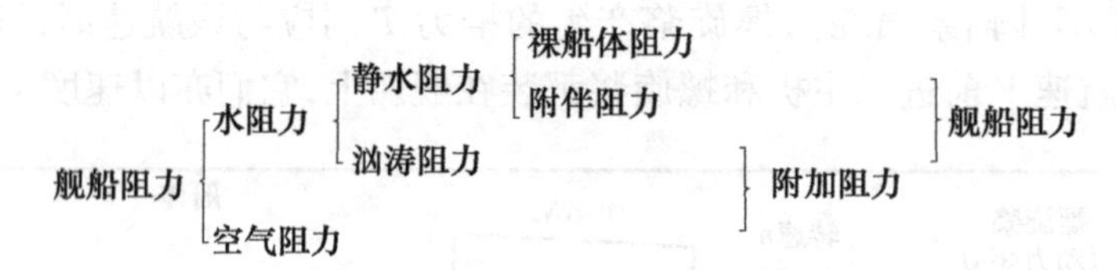


由于裸船体阻力是阻力学科中的主要研究对象，所以又将其他部分阻力合称为附加阻力。在下面的讨论中主要研究裸船体阻力。以后若无特殊说明，提到的船体阻力均是指裸船体阻力，即裸船体在静水中航行时的水阻力。

**1. 船体阻力的分类及成因**

舰船在水中航行时，由于水有黏性，对舰船的运动产生阻滞作用，这种阻滞作用通过水质点沿船体表面切向力的形式表现出来，称之为黏性切向应力，将这些黏性切向应力沿船体表面积分，得其合成力，该合成力在运动方向的投影即为与运动方向相反的摩擦阻力；或者说是切应力在运动方向的分量沿船体表面积分得到摩擦阻力。由于船体是左右对称的，其两侧面上的切应力在垂直于运动方向的分量相互抵消，因而往往不需要强调切应力在“运动方向的分量”这一点。

流体的黏性还引起作用在运动物体上的法向力，即压力沿运动方向的差值，这构成了阻力的第二种成分——黏压阻力。黏压阻力可以表现为两种形式：对非流线型物体，运动时其尾部产生边界层分离，出现涡旋，涡旋处高速旋转的水质点消耗大量的能量，使该处压力明显降低，形成前后压力差，构成逆运动方向的阻力，这种由涡旋引起的黏压阻力的量值较大，也可称为涡流阻力，如图 8.1.1(a)所示；对流线型物体，其尾部往往不产生边界层分离，因而不出现涡旋，但是由于在边界层中黏性的作用，引起尾部流线扩张，使尾部压力降低,形成黏压阻力,如图 8.1.1(b)所示,这种尾部流线扩张引起的压降实质上也是在边界层中黏性消耗能量的结果。此时的黏压阻力要比有涡旋时小得多。通常大多数舰船的船型都是流线型的,因此黏性阻力比摩擦阻力要小得多。

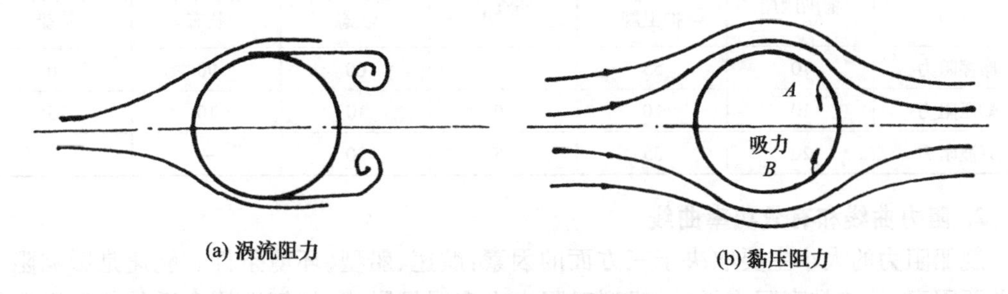


(a) 涡流阻力　　(b) 黏压阻力

图 8.1.1　涡流阻力和黏压阻力

摩擦阻力和黏压阻力都是由流体的黏性引起的,故统称为黏性阻力。它们的差别在于摩擦阻力是黏性作用在运动物体表面的切向应力的合成,黏压阻力是黏性引起作用在运动物体表面法向压力的变化造成的。

在空气和水两种介质交界面航行的舰船,在航行时要引起水面波动,称为航行兴波。舰船不断前进,不断使前方平静的水面产生波浪,这意味着舰船要不断地提供能量,表现为作用在舰船上的阻力,称为兴波阻力。舰船航行时克服兴波阻力所做的功,就等于所兴起波浪得到的能量。兴波阻力就其实质而言,是一项与黏性无关的阻力,即使在无黏性势流中它也是存在的,是势流项阻力或称非黏性项阻力。兴波阻力形成的基本条件是存在自由水面,只有在自由水面上才会形成水面波动,所以通常在水下航行的潜艇不引起兴波阻力,除非它在贴近水面航行,这时虽然艇在水面以下,但对水面也会有一定程度的扰动,兴起波浪。潜艇下潜越深,这些扰动就越小,一般在超过一个艇长的深度时,这种扰动就可以忽略了。

从受力的观点考虑,兴波阻力是由于舰船航行时船首挤压水,使水面拱起形成波峰,波峰处水面升高,使船首处水的压头增高、压力加大;而船尾前进时流出空穴,形成波谷,水面下凹,使船尾处水的压头减小,压力下降;这种前后压力差构成了兴波阻力。显然兴波阻力也是一种压阻力,即由于作用在船体表面的法向压力在运动方向投影的总和形成的阻力。这样可以将阻力分成如下几类:

**船体阻力**
- **摩擦阻力**（黏性阻力）
- **压阻力**
  - **黏压阻力**（黏性阻力）
  - **兴波阻力**

对各种不同类型的舰船来说,以上各种阻力成分在阻力中所占的比重是不同的。表 8.1.1 给出了各种不同类型舰船各类阻力所占的大体百分比。从该表中可以看出对于速度较低的船,摩擦阻力所占的比例较大。随着速度的提高,兴波阻力的比例逐渐增大,摩擦阻力的比例相应减小。而黏压阻力一般都不大,只有在一些低速货船上,由于船体比较肥短,才占有比较明显的比例。

表 8.1.1　不同类型舰船各类阻力所占的大体百分比

| 各阻力比例 | 舰船种类 | | | | | |
|---|---|---|---|---|---|---|
| | 辅助舰船 | 扫雷舰<br>护卫舰 | 驱逐舰 | 潜艇水面<br>状态 | 潜艇水下<br>状态 | 油水船<br>货船 |
| 摩擦阻力 | 70 | 55 | 35 | 60 | 90 | 70 |
| 黏压阻力 | 10 | 10 | 10 | 10 | 10 | 25 |
| 兴波阻力 | 20 | 35 | 55 | 30 | — | 5 |

**2. 阻力曲线和有效功率曲线**

舰船阻力的大小主要取决于三方面的因素:航速、船型、环境条件。航速是影响阻力的首要因素,航速越高阻力越大;船型对阻力也有明显影响,如何选用合适的船型以获得较小的阻力是船型设计的主要内容之一;环境条件如水深、航道宽度、水温、盐度等对阻力亦有影响。

对于给定的船型,在一定的环境条件下,舰船总阻力 $R_t$ 仅是航速 $V_s$ 的函数,可表示为

$$R_t = f_R(V_s) \tag{8.1.1}$$

这种阻力随航速而变化的关系作成曲线即为阻力曲线,如图 8.1.2(a)所示。对于不同的船型,其阻力曲线是不同的,图 8.1.2(a)中给出了两艘不同船型的阻力曲线示意图。

当船速为 $V_s$ 时,相应舰船的总阻力为 $R_t$,则直接用于克服舰船总阻力所需的功率称为有效功率,以 $P_e$ 表示,显然应该有:

$$P_e = R_t V_s = f_E(V_s) \tag{8.1.2}$$

因为对给定的船型,其 $R_t$ 仅是速度 $V_s$ 的函数,所以有效功率 $P_e$ 也仅是速度 $V_s$ 的函数。有效功率曲线表示在图 8.1.2(b)中。有效功率曲线是比阻力曲线高一次的 $V_s$ 幂函数曲线。

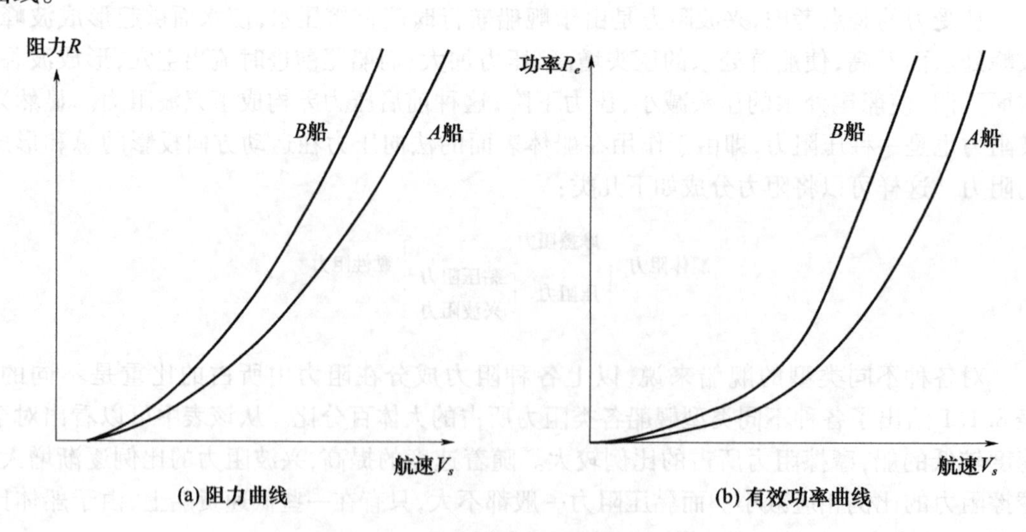


图 8.1.2　阻力曲线与有效功率曲线

由于主机功率有一部分损失在轴系上，一部分损失在螺旋桨上，所以有效功率只是主机功率中的一部分。有效功率与主机功率的比值即总推进效率，或称推进系数，它包括了螺旋桨效率和轴系传动效率两部分。阻力曲线有时用无因次阻力系数 $C_t$ 表示：

$$C_t = \frac{R_t}{\frac{1}{2}\rho V^2 S} \tag{8.1.3}$$

式中 $V$——航速(m/s)；

$S$——船体湿表面面积($m^2$)；

$\rho$——水的密度($kg/m^3$)；

$R_t$——船体总阻力(N)。

对于各种阻力成分也可用同样的方式进行无因次化：

摩擦阻力系数：

$$C_f = \frac{R_f}{\frac{1}{2}\rho V^2 S} \tag{8.1.4}$$

黏压阻力系数：

$$C_{VP} = \frac{R_{VP}}{\frac{1}{2}\rho V^2 S} \tag{8.1.5}$$

兴波阻力系数：

$$C_W = \frac{R_W}{\frac{1}{2}\rho V^2 S} \tag{8.1.6}$$

式中 $R_f, R_{VP}, R_W$——分别为摩擦阻力、黏压阻力和兴波阻力；

$C_f, C_{VP}, C_W$——分别为它们的无因次系数。

相应的速度也用无因次系数表示，常用的速度无因次系数有：

长度傅氏数：

$$F_n = \frac{V}{\sqrt{gL}} \tag{8.1.7}$$

容积傅氏数：

$$F_V = \frac{V}{\sqrt{g\nabla^{1/3}}} \tag{8.1.8}$$

式中 $V$——航速(m/s)；

$L$——船长(m)；

$\nabla$——船体排水体积($m^3$)；

$g$——重力加速度($9.81m/s^2$)。

无因次阻力系数的曲线 $C_t = f(F_n)$ 如图 8.1.3 所示。

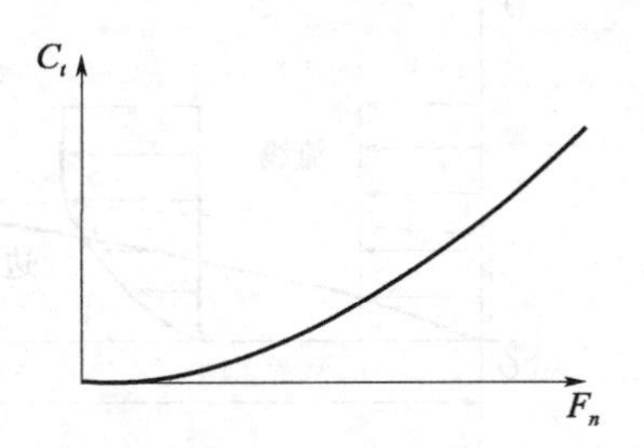


图 8.1.3 阻力系数曲线

## 8.1.2 摩擦阻力

**1. 黏性流体的边界层**

摩擦阻力是由于流体的黏性引起的作用在船体表面的切向应力在运动方向的分量沿船体表面积分所得到的阻力。对于像空气和水这类低黏性流体,流体的黏性主要表现在贴近运动物体的很薄一层流体介质中,这一薄层称为边界层。在边界层外,黏性影响很小,可以忽略不计,流体可以看成是无黏性的。黏性对运动物体的影响可通过对边界层特性的研究来进行。

研究表明,边界层中流体的运动状态可分为两类:一类是层流;另一类是湍流(又称紊流)。在层流边界层中,流动是平稳地分层进行的,每层间有速度梯度。靠近运动物体表面的流体速度接近运动物体的速度,在紧贴物体表面的水质点是以与运动物体同样的速度跟随物体运动的。随着与物体表面的距离增大,流体运动速度降低,至边界层外缘,速度接近零(通常定义为运动物体速度的1%处作为边界层的外缘)。有些教科书中用运动转换的方法,在固连于运动物体的坐标系上讨论问题,则此时物体固定,流体以均匀流速迎物体而来,此时边界层内的速度分布为紧靠物体表面,流体速度为零,边界层外缘流体速度接近于远前方来流速度。

湍流边界层中,流动是“混乱”的,流体速度分量有随机性脉动,流体以旋涡运动的方式横向混合,这时边界层内某点的流速只能用该处水质点的平均速度来描述,否则将给研究边界层特性带来极大的困难。为了使研究简化,这里先讨论平板在均匀来流中的边界层情况,此时可排除沿流动纵向的速度梯度和压力梯度的影响。

决定边界层内是层流或湍流的因素很多,涉及流体特性、运动物体的速度、尺度以及对流体的其他外来扰动等。忽略外来扰动因素,边界层流动性质可由三个物理量组成的无因次系数——雷诺数 $R_{nx}=\dfrac{Vx}{\nu}$来判定。其中 $V$ 为来流速度(m/s);$x$ 为平板上某点距板前缘的距离(m);$\nu$ 为流体的运动黏性系数($m^2/s$)。图 8.1.4 表示了平板边界层的流体速度分布情况。边界层厚度 $\delta$ 是沿板面变化的,向流动下端 $\delta$ 逐渐增大。边界层内的速度沿板面垂直方向($y$ 方向)也是变化的,向外流速增大。

试验及观察表明,一般情况下当 $R_{nx}\leqslant(3.5\sim5)\times10^5$时,边界层内的流动为层流。而当 $R_{nx}\geqslant3\times10^6$时,边界层内的流动为湍流。当$(3.5\sim5)\times10^5<R_{nx}<3\times10^6$时为层流至湍流的过渡状态,此时的流动通常是不稳定的。

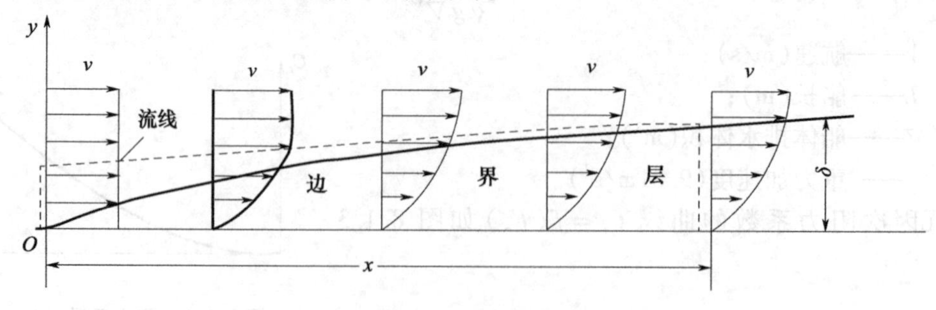


图 8.1.4 平板边界层

无论何种流动状态，在边界层底部贴近平板处，都有一层极薄的水流层始终保持层流状态，称之为层流底层，这是因为紧靠物体表面处水质点的运动速度极低，雷诺数很小，故呈层流状态。平板不同位置处边界层内的流动示意图如图 8.1.5 所示。当然，实际上两种流动状态的过渡段，不会像图 8.1.5 所示的那样发生在同一个断面上整齐地同时完成，而是交错的、渐变的。

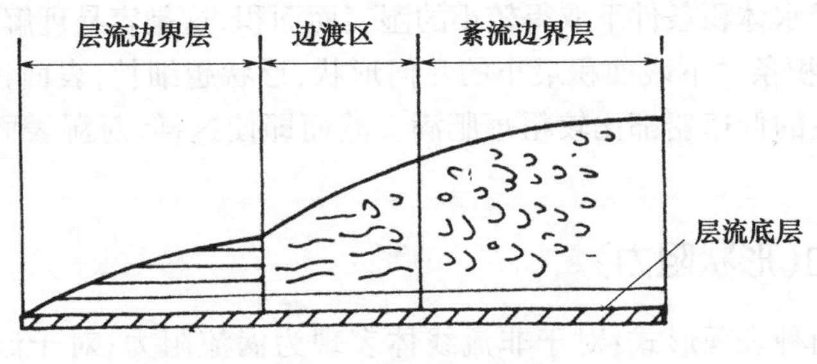


图 8.1.5　层流底层

层流边界层及湍流边界层内速度沿板外法线方向的分布如图 8.1.6 所示。由于湍流边界层内水质点互相撞击，引起能量交换，以致界层内的速度分布比层流时丰满。

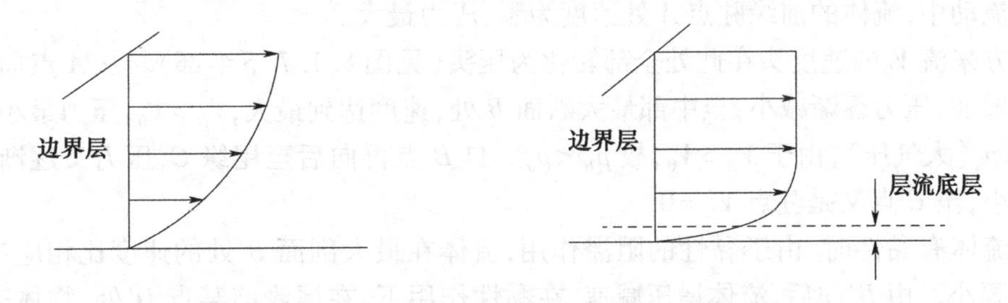


图 8.1.6　两种边界层内速度沿板外法线方向的分布

流体黏性引起的作用在板面上的切应力，与流体在板面处的法向速度梯度直接有关。按著名牛顿内摩擦定律，平板表面所受到的摩擦应力与板面处的速度法向梯度成正比。所以法向梯度大者摩擦切应力亦大，湍流边界层内速度分布曲线丰满，其在板面处的速度梯度大，摩擦切应力相应也较大。

如果用船长 $L$ 作为特征长度来计算雷诺数 $R_n$，则大多数船的 $R_n > 10^9$，只有少数低速的小船 $R_n$ 进入 $10^8$ 量级，所以实船的边界层主要是湍流边界层，只有前缘很小一段层流边界层，这一小段的长度通常为百分之一量级，在阻力计算中可以忽略其影响。

边界层理论的重要意义在于它将流体划分为有黏性和无黏性两部分：边界层内部为黏性流体，可以通过边界层理论求解黏性力；而在边界层外，则可用势流理论求解势流场和势流项力，加之边界层又很薄，就以物体表面外的流场来替代边界层外流场进行势流计算，也不会给势流项结果带来显著误差，使整个问题的求解得以大大简化。

**2. 摩擦阻力的变化规律及影响因素**

摩擦阻力的大小取决于 $C_f$、$V$ 和 $S$，而由 $C_f$ 的计算式可知，它取决于雷诺数 $R_n$。由于海水的密度 $\rho$ 与黏性系数 $\nu$ 虽然随海域和水温会有不同，但变化范围很小，且无法由人控制，所以实际上摩擦阻力的大小取决于船的长度 $L$、湿面积 $S$ 和航速 $V$。

对于给定的船，即尺度和形状一定的船，$L$、$S$ 为常数，摩擦阻力直接取决于航速 $V$。综合起来,摩擦阻力随航速的增长规律低于二次方,在 $R_f \propto V^{(1.8 \sim 1.85)}$ 左右。与后面讨论的兴波阻力相比,摩擦阻力随航速的增长是相当缓慢的。

除了速度以外,影响摩擦阻力的因素就是船的尺度和船型。船的尺度通常由船的使命确定,不能随意改变,所以有可能改变的只有船型。实际上通过改变船型来减小摩擦阻力的途径就是设法减小湿表面面积,前提是保持同样排水量条件下。一般说来,短而肥满的船可以在同样排水体积条件下取得较小的湿表面面积,这是容易理解的,从几何学角度看,圆球是给定体积条件下表面积最小的几何形状,形状越细长,表面积就越大。所以通常以摩擦阻力为主的低速船都比较粗短肥满。然而即使这样,对湿表面积的减小也是有限的。

### 8.1.3 黏压阻力(形状阻力)

黏压阻力有两种表现形式:对于非流线体表现为涡流阻力;对于流线体表现为形状阻力。

**1. 涡流阻力**

涡流阻力的产生是由于界层分离引起旋涡,以圆柱绕流作为典型例子,在不考虑黏性的势流流动中,流体的前缘驻点 $A$ 处速度为零,压力最大。

前方来流 $V_0$ 的速度头在此处全部转化为压头(见图 8.1.7 下半部)。从 $A$ 点向后,流速逐渐增加,压力逐渐减小,至中部最大断面 $B$ 处,速度达到最大,$V_B > V_0$,压力最小,为负压,$p_B < p_a$(大气压),由于 $V_B > V_0$,故 $p_B < p_a$。自 $B$ 点再向后至尾缘 $C$,压力又逐渐增大,速度减小,至 $C$ 点又是驻点 $V_C = 0$。

当流体有黏性时,由于黏性的阻滞作用,流体在最大剖面 $B'$ 处的速度比相应势流中的 $B$ 点要小。由 $B'$ 向后,流体增压减速,在黏性作用下,在尾缘前某点 $D'$ 处,物体表面的速度就达到零 $V_{D'} = 0$,而 $D'$ 后面的压力大于前面,形成反向回流速度。然而在物体表面以外,黏性作用较小,速度仍可能是正向的,形成里外正反方向的速度,产生旋涡,如图 8.1.7 上半部所示。旋涡的出现,使能量大量消耗,该处压力显著降低,形成很大的前后压差,所以涡流阻力是黏压阻力最显著的成分。

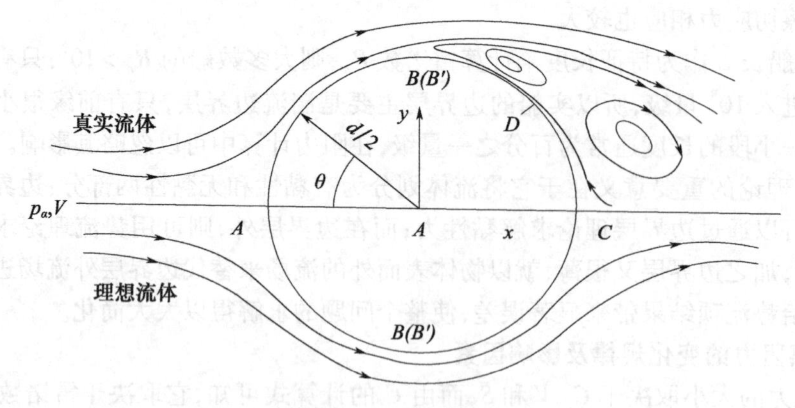


图 8.1.7　圆柱绕流

研究还表明,不同流态的边界层,其分离情况是不同的,图 8.1.8 给出了层流与湍流边界层时圆柱尾部涡流区的不同范围以及相应的压力变化曲线。

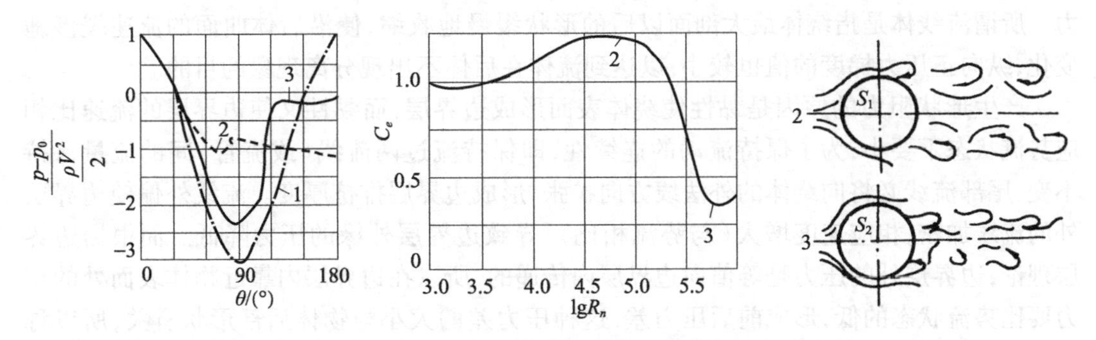


图 8.1.8 层流与湍流边界层中的流体分离

当雷诺数较低边界层为层流状态时，边界层中流体动能较小，分离点靠前，尾部涡流区较大，相应的涡流阻力系数也较大。而当边界层流态变为湍流，由于湍流边界中流体的动能较大，相应的涡流阻力系数会减小，图中也给出了黏压阻力系数随雷诺数变化的曲线，曲线中状态 2 表示处于层流边界层分离情况，状态 3 为湍流边界层分离情况。从图中还可以看出，只要边界层流动状态不变，阻力系数随雷诺数的变化就不大，一旦由层流变为湍流，就会有显著变化。另外需要指出的是，这里说的是层流分离比湍流分离时的涡流阻力系数小，由于层流对应较小的雷诺数，对同一尺度绕体就意味着速度较低。湍流界层分离虽然对应的涡流阻力系数较低，但对应的速度较高，所以涡流阻力不一定就小。因为涡流阻力与阻力系数的关系为

$$R_{VP}=C_{VP}\frac{1}{2}\rho V^2 S \tag{8.1.9}$$

不管是层流分离还是湍流分离，它们引起的黏压阻力都是相当大的，所以通常的船体，尤其是中、高速船的船体，都做成流线型的，使其不产生尾部分离。需要引起注意的是，有些船型虽然总体上不出现分离现象，船尾不形成明显的涡旋，但在某些局部区域，由于流线不光顺，可能出现局部分离现象，如一些中、低速船尤其是肥大船型的舭部。因为船首的流动往往并不是水平流经船体，很容易出现向斜下流经船首，如图 8.1.9 所示。由于某些低速船尤其是肥大船舭部拐角明显，该处易形成舭涡，产生舭涡阻力，有人亦称此为诱导阻力。此时采用合适的球鼻艏可以使舭涡明显减小。

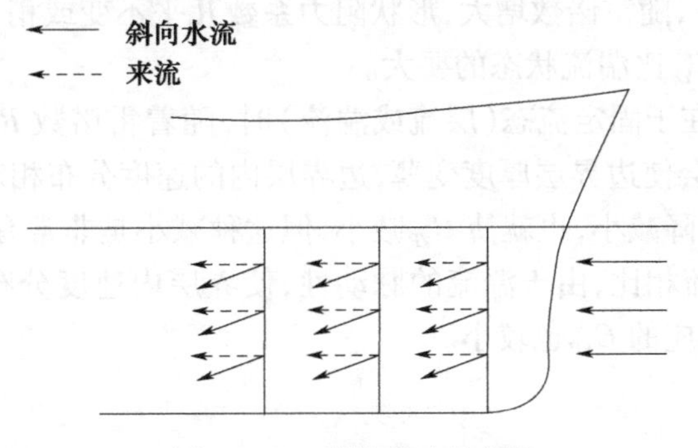


图 8.1.9 艏部流动示意图

**2. 形状阻力**

对于流线体，虽不出现分离现象，但亦存在黏压阻力，有人称这种黏压阻力为形状阻

力。所谓流线体是指绕体最大剖面以后的形状缓慢地收缩，使沿后体曲面的流速缓慢地变化，纵向正压力梯度的值也较小，以达到流体在后体不出现分离现象的目的。

产生形状阻力的原因是黏性使绕体表面形成边界层，而黏性又使边界层的流速比相应势流状态下要小，为了保持流动的连续性，即保持流过两流线（或流管）间的流量保持不变，尾部流线必将向绕体的外法线方向扩张，形成边界层排挤厚度。流线外偏使边界层外的流线加密，相应速度增大（与势流相比），导致边界层外缘的压力降低。而根据边界层理论，边界层外的压力是等值向边界层内传递的，所以在边界层内靠近物体表面处的压力要比势流状态的低，形成前后压力差，这种压力差的大小与物体后部形状有关，所以称之为形状阻力。形状阻力的实质也是由黏性引起的法向压力在运动方向的前后差值的总和，也属于黏压阻力。

图 8.1.10 给出了某流线型回转体黏性阻力系数 $C_V$ 随雷诺数 $R_n$ 变化的试验结果，黏性阻力包含了摩擦阻力和黏压阻力两部分，即 $C_V=C_f+C_{VP}$。图中还给出了湍流平板摩擦阻力系数曲线 1 和层流平板摩擦阻力系数曲线 2。由图可见，在较低雷诺数时，黏性阻力系数曲线几乎与层流平板摩擦阻力系数曲线平行，它们之间的差值为黏压阻力系数；在较高雷诺数时，$C_V$曲线则几乎与湍流摩擦阻力系数曲线平行。据此表明：

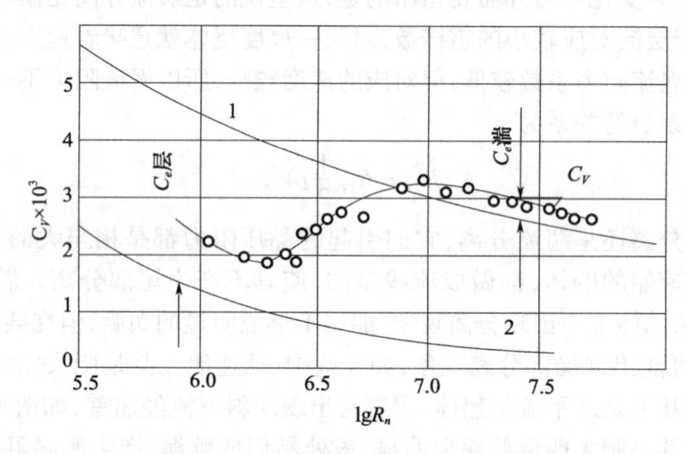


图 8.1.10 回转体实测 $C_V=f(R_n)$ 曲线

（1）在固定流态下，随雷诺数增大，形状阻力系数几乎不变或稍稍减小。

（2）层流状态的 $C_{VP}$ 比湍流状态的要大。

这种现象的原因在于固定流态（层流或湍流）时，随着雷诺数 $R_n$ 增大（相当于给定物体长度而增加流速），会使边界层厚度变薄，边界层内的速度分布相对丰满，使排挤厚度稍有减小，从而使尾部压降减小，也就使 $C_{VP}$ 减小，但这种减小是非常有限的。

而湍流流态与层流相比，由于湍流的脉动性，使界层内速度分布比层流时丰满，故排挤厚度比层流时小，相应的 $C_{VP}$ 也较小。

### 8.1.4 兴波阻力

兴波阻力是由于舰船航行时兴起波浪，从而消耗能量引起的阻力成分，这是与流体黏性无关的阻力项。为了了解舰船兴波的机理和特点，先介绍波浪的一些基本概念和船波的特点。

**1. 航行波及其特征**

舰船航行时兴起的波浪称为船行波，在介绍船行波之前，先简要介绍在深水中的波浪特性。

1）深水重力波

若在波浪中抛下一小木块，可以发现木块随波浪起伏，但不存在持续的水平位移，或者更严格地说，在随波起伏过程中以某一位置为基准同时作水平和垂直振荡。由此可以说明，海面上的波浪，虽然其形状不断向前推进，但水中的质点并未向前推进，而只是在原地振荡。

为使问题简洁明了，讨论平面进行波的情况。所谓平面进行波是二元波，若在平静水面上建立坐标系，$x$ 为波浪前进方向，$z$ 轴铅垂向上，沿 $y$ 方向波浪具有相同的剖面形状，如图 8.1.11 所示。

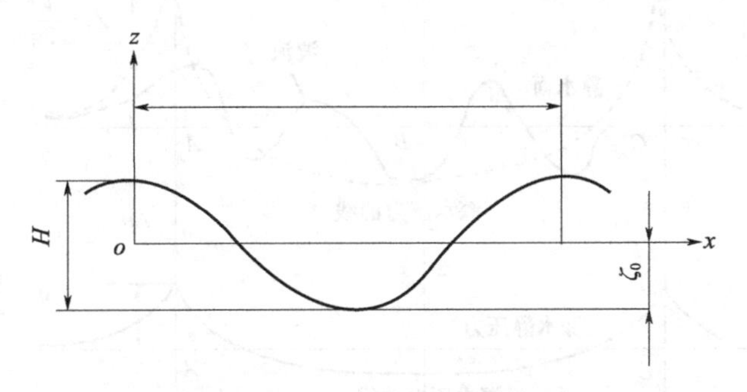


图 8.1.11　平面进行波波形

观察表明，当平面进行波波形向前推进时，各水质点在原地作圆形轨迹的周期运动，称为轨圆运动。而且在同一水平面上，各质点运动的轨圆半径是相等的。而随着水深的增加，轨圆半径迅速减小，如图 8.1.12 所示。

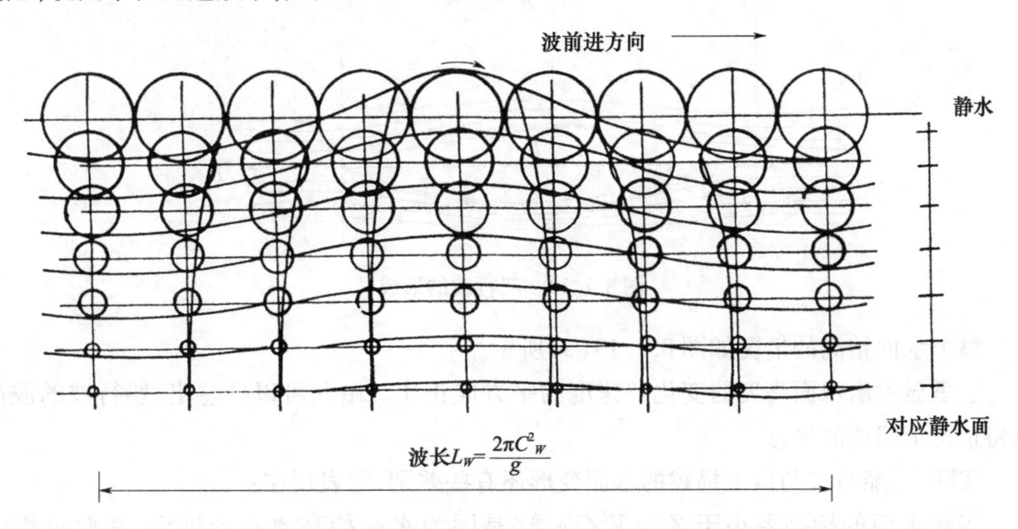


图 8.1.12　平面进行波中的水质点轨圆运动

这样得到的波形为摆线波或称坦谷波，其形状特点是波峰较尖，波谷较平坦。实际海洋中的涌浪就接近坦谷波。由于波浪的形成和维持均取决于水受重力作用，因此称为重力波,在深水中的称深水重力波。

2)船行波与凯尔文波

(1)船行波的形成。

舰船的兴波从直观上可以理解为舰船航行时挤水所引起。如果从力学观点加以说明,则舰船在无界势流中运动时,其周围的流场速度分布如图 8.1.13 的(b)~(d)所示。前缘 $A$ 点和后缘 $C$ 点是驻点,速度为零,压力最大。中部 $B$ 点处流线最密,速度最大,压力最小。然而当运动转移到自由水面时,前缘驻点 $A$ 处的高压必然引起水面向上拱起,或者说,由于自由水面直接与大气接触,其上的压力始终等于大气压,$A$ 点的压头必须转化成位能头,使水面升高,升高的量即等于压力升高值。

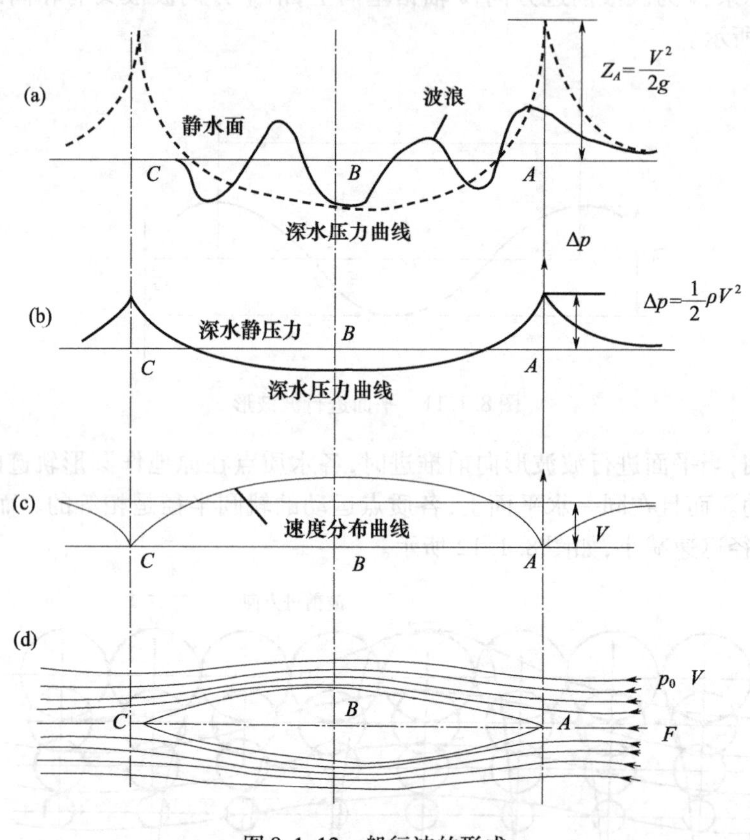

图 8.1.13　船行波的形成

整个水面抬高的情况如图 8.1.13(a)所示。

这里显示出水面高度的变化与速度的平方成正比。由此可以推想出,船行波的波高也将正比于船速的平方。

实际上,船行波与以上描述的水面变形还有些差别,它表现在:

实际水面的抬高要小于 $Z_A=V^2/2g$,这是因为水面抬高要有个过程,在此过程中水质点在压力作用下必然产生向上的运动速度,$A$ 点处速度并非为 0,否则水面不会上升,可见来流的动能在 $A$ 点并非全部变成位能,而是有一部分变成向上的动能;

由于惯性作用,当船前进时,船首的最高水面位置要滞后在艏后,船尾的高水点要滞后在艉后；

一旦水质点受扰动拱起，就在惯性力和重力的作用下振荡，即水质点在最高点不能停留，它必将在重力作用下下落，使位能又变成动能，到最低点时，在惯性力作用下使其再次抬起，动能又逐渐转化成位能。水质点的这种反复振荡引起不断向四周传播的波浪，即船行波。于是，船在航行中形成的水面升高情况如图 8.1.13(a)中的实线所示。

以上着重分析了前后驻点（高压点）兴波的情况，实际上船体表面各点压力都不等于大气压，因而各点都要兴波，整个船体兴波就是表面各压力点兴波的叠加。研究表明，船首、尾驻点两个最大压力区的兴波最为明显，以至达到了足以掩盖其他各压力点兴波影响的程度。换言之，舰船航行兴波可简化为前后两个压力点兴波的叠加，其他各压力点的兴波可以忽略。

(2)压力点兴波的凯尔文波系。

早在 1900 年，凯尔文（Kelvin）就研究了在水面作等速运动的一个压力点的兴波情况，所得到的波形称凯尔文波系，如图 8.1.14 所示。

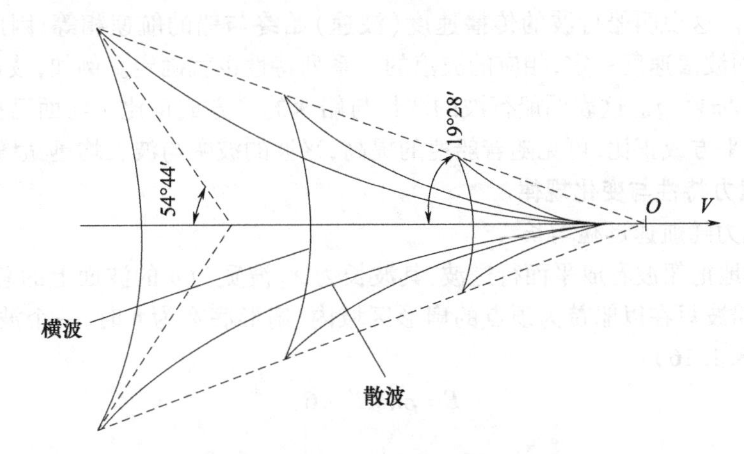


图 8.1.14 压力点兴波的凯尔文波系

图中 $O$ 为压力点，它以速度 $V$ 向右作等速直线运动，所形成的兴波图形由两组波系——横波系和散波系组成。横波系与压力点运动方向垂直，图中实线为其波峰线；散波系与运动方向斜交。横波线与散波线相交成夹角，并在夹角处相切，其共同的切线与运动方向所夹的锐角为 54°44′。各夹角点与 $O$ 点在同一条直线上，它与运动方向的夹锐角为 19°28′，此角称为凯尔文角。

(3)船波系。

实际舰船航行的兴波情况如图 8.1.15(a)所示，将其简化为 8.1.15(b)。可以看出船行波始终是限制在顶角 2×19°28′的扇面区域内向后传播的，它几乎就是首、尾压力点引起的两组凯尔文波系的叠加。通常将船行波分成两组——首波系和尾波系，分别表示首、尾两驻点所兴的波。每组波系中又分为横波和散波两组。由观察可见，首横波由波峰开始，其位置在首柱后，滞后的量值随航速增大而增加；尾横波在尾柱前，始于波谷，波峰在尾柱后。首、尾横波在船后叠加，组成合成横波。两组散波互不相交。

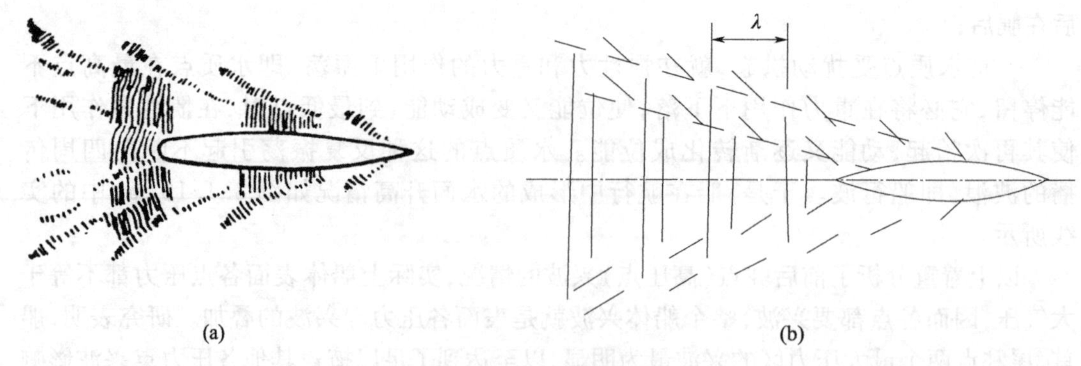


图 8.1.15　船行波图形

首、尾横波在船后叠加可能使合成波增大,也可能减小。前者对应波峰与波峰相叠,称不利干扰;后者对应波峰与波谷相叠,称有利干扰。有利与不利干扰取决于首横波传至尾部时与尾波的相位差,或者说取决于整个船长范围内横波的个数。

由对船行波观察到的另一个特点是船行波始终随船前进,若在船上观察,则船周围的波形是定常的。这说明船行波的传播速度(波速)始终与船的航速相等,因此船速一定,波速就一定,而波浪速度一定,相应的波浪的一系列特性也就确定。例如,波速确定,波长也就确定:$\lambda = 2\pi V^2/g$。这表明船行波的波长与船速的平方成正比。前面已提到,波面升高也与船速的平方成正比,可见随着船速的提高,兴波的波幅与波长均迅猛增大。

**2. 兴波阻力特性与变化规律**

1)兴波阻力随航速迅猛增长

如果粗略地把船波看成平面行进波,其波长为 $\lambda$、波宽为 $b$ 的波面上的总能量为 $E = \rho\lambda bH^2/8$。现船波只在以船首为顶点的扇形区域内,扇形底宽为 $b$ 时,一个波长波面上的波能为(见图 8.1.16):

$$E = \rho\lambda bH^2/16$$

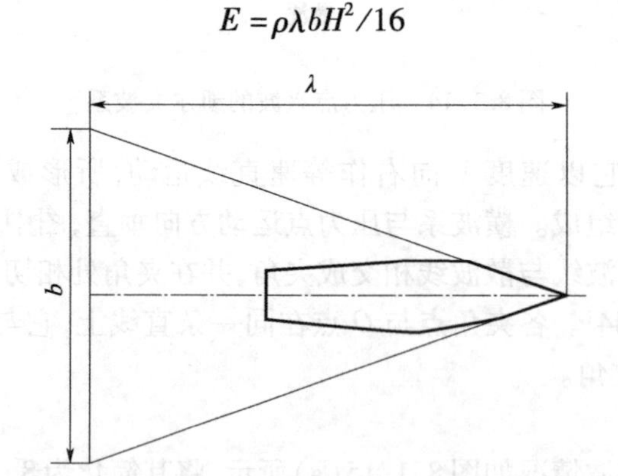


图 8.1.16　船行波区域

由波浪理论可知,波浪以其总能量的一半向外传播。要维持波形保持不变,必须不断提供波浪总能量的一半,这部分能量显然是由不断航行兴波的舰船所提供。

兴波阻力随船速迅猛增长,大约与船速的六次方成正比,它与黏性阻力随船速不到二次方相比,要快得多。这就是在低速船的阻力成分中黏性阻力占主要地位,而在中、高速船的阻力成分中兴波阻力占的地位越来越大的原因。

2）兴波阻力中的横波干扰现象

由于首横波传到船尾要与尾横波叠加，根据相位的不同，形成不利或有利干扰，这种现象称为横波干扰现象。图 8.1.17 给出了典型的兴波阻力系数 $C_W$ 随傅汝德数 $F_n$ 的变化规律。由图可见，兴波阻力系数 $C_W$ 随 $F_n$ 的增大而增大，但是有起伏。图中虚线表示 $C_W$ 的平均值随 $F_n$ 的变化规律约按 $F_n^4$ 增长。实线表示实际 $C_W=f(F_n)$ 的变化，它在平均线上下波动，正反映了不利干扰与有利干扰的出现。其中 $a$、$c$、$e$ 点为曲线的峰值点，处于不利干扰状态；$b$、$d$、$f$ 为曲线的谷值点，处于有利干扰状态。

图 8.1.18 给出了不利干扰与有利干扰波形图，图中（a）、（c）为首横波传到尾横波波谷处亦为波谷，使尾部水面更凹下，增大了前后压差，为不利干扰，对应图 8.1.17 中 $C_W$ 曲线上的 $a$ 点和 $c$ 点；反之则为有利干扰，见图 8.1.18 中的（b）和（d），对应图 8.1.17 中 $C_W$ 曲线上的 $b$ 点和 $d$ 点。

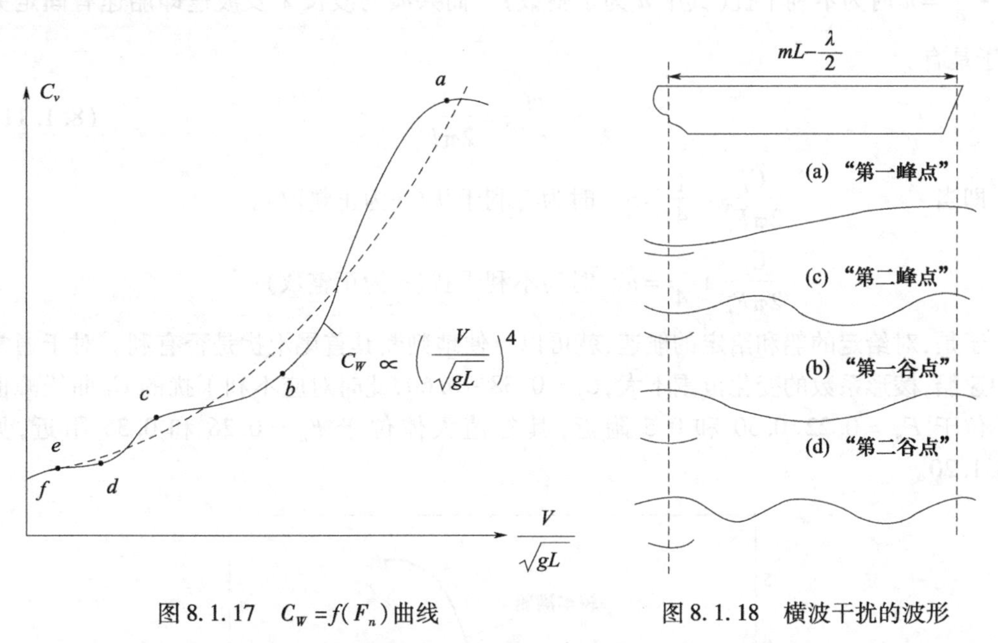


图 8.1.17　$C_W=f(F_n)$ 曲线　　图 8.1.18　横波干扰的波形

可以看出干扰情况直接取决于船波在船长范围内的个数，粗略地说，若在“船长”范围内，船波个数正好成整数，则为有利干扰，如图 8.1.18 中的（b）和（d）；若是整数再加半波长，则为不利干扰，如图 8.1.18 中的（a）和（c）。然而这样分析毕竟太粗糙了，因为首横波波峰不在首柱处，而在首柱后，尾横波波谷也不在尾柱处，而在尾柱前，所以这里要求的不应该是“船长”范围内的船波数是整数或再加半数，而是在首波峰至尾波谷之间的距离是船波的整数倍或再加半波长，如图 8.1.19 所示。研究表明，首波峰至尾波谷之间的距离与船形有关，可近似地表示为

$$D=C_PL+\frac{\lambda}{4} \tag{8.1.10}$$

式中　$L$——船长；

$C_P$——船体棱形系数，$C_P=\nabla/\omega_{舯}L$（$\nabla$ 为船的排水体积；$\omega_{舯}$ 为舯船肋骨面积（水线以下））；

$\lambda$——船波波长。

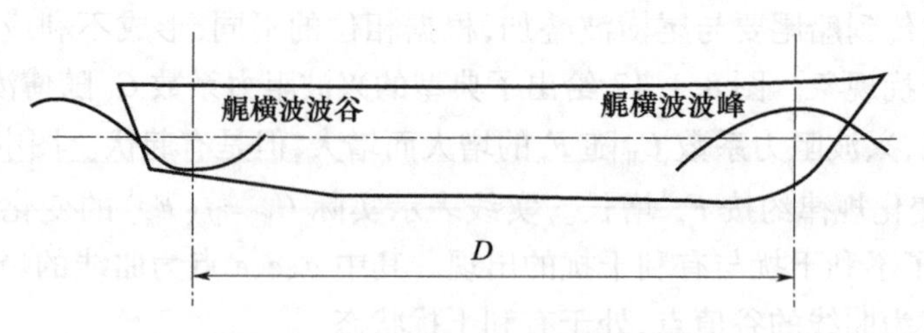


图 8.1.19　首横波峰与尾波谷间距

由式(8.1.10)可知,当$\frac{D}{\lambda}=\frac{C_PL}{\lambda}+\frac{1}{4}=n$时为有利干扰;$\frac{D}{\lambda}=\frac{C_PL}{\lambda}+\frac{1}{4}=n-\frac{1}{2}$或$\frac{D}{\lambda}=\frac{C_PL}{\lambda}+\frac{3}{4}=n$时为不利干扰(其中$n$为正整数)。而兴波的波长$\lambda$及波速即船速有固定关系,于是有

$$\frac{L}{\lambda}=\frac{gL}{2\pi V^2}=\frac{1}{2\pi F_n^2} \tag{8.1.11}$$

即当　$\frac{C_P}{2\pi F_n^2}+\frac{1}{4}=n$　时为有利干扰($n$为正整数);

$\frac{C_P}{2\pi F_n^2}+\frac{3}{4}=n$　时为不利干扰($n$为正整数)。

于是,对给定的船和给定的航速,就可以方便地判断其首尾干扰是否有利。对于通常的中速船,棱形系数的变化范围不大,$C_P\approx0.58\sim0.60$,此时对应不利干扰的$C_W$曲线峰值大体位于$F_n=0.22$、0.30 和 0.5 附近,其谷值大体位于$F_n=0.26$和 0.35 附近,见图 8.1.20。

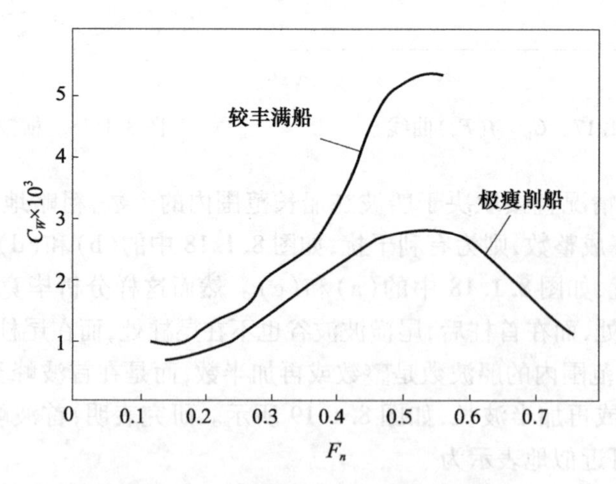


图 8.1.20　不同船形的$C_W=f(F_n)$曲线

需要说明的是,$F_n=0.5$是$C_W$曲线的最后一个峰值。因为此时在船长范围内大体上只有半个船波的波长了,也就是首横波的第一个波谷就到了尾横波的波谷处了,这是最后一个不利干扰。当航速再增大,波长再加长,不会再有波谷传到尾部。故而$C_W$曲线在

$F_n > 0.5$ 后会逐渐下降。

对于尖瘦的船，如驱逐舰的 $C_W$ 曲线中将不出现前面的几个峰谷，而只出现 $F_n = 0.5$ 的峰值点。这是因为尖瘦船的兴波较小，在速度不很高时的干扰也就不明显。当 $F_n = 0.5$ 时，兴波较严重，干扰也就显现出来了。

另外需要指出的是，在舰船性能研究中所指的低速、中速和高速并非指船的绝对速度，而是指船相对于船身尺度的相对速度，通常就是船长傅汝德数 $F_n = V/\sqrt{gL}$。当 $F_n < 0.2$ 时称为低速船，此时的兴波很小，横波干扰也就不明显，阻力成分中以黏性阻力为主；当 $F_n = 0.20 \sim 0.35$ 时称为中速船，此时兴波阻力已较明显，但黏性阻力也较大，其特点是横波干扰明显，合理选择航速与船长的匹配，使达到有利干扰显得重要；$F_n > 0.35$ 时称为高速船，此时兴波阻力在阻力成分中占的比例较大，需采用尖瘦船形，尽量减小兴波阻力，如有可能，应该避开 $F_n = 0.5$ 的速度。

### 8.1.5 工程实用的舰船阻力确定方法

目前工程实用中舰船阻力的确定有几大类方法，它们的精确度不同，繁简程度也不同，适用的场合也就有差别。第一类方法是模型试验法，这是当前确定阻力可信度最高的方法，用于舰船技术设计要最终定量确定阻力、预报航速时，或重要项目中要求评估舰船阻力性能时，其成本较高，工作量较大；第二类方法是按系列图谱估算阻力，即利用前人按船模系列试验结果整理出的阻力图谱估算目标舰船的阻力，其准确性依据目标舰船与系列模型船形上的差别而定，两者越相似，结果越准确，这种方法成本较低，工作量也小些，通常用于方案设计或评定一定项目时；第三类方法是按照母型舰船直接换算，这是最简便快速的估算方法，用于粗估舰船的快速性能，当要求短时期内判断或给出舰船的阻力性能而手头又无相应的可利用的图谱时，常采用这类方法，其精度较差。下面分别介绍这三类方法。

**1. 船模试验确定舰船阻力**

船模试验首要的问题是确定采用的相似准则。由于船模试验的目的是求得水对船的作用力，因此不仅要求满足几何相似、运动相似，还要满足动力相似，即要求模型与实船的各项同名力成比例。依据相似理论可知，各类力成比例的充要条件是相应的相似准数相等，如黏性力成比例要求雷诺数相等；重力成比例要求傅汝德数相等；表面压力成比例要求欧拉数相等；非定常惯性力成比例要求斯特洛哈数相等。现在要确定的阻力成分主要是黏性项力和重力项力（兴波阻力）两大类，这就要求雷诺数 $R_n$ 和傅汝德数 $F_n$ 相等。然而要求这两个数相等就意味着模型尺度与实船尺度相同，因为雷诺数相等即 $R_{nS} = V_S L_S/\nu_S = V_m L_m/\nu_m = R_{nm}$，由于两系统的运动黏性系数差不多，就意味着模型速度 $V_m$ 与实船速度之比等于两者尺度之反比：

$$V_S/V_m = L_m/L_S \tag{8.1.12}$$

而傅汝德数相等即 $F_{nS} = \dfrac{V_S}{\sqrt{gL_S}} = \dfrac{V_m}{\sqrt{gL_m}} = F_{nm}$，就意味着：

$$\frac{V_S}{V_m} = \sqrt{\frac{L_S}{L_m}} \tag{8.1.13}$$

式(8.1.12)和式(8.1.13)是矛盾的，无法同时满足，除非 $L_S/L_m = 1$，此时 $V_S/V_m = 1$

(下标 $m$ 表示模型值,$S$ 表示实船值),即在模型与实船尺度相等的条件下进行试验,这就不成为模型试验了,是无法实现的。所以在模型试验时,只能在 $F_n$ 和 $R_n$ 中选择一个相等,这种相似称为部分相似。

在阻力试验中选择重力相似,也就是使 $F_n$ 相等,放弃 $R_n$ 相等。这是因为黏性阻力中的主要部分——摩擦阻力可以比较方便地用平板公式计算,不必依据试验值来换算,所以不再要求模型与实船的黏性阻力成比例。所以整个船模试验遵循 $F_n$ 相等的重力相似准则进行,这一准则决定了船模的尺度、试验速度和阻力换算的方法等。然而需要指出的是,试验中并非对 $R_n$ 无任何约束,对 $R_n$ 的唯一要求是 $R_n$ 的值要大于临界雷诺数,即要求边界层处于湍流状态,这是为了计算摩擦阻力的需要,确保用湍流公式可获得较准确的模型摩擦阻力数据。

1)模型制作及拖曳设备

船模按一定缩尺比 $\lambda = L_S/L_m = B_S/B_m = T_S/T_m = \cdots$,用木质或蜡制作。缩尺比 $\lambda$ 的确定要考虑在速度允许的条件下尽可能大一些,这是为了使模型的雷诺数尽可能大,以确保边界层湍流。通常,船模的长度最好达到 4 ~ 6m,若有困难,可降低到不小于 3m。当然,这一点有些高速船也不易做到。

模型与实船几何相似不仅要求各项尺度均成同一比例 $\lambda$,而且外形也要求相似,表面光洁,达到“水力光滑”。模型与实船的重量比亦满足几何相似的要求:$\Delta_m = \Delta_S/\lambda^3$($\Delta_m$ 为船模重,$\Delta_S$ 为实船重);还要求重心位置相似。对于航行中航态无明显变化的船,重心的垂向位置可以不要求相似。

拖曳船模的速度按重力相似准则确定,即

$$\frac{V_m}{\sqrt{gL_m}} = \frac{V_S}{\sqrt{gL_S}}$$

所以

$$V_m = V_S\sqrt{\frac{L_m}{L_S}} = \frac{V_S}{\sqrt{\lambda}} \tag{8.1.14}$$

在前述确定模型缩尺比时要考虑拖曳设备能否满足由式(8.1.14)确定的船模的速度要求,模型越大,相应的拖曳速度 $V_m$ 就越高。

船模依靠拖车拖曳前进,拖车在安装在水池壁上的钢轨上行走。拖曳速度由一整套电气设备控制拖曳电机的转速使拖车的行进速度保持恒定,并用测量仪器随时测出瞬时速度值,以确保要求的速度值。

目前国内的水池最长的为 510m,最高速度 22m/s;其次为 474m,20m/s;多数水池的长度为 100 ~ 200m,拖车速度 4 ~ 8m/s。

无论多大的模型,制作完成后须在船首后 $L/20$ 处的横剖面表面安装激流丝,目的是确保 $19L/20$ 的长度内边界层流动为湍流。激流丝可用 $\phi 1$ ~ 2mm 的铜丝。

2)试验与数据测量

从舰船可能实现的航速范围内选定 12 ~ 16 个速度进行试验,最高速度要大于最大航速 10% 以上。对每个速度测量航速和相应的阻力值,必要时测量航态。

试验开始前及结束后,测量并记录水温和试验状态(船模重量、重心位置、吃水、纵倾等)。

将测得的阻力作成船模阻力曲线 $R_m = f(V_m)$,以检验各测试值的可信度,对不光顺的点需补做试验，直到曲线光顺为止。

3) 数据换算

采用重力相似法则将船模阻力换算至实船，即认为在 $F_n$ 相等时，船模和实船的兴波阻力系数(或剩余阻力系数)相等。具体步骤如下：

(1) 取一给定的速度 $V_m$，从船模阻力曲线上查得相应的总阻力 $R_{tm}$，按下式换算成无因次总阻力系数 $C_{tm}$：

$$C_{tm} = \frac{2R_{tm}}{\rho_n V_m^2 S_m}$$

式中 $\rho_n$——水池水的质量密度，与水温有关，若无详细资料供查阅，则对淡水可取 $\rho_n = 1000\text{kg/m}^3$；

$S_m$——船模湿表面积，可按型线图计算或用近似公式估算。

(2) 用相当平板计算船模摩擦阻力系数 $C_{fm}$。

计算给定速度 $V_m$ 时的模型雷诺数 $R_{nm} = V_m L_m / \gamma_m$ ($\gamma_m$ 为水的运动黏性系数，与水温有关，可从有关资料查得)。

按湍流平板公式(柏 – 许公式、桑海公式或 57ITTC 公式)计算摩擦阻力系数 $C_{fm}$。

(3) 从船模总阻力系数中扣除摩擦阻力系数，得剩余阻力系数，它也是实船的剩余阻力系数，即

$$C_{rm} = C_{tm} - C_{fm} = C_{rS}$$

若用 $1+K$ 法时，在确定 $K$ 值后，扣去黏性阻力系数得到兴波阻力系数，即

$$C_{Wm} = C_{tm} - (1+K) C_{fm} = C_{WS}$$

(4) 计算实船的摩擦阻力系数 $C_{fS}$。

方法与船模的相同。但在计算实船的雷诺数时，若无特殊说明则其黏性系数的取值均取标准状态——海水 15℃，此时 $\gamma_S = 1.18831 \times 10^{-6}\text{m}^2/\text{s}$。

(5) 计算实船的总阻力系数 $C_{tS}$。

$$C_{tS} = C_{rS} + KC_{rS} + \Delta C_f \text{或} \ C_{tS} = C_{WS} + C_{rS}(1+K)$$

其中 $\Delta C_f = 0.4 \times 10^{-3}$，是摩擦阻力中的粗糙度补贴，计算实船阻力系数时必须加上。

(6) 实船裸船体阻力与相应的船速。

$$R_{t0} = C_{tS} \frac{1}{2} \rho V^2 S_S$$

式中 $\rho$——海水密度，若无资料查阅，可取 $\rho = 1025(\text{kg/m}^3)$；

$V = V_m \cdot \sqrt{\lambda}(\text{m/s})$；

$\lambda$——缩尺比；

$S_S$——实船湿面积，$S_S = S_m \lambda^2 (\text{m}^2)$。

通常实船的阻力曲线对应的船速在习惯上用“节”(kn)，所以 $V(\text{m/s}) = 0.5144 V_S(\text{kn})$。

4) 实船总阻力

实船总阻力即实船裸船体阻力加附体阻力 $R_A$ 和空气阻力 $R_{\text{air}}$：

$$R = R_{t0} + R_A + R_{\text{air}}$$

附体阻力 $R_A$ 通常可按母型船的资料，取裸船体阻力的百分数。无详细资料时，$R_A$ 可

按表 8.1.2 选取。

表 8.1.2 $R_A$取值表

| 项目 | 单桨民船 | 双桨中速船 | 双桨以上高速船 |
|---|---|---|---|
| $R_A$ | 2% ~5% | 7% ~13% | 10% ~20% |

空气阻力可按下式计算：

$$R_{air} = C_{air}\frac{1}{2}\rho_a V_a^2 S_Z \quad (8.1.15)$$

式中 $\rho_a$——空气质量密度，$\rho_a = 1.226\text{kg/m}^3$；

$V_a$——空气相对船的速度，$V_a = V + V_W\cos\varphi_a$；

$V$——船速(m/s)；

$V_W$——风速(m/s)；

$\varphi_a$——风向角；

$S_Z$——船体水线以上部分正面投影面积($\text{m}^2$)；

$C_{air}$——空气阻力系数，无详细资料时可取 $C_{air} = 0.3 \sim 0.5$。

波浪中的阻力增值及污底影响等通常不在阻力计算中计及，而在主机储备功率中考虑。

5）实船有效功率

$$P_E = RV/75(\text{hp})$$

式中 $R$——实船总阻力(kgf)；

$V$——船速(m/s)。

或 $$P_E = RV/1000(\text{kW})$$

式中 $R$——实船总阻力(N)；

$V$——船速(m/s)。

将不同速度时的实船阻力 $R = f(V_s)$ 与有效功率 $P_E = f(V_s)$ 做成曲线供使用。

**2. 用系列图谱估算阻力**

目前国内外已有多种系列试验图谱供使用。它们都是针对不同类型的船，进行系列模型试验，将结果整理而成。系列模型试验是指系列变化对阻力有重要影响的参数，找得不同参数时的阻力变化规律并做成图谱。常用的主要船型变化参数有三个。

(1)瘦长度 $\psi = L/\nabla^{1/3}$ 或排水体积系数$\nabla/L^3$($L$ 为船长，$\nabla$为排水体积)。

$\psi$ 和$\nabla/L^3$均表示排水量沿船长分布的情况，或表示船的瘦长程度，只是 $\psi$ 越大表示越瘦长，而$\nabla/L^3$越小表示越瘦长。这是影响中高速船阻力的主要参数，对高速船则是首要参数。

(2)棱形系数：

$$C_P = \nabla/\omega_{舯}L = \nabla/C_M BTL = C_B/C_M$$

式中 $\omega_{舯}$——舯船肋骨面面积(水下部分)；

$C_M$——舯船肋骨面面积系数，$C_M = \omega_{舯}/BT$；

$C_B$——方形系数，$C_B = \nabla/BTL$；

$B,T$——分别为最大船宽和吃水(水线处)。

$C_P$也是影响阻力的重要船形参数，对中速船是首要参数。有些低速船阻力图谱用 $C_B$ 替代 $C_P$。

(3)宽吃水比 $B/T$。

许多图谱将它作为第三位影响参数。

常用的阻力图谱有适用于低速船的陶德(Todd)图谱；适用于中速船的泰勒(Taylor)图谱和适用于高速方尾军舰的方尾图谱。在专门的文献资料中可以找到它们。

由于不同速度的船的阻力规律是不同的，所以选用图谱时，应当注意下述三点：

①必须正确选择与计算船同一类别速度的图谱，这样的计算结果才比较可信。计算船的船型与图谱所用的标准母型船越接近，可信度越高。

②必须注意图谱是否提出采用何种平板摩擦阻力系数的计算公式。这是由于图谱通常给出的都是剩余阻力系数，它在整理时采用何种摩擦阻力系数计算公式来扣除船模的摩擦阻力系数，对所得的结果是有影响的，因此，使用时最好采用该图谱要求使用的平板摩擦阻力系数计算公式。如 Todd 法和 Taylor 法均要求使用桑海公式；方尾图谱要求使用柏 - 许公式。

③每种图谱一般针对它采用的船型特点，给出这类船的湿表面面积的近似估算公式和有关系数，可以按其进行计算，所得的值比较准确，不要采用与计算目标船船型不一致的湿表面面积计算公式。

由于船型参数很多，图谱不可能将它们的影响都表达出来，加之复杂的船型有些还难以用某个参数准确表达，系列图谱只能择其主要参数，因而用此法估算阻力是近似的。

**3. 按母型船估算功率**

最常用也是最简便的按母型船估算功率的方法是海军部系数法，这是一种世界范围内广泛采用的快速估算方法。

1)海军部系数

定义

$$C_E = \frac{\Delta^{2/3} V_S^3}{P_E} \quad 为有效功率海军部系数 \tag{8.1.16}$$

$$C_N = \frac{\Delta^{2/3} V_S^3}{P_N} \quad 为主机功率海军部系数 \tag{8.1.17}$$

式中 $\Delta$——排水量(t)；

$V_S$——航速(kn)；

$P_E, P_N$——分别为有效功率及主机功率(hp)。

为了弄清海军部系数的物理意义，将式(8.1.17)改写成下列形式：

$$P_E = \frac{1}{C_E} \Delta^{2/3} V_S^3$$

而 $P_E = RV/75$(当量纲用“hp”时，$R$ 用“kgf”“m/s”)，于是有：

$$R = \frac{75}{C_E} \Delta^{2/3} \frac{V_S^3}{V} \tag{8.1.18}$$

将式(8.1.18)与常用的阻力表达式 $R = C_t \cdot \frac{1}{2} \rho V^2 S$ 比较，并以 $V = 0.5144 V_S$($V$ 用 m/s；

$V_S$用 kn)代入，式(8.1.18)可改写为

$$R=\frac{1}{C_E}\times\frac{75}{(0.5144)^3}\times\frac{\Delta^{2/3}}{S}\times\frac{2}{\rho}\times\frac{1}{2}\rho V^2 S$$

由此可得：

$$C_t=\frac{1}{C_E}\times\frac{150}{(0.5144)^3}\times\frac{1}{\rho}\times\frac{\Delta^{2/3}}{S}$$

其中水质量密度$\rho$接近常数，$\frac{\Delta^{2/3}}{S}$对相似船形也是常数，故有$C_t\propto\frac{1}{C_E}$，或：

$$C_E\propto\frac{1}{C_t}$$

即有效功率海军部系数相当于总阻力系数的倒数，它们之间仅差一比例常数。可见$C_E$的大小即表示了阻力系数的大小，但是倒数关系，$C_E$大，即表示阻力小，性能好。

而主机功率与有效功率之间相差总推进效率或称推进系数 P. C.，即 $P_E=P_N\cdot\text{P. C.}$。

所以

$$C_N=\frac{\Delta^{2/3}V_S^3}{P_N}=\frac{\Delta^{2/3}}{P_E}\cdot\text{P. C.}=C_E\cdot\text{P. C.}$$

所以主机功率海军部系数表示了舰船快速性的优劣，它与总阻力系数成反比。$C_N$大表示总阻力小和推进系数高。

2)应用海军部系数估算舰船功率

若已知舰船的排水量$\Delta$和航速$V_S$，只要知道海军部系数$C_E$或$C_N$，即可立即估算出舰船的有效功率$P_E$或主机功率$P_N$。

而$C_E$或$C_N$可以选择与计算目标船相接近的“母型船”的$C_E$或$C_N$作为计算值，以此来计算有效功率或主机功率。具体步骤如下：

(1)选定“母型船”，即找出与计算目标船的排水量和航速都相近且船形相似的船体作为母型船。

(2)计算母型船的海军部系数$C_E$或$C_N$，因为一般选已有的实船或设计计算资料较齐全的船作为母型船，只要已知其排水量$\Delta$，航速$V_S$和有效功率$P_E$或主机功率$P_N$，即可算出其$C_E$或$C_N$值。

(3)令母型船的$C_E$或$C_N$值等于计算目标船的相应值，再用计算目标船的$\Delta$和$V_S$代入，即可求得计算目标船的有效功率$P_E$或主机功率$P_N$。

这方法十分简洁方便，可用于快速估算计算目标船的快速性能，当然其精度的保证不甚容易。估算的准确性直接取决于母型船选择的合理性。按照海军部系数的物理意义，如$C_E$表示了总阻力系数的大小，令两船的$C_E$相等，即意味着令它们的总阻力系数相等。从物理意义上严格地讲，要两船的总阻力系数相等，就是要求两类不同性质的阻力系数——黏性阻力系数和兴波阻力系数分别相等。从前述相似理论的分析中已经知道，这表明两船要完全相似，既要重力相似$F_n$数相等，又要黏性相似$R_n$数相等，这实际上就是两船完全一样。所以严格地说，只有两船的排水量、航速都相等，船型完全一样，海军部系数才相等。显然，按此标准来找母型船是十分困难的，只能找相近的，两者越相近则结果越精确，两者相差越大则误差越大。

海军部系数法的另一个重要用途是用于估算船状态改变后的性能或功率变化量。如某船装载有较大改变，即排水量改变较大，而主机功率未变，要估算可能达到的航速。或

某船进行主机换装，主机功率改变了，相应的排水量也有所改变，要估算航速的变化。诸如此类，总之只要在$\Delta$、$V_S$和$P_E$或$P_N$中有一个或两个量改变时，可估算其他量的相应变化。此时即将改变前的状态作为母型船，先算得改变前的$C_E$或$C_N$值，再令其等于改变后的相应值，即可确定变化后的值。由于将自身作为母型船，所以船型是一样的，只要$\Delta$、$V_S$和$P_E$或$P_N$的变化不过分大，估算结果还是比较准确的。

### 8.1.6 浅水对阻力的影响

前面讨论的舰船阻力都是指在无限宽阔水域中的情况，包括无限宽和无限深，即除自由水面以外的水域是无边界的。当水域为无边时，如水深有限或航道较窄时，固体边界会对阻力产生影响。对海船而言，浅水问题可能会经常遇到，而遇到窄航道的时机不多。此处只介绍浅水问题。

**1. 浅水影响规律**

图 8.1.21 为某驱逐舰船模在浅水中的阻力曲线。该船模长 3.76m，宽 0.411m，吃水 0.098m，方形系数 $C_B=0.435$，水深 $h=0.6\text{m}$，其阻力曲线如图中虚线所示。图中也给出了深水状态下的阻力曲线（实线），此时水深 $h>3.0\text{m}$。

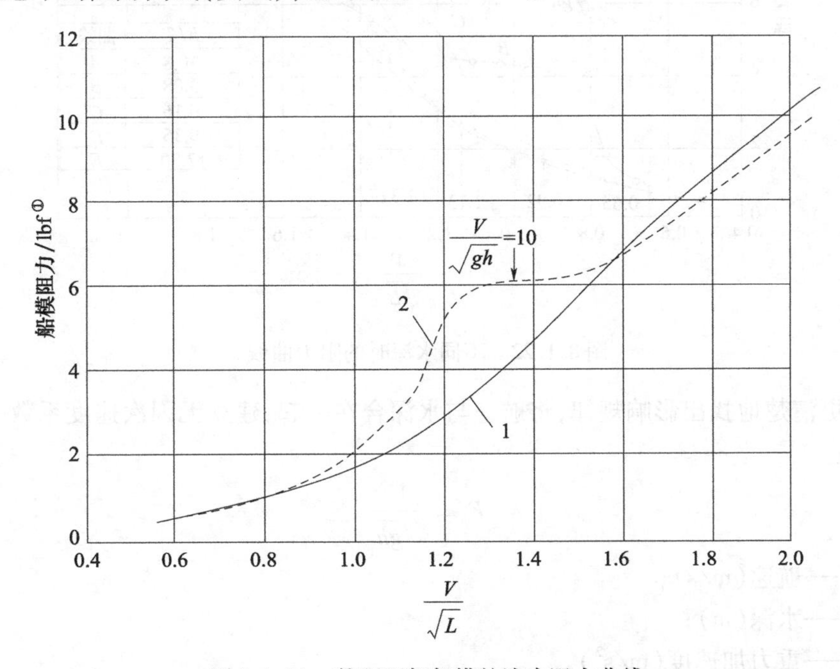


图 8.1.21 某驱逐舰船模的浅水阻力曲线

49 由图中两条曲线的比较可以看出，当航速较低时，浅水阻力与深水阻力无明显差别。随着航速的增加，浅水阻力逐渐大于深水阻力；当航速为某一值时，浅水影响最为明显。当航速再增加，浅水影响开始减弱；至某一航速时，浅水阻力与深水阻力相等。再往后，浅水阻力将小于深水阻力。

按上述变化规律，可将浅水阻力的影响分为四个阶段：

① lbf 即磅力，1lbf＝0.454kgf＝4.45N。

(1)无影响段——当速度较低时与深水阻力一样。

(2)亚临界段——浅水阻力 $R_h$ > 深水阻力 $R_\infty$ 且其差值随速度增大而增大。

(3)临界区——浅水影响最大区域,两者阻力差值为峰值区附近。

(4)超临界区——浅水影响再次减小,直至 $R_h < R_\infty$。

由此可以看出浅水对阻力的影响与航速密切相关。

图 8.1.22 给出了上述船模在不同水深时的阻力曲线。这里将水深表示为与舰船吃水的比值 $h/T$,用这一无因次量显然更合理。由此图可以看出,不同水深时上述四个阶段都仍存在,但对应的速度却不相同。相对水深越浅,出现浅水影响的速度越低,其他各阶段对应的速度也均前移。

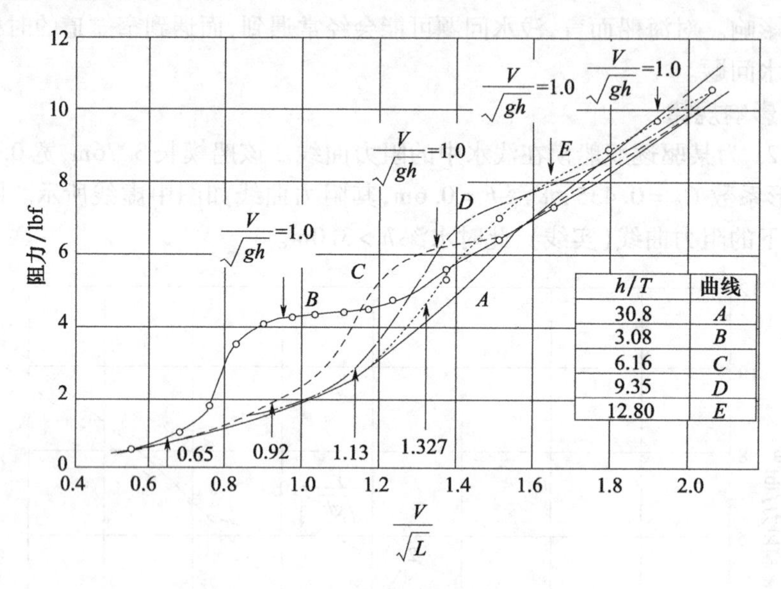


图 8.1.22 不同水深时的阻力曲线

为了更清楚地找出影响规律,将航速与水深合在一起,建立无因次速度系数——水深弗劳德数:

$$F_h = \frac{V}{\sqrt{gh}}$$

式中 $V$——航速(m/s);

$h$——水深(m);

$g$——重力加速度(m/s$^2$)。

以 $F_h$ 为横坐标,无因次阻力增量 $(R_h - R_\infty)/R_\infty$ 为纵坐标,改画上述曲线,得到图 8.1.23。

由图 8.1.23 可以看出,当将曲线无因次化以后,各阶段对应的相对速度就比较接近了。浅水影响的四个阶段大体可划分如下:

无影响区——$F_h \leqslant 0.4 \sim 0.6$;

亚临界区——$0.4 \sim 0.6 < F_h \leqslant 0.8 \sim 0.9$;

临界区——$F_h \approx 0.8 \sim 0.9$;

超临界区——$F_h > 0.9 \sim 1.0$。

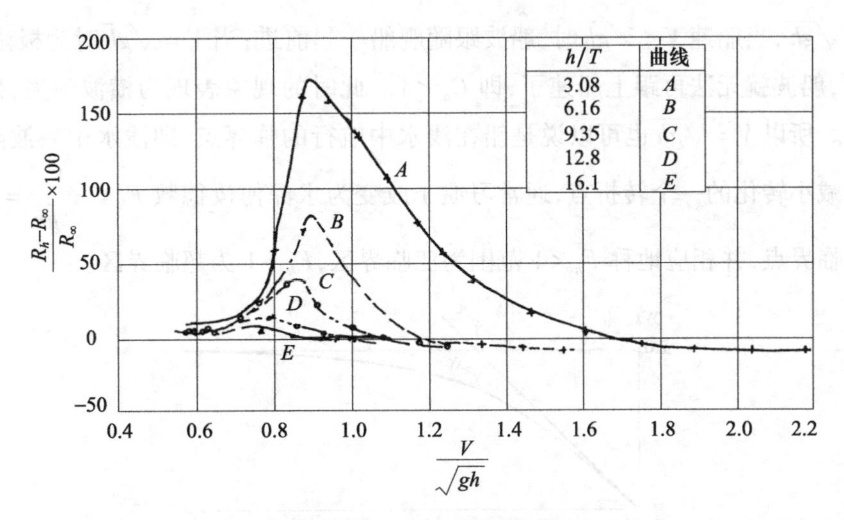


图 8.1.23　阻力相对增量曲线

这种影响随着水深吃水比 $h/T$ 的减小而增大。此外，浅水影响的程度还与船形有关，一般说来，船越丰满，浅水影响越明显。

**2. 浅水影响的原因**

浅水对阻力的最主要影响体现在对兴波阻力的影响，尤其是对中、高速船。由于在浅水中波浪传播规律与深水不同，为便于从物理概念上理解，仍简化为平面进行波来作比较，这对问题不会有实质性的影响，因为船波可以看成无数不同方向二元微幅波的叠加。

在深水中，二元进行波的传播速度与波长之间的关系为

$$C=\sqrt{\frac{g\lambda}{2\pi}}\tag{8.1.19}$$

但在浅水中，按波浪理论得到的水深为 $h$ 时的波速 $C_h$ 与波长 $\lambda_h$ 的关系式为

$$C_h=\sqrt{\frac{g\lambda_h}{2\pi}}\cdot\sqrt{\text{th}\frac{2\pi h}{\lambda_h}}\tag{8.1.20}$$

与深水相比，式中多了因子 $\sqrt{\text{th}\frac{2\pi h}{\lambda_h}}$，这是一个双曲正切函数。而双曲正切函数 $y=\text{th}x$ 的变化规律如图 8.1.24 所示，当 $x\to0$ 时，$y\to x$。这表明在水很浅，即 $\frac{2\pi h}{\lambda}\to0$ 时，有关系式：

$$\text{th}\sqrt{\frac{2\pi h}{\lambda}}\approx\sqrt{\frac{2\pi h}{\lambda}}$$

故有：

$$C_h=\sqrt{\frac{g\lambda}{2\pi}}\cdot\sqrt{\text{th}\frac{2\pi h}{\lambda}}\approx\sqrt{\frac{g\lambda}{2\pi}}\cdot\sqrt{\frac{2\pi h}{\lambda}}=\sqrt{gh}\tag{8.1.21}$$

式(8.1.21)表明，在水很浅时，波速与波长无关，只与水深 $h$ 有关，且在水深一定时波速不变。称这一特征波速 $C_h=\sqrt{gh}$ 为临界速度，是浅水中波速的极限值。即对应某一水深 $h$，其中波浪的传播速度不能大于此值。而前述的结论是舰船所兴的浪是跟随舰船前进的，波速等于船速，这在深水中是绝对正确的。然而在浅水中，由于波浪的传播速度有

一极限值$\sqrt{gh}$，当船速$V<\sqrt{gh}$时，船波跟随舰船一起前进；当$V=\sqrt{gh}$时为极限；当$V>\sqrt{gh}$以后，船波就无法再跟上船速了，即$C_h<V$。此时的现象表现为横波消失，兴波阻力开始减小。所以$V=\sqrt{gh}$也可以说是船在浅水中航行的临界点，即浅水中兴波阻力从增大开始向减小转化的一个转折点，通常习惯于改变为水深傅汝德数$F_h=\dfrac{V}{\sqrt{gh}}=1$这种形式来表示临界点，并相应地称$F_h<1$范围为亚临界区，$F_h>1$为超临界区。

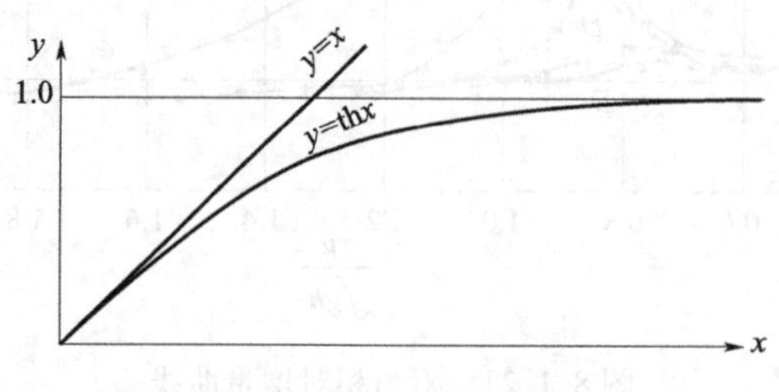


图 8.1.24　$y=\text{th}x$ 曲线

需要说明的是，这里得到的划分范围与前面提到的从船模试验结果所得到的范围稍有差别，这是因为这里采用的是波浪理论中的微幅波线性理论推导出来的结果，而实际的波浪是有限波幅，存在非线性部分，当计及非线性影响时，临界点的值就稍有改变，通常稍小于1，根据船形的不同还不尽相同。但是用线性理论分析可以更简明地了解问题的物理实质。

从船行波在不同航行阶段的图像也可以明显看出其差别，见图 8.1.25。

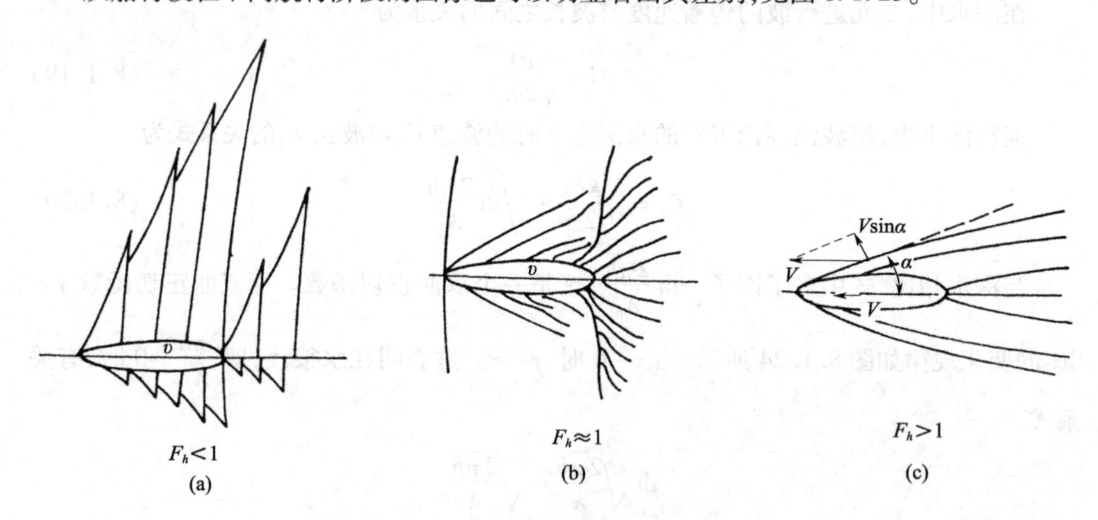


图 8.1.25　不同航行阶段的浅水船行波

在亚临界区，由于同样的船速在浅水中的船波波长较长，引起散波角（散波中心线与船纵中线面的夹角）增大，如图 8.1.25（a）所示，散波角增大，使兴波范围扩大，兴波阻力增加，且随航速（$F_h$）增大，阻力不断增大；达到临界点$F_h\approx1$附近，散波角接近90°，首部及尾部的横波与散波合而为一，在首尾形成两道与船前进方向垂直的波幅很大的横波，称为独波（见图 8.1.25（b）），兴波阻力达到最大值。独波现象是一种重要现象，因为它不仅使阻力骤增，而且对附近的船舶安全、堤岸的冲刷都会带来严重的影响，这一现象在船模试验和实船中都可以观察到。独波现象和理论已经成为波浪理论中的一个重要的分支，有人专门研究。

当 $F_h$ 再继续增大（$F_h > 1$），则独波消失，横波系也整个消失，散波角又开始减小（见图 8.1.25(c)）。这是因为浅水中垂直于波阵面方向的波浪传播速度不能超过临界速度 $\sqrt{gh}$，令散波角为 $\alpha$，则垂直于波阵面方向的波浪传播速度为 $V\sin\alpha$，若要求散波随船前进，必须有：

$$V\sin\alpha \leqslant \sqrt{gh}$$

$$\sin\alpha \leqslant \frac{\sqrt{gh}}{V} = \frac{1}{F_h} \tag{8.1.22}$$

可见随着 $F_h$ 的增大，$\alpha$ 角逐渐减小，相应的兴波范围缩小，兴波阻力开始减小，至某一 $F_h$ 值（$F_h > 1.1 \sim 1.2$）时，兴波阻力将小于深水时的相应值。

此外，由于浅水中船底与水底间的间隙减小，使底部流速增大，从而使摩擦阻力增大；底部流速增大的同时，又引起船底压力减小，使船下沉，吃水增加，湿面积增大，更加大了摩擦阻力。由于船尾底部边界层较厚，使尾部底部的流速增大甚于船首，尾底压降更明显，造成尾倾，使黏压阻力亦有所增大。但总起来讲，浅水使黏性阻力的增加量远不及兴波阻力明显，所以总的阻力变化规律大体上服从兴波阻力的变化规律。

**3. 浅水影响的估计**

对浅水影响的估计主要要解决两方面的问题：一是要判断何时产生浅水影响；二是有影响时如何估算浅水阻力值。

1）浅水影响的衡准

判断何时产生浅水影响的问题，称为浅水影响“衡准”。

前面已提及，浅水影响取决于水深和船速两个主要因素，当然与船形也有关，但由于船形参数太多，不便于过细讨论。通常就用前述两个主要因素组成水深傅汝德数 $F_h = \frac{V}{\sqrt{gh}}$ 作为判断的依据。对于不同的船型，其判断的 $F_h$ 有所差别。

前面用浅水波的线性理论已经推导出，不产生浅水影响的范围是 $F_h \leqslant 0.58$。这一结果是近似的，因为一方面它未计及非线性影响，另一方面也未计及不同船形的差别。大量的研究，尤其是系列船模试验结果表明，判断有无浅水影响的衡准可取为：

$F_h < 0.6$　对瘦长的中高速舰船；

$F_h < 0.4$　对民用船及军辅船。

显然肥满船形船的浅水影响发生得较早。

对于航速更高的高速圆舭艇，采用 $F_h < 0.6$ 的衡准还过于严格。为此，海军工程大学经过大量船模实验，提出了一个更适合高速船的浅水衡准，它可以适用于航速在 $F_h \leqslant 0.8$ 范围内的高速船，也包括驱逐舰。

2）浅水阻力估算

目前对浅水阻力的估算方法有多种，常用的有仅适用于亚临界区的许立丁方法和亚临界、超临界通用的阿普赫金方法，这两种方法在一般的阻力教科书[63]中均可查到。由于它主要由试验结果整理而成，仅是个使用方法问题，在此不再赘述。

## 8.2 舰船推进器

舰船航行时所遭受的阻力,必须给予舰船以一定的推力来克服,才能使舰船保持一定的航速向前航行。推进器则是将主机功率转换成推力做功的一种能量转换机构。推进器的形式有许多种,其中螺旋桨应用得最广泛最普遍,本节主要介绍螺旋桨。

由于螺旋桨是一个能量转换器,在能量转换过程中,不可避免要有损耗。若螺旋桨工作时所做的有效功率为 $P_E$,螺旋桨从主机处吸收到的功率、即主机传递到螺旋桨安装处的功率称为收到功率 $P_D$,则称 $\eta_D$ 为螺旋桨的推进效率。

$$\eta_D = P_E/P_D \tag{8.2.1}$$

显然有效功率

$$P_E = T_e V = RV \tag{8.2.2}$$

式中 $T_e$——螺旋桨有效推力;
$R$——舰船阻力;
$V$——舰船速度。

由于主机输出功率要经过减速齿轮箱、推力轴承、中间轴承、尾轴管等传至尾轴后的螺旋桨处,其中又有功率损耗,这一损耗用传递效率或轴系效率 $\eta_s$ 表示,显然:

$$\eta_s = P_D/P_S \tag{8.2.3}$$

式中 $P_S$——主机功率。

将有效功率与主机功率之比称为推进系数 P. C.:

$$\text{P. C.} = P_E/P_S \tag{8.2.4}$$

按式(8.2.1)和式(8.2.3)有

$$\text{P. C.} = P_E/P_D \cdot P_D/P_S = \eta_D \eta_s \tag{8.2.5}$$

推进系数 P. C. 表示了螺旋桨与轴系等的总损耗,通常它可以表示舰船总推进性能的优劣。推进系数越高,表示舰船的推进性能越好。

### 8.2.1 螺旋桨的工作原理和水动力特性

此处主要说明螺旋桨产生推力、消耗主机功率的基本原理,即螺旋桨是如何将主机功率转化成推力的,同时也介绍螺旋桨在各种情况下的工作性能及其规律。

由螺旋桨的几何特性知道,螺旋桨桨叶可看成是由不同半径处的小片翼形剖面所构成,每一小片翼形剖面称为叶元基元,或简称为叶片元。它是弧形薄片。当桨叶旋转时,它绕桨轴旋转,相当于直线剖面翼型作直线运动。整个叶片相当于一个沿径向变弦长的机翼在水中运动。

**1. 将螺旋桨叶片看成机翼——速度多角形**

螺旋桨叶片虽然是旋转的,但如果把某半径处切割出的叶片微元剖面,放在旋转线速度下来观察,则与机翼剖面的运动情况一样。下面就把在一定半径处切割出的叶片微元剖面(称为叶元体)按机翼剖面的运动情况来分析螺旋桨运动时叶元体周围的流场情况。

切割出的叶元体如图 8.2.1 所示,图上用虚线画出了螺旋桨轴毂,向上为船前进方向,即螺旋桨前进方向,桨向右旋转。

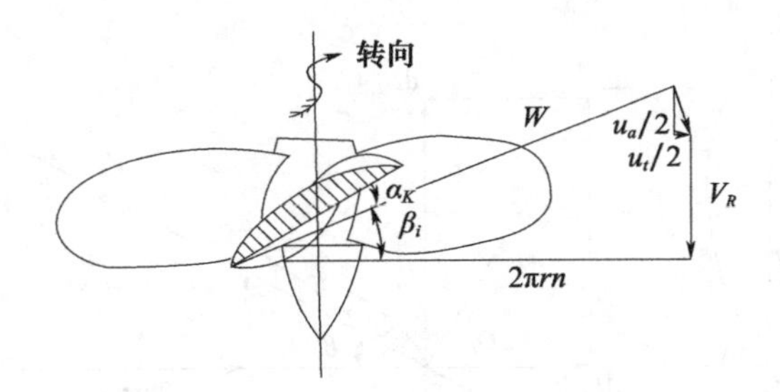


图8.2.1 叶元体周围的流动

当考虑相对运动，认为叶元体不动时，此时在叶元体处受到一个周向速度 $2\pi rn$ 和垂向速度 $V_A$，其中 $r$ 为叶元体所在处的半径，$n$ 为螺旋桨转速。此外，由于叶片是三元的，存在自由涡，尚有自由涡引起的诱导速度 $u_{n1}$，其方向与偏转后的速度 $V_R$ 垂直。叶元体剖面即在合流速 $V_R$ 的作用下，此时几何攻角为 $\alpha_K$，称为叶元体的速度多角形。图中 $\beta$ 称为进角，$\beta_i$ 角称为水动力螺距角，$\theta$ 角是几何螺距角，显然几何攻角 $\alpha_K=\theta-\beta_i$。这样就可以将桨叶任意半径上的叶元体看成机翼剖面来研究它在运动时的受力，从而得到整个叶片在运动时的受力。

通常还将诱导速度 $u_{n1}$ 分解成垂直方向（螺旋桨前进方向）和水平切向两部分，前者称轴向诱导速度，以 $u_{a1}$ 表示，后者称周向诱导速度，以 $u_{t1}$ 表示。可以证明，在螺旋桨桨盘处的诱导速度是螺旋桨后的诱导速度的一半，这对于总诱导速度和轴向、周向诱导速度都是对的。

**2. 螺旋桨上的作用力**

对于给定的螺旋桨，当在一定转速 $n$ 和前进速度 $V_A$ 时，如能求得诱导速度 $u_{a1}$ 及 $u_{t1}$，即可根据机翼理论求出任意半径处叶元体上的作用力，进而求出整个螺旋桨上的作用力。

取半径 $r$ 处宽度为 $\mathrm{d}r$ 段的叶元体进行讨论。其速度多角形如图8.2.2所示，当水流以合速度 $V_R$、几何攻角 $\alpha_K$ 流向叶元体时，便产生了升力 $\mathrm{d}L$ 和阻力 $\mathrm{d}D$，升力 $\mathrm{d}L$ 垂直于来流 $V_R$，阻力 $\mathrm{d}D$ 与 $V_R$ 同向。再将 $\mathrm{d}L$ 和 $\mathrm{d}D$ 各自分解成为沿螺旋桨轴向和切向，分别为 $\mathrm{d}L_a$、$\mathrm{d}L_t$ 和 $\mathrm{d}D_a$、$\mathrm{d}D_t$，得到叶元体所产生的推力 $\mathrm{d}T$ 和遭受到的旋转阻力 $\mathrm{d}F$：

$$\begin{cases}\mathrm{d}T=\mathrm{d}L_a-\mathrm{d}D_a=\mathrm{d}L\cos\beta_i-\mathrm{d}D\sin\beta_i\\ \mathrm{d}F=\mathrm{d}L_t+\mathrm{d}D_t=\mathrm{d}L\sin\beta_i+\mathrm{d}D\cos\beta_i\end{cases}\tag{8.2.6}$$

叶元体上的升力大小，按茹可夫斯基公式有：

$$\mathrm{d}L=\rho V_R\Gamma(r)\,\mathrm{d}r\tag{8.2.7}$$

其中 $\Gamma(r)$ 为半径 $r$ 处叶剖面的环量，$\Gamma(r)\mathrm{d}r$ 则为 $\mathrm{d}r$ 段叶元体上的环量。将式(8.2.7)代入式(8.2.6)，并沿用机翼剖面阻升比 $\varepsilon=\mathrm{d}D/\mathrm{d}L$ 于叶元体，半径 $r$ 处叶元体上承受的转矩 $\mathrm{d}Q=r\mathrm{d}F$，则可得：

$$\begin{cases}\mathrm{d}T=\rho\Gamma(r)V_R\cos\beta_i(1-\varepsilon\tan\beta_i)\,\mathrm{d}r\\ \mathrm{d}Q=\rho\Gamma(r)V_R\sin\beta_i(1+\varepsilon\cot\beta_i)\,r\mathrm{d}r\end{cases}\tag{8.2.8}$$

从图8.2.2所示叶元体速度多角形中可得：

$$V_R\cos\beta_i=\omega r-u_{t1}$$

$$V_R\sin\beta_i=V_A+u_{a1}$$

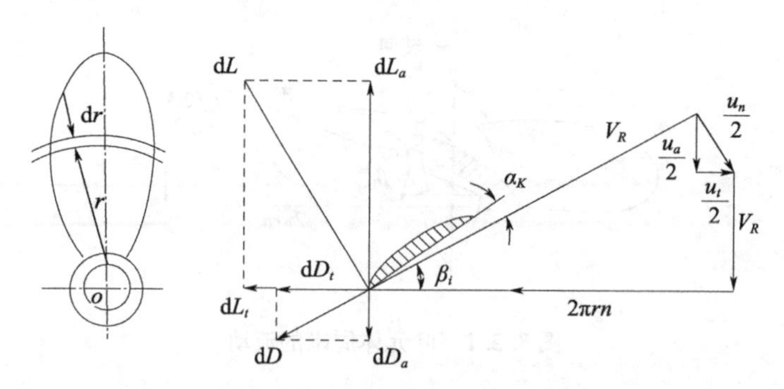


图 8.2.2 叶元体的速度多角形

其中 $\omega$ 为旋转角速度,以此代入式(8.2.8),得到:

$$\begin{cases} \mathrm{d}T = \rho\Gamma(r)(\omega r - u_{t1})(1 - \varepsilon\tan\beta_i)\mathrm{d}r \\ \mathrm{d}Q = \rho\Gamma(r)(V_A + u_{a1})(1 + \varepsilon\cot\beta_i)\mathrm{d}r \end{cases} \tag{8.2.9}$$

将叶元体上的推力和转矩表达式(8.2.9)沿径向从桨毂到叶梢积分,可得在整个叶片上的推力和转矩,再乘以叶片数 $Z$ 则得螺旋桨上的推力和转矩,即

$$\begin{cases} T = Z\rho\int_{r_n}^{R}\Gamma(r)(\omega r - u_{t1})(1 - \varepsilon\tan\beta_i)\mathrm{d}r \\ Q = Z\rho\int_{r_n}^{R}\Gamma(r)(V_A + u_{a1})(1 + \varepsilon\cot\beta_i)\mathrm{d}r \end{cases} \tag{8.2.10}$$

其中 $r_n$ 为桨毂半径,$R$ 为螺旋桨半径。

**3. 叶元体效率与螺旋桨效率**

叶元体的效率是其所做有效功率与所消耗功率之比,前者为推力与前进速度的乘积,后者为转矩与角速度的乘积。亦即:

$$\eta_{\mathrm{or}} = \frac{V_A\mathrm{d}T}{\omega\mathrm{d}Q} = \frac{V_A(\omega r - u_{t1})(1 - \varepsilon\tan\beta_i)}{(V_A + u_{a1})\omega r(1 + \varepsilon\mathrm{ctan}\beta_i)} = \eta_{iA}\eta_{iT}\eta_{\varepsilon} \tag{8.2.11}$$

由上式可看出,叶元体效率由三部分组成:

轴向诱导效率:$\eta_{iA} = V_A/(V_A + u_{a1})$,它由轴向诱导速度的存在而引起,$u_{a1}$ 越大效率越低;

周向诱导效率:$\eta_{iT} = (\omega r - u_{t1})/\omega r$,它由周向诱导速度的存在而引起,$u_{t1}$ 越大效率越低;

结构效率:$\eta_{\varepsilon} = (1 - \varepsilon\tan\beta_i)/(1 + \varepsilon\cot\beta_i)$,它由于流体存在黏性,使 $\varepsilon > 0$ 而引起。

当螺旋桨工作时,来流经过螺旋桨后,轴向流速得到增加,带走一部分能量,周向流速也增加,又带走部分能量,这两部分能量的损耗与流体有无黏性无关。第三部分则是由于黏性流体中,剖面有阻力,造成能量损耗,它与剖面的形状与攻角有关,故称之为叶元体的结构效率。

如果用图 8.2.2 中所定义的进角 $\beta$ 和水动力螺距角 $\beta_i$ 来表示叶元体的效率公式,则可得到很简洁的形式:

$$\eta_{\mathrm{or}} = \eta_{\varepsilon}\tan\beta/\tan\beta_i \tag{8.2.12}$$

$$\tan\beta = V_A/\omega r$$

$$\tan\beta_i = (V_A + u_{a1})/(\omega r - u_{t1})$$

式(8.2.11)将效率分成两部分，其中

$$\eta_i = \tan\beta/\tan\beta_i \tag{8.2.13}$$

称为叶元体的理想效率，即在理想流体中也存在的效率，它包括轴向诱导效率与切向诱导效率，剩下部分即为由黏性引起的结构效率 $\eta_\varepsilon$。

叶元体的理想效率的大小取决于诱导速度的大小，一般说来，诱导速度越大效率越低，这从式(8.2.11)或式(8.2.12)可以明显看出。然而这种诱导速度在螺旋桨工作时是必然存在的。如果从能量变化的观点来观察螺旋桨，或者说从作用与反作用原理来观察螺旋桨，由于螺旋桨是在流体中运动时推水，必然使水有向后的速度，即轴向诱导速度，水才对螺旋桨有反作用力，构成推力，而推力的大小就等于水流加速所带走的动量变化率。因此，从这个意义上讲，轴向诱导速度是在流体中工作的螺旋桨产生推力的必要要素，轴向诱导速度的大小直接影响到推力的大小。因而这部分能量的损耗是不可避免的，且并非越少越好。同样，螺旋桨旋转亦必然使水引起周向诱导速度造成周向能量损耗，这也是无法避免的，是一种旋转做功向轴向做功转化所必需的，这项消耗应该是尽可能地小。至于结构效率是一种黏性损耗，当然希望它小些好。

螺旋桨的效率，应该是整个螺旋桨所作的有效功和其吸收功率，即消耗的功率之比，有效功率为 $TV_A$，吸收功率为 $2\pi nQ$。故螺旋桨的效率为

$$\eta_0 = TV_A/2\pi nQ \tag{8.2.14}$$

螺旋桨在给定进速 $V_A$ 与转速 $n$ 下产生的推力 $T$、转矩 $Q$ 和它的效率 $\eta_0$ 是螺旋桨三项水动力性能要素。当 $V_A$ 和 $n$ 变化时，这三项水动力要素是变化的，这可通过对速度多角形的分析很直观地进行分析判断。如当进速 $V_A$ 不变，增大转速 $n$ 时，从速度多角形可以看出，将使合速度 $V_R$ 与攻角 $\alpha_K$ 均显著增大，导致叶元体上升力阻力的增大，从而增大螺旋桨的推力与转矩(见图 8.2.3)。而当转速 $n$ 不变，增大进速 $V_A$ 时，合速度 $V_R$ 大小变化不明显，而攻角 $\alpha_K$ 将显著减小，导致叶元体上升力与阻力减小，从而使螺旋桨的推力与转矩减小。螺旋桨的水动力性能随着其运动要素变化的规律可以用曲线来表示，称之为螺旋桨的性能曲线。通常螺旋桨的性能曲线用无因次的形式表达。

**4. 螺旋桨的性能曲线**

为了能更简洁地分析螺旋桨在各运动参数变化时，其水动力性能的变化规律，我们在研究水动力性能参数变化时暂且略去螺旋桨的诱导速度项。因为诱导速度与进速和由转速引起的周向速度相比是小量。于是，表征螺旋桨周围水流特征的速度多角形简化为“速度三角形”，如图 8.2.3 所示，这将不影响对推力和转矩的定性分析。

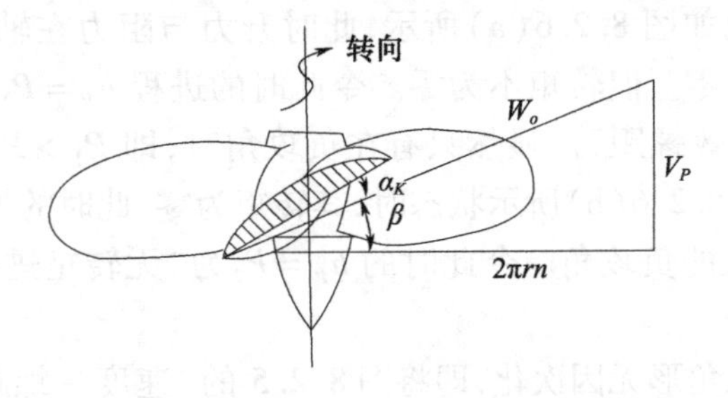


图 8.2.3 叶元体速度三角形

若用某桨叶某半径截面处的叶元体作为桨叶的代表截面，即认为该叶元体的性能为桨叶上各叶元体性能的平均值（如半径为 0.7$R$ 处的叶元体），则可以从该叶元体的性能随螺旋桨运动参数（进速 $V_A$ 与转速 $n$）的变化规律看出螺旋桨整体性能的变化规律。

对于给出几何形状的螺旋桨，若转速 $n$ 不变，则随着进速的增加，螺旋桨推力和力矩将都是减小的，这是因为此时 $V_A$ 增加，相应的速度三角形上的来流攻角显著减小，而来流速度的大小变化不大。

如果将速度三角形的底边与垂直边均除以转速 $n$，则得到如图 8.2.4 所示的叶元体“速度－螺距”三角形。三角形的底边为 $2\pi r$，$r$ 为叶元体半径，直角边 $h_P = V_A/n$ 称为进程，其中 $V_A$ 为进速，$n$ 为转速，它表示螺旋桨旋转一周在轴向所前进的距离。此时螺距三角形与速度三角形的底边重合。螺距 $P$ 和进程 $h_P$ 之差（$P - h_P$）称为滑脱，其意为螺旋桨在水中旋转一周与在固体中旋转一周在轴向前进距离上之差值。滑脱与螺距之比称滑脱比，是滑脱的无因次量，以 $S$ 表示：

$$S = (P - h_P)/P = 1 - h_P/P = 1 - V_A/Pn \tag{8.2.15}$$

显然，由 $2\pi r$ 与 $h_P$ 组成的速度三角形与叶元体周围水流动的真实速度三角形是几何相似的。$\alpha_K$ 接近于叶元体的几何攻角，其中的差别只在于忽略了诱导速度。

用图 8.2.4 的“速度－螺距”三角形来看推力和转矩的变化，其变化规律如图 8.2.5 所示，当进程 $h_P = 0$，即进程 $V_A = 0$ 时，推力转矩均达到最大值，因为此时叶元体攻角最大。

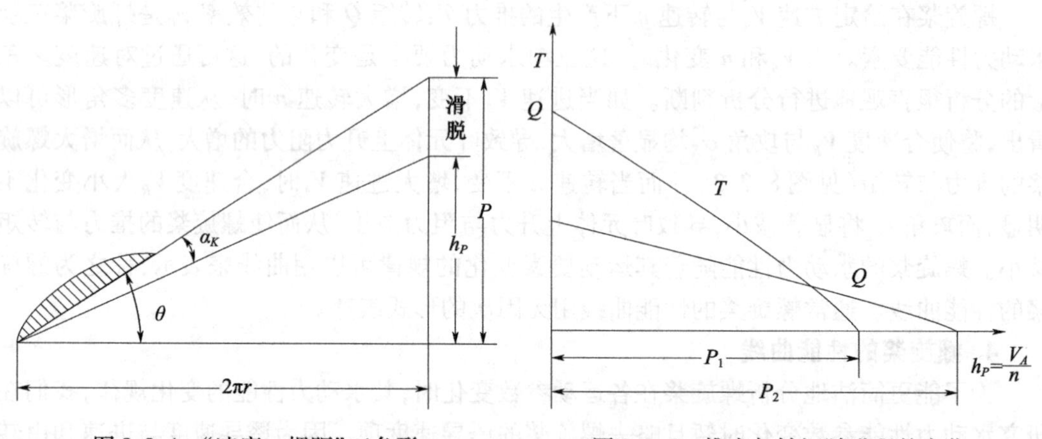


图 8.2.4 “速度－螺距”三角形　　图 8.2.5 推力与转矩随进程的变化

当 $h_P$ 增大时，推力 $T$ 与转矩 $Q$ 均逐渐减小，当达到某值 $h_P = P_1$ 时，推力 $T = 0$。此时速度三角形的流动情况如图 8.2.6(a) 所示，此时升力与阻力在轴向的投影正好大小相等，方向相反，使推力为零。但转矩不为零。令此时的进程 $h_P = P_1$，为“无推力螺距”，有些教材上亦称此为“实效螺距”。显然只有在负攻角时，即 $P_1 > P$ 以后才会出现这种状态。当 $h_P$ 再增大，至图 8.2.6(b) 所示状态时，其转矩为零，此时的推力通常为负值。因为这种状态必然对应较大的负攻角。令此时的 $h_P = P_2$ 为“无转矩进程”或“无转矩螺距”。显然 $P_2 > P_1 > P$。

进一步将此速度三角形无因次化，即将图 8.2.5 的“速度－螺距”三角形各边除以螺旋桨直径 $D$，则得到无因次速度三角形。其中直角边为进程 $h_P$ 与螺旋桨直径 $D$ 的比值，称为进程系数，以 $J$ 表示：

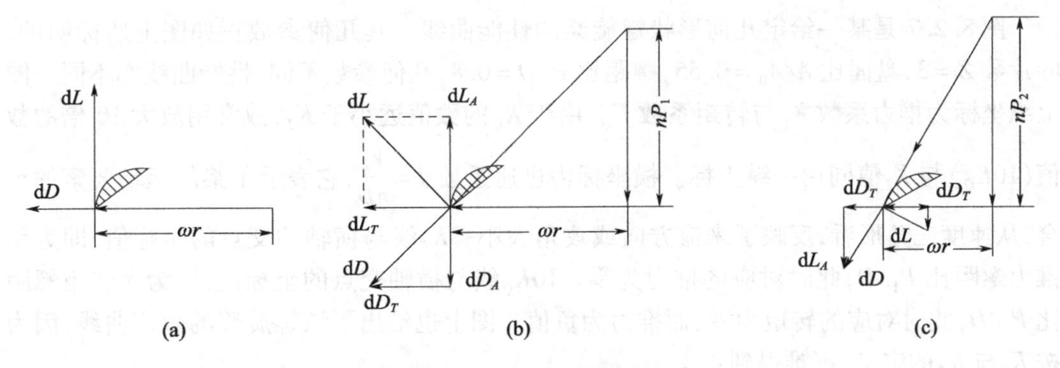


图 8.2.6　无推力与无转矩状态

$$J = h_P / nD = V_P / nD \tag{8.2.16}$$

相应的螺距三角形的直角边为螺距与直径之比 $P/D$，称为螺距比。在螺旋桨要素中还经常用到无推力螺距与直径之比 $P_1/D$，称为无推力螺距比，显然 $P_1/D > P/D$。由式(8.2.15)及式(8.2.16)可得进速系数 $J$ 与滑脱比 $S$ 之间的关系为

$$J = \frac{P}{D}(1 - S) \tag{8.2.17}$$

即在螺距一定的情况下，进速系数 $J$ 小，则滑脱比 $S$ 大，表明叶元体的来流攻角大(忽略了诱导速度)。

如果将叶元体上的来流与受力均无因次化，类似于机翼中升力系数、阻力系数与攻角之间的关系，找出螺旋桨的推力、转矩与进速之间的无因次关系，进而将整个螺旋桨无因次流体动力看成是进速系数 $J$ 的函数，这里螺旋桨的无因次推力和转矩用推力系数 $K_T$ 和转矩系数 $K_Q$ 表示，由因次分析法可知，它们分别为

$$K_T = \frac{T}{\rho n^2 D^4} \tag{8.2.18}$$

$$K_Q = \frac{Q}{\rho n^2 D^5} \tag{8.2.19}$$

于是得到螺旋桨的性能曲线，即螺旋桨的推力系数 $K_T$ 与转矩系数 $K_Q$ 随进速系数 $J$ 的变化曲线，如图 8.2.7 所示。

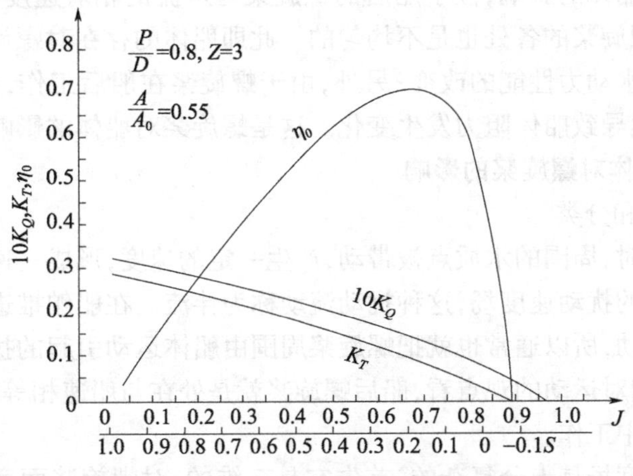


图 8.2.7　螺旋桨性能曲线

图 8.2.7 是某一给定几何形状螺旋桨的性能曲线。其几何参数正如图上所标明的，叶片数 $Z=3$，盘面比 $A/A_0=0.55$，螺距比 $P/D=0.8$，几何参数不同，性能曲线亦不同。图上纵坐标为推力系数 $K_T$ 与转矩系数 $K_Q$，由于 $K_Q$ 的数值远小于 $K_T$，故常用放大 10 倍的数值（$10K_Q$）与 $K_T$ 值同用一纵坐标。横坐标为进速系数 $J=\frac{V_A}{nD}$，它表示了桨的运动要素的组合，从速度三角形看，反映了来流方向或攻角大小。$K_T$ 线与横轴的交点的坐标值，即为无推力螺距比 $P_1/D$，此时对应的推力为零。$10K_Q$ 线与横轴交点的坐标值，即为无转矩螺距比 $P_2/D$，此时对应的转矩为零，而推力为负值。图上也给出了该螺旋桨的效率曲线，因为按 $K_T$ 与 $K_Q$ 的定义，不难得到：

$$\eta_P=\frac{TV_A}{2\pi nQ}=\frac{K_T\rho n^2D^4V_A}{2\pi nK_\alpha\rho n^2D^5}=\frac{K_T}{K_Q}\times\frac{J}{2\pi} \tag{8.2.20}$$

可见，$J$、$K_T$、$K_Q$ 与 $\eta_P$ 四个参数中只有三个是独立的，由任意三个即可推得第四个参数。故性能曲线上只需作出任意两条曲线即可。

由于 $K_T=0$，效率 $\eta_P=0$，所以性能曲线上 $K_T$ 曲线与 $\eta_P$ 曲线必然在无推力螺距比 $J=P_1/D$ 处与横轴共交一点。

螺旋桨的性能曲线是给定形状的螺旋桨在各运动参数（$n,V_A$）变化时，其无因次力、力矩及效率的变化曲线，它是螺旋桨性能的基本反映（相当于机翼的升、阻力与力矩系数曲线）。螺旋桨的性能曲线可以根据环流理论计算得到，此时用涡旋分布在叶片上，通过计算各涡旋引起的诱导速度，并使其在叶片表面满足物面条件，从而解出涡旋强度，进而得到叶片上的力和力矩。这种计算与机翼理论计算类似，可在专门的著作中找到。螺旋桨性能曲线也可以用试验方法获得，且这是目前工程应用中大量采用的一种方法。许多国家按照使用范围，系列地变化一些参数，通过系列试验得到不同参数时的各螺旋桨性能曲线，将其汇总在一起或将其整理成螺旋桨系列图谱，供大家在选择螺旋桨时使用。

### 8.2.2 螺旋桨与船体的相互作用

前面讨论的螺旋桨性能都是对孤立的螺旋桨而言的，即螺旋桨在匀速前进和旋转时的性能，或说是螺旋桨在均匀来流中旋转时的性能。实际上螺旋桨是置于船后的，螺旋桨处的水流必然受到船体的影响，位于船后的螺旋桨与水流的相对速度将不完全等于船的前进速度，而且在螺旋桨的各处也是不均匀的。此即船体的存在对螺旋桨的影响，这种影响必将涉及螺旋桨水动力性能的改变；另外，由于螺旋桨在船后工作，引起船后的流场与无桨时不同，亦必然导致船体阻力发生变化。这是螺旋桨对船体的影响。

**1. 伴流——船体对螺旋桨的影响**

1）伴流的成因和分类

船在水中航行时，周围的水质点被带动，产生一定的速度，形成一速度场，此即通常所说的船体运动引起的扰动速度场，这种扰动流动称为伴流。在船舶推进中，感兴趣的是螺旋桨周围的扰动流动，所以通常也就把螺旋桨周围由船体运动引起的扰动流动称为伴流。对螺旋桨而言，用相对运动的观点看，船后螺旋桨就是处在与船速相等的均匀来流加上伴流这样一个速度场中工作。

船后的伴流速度场是十分复杂的，首先它是三维的，对螺旋桨而言，它可以分成沿螺旋桨的轴向,周向和径向三个分量。测量结果表明,与轴向伴流速度相比,周向和径向的速度分量为二阶微量,对螺旋桨性能的影响较小,通常可以忽略不计。故这里研究的伴流主要是轴向伴流。其次伴流速度在螺旋桨盘面各点是不相等的,即不均匀的,这一点在有些场合下是需要考虑的。

2)伴流的数量表示——伴流分数

由伴流的成因可见,螺旋桨盘面处的水流是很复杂的,盘面上各点的速度的大小与方向都是不相同的。通常取盘面处伴流的轴向速度平均值作为螺旋桨的伴流值,以 $u$ 表示,称伴流速度。

若船的前进速度为 $V$,则螺旋桨与该处水流的相对速度(即进速)$V_A$为

$$V_A = V - u \tag{8.2.21}$$

伴流值的大小常用伴流速度 $u$ 与船速 $V$ 的比值 $w$ 来表示,称为伴流分数:

$$w = u/V = (V - V_A)/V = 1 - V_A/V \tag{8.2.22}$$

当船速一定时,只要知道伴流分数 $w$,即可求得螺旋桨盘面处的进速 $V_A$:

$$V_A = V(1 - w) \tag{8.2.23}$$

各类舰船的伴流分数值的大体范围如表 8.2.1 所列。

表 8.2.1　各类舰船的伴流分数值的大体范围

| 舰种 | 伴流分数 $w$ | 推力减额系数 $t$ |
|---|---|---|
| 轻巡洋舰 | 0.035~0.10 | 0.05~0.10 |
| 大型驱逐舰 | 0.00~0.10 | 0.07~0.08 |
| 驱逐舰,护卫舰 | 0.00~0.08 | 0.06~0.08 |
| 滑行艇 | 0.00~0.04 | 0.01~0.03 |
| 潜艇(常规型水面状态) | 0.10~0.25 | 0.10~0.18 |
| 潜艇(水滴型水下状态) | 0.20~0.50 | 0.07~0.30 |
| 快速客船 | 0.10~0.18 | 0.06~0.15 |
| 双桨货船 | 0.08~0.20 | 0.10~0.22 |

3)伴流分数的确定

伴流分数可以通过模型试验方法来测定。一种测定方法,是在船模后螺旋桨位置处用毕托管测量流速,得到与船速的差值。这时需用多个毕托管同时测出盘面各半径处的流速。也可用激光测速仪测量盘面上各点的流速。这种方法测得的是船后螺旋桨位置处的流速。测量时并未装上螺旋桨,得到的伴流称为标称伴流。

实际上当船后装上螺旋桨并运转时,由于桨的抽吸水作用,桨盘处的水流速与无桨时是不同的。桨工作时桨盘处的伴流称为实效伴流。这才是反映真实流动的状态。实效伴流可以用自航试验的办法来测定。即在船模后装上螺旋桨,用拖车拖动船模以给定的速度 $V$ 前进。同时使螺旋桨以转速 $n$ 旋转,并测量螺旋桨发出的推力 $P$ 与所需的转矩 $M$。然后将此螺旋桨与船模分离,进行敞水试验。仍使螺旋桨保持原转速 $n$,改变进速 $V_A$,使桨发出的推力与船后的推力相等,则此时的进速 $V_A$与船后自航试验时的船速 $V$ 的差值即为伴流速度 $u = V - V_A$。若此时测量转矩,可以发现测得的值 $M_1 \neq M$。这种测量实效伴流的方法称等推力法。

也可以用上述类似的方法，在敞水试验时，使某一进速 $V_A$时，桨的转矩 $M$ 与船后自航试验值相等，则此时的推力 $P_1 \neq P$。也可由此得伴流 $u = V - V_A$，称此种方法为等转矩法。通常用等推力法与用等转矩法所测得的伴流值往往是不相等的。目前用得比较普遍的是等推力法。

当然实效伴流值与标称伴流值的差别更大，一般船用螺旋桨设计时采用的都是实效伴流，若无专门的说明，一般所讲的伴流也是指实效伴流。

当没有条件作船模试验时，也可以用经验公式近似地确定伴流分数，或按母型船的数据来确定伴流。无论用经验公式或按母型船确定，都必须考虑到船型与螺旋桨数目和安装位置的相似性。因为这两个因素均直接影响到伴流值的大小。

4）伴流不均匀性的影响

实际上用测速仪测得的在船后桨盘面上各点的伴流是不相同的，图 8.2.8 表示了某双桨船一侧螺旋桨盘面处的标称伴流系数的等值曲线。由图可以看出，船后桨盘处的水流是不均匀的。在近船体处，伴流分数大，远离船体处伴流分数较小。可见伴流速度沿螺旋桨的径向与周向都是变化的。

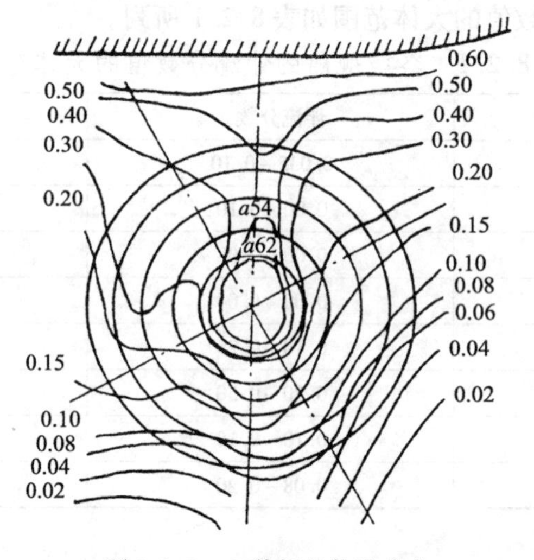


图 8.2.8　双桨船的伴流分布

伴流的不均匀性，对螺旋桨的性能是有影响的。这种影响用伴流不均匀系数 $i_2$来表示。在前述用等推力法测量实效伴流时，当船后推力与敞水时的推力相等时，两者的转矩是不相等的，这就是伴流不均匀性对螺旋桨性能影响的表现。当用等推力法测量实效伴流时，先用给定转速 $n$ 与进速 $V_A$将螺旋桨置于敞水中试验，测得推力 $T_0$和转矩 $M_0$。然后保持转速 $n$ 不变，改变进速，使在某一进速 $V_1$时，桨的推力 $T_B = T_0$，则认为此时船后桨与敞水桨性能一样，表明在船速 $V_1$时，船后桨盘处的平均流速为 $V_A$，由 $V_A$与 $V_1$的差值可求得实效伴流。当然求得的是桨盘处的平均伴流。如果桨盘处的伴流是均匀的，则上述两种状态（敞水及船后）的转矩 $M$ 和 $M_B$亦应该是相等的，正由于伴流的不均匀，导致当 $T_B = T$ 时，$M \neq M_B$。

可见通常伴流不均匀性对螺旋桨水动力性能的影响是不大的，在初步设计阶段，往往可略去不计，但伴流不均匀将引起螺旋桨振动，因为叶片在旋转一周过程中，各处来流速度不同。由叶元体速度三角形可知，当转速一定，来流速不同时，迎流攻角将发生变化，使升力阻力变化。其推力与转矩相应改变，图 8.2.9 即为某三叶桨桨叶在旋转一周过程中，推力 $P$ 和转矩 $M$ 的变化规律，图中表示出三个叶片上的推力和转矩在不同转角时的变化曲线。推力周期性变化通过推力轴承传至船体，引起船体与轴系的轴向振动；转矩周期性变化导致轴系的扭转振动；形成转矩的叶片阻力周期性变化引起船体的横向或垂向振动和轴系的弯曲振动。由图 8.2.9 可以看出单个叶片的推力和转矩变化较为剧烈，而三个叶片叠加后整个螺旋桨的推力、转矩变化较缓和，可见采用多叶片的螺旋桨对减小振动是有利的。

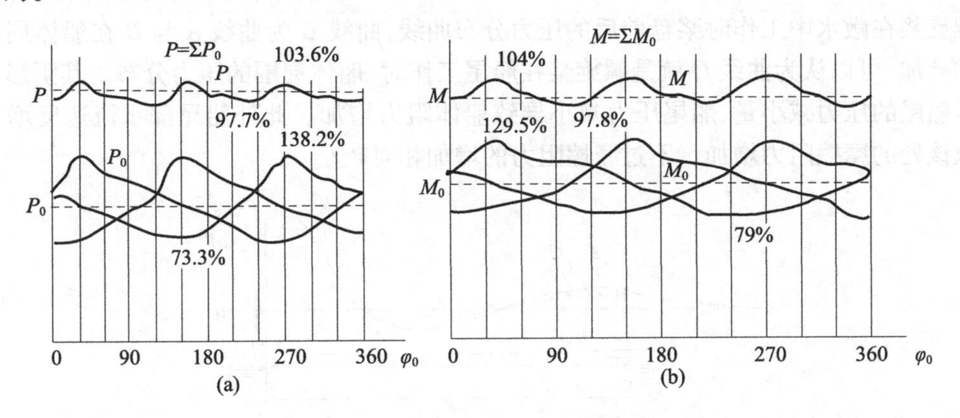


图 8.2.9 叶片旋转一周中推力和转矩的变化

综上所述，船体对螺旋桨的影响可归结为两方面：一是船体的存在改变了流向螺旋桨盘面处的水流平均速度，用轴向平均实效伴流速度 $u$ 来表示，忽略径向和周向水流速度变化的影响。通常不特别说明，伴流速度 $u$ 即表示轴向平均实效伴流速度。流向螺旋桨盘面的平均流速，即为 $V_A = V - u$，其中 $V$ 为船速，如以伴流分数 $w = u/V$ 来表示，则 $V_A = V(1 - w)$。二是伴流不均匀性影响，用相对旋转效率 $\eta_R$ 来计及，它表示船后螺旋桨效率与等进速系数的敞水螺旋桨效率之比。

伴流分数 $w$ 和相对旋转效率 $\eta_R$ 的值，可以通过模型试验，也可以用经验公式或按母型船的桨来确定。需要指出的是，由于伴流产生的原因的多样性，无论用模型试验或经验方法确定 $w$ 和 $\eta_R$ 时，都必须特别注意它的可信度，否则可能带来显著的误差，如在进行模型试验时，通常是做不到雷诺数相似的，因此，模型与实船的边界层是不相似的，置于船后的螺旋桨又是在边界层厚度较厚的地区，摩擦伴流的相似难以做到，必然带来误差。当然这种误差的大小与船型、螺旋桨与船体的相对位置等因素有关。在用经验公式或母型船资料时也必须注意到它们之间的船型、螺旋桨以及船体与螺旋桨的相对位置等的相似性。所以在实际工程应用中，准确地确定 $w$ 和 $\eta_R$ 是一个难度很大的工作，需要有足够的经验和进行必要的分析研究。

另一个需要指出的问题是，对于同一艘船，同一个螺旋桨，当进速系数 $J$ 不同时，伴流分数 $w$ 和相对旋转效率 $\eta_R$ 是不同的。这一点是容易被理解的，因为在不同进速系数时，船体周围的势流速度、边界层情况以及兴波情况都是不一样的，其伴流当然也就不一样。通常对螺旋桨设计者来说，最关心的是设计工况时的 $w$ 和 $\eta_R$ 值，所以前面介绍的经验公式也都是针对设计工况的。但对于使用者来说，就不仅需要关心设计工况，还需了解各种工况下的船体与螺旋桨的相互影响情况,最简便的方法是近似认为各种进速系数下,伴流系数和相对旋转效率为常数,这也是最常用的处理方法,但对非设计工况,这是粗略的,精确计算时需计及它们的差别。

**2. 推力减额——螺旋桨对船体的影响**

1)推力减额的成因

螺旋桨在船尾工作时,由于它的抽吸作用,使桨盘前方的水流速度增加,根据伯努利定理,流速增大则压力下降,从而改变了船体艉部的压力分布。图 8.2.10 给出了当船前进时,船体周围的压力分布曲线,曲线 $A$ 为无螺旋桨时的船体周围压力分布,曲线 $B$ 为孤立螺旋桨在敞水中工作时桨盘前后的压力分布曲线,曲线 $C$ 为曲线 $A$ 与 $B$ 在船体周围区域的叠加,可以认为曲线 $C$ 就是螺旋桨在船尾工作时,船体周围的压力分布。其阴影部分表示船尾的压力减小量,船尾压力减小导致船体阻力增加。此外船尾部水流速度增大也导致该处的摩擦阻力增加。不过摩擦阻力的增加相对较小。

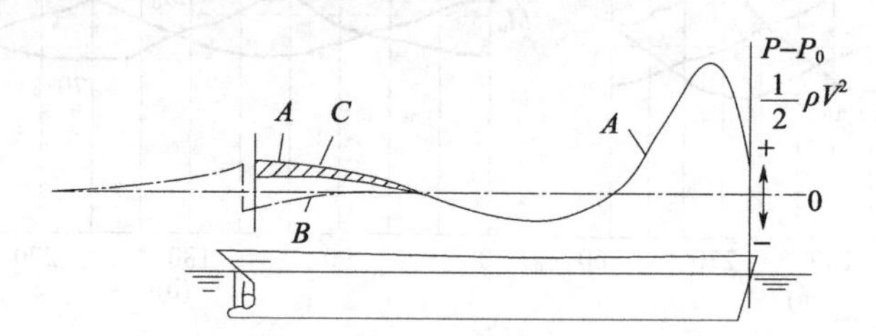


图 8.2.10　船航行时周围的压力分布

船体的阻力增量要求螺旋桨发出的推力不是等于而是要大于原来在此航速时的船体阻力,若阻力增量为 $\Delta R$,则要求推力 $T=R+\Delta R$。换一种说法,即由于阻力增量,使螺旋桨发出的推力能用于克服原来船体阻力的部分减小了 $\Delta R$,或说螺旋桨的有效推力减小了 $\Delta R$,即

$$T_e = T - \Delta R$$

实际上是把螺旋桨引起的船体阻力增量 $\Delta R$,算在推力上,作为推力减小了 $\Delta T=\Delta R$,而把推力中用于克服船体拖曳阻力的部分称为有效推力 $T_e$,即 $T_e=R$。克服阻力增量的部分 $\Delta T=\Delta R$ 称为推力减额。

2)推力减额系数

推力减额通常也用推力减额系数 $t$ 来表示。它定义为

$$t=\Delta T/T=(T-T_e)/T=1-T_e \tag{8.2.24}$$

式中　$T$——船后螺旋桨推力。

有效推力 $T_e$ 可表示成:

$$T_e=T(1-t)=R \tag{8.2.25}$$

推力减额系数的大小与船型、螺旋桨尺度和工况、螺旋桨与船体的相对位置等有关。它可由船模自航试验或实船试验来确定。各类舰船在设计工况下的推力减额系数 $t$ 如表 8.2.1 所列,也可以按近似公式估算 $t$ 值。

如:对双桨船

$$t=w \tag{8.2.26}$$

对单桨船

$$t = Cw \tag{8.2.27}$$

式中 $w$——伴流分数，$C = 0.5 \sim 0.7$。

当桨后装流线型薄舵时取0.5，厚舵取0.7。

**3. 船后螺旋桨的效率**

由前面螺旋桨的性能已知，螺旋桨的敞水效率 $\eta_0$（在均匀自由水流中的效率）为

$$\eta_0 = TV_A/2\pi nM \tag{8.2.28}$$

其中，$T$ 为螺旋桨推力，$V_A$为进速，$n$ 为转速，$M$ 为螺旋桨转矩。

当螺旋桨在船后工作时，其效率用推进效率 $\eta_D$或推进系数 P.C. 来表示。推进效率是指有效功率与螺旋桨收到功率（或称吸收功率或艉轴功率）之比；推进系数是指有效功率与主机输出功率之比，两者相差一个轴系传动效率。

有效功率 $P_E$是指船航行时所作的有效功，它应该是船的阻力 $R$ 与船的航速 $V$ 的乘积，当用工程制单位时：

$$P_E = RV(\text{kg} \cdot \text{m/s}) \tag{8.2.29}$$

或

$$P_E = RV/75(\text{hp}) \tag{8.2.30}$$

按式（8.2.25），船体阻力等于螺旋桨的有效推力 $T_e$，它小于要求螺旋桨发出的推力：

$$R = T_e = T(1-t)$$

由于伴流影响，流向螺旋桨的水流速 $V_A$要小于船速 $V$，按式（8.2.14）有：

$$V = V_A/(1-w)$$

将以上两式代入式（8.2.30），则有效功率（当以马力为单位时亦可称为有效马力）为

$$P_E = \left(\frac{1-t}{1-w}\right)\frac{TV_A}{75} \tag{8.2.31}$$

螺旋桨的收到功率（若以马力为单位，又称收到马力）$P_{DB}$应是：

$$P_{DB} = 2\pi nM_B/75 \tag{8.2.32}$$

式中 $M_B$——船后螺旋桨的转矩，按式（8.2.19）船后螺旋桨的转矩 $M_B$与敞水螺旋桨转矩 $M$ 之间差一个伴流不均匀性对转矩的影响系数 $i_2$，即 $M_B = i_2M$，故有：

$$P_{DB} = 2\pi nM\, i_2/75 \tag{8.2.33}$$

推进效率 $\eta_D$为

$$\eta_D = \frac{P_E}{P_{DB}} = \frac{1-t}{1-\omega} \times \frac{TV_A}{2\pi nM} \cdot \frac{1}{i_2} = \eta_H \cdot \eta_R \cdot \eta_0 \tag{8.2.34}$$

式中 $\eta_H = \dfrac{1-t}{1-\omega}$——船身效率，为船体与螺旋桨相互作用引起的效率变化；

$\eta_R = \dfrac{1}{i_2} = \dfrac{M}{M_B}$——伴流不均匀性对效率的影响。称相对旋转效率；

$\eta_0 = \dfrac{TV_A}{2\pi nM}$——螺旋桨的敞水效率。

推进系数 P.C. 与推进效率之间差一个轴系传送效率 $\eta_S$（主要指轴系的摩擦损耗）和减速装置效率 $\eta_G$。这两者是纯粹的机械损耗，有时将两者合称为机械效率 $\eta_M = \eta_S\eta_G$。

这样总的效率，即推进系数由机械效率、船身效率、相对旋转效率和螺旋桨敞水效率

等部分组成，即

$$P.C. = \eta_M \eta_H \eta_R \eta_0 = \eta_G \eta_S \eta_H \eta_R \eta_0 \tag{8.2.35}$$

需要说明的是在效率的各组成成分中，船身效率的大小取决于伴流分数 $w$ 与推力减额 $t$ 的相对大小，$t$ 使 $\eta_H$ 减小，而 $w$ 使 $\eta_H$ 增大，当 $w > t$ 时，有 $\eta_H > 1$，表明船后推进效率大于敞水推进效率，亦即船身影响会使推进效率提高。所以在设计艉部船形和布置螺旋桨时，可以利用这一点，将螺旋桨布置在大伴流区域，可以提高推进效率。如将螺旋桨布置在所谓双尾鳍船型或涡尾船型等都是使伴流值增大，使推进效率得以提高的典型例子。

**4. 船后螺旋桨的性能**

下面介绍如何通过已知螺旋桨的敞水性能曲线来确定其在船后的性能。螺旋桨的敞水性能曲线可以通过螺旋桨的系列图谱或直接由敞水试验得到。当已知螺旋桨的伴流分数 $w$ 和推力减额系数 $t$，则可以计算得船后螺旋桨的性能。

若要计算当船速为 $V$，转速为 $n$ 时的船后螺旋桨性能，由于船速为 $V$ 时，在船后流向螺旋桨盘面的平均水流速并非 $V$，而是计及伴流后的螺旋桨进速 $V_A = V(1-w)$。

此时的进速系数 $J$ 为

$$J = \frac{V_A}{nD} = \frac{V(1-w)}{nD}$$

式中 $D$——螺旋桨直径。此式表示在船速为 $V$ 的船后螺旋桨相当于置于进速为 $V_A$、进速系数为 $J$ 状况下的敞水桨，并按此在该螺旋桨的敞水性能曲线上查得相应的推力系数和效率（或转矩系数）：$K_T = f(J)$；$\eta_0 = f(J)$。

按此求得螺旋桨的推力：

$$T = K_T \rho n^2 D^4$$

由于此时的推力 $T$ 中，有一部分是用于克服螺旋桨工作时引起的船体阻力增加 $\Delta R$ 的，其余部分才是克服原有船体阻力的。它们应是：

$$T_e = K_T \rho n^2 D^4 (1-t) = R \tag{8.2.36}$$

此时螺旋桨所需的主机功率为

$$P_M = TV_A / 75P.C. \tag{8.2.37}$$

其中推进系数 P. C. 如式(8.2.35)所示。

## 8.2.3 螺旋桨的空泡现象

随着舰艇航速的提高和大功率主机的使用，螺旋桨会出现“空泡现象”。当螺旋桨出现“空泡”后，会对螺旋桨的性能带来不同程度的影响，或者使航速降低，或者使桨叶材料受到损坏，这种损坏有时还延及桨后的舵、桨上方的船底板，或会产生严重的振动和噪声。因而了解空泡产生的原因、规律以及预防的措施等，这是螺旋桨设计和使用中的一个极其重要的问题。

**1. 空泡产生的原因**

简要地说，螺旋桨的空泡就是桨周围的水的汽化现象，即水由液态变为气态——水蒸气。要弄清的问题是螺旋桨周围的水为什么会汽化和在什么条件下会汽化。

众所周知，水汽化的条件与温度、压力有关，在正常气压（一个大气压）下，水的沸点是100℃，当气压降低时，水的沸点也相应降低，表8.2.2中给出了不同气压下，水的沸点的相应值。

表 8.2.2 水的沸点与气压的关系

| 气压 $P_d$(kg/m$^2$) | 10330 | 2031 | 1258 | 752 | 433 | 238 | 174 | 125 | 89 |
|---|---|---|---|---|---|---|---|---|---|
| 沸点 $t$/℃ | 100 | 60 | 50 | 40 | 30 | 20 | 15 | 10 | 5 |

由表中可以看出，当气压为 1 个标准大气压，即压强为 10330kg/m$^2$时，水的汽化温度为 100℃，而当压强降为 174kg/m$^2$ 时，水的汽化温度为 15℃，也就是说在 15℃ 的室温下，只要水中某点的压力达到 174kg/m$^2$，水就开始汽化，或者说沸腾。通常把水汽化的压力称为饱和气压，对应不同温度的水的饱和气压是不同的。

再来看螺旋桨工作时的水流情况：由螺旋桨工作原理已知，螺旋桨工作时桨叶相当于一个在旋转产生的切向速度与前进速度合成下的机翼，不同半径处的叶元体对应不同的迎流速度与攻角。此时叶元体的叶面处的压力升高，叶背处的压力降低，形成升力。随着迎流速度的提高和攻角的增大，叶背处的压降显著，当叶背处某点的压降到达水的饱和气压时，就会在该点出现空泡。由于叶背上各点的压降是不同的，所以空泡总是在局部先开始出现，图 8.2.11 表示了叶元体上的压力分布图。当最大压降处 $B$ 点压力 $P_B$降低到当时水温的饱和气压 $P_d$时，叶背在该处形成空泡，故形成空泡的条件为 $P_B \leqslant P_d$。而对整个桨叶而言，在某一叶元体上某点到达饱和气压时就会在此率先产生空泡。

若定义叶元体上某点 $A$ 的无因次压降系数为

$$\xi_A = 2(P_0 - P_A)/\rho V_0^2 \tag{8.2.38}$$

式中 $P_0$——大气压；

$V_0$——为迎流速度。

再定义空泡数为

$$\sigma = 2(P_0 - P_d)/\rho V_0^2 \tag{8.2.39}$$

式中 $P_d$——叶元体工作温度时相应的饱和气压。

注意到 $P_A$越小即压降越小时，$\xi_A$值越大，所以在 $A$ 点产生空泡的条件即由 $P_A \leqslant P_d$ 变成：

$$\xi_A \geqslant \sigma$$

对叶元体而言，其上最大压降点对应的压降系数为 $\xi_{max}$，故产生空泡的条件为

$$\xi_{max} \geqslant \sigma \tag{8.2.40}$$

由机翼理论可知，机翼剖面的无因次压降系数 $\xi$ 的值，只与机翼剖面的形状和攻角有关，而与来流速度 $V_0$无关。因而可以看成是由机翼剖面几何特性确定的参数。而空泡数 $\sigma$ 则仅与来流速度 $V_0$与给定的工作温度有关（决定饱和气压 $P_d$）。因为大气压 $P_0$通常变化极小，所以 $\sigma$ 可以看成是由剖面工作环境确定的参数。空泡产生的条件式(8.2.40)取决于翼剖面的几何特性与工作环境两方面。原则上对给定的翼剖面和给定的工作环境，可求得 $\xi_{max}$值和 $\sigma$ 值，从而判断是否有空泡。但实际上空泡数 $\sigma$ 是容易确定的，因为工作温度与迎流速度很容易确定，但 $\xi_{max}$的确定则较复杂。因为通常翼是三元的，且翼的拱度、厚度，以及它们沿弦长的分布均对 $\xi_{max}$有影响，特别是对螺旋桨而言，情况就更复杂些。因而在工程上用以判断是否产生空泡，采用根据试验得出的经验判断方法。

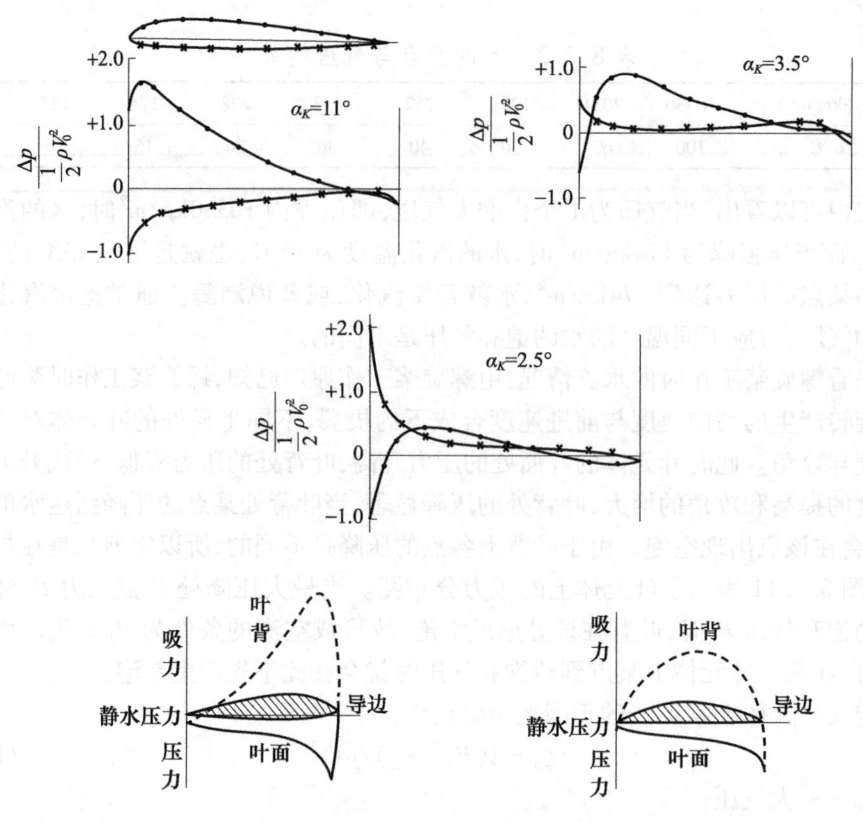


图 8.2.11 叶元体上的压力分布

**2. 螺旋桨的空泡及其对螺旋桨性能的影响**

螺旋桨上可以观察到的空泡现象通常可分为四类:涡空泡、球状空泡、片状空泡和雾状空泡。

当螺旋桨工作时,桨叶的随边曳出自由涡,这一自由涡在叶梢和叶根处最为显著,类似于三元机翼在后缘与两端曳出的自由涡。由于涡核中压力最低,故易形成空泡,这种空泡称为涡空泡,随着桨叶的转动,呈螺旋状在叶梢和叶根处向后曳出。涡空泡往往是桨叶上最早发生的空泡,由于它曳出向后,对桨叶的性能并无明显的影响。但当它在后方破裂时,会造成该处船体表面的小块剥蚀。涡空泡的主要危害则是使螺旋桨的噪声明显增大。

球状空泡通常出现在叶切面攻角较小、厚度较大处,此时切面导缘附近负压尚不显著,负压峰值在最大厚度处,通常球状空泡为局部空泡,被水流冲向下游并溃灭,它对螺旋桨性能无明显影响,但当它在桨叶表面溃灭时会引起桨叶表面的剥蚀。

片状空泡通常发生在叶片外半径导边附近,并延续向后连成一片,呈片膜状。当空泡延伸至随边以外,使整个叶切面全覆盖在空泡之中,构成“全空泡”流动,则螺旋桨性能将会恶化,当空泡在随边之前结束,形成叶切面的“局部空泡”流动时,螺旋桨性能将不受影响,但叶片表面将受到剥蚀损伤。

当螺旋桨在不均匀流场中工作时,桨叶切面的工作状态发生周期性变化,可能出现时而形成空泡时而消失的反复改变,这种周期性变化的时现时隐空泡,被水流冲向后方,形成云雾状,称为云雾状空泡,这类空泡对螺旋桨性能无明显影响,但造成严重的剥蚀现象。

通常把螺旋桨上出现的空泡分为两个阶段：当桨叶上开始出现空泡到空泡全部覆盖桨叶前称为第一阶段空泡，或称为局部空泡阶段；当桨叶上全部覆盖满空泡以后进入第二阶段，或称全空泡阶段。第二阶段空泡一般是片状空泡。

根据螺旋桨试验结果表明，处于第一阶段空泡时，空泡对螺旋桨的性能没有影响，此时螺旋桨的 $K_T$、$K_Q$ 和 $\eta_0$ 几乎不随空泡数而变，与无空泡时一样。而当进入空泡第二阶段后，$K_T$、$K_Q$ 和 $\eta_0$ 则随空泡数的减小而急剧下降。但空泡第一阶段会使桨叶表面产生剥蚀；而在空泡第二阶段时，桨叶表面无剥蚀现象出现。图8.2.12即为某螺旋桨在空泡水洞中试验测得的推力系数 $K_T$、转矩系数 $K_Q$ 和敞水效率 $\eta_0$ 随空泡数 $\sigma$ 的变化情况。试验时螺旋桨的进速系数 $J$ 保持不变。图中横坐标为 $\sigma$，纵坐标分别为 $K_T$、$K_Q$ 和 $\eta_0$，图中也画出了相应的桨叶上空泡的情况，阴影部位为空泡区。由图可见，在 $\sigma > \sigma_K$ 范围内，桨叶上虽有空泡但 $K_T$、$K_Q$ 和 $\eta_0$ 均保持常数不变。而 $\sigma < \sigma_K$ 后，三者均急剧下降，$\sigma_K$ 称为临界空泡数。

一般民用船的航速较低，不大会出现第二阶段空泡，如产生桨叶空泡，往往处于第一阶段，虽然此时对螺旋桨性能不会有影响，但桨叶表面的剥蚀，会影响桨的使用寿命，也是必须避免的。军用高速舰船，则有可能进入空泡第二阶段，当然有时也会处于局部空泡阶段，尤其是对艉轴倾斜布置的螺旋桨，这对小型舰艇常常是难以避免的。此时螺旋桨在旋转一周中水流不对称引起空泡周期性变化，空泡的时生时灭，造成剥蚀。通常认为剥蚀是由于空泡溃灭时产生的高压或射流对材料表面的冲击造成的结果。在高速军舰螺旋桨设计时，当发现无法避免空泡时，往往宁可使其进入第二阶段空泡，使性能稍损失些，而不愿处于空泡第一阶段，使桨叶材料受到损伤。

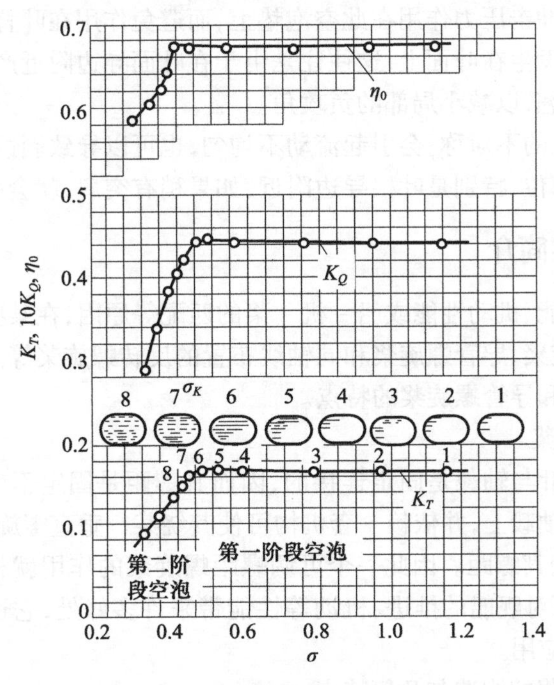


图8.2.12 空泡螺旋桨的 $K_T$、$K_Q$ 和 $\eta_0$

### 3. 避免螺旋桨空泡的措施

通常螺旋桨设计中最关心的是避免第一阶段空泡，因为对某些高速军舰而言，有时完全避免空泡难以达到。此时宁可使其进入空泡第二阶段工作,而要极力避免处于空泡第一阶段下工作,通常避免空泡尤其是空泡剥蚀有以下一些措施。

1)从螺旋桨几何尺寸及形状上着手

通常减小螺旋桨桨叶单位面积上的推力,可以延缓空泡的发生。如在直径一定时加大盘面比 $A/A_0$,或在一定盘面比时加大直径,均可达到此目的,尤其是加大 $A/A_0$,效果更明显。选择有利于推迟空泡产生的叶剖面形状,使剖面最大压降系数减小,即叶背压降分布更均匀,显然是有利的,如采用平凸弓形或某些特殊机翼型,用较小的相对厚度 $\bar{t}$ 等。

2)尽量避免伴流不均匀和斜流

优选螺旋桨的布置位置和船尾线形,或加设某些附件如导流板等方面加以改善。

3)采用抗剥蚀材料或抗剥蚀涂料

有些高速舰艇在采取以上措施后仍难以避免剥蚀,则可考虑用抗剥蚀材料或抗剥蚀涂料。目前已知抗剥蚀性能好的材料是钛合金。俄罗斯已有用钛合金制作螺旋桨的例子。也可用涂钛的办法。目前国外已有可用于螺旋桨的抗剥蚀涂料,国内已有的涂料可用于船底板或舵等处,以防由螺旋桨脱离下的空泡引起对它们的剥蚀。但用于高速旋转的螺旋桨,其附着力尚有待改进。

4)在叶根处打孔

对一些在叶根处经常出现剥蚀的高速桨,可以采用此法以消除叶根处的剥蚀。由于该孔形成由叶面至叶背的一股水流,此水流在叶背出口处较早地形成一片空泡,沿孔出口向下游稳定地覆盖在叶背上形成空泡垫,使桨叶产生的空泡在其上经过,而不直接与叶背接触,故在溃灭时,其冲击压力作用在此空泡垫上,而避免作用在叶背上。

有时叶根的剥蚀发生在叶面上,这往往是由于在叶面导边附近产生负压所致,可以使导边在叶根处稍向上翘,以减小局部的负攻角。

另外,螺旋桨加工的不对称,会引起流动不均匀,也可以导致剥蚀,因而必须提高加工精度,尤其是在叶根部位,特别是叶根导边附近,如果稍有突肩,就会引起局部剥蚀。

## 8.2.4 特种螺旋桨简介

为了改善推进性能、机动性能或船-机-桨的匹配等原因,在某些舰船上采用特种螺旋桨,如可调螺距螺旋桨、导管螺旋桨和同轴线布置的反转螺旋桨等。这里简要介绍最常用的可调螺距螺旋桨和导管螺旋桨的特点。

**1. 可调螺距螺旋桨**

普通螺旋桨的桨叶与轴毂是固定连接的,因而其螺距是固定不变的。而可调螺距螺旋桨的桨叶则是插在轴毂上,并依赖一套机构可使其绕某一垂直螺旋桨轴线(或成某一个夹角)的轴转动而改变其螺距。因此一个可调螺距螺旋桨的作用就相当于一组不同螺距比的普通螺旋桨,从而对舰船的推进、机动等性能带来许多好处,它逐渐在一些有特殊要求的舰船上得到广泛应用。

1)可调螺距螺旋桨的构造与几何特点

可调螺距螺旋桨构造上的最大特点是在螺旋桨的轴毂中设置了一套变距机构,用来操纵叶片转动,以改变其螺距。大体有如图 8.2.13 所示的几种形式,(a)和(b)为齿轮式转动机构,其中(a)为蜗轮蜗杆式,(b)为伞齿轮式,(c)为曲柄连杆式,(d)为连杆滑块式。齿轮式转动机构可以使桨叶转动的角度较大,但所传递的转矩较小,通常用于以电动机作动力时。曲柄连杆和连杆滑块式传动机构使桨叶转动的角度较小,但传递转矩较大,通常用液压传动机构作动力。目前用得较多的是以液压传动为动力的曲柄连杆和连杆滑块式传动机构。

桨叶的转动范围,大体有如图 8.2.14 所示的两种方式:(a)是正倒车转换时通过零螺距位置,转角范围为 45° ~60°,这是目前采用的主要的方式;(b)是正倒车转换时通过“顺流”位置,转角范围较大,为 110° ~120°,由于其转角范围大,机构复杂,且桨叶在“顺流”位置时,相应螺距为无穷大,其转矩巨大,使主机难以承受。所以只有在某些特殊情况下才采用。

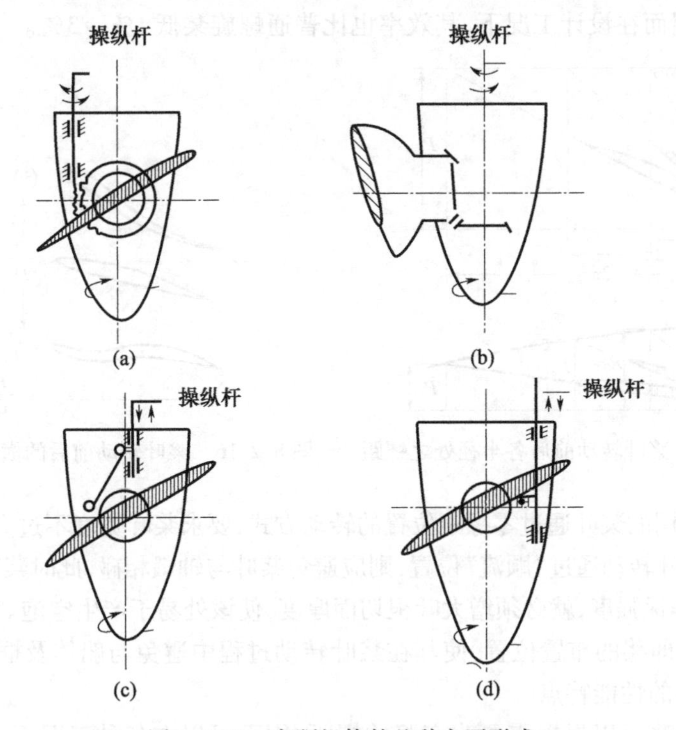


图 8.2.13　变距机构的几种主要形式

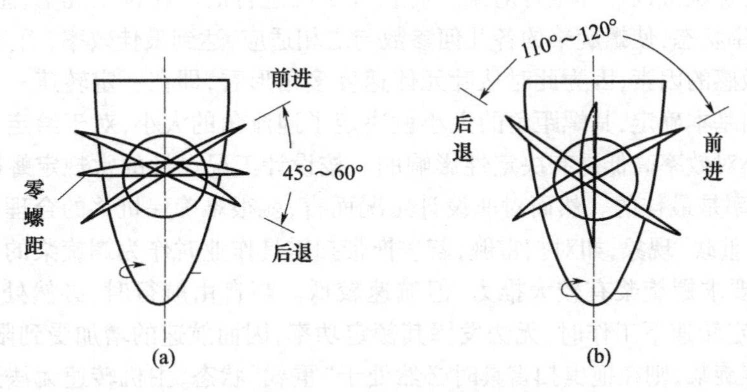


图 8.2.14　桨叶转动范围

可调螺距螺旋桨的桨叶一般在设计工况下做成径向等螺距的正常螺旋面。当桨叶转动某一角度后,由于各半径处切面所增加或减少的螺距角是相同的,因此每个切面的螺距变化量是不同的,近叶根处变化小,近叶梢处变化大。故当转动后,不同半径处各切面的螺距就不相等了,如图 8.2.15 所示。当桨叶向螺距减小方向转动时,有时会出现叶根处螺距为正而叶梢处螺距已为负值的情况,此时螺旋桨的效率将显著降低。

此外,当桨叶转动后,桨叶横切面的形状也要发生变化。如在设计工况下,横切面为通常的平凸弓形,当螺距增大时,切面呈"S"形,而当螺距减小时,切面呈反"S"形,如图 8.2.16 所示,这也会使螺旋桨效率降低。

为了容纳变距机构,可调螺距螺旋桨的毂径较普通螺旋桨大,且须保证桨叶与轴毂连接处的水密以防止水进入装有旋转机构的轴毂中并防止轴毂内的润滑剂外泄,其毂径比通常约为 0.3,因而在设计工况下,其效率也比普通螺旋桨低 1% ~3% 。

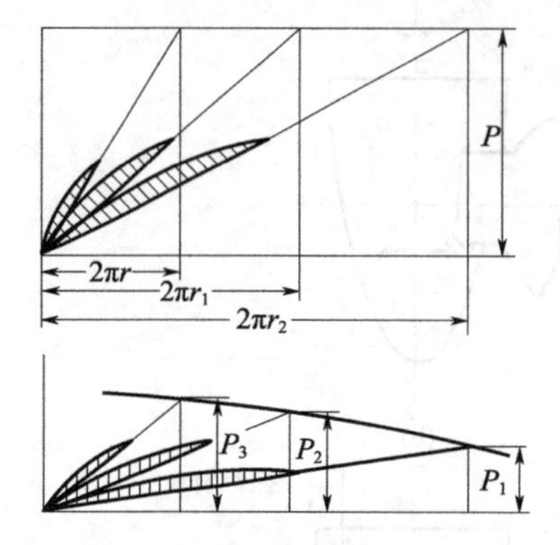


图 8.2.15　桨叶转动前后各半径处之螺距

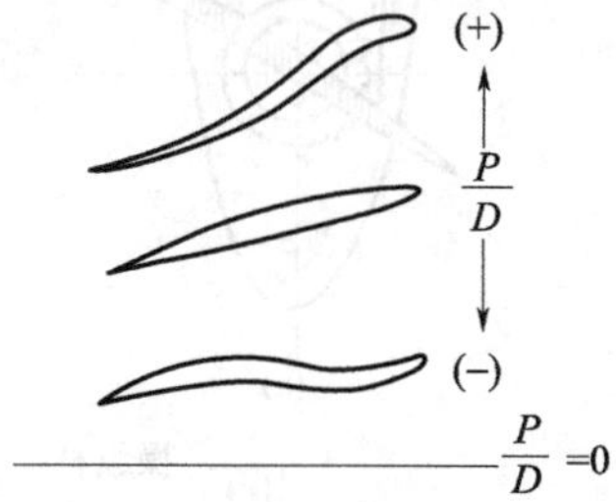

(+)
$\frac{P}{D}$
(−)
$\frac{P}{D}=0$

图 8.2.16　桨叶转动前后的横切面形状

对于经常采用的桨叶通过零螺距位置的转动方式,要求桨叶宽度不过大,以免转动时叶片间相碰。若桨叶转动通过"顺流"位置,则应避免桨叶与轴毂相碰,此时桨叶根部的宽度不宜过大,而为了确保强度,就必须增大叶根切面厚度,使该处易于产生空泡。此外,还必须考虑桨叶外形尺寸即桨的布置位置,使其在桨叶转动过程中避免与船体及框架相碰。

2) 可调距桨的性能特点

由于可调距桨可以根据需要改变桨的螺距,因而可以在各种工况下充分发挥主机的性能。一般的螺旋桨设计都是针对某一种设计工况进行的。在该工况下,主机处于额定转速、额定功率状态,使螺旋桨的各几何参数与之相适应,达到最佳效率,而其中螺距的选择又是最为敏感的因素,因为此时从叶元体速度多角形看,即在一定转速一定进速下,迎流大小与方向基本确定,其螺距角的大小就决定了迎流角的大小,对于给定剖面形状,迎流攻角的大小对效率高低是有决定性影响的。按设计工况设计的常规定螺距桨,在设计工况下,其效率是最佳的。然而对非设计工况而言,就很难确保机桨的合理匹配,必然出现"轻载"或"重载"现象,如对扫雷舰,若按拖带扫雷具作业时作为螺旋桨的设计工况,此时阻力较大,要求螺旋桨有较大推力,但航速较低。当自由航行时,必然处于"轻载"状态,主机在额定转速下工作时,无法发挥其额定功率,因而航速的增加受到限制。若按自由航行设计螺旋桨,则在拖曳扫雷具时必然处于"重载"状态,主机转速无法达到额定值,两种工况难以兼顾。若采用可调螺距桨,则可通过改变螺距进行调整,使在两种工况下均可以充分发挥主机的功率,如图 8.2.17 所示。设计工况时,进速为 $V_A$,转速为 $n$,则速度三角形构成的迎流为 $W$,此时螺距角为 $\theta$,相应的迎流攻角为 $\alpha$。此时的叶元体上升力为

$L$,阻力为 $D$,合成推力为 $T$,旋转阻力为 $F$。当拖带时,航速降低,而要求的推力反而增大,此时可改变螺距角至 $\theta'$,使迎流攻角为 $\alpha'$,相应的升力为 $L'$,阻力为 $D'$,合成推力为 $T'$,旋转阻力 $F' = F$,也就是主机仍能发出额定功率,这样既充分发挥了主机的性能,又适应了新工况的要求。此即可调螺距桨的主要应用目的,也是其主要的优点。这也表明可调距桨主要应用在多工况下工作的螺旋桨,如拖船、扫雷舰等。

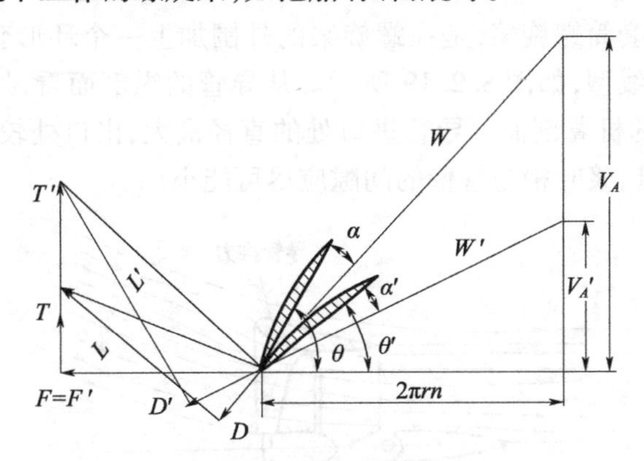


图 8.2.17　不同工况下的螺距改变

在燃气轮机作主机的舰船上,也适合采用可调距桨。因为燃气轮机不能倒车,用定距桨时,必须增设较大的倒车齿轮箱装置。采用可调桨,不仅可省去倒车装置,还使机动性大大提高,可以通过操纵变距机构来改变船速。这比通过主机增减速来改变航速要快捷灵活得多。而且减少主机的调速次数也延长了主机的使用寿命。图 8.2.18(a)、(b)、(c)、(d)分别给出了正车、停止、顺流和后退状态下可调距桨的桨叶典型位置。在保持主机转速不变条件下,当桨叶处于不同位置时船处于不同的航态,顺流状态是当该桨不工作(主机停止运转)而被拖带时,为减小桨的阻力而保持的状态。

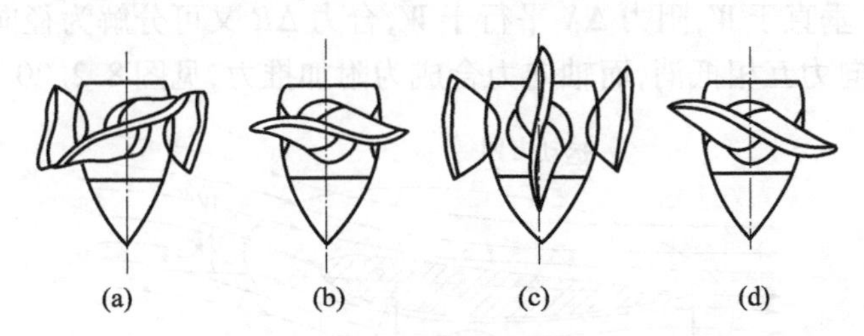


图 8.2.18　不同螺距时的典型航态

此外,还可以通过螺距的调节,使主机经常处于经济工况下工作,以节省燃油和提高舰艇续航力。

当然可调距桨也有它的缺点,主要表现在:

(1)机构复杂,造价高,维修管理难度较大,其可靠性亦不如定距桨;

(2)由于毂径较大,在设计工况下的效率要比定距桨低 1% ~3%;

(3)为确保桨叶转动时不相互碰撞,盘面比不能大于 0.75,对于高速舰船,避免空泡往往较困难,其根部剖面宽度受限制,为确保强度,相对厚度较大,易产生空泡或剥蚀。

依据可调距的上述特点,它通常适用于以下三类舰船:

(1)经常有两种以上航行工况且相差较大的舰船,如扫雷舰、拖船、登陆舰等;

(2)装置不可回行主机的舰船,如以燃气轮为主机的舰艇;

(3)对灵敏性要求较高,需经常灵活地前进、停车及倒退的舰船,如扫雷舰、港内拖船、轮渡等。关于可调螺距桨的图谱与设计方法,可从专门的有关资料中找到,这里就不作介绍了。

**2. 导管螺旋桨**

导管螺旋桨又称套筒螺旋桨,是在螺旋桨的外围加上一个环形套筒而构成。套筒的剖面为机翼型或折角线型,如图8.2.19所示。从导管的纵剖面看,外侧为直线或接近直线形、内侧为拱凸形的机翼剖面。导管进口处的直径最大,出口处较小,而最小直径在导管内,为安装螺旋桨处,桨叶梢与管壁的间隙应尽可能小。

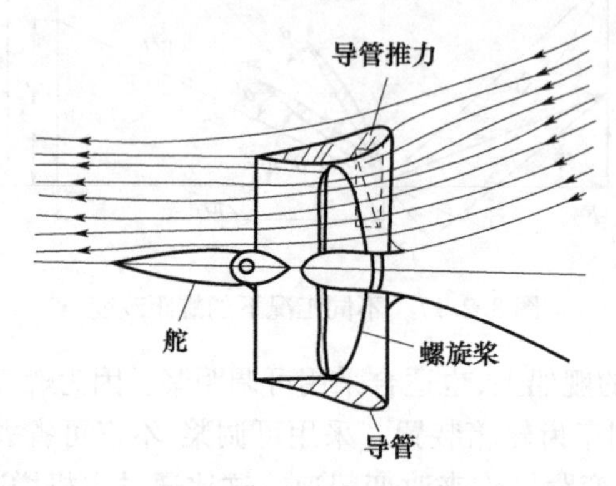


图8.2.19　导管螺旋桨

1)导管螺旋桨的主要作用

(1)导管可产生补加推力。

当螺旋桨工作时,导管的每个纵切面相当于在来流 $W$ 和攻角 $\alpha_K$ 下的机翼剖面,其上产生补加升力 $\Delta Y$ 垂直于 $W$,阻力 $\Delta X$ 平行于 $W$,合力 $\Delta R$ 又可分解为径向力 $\Delta Q$ 和轴向力 $\Delta P$。各切面的径向力互相抵消,而轴向力合成为附加推力,见图8.2.20。

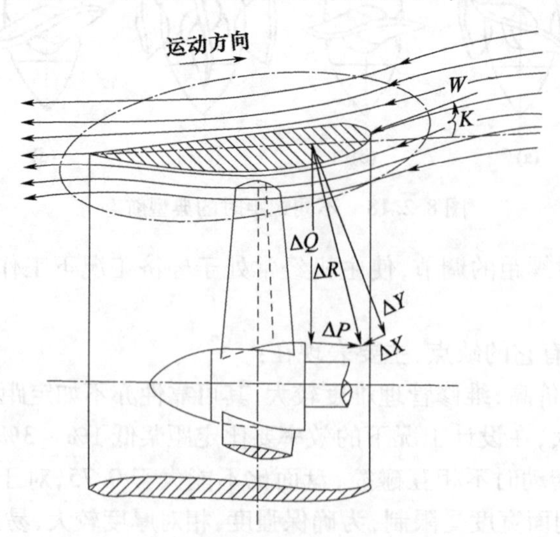


图8.2.20　导管上的受力分析

(2)有可能提高螺旋桨的效率。

导管产生附加推力的同时,由于导管的存在使桨盘处的水流加速,即单位时间通过导管螺旋桨的流体质量增多,相对的轴向诱导速度就下降,这一方面意味着螺旋桨的推力比无导管时减小,换言之,即导管的存在使螺旋桨的部分推力转移到导管上,从而减小了尾流的能量损耗;另一方面由于导管的存在使尾流断面的收缩减小,也使尾流损耗减小。导管与桨梢间的很小间隙又使梢涡损耗减小等。当这种尾流和梢涡损耗的减少量大于导管本身引起的阻力造成的损耗时,导管螺旋桨的效率就高于普通桨。否则导管反而会使效率降低。实践证明,当螺旋桨负荷较重时,加导管会使效率提高。若用前面已提到的收到马力系数 $B_P$ 来表示螺旋桨的负荷轻重程度:

$$B_P = \frac{NP_D^{\ 0.5}}{V_A^{\ 2.5}} = 33.08\sqrt{\frac{K_Q}{D^5}} \tag{8.2.41}$$

式中 $N$——螺旋桨转速(r/min);

$P_D$——螺旋桨敞水收到马力(hp);

$V_A$——螺旋桨进速(kn);

$D$——螺旋桨直径(m)。

则当 $B_P>25$ 以后,导管螺旋桨才可能显示其效率上的优势,负荷越高($B_P$ 值越大),效率上的受益亦越大。常规潜艇的 $B_P$ 较大,一般 $B_P>50$,近代大型油轮 $B_P>40$,采用导管桨将是有利的。扫雷舰和拖船的 $B_P$ 值往往达到 100 以上,更适于采用导管桨。而在负荷较轻的高速舰艇上,采用导管桨对效率往往是不利的。

(3)导管使流向螺旋桨的水流较均匀,可减轻斜流对螺旋桨的影响,且在各种航速与各种负荷工况航行时,均可使螺旋桨运转良好。

(4)导管的存在可减小舰船在波浪中的摇摆并减轻螺旋桨在波浪中的出水程度,从而减小波浪中的失速。

(5)导管还可起到保护螺旋桨的作用,防止螺旋桨被异物碰撞,在浅吃水时还可防止空气吸入螺旋桨。

(6)若将导管做成可旋转型,可替代舵的作用。有一种将导管螺旋桨装置做成 360°回旋式,使船有极佳的机动性,尤其适用于港湾作业船。

当然导管桨亦有其缺点,除了前面提到的,它对于轻负荷桨可能会使效率降低以外,由于尾部存在导管,会使舰船的回转性变差,并使倒航时推进性能恶化。此外,由于导管使螺旋桨处水流速增大,会导致空泡提前发生。

2)导管的主要结构参数

导管内螺旋桨的几何形状与普通螺旋桨基本相同,只是通常把桨叶梢部加宽。关于导管的几何特征与主要参数按经验大体为:

(1)导管工作截面,即最小截面,为螺旋桨的安装截面,其直径为

$$D_1 = D + \Delta$$

式中 $D$——螺旋桨直径;

$\Delta = 5 \sim 10\text{mm}$ 或 $\Delta \leqslant 0.5\%D$。

(2)导管长度比 $l/D$。

$l/D = 0.5 \sim 0.75$ 负荷大者取上限,负荷小者取下限。

(3)最小截面至导管前缘距离：

$$l_D = (0.35 - 0.4)l$$

(4)收缩系数 $\alpha$ 为导管进口面积 $F_e$ 与最小截面面积 $F_D$ 之比：

$$\alpha = \frac{F_e}{F_D} = 1.20 \sim 1.35$$

负荷重的桨取大值。

(5)扩散系数 $\beta$ 为导管出口面积 $F_a$ 与 $F_D$ 之比：

$$\beta = \frac{F_a}{F_D} = 1.08 \sim 1.20$$

负荷重的桨取小值。

(6)导管切面为机翼型，相对厚度：

$$\bar{t} = \frac{t}{c} = 0.10 \sim 0.15$$

最大厚度距前缘的距离约为 $C/3$（$C$ 为弦长）。

导管桨的设计，可以按普通螺旋桨的图谱进行，此时必须考虑到由于导管存在引起的推力和进速的变化，并作出修正。也可以按专门由导管桨系列试验得到图谱进行计算。这类图谱可在有关的资料中查到。

以上介绍的导管螺旋桨主要用于改善重负荷桨的性能，称加速型导管桨，是导管桨的主要形式。另外还有一种减速型导管桨，其导管纵剖面为外凸的机翼型，与加速型导管正好相反（见图 8.2.21）。减速型导管使进入桨盘处的水流速度降低，因而可延缓空泡的发生，且有利于降低噪声，故在一些高速军舰上可采用。但目前应用的尚不多，在此就不作详细介绍了。

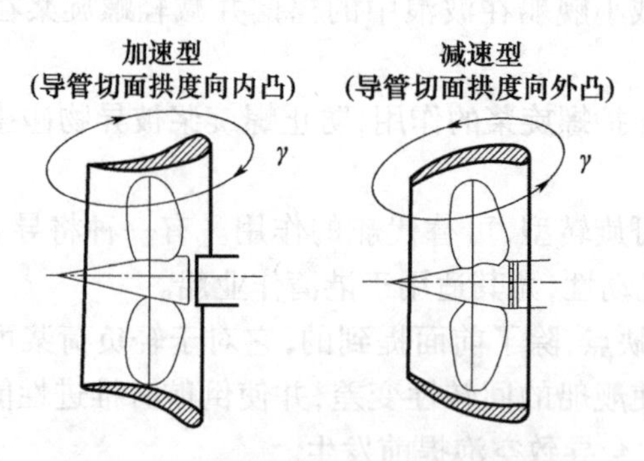


图 8.2.21　加速型和减速型导管桨

## 8.3　船机桨配合特性分析

### 8.3.1　概述

由 8.1 节、8.2 节的论述可知，舰船航行时将产生一定的阻力，必须由推进器提供相应的推力来克服此阻力，方能使舰船定速航行。而推进器必须运转才能提供所需的推力，这就要求原动机提供一定的动力矩，用于克服推进器运转过程中产生的阻力矩。因此，从运动学与动力学的关系来看,船机桨的配合主要涉及如图 8.3.1 所示的船机桨系统中各模块之间的关系:主机模块可以是柴油机、燃气轮机、蒸汽轮机或者是其他不同的组合方式(对于机械推进方式),也可以是柴油机 - 发电机组和推进电动机(对于电力推进模式)。整个系统的能量转换过程是这样的:主机模块将热能转换成旋转机械能,通过后传动模块传递给推进器模块,推进器模块则将旋转能量转化为推进动力,借以克服舰船航行时的阻力,使其产生运动。

船机桨配合特性分析就是分析在各种不同的航行工况下,上述各模块之间能量转换过程中物理参数的变化规律,并由此寻求最佳的运行参数及转换方式。

舰船动力装置的运行工况尽管因舰船的航行条件、环境因素及工作制不同等影响而变化,但总的来看可以归结为两大类工况,即稳态运行工况和动态运行工况(亦称为过渡工况)。对于运行工况的分析,通常采用的方法是依据图 8.3.1 所示的船机桨配合关系,通过对船机桨三者的特性线之间的配合分析(主要用于稳态工况的分析)或者经过多种简化假设后定性估算的方法(主要针对过渡工况)进行,具体分析的方法可参见陈国钧编著的《舰艇柴油机动力装置》(大连海事大学出版社,1996 年出版)或朱树文主编的《船舶动力装置原理与设计》(国防工业出版社,1980 年出版)等教材中的有关章节。这种分析方法主要是通过作图进行,通过船机桨三者的曲线配合,找出运行参数的变化规律、进行工作制的分析,其分析的精确性主要取决于作图的精确性(对于稳态运行工况),而对于动态运行工况,则定性成分较大,只能得到定性分析的趋势性结果。采用计算机仿真的方法,可以从定性分析转入定量分析,提高船机桨动态工况配合分析的精度。

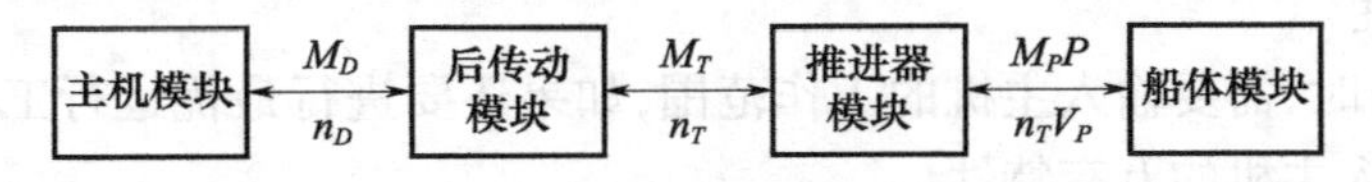


图 8.3.1 船机桨配合关系

不论是定性的曲线匹配分析法,还是定量的计算机仿真分析法,进行船机桨工况配合分析的基础都是船机桨三者的运动学关系与动力学关系:

动力学关系:

$$P - R = m\frac{\mathrm{d}V_P}{\mathrm{d}t} \tag{8.3.1}$$

$$M_D \cdot i - M_f - M_P = J \cdot \frac{\mathrm{d}\omega_P}{\mathrm{d}t} \tag{8.3.2}$$

运动学关系:

$$n_D = n_P \cdot i \tag{8.3.3}$$

$$V_P = (1 - w)V_S \tag{8.3.4}$$

式中 $P$——螺旋桨总的有效推力(N);

$R$——船体的运动阻力(N);

$M_D$——主机的输出转矩(N·m);

$M_f$——轴系的摩擦力矩(N·m);

$M_P$——螺旋桨的阻力矩(N·m);

$i$——后传动装置的减速比;

$\omega_P$——螺旋桨角速度(1/s);
$n_D$——主机转速(r/min);
$n_P$——螺旋桨转速(r/min);
$V_S$——舰船的航速(m/s);
$V_P$——螺旋桨进速(m/s);
$m$——舰船的质量(含附连水)(kg);
$J$——轴系系统的总转动惯量(含附连水)(kg·m²);
$w$——螺旋桨的轴向伴流系数。

根据上述基本方程,考虑各种不同动力装置的型式、各种不同的航行工况,即可进行工况分析,下面分别讨论。

### 8.3.2 稳态配合分析

对于稳态配合工况,式(8.3.1)、式(8.3.2)中的$\frac{\mathrm{d}V_P}{\mathrm{d}t}=0$,$\frac{\mathrm{d}\omega_P}{\mathrm{d}t}=0$,系统处于稳定的运行工作状态。动力装置因类型、工作制及舰船的航行条件等不同而存在着多种不同的稳态运行工况,稳态工况分析的主要目的是各种工况下的航速性,亦即在各种不同的工况下,保证主机安全可靠工作的转速、舰船的相应航速以及对应的有关参数如主机功率、工作制确定等,并可由此作进一步的分析如续航力计算、选择最优运行工况等。具体方法如下:

**1. 主机特性**

作稳态分析时,需要输入主机的工作范围,如果还要进行最优运行工况分析、续航力计算,则还需输入主机的万有特性。

**2. 螺旋桨特性**

将螺旋桨的敞水特性输入计算机,即

$$V_P = V_S(1-w)$$
$$\lambda_P = V_P/n_P D$$
$$P = K_T \rho {n_P}^2 D^4 \tag{8.3.5}$$
$$M = K_M \rho {n_P}^2 D^5 \tag{8.3.6}$$

式中 $K_T$——螺旋桨的推力系数;
$K_M$——螺旋桨的转矩系数;
$\rho$——海水密度(kg/m³);
$D$——螺旋桨直径(m);
$\lambda_P$——螺旋桨的进速系数;
$V_P$——螺旋桨的进速(m/s);
$w$——螺旋桨的轴向伴流系数。

**3. 阻力特性**

船体的阻力特性根据本章第一节所述的方法得到并输入计算机。对既定的舰船来说,在一定的航行工况下,阻力主要与航速有关,即 $R=f(V_S)$。除此之外,还需考虑各种不同工作方式、不同航行工况时的附加阻力。如对于多机多桨舰船,当部分桨工作时,必须考虑不工作螺旋桨产生的附加阻力等。

有了上述特性后，即可根据平衡条件，求出各种工况（对应于各种不同的阻力情况）下转速与航速的关系以及转速与螺旋桨吸收功率之间的关系。最简单的做法是：

对于某种给定工况，设定某一航速 $V_{si}$，可以得到相应的阻力 $R_i$，有平衡条件：

$$R_i = \rho n_{Pi}^2 D^4 K_{Ti}(1-t) Z_{Pi}$$

式中 $Z_{Pi}$——该运行工况下工作的螺旋桨数；

$t$——推力减额系数。

应用数值算法（如二分法等）求根解出上式即可求得 $V_{si}$ 与 $n_{Pi}$ 之间的关系，而所需的主机功率则为

$$N_{Di} = EHP_i / \eta_K \eta_r \eta_b \eta_{Pi}$$

式中 $\eta_K = (1-t)/(1-w)$；

$\eta_r$——齿轮箱效率；

$\eta_b$——轴系效率；

$\eta_{Pi}$——相当于 $\lambda_{Pi} = V_{Pi}/n_{Pi}D$ 的螺旋桨效率。

根据上述特性及平衡关系，可以求出在主机转速范围内任一转速下的各运行参数，程序流程如图 8.3.2 所示。

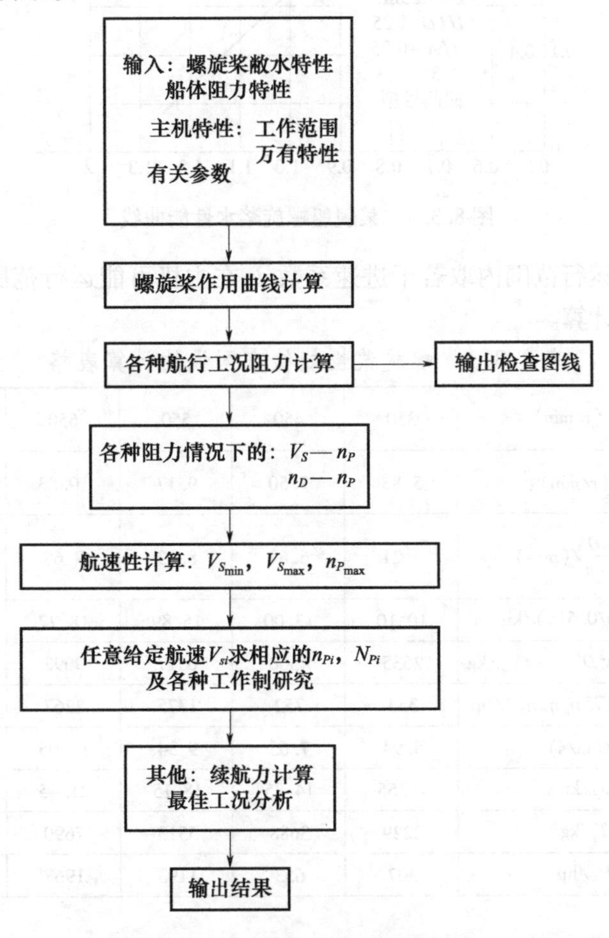


图 8.3.2　稳定配合工况计算流程

**4. 螺旋桨性能检查图线**

螺旋桨性能可以用螺旋桨的敞水性能曲线来表示。当进行配合分析时可以考虑船体对螺旋桨的影响修正,即考虑伴流和推力减额。另外,可以将无因次的性能曲线转换成有因次曲线。也就是作出船后螺旋桨的有因次性能曲线,或称为螺旋桨性能检查图线。也就是把用无因次的推力系数、转矩系数、随进速系数变化的曲线 $K_T=f(J)$、$K_Q=f(J)$,转换成有因次的螺旋桨推力、功率随航速、转速变化的曲线:$T_e=f(V_S,n)$ 和 $P_S=f(V_S,n)$。其中 $T_e$ 为有效推力,$P_S$ 为主机功率,$V_S$ 为舰船航速(kn),$n$ 为主机转速(r/min)。

下面通过实例来说明由敞水性能曲线到检查图线的计算过程。已知某舰船螺旋桨的敞水性能曲线如图 8.3.3 所示。

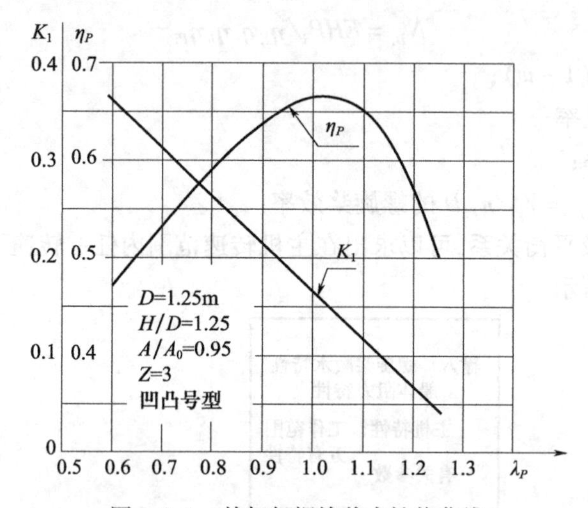


图 8.3.3 某舰船螺旋桨水性能曲线

在螺旋桨可能运行范围内取若干进速系数 $J$,在主机可能运行范围内取若干转速 $n$,并按表 8.3.1 进行计算。

表 8.3.1 螺旋桨性能检查图线的计算表格

| | | | | | | | |
|---|---|---|---|---|---|---|---|
| $w=0.02$<br>$t=0.02$<br>$\eta_S=0.97$ | $n_m$/(r/min) | 350 | 450 | 550 | 650 | 750 | 780 |
| | $n$/(r/min) | 5.83 | 7.50 | 9.17 | 10.83 | 12.50 | 13.00 |
| $J=0.7$<br>$K_T=0.310$<br>$\eta_P=0.583$ | $v=\frac{JnD}{1-w}$/(m/s) | 5.21 | 6.69 | 8.13 | 9.68 | 11.17 | 11.60 |
| | $v_S=(v/0.515)$/kn | 10.10 | 13.00 | 15.89 | 18.77 | 21.65 | 22.52 |
| | $T_l=[K_T\rho n^2D^4(1-t)]$/kg | 2635 | 4360 | 6517 | 9092 | 12112 | 13101 |
| | $P_N=[T_lv/75\eta_k\eta_P\eta_S]$/hp | 353 | 752 | 1375 | 2267 | 3485 | 3917 |
| $J=0.8$<br>$K_T=0.262$<br>$\eta_P=0.594$ | $v$/(m/s) | 5.94 | 7.65 | 9.34 | 11.05 | 12.73 | 13.25 |
| | $v_S$/kn | 11.55 | 14.85 | 18.15 | 21.45 | 24.75 | 25.72 |
| | $T_l$/kg | 2229 | 3688 | 5513 | 7690 | 10244 | 11080 |
| | $P_N$/hp | 307 | 653 | 1193 | 1967 | 3025 | 3402 |

续表

| | | | | | | | |
|---|---|---|---|---|---|---|---|
| $J=0.9$<br>$K_T=0.213$<br>$\eta_P=0.643$ | $\nu/(\mathrm{m/s})$ | 6.69 | 8.60 | 10.52 | 12.42 | 14.35 | 14.90 |
| | $\nu_S/\mathrm{kn}$ | 13.00 | 16.70 | 20.42 | 24.12 | 27.85 | 28.95 |
| | $T_l/\mathrm{kg}$ | 1812 | 2999 | 4483 | 6253 | 8330 | 9010 |
| | $P_N/\mathrm{hp}$ | 259 | 551 | 1008 | 1662 | 2555 | 2872 |
| $J=1.0$<br>$K_T=0.163$<br>$\eta_P=0.667$ | $\nu/(\mathrm{m/s})$ | 7.42 | 9.55 | 11.68 | 13.80 | 15.95 | 16.56 |
| | $\nu_S/\mathrm{kn}$ | 14.41 | 18.57 | 22.70 | 26.80 | 30.90 | 32.20 |
| | $T_l/\mathrm{kg}$ | 1386 | 2293 | 3428 | 4781 | 6370 | 6889 |
| | $P_N/\mathrm{hp}$ | 212 | 453 | 827 | 1361 | 2093 | 2355 |

将计算结果分别作出 $T_e=f(V_S,n)$ 和 $P_S=f(V_S,n)$ 两张图,如图 8.3.4 所示。

图 8.2.4 表示了螺旋桨在不受任何条件限制时,不同进速与转速时的性能,亦即不考虑船体和主机对螺旋桨的制约情况下,各种前进速度与转速时,螺旋桨可发出的有效推力和消耗功率。

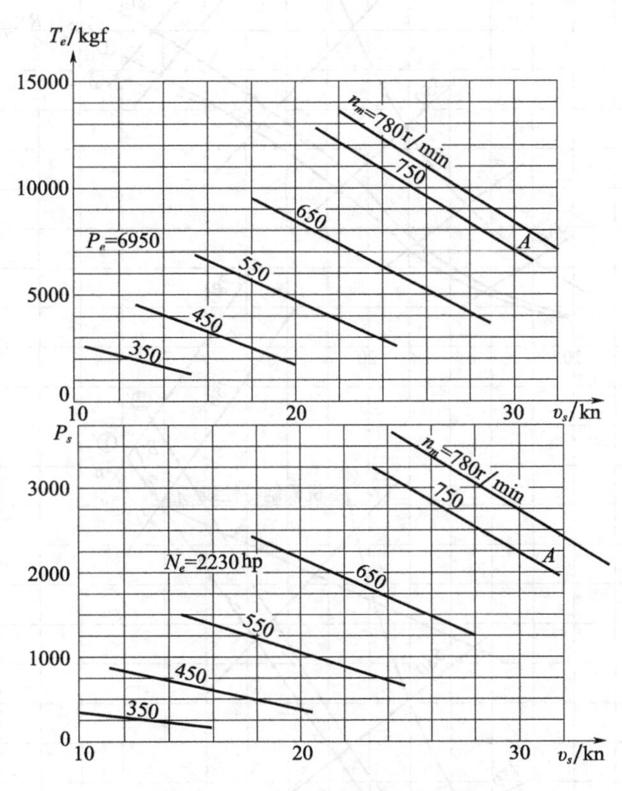


图 8.3.4 螺旋桨性能检查图线

先讨论所选择的螺旋桨可以达到的最大航速及机桨匹配问题,仍用上述例子来说明。现已有螺旋桨性能检查图线,在其上先加上船体的限制条件,即在一定航速下必须提供一定的推力,这一限制具体表现为阻力曲线。此例为四桨船,只要将 $R/Z_P=T_e=f(V_S)$ 曲线(其中 $Z_P=4$ 系指桨的数目)画到性能检查图线上(图 8.3.5 中的曲线①),即表示装在船后的桨要达到等速航行,必须在该曲线上运行;即在给定航速下,桨应有的转速及可产生的推力。在此曲线以外的任何点都不是运动状态的平衡点。如,当航速为 24kn 时,此时螺旋桨必须有转速 $n=610\text{r/min}$,其所发出的推力才正好克服此时船的阻力,船保持 24kn 的航速前进。若此时将转速提高到 $n=650\text{r/min}$,按螺旋桨的性能,在前进速度 $V_S=24\text{kn}$,$n=650\text{r/min}$ 时的推力约为 $6200\times4=24800\text{kgf}$,大于该航速时的阻力 $R=5000\times4=20000\text{r/min}$,船必然加速,此时若保持主机转速 $n=650\text{r/min}$ 不变,则随航速增加,螺旋桨推力减小,当航速增加到约 25.3kn,$n=650\text{r/min}$ 时推力与阻力再度达到平衡,船稳定在该航速下航行。

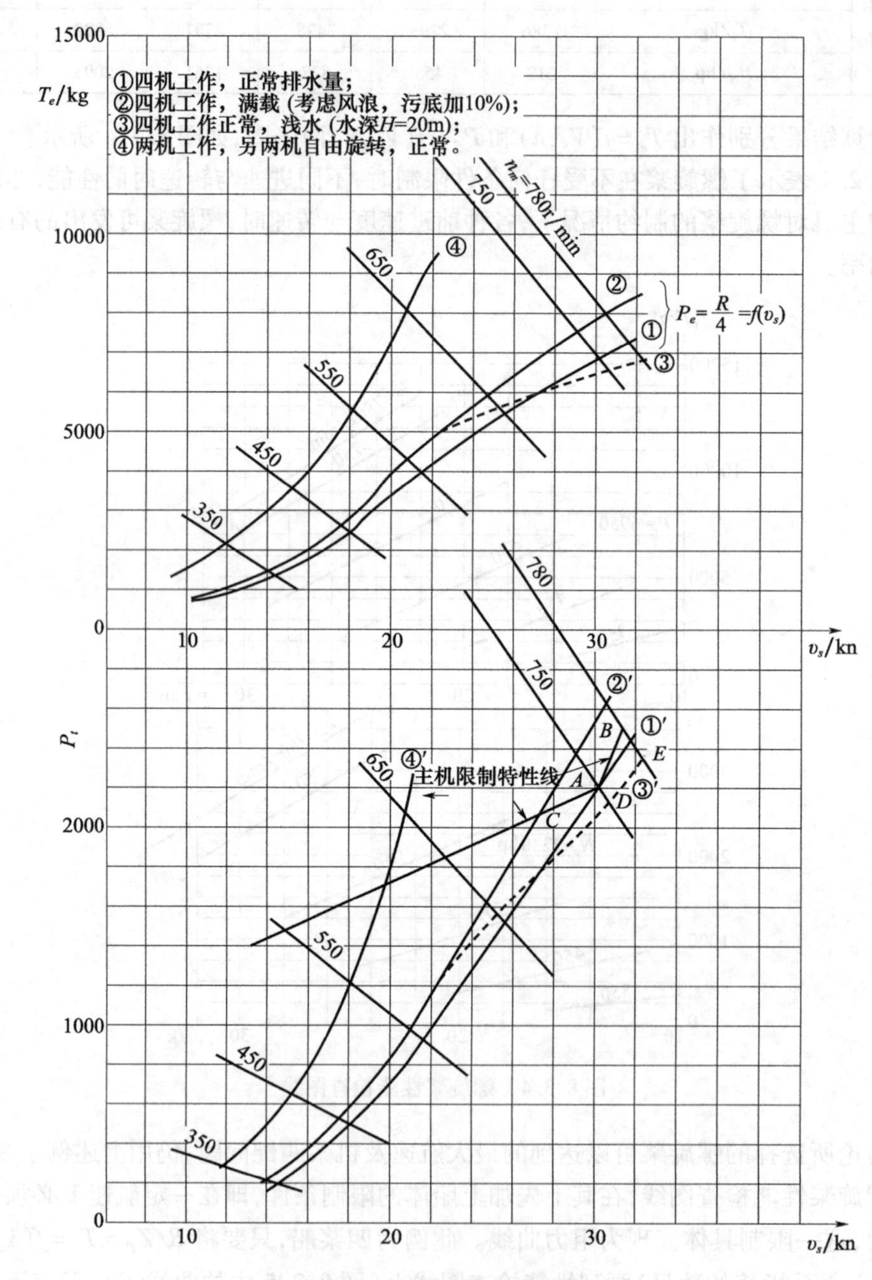


图 8.3.5 航速性分析图线

这种增加主机转速，提高航速的过程当然要受到主机特性的限制，即主机最大转速限制与功率限制。现将主机限制特性线再画在图 8.3.5 上，显然主机的限制线需画在 $P_S = f(n)$ 图上，即图 8.3.5 的下半张图上，图上画出了各种转速下的主机可提供的最大功率。该曲线最高点为最大转速限制点 $n_{max}$。在本例中为短时最大功率 $n_{max} = 780$r/min（图 8.3.5 中的 $B$ 点），额定转速即常用转速为 $n = 750$r/min（图 8.3.5 中的 $A$ 点）。该线表明螺旋桨只能在此线以下才能工作，在此线以上，螺旋桨运行时要求的功率大于主机可发出的功率，因而与螺旋桨连接的主机无法运行。

为了将船－机－桨三者联在一起考虑，将阻力曲线 $T_e = f(V_S)$“投影”到下半张图上，即在下半张图上找出曲线①上转速与航速相等的点并连接起来，得到下半张图上的曲线①′，此即为按一定航速时船体阻力对推力的要求而工作的螺旋桨所对应的转速及要求主机提供的功率。

当曲线①′在主机外特性线以下时，即为允许运行状态，超出主机外特性者为不允许的工作状态。由此可以得到设计条件下舰船可以达到的最大航速。若设计工况选定为主机额定转速和额定功率，则设计点为图 8.3.6 上的 $A$ 点，此时主机和螺旋桨的转速为 $n = 750$r/min，航速 $V_S = 30.2$kn。此时螺旋桨的有效推力为 $T_e = 6940$kgf $= R/4$，螺旋桨消耗功率为 $P_S = 2200$hp，为主机在该转速下发出的马力。当主机在短时最大转速 $n = 780$r/min 时工作，则航速可达 $V_{max} = 31.6$kn。螺旋桨消耗功率为 $P_S = 2460$hp，而此时主机可发出的最大功率为 2500hp，稍有富余。

在此例中，螺旋桨在设计状态下（$A$ 点），螺旋桨与主机均达到最大转速 $n_{max}$，在航速 $V_S = 30.2$kn 时，螺旋桨推力正好满足此航速下船体阻力的要求，而螺旋桨消耗的功率又正好等于主机此时能发出的最大功率，这种情形称为船－机－桨完全匹配，具体表现在性能检查图线上，主机最大转速 $n_{max}$，船体的阻力曲线 $R_H$（相应的功率需求线 $P_H$）和主机外特性线 $P_S$（相当的推力曲线 $T_S$）三者正好交于一点。为了更清楚地看清楚这一特点，将完全匹配的情况与非完全匹配的情况比较画在图 8.3.6 上。

当 $n_{max}$线，$T_S(P_S)$线与 $R_H(P_H)$线三者不交于一点时，又分成两种情况，一是 $n_{max}$线与 $T_S(P_S)$线的交点 $B$ 高于 $n_{max}$线与 $R_H(P_H)$线的交点 $A$，此时表明主机达到最大额定转速时，螺旋桨发出的推力已满足船体阻力要求，而主机功率尚有剩余，此种匹配称为“轻载”匹配。按照船－机－桨三者工作条件的要求，装在船上的螺旋桨的稳定工作点必须在 $R_H$（$P_H$）曲线上，曲线以外的任意点均不是稳定工作点，而与主机连接在一起的螺旋桨又必须按主机的要求在主机外特性线以下工作，满足上述两个条件的点只有 $A$ 点（图 8.3.6（b）），$B$ 点虽然是主机允许的工作点，但其产生的推力大于船体阻力，不能稳定工作，$C$ 点则在主机转速限制线以上，超出了主机允许范围。由于此时正常工作点 $A$ 处主机尚有功率剩余，故称“轻载”。当螺旋桨轻载时，实际使用时的表现为主机负荷较轻，很容易达到最高转速（或额定转速）。

另一种情况是 $n_{max}$限制线与 $R_H(P_H)$线的交点 $A$ 在 $n_{max}$线与 $P_S$线的交点 $B$ 之上，此时螺旋桨既不能在 $A$ 点工作也不能在 $B$ 点工作，$A$ 点超出了主机外特性线，$B$ 点在船体阻力要求之下，满足主机与船体两方面要求的工作点只能是 $C$ 点，此时主机虽在外特性线上工作，转矩已发足，但达不到最高转速（或额定转速），称为重载匹配，因为若使主机在 $B$ 点工作时，功率不能满足船体要求，使用时表现为主机达不到最高转速（或额定转速），机器冒黑烟，处于超负荷状态（图 8.3.6（c））。

合理的螺旋桨设计，应该是使主机处于稍“轻载“状态，即图 8.3.6(b)的情况，希望在最大航速时主机有 10% ~15% 的功率储备，这样当使用时由于风浪，污底或超载等情况而使阻力稍有增加时，主机不至于重载。

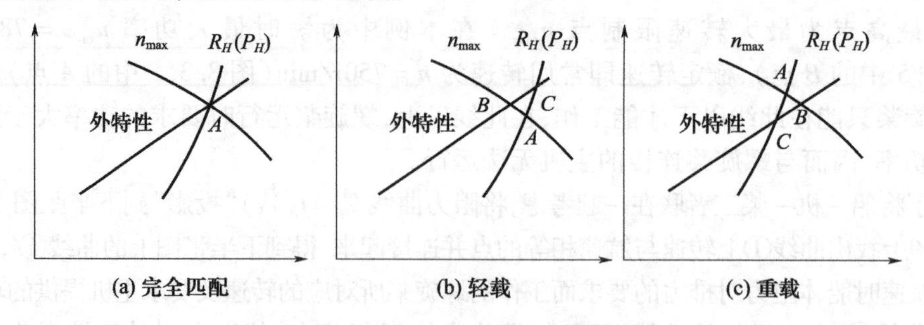


图 8.3.6 船－机－桨的匹配情况

图 8.3.5 中也画出了当艇处于满载排水量或计及一定的风浪、污底，使阻力增大 10% 时的阻力曲线(图上曲线②)，由于该螺旋桨是设计在“完全匹配”状态，当阻力增加时，螺旋桨的工作点变为 $C$ 点(图 8.3.5 的下图)，此时成为“重载”匹配。主机和螺旋桨的转速只能达到 $n = 710\text{r/min}$。航速最高只能达到 $V_S = 27.3\text{kn}$，主机功率只能达到 $P_S = 2060\text{hp}$。在这种状态下，主机的额定转速和额定功率均无法达到。

图 8.3.5 上还画出了艇在浅水区航行时的阻力曲线(图上曲线③)。浅水中阻力在低速时增大(亚临界区)，高速时反而减小(超临界区)。使在额定转速时主机和螺旋桨的工作点为图上的 $D$ 点，额定转速 $n_{max} = 750\text{r/min}$ 时，航速可达 $V_S = 30.6\text{kn}$，而消耗主机功率为 $P_S = 2130\text{hp}$，尚有富余。当最高转速 $n_{max} = 780\text{r/min}$ 时，航速可达 $V_S = 32.2\text{kn}$，消耗主机功率 $P_S = 2350\text{hp}$，亦小于此转速下主机可提供的最大功率(2500hp)。

也可以把螺旋桨性能检查图线改画成另一种形式，即以螺旋桨转速 $n$ 为横坐标，将航速、转数、功率之间的关系，分别画成 $n—N_e$ 和 $n—V_S$ 两组曲线，如图 8.3.7 所示。此时阻力及螺旋桨推力不显示出来，这种表达方式可以把主机允许工作范围(最大及最小负荷限制线和最大及最小转速限制线)简明地表示出来。这种表达形式与习惯用的主机特性线表达形式一致，为轮机工程师所熟悉，然后将推进特性线画上，亦可确定最大航速及相应工作点的匹配情况。

**5. 特殊工况下的配合分析**

舰艇在服役过程中，还会经常遇到各种特殊工况，如部分螺旋桨工作、拖带作业等。现就几种典型情况作简要介绍。

1)部分螺旋桨工作时的情况

在航行或执行任务时，当舰艇的部分主机、轴系或螺旋桨出现故障，无法正常工作，而航行必须继续，此时需要确定部分工作的主机应保持多少转速合适，航速可以达到多少。

此时舰艇前进的推力全部由工作的螺旋桨承担，要求的推力可能成倍增加，此外不工作的螺旋桨在航行时还产生阻力，这部分阻力亦要工作桨来承担，故此时对每个桨的推力要求为

$$T_e = \frac{R + (Z_P - Z_{P1})\Delta R}{Z_{P1}} \tag{8.3.7}$$

式中　$R$——船体阻力；

$\Delta R$——每个不工作螺旋桨的附加阻力；

$Z_P$——螺旋桨总数；

$Z_{P1}$——工作螺旋桨数目。

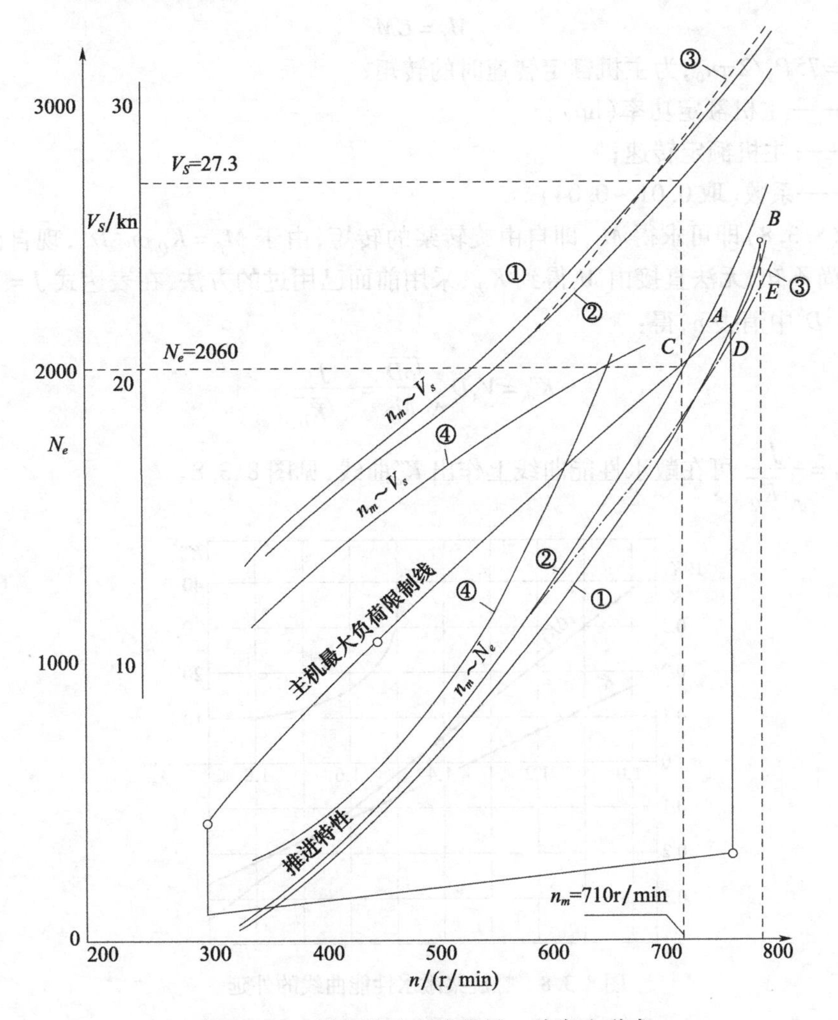


图 8.3.7　性能检查图线的另一种表达形式

只要将式(8.3.7)中的 $\Delta R$ 求得，则可以由式(8.3.7)确定螺旋桨的要求推力，然后用性能检查图线确定合理主机的转速及可达到的航速。不工作螺旋桨的附加阻力，有以下近似经验公式计算：

对锁住不旋转桨　　$\Delta R = 12\dfrac{A}{A_0}D^2{V_S}^2(\text{kgf})$

对自由旋转桨　　$\Delta R_1 = (0.25 \sim 0.5)\Delta R(\text{kgf})$

式中　$A/A_0$——盘面比；

$D$——螺旋桨直径(m)；

$V_S$——航速(kn)。

实际使用情况表明用上述公式计算的附加阻力明显偏大。建议对自由旋转螺旋桨采用性能曲线外插的方法估算附加阻力：先将螺旋桨的敞水性能曲线外延至 $K_T < 0$ 及 $K_Q <$

0 处，由于 $K_T$ 及 $K_Q$ 曲线比较平直，这种外延虽是近似的，但不会带来很大误差。然后估算自由旋转螺旋桨的转矩。由于自由旋转桨只需克服摩擦力矩，其值甚小，通常可近似地用主机额定转矩的百分比来表示：

$$M_f = CM \tag{8.3.8}$$

式中 $M = 75P_S/2\pi n_0$，为主机额定转速时的转矩；

$P_S$——主机额定功率(hp)；

$n_0$——主机额定转速；

$C$——系数(取 0.01 ~ 0.04)。

按式(8.3.8)即可求得 $M_f$，即自由旋转桨的转矩，由于 $M_f = K_{Qf}\rho n^2 D^5$，现自由旋转桨的转速 $n$ 尚不知，无法直接由 $M_f$ 得到 $K_{Qf}$，采用前面已用过的方法，在表达式 $J = V_A/Dn$ 与 $M_f = K_{Qf}\rho n^2 D^5$ 中消去 $n$，得：

$$K''_d = V_A D\sqrt{\frac{\rho D}{M_f}} = \frac{J}{\sqrt{K_Q}} \tag{8.3.9}$$

由 $K''_d = \dfrac{J}{\sqrt{K_Q}}$ 可在敞水性能曲线上作出 $K''_d$ 曲线，见图 8.3.8。

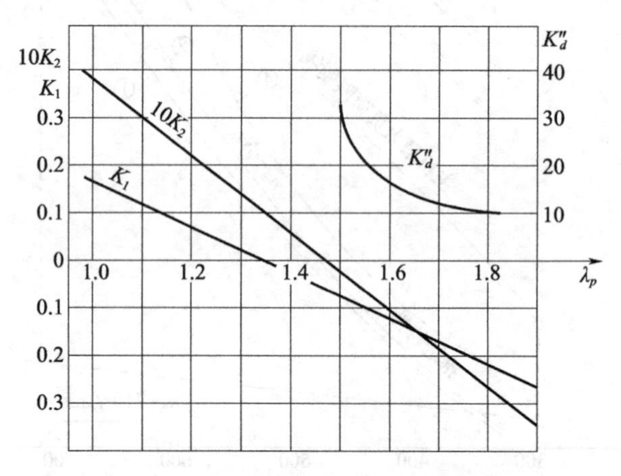


图 8.3.8 螺旋桨敞水性能曲线的外延

根据 $M_f$ 再求得相应的 $K''_{df}$ 值，即可得到 $K_{Qf}$、$K_{Tf}$ 和 $J$ 值，然后求得阻力：

$$\Delta R = K_{Tf}\rho n^2 D^4$$

$$n = V_A/JD$$

仍以上述计算为例，计算两桨工作、两桨自由旋转时的附加阻力及主机可达到的转速和相应的最大航速。

附加阻力及要求每个工作桨的推力计算在表 8.3.3 中进行，其中系数取 $C = 0.02$，螺旋桨的敞水性能曲线如图 8.3.8 所示。

表 8.3.3 工作桨的推力计算表

| $V_S$/kn | 10 | 12 | 14 | 16 | 18 | 20 | 22 |
|---|---|---|---|---|---|---|---|
| $\Delta R$ | 282 | 340 | 407 | 479 | 564 | 673 | 774 |
| $T_e = \dfrac{R+2\Delta R}{2}$ | 1587 | 2220 | 3077 | 4039 | 5589 | 7573 | 9424 |

按表 8.3.3 计算结果在螺旋桨性能检查图线上作出 $T_e = f(V_S)$ 曲线（见图 8.3.5 之曲线④），并从其上读出各种转速时对应的主机转速、功率及相应航速（见表 8.3.4）。

表 8.3.4　不同转速时对应的主机转速、功率及相应航速

| $n$ (r/min) | 350 | 450 | 550 | 650 |
|---|---|---|---|---|
| $P_S$/hp | 290 | 630 | 1190 | 2070 |
| $V_S$/kn | 11.8 | 15.1 | 18.1 | 20.6 |

显然只有在主机外特性线以下部分才是允许的工作点，表 8.3.4 中 $n = 650\text{r/min}$ 时已超出此范围。其工作极限点即为曲线④与主机外特性之交点，此时 $n = 618\text{r/min}$，$P_S = 1720\text{hp}$（每台主机），相应的最大航速为 $V_S = 19.8\text{kn}$。

2）拖带时的情况

当舰艇需拖带物体或舰艇时，只要将被拖带物体的阻力加到原有的舰艇阻力曲线上，得到拖带时的阻力曲线，再将其画到性能检查图线上，即可得到拖带时的性能，其方法与前面的一样。

经常使用的被拖带物如声呐阵、扫雷具等通常都有不同速度时的阻力资料，可直接应用。拖带舰艇时，则要找到被拖带舰艇的阻力资料，此时不要忘了加上被拖带舰艇上不工作螺旋桨的附加阻力。

## 8.3.3 动态配合分析

前面介绍的是在稳定航速下配合工作情况。而在实际航行中还经常遇到舰船在作机动运动时的情况，即接排、刹车、加减速、倒车和转向等。严格地讲，舰船机动时作变速运动是非定常运动，要准确、定量地讨论螺旋桨的工作状态与受力情况是十分复杂的。这里只是作些定性的讨论，大体了解在这种变速运动中的规律及使用中应注意的问题。

**1. 接排启动和加速**

这里指的接排启动是指主机带上螺旋桨旋转，即离合器合上后的情况。一般说来，接排启动和加速是一个连续的渐进过程。如果主机带动螺旋桨很慢地启动并加速，则可以将每一瞬间看成是一种准定常的运动，只要知道加速过程中每一瞬间的转速，仍然可以利用螺旋桨的性能曲线求得加速过程中航速与所需的功率。当然这要求加速过程十分缓慢，并不会给主机的使用带来什么危害，不需要给予特殊的注意。然而当突然启动和加速时，情况就不一样了，由于在水中舰船的巨大惯性，当突然启动或加速时，航速的变化远滞后于主机转速的改变。以从静止状态突然启动加速为例，此时航速 $V_S = 0$，若突然使螺旋桨转动至额定转速 $n_0$（r/min），则从叶片元速度三角形可看出，流向叶片的攻角将接近于螺距角 $\theta$（见图 8.3.9），与正常航行情况（$V_A$ 为设计航速）相比，水流速度相差不大，而攻角相差很大，此时叶片受到的力将远大于额定工况时的力，主机将严重超负荷。所以在实际使用中，主机启动加速必须有一个较缓慢的过程，即在 $V_S = 0$ 时，使转数 $n \ll n_0$，待舰船运动起来以后再逐步增加转速。

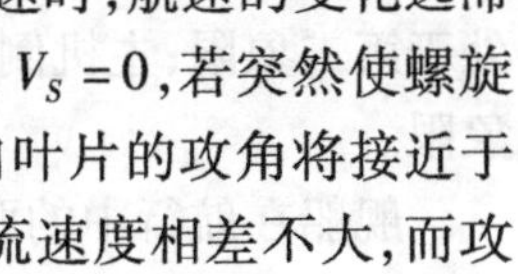

图 8.3.9　开车情况

上述情况在码头系柱试车时亦同样会发生，所以一般码头试车时，主机转速往往需远小于额定转速。允许的转速可以通过螺

旋桨敞水性能曲线估算。因为在 $V_A=0$ 时，$J=0$，可在性能曲线上得到对应的 $K_T$、$K_Q$ 值，从而可得到不同转速 $n$ 时的螺旋桨转矩值 $M=K_Q\rho n^2D^5$，主机最大负荷限制线则限制了各种转速下的功率值，该曲线可表示为 $P_S=2\pi nM/75=f(n)$。从此两关系式可求得不使主机超负荷的最大允许转速，通常这一转速在额定转速的 1/3 ~ 1/2，这也正是突然启动时所允许的主机转速。

开车后的加速同样也不能过于激烈。对这种过程，由于无法准确判定舰船航速的变化情况，而使计算变得困难，过去通常按各类舰船的使用经验，来确定正确的主机加速规律。现在通常用仿真手段预先求得正确的主机加速规律，再在试航中予以修正。

**2. 刹车、减速和倒车**

刹车过程与上述情况相反，刹车瞬间由于惯性，舰船航速仍无明显变化，转速突变为零，使流向叶片元的来流沿轴向流动。此时螺旋桨承受负推力和负转矩，负推力使舰船制动减速，负转矩则使螺旋桨继续向正方向转动，如水轮机一般。要使螺旋桨很快地停止转动必须使主机和轴系的摩擦力矩之和大于螺旋桨的负转矩，因而有的轴系中设置了刹轴器。在这种情况下，主机突然变成空负荷，需要注意观察（如涡轮增压器产生喘振等）。逐渐减速的情况当然不会发生险情，可以大胆使用。

在刹车时有时为了制止螺旋桨转动，或缩短舰船惯性冲程距离，而采用倒车时，此时必须引起注意。从正车至倒车的过程，从叶片元速度三角形来考虑，流动方向是从第一象限变到第二象限（见图 8.3.10）。

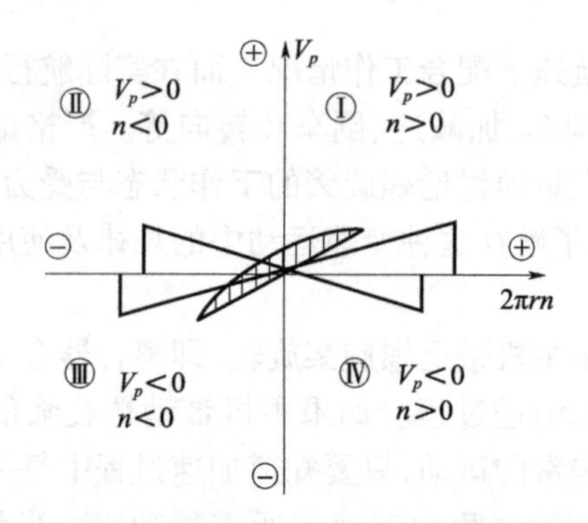


图 8.3.10 正车→倒车、倒车→正车时的叶片元工作状态变化

主机正车、舰船前进时，叶片元的速度三角形处于第一象限；主机倒车、舰船后退时，处于第二象限；主机倒车、舰船后退时，处于第三象限；主机正车、舰船后退时，则处于第四象限。

舰船在航行中的两种极端情况是：舰船正在前进时，螺旋桨突然由正转变为倒转；舰船正在倒退时，螺旋桨突然由倒转变为正转。此时螺旋桨转矩的变化规律表示在图 8.3.11上，图上横坐标为额定转速的百分数，纵坐标为额定转矩的百分数。

图上曲线①为舰船全速前进时，突然刹车并倒车的情况，此时认为航速未改变，整个曲线分为三段，$abc$ 段为正转速、正转矩，$a$ 点即为额定工况点，此时为正常全速航行。随着转速 $n$ 的减小，转矩减小，达 $c$ 点 $M=0$，即速度三角形处于无转矩状态。此时的转速大概为额定转速的60%。第二段为 $cde$ 段，此时 $n$ 继续下降，转矩变为负值，在此负转矩作用下，使螺旋桨正转，此时必须使主机提供反转力矩，才能使螺旋桨转速继续下降，至 $e$ 点，$n=0$，负转矩约为额定转矩的35%。第三段为 $efg$，主机提供反转矩，使转速为负，且随反转转速增大，反转矩增大。当达 $g$ 点时，反转矩达到正车时的额定转矩。而此时相应的反向转速只及额定转速的40%左右，若再增大反向转速，则主机超负荷。可见，在紧急倒车时，倒车转速不能过大；在主机由正车至停车过程中要防止出现主机突然减负荷所引发的问题；而在倒车时必须控制转速。图8.3.11上的虚线表示了实际的倒车过程，即在减速-停车-倒车过程中，航速逐渐减小，主机由正车进入倒车时的超负荷现象有所减轻。图8.3.11还给出了主机由倒航时的倒车突变为正车的情况（曲线③），和航速为零时主机由正车至倒车的转矩变化（曲线②），此时曲线通过原点，即 $n=0$ 时，$M=0$。

**3. 舰船回转**

舰船回转是一种曲线运动，在舰船航行过程中经常需要改变航向，作机动运动，这种运动靠舵来完成。舰船的机动航行可以是多种多样的，这里仅讨论纯回转运动的情况作为一个典型例子。舰船回转时大体可分为三个阶段：第一阶段为转舵阶段，舵角由零转到某一个固定的舵角，转舵时间通常较短，由于惯性作用，此阶段舰船的运动方向和速度均无明显变化；第二阶段为发展阶段，此时在舵力作用下舰船开始绕自身旋转轴旋转，并向外侧横移，旋转和外移达到一定程度后即停止，并保持稳定，这一阶段时间亦不长；第三阶段为稳定回转阶段，舰船开始作稳定回转，其重心轨迹为一圆，此时舰首与航速方向成一夹角 $\beta$，称为漂角，在稳定回转过程中航速与漂角均保持常数。但由于存在漂角，使阻力比直航时大，航速亦比直航时有所下降，下降的幅度视舰船的类型不同而有所不同，一般在20%~50%，$\beta$ 角通常不大于10°，图8.3.12给出了舰船回转过程中舰船运动轨迹的示意图，图上标出了当转向角 $\varphi=0°$、90°与180°时的位置及舰船的运动方向。图8.3.12为向右回转，此时打右舵，称舰船的右侧为内侧，左侧为外侧。

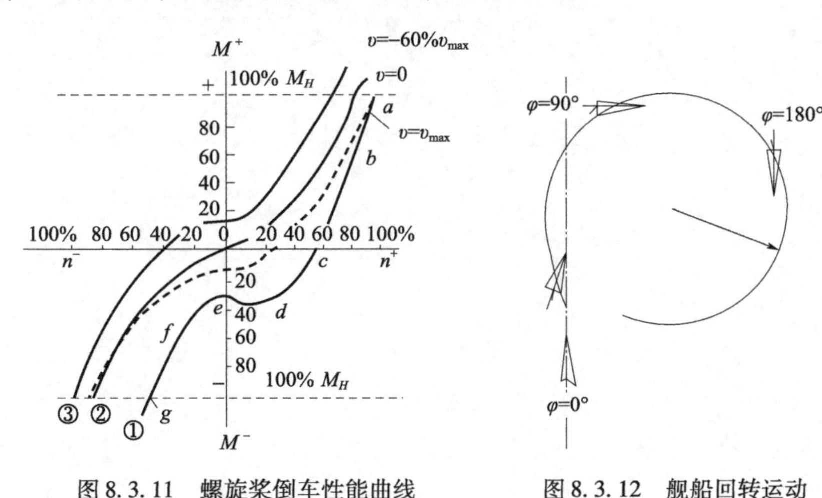


图8.3.11 螺旋桨倒车性能曲线

图8.3.12 舰船回转运动

图8.3.13给出了相应的回转过程中，内外侧螺旋桨负荷的变化情况。这是对某些柴油机双桨船回转时实测得到的结果。测试时，主机在调速器作用下，保持转速不变，即内外桨在转向过程中主机转速均保持与转向前一样，测得内外桨的负荷变化如图所示。横坐标为时间和转向角，纵坐标为主机功率与直航时比较的百分数。

由图 8.3.13 可见,在回转一开始,内桨的负荷就开始上升(这里未计及转舵阶段,此阶段航速航向均未变,负荷亦不会改变,只数秒时间),当舰船开始旋转时,船绕自身轴旋转,船尾外摆且航速下降,此时流向内桨的流速下降,且随时间增长下降越多,从叶片元速度三角形可以判断,当转速 $n$ 不变、来流速降低时,迎流攻角显著增大,导致升力、阻力增大,故负荷增大,直到稳定回转时,负荷保持常值。而外桨的情况则稍有不同,由于船尾外摆时,外桨处的局部水流速有所增大,而开始时航速下降尚不显著,故外桨在转向初期的负荷有所减小,随着转向的发展,航速降低明显,负荷开始增大,直至达到稳定。由于存在漂角,外桨处的水流速始终大于内桨处的值,故外桨的负荷要比内桨为小,内桨的主机超负荷情况要严重得多,这是回转中需要引起注意的。

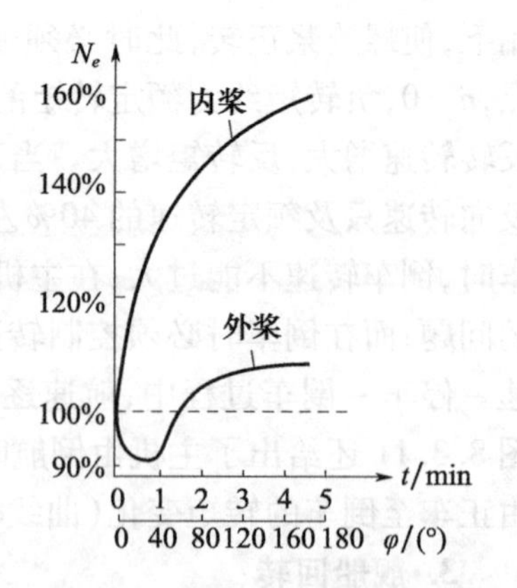

图 8.3.13 回转时内外桨的负荷变化

如果在回转过程中仅保持主机的喷油量不变即转矩基本不变而不管转速 $n$,则外桨在回转初期,转速 $n$ 会稍有增大,而后减小,最后稳定在小于直航时的某一转速处;而内桨则从一开始就降低转速,最后的稳定转速也要低于外桨,即回转时负荷较重,其转速也低。通常在非最大航速时回转,或在最大航速中以小舵角回转时,主机的过载现象并不明显,而在全速满舵回转时,就比较明显,尤其是对于高速舰船。

# 第9章 舰艇隐身技术

现代战争的重要特点之一是使用高度现代化的新概念武器并配以性能优异、高度自动化的综合指挥控制系统,构成一体化的作战系统。该系统包括了各种侦察探测装置,它们能够自动地综合分析探测到的各种信息并作出相应的反应,将射击诸元自动地置入所配属的各种武器中,或者给出合理的武器使用计划供指挥员决策,或者自动发起攻击;对于具有自导功能的武器,还能根据被攻击对象的特点决定武器发射后是否自动搜索目标以及开始自动搜索目标的时机。能否充分发挥这些先进武器的功能,掌握战场的主动权,首先取决于能否通过各种侦察装置及时发现敌方目标和动向,这在战役战术中称为"先敌发现";然后经过去粗取精、去伪存真、由此及彼、由表及里的思考,正确地判定敌之意图并决定我之对策,这是克敌制胜必不可少的先决条件。

正因为如此,作战双方都极端重视"先敌发现"。这包括两层同等重要的含义:我要(先)发现你而不让你(先)发现我。前者靠侦察装置,后者除可采用干扰、发射假目标、伴动等措施外,还要依靠本身的隐身技术。由此可见,隐身技术是关系到舰艇存亡的大事。过去,人们仅注重于潜艇隐身性的改进提高,对水面舰艇则比较忽视。现在,这个观念已发生了根本性的转变。不仅更注重潜艇隐身性的改进提高,水面舰艇隐身性也已成为性能指标评估体系中的一个主要性能,对负有反潜使命的水面舰艇来说,其地位更为重要,各种隐身技术也就应运而生并呈现出飞速发展的趋势。要说明的是隐身技术的发展和侦察技术密切相关,是一对发现和反发现的矛盾。在研究隐身技术时,一定要联系侦察技术,否则就会无的放矢。

就侦察器材采用的手段来区分,可以分成被动和主动两类。被动型侦察器材依靠接受敌方舰艇本身和舰艇运动时形成或产生的各种物理场的特征来发现并确定目标的方位坐标和运动诸要素,例如听音仪、被动声呐、望远镜、红外探测仪、夜窥镜、磁场变化测定仪、水压变化测定仪等;主动型侦察器材则依靠其自身产生某一种间断性的物理场,再根据解析所接收的回波的特征来发现并确定目标的方位坐标和运动诸要素,例如主动声呐、探照灯、雷达、主动磁扫描仪等。

从这层意义上讲,舰艇隐身性包括两大项:

一是在被动型侦察器材灵敏度既定的条件下,舰艇形成或产生了几个能使哪些侦察器材有特定反应的物理场,以及每个场强的特征值。

二是在主动型侦察器材灵敏度既定的条件下,舰艇能被其探测到的距离。

舰艇隐身性指的是舰艇整体的隐身性能,上述分析充分地说明了影响舰艇整体隐身性的因素很多,而且随着侦察器材性能的发展而对舰艇隐身性指标的要求越来越苛刻,不是一成不变的。

按照与被动和主动两大类侦察器材相对抗的角度看,似乎隐身技术也应相应地区分成两种。实际上,除了抑制自身的物理场强和抑制对主动探测物理场的反射强度这两种被动手段之外，还能采用十分有效的手段——主动干扰。当判定可能已被发现时，即发出各种强大的干扰信号，使敌方无法判定我之准确的方位坐标和运动诸元，甚至使其侦察器材无法工作。这种方法不仅被单舰采用，整个编队乃至合成部队统一运用的效果将更理想。伪装也是一种手段。但这些已属于电子对抗技术和编队以上战术研究的领域，此处不再论述。

舰艇整体隐身性指标的实现，包括采用抑制自身的物理场强、抑制对主动探测物理场的反射强度这两种被动手段和发射干扰信号等主动手段，均由船体总设计师负责全面协调，动力装置总设计师则负责与动力装置有关的部分，其范畴通常属于抑制自身的物理场强。

前面已经论述了目前由动力装置所形成或产生的较易为敌之被动侦察器材发现的物理场是噪声、光和磁。因此，动力装置总设计师目前在隐身技术方面的重点也是这三个方面。下面按照声场和非声场分别阐述它们的机理、已达到的水平和难点。

# 9.1 声隐身技术

## 9.1.1 声隐身基础

**1. 噪声场的形成**

1）噪声场的物理本质

如果在充满介质的无限空间的某一个特定位置（$x_1, y_1, z_1$）存在一个遵循周期函数 $v_1 = f_1(x_1, y_1, z_1, \omega t)$ 规律振动的振动源，则介质中最邻近该振动源的各个质点也会随之振动，其振动的运动矢量也是周期函数 $v_2 = f_2(x, y, z, \omega t + \varphi)$，同时按此规律向四周传播，即在该空间形成噪声场，这就是噪声场的物理本质。因此，噪声场是振动源的振动能量通过介质向四周传播而形成。振动源就是噪声源，空间某一单位面积在单位时间内通过振动能量的大小，就是该处的噪声场强度，简称声强，显然声强与质点振动矢量幅值的平方成正比。

2）噪声源及其基频的频率特性

如上所述，介质中的振动源就是噪声源。产生振动的原因可大体分成以下三种：

（1）弹性系统在激励力（激振力、干扰力）作用下产生的振动。

我们对这种振动的特性（包括幅值、频率、周期、阻尼的影响等）是比较熟悉的，但是对其激励力（激振力、干扰力）的理解，往往局限为机械力。实际上按照激励力（激振力、干扰力）的来源可分成四种：

①机械力。包括不平衡的往复惯性力、惯性离心力、固体之间的冲击和摩擦力等，它们都可能使弹性系统产生振动。

由这些激励力产生的振动的基频特性差别较大，前两者的基频完全取决于激励力的基频，因此完全取决于运动机件的转速，因此一般均属于低频范畴。例如小型增压器转子的转速尽管已高达90000r/min，基频也只是1500Hz，只能列入偏低的中频。而金属构件之间的冲击和摩擦引起的振动频率则主要取决于金属构件的自振基频和其低次谐频，因此往往属于高频范畴，通常从数千到10000Hz以上。至于配备乐队的低音鼓则另作别论，它的自振基频很低。

②流体动力。流体流经某个机械构件表面时,如果流速较低,则保持层流状态,不会产生激励力。如果流速提高到某一数值时,流经该机械构件表面的流体会进入紊流状态,从而产生对机械构件的激励力。例如螺旋桨以较高转速转动时,周围的水就会产生对桨叶的激励力,导致桨叶振动,如果激励力中某个或几个主频与桨叶的基频或低次谐频很接近,则螺旋桨的桨叶会产生俗称"螺旋桨唱歌"的振动。

这种噪声源的基频也主要取决于机械构件的自振基频或低次谐频,一般属于中频或以上频域,少数刚度较低而本身质量又较大的机械构件产生的振动基频可能属于低频域。

③液压冲击力。这种激励力较多地发生在容易汽化的液体中,水就是其中的一种。如果流场中某些区域内水的流速过高,使该处的压力低到足以使水汽化,则会产生相当多的小汽泡,这些小汽泡流至高压区时,即迅速破灭。破灭的同时,周围的水立即从四面八方流向原汽泡的中心以补充汽泡破灭后的空间,于是在原汽泡的中心处就发生很严重的液压冲击,压强甚至可达到数千兆帕以上。这种液压冲击一方面造成机械构件表面的穴蚀,另一方面也可以使机械构件产生振动。

由于汽泡破灭时,它周围压力变化的速度极快,因此激励力的基频很高,机械构件响应的振动基频必定属于高频域,但振幅可能很小。

④交变电磁力。恒定磁场会对其中的载流导体(电流性质为交变)产生交变的吸引或排斥力;交变磁场也会对由此交变磁场感生的感应电流产生交变的吸引或排斥力。这些交变电磁力必然会引起电气设备的振动。

一般交流电气设备的频率为50Hz,也就是激励力的基频为50Hz,由此激发的电气设备振动的基频也应是50Hz或其低次谐频,因而属低频域。更由于电气设备本身的自振基频通常远高于50Hz或其低次谐频,因而其振幅通常很小。

有的特殊材料在交变电场或磁场作用下,会产生明显的几何变形,变化的频率和电、磁场的变化频率相同,当该材料的自振基频或低次谐频与电、磁场变化基频或低次谐频相同时,将产生强烈的振动,发出强烈的声波。主动声呐的声源就是据此原理制成的。

(2)流体的自激振荡。

流体流动全程中流动状态的急剧变化,可能引起某一区域内压力周期性变化而引发自激振荡。水锤现象、漩涡(涡流)等均会因压力的周期性变化而引发出噪声。

自激振荡的基频与流体的密度的根方值成反比,因此密度小的流体(如空气)的自激振荡基频一般属高频域,少数属偏高的中频域。但是其幅值很可能由于压力变化幅值较大而不容忽视。水的自激振荡基频一般属低频域,少数属偏低的中频域。

(3)拍击引起的振动。

固体金属构件之间的相互冲击(碰撞等)是噪声源,固体金属构件、液体、气体之间的相互拍击也是噪声源,例如海浪拍击岸边或舰体、舰首破浪前进等,这种噪声是随机性的。

**2. 噪声在介质中传播的特性**

从噪声源发出噪声到被敌方被动式侦察器材发现,必须经过传播过程。因此掌握噪声在介质中的传播特性对舰艇隐身技术十分重要。

噪声在介质中的传播遵守求解波动方程所揭示的规律。常用的有以下几条:

1)声源的分类

在前面已经从产生噪声的物理过程区分了声源的性质,此处按声源的几何形状进行区分。

按照声源的几何形状可分成点声源、线(含曲线)声源、面(含曲面)声源和体(含不规则几何体)声源四种。尽管如此,对于可闻声和次(亚)声而言,在无边界条件约束的介质中,当声波传至相当远的距离以后,都可以看成是点声源;而在诸如管道等有边界条件约束的介质中都可以看成是面声源。只要距离声源足够远,上述假定是足够精确的。

2)传播的指向性

不同频率的噪声,在介质中传播的指向性也是不同的。

(1)可闻声和次(亚)声波。

可闻声指的是人类听觉器官可听见的声音,其频率在10(20)~10000(20000)Hz,有的人听觉范围宽些,有的则窄些。次(亚)声指的是人类听觉器官听不到的低频声。

这两种噪声在介质中使质点作往复运动的频率(也就是声频)相对于质点振动速度变化的同时存在的压力变化的传播而言,属于低的范围。也就是介质中任何空间点的压力状态仍然都符合帕斯卡规律——尽管某空间点的压力是周期变化的,但其在每一个时刻、任何方向上的压力都是相等的。因此,如果没有边界条件约束时,声波会以波阵面的形式向前方推进,传到足够远以后,波阵面必然呈现球面形式,因此声波的传播没有指向性。相应地,任何几何形式的声源对于直径足够大的波阵面来说,都可被看作是点声源。

(2)超声波。

超声波指的是人类听觉器官听不见的高频声音,其频率高于10000(20000)Hz。由于质点振动频率太高,使得该点的压力只能在质点振动的特定方向上发生相应的变化,来不及向其他方向传播,因此超声波的传播具有指向性。频率愈高,指向性愈明显。也就是振动能量不会向四周扩散,而是沿质点振动所指定的直线方向的两端向外传播,它的波阵面只是球面波的一部分,波阵面的面积不会扩大。因此距离声源足够远处的波阵面可以被看作是具有固定面积和形状的平面,相应地,任何几何形式的声源都可被看作是面声源。

3)声场的分类

(1)按声波传播路程中有无边界区分,可以分为无边界声场和有边界声场。

无边界声场指的是声波在完全相同的介质中传播。在此声场中,由可闻声和次(亚)声源生成的波阵面随着距离的增大逐渐成为球面以至无限远。单位时间内通过该波阵面单位面积的声波能量与该点至声源距离的平方成反比,声波在声场中各处的传播速度 $V$ 的模不变,各点的传播方向是以声源为中心,指向该点而向外。由超声源生成的波阵面随着距离的增大逐渐成为平面,其面积、形状、传播速度 $V$ 的模均不变,传播的方向是沿声源振动的直线向两端延伸,如果介质无阻尼,可以传至无限远。

有边界声场指的是在声波传播路径中,要通过不同的介质。两种不同介质的交界处就是边界。声波通过不同的介质(即边界层)时,会发生反射和透射(透射过去的声波的传播方向不同于入射波的方向,称为折射)。如果不考虑黏滞等其他损失,这两者能量之和等于入射能量。按照能量比,导出了反射率和透射率,它们与界面两侧介质的密度有关。两种介质密度相差越大,反射率越大,透射率就越小。这是噪声控制中常用的方法——在噪声传播路径中设置与原介质密度差别极大的障碍层,称为隔音罩。隔音罩的自振基频及其低次谐频当然不能和噪声的频率重合。

据此可知,在常温常压下水和空气的密度约相差800倍,声波从水中透射到空气或反向透射的能量是很小的。也就是不必担心空气中的噪声会被水声仪器侦察到,也不必担心水中的噪声会被水上仪器侦察到。

任何物质的密度都与温度有关,因此,声波在同样的存在温差的介质中穿越温差界面时,如同经过两种不同介质的界面时一样,存在反射和透射。空气密度的变化与温度关系很大,因此声波在空气中实际传播的全程很复杂。水的密度与温度关系较小,但与水中盐分的关系较大,因此声波在海水中实际传播的全程也很复杂。

(2)按介质的内摩擦大小区分。

在建立波动的理想数学模型时,通常忽略介质的内摩擦。实际上,任何介质都存在内摩擦。研究结果表明,内摩擦对声波传播的影响主要是不断地将振动能量转化成热能形式,对其频率基本上不发生影响。因此,只要距离任何声波足够远,声波传到该处时的声强都将被衰减到可以忽略不计;但其频率特性不会有变化。

空气的内摩擦相当大,对声波的衰减作用很明显,传播的距离不可能很远;水的衰减作用要小得多,同样的声波可以在水中传得很远;一般来说高密度固体金属的内摩擦更小,同样的声波可以在其中传得更远。研究结果还表明,同一介质对不同频率声波的衰减作用也不同。频率越高,越易被衰减。

综上所述,对动力装置而言,它对舰艇声隐蔽性危害最大的是其向水中传播的低频和超低频噪声(也称作次声波),它们传播的距离很远,又具有明显的频率较固定的信号特征,容易被侦测发现。在这些噪声中,偶发性的随机噪声较不易被发现,因为时有时无,频率也不固定。由此可见,舰艇声隐身技术的重点之一是最大限度地抑制动力装置向水中传播的频率固定的低频和超低频噪声。

4)传播速度 $C$

声波的传播速度 $C$ 有两个含义,第一是指向,第二是数值的大小。前者已在前面作了说明,而数值的大小 $C=\sqrt{k/\rho}$($k$ 是介质的弹性模数,$\rho$ 是介质的密度),因此尽管水的密度远大于空气,但是水的弹性模量大更多倍,声波在水中的传播速度约 1000m/s,而在标准状态下空气中约 330m/s。

5)声波的干涉

如果介质中有若干个声源,则每个声源产生的声波都会传至介质中的每个空间点,引起该处压力的周期性变化或质点的振动。因此该处压力周期性变化或质点振动的规律是所有声波传至该处时的矢量叠加。

若介质中有两个简谐声源,且它们的频率、幅值完全相同,但是传至某点时的相位相差 180°,则该处将不会有压力的周期性变化,也就是质点不会振动。这是干涉式振声控制的机理。其中一个是不可控的振源,另一个是可控振源。如果可控振源引自不可控振源本身,则称为被动式干涉振声控制;如果来自另一个专设的振源,则称为主动式干涉振声控制。在工程实践中,主动式干涉振声控制的专设振源还可能有多个。主动式干涉振声控制技术是振声控制领域内重点研究的内容之一。

6)人耳对声波的主观反应

大量实验证明,人耳对声波的主观反应受许多因素的影响:声频(声调)、声强级、声品(质)、环境噪声的状况、人的爱好、当时的心情(情绪)等。但是只从人耳对声波强弱程度的反应角度看,则同时取决于声频(声调)和声强级两个因素而不仅仅取决于声强级这

一个因素,总的趋向是:

(1)当声强级低于 100dB 时,对低频噪声(约 100Hz 以下)不敏感而对较高频噪声(特别是 2000~4000Hz)敏感。例如,人耳对 20Hz、75dB 和 1000Hz、40dB 两种声强级的感觉是一样的。

(2)当声强级高于 100dB 时,对各种可闻频率噪声的感觉逐渐趋于一致,也就是已经不能再区分频率的高低,只感到很响,当声强级高于 120dB 时,耳内已有痛感。

由此可知,若从改善人员环境角度考虑,100Hz、75dB 尤其是 1000Hz 以上的可闻噪声是消声的重点。

**3. 声波的度量**

在前面提到了声场内某一点的声强度,它也称为该空间点的声强,表示在单位时间内通过单位面积的能量的多少。考虑到不同声源引发的声波的强度相差极大,同时人耳对声强的主观感受只能分辨其量级的变化,因而常常用声强级——dB(分贝)来度量。

$$L = 10\lg I/I_0 \tag{9.1.1}$$

式中 $I_0$——基准声强。$f = 1000\text{Hz}$ 时,人耳刚刚能听到的声强,约为 $10^{-12}\text{W/m}^2$。

$I$——被比较的声强。

人耳感到疼痛时的声强 $I$ 约为 $1\text{W/m}^2$,故此时的声强级 $L = 120\text{dB}$。

由此可得出以下指导性的结论:

(1)由若干个声强级差别较大的声波组成的声场中,总声强级取决于声强级最强的那个声波,它就是消音的对象。而其他声波对总声强级几乎没有作用,即使对这些噪声采取了非常有效的消音措施,对总声强级也不会有什么影响,只有当原来起决定作用的声波被抑制到原来处于第二位的声波的水平或更低后,对原来处于第二位声波的抑制才有意义。

换言之,如果在由若干个声强级差别较大的声波组成的声场中只有某几个声强级超过了要求,其余的均低于要求,只需将超过要求的噪声抑制到要求水平以下即可,对原本低于要求水平的噪声可以不管。

(2)若由若干个声强级差别不大的声波组成的声场中,则其总声强级比每个噪声的声强级高不了多少。在这种情况下,即使将其中绝大多数噪声都抑制到要求水平以下,哪怕只留一个未抑制,总声强级也不会明显降低。因此,必须抑制每一个声波。

(3)如果能使噪声级下降 20~30dB,将是极成功的。这意味着噪声能量已被抑制掉 99%~99.9%。

**4. 几点结论**

由以上论述可得出,以下关于噪声控制的几点结论:

(1)控制噪声的方法之一是选择振动能量尽可能低的动力设备——从振源处就予以控制。

(2)控制噪声的方法之二是在振源附近立即降低介质中质点的振动能率。例如柴油机排气脉冲的压力变化幅值很大,因此能量很大,造成声强级极高的排气噪声。加装废气涡轮增压器、废气锅炉、用水直接喷淋冷却废气等手段都能大幅度地减小排气脉冲的压力变化幅值,这是经常被采用的方法。

(3)控制噪声的方法之三是在噪声传播途径中予以控制,包括:

①合理运用声阻尼材料。

按介质性质的不同,通常分成两种情况:

在空气中,多孔性的声阻尼材料对空气中较高频以上噪声的阻尼作用比较有效,但是目前这种材料只能在约150°C以下的环境中工作。将阻尼材料布置在噪声振幅最大处的效果最好。

对机械设备而言,在动力传递路线中设置振动阻尼材料如阻尼橡胶、硅油等,对于机械构件的中频以上振动的传播也有一定的衰减作用。但是要注意四个问题:一是设置的位置也应该是振幅最大处;二是选用与欲衰减的振动频率相匹配的阻尼材料;三是机械振动的能率较大,被衰减的结果是转变成热能,因而同时需要考虑有效的冷却,否则将因过热而失效甚至烧坏;四是加设阻尼材料后,动力传递系统的振动状态会有很大的变化,需要重新进行详尽的振动状态分析,动力传递系统的六次谐频中的任意一个不能与激振力六次谐频中的任意一个相重合。

②运用声波干涉原理抑制中频噪声的传播。

阻尼材料对于低频和超低频声波和振动几乎没有衰减作用,对中频的作用也很有限,而运用干涉技术可以对某几个选定频域的中频、低频和超低频声波或振动(它们的声强级很高)实施十分有效的抑制。按干涉波来源的不同,可分成被动和主动两种情况。按介质性质的不同也可分为空气介质和其他介质两种情况。

对于中频和稍低频域的声波或振动,被动干涉技术在空气介质或机械设备介质中均较易于实施。但若要抑制空气中的低频和超低频声波,则被动干涉式消音器的尺寸太大,舰艇不可能提供这样大的空间,而主动干涉式消音设备则有可能在给定空间内实现,尤其适用于空间很有限的管道中;若要抑制动力设备低频和超低频振动的传递,被动式隔(减)振器的刚度将会低到无法正常支承动力设备的地步,尤其在舰艇摇摆的情况下,动力机械-隔振器-舰体系统中的动力机械将会丧失被支承的稳定性,若采用主动式隔振装置则不会有此后果。

③必要时,运用反射原理设置隔声罩。

只要隔声罩隔墙材料的密度与介质密度的差值足够大且其自振基频(包括其低次谐频在内)与声波的频率保持一定的差值,这种方式具有很理想的效果。

(4)从舰艇隐蔽性的要求出发,重点是严格抑制具有较高声强级和较强频率特征噪声的传播,难点在于严格抑制低频、超低频噪声向舰外传播,特别是向水中传播。

(5)从人员的工作和生活环境的要求出发,重点是严格抑制具有较高声强级的中、高频声波在舰艇内部传播。

(6)从保证电子设备和仪器仪表正常工作所需环境的要求出发,重点是抑制具有较高振级的机械振动在舰体构件中的传播。

### 9.1.2 动力装置振动和噪声

一艘舰艇由许多子系统组成。有的子系统中没有运动机械,有的子系统即使有运动机械,它们工作的时间也很短,产生的振动和噪声级也较低,对舰艇的声隐蔽不会形成威胁。而动力装置的运动机械则十分多,产生的振动和噪声级很高,只要处于航行状态,它们的工作时间可以认为是连续的,甚至在锚泊时仍然有运动机械在工作(如发电机组),

因此动力装置是舰艇最主要的振动噪声源。

**1. 机械振动**

宏观看来,动力装置由各种机械所组成并且固定在舰体上。这种固定方式不可能是绝对的刚性固定,舰体也不是绝对刚体。因此,一台动力机械与邻近的舰体构件便构成了一个"机械—舰体"弹性系统。动力机械中一般都有运动件,这些运动件都具有一定的、在运动时不可能绝对平衡的质量,因此它们在运动的同时,必定会产生不平衡的惯性力和力矩。这些惯性力和力矩当然要作用在"机械—舰体"这个弹性系统中,成为该系统的激励力(激振力、干扰力),使得该系统产生振动。该系统振动时,既是结构噪声源,通过舰体将结构振动传播到全舰,形成结构噪声;又使其周围的空气分子随之运动,造成周期性的压力变化,这种变化不可避免地通过空气向四周传播,因此是动力机械所在舱室内部的空气噪声源并形成空气噪声场。该噪声场主要影响所在舱室内舰员的工作和生活环境,对相邻舱室的影响由于在传播途径中受到隔舱舱壁的"声隔离"作用而变得比较小。

但是舰体振动(结构噪声)在舰体内部传播的情况就大不相同了。当舰体振动传至其他部位时,会同时产生三个后果:

一方面使固定在该部位构件上的设备随之振动,成为另一个"舰体—设备"弹性系统的激励力(振源),引起该设备的振动。如果所引起的振动已经不能为该设备忍受(特别是仪表和电子仪器),则必须在该处加设减振器。

第二方面是使其他舱室内的空气分子随之振动,影响该舱室内的空气噪声源并形成空气噪声场。影响该舱室内舰员的工作和生活环境。

第三方面是必然向舰体外部传播,分别形成水上和水下的噪声源。其水上部分由于舰体与空气的密度相差很大,由此而生成的舰外空气噪声级很低,几乎可以忽略;而其水下部分则由于舰体与水的密度相差甚小而成为噪声级很高的水下噪声源。一方面这种噪声的频率属于中频以下,再加上水的阻尼本来就低,因而在传播过程中的衰减很小,在水中就能传播得很远,另一方面由于动力机械具有固定的频域,从而使这种噪声具有很强的频率特征(也就是很易被敌方侦察到),因此动力机械的振动向水中传播是影响舰艇声隐蔽性的最主要因素之一,是舰艇声隐身技术最主要的研究对象。

**2. 空气动力噪声**

动力装置中有很多原动机的能源来自燃油的化学能,要将这些化学能变成热能并释放出来,需要大量的空气。以性能相当好的功率为5000kW、燃油耗率为200g/(kW·h)的高速柴油机为例,设其过量空气系数为2,则每秒钟所需的空气量约为8kg,在标准情况下约为6.2$m^3$/s,如果进气管直径为0.35m,则其平均流速可达64m/s,再考虑到各缸的进气必然存在间断性和不均匀性,于是在进气管中就会出现空气动力噪声并向四周传播,形成空气动力噪声场。这样高的流速流经空气滤清器时,也会产生空气动力噪声。对废气涡轮增压柴油机来说,空气与压气机叶片之间的相对速度很大,在叶片附近必然会出现大量涡流,在形成强烈而尖厉的空气动力噪声的同时,激励叶片振动而发出噪声。这些噪声的频率高、声强级也高。如果是舱内吸气,对人员的危害最严重,是所在舱室内最主要的噪声源。要降低该舱室的噪声污染,则它们是主要的控制对象;而它们对舰艇的水上声隐蔽性和邻近舱室的影响则很小,因为经过舰体和隔舱壁的隔离后所能传播出去的噪声就比较弱了。如果是直接由舷外吸气的全封闭机舱,则这些噪声经过专设的进气管的隔离后,对所在舱室的影响倒不会太大,但是要向舷外传播,对舰艇的水上声隐蔽性有一定的影响(如果中频以下的声强级较高,应当考虑消声措施;如果中频以下的声强级较低,主要是高频成分,可不予考虑)。在排气端,情况会更厉害些。一则是排气阀刚打开时,具有相当高压力的气体从汽缸内冲出,形成压力波;二则因为流速更高(温度高,气体的体积要大几倍;还要加上燃油燃烧后变成的气体体积)。特别是前者,基频低,噪声级又非常高,在空气中传播得很远,是影响舰艇水上声隐蔽性的主要因素(20 缸,4 冲程,1500r/min 柴油机排气噪声的基频为 250Hz)。由于它是通过排气管排向舷外,对舱内倒无大的影响。

**3. 其他噪声**

1)柴油机的燃烧噪声

柴油机的燃油喷入缸内发火燃烧的初期(相当于急燃期),缸内压力上升速度非常快,形成很高的压力波动,由火焰中心向四周传播。它的基频与排气噪声的基频相同,也属于低频域,柴油机在较高负荷区工作时发出的低沉噪声就是它产生的,但由于有缸套的隔离,声强级并不太高。该压力波传至缸套时还引起缸套振动而伴发噪声,但已属于机械噪声。

2)金属撞击和摩擦噪声

柴油机的配气机构之间、气阀和阀座之间、高压泵的从动部和柱塞之间、喷油器的针阀和针阀座之间、活塞裙部和缸套之间等许多地方都会产生金属撞击和摩擦噪声,这些噪声大都属于高频域。当气阀间隙偏大或凸轮形状磨损较多时,声强级也可达到较高的程度。

3)液压冲击噪声

液压泵(例如齿轮式滑油泵)运行时,其中液体的压力会有明显的周期性变化,从而产生液压冲击噪声。这种噪声一般属中频以下,声强级有时可达到相当可观的程度。柴油机高压油管内的油压变化幅度非常大,更会产生不容忽视的液压冲击噪声。在有的舰船上,由较大型液压泵辐射到水下的噪声级甚至列为第二名,可见其严重的程度。

还有一些其他的噪声源,它们的声强级通常比较低,影响不大,在此不一一列举。

从上述分析可看出,就原动机而言,由于柴油机是往复机械,无论是机件的运动还是流体的流动都存在着强烈的周期性和间断性,因此它的振动噪声源最多、涵盖的频域最宽、振动噪声级最高。燃气轮机除进排气噪声稍高之外,运转很平稳,机械振动的振级非常低;蒸汽轮机则连进排气噪声都很低。对这些动力装置振声控制的重点很可能是为它们服务的辅助机械。

所有动力机械的振动和噪声都会通过其四周的介质向外传播,传播所到之处,就对该处造成影响。就全局看来,所有动力机械振动和噪声的传播途径有三个:第一是通过周围的空气传播,形成空气噪声,影响的范围主要局限于动力装置所在舱室的声环境,通过这条传播途径对该舱室以外空间的影响就很小,甚至是微乎其微的,因为经过了舱壁的"声隔离"。第二是通过动力装置和舰体之间的连接构件将结构噪声传至全舰,对舰体内部而言,是全舰的振动和噪声源,既影响舰体内部其他装置的工作条件(对仪表和电子设备特别不利)也影响舰体内部的声环境,对舰体外部来说,又通过舰体外部的空气尤其是海水向外传播,影响舰艇的声隐蔽性。因此这条途径是动力装置振声控制的重中之重。第三,对于全封闭机舱内的柴油机和燃气轮机等凡是与舷外有大量气体交换的机械,它们的进排气噪声对舰艇的声隐蔽性影响相当大,不可忽视,尤其是柴油机的排气噪声,往往需要采取专门的消音措施。有不少小型柴油机动力舰艇将排气口安置在水中,这种做法的结果虽然降低了舰艇外部的空气噪声,但却使其水中噪声场的声强级升高许多。因此需要在全面论证解析全舰艇声隐蔽性要求并且评估各种可能采取的振声控制手段所能得到的效果的基础上,才能具体确定应当采取何种振声控制方案。

从以上论述中可以得出对动力装置进行振声控制的步骤是:

(1)掌握所有被选用动力装置的振声特性(主要是它们的频谱图),从中确定必须抑制哪些频域的振动和噪声的传播;这些抑制措施应当达到的振级落差或消音效果。使动力装置传出的振动噪声值在舰艇声隐蔽性所要求的范围内。

(2)根据应当达到的振级落差或消音效果和动力装置的具体情况(如振声频域、动力装置周边的空间大小等)确定振动控制方案和具体指标。

(3)进行具体的技术设计。

### 9.1.3 动力装置振动噪声控制技术

振声控制技术的理论基础是机械振动及其在介质中的传播。因此,从事振声控制的技术人员需要专修这个领域的理论知识用以指导其工程实践。动力装置的振声控制技术主要可以分为三个部分:一是要采用有效低噪声设备技术,降低机械设备自身的振动和噪声;二是对动力装置进行有效的减隔振,减少设备振动向船体的传递;三是针对动力装置机械设备产生的空气噪声进行治理,此处仅介绍有关的结论。

**1. 低噪声设备**

目前,低噪声设备技术已广泛应用于船舶上的泵、风机、流体系统、阀门、支撑、电机、电站及其他各类设备、部件及系统。一般而言,低噪声设备技术至少包括以下三个方面。

(1)提高设备的加工精度。从加工工艺的角度,提高加工精度是降低机械设备噪声的重要方法,实践证明,早期汽轮机齿轮箱齿轮尺寸公差从 0.1mm 优化到 0.01mm,该齿轮箱引起的噪声甚至可降低约 30dB。

(2)根据功率需求分级使用。从需求匹配的角度,优化机械系统的功率配置,降低冗余,避免"大马拉小车"的现象,是降低机械设备噪声的途径之一。据报道,俄罗斯分析其早期核潜艇噪声高的原因之一就是:"为追求可靠性,所有机械都具有较大的功率储备,且均未在满负荷工况下工作。"

(3)采用先进工作原理。在工业基础不变的前提下,工艺提升、需求匹配的效果较为有限。如果要从更深层次上解决设备噪声问题,必须从噪声机理入手,创新工作原理,提出更加先进的工作流程、装置构型等,实现设备噪声的"跨越式"降低。如主动力汽轮齿轮机组和轴系噪声作为舰船的主要噪声源,在现有工业基础上难以进一步大幅降低其振动噪声,若能够将国内已成熟的舰船综合电力技术实艇应用,取消原动力系统减速齿轮箱,简化轴系设计,则可实现舰船减振降噪的跨越式发展。

**2. 减隔振技术**

1)三类声通道

机械噪声源的振动向船体外部传递的途径,一般被称为"传递路径(transfer path)"。工程上,可以将舰船机械噪声源的声学传递路径根据支撑形式不同分为三类:

(1)支撑设备重量的结构,例如“机脚-基座-船体”等,称为“第一声通道”。

(2)不起支撑作用的结构,例如“法兰-管路”等,称为“第二声通道”。

(3)除了第一、二声通道外的噪声传递路径,称为第三声通道。一般而言,第三声通道多指空气向结构传递噪声的通道。空气噪声除了会激发船体结构振动,增大舰船辐射噪声外,还严重影响船员的工作、生活环境。

2)第一声通道振声控制技术

(1)单层隔振。

单层隔振装置通过一组隔振器将动力设备支撑在船体基座结构上,利用隔振器的弹性、阻尼使传递到基座上的动态激励力小于设备激励力。用质量块表示被隔振设备,刚度和阻尼表示隔振元件,基础刚性处理,单层隔振系统的简图如图9.1.1所示。

理论分析表明,只有当隔振装置固有频率达到动力机械的激励频率$1/\sqrt{2}$以下时才能隔振。隔振效果不佳是单层隔振装置的主要不足。中高频时会产生“驻波效应”,严重影响隔振效果;低频时由于频率比较小,隔振效果变差。理想情况下,在中低频段,系统传递率以$1/\omega^2$衰减,即每倍频程衰减12dB。工程实际中单层隔振的加速度振级落差一般在10~20dB。对于振动噪声控制要求较高的船舶,如豪华邮轮、海洋调查船、军用舰船等,单层隔振都不能满足要求。单层隔振装置目前主要用于隔振要求不高的舰船设备,以及有严格对中要求的推进系统。

(2)双层隔振。

双层隔振技术是指这样的弹性系统:“动力机械—隔振器(1)—中间机座—隔振器座—舰体”。中间机座的质量相当大,目前是动力机械的0.7倍以上,隔振器(1)和隔振器(2)的性能又各不相同。于是可以认为动力机械的结构噪声必须经过两次隔离后方能传给舰体,示意图如图9.1.2所示。

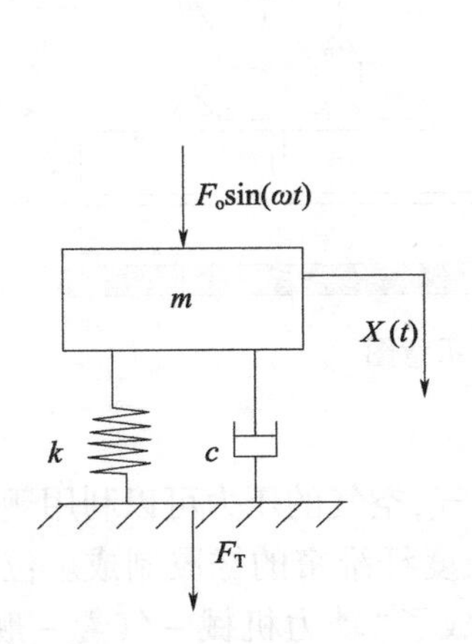

图9.1.1 单层隔振系统简图

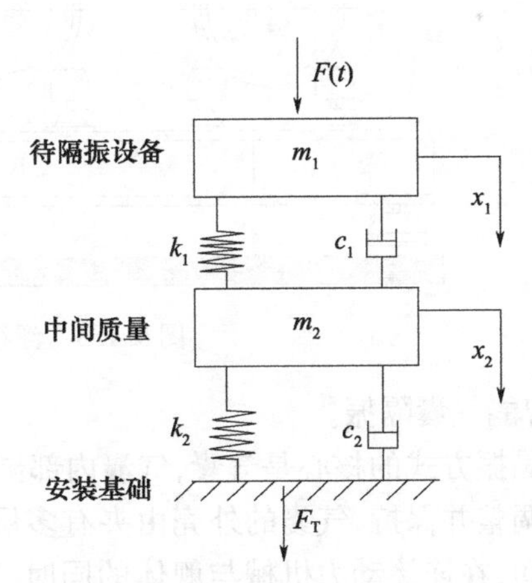

图9.1.2 双层隔振系统简图

理论分析表明,理想条件下,在高频段双层隔振系统的传递率以$1/\omega^4$衰减,即每倍频程有24dB的传递衰减量,比单层隔振系统大了一倍。中间块体和基础的刚度对隔振性能也有着重要的影响,中间块体为刚性时高频段才能达到每倍频程24dB的衰减量。因此,工程设计会尽可能地增大中间块体的质量,以期达到更好的隔振效果,但也并非越大越好,而是存在一个最优值,再增大后对隔振效果的提高并无明显作用,反而会造成安装维护不便,得不偿失。如果两种隔振器的特性和中间机座的质量配置得当,总的隔振效果可达40dB甚至更好,因此有着广泛的应用前景。有资料表明,荷兰“摩利”级潜艇的闭式循环柴油发电机组被安装在三层隔振座上,在水下以2~3kn速度航行时,可达到“超安静”的水平。与单层隔振装置相比,双层隔振装置具有更多的固有频率,通常应将这些固有频率设计在尽可能窄的频带内且足够低,以避开设备主要激励频率并有效隔离机械振动。

(3)浮筏双层隔振。

当舰船舱室中有数台甚至数十台动力设备时,可将多台动力设备通过隔振器集中安装在一个较大的中间质量上,中间质量再通过隔振器安装在船体基座上,被称为浮筏双层隔振装置,其简化图如图9.1.3所示。浮筏装置就是复杂化后的双层隔振装置,其设计的出发点和落脚点在于能够在保证各设备的隔振效果的前提下降低中间块体的质量。采用浮筏装置不仅可以有效地利用舰船的空间和负载,而且其中间质量具有很大的机械阻抗,有利于提高隔振效果。浮筏装置一般可获得35dB以上的隔振效果,目前先进舰船上的主要动力设备均采用了浮筏装置,美国从20世纪60年代起就在“鲟鱼”级核潜艇上应用浮筏装置。浮筏双层隔振装置通过将船上动力设备放在公共筏架上互为参振质量进行隔振设计,这在一定程度上虽然减小了中间质量与设备总体质量的质量比,但依旧没有从根本上解决双层隔振中间质量较大这一技术难题,同时由于系统设备的增多会引起各个设备振动的耦合,这些都使得浮筏装置的设计变得更为复杂。如果有方法能够在中间质量块轻型化的情况下依然能够达到原有的隔振效果,这将突破现有双层隔振的瓶颈,势必会进一步推动双层隔振的跨越式发展。

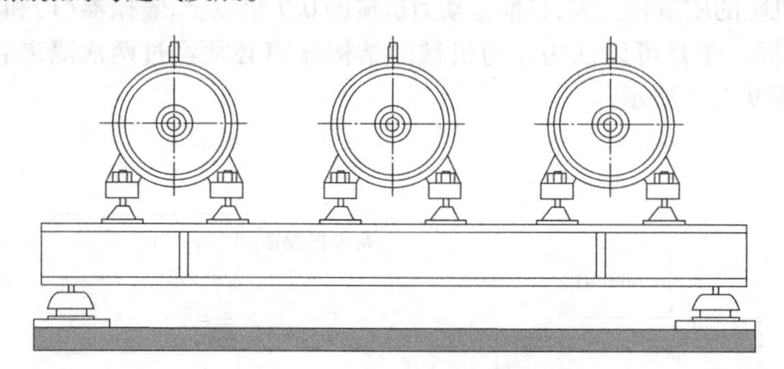

图9.1.3 浮筏隔振示意图

(4)智能气囊隔振。

这种隔振方式的核心是气囊,气囊内部储有空气,空气的压力可以利用舰艇内的压缩空气系统调整并保持,气囊的外壳由夹有多层高强度纤维帘的橡胶制成。位于动力机械与舰体之间,在连接动力机械与舰体的同时,也构成了“动力机械-气囊-舰体”这样一个非线性弹性系统。能够很好地隔离动力机械传至舰体的结构噪声;同时,气囊的振动,会引起气囊内空气体积的往复变化和外壳的往复变形,气囊内空气和外壳的内阻尼也会吸收一部分振动能量。由于隔振效果比较理想,已在俄罗斯的常规动力潜艇上广泛应用。

2006年国内自主研制成功了JYQN系列高性能舰用气囊隔振器,解决了囊体的高强度、高气密性、结构高可靠性等技术难题,如图9.1.4所示。2007年国内提出了智能气囊隔振装置技术的概念,并研制出了世界首台智能化的隔振装置,如图 9.1.5 所示。该装置由气囊隔振子系统、状态监测子系统和智能控制子系统构成,通过对气囊载荷和设备姿态的控制,使隔振装置具备了智能化的功能:①可自动适应载荷重量、重心的变化,并实现小于 1mm 精度的姿态平衡控制;②可实时监测隔振装置的运行状态,并进行故障自诊断,实现装置全寿命周期的视情维护管理;③可在部分气囊隔振器故障时,将设备载荷在剩余气囊隔振器中重新分配,维持装置的可靠运行;④可与网络系统进行信息交互,进行远程监控和管理。该技术已成功应用于我国新型舰船百吨级大型动力装置系统隔振。

图 9.1.4　舰用气囊隔振器

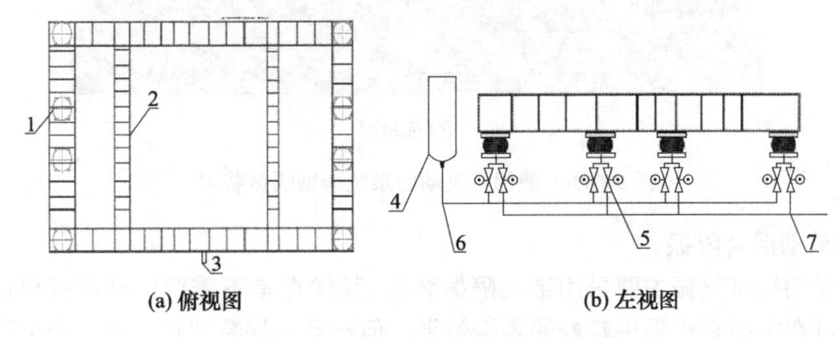


图 9.1.5　浮筏气囊隔振装置示意图

1—气囊隔振器;2—浮筏平台;3—输出轴;4—高压气瓶;
5—电磁阀;6—气囊进气管路;7—气囊排气管路。

(5)舰船推进动力系统新型隔振装置。

舰船推进系统高效隔振技术一直是隔振技术领域公认的技术难题,其核心问题是要解决低频隔振和轴系对中之间的矛盾:要提高隔振效果,必须尽可能降低隔振系统的固有频率;但固有频率过低会使隔振装置稳定性下降,在颠覆扭矩以及舰船倾斜、摇摆等外界扰动作用下,推进动力设备与轴系的对中偏差过大,影响推进系统安全运行。舰船推进系统隔振技术属于各国高度保密的内容,公开发表的资料罕见。2010 年在智能气囊隔振装置技术的基础上,国内又成功研制出舰船推进动力系统新型隔振装置,通过推进系统对中实时监测、控制和自主安全保护等创新性技术解决了推进系统低频隔振的难题。该项技术可通过监测推进动力设备姿态,实时解算出设备与轴系的对中偏差;建立了超静定条件下推进装置对中控制的一致性收敛准则和控制算法,实现了设备姿态的高精度控制,满足轴系对中要求,建立了高安全保护机制和智能的应急保护系统,可自行判别摇摆、倾斜、故障等对系统安全性的危害程度,适时分级启动应急保护,因此该装置可在全寿期内保证推进系统对中和轴系安全运行,实现了隔振装置技术发展的重大跨越。该技术已成功应用于我国新型舰船推进装置隔振(图9.1.6),隔振效果比国内外同类技术大幅提高。

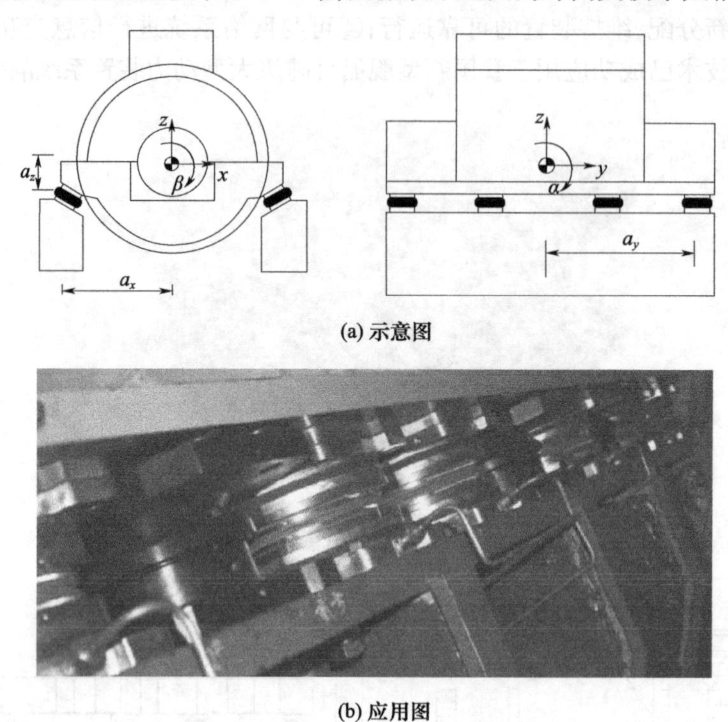


(a) 示意图

(b) 应用图

图9.1.6　舰船推进动力系统新型隔振装置

(6)主被动混合隔振。

目前,船舶机械隔振主要采用被动隔振装置,其优点是不需要由外部提供能量、设计相对简单、可在中高频段提供较好的隔振效果。但被动隔振装置仍存在自身局限性,其隔振性能不可实时优化,缺乏自适应性;对中高频段隔振效果较好,而低频隔振效果较差;无法有针对性地消除线谱振动。主动隔振技术的原理是在受控系统中引入次级振源(作动器),采用传感器采集对象的振动特征信号,经过信号调理后输入到控制器,控制器运行控制算法对信号进行分析处理,输出控制信号,使次级振源引起的响应与初级振源引起的响应相互抵消。在主动隔振系统中,受控对象的响应被实时监测,控制信号的频率、幅值、相位可据此实时调整,因此能有针对性地消除低频线谱振动,并对外界干扰和系统不确定性有一定的适应能力。该技术已经在航空航天、精密仪器、车辆悬挂系统、船舶机械等方面得到一定的应用。

主被动混合隔振技术是将被动隔振器和作动器集成,由被动隔振器承载设备重量并隔离宽频振动,同时利用作动器进行主动控制从而衰减线谱振动,与纯粹的主动隔振技术相比,该技术可将作动器从静承载中解脱出来,可同时获得宽频隔振效果和线谱控制效果,并能降低主动控制的功耗,适用于舰船机械设备更高的隔振要求。澳大利亚海军针对

Colin 级潜艇柴油发电机组进行了主被动混合隔振技术研究,采用了双层隔振装置和电磁式作动器,样机陆上试验结果表明其对柴油机主要线谱的控制效果可达 10 ~ 30dB。我国近些年也在积极开展舰船主被动混合隔振技术研究,2008 年国内将气囊隔振装置和电磁作动器集成,气囊隔振装置承载能力大、宽频隔振效果好,电磁作动器输出力大、等效刚度极低、低频线谱控制效果好,两者结合很好地解决了舰船设备低频线谱振动难以控制的难题。图 9.1.7 所示为电磁 - 气囊混合隔振器结构图,图 9.1.8 所示为柴油机转速为 1000r/min 时主被动混合隔振系统的隔振效果,从图 9.1.8 中可知各工况多线谱的主动控制效果基本高达 10 ~ 35dB/根。

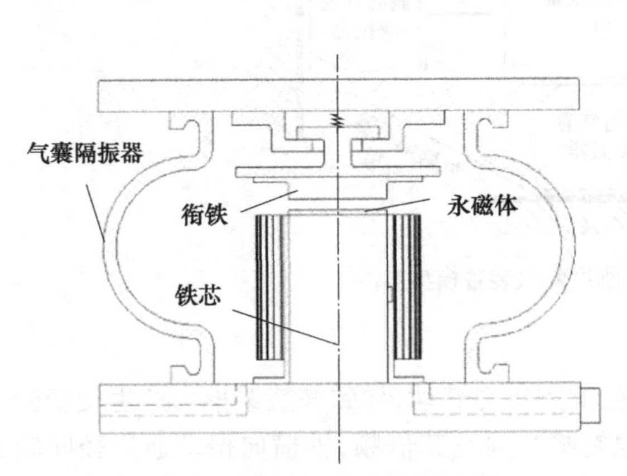


图 9.1.7 电磁 - 气囊混合隔振器结构图

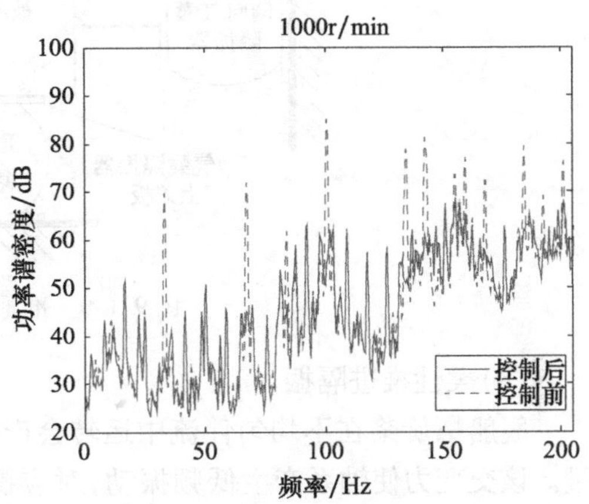


图 9.1.8 柴发机组主动控制前后基座振动频谱

(7) 准零刚度隔振。

线性隔振系统在隔离低频振动上具有其固有局限性。由经典隔振理论可知,只有当线性隔振系统固有频率在激励频率的 $1/\sqrt{2}$ 以下时才具有隔振效果,否则会放大振动。若振动频率本身已经很低,要设计更低固有频率系统则需要非常低隔振元器件刚度,这将因隔振元器件静承载力不足而导致系统失稳。准零刚度系统能够较好解决这一问题。准零刚度系统具有"高静刚度、低动刚度"特性,是一种典型非线性结构。研究表明,准零刚度隔振系统相比于线性隔振系统而言,在实现低频隔振的同时,能够保证较高的静承载力和较好的稳定性。准零刚度概念最早由 Alabuzhev 等在 20 世纪 80 年代提出,经过近 40 年的发展,准零刚度理论正逐步完善,多种准零刚度结构已取得了工程应用。实现准零刚度的关键在于负刚度结构的设计,由于负刚度机构在平衡位置储蓄了一定能量,目前多采用限位装置保证系统静稳定性,这导致了准零刚度结构只能在一个方向实现隔振。同时,由于设计原因,多数结构刚度难以调整。这些问题限制了准零刚度结构在船舶领域的应用。近年来,国内结合准零刚度设计原理以及智能气囊隔振装置。如图 9.1.9 所示,为使用对称分布的两组侧向气囊隔振器和"单转动关节—连杆"共同组成负刚度机构,一组垂向气囊隔振器作为正刚度机构承载载荷。垂向气囊隔振器一端固定于基座底部内壁上,另一端固定于载重平台底部,用于承载载重平台和被隔振设备 M;侧向气囊隔振器一端固定于基座侧壁上,另一端通过连接结构、单转动关节与载重平台相连。连接结构为连杆装置,单转动关节为万向节,侧向气囊隔振器可通过单转动关节和连接结构组成的万向节连杆机构将作用力传递到载重平台上。万向节连杆结构可以改变侧向气囊隔振器作用在重物上的力的方向,达到与垂向气囊隔振器的回复力"相互抵消"的作用,从而降低系统在平衡位置附近的动刚度,提升系统低频、极低频隔振性能。通过原理样机及缩比样机试验研究发现,有可能实现智能气囊隔振装置极低频化,目前正开展进一步的研究工作。

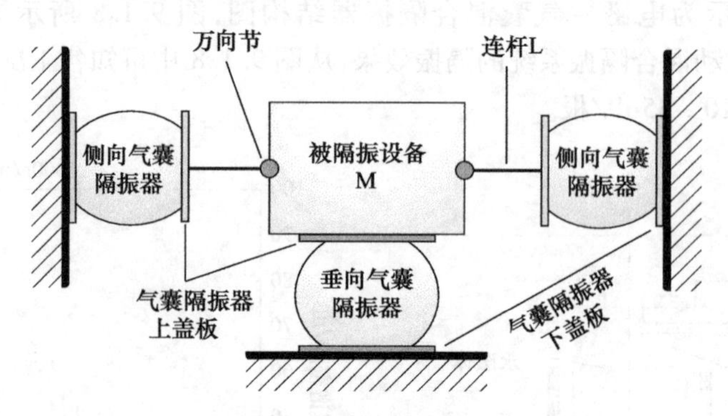


图 9.1.9　准零刚度隔振装置模型

(8)柔性推进隔振。

舰船螺旋桨在不均匀伴流中运转会产生低频压力脉动,导致螺旋桨推力产生交变分量。该交变力使轴系产生低频振动,对应螺旋桨叶频及其倍频,轴横向振动通过径向轴承、纵向振动通过推力轴承传递到船体上,激发船体的低频模态振动,进而传递至流体,产生水下辐射噪声。有关研究表明,"桨-轴-船体"系统产生的辐射噪声能量可达全船总噪声的60%以上,主要为20~80Hz低频成分,且具有强线谱特征。对推进轴系进行柔性减振可降低"桨-轴-船体"系统噪声,但会带来轴系运行安全性问题,因而可采用的技术手段十分有限。国外先进舰船上采用了减振推力轴承技术,可在一定频段内降低"桨-轴-船体"系统噪声。国内提出了推力轴承整体隔振技术,如图9.1.10所示,将主机与推力轴承集成安装于筏架上,通过智能气囊隔振装置解决"桨-轴-船体"系统的耦合振动问题。该技术摒弃传统舰船推进系统中螺旋桨推力直接通过推力轴承刚性传递到船体的过程,而是通过刚度较低的气囊隔振器"柔性"传递。同时,传统结构中通过轴承向船体传递的螺旋桨波动力受到气囊隔振器的有效抑制,可大幅降低"桨-轴-船体"系统噪声。

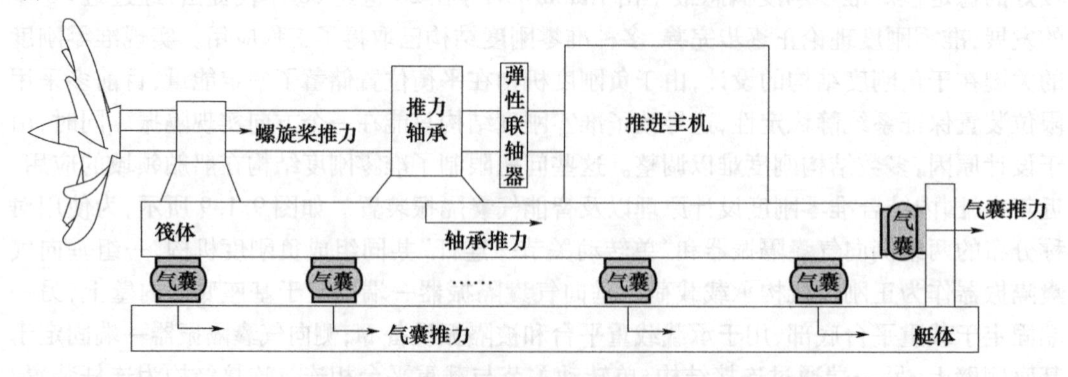


图 9.1.10　柔性推进减振系统推力传递路径示意图

3)第二声通道振声控制技术

管路、线缆以及相应的配件(如支吊架、马脚)等,不支撑船舶机械噪声源的重量,但是连接着设备与船体,属于第二声通道。而在第二声通道中,管路是最典型,也是振动、噪声传递贡献最大的一种。实船测试结果表明,随着第一声通道的控制技术不断发展,第二声通道,尤其是管路的振动、噪声传递贡献正逐步突显为主要矛盾。

(1)减振软管。

船舶管路系统在实现流体介质传输、流体动力和流体信息传输功能的同时,总会伴随产生振动和噪声,它们会沿着流体和管路传播,并通过通海口或安装基座结构向外辐射,直接降低舰船的隐蔽性。在船舶管路系统中插入一段软管(如挠性接管、金属管波纹管、塑料管等),可同时实现隔振、缓冲和降噪作用。这种在管路中设置软管的做法,其实质是通过结构的不连续,使振动的弹性波部分地被反射或被抑制掉,从而达到隔离振动的目的。

以挠性接管为例,欧美等西方发达国家在挠性接管结构设计、材料选用、试验方法以及安装运输、工程应用等方面已有相对成熟的标准体系。国内从20世纪五六十年代开始研仿苏联产品,开发出PXG型等橡胶接管,具有一定的位移补偿能力,但减振效果不佳。20世纪90年代,国内研制出KST型等球形橡胶接管,位移补偿及减振性能明显提升,但由于管体采用的是非平衡式结构,且工作压力受限,无法用于较高压力需求的管路系统。2000年以来,国内先后成功研制了JYXR(P)、JYXR(L)、JYXR(H)、JYXR(DH)等系列舰用平衡式挠性接管,为舰船管路系统减振抗冲设计提供了重要支撑。

(2)弹性支撑。

与第一声通道的隔振器一样,也可以利用弹性马脚、弹性支吊架、弹性穿舱件等具有减振功能的管路支撑器件,隔离管路振动向船体传递。弹性支撑的设计应综合考虑承受管路载荷、约束管系变形和控制管路振动冲击传递等方面。以管路弹性支吊架为例,研究表明,管路弹性支吊架使用得当可使沿管路传递的结构噪声衰减达15dB以上。

(3)阻尼包覆。

在非高温的管路段,还可以在管路表面粘贴或涂上弹性高阻尼材料。弹性高阻尼材料具有内损耗、内摩擦大的特点,能有效耗散管路振动能量,同时对管路噪声还具有一定的消声作用。常用的阻尼材料包括橡胶、涂层等,近年来也出现了金属橡胶等新型材料。阻尼包覆的管路振动控制技术,有两个突出优点。一是其不改变管路原有结构,与流体直接接触的管壁材料、厚度没有变化,对系统的可靠性没有不利影响;二是阻尼包覆的处理范围可以非常大,尤其适用于以弯曲振动为主的薄壁构件、零件。如在薄壁刚性管路外包敷弹性阻尼层,阻尼层和刚性管则共同构成了复合结构。这类复合结构与单纯的刚性管相比,其特征阻抗存在较大变化,尤其是在刚性管与阻尼管之间,存在阻抗突变。因此,振动波在阻尼突变处产生了较大的损耗,阻尼包覆也就达到了控制管路振动的目的。

(4)其他措施。

除了上述振动控制措施外,还存在吸振器等其他控制手段。例如,管路系统中材料物理性质的突变、截面的突变、阀门的存在等,也会使弹性波在传播过程中遇到一个不连续处,或多或少反射或抑制一部分弹性波,从而起到隔离一部分振动的作用。

利用这一性质,可采用人为地制造管路材料的物理性质或截面的突变,使用直角结构或分支结构,使用弹性夹层、连接装置或阻隔质量等措施来对管路系统进行减振。

4)第三声通道振声控制技术

由于第三声通道主要涉及空气向结构传递噪声的通道,对于船舶舱室空气噪声的控制一般也是从声源、传播途径和接受者这三个环节入手,其中最有效的办法是从声源上去考虑,在设计阶段,将噪声源合适地置于希望保持安静的区域中,就可以发挥很大的降噪作用。针对噪声源的控制主要从减少设备激振力的幅值入手,降低系统各部件对激振力的响应,改变工作环境等方法降低声源的噪声。对于传播途径的噪声控制,主要通过吸声、隔声、敷设阻尼等方式来降低声源传递的空气噪声。

(1)在较高频以上的噪声源附近设置吸音材料。吸音材料是一种多孔性的、孔径非常小、孔内壁很粗糙的材料,对较高频以上的空气分子振动有较明显的阻尼作用(如毛毡等)。对较高频以下的噪声来说,波长较长,要求孔径不能非常小,因而在有限体积内的孔数就不可能很多,对声波起阻尼作用的表面积也很有限。所以这种方法只适用于较高频以上的噪声。此外,目前的吸音材料只能承受比常温稍高的温度,因此只在进气系统、空调通风系统等场合使用。

(2)在管道中专门设置消音器。这种装置的理论根据是声波干涉原理。按干涉声波的来源可分成无源消声和有源消声两种。

①无源消声。

无源消声又称为干涉式消声。它是利用声波在通过消音器内部各界面时产生的反射波,较大程度地抵消入射声波的波动能量,从而抑制了向外传播的能量。提高消音效果的关键是使反射波的波幅尽可能接近入射波的波幅,而相位则与入射波相差180°。这类消音器的基本构成有膨胀式、共鸣式、反射式等三种。总的来说,膨胀式消音器的特点是对于那些1/2波长或1/2波长的整数倍等于消音器长度的噪声没有消音作用,对于所有其他频率的噪声均有一定的消音作用,但它的消音效果不如其他两种,能达到20dB就很好了;共鸣式消音器的特点是只对那些和共鸣室的自振基频及其谐频相等的噪声有较理想的消音作用,可达30dB,而对其他频率的噪声则几乎没有作用;反射式消音器则对各种频率的噪声都有较好的消音效果,可达30dB以上,但是阻力较大。

由于在管道中设置了消音器,必然增加了气体在管道中的流动阻力,也就是使发动机的排气背压升高,从而会影响发动机的有效输出功率和燃油耗率。在方案论证和技术设计时必须预先考虑此影响因素。其中膨胀式消音器的影响最小,反射式消音器的影响最大。因此,舰艇上一般采用膨胀式、共鸣式或由这两种组合的混合式消音器而不采用反射式消音器。反射式消音器通常用被用在宁可牺牲较多发动机有效输出功率来满足降噪要求特别高的场合,如小轿车等。

有的将排气系统设计成双路并联式。在需要低速隐蔽接敌时,排气经由消音效果好但是阻力大的消音器;进入战斗航向后,要求高速航行而不需要再隐蔽了,就可以用转换阀门直接向舷外排气。

这些消音器可以由耐高温的金属材料制造,因此适用于发动机的排气系统。

在设计消音器时,所确定的边界条件和建立的数学模型等必然经过许多简化,事实上也不可能和声波传播的实际情况完全一致,因此必须对消音器进行配机试验,检测其实际效果(包括对排气背压的影响),一般要经过几次修改后才能有较理想的效果。

②有源消声。

这也是利用声波干涉原理进行噪声控制的一种方法。当噪声的频率较低时，它的波长就很长(例如在常温常压下，15Hz 噪声的波长约为22m，1/4 波长约为5.5m)，若用膨胀式和共鸣式消音器，则消音器的长度和体积就很大，一般难以在舰艇内布置而不能采用，当这种低频噪声对舰艇声隐蔽性的危害很明显时，有源消声就是一种有效的控制技术措施。基本原理是在管道中的某个位置设置一个声源，它的频率、声强和欲消除的噪声的完全相同，但是其传播的方向则相反且在其传播方向的每一个点处的相位与欲消除的噪声的相位差180°。这种装置的关键是要配置一套包括声传感器、微处理机、功放、扬声器等在内的自适应噪声控制系统，是20世纪60年代末开始发展起来的一项新技术，已经成功地运用在轿车内的噪声控制。我国正在对管道噪声控制等领域进行研究并取得了进展。由于扬声器受温度、烟雾等的限制，目前其在发动机排气系统中的应用尚有很多工作要做。

(3)隔声罩。

对于诸如高速柴油机等噪声级很高且噪声频域较宽的噪声源而言，采用隔声罩技术可以获得理想的消音效果。它的基本原理是利用隔声罩的密度很大的壁，将由噪声源传播出来的声波能量几乎全部反射回去，使得透过壁的声波能量变得非常小，从而大大地改善了隔声罩外部空间的声环境。为了进一步提高消音效果，还可以在隔声罩的壁上加设吸音材料(或者将壁制成有吸音夹层的结构)。

运用隔声罩技术时，必须注意这样四个问题：一是隔声罩壁的自振基频及其谐频不能与噪声源的基频及其谐频重合，否则，频率重合的噪声将全部透过隔声罩的壁，甚至还可能加剧；二是必须“切断”诸如进排气管、冷却水管等一切可能将噪声传出隔声罩的“声通道”；三是隔声罩壁的尺寸应当留有被隔离机械机旁操纵所需的空间(如果有在隔声罩内进行机旁操纵的要求时)和既定维修级别所需的空间；四是隔声罩的分解和装配应当简单易行，一般能在机舱内完成。

### 9.1.4 螺旋桨噪声及控制技术

**1. 螺旋桨噪声机理**

螺旋桨是舰船中高航速航行时的主要噪声源，即使在低航速下，螺旋桨噪声也占舰船总噪声中相当大一部分。螺旋桨噪声是从几赫兹到成百上千赫兹的宽带连续谱，并叠加部分低频特征线谱，其线谱频率为螺旋桨叶频及其各阶倍频，其中，从几十赫兹到数千赫兹的中低频段连续谱噪声主要是涡流噪声，这是由桨叶上作用的水动力随机脉动分量以及桨叶尾流中的不规则涡所激发的，在高至近千赫兹的频率范围内还可能出现幅值突出的窄带噪声，即螺旋桨唱音；在几千赫兹以上的中高频段，主要是空泡噪声，螺旋桨一旦产生空泡，空泡噪声将成为全艇总噪声的主要成分。螺旋桨噪声一般可分为螺旋桨空泡噪声、螺旋桨无空泡噪声及螺旋桨唱音等三类。

1)螺旋桨空泡噪声

随着螺旋桨的转动，螺旋桨叶片背面的压力降低，桨叶正面和背面的压差产生螺旋桨推力。当局部压力下降到该温度下水的蒸汽压时，一部分水汽化形成肉眼可见的气泡(空泡)，这种现象称为“空化”，如图9.1.11所示。气泡随水流运动，当运动到压力大的区域时,会发生湮灭,导致介质剧烈运动,形成声脉冲,大量气泡湮灭产生的噪声就是空化噪声。这种噪声是宽带噪声,具有中高频特性。

图9.1.11 螺旋桨空泡

在流体力学中用无量纲量——空泡数描述空泡现象。螺旋桨的叶稍空泡数定义为

$$\sigma = \frac{P_0 - P_v}{(1/2)\rho_0 U_t^2}$$

式中 $P_0$——螺旋桨上的静压力;

$P_v$——水的气化压力;

$\rho_0$——水的密度;

$U_t$——叶梢的速度。

螺旋桨空化划分为稍涡空化、叶背面空化和毂涡空化三种。一般情况下螺旋桨空化起始于稍涡空化,空化气泡进入高压区后溃灭时产生冲击波。大量空化气泡的随机溃灭产生的噪声辐射是十分强烈的,一旦螺旋桨发生空化,空化噪声几乎总是成为压倒一切的噪声源。

2)螺旋桨无空泡噪声

最初设计的螺旋桨临界航速相对较低,使其基本的工作环境均处在空泡工况下。螺旋桨设计理念的革新和设计水平的提高,大大提升了螺旋桨空泡的临界航速,螺旋桨的空化性能逐步得到改善,无空泡工况逐渐趋于常态化。对于现代潜艇,螺旋桨的空泡起始临界航速也基本提高到十几节以上。当然,最理想的状态还是将螺旋桨完全设计成无空泡的螺旋桨。但无空泡螺旋桨与低噪声螺旋桨之间也不能完全画等号,因为螺旋桨在艇尾做旋转运动时将与流体介质及艇尾发生复杂的水动力、结构振动和声学的相互作用,这些作用将产生各种噪声。这些噪声一般也称为螺旋桨无空泡噪声,它们都与作用在桨叶上的脉动力有关。螺旋桨无空泡噪声分为无空泡低频离散谱噪声(线谱噪声)、无空泡低频连续谱噪声和无空泡高频噪声。这三种无空泡噪声的产生机理各不相同。其中,离散噪声主要是由于螺旋桨安装在船艇尾部,其尾部实际环境为一个非均匀的流场,当螺旋桨叶片做周期性旋转运动时,每个叶片在非均匀流场中产生非定常脉动力,从而辐射出周期性的低频离散谱噪声,该类噪声与螺旋桨的厚度和负荷有关。螺旋桨的低频连续谱噪声主要是由于螺旋桨工作在船尾的湍流场中,由于湍流和叶片的相互作用产生随机升力脉动,从而辐射出低频连续谱噪声。螺旋桨高频噪声的辐射源是从随边脱离的螺旋桨叶片边界层的湍流旋涡。螺旋桨低频连续谱噪声与高频噪声合称为宽带噪声。

3)螺旋桨唱音

螺旋桨叶片在来流湍流、边界层压力起伏和随边涡发放产生的起伏升力作用下发生振动。一般情况下这种振动是小振幅的线性振动,不会成为重要的噪声源。但是当随边发放的规则涡产生的起伏升力,正好激励叶片共振时,叶片发出很强的单频噪声,称为“唱音”。唱音是一种螺旋桨叶片局部共振的结果。螺旋桨一旦发生唱音,噪声的频谱级将增加十几分贝。而且船舶螺旋桨唱音的中心频率一般在几百赫兹到两千赫兹之间,传播距离远,又恰好是水声探测系统比较敏感的频段。因此唱音使船舶的安静性遭到极大的破坏。唱音是必须绝对避免的,研究表明,产生唱音需具备两个条件:一是在随边尾流中能形成规则的(周期性的)涡列,它对叶片产生单频激振力;二是涡发放频率与叶片的某阶共振频率相一致而且两者耦合足够强。因此只要破坏这两个条件中的一个就可以避免唱音。

**2. 螺旋桨噪声控制技术**

1)外形及材料优化

(1)采用大侧斜桨叶形式。

从螺旋桨的外形出发,在艇尾这样的非均匀、高湍流度的流场条件下采用大侧斜桨叶形式是降低螺旋桨非空泡噪声的有效措施。大侧斜桨叶的主要特点是边缘沿着螺旋桨转动方向有一个很大的后掠角,如图9.1.12所示。螺旋桨的侧斜程度一般采用百分比来衡量侧斜程度,即侧斜角与360/桨叶数的百分比,此百分比超过50%可以称为大侧斜螺旋桨。在非均匀流场中,使桨叶不同半径的切面,不会同时进入高伴流区。这种桨叶侧斜和伴流的“失配”,减小了由桨叶产生,并通过轴系传递给船体的非定常轴承力,同时桨叶侧斜也降低了叶片上空泡的体积在桨叶旋转一周中的变化率,进而降低了由桨叶产生通过流场传递到船体的表面力。因此大侧斜桨具有明显的减振及降噪效果。尤其在潜艇推进器的设计中,为了降低螺旋桨的噪声,大侧斜螺旋桨成为其首选对象。目前,美国的“迈阿密”号,法国的“宝石”级、英国的“拥护者”级以及德国的212型潜艇均装备了低噪声七叶大侧斜螺旋桨。

图9.1.12 七叶大侧斜螺旋桨

(2)抗鸣边。

抗鸣边的一个重要作用是消除唱音。根据对唱音机理的分析,唱音是一种临界现象,叶片振动方式只有一小部分能容易地为随边激励所激发,其中的一个还必须和漩涡发放频率一致,叶片的任何一点变化,或者使固有频率变化,或使漩涡发放频率变化,都有可能消除唱音。

通常具有较直导边的叶片比弯曲导边的叶片更容易产生唱音。另外,对螺旋桨进行反唱音随边设计,采用高阻尼合金材料来制造桨叶,或者用振动阻尼处理来减小共振响应也可避免唱音。甚至叶片上的空化气泡,也会吸收振动能量而增加阻尼,当空化变得明显时,唱音也就停止了。在民用船舶上,可采用在桨叶表面涂覆经稀释的高黏度氯丁橡胶的方式来增加桨叶阻尼,抑制振动。单面涂覆厚度约为70%桨叶半径处剖面厚度的4%~6%。图9.1.13中展示的是在相同的激振力和激振测点上测得的涂胶前后桨叶结构响应谱。通过对比可得,涂胶后桨叶各响应频率上的幅值大幅度地降低。这样即使尾涡发放频率与前述某一响应频率耦合,也无足够的能量使桨叶剧烈振动,因此也就不会产生鸣音。

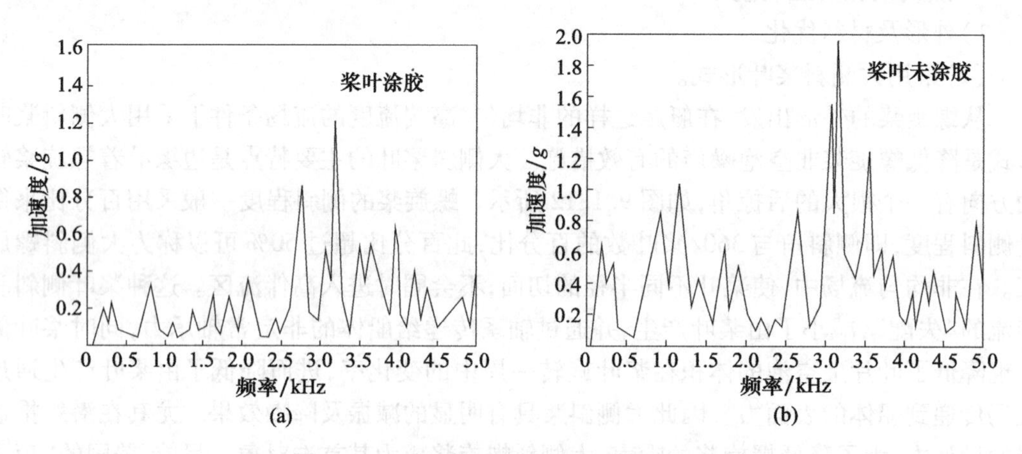


图9.1.13 涂胶前后桨叶的结构响应比较

(3)复合材料。

上述抑制螺旋桨噪声的方法大多是通过优化螺旋桨桨叶几何形状,进而改善桨叶剖面的压力分布,降低空泡起始航速、优化艇体尾流场等设计来抑制噪声的,这种方式的设计空间相对较小。

而复合材料螺旋桨设计能够更加充分考虑结构振动特性与流动特性耦合因素,将流固耦合带来的影响也计入,对螺旋桨噪声的抑制有更加显著作用,同时在其他性能方面也具备众多优势,具体如下:

①重量轻,有效降低艉轴负载:复合材料螺旋桨的强度和刚度更大,在保证强度条件满足的基础上,可降低螺旋桨重量,减小艉轴负载,对进一步减小轴承的磨损和振动具有重要意义。

②抗冲击性能好,有效增加螺旋桨全周期寿命:复合材料螺旋桨抗冲击性能较好,能有效抗击表面冲刷以及空泡剥蚀带来的影响,避免桨叶外形偏离设计形状。

③非均质,设计空间充足:复合材料螺旋桨具备非均匀、各向异性等特性,可以利用其

图 9.1.14 装配有泵喷推进器的潜艇

独特的弯扭变形有效提升螺旋桨性能。

④易于加工,便于维护:复合材料螺旋桨一般是采用 RTM 技术或模压等工艺方式成型,有利于批量生产,并且其桨叶可设计成拆卸式,便于螺旋桨的维护和更换。

⑤低磁性,提升推进系统磁隐蔽能力:复合材料螺旋桨一般由纤维和树脂构成,材料的低磁性特点可增强其抵抗电磁扫描探测的能力。

⑥高阻尼,有效减小流固耦合振动:复合材料螺旋桨的阻尼较大,在共振频率位置能够削弱振动能量,通过对材料刚度、阻尼的合理匹配便能达到减振降噪的目标。

当然,复合材料螺旋桨还有很长一段路要走。虽然其应用最早可以追溯到 20 世纪 60 年代的苏联渔船,拥有直径 2m 的复合材料螺旋桨;但时至今天,船用复合材料螺旋桨主要还用于小型游船和游艇,大型船舶的应用仍属少见。2015 年,日本中岛公司与日本船级社为“太鼓丸”号(Taiko - Maru)化学品货轮开发了柔性复合材料螺旋桨,能够大幅降低噪声和振动。

2)泵喷新技术

当前一些国外先进潜艇上,泵喷推进器已经开始取代广泛应用的七叶大侧斜螺旋桨。潜艇泵喷推进器的推进效率与普通螺旋桨接近,但噪声大大降低,如图 9.1.14 所示为国外装配有泵喷推进器的潜艇。潜艇泵喷推进器是由环状导管、定子和转子组成的一体化推进装置。环状导管的剖面形状类似于机翼,主要起到控制泵喷推进器内外流场的目的。一般采用具备吸声和减振特性的材料来制造环状导管,从而屏蔽转子及内流道产生的流动噪声,削弱内部噪声向外流场辐射。在设计上一般也采用能降低转子入流速度的减速型导管,从而延缓转子叶片的空化,避免转子空泡噪声的产生。定子实际上是一组与来流速度方向成一定角度的固定叶片,旨在为转子入流提供预选,同时也能吸收转子尾流的旋转能量。转子为类似螺旋桨叶片的旋转叶轮,在水流进速的条件下产生推力,从而驱动潜艇达到指定的航速。与传统的七叶大侧斜螺旋桨相比,泵喷推进器具有以下特点。

图 9.1.14 装配有泵喷推进器的潜艇

(1)推进效率高:由于泵喷推进器的定子能够减小推进器尾流中的旋转能量损失,因此能够增加有效推进的能量。

(2)向外辐射噪声低:一方面,由于旋转的转子位于导管内部,导管结构本身便能起到屏蔽噪声的作用,并且通过导管的导流作用能使转子的入流流场更加均匀,从而减小转子产生的脉动力,降低推进器的线谱辐射噪声;另一方面,由于泵喷推进器的旋转叶轮直径一般比七叶大侧斜螺旋桨小,在相同推进效率前提下,泵喷推进器的旋转噪声更低。

(3)临界航速高。泵喷推进器采用减速导管和前置定子,使叶片处的进流场速度相对较低且更均匀,从而推迟了叶片稍涡和桨叶空泡的产生,提高潜艇的低噪声航速。

(4)构造复杂、重量大。泵喷推进器是一种组合推进器,构型和结构比螺旋桨复杂得多;而且对于导管、定子和转子以及艇体之间的相互配合要求很高,给泵喷推进器的设计、制造和安装带来一定困难。泵喷推进器的重量是普通螺旋桨的 2 ~3 倍,对艇体的配平、艇体尾部结构强度和推进器轴系的振动等带来较大的影响。

### 9.1.5 船体水动力噪声及控制技术

**1. 船体水动力噪声机理**

水动力噪声是指船体周围的海水等流体,也被称为“绕流”,与船体或其他外部结构相互作用而引起的辐射噪声。水动力噪声是船舶噪声中除机械噪声和螺旋桨噪声以外的第三大噪声源,其声功率一般与航速的 5 ~7 次方成正比,因而在低航速下,水动力噪声在船舶水下辐射噪声中占比很小,当船舶高于一定航速时(一般为 10 ~ 12kn),水动力噪声则会凸显起来,甚至会超过机械噪声和螺旋桨噪声,而成为船舶主要噪声源。典型的水动力噪声主要有以下几类:一是流体介质流经艇体表面时,艇体边界层将从层流状态转换为湍流状态,流动转折区中层流与湍流的交互将形成时空随机分布的单极子声源,从而直接向外辐射噪声;二是艇体表面湍流边界层中脉动压力将激励壳体产生水弹性耦合振动及辐射噪声;三是由于艇体表面存在部分空腔腔口,该结构对湍流边界层起到散射作用,使得腔口后缘位置形成低频脉动压力增量,激励艇体结构产生低频辐射噪声,同时,当湍流边界层流经腔口时,在腔口位置也会产生剪切振荡;四是由于艇体上有大量附体,在附体前缘存在逆压梯度,诱导产生“马蹄涡”,马蹄涡对于艇体结构也存在激励作用,从而产生噪声;五是在航行体进行机动过程时,由于来流方向与艇体或突出体之间存在夹角,表面流动将会产生流动分离现象,形成大尺度的涡结构,诱导产生强烈的低频脉动压力。

**2. 船体水动力噪声控制技术**

1)船体线型优化设计

虽然对于潜艇而言,围壳等附体的存在是流激噪声的主要来源,但对于大多数船舶,包括潜艇,其线型仍然是决定其表面流态分布的关键因素之一。选择合适的线型既能推迟层流边界层向湍流边界层的转换,又能推迟湍流或涡的分离,从而大大降低湍流脉动压力及其引起的声辐射。

在线型设计中考虑艇的低噪声性能要求,兼顾水动力性能和噪声性能的长宽比、艏进流端长度、艉去流端长度、艉去流角等各方面因素。船舶线型声学设计不能脱离排水量、总体布置进行,只能在总体布置、总体性能确定的线型基础上进行调整,优化线型。一般而言,能够采取的措施主要包括:改进外形设计,线型采用“水滴”型;尽量做到艇体表面光滑,减少突出体等。

2)孔腔优化设计

表面开孔对于水下航行体来说是必不可少的结构,例如潜艇指挥台围壳顶部为桅杆升降所设置的开孔,围壳壁上设置的通气孔,艇体表面设置的流水孔,在水流激励作用下这些开孔及附带的孔腔将产生噪声。剪切层的不稳定性是诱导产生孔腔噪声的根源。空腔共振频率一般在20~150Hz。对于船舶开口部位的噪声控制,最直接有效的方法自然是对这些开口进行封闭,这在围壳顶部开口应用得较多,典型的如英国“机敏”级核潜艇和美国“弗吉尼亚”级核潜艇都在其围壳顶部开口应用了启闭装置,当桅杆需要升起时,可将启闭装置打开,而在水下航行不需要升起桅杆时,启闭装置可以对开口进行封闭,如图9.1.15所示。但并非所有的开口都能适用启闭装置,如流水孔、通海口等,出于安全性等方面的考虑,必须要保持常开状态,因而对于这些开口的流激空腔噪声需要采用其他措施进行控制。

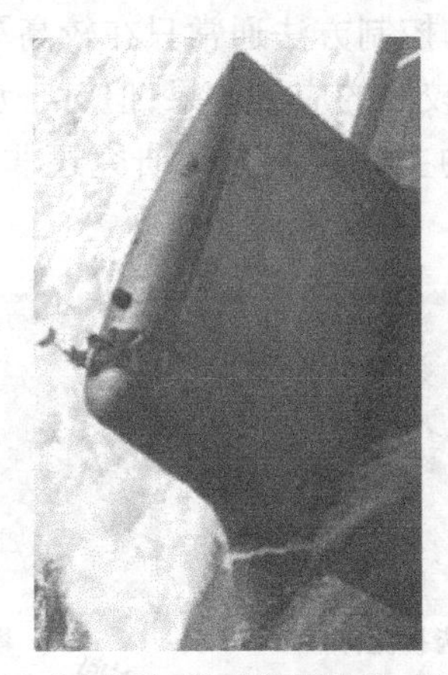

(a)“弗吉尼亚”级核潜艇(打开)

(b)“机敏”级核潜艇(打开)

图9.1.15 围壳顶部的开孔启闭装置

对于空腔开口剪切振荡及声辐射控制,一般分为主动和被动两种方式,其中,被动控空腔通常可以分为两类方法:改变空腔几何形状和设置扰流体。由于空腔自持振荡的形成与腔口前缘的涡脱落和后缘产生的声反馈密切相关,因而改变空腔腔口前缘和后缘的几何形状会对空腔的流激振荡特性和噪声特性产生显著影响。

大量实验结果表明,将空腔前缘或后缘设计成斜坡或圆弧状可以抑制空腔噪声,且相对于后缘的几何形状优化,前缘的几何形状优化有更好的空腔噪声抑制效果。但在实际工程应用中,通过空腔几何形状优化抑制空腔噪声有时会存在一些限制,例如斜坡状的前后缘会增大开口尺寸而减小船体结构强度。因此,研究者们也提出了通过设置扰流体来抑制空腔噪声的方法。如图9.1.16所示,用于空腔噪声控制的扰流体形状纷繁复杂,例如有矩形、楔形、锯齿形、圆柱形等,作用机理也不尽相同,但这些不同形式的扰流体大多安装于腔口前缘,这是因为只有当扰流体安装于前缘时才可以对空腔口的剪切层进行有效干扰,进而抑制空腔噪声。前缘扰流体抑制空腔噪声的作用机理一般可以总结为三种:一是通过提升腔口剪切层,使剪切层的再附着点发生在空腔后缘下游,从而消除声反馈回路,如方块形扰流体;二是通过增大腔口剪切层厚度,使剪切层振荡频率降低,避免空腔共振的发生,如锯齿形扰流体;三是通过破坏或重组腔口剪切层内的大尺度涡结构,抑制剪切层振荡幅值并减弱剪切层与空腔后缘的撞击强度,如圆杆扰流体。也有少数学者对后缘扰流体的空腔噪声抑制效果进行了研究,后缘扰流体的主要作用通常是减弱振荡的剪切层与后缘的撞击作用,并破坏声反馈回路,但后缘扰流体的空腔噪声控制效果相较于前缘扰流体通常要小很多。总体而言,扰流体可以有效抑制空腔噪声,但仍然有一定的局限性,例如在偏离设计点速度的情况下对空腔噪声的抑制效果不佳,而安装扰流体通常也会带来一定的额外阻力。

在空腔流动激励噪声的主动控制方面,主要有以下几种方式:一是在空腔导边布置压电单晶或者双晶片作为整流器;二是在导边边界层内放置高频音调发生器;三是通过导边振荡板为空腔加入脉冲流体;四是在导边布设微型流体振荡器;五是采用非稳态泄流激励器。通常来讲,通过主动控制方式能够有效抑制空腔脉动压力 10~20dB。根据已有的一些研究结果,主动控制方法往往能显著降低空腔线谱噪声,但主动控制机构复杂,技术成熟度较低,会引入控制装置的自噪声,且主动控制方法通常只在较高马赫数下能实现较好的空腔噪声抑制效果,在飞机等航行器上有较好的应用效果,但对于水中流速通常为极低马赫数($Ma<0.01$)的情况,流激空腔噪声的主动控制方法研究还非常匮乏,大多仍集中在被动控制方面。

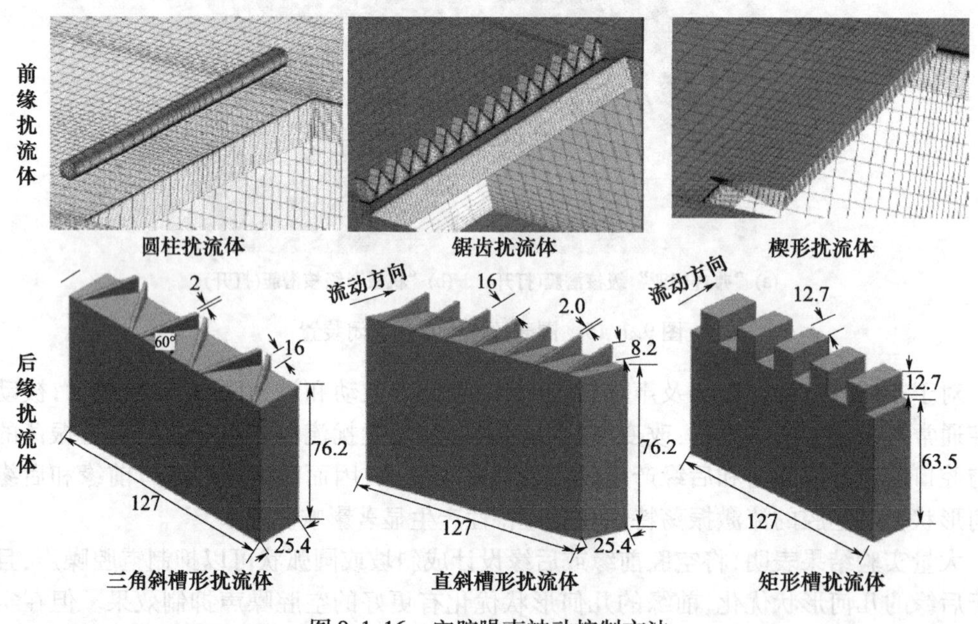


图 9.1.16　空腔噪声被动控制方法

3)指挥围壳优化设计

潜艇指挥台围壳是潜艇主要附体之一,随着潜艇航速提升,围壳等翼型体结构的存在将诱导产生强烈的水动力噪声。根据美国海军水面作战中心 Carderock 分部对围壳水动力噪声的治理经验,围壳水动力噪声控制主要从三个方面开展:降低流体激励力、降低围壳结构受激振动响应、降低声辐射效率。在降低流体激励力方面,主要是通过优化围壳的水动力外形来降低马蹄涡、梢涡和尾涡等大尺度涡强度,如填角设计、线型优化;在降低围壳结构受激振动方面,主要通过优化围壳结构,提高整体或局部结构强度,如加强围壳结构布置和尺寸的优化设计;在降低声辐射效率方面,主要涉及材料的使用,如在围壳表面涂覆柔性阻尼材料、采用复合材料围壳等。

## 9.2 非声隐身技术

舰艇动力装置在运行过程中除了产生声目标信号,还会产生雷达波、红外(热)、磁、电、水压、尾流等稳态或时变信号。随着现代传感器技术的进步,舰船会被非合作方通过这些非声特征进行检测、定位或攻击。舰船动力装置非声隐身技术就是为了降低舰船的暴露率和敌方武器命中率,提高本舰对目标的发现、跟踪距离和打击力,从而采取的多种技术和措施,目的是减小舰船本身的非声物理场信号特征。非声隐身技术多是依据非声物理场的属性进行分类的。舰船及动力装置的非声学物理场特征主要包括电磁波、红外、磁场、电场、水压场、尾流场等。下面将对这些非声物理场进行概述。

### 9.2.1 雷达波特征及隐身技术

**1. 舰船雷达波特征**

由于舰艇及动力装置的排烟管、进气道等在舰艇表面的部位具有显著的雷达反射截面积,构成了舰艇主要的雷达波特征,在舰艇设计时有必要针对这些部位进行隐身设计。了解舰船的雷达波特征,需要理解雷达方程、雷达截面等基础知识。

1)雷达方程

雷达以已知的能量脉冲计时到达目标并返回,使用下式来确定雷达与目标之间的距离,如图 9.2.1 所示。

$$R=\frac{ct}{2} \tag{9.2.1}$$

式中 $R$——雷达与目标之间的距离(距离);

$c$——光速;

$t$——从目标到目标的往返时间。

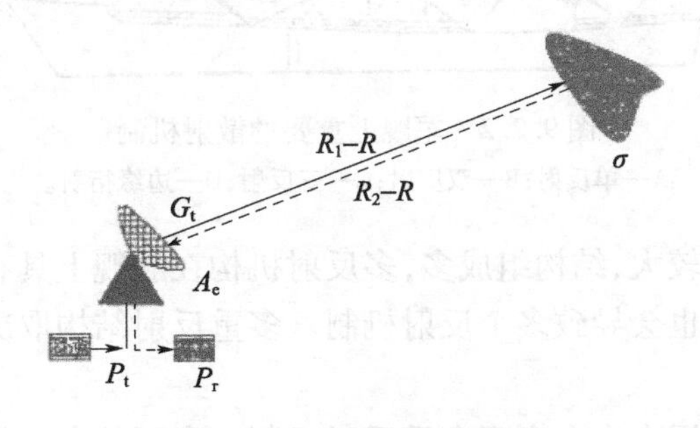


图 9.2.1 雷达系统简图

雷达基本方程定义如下:

$$P_r=\frac{P_tG_t}{4\pi R^2}\times\frac{\sigma}{4\pi R^2}\times A_e \tag{9.2.2}$$

式中 $P_r$——返回功率;

$P_t$——发射功率;

$G_t$——发射机天线增益;

$R$——雷达与目标之间的距离;

$\sigma$——目标的雷达反射截面积；

$A_e$——接收天线孔径。

雷达距离方程(RRE)是影响雷达探测距离的重要因素。定义如下：

$$R_{max} = \sqrt[4]{\frac{P_t G_t^2 \lambda^2 \sigma}{(4\pi)^3 P_{min}}} \tag{9.2.3}$$

式中：$\lambda$——波长；

$P_{min}$——最小接收信号。

2)RCS测算

(1)RCS的定义。

雷达散射截面(RCS)是衡量目标反射强度的指标。目标的RCS定义为金属球在与目标相同方向上散射相同功率的投影面积。RCS的正式定义为在指定方向上散射的单位立体角功率与从指定方向入射到散射体上的平面波的单位面积功率之比的4倍。

$$\sigma = \lim_{R\to\infty} 4\pi R^2 \frac{|E^{scatt}|^2}{|E^{inc}|^2} \tag{9.2.4}$$

式中 $E^{scatt}$——散射电场；

$E^{inc}$——入射电场。

舰艇的RCS是隐身实现突然性、主动性和生存性的一个非常重要的设计因素。

(2)海军舰艇上的重要散射机制。

舰艇上的散射机理对精确确定和有效降低雷达反射截面具有重要意义，为散射的物理过程提供了基本的理解。图9.2.2说明了典型军舰上的重要散射机制。

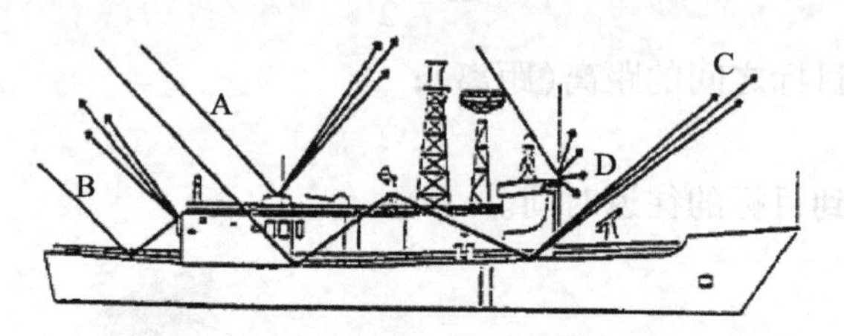


图9.2.2 军舰上重要的散射机制

A—单反射；B—双反射；C—三反射；D—边缘衍射。

舰艇水线以上结构较大，结构组成多，多反射机构在舰舰上具有重要的应用价值。单个部件之间的空闲空间也会导致多个反射机制。多重反射结构取决于水线以上的几何形状和总体布置。

在与水面的相互作用中也会出现多重反射机制。水面的存在带来了复杂性。这个问题的解决方法是在RCS分析中包括水面，并将介电特性分配给水面。

在海军舰艇的情况下，平台的RCS在湍流和波浪运动中会被增强。

**2. 雷达隐身技术**

舰艇雷达隐身是指使敌方的雷达探测不到自己的舰艇，或使敌方雷达发现自己舰艇的探测距离减小的各种战术技术措施。

舰船雷达隐身技术是伴随着雷达的应用而出现的，特别是航空、航天等领域雷达隐身技术的发展，促使舰船雷达隐身技术进入更高层次。良好的隐身，可使一艘4000吨级驱/

护舰船的雷达截面积只相当于一艘500吨级的巡逻艇。雷达隐身技术的关键就是减小雷达信号特征值——雷达截面积。舰船目标的雷达反射截面积与雷达探测距离的4次方成正比,它直接决定着雷达的探测能力。因此,要想缩短雷达的探测距离,防雷达探测的外形设计也必须把减小雷达反射截面积作为武器系统隐身的重要措施。降低舰船的雷达反射截面主要有外形设计、涂敷雷达吸波材料及主动加载阻抗技术。

1)外形设计

外形设计所采用的主要方法为:

(1)采用斜置外形,将强散射方向移出重点角度范围;

(2)用弱散射部件遮挡强散射部件;

(3)目标应避免二面角或三面角的强反射,可将相交表面设计成锐角或钝角。

具体到舰船,需要对整舰的外形、船体、上层建筑、甲板突出物、水面舰船的桅杆和烟囱,采用避免形成角反射体的曲面设计及阻抗加载技术。在舰艇动力装置的烟囱、进气道外形设计时,避免出现任何边缘、棱角、尖端、缺口等垂直相交的面,将这部位设计成锐缘或弯曲缘,以抑制强天线型反射和谐振反射。此外,像锚机、绞盘、绞车、系缆桩、救生艇、栏杆、吊杆、系舰柱等,原来在舰船甲板上外置的部分,可通过内藏或设计成隐身形状或采取位置选择、遮挡、屏蔽等措施加以改善。如图9.2.3所示,英国在23型护卫舰设计中首次使用了雷达隐身设计,技术途径是在舰艇上层建筑采用侧壁倾斜7°、减少角反射的影响等措施以减小舰的雷达截面积。图9.2.4所示是美国在20世纪80年代开发的以小水线面双体船型为基础的隐身试验艇"海影"号。

图9.2.3　23型护卫舰

图9.2.4　"海影"号隐身试验艇

2)涂敷雷达吸波材料

隐身材料技术的发展使得舰船隐身技术取得巨大进步。当目标体或其蒙皮采用吸波、透波材料制造时,则照射其上的雷达波会有部分被吸收或被透过,从而减小雷达回波强度,达到目标隐身目的。

雷达吸波结构材料是由吸波材料和能透过雷达波的刚性材料相组合而成。它是将非金属蜂窝结构表面用碳或其他耗电磁能材料加以处理,然后再把金属蒙皮黏结在其表面而制成的刚性板料。它既能吸收高频雷达波,又能吸收低频雷达波。

非金属透波蒙皮通常用玻璃纤维和芳纶纤维的树脂基复合材料制成,表面喷涂吸波材料,蜂窝芯网通常用含有碳粉类和电磁能添加剂的树脂浸渍,从而得到特定的阻抗。它与涂敷型雷达吸波材料相比,除了有吸波和承载功能外,还有其他显著的特点,如有助于拓宽吸波频带,不增加舰船的重量等,所以它有逐步取代涂敷型雷达吸波材料的趋势。

雷达复合结构材料经历了由玻璃纤维增强到碳纤维及其混杂纤维、由次承力件到主承力件、由热固性树脂到热塑性树脂的发展过程。随着先进复合材料在舰舰上应用的不断扩大,采用吸波结构材料已成为新一代军用舰船材料研究的重要方向。可以这样说,吸波材料的发展在很大程度上影响着隐身材料乃至整个隐身技术未来的发展趋势。

3)主动加载阻抗技术

阻抗加载技术分为被动和主动两种,其中自适应主动方式从理论上讲可以完全消除雷达波反射,但涉及的探测与信号处理技术难度较大。

被动抵消或无源抵消,也被称为阻抗加载,基本技术途径是引入一个回波源,其振幅和相位可以调整,以抵消另一个回波源。这可以在简单的物体上实现,只要能识别出物体上的装载点。随后,在机体内设计一个具有内腔尺寸和形状的端口,以在孔径处提供最佳阻抗。然而,这种内置阻抗很难产生所需的频率依赖性,并且随着频率的变化,对某个频率所获得的降低会消失。该技术一般用于控制天线的 RCS。舰艇及动力装置的大而复杂的几何结构会产生数百个反射源,为每个源设计被动抵消处理是不现实的。因此,被动对消作为一种实用的舰艇 RCS 降低技术,通常不具有实战价值。

主动抵消,也称为主动加载,意味着目标发射的辐射必须在时间上与入射脉冲一致,其振幅和相位抵消了反射的能量。这意味着目标必须足够聪明,能够感知入射波的角度、强度、频率和波形。它还必须足够快,以知道自己的回波特征,使特定的波迅速产生适当的波。这样的系统还必须具有足够的通用性,能够随着频率的变化调整和辐射出适当的波。主动抵消的相对难度随着频率的增加而增加。主动抵消只能在雷达吸波材料和整形效果不佳的低频区域考虑降低 RCS,因此该技术的研究很可能会继续。

### 9.2.2 红外特征及隐身技术

**1. 舰船红外特征**

舰船红外特征有两个主要组成部分:内部生成和外部生成。内部产生的红外特征源包括来自发动机和其他设备的废热、来自发动机的废气、来自通风系统的废气和来自加热内部空间的热损失。外部产生的辐射源是舰船表面吸收和反射从其周围环境接收的辐射。背景辐射的主要来源是太阳、天空辐射和海洋辐射。

处于海洋环境中的舰艇无时无刻不在产生着红外辐射,发动机和其他动力设备的散热、发动机的尾气排放、通风设备的排气及舰艇内部舱室的热损耗会使舰艇温度高于环境,其中属烟囱管壁和排气烟羽的红外辐射最为强烈,是不可忽视的红外辐射源。烟囱管壁的可见金属面积一般在 $2\sim5m^2$,温度一般在 400~500℃,温度高,所处位置也高,是舰艇最强的内生红外辐射源,最容易被敌方红外探测器发现。

舰船处于海面,将受到环境因素,如太阳、天空等的辐射,并导致升温。加拿大 Davis 公司计算了某船体表面在太阳辐射影响下船体与环境温差随太阳高度角的变化,如图 9.2.5 所示。舰船表面与环境的温差随太阳高度角变化明显,当太阳处于 0~10°高度角时,每增大 1℃的太阳高度角,即可引起上层建筑 1℃的温升;而甲板区域温度随太阳高度角的增大近乎呈线性增大的趋势,当涂了灰色油漆时,最高温差甚至可达 80℃。外生红外辐射强度不大，辐射峰值处于8~14μm波段，但由于有效辐射面积大，同时海上背景环境较冷且均匀，因此红外辐射特征同样明显，易成为红外成像制导导弹锁定的目标。

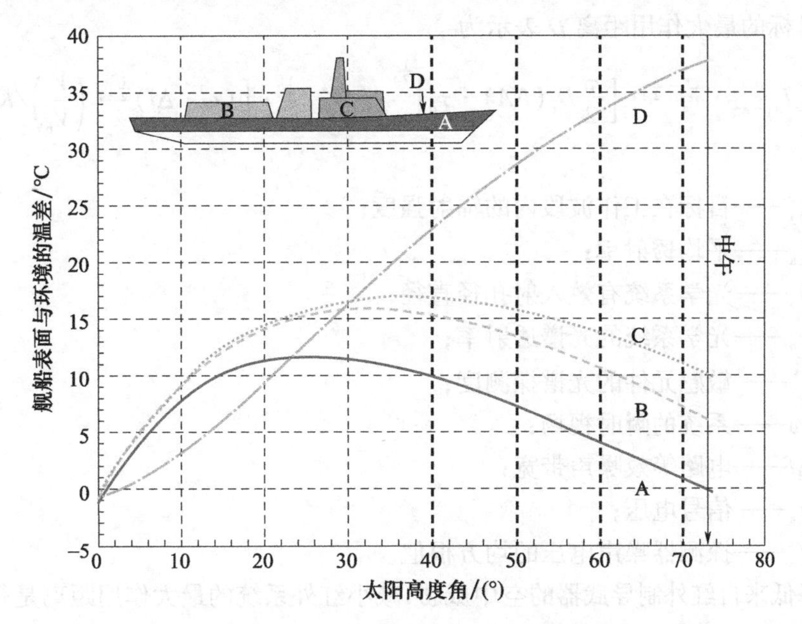


图9.2.5 舰船表面与环境的温差随太阳高度角的变化

此外，对于潜艇，当在水面航行时，其红外辐射源主要包括艇壳外表面的红外辐射、航行时螺旋桨搅动海水产生的“冷尾流”的红外辐射和潜艇动力装置排气产生的红外辐射；当在水下航行时，核动力装置冷却水或常规动力装置高温排气产生的气泡将向上浮升，并将热量传递给周围海水，这些高温海水上浮到海面后形成了潜艇的“热尾迹”。这些红外辐射源需要通过相应的隐身技术予以规避。

学习舰船及动力装置的红外物理场特征，需要理解红外物理的相关知识。

1)目标辐射出射度

红外隐身技术就是降低或改变目标的红外辐射特性，从而实现目标的红外隐身性。这可通过改进结构设计和应用红外物理原理来衰减、吸收目标的红外辐射能量，使红外探测设备难以探测到目标。

由红外物理可知，物体辐射出射度由斯忒藩-玻耳兹曼定律决定：

$$E = \varepsilon\sigma_b T^4 \tag{9.2.5}$$

式中 $\varepsilon$——物体的黑度；

$\sigma_b$——斯忒藩-玻耳兹曼常数；

$T$——物体的温度。

由式(9.2.5)我们可以看出，物体的辐射出射度不仅与其黑度有关，也与其绝对温度密切相关。温度相同的物体，由于黑度的不同，在红外探测器上将显示出不同的红外图像。鉴于一般军事目标的辐射都强于背景，所以采用黑度较低的涂料可显著降低目标的红外辐射能量。另一方面，为降低目标表面的温度，热红外伪装涂料在可见光和近红外范围内还具有较低的太阳能吸收率和一定的隔热能力，以使目标表面的温度尽可能接近背景的温度，从而降低目标和背景的辐射对比度，减小目标的被探测概率。

2)红外探测系统的作用距离

在考虑红外制导武器对海面舰艇的威胁时,我们一般将舰艇视为点目标。红外探测系统对点目标的最大作用距离 $D$ 表示为

$$D=\left[I_{\lambda_1-\lambda_2}\cdot\bar{\tau}_a\right]^{\frac{1}{2}}\cdot\left[\frac{\pi}{2}D_o(NA)\cdot\tau_o\right]^{\frac{1}{2}}\cdot\left[D^*\right]^{\frac{1}{2}}\cdot\left[(\omega\cdot\Delta f)^{\frac{1}{2}}\cdot\left(\frac{V_s}{V_n}\right)/K\right]^{-\frac{1}{2}} \tag{9.2.6}$$

式中 $I_{\lambda_1-\lambda_2}$——目标在工作波段内的辐射强度;

$\bar{\tau}_a$——平均透射率;

$D_o$——光学系统有效入射孔径直径;

$\tau_o$——光学系统的光谱透射率;

$D^*$——敏感元件的光谱探测度;

$\omega$——系统的瞬时视场;

$\Delta f$——电路等效噪声带宽;

$V_s$——信号电压;

$V_n$——探测器噪声电压的均方根值。

为了降低来自红外制导武器的空中威胁,减小红外系统的最大作用距离是行之有效的方法。由式(9.2.6)可以看出红外系统的最大作用距离主要由目标和大气透射率、光学系统、探测器与系统特性和信号处理这四个因素决定。对目标来说,只有降低在工作波段内的辐射强度 $I_{\lambda_1-\lambda_2}$,才能减小红外系统的最大作用距离,从而降低红外制导武器的空中威胁。

3)目标的发现、识别与辨认概率

红外探测系统对目标的探测一般可粗分为发现、识别、辨认三个不同的等级。假设目标为某型舰艇,发现目标表示能从背景中区分出目标来(但不知道是舰艇),识别目标表示知道目标为舰艇,辨认目标表示能辨认出舰艇的型号来。

红外探测系统的一个重要的性能参数为最小可分辨温差(MRTD),它是指在一定的空间频率下能分辨的目标与背景间温差或目标与背景各部分之间的温差,它同时反映了系统温度灵敏度和空间分辨率,引入了系统各环节对仪器性能的影响,并且与目标的正确判读概率相联系,因而能够全面代表系统的探测能力。研究人员通过大量的实验,得出了不同的探测等级在不同概率 $P$ 的情况下所需的目标等效的线对数 $r$,其结果如图 9.2.6 所示。

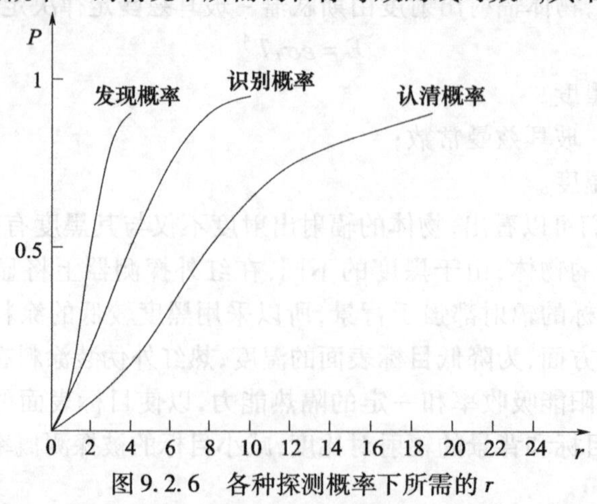


图 9.2.6　各种探测概率下所需的 $r$

如图9.2.6所示,计算各概率值的关键在于得出目标等效的线对数 $r$。目标等效的线对数 $r$ 的数值可由下式决定:

$$\phi\left[\left(\frac{\Delta T}{K}\cdot\sqrt{\frac{7}{m}}-\frac{\mathrm{MRTD}}{K}\right)/\sigma\right]=0.9 \tag{9.2.7}$$

式中 $\phi$——正态分布函数;

$\Delta T$——目标与背景的温差;

$m=L/(H/2r)$——目标的实际长宽比($L$,$H$ 分别为目标的实际长度与宽度);

MRTD——最小可分辨温差;

$K$——概率换算系数;

$\sigma$——正态分布的均方差。

求出目标等效的线对数 $r$ 后,可根据图中曲线求出红外系统对目标的发现、识别与辨认概率。

**2. 红外隐身技术**

红外隐身技术是对抗红外探测、跟踪的一项综合技术,也是一种通过改变装备自身的红外辐射特性并使其温度与周围环境温度相接近,从而降低被发现和攻击概率的技术措施。

红外隐身技术是伴随着红外探测及红外制导反舰导弹的使用而发展起来的。对于水面舰艇,主要是通过改造红外辐外源来抑制目标的红外辐射,基本技术方向是降温和屏蔽,如提高柴油机性能,改进燃料,在排气口处加装冷却装置等。随着红外成像及其末制导技术的发展,红外隐身向着更高阶段发展,诸如新型红外诱饵、目标对抗、吸波涂料、燃料添加剂、水下排气装置、冷却喷射系统、红外抑制系统、隐身结构设计等。

抑制舰船与环境明显的温度差异是一项困难的任务。目前已提出三种解决方案:①使用低太阳吸收率/热发射率涂料以减少表面加热和红外发射;②用海水清洗太阳能加热的舰船表面;③将整艘船笼罩在浓细水雾中;④舰船烟囱以及烟羽等高温热源降温冷却。

1)红外隐身涂料

红外隐身涂料的选择是一个非常复杂的问题,没有单一的正确选项。在晴天条件下的最佳解决方案与夜间或阴天条件下的最优解决方案之间始终存在权衡。例如,在阳光充足的条件下,船体油漆应不吸收低于3μm 波长的太阳辐射(即对短波长的低发射率),同时吸收3μ m以上的所有辐射(即中长波的高发射率)。

在阴天条件下,最好使用低发射油漆。在这种情况下,船将发射更少的辐射,并更多地反射周围环境。需要注意的是,涂料的低发射率值将由于盐积聚、发动机排气、烟灰和灰尘等因素逐渐趋向高发射率值。

关于使用特殊低发射率油漆的舰船服役性能的公开数据很少,标准海军灰色涂料被认为是低排放/吸收和低反射之间的合理权衡。

除了漫反射之外,油漆也倾向于在狭窄的入射角范围内镜面反射,这种行为被量化为双向反射率分布(BRDF)。图9.2.7显示了两张船在太阳穿过光束时转弯的红外图像。在狭窄的角度(2°~40°)内,船看起来反射性很强。由于太阳辐射的光谱分布和较大的强度,一些红外导引头可以忽略太阳辐射。然而,如果舰船开始在正常工作条件下反射太阳,这将被导引头设计者利用。

图 9.2.7　典型海军灰漆的太阳闪烁

2)海水冲洗

第二种抑制技术包括用海水主动冷却舰船表面的高温部分。海湾战争期间,船只使用现有的 NBC 核生化系统水清洗系统或匆忙改装的清洗系统来冷却表面。在安装 NBC 系统的过程中,经过一些仔细的规划,新的舰船项目可能会有主动船体冷却系统,能够有效地将舰船表面冷却到环境温度,而不会产生显著的额外成本。

比如为了达到最有效的效果,水洗系统必须能够将舰船的整个表面冷却至 ±5 ℃。润湿系统的设计应使水均匀分布在主体区域,从而不会留下热点。冷却后的表面温度变化应小于 5 ℃。图 9.2.8 显示了朝向晴朗天空的加拿大海军灰色涂漆板上的水洗效果。该图展示的是使用典型的海军甲板洒水器以 $0.22m^3/(m^2 \cdot h)$ 的水流量冲洗倾斜板(5°斜面)的红外热图。从图中可以看出,水洗在大约 7min 内将板温度降低到 +5℃以下。

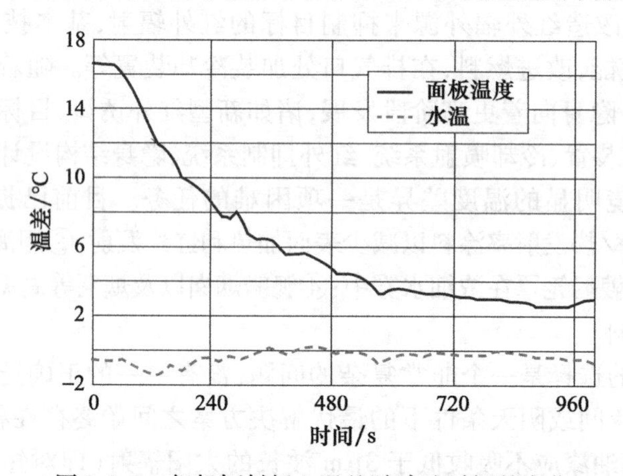


图 9.2.8　舰船倾斜板上温差随冲洗时间的变化

水洗系统应分为单独的区域,以便只能在需要冷却的区域进行水洗,至少应分别控制舰船左右舷的水洗系统。同时,不应过度冷却舰船表面,因为负的温差同样构成红外目标特征。通过使用反馈系统,可以根据需要打开和关闭水,将船的表面保持在相对恒定的低对比度温度。

使用海水清洗来冷却舰船表面还有许多其他的问题。潮湿的舰船表面会以镜面反射太阳辐射,因此,水会增加太阳闪烁效应。然而,这种闪烁效应通常被限制在狭窄的视角范围内,在考虑到船体冷却的巨大潜在价值时,这种闪烁效果基本是可接受的。此外,持续的水冲洗会给舰船甲板带来腐蚀和盐积聚。但通常情况下,该种技术手段只在舰船处于高度警戒状态时才会偶尔应用,因此这类问题并不是突出矛盾。

3)喷雾系统

水冲洗技术概念的扩展应用产生了抑制舰船红外辐射特征的第三种解决方案,即在舰船周围喷洒一层厚厚的水雾,将舰船隐藏在红外导引头的视线之外,如图 9.2.9 所示。目前并没有发现关于这种系统作为红外对抗措施的相关数据。如果管理得当,该系统可以有效抑制船体红外辐射。

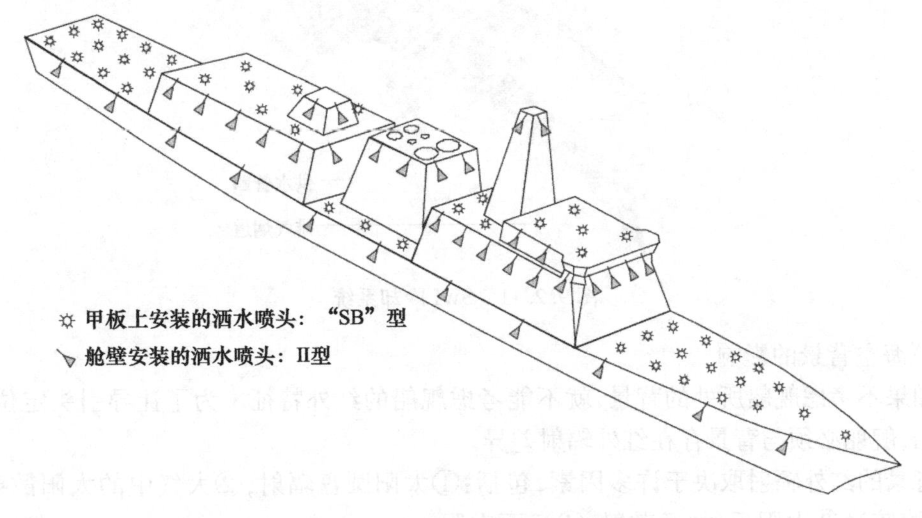


图 9.2.9 加拿大主动冷却系统

水雾系统的缺点是会导致舰上光学传感器的模糊,以及喷嘴和整个舰船表面的盐渍积累。此外,要使用这样的系统,需要船只完全停止或慢速航行,否则水云会被吹走。

4)舰船烟囱及烟羽的红外抑制

舰船发动机排气管以及烟气的降温技术,包括加拿大 Davis 公司的引射/扩散(Eductor/Diffuser)系统和德雷斯球(Dres Ball)装置、美国的引射/隔离罩(Eductor/Bliss)装置、英国的格栅(Cheese Grater)抑制装置等,如图 9.2.10 所示。这些装置和系统主要通过引射冷空气对发动机的高温废气进行冷却。此外,在舰船发动机排气管内进行喷雾冷却(Spray Cooling)也是一种有效的针对红外点源制导导弹的隐身技术。美国在 20 世纪 60—70 年代的"斯普鲁恩斯"级导弹驱逐舰采用了这一技术,加拿大 Davis 公司设计的 SWI(Sea Water Injection)排气红外抑制装置,可有效降低发动机排气管和尾气的温度,如图 9.2.11 所示。

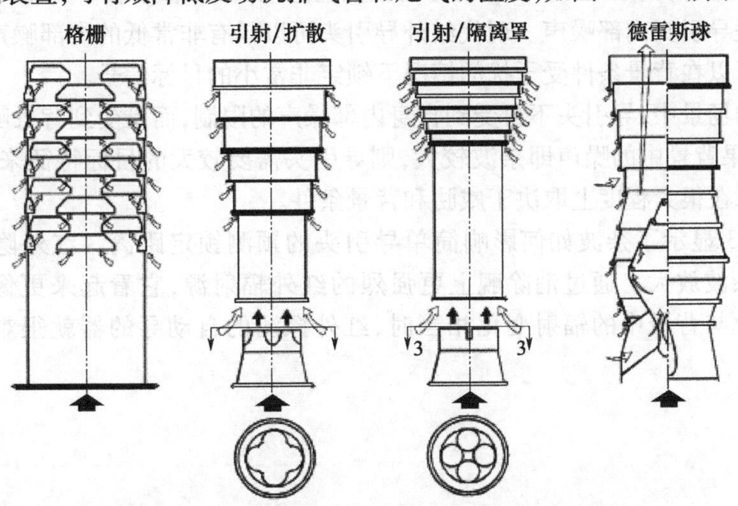


图 9.2.10 国外典型的红外信号抑制装置示意图

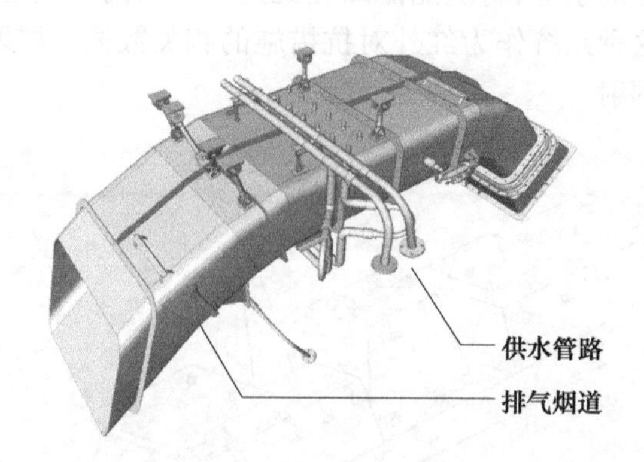


图 9.2.11 SWI 冷却系统

5)海空背景的影响

如果不考虑舰船所处的背景,就不能考虑舰船的红外特征。为了让导引头定位和跟踪舰船,舰船必须与背景存在红外辐射差异。

背景的红外辐射取决于许多因素,包括:①太阳圆盘辐射;②大气中的太阳散射(灰尘、气溶胶);③太阳反射/云散射;④海面太阳反射;⑤来自云的太阳干扰(阴影);⑥天空和路径辐射。

以上列出的所有因素都增加了背景红外场景中舰船的杂波。这些效应结合在一起,在红外场景中产生了随机的、随时间变化的背景外观。这些背景辐射还通过舰船的吸收/反射来影响舰船的表观辐射特征。图 9.2.12 显示了典型杂乱海洋背景的红外图像。

图 9.2.12 典型杂乱海洋背景的红外图像

杂波对红外制导威胁的影响使导引头更难锁定在舰舰上。通常,当目标呈现特定幅度的信噪比(SNR)时,例如 SNR = 5,导引头锁定就会实现。如果背景中没有噪声,那么 SNR 中的噪声就是导引头内部噪声。现代红外导引头可以具有非常低的内部噪声水平。这意味着导引头可以在背景条件受干扰的情况下锁定非常小的目标信号。

在杂乱的场景中,导引头不再受到自身内部噪声的限制,而是受到背景噪声水平的限制。因此,如果背景中的噪声即杂波较大,则导引头需要较大的目标特征来锁定。因此,红外抑制效果在很大程度上取决于威胁和背景条件。

图 9.2.13 显示了杂波如何影响简单导引头的预测锁定距离。红外隐身技术的优点会被背景杂波放大。通过消除舰上更强烈的红外辐射源,它看起来更像背景。当舰上的辐射变化与背景中的辐射变化相当时,红外探测的自动寻的器就很难与背景区分开来。

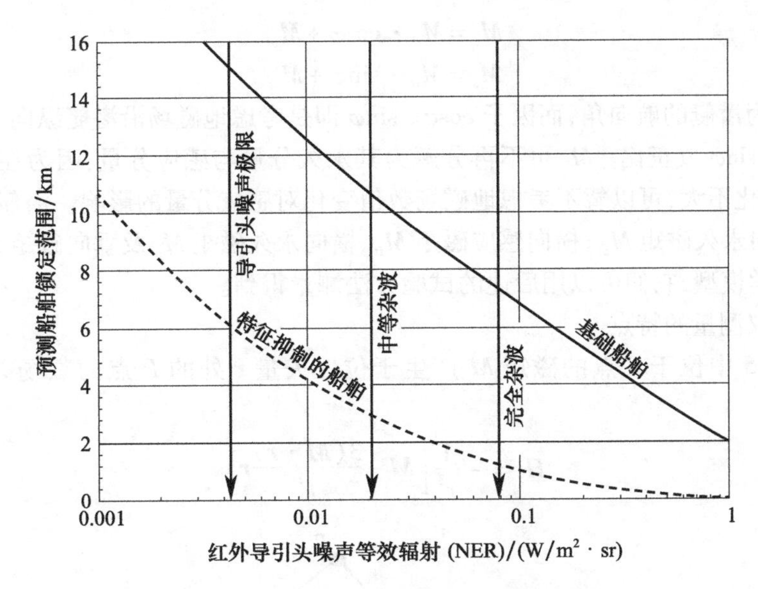


图 9.2.13 杂波对导引头锁定距离的影响

## 9.2.3 磁场特征及隐身技术

### 1. 舰船磁场特征

舰船在建造与航行中,由于地球磁场的作用,在船体周围产生的磁场称为舰船磁场。

舰船磁场主要有两类,一是固定磁性磁场,它与建造地及建造工艺有关,形成之后基本不变;二是感应磁性磁场,它随舰船航行的纬度与航向变化。此外,舰船外加主动或被动防腐蚀电流也会产生磁场。现代磁性水雷可按静磁、动磁、差动及磁场梯度等信号动作,其引信灵敏度可达 0.02nT,没有经过消磁处理的舰船根本无法抵御磁性兵器的攻击。另外,舰船磁信号还被用来侦察定位。因此,舰船动力装置磁隐身技术也得到各国海军的高度重视。评估舰船的磁场特征是一项复杂的工作,下面简要介绍舰船磁场的相关基础知识。

1)舰船磁场的数学模型

以潜艇为例。一般,探潜飞机的飞行高度不低于 200m,而潜艇的长度大多不超过 100m。在这样的相对尺寸情况下,据已有的分析与研究结果,提出潜艇的磁偶极子磁矩 $M$ 的数学模型对磁探使用是确切而又简便的。按照上述引起潜艇磁性的机理,磁矩 $M$ 由下列部分组成:沿潜艇的纵向分量为 $M_l$,沿潜艇的横向分量为 $M_t$,沿潜艇的垂向分量为 $M_v$(见图 9.2.14),而 $M_l$ 和 $M_t$ 又可认为各由其永久分量 $M_{pl}$、$M_{pt}$ 及感应分量 $M_{il}$、$M_{it}$ 组成:

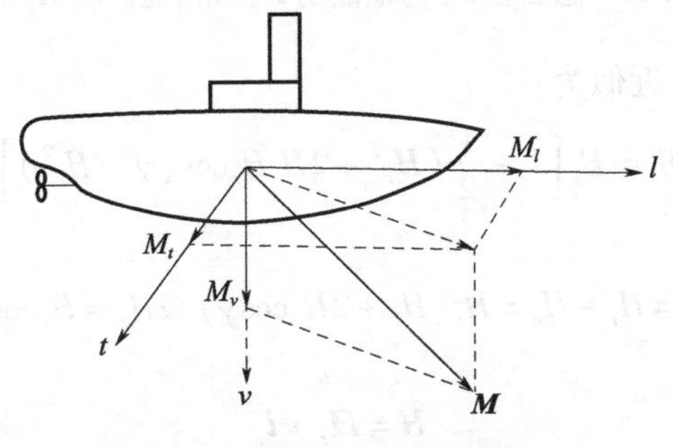


图 9.2.14 潜艇等效磁矩

$$M_i = M_{il} \cdot \cos\varphi + M_{pl} \tag{9.2.8}$$

$$M_t = M_{it} \cdot \sin\varphi + M_{pt} \tag{9.2.9}$$

其中 $\varphi$ 为潜艇的航向角，而因子 $\cos\varphi$、$\sin\varphi$ 即是考虑地磁场沿潜艇纵向、横向的分量分别与 $\cos\varphi$、$\sin\varphi$ 成正比。$M_v$ 可不再分解为其永久分量与感应分量，因为在磁异探潜作业时，纬度变化不大，可以暂不考虑地磁场数值变化对感应分量的影响。潜艇的纵向感应磁矩 $M_{il}$、纵向永久磁矩 $M_{pl}$、横向感应磁矩 $M_{it}$、横向永久磁矩 $M_{pt}$ 及垂向磁矩 $M_v$ 就构成其磁探中的数学模型，它们可以用后述的试验方法测量得到。

2）磁探仪测量的特点

图 9.2.15 中位于 $S$ 点的磁矩 $\boldsymbol{M}$ 产生于位置矢量 $\boldsymbol{r}$ 处的 $P$ 点的磁场 $\boldsymbol{H}_r$ 可由下式计算：

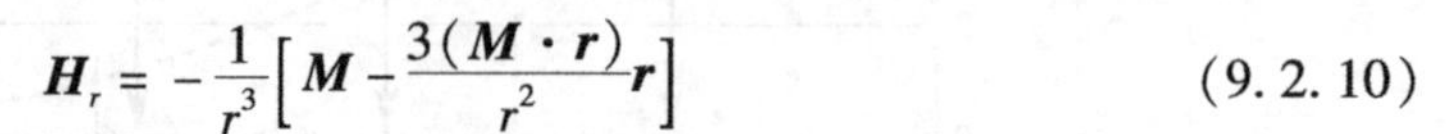

$$\boldsymbol{H}_r = -\frac{1}{r^3}\left[\boldsymbol{M} - \frac{3(\boldsymbol{M}\cdot\boldsymbol{r})}{r^2}\boldsymbol{r}\right] \tag{9.2.10}$$

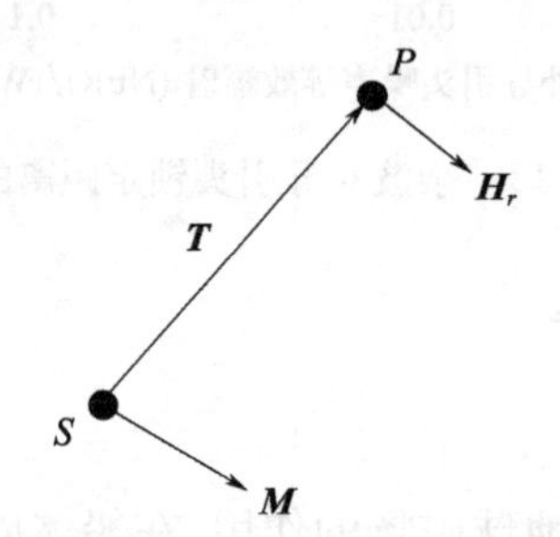


图 9.2.15　磁矩 $\boldsymbol{M}$ 产生的磁场 $\boldsymbol{H}_r$

潜艇产生于飞机磁探仪处的磁场 $H_r$ 为 1 ~ 2nT，地球磁场 $H_e$ 则达到 40 ~ 50μT。磁探仪测量的是总磁场 $H_t$，并经滤波除去其中的恒定分量 $H_e$，而得到磁异常信号为

$$\boldsymbol{H} = \boldsymbol{H}_t - \boldsymbol{H}_e \tag{9.2.11}$$

由图 9.2.16 可得：

$$\begin{aligned} H_t &= [H_e^2 + H_r^2 - 2H_eH_r\cos(\pi-\gamma)]^{1/2} \\ &= H_e[1 + (H_r^2 + 2H_eH_r\cos(\gamma)/H_e^2)]^{1/2} \end{aligned}$$

图 9.2.16　总磁场 $\boldsymbol{H}_t$ 与地磁场 $\boldsymbol{H}_e$ 和潜艇磁场 $\boldsymbol{H}_r$ 的关系

由于 $H_r \ll H_e$，上式可近似为：

$$H_t \approx H_e\left[1 + \frac{1}{2}(H_r^2 + 2H_eH_r\cos(\gamma)/H_e^2)\right]$$

于是

$$H = H_t - H_e = H_r(H_r + 2H_e\cos\gamma)/2H_e \approx H_r\cos\gamma$$

或写为一般形式：

$$H = \boldsymbol{H}_r \cdot \boldsymbol{i}_e \tag{9.2.12}$$

式中 $\boldsymbol{i}_e$——地磁场方向的单位矢量。

可见,磁探仪侧得到磁异常信号实际上是潜艇磁场在地磁场方向上的投影值。

3)潜艇各磁矩的获取

潜艇的感应磁矩数值与艇的尺寸、外形、内部结构、材料磁性等因素有关。潜艇的永久磁矩数值则除了与这些因素有关外,尚受艇的建造过程、加工工艺等的影响。潜艇建成后,消磁站对它做消磁处理,以及继后它在服役过程所受到的各种外界环境的影响,都会使永久磁矩的数值发生改变。因此,要确切地得到这些磁矩的数值,实测是比较现实的途径。

**2. 磁场隐身技术**

通过各种技术措施降低舰船磁场信号特征强度的技术称为舰船磁场隐身技术。

磁场隐身主要是对舰船进行消磁,也即对舰船磁场进行抵消和补偿。抵消是指舰船磁场通过强大电流进行磁性处理,使舰船周围磁场尽可能接近地磁场。主要是在消磁站(岸站或活动消磁船)通过岸站埋入海水中的各消磁线圈或船外敷设的各临时消磁线圈,消除舰船固定磁性,但由于其积累效应,必须定期消除。补偿是指对舰船磁场进行中和的措施,它可以在舰舰上安装消磁线圈,产生线圈磁场进行中和,也可通过临时线圈磁性处理,产生固定磁场进行中和,由于其具有瞬时效应,必须做到动态自动补偿。当前主要的消磁技术包括:

1)消磁站消磁

国外针对舰艇建有消磁站或检测站。图 9. 2. 17 所示的是美国海军在金斯湾为"俄亥俄"级潜艇建造的新型潜艇消磁站,该站将所有消磁线圈固定在码头和专用支架上,并布设了专用磁传感器阵列。图 9. 2. 17(a)是美国 Berger/Abam 公司在其网站上公布的图片并有该消磁站相关参数,图 9. 2. 17(b)和图 9. 2. 17(c)是某旅行者从消磁站外部拍摄的照片,图 9. 2. 17(d)是从某杂志封面上得到的潜艇正在消磁过程中的图片。

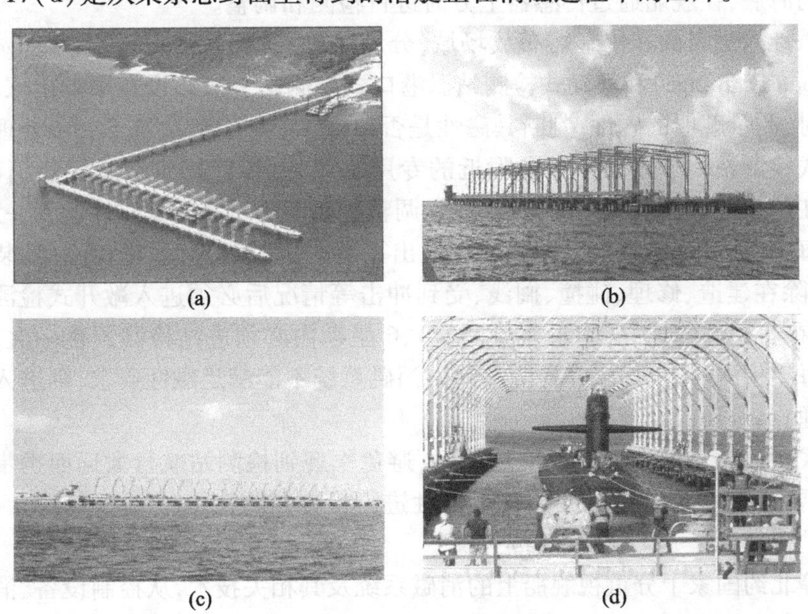

图 9. 2. 17　美国金斯湾潜艇消磁站

图 9. 2. 18 是德国海军 2003 年为 212 等潜艇建造的潜艇消磁站,为进一步调整消磁系统,布设了专用的地磁模拟线圈。图 9. 2. 18(a)为德国老式潜艇消磁站,图 9. 2. 18(b)

和图 9.2.18(c)是改建后的新型消磁站,图 9.2.18(d)是潜艇正在消磁时(磁性调整)的图片。可以明确看到,该新型消磁站在水下 9m 和 13m 共布设了 370 个三分量磁传感器。

图 9.2.18　德国潜艇消磁站

2)舰船磁性检测

为了实施对舰船磁性的检测,美国建造了大量的磁性检测站,将传感器布放在有关航道或场地的海底,在舰船通过传感器上方时进行检测和调整。

根据磁性检测目的和传感器布放场域,分为港口式检测站(Entrance Range)、敞开式检测站(Opensea Range)和移动式检测站。港口式检测站一般布设在军港出入口处,军舰进出军港时,测量舰船的磁性,判断其磁性是否超标,如果超标,决定下一步处理的措施。

敞开式检测站一般建设在军港附近的专用水域,是专门用于调整舰船消磁系统的。军舰通过在该水域多个航向上的磁场测量,调整舰船消磁系统使其磁性达到一定标准。

美国海军有关条例规定,每艘军舰在进出军港时,都需进行磁场检测;凡装有消磁系统的军舰,除在建造、修理、碰撞、搁浅、受到冲击等情况后必须进入敞开式检测站进行检测调整外,在有条件的地方(附近有检测站),6 星期内必须进站检测调整一次,无条件的地方必须每年检测一次;如果在检测站调整消磁系统不能满足磁性要求,则进入消磁站进行磁性处理。

移动式检测站一般在舰艇编队远航时,避免军舰到检测站航行太远而携带的检测站设备,在需要使用时,就近布设后对舰船磁性进行检测和调整。

3)内消磁技术

美英等北约国家十分重视舰船上的消磁系统及其相关技术,从控制设备、消磁绕组布置和电源设备各个方面都进行不断更新。

目前正在进行一种消磁系统“闭环”控制技术研究,主要是针对用于“固定磁性”的变化作出相应调节。该技术用布置在船内的磁传感器,计算固定磁场变化并自动调节补偿电流。多个国家声称已装备这种可以进行闭环控制的消磁电流控制器。

### 9.2.4 电场特征及隐身技术

**1. 舰船电场特征**

舰船是由不同的金属材料所构成,而海水又是电的良导体,因此不论是运动的还是静止的舰船,在其周围海水中均会产生电场,称为舰船电场。

舰船电场产生原因,一是舰船水位以下不同金属结构之间因腐蚀而产生的电流;二是为了防腐蚀,采用牺牲阳极或外加电流的方法对舰船电场产生改变;三是不论是船体不同金属结构之间因腐蚀产生的电流还是采用阴极保护系统产生的电流都会经海水从船壳流向螺旋桨,然后通过各种轴承、密封和机械线路从螺旋桨返回到船壳,此回路的电阻抗 $R_B$ 会随着螺旋桨轴承的旋转而发生周期性的变化,从而使流经海水的电流受到调制,这些时变电流产生的电场会以转轴的基频由船体向外传播,从而产生舰船的极低频电场(ELEF),频率一般为 1 ~ 7Hz,称为轴频电场。研究表明,在距舰船 10m 处,舰船电场强度可达(2 ~ 3)mV/m 的量级,足以引爆水雷。

舰船电场通常可分为两部分:静电场和极低频交流电场。描述电磁场的基本方程是麦克斯韦方程组:

$$\begin{cases} \nabla \times \boldsymbol{E} = -\dfrac{\partial B}{\partial t} \\ \nabla \times \boldsymbol{H} = J + \dfrac{\partial D}{\partial t} \\ \nabla \cdot B = 0 \\ \nabla \cdot D = 0 \end{cases} \tag{9.2.13}$$

式中 $J$——电流密度。

在介质中,一般有:

$$D = \varepsilon_0 E + P,\ B = \mu_0 (H + M) \tag{9.2.14}$$

其中,$P$ 为极化强度,$M$ 为磁化强度。在线性介质里式(9.2.14)可写成:

$$D = \varepsilon_r \varepsilon_0 E = \varepsilon E,\ B = \mu_r \mu_0 H = \mu H \tag{9.2.15}$$

由式(9.3.13)和式(9.3.14)两式可得出电荷守恒方程:

$$\nabla \cdot J = -\frac{\partial \rho}{\partial t} \tag{9.2.16}$$

如果线性导电媒质电导率为 σ,欧姆定律为

$$J = \sigma E \tag{9.2.17}$$

1)因电化学腐蚀作用产生的静电场

不同种类的金属因其化学活性不一样,会在海水中产生不同的电极电位。当它们浸泡在海水中形成闭合回路时,会因电化学反应而在不同材料金属之间维持一定的电位差,使得电极电位较低的金属不断溶解腐蚀,从而在海水中产生腐蚀电流。例如,在用不同材料制成的船体(碳钢)、螺旋桨(青铜)和轴系(合金钢)、导流罩(钛合金)以及船体舷侧附件和管路等之间,在存在内部电接触(形成电流通路)的情况下形成的电解偶系统是舰船静电场产生的主要原因。

2)因舰船防腐系统产生的静电场

为了防止舰船的船壳、螺旋桨和其他水下部件发生腐蚀,一般安装有舰船阴极保护系

统，包括牺牲阳极被动阴极保护（Passive Cathodic Protection，PCP）系统和外加电流阴极保护（Impressed Current Cathodic Protection，ICCP）系统，这些防腐系统均会在舰船周围的海水中施加很强的电流，如一艘中型舰船的外加保护电流可高达上百安培，因而会在海水中产生很强的静电场。

在工程技术应用中，常使用偶极子电场来模拟实际静电场，舰船静电场也可用一系列电偶极子产生的电场叠加获得。在深海条件下，一般可把海水－空气界面看成是两层模型，在该模型下，位于点$(x',y',z')$的单个垂直偶极子在点$(x,y,z)$产生的静电场可以表示为

$$\begin{cases} E_{2x} = \dfrac{P_w}{4\pi\sigma}\left[\dfrac{3(x-x')(z-z')}{R_1^5} - \dfrac{3(x-x')(z+z')}{R_2^5}\right] \\ E_{2y} = \dfrac{P_w}{4\pi\sigma}\left[\dfrac{3(y-y')(z-z')}{R_1^5} - \dfrac{3(y-y')(z+z')}{R_2^5}\right] \\ E_{2z} = \dfrac{P_w}{4\pi\sigma}\left[\dfrac{3\ (z-z')^2 - R_1^2}{R_1^5} - \dfrac{3\ (z+z')^2 - R_2^2}{R_2^5}\right] \end{cases} \tag{9.2.18}$$

其中：$R_1 = \sqrt{(x-x')^2 + (y-y')^2 + (z-z')^2}$，$R_2 = \sqrt{(x-x')^2 + (y-y')^2 + (z+z')^2}$。

单个水平偶极子产生的静电场可以表示为

$$\begin{cases} E_{2x} = \dfrac{P_u}{4\pi\sigma}\left[\dfrac{3(x-x') - R_1^2}{R_1^5} - \dfrac{3(x-x') - R_2^2}{R_2^5}\right] \\ E_{2y} = \dfrac{P_u}{4\pi\sigma}\left[\dfrac{3(x-x')(y-y')}{R_1^5} + \dfrac{3(x-x')(y-y')}{R_2^5}\right] \\ E_{2z} = \dfrac{P_u}{4\pi\sigma}\left[\dfrac{3(x-x')(z-z')}{R_1^5} + \dfrac{3(x-x')(z+z')}{R_2^5}\right] \end{cases} \tag{9.2.19}$$

式中　$P_w$，$P_u$——分别为垂直和水平偶极子的极矩；

$\sigma$——海水的电导率。

3）工频交变电场

外加电流阴极保护系统输出的保护电流通常由舰上交流供电系统经整流滤波后得到，在滤波效果差的时候，它包含有较高的脉冲成分，会在海水中产生50Hz或60Hz及其谐波成分的工频交变电场。另外，当船体内部电力系统接地不良时，产生的漏电流及船体内部大电流设备对外的电磁辐射也会产生以50Hz（或60Hz）和400Hz为基础的交变电场。安装消磁装置的舰船中，消磁电流脉冲成分也会产生交变电场。

4）轴频电场

无论是舰船不同金属结构之间因电化学腐蚀而产生的腐蚀电流，还是采用阴极保护系统而外加的防腐电流，都会有部分电流经海水从船壳流向螺旋桨，然后通过各种轴承、密封和机械线路从螺旋桨返回到船壳，从而形成完整的电流回路，如图9.2.19所示。一方面，当螺旋桨－主轴转动时，由于接触不恒定，会引起图9.2.19中螺旋桨－轴承－船体回路中的等效接触电阻$R_B$，发生周期性变化，从而使流经主轴的腐蚀或防腐电流发生内调制，产生以轴转动速率为基频的极低频轴频电场及其谐波成分；另一方面，当辅助阳极靠近螺旋桨时，螺旋桨叶片不能看作一个整体，辅助阳极和桨叶之间的电阻也会随着螺旋桨的转动而发生变化，从而导致流经螺旋桨的腐蚀或防腐电流发生外调制，产生以轴转动

速率和桨叶数目的乘积为基频的极低频轴频电场。

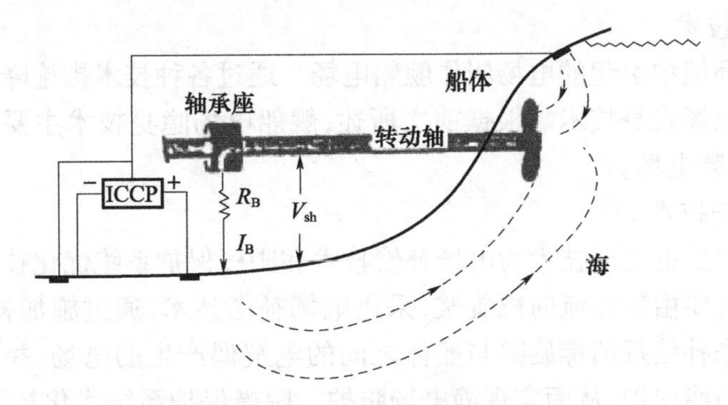


图 9.2.19 螺旋桨转动调制 ELF 信号源

5)感应电场

舰船航行时,金属船体由于切割地球磁场而产生感应电场,包括螺旋桨转动切割地磁场产生的涡流电场、船体切割地磁场产生的电场、尾流区中的海水在地磁场中运动产生的电场、绕船体运动的海水切割地磁场产生的电场以及舰船在地磁场中的振荡产生的电场。

磁性船体运动也会产生感应电场,铁磁性船体因地磁场的作用而具有磁性,一般可分为固定磁性和感应磁性。舰船的固定磁性是在建造时形成的,是舰船的剩磁;而舰船的感应磁性则是舰船在航行过程中受地磁场的感应磁化形成的。当舰船航行时,相对于海水导体发生运动,会引起船体周围海水空间磁通量的变化,从而产生感应电场。运动感应电场可用磁偶极子阵列拟合其电场。对于运动的单磁偶极子或者一列沿运动方向排列的磁偶极子阵列,其感应电场可由磁场的高斯定理计算得到,当磁偶极子以速度 $v$ 做匀速运动时,根据电磁感应定律,磁偶极子沿极距方向运动的感应电场是一组垂直于轴线的同心圆,有:

$$\oint \boldsymbol{E}\mathrm{d}l = -\iint \frac{\partial B}{\partial t}\cdot \mathrm{d}S \tag{9.2.20}$$

可以求得感应电场的大小为

$$\boldsymbol{E}' = \gamma v \frac{\mu m_m}{4\pi}\frac{3xp}{(x^2+y^2+z^2)^{\frac{5}{2}}} \tag{9.2.21}$$

式中 $\mu$——介质的磁导率;

$m_m$——磁偶极矩;

$p=\sqrt{y^2+z^2}$——观察点$(x,y,z)$到磁偶极子运动轴线的距离。

另外,船体的运动以及尾流气泡浮起时与海水之间发生的摩擦也会产生电场。

6)舰船水下电场特性

已有的研究表明,舰船水下电场的主要来源是腐蚀相关电场,舰船水下电场主要具有以下特性:

(1)舰船电场频率丰富,频段集中。舰船电场包含了直流到上千赫兹的丰富的频率成分,但能量主要集中在准静电场(一般在 0 ~0.1Hz)、轴频(一般在 0.5 ~10 Hz)和工频及其谐波成分等。

(2)舰船电场各频段信号均有足够的强度,电场信号的通过特性曲线的波形比较确定,且各频段通过特性具有相关性。

(3)舰船电场和舰船航速、消磁水平以及舰船尺度有关。

**2. 电场隐身技术**

舰船在海洋环境中引起的电场叫作舰船电场。通过各种技术措施降低舰船电场强度的方法称为舰船电场隐身技术。根据前文所述,舰船电场隐身技术主要消除舰船的静电场、轴频电场及工频电场。

1)静电场防护技术

舰船静电场防护的主要技术为电场补偿技术和阴极保护系统优化技术。产生舰船静电场的腐蚀电流主要由船体流向螺旋桨,采用电场补偿技术,通过施加补偿电流,人为产生一个反向电场来补偿抵消螺旋桨与船体之间的电解偶产生的电场,并对螺旋桨和船体的水下部分进行防腐保护,从而实现静电场防护。阴极保护系统优化技术是指优化 ICCP 系统的电源、输出电流以及辅助阳极的个数、位置等,在保证阴极保护效果的情况下,尽量降低舰船水下电场的量级。

采用静电场补偿技术时,须关闭 ICCP 系统,对原始腐蚀静电场进行抵消,电场防护效果好;采用阴极保护系统优化技术,主要是在实现腐蚀保护的前提下兼顾电场防护,静电场防护效果一般。

俄制 Каскад -3 系统就是基于电场补偿技术实现电场防护功能的。该系统的基本原理是,通过轴上的磁性调制换能器 ПММ 获得与螺旋桨初始电流成正比的电压信号进入调节器控制仪 ПуР,在调节器控制仪中形成电源调节器 PC 控制信号,电源调节器通过该信号来调节输出到阳极上的补偿电流,如图 9.2.20 所示。

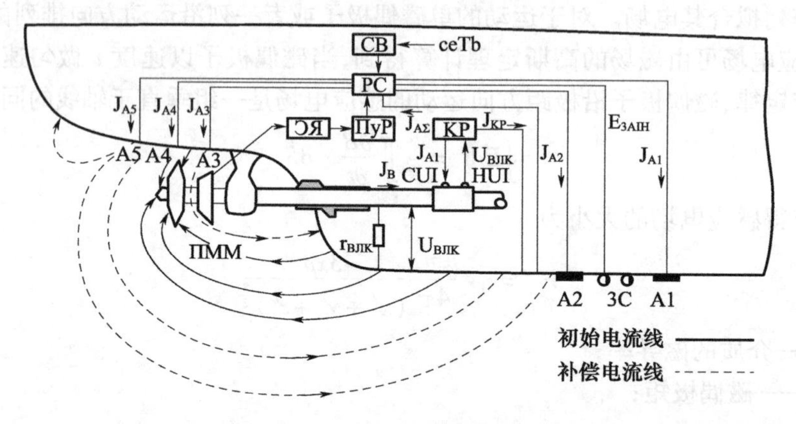


图 9.2.20 电场补偿系统原理图

2)轴频电场抑制技术

对于轴频电场,须用电场防护系统来对其进行抑制。目前,欧美一些国家多采用被动轴接地系统和主动接地系统来减小螺旋桨调制的极低频电场;苏联采用电场补偿系统(内补偿技术)来削弱舰船的极低频电场,同时还研制了舰船电场补偿系统来抵消舰船电场。

(1)被动轴接地系统。

理想情况下,可采用隔离转动轴的办法来消除这些电场的轴频变化,但是出于对转轴和螺旋桨的腐蚀等其他因素的考虑,转轴必须接地。因此许多国家都在舰上安装被动轴接地系统,该系统是通过一组电刷和集电环将转轴与船壳相连,如图 9.2.21 所示。由于接地电刷的低阻抗避免了轴承阻抗的波动,使得该被动轴接地系统可以减小舰船的极低频电场,但其效果较差,若不勤于维修保养,则该系统的可靠性很差。

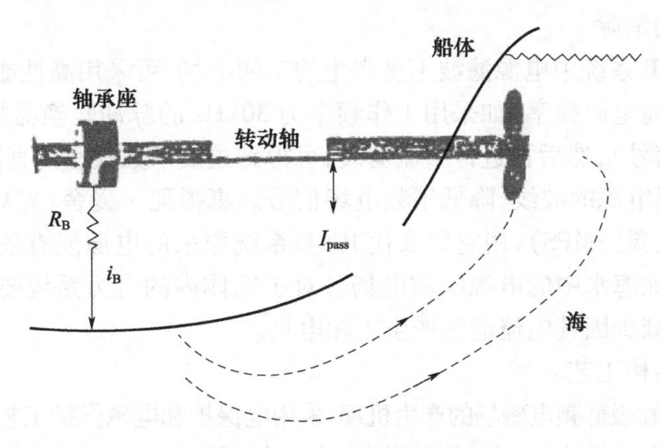


图 9.2.21 被动轴接地系统

(2)主动轴接地系统。

为了大幅度地削弱舰船的极低频电磁场,可采用转轴主动接地系统。该系统在轴承座阻抗增大的瞬间,采用电子电路及时地将转动轴接地,如图 9.2.22 所示。为了便于理解这个主动轴接地系统的工作原理,我们忽略了此系统的反馈特性,并假设 $R_B$ 较大。在没装主动接地系统时,仅有少量电流在轴上流动时,轴－壳电压就变得很大,在轴壳之间的海水阻抗的压降很小。当使用主动轴接地系统时,高的 $V_{sh}$,值将能驱动电源输出更大的电流 $i_{ASG}$,导致 $i_{转轴}$增加,$V_{sh}$降低。反之,当 $i_{转轴}$高而 $V_{sh}$低时,电流 $i_{ASG}$减小,因而 $i_{转轴}$减小。因此,主动轴接地系统可以消除转轴中电流的起伏,从而减小因转轴旋转产生的极低频电场。

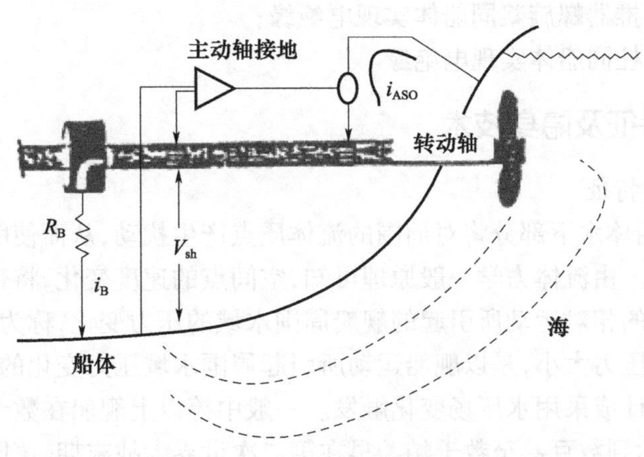


图 9.2.22 主动轴接地系统

由于主动轴接地系统的有效并联电阻 $R_{ASG}$ 依靠系统的环路增益,其值小于典型的轴承座阻抗,这使得在主动轴接地系统上通过了全部轴电流,从而消除了由于轴承座阻抗变化而引起的转轴上的电流波动。同时,用来测量 $V_{sh}$ 的电路有很高的输入阻抗 $Z_{in}$,流过它的电流很小。因此,只要保证 $Z_{in}$ 远大于电刷阻抗,电流就不受电刷阻抗变化的影响。此外,由于输出电路是一个电流驱动器,使得系统不受大电流集电环阻抗变化的影响。因此,在舰船 ELF 的抑制能力上,主动轴接地系统要优于被动轴接地系统,并且该系统对维护保养的要求不是很高。

3)工频电场的消除

为了消除ICCP系统中电源滤波不良产生的工频电场,可采用高性能直流电源和电源滤波器,先通过提高电源频率(如采用工作频率为30kHz的脉冲转换器将50Hz输入电压转化成高频方波信号),然后再进行整流滤波,可得到纹波系数很小的直流信号,从而很好地消除了输出直流电源的波纹,降低工频电场信号。惠得尼·爱舍(WAL)公司研制了线性电源和开关型电源(SMPS),用它们取代ICCP系统原来的电源能有效减小输出保护电流的脉动,有效消除海水中的电源纹波电场。对于船体内的电力系统要尽量保证其接地良好并加以屏蔽,减少因其电流泄漏产生工频电场。

4)电磁保护结构工艺

根据舰船电场和极低频电磁场的产生机理,采用电保护和电磁保护工艺,切断舰上不同种类金属之间的内部和外部的电连接,使得形成舰船电场所需的闭合回路不能形成,同时对各电分离部件的电隔离状态进行实时监控,从而达到减小电场的目的。其主要的结构工艺如下:

(1)切断螺旋桨和艉轴衬套同艉轴以及艉轴同中间轴的电连接;

(2)在螺旋桨和艉轴架之间使用有电介质制成的屏蔽和护罩;

(3)让船底-舷侧附件和海水系统管路的法兰接头同船壳板实现电绝缘;

(4)通过电绝缘法兰接头,让球鼻首导流罩同船体实现电绝缘;

(5)让计程仪吸入管和楔形阀同船体实现电绝缘;

(6)让回声测深仪换能器同船体实现电绝缘;

(7)用电绝缘漆涂覆船体水下部分及全部突出结构;

(8)按照电绝缘方案,涂覆艉轴管和艉轴架导流罩内表面;

(9)让艏、艉侧推器螺旋桨同船体实现电绝缘;

(10)让侧推器柱同船体实现电绝缘。

### 9.2.5 水压场特征及隐身技术

**1. 舰船水压场特征**

舰船航行时,船体水下部分将对周围的流体质点产生扰动,从而使舰船周围空间点的流体速度发生改变。由流体力学一般原理可知,空间点的速度变化,将带来压力变化。这种由舰船与水流向的相对运动所引起的舰船周围水域的压力变化,称为舰船水压场。

舰船水压场的压力大小,是以舰船运动所引起周围水域压力变化的大小来度量的,现代水雷引信可以设计成采用水压场变化触发。一般中等以上舰船在数十米的海底引起的压力变化峰值,可达到数百甚至数千帕。早在第二次世界大战末期,德国、美国、苏联等国就先后研制了借助舰船水压场作用而激发的水雷,并投入实战,且收到良好效果。因此,在敏感水域航行时,舰艇动力装置操控人员须采取措施避免因航行水压变化触发水雷。

舰船水压场的纵向通过特性曲线如图9.2.23所示。由图可见,在中低航速下,舰船水压场的纵向特性有明显的三次脉冲性:首尾出现正压区,中部出现负压区,负压区的幅值和延伸范围均较大。在低速情况下,如果船体水下部分前后对称,纵向特性也以船中为中心前后对称。

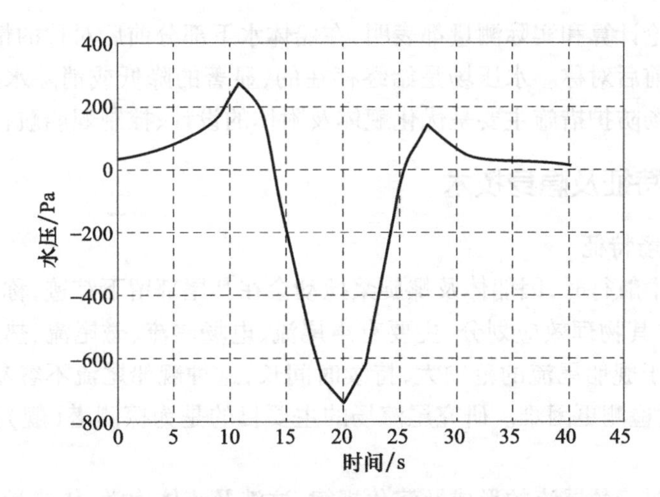


图 9.2.23 典型舰船水压场的纵向通过特性曲线

对于不同的船型、水深、航速和横距,压力分布情况有如下四种:

(1)船首、船尾附近水底的正压峰值相近;

(2)随傅汝德数 $F_H$($F_H = v/\sqrt{gH}$)的增加,船首附近正压峰值高于船尾附近负压峰值;

(3)$F_H$增大到一定程度,船尾下方的正压峰值高于船首下方的正压峰值;

(4)船体在水面运动时,船体中部下方压力降低,出现负压峰值,快速薄船的负压区通常仅有一个负压峰值,而船身肥大的货船,在浅水航行时出现两个负压峰值。

此外,舰船水压场纵向特性的负压峰值与正压峰值之比恒大于1。

水深傅汝德常数 $F_H$是舰船水压场的主要控制参数,根据其大小,可将舰船水压场划为亚临界($F_H < 0.8$),跨临界($0.8 \leqslant F_H \leqslant 1.2$)和超临界($F_H \geqslant 1.2$)情况。在亚临界情况,负压峰值随 $F_H$的升高而增加。在超临界情况,负压峰值随 $F_H$的升高而减小。

对于高速船,在 $F_H < 0.63$ 的范围内,最低压力点处于船中下方稍后的地方;当 $F_H > 0.63$ 以后,最低压力点迅速后移;当 $F_H > 0.91$ 以后,最低压力点移至舰船尾部以后的地方,特别是对于超临界状态,正横距离越大的地方,负压区的后移越多。

对于同一条舰船而言,浅水情况,随正横距的增大,舰船水压场压力系数减小较快,而深水情况,减小较慢。在同样水深,低速时,随正横距的增大,舰船水压场压力系数减小较慢,而航速较高时,则减小较快。在超临界情况,舰船水压场压力系数随正横距的增大变化较小。

在亚临界状态,舰船水压场压力系数随深度的增大迅速减小,航速越高,减小越快。而在超临界情况,随深度的增加,舰船水压场压力系数略有波动,变化不大。舰船以超临界速度航行时,水底压力变化集中于船首(正下方)为顶点的锥形区域内,区域外压力不变。

**2. 水压场隐身技术**

舰船航行时,通过航行操控规避水压场触发引信水雷的措施称为舰船水压场隐身技术。

对舰船水压场的利用也主要发生在水雷引信领域。舰船水压场的纵向特性有十分明显的规律:在船首附近,压力升高,随后在船体中部下方压力降低为负值,而在船尾附近,压力又升高。理论计算和实际测量都表明，在船体水下部分前后对称的情况下，纵向特性也以船中为中心前后对称。水压场是始终存在的，显著的降低或消除水压场一般是不可能的。舰船水压场防护措施主要是优化舰体及附体的设计、控制舰船航行姿态等。

### 9.2.6 尾流场特征及隐身技术

**1. 舰船尾流场特征**

舰船在海洋中航行时，因船体及螺旋桨搅动会在其尾部留下踪迹，称之为尾流。尾流是多种多样的，按其物理效应划分，主要有声尾流、电场尾流、磁尾流、热尾流、光尾流、水动力尾流等。由于舰船尾流的范围大，持续时间长，这种舰船尾流不容易消除，不容易伪装，进行人工干扰检测更困难。研究尾流场的主要目的是为探测潜（舰）艇和鱼雷等水中兵器服务。

研究尾流需要清楚尾流的形成及演化规律，这涉及流体力学、传热学等一系列基础理论。舰船航行及其排放冷却水涉及三维紊动射流、传热、传质、状态变化等多种复杂过程，其中每个过程都有基本的控制方程，将这些控制方程和物理过程进行有机结合，即可得到热尾流的数学模型。

1）连续性方程

将流体视为由流体质点组成的连续介质，根据质量守恒定律，得到连续性方程：

$$\frac{\mathrm{d}\rho}{\mathrm{d}t}+\rho\frac{\partial u_i}{\partial x_i}=0 \tag{9.2.22}$$

式中 $\rho$——流体密度；

$t$——时间；

$u$——速度；

下标 $i$——$x$、$y$、$z$ 三个维度。

2）运动方程

流体粒子在运动中遵守动量守恒定律，即牛顿第二定律，其张量形式可写成：

$$\frac{\partial u_i}{\partial t}+u_j\frac{\partial u_i}{\partial x_j}=f_i+\frac{1}{\rho}\times\frac{\partial \boldsymbol{p}_{ij}}{\partial x_j} \tag{9.2.23}$$

式中 $f_i$——质量力；

$\boldsymbol{p}_{ij}$——表面应力，为二阶张量。

根据黏性作用的应力张量和应变张量之间的关系，对于不可压缩流体，则有

$$\boldsymbol{p}_{ij}=-p\delta_{ij}+2\mu\boldsymbol{S}_{ij} \tag{9.2.24}$$

式中 $p$——静压力；

$\delta_{ij}$——克罗内克符号；

$\mu$——动力黏性系数；

$\boldsymbol{S}_{ij}$——应变变化率张量，其值为

$$\boldsymbol{S}_{ij}=\frac{1}{2}\left(\frac{\partial u_i}{\partial x_j}+\frac{\partial u_j}{\partial x_i}\right) \tag{9.2.25}$$

将式(9.2.25)代入式(9.2.24)中，得到不可压缩黏性流体的运动方程（即 N－S 方程）：

$$\frac{\partial u_i}{\partial t}+u_j\frac{\partial u_i}{\partial x_j}=f_i-\frac{1}{\rho}\frac{\partial p}{\partial x_j}+\upsilon\frac{\partial^2 u_i}{\partial x_j\partial x_j} \tag{9.2.26}$$

式中 $\upsilon=\mu/\rho$,为流体的运动黏性系数。

3)能量方程

热尾流中浮力的产生主要是由于冷却水温度的变化引起的,流动中存在热交换问题,根据热力学第一定律,即能量守恒定律,可得到不可压缩流体的能量方程:

$$\rho c_p\left(\frac{\partial T}{\partial t}+u_j\frac{\partial T}{\partial x_j}\right)=2\mu S_{ij}^2+\frac{\partial}{\partial x_j}\left(k\frac{\partial T}{\partial x_j}\right)+\rho q \tag{9.2.27}$$

式中 $T$——温度;

$c_p$——流体定压比热;

$k$——流体传热系数;

$q$——流场中热源单位时间内为单位质量流体提供的热量。

4)湍流封闭模型

湍流是一种高度复杂的三维非稳态、带旋转的不规则流动。在湍流中流体的各种物理参数,如速度、温度、压力等都随时间与空间发生随机的变化。从物理结构上说,可以把湍流看成是由各种不同尺度的涡旋叠合而成的流动,这些涡旋的大小及其旋转轴的方向分布是随机的。大尺度的涡旋主要由流动的边界条件所决定,其尺寸可以与流场的大小相比拟,是引起低频脉动的原因;小尺度的涡旋主要是由黏性力所决定,其尺寸可能只有流场尺度的千分之一的量级,是引起高频脉动的原因。大尺度的涡旋破裂形成较小尺度的涡旋,较小尺度的涡旋破裂后形成更小尺度的涡旋。因而在充分发展的湍流区域内,流体涡旋的尺寸可在相当宽的范围内连续地变化。大尺度的漩涡不断从主流获得能量,通过涡旋间的相互作用,能量逐渐向小尺度的涡旋传递。最后由于流体黏性的作用,小尺度的涡旋不断消失,机械能转化(或耗散)为流体的热能。同时,由于边界的作用、扰动及速度梯度的作用,新的涡旋又不断产生,这就构成了湍流运动。一般无论湍流多复杂,非稳态的 N-S 方程对于湍流的瞬时运动仍然是适应的,这是进行数值计算的前提。

关于湍流运动的数值计算,目前应用最普遍的是雷诺时均方程法。将非稳态控制方程对时间作平均,在所得的关于时均物理量的控制方程中就包含了脉动量乘积的时均值等未知量,于是所得方程的个数就小于未知量的个数。而且不可能依靠进一步的时均处理而是控制方程组封闭。要使方程组封闭,必须做出假设,即建立模型。这种模型把未知的更高阶的时间平均值表示成较低阶的在计算中可以确定的量的函数。这就是目前工程湍流计算中所采用的基本方法。

为了使描述的湍流流动与传热的方程组得以封闭,必须找出确定湍流值脉动附加项的关系式,并且在这些关系式中不能再引入新的未知量。所谓湍流模型就是把湍流的脉动值附加项与时均值连续起来的一些特定关系式,也即湍流封闭模型。湍流模型一般可分为零方程模型、一方程模型以及两方程模型。其中,$k-\varepsilon$ 两方程模型具有求解方程数目少、计算速度快、精度满足工程需要的特点,是目前工程计算中十分具有实用价值的湍流模型,应用最为广泛。该模型采用各向同性的 Boussinesq 假设,用湍动能 $k$ 和其耗散率 $\varepsilon$ 来表示湍流黏性系数 $\mu$:

$$\mu=\frac{C_\mu\rho k^2}{\varepsilon} \tag{9.2.28}$$

式中　$C_\mu$——模型系数，根据具体的湍流模型取值，见表 9.2.1。最基本的两方程模型是标准 $k-\varepsilon$ 模型。此外，还有各种改进的湍流模型，较为实用的有 RNG $k-\varepsilon$ 模型和 Realizable $k-\varepsilon$ 模型。

（1）标准 $k-\varepsilon$ 湍流模型。

标准 $k-\varepsilon$ 模型是 Launder 和 Spalding 于 1974 年提出的，它把湍流黏度 $\mu_t$ 和湍动能 $k$ 及其耗散率 $\varepsilon$ 联系在一起，$k$ 和 $\varepsilon$ 是两个基本未知量，当流体不可压缩，且不考虑用户自定义源项时，与之相对应的输运方程为

$$\frac{\partial(\rho k)}{\partial t}+\frac{\partial(\rho k u_i)}{\partial x_i}=\frac{\partial}{\partial x_j}\left[\left(\mu+\frac{\mu_t}{\sigma_k}\right)\frac{\partial k}{\partial x_j}\right]+G_k-\rho\varepsilon \tag{9.2.29}$$

式中，$\sigma_k$——模型系数，根据 Launder 等人的推荐及后来的实验验证取值，见表 9.2.1；

$G_k$——平均速度梯度引起的湍流动能 $k$ 的产生项，由下式计算：

$$G_k=\mu_t\left(\frac{\partial u_i}{\partial x_j}+\frac{\partial u_j}{\partial x_i}\right)\frac{\partial u_i}{\partial x_j} \tag{9.2.30}$$

（2）RNG $k-\varepsilon$ 湍流模型。

Yakhot 和 Orszag 基于重整化群理论（Renormalization Group，RNG），由瞬态 N－S 方程推导出 RNG $k-\varepsilon$ 模型，所得到的 $k$ 方程和 $\varepsilon$ 方程在形式上与标准 $k-\varepsilon$ 模型完全相同，但模型系数由理论分析得出。其中：

$$\begin{cases}\eta=\sqrt{2E_{ij}}\dfrac{k}{\varepsilon}\\ E_{ij}=\dfrac{1}{2}\left(\dfrac{\partial u_i}{\partial x_j}+\dfrac{\partial u_j}{\partial x_i}\right)\end{cases} \tag{9.2.31}$$

式中　$\eta$——湍流时间尺度与时均应变率之比；

$E_{ij}$——主流的时均应变率。

与标准 $k-\varepsilon$ 模型相比，RNG $k-\varepsilon$ 模型主要有两点变化：一是通过修正湍动黏度，考虑了平均流动中的旋转及旋流流动情况；二是在 $\varepsilon$ 方程中增加了一项，从而反映了主流的时均应变率 $E_{ij}$，这样，RNG $k-\varepsilon$ 模型中的产生项不仅与流动情况有关，而且在同一问题中也还是空间坐标的函数。从而，RNG $k-\varepsilon$ 模型可以更好地处理高应变率及流线弯曲度较大的流动。

（3）Realizable $k-\varepsilon$ 湍流模型。

Shih 等人指出，标准 $k-\varepsilon$ 模型对时均应变特别大的情形，有可能导致负的正应力，这种情况是不可能实现的。为了保证计算结果的可实现性（realizability），湍流动力黏度计算式中的系数 $C_\mu$ 不应是常数，而应当与应变率联系起来，从而提出了 Realizable $k-\varepsilon$ 湍流模型，其中使用了新的 $\varepsilon$ 方程：

$$\frac{\partial(\rho\varepsilon)}{\partial t}+\frac{\partial(\rho\varepsilon u_i)}{\partial x_i}=\frac{\partial}{\partial x_j}\left[\left(\mu+\frac{\mu_t}{\sigma_\varepsilon}\right)\frac{\partial\varepsilon}{\partial x_j}\right]+\rho C_1 E\varepsilon-\rho C_2\frac{\varepsilon^2}{k+\sqrt{\nu\varepsilon}} \tag{9.2.32}$$

模型系数取值见表 9.2.1。

表 9.2.1　各湍流模型中的系数

| 湍流模型 | $C_\mu$ | $C_{1\varepsilon}$ | $C_{2\varepsilon}$ | $\sigma_k$ | $\sigma_\varepsilon$ |
|---|---|---|---|---|---|
| 标准 $k-\varepsilon$ 模型 | 0.09 | 1.44 | 1.92 | 1.0 | 1.3 |

续表

| 湍流模型 | $C_\mu$ | $C_{1\varepsilon}$ | $C_{2\varepsilon}$ | $\sigma_k$ | $\sigma_\varepsilon$ |
|---|---|---|---|---|---|
| RNG $k-\varepsilon$ 模型 | 0.0845 | $1.42-\dfrac{\eta\left(1-\dfrac{\eta}{4.38}\right)}{1+0.012\eta^3}$ | 1.68 | 0.7179 | 0.7179 |
| Realizable $k-\varepsilon$ 模型 | $\dfrac{1}{A_0+A_sU\dfrac{k}{\varepsilon}}$ | $\max\left[0.43,\dfrac{\eta}{\eta+5}\right]$ | 1.90 | 1.0 | 1.2 |

对上述方程进行数值求解可得到尾流速度、温度、湍流度等一般参数的分布规律。此处,我们只简单给出尾流速度分布简图,如图9.2.24所示。

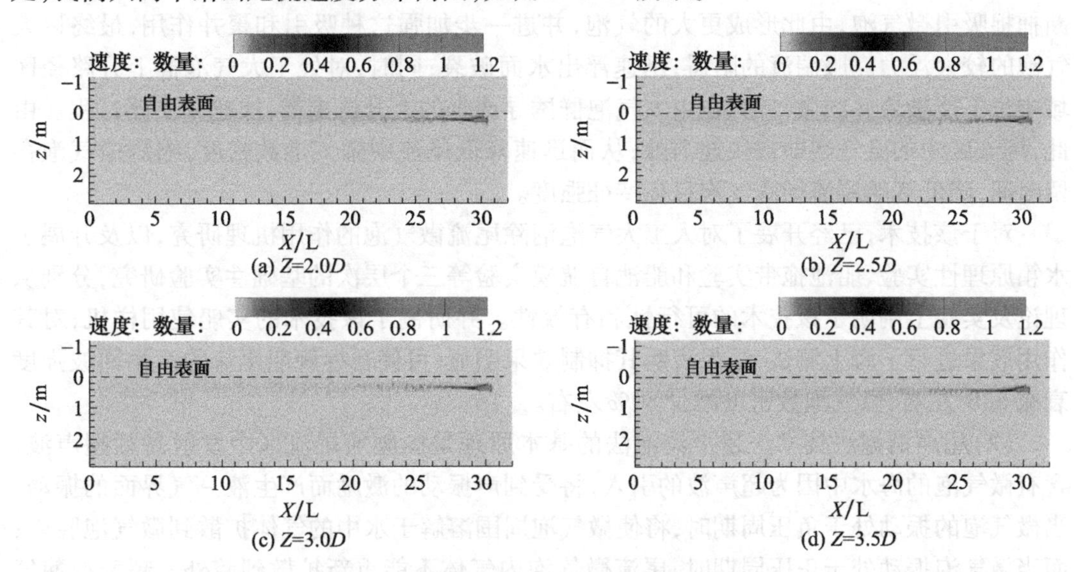


图9.2.24 不同深度时尾流速度分布简图

舰船物理场特征是舰船自身及与环境之间相互作用产生的一系列复杂的物理现象。只有对上述物理场特征进行深入理解才可以研究设计可行的抑制策略或隐身技术。

**2. 尾流场隐身技术**

只要有扰动,就不可能消除尾流。但是,采取一些措施来减小尾流是可能的。例如优化船体线型,设计性能优良的螺旋桨、控制巡航速度等。另一方面,随着边界层控制技术发展越来越成熟,可以采用边界层控制技术来抑制尾流湍流度,改进尾流场特性,从而减弱尾迹场。当然,必须针对水动力场、光场、热场等尾流不同特点进行专门有效的尾流防护。

1)尾流水动力场控制策略

(1)尾流能量吸收法。该方法主要通过吸收推进器(螺旋桨或喷射推进器)所产生尾流中的机械能,从而减弱推进器排出流的强度。尾流吸收器安装在舰船推进器后面,其主要部件是人工肌肉翼面,在它上面或里面安装有一系列电极阵列,将尾流机械能转化为电能。

(2)边界层控制技术。该技术是利用活性覆盖层、聚合物添加剂、高分子喷射等方法,抑制舰船尾流的湍流度。也可以通过涡流消除器、减振器和吸除装置控制涡流,改进流场特性,从而达到消除尾流微气泡目的。

(3)优化船体型线、设计性能优良的螺旋桨。通过创新舰船结构设计,使用优良造船材料,对螺旋桨性能进行优化,均可以达到降低舰船尾流强度的目的。

(4)其他技术构想(控制尾流产生的技术)。该技术是建立在新型材料制造基础上的舰艇隐身系统。此技术可以降低舰船排水量,消除船体高速航行时产生的水流剪切力,使水面表层呈现出大幅度地减少波动,并能够有效减少地舰船推进所需的能量。

2)尾流广场控制策略

(1)人工大气泡消泡法技术。通过一定措施在舰船气泡尾流区下方形成具有合适覆盖面积、合适气泡密度、合适气泡尺度的大气泡群。在大气泡群上浮过程中,由大气泡不断捕捉吸引微气泡,由此形成更大的气泡,并进一步加强这种吸引和聚并作用,最终以大气泡的较大浮力克服湍流的阻碍,迅速浮出水面破裂;同时,对处于大气泡群上升路径区域中虽不能被聚并的微气泡,也由大气泡群诱导产生的上升流携带,加速其上浮过程。由此,尾流区中的微气泡即被快速消除,从而迅速降低尾流中微气泡数密度,缩短微气泡存留时间,降低舰船尾流场微气泡目标特征强度。

对于该技术,已经开展了对人工大气泡消除尾流微气泡的作用机理研究,以及开展了水箱原理性实验、船池拖带实验和船池自航模实验等三个层次的基础性实验研究,分别从理论及实验上阐明了该技术的可行性和有效性。并研制了该技术的实船使用样机,对其作用效果进行了海上测试,结果表明其抑制效果明显,可使目标舰船尾流的声学回波强度衰减 6dB 左右,微气泡数密度减少 80% 左右。

(2)超声消泡法技术。超声消泡法的基本原理是向舰船尾流区中发射高频超声波,含有微气泡的海水中因为超声波的引入,将受到声振动的激励而产生液 - 气界面的振动。当微气泡的振动处于负压周期时,将使微气泡周围溶解于水中的气体扩散到微气泡腔内;而当微气泡振动处于正压周期时,尾流微气泡内气体不能重新扩散到腔外。超声波使气泡振动而达到"整流"作用,使微气泡聚合成大气泡,继而迅速上升到海面直至破裂。

目前,文献报道了两种实施方法:一是在水面舰艇尾部安装一组超声换能器,所发射的超声波相互干扰形成驻波声场,在该声场作用下,尾流中的微气泡融合成大气泡;二是超声换能器经由拖缆拖带,实施微气泡的超声聚并。

(3)释放消泡剂法。该技术利用舰船拖曳系统,在舰船初生气泡尾流下方的一定宽度范围内,连续、均匀地释放消泡剂,以达到抑制及消除尾流微气泡的目的。

3)尾流热场控制策略

对于潜艇的热尾流,针对柴电类常规潜艇充电航行时,可在排气管内设置喷水降温或将排气管设计成水线以下排放;针对核动力潜艇,可通过射流掺混强化冷却设计使得冷却水排放后的初始温度降低,防止因浮力扩散至水面。此外,针对航空红外探潜,发展潜艇尾流水面温度特征实时预报技术并制定红外隐蔽航行操控措施也是红外隐身技术的重要方面。

# 第10章　机舱规划和布置

## 10.1　机舱规划

### 10.1.1　机舱规划的任务

机舱规划的任务是:在舰船中选择某一个或几个最恰当的水密舱段用以安装动力装置的主要设备,同时确定被选定的这一个或几个舱段的几何尺寸。这一个或几个舱段就称为机舱。习惯上以机舱内安装的主要设备命名,如主机舱、副机舱、主副机混合机舱等。蒸汽轮机动力装置的锅炉占有很重要的地位,还必须安排若干个锅炉舱。

动力装置的设备众多,一般不可能被全部安装在机舱内,因而还需要将一些承担专门使命、单独成套且总的体积尺寸较小的辅助动力装置安装在另外的舱室中,或者与非动力装置设备共用一个舱室,这种情况不仅在小型舰船中常见,对中、大型舰船来说尤为如此。按照对舱室命名的习惯,有发电机舱、艉轴舱(有的采用轴隧结构)、舵机舱、锚机(链)舱、冷藏舱、空调舱和备品备件舱等。

### 10.1.2　机舱在舰船中所处部位和宽度的选择

**1. 机舱在舰船中所处部位的选择**

机舱在舰船中所处的部位有三种:

(1)艏置式,安装动力装置主要设备的机舱靠近舰船的前部。用水螺旋桨推进的宽而短的小型高速滑行艇、气垫船等常常采取艏置式。

(2)舯置式,安装动力装置主要设备的机舱位于舰船舯部,一般是指机舱的前端靠近舰船的前后舯分面。绝大部分中型以下的舰艇都采用这种布局方式。主要出于以下考虑:第一,在满足艉轴倾斜角要求的同时,轴系的长度不至于太长;第二,机舱内机械设备的质量很大,一般要占整个舰艇的15% ~30%甚至更多,将它们安排在舯部附近对保持舰艇在漂浮状态下的正常倾差十分有利;第三,舰船舯部的宽度最大,便于安排主机、后传动装置等外形尺寸比较大的设备;第四,从舰艇生命力的观点和要求考虑,当相邻两个水密舱段同时因破损而进水时,在仍能正常地漂浮在水面上的同时,还必须满足三个基本要求:尚具有一定的浮力储备、尚具有一定正值的稳定中心高、保持正确的漂浮状态。而相对于中型以下舰艇来说,机舱的长度和水下容积在整艘舰艇中所占的比例都相当大,因此,将机舱安排在舯部对满足上述四项要求十分有利。

(3)艉置式,机舱的位置安排在舰船的艉部。这种布置方式在中大型以上的军舰上采用较多。因为这类舰船艉部舱室的空间尺寸都比较大,可以将驱动螺旋桨的原动机及其后传动装置安置在内还能预留必需的维修空间。这种布置方式对以执行运输任务为主的需要大容量货舱(或液体舱)的军辅船只尤为适用。许多民用运输船舶往往也采用这种布置方式。这种布置方式带来的不可忽视的好处是轴系的总长度比较短,从而为轴系服务的有关部件如支点轴承等的数量也可减少。

决定机舱位置的最主要的因素是要满足艉轴倾斜角不能过大的需要。在第7章的轴系布置和第8章的舰船阻力与推进中已有详尽的阐述。决定机舱位置的另一个主要因素是必须满足对动力装置生命力的需要。

上述三种部位的示意图如图10.1.1所示。

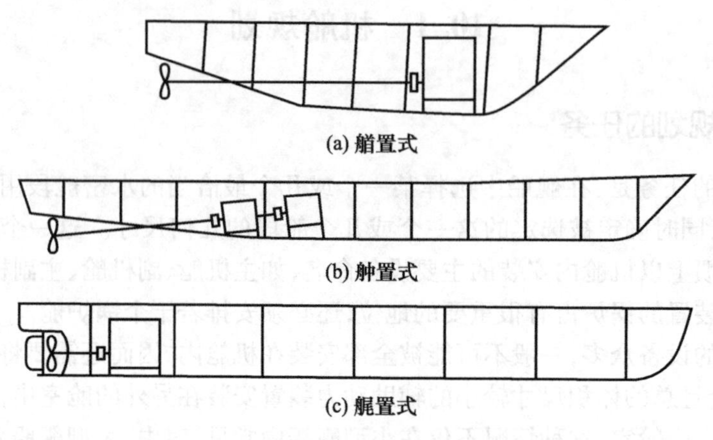


图10.1.1　三种机舱部位示意图

**2. 机舱宽度的选择**

对中大型舰艇尤其是大型军舰来说,相对主机(包括一部分后传动装置在内)、锅炉(或核锅炉)等主要推进装置而言,舰体的宽度允许按舯分面划分成左右两个面对称的机舱。这种构成方式对提高全舰的生命力很有益处,一旦某个机舱破损进水后,由液体自由表面积引起的舰艇稳定中心高的下降值仅是单一舱室的1/4。因此,只要有可能,一般作这样的布局。

但是中型以下舰艇的宽度则不允许这样布局,在横方向上只能安排一个机舱的位置。图10.1.2是两种不同选择方法的示意简图。

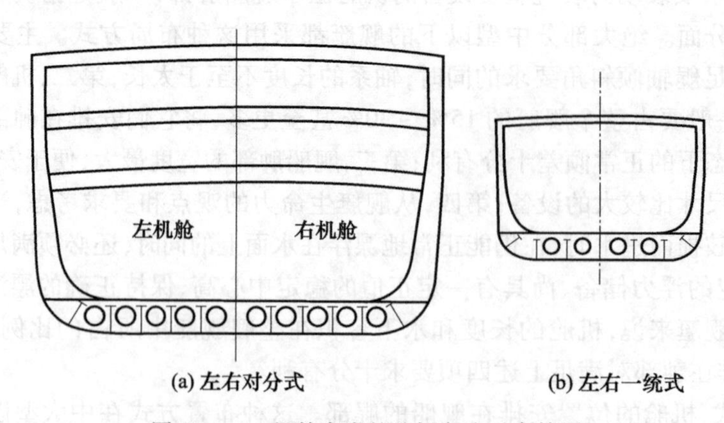


图10.1.2　机舱宽度的选择方法示意简图

**3. 机舱周围环境的安排**

从动力装置生命力的观点出发,为了尽可能地保护机舱,使其遭受破损的可能性和受破损的程度减小到最低限度,在可能的条件下,机舱的两舷采用双层舷,底部采用双层底。在双层舷中一般装载淡水或海水(如大型登陆舰的双层舷中装载海水,供登陆时柴油主机的冷却用,因为此时的海底门很可能被堵住);在双层底中一般装载海水或机油,前者作为压舱水或平衡舱,后者或用作循环,或用作贮藏。图 10.1.3 表示了一般机舱周围环境的安排。

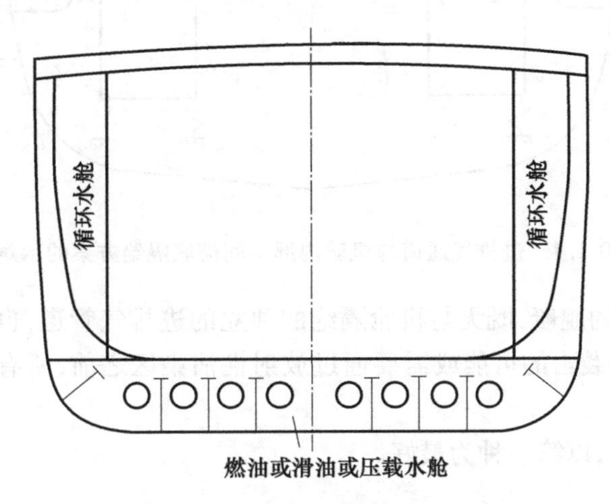


图 10.1.3 一般机舱的周围环境安排

**4. 关于“三防”**

机舱内的原动机需要吸进最大量的外界新鲜空气(核反应堆除外),还要向舰体外排出更大量的废气,从而组成气体的开式循环。以前的机舱是这样来规划和组织气体的开式循环的:

舷外空气→吸入机舱内→进入需要空气的原动机燃烧→排出舷外。

现代舰艇都要求设计成全封闭式以满足“三防”的要求。上述的规划方式显然不能满足上述要求,因为舰员一般都需要在机舱内值勤、值更,进行必要的操作、巡视,排除故障,遭受破损时还要进行损害管制等战斗活动。也就是说,被放射性微粒和生物化学武器所污染的舷外空气,在被吸入机舱而尚未进入原动机之前,必然会与在机舱内进行战斗活动的舰员直接接触。因此,在进行机舱规划时,必须采取可靠的措施以充分地满足“三防”的要求。在这方面有三种方案可供选择:

(1)将原动机所需要的进排气通道与机舱内部空间全部彻底地隔绝。这样,机舱内的舰员就不会与已经被污染的空气接触,如图 10.1.4 所示。

(2)因为现代舰艇的自动化程度均很高,一般的操纵、管理工作都可在集控室内完成。因此,可以将集控室设计成与机舱完全隔绝的两个空间,舰员在集控室中值勤,而不进入已经被污染的机舱。在战斗活动结束或战斗的间隙中立即组织力量对机舱内部进行彻底的洗消。

上述两种方案中,第一种方案显然优于第二种。因为总有需要舰员在未被彻底洗消前进入机舱的时候,在这种情况下就不能保证舰员不被侵害。弥补措施之一是在进入已经被污染的机舱之前,穿戴好包括防毒面具在内的防毒衣具。

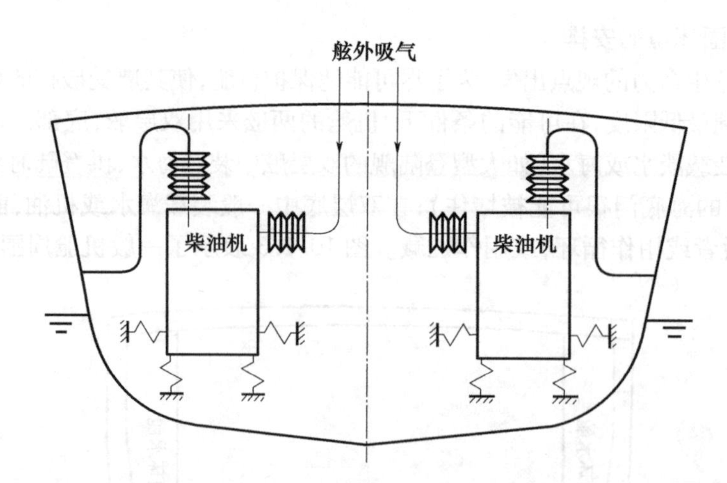


图 10.1.4 进排气通道与机舱内部空间彻底隔绝方案的示意图

(3)对于老一代的舰艇,既无与机舱隔绝的独立的进排气管道,也无集控室。当有遭受核武器和生化武器袭击的可能或需要通过放射性沾染区之前,所有舰员都必须穿戴好防毒衣具。

上述三种方案中,以第一种为最好。

### 10.1.3 机舱高度的确定

机舱的高度对整艘舰船战技术性能指标的影响也很大,因此也可以理解为在确定机舱高度时,应该同时尽最大努力满足整艘舰船战技术性能指标的要求。

对于一般舰船尤其是对于舰艇来说,机舱的最高高度不应当超过从舰艇的底层甲板至主甲板的高度。这样的选择,可以确保有一个完整、平坦的主甲板。这至少可以有两个方面的好处:首先是有利于保证整个舰体的强度和刚度;其次是便于舰员在上甲板进行各种活动。因此,主机的最大高度(包括维修所需的高度在内)应当小于或等于舰体的底层甲板与上甲板之间的高度,这是在选择主机时一条必须满足的约束条件。

从未来海战的特点考虑,对现代舰艇隐身性的要求越来越高。这个要求体现在舰艇的外形尺寸上,表现为对舰艇干舷的高度当然是越低越好,以十分有效地减少对雷达波的反射面积。采用柴油机作为主机时,这一个约束条件也不能例外。也就是柴油主机的最大高度(包括维修所需的高度在内)应当小于或等于舰体的底层甲板与上甲板之间的高度。

众所周知,从柴油机本身的特点来看,按柴油机的工作转速来区分,可以分为低速、中速、中高速和高速四种。低速大功率柴油机自身的高度一般都在十几米以上,再加上维修所需的高度,不可能被采用在战斗舰艇上。20 世纪 60 年代初建造的某型舰,限于当时的技术条件,只能用 43/82 型低速柴油机作为主机。为此,它的主甲板被分成两段:从舰首至主机舱为一段,这一段的干舷比较高;从主机舱向后至舰尾是第二段,干舷比较低。两段主甲板之间的高度相差约为 0.8m,用一段倾斜的过渡甲板连接起来,使舰员的行动十分不便,尤其在雨天和在风浪中航行时,很容易滑倒,影响战斗力的正常发挥。

对于许多军辅船来说,对主机高度的约束则要宽松得多。因为它的主甲板允许在中间部位开设较大面积的舱口,低速柴油主机的顶部可以高于主甲板。因此很多排水量较大的军辅船都采用低速柴油机作为主机。

有一些担负特殊使命的战斗舰艇对主动力装置高度的要求更为苛刻。例如,现代中型以上的登陆舰,它的主要战斗使命是快速地运送坦克、装甲车、军用运输车辆、火炮、弹药,甚至包括气垫船等登陆作战所需要的武器装备以及作战人员。这意味着它的船体基本结构应当与"滚装船"相近——有一个配有艏、艉两个能快速启闭的大门的、从艏至艉的、允许这些作战物资快速地进入舰内和直接投入战场的大通舱。因此它的主动力装置的高度只能被限制在舰体底层甲板与这个大通舱甲板之间。另一方面,这类舰艇对航速的要求并不高,一般在 20kn 以下,也就是对主动力装置总功率的需求并不大。因此,5000 吨级(或更大一些)以下的登陆舰以大功率中高速或高速柴油机作为其 CODAD 型动力装置的主机是很合适的。20 世纪 70 年代建造的某型 3000 吨级登陆舰,因为当时没有这类柴油主机而不得不采用 2×12VE390 型中速柴油机作为主机。这种中速柴油机的高度远远地超过了上述的允许高度,因此只能将两台主机尽可能地靠近两舷布置。尽管如此,还是在舯部靠后的坦克舱内形成了一个"喉部"——也称为"瓶颈",对坦克、装甲车、军用运输车辆等的进舱就位和登陆后的迅速展开十分不利,明显地削弱了该型登陆舰最主要的战技术性能。

由此可见,机舱规划与具体落实舰艇的总体战、技术性能,动力装置的方案论证优化,主机及其后传动装置的选型等工作是不可分割的,必须通盘考虑。

### 10.1.4 机舱的组成方式和数量的确定

**1. 机舱的组成方式**

机舱的组成方式是指布置在机舱内主要机械种类的数量。可分成三类:单纯安放主机或锅炉的主机舱、锅炉舱;单纯安放副机(指发电机组)的副机舱;主副机混合安装的混合机舱。

中大型以上的舰艇一般以单纯型为主,因为它们的主机(有时还包括一部分后传动装置)或锅炉(包括核锅炉)的体积很大,还要配置为其服务的配套辅助机械,在这样的主机(锅炉)舱中很难再安排其他机械。需要另外设置专为安放副机(单指发电机组)的副机舱。当然,在主机舱或锅炉舱尤其是在副机舱内还可能安装一些其他的小型辅助机械,例如空压机(包括压缩空气瓶)、减摇鳍、消防泵、淡海水泵、压力水柜、油料驳运泵、灭火和堵漏器材等。

对中型以下的舰艇则大多采用混合型机舱。也就是在一个机舱内既安装主机,也安装副机(单指发电机组)和其他辅助机械,以达到充分利用有限空间的目的。

**2. 机舱数量的确定**

机舱的数量常常和机舱的组成方式一起考虑。在确定机舱的数量时,还必须尽可能满足动力装置生命力的要求——当遭受武器的袭击而使某一机舱破损进水后,不应该完全丧失推进动力或电源的供应。

从这个角度衡量,对于中型以下的战斗舰艇来说,采用 2 个或更多的混合型机舱,其生命力的综合指标要比采用单纯型的要好。

我国水面舰艇的轴系——螺旋桨系统的数量一般大于或等于 2,也就是由主机及其后传动装置组成的推进模块的数量相应地大于或等于2。在这种情况下,将它们分别安排在前后两个混合型机舱中显然是最合理的方案。

例如,具有四个推进模块的猎潜艇、高速护卫艇、鱼雷快艇,具有三个推进模块的高速导弹护卫艇、导弹快艇,都采用前后两个混合型机舱这种布局。具有两个 CODOG 推进模块的驱逐舰也采用两个混合型机舱,不过它的两个推进模块中的燃气轮机均布置在前机舱,两个推进模块中的柴油机和齿轮箱均布置在后机舱,前后两个机舱内还各有一套既可并网,又能独立供电的柴油发电机组和配电屏。

有两个例外。一是20世纪60年代建造的柴油机动力某轻型护卫舰,由于只能选用外形尺寸较大的中速柴油机,如果采用两个混合型机舱,则每个机舱的长度都很长,将不能满足生命力的一项基本要求(相邻两个舱室破损进水后,仍具有规定的储备浮力并保证具有规定的稳定中心高),因而只能采用单纯型布局——位于最前方的是前副机舱,主要布置两套柴油发电机组及其配电屏,组成前电站;位于中间的是主机舱,布置两台主机;位于主机舱后面的是后副机舱,主要布置一套柴油发电机组及其配电屏,组成后电站;总共是三个机舱。二是同期建造的蒸汽动力驱逐舰,它的左右两套推进模块(主要由蒸汽轮机以及配套的减速齿轮箱组成)也都布置在同一个机舱——主机舱内。至于它的锅炉舱则有前后两个,每舱的左右舷均安置两套主锅炉及其附属设备,总共有四套。

在国际上,也有一些例外。以美国为例,他们在第二次大战前后建造的许多蒸汽动力驱逐舰都只有一套推进模块——单轴、单桨,因此也只能设置一个主机舱。

由此可得出以下结论:第一,机舱的数量必然与推进模块的数量、推进模块的构成方式(主要是所选用的主机类型)有密切的联系,同时要满足生命力的要求;第二,推进模块的数量又与螺旋桨数目直接关联,在考虑推进模块的数量时,也要满足生命力的要求;第三,对于中型以下战斗舰艇,由于我国目前尚不能生产舰船用的燃气轮机,因此由中高速或高速大功率柴油机组成的 CODAD 式推进模块是最合理的选择,这种推进模块在诸如中大型登陆舰中的优越性更为突出。

### 10.1.5 关于集控室

从组成战斗力诸因素和战士心理学的角度看,在平时尽量保证舰员可以在比较舒适的环境中值班、值勤,使他们能够主动地热爱并迅速地熟悉自己的岗位、减少舰员的体力消耗、保存战斗力中最活跃最能动的实力;在战斗中则能减少不必要的伤亡、减员,也是舰船轮机工程设计者必须遵循的原则之一。另一方面,随着科学技术特别是计算机监控技术的飞速发展,为对包括远距离遥控——隔舱操纵在内的全套动力系统实施全方位的自动监控提供了可能(这部分内容将在第11章中较详细阐述)。于是,在机舱规划中要专门辟出一个独立空间用作集中监控的指导思想也就自然而然地形成了。这个用作集中监控全套动力系统的独立空间就是"集控室"。

集控室内布置的主要是由现代电子元器件和计算机组成的集控台,同时预留出舰员在此进行值班、值勤活动以及维修这些元器件和计算机所需的空间。因此,集控室本身的尺寸(长、宽、高)并不大,容易对它实施有效的抗冲击保护(例如采用整体式气垫支撑技术、整体悬浮式支撑技术等),在密闭的集控室内比较容易实现高质量的人造环境——如满足"三防"要求的闭式空气循环系统,很低的噪声,适宜人员长期活动的气温、相对湿度和净洁度等。

所有这些需要和可能的结合,使集控室的地位日趋重要,保护集控室的各种技术日趋成熟。即使在200t甚至更小的小艇上也专门设置了功能齐全的集控室。机电战斗部门的舰员在一般情况下都在此值班、值勤,只需定时(如一小时一次)到机舱内巡视即可。最有说服力的例证是一种排水量不到200t的多功能扫雷艇,它的集控室与驾驶舱合为一体,称为"驾控舱",驾控舱采用了整体式气垫支撑技术,该舱在垂向受到50个重力加速度的冲击时,其中的人员仍能安全无恙。

在机舱的位置、数量和组成的类型等原则确定后(也就是完成机舱规划后),需进一步完成机舱内部布置的设计。

## 10.2 机舱布置

### 10.2.1 机舱布置的任务和必须遵循的原则

**1. 机舱布置的任务**

机舱布置的任务用一句话就可概括:把属于这个机舱的所有设备(包括管系)科学地定位,使之成为一个能够充分发挥所有设备并包括人员能动性在内的整体战斗力的系统。

由于在一个即使是很小的机舱内的设备也是如此之多,所有设备相互之间的联系和制约又是如此的错综复杂,还要充分地考虑到在各种情况下舰员能发挥他们的主导作用,因此要科学而合理地完成机舱布置任务是很不容易的。作为一个机舱布置的设计者,犹如一个指挥员,首先要有全局观念,也就是要对该机舱内每个机械设备的总体性能、外形尺寸、所需的操作维修条件(如所需的空间、工具的配置等)、舰员与它们的联系、各设备之间的制约关系等了如指掌,做到全局在胸;其次要能够按照各设备之间以及舰员与它们之间的内在联系,正确地区分主从关系;再次要具有坚实的数理功底(如线性规划、多目标综合寻优理论等)和美学基础并能在进行机舱布置的全过程中应用自如。唯有如此,才能在被严格限定的空间内,出色地完成机舱布置的任务。

**2. 机舱布置中必须遵循的原则**

尽管机舱布置的任务看似千头万绪、杂乱无章,但是只要时时处处遵循并充分体现下列8条原则,就能以清醒的头脑有条不紊地处理好各种关系。

(1)先主后次。

例如:对单一型主机舱或混合型机舱来说,主机(包括应该安放在本舱室内的后传动装置)的位置是在方案设计阶段早就确定了的,因此要首先将其定位。在此基础上再按照主从次序逐一安排其他设备。

又如:对单一型副机舱来说,发电机组是其中最主要的设备,应当首先将其定位。定位时,要满足它所需要的操作维修空间。然后再按照主从次序逐一安排其他设备。

(2)先大后小。

一般外形尺寸大的设备不易安排,而小的则容易见缝插针,有利于提高机舱面积的利用率和布置的合理性。

(3)从下而上,充分利用空间。

一般机舱的净高(从底部供舰员平时行走的通行甲板(俗称花铁板)到上部构件的最下沿之间的高度)即使是200t左右的小艇也在1.8m以上,大一些的舰艇可达数米。而很多小型设备包括维修在内的高度只需零点几米,因此,可以在不影响主要设备运行、操作和维修的两舷进行分层布置。这里所指的“分层布置”包含两层意思:对于净高在1.8~2.5m范围内的机舱,通常按一层考虑,在这一层内,两舷进行分层布置;对于净高大于2.5m的机舱,其两舷可以先用通行甲板分成上下两大层(人员经常行走的那一层的高度控制在1.8m左右,余下的则可略低些,也就是不平均分配),再对每一大层进行分层布置。

对于单一的副机舱,因为发电机组的高度并不大,因此在有条件时可以将整个副机舱分成两层。

一些平时不需要更多保养的尤其是不运转设备如独立的喷射泵、电动机-水泵组、冷却器、过滤器、循环油箱、管路、阀门等,尽可能安排在机舱的最底部通行甲板的下面。在不影响充分发挥设备性能和生命力的前提下,一则可保证人员的畅通无阻,二则也可形成整齐净洁的环境,为人机合一创造优越的条件。

这样,可以充分地提高机舱的空间利用率。

(4)先重后轻。

质量大的设备一般应安排在机舱的下部且尽可能位于中间,较轻的则布置在两舷,这样对整艘舰艇在平时尤其是在遭受破损后仍保持正确的漂浮状态和必需的稳定中心高很有益处。

(5)满足生命力的要求。

生命力的要求体现在各个方面,可以归纳成以下几个方面:

①舱内的主要设备和只有一台没有备份的设备应该尽可能布置在艏艉向的舯分面附近,靠近两舷的部位则布置次要的和有备份的设备。

②必须留有安放损管器材的空间,该空间的位置必须便于舰员使用、展开。

③受损后需要立即抢修的机械、管路,应当预留便于抢修的空间,而且抢修所需的器材和工具应该配置在附近。

④在配电柜、排烟管道等易有火花和高温场的上方,不允许有燃油管路经过。

⑤舱底容易积油、积水。在战斗中,积油是引发火灾的隐患,积水则是加速舰体底部壳板腐蚀的重要原因。因此,机舱布置应该预留便于舰员清除这些积油积水的空间,如果不能满足此要求,则应配置吸干设备。

⑥绝对禁用在较低温度下即丧失原来性能甚至引起自燃的材料。

某型20世纪80年代的1800hp拖轮,主机的日用燃油箱设在主机的上方,连接日用燃油箱和主机的燃油管是塑料管,平时就有很少量的渗漏,渗漏下来的柴油聚集在从柴油机通往废气涡轮的排气集管外部的隔热包裹层内,没有引起重视。在一次执行拖带任务中,由于被拖物阻力大,加之有大风浪的影响,主机较严重的超负荷,引起拉缸并引发曲柄箱爆炸,废气涡轮下面的曲柄箱安全阀被冲开,火焰上蹿,烧着了原来积聚在隔热包裹层内的柴油,进而烧断了塑料燃油管,燃油大量流出,造成整个机舱火灾。人员被迫撤离后,采用封舱并灌注1211灭火剂后才彻底消灭了火灾。由于在人员撤离前,主机班长及时关闭了另一台主机日用燃油箱的供油阀,另一台主机才得以保全。事后,用这台主机单机航行返回基地。

在20世纪80年代的英阿马岛海战中,英国的"谢菲尔德"驱逐舰,被"飞鱼"导弹击中后,由于其上层建筑用了很多自燃温度较低的铝合金,引起大火,无法扑灭,最终沉入海底。

这些都是值得注意的教训。

(6)根据设备之间的依存关系按照线性规划的理论进行统筹安排,避免不必要的重复回路和相互交叉,达到最佳的匹配状态。在管系和电路布置中,这一点尤为突出,因而显得格外重要。

仅就为柴油主机服务的动力管系而言,一个机舱内至少有六种之多;再加上全舰性管系,可多达十几种;还有供电系统的电缆、监控系统的电缆等。各自的走向也不同,唯有在事先作好整体规划,才能使它们的位置井然有序、有条不紊,既便于舰员掌握,又便于在破损时进行抢修,还可将管路和电缆的长度减至最短,所占用的空间、重量小,受损的概率也小。这是一举多得的最好例证。稍有不慎,就会使这些管路和电缆形成一个密密麻麻、纵横交错、杂乱无章的网络,以三维空间的形式将机舱包围得难以插手。在这种情况下,还谈什么人机合一、生命力?

在布置相互间有关联的设备时,要尽可能使它们之间的距离近些,对那些需要大直径管路联结的设备更应首先满足。

(7)有利于人员就位和撤离。

在设计机舱内通道时,必须规划好舰员从舱门快速到达各个战位的就位路线和从各个战位快速撤离机舱的撤离路线。

从满足生命力的要求出发,机舱出入口的位置均应在舰艇最深的吃水线以上,因此在水密隔墙上一般不能安排机舱出入口;其数量一般要在两个不同方向上各安排一个,也就是或者左右各一个或者前后各一个;机舱出入口的具体位置和形状还要服从舰体结构强度的要求。所有这些都必须和总设计师协调,不能自作主张。

对于小型舰艇,很可能是这样安排的:其中一个是常用的,设置一个便于舰员上下通行的楼梯,占用的面积和空间可能较多,为了充分利用面积,可以在楼梯下面安排一些不需要经常操纵或维护的设备如辅助性的小型泵 - 电动机组、阀门等;另一个则为紧急出口,是为了在常用出入口因受损而无法打开或该处起火等情况下,保证舰员仍能撤离。为了节省所占用的面积和空间,紧急出口的尺寸相对要小一些,该处的梯子也不如常用出入口处那样方便。

对于中型以上舰艇,两个出入口的大小及其楼梯结构基本相同。

(8)通道宽度、维修空间选择和对舰员的安全保护。

①通道宽度选择。

对于主要通道,一般应该尽可能保证有0.5m。对于只有少数人员间断通行的次要通道,则应在0.3m以上,保证能够侧身通过。

②维修空间选择。

在轴系穿过机舱水密隔墙之处均设有隔墙密封装置。对于径向密封型填料箱结构,需要定期调整填料的压紧度或更换填料;对于轴向密封型机械密封结构,则需要定期调整其弹簧的预紧力或修理、更换密封部件(动环和静环)。

轴系的推力轴承、支点轴承需要定期检查其间隙或修理、更换等。

辅助推力轴承除了上述维修保养工作之外,在主推力轴承受损时,要通过舰员的操纵使其承受推力。

轴系各轴段之间的刚性联轴节有时需要拆开、装复。

……

所有这一切都要求在机舱布置时预留维修空间。各方面的经验证明,进行这些工作需要在轴向预留 0.5m 的空间。

③对舰员的安全保护。

机舱中不乏诸如柴油机排烟管、排气消音器等输送高温流体的管道和设备,这些管道和设备外表面的温度很高,在设计时,必须对它们采取有效的隔热措施。在经常有舰员活动或通行的部位,要确保外表温度在50℃以下,以防止烫伤。即使在舰员不会触及的地方,也应尽可能包覆隔热材料,以减少传向机舱内的热量,这对于保持机舱内温度不致过高是必需的,对于在亚热带和热带海区航行的舰艇来说更为重要。在 10.3 节中将有论述。

综上所述,进行科学、合理的机舱布置的过程,就是具体落实设计指导思想的过程,看似烦琐平常,却是体现设计师综合水平的主要标志之一。

### 10.2.2 机舱布置实例

图 10.2.1 给出了现代采用 CODOG 型主动力装置、双轴双桨舰船的机舱布置,图 10.2.2 给出了全柴动力、四机四轴四桨高速护卫艇的机舱布置。读者可以对照 10.2.1 节所述 8 条原则自行评判它们的合理之处和尚可改进之处。

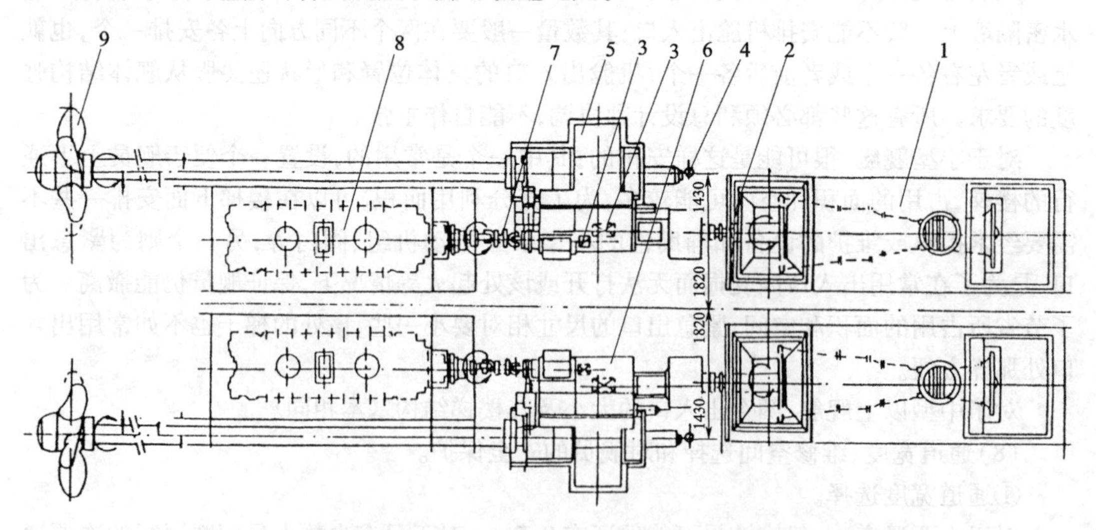


图 10.2.1 采用 CODOG 型主动力装置、双轴双桨舰船的机舱布置简图

1—燃气轮机;2—高速联轴节;3—SSS 离合器;4—压缩空气入口;5—左舷减速齿轮箱;6—右舷减速齿轮箱;7—万向联轴节;8—柴油机;9—调距螺旋桨。

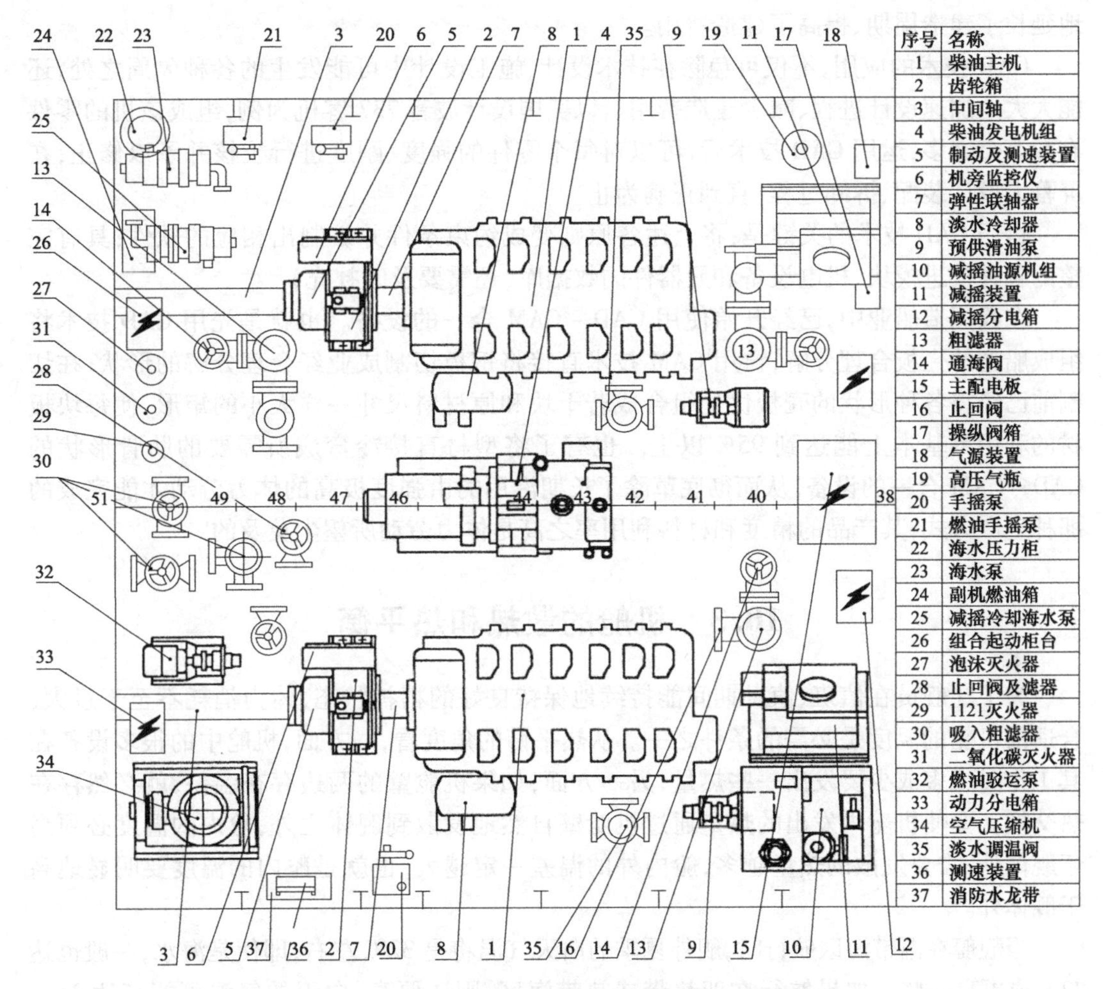

| 序号 | 名称 |
|---|---|
| 1 | 柴油主机 |
| 2 | 齿轮箱 |
| 3 | 中间轴 |
| 4 | 柴油发电机组 |
| 5 | 制动及测速装置 |
| 6 | 机旁监控仪 |
| 7 | 弹性联轴器 |
| 8 | 淡水冷却器 |
| 9 | 预供滑油泵 |
| 10 | 减摇油源机组 |
| 11 | 减摇装置 |
| 12 | 减摇分电箱 |
| 13 | 粗滤器 |
| 14 | 通海阀 |
| 15 | 主配电板 |
| 16 | 止回阀 |
| 17 | 操纵阀箱 |
| 18 | 气源装置 |
| 19 | 高压气瓶 |
| 20 | 手摇泵 |
| 21 | 燃油手摇泵 |
| 22 | 海水压力柜 |
| 23 | 海水泵 |
| 24 | 副机燃油箱 |
| 25 | 减摇冷却海水泵 |
| 26 | 组合起动柜台 |
| 27 | 泡沫灭火器 |
| 28 | 止回阀及滤器 |
| 29 | 1121灭火器 |
| 30 | 吸入粗滤器 |
| 31 | 二氧化碳灭火器 |
| 32 | 燃油驳运泵 |
| 33 | 动力分电箱 |
| 34 | 空气压缩机 |
| 35 | 淡水调温阀 |
| 36 | 测速装置 |
| 37 | 消防水龙带 |

图 10.2.2　全柴动力、四机四轴四桨高速护卫艇的机舱布置

## 10.2.3　CAD 和 CAM 等技术在机舱布置中的应用

由上述内容可以看出:机舱布置需要考虑的方面是如此之多;每个方面之间又有着千丝万缕的联系并相互制约,常常是牵一发而动全身;这些联系和制约还有主动、被动,主要、次要、更次要……的区别。因此不仅工作量非常大,更在于要正确地找出这些联系和制约关系,判明先后次序,判明主次,判明主从。在设计新型舰艇时,如果没有母型作蓝本,那么一切都将从零开始。在这种情况下,即使是最有经验的设计师也难免有疏漏或不合理之处,更不用细论工作量有多大了。以完成一艘 200 吨级小型高速护卫艇机舱布置的技术设计为例,需要六个有经验的工程师一起工作约 2.5 个月。仅此一点,就足以说明问题了。

在施工设计中,还要将技术设计进一步具体化。通常先在车间内按一定的比例建造机舱的模型,要求技术人员和工人能在这个模型中安装或拆卸按同样比例制成的每个设备、管路、电缆等模型,用以检验是否一切都合理,否则进行修改,直到满足要求为止。因此,一般小型舰艇均选用 1 : 1 的比例,中型以上的可适当缩小。这样做的结果至少明显地延长了建造周期、提高了建造费用。

CAD 技术的应用,不仅可免除在技术设计、施工设计中可能发生的各种欠周之处,还能大大地加速设计进程、减少建造费用。以美国设计波音 737 客机为例,组成该机的零件有数万个之多,运用 CAD 技术后,可以对每个零件的强度、刚度进行校核并予以修正;在屏幕上设计装配、拆卸过程,直到正确为止。

运用 CAD 技术的关键是:将上述各原则变成约束条件并编制出相应的软件;具有完整的各种推进模块、机电设备和元器件的数据库(还需要及时补充)。

在我国造船业中,已经开始使用 CAD - CAM 合一的设备。也就是先用 CAD 技术将组成船型的壳板合理分解;再用 CAM 技术直接将钢板切割成业经合理分解的形状;在切割前已经将各种形状的壳板优化组合成若干块和原材料尺寸一样大小的矩形,使每块板材的利用率基本上能达到 95% 以上。也有了将型材直接冷弯成所需要的肋骨形状的 CAD - CAM 合一的设备,从而彻底革除了长期沿用的由强度极高的体力劳动才能完成的那种生产方式,其产品的精度和材料利用率之高是体力劳动所望尘莫及的。

## 10.3 机舱的散热和热平衡

为了让舰员在值班、值勤期间能持续地保持良好的精神状态,体力消耗不至于过大,合适的机舱的温度是必需的条件之一。从热平衡的角度看,一方面,机舱中的很多设备在其工作时或多或少要发出一些热量;另一方面,如果机舱壁的两边存在温差,就必然存在热交换。要使机舱内发出的热量通过机舱壁自然地发散到舰体之外,舱内的温度必须高于舰体外;需要发散的热量越多,舱内外的温差一定越大,也就是舱内的温度要明显地高于舰体外。

当舰艇在温带海区航行时,舰外夏季的白天气温将是 32℃左右;即使是海水,一般也达 22℃或更高一些。如果航行在亚热带或热带海区,则还要高,白天的气温可能高达 35 ~ 40℃,水温也达 30℃左右。因此,如果没有散热措施,舱内的温度将超过 GJB 14.1A—89《舰船轮机规范 水面舰船》允许的范围。

因此,进行机舱布置设计时,还要完成从机舱带走热量方式的选择,在此基础上,进行机舱热平衡计算,以确定在单位时间内需要从机舱带走的热量。对于在寒冷海区航行的舰船,则要选择加热方式和确定加热功率。实际上,机舱内的机械设备一旦运行起来之后,它们所发出的热量不仅能使机舱的温度迅速升高,如果不及时带走其中的大部分,机舱内的温度将上升到不能容忍的程度。所以,这里所指的选择加热方式和确定加热功率主要是指机舱在冬季处于停止状态时,为保持其所要求的温度(一般要求不低于 5℃)而采取的措施。可见,机舱热平衡计算的重点是针对散热。

### 10.3.1 从机舱带走热量方式的选择

现代战斗舰艇的机舱有两种情况:一般是全封闭的;还有一种集控室是全封闭的,而机舱本身则是开式的。这两种机舱带走热量的方式也各不相同。

**1. 全封闭式机舱带走热量的方式**

采用全封闭式机舱的舰艇本身也是全封闭的。凡是需要从舷外不断吸进空气或海水才能完成其工作循环再排向舷外的机械,则与它们连通的所有管路都直接与舷外相通,与机舱内部是完全隔离的。因此不能指望这些舷外空气或海水带走舱内的热量,而必须依靠全舰性的空调通风系统完成此任务。除此,别无选择。

**2. 开式机舱带走热量的方式**

开式机舱带走热量的方式,绝大部分利用舷外空气温度低于规范要求温度的特点,采用机舱通风方式来实现。至此,问题变成了采用哪一种机舱通风方式。

1)自然通风

依靠机舱内原动机在工作中吸进舷外空气的路径中,让空气经过机舱,形成自然通风。

机舱内的原动机除核反应堆之外,都需要舷外空气的不断补充。因此,原动机所需要的空气流量也必然同时是机舱所需通风量的一部分。所以有三种可能:

第一种情况:机舱所需通风量 < 原动机所需要的空气流量。

第二种情况:机舱所需通风量 = 原动机所需要的空气流量。

第三种情况:机舱所需通风量 > 原动机所需要的空气流量。

从表面上看,在第一、二种情况下似乎可以采用自然通风方式而不需要另设机舱通风系统。但是,这种方式必然使机舱内的空气存在一定的真空度,因而对于那些输出功率受进气真空度和进气温度影响较明显的原动机来说是不可取的(例如燃气轮机就是如此);对于现代舰用蒸汽轮机的锅炉来说,已经发展到使用增压锅炉的水平,也就是要专门为其配置较高压力的鼓风机;唯有对进气真空度和进气温度的影响不十分敏感的柴油机可以考虑采用这种方式,但也只能在进气路线较短、进气阻力不大因而机舱真空度较小的小型舰艇上采用。在其他情况下一般均采用强制通风方式。

2)强制通风

第三种情况说明了需要专门设置机舱通风机,然而在确定通风机流量时根据强制通风的方式有两种选择:

(1)鼓风式。

当选用鼓风式强制通风系统时,应当使"通风机流量 = 机舱所需通风量"。通常在机舱顶部设置若干台鼓风机,将舷外空气鼓入机舱。如图 10.3.1 所示,鼓入机舱空气的一部分被吸入原动机,余下的则从机舱的人员出入口处排至舷外。

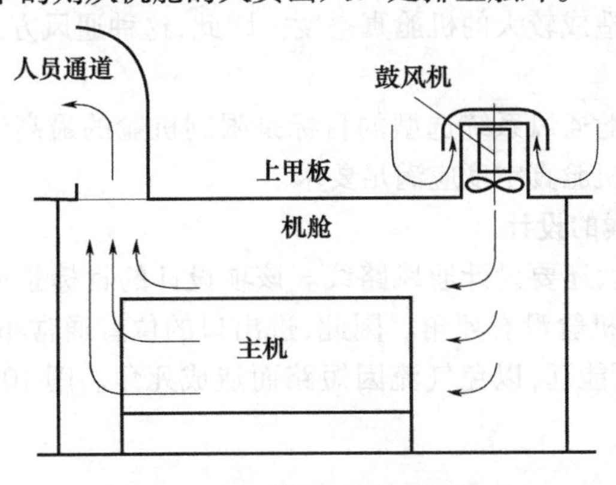


图 10.3.1 鼓风式强制通风方式

(2)抽风式。

从图 10.3.1 可看出,鼓风式强制通风方式不适用于“通风机流量 = 机舱所需通风量 - 原动机所需要的空气流量”这种情况。因为在这种情况下的鼓风式强制通风方式能够提供的空气量只可能小于机舱所需的通风量。这可由下面的三种工况说明:

①如果“通风机流量 > 原动机所需要的空气流量”,由于鼓入的风压肯定高于环境压力,因此鼓入机舱的空气将首先被原动机吸入,多余部分将从人员出入口处排至舷外。在这种情况下,进入机舱的空气流量的最大值只能是通风机的流量。而这个流量是不能满足需要的。

②如果“通风机流量 = 原动机所需要的空气流量”,则鼓入的舷外空气全部被原动机吸入,没有多余。进入机舱的空气流量的最大值也只能是通风机的流量(或原动机所需要的空气流量),这个流量也是不能满足需要的。

③如果“通风机流量 < 原动机所需要的空气流量”,则鼓入的舷外空气还不足以满足原动机的需要,其差额将由自然通风方式补足。因此,进入机舱的空气流量的最大值也只能是原动机所需要的空气流量,显然也不能满足需要。

因此,在这种情况下,只能采用抽风式强制通风系统,如图 10.3.2 所示。

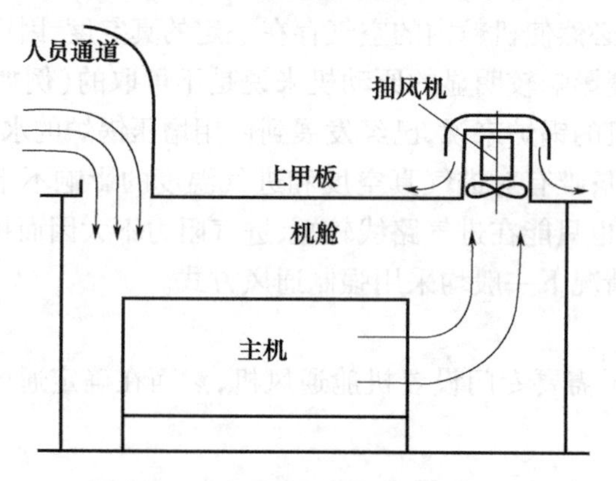


图 10.3.2　抽风式强制通风系统

从图 10.3.2 中可看出,进入机舱的舷外空气由两部分组成:一部分是由原动机吸入,另一部分由抽风机吸入。这种方式的优点在于抽风机所需的流量较小,功率消耗也相应地要小;其缺点是可能造成较大的机舱真空度。因此,这种通风方式也只能应用于对进气压力不敏感的机舱中。

综上所述,开式机舱通风系统选型的目标是限制机舱的最高温度。约束条件是系统的功率消耗尽可能低;机舱真空度应满足要求。

**3. 机舱内通风路线的设计**

通风方式确定之后,还要设计通风路线。该项设计的目标是使所有的发热设备都能得到充分的冷却,整个机舱没有死角。因此,进出口的位置通常布置在机舱的前后两端,使它们之间的距离尽可能远,以免气流因短路而造成死角。图 10.3.1 和图 10.3.2 都是按此原则安排的。

### 10.3.2 机舱的热平衡计算

**1. 机舱的热平衡计算的一般原则**

宏观来看,机舱的热平衡计算和一般的热平衡计算并无二致,即

设备发热量+经机舱壁传入热量=通风系统散热量

但实际上,在技术设计阶段有许多系数尚不十分清楚,因此需要选取相应的经验数据。不论怎样,上式告诉我们:尽可能减少由设备和舱壁传给舱内的热量,就可减少通风系统的散热量,也就是减少了功耗。

**2. 机舱的热平衡计算实例**

下面介绍一艘以柴油机作主动力、采用混合型机舱的小型舰艇的机舱热平衡计算。

1)设计参数

环境温度:$t_{空气}=35℃$(干球);要求的舱室温度:$t_{舱室}=45℃$(干球)

2)设备散热量(对于未提供其散热量的部分设备,参照有关资料进行估算)

3)柴油机燃烧所需的空气量 $Q_C$

$$Q_C=Q_{dP}+Q_{dG} \tag{10.3.1}$$

式中 $Q_{dP}$——推进柴油机所需空气量($m^3/s$);

$Q_{dG}$——发电用柴油机所需的空气量($m^3/s$)。

根据 ISO 8861—1988:

$$Q_{dP}=ZP_{dP}m_{ad}/\rho \tag{10.3.2}$$

式中 $Z$——主机台数(此处 $Z=2$);

$P_{dP}$——每台主机的功率(kW)(此处为 1000);

$m_{ad}$——0.0020kg/(kW · s)(每 1kW · s 所需的空气质量);

$\rho$——1.13kg/m³(35℃)。

所以 $$Q_{dP}=12743m^3/h$$

同理,$Q_{dG}=637m^3/h$(柴油发电机功率为 100kW)

于是:$Q_C=12743+637=13380m^3/h$。

4)机舱接受热量 $\Phi$ 计算

$$\Phi=\Phi_{dP}+\Phi_{dG}+\Phi_G+\Phi_E+\Phi_{PP}+\Phi_A(kW) \tag{10.3.3}$$

式中 $\Phi_{dP}$——柴油主机散发的热量(kW),生产厂家提供的数据,两台机为 83kW;

$\Phi_{dG}$——发电机组中柴油副机散发的热量(kW),根据 ISO 8861—1988:

$$\Phi_{dG}=P_{dG}\cdot\Delta_{hG}(kW) \tag{10.3.4}$$

式中 $P_{dG}$——柴油副机的功率(kW),此处为 100;

$\Delta_{hG}$——柴油副机的散热率,ISO 8861—1988 推荐为 10%。

所以 $$\Phi_{dG}=10(kW)$$

$\Phi_G$——发电机的散热量(kW),ISO 8861—1988 推荐为

$$\Phi_G=P_G(1-\eta)/\eta \tag{10.3.5}$$

式中 $P_G$——发电机的功率(kW),此处为 90;

$\eta$——发电机的效率,生产厂家提供 $\eta=94\%$。

所以 $$\Phi_G = 5.74(\mathrm{kW})$$

$\Phi_E$——所有电气设备的发热量(kW),ISO 8861—1988 推荐为

$$\Phi_E = P_G \cdot 10\%(\mathrm{kW}) \quad (10.3.6)$$

所以 $$\Phi_E = 9(\mathrm{kW})$$

$\Phi_{PP}$——排气管散发的热量(kW)。该艇的排气管由水套包覆,表面温度≤50℃;排气波纹管内设有高效隔热套,表面温度≤150℃。因此可以认为 $\Phi_{PP} \approx 0$。

$\Phi_A$——所有辅助设备散发的热量(kW)。该机舱内所有辅助设备的散发热量之和极小,可以略去不计,故 $\Phi_A \approx 0$。

所以 $$\Phi = 107.74(\mathrm{kW})$$

5)机舱通风量 $Q_h$ 计算

$$Q_h = \Phi/\rho C_P \Delta T(\mathrm{m^3/h}) \quad (10.3.7)$$

式中 $\rho$——空气密度(kg/m³),此处的环境温度为35℃,故 $\rho_{35℃} = 1.13$;

$C_P$——空气在35~45℃时的定压比热(kW/kg·℃),此处为1.01;

$\Delta T$——舱内外空气的温差(℃),$\Delta T = t_{舱室} - t_{空气} = 10℃$。

所以 $$Q_h = 9.44(\mathrm{m^3/s}) = 3.4\times10^4(\mathrm{m^3/h})$$

6)机舱通风方式选择

已经求出 $Q_h = 34000(\mathrm{m^3/h})$,$Q_C = 13380\mathrm{m^3/h}$,所以属于机舱所需通风量>原动机所需要的空气流量的情况。如果采用鼓风式强制通风,则鼓风机的流量应当≥$Q_h$;如果抽风式强制通风,则能利用柴油机的抽吸能力,抽风机的流量 $Q_h \geq 34000 - 13380 = 20620\mathrm{m^3/h}$ 即可,其功耗必然减小。但要校核机舱真空度。

7)抽风机初步选型

(1)抽风机流量 $Q_{CF}$ 的确定。

考虑到舷外空气进入机舱后温度升高引起的密度减小,因此有:

$$Q_{CF} = (Q_h - Q_C)\cdot\rho_{舱内}/\rho_{舷外} \quad (10.3.8)$$

此处 $\rho_{舱内} = \rho_{45℃} = 1.101\mathrm{kg/m^3}$;$\rho_{舷外} = \rho_{35℃} = 1.13\mathrm{kg/m^3}$,因此有:

$$Q_{CF} = 21200\mathrm{m^3/h}$$

按两台抽风机配置,每台的流量为10600m³/h。

(2)抽风机初步选型。

从产品样本中初步选定与要求流量相近的CZ-70型轴流式抽风机两台,主要性能如下:

流量 $Q_{CF}' = 12000\mathrm{m^3/h}$;$H_{全压} = 450\mathrm{Pa}$;$n = 1450\mathrm{r/min}$。

电源:三相交流380V;功率 $P = 3.0\mathrm{kW}$。

外形尺寸:直径为700mm,可以在给定的空间内安装。

噪声级:不大于85dB(A)。

8)校核

(1)抽风机压头校核。

要求:

$$H_{全压} \geq H_1 + H_2 + H_3 + H_4 \quad (10.3.9)$$

式中 $H_1$——进风口压力损失；

$H_2$——抽风口压力损失；

$H_3$——抽风管道压力损失；

$H_4$——出风口局部压力损失。

①进风口压力损失。

$$H_1 = \rho V_1^{\ 2}/2 \tag{10.3.10}$$

式中 $\rho$——进风口空气密度(与干球 35℃相应)，为 1.13kg/m³；

$V_1$——进风口流速(与干球 35℃相应，m/s)，有

$$V_1 = (2Q'_{CF} + Q_C)/3600F \tag{10.3.11}$$

式中 $F$——进风口面积(m²)，此处为 0.5。

所以

$$V_1 \approx 20(m/s)$$

$$H_1 = 226Pa$$

②抽风口压力损失。

$$H_2 = \alpha\rho V_2^{\ 2}/2 \tag{10.3.12}$$

式中 $\alpha$——抽风口局部阻力系数，此处为 0.25；

$\rho$——抽风口空气密度(与干球 45℃相应)，为 1.101kg/m³；

$V_2$——抽风口流速(与干球 35℃相应，m/s)，有

$$V_2 = Q'_{CF}/3600F_1 \tag{10.3.13}$$

式中 $F_1$——抽风口面积，此处为直径 0.7m 的圆，故 $F_1 = 0.385m^2$。

所以

$$V_2 \approx 8.7(m/s)$$

$$H_2 = 10.4Pa$$

③抽风管道压力损失。

$$H_3 = \lambda\rho L V_2^{\ 2}/2D \tag{10.3.14}$$

式中 $\lambda$——抽风管道阻力系数，此处为 0.02；

$D$——抽风管直径，此处为 0.7m；

$L$——抽风管长度，此处为 3m。

所以

$$H_3 = 3.6Pa$$

④出风口局部压力损失 $H_4$。

计算式与式(10.3.10)相同，但式中的 $V_1$ 应当改为 $V_2$。

所以

$$H_4 = 125Pa$$

⑤结论。

$$H = 226 + 10.4 + 3.6 + 125 = 365(Pa)$$

抽风机出口压头与环境的差值 = 450 − 365 = 85(Pa) > 0，满足要求。

(2)机舱温度校核。

由式(10.3.7)可反求出在全工况时的机舱温度为 44.4℃，满足不高于 45℃的要求。

(3)机舱真空度校核。

由式(10.3.10)可知 $H_1 = 226Pa$，即机舱内的真空度为 226Pa，对柴油机输出功率没有影响。

(4)结论。

无论从哪一个角度检查,所选取的方案都是可行的。试航结果证明:本方案确能保证全工况时的机舱温度在45℃以下,对柴油机输出功率无影响,在全工况时根本察觉不到抽风机的声音。

## 10.4 质量、质心计算

轮机设计师在所有的设计工作完成后,还要向总设计师提交轮机设备总质量和总质量中心的计算书。坐标原点这样规定:$X$—舰船艏艉向的舯分面;$Y$—舰船左右舷的舯分面;$Z$—舰船的龙骨基线。

这实际上就是质点系的质量求和以及求取质点系的质量中心的问题。

轮机设备总质量

$$M = \sum M_i \tag{10.4.1}$$

轮机设备总质量中心

$$\begin{cases} X = \sum M_i X_i / \sum M_i \\ Y = \sum M_i Y_i / \sum M_i \\ Z = \sum M_i Z_i / \sum M_i \end{cases} \tag{10.4.2}$$

式中 $M_i$——各设备的质量;

$X_i$、$Y_i$、$Z_i$——各设备质量中心的坐标。

# 第11章 机舱自动化概论

舰船机电部门所管辖的各类设备都可以配置相应的监控装置以实现对该设备的自动监控。“机舱自动化”所包含的内容和研究的对象首先是所有这些自动监控装置的总称;其次是将这些自动监控装置优化组合再加上具有管理功能的模块,组成能满足对舰船动力系统总体战技术性能要求的自动监控系统整体。因此,从层次分析的观点来看,前者是个体和基础,而后者则是全局和管理层。从某种意义上来说,后者所涉及的面更宽,其重点在于整体优化。

“机舱自动化”适用于任何类型的舰船,是现代舰船轮机工程的一个重要组成部分,科技含量高且有广阔发展前景。本章将对“机舱自动化”做扼要的介绍,更详细的内容可选修有关课程。

## 11.1 机舱自动化的组成与发展

机舱自动化是随着人们在社会生产实践中科技的发展和对自然规律认识的不断深入而逐步发展起来的。与较成熟的学科相比,它是一门新兴的但是已经渗透到现代舰船轮机工程每个角落的交叉学科,可以认为:现代舰船轮机工程如果没有它的支撑就不可能成为一门独立的学科。“机电一体化”是这二者组成一个有机整体的最好写照。

### 11.1.1 机舱自动化的基本功能

按照规范要求,机舱自动化必须包括监测、报警、控制和安全这四项基本功能。

**1. 自动监测**

监测就是对设备所处的状态和运行参数进行不间断地监视并将结果以一定的形式向操作人员显示。显示方式可分为面板显示和屏幕显示两种。面板显示是在控制台面板上用指示灯和仪表(指针式或数字式)显示;屏幕显示是在控制台上设有显示屏幕以分页方式显示。这两种显示方式一般都配有打印机用以定时打印记录或在必要时进行即时打印、召唤打印。只有配置了完善而合理的监视系统,才能使操作人员实现远距离(或称为隔舱)监视(人不在现场,对现场的状况却了如指掌)。规范对不同的设备规定了必须监视的有关状态和运行参数,监视系统必须满足这些基本要求。不同的舰船还应根据设备本身的特点增设监视的内容。

**2. 自动报警**

报警是指自动化系统在发现状态异常或参数越限时必须发出声光报警信号。一个自动化系统要监视的状态和参数很多,操作人员通常只关心若干个最重要的项目,不可能逐个巡视并发现其中出现异常的状态或参数。设置报警系统,就能自动地及时发现。声报警用来提醒操作人员已经出现了异常;光报警则指出具体的报警项目(称为分点报警)或报警的类型或性质(称为综合报警或分组报警)。综合报警一般按危害的程度分为三类:发生第一类报警时,说明对设备很可能立即有破坏性的危险,如发动机超速、滑油压力过低等,这时必须立即停机,称为故障停机;发生第二类报警时,设备不会立即破坏,但对其可靠性将产生影响,如冷却水温过高等,应当采取有效措施如降速或减负荷等,称为故障降速;发生第三类报警时,是指必须提醒操作人员的注意并予以处理。规范中对这三类报警的基本项目作了明确的规定,并允许根据设备的具体情况增加各类报警的项目。

发生报警时,声报警器鸣响,相应的光报警器闪光。当操作人员按下在操作面板上的"报警应答"键时,表示操作人员已经知道,声报警器应当停止鸣响,光报警器则自动改为平光,因此"报警应答"也称为消声平光。为了检查指示灯是否完好,通常设有"试灯"键。按动此键时,所有的指示灯均应平光。若有不亮者,说明此灯已损坏,应及时更换。

为了避免误报警,自动化系统发现某监测项目出现报警状态时,必须经过延时,继续监视、判断,直到确认后才发出报警信号。延迟的时间要根据报警信号的重要性和变化的快慢来选择。如果在延迟的时间内一直处于报警状态,则报警状态属实且被确认并发出报警信号;如果在延迟的时间内已经恢复正常,则说明初始的报警信号是由于干扰或触点抖动等原因产生的错误信号,不应该发出报警信号。同理,从报警状态到非报警状态,称为报警释放或恢复,也必须经过延时来确认,处理的方法也相同。模拟量超限报警有可能出现这样的特殊情况:参数的测量值恰好在报警的门限值附近变动,从而形成无法确认是否应当报警的状态。为了解决此问题,可采用双门限值法,即预定报警门限值和释放门限值,这两个门限值之差,略大于该参数在稳态时振荡的最大幅值。被测值在两个门限值之间时,维持原状态;只有超过其中一个门限值相当长时间时,才能被确认是已经处于报警(或释放)状态。这样,就不会发生无法确认的状态。在液位测量中,常因舰船摇摆而使被测值波动,除正确选择传感器的安装位置外,还必须采取措施以防止由于舰船摇摆而出现的误报警。

有些测点的测量值进入报警状态后是否应当发出报警信号,还必须由其他测点的状态或参数值来共同决定。这种情况称为相关(或关联)报警。例如发动机的"油压低"报警信号是否应当发出,不仅要看油压的数值,还要看当时的转速。又如,对中等压比以上的柴油机而言,是否应当发出"超负荷"报警信号,不仅要看供油齿条的位移量,还要看当时的转速。也就是说,报警的门限值不是某一个常数而是另外一个或几个变量的函数,在这种情况下的报警称为"动态报警"。报警的门限值是某一个常数的称为"稳态报警"。

**3. 自动控制**

自动控制就是根据操作人员输入的指令,对设备实施自动控制,这是机舱自动化系统最主要的功能。通常有以下几种控制方式:

1)自动调节

操作人员输入的指令并未改变,但被控对象受到外部的扰动时,应当能维持原状态不变或仅仅偏离一点。例如柴油发电机组在外部用电的负载变化时,必须能够自动调节供油量以适应负载的变化,从而保持其转速基本不变。

2)随动控制

指令值改变时,被控对象的运行参数随指令值的变化而变化。例如主机的变速过程,必须随指令值的变化实施控制。

3）顺序控制

操作人员输入目标指令后，自动化系统就按照预先设定的先后顺序，逐个完成若干个控制动作，最后达到目标指令规定的状态。例如输入“启动发动机”指令后，计算机系统就会按照下列顺序下达分节指令，并且在这些分节指令确实已经执行完毕、所有状态检查结果已经满足要求后，才向发动机输送启动能源（气动、电动等），使发动机由静止转入转动状态、升速、向发动机提供启动所需的供油量、待发动机自行发火后切断启动能源，在发动机内力矩作用下自行加速到惰转速并以此转速稳定运行时，“启动发动机”的操作指令才算执行完毕。其中任何一步控制失败，均会使指令的执行中断发出“启动失败”报警信号。上述分节指令包括：盘车机构是否处于脱开状态、预供泵是否已经启动、油水温度压力是否达到要求的范围等。

4）程序控制

某些情况下，必须根据具体条件进行计算、分析、判断以决定应当采取的控制策略。这类控制统称为程序控制。例如在工作转速范围内存在临界转速，则在改变转速过程中就有如何越过临界转速的问题或者当转速指令值就在临界转速区域内时应当如何处理；又如，在变速或变向过程中自动地选择合理的控制策略，在保证设备安全运行的前提下，使过渡过程尽可能地短等。

**4. 安全保护**

安全保护是指自动化系统在执行某个控制指令时，发现系统中出现某种妨碍执行指令的因素，若按指令执行，将影响设备的寿命、可靠性甚至有损坏的危险。此时必须自动地干预指令的执行，以保护设备。最主要的安全保护措施有：自动故障停机、自动故障降速等。此外，还有预先设定在计算机中的功能限制，如油量限制、扭矩限制、加速度限制以及各种必要的连锁（如启动条件连锁）等。

通过这些安全保护措施，保证在用自动化系统进行自动监控时，机电设备能够安全可靠地工作。舰艇的主要任务是作战。当发生危及舰艇全局性安全或为了保证战斗胜利的需要，必须暂时解除某些功能限制和安全保护措施。为此，在驾驶室的遥控台上装有专门的“越限控制”（越控、紧急操纵）按钮，用以向计算机下达越控指令；在集控室和机旁则设有越限控制指示灯，该灯亮，表示已经处于越控状态，提醒操纵人员注意，加强巡视。在越控期间，某些预先设定的功能限制和安全保护措施被屏蔽而不予执行。例如在紧急启动时，不再考虑油水的预热温度、预供滑油和启动油量限制等条件，为了能尽快启动，反而加大启动供油量；又如，在变速过程中允许用较大的加速度加速；还如当发生某些故障降速或故障停机的条件时，不降速、不停机，仍保持原转速工作等。可见越限控制对机电设备是有一定程度的损害的。但是为了战斗胜利或全局的安全，必须牺牲局部。这项控制指令只有在驾驶室才能下达和撤销且只有在不得已的情况下才使用。

### 11.1.2 机舱自动化系统的组成

当用人工手动操纵机舱设备时，必须掌握该设备当前的技术状态和运行状态，随时根据要求（或命令、指令）保持或改变设备的运行状态。可见，在手动操纵时必须有三个要素：测量并显示技术状态和运行状态的监测组件；通过手动操纵以保持或改变设备运行状态的控制机构；操作人员。操作人员的基本使命则是接收命令（指令），将命令（指令）与设备的运行状态进行比较,作出进行何种操纵动作的判断并实施手动操纵;高水平的操作人员还能根据监测结果判定设备的技术状态,确定该设备能否胜任命令(指令)所要求的运行状态,再根据有关规定处置,防止发生故障。

要对某一个设备实现自动控制,就要加装一套控制系统来代替操作人员进行控制。控制系统接收命(指)令并对控制机构实施控制。这时,操作人员只需向控制系统下达命(指)令而不必直接操作控制机构。必要时,对控制系统下达命(指)令的部位可以设置两个或更多,形成“多级控制”。为了便于区分,直接对机舱设备进行操纵的控制机构称为“末级控制机构”,在此处进行的操作称为“手动控制”或“机旁控制”;加装的控制系统则是上一级控制机构,在此处下达命(指)令,称为“自动控制”。

按照加装的控制系统所完成的功能不同,可以分为闭环控制和开环控制两种。

闭环控制也称为反馈控制或误差控制。操作人员可以在较大的范围内设定被控对象的运行状态且在稳态时偏离设定值的数值较小。柴油机的转速等运行状态一般均采用闭环控制。在这种控制系统中一般还要设置反映设备运行状态(参数)的显示器(如转速表等)。

采用开环控制方式的控制系统在接收到命(指)令后,会按要求直接发送控制信号。但是仍然要显示设备的运行状态,由操作人员根据所显示的状态来判断是否符合命(指)令的要求,并采取相应的措施。当被控对象的运行状态比较确定且变化不大、对其运行状态的要求不是很高时,以采用开环控制为宜。如泵的启动、停止;阀门的开、关等。

一个较复杂的机舱自动化系统往往有多种指令输入,需要采集多种运行的状态参数并输出多路控制信号,因此必然包括多个开环回路和闭环回路;其中有些信号还可能交叉使用,因而各回路之间将相互影响,构成多变量耦联的多输入、多输出回路。这种复杂的机舱自动化系统,一般由输入设备、控制系统和输出设备三部分组成。控制系统是系统的核心,输入、输出设备则是控制系统与被控对象和操作人员之间的界面。

### 11.1.3 输入设备概况

控制系统与被控对象之间的输入设备是安装在被控对象上的各种传感器。它将各种被测的物理量转换成预定的信号送给控制系统。控制系统与操作人员之间的输入设备则是安装在控制系统或监控台(柜)上供操作人员下达各种指令的元器件,包括:操纵手柄、手轮、旋钮、按键、开关、键盘和鼠标等。这些元件的变化不大,只是大小、轻重、力感等有改进。例如由一般的按键、开关发展成微动型或触摸式的按键、开关;其内部则从机械运动式发展成电信号的发送。

被控对象的运行状态必须用一些物理量进行度量,例如转速、压力、温度、液位、位移等。如果被测的物理量是连续变化的,则必须给出具体的数值,度量这些参数的设备称为传感器;如果被测的物理量只是监视被控对象的诸如阀门的开/关、泵的启动/停止、离合器的离/合等状态,这种监测元件只需两个状态信号。

早期的监测设备把传感器与显示仪表组合成一体,构成一个监测仪表。例如利用水银热膨胀原理制成的水银温度计;利用水银或水柱的高度与被测压力平衡原理制成的液柱式压力计;把转速转换成离心力的离心式转速表等。这些监测仪表一般均直接装在被监控的设备上,分布在机舱的各处,在操作部位上不可能同时观察到设备的所有运行参数,操作管理人员必须定时巡视并记录各仪表数值。

为了操作管理人员能够及时掌握设备的运行状态并便于根据指令进行操作，反映设备运行状态的重要仪表均设在操作部位处。但这些仪表的传感器则必须装在设备或其管路的特定位置，因此传感器与显示仪表之间必然存在一定的距离，不可能制成一体，需要用某种介质（如气、液、电或机械等）把传感器的信号送给显示仪表。这种分离方式组成的传感器和显示仪表在舰船上广泛使用。

实践证明，传感器的信号用电来传送较之其他介质有明显的优点。另一方面，随着电子和计算机技术的推广应用，也要求传感器能将被测的物理量转换成电信号输入控制器。于是，非电量的电测量方法也迅速地发展，成为一门独立的学科。利用各种介质、各种原理制成了多种将不同物理量转换成电量的传感器，例如热电、压电、光电、声电、电磁感应、霍尔效应以及利用离子、半导体的某些特性制成的传感器等均得到了广泛的应用。与此同时，也出现了诸如数码管、液晶显示器等通用性好、人机界面友好的显示仪表。

**1. 模拟量电测仪表中传送信号的方式**

为了便于系统的设计，逐步将模拟量传感器的输出电量规格化、标准化，目前应用较多的模拟量传感器输出电量有以下五种：

1）电动势输出

诸如热电偶测温、霍尔元件等属于发电型元件，传感器输出的电动势与被测物理量的成对应关系。

2）电压输出

传感器输出的电压与被测物理量的变化成对应关系。目前常用的电压是 0 ~ 10V 或 0 ~ 5V。当需要传送的距离较远时，用电动势或电压来传送信号，在线路中的压降较大，影响测量精度。

3）电流输出

为了避免线路压降对测量精度的影响，在传感器中增加恒流源装置，将传送电压转换为传送电流，为了保证输出的电流值不受线路长度的影响，在选择恒流源装置时，配置相应的功率。

4）频率（周期）输出

在机舱自动化系统中，转速测量是非常重要的。离心式转速表是机械式的，只能安装在测量点附近，不能进行远距离传送；虽然直流测速发电机输出的电压基本上与被测的转速值成正比，但在长距离传送时必然存在线路压降的影响。目前常用的转速传感器如交流测速发电机、光电或磁电式传感器等都是将转速信号转换为交变的电信号，这个信号由两部分组成：第一是其交变的频率与转速成正比，它根本不受传送距离的影响，可以准确地传送转速信号，但是要求该信号传送到接收部位时必须能够被识别；第二是幅值（电压或电动势）也会随转速而变化，且受线路压降的影响，我们并不以它作为测量的依据，只要其在接收部位的幅值大到足以被识别，就能通过测量频率（周期）而测得转速。

5）数字化传感器

这种传感器是随着超大规模集成电路技术的发展而出现，它将所测得的模拟量直接用二进制的数字量输出。这种传感器一般由三部分组成：第一是传感器本身，它将被测的模拟量（如压力、温度、液位、位移等）转换为电量（电势、电压或电流）送给与它制成一体的第二部分——转换部位；第二部分是转换部位，该部位首先将送来的电信号全部转换为电压信号,再经过放大器放大到与 A/D 要求相适应的电压范围值,送到 A/D 转换器;第三部分是 A/D 转换器,将已经转换好的信号转换为数字量送给接收部位。超大规模集成电路技术能够把原来由印刷电路板完成的电信号变换、放大和 A/D 转换这三种功能集成在一块小芯片中,可以直接安装在传感器内。因此,需要由模拟量传送的路径极短,不存在压降、电磁干扰等影响,保证了它所输出的数字信号真实地反映了被测量,这是其一。其二,它所输出的数字信号在送往接收部位的途中,也不存在压降、电磁干扰等影响,只要接收部位能识别"0"或"1"就可准确地接收到送来的数字量,抗干扰能力很强,大大地提高了测量精度。

上述各种传感器用来测量连续变化的模拟量,能给出具体被测值,常作为监视设备的运行参数。

**2. 开关量的监测**

另一类传感器只监视设备所处的状态而不需给出具体数值,如泵的启/停;阀门的开/关;离合器的离/合等。这些均属于二位测量,用"0""1"或"真""假"逻辑量表示即可,通常称为开关量。

1)用于开关量监测的传感器

目前有两种用于开关量监测的传感器:

(1)直接测量。

在设备上直接安装诸如位置开关、行程开关等元件,当设备的运动件位移到位时将触点的状态切换(由闭合切换成断开或由断开切换成闭合),用电路通/断或者电压的高/低来发送开关量信号。

(2)间接测量。

当直接测量有困难时,可采用间接测量。例如由气压或液压操纵的离合器、刹轴器等,可利用测量并判定操纵用的气、液压力是否达到规定的范围来发送开关量信号。例如,当压力大于某设定值时,发出接合信号;低于某设定值时,发出脱开信号。又如,电机运行/停止的状态信号可借助于测量其主电路是否供电来发送等。

2)用状态判定的方法确定开关量

有相当数量的开关量信号需要在判定被测参数是否达到规定的范围或超越预定的门限值之后才能发出,也就是首先需要有三个功能:第一是模拟量本身的测量;第二是预先设置门限值;第三是完成被测值与门限值的比较。根据实现这三个功能的方法不同,可以分成三种:

(1)模拟量测量与硬件设定值比较。

有些开关量是将被测的模拟量与预定的门限值进行比较后生成的,例如"××温度过高(低)""××压力过高(低)""超速""超负荷"等,都需要测出相应的模拟量,但并不需要输出该模拟量,而是直接在传感器中与预定的门限值进行比较后立即生成开关量并用触点输出"真"/"假"信号。这类传感器在实际应用中有三种改进之处,使其能满足使用要求:

①门限值可调。

②当被测参数经过门限值时,其输出的开关量信号必须是阶跃式而不是渐变的。

③有的被测参数很可能会在门限值附近波动,于是就会输出反复不定的开关量信号,

这是不希望的。可以预先设定上、下限,用双门限值组成继电特性:当被测参数由小变大时,只有高于上限时才发出“超过”阶跃信号;反之,由大变小时,只有低于下限时才发出“低于”阶跃信号;当被测参数在上下限之间变化时,保持原状态,不发出任何阶跃信号。上下限之间的区间大小是根据被测参数的波幅预先设定的,这样一来,就可以避免由于被测参数波动而输出状态不稳定的信号。

(2)模拟量测量值与电路板上的门限值比较。

传感器的输出为电信号时,可以在接收信号的电路板上用相应的电量给出门限值,与电子元件比较后,产生开关量信号。在电路板上设定门限值较之在传感器中设定门限值有三个优点:

①更易实现门限值可调、阶跃、设定上下限这三个功能。

②在传感器中只能预设一个门限值,而在电路板上对于同一个模拟量则可预设多个门限值以满足需要。例如有些柴油机在不同的转速时,其“滑油压力低”的门限值是不同的,如果直接在传感器中预设一个门限值,显然不能满足要求。

③在电路板上可以将一个参数的门限值设定为另一个运行参数的函数。例如,“超负荷”可以将齿条位移(供油量或负荷)的门限值设定为转速的函数;同理,“滑油压力低”的门限值也可设定为转速的函数;“排气温度过高(低)”可设定为负荷(齿条位移)的函数。在电路板上设定函数关系时,一般近似为线性关系,或用两段直线组成折线来近似非线性关系。三段以上将使电路复杂化,一般不用。

(3)模拟量测量值与软件中的门限值比较。

监控系统中使用控制器时,可以在软件中用数字预设门限值,由控制器将采集到的模拟量与预设的门限值进行比较并生成开关量信息。这种方式可以实现上述所有功能,并可用多段折线逼近各种非线性的函数关系。

上述几种生成开关量信号的方法各有利弊,目前舰船用监控系统中都有使用。

### 11.1.4 输出设备概况

按功用区分,输出设备可分成两大类:一类是在人机界面上用以显示设备运行参数或状态(包括记录)的元器件;另一类是指用来改变设备运行状态的各种执行元器件。

**1. 显示元器件**

显示元器件有两种:显示运行状态的元器件和显示运行参数的元器件。

1)显示运行状态的元器件

用开关量传送的运行状态,只有“真”/“假”两个值,通常用指示灯的亮/灭来显示。

2)显示运行参数的元器件

早期都用机械的指针式仪表显示,而且仪表和传感器制成一体,分散地安装在机舱各处。后来改为远距离传送,将仪表集中安装,便于观察和记录。

随着设备日趋复杂和自动化程度的提高,需要监视的状态和参数不断增多,仪表板上的仪表、指示灯的数量也日益增多,于是出现了两种显示方式:①将次要的运行参数改为多参数共用仪表,自动巡回显示或用按键选择显示,以减少仪表的数量;②将仪表板改为显示面板,在显示面板上按照被控设备或全系统的实际布局画出其模拟图,再将重要的状态显示和运行参数按测量部位布置在模拟图上,操作人员既能对主要指示灯和仪表的意义一目了然,又便于巡检次要的指示灯和仪表。

监控系统采用计算机后,上述显示面板上的指示灯和仪表可由计算机驱动,称为面板方式;计算机也可以驱动屏幕显示,称为屏幕方式。在一个监控系统中可以选用其中之一或两种方式同时使用。在一个屏幕上显示的内容是有限的,一般可采用分页显示,预先规定好页码和该页的内容,配以选页键供选择要求显示的页序。每页中既可采用模拟图方式显示若干状态和参数,也可采用表格方式显示,或两者同时采用;如果显示屏是彩色的,更可以选用不同的颜色来显示,使之更加具体、形象。这种方式的通用性和适应性都很好,加之可靠性、成本等因素,较复杂设备的状态和运行参数的显示方式趋向于采用屏幕方式。

**2. 记录元器件**

设备运行中必须定时记录运行状态和参数、积累被测设备和系统的数据,便于判定其技术状态。传统的办法是由操作人员定时记录;采用计算机后,可以用打印机记录。一般分为定时打印、召唤打印和即时打印三种。定时打印用来替代原来操作人员的定时记录,打印的内容和时间间隔可以通过键盘设定、修改、增删;召唤打印是根据需要,由键盘提出打印要求和需要打印的内容后进行的,主要供分析当时的情况之用;即时打印是计算机在监视过程中发现故障现象或运行参数超限或出现异常状态时立即将所发现的问题打印出来,供操作人员分析处理之用。

推进系统状态的改变,必须由驾驶室通过一套车令系统下达车钟命令,机舱操作人员回令并执行(由驾驶室直接操车时例外)。为了在发生事故(如碰撞、搁浅等)时分清责任,必须及时记录每个车令和执行情况。详细的记录内容有:发出新车令的时间、车令的内容、当时的轴转速、回令的时间、回令的内容和轴转速、到达新车令规定轴转速的时间等要素。车令和重要故障也可记录在 EEPROM 中,制成类似飞机的黑匣子,在发生事故时便于分析研究。

**3. 执行元器件**

执行元器件用来控制和改变被控对象的运行状态和参数。要实施这些控制,必须具有足够大的力或力矩,或者说要有足够大的能量。目前常用的执行器按其所用的能源形式可分为电动、液动和气动三种,可根据被控对象的特点和所需执行力的大小选用。

1)电动执行器

电动执行器是力量较小的一种,有直线位移和角位移两类。

(1)直线位移。

通常利用电磁力吸引软铁使之产生直线位移的原理进行直行程控制。二位式控制器只需控制其通/断电即可;位移的连续控制(如供油齿杆的位移)则由改变通过线圈电流的大小以改变电磁力的强弱,配以相应的弹簧来实现。在数字电路中,可利用“脉冲调宽”原理来改变输出的平均电流值。

(2)角位移。

角位移通常用电动机控制。交流伺服电动机结构简单、工作可靠,但调速困难;直流伺服电动机则相反。这两种电动机在启动/停止时都存在旋转惯性问题。在角位移控制中要达到规定的精度,必须采取措施,如增设反馈控制、加大启动力矩和制动力矩等。在数字电路中,为了避免 D/A 转换,可采用脉冲调宽输出。此外,步进电动机也是目前应用较多的电动执行器,它利用连续输出的脉冲个数来控制步进电机正反转的步数,从而能够较准确地控制角位移。

2)气动、液动执行器

它们都是以流体为工质,因而大部分元器件如各种阀件等是相似的。

液动用的液压油不可压缩,且在回收冷却后循环使用,一般用于既要驱动又要润滑的场合,例如调距桨、减摇鳍、摩擦片式离合器、调速器等。气动则直接使用压缩空气,用后直接排入大气。

它们的直线位移执行器通常采用动力活塞或动力气(油)缸的结构形式;角位移执行器则用气动(液压)马达驱动。气、液都可达到很高的压力,因此驱动能力要比电力驱动大得多。

选用气、液执行元件时,必须配置空压机、气瓶或液压泵、储压器用以提供驱动能源,还要配置相应的管路系统。管路系统中包括各种阀件,用来控制工质的通/断、流向、管段中的压力、流量等状态,保证系统能正常地工作。每个阀件完成某种(或几个)功能,因此功能复杂的控制系统中均需配置一定数量的、功能各异的阀件,阀件之间由管路连通。为了缩短管路、避免泄漏,往往将若干个关系密切的阀件制成一个整体,称为阀箱,再用少量的管路与外界连通。近来,这些阀件向小型化、微型化发展,而且将进出口安排在同一侧,该侧的外表面设计成平面,便于管路的连接。

阀箱采用一定厚度的板料,内部以钻孔代替连通管路,这些钻孔的位置与阀件进出口的位置相对应,有关阀件就直接固定在板的外表面,组成了功能各异的阀箱,用于机舱自动化系统中。

这些阀件、阀箱在手动状态时由人工通过手轮、手柄或按钮操纵;在自动状态时由电、气或液力控制。控制系统中多以电动控制,因而用电/气、电/液转换使计算机实施对气、液执行器的自动控制。

### 11.1.5 控制系统概况

控制系统是机舱自动化的核心部件,机舱自动化的发展主要取决于控制系统的发展。早期人们操纵某种设备时,直接用感官监视,用四肢操纵,如划船、掌舵等。18 世纪出现了蒸汽机并在工业部门和船舶中相继使用,其转速受负载和锅炉供汽的压力、流量等多种参数变化的影响,而这些变化都是随机的,由人工来保持转速不变几乎是不可能的,离心式机械调速器就应运而生了,不自觉地利用了反馈原理构成了闭环控制。随着蒸汽机的应用,发达国家开始了工业化的进程,有更多的物理量需要保持恒定,于是出现了诸如调温阀、调压阀等多种单项的自动调节器。这些自动调节器都是机械式的,是机舱自动化的雏形。

19 世纪 70 年代,开始研究在一定简化条件下用微分方程描述调节对象和调节器的行为,逐渐形成了古典控制理论并用来指导单项调节器的设计。19 世纪,柴油机作为舰船动力被使用后,从机械调速器发展到机械液压式调速器。直接回行的柴油机配置了包括减速、停机、换向、反向启动和反向加速等功能的回行机构,已经具有顺序控制的雏形。第二次世界大战以后,科技的迅速发展,使古典控制理论趋于成熟完善,各国为了在保证机械设备正常运行的同时减少舰员的编制人数、减轻舰员的劳动强度,在轮机设备上加装了许多自动监控装置,动力装置自动化成为舰船技术发展的主要目标之一。到20世纪50年代末,机舱内各种主要设备基本上实现了单项的自动监控和以电、气、液为控制动力源的自动调节,处于分散监控阶段。

20世纪60年代初,机舱自动化进入了第二个发展阶段,从分散监控发展到集中监控。单项分散式的自动监控能够充分而可靠地发挥设备的内在潜力、减少编制人数、减轻舰员的劳动强度,这种单项的自动监控也称为机旁控制。在进一步发展中,一方面是保留其主要内容;另一方面是将监控功能延伸至一个便于集中监控的部位,该部位称为集中控制室或主控制室(简称集控室或主控室)。正常航行时,只需一人在集控室值班即可同时管理轮机部门几乎所有的设备,称为"一人机舱"。在集控室进行控制被称为"遥控"。1961年,日本建造的"金华山丸"货轮是第一艘设有集控室的船舶。1965年,将遥控功能延伸到驾驶室,正常航行时,由驾驶室直接操纵主机,轮机人员不需值班和执行车令,只需定时到机舱(或集控室)巡视设备的运行情况即可,称为"无人机舱"。但这些遥控系统仍然是由机械、电、气、液等元器件组成。1966年,出现了第一艘将电子计算机用于机舱自动化的油轮,接着有一些船舶采用这种自动化方式,不过有的用一台大型计算机集中监控;有的用多台中小型计算机实行分散监控、集中管理。由于当时计算机的价格昂贵、重量尺寸大而未能得到推广应用。这个阶段的特点是由分散的单项自动控制发展成集中控制,出现了机旁、集控室和驾驶室三个操纵部位,称为三级控制;前期用机、电器件实现监控,后期则使用电子计算机。

20世纪70年代初,机舱自动化进入了第三个发展阶段,由多计算机组成的分布式监控系统。计算机由于其处理能力、可靠性、扩展性等方面的优越性,被迅速地推广应用到机舱自动化领域中。在初期,仍然采用集中监控的方式,因而其生命力和可靠性不够理想,采用多计算机分散控制、集中管理的主、从分布式结构后,各计算机之间通过串口通信交换信息,即使局部发生故障,其他部分仍可正常工作,可靠性得以大幅度提高。

以计算机为核心组成的机舱自动化系统,其监控功能由计算机的硬、软件相结合来完成。因此,合理地解决各计算机之间的分工和每台计算机硬、软件的分工是提高系统性能的主要途径之一。一部分计算机安装在工作环境相对恶劣的现场,用于现场数据采集或控制。这些计算机配有输入接口板,用于接收传感器的输出信号并转换为计算机所需的数字量或开关量;还配置输出接口板,将计算机输出的数字量或开关量转换为执行器所需的电信号。有的还根据需要配有某些专用的电路板,由硬件来执行一些逻辑运算或算术运算,以减轻软件的负担。但随着计算机运算能力的提高,这些运算被逐渐并入到软件中,专用电路板的种类和数量因而得以显著减少。现场监控计算机可以单独使用,也可以作为系统中的一个子系统使用。使用分布式计算机系统,需要有监督级(或称管理级)计算机,以管理所有现场计算机。监督级计算机负责收集各现场监测计算机采集的各种数据、传送信息、协调各现场计算机的工作状态、向各现场控制计算机下达控制指令。它所用的接口主要是通信接口。如果系统中的现场计算机数量较多、监控对象的类型也较多,可以在监督级计算机与现场级计算机之间增设协调级计算机。于是构成了树状结构的分布式计算机系统:由现场级计算机在现场实施分散监控;由协调级计算机对互有关联的各同类现场计算机之间进行协调,必要时还可设置多级协调;最后由监督级计算机汇集整个系统的信息,实施集中管理。

20 世纪 90 年代以后,机舱自动化发展到第四个发展阶段,即总线化、网络化系统。它取消了各计算机之间的串行口通信,所有计算机/控制器都连接在网络上,用通信协议进行通信,从而简化了通信关系。在结构上,用环状结构替代树状结构,主、从关系也淡化了。每台计算机都是网上的一个节点,每个节点的资源(外部的接口设备、数据等)都可以供其他节点使用和共享。以全舰所有设备构成的舰船监控网络为例,其中的一个节点是某个部门设备的监控系统,即机电部门的监控系统是舰船监控网络中的一个节点。机电部门的监控系统本身可以是单计算机监控,也可以是树状结构或网络结构的多计算机系统。

舰船监控网络通过卫星通信可以与岸基构成船岸一体化网络。在这种情况下,每艘舰船又是船岸一体化网络中的一个节点。无论该舰船是在岸港或在海上执行任务,都可以通过船岸一体化网络进行指挥。这种可以在全球范围内对本系统的节点实施管理的网络系统已在民用船舶中使用。

## 11.2 联合动力装置控制原理

推进装置必须根据车钟指令(简称车令)来控制,以保证舰船所需的航速。车令一般采用分档加微调,以便覆盖全部可用的航速范围而且包括舰船的前进和后退运动。因此,推进控制包括变速(航速)和变向(正倒车)两种控制。由于推进装置的配置不同,各自的控制策略和方法也有所不同。本节结合几种典型联合动力装置来介绍控制系统的组成、控制原理和方法。

### 11.2.1 推进装置控制策略

推进装置基本控制策略可以分稳态控制、变速过程控制,以及换向过程控制等三种情况来讨论。

**1. 稳态控制策略**

车令不变时,要求保持航速不变,属于稳态控制。闭环系统在指令值不变,但受到外部干扰时能自动保持原状态。按照螺旋桨的特点、螺旋桨的数量、下达车令的内涵、主机的工作转速范围内有无临界转速和海况等的不同,有五种不同的控制策略。

1)不同的螺旋桨有不同的控制策略

(1)对调距桨。

使用调距桨的舰船,为了保证要求的航速,可以选用转速与螺距的不同匹配来满足。例如在正常航行时,应在达到规定航速的前提下,以最低的单位距离耗油量为目标,选配转速与螺距值;需要低噪声航行时,应按照舰船在水中的噪声最小来选择转速与螺距的匹配等。

(2)对定距桨。

使用定距桨的舰船,螺距不可改变,$\delta_P = 0$,在舰船阻力状态既定的情况下,转速与航速成一一对应关系。于是,对航速的指令也就是对转速的指令。

上述两种情况说明,车令(航速)、转速、螺距之间的函数(曲线)关系必须预先存入计算机以便工作时使用。这个(些)函数(曲线)关系称为推进曲线。也可按前进和后退的各挡航速值所对应的有关参数值存储。

2)不同的螺旋桨数量有不同的控制策略

对多桨舰船来说,可以用全部桨工作,也可用部分桨工作。不同数量桨工作时,某个车令对应的转速和螺距值是不同的,也就是有多条推进曲线。因此必须将这些曲线毫无遗漏地储存在计算机中,供使用不同桨数时选用。有的舰船不仅有多个桨,还在后传动装置中采用了多速比齿轮箱,使其在单桨、部分桨或全部桨投入工作时都能充分地发挥主机的潜力。于是有更多的推进曲线需要储存备用。

3)不同的车令内涵有不同的控制策略

大部分舰船的车令钟下达的指令形式是车挡加微调,有些舰船则是连续的模拟量。单舰航行时,分档车钟就能满足要求,而编队航行时,为了保持队形需要,应在分挡的基础上增加微调内涵。对这两种指令计算机应该均能接收并执行。对前者而言,还应当具有这样的功能:在收到换挡指令时,自动消除原来的微调指令。

4)在主机的工作转速范围内有临界转速时的控制策略

在这种情况下,必须将临界转速区域存入计算机。如果车令的挡次与微调指令值之和落在临界转速区域内,则计算机能自动将转速设定在临界转速区域的边界上,不允许在临界转速区域内长期运行。

5)在大风浪情况下的控制策略

舰船在大风浪中航行时,由于船体摇摆等原因,其阻力特性将在一定范围内随机变动;螺旋桨在水中的深度也在随机变化甚至有部分露出水面。因此螺旋桨的推力和阻力矩特性也在随机变化,导致主机负荷的大幅度变化。考虑到动力系统和监控系统的惯性和滞后,在负荷(即外界的扰动)大幅度随机变化的作用下,反馈控制很难抑制转速的波动,在特定的条件下甚至会增大波动的幅度。因此在大风浪中航行时,转速波动是不可避免的。目前采用的控制策略不是抑制波速,而是限制波动的幅值。具体的方法是放大死区范围,也就是当转速在死区范围内波动时,不改变转速的指令值;超出死区范围时,发出较强的控制信号使之返回死区范围内;一旦进入死区范围,即保持原指令值。这样,可使转速波动的幅值得到有效的控制。如果采用自适应控制或智能控制等新的控制原理,可能使控制效果更有改善。

由于转速波动大且死区扩大,为防止因波动而超速,应适当降低最高允许转速的设定值;同理,为防止因波动而熄火停机,应适当提高最低稳定转速的设定值。

**2. 变速过程的控制策略**

车令改变时,必须经过过程控制,才能从原航速转移到车令指定的新航速(包括轴转速和螺旋桨的螺距)。一方面,车令变化的幅度可能很大;另一方面,战术还要求尽快地到达车令指定的新状态。而在技术上,动力机械却受其热负荷、机械负荷不允许产生较大突变的限制,防止明显地影响其可靠性和寿命。因此在变速过程的控制中必须处理好战技术性能要求之间的矛盾。通常可采用以下四种控制策略。

1)变速率控制

计算机的采样和发送信号是周期性的,每个周期的时间又是一定的。控制变速率就是控制相邻两个周期送出的控制信号之间的增减量。若 PID(比例 - 积分 - 微分)计算得出的增减量小于预先设定的限制值(该限制值是根据动力机械的可靠性和寿命的技术要求而制定的)时就直接送出;反之就送限制值。变速率的限制一般不是单值的,不同情况下应有不同的限制值。例如:紧急情况时的变速率限制值要大于正常情况时的限制值;减速时的变速率限制值要大于加速时的限制值;低速区的变速率限制值要大于高速区的限制值;热机状态下的变速率限制值要大于冷机状态下的限制值;越过临界转速区域时的变速率限制值要尽可能大等。这些变速率限制值均预存在控制器中供选用。

2)转速(螺距)范围限制

将允许的最高和最低转速(螺距)值预存在计算机中作为判据,工作中不允许超过此范围。

3)最大供油量限制

不同转速下对应的最大供油量也是不同的,也预存在计算机中,防止主机超负荷。

4)转速与螺距的协调配合

当这二者均需要改变时,为了防止主机在加载时超载、减载时超速、调距桨在高速区改变螺距易使其调距机构超负荷等不利情况的发生,一般在低速区时应先改变螺距后改变转速;在高速区时应先改变转速后改变螺距。在现场的转速和螺距的闭环控制系统中均设有相应的指令输出延迟或执行指令延迟环节,所延迟的时间跨度是可调的。

**3. 换向过程的控制策略**

车令中还有这样的情况:从前进变成后退或从后退变成前进,前进或后退的设定航速既可以高,也可以低,因此换向过程的情况非常多。其中最复杂的是从高速前进变成高速后退或相反。控制的内容包括加减速控制和换向控制,要求换向过程尽可能快、滑行距离尽可能短。因此,控制策略必须在技术性能允许的前提下尽量满足战术要求。一般分成正常操纵和紧急操纵(越控)两种情况。

不同的推进装置实现换向的方式也不同,例如能直接反转的主机-定距桨是一种,不能直接反转的主机-变向离合器-定距桨是另一种,不能直接反转的主机-调距桨又是一种等,它们应当配有相应的换向过程控制策略。目的都是具体地实现在技术性能允许的前提下尽量满足战术要求。换向过程的各种控制策略的总体思路是一致的:首先减速,再换向(能直接反转的主机是停机、完成换向动作、反向启动;带变向离合器的是正车离合器脱开、倒车离合器结合;带调距桨的则是由正车螺距变成倒车螺距),再加速到车令指定值。

## 11.2.2 CODOG 推进装置控制原理

目前有很多舰艇采用相同类型或不同类型的主机共同驱动螺旋桨,组成了形形色色的联合动力装置。主机的机型有柴油机(D)、燃气轮机(G)、蒸汽轮机(S)和推进电机(E)。这些装置能较充分地发挥各型主机的优点。在主机选型时一般按最高航速要求的功率选择,但在舰艇服役期间内的绝大部分时间不超过巡航速度,此时主机需发出的功率就很小,主机的工作条件也就变得很差。于是产生了诸多形式的联合动力装置以改善主机的工作条件,同时还能减轻动力装置占用的空间和质量。有的为了满足战术需要(例如搜索潜艇时需要低噪声),也采用相应形式的联合动力装置。

**1. CODOG 型推进装置监控系统**

CODOG 型推进装置是目前采用较多的一种。由于舰用燃气轮机不能反转,因此一般采用调距桨与其匹配。由此决定了这种推进装置监控系统的第一个特点是必须具有螺距监控功能;就发动机本身的监控而言,在其单机驱动螺旋桨时的监控任务与一般的推进装置基本相同,但存在着发动机进行交替工作的过程,由此决定了这种推进装置监控系统的第二个特点是完成交替工作过程的监控。

**2. CODOG 型推进装置配置实例**

德国 F123 型护卫舰、韩国 KDXII 级驱逐舰、中国 052 型驱逐舰、法国/意大利地平线级驱逐舰,以及荷兰 LCF 级驱逐舰,均采用 CODOG 型推进装置。

某型 CODOG 推进装置的配置如图 11.2.1 所示。燃气轮机(GT)作加速机用,柴油机(DE)作巡航机用,两者通过齿轮箱(RG)驱动调距桨(CPP)。在齿轮箱中的 GT 和 DE 的输入轴上均装有 SSS 离合器。

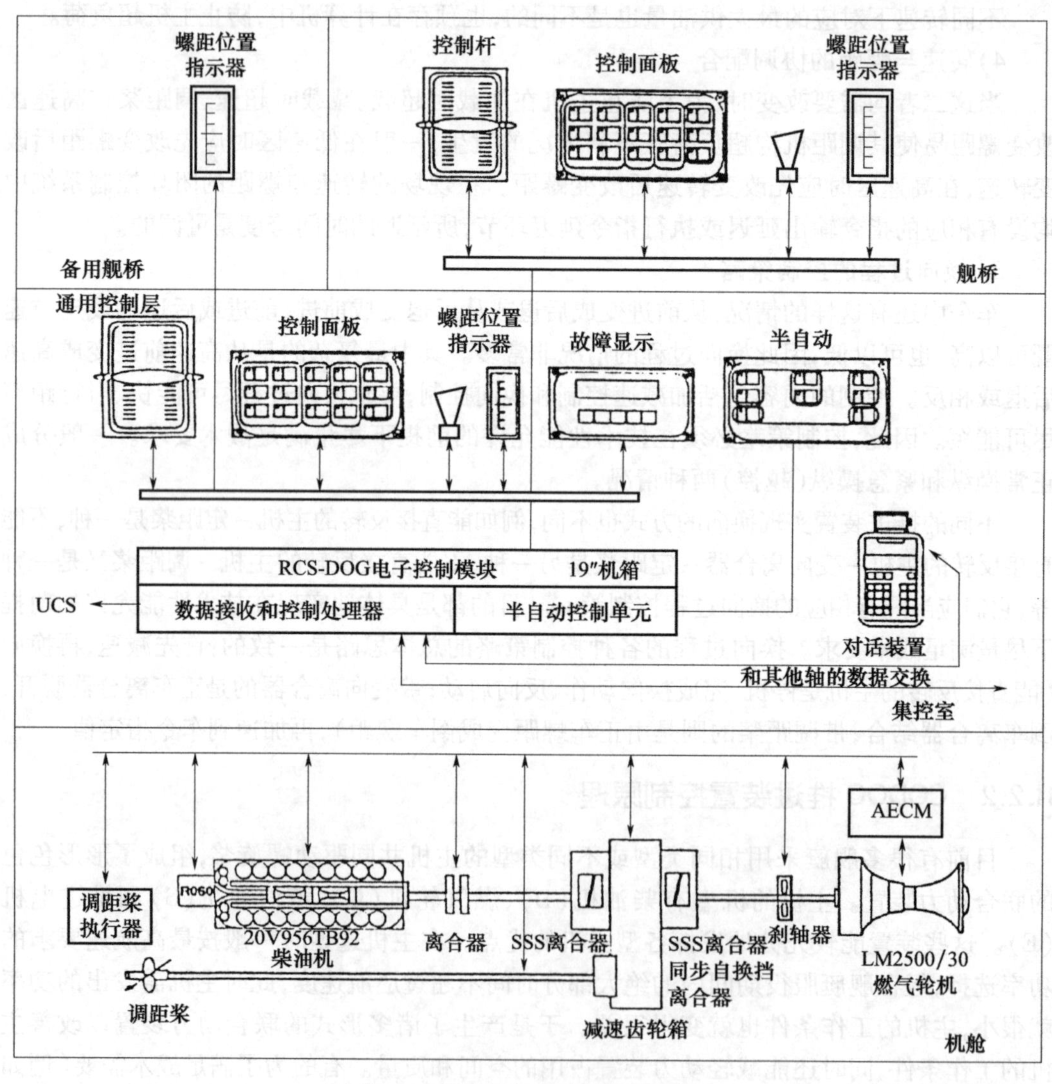


图 11.2.1 CODOG 推进装置遥控系统

该推进装置设机旁、集控室和驾驶室三级控制。机舱内设有 GT、DE 和 RG/CPP 三个机旁操纵箱供机旁操纵用;在集控室和驾驶室通过计算机进行遥控,图 11.2.1 所示是一根轴的遥控系统。由 R060 调速器控制柴油机的转速,AECM(现称 ECS - GT25 电子柜)

控制燃气轮机的转速,CPP 的闭环控制器控制调距桨的螺距,这三个是模拟量的闭环控制。还有一些开关量控制如:柴油主机曲轴功率输出端处液力耦合器的充放油控制、燃气轮机轴上气动刹轴器的充放气、采集的开关量反馈信号(用于闭环控制中)、用于连锁保护的开关量反馈信号等。所有这些现场数据采集和控制输出均由集控室内的 RCS – DOG 电子柜实施。电子柜接收集控室和驾驶室输入的指令信号并驱动控制台面板上的显示设备。集控室和驾驶室的车令(模拟量)由控制台上的控制手柄输入,其他指令(如控制部位的切换、选择工作主机、各种开关量指令等)由控制台上的开关量信号输入,据此进行全自动控制。在集控室的控制台上还可以用半自动面板输入上述三个模拟量的增减值指令,实施半自动控制。电子柜还有三个串行口与其他智能设备通信:与另一轴的 RCS – DOG 电子柜通信以了解另一轴的使用状态;与 MCS 监测系统通信以便用屏幕方式显示;与对话装置通信以进行现场维修。

**3. 推进曲线和柴燃交替过程控制**

1)推进曲线

该舰用调距桨推进,控制手柄给出一个航速指令值时,可以用多种不同的轴转速与螺距配合方案实现指令值的要求。因此必须预先规定在不同使用工况下某个航速指令值与轴转速—螺距的配合关系并存入计算机备查。图 11.2.2 所示是两轴同时工作、正常航行工况下的推进曲线,均用百分比表示。横坐标是控制手柄规定的航速指令值,纵坐标是轴转速和螺距值,实线是 GT 方式下的机桨配合,虚线是 DE 方式下的机桨配合。为了便于查用,均以折线来分段表示。

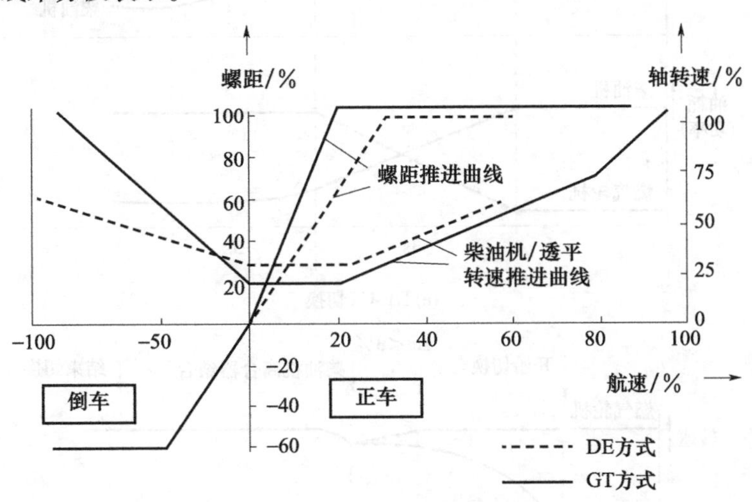


图 11.2.2 CODOG 推进曲线

由推进曲线可知:在同样的航速指令下,与 DE 方式相比,GT 方式设定的转速较低;正车高航速下改变航速时采用定螺距变转速的方式实施;正车低航速下改变航速时采用定转速变螺距的方式实施;在整个倒航区域内均用改变转速来实施航速的改变;正车时,DE 方式只能达到约 60% 的额定航速;高于 60% 额定航速时只能用 GT 方式;GT 方式可在全部航速范围内使用,但是在低航速下运行时偏离 GT 的设计点较远,耗油率高且不利于 GT 的运行,非必要时不用 GT 工作。由此可见,由 DE 方式切换到 GT 方式的时机可以在 DE 方式的全部运行区域内进行,但一般在 60% 额定航速附近切换才合理;而由 GT 方式切换到 DE 方式的时机只能在 60% 额定航速以下进行。

其他如单桨航行、低噪声航行等工况都有相应的推进曲线存入计算机备查用。

2)柴燃交替过程控制

该型动力装置柴油机和燃气轮机的功率输出轴均设有 SSS 离合器,因此必须用控制 DE 和 GT 转速的方法来控制其交替过程:先使准备切入的发动机升速,当将高于其 SSS 离合器的转速时,其 SSS 离合器即结合,完成切入动作;再将负荷转移到刚切入的发动机上;然后通过降低已卸载发动机转速的方法使其 SSS 离合器脱开,切换过程即告完成。

图 11.2.3(a)是 DE 到 GT 的切换过程。横坐标是时间,上图的纵坐标是折算到艉轴的发动机转速,下图的纵坐标是供油量(即负荷)。在巡航航速附近切换时,DE 在额定转速、额定负荷附近工作;GT 空载加速到即将高于 DE 时,GT 的 SSS 离合器结合,开始切换;GT 加载,DE 卸载,约 3s 后,负荷全部转移给 GT;DE 继续减油、减速,到其转速即将低于其 SSS 离合器的转速时,该离合器自行脱开,DE 在空载工况下继续减速到惰转速,完成了由 DE 到 GT 的切换。GT 接替后,只在其部分转速和部分负荷下工作。因此这个切换过程比较简单,切换过程仅需 8s 左右。

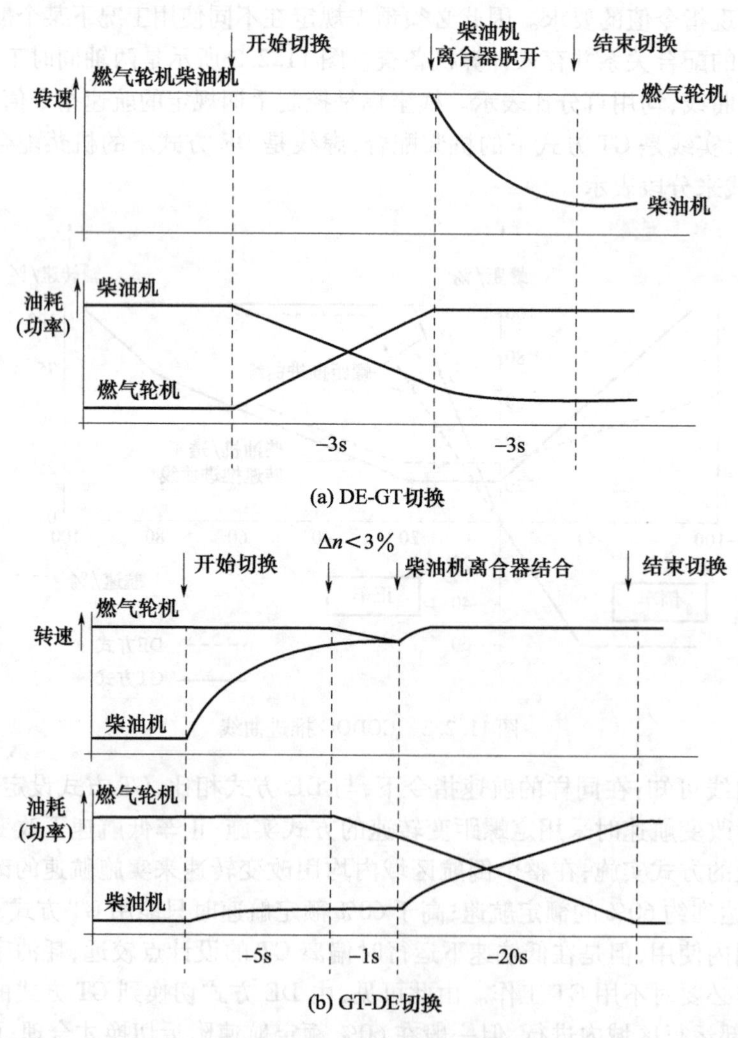


图 11.2.3 柴燃交替过程控制

图11.2.3(b)是GT到DE切换过程的控制。因为DE的最大能力只能在巡航航速下运行,因此在切换前必须将GT的转速降至巡航航速,DE在切入后将立即以额定转速全负荷工作,所以从GT到DE的切换还必须考虑到DE的承载能力。切换前,GT以部分转速和部分负荷运行;DE启动后空车运行,切换开始时,DE在约5s内空车加速到低于GT约3%的转速;GT在约1s内减速约3%同时减负荷,DE的SSS离合器即自动结合;GT继续减负荷而DE则加速加负荷,经过约20s时间,全部负荷转移给DE;GT再降速,它的SSS离合器自动脱开,切换过程结束。这种切换过程需时约26s。

**4. 推进装置闭环控制原理**

在前面已经指出CODOG型联合动力装置在单机运行时的监控任务与一般的推进装置基本相同。其模拟量闭环控制的内容有3项:由R060调速器控制柴油机的转速;AECM(现称ECS-GT25电子柜)控制燃气轮机的转速;CPP的闭环控制器控制调距桨的螺距。这3项控制均由以计算机为核心的RCS-DOG电子柜完成,其全自动控制的原理框图和半自动控制的信号传送关系见图11.2.4。

1)CPP螺距控制

图11.2.4(a)是CPP的螺距控制原理框图,上部是自动方式,下部是半自动方式。自动方式下分为三步:

第一步,根据控制权和操纵手柄确定航速指令值。计算机收集本轴及其他轴系操纵手柄所处的位置指令(即航速指令值。如果有自动驾驶仪,则它的航速指令值也包括在内);再根据控制权转换的指令确定控制权所在的部位,选出该部位操纵手柄的位置输入作为航速指令值。

第二步,根据当时的运行方式(如空车不带桨、正常单轴、正常双轴、低噪声等)选出对应的推进曲线,再按第一步中获得的航速指令值在选中的推进曲线上求得对应于该航速指令值的螺距指令值。

第三步,进入螺距计算并发出相应的螺距控制指令。首先根据DE的负荷情况选用螺距指令值:若DE的负荷小于其极限值(即在其MCR曲线以下),则第二步求得的螺距指令值就是应当发出的螺距指令值。若DE处于超负荷状态(即高于其MCR曲线),则改用零螺距为指令值,再根据此指令值从预存的曲线中查出两个值:在螺距实际值匹配曲线中查得对应于指令值的实际螺距值,与螺距的反馈值比较产生误差信号,经积分调节计算生成叠加信号;另一方面,从螺距设定值匹配曲线查得对应于指令值的应该向螺距现场控制器送去的设定值。这个设定值加上由于实际螺距偏差而生成的叠加信号作为本步长(一个运算周期)的总设定值与送给螺距现场控制器的设定值比较,产生设定值的误差信号,经比例调节计算和调速率限制生成设定值的增量信号送到方式切换开关的自动方式入口。

下部是半自动方式。接收螺距增减量按钮的信号,经半自动逻辑生成增减量信号并经调速率限制后送至方式切换开关的半自动方式入口。

上述运算结束后,即根据目前所使用的方式(自动/半自动),将被选中的一个信号放大,送到螺距现场控制器的入口。

螺距现场控制器对送来的设定值进行闭环控制。在自动方式下的积分常数和比例系数根据DE的负荷情况不同而改变。

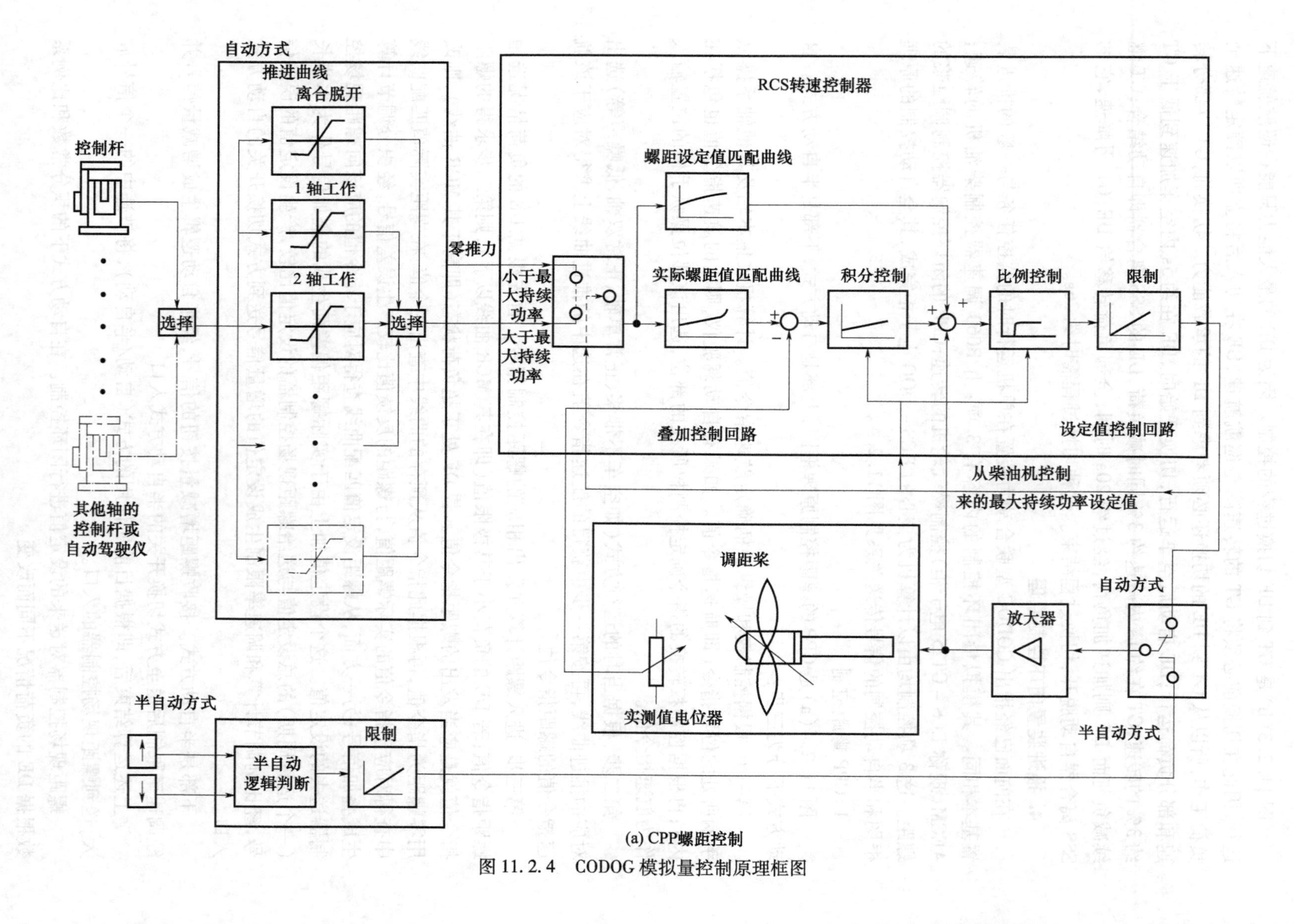


(a) CPP螺距控制

图 11.2.4 CODOG 模拟量控制原理框图

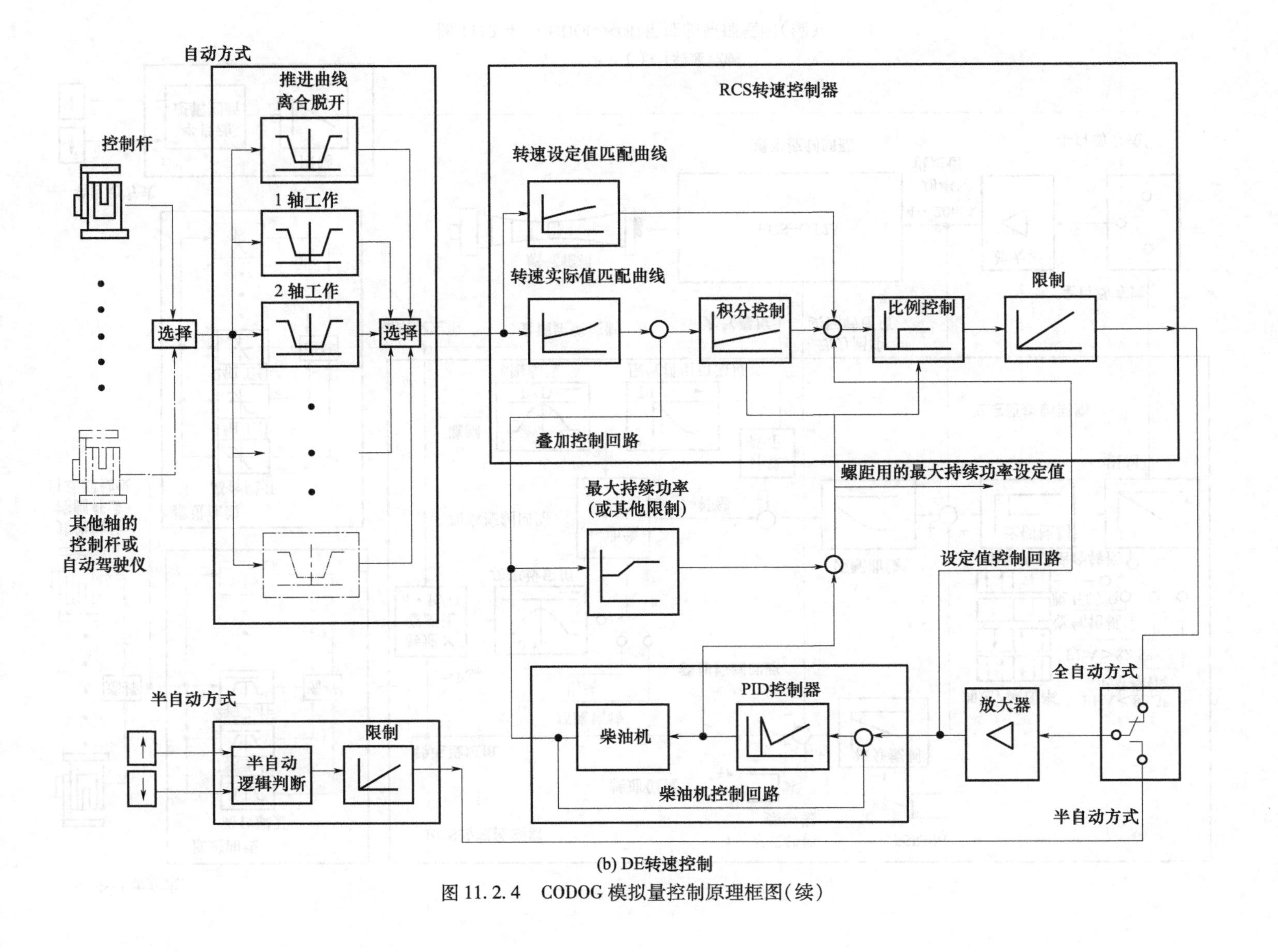


(b) DE转速控制

图 11.2.4 CODOG 模拟量控制原理框图(续)

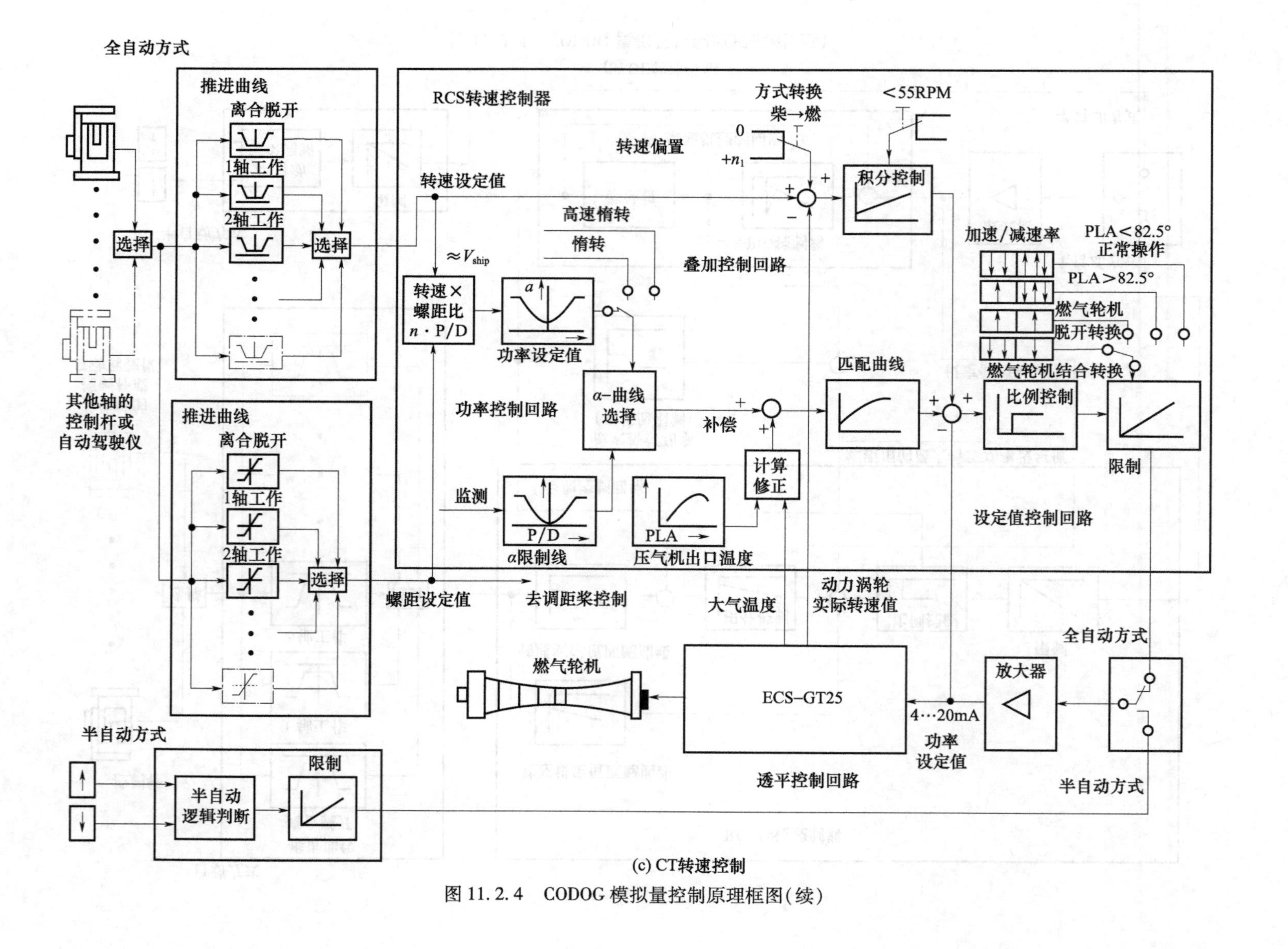


(c) CT转速控制

图 11.2.4 CODOG 模拟量控制原理框图(续)

2)DE 的转速控制

图 11.2.4(b)是 DE 的转速控制原理框图。第一、二步的逻辑判断运算过程与 CPP 螺距控制相同,只是查阅的曲线是推进曲线中的 DE 转速曲线和螺距曲线。在第三步的从指令值到设定值的运算过程也基本上和 CPP 相同,组成叠加和设定两个回路,用 P、I 调节。半自动方式下的控制也相同。要说明的是 DE 转速控制的现场控制器(即 DE 的调速器)与 DE 也组成闭环控制。图的右边向调速器发送转速设定信号;左边是转速实测值的反馈信号,该信号除了送给遥控回路外,还用来查取该转速下齿条位移的极限值并与实测的齿条位移值比较而产生 MCR 信号,用以修改 DE 和 CPP 控制回路中的积分常数 I 和比例系数 P,同时还用来决定 CPP 控制回路中是选用螺距指令值还是选用零螺距作为计算的依据。也就是 DE 的转速控制和 CPP 螺距控制共同组成了 DE 的超负荷自动保护功能:当 DE 超负荷时,自动减小螺距,直到 DE 不超负荷为止。

3)GT 的转速控制

图 11.2.4(c)是 GT 的转速控制框图。第一、二步以及半自动方式的逻辑判断运算过程与前相同,只是在推进曲线中的 GT 转速曲线和螺距曲线查阅操纵手柄位置对应的 GT 转速指令值和 CPP 螺距指令值。在第三步中,从转速指令值到设定值的计算过程与 DE、CPP 略有不同。作为推进主机用的 GT 一般采用分轴结构——驱动螺旋桨的动力涡轮轴和燃气发生器的另一根轴。GT 的现场控制器改变供油量只对燃气发生器产生直接的控制作用,对驱动螺旋桨的动力涡轮轴只能通过燃气发生器提供的燃气能量间接控制其转速。因此,GT 采用的是以负荷(功率)控制为主、转速控制为辅的控制策略。即根据航速要求算出对动力涡轮的功率需求值,以此为依据确定所需的供油量。由于各种随机因素的影响,上述控制的结果可能与转速指令值有差别,因此还需要用转速误差予以修正。

在图 11.2.4(c)中说明了转速指令值与动力涡轮轴转速实测值进行比较求得误差,经积分(I)控制运算生成叠加的转速修正值。若处在动力交替工况时,还要再加转速偏置值:DE→GT 时转速偏置值为零;GT→DE 时转速偏置值约为 3%(见图 11.2.3)。

负荷(功率)控制的过程是这样的:负荷(功率)的控制首先按转速和螺距指令值求得所需的功率,据此在匹配曲线上查得燃油作动器的转角 $\alpha$(相当于 DE 的调速弹簧预紧力),再与不同螺距(P/D)下的 $\alpha$ 限制值比较,若小于 $\alpha$ 限制值,则送出查得的 $\alpha$ 值;由于燃气轮机的功率受进气温度的影响较大,要按实测的进气温度进行计算修正后再查匹配曲线,求得送给 ESC - GT25 的理论上的功率设定值,再加上转速偏差修正量,形成必须的功率设定值;还要与实际送给 ESC - GT25 的理论上的功率设定值进行比较,产生误差信号,经比例(P)调节计算和调速率限制后送出。其中燃油作动器(简称 PLA)的转角 $\alpha$(即供油量或负载)不同时,对调速率的限制也是不同的。

## 11.2.3 COGOG 推进装置控制原理

英国 42 级导弹驱逐舰、21 级/22 级护卫舰等,均采用 COGOG 推进装置。一般采用双轴调距桨,其布置方案与图 11.2.1(a)相似,所不同的是其加速主机用奥林普斯燃气轮机,巡航主机是太因燃气轮机。图 11.2.5 的右边表示由两台 GT 驱动 CPP,其他部分则是其控制原理框图,由控制手柄(PCL)下达航速指令,对 GT 的转速和 CPP 的螺距同时进行控制。

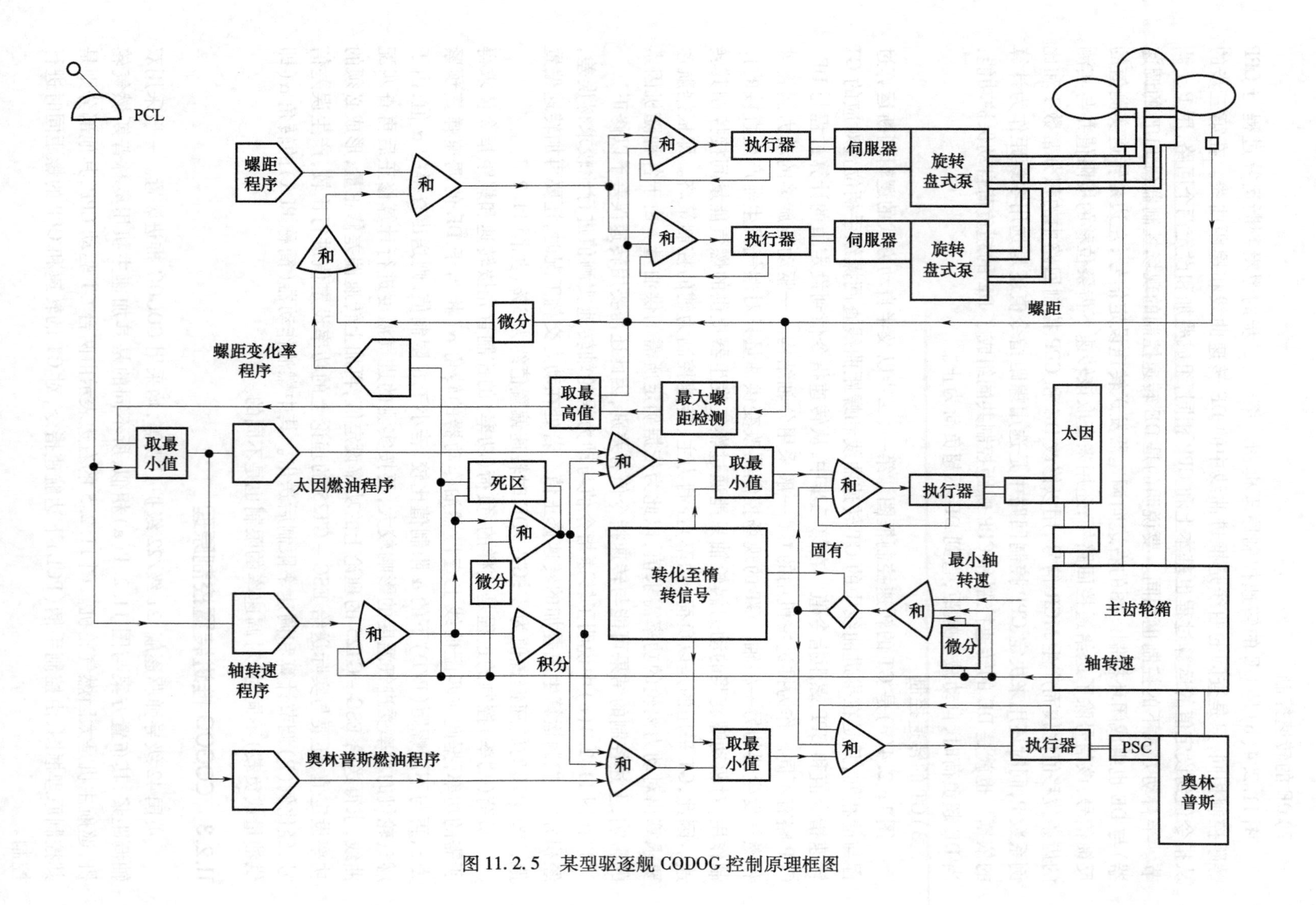


图 11.2.5 某型驱逐舰 CODOG 控制原理框图

CPP 的控制原理:根据控制手柄(PCL)的位置生成螺距指令值;在齿轮箱处引出实测的艉轴转速反馈值,按此值的大小决定螺距变化率的限制值;从 CPP 中引出实测的螺距反馈值,经微分环节生成螺距变化率信号。三者求和后送到使螺距变化的控制回路,与螺距实测反馈值、作动器实测反馈值求和作为作动器的输入指令值。作动器的输出指令则控制液压系统去改变或保持螺距,以满足 PCL 的要求。

GT 的转速控制原理:也是以功率控制为主,附加转速修正。同一根轴上两台主机的功率控制分别进行,转速修正则相同。功率控制的过程如下:在最大螺距检测器的检测值和实测螺距值对应的功率值之间选取高值,与由 PCL 的位置求得所需功率值通过低值器比较,选出低值作为控制输出。

按 PCL 位置确定的轴转速指令值与实测转速值比较产生误差值;通过积分与功率要求值求和(叠加),同时与转速求和,产生比例和微分调节再叠加到功率要求值中。但该项比例和微分调节是否要叠加取决于当时轴转速是否在其"死区"内("死区"的范围是转速指令值与实测转速值之差与实测转速值之比——10%)。若在某转速下,转速指令值与实测的差值在规定的范围("死区")内,则不叠加;超过时才加入控制,以迅速消除转速差。这样求和所生成的功率要求值经低值器选出低值后再输出。这个低值器的另一个功率要求值是由故障降速和主机切换的 C/O 逻辑单元给出。选出的功率要求值送到下一个求和器,与作动器实际位置(供油量)反馈值求和,产生误差信号,经放大后供作动器控制 GT 转速。最后的求和器还有一个由 C/O 逻辑单元控制是否接通的信号,这个信号是轴转速的最小值与实际测值之差,再加上轴转速变化率组成,在主机以最低转速工作时起保护作用。最低转速保护采用 PD 调节,由惰转与 C/O 逻辑单元控制其是否叠加进去。该单元用于惰转和主机交替过程(SSS 离合器和负荷转移)的控制。

该舰控制手柄(PCL)的转角为 100°,其中 2/3 为正车,1/3 为倒车。转角与航速呈线性关系。推进曲线比较简单:从正车最大航速的 30% 到倒车最大航速的 20% 范围内,艉轴转速保持不变,由改变螺距控制航速;在此范围之外,螺距保持不变,由改变艉轴转速控制航速。奥林普斯功率为 18650kW,太因仅为 3170kW,功率比为 0.17。巡航速约为最大航速的 55%。

低值器和高值器对输入信号进行低值或高值选择后再输出,起限幅保护作用。

### 11.2.4 CODAG 推进装置控制原理

德国 F124 型护卫舰、挪威"南森"级护卫舰、西班牙 F100 型护卫舰均采用 CODAG 型推进装置。

在前面已经说明了 CODAG 型联合动力装置可以有多种组合方式,这是因为 CODAG 可以适应多种工况的缘故。例如三机共同驱动一根轴(或六机双轴)的机桨配合特性曲线如图 11.2.6(a)所示,横坐标是轴转速,纵坐标是功率。可以看出其功率适应范围特别广:要求最大功率时,三台主机全部投入工作;其次是单燃;再次是双柴;最低时可以只使用一台柴油机。

图 11.2.6(b)所示是三机双轴的齿轮传动关系:GT 用单独的交叉传动齿轮箱并通过左右两个 SSS 离合器将其功率分别传给左右两台柴油主机的齿轮箱,这两个齿轮箱均为双速比,各自驱动一个调距桨,两台柴油主机均通过弹性联轴节和离合器将功率传给各自

的齿轮箱。

图 11.2.6(c)所示是该装置在三种功率需求时的工作制：最大功率时，1 × GT + 2 × DE 同时驱动双桨（此时用小减速比）；中等功率时，1 × GT 驱动双桨；低功率时，2 × DE 各自驱动一桨（此时用大减速比），也可以由 2 × DE 共同驱动一桨。

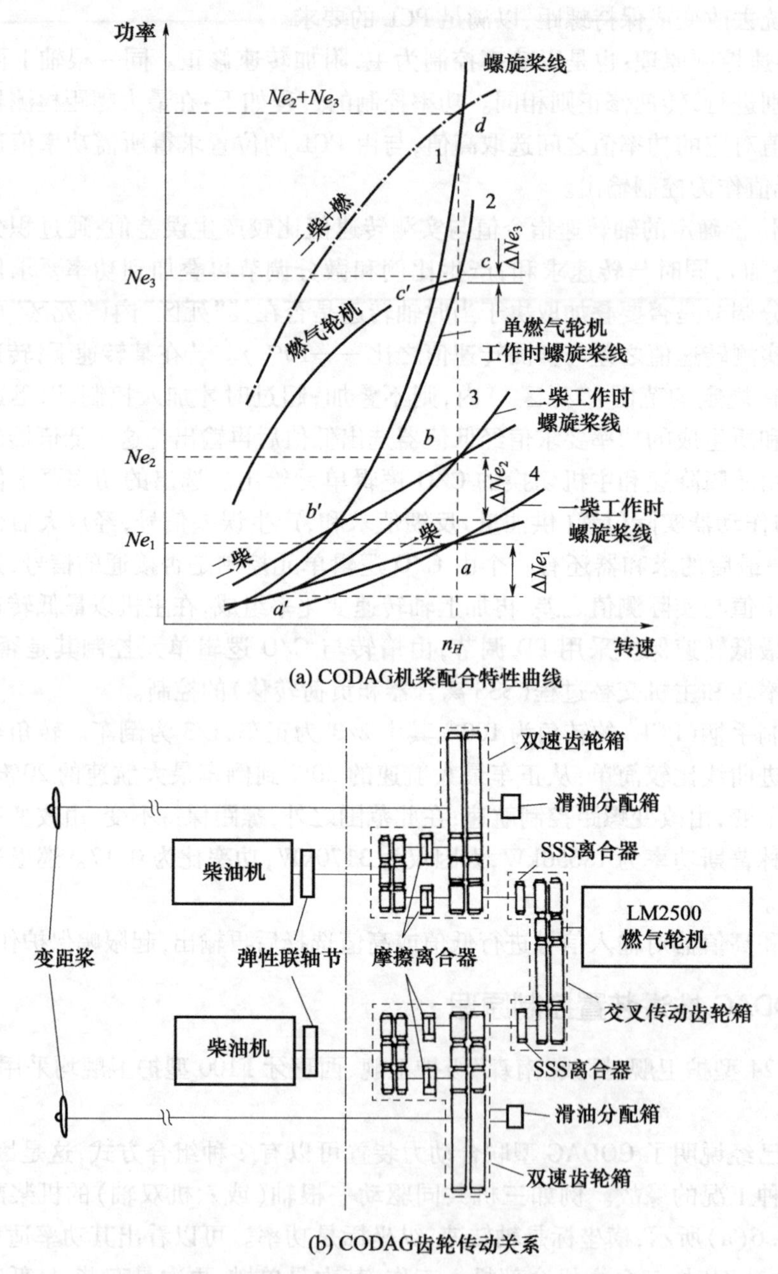


(a) CODAG机桨配合特性曲线

(b) CODAG齿轮传动关系

图 11.2.6　1 × GT + 2 × DE 组成的 CODAG 装置

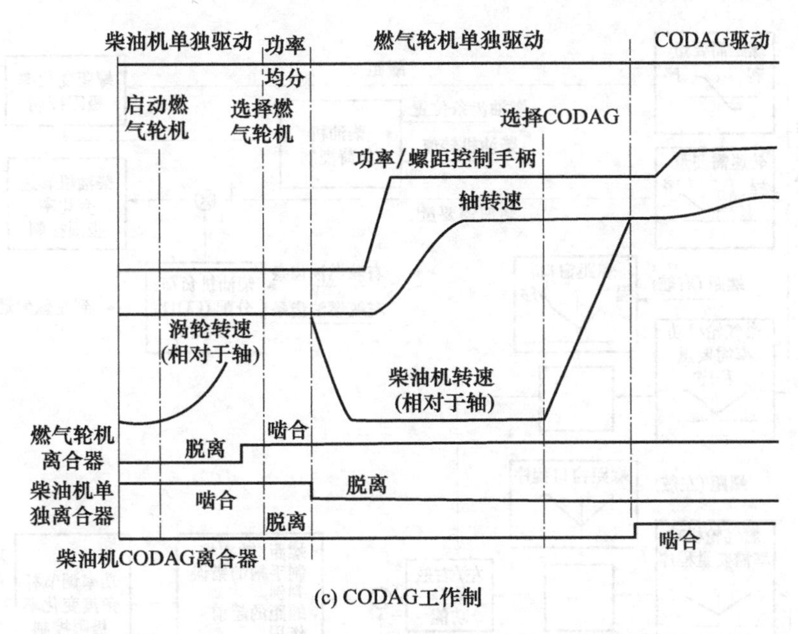


(c) CODAG工作制

图 11.2.6 1×GT+2×DE 组成的 CODAG 装置(续)

这种联合动力装置的控制系统又有其特点。图 11.2.7 是它的控制原理框图,图中上下两部分分别用于左右轴控制,这两部分的原理基本相同。每轴设一个操纵手柄以下达航速指令,再转换为螺距和轴转速的需求值。

螺距的控制方式是根据需求值进行闭环控制。但是其变化率则受 DE 剩余功率大小的限制(剩余功率由 DE 的转速和供油齿杆位移决定),若剩余功率为零时,不允许增加螺距。为了防止螺距的频繁调节,还设有"死区",在该区域内不调节螺距。

轴转速的需求值转换成对 DE 的转速需求值有两条曲线:图 11.2.6(c)中轴转速曲线为低航速 DE 单独工作时的需求值,柴油机转速曲线为高航速 CODAG 工况时的转速需求值。根据曲线确定其齿轮箱中相应离合器的状态。对 DE 的转速需求值确定后,进行闭环控制并设有转速和转速变化率限制。如果由 2×DE 共同驱动一桨(单桨航行),则根据两台柴油机供油齿杆位移进行负荷分配计算,向两台柴油机送出转速需求值的修正量,通过转速修正使负荷分配均匀。

GT 的控制首先还是根据操纵手柄位置确定对 GT 的功率需求量。为此,要划分为对两根轴转速和两个调距桨螺距的需求量。故应将左右轴的需求量相加并考虑其均分功能进行限制;在舰艇作旋回运动或两个调距桨的螺距为一正一反时,两根轴的需求功率相差悬殊,更需要先叠加左右舷的功率总需求并考虑双轴转速修正量,再控制 GT 的作动器以改变供油量。其中还包括各种限制和保护措施。

这种联合方式的控制还要解决以下五个问题:

(1)在 1×GT+2×DE 同时驱动双桨时,各主机的功率分配。

基本上有两种方案:第一种是功率均分,即把所需的总功率按各机最大(或额定)功率之比例分配给各主机;第二种称为"加足运行",利用 GT 是负荷控制的特点,使 GT 发出与指令转速对应的全功率,不足部分由 DE 承担,而 DE 是转速控制,其承担的功率正好由调速器自动调节。

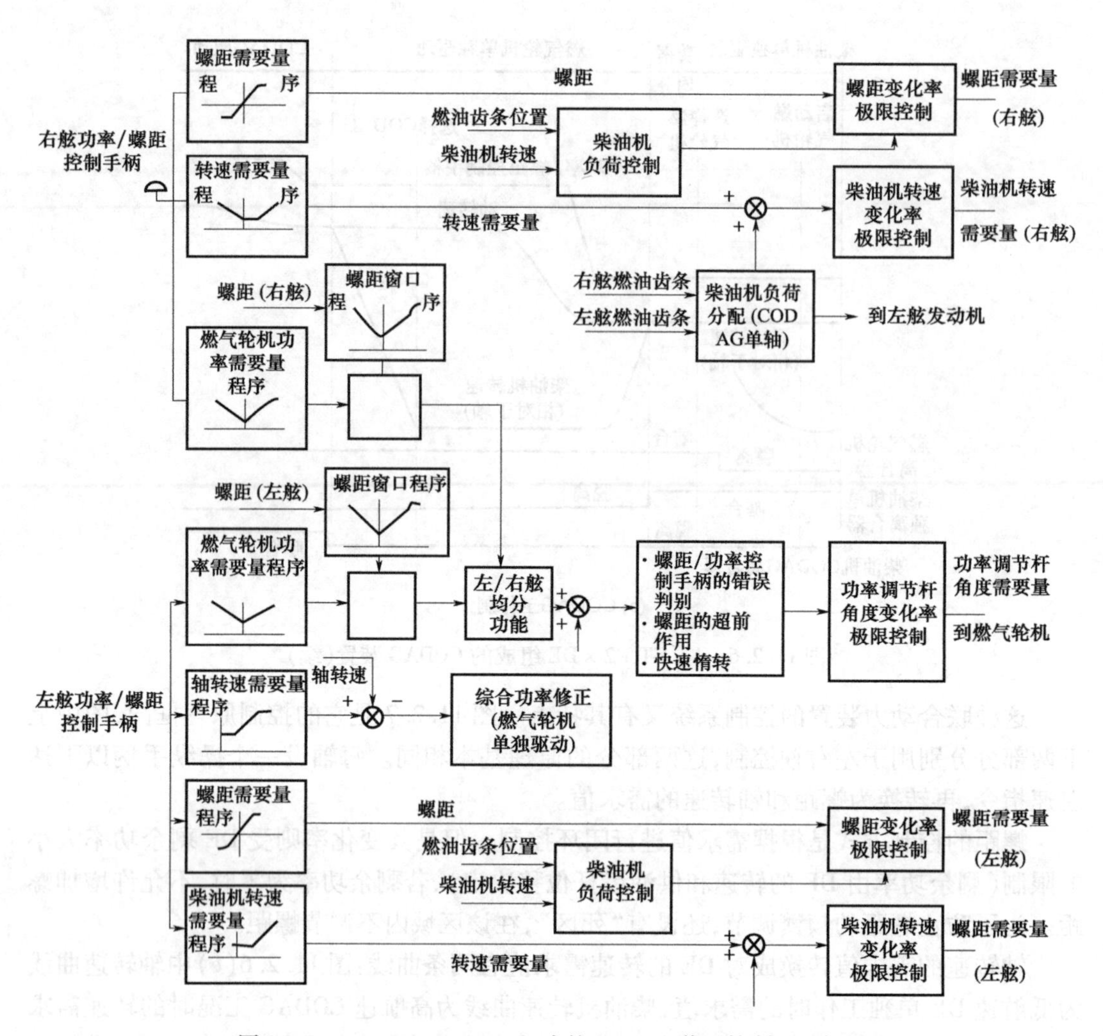


图 11.2.7　1×GT+2×DE 组成的 CODAG 装置控制原理框图

(2)从 DE 运行方式切换到 GT 运行方式或相反过程的控制。

这种运行方式切换的原理与前述 CODOG 的切换原理基本相同,只是此处的 DE 不带 SSS 离合器而是一般的摩擦离合器,必须专门下达使摩擦离合器结合/脱开的控制指令。本装置还设有两个摩擦离合器,还需要预先判定哪一个摩擦离合器结合/脱开。

(3)从 GT 运行方式切换到 1×GT+2×DE 运行方式或相反过程的控制。

从 GT 运行方式切换到 1×GT+2×DE 运行方式时,首先将 DE 由空车加速到与轴转速相应的转速,再使小减速比离合器结合,然后由 GT 按预定的功率分配方案把其中由 DE 承担的功率转移给 DE。由 1×GT+2×DE 运行方式切换到 GT 运行方式的控制过程是这样的:首先降低 GT 的转速,使其在此转速下能够承受轴所需的全部功率;再使 GT 的实发功率增至此功率;于是 DE 就自动地卸载,将负荷转移给 GT;DE 卸载后,离合器脱开并减速到惰转。

(4)从 DE 运行方式直接切换到 1×GT+2×DE 运行方式或相反过程的控制。

从 DE 运行方式直接切换到 1×GT+2×DE 运行方式的控制是这样的:首先按 DE 运

行方式到GT运行方式切换,脱开DE运行方式时的大减速比离合器;再按从GT运行方式到1×GT+2×DE运行方式切换,使小减速比离合器结合;最后按1×GT+2×DE运行方式达到操纵手柄要求的航速。读者可依此推出由1×GT+2×DE运行方式直接切换到DE运行方式的控制过程。

(5)在1×GT+2×DE运行方式下直接给出倒车指令(即由额定正螺距变成负螺距)时的控制。

此时轴的转速很高,不允许直接改变螺距。因此应当先由1×GT+2×DE运行方式切换至GT运行方式,再将正螺距改变成负螺距,在GT驱动下实施倒车。

### 11.2.5 CODAD推进装置控制原理

法国的拉斐特级护卫舰,美国圣安东尼奥级船坞登陆舰,中国054A型护卫舰、071型登陆舰等均采用CODAD联合动力装置。它们都是同型号的四台柴油主机驱动双桨。

图11.2.8是某型CODAD遥控系统原理简图,图中只表示一根轴的遥控系统,另一轴与此相同。

图的下方是机舱,包括两台带离合器的柴油机、减速齿轮箱和调距桨。粗线是功率传递关系;细线是半自动控制的信号线;双线是全自动遥控信号线;图中未画出机旁控制箱。

图的中部是主(集)控室。全自动遥控的核心部件是四台柴油主机的遥控电子柜。操纵手柄给出航速指令,由手柄位置显示器显示;其他的开关量指令(如全自动、半自动、低噪声航行、控制部位转换等)由主控室面板上的按钮发出,重要的指令(如紧急停机、110%超负荷运行、脱开离合器等)由专用按钮发出。控制及反馈信号直接由电子柜与现场设备之间连接传送。半自动控制时也在主控室面板上用按钮操作,通过半自动部件直接进行控制。

图的上部是驾驶室。同样有操纵手柄及其显示器,用驾驶室的全自动控制面板上的按钮输入开关量指令。紧急停机和脱开离合器指令有专门的按钮。所有这些信号直接由电子柜采集和发送。

单机运行时的控制与一般推进装置的差别不大,但是四个电子柜之间互通信息,以根据另一轴和另一主机的工作情况(包括用一个操纵手柄控制双轴的信号)选择推进曲线。

在双机运行(即CODAD)时,存在双机之间的负荷分配问题。与1×GT+2×DE装置的负荷分配方式一样,可以选择均匀分配或"加足运行"两种方式。

### 11.2.6 COGAG推进装置控制原理

采用COGAG推进装置的主机大都是同一机型。如美国的"提康德罗加"级巡洋舰、DDG-51级驱逐舰、DD-963级和"佩里"级驱逐舰等都是用LM2500燃气轮机;俄罗斯的"光荣"级巡洋舰、"无畏"级驱逐舰、韩国KDXIII"世宗大王"号驱逐舰等,也都采用4台同型燃气轮机。也有舰艇采用不同型号的燃气轮机,如日本的"高波"级驱逐舰、"日向"级两栖攻击舰等。上述COGAG推进装置的控制方式基本相近。

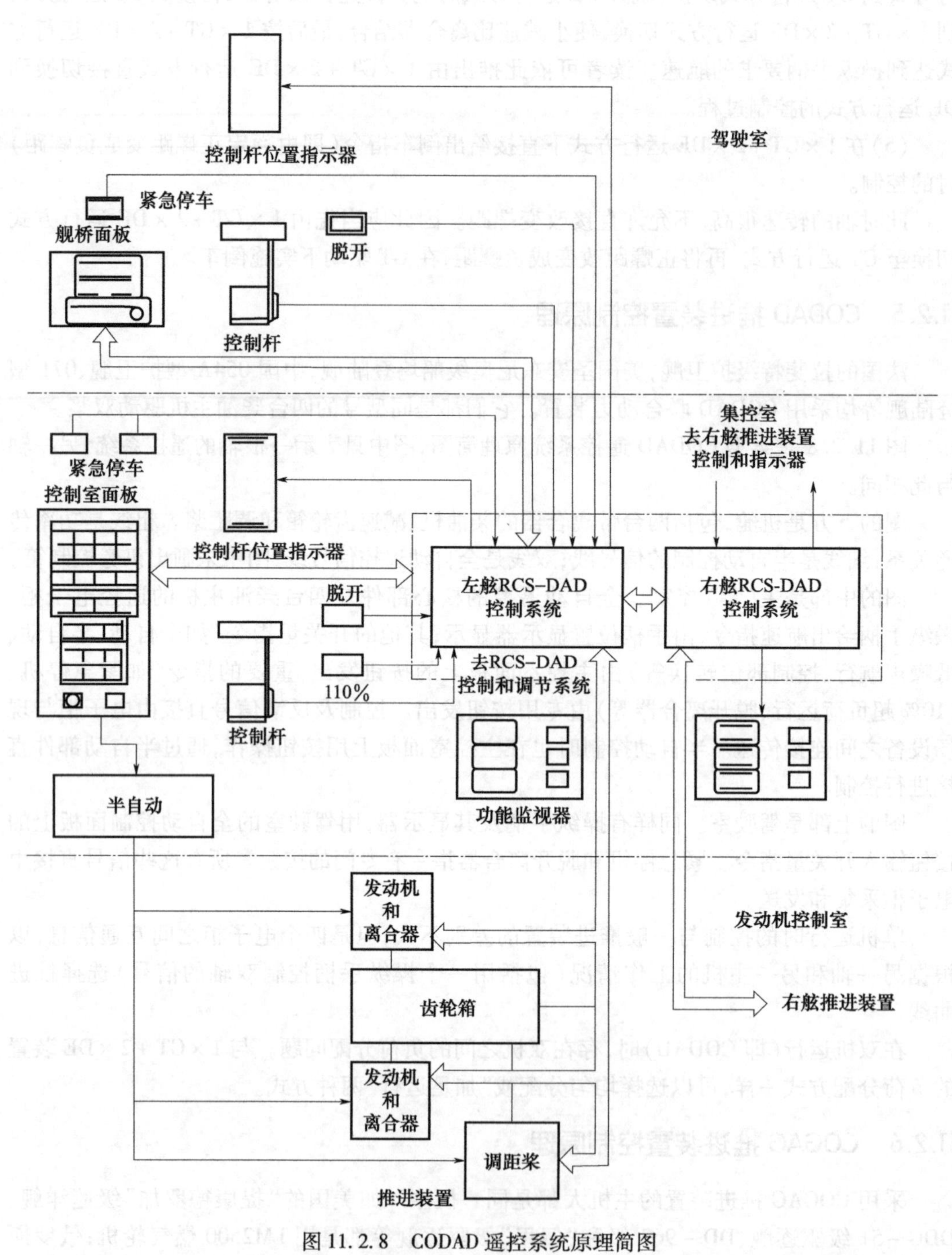


图 11.2.8 CODAD 遥控系统原理简图

**1. DD-963 级驱逐舰的监控系统**

图 11.2.9 是美国 DD-963 级驱逐舰的监控系统,以后建造的 CG-47 级和 DDG-993 级的推进装置及其控制系统基本上与此相同,因而具有代表性。

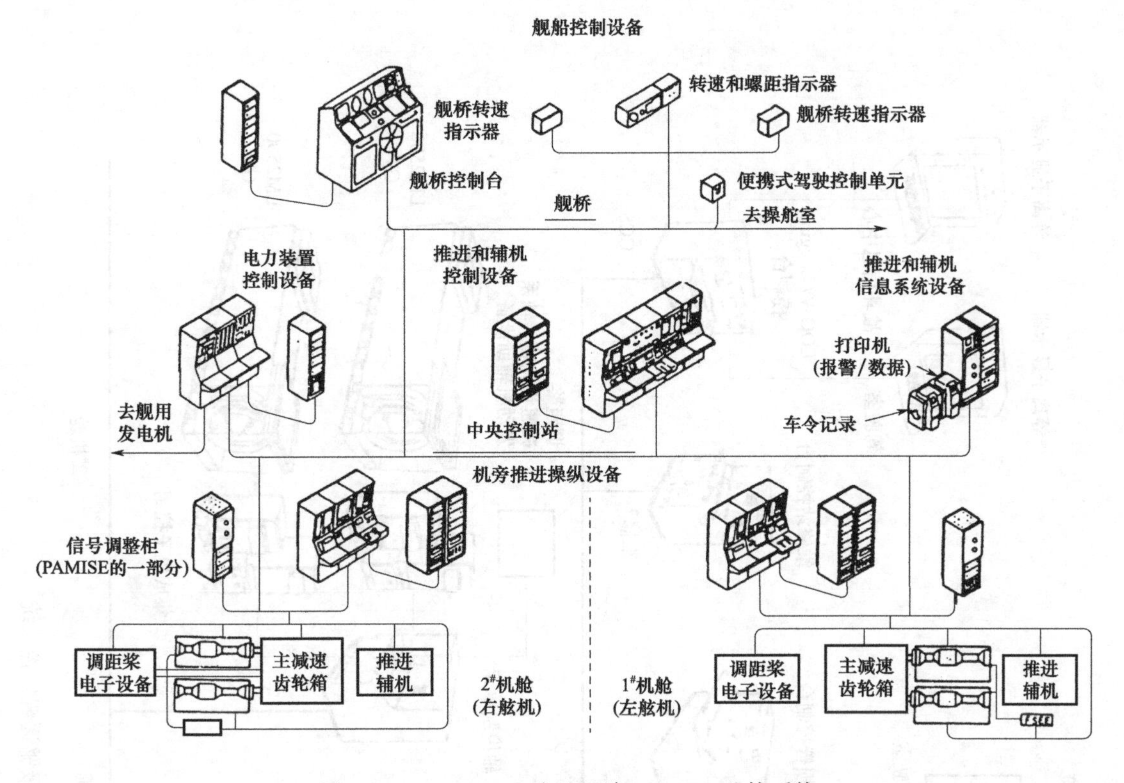


图 11.2.9 DD-963 级驱逐舰 COGAG 监控系统

推进装置由两套 2×LM2500 分别驱动两根调距桨,布置在两个机舱内。每个机舱内设有机旁控制台、电子柜和为主推进服务的辅助机械的监控分箱。在中央控制站(集控室)有主推进及其辅助机械的监控台,主推进及其辅助机械的信息监视台(含报警、打印等),还有电能系统的监控台。在驾驶室有遥控台。因此可实现三级控制。该装置的控制原理与前述的基本相同,但增加了适应海情变化的功能。海情变化时,通过增益调整来适应海情变化,以改善控制品质。

**2. DDG-51 级驱逐舰的监控系统**

DDG-51 级(也称阿利伯克级)驱逐舰在 DD-963 级的基础上作了一些改进,排水量提高到 8400t,推进系统没有改变。其监控系统如图 11.2.10 所示,采用总线方式将七个控制台和一个面板全部连接成(不用串行通信)一个局部网,在任何一个控制节点都可以直接获得其他控制节点所储存的信息和数据。这些控制节点有各自的用途,分别介绍如下:

1)1#、2#轴的控制单元(SCU1,SCU2)

分别布置在前后机舱,各控制一根轴的有关设备,两者完全相同。它通过两个中间集成电子柜(IIEC)监控燃气轮机的运行,并通过另一个电子柜控制调距桨、齿轮箱、轴系和辅助设备。

2)推进及其辅助设备控制台(PACC)

它安装在集控室,控制全舰的主推进及其辅助设备。操纵手柄转动范围内的 2/3 是正车,1/3 是倒车。控制航速的方法与 DD-963 舰相同,具有较完善的安全保护功能。

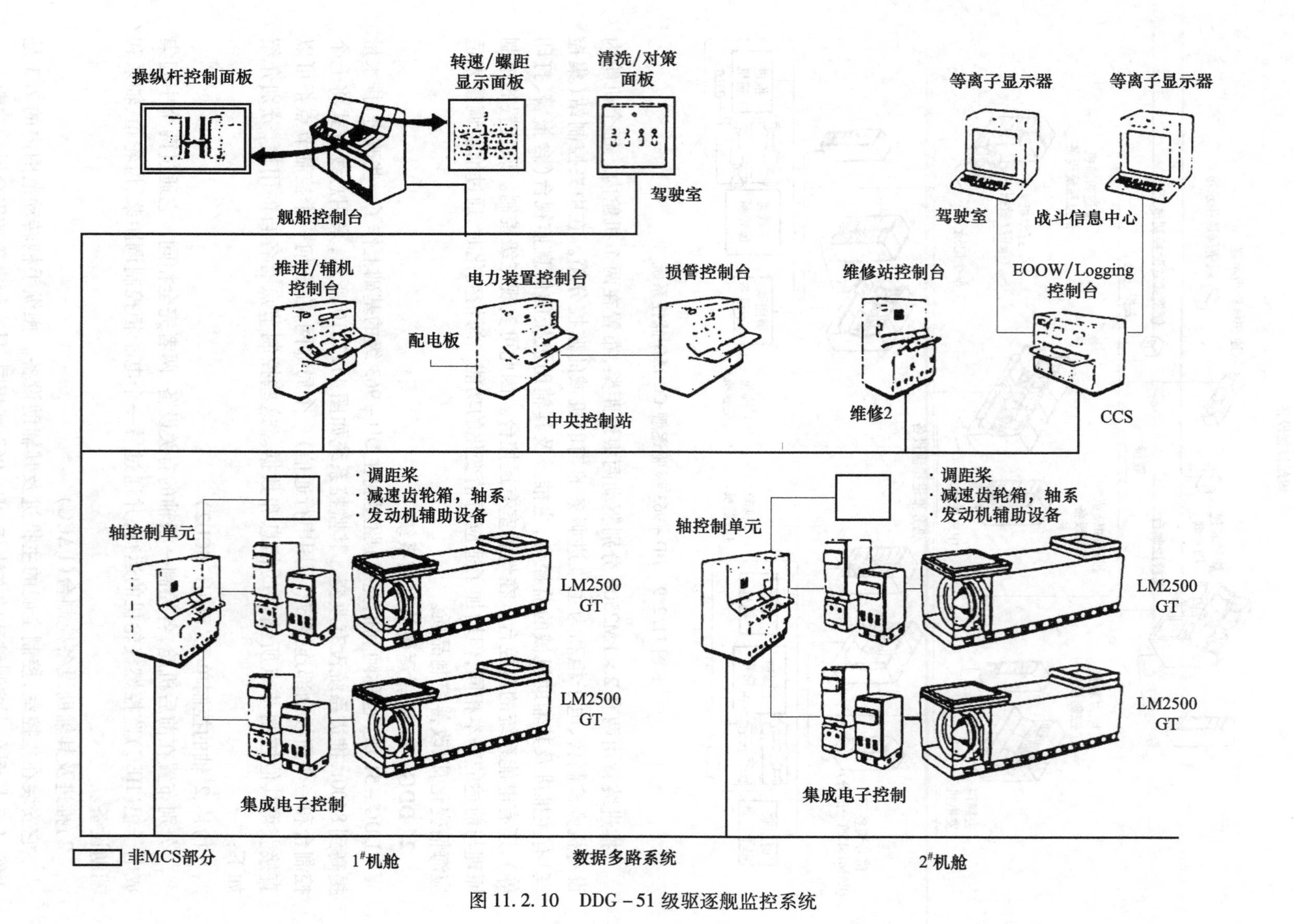


图 11.2.10　DDG－51 级驱逐舰监控系统

3)电力系统控制台(EPCC)

它也安装在集控室,能对全舰的发配电设备进行遥控和监测。

4)损管控制台(DCC)

这是新增加的设备,用模拟板实现对包括火、烟、舱底水、干扰、六个主消防泵、消防阀门位置等状态的监视。

5)维修站控制台(RSC)

它安装在2号维修站,类似损管控制台(DCC),但可以通过按钮直接控制各种阀门。

6)技术人员观察/记录(Engineering Officer of the Watch - EOOW/Logging)控制台

它收集系统所有信息和数据,通过两个等离子显示器和面板显示并记录,供技术军官了解部门的全面情况。该控制台安装在集控室。

7)舰船控制面板(SCC)

它安装在驾驶室,作为驾驶室的控制台。包括推进控制和螺距显示等面板。

此外,还有一个清除干扰面板(WCP)也连在网上,以监视并消除干扰对系统产生的影响。

由以上各实例可知,机舱自动化的基础是对机电部门所属设备实施自动监控,其中必然包括控制策略的优选;机舱自动化的上层则是将这些自动监控装置优化组合再加上具有管理功能(包括全系统控制策略的优选)的模块,组成能满足对舰船动力系统总体战技术性能要求的自动监控系统整体。自动化系统的功能确定后,再进行软件设计和硬件的合理配置。所有这些在满足对其功能要求的同时,还必须满足舰船自动化规范和有关规范的要求。

## 11.3 舰艇综合平台管理系统

综合平台管理系统(Integrated Platform Management System,IPMS),是机舱自动化的高级阶段,是以信息为核心、以网络为平台、以集成为手段,将舰艇平台中的各个系统融合为一个有机整体,实现平台监控和管理信息的共享,同时提供与作战系统的信息交互接口。综合平台管理系统对实现舰艇全舰信息化,提高舰艇的作战能力、生存能力和保障能力具有重要的作用,是舰艇平台信息化的主要标志。

### 11.3.1 综合平台管理系统概述

综合平台管理系统的发展经历了三个阶段:

第一阶段(20世纪80年代初),出现了数字式的集成监控系统。其核心特点是监控信号数字化,这是现代综合平台管理系统的雏形。典型应用如美国海军“提康德罗加”级巡洋舰上的主机监控系统,英国海军23型护卫舰上的机械监控系统和电站监控系统。

第二阶段(20世纪80年代中后期开始),利用计算机通信和总线技术将主机、电站、辅助设备和损管监控等集成在一起。其核心特点是硬件通用化、网络化。这已经包括了综合平台管理的所有主要概念,典型应用如美国海军阿利伯克级驱逐舰上的船体、机械、电气和损管综合控制系统,法国海军“拉斐特”级护卫舰上的数字化平台监控系统。

第三阶段(从20世纪90年代开始),发展了基于同一网络的综合平台管理系统。系统和设备在通用化、系列化、模块化的基础之上,强化了以软件设计为基础的系统综合集成。这一阶段实现了系统互联、信息互通、应用互操作,并可向作战系统提供信息。典型应用如美国海军的智能舰计划,英国海军45型驱逐舰,德国海军F124型护卫舰。

图11.3.1是德国K130护卫舰的综合平台管理系统体系结构框图。其中:上层管理网采用了光纤以太网总线(双冗余环形拓扑结构),系统集成了推进系统、电站系统、损管/辅助系统、闭路电视系统、实船训练系统、能量管理系统等部分,并留有与作战系统、岸基系统的信息接口。

综合平台管理系统的发展趋势是与作战系统一体化,构成全舰计算环境(Total Ship Computing Environment),如图11.3.2所示。在未来,舰艇上的平台控制系统和作战管理系统之间将没有区别。基于无所不在的计算机指挥和控制系统,将提供人员-舰艇系统-作战编队指挥-作战编队系统之间的一体化联系。

集成平台管理系统的典型体系结构可以概括为四个方面:多个应用分系统,1套综合网络,1套标准化硬件,1套系统软件。

(1)多个应用分系统。IPMS的初期集成内容一般包括:推进监控、电站监控、辅助机械监控以及损管监控等分系统。IPMS的扩展集成内容则一般包括:设备健康状态监测、维修管理、稳性计算等损管扩展、实船训练、数字闭路电视以及集成驾驶等分系统。

(2)1套综合网络,即一体化信息网络。一体化信息网络由多台交换机(即系统附属设备)所构成,类型采用以太网+现场总线形式,选用双冗余结构,拓扑结构可以为环型、星型或总线型,传输介质采用光纤。

(3)1套标准化硬件,是指能够满足各型舰船自动化要求的标准化、通用化硬件模块或设备。从全系统角度考虑,标准化硬件可以分为三个层级,即标准化系统,标准化设备,标准化模块。

①系统层级是指:各应用系统,是由标准化的设备和专用设备所集成。

②设备层级包括:标准化设备和专用设备。其中,标准化设备是各分系统通用的、具有监控和管理基本功能、接口统一的系列设备。专用设备则是分系统专用的、具有统一接口的少量设备。通用标准化设备包括:A1和A2型通用控制台,B1和B2型通用控制单元。

③模块层级包括:标准化模块和专用模块。其中,标准化模块是具有专一功能、能够直接接入网络的硬件单元,是标准化设备的基本构成单元;专用模块则是具有特定功能的硬件单元。标准化模块包括I/O类、现场控制类、网络通信类、显示操作类、综合类等5大类模块。

a. I/O类模块共有8种,基本功能包括:模拟信号采集与处理、脉冲信号采集与处理、数字信号采集与处理,以及控制信号的产生与输出。

b. 现场控制类模块的基本功能是:信号采集、信号处理、网络通信,以及参数配置。

c. 网络通信类模块共有3种,基本功能包括:以太网通信、以太网/CAN网关,以及CAN网中继与隔离。

d. 显示操作类模块共有4种,基本功能包括:信息收集、信息显示、状态指示、操作控制。

e. 综合类模块共有8种,基本功能包括:操作控制、传令、报警。

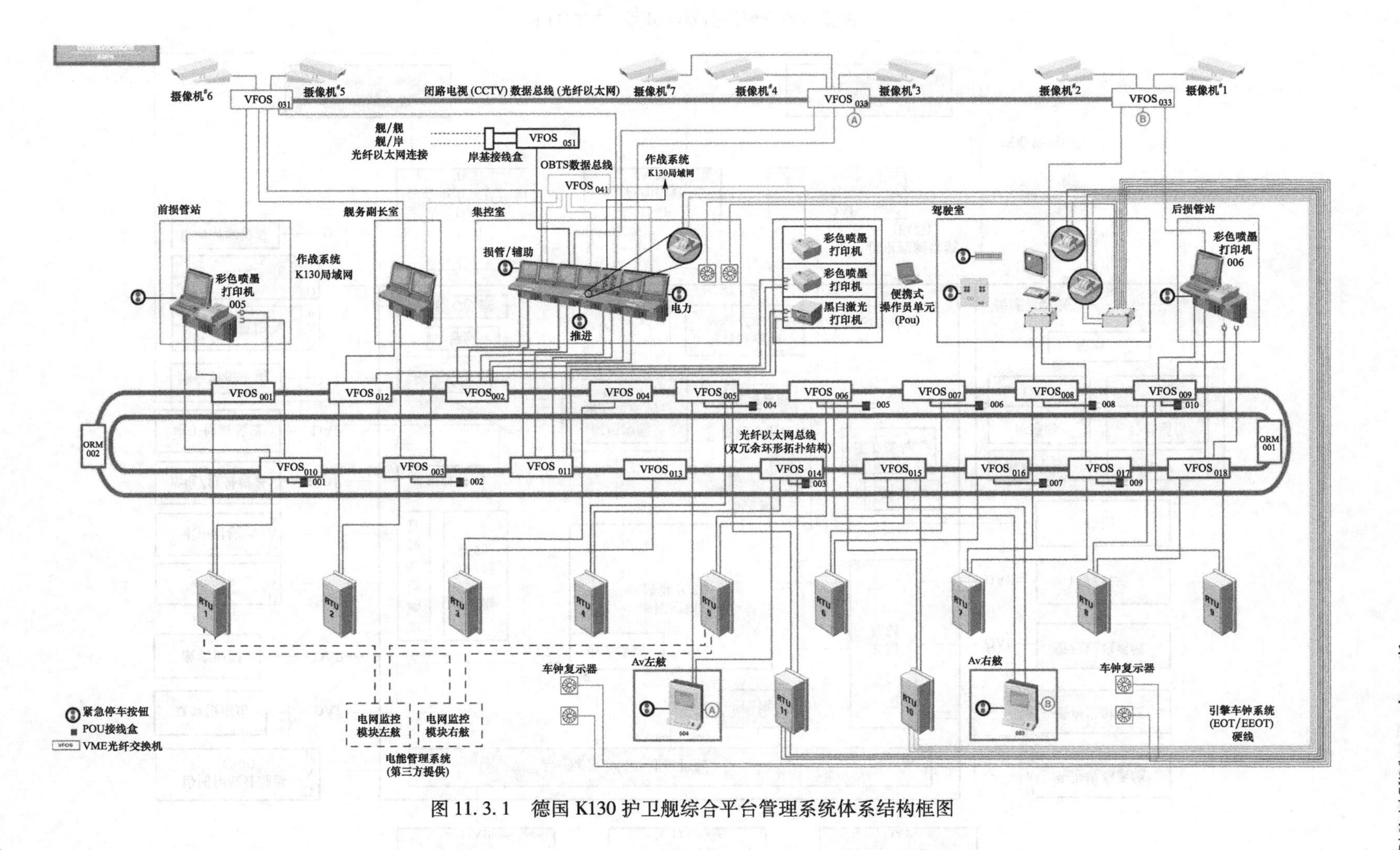


图 11.3.1 德国 K130 护卫舰综合平台管理系统体系结构框图

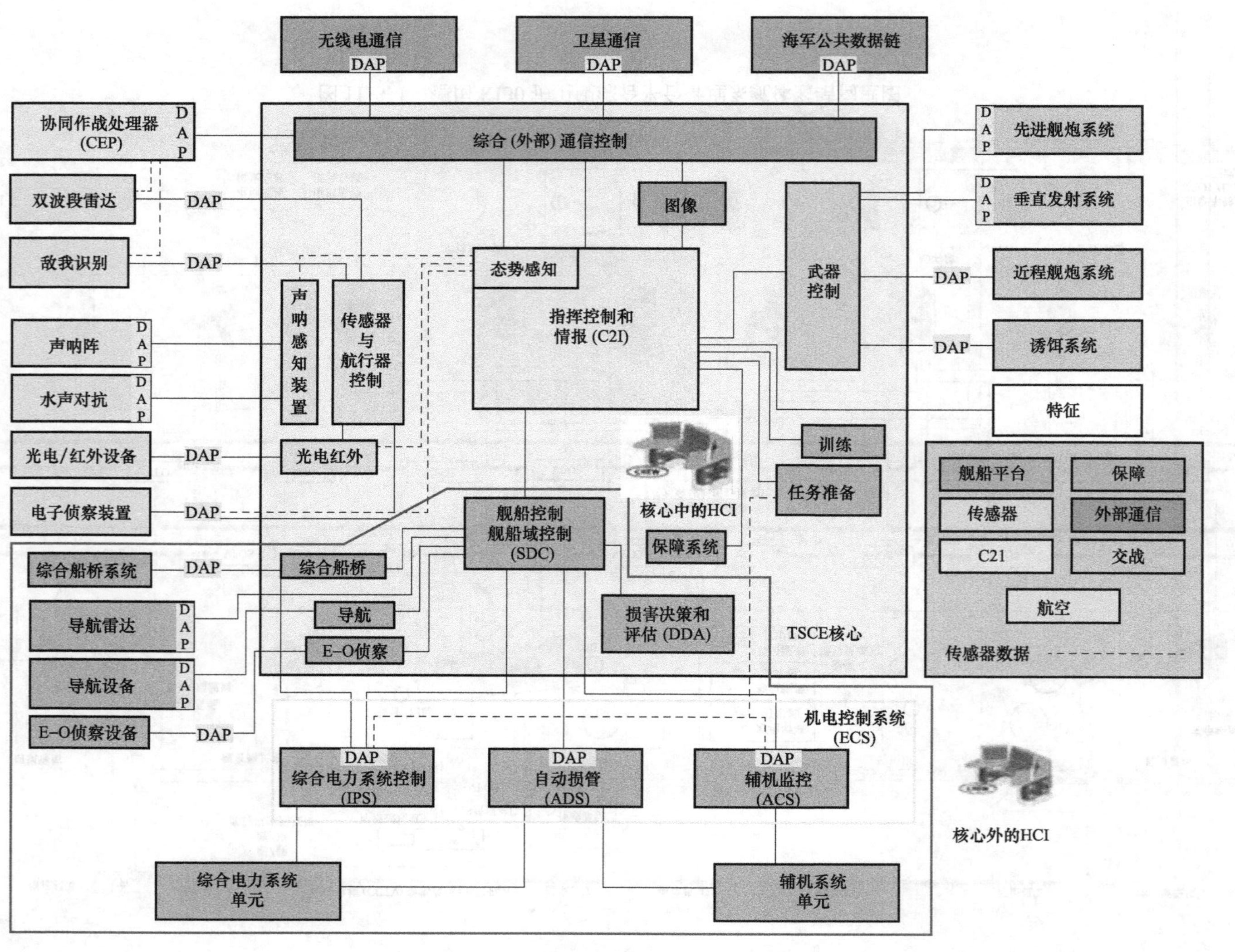


图 11.3.2 全舰计算环境体系结构框图

图 11.3.3 所示是它的逻辑关系图,标准化控制台和标准化模块共同构成系统的标准化硬件。

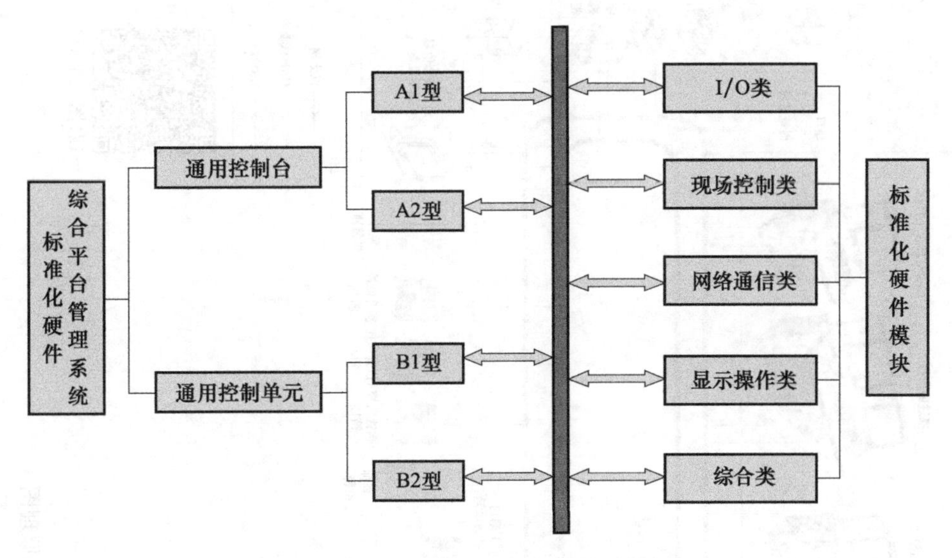


图 11.3.3　标准化硬件逻辑关系框图

(4)1 套系统软件,是指同一套系统软件,分别部署于集控室、舰长室和机电长室,可以在不同的操作站,分别实现对全系统的监控和管理。

## 11.3.2　综合平台管理系统实例

图 11.3.4 是某综合平台管理系统的体系结构原理图。下面以该型系统为实例,介绍综合平台管理系统的概况、系统组成与功能,以及基本工作原理等方面的内容。

**1. 系统概况**

该型综合平台管理系统主要包括推进监控分系统、电站监控分系统、损管综合监控分系统、综合保障管理分系统、综合管理与决策分系统,以及相关系统附属设备,涵盖了舰艇平台中主要的监控系统和信息管理系统。其使命任务是对舰艇平台主要系统和设备,进行实时监测、控制和管理;对舰艇平台的使用进行综合辅助决策、管理和保障;实现舰艇平台各系统之间的信息共享。

系统主要功能包括:综合监测功能、综合控制功能、综合保障功能、管理与辅助决策功能、信息交互与共享功能。系统采用的是三层四级的基本结构,三层即监控管理层、通信层和处理层,四级即指挥员级、操作员级、自动控制处理级和传感器/执行器级。

系统通信层采用上层以太网 + 下层现场总线网络的双层网络形式,选用双冗余结构,拓扑结构为环形,传输介质采用光纤。

**2. 分系统的功能与组成**

主要包括:推进监控、电站监控、损管综合监控、综合保障管理、综合管理与决策等 5 大分系统,以及相关系统附属设备。

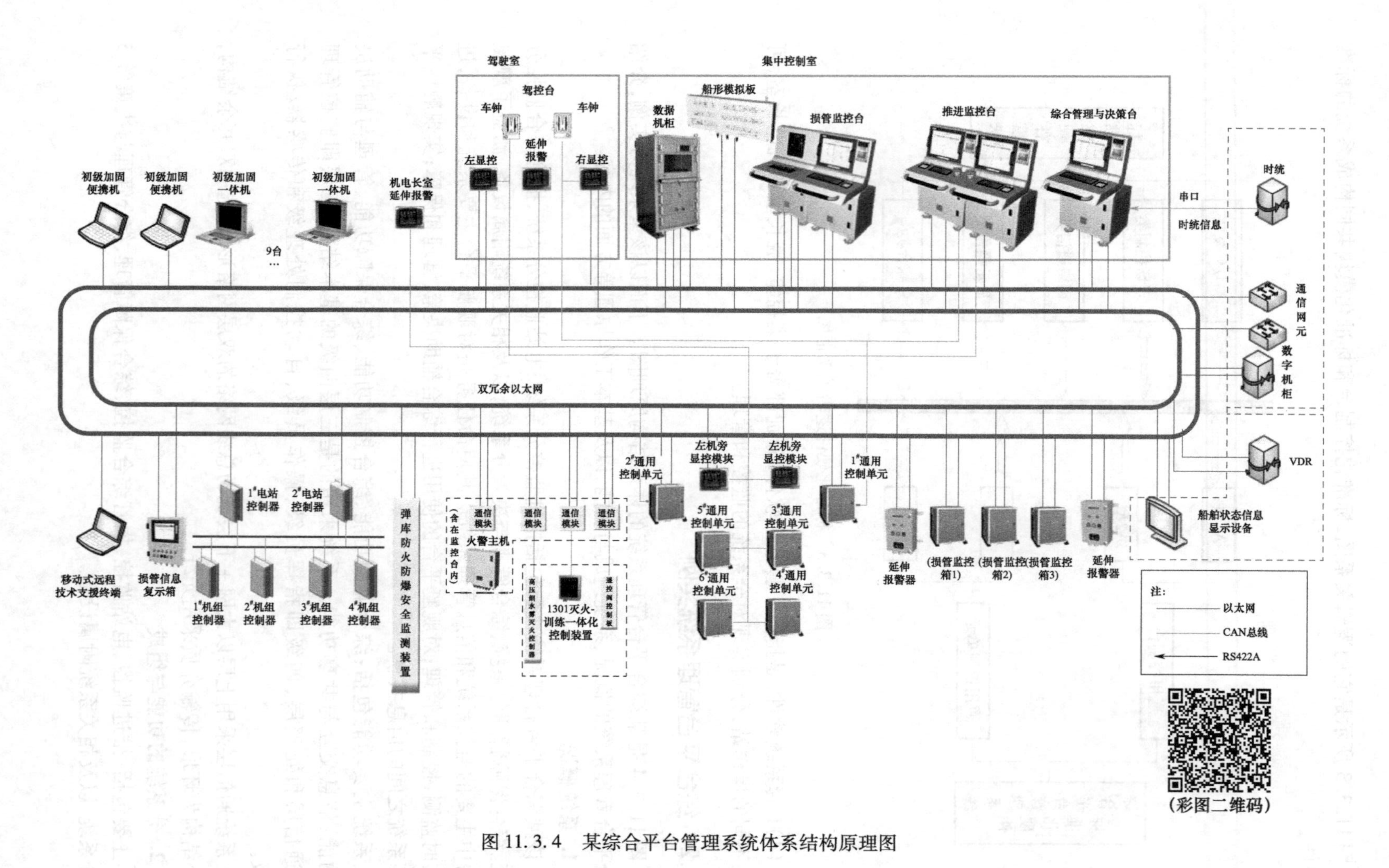


图 11.3.4　某综合平台管理系统体系结构原理图

(1)推进监控分系统。该分系统为Ⅰ类控制:即主推进装置的设备与系统装有控制、监测报警和安全保护系统,在驾驶室及机电集控室进行遥控和自动控制,在机旁进行手动控制。当在驾驶室遥控时,机电集控室应配备人员值班监视。主要功能包括:控制功能、监测报警功能、安全保护功能、车钟功能和仪表显示功能。

(2)电站监控分系统。该分系统主要是对电站实施自动控制、管理、监测、越限报警和安全保护,保证电站经济、安全、连续和稳定运行,保障电站生命力。主要功能包括:自动控制、半自动控制、越控、保护、监测功能。

(3)损管综合监控分系统。该分系统由损管监控装置、弹库防火防爆安全监测装置、1301 灭火 - 训练一体化控制装置组成。主要功能包括:抗沉液位监测报警,防火、防爆与灭火监控;舱门与舱盖开闭状态监测;重要辅助设备监控,以及损管辅助决策功能。

(4)综合保障管理分系统。该分系统的主要设备包括初级加固一体机、初级加固便携机、移动式远程支援终端和网络接口盒。初级加固一体机为固定式笔记本,放入固定舱室;初级加固便携机和移动式远程支援终端为移动式设备,可在任意一个空余的网络接入点接入网络。主要功能包括:装备保障管理、后勤保障管理和行政管理等部分。

(5)综合管理与决策分系统。该分系统主要包括综合管理与决策台和数据机柜,放置于机电集控室。该分系统主要对综合平台管理系统的网络、通用监控管理台、通用监控单元以及平台系统重要设备等信息进行分析和利用;对综合平台管理系统发生的事件进行过程记录、综合分析与处理,并提供相关辅助决策建议;对综合平台管理系统与其他系统交互信息进行管理。主要功能包括:系统资源管理和综合决策。

综合平台管理系统附属设备由网络交换机和电源箱组成,主要为综合平台管理系统提供一体化信息网络环境,并为综合管理与决策分系统提供电源。

系统软件部分,采用了统一的软件系统,分别部署于集控室、舰长室和机电长室,可以在不同的操作站,分别实现对全系统的监控和管理。此外,软件部分还包括信息安全服务器软件。

**3. 系统工作原理**

1)系统工作时的信息流程原理

如图 11.3.5 所示,系统通过采集设备获取平台各分系统和设备的监测和管理信息,利用通信网络将这些信息传输至系统各个监控台,在监控台上以人机界面形式展现给指挥员/操作员,同时接收指挥员/操作员的控制和管理指令,并通过网络或操作模块发送到平台各分系统和设备。某些分系统需要对采集信息进行决策建议、计算与评估,对结果进行信息显示;对某些综合控制和管理命令需要进行逻辑处理和任务分解,转成分系统可以执行的指令和信息。

2)系统的体系结构原理

如图 11.3.6 所示,系统监控管理层采用布置在舰艇的各个战位上的标准化通用控制台,通过权限认证,由综合管理与决策分系统对平台各应用系统进行综合管理。系统通信层作为综合平台管理系统的信息传输通道,采用环形双冗余以太网,支持 TCP/IP 通信协议。系统处理层采用标准化通用控制单元,处理由各分系统传感器采集的信息,并对采集信息进行综合,控制执行机构完成各分系统的监控,同时完成信息交换的任务。作战系统向综合平台管理系统提供统一的全舰系统时统信息。系统相关设备定期与时间基准对时,确保系统内部时间一致。综合保障管理分系统通过通信系统实现远程技术支援的功能。

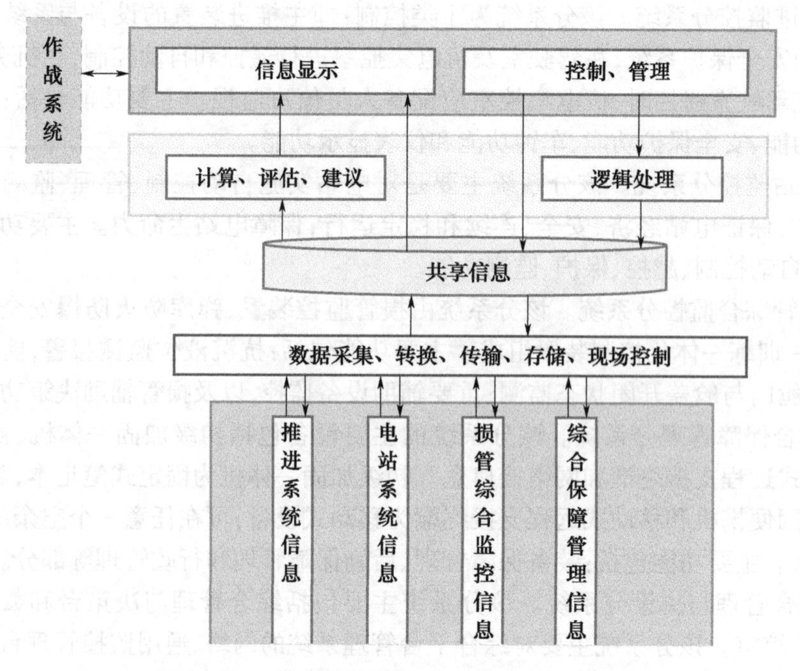


图 11.3.5　综合平台管理系统信息流程原理图

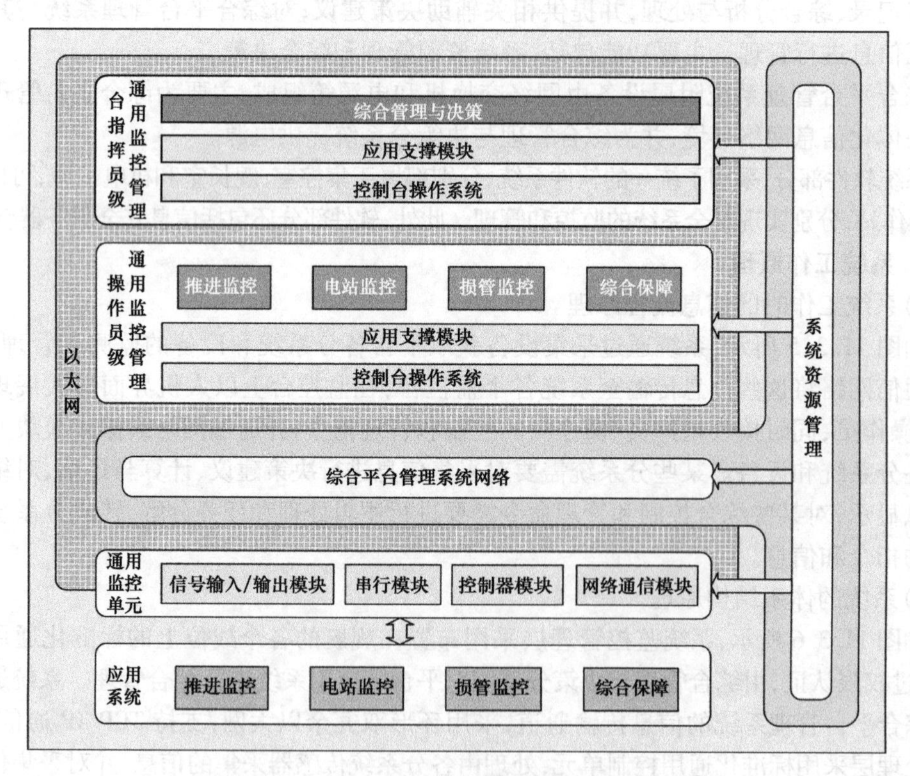


图 11.3.6　综合平台管理系统体系结构原理图

# 参考文献


[1] 朱树文. 船舶动力装置原理与设计[M]. 北京:国防工业出版社,1979.

[2] 张乐天. 民用船舶动力装置[M]. 北京:人民交通出版社,1985.

[3] 崔朗然. 舰船柴油机动力装置[M]. 北京:国防工业出版社,1986.

[4] 杨承参,施润华. 船舶动力装置[M]. 上海:上海交通大学出版社,1991.

[5] 刘光宇. 船舶燃气轮机装置原理与设计[M]. 哈尔滨:哈尔滨船舶工程学院出版社,1992.

[6] 曹成钰. 船舶动力装置原理与设计[M]. 哈尔滨:哈尔滨船舶工程学院出版社,1993.

[7] 陈国钧. 舰艇柴油机动力装置[M]. 大连:大连海事大学出版社,1996.

[8] 商圣义. 民用船舶动力装置[M]. 北京:人民交通出版社,1996.

[9] 高鹗,任文江. 船舶动力装置设计[M]. 上海:上海交通大学出版社,1991.

[10] 张志华,等. 船舶动力装置概论[M]. 哈尔滨:哈尔滨工程大学出版社,2002.

[11] 姚寿广,肖民. 船舶动力装置[M]. 北京:国防工业出版社,2006.

[12] 曾凡明,吴家明,庞之洋. 舰船动力装置原理[M]. 北京:国防工业出版社,2009.

[13] 汉斯海因里希·迈尔-彼得,弗兰克·伯恩哈德. 船舶工程技术手册[M]. 陈刚,宋新新,译. 上海:上海交通大学出版社,2009.

[14] 彭敏俊. 船舶核动力装置[M]. 北京:原子能出版社,2009.

[15] 李建光. 船舶及海洋工程动力装置设计指南[M]. 武汉:华中科技大学出版社,2010.

[16] 陆金铭. 船舶动力装置原理与设计[M]. 北京:国防工业出版社,2014.

[17] 李大鹏. 潜艇 AIP 装置[M]. 北京:国防工业出版社,2015.

[18] 谭作武,恽嘉陵. 磁流体推进[M]. 北京:北京工业大学出版社,1998.

[19] 金平仲. 船舶喷水推进[M]. 北京:国防工业出版社,1988.

[20] 黄胜. 船舶推进节能技术与特种推进器[M]. 哈尔滨:哈尔滨工程大学出版社,2007.

[21] 初纶孔. 柴油机供油与雾化[M]. 大连:大连理工大学出版社, 1989.

[22] 唐开元. 柴油机增压原理[M]. 北京:国防工业出版社, 1985.

[23] 施亿生,谢绍惠. 船舶电站[M]. 北京:国防工业出版社, 1981.

[24] 高孝洪. 内燃机工作过程数值计算[M]. 北京:国防工业出版社, 1989.

[25] 顾宏中. 柴油机增压及其性能优化[M]. 上海:上海交通大学出版社, 1989.

[26] 邵世明,赵连恩,朱念昌. 船舶阻力[M]. 北京:国防工业出版社,1995.

[27] 程天柱,石仲堃. 兴波阻力理论及其在船型设计中的应用[M]. 武汉:华中理工大学出版社,1987.

[28] 盛振邦,刘应中. 船舶原理[M]. 上海:上海交通大学出版社,2003.

[29] 应业炬. 船舶快速性[M]. 北京:海洋出版社,2017.